油气勘探开发技术进展

——石油物探

蔡希源　曲寿利　主编

中国石化出版社

图书在版编目(CIP)数据

油气勘探开发技术进展．石油物探／蔡希源，曲寿利主编．—北京：中国石化出版社，2012.4
ISBN 978-7-5114-1314-7

Ⅰ.①油… Ⅱ.①蔡… ②曲… Ⅲ.①油气勘探-文集②油气田开发-文集③油气勘探：地球物理勘探-文集 Ⅳ.①P618.130.8-53②TE3-53

中国版本图书馆 CIP 数据核字(2012)第 063373 号

中国石化出版社出版发行
地址：北京市东城区安定门外大街 58 号
邮编：100011　电话：(010)84271850
读者服务部电话：(010)84289974
http://www.sinopec-press.com
E-mail:press@sinopec.com
北京宏伟双华印刷有限公司印刷
全国各地新华书店经销
*
787×1092 毫米 16 开本 40.5 印张 995 千字
2012 年 4 月第 1 版　2012 年 4 月第 1 次印刷
定价：180.00 元

《油气勘探开发技术进展》

编　委　会

序

回顾世界石油工业的发展历程，科技进步是石油工业取得成功的重要引擎，石油工业的发展史是一部石油科技与创新的进步史。

随着科技的进步，人类对石油资源的认识不断深化，开发能力不断提高。在认识水平和研究方法方面，从孤立地分析构造油气藏、从静态的槽台说观点认识地下地质特征，发展到用板块构造的观点分析含油气盆地的形成与演化，用含油气系统的观点系统分析油气的生成、运移和聚集过程。

在勘探方法和勘探技术方面，从简单的传统钻井工艺逐步发展到喷射钻井、欠平衡钻井和地质导向钻井，各种特殊工艺得到广泛应用。地震勘探技术更是从无到有，从模拟记录阶段迅速发展为数字地震、三维地震、四维地震。测井技术从模拟记录测井发展至数字测井、成像测井和核磁测井。

所勘探的目标亦从背斜构造圈闭，发展到复杂隐蔽的地层圈闭、岩性圈闭、深部潜山、礁体以及盐下圈闭等等。所勘探的地区从单一的陆上浅层，发展到深层以及沙漠、滩海和广阔的大陆架海域。

在过去的一个多世纪，油气勘探开发领域依靠新技术取得了显著的成果，这种状况，在未来的时间里不仅不会改变，而且依赖的程度还将提高，特别是随着勘探程度的不断提高，以往地理条件较好地区的开采难度加大，常规油气田的发现逐渐在减少，新发现油田的规模总体呈变小趋势，而新增储量越来越多处于勘探程度很低的开采难度更大的地区。这些都需要新的技术，需要科技进步和创新。

可以断言，科技进步将成为油公司提高核心竞争力，降低成本，在激烈的国际市场竞争中求生存、谋发展的一个关键因素。多学科的交叉、综合，多种方法、技术的综合运用，多个部门间的广泛联盟将是未来石油勘探开发发展的主流。

《油气勘探开发技术进展》面向全国乃至世界石油行业勘探开发各领域，广泛汇集当前一个时期石油技术发展的动态现状，探讨各专业面临的技术难题的解决方案，是为石油技术发展提供学术交流的一个平台，有利于构筑可持续发展的油气勘探开发技术资源共享系统，通过广泛的交流、学习，实现共同提高。对推动我国石油工业乃至世界石油工业的科技进步具有积极的作用。

汇编的论文集中了广大科技人员的智慧和汗水，是近年来科技成果的缩影，展示了广大科技人员的攻关能力和创新水平。愿广大科技工作者继续发扬攻坚克难、勇攀高峰的精神，积极探索，大胆创新，继续创造一流的技术成果，不断培养更多高层次人才，全力打造上游长板，为油气勘探开发提供强有力的技术支撑，为赶超世界技术先进水平，提高我国油气勘探开发技术水平和行业竞争力而不懈努力。

谨书片言，权以为序。

前　言

为了及时跟踪、反映国内外油气勘探开发的最新技术进展和成果，为国内外特别是中国石化从事油气勘探开发的工程技术人员搭建经验交流和技术学习的平台，促进石油天然气勘探开发技术合作，中国石化出版社组织编写出版《油气勘探开发技术进展》系列丛书。丛书以专题形式，按时间段和专业板块分集出版，每集分专业技术方向设若干栏目，系统地总结近年来各个专业板块技术进展和研究成果。

本书为《油气勘探开发技术进展》系列丛书的《石油物探》篇，收集汇编了近三年来中国石化石油物探技术研究和应用研究方面最新发表和完成的论文，包括了综述、地震采集、地震处理、地震解释、综合研究和计算机六个方面。选择论文的主要依据是文章能充分反映中国石化近年来石油物探技术的进步与水平。

本书既重点介绍了“十五期间”中国石化依托胜利油田开展的隐蔽油气藏勘探理论和勘探技术攻关，高度总结了中国石化高密度三维地震技术及其实现方法，还对中国油气资源的勘探开发以及高精度地震勘探技术的发展进行了回顾、展望与思考。

编者收集整理这些论文的目的是全面展现中国石化近几年的石油物探技术进步和应用效果，供广大勘探开发和石油工程专业的科技工作者学习和借鉴，以期更好地发挥相关技术的作用，促进石油物探技术的进步，更好地解决油气勘探开发中的工程难题。

本书在论文征集和审查中得到了中国石化石油物探技术研究院领导和专家的支持与帮助；中国石化出版社的领导和编辑对本书的编辑出版给予了大力支持。在此深表感谢。

目　录

综　述

地震采集

地震处理

地震解释

综合研究

计 算 机

综述

油藏地球物理技术研究新进展

李　阳[1]　王延光[2]　孟宪军[2]　夏吉庄[2]

(1. 中国石油化工股份有限公司，北京 100012；
2. 中国石化胜利油田物探研究院，山东东营 257022)

摘要：油藏地球物理是一项面向油藏开发，将多种地球物理方法技术与油藏开发紧密结合的新技术。该技术综合利用高分辨率的多尺度地球物理资料及油藏动静态资料在技术和参数层面上融合匹配，建立更高精度的三维油藏模型，为大幅度提高钻探成功率和油气采收率奠定基础。本文简单介绍了油藏地球物理技术发展的概况，重点介绍了"十一五"期间取得的高精度三维地震提高分辨率技术、井间地震技术、陆相多波地震油气预测技术、多尺度地球物理资料联合反演技术、多尺度地球物理资料匹配油藏建模技术 5 项关键技术成果，总结了该技术在东部具有代表性的垦 71 复杂岩性和永新复杂断块油藏试验区的主要应用效果，并对今后的持续攻关提出了初步的工作设想。

关键词：油藏地球物理　多尺度地球物理资料　流体预测　联合反演　油藏建模

1　油藏地球物理技术发展概况

我国东部大部分老油田已开发 40 多年了，增产和稳产的压力很大。随着油田开发技术的不断发展，对油藏描述技术的要求越来越精细、精准。以前储层刻画由含油小层到现在的层内韵律段精细划分、剩余油控油因素由原来层间隔层描述精细到层内夹层描述、砂体成因分析由沉积微相研究精细到单砂体内部结构分析等，随着油田开发理念的不断更新，对目前"总体分散、局部富集"的剩余油描述技术也提出了更高的要求。

油藏地球物理是一项面向油藏开发，以多尺度地球物理技术集成为主要技术，综合岩石物理、油田开发地质和油藏工程等多种资料，对油藏进行精细描述和动态监测的交叉学科。其核心问题是引入多尺度的地球物理资料，并在技术与参数层面上实现"融合匹配"，提升综合资料的地质分辨能力，减少多解性，结合动静态资料提高确定性油藏建模精度，为进一步提高老油田的开发效率提供新的技术支撑。

自 20 世纪 80 年代开始，国外在油藏地球物理技术的不同方面进行了大量理论方法和实际应用探索研究，在时移地震、井孔地震（包括井间和 VSP）和多波多分量地震等单项新技术领域取得进展并显现出良好的发展势头。例如，利用井间地震技术监测稠油层中蒸汽或 CO_2 前缘位置和油气运移方向；利用三维 VSP 技术探测井旁区域内油藏属性的横向变化；利用多波多分量地震技术研究气藏、高速盐丘下成像、裂缝及各向异性分析等方面取得了较好的应用成果。但技术成熟度不够，尤其缺乏针对陆相复杂油藏的综合性技术研究。中国石化和中国石油等有关油田与研究院所也先后开展了开发地震的相关研究工作，实践表明油藏地球物理技术是解决复杂油藏精确建模问题的有效途径。

近十年来，中国石化胜利油田就围绕这一技术开展了多层次、多专题的科技攻关，先后承担并完成了股份公司“十条龙”科技攻关项目“油藏综合地球物理技术”研究及多项集团公司科技攻关项目，“十一五”期间又承担了国家863重点项目“油藏综合地球物理技术”攻关，取得了大量国际领先的高水平技术成果，推动了该技术的快速发展。2004年11月，中国石化在胜利油田垦71区块进行了高精度三维地震、三维三分量地震、井间地震、三维VSP和全系列测井等多尺度地球物理资料采集、联合处理、综合解释及匹配建模工作，较好解决了河流相和三角洲相油藏开发阶段的构造描述和储层空间展布、连通性问题。之后，在永新、五号桩等多个区块的推广应用取得了显著的提高采收率效果。目前已经形成了以提高地下探测能力和精度为主要目标的高精度三维地震技术、井中地震技术和多波多分量地震技术3项核心支撑技术；以多尺度资料融合匹配为手段，以提高识别描述地下复杂油藏地质特征的精度和确定性为目标的多尺度资料井地联合反演和基于多尺度资料联合解释与油藏匹配建模技术为核心的2项集成技术。另外，还有4套软件获得国家版权局计算机软件著作权、申请国家发明专利11项、4项技术被认定为中国石化专有技术、出版学术专著3部、发表学术论文60余篇。

2 油藏地球物理关键技术成果

目前已经形成了从野外资料联合采集—岩石物理分析研究—联合处理—联合反演—联合解释—油藏建模—现场应用等基本配套的油藏地球物理技术系列。下面主要介绍5个主要环节的关键技术：

2.1 高精度三维地震提高分辨率技术

高精度三维地震是油田勘探、开发的重要支撑技术，资料的分辨率是关键。在资料观测系统设计、采集方法、地层吸收、子波处理、精细速度分析等方面形成了4项标志性创新技术，整体提高了高精度三维地震的技术水平。

该项成果以提高分辨率技术为核心，主要包括：提出并建立了以“充分、均匀、对称、连续”为标准的观测系统评价与设计指标，采集得到了空间采样均匀、波场连续的地震资料；研发了三维吸收补偿技术，首次提取得到了三维空间品质因子数据体，补偿了黄河三角洲近地表层地震波的强吸收作用；研制的基于独立元分析的子波压缩技术，突破了反褶积技术子波时不变、反射系数白噪、子波最小相位的假设，有效地拓宽了资料频带；实现了各向异性逐点速度分析，解决了大偏移距资料校正不足的问题，改善了反射同相轴的一致性。

2005年，胜利油田完成了国内首块高精度、多波多分量、三维VSP及井间地震联合采集项目-垦71三维，其后相继完成了永新、五号桩和罗家等13个区块高精度三维地震项目，总面积达2300km²。成果剖面目的层频宽由原来的5~49Hz拓宽到4~88Hz，断层断点成像精度由原来的100m左右提高到20~30m(图1)，为东部老油田可持续发展提供了有力技术支撑，推动了中国石化高精度三维技术的发展。

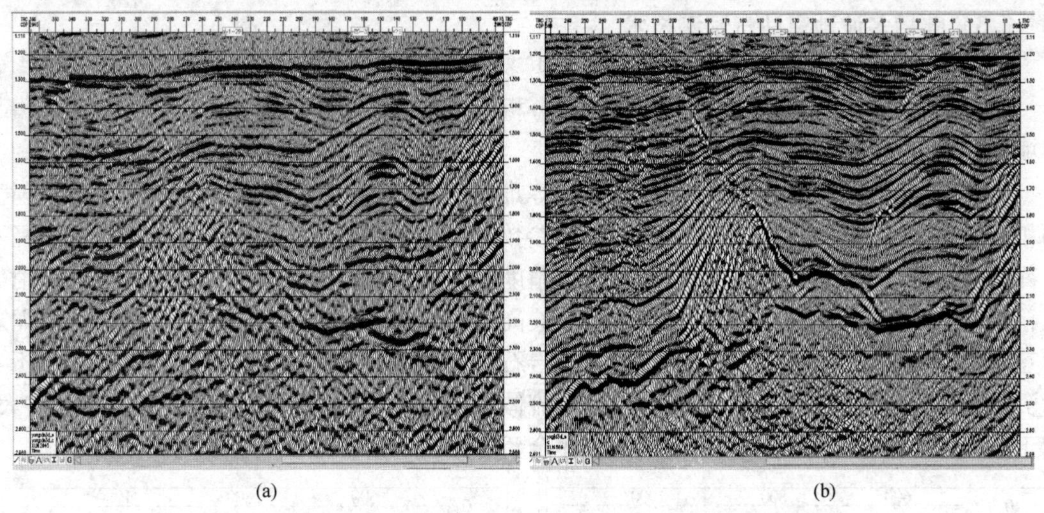

图1 永新地区常规三维(a)与高精度三维(b)地震剖面对比图

2.2 井间地震技术

以装备引进为基础，创新发展了井间地震处理、解释核心技术，形成了井间地震采集、处理、解释、应用配套生产能力，能够描述井间5m低级序断层、5m微幅构造、2m薄层等米级地质结构，为油藏精细研究提供新的技术支撑。

在井间地震速度层析方面，突破了国际上仅利用直达波旅行时进行层析成像方法的局限性，创新研制了直达波与反射波联合层析成像方法。该项技术既能较好地反演地层速度，也能较好地反演地层界面，减少反演问题的多解性，提高层析结果的可靠性和分辨率。

在井间地震成像方面，突破了国际上仅利用上行反射波成像的局限性，创新研制了井间地震上、下行反射波联合成像技术。该项技术充分利用井间地震下行反射波信息，扩大了成像范围，增加了目的层的覆盖次数，提高了成像质量。

中国石化在胜利油田、辽河油田、大庆油田、江汉油田、吉林油田、塔河油田等多个油田实施了50多对井间地震的资料采集，完成井间地震资料的处理、解释及应用研究，解决了储层的连通性、叠置关系的精细描述，落实了微幅构造、小断块等低序级地质体，有效获取了井间米级精细地质结构和相应的地球物理参数(图2)，展示了该项技术良好的应用前景。

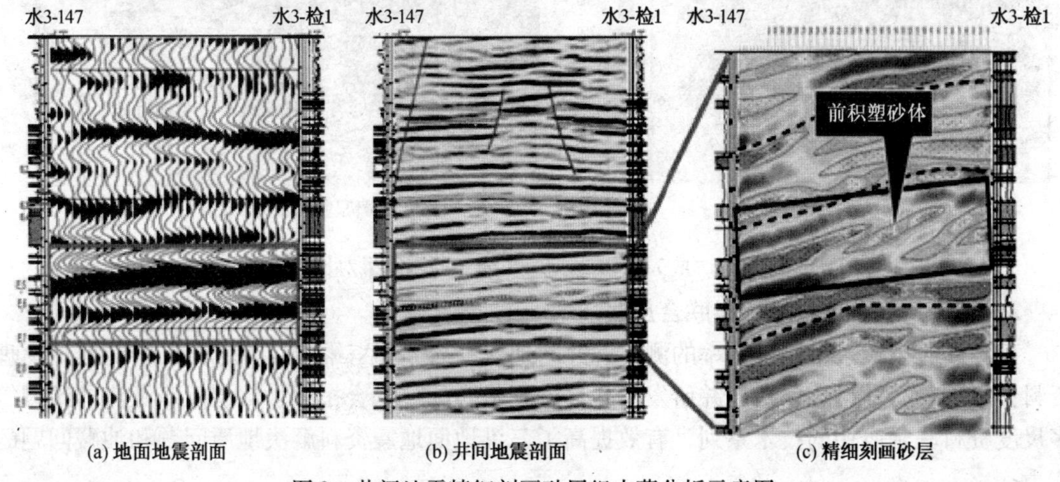

图2 井间地震精细刻画砂层组内幕分析示意图

2.3　陆相多波地震油气预测技术

多波地震由于所含信息丰富，能够提供更多敏感的信息来减少传统纵波区分油水的多解性。通过攻关研究，在转换波静校正、速度分析、叠前成像、慢横波预测流体等方面取得了多项创新成果。

针对陆地转换波信噪比低、静校正量大等难点，提出并实现了联合应用折射波和反射波的相遇时距曲线统计静校正方法；发明了四参数速度分析方法，利用参数来控制射线路径不对称及各向异性严重等问题，动校剩余时差精度高；推导建立了转换波叠前时间偏移散射方程，避开了共转换点定位难题，实现了转换波高精度成像(图3)，在国内外尚未见到砂泥岩薄互层中转换波更理想成像效果的报道；经岩石物理测试、数值模拟理论研究并综合分析实际资料后发现：慢横波振幅、衰减等属性因流体粘滞度差异受到的影响比纵波及快横波大，鉴于此高敏感特性，提出了慢横波预测流体全新思路，丰富和完善了多波流体预测理论。

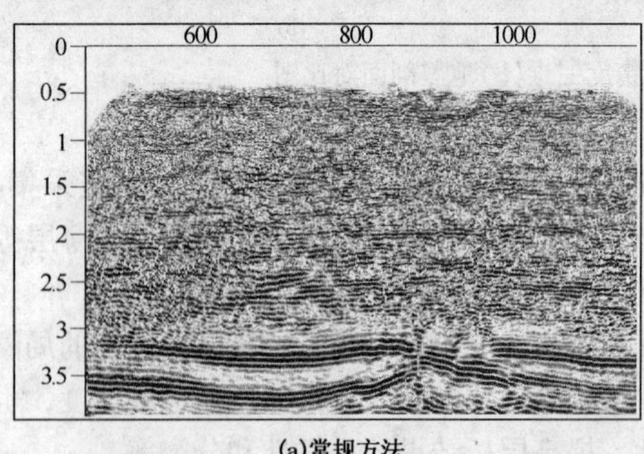

(a)常规方法

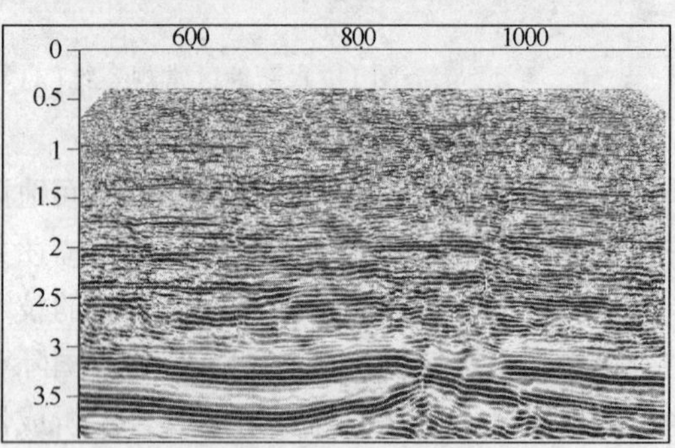

(b)基本方法

图3　垦71区转换波叠前时间偏移结果

该技术成果在胜利油田垦71及罗家地区进行了应用，油气预测结果与钻井较为吻合(图4)，展示了多波地震在陆相碎屑岩油气藏中良好的推广应用前景。

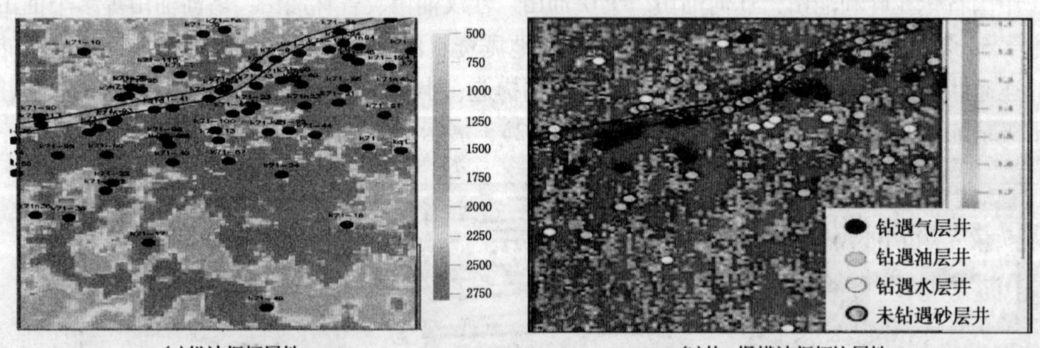

(a)纵波振幅属性　　(b)快、慢横波振幅比属性

图4　垦71区 Ng_{2+3}6－8 油气预测结果对比

2.4　多尺度地球物理资料联合反演技术

把不同时空域、不同分辨率的测井、井间地震、VSP和三维地震等不同尺度的地球物理资料信息进行有效融合，提出并研发了多尺度资料匹配、联合拓频、储层反演及流体预测等多尺度资料联合应用的技术系列，有效提高了三维地面地震资料解决地质问题和油藏问题的能力。

发展改进了系统辨识理论，首次利用测井、井间地震和三维地震等不同尺度资料估算地层对地震波的吸收衰减特性，通过地震记录脉冲化建立高分辨率的外推约束模型，实现了三维地震资料的补偿性高频恢复，拓宽地震资料优势频带10～20Hz(图5)；发展改进了贝叶斯理论，形成基于修正柯西约束多尺度联合反演技术，除了应用常规反演所需的测井和三维地震资料，充分利用井间地震、VSP等地球物理资料，大幅提高了三维地震储层反演精度，纵向分辨薄层能力由6～7m提高到2～3m(图6)；以非线性理论为基础，研发以二阶Taylor级数展开式构建目标函数的叠前反演方法，与国内外常用的一阶Taylor级数叠前反演技术相比，计算精度和储层分辨能力大大提高，通过多种弹性参数交会较好地识别了储层的物性和含油气性。

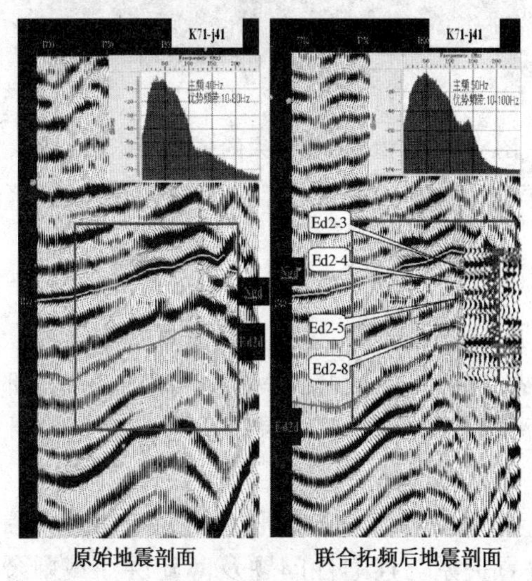

图5 地震资料分辨率提高前后比较

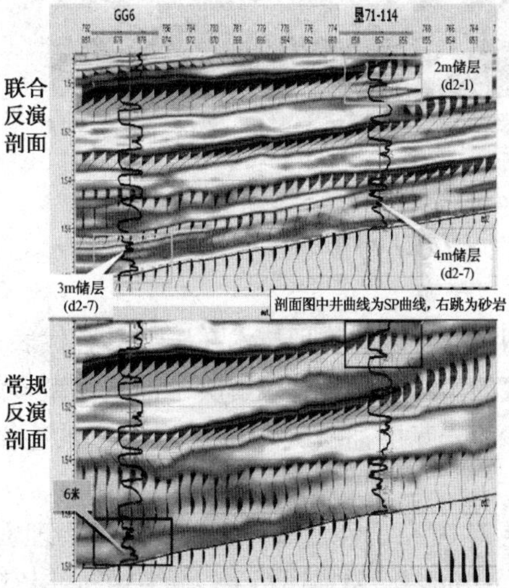

图6 储层联合反演前后结果比较

该成果大幅提高了三维地震资料解决地质问题和油藏问题的能力，实现了对薄互层类型油藏的精细描述，在多个地区进行了大面积推广应用，取得了显著应用效果。

2.5 多尺度地球物理资料匹配油藏建模技术

针对常规三维地震资料分辨率低、井间构造和储层描述精度低等无法满足建立确定性油藏模型的现实要求，提出了以高精度三维地震资料为载体，将测井和井间地震纵向高分辨率优势有效拓展到油藏三维空间的技术路线，创新研发了动静态资料、地球物理资料约束匹配的油藏建模新技术，提高了油藏建模的精度。

在点线面体一体化多尺度资料匹配构造建模框架下，由井间地震得到的井间米级精细地质结构“拟露头”模型，作为区域储层建筑结构模型，并提取储层准确参数；将三维地震属性数据体与标定后的测井数据和井间地震数据，在层位控制基础上得到高分辨率的地质属性数据体，实现井间储层的精确描述(图7)；应用“训练图像”代替变差函数表达地质变量的空间结构性和关联性，基于贝叶斯公式多点条件概率原理，采用搜索树方法进行模拟，建模结果地质意义具体、准确度高；在区域岩石物理研究的基础上，建立地球物理参数与油藏静动态参数之间的关系模版，将转换波和纵波叠前地震反演流体预测成果作为空间流体分布约束信息，实现地震流体信息约束的流体模型研究(图8)。该技术将多尺度的地球物理预测信息有机融合到油藏建模中，大幅度提高了油藏模型精度和确定性。

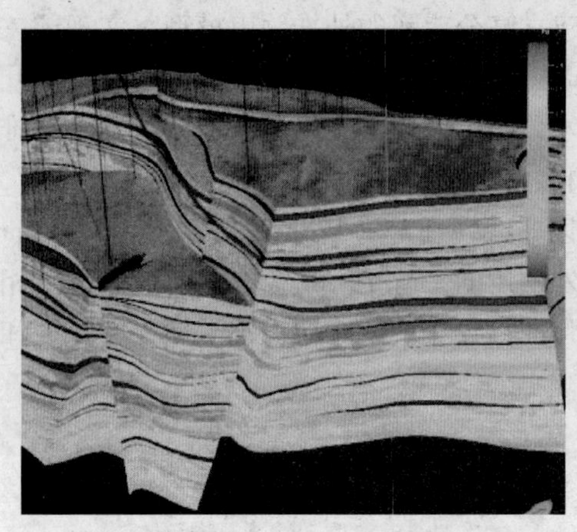

图7　永66块油藏地质模型

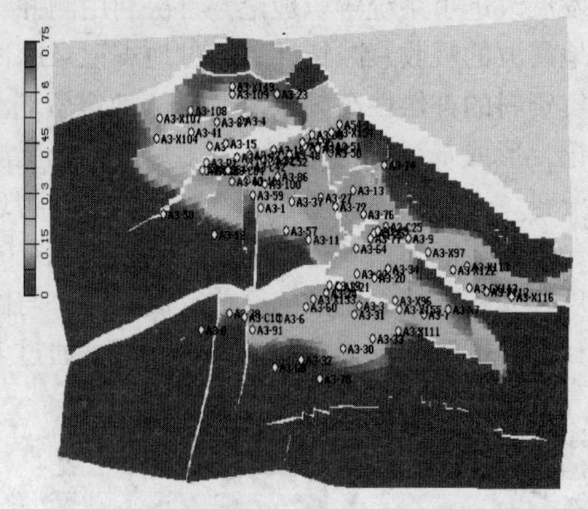

图8　地球物理资料约束的剩余油预测结果

3　技术应用

油藏综合地球物理技术在东部具有代表性的胜利油区垦71复杂岩性油藏和永新复杂断块油藏的实际应用，有效解决了油藏模型多解性大、剩余油预测精度不够等制约我国东部中浅层砂泥岩互层油藏大幅提高采收率的主要“瓶颈”技术问题，取得了显著的经济和社会效益。

垦71复杂岩性油藏：多尺度地球物理资料与油藏动静态资料的联合研究应用，大幅提高了3~4m薄储层描述精度，解决了储层空间叠置关系与连通性问题及薄互层油藏剩余油描述问题。实施补孔改层井16口，日增油135.7t，累计生产原油2.58×10^4t，提高水驱采收率5%。

永新复杂断块油藏：三维高精度地震与井间地震联合解决了复杂断块油水关系矛盾、注采不对应的难题，叠后、叠前地震联合反演解决了尾砂描述问题，并探索性进行了油气预测。截至2009年12月，完成了5个断块方案设计，新钻井57口，日油577t，新增加可采储量212.1×10^4t，新增生产原油8.92×10^4t，提高水驱采收率6.3%。

4　结束语

经过多年的持续技术攻关，在油藏地球物理技术领域取得了大量国际领先的技术成果，积累了丰富的经验，为推动该领域技术的持续发展奠定了良好的基础。

（1）深化研究并形成了高精度三维地震、井中地震和多波多分量地震采集、处理、解释配套技术，在细分面元成像、井间地震精确成像及多波流体预测等技术方面取得重要突破，得到高品质、不同尺度的综合地球物理资料。

（2）基于井间地震、测井及VSP资料约束的三维地震拓频和储层联合反演技术突破了单一资料的限制，减少了多解性，提高了识别小尺度地质体的能力，能够描述断距5~8m的低序级断层、大于5m的微幅度构造、厚度大于3m的储层和5~8m的油气层。

（3）基于“点线面体”构造建模、多点地质统计建模、地球物理资料约束的流体建模等技术，使地球物理预测信息与油藏建模在技术和参数层面上有机融合，减少了单一资料的不确定性，大幅度提高了油藏模型精度和确定性。

（4）油藏地球物理技术在具有代表性的垦71复杂岩性和永新复杂断块油藏试验区应用效果表明，该技术能够解决东部陆相复杂油气藏开发中存在的主要地质问题，展现了良好的推广应用前景。

（5）经过多年的技术攻关，较好解决了复杂断块和复杂岩性油藏精细描述问题，形成了面向油藏开发的相对成熟的构造、储层描述技术，但中国东部油田大多位于陆相断陷沉积盆地中，储层类型多，构造、沉积及剩余油分布都极为复杂，这决定了油藏地球物理技术研究是一个循序渐进、持续深化的过程。下阶段还要着重开展陆相油藏多波多分量三维地震流体预测技术攻关研究、油藏地球物理特色技术软件模块研制与系统集成及陆上重复采集地震资料和微地震资料的油藏动态监测方法探索研究。进一步提高储层描述、流体预测、油藏动态监测的精度和水平，提高解决油田开发实际问题的综合能力和水平。

参 考 文 献

1 韩大匡．深度开发高含水油田提高采收率问题的探讨[J]．石油勘探与开发，1995，22(5)：47～55

2 李阳．储层流动单元模式及剩余油分布规律[J]．石油学报，2003，24(3)：52～55

3 Li Yang，Zhang Zonglin. Exploration technology for complex sandstone reservoirs in the developed area of Shengli oilfield[J]. Engineering Sciences，2003，1(2)：67～74

4 李阳．胜利油田油藏综合地球物理研究现状及展望[J]．石油勘探与开发，2004，31(3)：11～16

5 李阳．油藏综合地球物理技术在垦71井区的应用[J]．石油物探，2008，47(2)：107～115

高精度地震勘探技术发展回顾与展望

赵殿栋

（中国石化油田勘探开发事业部，北京 100728）

摘要：历史上物探技术的每一次进步都会带来油气储量的快速增长，高精度地震勘探技术必将成为推动国内油气储量又一次大幅增长的主要技术手段。回顾田家地区第一块高精度三维地震勘探史例，阐述其历史地位，说明田家地区高精度三维地震的勘探思想一直影响着胜利油田以及中国石化高精度地震勘探技术发展的轨迹。分析了中国石化高精度三维地震技术的发展水平，综述了其应用现状和应用效果。针对当前隐蔽油气藏、海相碳酸盐岩、山前带三大领域的勘探需求，提出了继续优先推广应用高精度三维地震技术，积极开展高密度三维地震技术先导试验和配套处理、解释技术创新研发的高精度地震勘探技术发展方向。

关键词：高精度三维地震勘探技术　田家地区　应用现状分析　应用效果分析　发展方向

油气勘探开发的需求是物探技术进步的源动力，物探技术的发展和进步提高了认识油气地质问题的能力。事实上，历史上物探技术的每一次进步都会带来油气储量的快速增长。20 世纪我国油气勘探探明的石油地质储量有 5 次大幅度增长，每一次都与地震技术进步有着极为密切的关系：第 1 次大幅增长是 1961 年，核心技术是综合物探技术；第 2 次是 1965 年，核心技术是复杂断块地震技术；第 3 次是 1976 年，核心技术是数字多次覆盖地震技术；第 4 次是 1984 年，核心技术是常规三维地震技术；第 5 次是 1998 年，核心技术是复杂储层预测地震技术。目前，物探技术面临着新区要寻求新突破和新发现、老区要保持增储稳产这两大迫切需求，高精度地震勘探技术成为解决新需求的主要技术手段。可以认为，国内第 6 次油气地质储量的大幅稳定增长，必将归功于已推广应用并继续发展的高精度地震勘探技术。

三维地震技术良好的勘探效益得益于其信息量大且信息成分丰富。增加地震信息量的途径，一是通过提高采样密度来增加空间信息量，二是提高频率域的地震信息量，即提高地震资料的分辨率。前者与采集仪器的装备性能及采集设计有关；后者与工区的地震地质条件、采集工艺及资料处理技术有关。减小面元尺度，提高空间采样率，并配合相应的去噪处理技术，是国内外三维地震技术向高精度发展的主要途径。目前，进入应用阶段的高精度地震勘探技术已有 3 种比较典型的代表：一是以 PGS 为代表的海上单检波器拖缆采集技术；二是 WesternGeco 的陆上野外单检波器高密度分布接收、室内道组合压噪处理技术；三是国内根据现有技术条件和装备水平，因地制宜发展起来的采用模拟检波器组合接收、以小面元和高覆盖次数为特征的高精度三维采集技术（多用于二次勘探）。为了区别于国际上现已采用的全数字采集系统加数字检波器进行单点高密度全波场采集的“高密度三维地震技术”，我们把国内提高空间采样密度的三维地震新技术称为“高精度三维地震技术”。从“高精度三维地震技术”再到“高密度三维地震技术”，是中国特色的高精度地震勘探技术发展之路。

1 高精度三维地震技术发展回顾

中国东部探区自20世纪70年代开始实施三维地震勘探，勘探对象是规模较大的简单构造型油气藏，主要集中在浅中层。常规三维地震资料的构造解释精度比以往的二维资料明显提高，为加快油田的勘探开发建设作出了重大贡献。但前期的常规三维地震工作受地质需求、勘探设备和技术水平等条件限制，地震资料的缺陷也是明显的。仪器动态范围小，地震采集数据精度低；接收道数少，一般为120~480道，只能做一些简单三维项目，排列片窄，方位角窄，炮检距受到限制(最小炮检距大，最大炮检距不够)，不利于各向异性复杂地质体的成像；面元在25m×50m以上，横向分辨率低；覆盖次数少，一般为20次，其中横向只有2次；激发能量偏小，中深层资料信噪比低；对地面障碍采取回避做法，地震剖面存在较大的缺口。由于当时的地震工作重点在于浅中层勘探，所以浅中层资料的品质较好，深层地震资料的信噪比低，成像质量较差。即使后来重新进行地震资料目标处理或地震资料连片处理，深层采取针对性能量补偿等一系列措施，但由于老资料的“先天”不足，深层资料品质的改善仍然有限。随着油气勘探向深层目标发展，前期的常规三维地震资料已难以适应寻找深层复杂油气藏，如凹陷深部隐蔽油气藏、深部潜山油气藏等勘探的需求。

1998年以后，根据油气勘探开发的迫切需求，顺应物探技术的发展潮流，中国石化积极开展提高空间采样密度的高精度三维地震技术试验，使得油气地震勘探工作逐步进入高精度地震勘探技术时代。回顾高精度地震技术的诞生历史，能对当前地震勘探的主要手段——高精度三维地震技术的现状及未来发展有进一步的深刻理解。

1.1 高精度三维地震技术诞生的背景

20世纪90年代后期，我国石油工业的发展方针是“稳定东部，发展西部，油气并举；国内为主，国外为辅，开发与节约并重”，其中稳定东部是基础。要稳定东部，关键在于胜利油田，原因是胜利油田的地下地质情况特别复杂。胜利油田在勘探开发过程中，勘探强度大，勘探成熟度高，早在1966年就完成了世界上第1块三维地震勘探，到1998年已采集完成三维地震13000km^2，是当时国内实施三维地震工作量最多的油田，同时也成为三维地震已基本有效覆盖勘探全区的国内第1个油田。随着勘探的不断深入，勘探难度越来越大，而地震勘探技术储备不足的问题日益突出。当时，人们提出了这样的问题：胜利油田还要不要继续开展三维地震勘探？如何开展三维地震勘探？三维地震技术向何处去？

1998年4月，在胜利油田召开了“高精度三维地震研讨会”，会议目的就是要在三维地震已基本覆盖的胜利油区，探讨和寻找今后地震工作的出路，如何进一步发展和挖掘三维地震技术的潜力，寻找更多的油气储量。胜利油田地质科学研究院、物探公司、计算中心以及有关采油厂做了关于地震采集、处理、解释和开发应用现状的汇报，李庆忠院士等12位专家做了大会发言。会议形成的主要共识及建议为：

（1）在三维地震有效覆盖勘探区的情况下，胜利油田仍有很大勘探潜力，油田的持续稳定发展需要有新的三维地震勘探技术做支撑，新的复杂勘探目标需要高精度地震资料才能满足要求，有必要开展新一轮高精度地震勘探，采用新技术重新采集高精度三维地震资料。

（2）进行新一轮勘探的基础是对前期勘探工作做全面总结，要认真总结30多年来的勘探经验和不足，要对整个盆地进行综合研究，对所有地质情况进行比较和分类，哪些问题已经清楚？哪些问题还比较模糊或者尚不清楚？找准目标进行针对性勘探，由易到难，循序渐进。

(3) 提高工程化水平。一是要有一个统一规划、分步实施的整体部署方案；二是要开展多学科联合，包括采集、处理、解释和油气开发一系列前期试验在内的详细技术设计；三是要重视针对难题的技术开发创新，杜绝低水平重复；四是要进行全过程的质量监控。

(4) 先选择开发井较多的地区进行小面积高精度三维地震攻关试验，改造扩展现有仪器的接收道数，增大排列片宽度，增大纵向和横向偏移距，做到偏移距均匀、方位角均匀，探索寻求逐步提高解决地质问题的能力。

面对严峻的勘探开发形势，胜利油田明确强调：勘探重中之重的地位不能变，勘探领先的原则不能变，勘探投入的比例不能变。这一方面表明大家都充分意识到勘探对油田稳定和发展的重要性，另一方面也表明对地震勘探工作寄予了极大期待并提出了更高要求。

1.2 田家地区高精度三维地震勘探

1.2.1 高精度勘探思路及试验区选择

胜利油田开展新一轮高精度三维地震勘探或二次勘探的基本思路是：在油田有油的地方找油，目标确定，目的明确，经济有效。由此确定选择试验工区的原则为：一是针对重要的勘探开发区域，选择油气聚集的有利场所；二是该区域以前采集的地震资料不能满足当前勘探开发的需求；三是地质目标明确，有具体的落实圈闭数量或新增石油地质储量的目标。

田家地区处于惠民凹陷中央隆起带构造最为复杂的地区，东部为商河油田，北接滋镇洼陷，南临生油洼陷，具有得天独厚的油源条件，极为破碎的构造具有勘探及滚动勘探的巨大潜力。平均钻井密度为1口/km^2，勘探开发程度较高。1983年第1次采集的三维地震资料主频为20~30Hz，东营组以上浅部地层的地震资料存在许多缺口，断层层位延伸不清楚；中部沙河街组一段、二段和三段(T_2~T_6)的地震资料分辨率低，难以进行储层研究；深部沙河街组四段(T_7)以下地层的地震资料信噪比低，无法用于解释。原始资料虽然经过多次目标处理，但仍然未见到明显效果。至1998年已不能继续开展研究工作，该地区进一步勘探及滚动勘探的难度加大。

为了进一步查明田家地区深层的构造形态，落实高点埋深以及断裂系统，认清沙河街组二段和沙河街组三段砂体的横向变化规律，进行储层描述，以打开该区勘探开发的新局面，选择了该区作为开展高精度三维地震采集的首个试验区。

1.2.2 采集设备的革新改造

当时，地震采集仪器的最高道数是480道，为了实现高精度三维采集试验的目标，首先必须提高仪器的总道数。为此，将2台480道GDAPS-4系统合并成为1台960道地震仪，通过革新手段，使仪器在稳定性、操作界面、质量监控方面具有明显的优势，且还有下列优点：

(1) 采集站使用了24位A/D转换器，检波器采集的信号传输到采集站后转换成数字信号，再经大线传输到仪器，其信号不会受到大线传输衰减和外界干扰的影响，提高了瞬时动态范围，减少了相移和频率畸变，同时降低了噪声，有利于记录微弱高频信号。

(2) 仪器的采样率为1ms；通过提高Alias滤波器的陡度，频带扩展至400Hz；增加仪器野外现场数据处理能力，能在仪器监视屏幕上看到背景噪声及信噪比的大小。

1.2.3 观测系统论证和优化

早期的常规三维地震采集参数论证一般只按照公式利用计算器或计算机进行单点的覆盖

次数等少数几个参数的计算和论证，没有形成参数图件，缺乏直观性。田家地区高精度三维地震勘探首次使用了绿山软件设计系统，采用相关参数图表、CMP面元属性分析、二维地质模型、三维地质模型等方法，对观测系统各项参数进行了优化设计。通过对4线6炮、8线5炮、8线14炮、12线14炮等多种观测系统进行的优化分析，认为8线5炮面元细分观测系统(表1)适合本区，该观测系统具有宽长排列片、全炮检距、覆盖次数分布比较均匀、炮检距分布比较均匀、方位角比较均匀等特点。

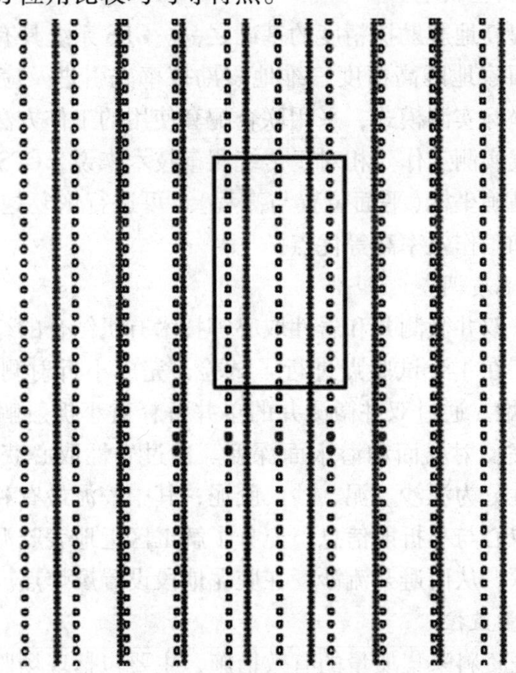

图1 田家地区高精度三维观测系统

由表1可见，新观测系统的优势很明显，总接收道数从120提高到960，排列片长度和宽度、方位角大幅度增加(图1，小方框为老观测系统的排列片)，CDP面元精度、覆盖次数、道密度等其他次生参数提高明显，接收道距、接收线距、激发点距和激发线距等4个参数变化不大。

表1 新观测系统和老观测系统参数

参 数	1983年	1998年	1998年与1983年参数的比值
观测系统	3线10炮	8线5炮	
接收道距/m	50	50	1
接收线距/m	100	125	1.25
激发点距/m	100/200	100	1
激发线距/m	150	125	0.83
接收道数/道	120	960	8
纵向炮检距/m	600-2550	2000-0-3950	1.55
排列片面积/m^2	1950×200	5950×875	13.3
采样率/ms	2	1	0.5
覆盖次数/次	2×10	12×4	2.4
CDP面元/m^2	25×50	25×25	0.5
道密度/(道/km^2)	16000	76800	4.8

新观测系统的道间距(50m)与炮线距(125m)为非整数倍，接收线距(125m)与炮点距(100m)也为非整数倍，这是构成面元细分的关键。主面元为25m×25m，覆盖次数为48次，可细分为4个12.5m×12.5m的子面元(12次)，也可合并子面元形成大面元，如50m×50m(192次)。小面元适用于浅层开发，可提高资料的分辨率；大面元适用于深层勘探，可提高资料的信噪比。

1.2.4　高精度地面测量技术

高精度地面测量是提高地震勘探精度的基础之一。GPS系统具有实时动态定位、高度自动化和高精度等特点，田家地区高精度三维地震勘探率先引进及应用了该系统，利用GPS逐点定位方式和全站仪坐标实测模式，采用联合配套使用的工作方法，逐点放样检波点和炮点，进行城区和水域导线实测工作。相对于传统测量技术来说，GPS定位测量新技术具有点位精度高、可提供三维精确坐标(平面位置与高程)、可进行恢复炮点现场实测以及不受环境影响、携带搬运方便和工作效率高等优点。

1.2.5　近地表精细地质调查

采用将小折射测量、双井微测井和岩性取心等技术有机结合的综合研究方法，进行田家地区的低、降速带调查。在4个试验点进行了试验，完成小折射测量36个，微测井5口，取心井4口，试验炮97炮。通过双井微测井的单井解释对小折射解释的低、降速带厚度进行了校正，同时获得了虚反射界面和潜水面深度。通过岩性取心获取了田家地区近地表岩性，田家地区近地表岩性分为泥沙、泥、沙、胶泥，其中胶泥最有利于激发，流沙对地震能量吸收严重。综合岩性取心与小折射信息，充分了解工区近地表胶泥和流沙的分布规律，合理设计每个激发点的井深，从而避开流沙，在胶泥地段设置爆炸点。

1.2.6　现场施工质量监控

现场质量监控是保证资料采集质量的有效措施，主要包括现场监督和噪声监控。现场监督是对检波器埋置和炮点布设的质量进行实时监督。检波点埋置监督主要针对的是检波器埋置是否满足平、稳、正、直、紧的要求，是否挖坑埋置；在特殊地形区域如果无法按照设计图形进行检波器埋置，新图形的检波器组合中心必须对准桩号，杜绝“开会式”的埋置方式。对炮点的监督主要是针对激发点位置、井深、药量和雷管位置的监督。对噪声的监控是通过仪器录制的噪声记录，分析噪声水平，寻找干扰源，采取针对性的压制噪声的有效措施。此外还要对风力进行监控，风力监控采用风速仪，数据采集要求在相对平静的气候条件下进行，以避免产生高频噪声。

1.2.7　县城城区的数据采集技术

在老三维地震剖面上，县城城区部位形成了宽3550m、t_0时间为2250ms的“V”型空白区。高精度采集对工区内的城区提前进行了勘测和测量，制定并采取了可行且有效的方案和方法。在接收方面，因地制宜地设计了多种检波器埋置方式，确保不空一道，包括水上公园、水泥地面和公路，确保检波器组合图形最大限度地压制环境干扰。在激发方面，提前设计炮点，现场进行炮点恢复定位，不空一炮，在确保安全的前提下，使炮点的分布做到相对均匀。施工时，白天布设检波点和激发点，确保位置准确，晚上在低噪声环境下生产，以提高资料信噪比。分析噪声记录可知，晚上的环境噪声比白天要低15dB，这等于拓展了有效信号的频带宽度。在勘探工区内面积达11km^{2}的县城城区，获得了与城区外品质一样且信息完整的地震资料。

1.2.8 方位角叠加和超级面元叠加

田家地区高精度三维地震勘探数据采集技术的设计体现了全方位角采集方式的理念，在一个CMP面元内有较宽的炮检距方位角。为了消除由地层各向异性引起的速度和振幅随方位角变化的影响，进行了划分方位角扇区的叠加。具体实现方法是：以CMP面元的中心点为中心，将炮点和检波点的分布区域划分为若干个等弧度的扇形区，将落在每一个扇形区(对角)的炮点和检波点所产生的地震道视为具有同一方位方向，在同一方位角内进行速度分析和叠加。为了解决深层资料噪声大、同相轴连续性差等问题，应用超级面元叠加技术，以达到提高地震资料信噪比的目的。超级面元叠加的实现方法是：在三维空间/时间域内，基于25m×25m主面元重构共深度面元，形成新的CMP道集，然后进行叠加。超级面元叠加要考虑t_0值、动校正量、时间倾角、倾斜层动校正时差在横向上的变化、梯度和动校正量在垂向的变化以及方位角的影响。

1.3 田家地区高精度三维地震资料的应用效果分析

分别针对浅层(500~1000ms)、中层(1000~2000ms)和中深层(2000~3000ms)对单炮记录进行了频率分析，各层的有效频带宽度和主频如表2所示。

表2 单炮记录的频率分析结果

频率参数	浅层	中层	中深层
有效频带宽度/Hz	8~104	7~91	5~74
主频/Hz	48	36	30
反褶积后的有效频带宽度/Hz	8~125	7~115	5~91
反褶积后的主频/Hz	56	51	45

分别针对浅层(500~1000ms)、中层(1000~2000ms)和中深层(2000~3000ms)对地震剖面进行了频率分析，各层的有效频带宽度和主频如表3所示。

表3 地震剖面的频率分析结果

频率参数	浅层	中层	中深层
有效频带宽度/Hz	8~114	7~101	5~75
主频/Hz	58	47	35
Q补偿后的有效频带宽度/Hz	8~125	7~116	5~90
Q补偿后的主频/Hz	64	56	45

假设中深层的地层速度为3300m/s，主频是45Hz，波长则为73.3m，1/4波长是18.3m，那么可以分辨的地层厚度为18.3m。与井资料联合应用，可以进一步提高分辨地层的能力。

田家地区老的常规三维地震剖面[图2(a)，1983年]频率较低，断点不清晰，同相轴的连续性较差，波形不一致现象严重，在反射时间为2000~3000ms的主要目的层(T_6和T_7)有效波能量较弱，连续性差。通过以上一系列新方法新技术的应用，最终获得的田家地区高精度三维地震偏移剖面[图2(b)，1998年]真实地反映了构造形态和地层分布情况，资料的品质明显提高，主要体现在：①浅、中层地震资料的分辨率和信噪比较高；②尽管断裂系统复杂，但在剖面上断点干脆，断层清晰，构造样式清楚；③深层的T_6和T_7反射同相轴具有较好的连续性。

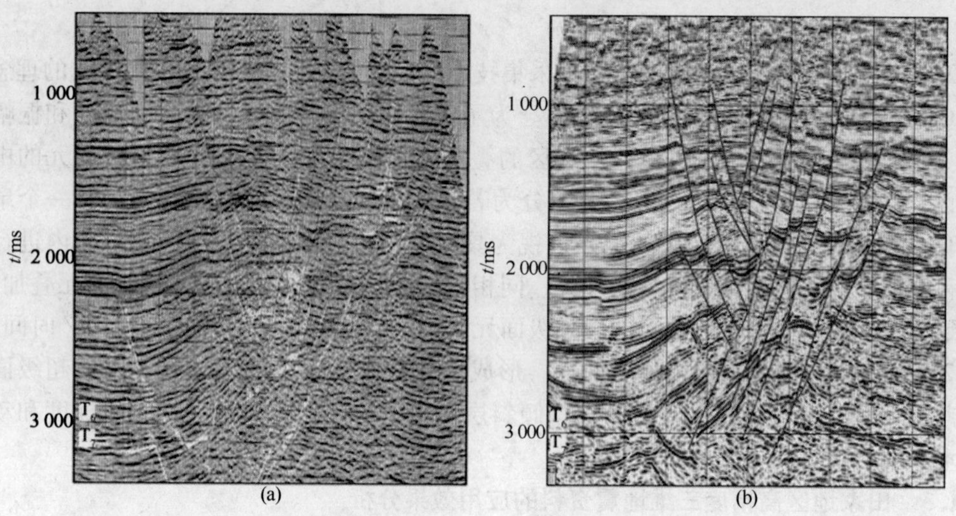

图2　田家地区老三维(a)和新三维(b)地震剖面

(1) 提高了小断层、小断块的落实程度。田 14 断块区位于田家地区花式背斜中心，断裂发育，构造破碎。利用新资料对田 14 断块区的构造进行了重新落实，理顺了断层的组合关系，在东营组和馆陶组发现了一系列含油断块。田 5-9 区块馆陶组三段发育有一条近南北走向的断层，老资料的解释结果为该断层向北延伸但未与北界断层相交，高精度资料清晰显示出该断层与北界断层搭接，相交处的断距较小。这条断层的落实，为该区块有效圈闭预测创造了条件，新增含油面积 $1.8km^2$。

位于田家地区东北部的商 64 区块，有多口井钻遇沙河街组二段下段的油层，用老构造图无法解决油藏的油水关系问题，因而严重制约了该区的增储和产能建设。新资料精细地描述了沙河街组二段下段的构造形态，构造面貌整体清晰，断层组合与老构造图的差别较大(图 3)。后续开发井的钻探验证了新资料构造成图的正确性，新探明该区块含油面积 $0.9km^2$。

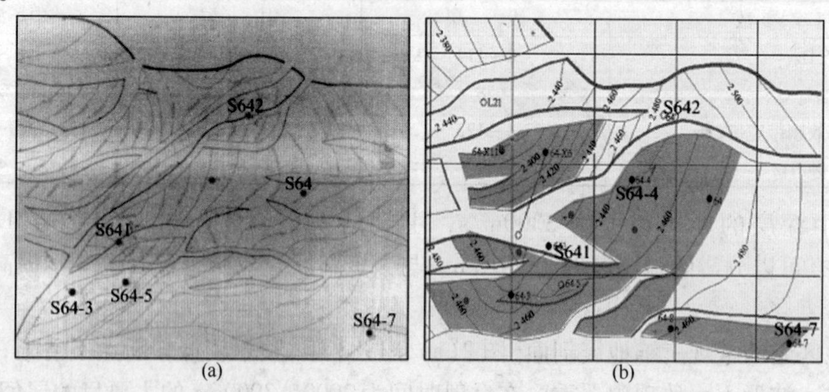

图3　田家地区老资料(a)和新资料(b)解释的沙河街组二段下段的构造特征

(2) 实现了复杂断块区的整体评价。受老资料品质的限制，前期对沙河街组三段下段、沙河街组四段的滚动勘探主要以“零敲碎打”为主，一直未能全区成图，因此制约了对这两套地层的整体评价。品质良好的新资料给全区构造解释成图和断块整体评价提供了基础，为此对深部的 T_6 和 T_7 两套层系开展了解释和成图工作，进行了断块的整体评价。

评价步骤及方法为：

① 以二级断层为基础，理顺全区的断裂体系，进行断层编号，确定三级断块区的范围；

② 针对三级断块区，分层系进行断块描述；

③ 应用钻井资料对钻遇的断块进行评价，分区进行油气成藏规律研究；

④ 对未钻遇的断块进行油源、储层、圈闭、封堵等综合评价。

对断块进行了分类，划分为：

① 有利断块——构造落实，边界断层封堵性好，油源条件、储层物性好，周围类似断块含油或位于本断块低部位的井有油气显示；

② 较有利断块——构造较为落实，边界断层封堵性较好，储层物性较好；

③ 风险断块——构造落实，边界断层封堵性较好，周围断块无油气显示。

（3）提高了岩性油藏的预测精度。自1973年完钻的商5井、商54井发现基山砂岩体岩性油藏以来，由于基山砂体为低渗透油层，且主体部位埋藏深（一般在2800～4200m），同时受地震资料品质及开发工艺技术的限制，基山砂体的勘探开发一直没有大的突破。1998年利用高精度三维地震资料，结合地质、钻井、测井、试油等资料，从区域沉积体系以及基山砂岩体的成因、分布规律、储层物性、成藏规律及其勘探目标等方面展开了综合研究工作，着重对基山砂体进行描述和区带评价，从储层物性、构造配置、储盖组合、钻井情况诸方面进行成藏分析，提供岩性及构造岩性油藏勘探目标，先后部署了6口井，有5口见到了油层。从而证实了基山砂体储量的规模和勘探的巨大潜力，基山砂体被列为主要勘探开发对象。

2001～2008年田家地区勘探开发成果显著，石油探明储量达2210 $\times 10^4$t，新钻井106口，新建产能20.2 $\times 10^4$t。

1.4 高精度三维地震技术首次应用的启示

（1）勘探技术应用史例的总结也是一种勘探方法研究，而且是更重要的方法研究。田家地区勘探目标隐蔽且复杂，油藏类型以复杂小断块油藏为主，滚动开发目标也向着风险大的复杂小断块方向发展，老三维地震资料已不能满足进一步开发的需要。在这种紧迫形势下，在一次常规三维勘探技术的基础上，提出了二次勘探的高精度三维地震技术思想与方法。

（2）1998年田家地区高精度三维地震勘探拉开了向高精度地震技术进军的序幕，首次使用960道仪器，实现了从“百道仪”向“千道仪”的跨越；采集站形成数字化数据，减少了大线传输衰减和外界干扰造成的信号畸变；使用专用采集设计软件系统进行技术设计，实现了观测系统参数论证和优化；应用面元细分观测系统，采用宽长排列接收、中间激发方式，开启了宽方位、全偏移距、小面元、高覆盖次数、全数字化数据接收与传输的地震采集技术发展方向。

（3）田家地区的高精度三维地震勘探在施工工艺方面实现了较多创新，首次采用GPS测量系统，精度高、实时性强；对平原地区近地表进行精细调查，直接从井中提取近地表地层岩心，掌握了全区近地表岩性和速度信息，为激发点的井深和岩性的选择，以及后续的资料动、静校正处理等打下了基础；针对不同地表条件采用多种激发震源，保证大型城区不空炮，使得单炮资料的质量得到提高，资料不存在信息空白区；开展采集过程质量监督、现场资料处理监督等质量控制工作。

（4）在田家地区首次应用高精度三维地震技术在识别小断层和小断块、解决油藏的油水关系问题、整体评价复杂断块区、预测岩性油藏等方面取得了突破，自此以后，“千道仪”得到广泛应用，高精度三维地震勘探技术在油田迅速得到推广和发展。

2 高精度三维地震技术现状分析

自1998年以来的10余年间，地球物理勘探技术发生了巨大而深刻的变化，这一过程大致可分为两个阶段：前5年是初级阶段，联合应用常规勘探技术和高精度勘探技术；后5年是成熟阶段，几乎全部采用高精度勘探技术。

高精度三维地震勘探技术是一项整体设计、分步实施、实时质量监控、一体化思路贯穿始终的地震勘探系统工程，涉及项目部署、地震数据采集、资料处理和解释及油藏滚动勘探开发的全过程。整个过程的各环节要合理衔接，每个环节要保持高质量，所有单项新技术要协调配合，以提高资料的信噪比、分辨率、保真度和成像精度为宗旨，以解决复杂地质问题和完成油气地质目标为目的。

2.1 高精度三维观测系统分析

以综合考虑勘探区带的油气潜力、勘探目标的复杂程度和当前物探技术的能力，作为高精度三维地震勘探选择观测系统的依据和原则。观测系统设计主要考虑3个方面：①针对地下地质目标；②考虑复杂地表条件；③着眼后续资料处理和解释。目前，前两个方面的技术相对成熟，最后一个方面是今后进一步发展的方向。

针对地下地质目标的观测系统设计的步骤是：①老资料综合分析；②观测系统基本参数论证，包括接收点距和线距、激发点距和线距、排列片的长度和宽度等；③观测系统属性分析，包括CDP面元、覆盖次数分布、炮检距与方位角分布、炮与道密度分析、采集脚印分析、压制干扰能力分析等；④建立模型进行正演模拟分析，包括射线追踪、照明分析、CRP分析等；⑤提出拟采用的观测系统方案。

分析近几年中国石化实施的典型高精度三维地震观测系统的面元和覆盖次数等采样密度参数，可以将其分成4类(表4)：一是常规采集方法，如马王庙三维项目；二是较高覆盖次数的两次采集方法，如五号桩三维项目；三是面元变小的高覆盖次数方法，如垦71和王集三维项目；四是细分面元方法，如永新、马厂和十屋三维项目，这3个勘探区域断裂均非常发育。

表4 高精度三维地震勘探观测系统分类

分类	三维地震项目	观测系统	面元/m^2	覆盖次数/次	道密度/(道/km^2)
1	马王庙	12L24S168T	25×25	84(14×6)	134400
2	五号桩	24L24S210T	25×25	252(21×12)	403200
3	垦71	12L66S200T	10×10	120(20×6)	1200000
4	永新	48L75S128T	25×25，5×5	600(40×15)，24(8×3)	960000

第1类观测系统采取了技术经济平衡型方法，适用于一般勘探目标，成本较低；第2类是常规网格、高覆盖次数，适用于强噪声发育区和弱有效信号区，存在的问题是，当覆盖次数达到一定程度时，过高覆盖次数的那部分区域的有效程度降低；第3类是小面元、高覆盖次数，适用于小断块发育区，可提高横、纵向分辨率，但勘探成本大增，此方法今后应注意地质目标、技术条件与经济成本的匹配；第4类是新兴的细分面元方法，炮点密度均匀，道

密度均匀，炮距与道距相近，能较大程度地压制干扰波，提高有效波保真度和横向分辨率，提高叠前偏移成像精度。

细分面元方法的优点还在于可以形成多种面元，其中纵、横向尺寸均匀的面元有25m×25m，20m×20m，15m×15m，10m×10m和5m×5m等，可以相应地应用在勘探开发的5个不同阶段，即常规解释、精细解释、勘探目标锁定、井位设计和油田开发等阶段。其中10m×10m面元是实际应用中的主面元。

预计细分面元方法会得到广泛应用，其中接收道网格、激发炮网格会受到人们的特别关注。今后的发展趋势是，在观测系统道网格50m×50m、炮网格80m×80m的基础上追求炮网格与道网格一致，比如，道网格保持不变，而炮网格缩小，向道网格接近，炮距从目前的80m依次变小为70m，60m，50m。另一种趋势是，保持目前的炮点线网格不变，而加密接收点距和线距，由目前的道网格50m×50m加密为50m×25m和25m×25m。

中国石化单台地震仪器接收道数能力已超过万道，地震观测方式发生了深刻变化。观测系统一般为：接收线数10~50，激发点数6~40，单线道数100~400；接收道距20~50m，接收线距50~240m，激发点距25~60m，激发线距80~320m；CDP面元多数为25m×25m，细分面元可达5m×5m，覆盖次数60~600，道密度(5~100)×10^4。

对观测系统做简单评价可从3个方面考虑：一是密度参数，道距A、线距B、炮点距C、炮线距D四个参数的值越小越好；二是均匀性参数，A/B，C/D和$(A/B)/(C/D)$3个参数越接近1越好；三是数量参数，总道数越多越好，纵、横两个方向的道数越相近越好(纵向上要保证足够的偏移距)，此时，横纵比接近1。其中，参数均匀性主要通过观测系统优化技术来实现，其他两类则依赖于装备水平和成本投入。按照这一评价标准推断，中国石化目前已实施的永新三维项目和马厂三维项目的观测系统是比较好的，它们的接收道网格均为50m×50m、激发点网格80m×80m，而总道数分别为6144和4096。

2.2 高精度地震技术的应用现状与效果

从近几年油气勘探开发的实践与应用效果看，中国石化的高精度地震技术取得了长足进步，应用效果显著(表5)。

表5 中国石化高精度地震技术应用现状

技术分类	技术名称	应用现状
成熟技术	高分辨率地震勘探技术	国际先进水平
	叠前时间偏移成像技术	国外开始应用波动方程法，国内以克希霍夫法为主
	叠后储层预测技术	软件主要依赖进口，应用居国际先进水平
	可视化地震解释技术	开始应用，没有产业化
发展中的技术	复杂地表地震勘探技术	山前带、滩浅海区有优势，大沙漠区与国外同等水平
	深海地震勘探技术	离国际水平差距较大
	叠前深度偏移技术	国外海上已得到普及，国内开展部分试验
	叠前储层预测技术	与国际先进水平有一定差距
	烃类检测技术	天然气识别达国际先进水平
前沿技术	高密度地震勘探技术	国外已获生产应用，国内开始试验，会得到较快发展
	多波地震勘探技术	已经开始应用并初见成效
	井中地震技术	国外普及，国内小规模应用
	时间推移地震技术	国外北海大规模应用，国内小规模试验

1998 年以来，中国石化每年的三维地震工作量从 $3000km^2$ 增加到 $9000km^2$，每年新增油气探明储量从 1.8×10^8t（油当量）增加到 4.5×10^8t（油当量），二者均呈逐年递增态势。探明储量的增长与三维地震工作量的增加成正比关系，发现 1×10^8t 油气探明储量需要配置 $2000km^2$ 的三维地震工作量。物探技术尤其是高精度三维地震技术对油气勘探的贡献是十分显著的。

高精度三维地震技术有效地提高了地震资料的信噪比和成像精度，为隐蔽油气藏勘探和复杂断块油气藏滚动勘探开发提供了可靠的资料保证。随着中国石化高精度地震勘探技术的逐步完善和推广应用，地震资料的纵、横向分辨率得到较大提高，在 2500m 深度，能分辨断距为 10m 的断层，厚度为 8～10m 的储层，落实面积为 $0.02km^2$ 的圈闭。

到 2009 年 2 月，胜利、中原、江苏、江汉、河南等油田在富油凹陷内共完成高精度三维地震满覆盖面积 $10276km^2$，占三维地震工作量的 11%。以东营凹陷为例，共完成高精度三维地震 8 块，满覆盖面积为 $1113.53km^2$，资料面积为 $1706km^2$。应用这些高精度三维地震资料发现和落实各类圈闭 212 个，落实圈闭面积 $274.9km^2$，部署探井 33 口，滚动井近 40 口，上报探明含油面积 $8.98km^2$，探明石油地质储量 1140×10^4t，上报预测含油面积 $19.9km^2$，石油地质储量 5048×10^4t，圈闭资源量 9060×10^4t，取得了明显的经济效益。2005～2006 年，中原油田在马厂地区完成满覆盖面积为 $131.92km^2$ 的高精度三维地震采集，通过处理与解释，精细刻画出以往常规地震资料无法落实的小断块（图 4），取得了东濮凹陷复杂断块群油气藏勘探新进展。2006～2008 年实施探井 10 口，成功率为 100%，平均单井钻遇油层厚度为 27.4m，比 2006 年以前平均单井油层厚度（13.8m）增加了 13.6m，探明石油地质储量 240×10^4t。在开发方面，由于构造划分更细，井间油水关系清楚，有力地指导了开发井的调整，加快了储量动用。2007 年以来主要开发了 4 个区带，实施 21 口井，累计产油 1.86×10^4t，新增动用储量 105×10^4t。

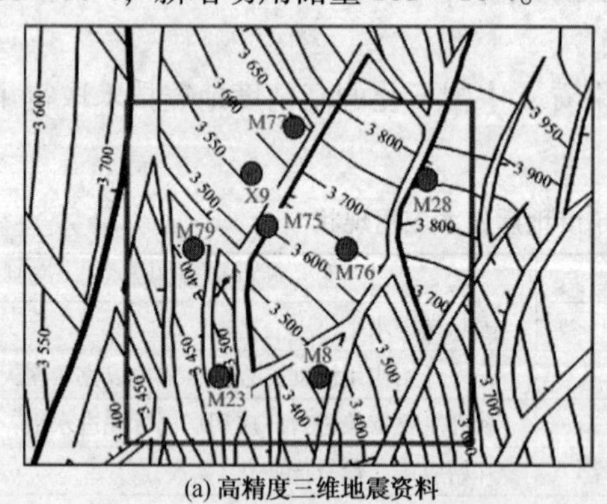

(a) 高精度三维地震资料

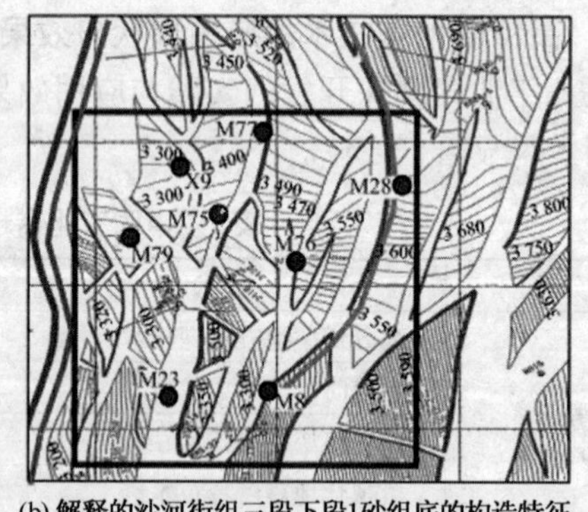

(b) 解释的沙河街组三段下段1砂组底的构造特征

图 4　马厂地区用常规三维地震资料

3　高精度地震勘探技术发展展望

油气勘探开发对地球物理技术的需求主要在两个方面：一是勘探方面，如何在新区、老区找到更多的圈闭和储量，解决资源接替问题；二是在开发方面，如何提高采收率，延长油田寿命，实现油田价值的最大化。

自1998年高精度三维地震技术诞生以来，面对隐蔽油气藏、海相碳酸盐岩、山前带三大勘探目标，经过持续不断的攻关试验和研发创新，以高精度三维地震技术进步为基础的中国石化陆上物探技术已经发展形成了五项关键技术系列，并且分别具备了较强的解决油气地质问题的能力(表6)。根据各探区的地质－地球物理特征、主要勘探难点、钻探成功率等情况分析，目前的物探技术能力与探区实际地质需求之间尚存在着差距，实现下步的攻关目标尚有较大难度，这也是高精度地震勘探技术发展的动力和方向。

表6 关键物探技术的现有能力及下步攻关目标

关键技术	配套技术	能力	攻关目标
隐蔽油气藏圈闭评价技术	薄储层地震预测技术	东部预测精度 8~10m	预测精度 5~8m
	圈闭可靠性评价技术	东部符合率 70%	符合率 80%
		西部符合率 50%	符合率 60%
前陆冲断带构造建模技术	叠前深度构造成像技术	西部构造精度 200~300m	预测精度 100m
	构造建模技术	西部准确率 50%	准确率 60%
海相碳酸盐岩缝洞预测技术	缝洞储层地震预测技术	塔中预测精度 30~50m	预测精度 15~30m
老区目标精细评价技术	油气资源空间预测技术	预测符合率 60%	预测符合率 70%
	目标评价技术	符合率 60%	符合率 70%
天然气藏地震检测技术	叠前储层预测技术	川西须家河组预测精度 15~20m	预测精度 10~15m
	天然气藏评价技术	川东北符合率 80%	符合率 85%

3.1 优先推广应用高精度三维地震技术

中国石化老区隐蔽油气藏勘探领域剩余资源量大，增储潜力大；新区海相碳酸盐岩油气藏埋藏深、规模大，发展高精度三维地震勘探技术具有广阔的前景，需要优先推广应用高精度三维地震技术。目前，中国石化的地震勘探工作以每年满覆盖面积7000~8000km^{2}的三维工作量向前推进，其中高精度三维占85%~90%。

应进一步提高高精度三维地震勘探的工程化设计水平，优化技术方案。目前的采集技术设计水平仍处于较少考虑后续资料处理及解释应用的技术阶段，下一步应向资料采集、处理、解释技术一体化的方向发展，模型正演和反演技术会得到实质性发展。

观测系统将广泛采用小网格、宽长排列、小面积检波器组合，以获得小面元、高覆盖次数、宽方位的海量数据。其中，宽方位采集方式会得到快速发展，即增加排列片宽度，横纵比由目前的0.4~0.7向1逼近。

室内处理将采用分方位的叠前处理技术，获得不同方位角的叠前道集和偏移剖面，以进行构造断裂系统及岩性非均质性的精细描述。处理过程包括划分方位角扇区、扇区叠前时间偏移道集、多次波衰减、扇区高密度剩余动校正、分方位角叠加、全方位角叠加等。资料的频率会展宽10Hz左右，纵、横向分辨率将得到进一步提高。

资料解释将充分利用井资料，进一步发展叠前反演技术、叠前属性提取技术、复杂储层预测技术，更直接向油藏建模和油藏模拟地震技术发展。继续提高分辨率、信噪比、成像精度和保真度，使薄互层、特殊岩性体、复杂小断块、裂缝发育带的成像特征更加清楚，满足现阶段老区隐蔽油气藏和新区海相碳酸盐岩复杂储层油气勘探的需要。

3.2 开展高密度三维地震技术先导试验

所谓高密度三维地震就是采用全数字采集系统、数字检波器、单点接收、更小接收道距及线距、更小激发点距及线距、长宽排列、超高单炮道数，获得小面元、全方位、高覆盖次数的海量地震数据。野外真实记录全波场信息，室内进行噪声分类识别，进行检波器数字组合叠加(DGF)，剔除相干噪声和不相干噪声，提取真实有效波。

2008 年 9 月，在胜利油田罗家地区实施了高密度三维三分量(3D3C)地震先导试验采集。观测系统为 28L10S400T2R140F，道间距 12.5m，炮点距 25m，接收线距 125m，炮线距 125m，检波器道数 11200 道(400×28)，仪器记录道数 33600(三分量，11200×3)，横纵比 0.724，面元6.25m×6.25m，覆盖次数 140(20×7)，道密度 358.4×10^4 道(仅单分量)，获得资料面积为 $42km^2$。

罗家地区高密度 3D3C 地震先导试验的数据采集特点为：

(1) 仪器因素为宽频带(0～800Hz)、大动态范围(0～120dB)、24 位 A/D 转换。

(2) 超万道采集。野外接收道数 11200 道，仪器记录道数 33600 道，形成了海量数据，单炮数据量 940.8MB。海量数据对仪器带道能力、数据存储、数据高速运算、超万道生产质量监控和生产组织等均提出了严峻挑战。

(3) 放弃了传统的检波器组合，采用单点全数字采集，波场面貌更为真实，远道有效波反射能量没有畸变。

(4) 三分量采集，记录了多波全波场信息。

高密度地震采集的单炮资料频带宽、主频高，信噪比较好。单炮记录的主频比老资料提高了10～15Hz，频带展宽了 40～50Hz，其中，沙河街组一段优势频带(－18dB，以下同)为 5～85Hz，有效频带宽度为 2～115Hz，主频为 45Hz；沙河街组三段、沙河街组四段优势频带为 4～60Hz，有效频带宽度为 2～90Hz，主频为 33Hz。在资料处理中，通过在叠前和叠后应用提高分辨率技术，使剖面的优势频带比老资料提高了 16～18Hz，其中，沙河街组一段的优势频带宽度达到 6～91Hz，比老资料提高了 18Hz；沙河街组三段、沙河街组四段的优势频带宽度达到 7～83Hz，提高了 16Hz。

中国石化的高密度三维地震技术研究工作已经启动，在未来几年会得到稳步发展：

(1) 采集仪器采用大道数、轻便、有线和无线兼容的方式；

(2) 观测方式以单点数字检波器、小网格、宽方位、高炮密度、高道密度、高覆盖次数为特点；

(3) 激发方式仍以炸药震源激发为主，在沙漠区将主要使用可控震源，遵循大能量、少震次、不组合的技术发展潮流；

(4) 野外施工组织方面，强调在不降低采集质量的前提下尽力提高采集效率；

(5) 资料处理方面，基于全波动方程的逆时叠前深度偏移技术将得到快速发展；

(6) 资料解释将向叠前解释、全信息解释发展，重点研究以地震属性分析为核心的综合构造描述、储层预测、油气检测、地质综合研究、油藏地质建模和油藏模拟等技术；

(7) 可视化及虚拟现实等新技术将得到广泛使用，全三维解释、多属性体联合解释及多学科一体化综合研究是必然发展方向。

4 结束语

油气地质的需求是推动地球物理技术进步的源动力。1998 年胜利油田召开的高精度三维地震研讨会意义重大，它所提出的二次高精度勘探思想一直影响着胜利油田以及中国石化地震勘探技术的发展轨迹。从田家地区高精度三维地震技术的首次创新性应用开始，经过 10 年多的攻关试验和研发创新，高精度三维地震技术已经成为中国石化解决复杂油气地质问题，特别是隐蔽油气藏勘探和复杂断块油气藏滚动勘探开发的有效技术手段。

随着高精度地震勘探技术的发展，地震采集技术遵循采集、处理、解释一体化的发展思路，借助于先进仪器装备和各种采集新技术的不断推出，不断向着适应更恶劣地表条件、更复杂地下构造和更隐蔽油气圈闭的勘探需求方向发展。具体体现在采用 24 位超万道地震仪、数字检波器加网络技术支撑的全数字采集系统，进行单点接收、大动态范围、超多道记录、小面元网格、高覆盖次数、高品质震源、多分量接收、全方位信息、环保型作业的高密度三维全波场采集。全数字采集采用 MEMS 数字检波器，大大扩展了动态范围(>90dB)，从而更有利于提高深层弱反射信号和拓展地震频带；全波场采集同时获取转换波资料，有利于缝洞识别、各向异性研究和油气流体检测。

从国外目前已经推出的高精度地震采集新技术来看，无论是 WesternGeco 的 Q-技术、CGGVeritas 的 Eye-D 技术、PGS 的 HD3D 采集模式，还是海上宽方位多缆采集技术和海底电缆(OBC)以及海底节点地震(OBN)新技术，都是强调以质量和环保为核心的精细地震采集系列技术方案，更是贯穿油气藏勘探开发全过程的地震数据采集、处理、解释一整套新技术的综合。高密度地震数据采集给地震资料的处理和解释带来的一系列新技术和新成果，包括高品质成像、多道滤波、Radon 保真去除多次波、地表相关去除多次波(SRME)、精确的 AVO-AVA 分析、油藏描述与流体检测、四维地震监测、方位数据规则化、方位偏移、方位各向异性计算与应用，等等。

由此可见，高精度地震勘探技术的发展是地球物理技术整体进步的体现，更是油气勘探开发战略思想、技术思路和管理水平整体进步的体现。所以，面对中国石化东部、西部、南方等地区油气勘探开发的迫切需求，针对隐蔽油气藏、海相碳酸盐岩、山前带三大勘探领域，围绕以“复杂地表、复杂构造、复杂储层”为显著特点的勘探目标，中国石化将制定有针对性的技术对策，发展有针对性的物探技术系列，大力发展和推广应用高精度地震勘探技术，在未来至少 5 年时间内，高精度三维地震技术将继续发挥主导作用。同时，致力于开展高密度三维地震技术的先导试验和配套处理、解释技术的创新研发，使新兴的高密度三维地震技术与日趋成熟的高精度三维地震技术共存发展，针对不同的地质需求发挥各自的技术优势，将高精度地震勘探技术推向一个崭新的水平，以解决更为复杂的油气地质问题，发现更多隐蔽油气资源。

致谢：本文撰写过程中，于世焕、王炳章、宋桂桥、闫昭岷、杨德宽、张树海给予了大量帮助，在此表示感谢！

参 考 文 献

1 刘雯林，张颖．石油地球物理发展历程回顾、启示及对策建议[J]．石油科技论坛，2003(10)：42～52

2 李庆忠．走向精确勘探的道路[M]．北京：石油工业出版社，1993
3 马在田．地震成像技术有限差分偏移[M]．北京：石油工业出版社，1989.41，161
4 赵殿栋，吕公河，张庆淮等．高精度三维地震采集技术及应用效果[J]．石油物探，2001，40(1)：1～8
5 钱荣钧．关于地震采集空间采样密度和均匀性分析[J]．石油地球物理勘探，2007，42(2)：235～243
6 于世焕，丁伟，徐淑合等．延迟震源技术在三维高分辨率地震勘探中的应用[J]．石油物探，2004，43(2)：111～115
7 陆从德，凌云，高军．陆上地震勘探的近地表影响检测与分析[A]．CPS/SEG Beijing 2009 International Geophysical Conference & Exposition[C]．北京：中国石油学会石油物探专业委员会，2009
8 李磊，梁德勇，戴云等．乍得 Maye 三维工区表层调查和静校正方法研究[A]．CPS/SEG Beijing 2009 International Geophysical Conference & Exposition[C]．北京：中国石油学会石油物探专业委员会，2009
9 邱毅，白旭明，唐传章．中国东部大型城矿区高精度三维地震勘探技术[J]．CPS/SEG Beijing 2009 International Geophysical Conference & Exposition[C]．北京：中国石油学会石油物探专业委员会，2009
10 秦亚玲，侯春丽，计平等．东濮凹陷高精度地震资料处理[J]．勘探地球物理进展，2002，(2)：16～20
11 胡中平，孙建国．高精度地震勘探问题思考及对策分析[J]．石油地球物理勘探，2002，37(5)：530～536
12 熊翥．高精度三维地震Ⅰ：数据采集[J]．勘探地球物理进展，2009，32(1)：1～11
13 赵贤正，张以明，唐传章等．高精度三维地震采集处理解释一体化勘探技术与管理[J]．中国石油勘探，2008，13(2)：74～82
14 秦晓华，李虹，蔡希玲．高密度地震数据处理技术研究及应用[A]．CPS/SEG Beijing 2009 International Geophysical Conference & Exposition[C]．北京：中国石油学会石油物探专业委员会，2009
15 吕公河．地震勘探中次生干扰弹性动力学分析[J]．石油物探，2001，40(3)：76～81
16 唐建明，徐向荣，李显贵．三维三分量技术在深层致密储层裂缝预测中的应用——以新场气田上三叠统须家河组二段气藏勘探为例[A]．CPS/SEG Beijing 2009 International Geophysical Conference & Exposition[C]．北京：中国石油学会石油物探专业委员会，2009
17 王兴谋，韩文功，李红梅等．浅层岩性气藏地震检测的陷阱分析[J]．石油大学学报：自然科学版，2003，27(1)：19～22

高密度三维地震技术

——老油区二次勘探的关键技术之一

曲寿利

（中国石化石油物探技术研究院，成都 100083）

摘要：随着老油区勘探开发的深入，勘探开发的对象越来越小且难度越来越大。概括而言，老油区勘探开发面临的难点表现在：①对象是4个字：深、隐、低、小。“深”是指勘探目的层标埋藏深不断加大；②“隐”是指勘探对象多为的隐蔽小断块、小幅度构造和隐性岩性圈闭不断增加；③“低”是指油气藏多为低渗透、特低渗透油气藏所占的比例不断上升；④“小”是指东部勘探对象的单元储量规模越来越小等方面。当前的地震资料精度不能满足老油田的勘探开发的需求，是成为制约勘探开发的重要因素之一。国内外的研究表明，新一代地震技术－－高密度三维地震技术，可以大幅度提高地震资料的品质，这对提高老油区勘探开发的成功率有着重要的意义。本文重点介绍了高密度三维地震技术及其实现方法，分析了实施高密度三维地震技术的关键问题，给出了及在国内外高密度三维地震技术的应用实例，展示了高密度三维地震技术的良好应用效果与和应用潜力，证明了高密度三维地震技术是老油区二次勘探的法宝关键技术之一。

关键词：高密度三维地震技术　老油区　二次勘探　勘探精度

1　老油区开发对地震资料的需求

老油区是指我国东部的一些老油田和西部的塔河油田开发区等。这些老油区的特点是油气资源富集，地下地质条件复杂，油气资源潜力大，勘探开发难度大。东部老油区储集体主要为陆相复杂小断块和复杂隐蔽岩性圈闭，西部老油区储集体主要为非均质海相碳酸盐岩孔缝洞储层。

老油区的二次创业是指在老油区开展的精细勘探和二次勘探，目的是增加后备储量，提高老油区的采收率，增加可采储量和储量的动用程度，尽可能发挥现有国有资产（探明储量）的作用，最终提高经济效益。随着勘探开发的深入，二次创业的难度越来越大。概括而言，老油区勘探开发面临的难点表现在4个方面：深、隐、低、小。“深”是指勘探目标埋深不断加大；“隐”是指勘探对象的隐蔽性不断增加；“低”是指低渗透、特低渗透油气藏所占的比例不断上升；“小”是指东部勘探对象的单元储量规模越来越小。如何提高三维地震资料的精度，进而提高对复杂小断块的刻画能力、岩性圈闭的预测能力和小尺度孔缝洞的描述精度，是老油区勘探开发亟待解决的关键问题之一。从目前国内外地震技术的应用现状来看，高密度三维地震技术是解决该问题的最有效的途径，是老油区二次勘探的关键技术之一。

2　高密度三维地震技术

为了满足复杂勘探开发对象对地下成像、储层描述和油藏监测的需求，国内外以万道地震技术为代表的新一代地震勘探技术迅速发展起来。

万道地震采集技术采用万道地震仪(30000 道以上)和数字检波器进行单点激发、单点接收，采集的地震资料具有大动态范围、多记录道数、多分量地震、全方位信息、小面元网格、高覆盖次数等特点。万道地震技术可以极大地提高地震资料的纵、横向分辨率和信息精度，它将拉动勘探开发技术向特高精度发展，对小断块、小幅度构造、小潜山、薄储层、小砂体、小尺度孔洞和精细油藏描述具有重要意义。

万道地震仪成本非常昂贵，推广应用难度较大。但是，可以借助万道地震仪的思路发展高密度高精度三维地震技术(简称为高密度三维地震技术)提高地震资料对小断块、薄储层、小砂体、小尺度孔洞的识别能力。

2.1　高密度三维地震技术的实现方法

高密度三维地震技术的实现方法有 3 种途径：

(1) 向国外学习，直接引进设备，即引进万道地震仪加数字检波器，但这样成本很高；

(2) 用现有仪器组合加数字检波器，这样只需引进数字检波器即可；

(3) 用现有仪器组合加上模拟检波器，这样只需做特殊的采集观测系统设计即可。

用现有的装备实现高密度高精度三维采集，同样可以大大提高地震资料的精度。

2.2　实施高密度三维地震技术的关键问题

实施高密度三维地震技术将面临 4 个关键问题，即地震道数、采集成本、数据量与处理成本和方位属性问题。

(1) 地震道数问题。高密度三维地震技术需要上万道的地震道数，现有地震道数不能满足这个要求，但可以利用灵活的观测系统设计，通过减少道数，适当增加炮点数解决这个问题，实现高密度采集。

(2) 采集成本问题。高密度三维地震采集必然要增加一定成本，但是成本的增加不是随炮数和道数线性增加的。成本增加的构成主要有：①增加跑井、钻井成本与炸药成本；②增加道数的放线人工成本；③增加测量工作量成本；④工作量增长造成周期延长所带来的消耗成本。这个问题可以通过提高效率、优化管理控制成本来解决。

(3) 数据量与处理成本问题。高密度三维地震的数据量是常规三维地震数据量的数十倍。如果按运算量来计算成本，其处理成本呈数倍增长。目前计算机机群的成本不断下降，计算能力不断增强，因此处理成本的增加主要是设备费和折旧费，处理费用并不随数据量的增加而线性增加，而且，叠前时间偏移是强制性的常规处理。

(4) 方位属性问题。由于高密度三维地震资料含有丰富的地质信息，特别是常规地震难以得到的叠前方位属性和叠前弹性反演属性，它们对于研究储层物性和含油气性具有重要意义。但是，如果不是对裂缝型储层进行精细描述，则不需要太宽的方位角，避免增加不必要的成本。

2.3　高密度三维地震技术的适用地区

由于高密度地震技术的成本相对高，因此其适用地区首先是地下资源潜力较大、野外地震数据采集施工相对容易的地区。如东部老油田的二次勘探及剩余油分布的预测(主要目的是解决断块、岩性、流体识别等问题)，西部塔河油田孔缝洞油气藏储层的精细描述与含油气预测，以及华北大牛地气田快速变化的砂体预测等。在南方，发现资源的探区也可以应用。

3 国内外高密度三维地震技术应用实例

3.1 胜利油田应用实例

胜利油田济阳坳陷位于华北地台东部、渤海湾盆地的南部，是一典型的陆相断陷盆地。李明娟等应用层序地层学原理和基准面旋回方法系统地对上古生界残留地层进行了层序地层特征研究，建立了层序界面和最大海泛面识别标志，并对体系域内部特征进行了描述。穆星等探讨了坳陷中发育的陡坡带砂砾岩扇体、洼陷带浊积砂和三角洲及前缘滑塌浊积扇、缓坡带滩坝砂、坳陷期河道砂体等4种类型储集层各自的预测难点，并设计了相应的综合地震地质预测技术系列。位于济阳坳陷沾化凹陷南部的垦71井区，区内断层发育，砂岩储层厚度小，原有的地震勘探资料信噪比低，分辨率较低。近年来，在垦71井区开展了高精度三维地震和三维VSP工作，姚忠瑞等和张卫红等对垦71井区三维VSP资料处理方法进行了研究，获得了理想的成像剖面。

2003年，胜利油田在济阳坳陷垦71井区首次实施了$20km^2$的高密度三维地震采集，表1给出了资料采集观测系统的各种参数。

表1 垦71井区高密度三维地震采集参数

采集参数	采集参数	采集参数	采集参数
满覆盖面积：$19.30km^2$(120次) 接收道数：12×200=2400道 炮间距：20m 接收线距：220m	观测系统形式：12线66炮 道间距：20m 炮线距：100m CMP点网格：10m×10m	覆盖次数：6×20=120次 最小炮检距：10m 最大非纵距：1860m	最大炮检距：2723.9m 偏移距：10m 束线距：1320m

图1为老资料和高密度三维地震资料对比图，图2(a)和图2(b)分别为由老资料和高密度三维地震资料解释的构造图。从图中可以看到，高密度三维地震剖面的分辨率明显提高，小断层成像清晰，小断块和薄砂岩储层刻画清楚，仅发现的小断块构造就新增可采储量达140×10^4t。

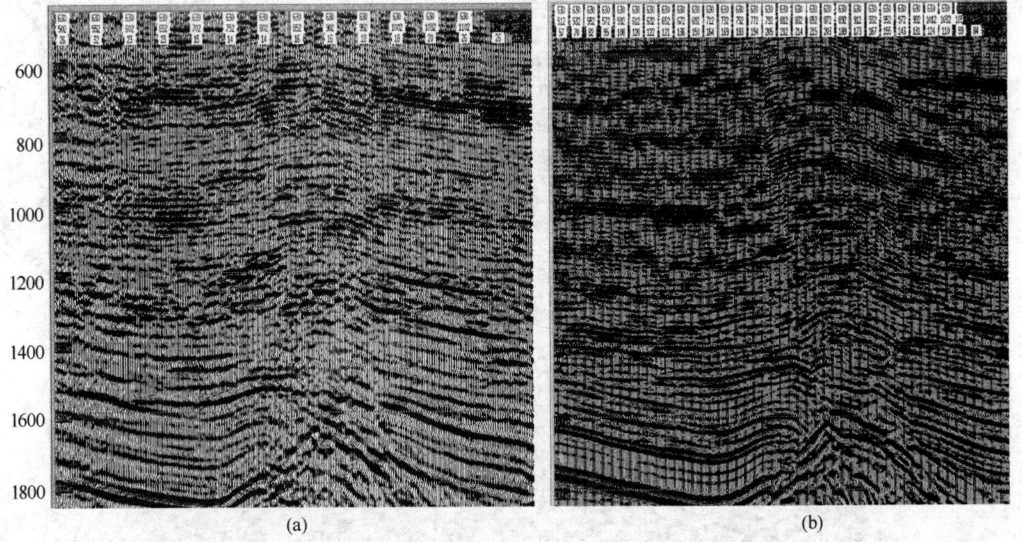

图1 高密度三维地震剖面(a)和老地震剖面(b)

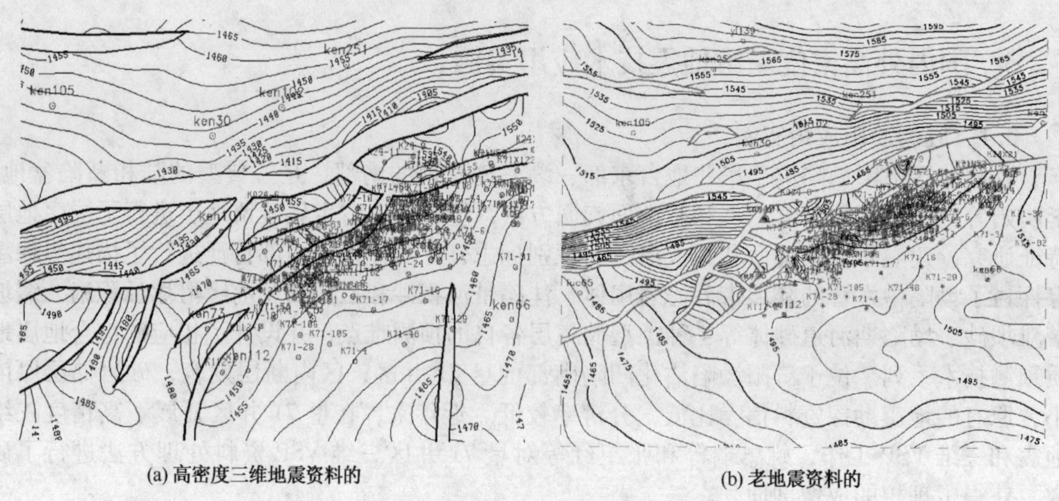

(a) 高密度三维地震资料的　　(b) 老地震资料的

图2　济阳坳陷垦71井区构造解释结果

3.2　中原油田应用实例

2005年，中原油田在马厂地区试验采集了132km^{2}的高密度三维地震资料。资料的采集特点是：①采样密度高，50m×50m的检波点密度和80m×80m的炮点密度使得地震空间采样密集、连续性好，有效地提高了成像精度；②可变面元观测系统，最小面元为5m×5m，有效地提高了地震资料横向分辨率，解决了小断块的成像问题；③使用高能炸药，较好地拓宽了地震频带，提高了地震资料的垂向分辨率，提高了薄砂层的解释精度。

图3是面元为25m×25m的老剖面，图4是相同区域面元为10m×10m的新剖面，可见，新剖面的分辨率和信噪比较之老剖面明显提高，成像效果更好。图5为地震切片，在新资料的切片上[图5(a)]河道清晰可辨，在老资料的切片上[图5(b)]没有河道的显示。图6(a)和图6(b)分别为高密度三维资料的构造图和老资料的构造图，可见，在高密度三维地震构造图上断面成像清晰，小断块非常清楚。

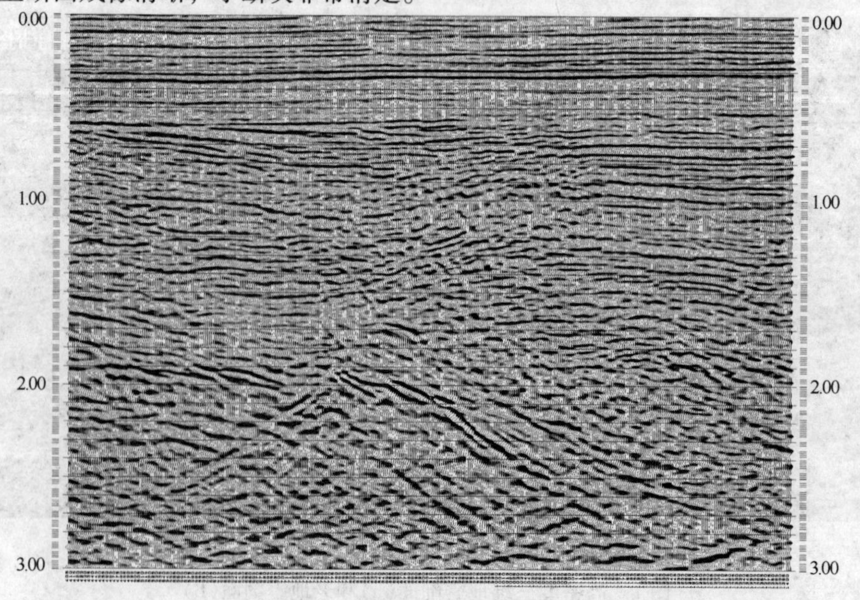

图3　高密度三维地震剖面

图4　老地震剖面

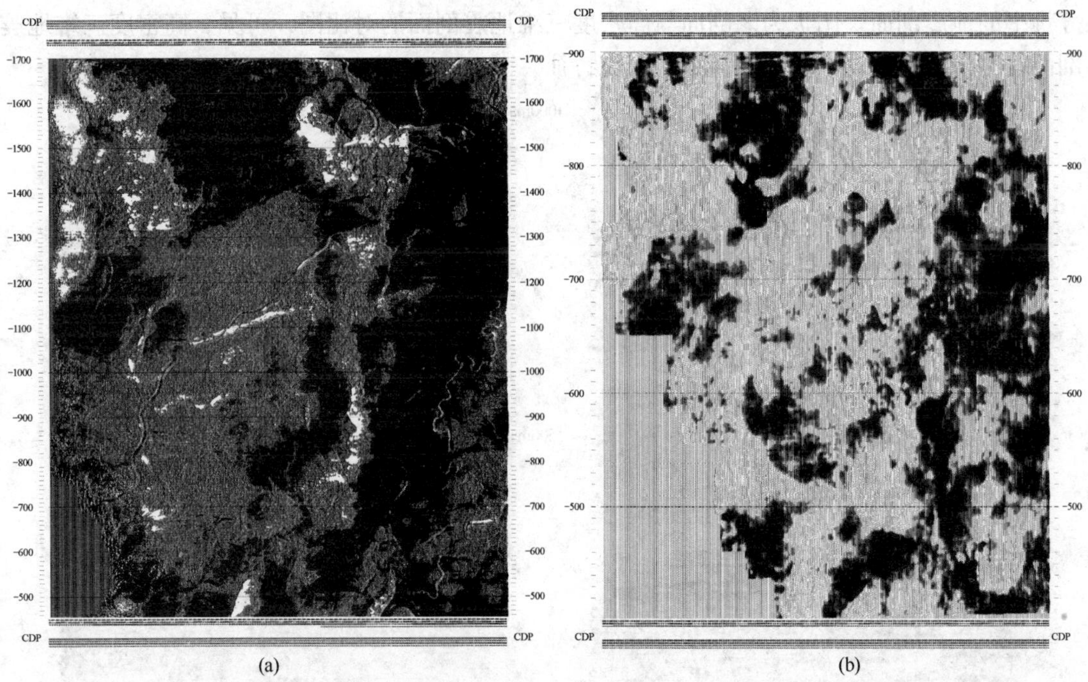

图5　高密度三维地震资料切片(a)和老地震资料切片(b)

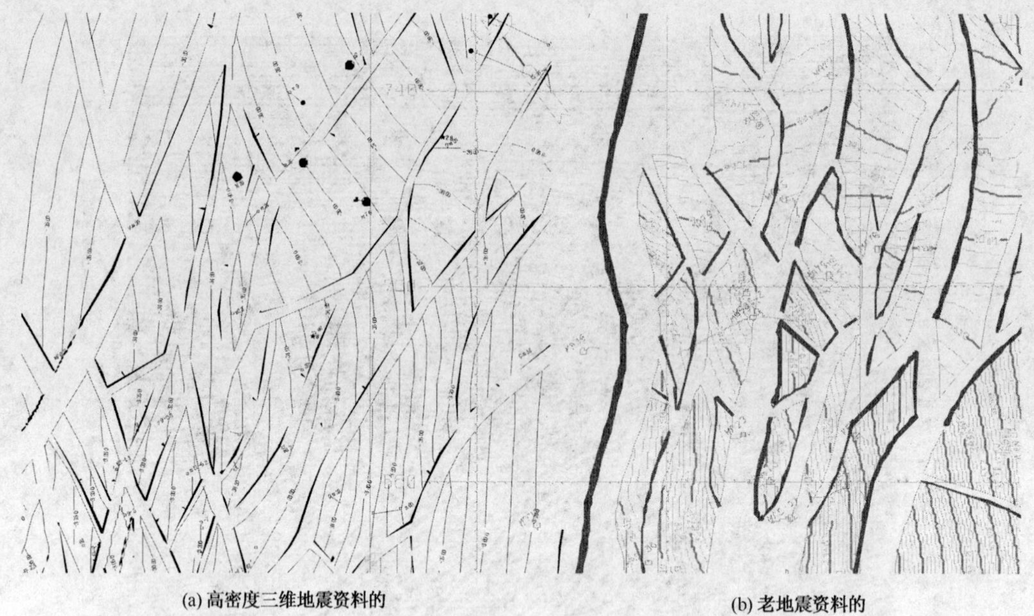

(a) 高密度三维地震资料的　　(b) 老地震资料的

图6　马厂地区构造解释结果

3.3　国外应用实例

2004 年初，科威特石油公司与 WesternGeco 在中东进行了真正意义上的 Q－Land 高密度三维地震数据采集，采用了数字检波器、5m 道距、室内组合等仪器和采集因素，获得了高分辨率的地震剖面。图 7 为老剖面与高密度三维地震剖面的对比图，可见，高密度三维地震剖面能够清晰地刻画小断层和河道的变化特征。

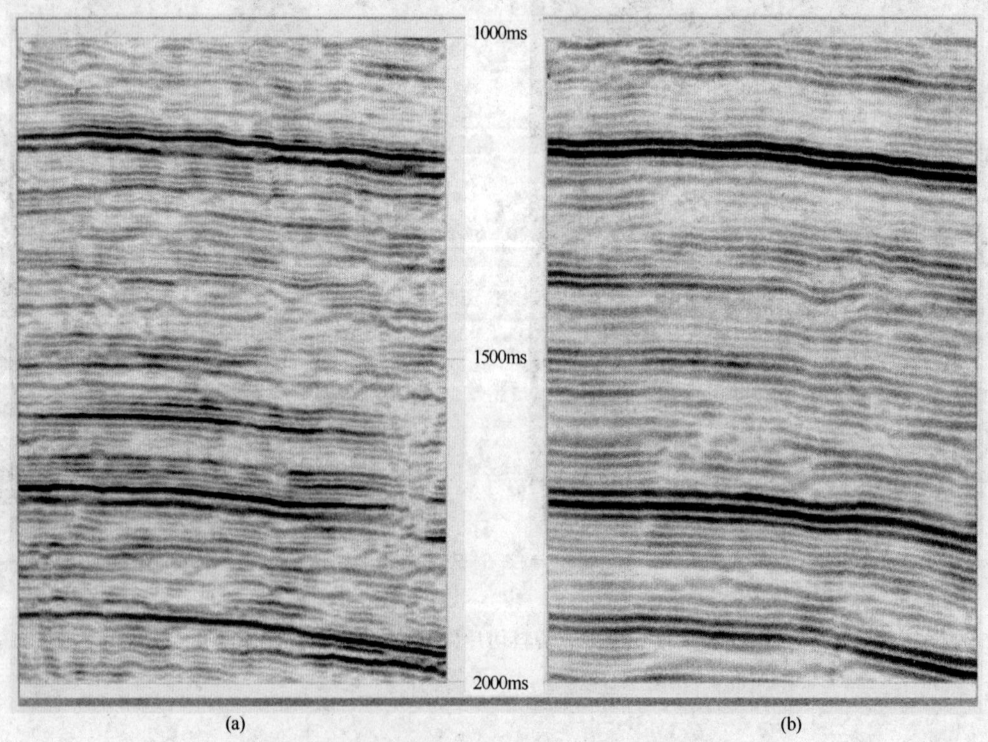

(a)　　(b)

图7　高密度三维地震剖面(a)和老剖面(b)

4 结束语

国内外的应用实例表明：

（1）高密度三维地震采集技术可以有效地提高地震剖面的纵、横向分辨率，对地震剖面的质量有“质”的改变，大大提高了对小断块、小幅度构造、小潜山、薄储层、小砂体、小尺度孔洞的刻画能力。

（2）用现有的装备实现高密度三维地震采集，是一种经济实用的方法，既实现了万道高密度采集，节约成本，又大幅度提高了地震资料的精度。

（3）高密度三维地震技术的实施关键在于成本、效率和生产规模，只有降低施工成本、提高效率，保持一定生产规模，才能得到发展和应用。

（4）高密度三维地震技术适用于地下资源潜力较大且地表施工容易的地区。

致谢：胜利油田、中原油田的有关同志为本研究提供了图件，在此表示感谢。

参 考 文 献

1 曲寿利. 地震勘探技术的发展促进油气勘探新发现——以胜利油田40年地震勘探历程为例[J]. 石油地球物理勘探，2005，40(3)：366～370

2 李明娟，张洪年，胡宗全. 济阳坳陷上古生界层序划分与等时格架建立[J]]石油物探，2006，45(1)：83～87

3 穆星，印兴耀，王孟勇. 济阳坳陷储层地震地质综合预测技术研究[J]. 石油物探，2006，45(3)：351～356

4 姚忠瑞，何惺华，左建军等. 多方位 Walk－awayVSP 处理方法[J]. 石油物探，2006，45(3)：380～384

5 张卫红，陈林，高志凌. 垦71井区三维 VSP 资料波场分离方法应用研究[J]. 石油物探，2006，45(5)：532～536

6 Jonathan Anderson, Andrew Smart, Ayman Shabrawi. Solving an imaging problem in Kuwait Oil Company's Minagish field using single-sensor acquisition and processing[J]. Expanded Abstracts of 75th Annual Internat SEG Mtg, 2005, 502～506

胜利油田“十一五”油气勘探技术进展

熊　伟　邱桂强　李友强　刘华夏

（中国石化胜利油田分公司地质科学研究院，山东东营 257015）

摘要：“十一五”期间，胜利油田为适应勘探对象的需求，进一步发展完善了隐蔽油气藏勘探理论和技术，保证了勘探稳定发展。在烃源岩非均质性研究、深部储集体有效性评价、输导体系与成藏过程分析等方面取得众多创新性认识，针对砂砾岩体、滩坝砂、浊积岩、河道砂体等现实的增储领域发展完善了配套的技术系列，并且通过勘探开发一体化研究，有效地提高了整体工作水平与效益。“十二五”期间，理论和技术的进步仍然是保持胜利油田增储稳产的重要支撑。

关键词：隐蔽油气藏　勘探理论　勘探技术　油气成藏

“十五”期间，中石化依托胜利油田开展了隐蔽油气藏勘探理论和勘探技术的重点攻关，在世界陆相断陷盆地石油地质理论的前沿研究领域中取得了新的理论突破，从陆相断陷盆地隐蔽圈闭发育模式、油气运聚条件入手，通过大量的模拟与测试分析，精细研究，论证了各类隐蔽油气藏的聚油气机理，发展完善了以“断坡控砂、优势输导、相势控藏”为核心的隐蔽油气藏勘探理论，深化了东部老油田隐蔽油藏分布规律及成藏模式(图 1)，为同类盆地的油气勘探提供了新的理论指导，实现了隐蔽油气藏“由碰到立足于找”的转变。与此同时，随着大规模高精度三维地震资料的采集和应用，以及储层地震描述技术和井筒工程配套技术的广泛应用，尤其是东部陆相断陷盆地高分辨层序地层学的广泛研究应用，揭示了地层、岩性等隐蔽油气藏受“断裂坡折带—低位扇”控制的分布规律，既解决了隐蔽油气藏到哪里去找，又解决了如何找的问题，促进了隐蔽油气藏勘探快速发展。

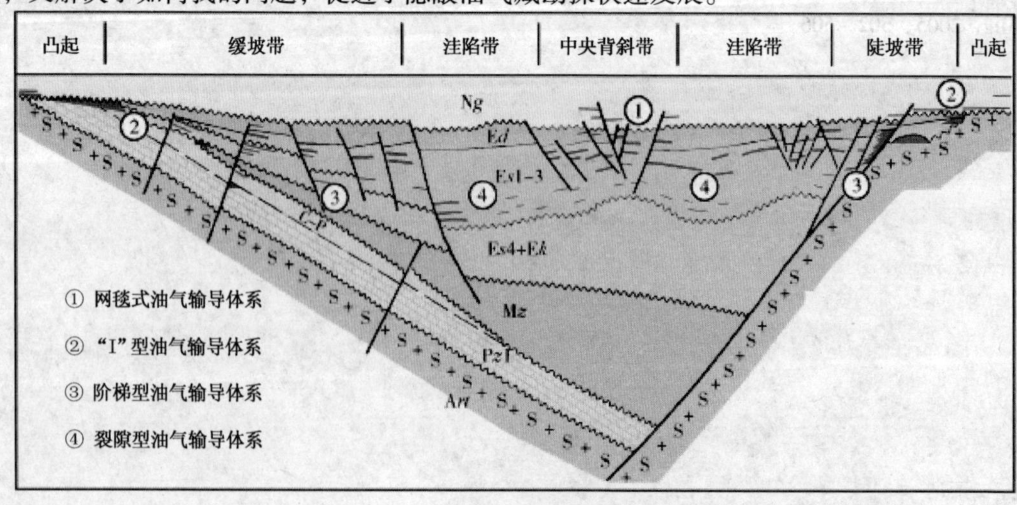

图 1　隐蔽油气藏成藏模式图

“十一五”期间，中石化继续把稳定东部放在工作思路的首要位置，把东部产量稳定作为“十一五”期间的关键发展目标之一和“四大工程”之一。中石化“十一五”及中长期勘探规划明确提出，东部老区“十一五”期间原油产量继续稳定在 3400×10^4t 以上、保持“硬稳定”，2020 年之前原油产量保持基本稳定。根据这个目标，要求“十一五”期间油气勘探新增探明石油地质储量至少达到(5.5～5.8)$\times 10^8$t(例如，胜利油田的油气年产量要稳定在 2700×10^4t 以上，每年探明储量必须在 9000×10^4t 以上，以此类推，中石化东部老区每年探明储量应保持在 1.1×10^8t 以上)，“十二五”和“十三五”探明地质储量也应该分别达到 5×10^8t 以上的水平。

众所周知，成熟探区复杂油气藏的勘探难度远远大于盆地早期构造油气藏，其预测评价配套技术的研究是当前极具创新和探索意义的研究领域。必须积极开展基础地质研究工作，深化中石化东部成熟探区油气勘探方面已经形成的地质认识和理论；针对成熟探区复杂油气藏成因和分布规律复杂、对技术要求高的特点，研制、开发、引进新的技术手段。

成熟勘探阶段下老区稳产资源基础的认识问题、针对复杂对象的关键勘探技术问题，是实现中石化“东部硬稳定”战略目标的两个核心问题。“十一五”以来，为适应勘探对象的需求，进一步发展完善了隐蔽油气藏勘探理论和技术，保证了勘探稳定发展。

1 油气地质理论进展

1.1 东部老区的油气资源潜力再认识

对于资源潜力的认识是老区油气勘探实践和勘探战略的关键，能否在较长时期内保持中石化东部探区油气产量的稳定，在很大程度上取决于有没有数量足够的可以经济勘探和开发的油气资源。

勘探早期的烃源岩，人们习惯于用有机质类型、丰度和成熟度等指标来评价烃源岩的油气潜力；而对勘探程度较高的盆地，其研究的思路与方法则应该与传统的烃源岩评价思路与方法明显不同，需要结合含油气系统和成藏动力学方面的进展来重新审视和剖析烃源岩的研究。当前烃源岩研究主要有如下几个特点：①强调优质烃源岩和有机质富集层的研究。其中发育有机质富集层的优质烃源岩对陆相大油气田的形成具有控制作用，关于湖相烃源岩中有机质富集层的形成机制已引起人们广泛关注，对其认识已取得重要进展。湖相优质烃源的发育与湖盆演化过程中可容纳空间的变化、古湖泊的物理化学性质、古生产力营养的来源、气候的周期性变化等因素有着密切联系，对其成因机制的进一步研究应该注意寻找湖相富有机质沉积韵律中有机化合物与无机元素之间的依存关系，分析地质演变过程中周期性和事件性的耦合关系，探讨地质环境、生物演化、有机质富集层形成的内在联系。最近的研究结果表明，断陷湖盆和前陆湖盆优质烃源岩(有机质含量特别高的烃源岩)是与碳酸盐、硫酸盐和氯化盐等蒸发盐类矿物相伴生的，有机质沉积的有利环境是半咸水、咸水和盐水湖泊(见图2)。湖水在重力作用下易形成盐度分层，表层水盐度小，适于广盐和嗜盐性浮游生物的生存；深水部位的底层水盐度大、缺乏游离氧，适于有机质的保存；表层水生物高产率区与底层水缺氧区的叠合部位就是优质烃源岩的发育区。由气候变化引起的突发性洪水会破坏分层水体，使得湖水淡化，形成有机质含量较低的烃源岩，因此咸化优质烃源岩与淡化普通烃源岩常呈互层分布，咸化沉积物数量越多，生烃潜力越大。②重视烃源岩的非均质性、成因和形成机理的研究。在烃源岩中常见到微细的层理或纹理构造，它们或由不同的岩性组成，或由不同颜色的源岩构成，其中一些韵律层极其微细，只能借助显微镜才能分辨。在进行地球化学分析和测试时，也可发现有机碳等指标差异较大，有时会相差几个数量级之多，有机质的这种不均匀分布给烃源岩的质量评价带来了严重影响。③应用地化、物探、测井等多学科综合，分析烃源岩的时空间展布，并分析不同类型烃源岩的测井曲线特征，并以此为基础，结合层序地层学的研究手段，进行横向追踪，建立各凹陷(或洼陷)的烃源岩基准剖面，研究其空间展布，编绘不同烃源岩的时空展布对烃源岩的成藏贡献。从层序地层学方面来说，高水位体系域最有利于有效烃源岩形成，但是同样属于高水位体系域，不同沉积相带烃源岩的岩性和砂泥岩组合形式具有明显不同。④以烃源岩的成藏贡献为目标，提取烃源岩识别指纹信息。如何利用烃源岩化学组成识别其有效的指纹，成为研究陆相断陷盆地输(疏)导体系和油气的运移及充注过程的重要手段与方法之一。应重视研究不同层段烃源岩的指纹特征，原油基本地球化学特征和油岩亲缘关系，油气运移地球化学示踪，和不同层段优质烃源岩对成藏贡献的定量评价。⑤在研究优质烃源岩的同时还要重视隐蔽油气藏的勘探。实际上，优质烃源岩与隐蔽油气藏的关系很密切。可以预见，如果一个地区没有优质烃源岩，就可以放弃隐蔽油气藏的寻找；而当一个地区存在着丰富的优质烃源岩，则其隐蔽油气藏的勘探成功率会大大提高。

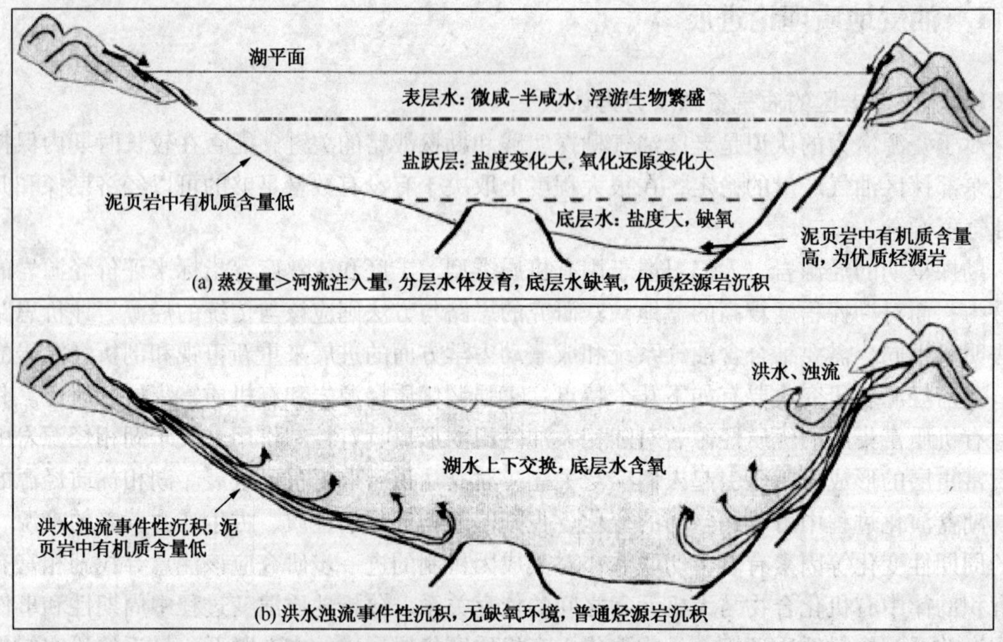

图2　裂谷盆地咸化期水体分层烃源岩沉积模式(a)和洪水期砂泥岩沉积模式(b)(据金强等，2008)

1.2　深部储集体成岩演化

通过多个学科、多项技术、多种资料的综合运用，对典型地区、典型井层的碎屑岩储层进行岩石学特征精细描述，研究断陷湖盆碎屑岩储层沉积特征和分布规律；重点剖析具有不同沉积类型、物源类型和岩相类型的储集体成岩特征，研究不同构造带储层成岩特征的差异性，开拓性探索在经受断裂活动、流体活动和岩浆活动等复杂地质事件中的特殊成岩作用机制，探究特殊成岩机制下的有利储集区形成条件。在此基础上对储层原始孔隙的保存、改造条件进行研究，量化评定每一类成岩作用对储层物性的影响程度，界定有效储层，建立有效储层的评价方法，探索有效储层的识别预测方法，最终落实到勘探部署和决策中。

随着含油气系统、成藏动力学和盆地流体动力学等一系列学科研究工作的深入开展，有机－无机关系在油气地质研究中逐渐引起重视，其中成岩－成藏研究逐渐成为油气成藏和储层岩石学研究的一个重要领域。从广义上看，由于含油气盆地中烃类活动和分布存在普遍性，大多数的成岩矿物，尤其是在生油门限之下发育的成岩矿物，都与油气水的聚集和分异活动相关，因此，含油气盆地中的成岩矿物通常具有一定的示烃属性。示烃成岩矿物是指与烃类活动具有成因关系的成岩矿物。通过综合利用地质、矿物岩石和地球化学方法，识别出了铁白云石、铁方解石、高岭石和黄铁矿4种示烃成岩矿物。对东营凹陷示烃成岩矿物在研究区不同层系中的分布和发育特征的分析结果表明，对示烃成岩矿物的研究可以在研究区流体输导体系中再现流体运动的过程及规律，分析其中控制物质演变和能量再分配的主导因素，揭示沉积盆地的油气生成、运移和成藏过程与成矿作用的对应关系，并对深部成岩作用以及油气运聚成藏在埋藏阶段的成岩响应进行评估。

根据含油气区成岩演化剖面的重点解析，利用示烃成岩特征和含烃成岩环境及标志的区分，建立了“含油气盆地碎屑岩储层成岩演化序列”(图3)。确立了含油气区复杂成岩带影响储层物性发育的四大控制因素。即多物源、多沉积环境所决定的储层成分、结构成岩因素、成岩层序因素，特殊流体成岩因素和构造回返对成岩的改造因素，阐述了四大控制因素对储层物性的影响机制。在储层地质评价和测井评价基础上对有效储层的概念进行了定量评价和界定，确定了建立有效储层模型的方法和有效储层测井模板，厘定了不同沉积类型有效储层的评价标准。利用储层岩性和成岩特征参数定量评价了碎屑岩储层埋藏过程中孔隙率的损失值，提出了利用成岩定量参数预测储集性能的基本思路与方法。

其中，确定有效储层物性下限是有效储层评价研究中的一个难点问题，是直接关系到勘探、开发决策的重要问题。综合运用分布函数曲线、测试、试油和束缚水饱和度等方法，确定研究区有效储层物性下限，并对其影响因素进行分析。结果表明：有效储层孔隙度下限与深度的对数呈线性关系，渗透率下限与深度呈指数函数关系；有效储层物性下限受储层性质、原油性质、温度、压力等因素的影响，次生孔隙会增大有效储层孔隙度下限，原油密度、黏度越低，有效储层物性下限越小，地层温度增加、深部超压均会使有效储层物性下限降低；有效储层物性下限主要由温－压系统控制。

1.3 输导体系及输导能力评价

油气输导方式研究是隐蔽油气藏研究的必要条件。随着中国东部陆相断陷盆地油气勘探工作的不断深入，如何历史地、动态地再现油气运移过程成为勘探理论和实践突破的关键。油气运移过程研究的基础是输导体系，输导体系是连接烃源岩与圈闭的“桥梁与纽带”，输导体系的类型、性能及其时空组合决定了油气运移的优势通道和最终成藏方向。因此输导体系的研究不仅具有理论意义，更具有实践意义。

通过不同成藏时期不同骨架砂体对油气的运聚作用和主要运移方向研究，并结合断层活动性分析和油气运聚物理模拟实验，实现了对油气运移过程历史的、动态的分析。深化了输导机理研究，揭示了“平面脊线为主、剖面择优输导、空间联合控藏”的骨架砂体与断层配置运聚油气机理。通过单因素分析实现了对输导主控因素的分级赋值，建立了输导要素定量

成岩阶段		古温度/℃	有机质特征					成岩环境					示烃矿物				泥岩		砂岩固结程度	砂岩中自生矿物													溶解作用			颗粒接触关系	孔隙类型及连通性
阶段	期		Ro%	Tmax ℃	孢粉颜色TAI	成熟阶段	烃类演化	淡水-低矿化度水环境	中高矿化度水环境	酸性环境	碱性环境	FeS矿物相	单晶高岭石	铁方解石	铁白云石	示烃球	I/S中的S%	I/S混层分带		I/S混层	C/S混层	高岭石	伊利石	绿泥石	石英次生加大及级别	方解石	白云石	长石加大	钠长石化	沸石化	石膏	硬石膏	长石	碳酸盐	沸石		
同生成岩阶段		古地温	①海绿石、鲕绿泥石的形成；②同生结核的形成；③平行层理面分布的菱铁矿微晶及斑块状泥晶；④分布于粒间和颗粒表面的泥晶碳酸盐；⑤未经热演化的有机质																																		原生孔隙为主，连通性好
早成岩阶段	A	<60	<0.25	<430	淡黄<2.0	未成熟	生物气										>70	蒙皂石带	弱固结-半固结																	点状	
早成岩阶段	B	60~85	0.25~0.5	430~435	深黄2.0~2.5	半成熟											70~50	无序混层带	半固结-固结						I II												原生孔隙及少量次生孔隙，连通性较好
中成岩阶段	A	85~140	0.5~1.5	435~460	桔黄-棕2.5~3.7	低成熟~成熟	原油为主										50~15	有序混层带	固结						III											点线状	残余原生孔隙及次生孔隙，连通性较差
中成岩阶段	B	140~175	1.5~2.0	460~490	棕黑3.7~4.0	高成熟	凝析油-湿气										<15	超点阵有序混层带							IV											线缝合状	孔隙减少，裂缝出现，连通性差
晚成岩阶段		175~200	2.0~3.5	>490	黑>4.0	过成熟	干气										消失	伊利石带																			裂缝发育，局部连通性好
构造回返（表生作用）		古常温、常压	① 含低价铁矿物的褐铁矿化； ② 褐铁矿的浸染现象； ③ 碎屑颗粒表面的高价铁氧化膜； ④表生钙质结核。																																		

图3　含油气区碎屑岩成岩演化阶段划分方案(据邱桂强等，研究报告)

评价标准，实现了对东营凹陷输导要素的定量评价。通过盆地范围内宏观输导体系格架的建立，明确了东营凹陷主要油气运移方向，建立了系统的输导控藏模式。输导体系的构成横向上具有分带性(图4)，纵向上具有组合性，剖面上呈对称分布，平面上成环带状，输导体系的类型和分布特征决定了油藏的类型和空间组合，从而决定了断陷湖盆油藏分布序列：平面相邻的油藏类型纵向叠置分布。

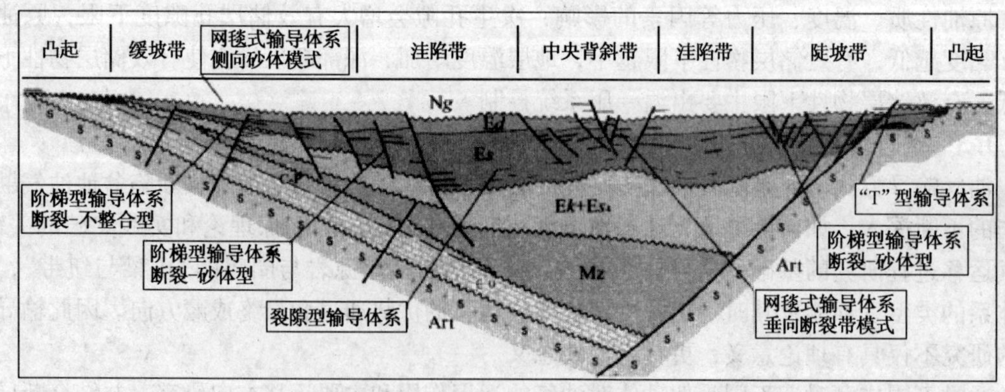

图4　济阳坳陷输导体系分布模式示意图(据王永诗、郝雪峰，2007)

1.4　油气成藏过程定量评价

定量研究是石油地质学发展的重要方向，也是石油地质学中的一个难点问题，更是实现油气定量预测的前提。定量研究已经得到了石油地质专家充分的重视，并不断发展。根据目前实验技术、计算机技术发展的现状，对油气藏成藏进行特定方面的定量化研究已经成为可能，如：成藏主控因素的成藏贡献、成藏临界条件等。目前的油气成藏定量研究主要包括油气成藏要素及其作用的定量描述，量化的油气成藏模式，以及量化的油藏预测和评价方法等。随着计算机技术和数值模拟技术的发展，以及油气成藏数学模型的研究进展，成藏过程和控制要素的研究将逐渐由定性走向定量。

从油气藏地质要素及其相互作用的基本认识出发，遵循历史、动态、定量研究的思路，以物理模拟及现代测试技术为手段，以油气成藏过程研究为核心，开展了地质历史时期储集层物性及流体场动力演化及恢复研究，建立了油气成藏过程“相－势控藏”作用机理的理论模式。实现了油气成藏要素评价由“现今、静态、单一、定性”描述向“历史、动态、系统、定量”研究的跨越。

物理、数值模拟与地质精细建模相结合，形成了断陷盆地油气成藏要素演化历史评价方法。包括：①以流体包裹体分析为核心的油气成藏年代学研究方法；②以正演模拟与反演回剥相结合的地质历史时期储层物性恢复方法（PET－i）；③以现今流体场温压为最终约束，以成藏期流体包裹体测定温压资料为过程约束的流体场恢复研究方法（PVT－x）。成藏期油气成藏要素分析与地层流体势分析相结合，揭示了断陷盆地多种成藏动力作用下，相控、势控及“相－势”耦合控藏为核心的成藏过程作用机制（FPI），实现了油气成藏过程的量化表征，并为物理模拟实验所证实。典型油气藏成藏动态过程解剖与勘探实践验证相结合，建立了油气成藏要素量化表征（FPI－i）及成藏过程定量评价方法体系（图5）。

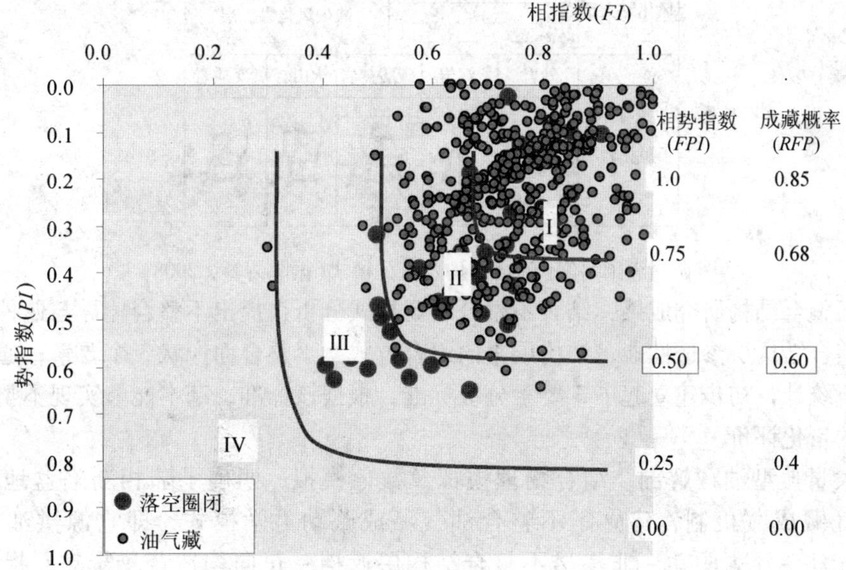

图5　济阳坳陷油气藏的相－势指数与成藏概率图版（据张善文等，研究报告）

1.5　不整合结构及地层圈闭含油性评价

济阳坳陷第三系勘探实践表明，陆相断陷盆地具有地层油藏广泛发育的有利石油地质条件，剩余勘探潜力巨大。随着勘探程度的不断提高，济阳坳陷进入隐蔽油藏勘探阶段，第三系地层油藏已成为当前和未来一段时期内的重要增储目标。但由于该类油藏本身的复杂性，针对陆相断陷盆地，有关不整合构建样式及其作用、地层油藏的成藏机制和分布规律等缺乏系统的、深入的、动态的和(半)定量的研究，相关的勘探关键技术还相对缺乏，这些不足制约了该类油藏的勘探。

通过多个学科、多项技术、多种资料的综合运用，对第三系不整合构建样式及空间展布、不整合油藏成藏过程与分布规律、勘探关键技术等薄弱环节开展攻关研究，建立济阳坳陷第三系不整合油藏成藏模式，预测勘探方向，探索建立第三系不整合圈闭精细描述及地质风险定量评价方法，形成与不整合有关的第三系超覆及遮挡油藏勘探技术系列，对预测目标进行评价优选，提出井位部署钻探建议。

通过大量岩心、钻井、测井、录井分析，结合野外剖面观察，刻画了陆相断陷不整合结构特征，明确提出陆相断陷盆地理想的不整合结构由三层组成，即不整合顶板岩石、风化粘土层和半风化岩石(图 6)，多数情况下风化黏土层缺失而成为二层结构，局部地区半风化岩石顶部因后期完全充填而形成一层致密“硬壳”；综合测井资料有序数列最优分割与主成分分析，建立了不整合结构定量识别方法及判识标准；不整合结构发育受控于原岩岩性、间断时间、古地形、保存条件 4 大因素，利用模糊数学方法对主控因素量化，建立了不整合结构定量预测模型，实现了不整合结构空间分布的定量预测。

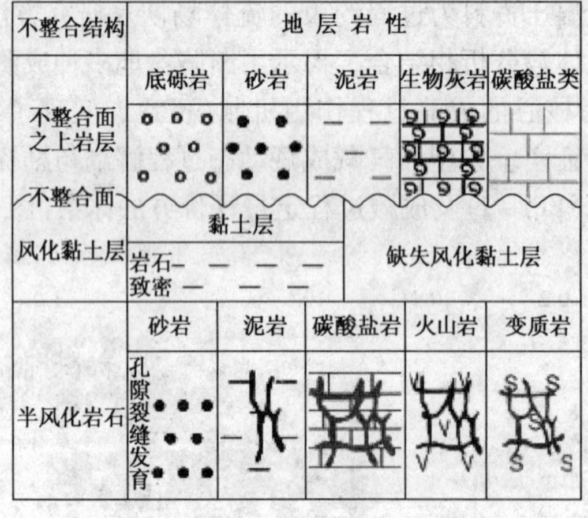

图 6　济阳坳陷不整合结构及特征模式(据陈涛等，2008)

基于不整合结构研究成果，结合不整合宏观样式分析，提出不整合输导与遮挡性能主要取决于不整合结构层渗透性能、结构层垂向组合方式、不整合面产状 3 个要素；通过大量实际资料分析统计，初步建立起了 3 要素分级标准，根据该标准，基本能够实现不整合输导与遮挡性能的量化评价。

通过大量典型油藏解剖，结合物理模拟及数值模拟，明确了陆相断陷盆地常压系统不整合油气藏成藏机制，建立了不整合油气藏成藏动力学模式，即它源供油 - 复式输导 - 晚期充注 - 浮力驱动 - 非渗透不整合结构层遮挡 - 正向构造背景聚集；提出不整合油气藏成藏与分布受控于不整合结构、复式输导体系、正向构造背景、有效供烃能力等 4 大因素，其中，不整合结构控制圈闭有效性，复式输导体系构成控制油气运移及充注方式，正向构造背景控制油气运聚方向，有效供烃能力控制含油气程度，各主控因素联合控制着不整合油气藏分布。

形成了不整合圈闭地球物理精细描述技术，提出了不整合油藏目标勘探技术流程。根据目的层与上下地层速度、沉积后构造活动状况等对超剥点(线)识别的影响分析，提出了以地震正演法和厚度递推法综合确定地层超剥线的方法；通过不整合面上下地震属性分析，提出了以弧长属性与储层波阻抗反演叠合确定有效圈闭的方法；整合以上两项技术方法，形成了不整合圈闭地球物理精细描述技术(图7)。

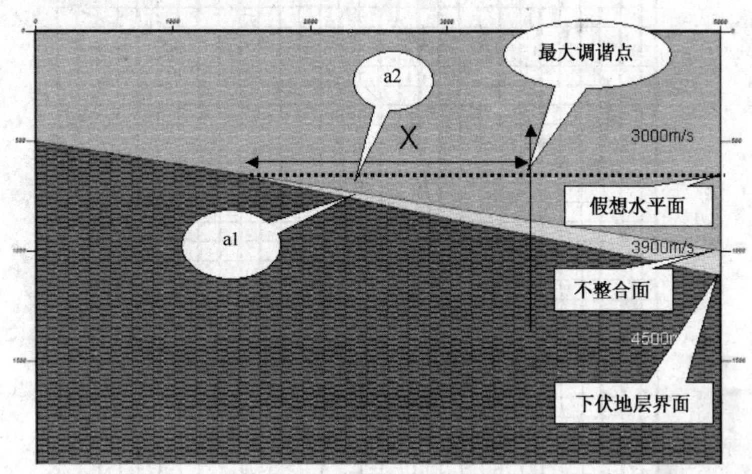

图7 地层削蚀点外推距离理论公式模型(据宋国奇等，研究报告)

1.6 耗水作用

众所周知，沉积岩中含有大量地层水。它以不同的形式与油气共存于地下岩石孔隙中，是油气运移的驱动力和载体。它和油气之间存在着经常性的物质成分交换，其运动规律与油气藏的形成、保存和破坏有着十分密切的联系。纵观国内外相关研究资料，地层水的研究主要集中在水化学、水岩相互作用、溶解作用、沉淀作用、水动力及其与油气聚集成藏的关系方面。地质家们在研究地层水的过程中，往往注重了成岩作用与次生孔隙带的发育，却忽略了一个问题——成岩过程中因水的消耗引起的地层流体体积变化及其对油气成藏的影响。

在济阳坳陷古近系的油气勘探实践中至少有以下两种现象与地层水的消耗有关：一是某些油气藏特别是深部储集层往往不含水，表现为“非油即干”；二是中深部储集层常常出现异常低压。成岩作用过程中会发生流体浓缩现象，对油气成藏具有重要影响。综合岩石薄片、测试分析及地质统计资料，在成岩矿物蚀变耗水作用研究的基础上，对东营凹陷古近系砂岩储层成岩耗水进行了整体评价。结果表明，东营凹陷古近系砂岩储层成岩过程中普遍发生了耗水作用，耗水反应主要为长石高岭石化，砂体总耗水量平均为383亿吨。纵向上，砂岩的长石转化率和耗水量明显存在浅部和深部2个高峰区段，即1200~2000m和2000~3500m。平面上，东营凹陷不同区带砂岩耗水量有差异(图8)，南部缓坡带和北部陡坡带的浅部区段长石转化率和单位体积耗水量大，洼陷带的长石转化率和单位体积耗水量则以深部区段为主，由于深部区段砂体体积大，造成深部区段尤其是洼陷带砂体耗水量大。

研究表明，深层次生孔隙发育带与矿物的耗水作用紧密相关；耗水量的大小与油气充注的强弱将引起油气藏饱和度的变化；矿物蚀变造成的体积变化必然改变储集层的孔隙结构(矿物性质的变化必然引起储集层润湿性的变化；有些矿物的蚀变产生 H^- 这可能会影响烃类的演化。特别是成岩过程中矿物蚀变的“耗水”作用可使地层水大量减少，在没有足够外

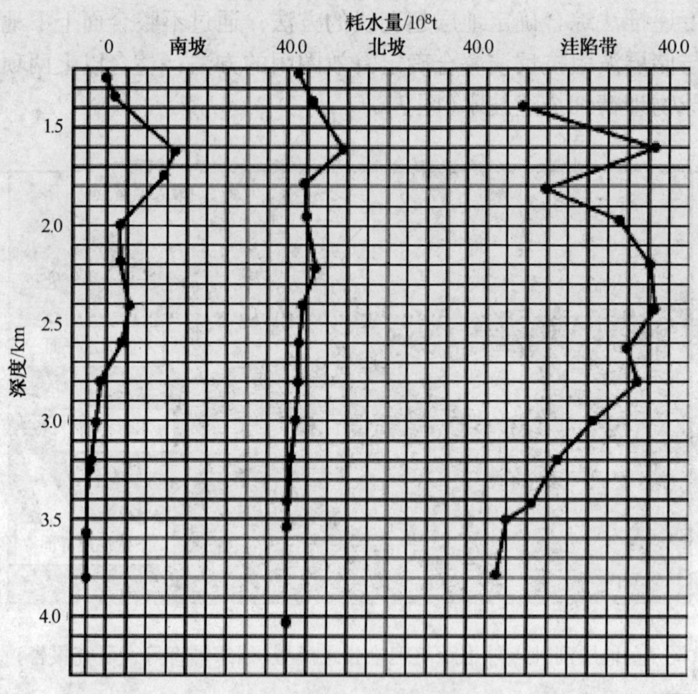

图 8　不同单元砂岩耗水量剖面(据张善文，2009)

部流体补充的情况下，相应地层必然呈低压状态，并与围岩形成一定的压力差，易于烃类进入成藏。

1.7　勘探战略与储量增长规律

油气勘探是一项投资规模大、风险程度高、理论技术要求高、系统结构复杂且探索性强的经济活动。对于成熟探区来讲，油气勘探又是一个长期投入、长期探索和不断发现的持续性工作。油气勘探工作具备经济性、自然性和社会性三方面的综合特征。其中，经济性体现在投资与效益的关系上，自然性表现为必须尊重地质规律、勘探程序以及相应的勘探开发技术体系，社会性则表现为石油工业系统的复杂性，以及该系统与整个经济体系之间的科学关系。

开展油气勘探资源接替战略研究需要综合分析客观条件、自身能力、发展规律等因素在勘探发展中的作用及影响，也就是必须要综合开展勘探现状、勘探实践能力和勘探发展趋势三方面的研究。研究勘探现状是为了明确资源潜力、资源储备、勘探目标的质量等问题；研究勘探实践能力是为了明确实现储量增长和勘探发展所具备的能力；研究勘探发展趋势，则是为了明确勘探运行规律，更好地把握未来勘探发展的规模、节奏和效率。

勘探发展趋势研究包括重点增储领域、勘探发展的影响因素及储量增长趋势预测。

探井效果评价是勘探管理与决策分析中的一项基本内容，但目前常用的探井效果评价指标并不能真正反映当年探井的实际效果。根据济阳坳陷多年的勘探实际，综合考虑探井与储量之间历史关系的复杂性、勘探产出形式的多样性，提出了一种新的评价当年探井效果的指标——当年单井效果综合评价指标。其具体确定过程可分为 3 个步骤：①不同形式的勘探产出向探明储量的折算；②当年探井对预期探明储量的贡献分析；③当年平均单井效果计算。

从实际应用对比来看，该指标能最大限度地反映出当年探井对储量的实际贡献，可对当年探井勘探效果作出更客观的宏观评价。

其中，储量增长趋势预测主要有两种方法：①根据目前的资源储备情况和升级能力，经过统计，测算未来的储量增长量；②研究储量增长的规律，利用数学模型进行预测。前者适用于预测勘探目标的储量增长，后者适用于预测探区的储量增长。

当前对于探区储量增长预测的研究方法比较多。由于石油地质条件的差别，应选择最适合探区地质条件的方法进行分析，并在预测过程中充分考虑各种因素的影响。例如，在研究并建立济阳坳陷的探明储量增长“帚状”预测模型时就综合考虑了资源基础、勘探阶段、勘探程度、勘探工作量投入等因素的影响，实现了在未来勘探投入制约下的油藏个数和储量规模的中短期预测。该模型的分析结果较好地反映了济阳坳陷未来的储量增长趋势(图9)。

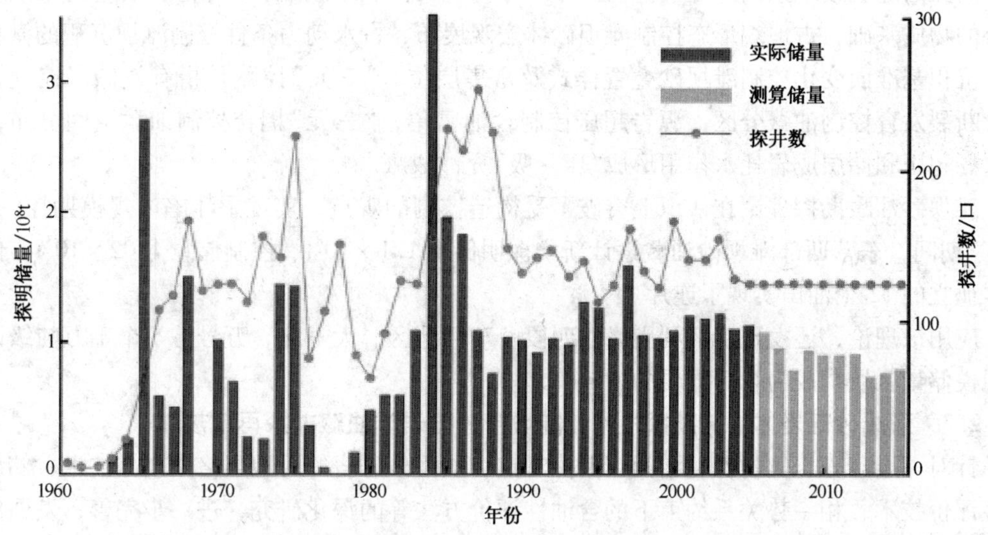

图9 济阳坳陷探明石油地质储量增长“帚状”模型预测趋势(据郭元岭等，2007)

从实践论的角度，油气勘探首先是个战略问题。老区油气勘探发展的详细规律和内在因素是什么，如何准确地预测和把握勘探发展规律；在较高勘探程度下，中石化东部老区的油气勘探还能在多大程度上维持油气产量的稳定，以及在未来勘探阶段下维持产量稳定需要哪些边界条件；针对不同的勘探对象，如何制定针对性的勘探策略和战术原则；如何采取有效的勘探预警机制来规避勘探地质风险和提高勘探效益。这些战略问题已经是摆在高成熟探区面前的重要命题。

对于石油公司来讲，油气勘探可持续发展是指既能满足当前储量需要，又不影响今后油气储量增长的发展模式。这一发展模式表现出客观必要性、主观能动性、时效性以及利益协调性4方面的基本特征。勘探可持续发展能力，就是勘探队伍、环境、资源、储量增长4项要素在实现储量持续性增长过程中所表现出来的能力的总和。对勘探队伍工作能力、环境适应能力、资源条件保障能力、储量增长能力4个方面的研究，构成了勘探可持续发展能力的基本评价体系。实现勘探的可持续发展，最关键的是要储备好充足的后备资源，也就是，既要有充足的近期可升级并有经济效益的低级别储量，又要有保证勘探长期发展的勘探领域；同时要有超前性的科技创新。

通过深入分析不同凹陷、勘探领域、勘探对象的潜力，研究勘探面临的主要问题，根据不同地区的具体特点，探索油气勘探科持续发展的策略，建立油气勘探风险评价体系和预警机制。

2　油气勘探技术及勘探实践进展

2.1　陆相断陷盆地大型滩坝砂油藏勘探理论，缓坡带滩坝砂岩油藏成为重要增储阵地

通过系统开展滩坝砂岩成因、成藏综合研究，建立了“三古”控砂、“时空”匹配沉积模式，明确了滩坝砂体大面积分布的成因机制；揭示了“三元”控藏、“压－吸”充注成藏规律，明确了滩坝砂体大面积含油的成藏机理，开展了油藏评价、保护改造方法研究，形成了滩坝砂体勘探的配套技术系列。“三古”控砂、“时空”匹配沉积是指合理古物源供应是滩坝砂体形成的物质基础，古地貌形态控制滩坝砂体宏观展布，古水动力条件控制滩坝沉积的微相分异，沉积基准面变化控制滩坝砂叠置样式及富集层位。“三元”控藏是指有效储层控制含油性，断裂发育控制油藏分区，源岩超压控制含油富集，“三元”耦合控制油藏空间分布；源岩生烃超压和储层成岩耗水作用形成“压－吸”充注成藏。

滩坝砂油藏勘探理论在认识上突破了受构造控制的观点，实现了洼陷内规模勘探。“十一五”期间，东营西部滩坝砂油藏累计新增探明储量 1.1×10^8t、控制储量 1.02×10^8t，使得原本孤立的 12 个油田实现了连片。

应用该理论，还发现了广利周缘沙四段、车西地区、大王北、五号桩 5 个千万吨级以上的规模储量区块，成为今后重要的增储阵地。

2.2　形成砂砾岩体油藏勘探技术，陡坡带砂砾岩体油藏勘探再掀热潮

针对深层砂砾岩体物性封堵圈闭勘探难点，加强砂砾岩等时地层格架划分技术、储层有效性评价技术、相－势关系约束下的含油性评价方法等的深化研究，进一步完善、发展砂砾岩体精细评价技术。

针对中深层砂砾岩体，通过“十一五”以来成功探井所钻目标成藏静态地质要素、动态运聚过程研究，以及探井失利原因剖析，确定出现阶段制约砂砾岩体勘探的 3 个关键问题：期次精细划分、有效储层识别、含油性预测。

针对上述 3 个关键问题，开展了深入研究，形成砂砾岩体油藏勘探技术。其中，针对砂砾岩体期次精细划分问题，通过岩心刻画、成像测井重新刻画岩性、常规测井优选敏感测井曲线、岩心、测井、小波变换等联合确定单井短期旋回、井震结合进行井间精细地层对比等，建立了一套适合砂砾岩扇体期次划分与对比的方法。针对砂砾岩体有效储层识别问题，通过岩心统计确定储层物性下限标准、物性统计与地球物理技术结合确定扇根致密带宽度、砂砾岩等厚图匹配确定有效储层分布等，建立了一套适合砂砾岩扇体有效储层识别与描述的方法。针对砂砾岩体含油性预测问题，通过多手段识别扇体含油性、综合研究明确扇体油藏油水关系、典型解剖明确油藏类型及成藏特点、统计建立扇根封堵能力及含油带宽度量化模型等，建立了砂砾岩扇体储层含油性分布预测模式。砂砾岩扇体储层含油性在纵向上大体可分为三个带，其中 3280m 以下为高充满带，该带扇根成岩作用强，封闭能力高，为扇根强封堵段，油藏充满度高，以非油即干为特征；

3280～2200m 为过渡带，该带扇根成岩作用减弱，封闭能力降低，为扇根封堵过渡段，表现为下干－中油－上水含油结构，具有储集性的扇根可形成油层；2200m 以上为低充满带，该带以构造油藏为主，为扇根不封堵段。

应用该技术，2009 年盐家地区上报砂砾岩扇体探明石油地质储量 4167×10^4t，丰度为 260×10^4t/km^2，是胜利油田继 2003 年整装上报郑家 6119×10^4t 探明储量以来丰度最高、最整装的储量区块。

2.3 建立了浊积岩含油性定量预测技术，洼陷带浊积岩岩性油藏勘探稳定发展

“十一五”期间，通过加强研究，认为不同级次的断裂、广泛发育的薄层砂岩与裂隙带，共同构成了油气输导的网络，建立了透镜体隐蔽输导体系模式，提出了“岩性透镜体含油性受源岩、圈闭、输导体系三方面、多因素影响”的新认识。通过成藏临界条件分析，实现含油性定量预测。

“十一五”期间，浊积岩勘探在东营凹陷、渤南洼陷、孤北洼陷、埕北凹陷、惠民中央带等地区全面开花，累计新增探明储量 4782×10^4t、控制储量 4811×10^4t、预测储量 9987×10^4t，成为今后的增储重点。

2.4 发展了网毯式油气成藏理论，上第三系河道砂岩油藏规模持续拓展

“十五”期间，“网毯”成藏模式提出并有效指导了浅层勘探，成效显著。“十一五”以来进一步深化“网毯运聚”理论，提出“砂体与油源大断层和低级序油源断层对接控制成藏”的新认识，推动勘探不断发展，使之成为重要产能建设目标。

通过理论应用，提高了部署效果，发现了新北油田。“十一五”以来累计新增探明储量 8709×10^4t，控制储量 5769×10^4t，成为重要产能建设目标。

2.5 勘探开发一体化

“十一五”期间，勘探战线牢固树立“勘探开发一体化”理念，强化“节点”管理，达到储量、产量、效益相统一的目的，提高整体工作水平与效益。强化勘探开发“一盘棋”思想，勘探上以寻找规模储量、优质储量为目标，开发上以提高储量动用率，落实探明储量为目标，二者以提高规模储量发现率、储量动用率为结合点，建立多层次、全方位、高效率的结合机制，加强沟通、合力攻关、优化流程、加快节奏。同时，在勘探开发部署过程中，充分考虑工程技术现状，形成勘探开发与工程技术一体化研究、一体化设计、一体化施工，实现效益最大化。

运用“勘探－开发－工程一体化”运作模式，在老 168 井区取得了良好的勘探效果。基本做法为：①勘探搞发现、报控制。2003 年勘探部署了老 163、168 井，发现了老 168 块馆陶组油藏，于 2004 年上报控制储量 2139×10^4t。②开发及时跟进，编制开发规划，同时针对产能建设及储量动用存在的问题，向勘探提出要求。③勘探定规模，开发求产量。勘探针对开发提出的问题，展开攻关，部署老斜 173 等探边井，控制油藏规模。开发则及时开展部分开发井求产工作，落实区块产能。④地质－工程一体化（修建了进海路），促使控制储量升探明，并建成产能。2006～2007 年老 168 块上报探明储量 851×10^4t，建产能 7.4×10^4t；预计 2010 年上报探明储量 1000×10^4t，规划产能 18.6×10^4t，已建产能 10×10^4t。

3　发展方向

3.1　攻关油气富集机制，形成富油凹陷成藏理论

借助国家专项的强力平台和中石化重点科技攻关项目，加强断陷盆地剩余资源配置关系、油气成藏动力机制、油气富集样式和精细地质规律的研究，逐步形成三项重要的基础理论，指导“十二五”增储领域的优选和评价。包含三个方面内容：

（1）资源评价方法与剩余资源预测。当前的勘探实践表明，目前资源评价方法存在一定问题，表现在：资源量计算中有机质丰度未考虑恢复参数。因此正确认识资源量、当前储量构成和剩余资源的分布对下步勘探具有科学指导意义。

（2）油气输导机理与效率评价。依托国家专项、总公司、分公司课题，加强断裂启闭性、输导层运移机制、不整合油气输导特性及控制机制的研究，逐步形成油气输导体系时空配置、输导要素运移效率、油气输导机制等的理论认识。在输导机理研究的指导下，加强输导要素精细地质模型研究，以断裂启闭性数学和统计学模型、骨干储层烃类运移效率数学模型和构造起伏对运移方向的控制模型的研究，并将之匹配起来，逐步形成输导体系描述、表征与评价相统一，指导勘探方向优选的技术方法和流程。

（3）油气成藏动力构成与富集机制。在国家专项“渤海湾盆地精细勘探技术”和“渤海湾盆地东营凹陷勘探成熟区精细评价示范工程”的基础上，重点加强“东营凹陷地层流体系统演化与油气成藏研究”、“油气成藏过程动力构成差异性及控藏模式”等中石化课题的研究，从地层水系统、储藏动力系统、油气富集样式等方面，逐步形成油气成藏和富集机制的理论认识。在油气成藏动力构成与富集机制理论的指导下，强化成藏动力类型及相关油气匹配关系、油气圈闭成藏动力和阻力量化关系评价方法、圈闭内储集岩和盖层有效性评价方法的研究，攻关油气成藏过程定量评价技术，初步形成一套油气成藏过程定量评价软件，研发断层解释与属性自动计算软件系统。形成圈闭有效性、圈闭含油性预测方法为主的精细评价技术。

3.2　加强技术优化与集成，完善隐蔽油气藏勘探技术

在已有的隐蔽油气藏勘探技术基础上，加强技术的复杂目标适应性和针对性分析，有选择地攻关研究瓶颈问题，集成近年来专项技术发展的成果，深化完善储集岩的精细勘探技术。

（1）低渗透储集岩评价技术。针对济阳坳陷广泛分布的低渗储集岩，以总公司重点科技攻关项目“临南洼陷沙河街组碎屑岩低渗储层成因与评价”为切入点，加强不同类型储集岩埋藏过程中孔隙演变机制和主要控制因素、保护和改造方法的研究，逐步形成以岩石学为基础、集成矿藏地球物理学的低渗储集岩评价技术，促进低渗储集岩的有效勘探。

（2）砂砾岩储层预测和评价技术。针对砂砾岩体物性封堵圈闭这个勘探难点，以总公司重点科技攻关项目“东营凹陷陡坡砂砾岩扇体成岩圈闭有效性评价”为契机，加强砂砾岩等时地层划分技术、储层有效性评价技术、相－势关系约束下的含油性评价方法等的深化研究，进一步完善、发展砂砾岩体精细评价技术。

（3）浊积岩岩性油藏精细勘探技术。在已有的浊积岩精细描述技术基础上，通过管理局重点攻关项目“东营三角洲地震沉积学分析方法研究”，力争在地震地层学预测浊积岩方面

有所突破，深化浊积岩油藏精细勘探技术。

3.3 积极探索地质前沿，加强两项前瞻性研究

针对当前的低认识领域，有目的地加强基础地质问题的攻关研究力度，逐步发展相应的地质理论和勘探技术，为油田长远发展做好技术准备。

(1) 坳陷基础层。加强太古界储集岩形成机制与分布规律、油气成藏条件等基础地质问题的研究，综合评价太古界的油气勘探潜力。

(2) 页岩气。加强页岩吸附气成藏条件和评价方法的研究，明确储集空间的类型和形成控制因素，确定有利勘探区域，综合评价勘探潜力。

3.4 勘探程度高、地下条件复杂的勘探技术问题

三维地震的发展、高分辨率测井技术的进步、新的钻井和测试工艺的应用，都为油气勘探的深化发展做出了重要贡献，而油气勘探的深化同时也给这些勘探技术提出了新的要求。着眼于未来复杂和隐蔽勘探目标，提高和维持勘探效益，必须有预见性地发展关键技术，提高准确识别地下目标、应对复杂地质情况的水平。面对“十一五”的勘探形势，有以下方面的关键技术问题需要加以解决：

(1) 复杂地质目标三维地震勘探技术方面。由于地质条件的差异，浅层和深层的地震技术有着不同诉求。对于浅层，主要是进一步提高地震资料的分辨率、保证有效覆盖次数和消除干扰波的影响，以满足精细勘探和高精度油藏描述的需要；对于深层，更重要的是获得高品质的目标反射资料，也就是要改善地震资料信噪比。

针对越来越复杂的勘探目标和精细勘探对地震技术的要求，从中浅层和深层两个不同特点的目的层系入手，分别针对其中的关键问题，开展高精度地震数据采集、高精度地震数据处理、复杂地质体地震解释的研究攻关，促进地震勘探技术的发展，形成具有针对性和复杂勘探目标良好适应性的采集、处理、解释一体化技术。

(2) 复杂油气层测井识别和评价技术方面。中浅层系测井技术经历了较长时期的发展，相对完善，但诸如低阻、稠油、砂砾岩体、薄互层、灰岩和白云岩等复杂油藏的测井评价技术还不能很好地满足当前勘探开发的需要；深层测井技术还处于发展和完善的早期，特别是高温压条件下测井仪器的适用性、低孔低渗储层和油气层的测井评价是其中最为关键的问题。

(3) 深部低孔渗油气层保护和改造技术方面。深部层系主要是低渗透、强非均质性储层，更易于在钻井、完井、射孔和改造过程中受到伤害，开展针对性的油气层伤害机理研究、完善油气层保护技术势在必行。同时，深部层系的高温高压也给油气层改造带来了更多地困难，耐高温压裂液(170℃以上)和关键设备、大型压裂规模优化及效果预测评价技术等一系列问题，已经成为制约勘探效益实现的“瓶颈”。

4 结语

实践证实，石油地质理论与勘探技术的发展在开辟油气勘探领域、保障地质目标实现、发现油气等方面有着无法替代的重要作用。“十二五”期间，油气勘探工作的主要对象越来越复杂，工作难度越来越大，对石油地质理论与勘探技术的要求也越来越高。面对这些挑战，要在进一步加大油气勘探力度的基础上，加强石油地质理论与勘探技术的攻关研究，加大理论创新，加快推进重大技术的攻关进程，加大配套成熟技术的集成和应用力度，为油气

勘探的发展提供有效的勘探理论与适用的主导勘探技术。

参考文献

1 蔡希源．中国石化油气勘探回顾与展望．石油与天然气地质，2006，27(6)

2 蔡希源，李思田．东部陆相断陷盆地高分辨层序地层学．北京：地质出版社，2004

3 潘元林，张善文，肖焕钦．济阳断陷盆地隐蔽油气藏勘探．北京：石油工业出版社，2004

4 Meyer B L，Creaney S. A practical model for organic richness from porosity and resistivity logs. AAPG Bulletin，1990，74(12)

5 Bordenave M L. Applied petroleum geochemistry. Paris：Editions Technip，1993

6 Peters K E. Applied source rock geochemistry // Magoon L B，Dow W G. The petroleum system—from source to trap. Tulsa，OK：American Association of Petroleum Geologists，1994

7 Mackenzie A S，Quigley T M. Principles of geochemical prospect appraisal. AAPG Bulletin，1988，72(4)

8 张林晔．湖相烃源岩研究进展．石油实验地质，2008，30(6)

9 金强，朱光有，王娟．咸化湖盆优质烃源岩的形成与分布．中国石油大学学报(自然科学版)，2008，32(4)

10 侯读杰，张善文，肖建新等．济阳坳陷优质烃源岩特征与隐蔽油气藏的关系分析．地学前缘，2008，15(2)

11 王伟庆，张守鹏，谢忠怀等．示烃成岩矿物与油气成藏的关系——以东营凹陷为例．油气地质与采收率，2008，15(1)

12 戚厚发．天然气储层物性下限及深层气勘探问题的探讨．天然气工业，1989，9(5)

13 王艳忠，操应长，宋国奇等．东营凹陷古近系深部碎屑岩有效储层物性下限的确定．中国石油大学学报(自然科学版)，2009，33(4)

14 王永诗，郝雪峰．济阳断陷湖盆输导体系研究与实践．成都理工大学学报，2007，34(4)

15 隋风贵，王学军，卓勤功等．陆相断陷盆地地层油藏勘探现状与研究方向——以济阳坳陷为例．油气地质与采收率，2007，14(1)

16 宋国奇，陈涛，蒋有录等．济阳坳陷第三系不整合结构矿物学与元素地球化学特征．中国石油大学学报，2008，32(5)

17 赵乐强，张金亮，宋国奇等．济阳坳陷前第三系顶部风化壳结构发育特征及对油气成藏的影响．地质学报，2009，83(40)

18 陈涛，蒋有录．地层不整合油气输导模式探讨——以济阳坳陷为例．新疆石油地质，2008，29(5)

19 陈涛，蒋有录，宋国奇等．济阳坳陷不整合结构地质特征及油气成藏条件．石油学报，2008，29(4)

20 向立宏，周杰，赵乐强等．济阳坳陷不整合结构的类型、特征及意义．断块油气田，2009，16(1)

21 张善文．成岩过程中的“耗水作用”及其石油地质意义．2007，25(5)

22 张善文．东营凹陷古近系砂岩储层成岩耗水评价．现代地质，2009，23(4)

23 郭元岭，蒋有录，赵乐强等．成熟探区油气勘探资源接替战略方法研究．石油学报，2007，28(1)

24 赵乐强，高磊，刘海宁等．一种新的探井效果评价指标——以济阳坳陷为例．油气地质与采收率，2008，15(5)

25 石红霞，刘承华，高磊等．济阳坳陷“九五”期间储量接替规律研究．特种油气藏，2003，10(3)

26 高磊，郭元岭，宗国洪等．探明储量增长“帚状”预测模型．石油勘探与开发，2002，29(6)

27 肖焕钦，郭元岭．油气勘探可持续发展能力及评价体系．石油实验地质，2008，30(1)

28 赵文智，胡素云，董大忠等．“十五”期间中国油气勘探进展及未来重点勘探领域．石油勘探与开发，2007，34(5)

从第78届SEG年会看非地震物探技术的发展

曲寿利　戴明刚

（中国石化石油勘探开发研究院，北京 100083）

摘要：第78届SEG年会开设了重磁和电磁两个非地震物探技术专题，交流和张贴论文50多篇。在深入分析非地震专题论文及相关材料的基础上，介绍了本届年会重磁电非地震物探的仪器和软件情况，阐述了非地震物探技术的4个发展方向——向空中物探方向发展、向海洋勘探方向深入发展、向井中物探和油气监测方向发展、向三维方向发展，指出在油气勘探领域非地震物探技术的前景是综合应用。

关键词：重磁电技术　发展方向　应用前景　综合技术

2008年11月9～14日，美国第78届SEG年会与国际展览会在拉斯维加斯召开。从会议发表的论文和展览的技术产品与成果来看，近几年，重力、磁力、电法等非地震物探技术发展很快。本文主要介绍了本届年会展示的非地震技术概况及其发展方向和应用前景。

1　非地震物探仪器和软件概况

在本次SEG年会上，有30多家公司展示了主要涉及重力、磁力、电法测量仪和地面雷达、能谱仪等仪器，以及相关的综合采集、处理和解释软件，详见表1和表2。

表1　第78届SEG年会展示的重磁电测量仪器

仪器类别	型号	精度或带宽	公司	特点或用途	备注
地面重力仪	CG-5	0.005mGal	LaCoste & Romberg公司下属的Scintrex公司	兼具LRS的G型重力仪的量程和D型的精度	
海洋/航空重力系统	Air-Sea System ll	0.25～1.00mGal	LaCoste & Romberg公司下属的Micro-gLaCoste公司	第三代固态光纤陀螺稳定平台	此前航空重力仪精度一般在2mGal以上
航空重力系统	AIRGrav	0.2mGal	Sander公司	带有陀螺稳定平台	
井中重力仪		0.04mGal	LaCoste & Romberg公司下属的Micro-gLaCoste公司	可测量地层密度的变化、孔隙度的分布和剩余油的分布等；外径为6.35cm，可深入井下6000m，耐受温度达200°，可连续测量24h	

续表

仪器类别	型号	精度或带宽	公司	特点或用途	备注
航空磁力仪、航空磁力梯度仪	多种	0.001nT	Sander 公司	水平加速功能，陀螺惯性导航系统，飞行不受气流影响，允许悬挂飞行	
地面磁力仪	GSMP-35	0.0025nT	GEM system 公司	增强了 GPS 定位功能，定位误差小于 1.5m；体积和重量小，便于携带，可以在移动中进行测量	1Hz 时梯度容忍度为 30000nT/m
三分量航空磁力仪		0.0001nT	GEM system 公司	采样率可为 1Hz，5Hz，10Hz 和 20Hz	
地面/海洋电法仪	GDP-32	0.015625～8000.000000Hz，对 MT 最小频率可达 0.0007Hz	Zonge 公司	CPU 主频为 66 或 133MHz 的 586 处理器，有以太网口，16 通道，可扩展通道数，进行 IP，CR，CSAMT，AMT，MT 和 TEM 等方法的野外数据采集和分析	配备 4Gb 硬盘，可存储非常大的时间序列文件，野外采集时可实时监测观测数据
地面/海洋电法仪	V8	0.00005～10000.00000Hz	凤凰公司	可进行 MT，AMT，CSAMT，IP，TDEM，FDEM 以及电阻率和其他方法的数据采集，有 3 个 TDEM 通道、3 个磁道和 3 个电道	可据客户的需求选择电法仪器的功能，减少用户硬件设备资金的投入
地面电法仪	两分量 VLF 超低频电磁仪	15～26kHz	CMG Airborne 公司	能较好区分高阻构造	
地面/井中电法仪	3D 时间域脉冲电磁仪系统（PEM）	0.25～10000.00Hz	Crone 公司	既适于地面测量，也适于井中测量，采集道集可达 65536 道，井中探查深度可达 3000m	

注：IP（激电法），CR（复电阻率法），CSAMT（可控源音频大地电磁测深），AMT（音频大地电磁测深），MT（大地电磁测深），TEM（瞬变电磁），TDEM（时间域电磁法），FDEM（频率域电磁法）。

表 2　第 78 届 SEG 年会展示的重磁电专业软件

软件名称	功能特点	公司或拥有人
LCT 重磁震综合处理解释系统	3MOD™ 是新增加的三维正演模块，具有人机交互的特点，与 FGMS 的最新联合反演程序做了连接，与 LCTSEIS-3D 做了连接，为了模拟变密度、磁化率和速度，改进后的 3MOD™ 能直接进行三维建模，可考虑复杂地形；GMVision 是一个三维交互的可视化模块，可读入 3MOD 文件，也可读入 2MOD 文件，可显示 SEG-Y 的数据，可进行旋转和叠加显示	Fugro 公司
GM-SYS 3D 模拟软件	具有人机交互特点，可以根据地震反射剖面的数据建模，还可以进行全张量联合反演	GEOSOFT 公司

续表

软件名称	功能特点	公司或拥有人
Oasis montaj 软件	是地质、地球物理和地球化学数据综合解释软件，具有三维可视化、显示专业图件、显示多种格式数据、网格速度快等优点	GEOSOFT 公司
EMIGMA 软件	是综合非地震处理软件，可以处理重磁数据，也可对频域电磁法、时域电磁法、电阻率剖面法、IP 等数据进行处理	PetRos EiKon 公司
Clearplay 电磁反演软件	新研发的三维电磁反演软件	EMGS 公司
OHMEGA-INV2D 和 INV3D 海洋电磁反演软件	成熟稳定	OHM 公司
WinGlink™ 软件	多功能非地震综合处理解释软件，可对电法、电磁法和重磁勘探等多种方法的数据进行处理、解释和综合分析	WesternGeco 下属的 Geosystem 公司
RLM3DI 软件	基于 Rodi 等(2001)的研究，在最小化目标函数时采用非线性共轭梯度算法，反演过程中不直接计算雅可比矩阵，MT 三维反演变成每次迭代过程中计算三维正演的问题	
WSINV3DMT 软件	2005 年开发，采用 OCCAM 算法	Siripunvaraporn 等

重磁电仪器从地面向海洋、空中、井下全方位发展，其精度和各项综合指标不断提高，且越来越向多功能化发展。相应的重磁电等非地震处理解释软件功能越来越完善，使用越来越方便，且向着综合集成方向发展，相关的处理解释软件可以实现信息共享和对比，并采用各种新型算法和技术来提高处理解释效果。

除表 1 中所列仪器外，凤凰公司展示了最新研制的测量海底天然场源垂直磁场的磁传感器，并且申请了利用海底天然场源垂直磁场探测海底高阻层方法的专利(图 1)。该方法具有勘探成本低(小型船，较少员工)、不需要发射源、无空气波干扰、采集站易布设和回收以及探测深度较深等特点。

图 1　海底天然场源垂直磁场传感器探测方法原理

2　非地震物探技术的发展方向

本届年会重磁方面主要展示了全张量技术、斜梯度技术、四维重力技术和三维重磁反演技术。重磁全张量测量和反演解释技术是一项同时测量重磁的 5 个不相关分量(称为全张量)的技术，应用该技术进行反演有利于改善和突出地质异常体的形状及边界，并有效约束模型的密度层或磁性层。图 2a 为某测线的重力三分量联合反演剖面，蓝色区域为异常体；

图 2b 为该反演剖面与地震偏移结果的叠合显示图，重力剖面上的异常体为地震剖面上的盐丘，两者吻合程度较高。重磁斜梯度方法的应用正在不断深入，实例表明，用该方法可以估算沉积层基底和构造深度。本届年会上有关重磁法的热点技术是四维重力和三维重磁反演技术。四维重力技术主要用于油气田开发中的油水界面监测；三维重磁反演技术主要应用于多底辟构造地区，辅助地震勘探，帮助落实复杂构造。

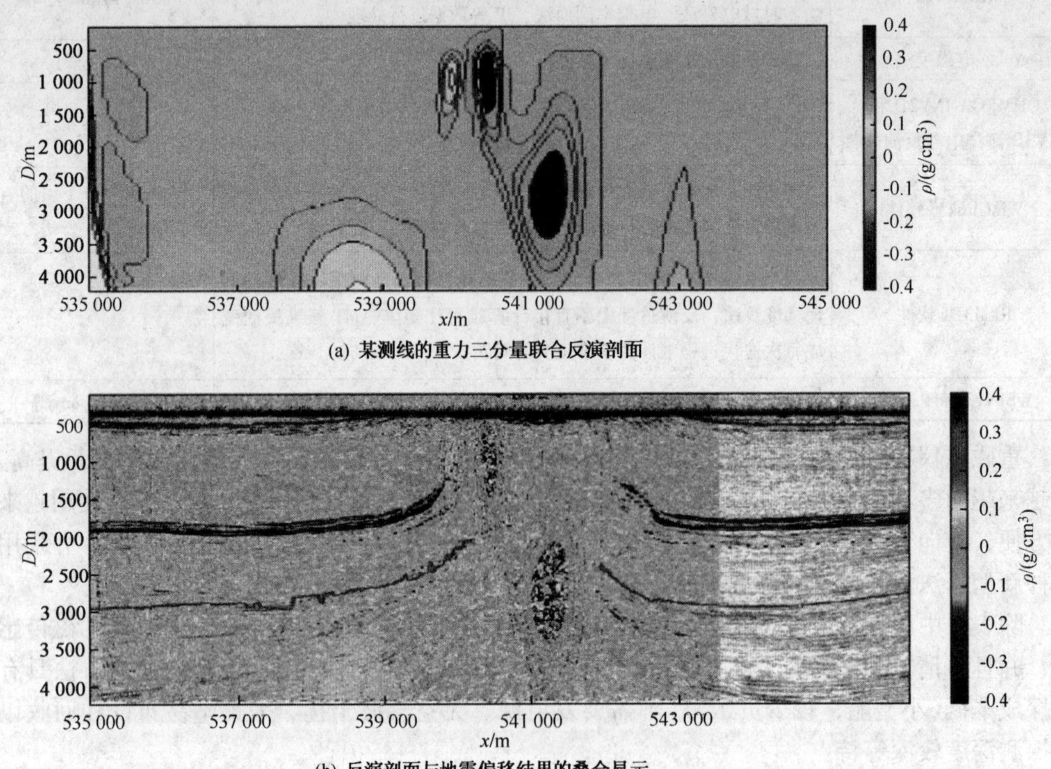

(a) 某测线的重力三分量联合反演剖面

(b) 反演剖面与地震偏移结果的叠合显示

图 2　重力全张量技术反演结果

会议上展示了一批应用于油气勘探的电磁勘探新技术和新方法。旨在提高三维时间域电磁正反演效率的算法提高了三维电磁反演方法解决实际问题的能力，这些技术方法促进了电磁法的发展，使电磁法解决地质问题的能力显著提高。随着重磁电等非地震勘探的新仪器和软件的推出，以及新技术和新方法的涌现，其应用领域迅速得到拓展，即向空中物探方向发展、向海洋勘探深入发展、向井中物探和油气监测方向发展、向三维方向发展。

2.1　向空中物探方向的发展

随着航空物探和卫星技术的不断进步，各类空中测量系统和技术不断发展，如航空磁力、磁梯度测量、航空电磁和航空重力、卫星重力等技术。

Sander 公司研制的重磁电航空测量系统，既安全又可靠，仪器测量精度提高到可以识别地下尺度为2km 的地质构造。MEGATEM 固定机翼航空三分量电磁系统，通过对测量的电导率进行成像，可获得有关断裂等地质构造的电阻率信息，有助于地质解释。在航空重力梯度测量与反演中，已取得较好的模型结果，且即将针对实际地质目标开展应用研究。携带磁力仪或重力仪的无人机探测装置技术发展迅速，可安全迅速地探测研究区的目标地质信息[1]。卫星重力有了进一步发展，一些基于全球海洋模型的卫星测高导出重力异常场可以被快速精确地计算出来，重力异常测网精度可达1′×1′。

这些空中物探技术，可以方便地应用于浅海、沙漠、雨林、沼泽、山地等勘查队伍难以到达的地区或地震勘探难以开展的地区，实施大区域地质目标的快速勘探，大大减少施工危险，大大降低工作强度，显著降低勘探成本。

2.2 向海洋勘探方向的深入发展

自从前几年各类海洋电磁技术被提出以来，海洋电磁技术的发展日新月异，尤其是海洋可控源电磁技术(MCSEM)。该技术是一种海中激发、海底多分量接收的人工源电磁技术，利用电磁法电阻率异常直接进行油气检测，以降低海洋油气勘探的钻探风险。该技术将一系列接收装置置于海底，可移动的大功率磁场偶极发射器在远处发射信号，由于接收器上部有巨厚的作为良导体的海水层，可以极大地衰减上部直接传来的一次场的信号，因此可以有效地探测来自地下岩层的反射信号，尤其是电阻率远大于围岩的气层和油层所反射的微弱信号。自EMGS公司于2002年成功地将该技术应用于挪威陆坡Troll油气田(图3，横坐标为距离R01号接收器的距离，由MCSEM技术确定的油气藏与地震和钻井揭示的油气藏分布完全一致，强异常对应规模大、含气丰度高的气藏，较小的异常对应规模小的油藏)和非洲安哥拉海上油气勘探后，得到全球石油公司各方面的重视。目前，除了EMGS公司外，埃克森美孚公司对海洋可控源电磁技术进行了巨大投资；WesternGeco下属的AGO公司可以提供海洋可控源电磁技术的油气勘探服务和海洋MT勘探服务；OHM公司提出了一个5年计划，将集成测井、地震、海洋可控源电磁测量数据，进行综合解释，目的是将海洋电磁技术提升到一个新的高度，该公司在地震、电磁综合研究储层方面可以提供从勘探到开发全过程服务，其建立在岩石物理研究基础上的地震、电磁储层研究技术独具特色。

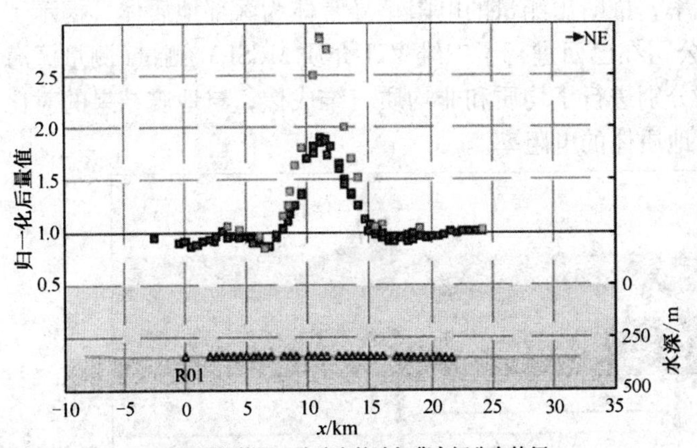

(a) 由电磁场数据正演确定的油气藏空间分布特征

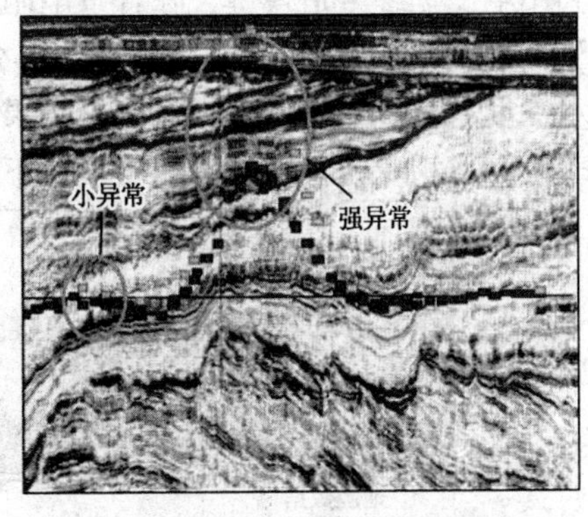

(b) MCSEM技术结果与地震技术结果的叠合显示

图3 北海Troll油气田海洋电磁海底测井(SBL)技术油气检测结果

---

[1] Sander公司2008年SEG年会宣传材料。

KMS 公司在电磁专题会上介绍了时间域海洋电磁技术的最新进展，他们采用一种新的采集方法(图 4)成功地采集到浅海区时间域电磁数据，目前已经完成了野外数据的采集试验工作。该方法的特点在于采用了点线结合的采集方式，测点密度更大，从而大大提高了横向分辨率。由于这种方法只记录二次场，因此它在浅水区的油气勘探中具有重要意义。该技术类似于海上地震勘探的海底电缆地震(OBC)技术，而且今后的发展方向也是将这种技术集成到海上地震勘探的 OBC 勘探中。

图 4　时间域海洋电磁数据采集方法原理

PGS 下属的 MTEM 公司在瞬变电磁研究方面处于世界领先地位，特别是浅水区的瞬变电磁数据采集设备和处理软件。2004 年 PGS 公司就完成了海上时间域瞬变电磁的三维采集工作，最近几年，又开展了大量的海上时间域电磁勘探工作，取得了非常好的应用效果。

会议展示的海洋可控源电磁新技术主要有：大规模非均质建模方法，提高成像位置准确度的反演方法，提高反演收敛性和收敛速度的方法等。会上同时展示了许多海洋电磁勘探的应用实例：如 PGS 公司在北海水深 100m 的地区进行了瞬变电磁(TEM)勘探试验，试验所揭示的目标与地震亮点技术显示的一致(图 5)；EMGS 公司在水深 2740 ~ 3120m 的深海区域，利用电磁远参考道模型去除背景电阻率，推断出测量的电阻率异常体为深部地质体，揭示了 3 个有利勘探区(图 6)；埃克森美孚公司在巴西进行了三维 VTI 介质 MCSEM 测量(测量区海水深度为 500 ~ 2500m)，对测量结果分别进行了均质和非均质三维成像，与地震结果的对比表明，非均质模型能更好地反映地下地质体的电阻率。

图 5　PGS 公司在北海的瞬变电磁(TEM)测量结果与地震结果的对比剖面

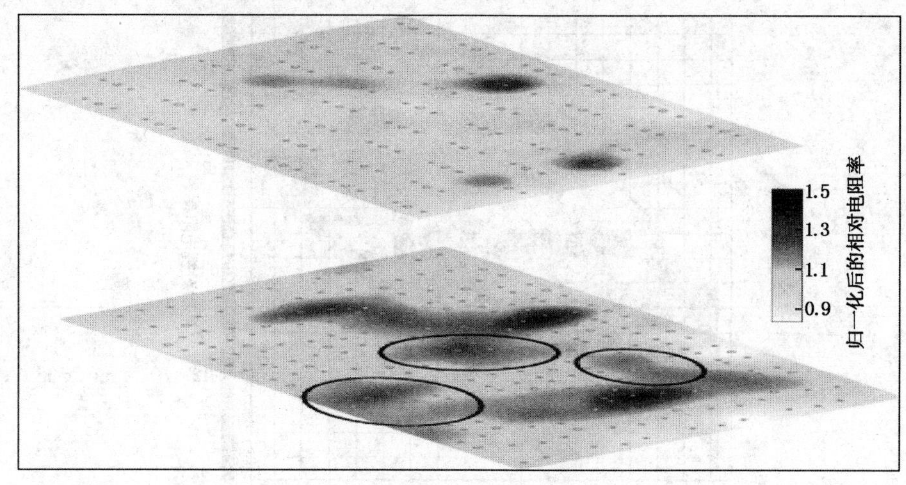

图6 EMGS公司在深水海域基于电磁法测量结果推断的3个深部异常体的分布特征

2.3 向井中物探和油气监测方向的发展

多种井中非地震测量仪器的推出有力地推动了井中物探技术的进步。井中重力三分量连续观测(四维重力)在油气开发中除了能独立地提供注水边界信息外，还可监测注水边界推进的连续特征，从而为四维地震提供中间信息，辅助四维地震模型的设计，优化储层的长期监测管理；井中磁法在油气勘探中的应用刚刚起步，主要利用磁性的反转来揭示年代地层的分布；井中电磁法主要用于油气开发中储层和油气水边界的监测，如图7所示。图7(a)和图7(b)分别给出了1994年和1996年所测电磁近似脉冲响应导数异常对应的天然气储层位置和气藏水平边界，而1994年与1996年近似脉冲响应导数异常的局部差异[图7(c)]则反映了这两年储层含气丰度之间的差异。

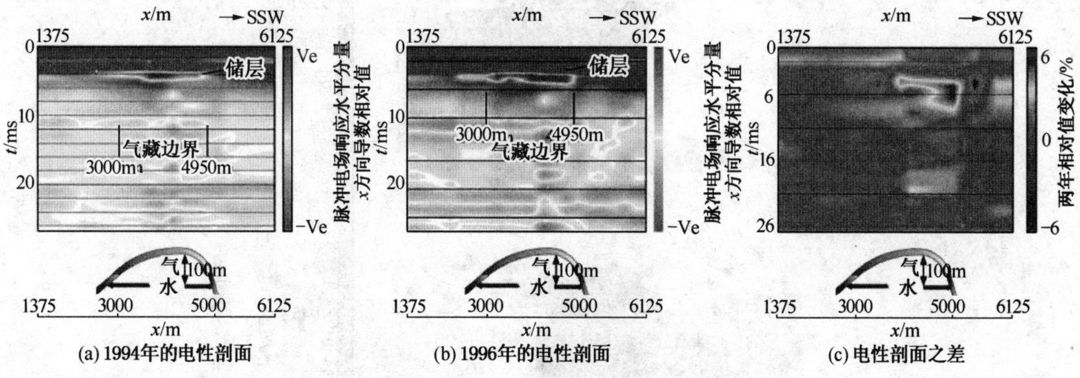

图7 爱丁堡大学在法国开展油气检测和监测的电性剖面

我国尚未真正进行井中非地震物探技术的油气检测和监测，目前仅初步做了地面电磁油气监测研究。如中国石油东方地球物理公司(BGP)用可控源电磁测深(CSEM)技术进行储层评价和监测，使用波恩近似反演方法约束储层的上、下边界，减少解的不确定性；长江大学胡文宝等将阵列TEM法应用于储层监测，研究发现，电阻率异常与剩余油和驱动蒸汽边界有很好的相关性，图8给出的是不同时期储层的视电阻率之差的分布特征，正值表示与前次相比电阻率增大，负值表示减小，差值最大值和最小值分布区域为蒸气通道之外的生产井分布区域。

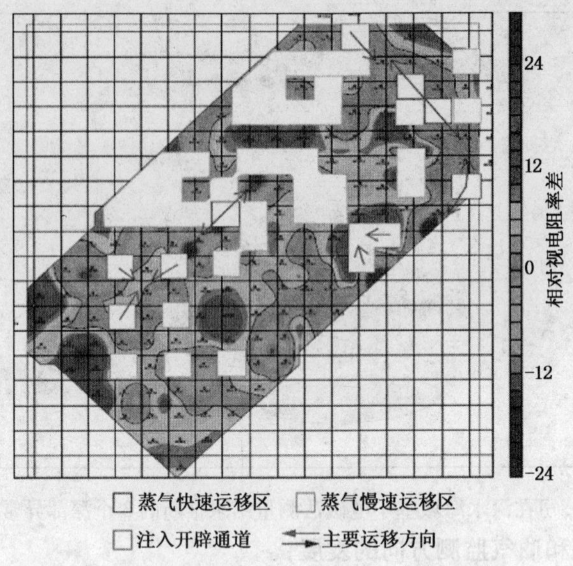

图 8　不同时期储层的视电阻率差分布特征($t=60$ms)

2.4　向三维方向发展

重磁勘探已从单一的重磁测量和反演发展到多张量测量和反演，从而使应用位场测量结果分辨深部和浅部构造以及对构造进行精确成像的能力有了明显提高。应用位场三维反演进行物性分布预测的技术越来越成熟，如 Fernando 等采用自适应学习的三维重力反演技术，利用美国墨西哥湾的盐丘体进行了约束条件下的三维密度成像(图 9)，成功地解释了盐丘的上、下边界和展布特征。

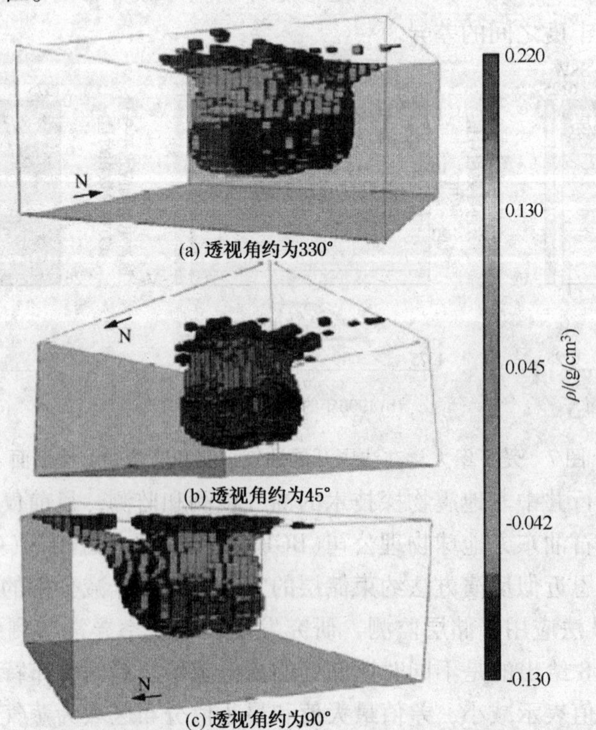

图 9　墨西哥湾盐丘的不同视角自适应学习三维重力成像透视结果

电磁勘探尤其是 MCSEM 勘探已发展到三维多分量，其建模和反演成像方法基本都是三维的，多分量的数据约束加强了测量信息的处理效果。在三维反演方法方面，除了上述几大海洋电磁公司已掌握的较为成熟的 MCSEM 反演成像法之外，本届会议上德国人提出了快速模拟三维瞬变电磁场方法；加拿大地调局展示了低电阻率的三维 TEM 反演方法；科罗拉多矿业学院重磁电研究中心提出了去除随机噪声的方法，并用于四维 TEM 数据提取高时延信号，改善了 TEM 数据的质量(图 10 ~ 图 12)，这种方法还可以用于航空电磁(EM)、可控源电磁(CSEM)和可控源音频大地电磁测深(CSAMT)；EMGS 公司提出了利用快速有限差分反演三维电磁数据的新方法。

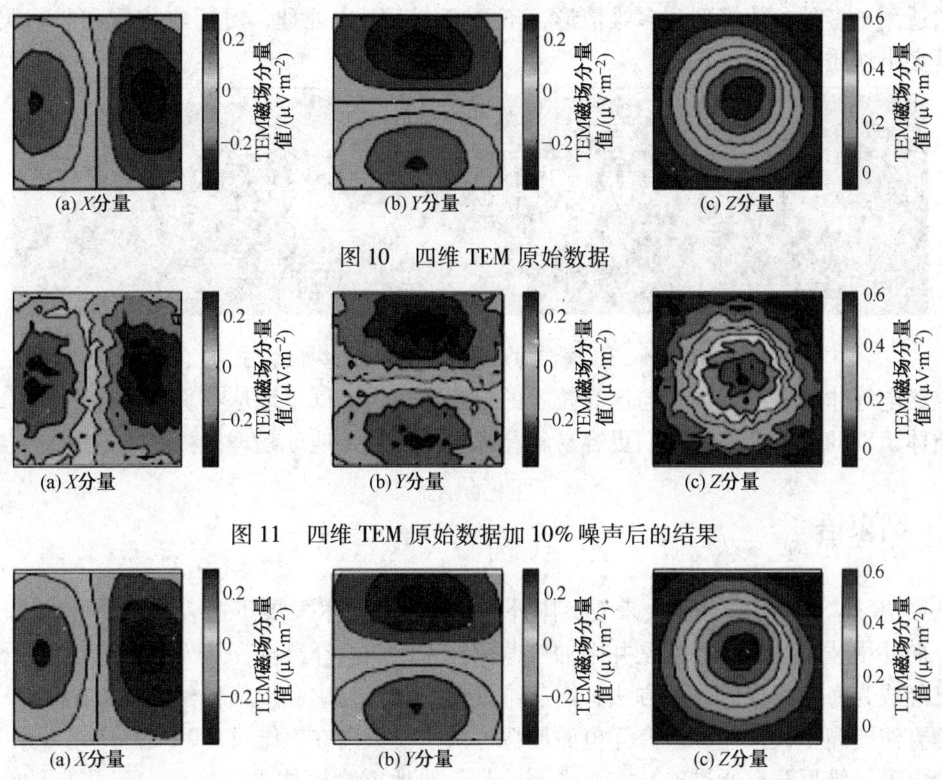

图 10　四维 TEM 原始数据

图 11　四维 TEM 原始数据加 10% 噪声后的结果

图 12　加噪声后四维 TEM 去噪后的结果

3　非地震物探技术的应用前景

传统的重磁电等非地震物探技术主要用于区域勘查。近年来，由于非地震物探技术的进步，其应用领域在不断拓宽，向目标勘探甚至油气藏监测领域发展。非地震物探技术与地震勘探技术的结合，在发现一些大的非常规油气藏中发挥了重要作用，取得了很好的应用效果。许多石油公司常将重磁电震资料综合起来进行解释，在地震资料解释中忽视非地震资料的传统习惯正在成为历史。

将重磁震方法联合起来能有效地刻画目标区沉积厚度的等深线和沉积中心的位置，揭示构造带和俯冲带以及火山岩的分布。EMGS 公司在挪威综合利用地震和可控源电磁(CSEM)方法进行岩石物理建模，应用结果表明，CSEM 结合地震的方法区分含气饱和度的效果比单纯用地震方法的效果要好。在海洋勘探中，进行 CSEM 和海洋大地电磁（MMT）联合反演可以使深部地质体更好地成像。在综合技术中，联合反演是一种很重要的手段，虽然大规模三维联合反演复杂且耗时长，但仍值得考虑。WesternGeco 公司电磁实验室展示了他们利用三维海洋大地电磁（MMT）数据对墨西哥湾一个真实盐丘进行反演的例子，通过反演确定优化测网是 2km × 2km，反演结果与钻井结果很匹配（图 13，浅色为大于 35Ω · m 的电阻率体，白色蓝线为钻井揭示的地震解释的盐丘顶底界面），综合应用其结果与其他资料（全张量重力、地震），进一步降低了单一地震解释的不确定性。他们还进行了时间域可控源电磁（TD-CSEM）和 MT 的联合建模和反演，建模无需提供背景电阻率，联合反演结果精确且稳定，这种方法适用于多种参数模型和多维情形，不要求作正则化处理，可适应均质和非均质模型，能显著突出地质体边界。

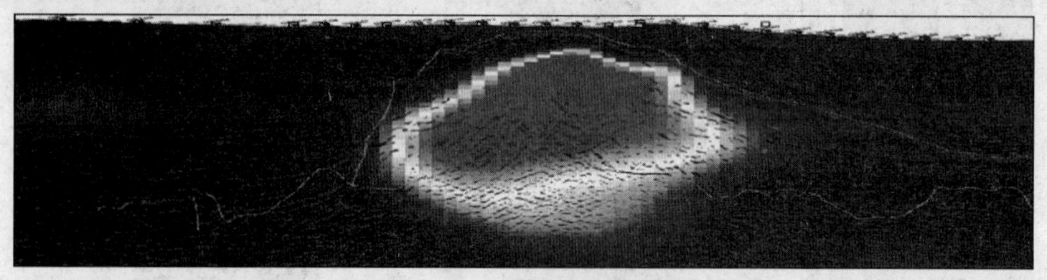

图 13　三维海洋 MT 反演成像结果的纵向切片

重磁电等非地震物探技术与地震技术的综合应用，降低了地球物理方法的多解性，提高了地质体识别的分辨率，使人们更容易解释地质体，这是地球物理勘探技术发展的大趋势。

4　结束语

从第 78 届 SEG 年会暨展会来看，国外非地震物探技术发展迅速，采集手段向空中物探发展；向井中技术发展，特别是井中油气监测技术；向海洋勘探深入发展，海洋可控源电磁技术已经成为海洋物探的重要方法；向三维发展，三维处理和反演依然是研究热点，一些新的处理方法提高了模拟速度。海洋电磁勘探方法主要集中在三维反演和实际应用效果上，陆地瞬变电磁三维反演有所进展。需要强调的是，非地震物探技术的这些发展并非是单一的，而是互相交叉互相渗透的，向重力、磁力、电法、地震、地质、钻井等一体化联合勘探和综合解释方向发展。

与国外非地震物探技术的发展相比，我国非地震物探技术的差距主要表现在非地震装备和软件技术的研发、重视程度和综合应用不够，储层和油气动态监测中的应用研究滞后。因此，我们需要加强在这些方面的研发和应用，加强在新领域应用的跟踪和先导研究，逐步开展非地震技术在处于开发中后期油气田的储层和油气动态监测中的应用研究，降低油气田开发的费用。

参　考　文　献

1　Rodi L, Mackie L. Nonlinear conjugate gradients algorithm for 2-D magnetotelluric inversion [J]. Geophysics, 2001, 66(1): 174 ~ 178

2　Siripunvaraporn W, Egbert G, Lenbury Y, et al. Three-dimensional magnetotelluric inversion: data-space method[J]. Physics of the Earth and Planetary Interiors, 2005, 150: 3 ~ 14

3 Siripunvaraporn W, Egbert G, Uyeshima M. Interpretation of two-dimensional magnetotelluric profile data with three-dimensional inversion: synthetic examples [J]. Geophysical Journal International, 2005, 160 (3): 804 ~ 814

4 Wan L, Zhdanov M S. Focusing inversion of marine full-tensor gradiometry data in offshore geophysical exploration[J]. Expanded Abstracts of 78th Annual Internat SEG Mtg, 2008, 751 ~ 755

5 Fairhead D, Salem A, Williams S, et al. Magnetic interpretation made easy: the Tilt-Depth-Dip-ΔK method [J]. Expanded Abstracts of 78th Annual Internat SEG Mtg, 2008, 779 ~ 783

6 Krahenbuhl R, Li Y G. Joint inversion of surface and borehole 4D gravity data for continuous characterization of fluid contact movement[J]. Expanded Abstracts of 78th Annual Internat SEG Mtg, 2008, 726 ~ 730

7 Davis K, Kass A, Krahenbuhl R, et al. Survey design and model appraisal based on resolution analysis for 4D gravity monitoring[J]. Expanded Abstracts of 78th Annual Internat SEG Mtg, 2008, 731 ~ 735

8 Silva Dias Fernando J S, Barbosa Valéria C F, Silva Joào B C. Adaptive learning gravity inversion for 3D salt body imaging[J]. Expanded Abstracts of 78th Annual Internat SEG Mtg, 2008, 746 ~ 750

9 Pilkington M. 3D magnetic data-space inversion with sparseness constraints[J]. Expanded Abstracts of 78th Annual Internat SEG Mtg, 2008, 789 ~ 793

10 Oldenburg D W, Haber E, Shekhtman R. Forward modelling and inversion of multi-source TEM data[J]. Expanded Abstracts of 78th Annual Internat SEG Mtg, 2008, 559 ~ 563

11 Holtham E, Oldenburg D. Three-dimensional forward modeling and inversion of Z-TEM data[J]. Expanded Abstracts of 78th Annual Internat SEG Mtg, 2008, 564 ~ 568

12 Wu X H, Sandberg S, Roper T. Resolution of 3D marine magnetotellurics for base-salt imaging and a case study from the Gulf of Mexico[J]. Expanded Abstracts of 78th Annual Internat SEG Mtg, 2008, 574 ~ 578

13 Abubakar A, Liu J, Habashy T, et al. A three-dimensional multiplicative-regularized non-linear inversion algorithm for cross-well electromagnetic and controlled-source electromagnetic applications[J]. Expanded Abstracts of 78th Annual Internat SEG Mtg, 2008, 584 ~ 588

14 Endo M, Cuma M, Zhdanov M. Large-scale electromagnetic modeling for multiple inhomogeneous domains[J]. Expanded Abstracts of 78th Annual Internat SEG Mtg, 2008, 589 ~ 593

15 Ralph-Uwe B, Oliver G E, Klaus S. Fast 3-D simulation of transient electromagnetic fields by model reduction in the frequency domain using Krylov subspace projection[J]. Expanded Abstracts of 78th Annual Internat SEG Mtg, 2008, 594 ~ 598

16 Jing C, Green K, Willen D. CSEM inversion: impact of anisotropy, data coverage, and initial models[J]. Expanded Abstracts of 78th Annual Internat SEG Mtg, 2008, 604 ~ 608

17 Commer M, Newman G. Optimal conductivity reconstruction using three-dimensional joint and model-based inversion for controlled-source and magnetotelluric data[J]. Expanded Abstracts of 78th Annual Internat SEG Mtg, 2008, 609 ~ 613

18 Zach J J, Bjørke A K, Støren T. 3D inversion of marine CSEM data using a fast finite-difference time-domain forward code and approximate Hessian-based optimization[J]. Expanded Abstracts of 78th Annual Internat SEG Mtg, 2008, 614 ~ 618

19 Oldenborger G, Oldenburg D. Inversion of 3D time-domain EM data for high conductivity contrasts[J]. Expanded Abstracts of 78th Annual Internat SEG Mtg, 2008, 619 ~ 623

20 MacLennan K, Li Y G. Using the equivalent source technique to estimate noise in 4D TEM data[J]. Expanded Abstracts of 78th Annual Internat SEG Mtg, 2008, 624 ~ 628

21 Zhdanov M, Cuma M, Ueda T. Three-dimensional electromagnetic holographic imaging in offshore petroleum ex-

ploration[J]. Expanded Abstracts of 78th Annual Internat SEG, 2008, 629 ~ 633

22 Price A, Turpin P, Erbetta M, et al. 1D, 2D, and 3D modeling and inversion of 3D CSEM data offshore West Africa[J]. Expanded Abstracts of 78th Annual Internat SEG Mtg, 2008, 639 ~ 643

23 Carazzone J, Dickens T, Green K, et al. Inversion study of a large marine CSEM survey[J]. Expanded Abstracts of 78th Annual Internat SEG Mtg, 2008, 644 ~ 647

24 Strack K, Allegar N, Ellingsrud S. Marine time domain CSEM: an emerging technology[J]. Expanded Abstracts of 78th Annual Internat SEG Mtg, 2008, 653 ~ 656

25 Hornbostel S, Green K. CSEM survey design for successful imaging[J]. Expanded Abstracts of 78th Annual Internat SEG Mtg, 2008, 682 ~ 686

26 Wang Z G, He Z X, Sun W B, et al. Born approximation inversion for the marine CSEM data set[J]. Expanded Abstracts of 78th Annual Internat SEG Mtg, 2008, 687 ~ 691

27 Andersen O, Knudsen P, Berry P, et al. The DNSC07 high resolution global marine gravity field[J]. Expanded Abstracts of 78th Annual Internat SEG Mtg, 2008, 756 ~ 760

28 Eidesmo T, Ellingsrud S, MacGregor M, et al. Sea Bed Logging (SBL), a new method for remote and direct identification of hydrocarbon filled layers in deepwater areas[J]. First Break, 2002, 20(3): 144 ~ 152

29 Farrelly B, Ringstad C, Johnstad S, et al. Remote characterization of hydrocarbon filled reservoirs at the troll field by sea bed logging[R]. Rhodes, Greece: EAGE Fall Research Workshop on Advances in Seismic Acquisition Technology, 2004

30 Ellingsrud S, Sinha C, Constable S, et al. Remote sensing of hydrocarbon layers by Sea Bed Logging (SBL): results from a cruise offshore Angola[J]. The Leading Edge, 2002, 21(10): 972 ~ 982

31 Eso R, Napier S, Herrmann F, et al. Iterative reconstruction algorithm for nonlinear operators[J]. Expanded Abstracts of 78th Annual Internat SEG Mtg, 2008, 579 ~ 583

32 Ziolkowski A, Wright D, Hall G, et al. Successful transient EM survey in the North Sea at 100 m water depth [J]. Expanded Abstracts of 78th Annual Internat SEG Mtg, 2008, 667 ~ 671

33 Suffert J, Sangvai P, Roth F, et al. Frontier exploration by electromagnetic scanning — a deep water example [J]. Expanded Abstracts of 78th Annual Internat SEG Mtg, 2008, 662 ~ 666

34 Meyer T. Monitoring water front advancements with down-hole gravity sensors[J]. Expanded Abstracts of 78th Annual Internat SEG Mtg, 2008, 721 ~ 725

35 Morris W, Ugalde H, Milkereit B. Borehole magnetics: magnetostratigraphy: an example from UNAM-7, Chicxulub Impact Crater[J]. Expanded Abstracts of 78th Annual Internat SEG Mtg, 2008, 716 ~ 720

36 Wright D, Ziolkowski A, Hobbs B. Hydrocarbon detection and monitoring with a multi-component transient electromagnetic (MTEM) survey[J]. The Leading Edge, 2002, 21(9): 852 ~ 864

37 Hu W, Yan L, Su Z, et al. Strack. Array TEM sounding and application for reservoir monitoring[J]. Expanded Abstracts of 78th Annual Internat SEG Mtg, 2008, 634 ~ 638

38 Jain M, Mohanty S, Yalamanchili S. Gravity, magnetic and seismic data integration for structural configuration and its hydrocarbon evaluation in the San Juan-Tumaco basins, Offshore Colombia[J]. Expanded Abstracts of 78th Annual Internat SEG Mtg, 2008, 774 ~ 778

39 Walls J, Shu R. Seismic and EM rock physics and modeling, Norwegian Sea[J]. Expanded Abstracts of 78th Annual Internat SEG Mtg, 2008, 657 ~ 661

40 Rovetta D, Lovatini A, Watts M D. Probabilistic joint inversion of TD-CSEM, MT and DC data for hydrocarbon exploration[J]. Expanded Abstracts of 78th Annual Internat SEG Mtg, 2008, 599 ~ 603

胜利油田高精度三维地震采集技术实践与认识

吕公河[1]　张光德[2]　尚应军[2]　杨德宽[2]　张加海[2]

（1. 中国石化石油物探技术研究院，江苏南京 210014；2. 中国石化胜利石油管理局地球物理勘探开发公司，山东东营 257086）

摘要：胜利油田三维高精度采集技术的发展共经历了3个阶段，从最初的探索阶段、发展阶段，到现在的提高阶段，随着高精度地震采集技术的发展，形成了以高精度观测系统设计技术、高品质震源与激发技术、高保真信号接收与点位测量技术、精细近地表结构探测技术为核心的高精度地震采集技术系列。通过这些技术的应用，取得了较好的地质成果，为油田持续稳定的发展发挥了重要作用。

关键词：高精度三维地震采集　观测系统　震源　近地表　滩浅海

高精度三维地震采集技术包括参数分析论证技术、激发技术、接收技术、压噪技术、静校正技术等，主要通过加密物理点位、减小面元尺度和加大覆盖次数等手段来实现地震采集的高空间和时间采样率，大幅度提高地震资料的分辨率、信噪比、保真度和成像精度，从而精细刻画小断层和薄互层等复杂地质体。

从“九五”开始，胜利油田开展了以三维二次地震采集为依托的高精度地震勘探技术攻关与实践。自1997年10月首次在东营凹陷辛镇地区开展高精度三维二次采集以来，共完成高精度采集28块，满覆盖面积为3901km^2，共504356炮。随着地震采集技术和采集装备的不断进步，胜利油田高精度三维地震采集技术得到了长足的发展。

道密度显著增加，表现在采集道数显著增加。平均每个三维工区占用道数从2003年的2062道，增加到2007年的6092道。从20世纪80年代的常规三维道密度为1.6×10^4道/km^2，到20世纪90年代中后期首块二次采集的辛镇三维道密度为3.2×10^4道/km^2，渤深6和盘河等三维区块断裂带加密区道密度突破10×10^4道/km^2，罗家高密度三维道密度达到358×10^4道/km^2。

采集面元越来越小、覆盖次数越来越高，信息量越来越大。20世纪90年代初，CDP网格以25m×50m为主，最大达到25m×100m，20次覆盖；20世纪90年代末期，田家、渤深6和官6等区块的高精度采集采用25m×25m的面元网格、40~70次覆盖；2005年以后，永新和罗家等高密度项目的面元网格达到5m×5m，100~600次覆盖。

观测系统设计越来越精细。常规地震观测系统设计仅考虑了构造倾向和走向，已不能适应精细勘探的需要。而高精度地震采集观测系统设计考虑了基于后续的处理要求与能力以及地表和近地表条件，提出了基于地震数据处理的地震观测系统设计、基于地球物理目标参数的观测系统优化设计和基于波动方程的观测系统设计等技术。

1 胜利油田高精度三维地震采集技术的发展历程

高精度三维地震采集技术是随着地质需求的变化逐步发展并完善的，具有动态性和连续性。胜利油田三维高精度采集技术的发展共经历了3个阶段。

第1阶段(1997~2000年)：在辛镇、田家和罗42等地区进行了高精度采集攻关和尝试，使用第2代480道仪器(SN368)，道密度比常规老资料提高1倍以上；主要通过减小面元网格尺度来提高勘探精度，观测方式以8线5炮和6线9炮为主；满覆盖次数为30~40次，施工道数为480~1000道，道密度≤8×10^4道/km^2。

通过第1阶段的攻关探索，形成了“四高”、“两组合”、“两埋实”、“两均匀”、“两优化”和“一措施”的高精度地震勘探方法。“四高”为高定位精度、高空间采样率、高时间采样率和高覆盖次数；“两组合”为组合检波和组合激发；“两埋实”为检波器挖坑埋实和激发井埋实(闷井)；“两均匀”为反射点方位角分布均匀和炮检距分布均匀；“两优化”为优化采集参数和优化试验方案；“一措施”为环境噪声大时不采集。

第2阶段(2000~2005年)：在四扣、官1井、东营城区、盘河、官7井、纯化等地区进行了高精度三维地震数据采集，开始引进和使用第3代上千道数字地震仪(SN408)；二次采集排列片长(大于4000m)、道数多(每条线大于60道)、道密度进一步提高，主要采取在减小面元网格尺度的基础上适当提高覆盖次数来提高勘探精度；满覆盖次数为60~80次，施工道数为720~1500道，道密度≤30×10^4道/km^2。

第2阶段的高精度三维地震数据采集对细节要求更严，质量要求更高，突出表现在：①小面元网格、高覆盖次数观测系统的使用；②高品质震源的研制和使用；③先进采集系统的宽频带接收；④复杂近地表的探测与影响控制；⑤复杂地表的噪声分析与压制。

第3阶段(2006年至今)：在垦71、永新、五号桩、罗家等工区进行了高精度三维地震数据采集，开展了高精度三维地震勘探技术攻关；通过引进和使用万道数字地震仪和数字检波器，全面提升了地震采集的空间和时间采样率，开始了高精度三维地震采集的新一轮探索；接收道数和接收线数大幅度增加，方位角扩大，道密度全面提高，在1×10^7道/km^2左右，面元网格进一步缩小；一般满覆盖次数大于120次，施工道数大于5000道，道密度≥60×10^4道/km^2。

第3阶段的地震采集特点突出表现在超万道采集、高密度采集、空间对称均匀采样、单点全数字、海量数据等方面。

2 高精度三维地震采集技术

2.1 高精度观测系统设计技术

近几年来，通过高精度三维二次地震采集等技术攻关，基本形成了“基于地下地质目标、着眼后续处理要求、考虑地表和近地表条件及全波场采集”的观测系统设计理念，重视正演模拟的作用，形成了基于模型的正演和波动方程照明设计技术、基于成像效果和叠前偏移处理的参数设计技术、基于3S[遥感技术(Remote Sensing，RS)、地理信息系统(Geographical Information System，GIS)、全球定位系统(Global Positioning System，GPS)]的复杂地表逐点设计技术等高精度观测系统设计技术。能够熟练地在综合设计的基础上，针对不同区块精细设计灵活、有效、动态、便于实施的观测系统。

2.1.1 基于模型的正演和波动方程照明设计技术

基于模型的正演和波动方程照明设计技术是针对复杂地质目标构建精细地质模型，开展正演模拟、射线追踪、目的层 CRP 覆盖次数量化分析和不同位置的照明分析，观测系统参数论证和选取结果如图 1 所示。

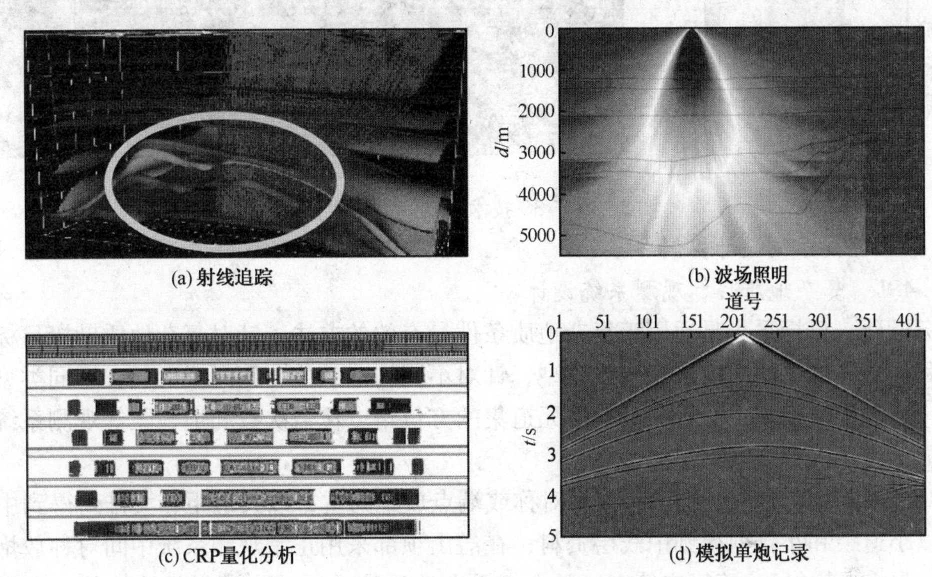

(a) 射线追踪 (b) 波场照明

(c) CRP量化分析 (d) 模拟单炮记录

图 1 基于模型的正演和波动方程照明设计技术

2.1.2 基于成像效果和叠前偏移处理的参数设计技术

常规照明分析为地面激发、地面接收，只能考察地下是否有照射盲区，不能指导参数选择。而基于成像效果和叠前偏移处理的参数设计技术则通过建立精细地质模型，将震源置于地下目标位置并激发，根据波动理论在地表记录地震波场，再将其成像返回到地下激发点，根据成像效果分析采集参数对成像效果的影响，定量确定采集参数。

2.1.3 基于3S的复杂地表逐点设计技术

针对复杂地面目标，在规则化观测系统的基础上，根据数字卫星图片、GIS 成果和 GPS 定位成果，逐点优化点位布设，逐点匹配激发和接收参数(图 2)，具体步骤为：①按工区设计规则观测系统；②利用数字勘测成果，对规则观测系统进行调整；③观测系统属性分析，确定合理的观测系统。通过以上 3 个步骤完成观测系统设计，确定施工预案。

复杂地表区观测系统设计技术的创新之处在于打破了以往观测系统设计的种种约束，实现了激发点和接收点的灵活布设。

在复杂地表区，观测系统设计更依赖于地表障碍物的分布，因此需要分析这种复杂地表决定的观测系统是否满足地质任务要求。如果不满足则需要进行适当的调整，以保证完成地质任务。

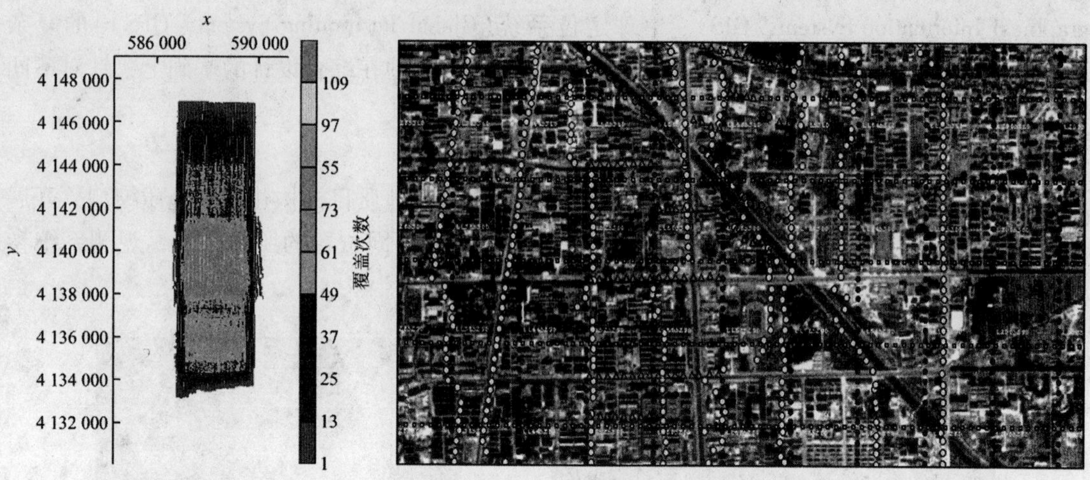

图2 基于3S技术的观测系统设计

2.1.4 观测系统设计实例

2.1.4.1 复杂地质目标观测系统设计

目标设计、目标采集是适用于复杂地质条件最有效的方法。针对复杂地质勘探目标的构造特征和构造样式，建立准确的地质模型，针对不同构造部位、不同反射层、不同类型的油气藏等，通过正演模拟，分析共反射面元道集的方位角、覆盖次数和炮检距等观测系统属性分布特征，优化选择观测系统。

针对潜山勘探(图3)，在山脚以不对称或端点放炮为主，以大道距和大排列得到中深层资料，以小道距和小排列得到中浅层资料；在潜山顶部采用正常观测系统中间对称放炮。在四扣、渤深6、渤古1、于家庄等工区，由于复杂地质体的影响，资料品质较差，在设计时针对性地提高了局部覆盖次数。

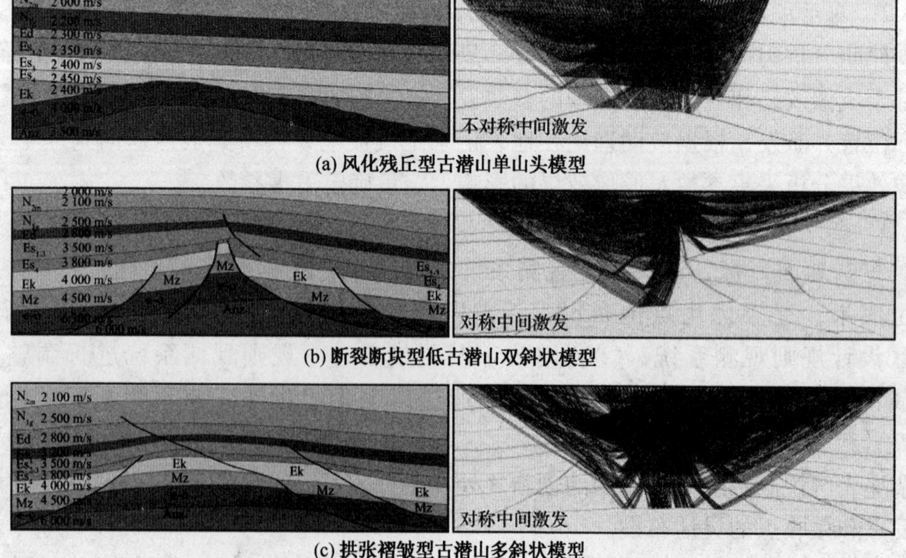

(a) 风化残丘型古潜山单山头模型

(b) 断裂断块型低古潜山双斜状模型

(c) 拱张褶皱型古潜山多斜状模型

图3 针对潜山的观测系统设计

2.1.4.2 滩浅海地区的观测系统设计

滩浅海地区的观测系统设计和论证受滩浅海地表条件和设备条件限制较大，因此设计其观测系统时需要考虑3个因素。

为满足地下地质构造观测需要和适应地表条件，同一地区需采用两种观测方式或同一测线采用不同的观测系统，但观测系统属性不应相差太大。

适应工区地表条件。在过渡带施工时，检波器的布设很困难，由于滩浅海地区潮汐变化大，落差一般为2~3m，退潮用速度检波器，涨潮用压电检波器。因此，滩浅海地区施工常采用较少检波器道数、较多炮数的观测系统，主要方法有：①减少接收线、增加炮线法，该方法一般要保证两种观测系统基本属性不变及同一工区内资料不受观测系统变化的影响，如在孤东地区的海堤附近施工时，采用少布线、多放炮的方式，海堤内观测系统是6L×9S，堤外采用3L×17S；②排列渐减法，该方法保持炮线设计不变，而采用的排列逐渐减少，但满覆盖次数不变，一般在检波器无法摆放的地区使用；③过障碍物变观测系统，通常在滩海的虾池、盐场地区使用。

考虑设备能力。设备必须有利于野外施工，保证施工质量，确保过渡带地震资料的品质。

目前，滩浅海地区观测系统综合设计技术包括基础采集参数量化分析技术、观测系统综合属性分析技术、以地质模型为基础的正演模拟技术。

2.2 高品质震源与激发技术

地震数据采集震源主要包括炸药、可控震源和气枪。目前国内陆上地震勘探80%以上使用的是炸药震源，因此炸药震源技术发展较快。

高精度地震勘探技术要求激发能产生具有足够能量和频宽的弹性波，提高地震激发有效波能量的转换率。通过对炸药爆速、震源结构和传爆机理等影响地震激发效果因素的研究，成功研制出了以宽频带、高能量、低干扰的延时叠加震源为代表的震源系列(图4)。在近20种震源中，震源导爆装置等6项技术获国家实用新型专利。这些新型震源技术的推广应用，有效提高了地震资料的分辨率和信噪比。

(a) 延迟震源　(b) 共心聚能震源　(c) 平面波震源　(d) 横波震源

图4 新型震源产品

在复杂地表区尤其是城镇地区进行地震波激发，不仅要考虑压制干扰波、提高有效波的下传能量，而且要解决水泥地面常规震源无法激发以及减弱震源对地面设施产生破坏的问题。实现既安全又有效的地震激发，不仅要考虑地质任务需求，更要考虑安全和环保因素。通过对炸药环保特性和爆炸速度、能量等参数的研究，在复杂城区勘探中采用高能环保炸药，该药型在激发后所产生的化学物质为无污染的氨气和水，既能提高资料品质，又保护了地下水不受污染。由于城区内大部分地区为水泥地面，使用常规炸药震源无法打井，为了解决这个难题，采用炸药和可控震源联合施工的方法，同时利用 VIBRA-@ 安全距离测试仪，测量震源激发后质点振动的速度，保证震源在城区安全、高效激发(图5)。

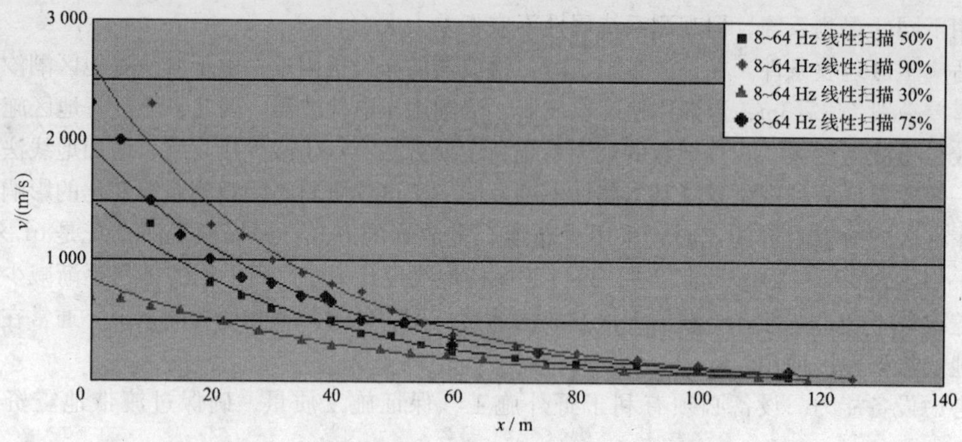

图5　可控震源激发的距离与质点振动速度的关系

针对不同工区的近地表特点，形成了基于近地表模型的激发配套技术和工艺流程。传统激发参数的选择强调小药量、潜水面下和选择好的激发岩性等；现在则强调精细的近地表结构探测、虚反射界面的精确确定和沿空间方向逐点设计井深。另外，为了改进激发耦合效果，发展完善的激发耦合工艺已成为当今炸药激发工序中必不可少的环节。

在激发震源技术方面，还探索了基于岩土的爆炸激发理论，并在地震与制药边缘学科结合方面做了大量的试验研究；在震源类型方面，研制形成了延迟迭加震源、超速聚能震源、地表减震震源、高能宽频震源等震源系列；在激发技术方面，由过去主要考虑基于低、降速带和虚反射界面选择激发井深，发展到现在依据激发岩性动态选择井深，保证了激发效果(图6，曲线上的数值为井深)。

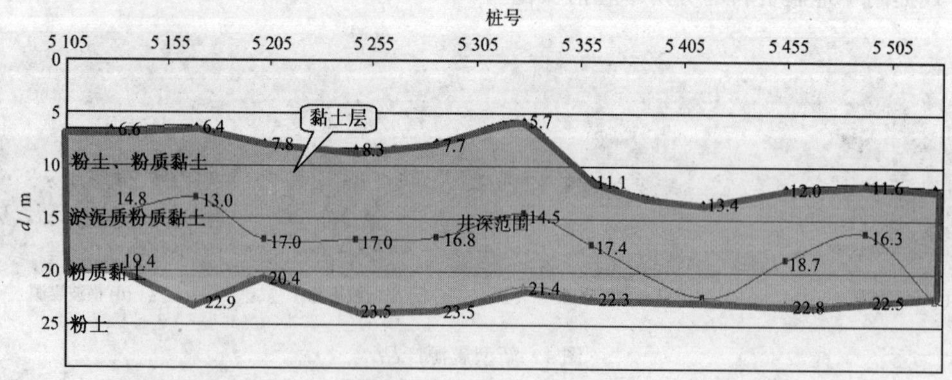

图6　激发岩性的优选

2.3　高精度接收与精确点位测量技术

2.3.1　高精度接收技术

作为野外数据采集的关键环节，地震波接收技术直接关系到采集数据的质量。地震波接收以采集到宽频、高保真、高信噪比、高动态范围的地震信号为目标。

在地震资料采集过程中，组合接收可以有效地压制随机干扰，提高地震资料的信噪比。高精度地震勘探中检波器组合主要压制高频环境噪声。随着盒子波调查技术的广泛应用，可以通过对噪声的能量和传播规律及其相关性的分析，确定检波器的组内距和组合基距，在保证有效高频信号的前提下压制干扰波。

高精度地震勘探采用小面积组合或单点小道距以获得好的有效信号，得到全噪声信号，为室内压噪提供了完整的波场信息。胜利石油管理局地球物理勘探开发公司在垦71、永新、沙48井区以及罗家等工区利用数字检波器进行了地震数据采集，将采集结果与常规模拟检波器组合接收的结果相比，单点数字检波器接收在拓宽频带、提高保真度和扩展动态范围等方面具有明显优势。如图7所示，数字检波器得到的资料主频为50Hz，频宽为150Hz，常规检波器得到的资料主频为30Hz，频宽为100Hz。

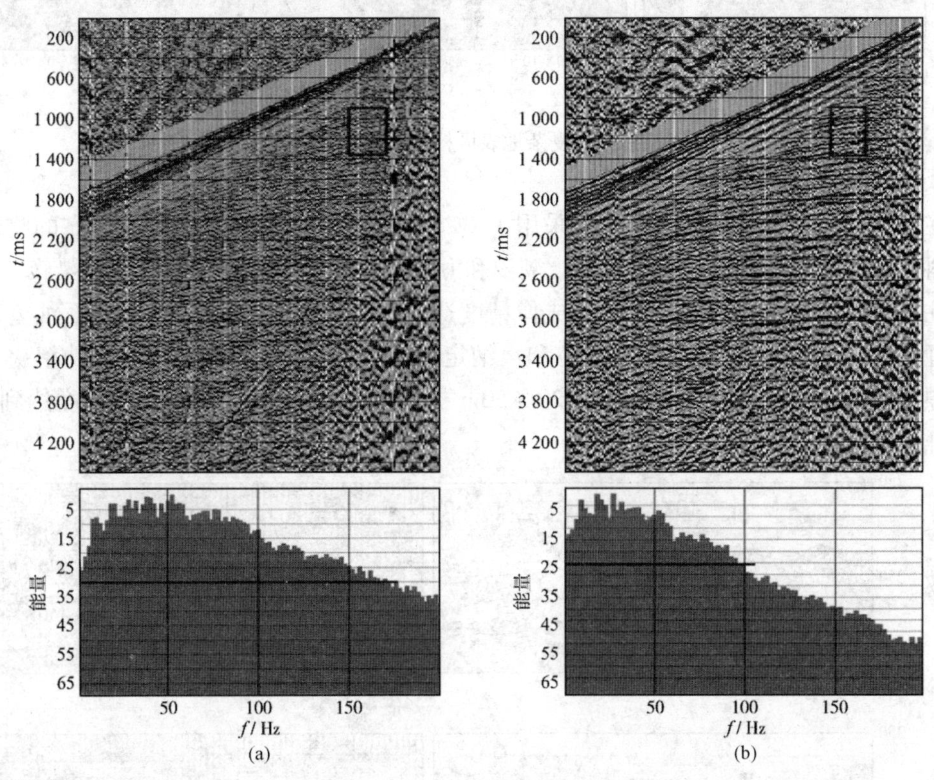

图7 单点数字检波器(a)与常规检波器(b)的单炮频谱

在滩海地区，陆上速度检波器和水下压电检波器的匹配问题一直是制约地震资料品质提高的难题之一。沼泽压电检波器的研制，成功解决了两种检波器感应不同振动物理量和不同感应机理带来的接收差异问题，有效改善了滩浅海过渡带地震资料的品质。

检波器耦合条件直接影响采集资料的品质。针对实际地表条件，开展了不同接收介质条件下的检波器耦合技术研究工作，通过理论研究、实验室分析和野外试验，定量分析了不同耦合条件对地震资料的影响，形成了成熟的检波器耦合技术，改善了地震信号的接收效果(图8)。

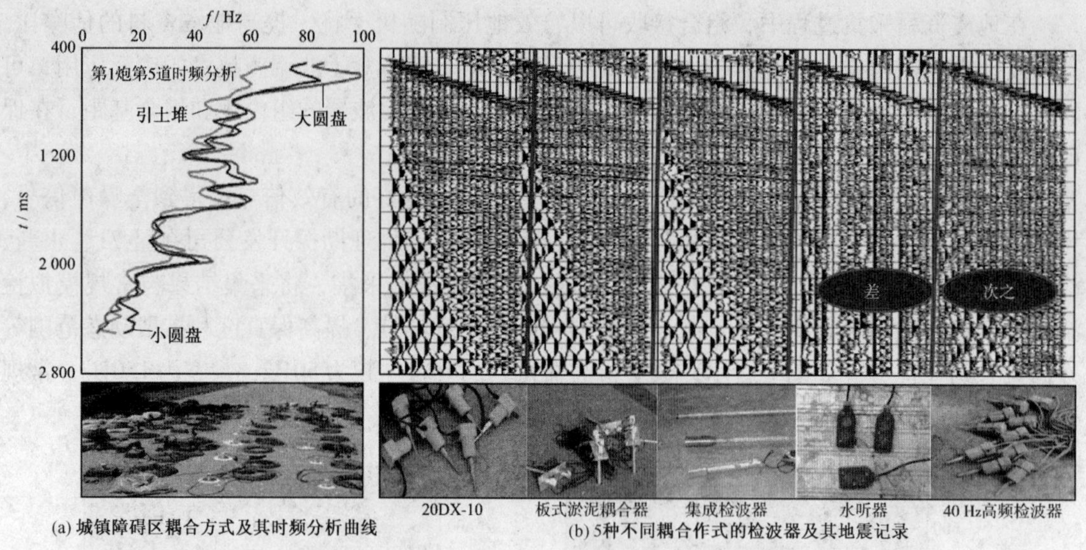

(a) 城镇障碍区耦合方式及其时频分析曲线　　(b) 5种不同耦合作式的检波器及其地震记录

图 8　复杂地表区检波器耦合技术

2.3.2　精确点位测量技术

在高精度地震资料采集过程中，采用了 GPS 逐点实测，提供了准确、可靠的物理点定位资料。在浅海地震勘探中，受风浪、潮汐和海流的影响，检波器位置会出现漂移，实际坐标往往与理论坐标偏差很大，对资料成像精度造成影响。“十五”期间，胜利石油管理局地球物理勘探开发公司研发了“初至定位和声纳定位”检波器联合定位技术，成功解决了检波器的漂移问题，检波器投放准确度由 20 ~ 50m 提高到 10m 以内，坐标定位精度达到了 1 ~ 3m(图 9)。

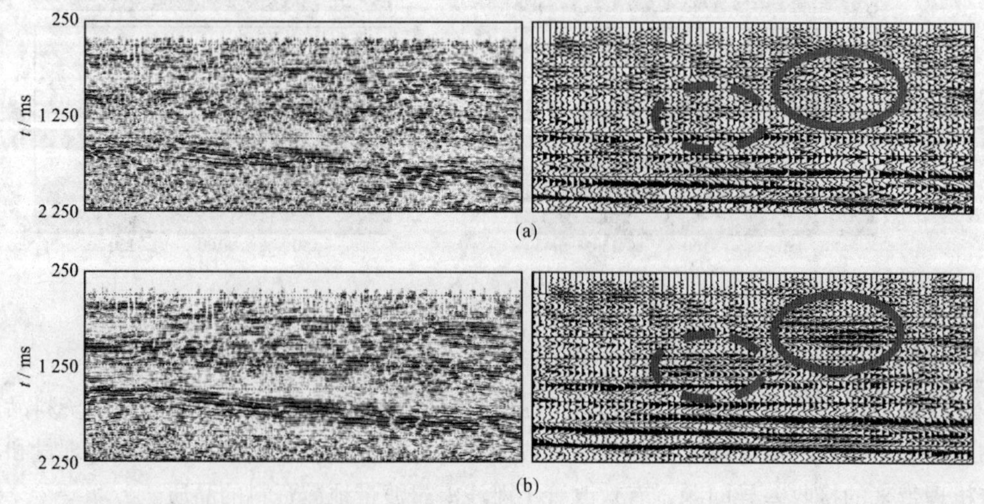

图 9　二次定位前(a)、后(b)剖面

随着高精度地震采集技术的进步，在高保真信号接收与精确点位测量技术方面，针对噪声压制，主要以小面积组合或单点进行波场采集；在测量点位精度方面，高精度地震采集采用逐点测量点位坐标，点位偏差减小，而水下定位系统可准确测量水下检波器实际坐标。

2.4 近地表结构探测与建模技术

近地表模型是地震勘探工作中一项十分重要的基础资料，由于低、降速带和潜水面以及表层岩性界面与吸收界面的不一致性，需要精确的近地表模型指导野外的震源激发和后续静校正工作，以及由近地表条件引起的地震子波频率、振幅及相位差异的校正工作。

胜利油田表层属于第四系冲积平原，受黄河改道和渤海海进、海退的影响，表层岩性、结构纵、横向变化剧烈，且吸收衰减严重。长期以来，常规地震勘探中忽视了近地表的影响，但随着对勘探精度的要求越来越高，近地表探测与建模在东部老区已成为重要的基础工作。以济阳坳陷永新地区为例，低、降速带变化带来的静校正时差在 ±8ms，按 6ms 时差算，目的层速度为2900m/s，根据分辨率公式计算得出高于 31Hz 的频率成分将受到损害。因此，准确消除静校正量带来的时差对分辨率的影响十分重要。近年来，针对近地表岩性对激发的影响做了大量研究工作，形成了高精度近地表结构探测技术系列。与传统的小折射和微测井等表层探测方法相比，表层调查技术日趋多样化，包括岩性取心、近地表测井、地质雷达法、岩性探测、小型地震法、MVSP、层析反演等方法。采集的表层参数也更加丰富，包括近地表的速度、吸收衰减参数、品质因子、流体指数、塑性指数等。目前胜利油田的工作重点是针对不同的近地表条件，优化组合现有调查方法，建立近地表模型。在滩浅海地区应用现代海底沉积结构调查技术研究了海底表层结构，实现了由滩涂带—两栖—极浅海区域连续的近地表探测与建模。

在调查方法上，精细近地表结构探测技术由以往小折射和微测井为主发展到岩性探测、岩心测试、近地表 Q 值测定等多种方法的优化组合；测网密度和精度也得到大幅度提高，调查内容不仅仅是过去的速度界面和虚反射界面，还增加了岩性界面和 Q 值界面等建模参数的高精度调查(图 10)。

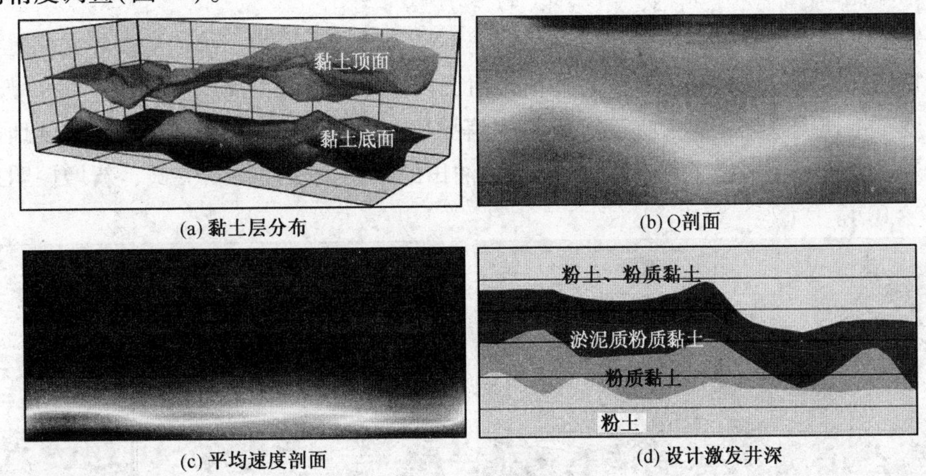

图 10 近地表探测模型

2.5 高精度压噪技术

地震勘探过程伴随着各种各样的噪声，对于不同类型的噪声，压制方法也不同。因此，高精度勘探更重视对噪声的分析。在压噪前，首先要对工区干扰波类型进行详细分析，然后根据干扰波特点采取合适的压制技术。

采用盒子波和十字排列的方式进行干扰波调查，保证了调查的准确性、连续性和完整性。根据干扰波研究结果，对地震资料品质影响较大的是次生干扰，而激发参数不合理是引起次生干扰波的一个因素。要压制噪声，需要对激发参数进行优化，主要包括优化激发井深、优选药量、采用新型延迟迭加震源和改进封井方式等手段。接收压噪主要手段是合理埋置检波器和检波器组合。

3 高精度三维地震采集技术应用效果分析

近年来，以三维地震二次采集为依托、以地震采集技术进步为基础、以薄弱环节为主攻方向，配套形成的高精度地震勘探技术在胜利油田老油区勘探开发中取得了良好的效果，为隐蔽油气藏勘探和复杂断块滚动勘探提供了可靠的资料保证。目前，胜利油田高精度地震勘探主要集中在东营及南坡、河口－孤岛、临盘等地区。

3.1 辛镇工区高精度三维地震采集

1997 年，胜利油田在辛镇工区进行了高精度三维地震采集攻关，标志着胜利油田新一轮高精度三维地震勘探的开始。辛镇工区为典型的平原，近地表条件复杂，涉及东营东城区、八分厂和辛镇等城镇，障碍物连片面积约为 30km^2；工区西南部是 1.33×10^6m^2 的蟹池；各种规模的水库星罗棋布，约为 15.6km^2。区内公路、高压线、地下油气管线、电缆线纵横交错。

同辛镇工区的老三维地震资料相比，经重新采集和处理的新三维地震资料具有 3 个特点：①地震反射清楚，同相轴连续性好；②断层清晰、断点干脆；③波组特征清楚，资料分辨率和信噪比高。

辛镇地区的老三维资料信噪比低，分辨率不够，断点不干脆，给构造解释尤其是复杂小断块构造解释带来了极大的困难，对沙河街组三段砂体的描述更加困难。通过在辛镇地区进行高精度三维地震采集，大大提高了资料的信噪比和分辨率(图 11)。经过新三维地震资料的解释及综合研究，部署了 45 口井，使东辛油田的滚动勘探取得新突破，新增探明地质储量 1140×10^4t。

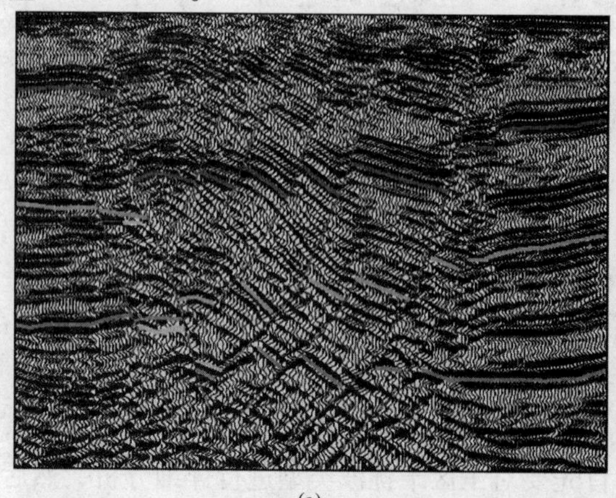

(a)

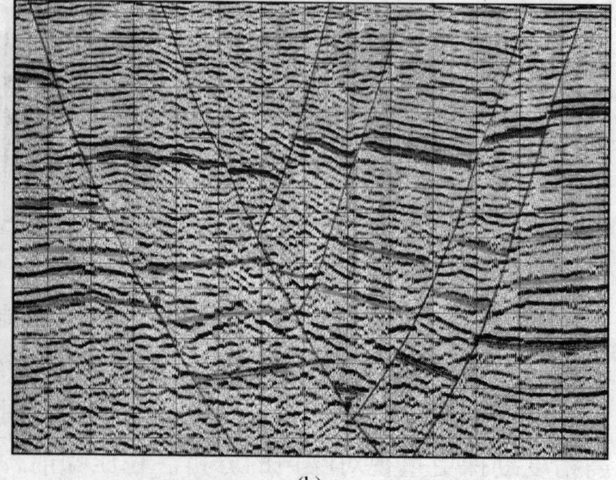

(b)

图 11 辛镇工区高精度三维(a)和常规三维(b)地震剖面

3.2 田家和盘河工区高精度三维地震采集

田家工区 1998 年进行了高精度三维地震采集。与老资料相比，新资料品质有明显的改善，中、浅层分辨率明显提高，2s 主频由 30Hz 提高到 70Hz；深层资料信噪比显著提高(图12)，可以准确地落实断层位置及断裂系统的展布规律。

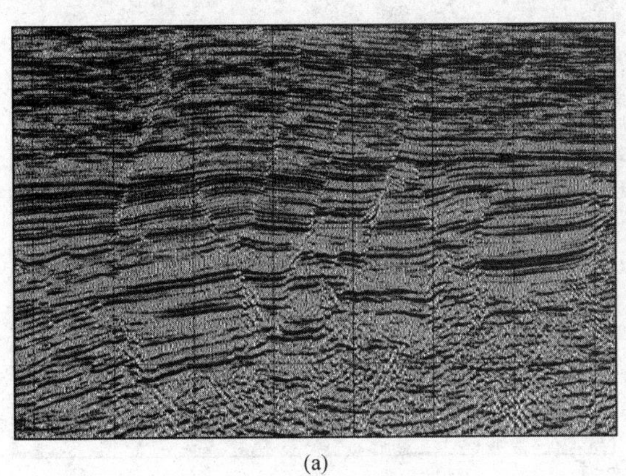

(a)

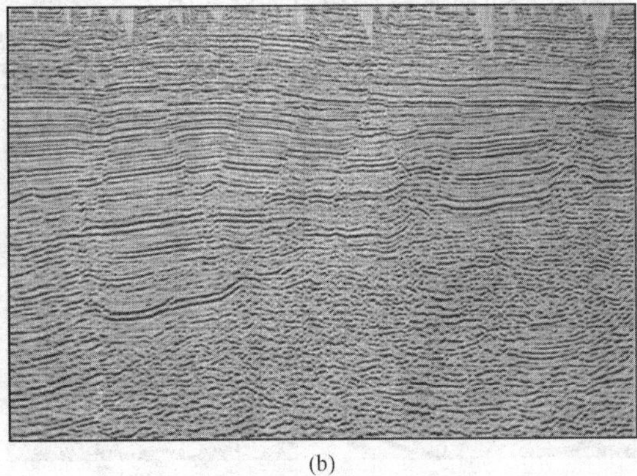

(b)

图 12 田家工区高精度三维(a)和常规三维(b)地震剖面

盘河地区 2005 年进行了高精度三维地震采集，新资料提高了复杂断裂带的成像效果(图 13)。在复杂断块滚动勘探中，共落实断块 564 个，其中已钻断块 287 个，未钻断块 277 个；未钻断块中有利断块 69 个，较有利断块 50 个。累计上报探明石油地质储量 1946 × 10^4t，新建年产能 11.8 × 10^4t。新发现了盘 40 等含油断块，成功揭示了盘河地区巨大的勘探及滚动勘探潜力，使“盘河油田下部找新油田”的设想得到初步验证。

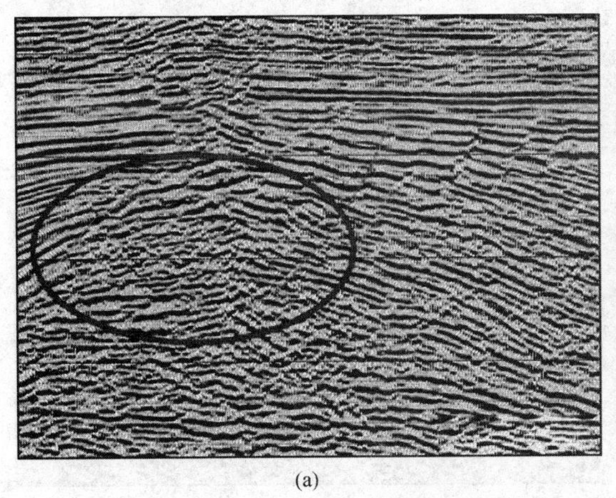

(a)

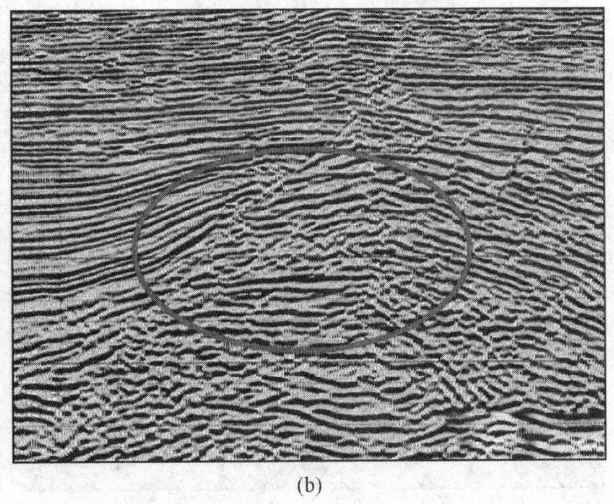

(b)

图 13 盘河地区常规三维(a)和高精度三维(b)地震剖面

3.3 垦 71 工区高精度三维地震采集

垦 71 工区高精度三维地震采集的实施是高精度三维地震采集技术大的跨越，特点包括：①第 1 次高精度、多波、三维 VSP 三位一体联合采集；②第 1 次三维多波多分量采集；③第1 次超万道接收(13200 道/炮)；④第 1 次高密度采集(面元10m × 10m，550 炮/km^2)；⑤第 1 次自主井间地震采集；⑥实现全数字采集。

垦 71 工区高精度三维地震资料具有高覆盖次数、小面元、宽方位、信噪比高、反射能量强、分辨率高等特点(图 14)，数字 Z 分量资料层间信息丰富、断面清晰；主要目的层段高精度资料主频达 65Hz，而数字 Z 分量主频达到 70Hz。高精度三维地震剖面能够识别低序级断层和微幅度构造，识别的最小圈闭面积由 0.30km² 精细到 0.04km²，对微构造的刻画更精细，圈闭由 10 个增加为 17 个；断层由 12 条增加到 26 条。通过油藏描述及开发部署，新增探明石油地质储量超过 400×10^4t。

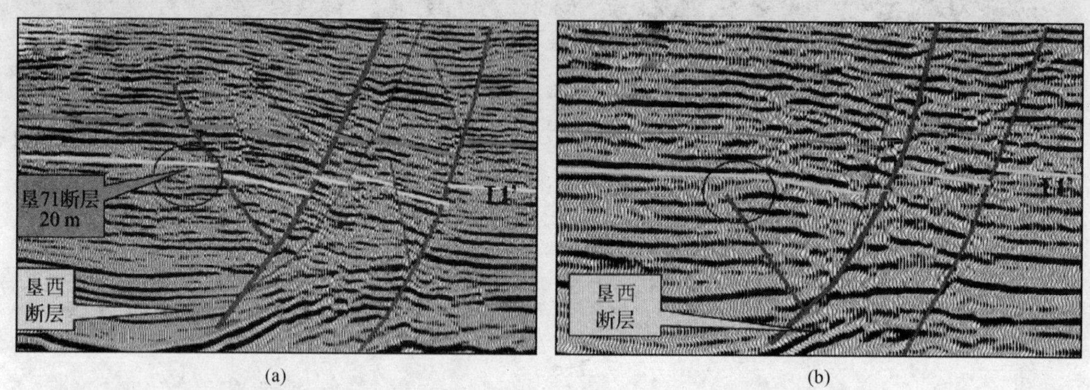

图 14　垦 71 工区高精度三维(a)和常规三维(b)地震剖面

3.4　永新工区高精度三维地震采集

永新地区高精度三维地震资料的采集、处理与构造解释已经完成，正在通过井中密闭取心进行岩石物理测试工作、井间地震资料的处理与解释工作。从地震资料偏移结果看，浅、中、深层资料都保持了高信噪比，断裂系统与目的层沙河街组二段的小断层和小断块清楚，各种地质现象的反射特征清楚，主要目的层优势频带拓宽了 35Hz（图 15）。

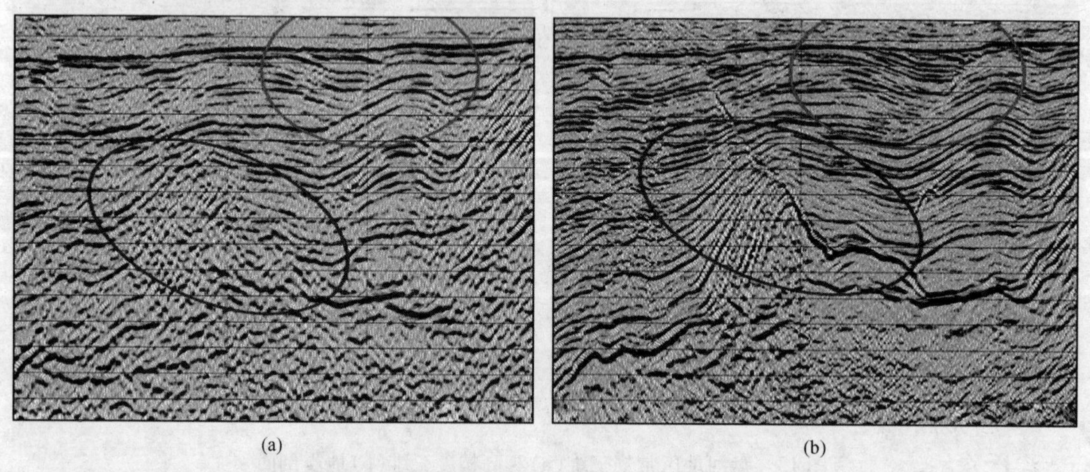

图 15　永新地区常规三维(a)和高精度三维(b)地震剖面

3.5　滩浅海地区高精度三维地震采集

滩浅海是指包括滩涂、潮间带至水深 10m 以内的浅海区域。滩浅海地区有丰富的油气资源，但滩浅海地区由于地表条件复杂、勘探难度大，因此，不适宜采用常规陆上地震勘探设备和技术，同时也无法采用海上采集技术，从而造成滩浅海地区勘探程度比陆上低，同时该地区又是胜利油田未来增加储量的主要阵地，发展前景十分广阔。

滩浅海作为胜利油田可持续发展的战略储备阵地，勘探范围广阔，西起四女寺河口，东至潍河口，有利勘探面积约为5500km^2。1974 年开始，经过 30 多年的滩浅海地震勘探，发现了包括埕北、桩东、青东、潍北等坳陷和埕子口、垦东、潍北凸起等构造单元以及五号桩油田、埕岛油田等14 个油田，为胜利油田增储上产和可持续发展做出了巨大贡献。

经过多年的滩浅海地震勘探技术研究，形成了专门应用于潮沟和烂泥滩条件下的地震波接收技术和激发技术、先进的滩浅海施工质量控制技术、一套滩浅海地震采集观测系统优化设计技术和流程、滩涂及两栖和极浅海地带连续施工技术、先进的适合滩浅海施工的水陆两用遥测地震仪和专用装备。通过这些技术的应用，胜利油田滩浅海地区地震资料的品质得到了大幅提高。

桩海地区历经多年勘探，已探明石油地质储量6930×10^4t，但受地表条件和地震资料的限制，构造关系一直不明晰。根据滩海地震资料部署两口预探井，钻井均获成功(图 16)。2002 年上报控制储量 1180×10^4t，预测储量 1460×10^4t。2003 年又在桩西－长堤潜山相接的部位部署并钻探了埕北 306 井，该井在古生界、新生界沙河街组和东营组与馆陶组均见良好油气层，下古生界 10mm 油嘴产油 178t/d，产气 14826m^3/d；沙河街组产气 94.4m^3/d。基本实现了埕岛－桩西－长堤潜山带结合部连片含油，展现了良好的勘探前景。

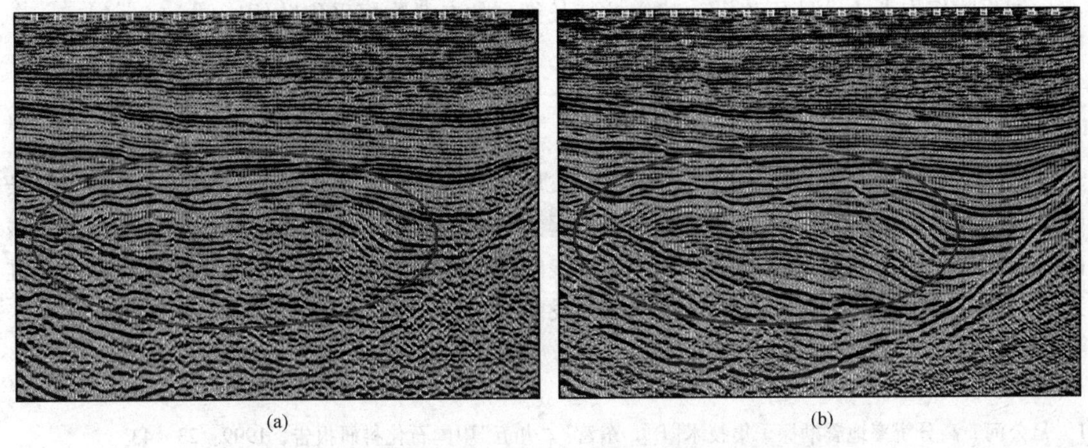

图 16　桩海地区常规三维(a)和高精度三维(b)地震剖面

4　问题与建议

4.1　存在问题

4.1.1　技术问题及发展方向

随着勘探目标和区域发生变化，目前制约高精度三维地震采集技术发展的主要因素有：①在激发方面，需要研制提高深层资料成像精度的高效震源；②在接收方面，存在常规检波器动态范围(60dB)与仪器(120dB)的不匹配问题；③在近地表方面，需要进一步研究近地表条件对采集和处理的影响；④油井密集区的干扰问题。

高精度三维地震勘探技术总体发展方向是进一步提高地震资料信噪比和分辨率、拓宽频带，包括地震理论和地震采集两个方面。在地震理论方面，需要在地震波传播理论上由水平层状介质向双相多相各向异性介质弹性波理论方向发展。在地震采集方面，向单点、高密度、超多道、宽方位、宽频带、全波场、均匀、连续采集方向发展。

4.1.2 装备问题及发展方向

从近几年胜利油田采集装备的投入情况的分析，物探装备应用水平进步很快，投入总道数、单区块最大投入道数、单区块平均投入道数逐年大幅度递增，但目前拥有的设备规模难以满足勘探的需要，一定程度上制约了高精度勘探的发展。

未来采集装备技术的核心由地震仪器向采集站和检波器方向发展。需要扩充仪器主机的容量和足够数量的地面设备，确保高精度三维地震采集技术发展不受装备的制约。

4.1.3 资金问题

高精度采集信息量、每炮需要的道数、单位面积内激发的炮点较以往成倍增加，完成这些工作量需要大量的人力和物力投入，但实际投入往往只是常规三维地震采集的 1 ~ 2 倍，资金投入的不足一定程度上制约着高精度地震技术的深入发展。

4.2 建议

积极推广应用复杂地表地震勘探技术、高精度三维地震技术以及滩浅海地震采集技术。

提高物探装备水平，形成高密度空间采样技术；发展滩浅海采集装备，提高滩浅海地震采集能力。

加强物探专业人才队伍建设，建立按特长细分的专业物探采集队伍。

5 结束语

高精度三维地震采集技术经过十多年的发展，已经取得了明显效果，大幅度提高了复杂隐蔽油气藏的勘探能力，对油田的增储稳产起到了巨大作用。未来它仍然是勘探隐蔽油气藏的有效手段，将成为支撑油田稳定和持续发展的重要技术。今后需要进一步加大高精度三维地震采集技术的研发力度，提升老区勘探开发能力。

参 考 文 献

1 吕公河．高分辨率地震勘探采集技术[R]．东营："九五"中国石化科研报告，1999：23 ~ 43

2 赵殿栋，吕公河，张庆淮等．高精度三维地震采集技术及应用效果[J]．石油物探，2001，40(1)：1 ~ 7

3 吕公河．高精度地震勘探采集技术探讨[J]．石油地球物理勘探，2005，40(3)：261 ~ 266

4 吕公河，尹成，周星合等．基于采集目标的地震照明度的精确模拟[J]．石油地球物理勘探，2006，41(3)：326 ~ 329

5 张光德，丁伟，胡立新等．城区三维地震观测系统设计及应用效果[J]．石油地球物理勘探，2006，41(2)：129 ~ 132

6 尹成，吕公河，田继东，等．基于地球物理目标参数的三维观测系统的优化设计[J]．石油物探，2006，45(1)：74 ~ 78

7 吕公河．两栖地区地震勘探激发接收技术研究[J]．中国人口资源与环境，2003，13(增刊)：38 ~ 43

8 赵殿栋，谭绍泉，张庆淮等．地震勘探中特殊震源的研制与应用[J]．石油地球物理勘探，2001，36(04)：386 ~ 388

9 吕公河．地震勘探虚反射界面的测定及其利用[J]．石油地球物理勘探，2002，37(3)：295 ~ 299

10 赵殿栋，郑泽继，吕公河，等．高分辨率地震勘探采集技术[J]．石油地球物理勘探，2001，36(1)：1 ~ 6

11 宋玉龙．压电加速度地震检波器及其频率响应特性分析[J]．石油仪器，2004，18(4)：57 ~ 60

12 李丕龙，宋玉龙，王新红等．滩浅海地区高精度地震勘探技术[M]．北京：石油工业出版社，2006：35～89

13 吕公河．地震勘探次生干扰弹性动力学分析[J]．石油物探，2001，40(2)：76～81

14 吕公河．地震勘探检波器原理和特性及有关问题分析[J]．石油物探，2009，48(6)：531～543

15 赵殿栋．高精度地震勘探技术发展回顾与展望[J]．石油物探，2009，48(5)：425～435

地震采集

基于地球物理目标参数的三维观测系统优化设计●

尹成[1,2]　吕公河[2]　田继东[1]　徐锦玺[2]　尚应军[2]

（1. 西南石油学院，成都 610500；2. 中国石化胜利油田物探公司，东营 257100）

摘要：对于我国大部分陆上三维地震采集设计的线束状观测系统的结构特征来说，记录仪器的有效利用道数、观测系统总的覆盖次数、排列片的最大炮检距是三维观测系统优化设计中最为重要的地球物理目标参数。针对这三个目标参数所论证的期望值的偏差最小化可以建立一套三维观测系统优化设计的方法，利用有约束的数学规划方法求解该优化的目标函数，可以实现三维观测系统参数的最优化设计。应用该方法对胜利探区四个实际的观测系统参数进行优化设计和对比分析说明，在满足窄方位角采集、纵横向覆盖次数分布均匀等方面该方法完全能够取得一个更为满意的效果。

关键词：三维地震　地震采集设计　观测系统　优化设计　数学规划

1　引言

随着近地表条件与地下构造的复杂性日益增加，三维地震采集技术的研究受到人们广泛的重视与发展。从 1995 年到 2004 年 SEG 年会每年都开辟了地震采集的专题和专栏可见，有关三维地震采集设计领域的研究也越来越深入和细致。

在三维地震采集设计中，观测系统参数的选择受各种地球物理、野外施工作业和投资成本的约束。采集设计人员一般不得不在各种约束之间取得平衡，并不得不进行一些折衷处理。因此，三维地震采集设计也是一种优化过程。

1998 年，Liner 等人首先引入了 3D 观测系统最优化设计的概念。他们采用六个参数，即纵横向的炮点间距、检波点间距和有效检波点数来描述一个排列的观测系统，同时可模拟出一组观测系统的地球物理参数，如面元大小、总的覆盖次数、仪器接收道数和最大、最小偏移距等，将模拟的参数与期望的地球物理目标的偏差进行加权求和构成一个最优化的目标函数，根据目标函数最小化原则来确定观测系统的设计参数。简称为 LUG 方法。

2001 年，Morrice 等人提出基于数学规划理论的三维地震采集的最优化设计模型，该模型以野外采集中涉及的各种经济成本为最优化目标函数，以观测系统中的炮点、检波点排放

●中国石油天然气集团公司石油科技中青年创新基金（编号：04E7048）和胜利油田博士后科技基金共同资助。

位置以及每天的野外工作量为优化变量，以观测系统各个论证参数为约束条件，通过 Excel 的数学规划工具实现陆上三维观测系统的最优化地震采集设计。该方法也简称为 MKB 方法。

2003 年，Vermeer 通过对正交块状三维观测系统的参数配置的分析，对 LUG 方法和 MKB 方法提出了适当的修改。首先，观测系统的决策变量从 13 个减少到了 5 个；其次，将约束数量从 16 个减少到 9 个。另外，对 LUG 方法的目标函数修改为对 5 个新的地球物理参数(最大的最小炮检距、排列纵横比、单元纵横比、深层和浅层的覆盖次数)的偏差的加权求和。

本文的研究工作是在上述三个文献研究成果的基础上进行的，针对我国大部分陆上三维地震采集的线束状观测系统的结构特征，以实际任务中所论证的仪器有效利用道数、工区总的覆盖次数、排列片的最大炮检距为观测系统所期望的地球物理目标参数，来建立观测系统参数的优化模型，以 Excel 电子表格的数学规划函数为基础，提出了一套观测系统优化设计的方法。

2　三维观测系统设计的地球物理目标参数

为了完成预定的地质任务，首先应对三维地震采集的数据有一个基本的地球物理目标要求，主要包括采集的资料应具有空间连续性、较高的信噪比、较高的分辨率并能保证成图的最浅与最深层位。对于这些目标要求，三维地震采集设计需要进行五大类参数的精细论证和选择，这五大类参数是：覆盖次数、面元大小、炮检距、偏移孔径和记录长度。

其中面元大小由防止偏移假频的大小所决定，偏移孔径一般由第一菲涅尔带半径所决定，记录长度由偏移孔径内的绕射尾部和最深的目的层的时间所决定。可以看出，这三个参数对常规的线束状正交三维观测系统的结构和形态并没有直接的关系。因此，对三维观测系统的形态结构设计，如排列片的纵横比、接收线数、接收线距、炮点数、炮线距等取决定作用的主要是采集设计所论证的覆盖次数、炮检距大小以及记录仪器的总道数。

覆盖次数它包括总的覆盖次数、纵向覆盖次数和横向覆盖次数，以及在动校正拉伸约束下的浅层覆盖次数和深层覆盖次数。总的覆盖次数影响着水平叠加后地震资料的信噪比，同时也影响着野外采集施工的成本与投资，纵横向覆盖次数影响着纵横向炮检距的分布，即观测系统的炮检距属性。

炮检距它包括最小炮检距、最大炮检距、最大的纵向炮检距、最大的横向炮检距(即最大非纵距)。炮检距的大小决定了采集资料所能解释的最浅和最深目的层位以及多次覆盖资料的方位角分布。

另外，记录仪器的接收道数总是有限的，如何选择激活的检波道和备用道数，这关系到排列片的纵横比以及野外施工的进程。

因此，我们认为在三维观测系统形态结构的最优化设计过程中，其需要满足的最基本的地球物理目标参数是总的覆盖次数、最大炮检距和记录仪器的有效激活道数。三维观测系统参数的优化设计可看成是通过合理选择观测系统的形态结构参数，使得地震采集既能满足所论证的地球物理目标参数，又能使观测系统具有最佳的属性特征。

3 三维观测系统最优化设计的模型

针对我国陆上常用的线束状正交观测系统，在满足地质任务的5大类参数论证的前提下，我们希望设计的三维观测系统的总的覆盖次数、最大炮检距、排列片的有效激活道数与期望值的偏差越小越好。为此，我们设计出了如下基于地球物理目标参数的三维观测系统优化设计模型，即：

$$\min\{E(n_x, n_y, R, d_R, d_S)\} = \min\left\{\omega_i\left(1-\frac{F_{3d}}{N}\right)^2 + \omega_2\left(1-\frac{1-X_{\max}}{x_{\max}}\right)^2 + \omega_3\left(1-\frac{\varepsilon\cdot M}{m_e}\right)^2\right\}$$

其中：ω_i 为加权系数，ε 为记录仪器道的利用率，F_{3d}、$X_{\max}$ 分别为参数论证所期望总的覆盖次数和最大炮检距，M 为记录仪器的总道数，N、$x_{\max}$、m_e 分别为决策变量(n_x，n_y，R，d_R，d_S)所确定的观测系统的总覆盖次数、最大炮检距、实际使用的接收道数。

综合文献4的分析，对于我们常用的线束状正交观测系统，上述最优化目标函数的只需要由5个独立的决策变量所决定，这5个变量分别是：纵向覆盖次数 n_x；横向覆盖次数 n_y；单束排列的接收线数 R；炮线距 d_S；接收线距 d_R。由这5个独立变量即可得到该观测系统的其他各种参数：每条接收线的道数；总的接收道数；总的覆盖次数；单条炮线的炮点数；排列滚动的束线距；纵向最大炮检距；横向最大炮检距；最大炮检距；排列纵横比；炮检线距比；工区单位面积(每平方公里)的炮点数；覆盖次数渐减带的面积等参数。

要求解上述优化模型得到合理的观测系统参数还必须有一定的约束条件，结合常用的线束状正交观测系统设计的要求，对于上述最优化模型的约束条件分别为：

(1) 决策变量(n_x，n_y，R，d_R，d_S)必须为整数，且大于2；

(2) 对线束状观测系统其排列片的纵横比应大于2；

(3) 对线束状观测系统其最大非纵距应小于规定的(或要求的)大小；

(4) 对线束状观测系统其纵向覆盖次数一般应大于或等于横向覆盖次数；

(5) 对线束状观测系统其横向覆盖次数取值为：$\frac{1}{2}R \leqslant n_y \leqslant R$；

(6) 数学规划一般为局部寻优算法，因此优化过程可重复迭代进行，但目标函数只接受减小值的结果。

对于上述最优化问题，完全可以看成一个带约束的数学规划问题，由于优化函数的自变量较少，利用一般的数学规划方法和软件就足够了。本文同样借鉴MKB方法的方式，利用MicrosoftExcel电子表格中的“规划求解”菜单进行求解。

4 实例分析

这里我们选取了胜利探区四个实际工区所使用的观测系统，并进行优化设计的对比分析。这四个工区分别是：YJZ、C20、Y79、HG，其中前两个采用的是单边放炮，后两个为中间放炮，如表1所示，A列为实际使用的观测系统参数，O列为对于同样的论证参数应用我们优化设计模型求解得到的观测系统参数。其中记录仪器的利用率 ε 是根据实际施工中所拥有有效仪器道数来确定的，模型中加权系数 ω_i 均取为1。下面分别对每个工区实际的与优化的两套观测系统参数进行对比分析，其中对比分析主要从三个方面考虑：①与给定的目标参数的偏差，即目标函数值的大小；②纵横向覆盖次数的分布；③所有面元内炮检距属性的统计分布特征。

表1　四个实际的观测系统与优化设计的观测系统的参数对比表

给定参数	YJZ－A1	YJZ－O1	C20－A1	C20－O1	Y79－A2	Y79－O2	HG－A2	HG－O2
仪器的总道数	1000	1000	1000	1000	1000	1000	1000	1000
记录仪器的利用率	0.75	0.75	0.5	0.5	0.65	0.65	0.5	0.5
总的覆盖次数	50	50	40	40	35	35	40	40
道间距	50	50	50	50	50	50	50	50
炮点距	50	50	100	100	100	100	100	100
最大炮检距	5000	5000	3500	3500	3000	3000	3000	3000
最大非纵距	1900	1900	2800	2800	1900	1900	1900	1900
决策变量								
接收线数	8	8	6	8	6	6	6	4
接收线距(相当的炮点距数)	4	5	3	2	3	3	2	2
相邻炮线间的接收点数	4	4	3	4	5	6	3	6
纵向覆盖次数	12	12	12	8	11	9	14	10
横向覆盖次数	4	4	3	5	3	4	3	4
可计算的相关变量								
每条接收线的道数	96	96	72	64	110	108	84	120
总的接收道数	768	768	432	512	660	648	504	480
总的覆盖次数	48	48	36	40	33	36	42	40
接收线距	200	250	300	200	300	300	200	200
炮线距	200	200	150	200	250	300	150	300
炮点数	16	20	9	10	9	12	6	8
线束距	800	1000	900	800	900	900	600	400
纵向最大炮检距	4800	4800	3600	3200	2750	2700	3000	3000
横向最大炮检距	1075	1350	1150	1150	1150	1300	750	650
最大炮检距	4918.9	4986.2	3779.2	3400.3	2980.7	2996.6	3092.9	3080.5
最大的最小炮检距	282.8	320.1	335.4	282.8	390.5	424.2	250	360.4
排列纵横比	4.465	3.555	3.130	2.782	2.391	2.076	2.8	4.615
炮检线距比	1	1.25	2	1	1.2	1	1.3	1.5
单位面积上的炮点数	100	100	66.67	62.5	40	44.44	66.67	66.67
覆盖次数的渐减带/km^2	1.32	1.65	0.99	1.12	1.5	2.16	0.78	1.67
目标函数 E 值	0.0025	0.0022	0.042	0.0014	0.0037	0.0011	0.0032	0.0022

注：在第一行的单元格中，前面为工区名，后面的字符A表示实际使用的观测系统；O表示优化设计的观测系统；1表示单边放炮观测系统；2表示中间放炮观测系统。

（1）YJZ工区，两套观测系统参数的目标函数值基本相近，线炮数分别为8线16炮和8线20炮[图1(a)、图1(b)]，激发与接收线距分别为200×200m和200×250m，两者的非纵距与最大炮检距有一点小的差别。对于优化设计的观测系统其排列纵横比减小，其方位角的分布应得到改善，但炮检距的道数有所减小[图2(a)、图2(b)]，对于线束状观测系统来说一般只能对两者进行折中处理。

（2）C20工区，两套观测系统参数及其目标函数均存在有较大差别，其中线炮数分别为6线9炮和8线10炮[图1(c)、图1(d)]，激发与接收线距分别为150×300m和200×

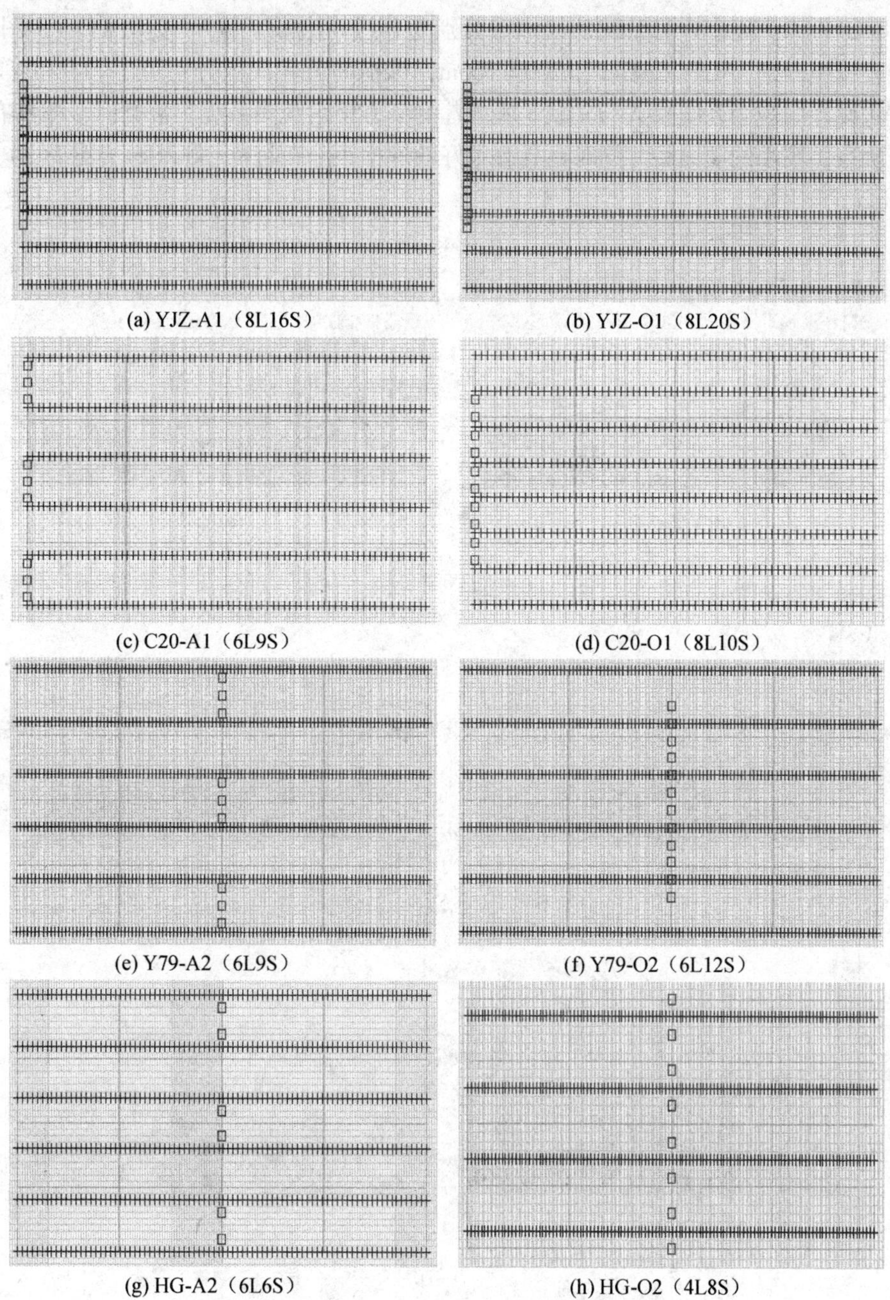

图 1 观测系统的示意图

200m，纵横向覆盖次数分别为 3×12 和 5×8。从与目标参数的接近程度、纵横向覆盖次数的差距以及炮检距的统计分布特征[图 2(c)、图 2(d)]来看，基于目标优化设计的观测系统参数应优于实际使用的观测系统参数。

(3) Y79 工区，两套观测系统的各种参数基本相近，线炮数分别为 6 线 9 炮和 6 线 12 炮[图 1(e)、图 1(f)]，激发与接收线距分别为 250m×300m 和 300m×300m，纵横向覆盖次数分别为 3×11 和 4×9，但优化设计的观测系统的目标函数值较小，纵横向覆盖次数的分配更为合理，面元内炮检距的统计分布特征则基本相当[图 2(e)、图 2(f)]。

(4) HG 工区，两套观测系统的线炮数分别为 6 线 6 炮和 4 线 8 炮[图 1(g)、图 1(h)]，激发与接收线距分别为 150 × 200m 和 200 × 300m，纵横向覆盖次数分别为 3 × 14 和 4 × 10。其中通过优化设计的观测系统参数与文献 8 所推荐的窄方位角观测系统非常类似，即具有较高的横向覆盖次数，较小的非纵距，同时也具有很好的炮检距分布特征[图 2(g)、图 2(h)]。

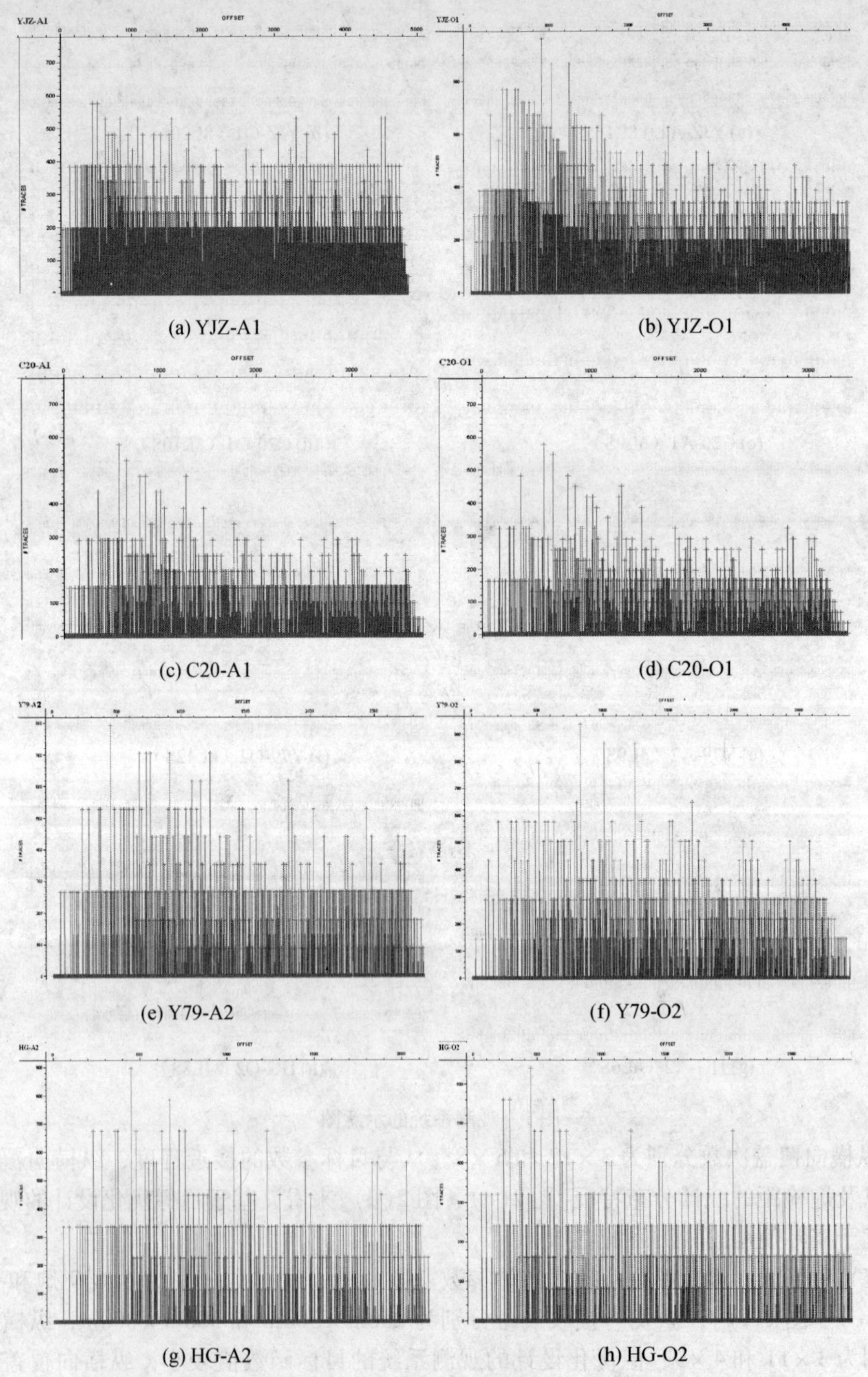

(a) YJZ-A1 (b) YJZ-O1

(c) C20-A1 (d) C20-O1

(e) Y79-A2 (f) Y79-O2

(g) HG-A2 (h) HG-O2

图 2 不同观测系统不同炮检距所占道数的统计分布图

5 结束语

本文针对线束状正交三维观测系统设计所提出的基于三个主要地球物理目标参数的优化模型，可以自动实现三维观测系统的形态结构参数的最优化设计，同时给出了一个定量化的评价标准，也减小了在三维采集设计中人为主观因素的影响，以及各种观测系统的对比分析中的人为判断过程。通过四个实际的三维观测系统参数的优化设计，以及与实际采用的观测系统参数的对比分析，说明本文提出的观测系统优化设计模型在适应现阶段窄方位采集要求，在纵横向覆盖次数的分配上，在满足地球物理目标参数等方面具有很好的实用价值。

参 考 文 献

1 Liner，C. L.，Underwood，W. D. andGobeli，R.，3 – Dseismic survey design as an optimization problem. TheLeading Edge，1999，18(9)，1054 ~ 1060

2 Morrice，D. J. Kenyonz，A. S. . andBeckett，C. J.，Optimizing operations in3 – D land seismicsurveys. GEOPHYSICS，2001，66(6)：1818 ~ 1826

3 Vermeer，G. J. O. . 3 – D seismic survey design optimization. The Leading Edge，2003，22(10)：934 ~ 941

4 Vermeer，G. J. O. . 3 – D seismic survey design. Society of Exploration Geophysicists，2002

5 谭绍泉．基于模型分析的潜山断裂带优化观测系统参数设计方法．石油物探，2004，43(5)：415 ~ 422

6 宋玉龙，谭绍泉．胜利油田高精度地震勘探采集技术及应用实例．石油物探，2004，43(4)：359 ~ 368

7 赵殿栋，吕公河，张庆淮等．高精度三维地震采集技术及应用效果．石油物探，2001，40(1)：1 ~ 8

8 李庆忠．对宽方位角三维采集不要盲从——到底什么叫“全三维采集”．石油地球物理勘探，2001，36(1)：122 ~ 125

面向地质目标的地震采集设计优化方法

沈财余

（中国石化胜利油田分公司物探研究院，山东东营 257022）

摘要：本文简要回顾了济阳坳陷三维地震采集观测系统的发展历程，从济阳坳陷的地震地质条件出发，进行了面向地质目标的地震采集优化设计方法研究，并获得以下认识：①薄层模型单炮正演模拟表明，只有较高的地震子波主频才能分辨薄层，且随着炮检距增大，将发生薄层干涉现象，并导致地震子波主频降低。因此一定要充分利用中、近炮检距信息研究薄层，并进行分炮检距处理。②通过对缓坡带、洼陷带、中央断裂背斜构造带、潜山披覆构造、陡坡带等地质模型的二维、三维正演模拟认识到：无论激发点位置如何，地下复杂界面反射的有效接收范围都集中在反射段正上方；对于复杂构造，宜采用小炮距、小接收线距、适中的排列片长度和宽度，以确保观测波场的连续性。③面向地质目标的地震采集设计优化的关键技术是建立符合实际的三维地震地质模型，并针对目的层段进行正演模拟，分析不同观测方案的 CRP 覆盖次数分布，以优选观测系统。CG 油田三维地震采集优化设计实例表明，文中方法对具有复杂构造的陆相断陷盆地的地震采集优化设计具有借鉴意义。

关键词：济阳坳陷　地质目标　观测系统　模型　地震采集　设计　正演模拟

1　引言

随着地震采集装备的迅速发展，地震采集技术得到不断的提升。近几年，地震采集技术在提高资料采集精度、分辨率以及降低勘探成本等方面取得了明显进步。在中国东部勘探成熟区，已进入面向深层油气藏和隐蔽油气藏的三维地震勘探时代，数据采集技术的发展集中体现在提高地震数据分辨率和改善深层数据品质方面，而面向目标的正演模拟观测系统设计技术是其中的关键技术。在国际勘探地球物理领域，针对保幅处理和偏移成像目标的观测系统设计、高密度采集提高地震数据信噪比和分辨率是地震采集技术的研究热点。

中国胜利油田自 1983 年引进第一台数字地震仪开展三维数字地震采集以来，在主要探区之一的济阳坳陷进行了三维地震采集，在某些复杂含油气区块还完成了二次三维地震采集，发现并落实了众多复杂的中、小断块油气藏，使胜利油田的油气产量稳步上升，并在 20 世纪 80～90 年代年油气产量达到 3000×10^4t。如今，济阳坳陷三维地震勘探主要面向隐蔽、岩性油气藏勘探领域，面对新的油气勘探目标，有必要总结以往三维地震采集的经验，利用正演模拟技术，研究合理的三维地震采集方法，才能提高三维地震采集资料的质量和野外施工效率，并满足隐蔽油气藏勘探的需求。

2 济阳拗陷三维地震采集观测系统发展历程

1992 年之前，仪器接收道数为 120 道，观测方式以 2 线多炮为主，如 2L5S 观测系统[图 1(a)]。1993 ~ 1995 年，仪器装备有所改进，接收道数达到 240 道，观测方式以 4 线 6 炮为主，如 4L6S 观测系统[图 1(b)]。1996 ~ 2001 年，仪器接收道数增加到 480 道，观测方式主要为 8 线 5 炮和 6 线 9 炮，如 8L5S 观测系统[图 1(c)]。2001 年以前，受仪器接收道数的制约，地球物理参数的选择往往不理想，如最大炮检距短，方位角偏窄，横向覆盖次数少，观测系统属性也相对较差[图 1(a) ~ 图 1(c)]。当时常见的三维采集参数一般选择：CDP 面元为 25m × 50m，覆盖次数为 2 × 10 次，排列长度小于 3100m，最大炮检距不超过 3300m，采样率为 2ms，记录长度为 6s。2001 年后，由于千道以上的数字地震仪投入使用，上述情形有所改变，如 2003 年施工的胜利村三维地震，观测方式为 6 线 12 炮，接收道数达 1008 道[图 1(d)]，纵向最大炮检距为 4300m。

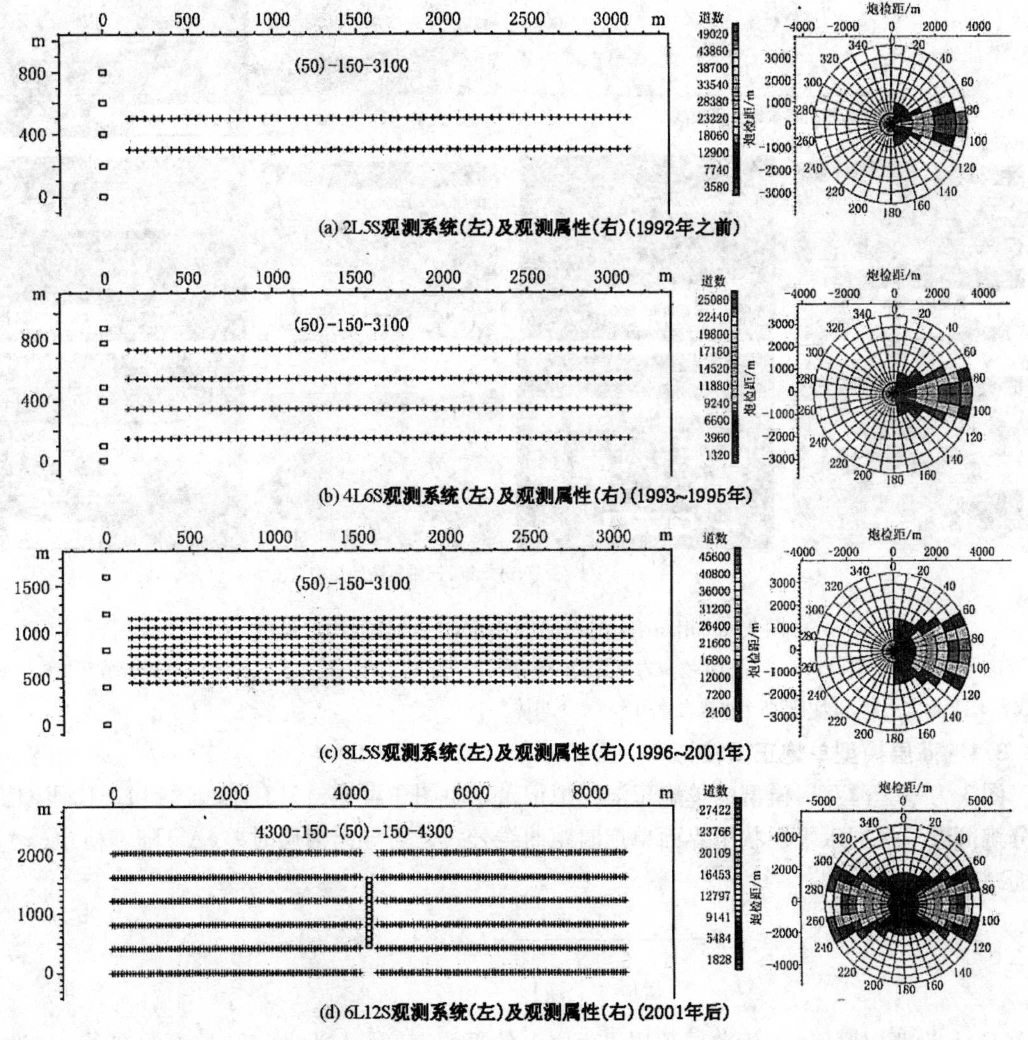

图 1 历年在济阳拗陷三维地震采集中常用的观测系统模板及观测属性

3　面向地质目标的地震采集优化设计方法

参照文献给出的陆相断陷盆地复杂地质模型的建立方法，同时根据三维地震采集面向的目标，笔者建立了七类二难、三维复杂地质构造模型(图2)，并给出出相应的观测方法。

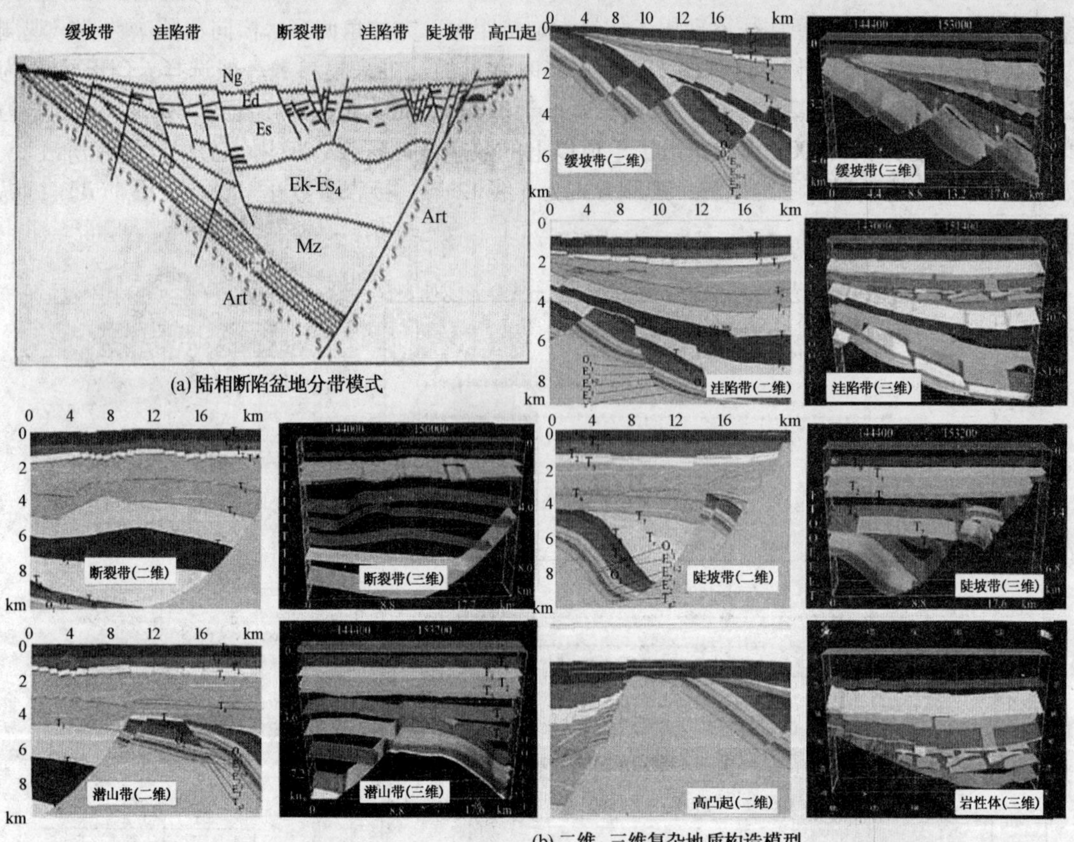

(a) 陆相断陷盆地分带模式

(b) 二维、三维复杂地质构造模型

图2　陆相断陷盆地分带模式及对应的地质构造模型

T_2^* 为 T_2、T_2^1、T_2^2、T_2^3、T_2^4 一组生物灰岩薄互层的界面，T_3^* 为 T_3、T_3^1、T_3^2、T_3^3、T_3^4 一组砂泥岩薄互层的界面，S^* 代表 T_6 界面之上沙三段内部两个火成岩体和3组水下扇体

3.1　薄层模型单炮正演模拟

图3为一套薄互层模型的单炮正演模拟记录。由图3可见，只有主频达到128Hz以上才可分辨薄层。根据水平层状单界面单炮时距曲线公式，可导出薄层时差(Δt)随炮检距(x)增大而减小的关系，即

$$\Delta T=\frac{1}{v}\frac{2\Delta h}{\sqrt{1+\left(\frac{x}{2h}\right)^2}}\quad(\Delta t\ll t,\ \Delta h\ll h)$$

其中，Δh 为薄层厚度；v 为薄层顶层界面之上的平均速度；h 为薄层顶界面的埋深；x 为泡检距。

通过以上分析可以认识到：①只有地震子波主频较高时才能分辨薄层；②随炮检距增大，将发生薄层干涉现象，并导致了波主频降低。

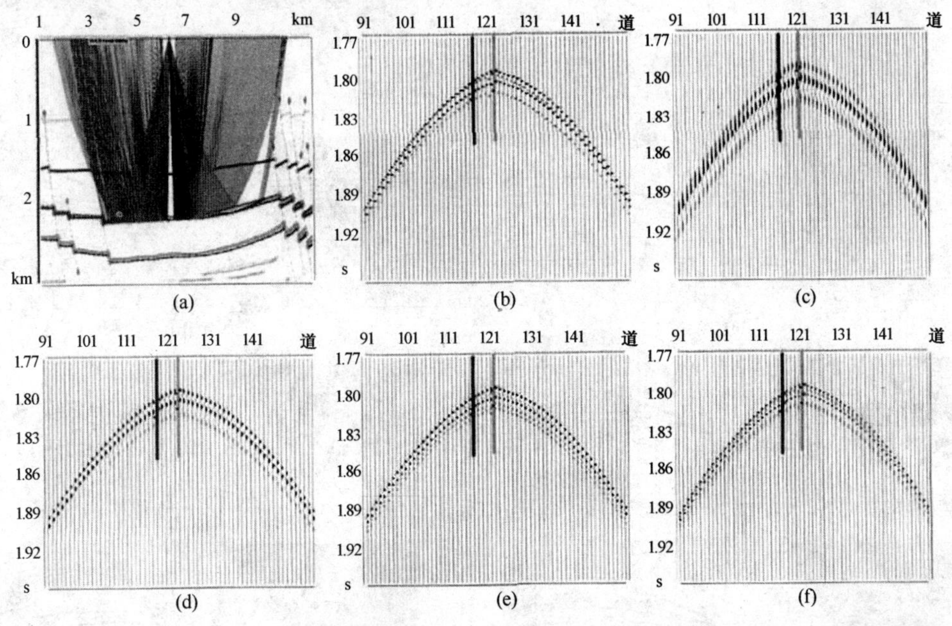

图3　中点激发、双边接收观测方式得到的薄互层模型单炮正演模拟记录

(a) 薄互层模型(第一薄层速度为3500m/s，其上覆地层速度为2600m/s；第二薄层速度为2700m/s；第三薄层速度为3700m/s；第四薄层速度为3000m/s，其下伏地层速度为2800m/s。薄层单层速度为5～9m)；(b)脉冲反射系数单炮记录(两个直杠处的红色标记表示反射系数的时间刻度位置及极性，下同)；(c)32Hz零相位雷构子波正演结果；(d)64Hz零相位雷克子波正演结果；(e)128Hz零相位雷克子波正演结果；(f)256Hz零相位雷克子波正演结果

3.2　面向缓坡带地质目标的观测方法

陆相断陷盆地中的斜坡带以及与凸起相边的超覆、剥蚀单斜带均称为缓坡带。缓坡带主要为滨—浅湖相沉积，发育河流三角洲、湖岸滩坝砂体。面向缓坡带地质目标的观测方式分单边激发观测，中点激发不等炮检距观测，中点激发、双边排列长度不等观测等几种观测方法。单边激发观测方式[图4(a)]在过去三维采集中是比较流行的，其中一个主要原因是受当时仪器设备接收道数少等条件的限制。目前仪器设备有了很大的改进，接收道数已不成问题。

图4为面向缓坡带的二维地震正演模拟图。由图4可见：①单边激发观测方式[图4(a)]的排列片在靠近凹陷的这一边是可以的，但是随着向凸起端靠近，单边激发观测方式的排列片显得过长，已明显不合适；②中点激发不等炮检距观测方式[图4(b)]的缺陷是最小炮检距不对称，在视觉上感觉到记录的同相轴发生畸变，不利于分析研究；③中点激发、双边排列长度不等观测系统[图4(c)、图4(d)]中较短排列在上倾方向、较长排列在下倾方向的观测方式对缓坡带是合适的[图4(d)]，不会产生因为到了目的层较浅的凸起端，在上倾方向远炮检距的道失去作用、下倾方向由于排列较短又接收不到更多的信息的现象，重视了近、中炮检距道的采集，同时考虑了近炮检距道受面波干扰的影响。

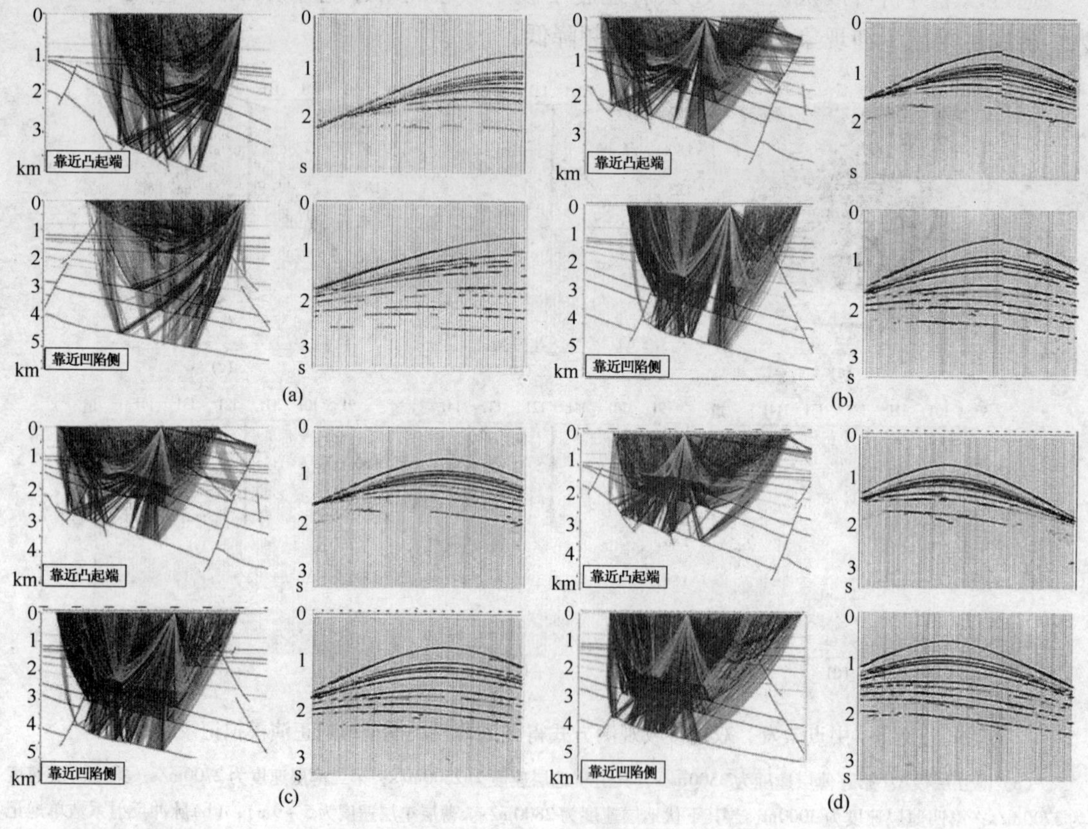

图4　面向缓坡带的二维地震正演模拟

(a)单边激发观测方式(排列方式：4000－500(80道))二难模型正演射线图(左)、二难模模正演记录(右)；(b)中点激发不等炮检距观测方式[排列方式：3600－500－550－2500(72道＋40道)]二维模型正演记录(右)；(c)较长排列在上倾方向、较短排列在下倾方向观测方式[排列方式：3600－500－50－2000(72道＋40道)]二维模型正演射线图(左)、二维模型正演记录(右)；(d)较短排列在上倾方向、较长排列在下倾方向观测方式[排列方式：2450－1000－100－3650(48道＋72道)]二维模型正演射线图(左)；二维模型正演记录(右)

3.3　面向洼陷带地质目标的观测方法

洼陷带夹持于陡坡带和缓坡带之间，是断陷湖盆长期性的沉降带，主要发育近岸砂体前缓滑塌浊积扇、深水浊积扇、三角洲成因的储集体。图5为面向洼陷带的地震正演模拟图。由图5(a)、图5(b)可以看出：在二维情况下，对于同一激发点，不同反射界面的有效接收范围不一样；对于不同观测方式的同一激发点，反射界面的有效接收范围也不一样。由图5(a)、图5(b)可得到以下认识：①中浅层地层产状近乎水平层状，基本满足水平层状条件，各层面的反射是连续的且满排列接收；②中深层地层产状倾斜变化，深层层面的反射连续性差，存在反射空白段，不能满排列接收；③不论是浅层、深层，有效反射基本集中在反射段的正上方。由图5(c)可看出，在三维情况下，由于6L8S观测系统线距(400m)大于8L7S观测系统(175m)，跨度大，因此前者两接收线之间的记录连续性较后者差。从这两种观测系统对火成岩体观测的CRP覆盖次数及CRP/CMP的分布图[图5(d)]上可以看出，8L7S观测系统比6L8S观测系统照明范围大，阴影区也少。

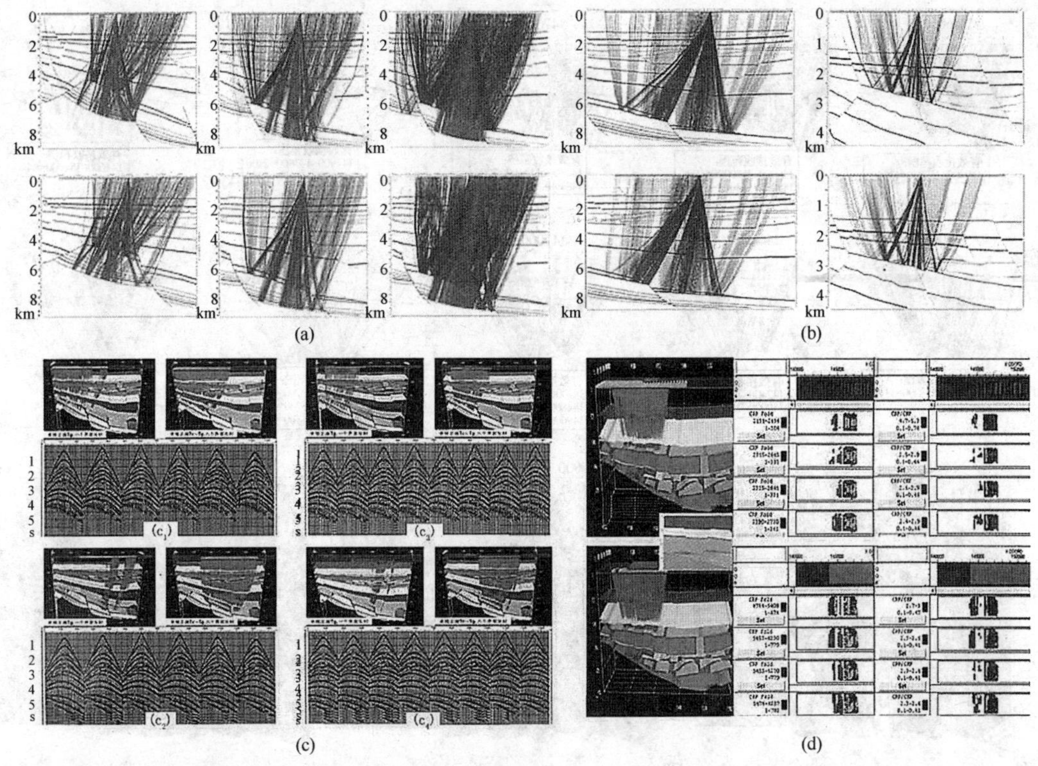

图5 面向洼陷带的地震正演模拟

(a)6L8S观测系统(上)、8L7S观测系统(下)3个不同炮点的双反射界面二维正演射线图;(b)6L8S观测系统(上)、8L7S观测系统(下)单反射界面二维正演射线图;(c):(c_1)靠近陡坡带单界面(左上)、8个界面(右上)6L8S单炮三维模型正演射线图及三维模型正演记录(下);(c_2)靠近缓皮带单界面(左上)、8个界面(右上)6L8S单炮三维模型正演射线图及三维模型正演记录(下);(c_3)靠近陡坡带单界面(左上)、8个界面(右上)8L7S单炮三维模型正演射线图及三维模型正演记录(下);(c_4)靠近缓坡带单界面(左上)、8个界面(右上)8L7S单炮三维模型正演射线图及三维模型正演记录(下);(d)6L8S观测系统(45次覆盖)(上)、8L7S观测系统(48次覆盖)(下)的单炮三维模型正演射线图(左)、火成岩体8个层面CRP覆盖次数(中)及CRP/CCMP分布图(右);6L8S二维观测方式的排列方式为5975-25-0-25-5975,inline方向炮距为400m,覆盖次数为15;8L7S二维观测的排列方式为4087.5-37.50-12.5-4087.5,inline方向炮距为175m,覆盖次数为12;6L8S三维观测线路为400m,覆盖次数为45;8L7S三维观测线距为175m,覆盖次数为48

通过分析,可得到如下启示:①对于中、古生界的深层,由于断块构造的影响,其深层界面的单炮反射记录应发散,在单炮记录上深层界面的中、近道连续性好,远道连续性差。②若线距较小,每条接收观测的记录连续性应好一些,便于分析对比;若线距过大,每条接收线观测的记录跳跃就大,大便于分析对比,将直接导致横向分辨率降低。

3.4 面向中央断裂背斜构造带地质目标的观测方法

受箕状断陷湖盆主体的差异升降沿主断面深部产生的上拱力和盆地断陷、扩展、沉积压实的不均衡等因素在盆地中央产生的挤压力影响,开阔湖盆多发育中央断裂背斜构造带。分析单炮激发时地下反射界面在地面的有效接收范围(图6)可知:在3000~5000m深度范围内的反射层(T_6、T_7)受上覆复杂断块区的影响,其反射面存在盲区,反射信息在地面上是发散的,接收段存在空白区,并位于炮点的两边;有效接收范围为以炮点为圆心、半径为5000~7000m的区域;二维的炮点距相当于三维的炮排距(沿垂直于构造方向),若炮点距从200m缩小到50m,T_6反射点的密度明显增加,断块的反射也得到改善[图6(c)]。

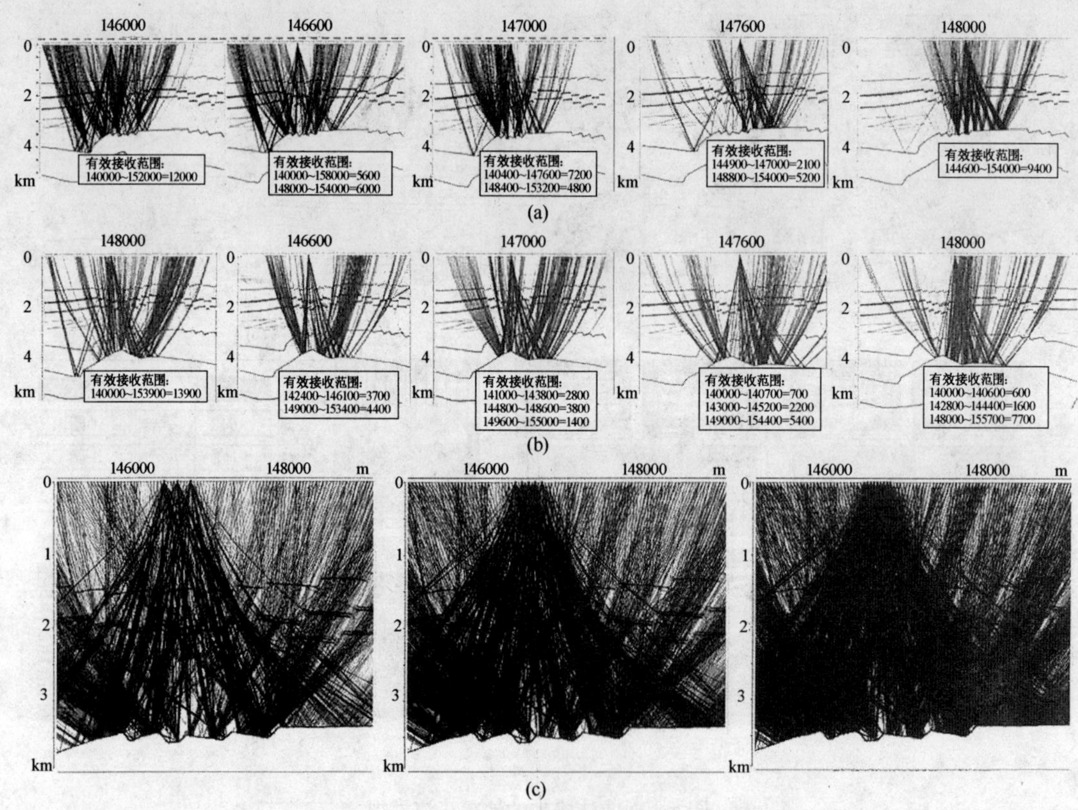

图6 面向中央断裂背斜构造带地下反射界面的单炮激发有效接收范围分析

(a)单炮激发、T_6 反射界面二维正演射线图；(b)单炮激发、T_7 反射界面二维正演射线图；(c)146600～147000 范围内炮点距 200m(3 炮)(左)、炮点距 100m(5 炮)(中)、炮点距 50m(9 炮)(右)的 T_6、T_7 反射界面二维正演射线图

图7为CMP间距、覆盖次数和炮检距增量的变化对地下反射界观测的影响分析图。由图7可见：①对于6L8S观测系统而言[图7(a)]，随着炮检距缩小一倍(即相应的覆盖次数增加一倍)，单个CMP点的有效道集增多，在复杂断块上 T_6 以上界面的叠加效果很好，T_8 以下的深层的叠加效果得到很好改善，但中层(T_6、T_7)的叠加效果几乎没有改变，得不到叠加道信息；②对于8L7S观测系统而言[图7(b)]，随着炮检距缩小一倍，中、深层几乎得不到叠加道信息。产生上述现象的原因是由于8L7S观测系统的最大炮检距为4087.5m，6L8S观测系统的最大炮检距为5975m(两者几乎相差2000m)，因此8L7S观测系统得到中、深层远道的叠加信息较差。

由6L8S和8L7S两种观测系统的单炮正演记录可见[图8(a)、图8(b)]：6L8S观测系统的照明范围宽一些，单炮接收的地下信息量大，但比8L7S观测系统得到的记录发散；8L7S观测系统的照明范围小一些，但接收到的地下信息量集中一些，连续性也好一些。选择复杂断裂带内CMP4188、CMP4189、CMP4190三个连续道集作速度谱[图8(c)]，即使CMP间距仅为12.5m，波场的变化还是比较大，导致速度谱上谱线分布存在较大差异。图8(d)为复杂断裂带叠加剖面，从图中可以看出，由于多组小断层的存在，剖面上绕射波发育，横向能量有变化，在断层的不同位置，波场的特征存在较大的差异。因此为了查清复杂断块及之下的地质构造特点，应该采用较小的炮排距和接收线距；为了提高横向分辨率，需要采用小面元。

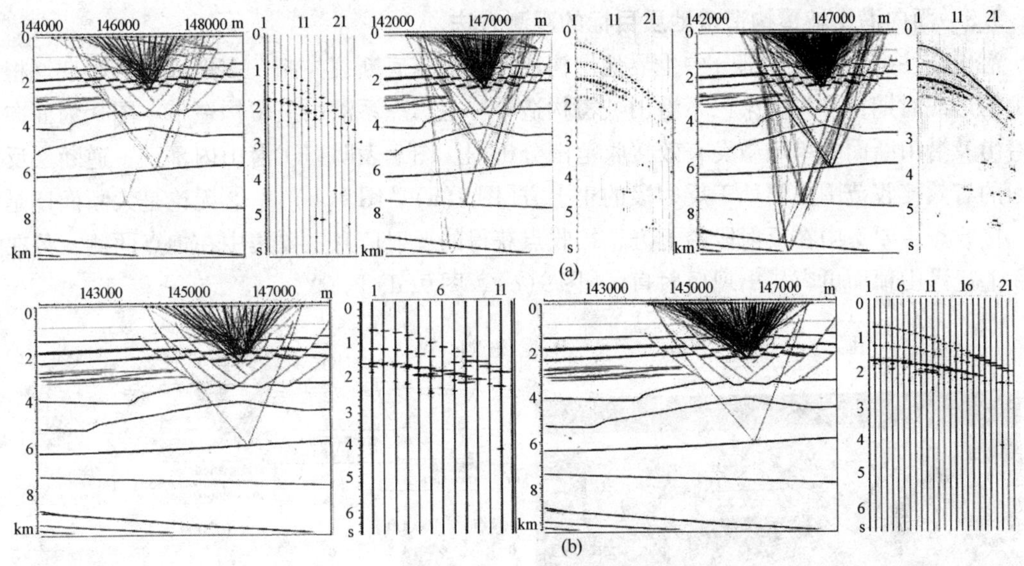

图7 面向中央断裂背斜构造带的6L8S、8L7S观测系统的CMP道集分析

(a)6L8S观测系统(排列方式：5975－25－0－25－5975)15次覆盖、400m炮检距增量(左)，30次覆盖、200m炮检距增量(中)，60次覆盖、100m炮检距增量(右)二维正演射线图及CMP道集记录；(b)8L7S观测系统(排列方式：4087.5－37.5－0－12.5－4087.5)12次覆盖、350m炮检距增量(左)，24次覆盖、175m炮检距增量(右)二维正演射线图及CMP道集记录

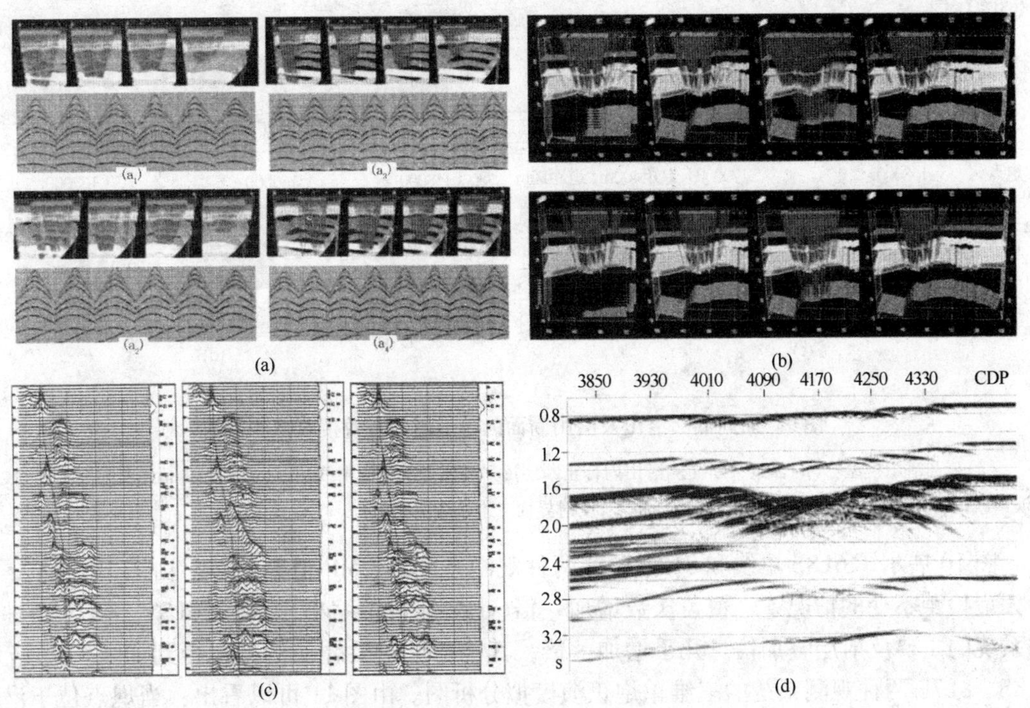

图8 复杂断块三维单炮正演记录及二维处理效果分析

(a)(a_1)6L8S观测系统A炮、4个界面的三维正演射线图(上)及正演记录(下)；(a_2)6L8S观测系统B炮、4个界面的三维正演射线图(上)及正演记录(下)；(a_3)8L7S观测系统A炮、4个界面的三维正演射线图(上)及正演记录(下)；(a_4)8L7S观测系统B炮、4个界面的三维正演射线图(上)及正演记录(下)；(b)6L8S观测系统(上)与8L7S观测系统(下)(从左～右依次为)薄互层内第3界面、底界面、T_6、1～4界面三维正演射线图；(c)CMP4188(左)、CMP4189(中)、CMP4190(右)道集速度谱；(d)复杂断裂带叠加剖面

3.5　面向潜山坡覆构造带地质目标的观测方法

潜山往往由古生界和部分中生界地层构成，并受基底断裂控制，多形成于燕山期。根据潜山的形成时期，分为下第三系潜山披覆构造带和上第三系潜山披覆构造带。图 9 为面向低凸潜山及潜山断面的单炮激发有效接收范围分析图。图 9 表明：①潜山内幕正、逆断层反射界面的有效接收范围主要处于反射段的正上方[图 9(a)、图 9(b)]；②无论是大断面还是潜山，接收点主要集中在反射段的上方，接收点获得的反射信息主要集中在炮点两侧，且在大断面上比潜山顶面更容易出现反射盲区[图 9(c)、图 9(d)]。

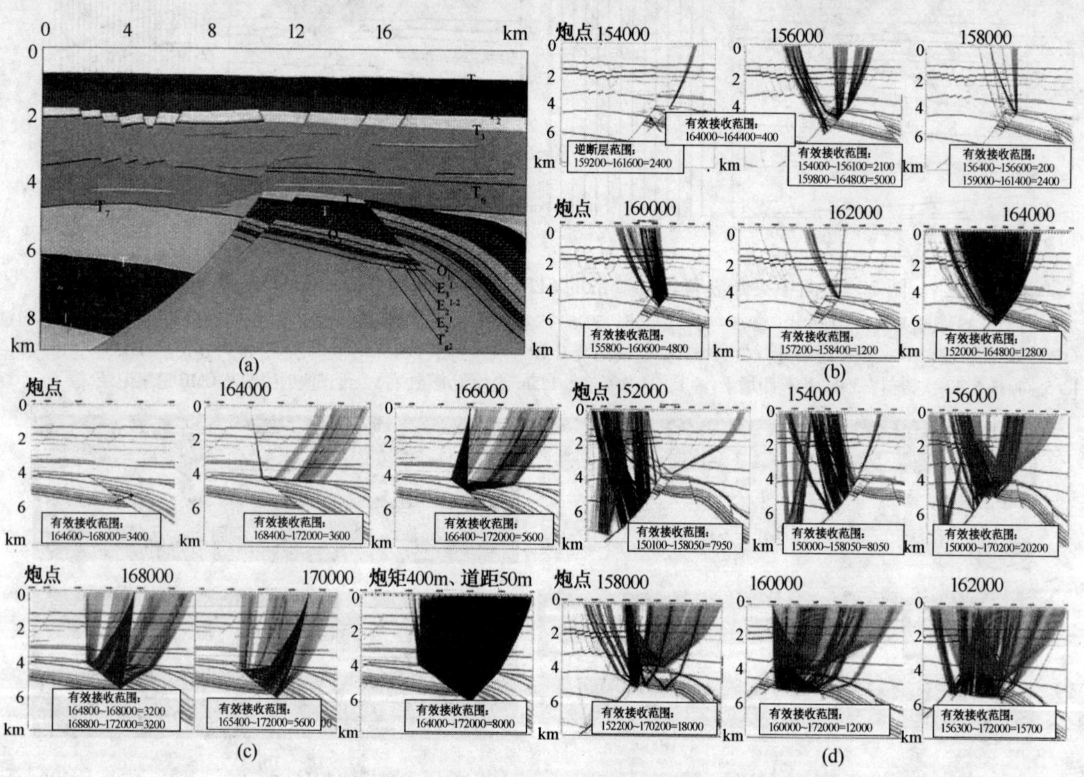

图 9　面向低凸潜山及潜山断面的单炮激发有效接收范围分析

(a)低凸潜山模型；(b)靠近大断面侧潜山内幕正断层反射界面二维正演射线图；(c)潜山内幕逆断层反射界面二维正演射线图；(d)潜山顶面、大断面、潜山内幕 T_{g2} 反射界面二维正演射线图

图 10 展示了 6L8S 单线和 8L7S 单线两种观测系统的 CMP 道集记录。由图 10 可见，在最大炮检距不变的情况下，覆盖次数增加一倍(也即炮检距缩小一倍)，6L8S、8L7S 两种观测系统的主要反射层叠加信息几乎增加一倍，其他的反射层叠加信息也得到加强。图 11 为 6L8S、8L7S 两种观测系统的三维单炮正演模拟分析图。由图 11 可以看出：当炮点位于潜山披覆构造带上时，地震单炮记录品质较好，同相轴基本上呈双曲线形态；当炮点位于潜山披覆构造带外侧时，在大断面上方、断面及深层界面的反射同相轴呈发散状，并出现盲区，单炮地震记录的同相断续且呈非双曲线形态。

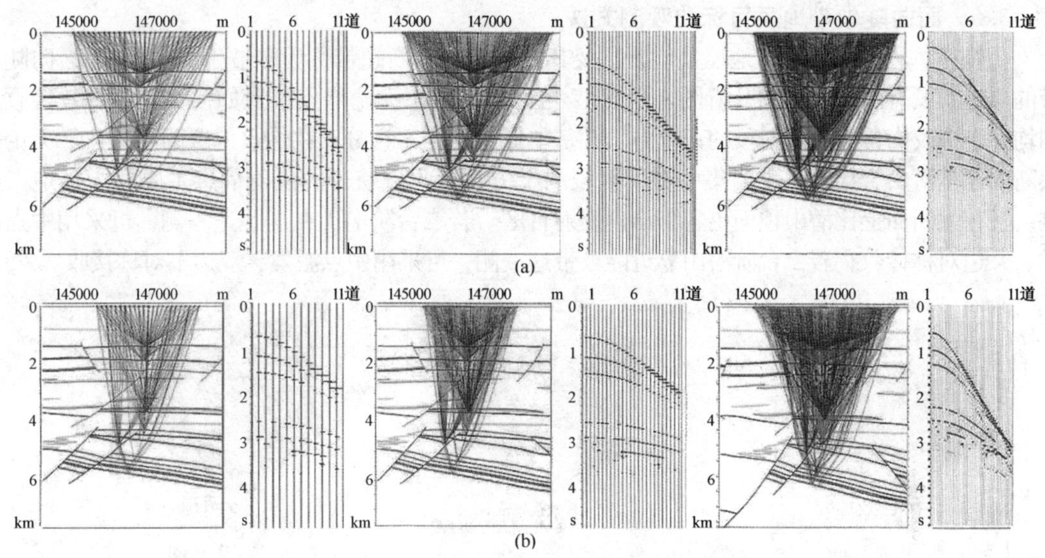

图10 面向潜山披覆构造带6L8S单线、8L7S单线观测系统CMP道集分析

(a)6L8S观测系统(排列方式：5975-25-0-25-5975)15次覆盖、400m炮检距增量(左)，30次覆盖、200m炮检距增量(中)，60次覆盖、100m炮检距增量(右)二维正演射线图及CMP道集记录；(b)8L7S观测系统(排列方式：4087.5-37.5-0-12.5-4087.5)12次覆盖、350m炮检距增量(左)，24次覆盖、175m炮检距增量(中)，48次覆盖、87.5m炮检距增量(右)二维正演射线图及CMP道集记录

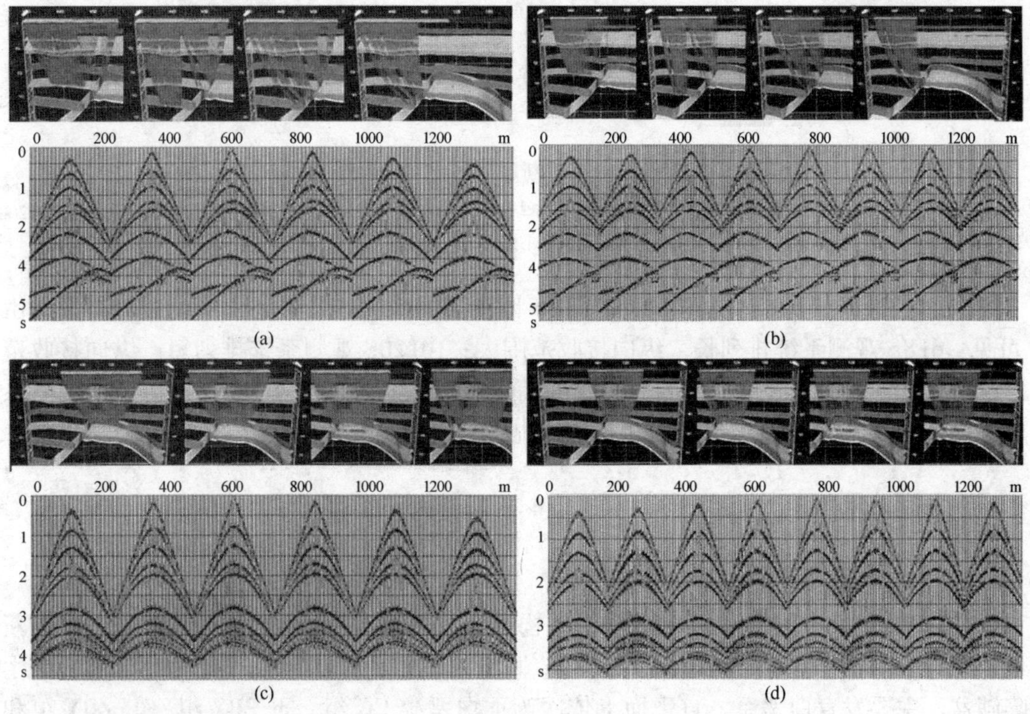

图11 6L8S、8L7S两种观测系统的三维单炮正演模拟分析

(a)6L8S观测系统A炮、4个界面的三维正演射线图(上)及正演记录(下)；(b)8L7S观测系统A炮、4个界面的三维正演射线图(上)及正演记录(下)；(c)6L8S观测系统B炮、4个界面的三维正演射线图(上)及正演记录(下)；(d)8L7S观测系统B炮、4个界面的三维正演射线图(上)及正演记录(下)

3.6　面向陡坡带地质目标的观测方法

习惯上，将陆相断陷盆地控盆地断层及其控制的上盘断超带称为陡坡带。图 12 为面向陡歧带的单炮激发有效接收范围分析图。由图 12 可以看出：①无论炮点位置如何变化，有效接收范围均在潜山及内幕断面反射段的正上方，并基本保持不变，且分布在炮点位置的两边；②无论是大断面还是潜山，接收点主要集中在反射段的上方，接收点获得的反射信息主要集中在炮点两侧，且在大断面上比潜山顶面更容易出现反射盲区。若二台阶潜山在洼陷这一侧，可采用中点激发、又边对称接收；若二台阶潜山靠近陡坡带这一侧，可采用中点激发、双边不对称接收。

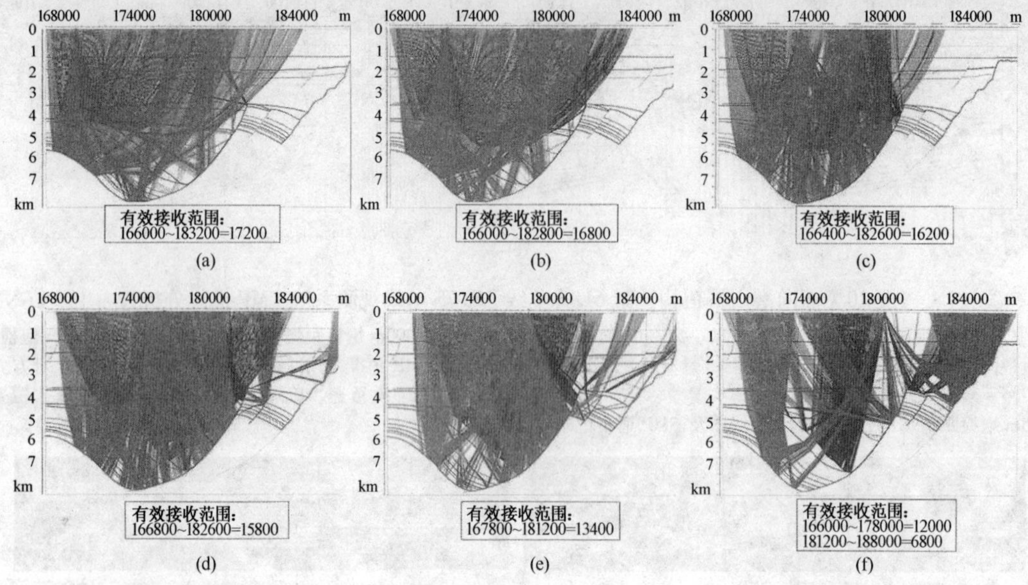

图 12　面向深层潜山 T_g、T_{g2} 及内幕正断层反射界面的单炮激发有效接收范围分析

(a)炮点位于 168000m 处的二维正演射线图；(b)炮点位于 170000m 处的二维正演射线图；(c)炮点位于 172000m 处的二维正演射线图；(d)炮点位于 174000m 处的二维正演射线图；(e)炮点位于 176000m 处的二维正演射线图；(f)炮点位于 178000m 处的二维正演射线图

图 13 为 12L9S、16L12S、10L20S、6L8S 四种观测系统三维单炮正演模拟分析图。由图 13 可见：6L8S 观测系统排列长、纵向接收范围大；10L20S 观测系统排列短，纵向接收范围小，12L9S 观测系统的道距为 25m，接收的信息密度大，连续性好一些；16L12S 观测系统每放一炮，16 个排列接收，在线距相等的情况下，横向接收范围大。

4　应用实例

4.1　工区概况

CG 油田位于蒙古国东南部 DGB 省，在构造上位于 DGB 盆地中部 ZBY 凹陷之中央断裂带上，并与中国二连盆地相接(图 14)。ZBY 凹陷是在古生界褶皱基底上发育起来的中生代断陷湖盆，主要发育白垩系，自下而上依次为下白垩统 CG 组、下 ZBY 组、上 ZBY 组和上白垩统(图 15)。CG 油田地表条件为戈壁、沙漠、地下构造复杂，地震地质条件类似于济阳拗陷东营中央断裂带。该油田区地震勘探程度较低，以往只做过二维地震。三维采集于 2007 年 6 月设计，9 月开始施工，10 月底完成地震采集工作量。三维采集的主要地质任务是落实各层系的构造形态和断裂系统的分布，并查清下 ZBY 组和上 ZBY 组储层发育情况。

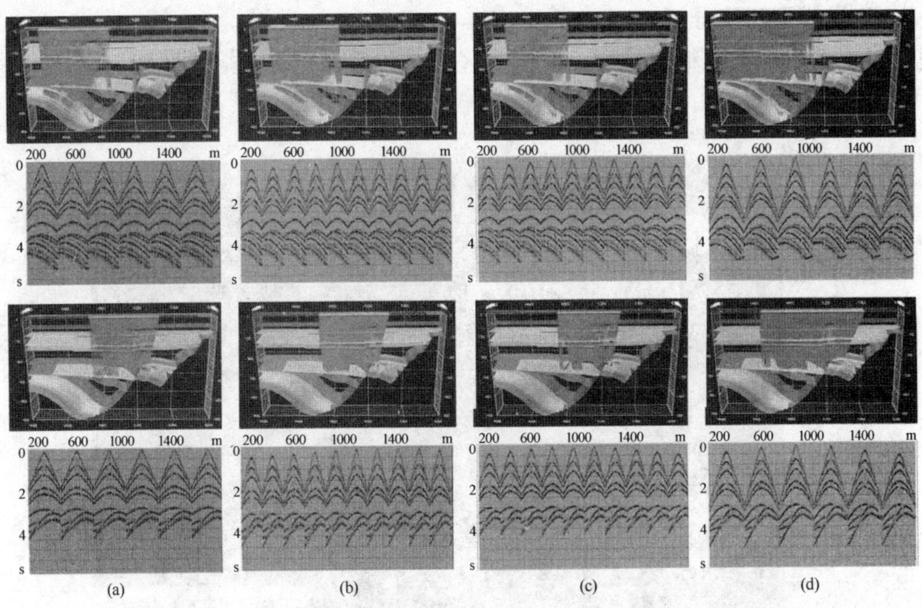

图 13　12L9S、16L12S、10L20S、6L8S 四种观测系统的三维单炮正演模拟分析

(a)12L9S 观测系统 A 炮(上)、B 炮(下)5～15 个界面的三维正演射线图及正演记录；(b)16L12S 观测系统 A 炮(上)、B 炮(下)5～15 个界面的三维正演射线图及正演记录；(c)10L20S 观测系统 A 炮(上)、B 炮(下)5～15 个界面的三维正演射线图及正演记录；(d)6L8S 观测系统 A 炮(上)、B 炮(下)5～15 个界面的三维正演射线图及正演记录
12L9S 观测系统排列方式为 3987.7－12.5－25－12.5－3987.5，16L12S 观测系统排列方式为 4000－50－50－50－4000，10L20S 观测系统排列方式为 3575－25－50－25－3575，6L8S 观测系统排列方式为 5975－25－50－25－5975

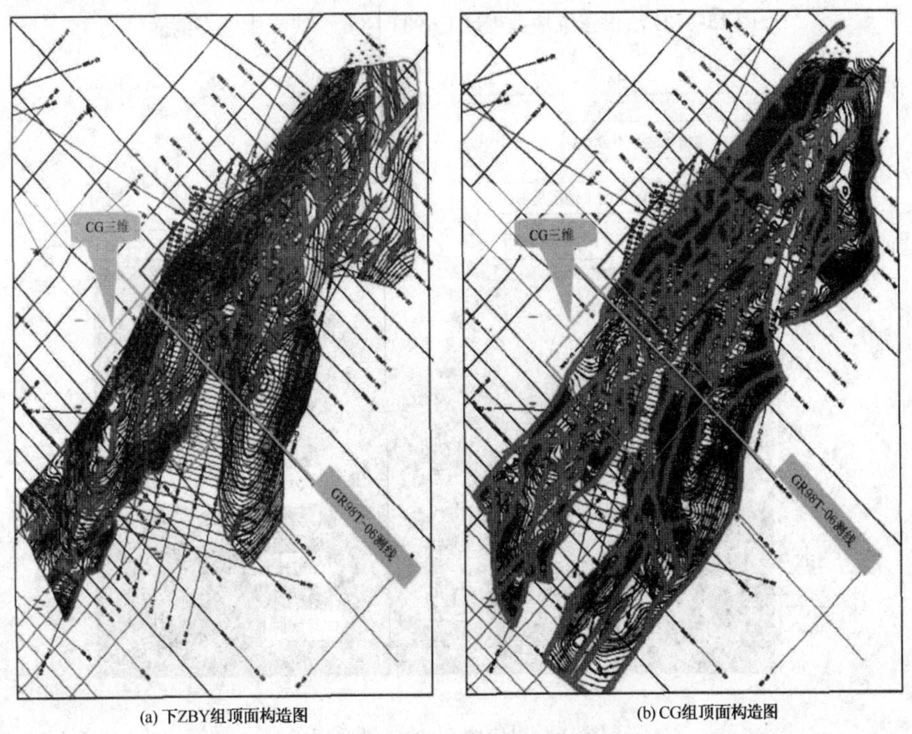

图 14　CG 油田三维地震勘探部署图

4.2 二维模型正演分析

通过对工区内现有资料的分析，依据工区内有代表性的二维剖面(图 15)，建立了二维模型(图 16)。

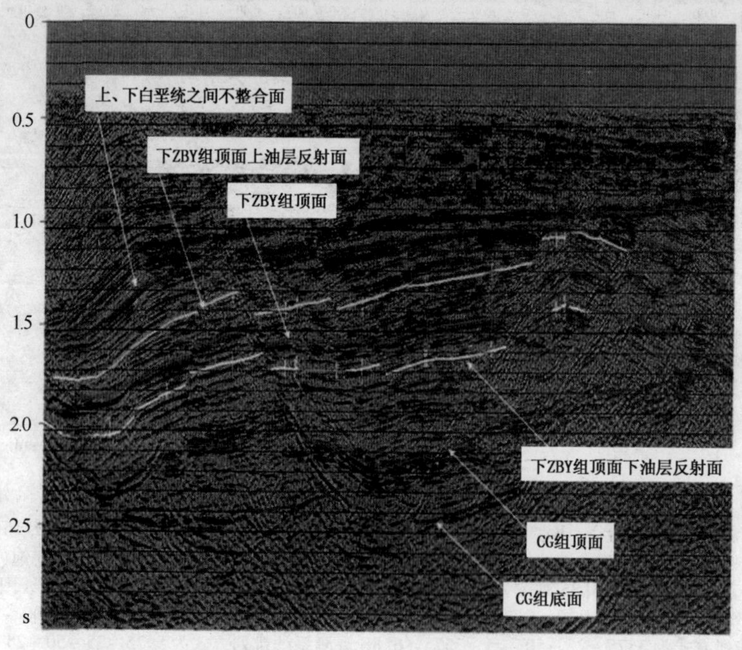

图 15 CG 油田三维地震工区 GR98T－06 测线二维地震剖面

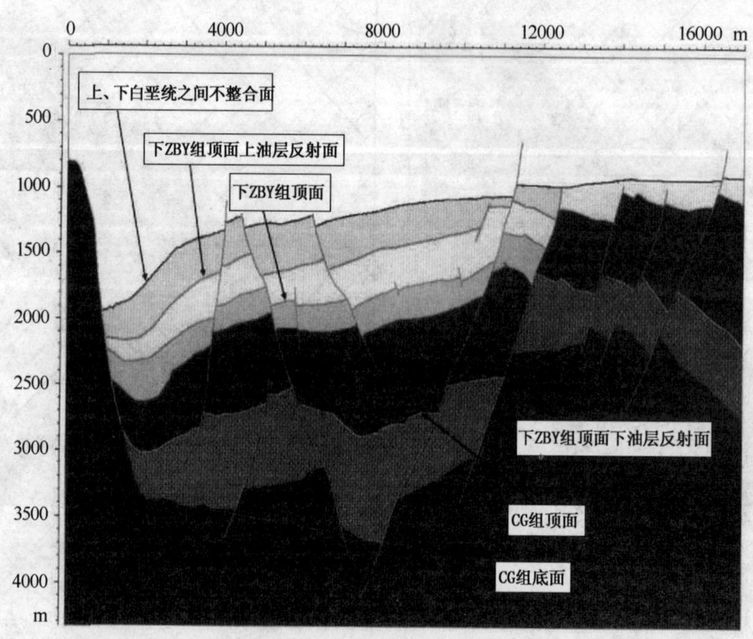

图 16 对应图 15 的二维模型

4.2.1 有效接收范围分析

选用道距为 50m、道数为 161 道、单边接收、长度为 8100m 的排列进行正演模拟

(图17)，每隔1000m分析一个点，分析有效接收范围，并确定合适的排列长度。单炮正演记录分析表明，各层的有效接收反射段基本集中在4000m半径的范围。结合实际施工环境，确定单边排列长度约为4000m。

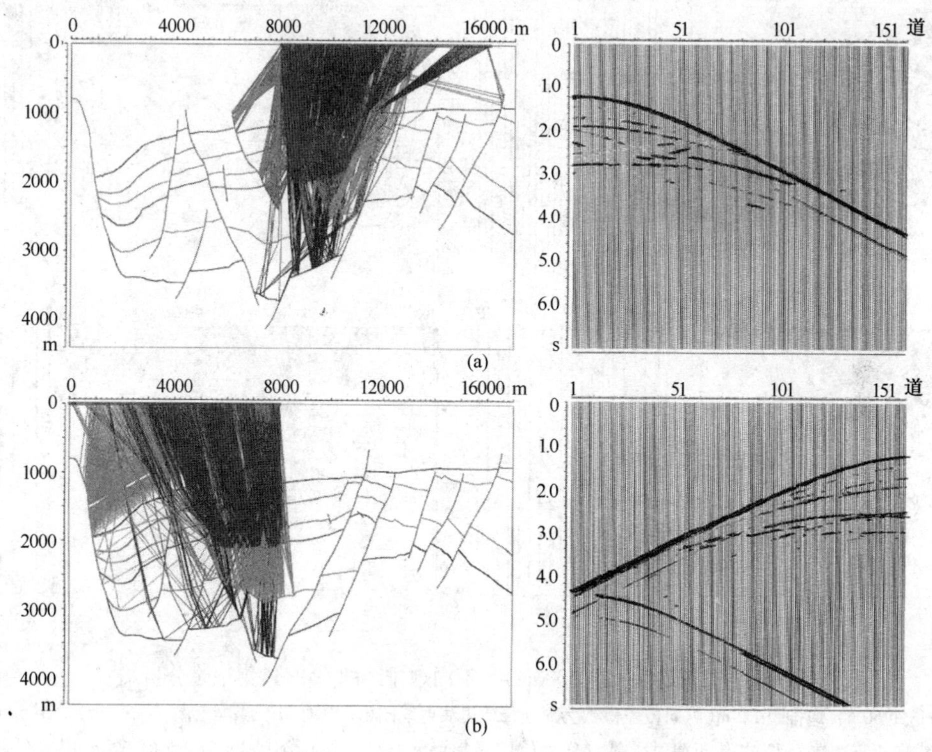

图17 CG油田有效接收范围分析

(a)炮点位于8000m、右边接收、道距50m、161道、长度为8100m排列的二维正演射线图(左)及单炮正演记录(右)；(b)炮点位于8000m、左边接收、道距50m、161道、长度为8100m排列的二维正演射线图(左)及单炮正演记录(右)

4.2.2 炮排距分析

在排列长度一定的情况下，炮排距的大小决定纵向的覆盖次数。选用道距为50m、炮排距分别为125m，175m，225m，250m四种情况进行正演模拟(图18)，每隔1000m分析一个点，分析不同炮排距获得的CMP道集反映的地下界面反射情况。根据正演分析，确定炮排距为175~250m。

4.3 三维模型正演分析及应用效果

根据地震勘探部署的要求及工区的地震地质条件，应用三维地震采集设计软件进行采集参数和面元属性分析，初步筛选出四种观测方案(表1)，并对这四种观测方案进行三维模型正演分析。首先，建立三维正演模型，把工区内自上而下各套地震解释层位数据进行平面成图后输入，并建立实际的三维深度—速度模型(图19)；然后利用这四种观测系统进行三维观测正演模拟；随后，对获得的正演模拟数据进行诊断分析(包括从单炮记录到每一层反射界面的共反射点(CRP)覆盖次数分布，尤其是目的层面的CRP覆盖次数分布)。图20为四种观测方案正演模拟下ZBY组顶面下油层反射面CRP覆盖次数分析图，分析各层面CRP覆盖次数分布的均匀性可知，方案4最好，方案3次之，方案2、方案1较差。经综合考虑，最终选择方案 4 的观测系统。现场解编的单炮记录和叠加剖面(图 21)也表明，方案 4 是合理的，能够完成地质任务。

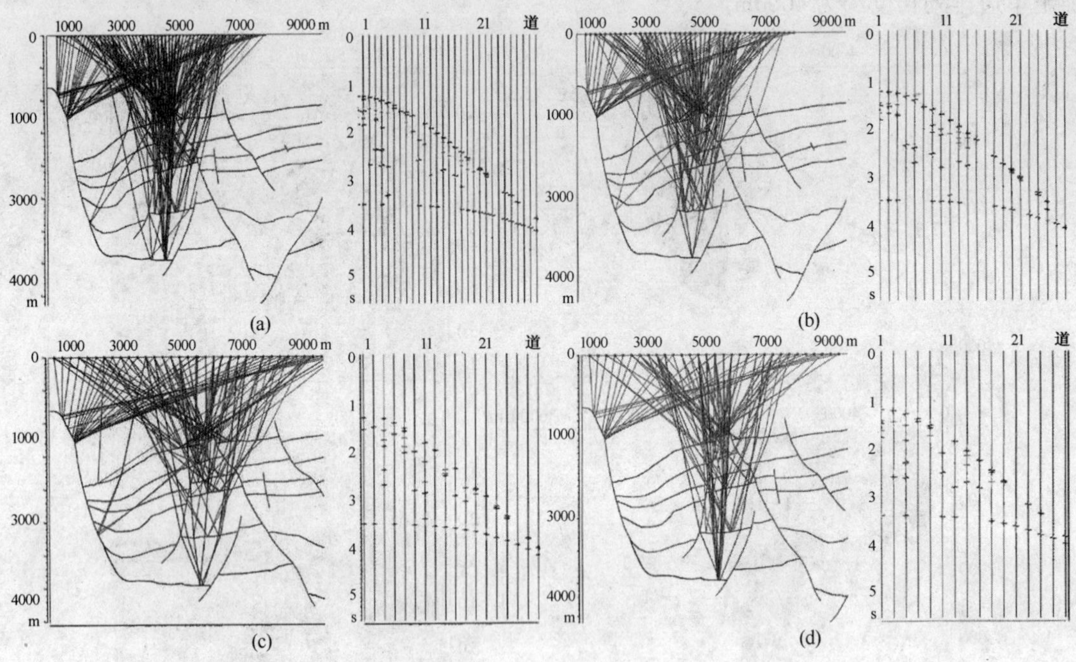

图 18　排列长度一定(4000m)、不同炮排距的 CMP 道集记录分析

(a)道距 50m、炮排距 125m(纵向覆盖次数为 30)二维正演射线图(左)及 CMP 道集记录(右)；(b)道距 50m、炮排距 175m(纵向覆盖次数为 22)二维正演射线图(左)及 CMP 道集记录(右)；(c)道距 50m、炮排距 225m(纵向覆盖次数为 18)二维正演射线图(左)及 CMP 道集记录(右)；(d)道距 50m、炮排距 250m(纵向覆盖次数为 16)二维正演射线图(左)及 CMP 道集记录(右)

表 1　四种观测方案综合对比表

	方案 1	方案 2	方案 3	方案 4
观测方式	16L16S	18L2 * 12S	16L24S	16L2 * 28S
排列方式	3975 - 25 - (50) - 25 - 3975	3825 - 37.5 - (50) - 12.5 - 3825	3975 - 25 - (50) - 25 - 3975	4025 - 12.5 - (50) - 37.5 - 4025
接收道数	2560	2772	2560	2592
面元/(m × m)	25 × 25	12.5 × 12.5、25 × 25	25 × 25	12.5 × 12.5、25 × 25
覆盖次数	128	33、132	128	36、144
接收点距/m	50	50	50	50
接收线距/m	100	100	150	175
炮点距/m	100	75	50	50
炮线距/m	250	175	250	225
最大非纵距/m	1125	1262.5	1675	1987.5
最小炮检距/m	35	18	35	18
最大炮检距/m	4131	4111	4333	4590
束线距/m	800	900	1200	1400
总炮数	21088	19632	21720	23072
满覆盖次数面积/km^2	209.65	206.34	213.07	202.32

注：方案 1 ~ 方案 4 的子区网络分别为 100m × 250m，100m × 175m，150m × 250m，175m × 225m。

上、下白垩统
间的不整合面
下ZBY组顶面
上油层反射面
下ZBY组顶面
下ZBY组顶面
下油层反射面
CG组顶面
CG组底面

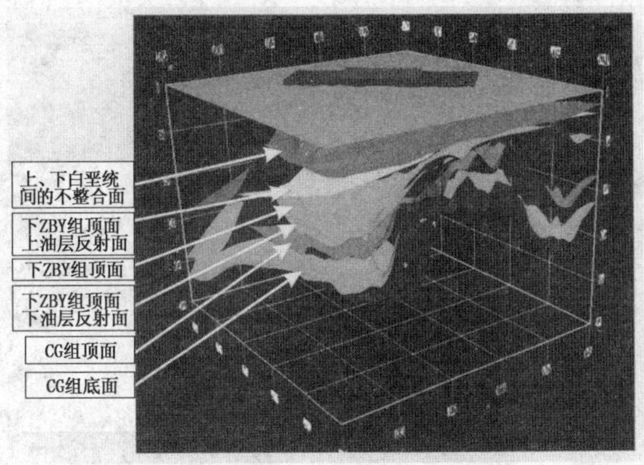

图19　CG油田三维深度—速度模型

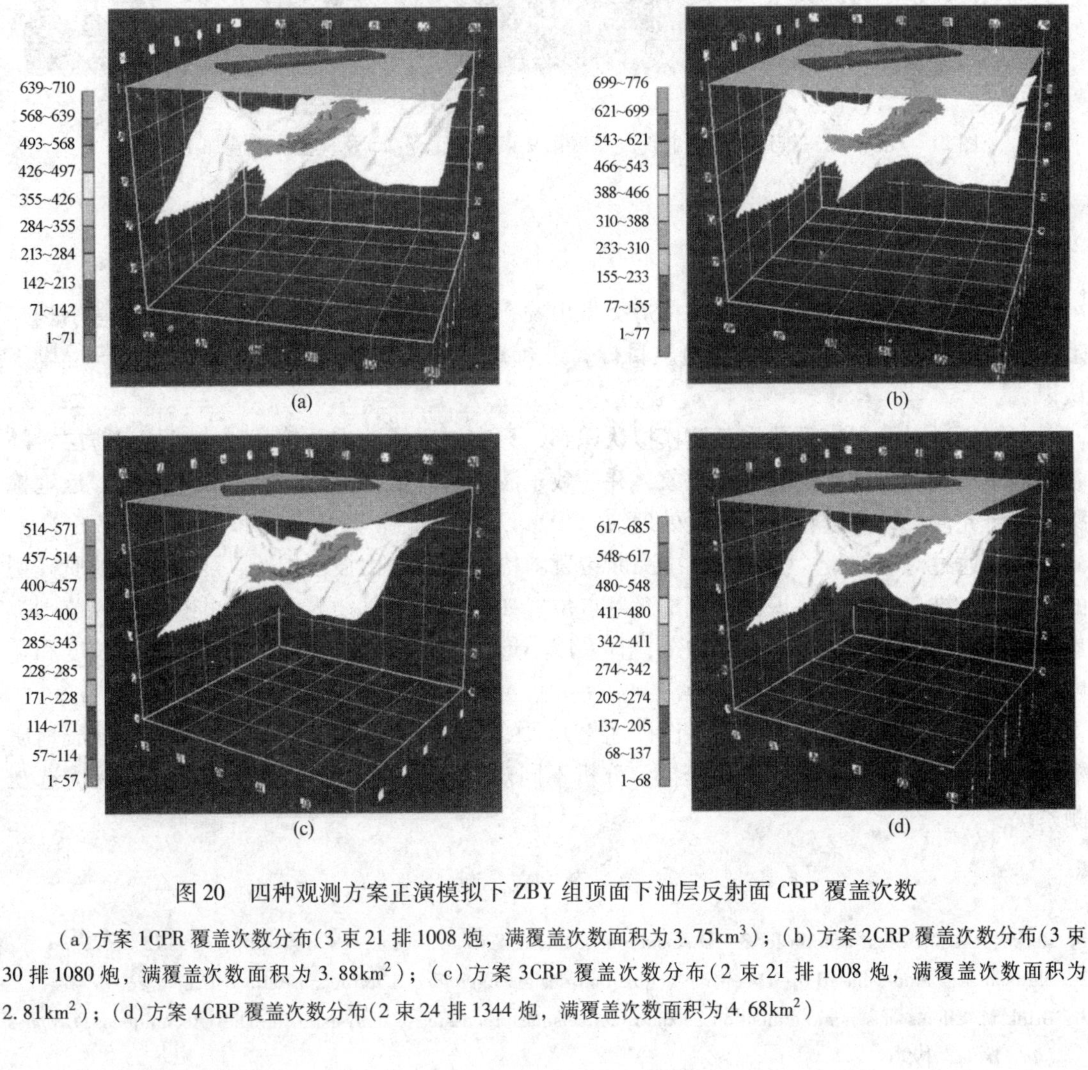

639~710
568~639
493~568
426~497
355~426
284~355
213~284
142~213
71~142
1~71
(a)
699~776
621~699
543~621
466~543
388~466
310~388
233~310
155~233
77~155
1~77
(b)
514~571
457~514
400~457
343~400
285~343
228~285
171~228
114~171
57~114
1~57
(c)
617~685
548~617
480~548
411~480
342~411
274~342
205~274
137~205
68~137
1~68
(d)

图20　四种观测方案正演模拟下ZBY组顶面下油层反射面CRP覆盖次数

(a)方案1CPR覆盖次数分布(3束21排1008炮，满覆盖次数面积为3.75km^3)；(b)方案2CRP覆盖次数分布(3束30排1080炮，满覆盖次数面积为3.88km^2)；(c)方案3CRP覆盖次数分布(2束21排1008炮，满覆盖次数面积为2.81km^2)；(d)方案4CRP覆盖次数分布(2束24排1344炮，满覆盖次数面积为4.68km^2)

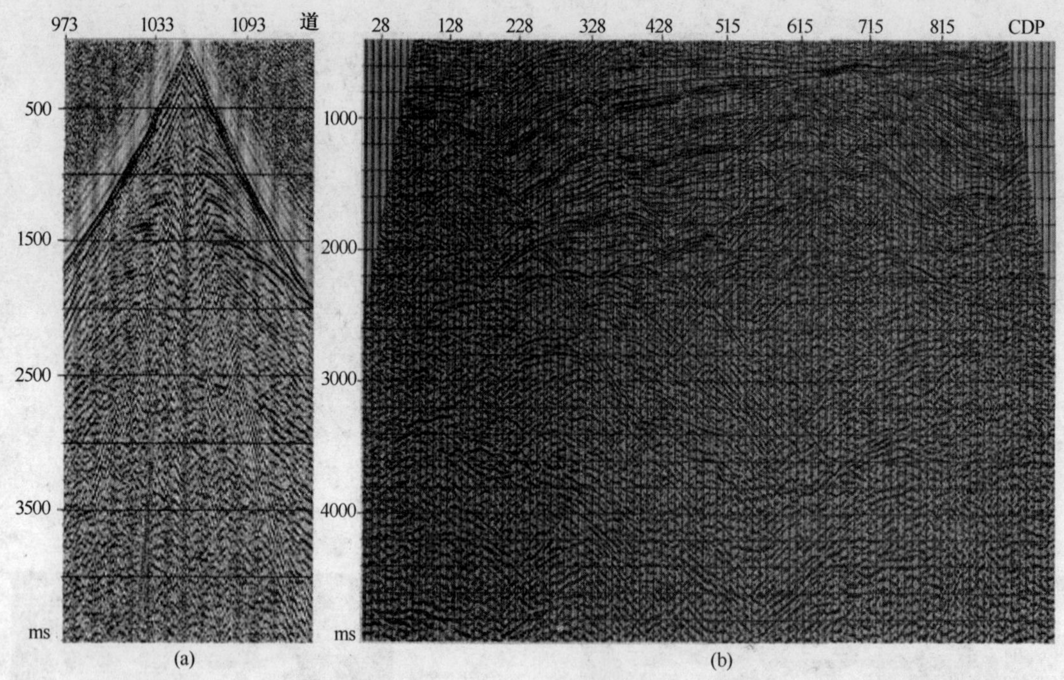

图 21　CG 油田三维地震工区北部戈壁区第 9 束单炮记录（a）及现场处理叠加剖面（b）

5　结束语

本文从济阳拗陷的地质特点及构造类型出发，面向缓坡带、洼陷带、中央断裂背斜构造带、潜山坡覆构造带、陡坡带等地质目标，进行地震采集优化设计的方法研究，获得以下认识。

（1）通过对薄层模型单炮正演模拟认识到，只有地震子波主频较高时才能分辨薄层，随着炮检距增大，将发生薄层干涉现象，并导致子波主频降低。因此一定要充分利中、近炮检距信息研究薄层，并进行分炮检距处理。

（2）通过对缓坡带、洼陷带、中央断裂背斜构造带、潜山披覆构造、陡坡带等地质模型的二维、三维正演模拟认识到：无论激发点位置如何，地下复杂界面反射的有效接收范围都集中在反射段正上方；对于复杂构造，宜采用小炮距、小接收线距、适中的排列片长度和宽度，以确保观测坡场的连续性。

（3）面向地质目标的地震采集设计优化方法的关键技术是建立符合实际的三维地震地质模型，并针对目的层段进行正演模拟，分析不同观测方案的 CRP 覆盖次数分布，以优选观测系统。

参　考　文　献

1　Berkhout A J. Design criteria for 3 - D seismic acquisition. *Seismic Explor*, 1998, 7(1): 65 ~ 72

2　Slawson S E. Model-based 3 - D seismic acquisition design. *Expanded A bstracts of* 64*th S E G Mtg*, 1994

3　Brink M. Effects of seismic aquisition geometry on seismic processing: analysis of the DM Otechniques. *Geophys Lith Predic*, 1996

4 Beasley C J. Imaging properties of modern 3 – D seismic acquisition systems. *Explor Geophys*, 1997, 28(1, 2): 192 ~ 194
5 Norm Cooper. A world of reality – Designing land 3D programs for signal, noise and prestack migration. *The Leading Edge*, 2004, 23(10): 1007 ~ 1014, (12): 1230 ~ 1235
6 能翥. 我国物探技术的进步及展望. 石油地球物理勘探, 2003, 38(4): 447 ~ 459
7 沈财余. 东营凹陷三维地震采集评述. 油气地质与采收率, 2004, 11(1): 42 ~ 44
8 韩文功, 沈财余. 陆相断陷盆地复杂地质模型建立与正演模拟. 石油地球物理勘探 , 2006, 41(4): 396 ~ 401
9 陆基孟. 地震勘探原理(上册). 山东东营: 石油大学出版社, 1993

宽方位三维三分量地震资料采集观测系统设计
——以新场气田三维三分量勘探为例

唐建明[1,2]　马昭军[2]

(1. 成都理工大学能源学院，四川成都 610059；2. 中国石化西南分公司勘探开发研究院德阳分院，四川德阳 618000)

摘要：宽方位三维三分量勘探综合了宽方位纵波勘探和转换波勘探二者的优势，对于解决川西深层致密裂缝性气藏的勘探开发问题具有良好的应用前景。而宽方位三维三分量地震采集设计是三维转换波地震勘探在技术合理、经济可行的条件下，采集到高质量多分量原始资料的技术保障。为此，首先根据储层埋藏深、岩性致密的特点，结合地质任务要求，分析了宽方位三维三分量观测系统设计的难点；然后通过观测系统参数的分析论证，确定了同时适合纵波勘探和转换波勘探的面元尺寸、最大和最小炮检距、接收线距、束间滚动距等；通过针对目的层深度和纵、横波速度比的观测系统模板分析，确定了观测系统的类型。基于上述分析设计了 3 种观测系统方案，通过对 3 种方案观测系统的玫瑰图、CMP 面元和 CCP 面元属性、最大炮检距分布等的分析，确定了适合新场地区的宽方位三维三分量观测系统，并利用正演模拟对其进行了验证。将该观测系统应用于实际地震资料采集，获得的三分量资料波组特征清楚，同相轴连续性好，反射信息丰富；PP 波剖面和 PS 波剖面反射层次清楚，目的层反射特征明显，构造形态一致性好。

关键词：三维三分量　观测系统　面元属性　覆盖次数　宽方位　偏移距

宽方位或全方位三维三分量地震勘探集合了宽方位或全方位纵波勘探和转换波勘探的优势，可以利用纵波方位各向异性(AVAZ，AVOAZ 等)预测致密裂缝性储层的油气富集带；利用横波传播不受流体影响的特性提高“气云”下的成像质量；利用纵、横波传播不同的动力学特征进行岩性识别、储层预测和流体性质分析；利用横波分裂现象中快、慢横波的极化方位和传播时间差异提取地层裂缝参数，预测地层裂缝。

最近几年来，随着多分量全数字地震仪的迅速发展和采集方法技术的改进，三维转换波勘探的成本大大降低，宽方位或全方位三维三分量地震勘探在油气勘探中的应用呈现上升趋势。国内很多油田进行了多波多分量地震勘探的试验性研究，部分油田还开展了三维转换波勘探工作，但从实际勘探效果上看，尚未取得理论上可预期的成果：

(1) 早期由于多分量采集系统落后，地震地质条件较差，要解决的地质问题与转换波勘探的优势不匹配等方面的原因，造成转换波资料品质较差、分辨率低，不能给出有说服力的成果；

(2) 资料采集的观测系统设计不合理，难以兼顾纵波、横波联合勘探的优势，以至于即便转换波资料的品质较好，也由于缺乏合理的方位特性或与纵波难以有机结合，而降低了纵、横波联合勘探的能力；

(3) 纵、横波联合处理的问题未得到很好的解决，如波场分离及去噪、表层静校正及剩余静校正、纵波和横波方位一致性处理等，加之纵、横波联合解释的理论和技术还不成熟，纵波和横波的匹配、岩石物理模型等问题尚待进一步研究，实际勘探中尚未取得满意的效果。

采集参数论证及观测系统设计是转换波勘探的关键环节。近年来对转换波勘探采集设计的研究越来越多，就三维转换波勘探而言，主要包括：最小、最大炮检距，接收点距和接收线距，炮点距和炮线距，ACCP 覆盖次数，炮检距分布，方位角特性，炮点和接收点位置关系分析等。

在川西新场气田，我们针对深层须家河组气藏，开展了宽方位三维三分量地震勘探的采集参数论证和观测系统设计研究。

1 储层特点和观测系统设计难点

川西深层须家河组气藏储层埋藏深(纵波双程反射在 2.2 ~ 2.6s)，岩性致密(绝大多数孔隙度小于 4%)，具有非均质性强、类型多样(裂缝 - 孔隙型和孔隙 - 裂缝型)、气水关系复杂等特点。天然裂缝系统是该区天然气最为富集的部位，而高角度开启裂缝是获得高产的必要条件。为了解决川西深层天然气勘探的储层识别、裂缝检测、含气性识别和气水分布规律预测等问题，在川西新场气田采用宽方位三维三分量勘探方法，针对深层须家河组气藏进行了地震资料二次采集。

设计一个满足地质任务要求的宽方位三维三分量勘探观测系统是此次采集的关键，但存在以下难点：

(1) 转换波三维三分量地震技术是通过 PS 波与 PP 波的对比来发挥优势的，因此，在一个模板(排列片)中要作好二者的兼顾；

(2) 为了可靠检测裂缝，设计的宽方位观测系统应同时满足 PP 波方位各向异性、PS 波方位各向异性和横波分裂裂缝检测技术的要求；

(3) 对于埋深近 5000m 的目的层，需解决好技术需求和经费投入的矛盾；

(4) 要保证 CMP 和 CCP 面元尺寸一致(有利于后期的处理和解释以及纵、横波联合反演)，保证 PS 波覆盖次数均匀。

2 观测系统参数分析

2.1 面元边长

根据经验法则，每个优势频率的波长至少应保证 2 个采样点，这样才能得到良好的横向分辨率。纵波面元边长经验公式为

$$B_{PP} = v_n \Big/ (2f_{dom}) \tag{1}$$

式中：B_{PP}为纵波面元尺寸；f_{dom}为目的层的优势频率；v_n 为目的层的上一层层速度。

转换波面元大小的选择主要考虑：

(1) 目标尺寸。对于复杂区域，最小地质勘查目标至少需要 10 个以上的 CCP 点。

(2) CCP 面元比 CMP 面元要大，与纵、横波速度比有关系，即

$$B_{PS} = \frac{2\Delta x}{1 + v_S/v_P} \times \frac{2\Delta y}{1 + v_S/v_P} \tag{2}$$

式中：B_{PS}为转换波面元的大小；Δx 为三维道距；Δy 为三维炮点距；v_S/v_P 为横、纵波速度比。

由(1)式和(2)式可知，纵波和转换波具有不同的面元，但利用三维三分量资料来研究地层的各向异性时，需要进行全方位数据采集，且各方位的特性要均匀，因此取正方形的面元较合适。考虑到纵、横波联合处理以及解释的需要，一般选择一致的纵波和转换波面元尺寸。分析认为，在新场气田选择 25m × 25m 面元可满足勘探要求。

2.2　最大炮检距

最大炮检距的选择除必须满足纵波勘探 4 个方面（目的层埋深、速度分析精度、动校拉伸畸变、AVO 分析）的要求外，还必须有效地确定转换波勘探要求的炮检距范围，并在此基础上，按纵波和转换波勘探效能的一定原则确定转换波三分量勘探的炮检距范围。

转换波三分量勘探的最大炮检距还应充分考虑转换横波的接收窗，最好的方式是通过正演模拟分析确定最佳的最大炮检距。我们根据钻井资料建立新场地区目的层的物理模型，由佐普里兹方程确定该地区反射系数和入射角（炮检距）的关系（图 1）。

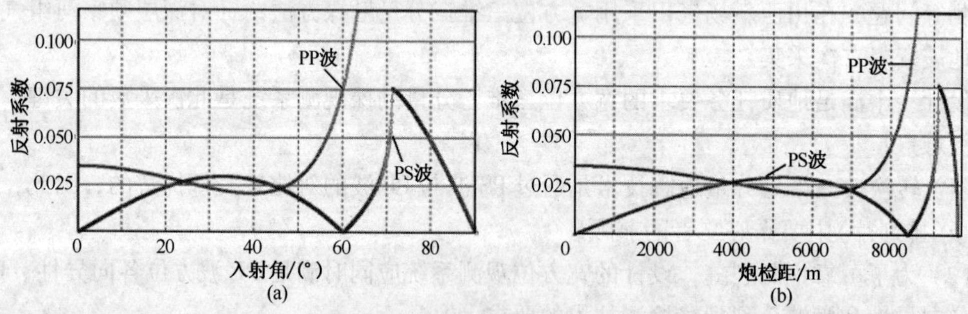

图 1　反射系数与入射角（a）和炮检距（b）的关系

由图 1 可以看出，转换波在近炮检距反射能量较弱，在中远炮检距反射能量较强，比纵波需要更大的炮检距；PP 波的临界角在 45°左右，排列长度可选择在 6500m 左右，PS 波的临界角在 55°左右，排列长度可选择在 8000m 左右。如果大于临界角入射，转换波相位会发生改变，通常在转换波临界角附近确定最大炮检距，但同时也要顾及纵波的最大炮检距。目前转换波勘探常常采用 85% 的准则，因此该区的最大炮检距选择在 7000 ~ 8000m 之间比较合适。

2.3　最小炮检距

转换波在近炮检距反射能量较弱，且近道受震源爆炸和面波影响较严重，一般认为最小

炮检距应该加大。但考虑到要接收纵波反射以及解决静校正问题，最小炮检距应足够小，以便在浅反射面有适当采样和一定的覆盖次数。经过综合考虑，选择最小炮检距为0.5个道间距(25m)。

2.4 接收线距

通常，人们根据菲涅尔半径公式来确定纵波勘探的接收线距，一般不大于垂直入射时的菲涅尔半径。我们通过分析CCP的覆盖次数来确定转换波勘探的接收线距。

在观测系统其它参数(道距、炮点距等)一致时，我们选择线距为200，400，600m，在5000m深度进行了覆盖次数的对比分析，如图2所示。由图可见，小接收线距有利于CCP覆盖次数的分布。

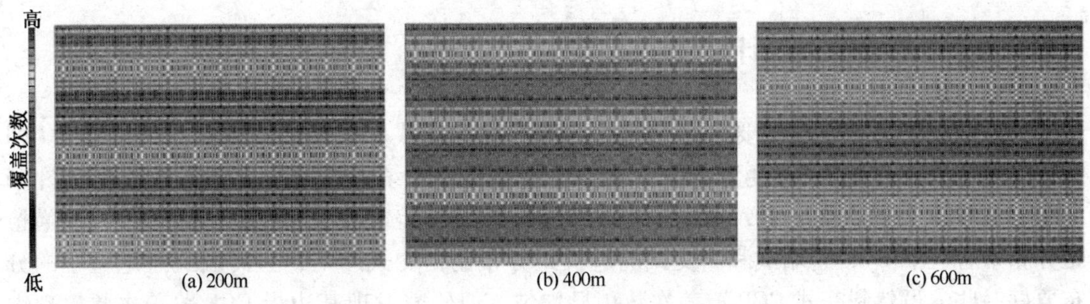

图2 不同接收线距的CCP覆盖次数对比

2.5 束间滚动距

纵波勘探的束间滚动距一般选择半个排列片。转换波勘探的束间滚动距对CCP覆盖次数的影响很大，图3为8条接收线的三维三分量观测系统，分别滚动1，2，4条线距的面元属性分析图，可以看出，小滚动距有利于提高CCP覆盖次数的均匀性。

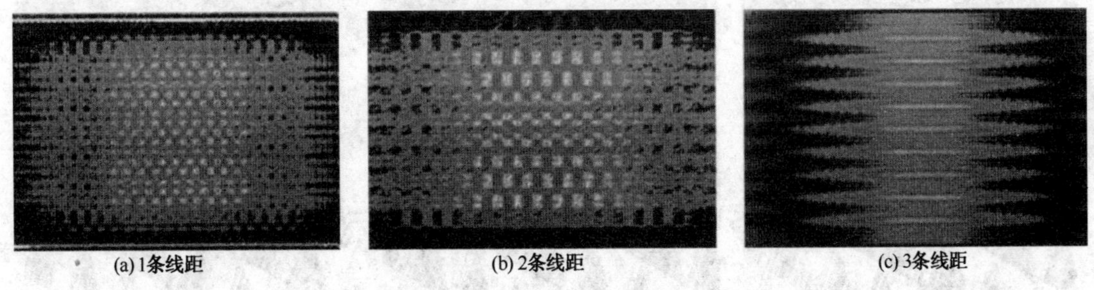

图3 不同滚动线束间距的CCP覆盖次数对比

2.6 线束宽窄方位角对比

在纵波勘探中，采用宽方位或全方位观测系统有利于裂缝的检测。在转换波勘探中，采用宽方位角观测系统，则可以充分利用PP波和PS波方位各向异性信息和横波分裂特性提高识别裂缝的能力。同时，由于宽方位角观测系统炮检点的位置比较分散，CCP覆盖次数更均匀。图4为窄方位角和宽方位角观测系统的方位角和CCP覆盖次数对比图，可见，宽方位角有利于提供连续的CCP覆盖。

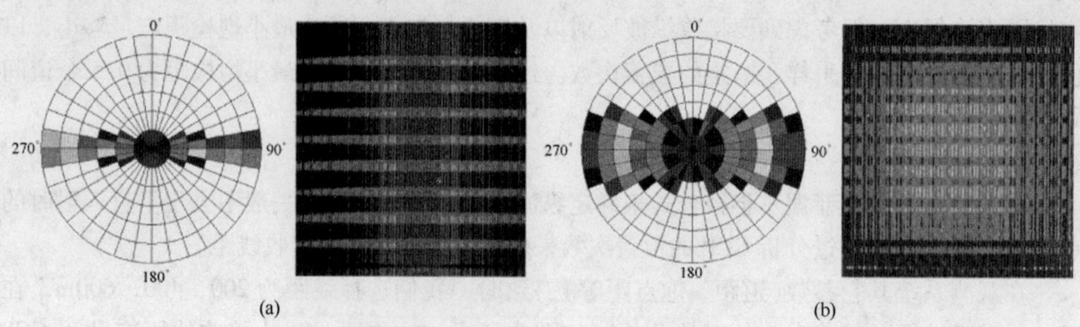

图4 窄方位(a)和宽方位(b)观测系统的方位角和CCP覆盖次数对比

3 观测系统模板设计

目前的观测系统模板主要有正交式、砖墙式和斜交式。根据新场地区目的层参数(即纵、横波速度比为1.8，深度为5000m)计算了不同观测系统模板的CCP覆盖次数，如图5a所示。从CCP覆盖次数来看，斜交式观测系统的CCP覆盖次数分布相对均匀一些；从炮检距分布来看(图5b)，砖墙式和斜交式的炮检距分布比正交式均匀，且砖墙式近炮检距的分布要好一些。虽然斜交式CCP覆盖次数稍显均匀，但研究发现其边界CCP覆盖次数出现锯齿状分布，这将影响资料的成像质量；再考虑到野外障碍物分布比较密集，有较大部分炮点不能按正常观测系统模板分布，我们认为选择砖墙式观测系统比较合适。

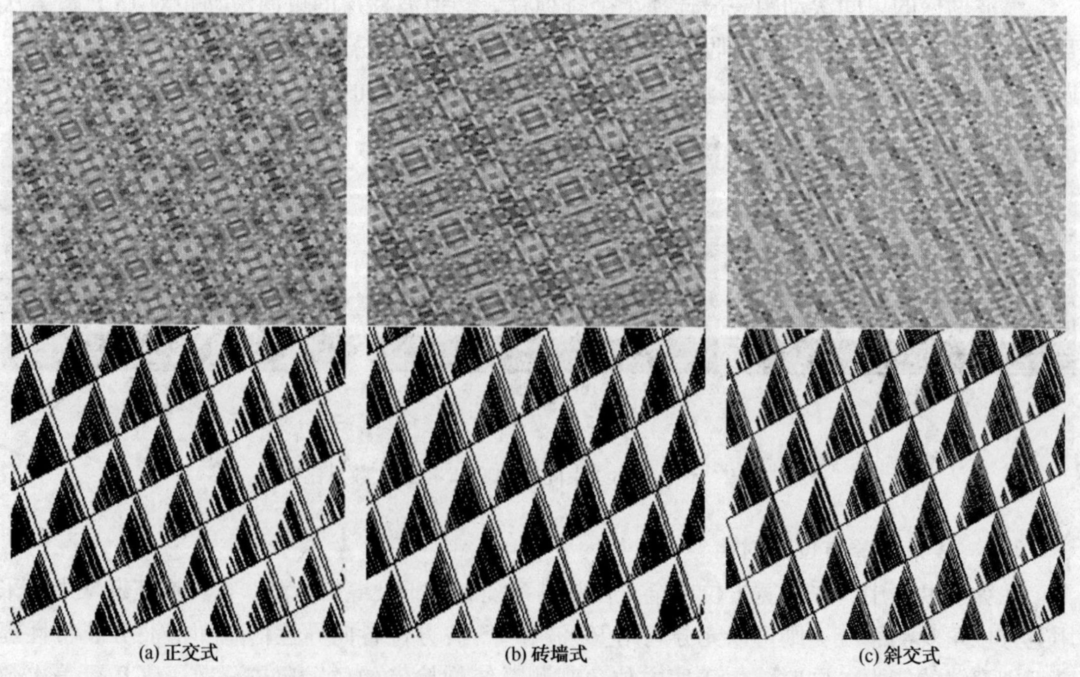

图5 不同类型观测系统CCP覆盖次数和炮检距分布

4 观测系统方案设计

根据观测系统参数论证和观测系统类型分析，我们提供了3个砖墙式观测系统设计方案（表1，图6）。因为转换波的覆盖次数在炮点位于线束两端时比炮点位于接收线束中间更为均匀，为此，3个方案均采用炮点位于接收线束两端的放炮方式。

表1 3个方案的观测系统采集参数

参数	方案一	方案二	方案三
观测系统类型	12线264道16炮	12线240道16炮	14线264道16炮
纵向排列形式	6575－25－50－25－6575	5975－25－50－25－5975	6575－25－50－25－6575
面元大小	25m×25m	25m×25m	25m×25m
覆盖次数	11×6=66	10×6=60	11×7=77
方位角	336.312°	336.312°	336.312°
接收道数	3168	2880	3696
最大非纵距	4575m	4575m	5375m
最大炮检距	8010m	7525m	8492m
接收线距	400m	400m	400m
炮线距	600/2=300m	600/2=300m	600/2=300m
道距	50m	50m	50m
炮点距	50m	50m	50m
束间滚动距	2线(800m)	2线(800m)	2线(800m)
纵横比	0.7	0.77	0.82

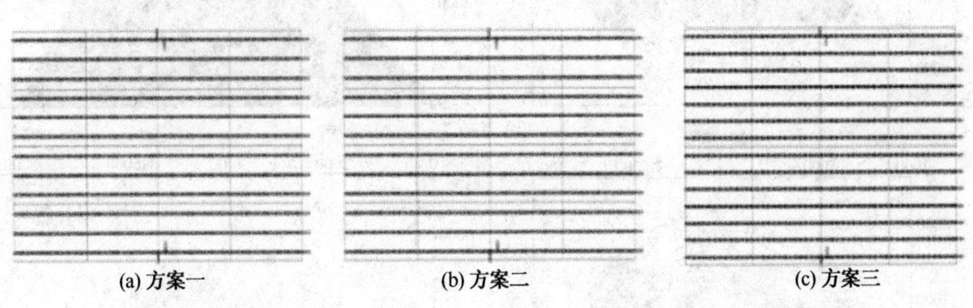

图6 3个方案的观测系统

图7是3个方案的玫瑰图和炮检距分布图。由图可见，方案三的方位角相对宽，覆盖次数相对较高。虽然方案三的方位角较宽，研究发现其最大炮检距达8500m之多，超过8000m的记录道在处理时将被切除而造成浪费；而方案一和方案二的纵横比都在0.7以上，已属于宽方位采集，且所有的炮检距记录都能参与叠加。方案三的覆盖次数虽然最高，但研究发现其炮检距分布相对较差，大部分炮检距主要集中在5000~6000m，且近炮检距的分布较差；方案一由于在观测系统设计时加长了纵向炮检距并增加了覆盖次数，在2200~6800m之间炮检距的分布较均匀；方案二的炮检距主要分布在3000~6000m的范围内，大炮检距的分布相对不足。

图 8 为 3 个方案的 CMP 面元属性图(图中红色数字为覆盖次数)，可以看出，3 个方案的覆盖次数均匀，方位角分布较合理，但炮检距的分布方案一最好，方案三较差。

图 9 为最大炮检距分布图，可以看出，方案一适中，方案二偏小，方案三偏大。

图 10 是根据目的层的深度为 5000m，纵、横波速度比为 1.8 时计算的 CCP 覆盖次数分布图，可以看出，方案一和方案二相对均匀，方案三条带现象较明显。

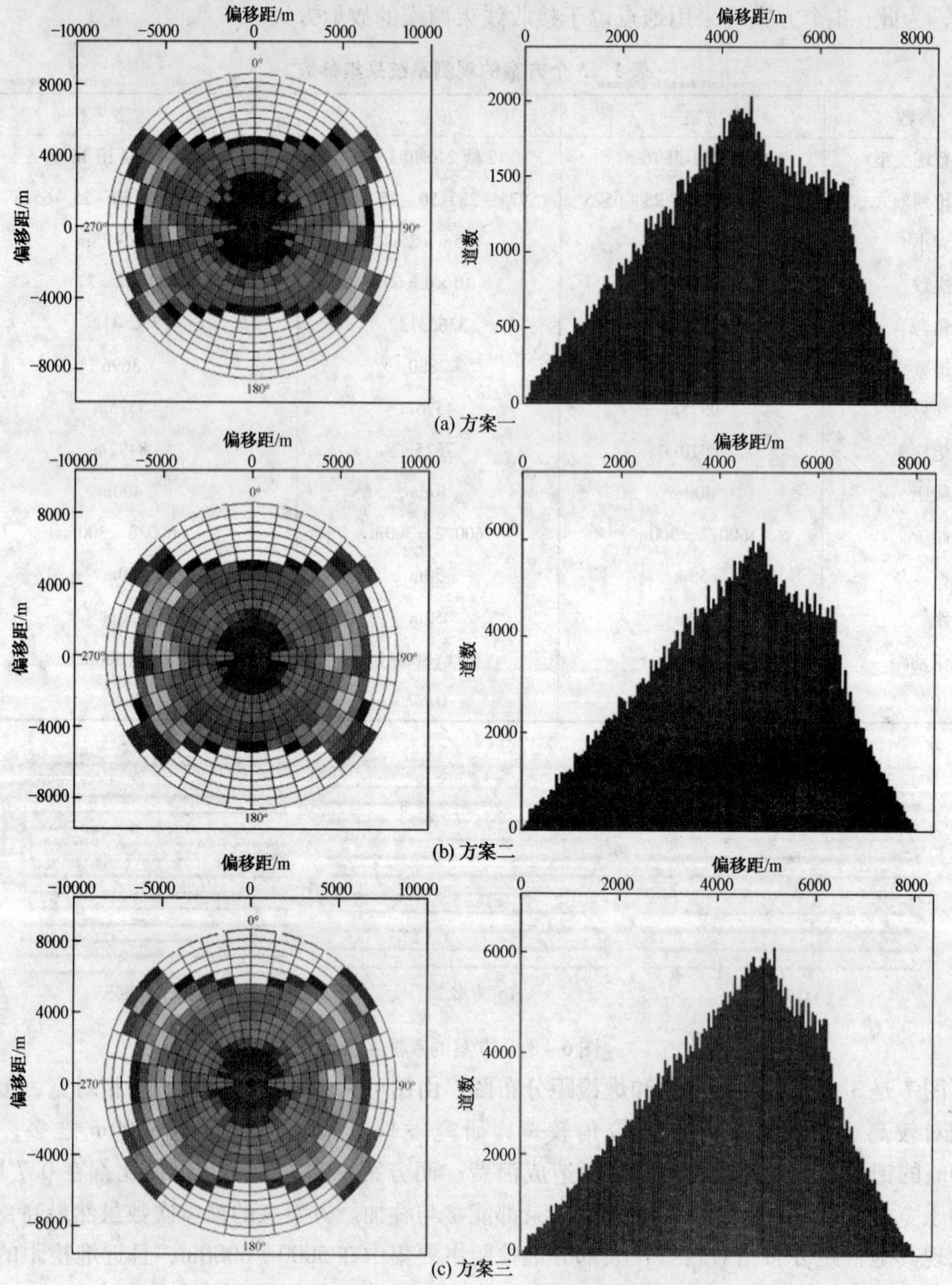

图 7　3 个方案的玫瑰图和炮检距分布

(a) 方案一

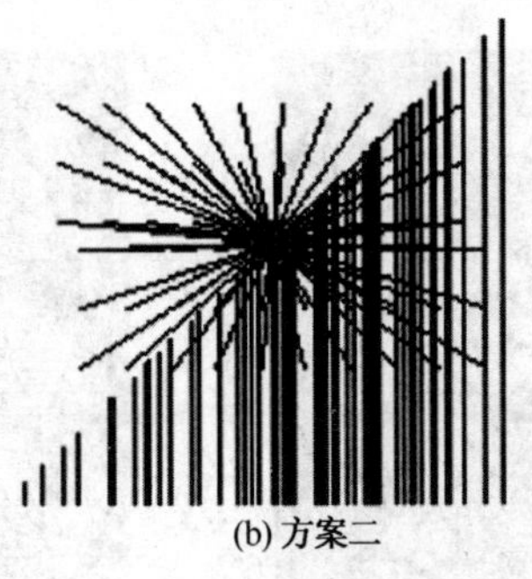
(b) 方案二

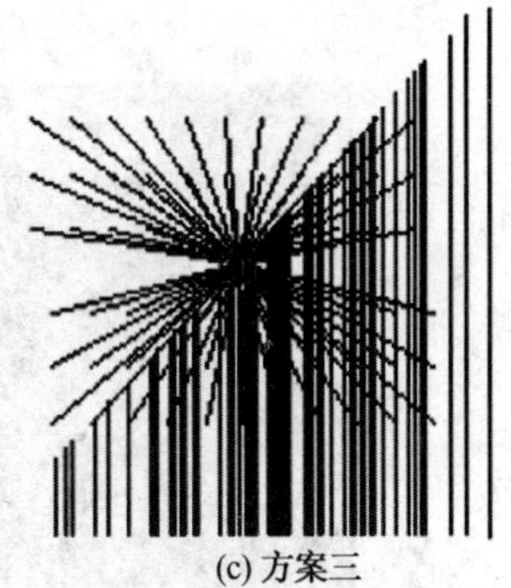
(c) 方案三

图 8　3 个方案的 CMP 面元属性

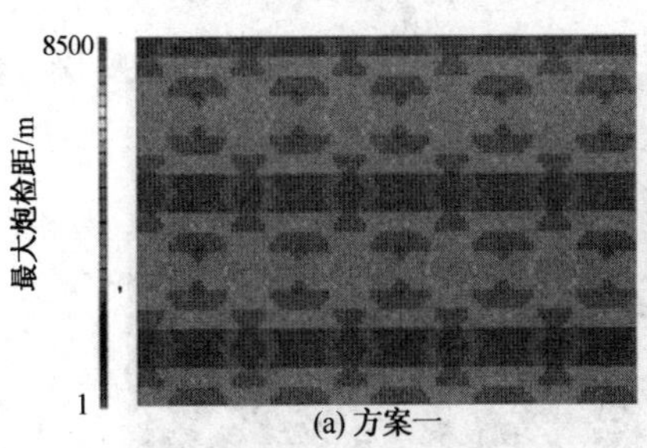

(a) 方案一

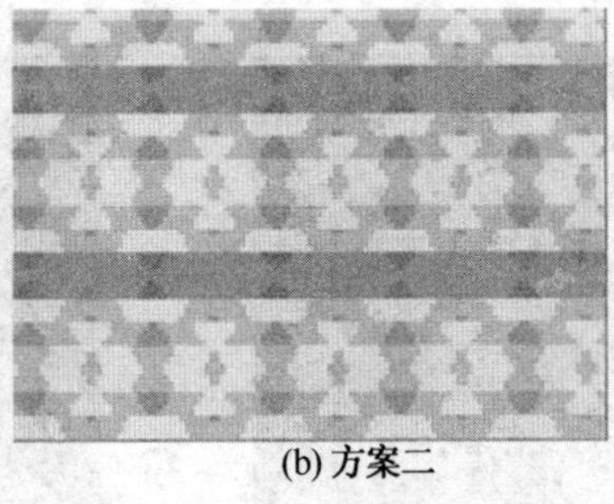
(b) 方案二

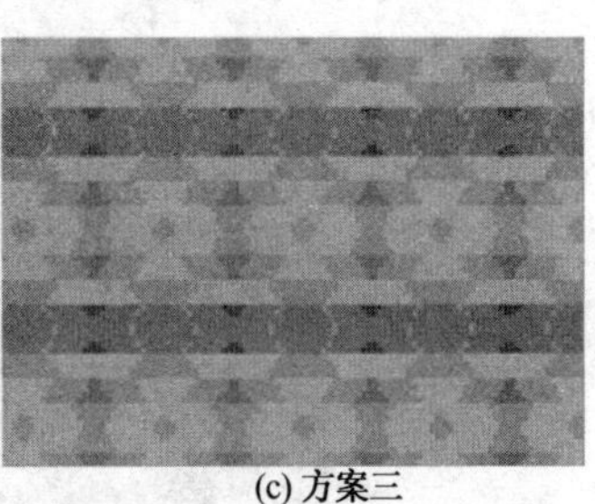
(c) 方案三

图 9　3 个方案的最大炮检距分布

(a) 方案一

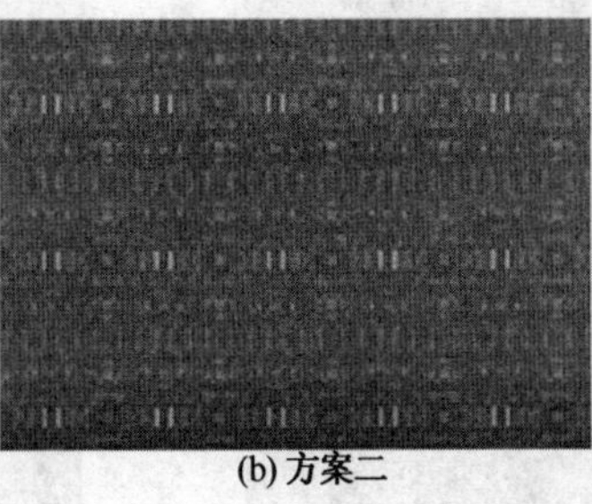
(b) 方案二

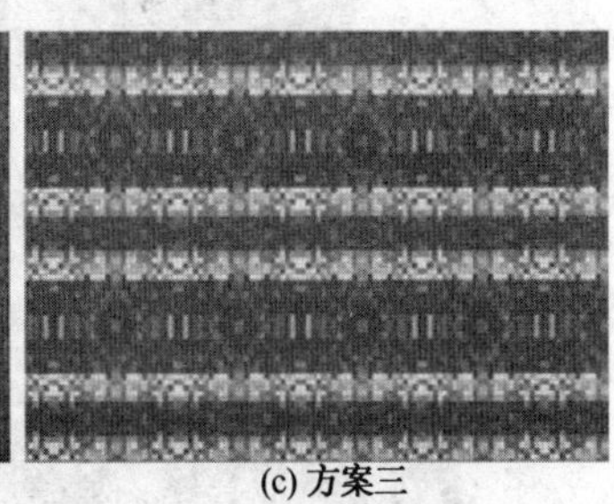
(c) 方案三

图 10　3 个方案的 CCP 覆盖次数分布

从各方案的优缺点、野外实施的方便性和经费投入以及新场地区实际地质情况等诸方面进行了综合评判，最后确定方案一为新场地区三维三分量勘探野外数据采集观测系统。

5　三维三分量正演模拟

采用方案一的观测系统对新场地区进行了三维三分量模型正演分析，每次放炮使用 12 条接收线。图 11 是方案一观测系统模型的 PP 波正演记录，由图可见，纵波在远、近炮检距的反射波能量都较强。图 12 是 PS 波正演记录，由图可见，近排列、近炮检距的反射波能量较弱，中、远炮检距的反射波能量较强。

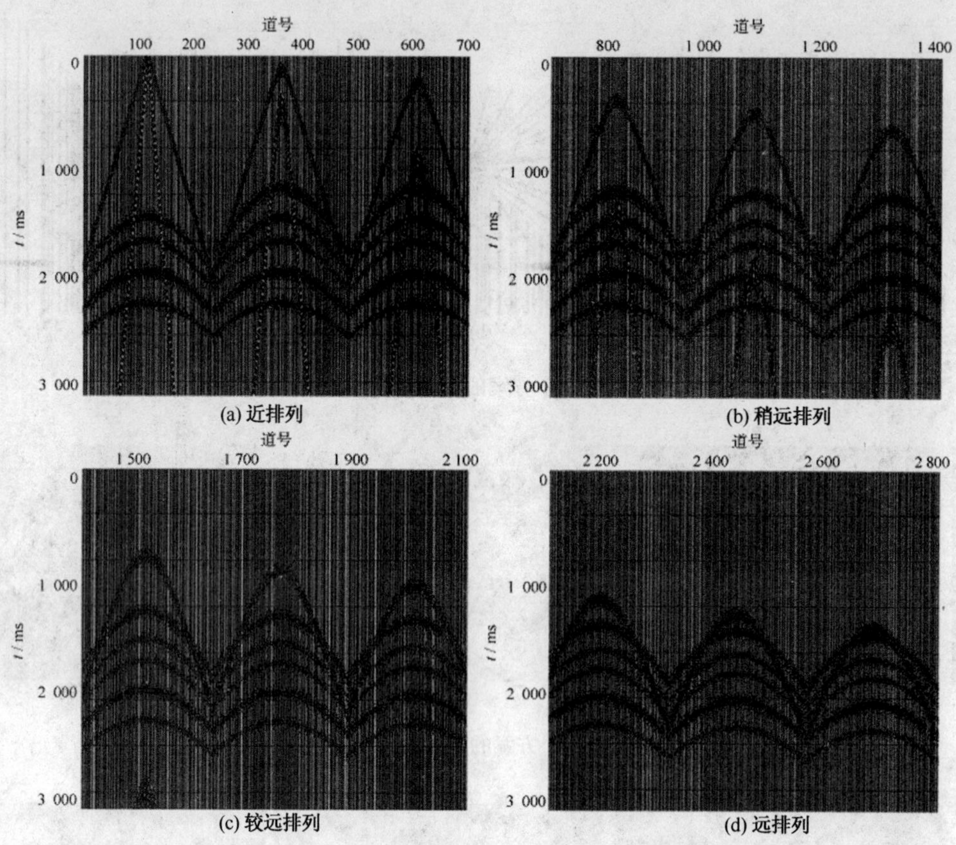

图 11　新场地区三维三分量 PP 波正演模拟记录

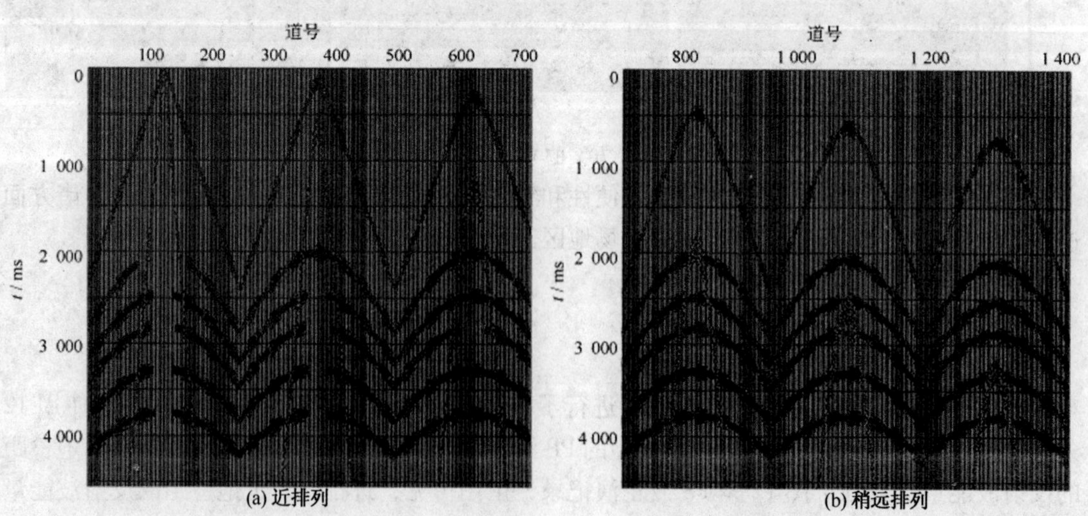

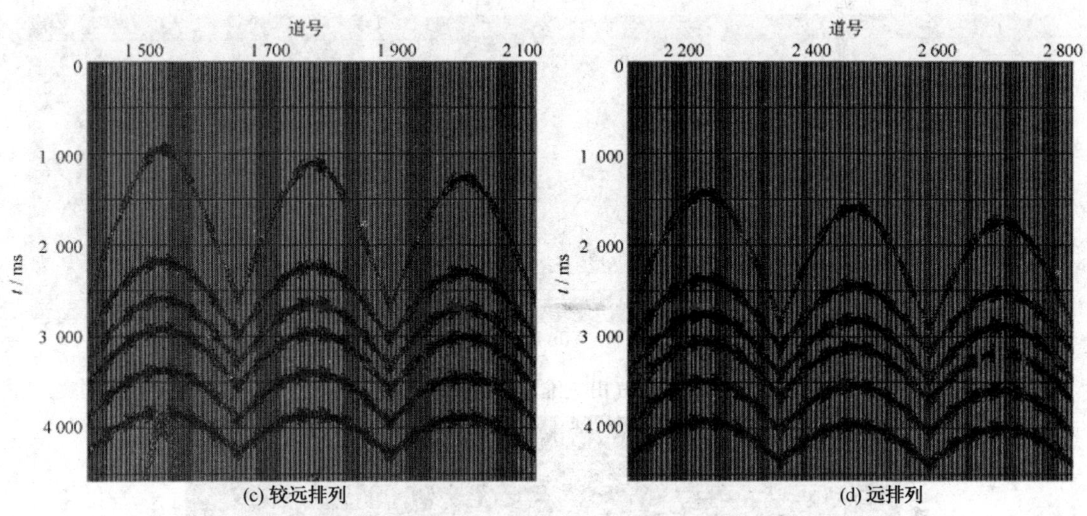

(c) 较远排列　　(d) 远排列

图 12　新场地区三维三分量 PS 波正演模拟记录

6　效果分析

采用方案一的观测系统，在新场气田进行了全数字陆地宽方位三维三分量地震数据采集。在整个勘探工区，设计的 60 次覆盖面积为 156.6km²，资料面积为 526.5km²。图 13(a)是三维三分量 CMP 覆盖次数分布图，图 13(b)是目的层(纵、横波速度比为 1.8，深度为 5000m)的 CCP 覆盖次数分布图。从图 13 可以看出 PP 波覆盖次数均匀，满覆盖在 60 次以上，PS 波的覆盖次数相对均匀，满覆盖次数在 50 次以上。

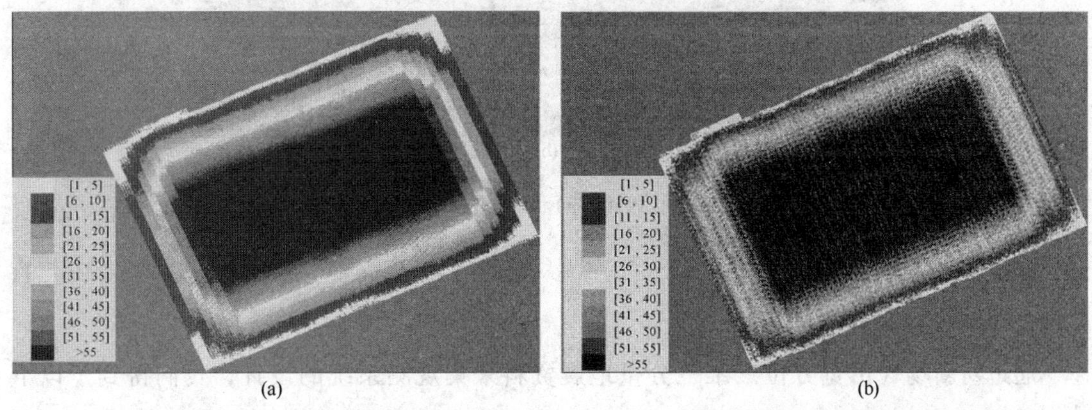

(a)　　(b)

图 13　新场气田三维三分量实际 CMP(a)和 CCP(b)覆盖次数分布

图 14 是三维三分量野外原始记录，可以看出，3 个分量上的反射同相轴连续性均好，有效反射信息丰富。

图 15(a)和图 15(b)分别是 PP 波和 PS 波剖面。由图可见，PP 波剖面和 PS 波剖面反射层次清晰，主要目的层波组特征明显，两个剖面的构造形态一致性较好，可以满足三维三分量资料处理和解释的要求。

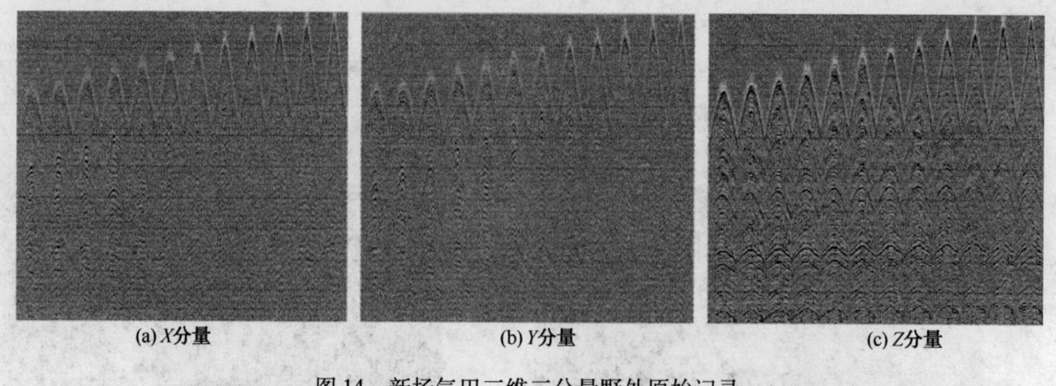

图 14　新场气田三维三分量野外原始记录

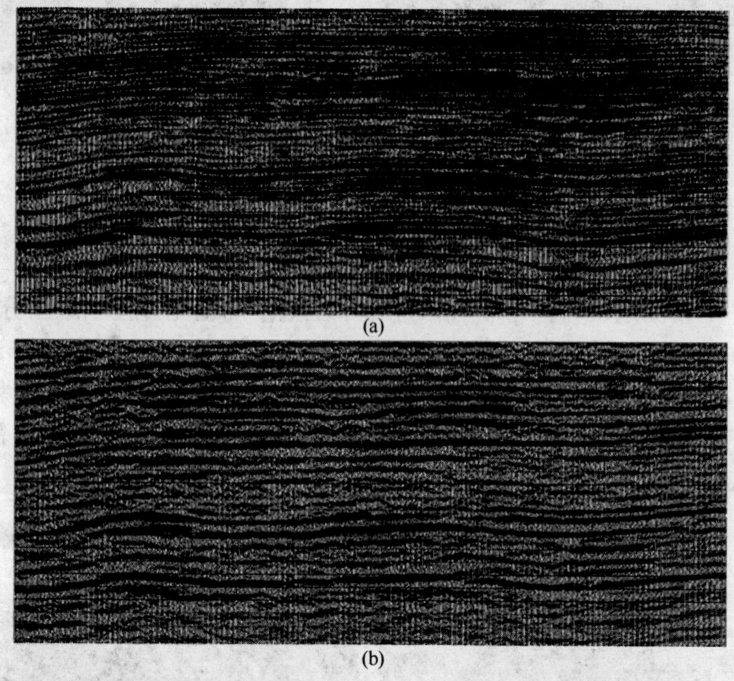

图 15　PP 波(a)和 PS 波(b)剖面

7　结束语

通过对新场气田宽方位三维三分量地震资料采集观测系统的设计，我们得到了以下认识：

（1）宽方位三维三分量地震采集设计，是一个综合纵波和转换波传播规律和勘探优势，在正确的地球物理参数模型基础上，对各种采集参数和观测系统模板进行论证、分析、折中和优化的过程。

（2）宽方位三维三分量地震观测系统的设计应考虑采集仪器的一些技术限制以及后期资料处理和解释的要求。

（3）采用射线追踪方法进行正演模拟，可以验证观测系统设计是否合理。

对于复杂地区或精度要求更高的三维三分量地震勘探，其观测系统设计尚需进一步考虑：

（1）如何更好地解决束状三维三分量观测系统PP波和PS波炮检距分布不均匀、PS波CCP覆盖次数不均匀、PP波和PS波方位特性较差等问题。

（2）如何在设备条件有限的情况下设计出有利于裂缝性储层预测的宽方位或全方位三维三分量观测系统。

（3）如何设计好可以解决复杂构造成像的三维三分量勘探观测系统，特别是PP波和PS波的照明度分析。

（4）如何推广基于波动方程的二维或三维正演模拟，以更好地验证三维三分量地震观测系统设计的合理性。

参 考 文 献

1 甘其刚，高志平. 宽方位AVA裂缝检测技术应用研究[J]. 天然气工业，2005，25(5)：42~44

2 Cafarelli B，Madtson E，Krail P，et al. 3-D gas cloud imaging of the Donald Field with converted wave[J]. Expanded Abstracts of 70th Annual Internat SEG Mtg，2000，1158~1161

3 康家光，钱光萍，杨继友. 四川新场三分量地震勘探试验研究[J]. 石油物探，2005，44(4)：399~403

4 贾志新，何樵登，王红燕等. 松辽盆地北部汪家屯气田三分量地震采集方法及效果[J]. 石油物探，2002，41(2)：158~160

5 徐仲达，孙波，唐宗璜. P-SV转换波反射系数与野外采集观测系统设计[J]. 石油物探，1996，35(1)：1~11

6 芦俊，王赟，孟召平等. 优化P-P、P-SV波联合采集观测系统设计方法[J]. 地球物理学进展，2003，18(4)：716~723

7 霍全明，程增庆，彭苏萍等. 一种经济高效的三维三分量观测系统设计方法[J]. 石油地球物理勘探，2004，39(1)：501~504

8 Cordsen A. Narrow-versus wide-azimuth land 3-D seismic surveys[J]. The Leading Edge，2002，21(8)：764~770

9 李庆珍，程曾庆，彭苏萍等. 地震勘探三维观测系统设计[J]. 中国煤田地质，1998，10(2)：54~63

10 刘洋，魏修成，王长春等. 三维三分量观测系统设计方法[J]. 石油地球物理勘探，2002，37(6)：549~555

11 张永刚，王赟，王妙月. 目前多分量地震勘探中的几个关键问题[J]. 地球物理学报，2004，47(1)：151~155

12 陆基孟. 地震勘探原理(下)[M]. 北京：石油工业出版社，1993

基于微机电系统数字检波器的研制及性能和试验结果分析

李剑峰　胡中平　马国庆　王辉明　宗遐龄　李守才

（中国石化石油勘探开发研究院南京石油物探研究所，江苏南京 210014）

摘要： 对微机电系统(MEMS)数字检波器的结构和性能进行了简要介绍，对MEMS数字检波器的室内检测系统从测试系统的组成、标定和测量方法几方面进行了描述。在江苏油田进行了MEMS数字检波器野外试验，以测试MEMS传感器的性能，试验结果表明，用MEMS检波器采集的资料，浅层的信噪比、分辨率和波组特征较之传统检波器的要好，深层能量较弱；在室内进行了三分量MEMS数字检波器和超级检波器的对比试验，结果表明，数字检波器的频率响应要优于超级检波器，阻尼低于超级检波器；在四川达州进行的三分量MEMS数字检波器野外试验表明，三分量MEMS数字检波器的灵敏度较低，不能分辨深层弱信号；在山东煤田的试验中把三分量MEMS数字检波器的灵敏度提高了3倍，记录的总体面貌没有多大改观，但检波器对小于10Hz的面波信号有响应。

关键词： 微机电系统数字检波器　加速度传感器　测试系统　技术指标　性能对比

MEMS是在现代微电子技术基础上发展起来的一门新的科学技术，它融合了微电子与精密机械制作技术，是将微传感器、微执行器，以及微信号处理与微控制电路、通信和电源集成于一体的微型机电系统。MEMS技术起于美国和日本，在最近20年来得到了快速发展，已广泛应用于工业、汽车等领域。

传统的石油地震勘探用检波器以机械结构为主，虽然经过50多年不断的改进与发展，检波器的技术性能已大大提高，但这种“动圈式”机械检波器的某些固有缺陷却无法克服，如动态范围小，最高为60dB；检测10Hz以下的低频地震信号困难；在三分量勘探中各轴向之间干扰严重。国外已开发出以MEMS器件为基础的新型数字地震检波器，我国近几年也开始了MEMS数字地震检波器的研究工作，由中国石化南京石油物探研究所和中科院上海微系统所合作研制的MEMS数字地震检波器已进行了野外测试。

1　MEMS数字检波器的结构与性能

图1为MEMS数字检波器的结构图。MEMS加速度传感器主要由一个平行的悬臂梁构成，梁的一端固定在边框架上，另一端经弹簧悬挂一个小质量物体块，微硅梁和质量块组成

一个弹簧－质量系统，由空气产生阻尼效应。由驱动动态力产生加速度使质量块运动，因此测量加速度就可以得到动态力，传感器将敏感方向加速度转化为系统可以处理的信号。微加速度计有压阻式、电容式、隧道式、共振式、热形式等，其中，电容式微加速度计的灵敏度高、噪音低、漂移小、结构简单。电容式微加速度计分为悬臂摆片式和梳齿状的折叠梁式，前者结构相对简单，制作上多采用体硅加工方法，简单的摆片式由上、下固定电极和可动敏感硅悬臂梁电极构成；后者可看作是悬臂梁的并、串组合，设计上要复杂得多，批量加工精度高，敏感部件很小，可以与外围电路的单片集成。我们研制的 MEMS 数字检波器采用梳齿状平面结构电容式微加速度计为传感器的主要构件。

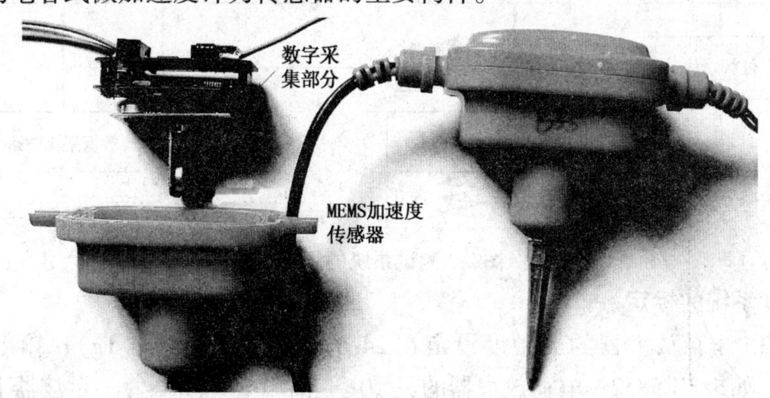

图1　MEMS 数字检波器结构图

国外资料表明，MEMS 检波器所接收到的地震数据可以在最终叠加数据上保留低至 3Hz 的地震信号；低频响应一直能到直流，0～500Hz 的频率响应曲线几乎平坦；动态范围达 100dB(传统检波器小于 60dB)；具有很好的矢量保真性能，其轴间串扰只有 1%，用于三分量地震勘探能更好地分离 P 波和 S 波；可以获得高质量的横波数据。此外，三分量勘探要求检波器垂直埋放(一般要求垂直倾角小于 0.6°)，这实际较难实现，而 MEMS 检波器能检测静态重力加速，因此，可以通过分析由每个传感器敏感方向上检测到的静态重力加速度来判断其埋放的垂直度，分析结果可以作为方向余弦与该道地震数据存储在一起，在预处理前恢复每个检波器真正垂直方向的矢量值。

2　室内检测系统

我们在研制 MEMS 数字检波器时首先考虑的是加速度传感器的性能指标应满足地震勘探的需要。在试制阶段，确定 MEMS 数字检波器指标是：量程为 ±2g(g 为重力加速度)；灵敏度大于 1.0V/g；频率响应 0～200Hz；失真度小于 0.1%；线性度小于 1%；动态范围大于 65dB；轴向干扰小于 1%。

对于这样的指标，目前国内尚没有能够满足要求的振动台，我们利用早期的地震检波器检测装置，配套和自制了一些部件，并开发了数控震源，用 16 位的 D/A 数模转换将数字信号转换成标准的模拟信号，使每次振动都标准化、定量化。MEMS 数字检波器的数字采集部分采用 24 位 A/D 转换器将传感器输出的电信号转化为数字信号，并存储在 FLASH 存储器内，通过传输指令将采集的数字信号打包进行传输。我们开发了数字采集传输系统和软件控制分析系统，为 MEMS 传感器做定量分析提供了标准化的方法。

2.1 测试系统的组成

测试系统由低频振荡器、低频功率放大器、I/O 公司的 GA－1 低频振动台(用于测量小于0.05g 的信号)和 GA－1 水平振动台(用于测量轴向干扰)、CA－YD－190A 低频压电标准传感器[灵敏度为1273.0pC/(m/s^2)]、YE5852A 电荷放大器、示波器、真空毫伏表和数据采集电路组成(图2)。

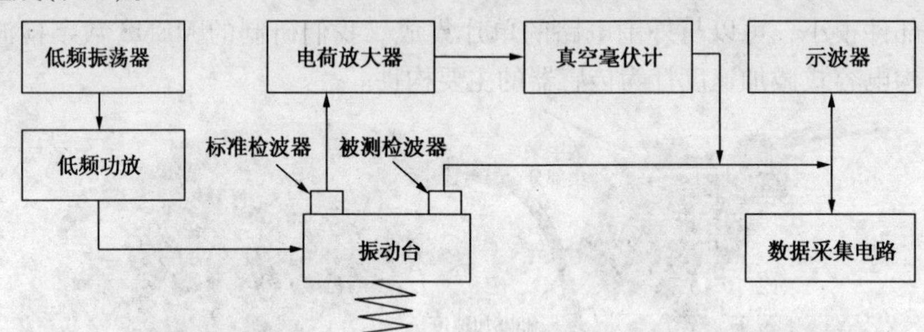

图2　测试系统的组成

2.2 测试系统的标定

将 YE5852A 电荷放大器的灵敏度设定在24.6pC/(m/s^2)(约0.1g)，输出电压设置为1mV/(m/s^2)。如果 YE5852A 电荷放大器的灵敏度是24.6pC/(m/s^2)，示波器上看到100mV 的信号就是1g 的加速度，但因为实际传感器灵敏度[246.0pC/(m/s^2)]是放大器灵敏度的10倍，所以100mV 的信号实际是0.1g 的加速度。

2.3 测试系统的测量范围

对20～250Hz 输出加速度在0.01～1.00g 的振动进行测量，采用普通振动台；对3～250Hz 输出加速度在0.0001～0.0100g 的弱信号，用 GA－1 低频振动台。

2.4 测试系统的测量方法

测试系统的测量方法有一般测量方法和定量测量方法。

一般测量方法是，利用标准传感器的输出调节好振动台的振动幅度，通过示波器比较被测传感器和标准传感器的波形特征，以判断被测传感器的品质。

定量测量方法是，通过采集被测传感器和标准传感器的波形数据，分析被测传感器的失真度、线性度、轴向干扰等指标。在0～200Hz 内选择若干个频点 f_i(10，20，50，100，200Hz)，赋予被测传感器加速度 a_j(1，0.1，0.01，0.001g)，观察和测量其输出信号，同时采集标准传感器的时间序列 $S(t)$ 和被测传感器时间序列 $T(t)$，计算它们的失真度 ρ_{ST}，即

取 $S(t)$ 的第1个零点 n，有

$$S(n-1)S(n) \leqslant 0,\ S(n) \geqslant 0 \tag{1}$$

取 $T(t)$ 的第1个零点 n，有

$$T(m-1)T(m) \leqslant 0,\ T_S(m) \geqslant 0 \tag{2}$$

那么，失真度 ρ_{ST} 为

$$\rho_{ST} = \frac{\sum T(m+i)S(n+i)}{\sqrt{\sum_i T^2(m+i)\sum_i S^2(n+i)}} \quad i=1,\ \cdots,\ 1000 \tag{3}$$

对轴向干扰测量的基本原理是，采集三分量检波器的 X，Y，Z 轴的时间序列 $X(t)$，

$Y(t)$，$Z(t)$，设主要振动方向为 X 轴，$X(t)$的直流漂移为

$$X_{dc} = \frac{\sum X(i)}{n} \quad i=1, \cdots, n \tag{4}$$

$Y(t)$的直流漂移为

$$Y_{dc} = \frac{\sum Y(i)}{n} \quad i=1, \cdots, n \tag{5}$$

有

$$X_{rms} = \frac{\sqrt{\sum (X(i) - X_{dc})^2}}{n} \quad i=1, \cdots, n \tag{6}$$

$$Y_{rms} = \frac{\sqrt{\sum (Y(i) - Y_{dc})^2}}{n} \quad i=1, \cdots, n \tag{7}$$

则轴向干扰为

$$N_{XY} = \frac{Y_{rms}}{X_{rms}} = 100\% \tag{8}$$

对线性测量的基本原理是，在 0～200Hz 的范围内选择若干个频点f_i(10，20，50，100，200Hz)，赋予被测传感器加速度 a_j(1，0.1，0.01，0.001g)，采集被测传感器时间序列 $T(f_i, t)$，计算它们的线性 T_{rms}。有

$$T_{dc} = \frac{\sum T(f_i, t)}{n} \tag{9}$$

则

$$T_{rms} = \frac{\sqrt{\sum (T(f_i, t) - T_{dc})^2}}{n} \tag{10}$$

3 野外试验

在江苏油田我们进行了 MEMS 数字检波器野外测试，选择的试验区为有较好浅、中、深层反射界面的地区。用相同的激发条件，MEMS 检波器与常规检波器埋置在同一个接收点，进行了单个 MEMS 检波器与常规检波器组合(平行四边形)、单个 MEMS 检波器与 9 个常规检波器堆放(单点)，以及大偏移距接收等采集试验。图 3 是原始单炮记录，图 4 是经 $f-k$滤波后的单炮记录。由图可见，单个 MEMS 检波器的记录，浅层(3s 以上，约 4000m 的深度)的波组特征、信噪比和分辨率都要好于常规检波器，深层(3s 以下)能量较弱，信噪比不如常规检波器。此外，MEMS 检波器对微弱信号不敏感，有待进一步改进。

我们进行了室内三分量 MEMS 检波器和单只超级检波器的对比测试。测试结果表明，三分量 MEMS 检波器接近单只超级检波器各项指标，MEMS 检波器频率响应曲线在 3Hz 以上基本平坦，频率响应比超级检波器要好(图 5)，但阻尼没有达到超级检波器的水平(图 6)。

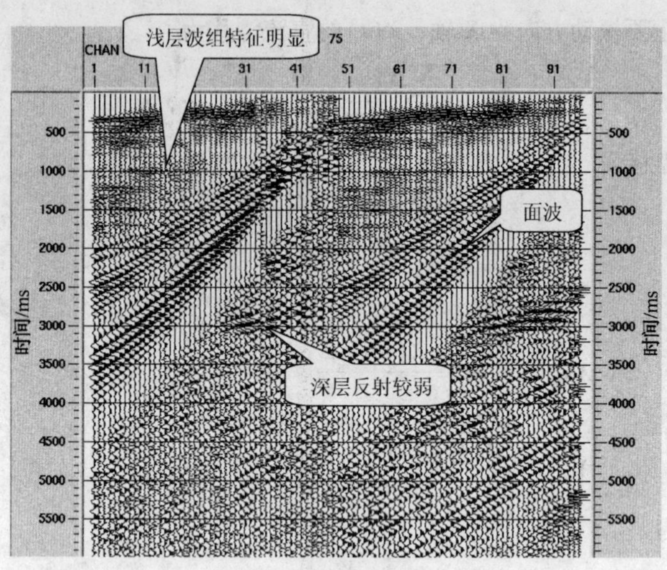

图3　原始单炮记录

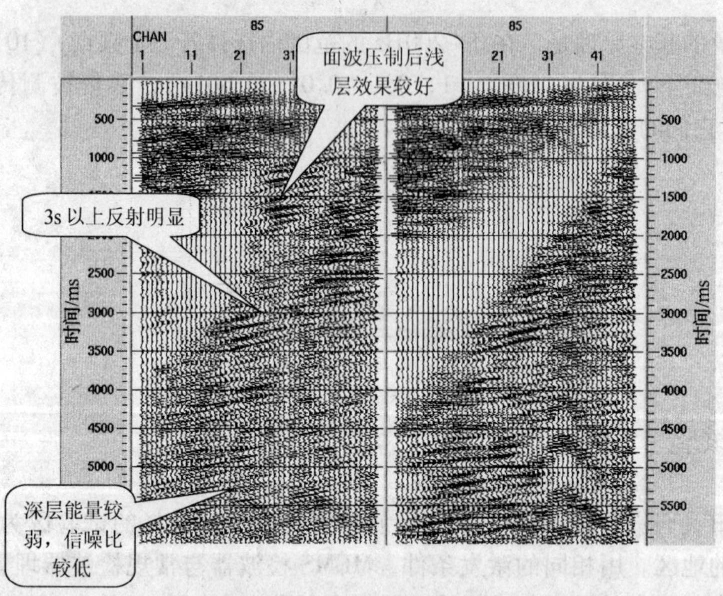

图4　$f-k$ 滤波后的单炮记录

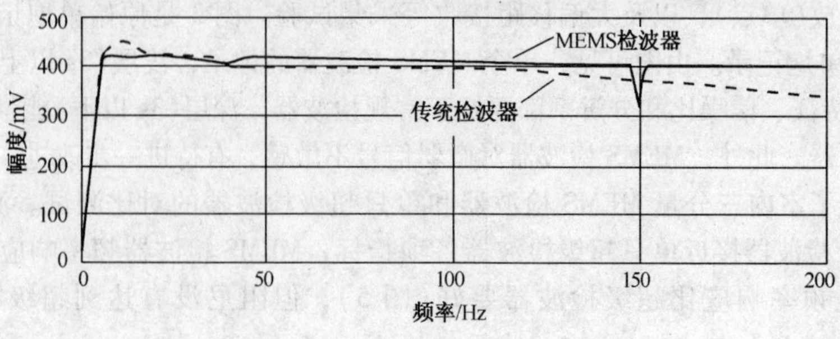

图5　频率响应曲线

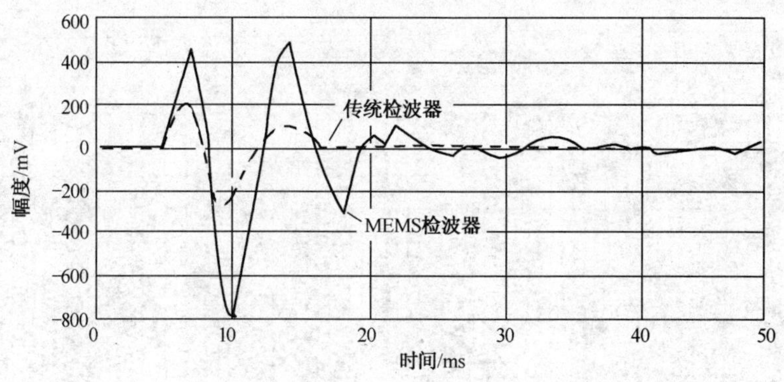

图6 阻尼测试曲线

在四川达州我们进行了三分量 MEMS 数字检波器的野外测试，三分量 MEMS 检波器与12 只组合超级检波器同位置埋放，试验表明，三分量 MEMS 检波器的记录较之超级检波器的有较大差别，分析认为，影响接收效果的主要原因是三分量 MEMS 检波器的灵敏度较低。我们做了灵敏度对比测试，图 7 是雷管激发的 MEMS 检波器和超级检波器组合(12 只)的单点数据对比图。由于三分量 MEMS 检波器的灵敏度比超级检波器组合灵敏度差，在地震信号较大时，三分量 MEMS 检波器输出电压只有超级检波器的 1/3；在深层信号弱时，三分量 MEMS 检波器不能分辨有效信号和电子干扰信号。

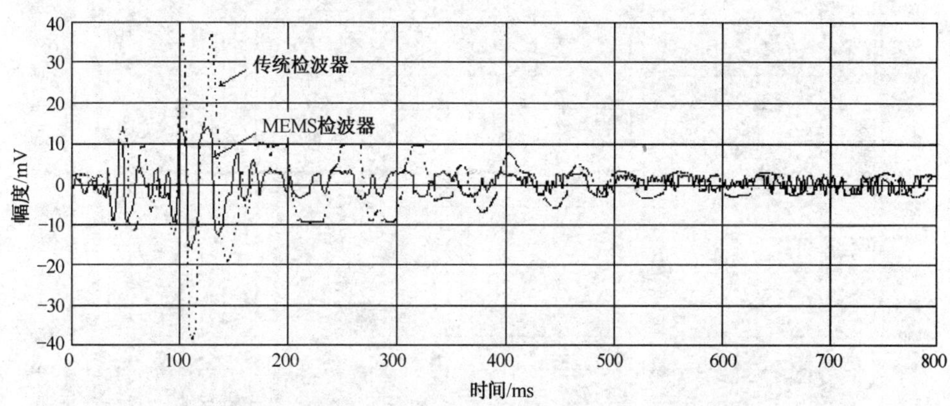

图7 MEMS 检波器和超级检波器组合(12 只)的单点数据对比

在山东煤田的进行三分量 MEMS 检波器野外试验时，把检波器的灵敏度提高了 3 倍。图 8 是带通滤波后的单炮记录，从总的面貌上看，MEMS 检波器的记录与常规检波器组合(4 只)相当，而对于小于 10Hz 的面波信号，MEMS 检波器有响应，常规检波器没有响应，说明 MEMS 检波器低频响应比常规检波器好。

MEMS 检波器和常规检波器串(5 只)对微弱信号响应能力的对比试验表明，单纯地提高 MEMS 检波器的灵敏度不能提高其对小信号的分辨能力。目前，MEMS 检波器产生的噪声比常规检波器串大，常规检波器能辨别 0.033mg 的信号，而 MEMS 检波器只能分辨 0.1mg 的信号。图 9 是在 0.22mg 加速度状态下 MEMS 检波器和常规检波器串的响应对比图，可见，传统检波器比 MEMS 检波器有较高的信噪比。MEMS 检波器的噪声主要来自传感器和信号放大电路。

图 8　单炮记录

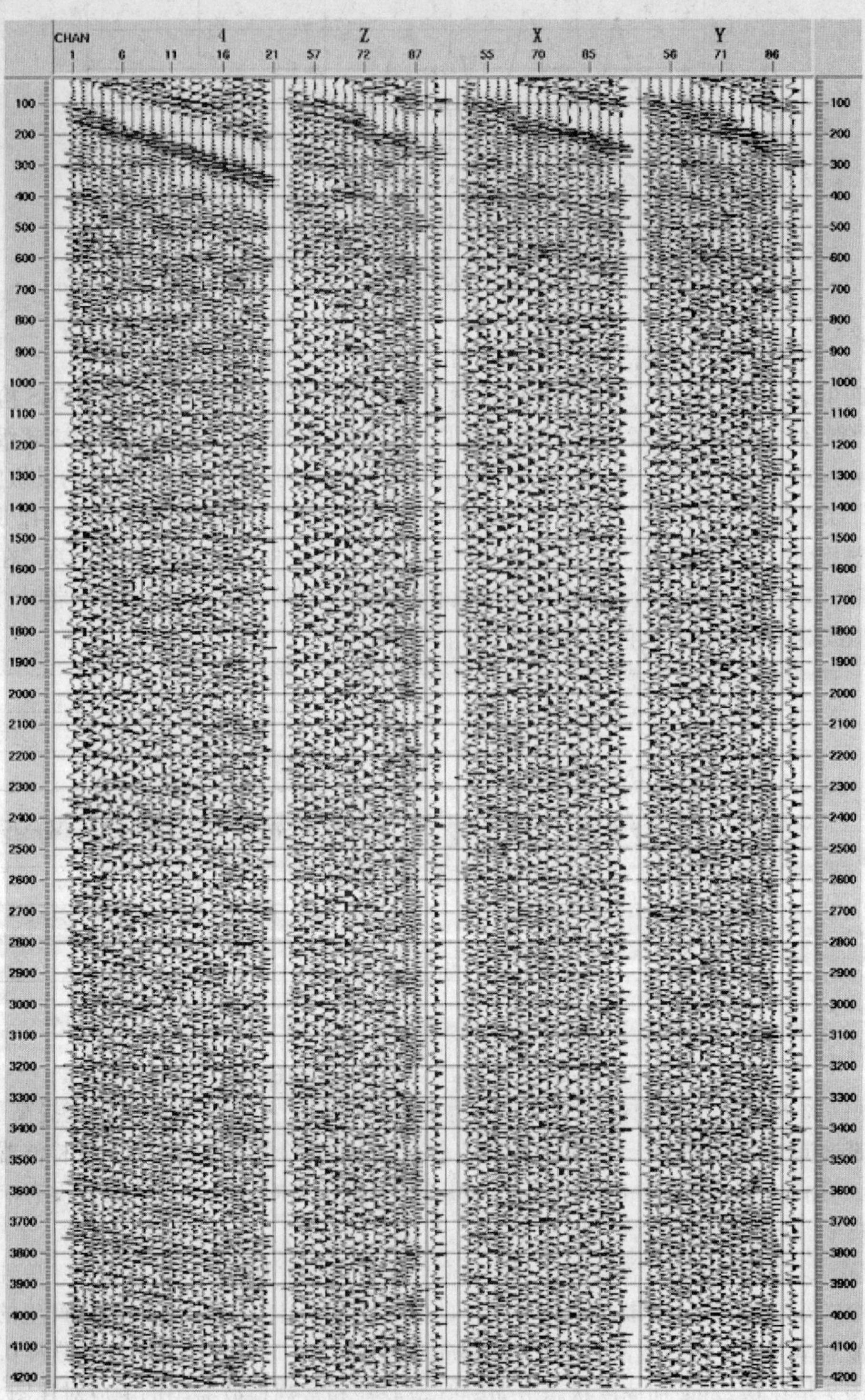

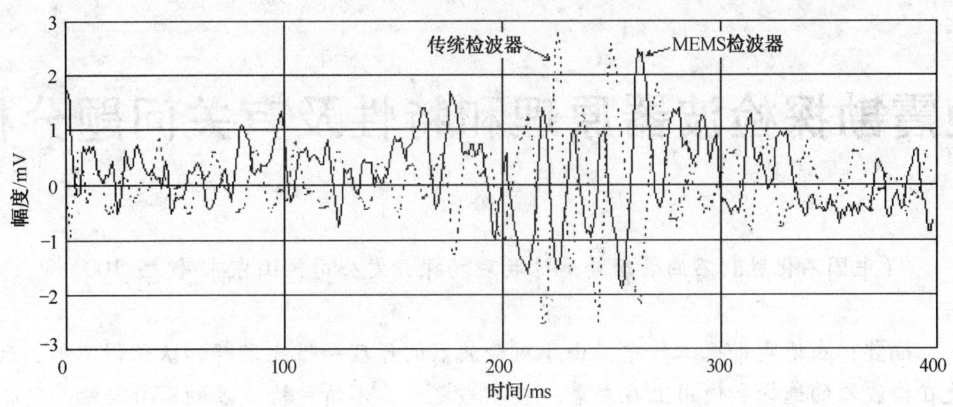

图 9　MEMS 检波器和常规检波器串的响应对比

4　结束语

野外试验和数据分析表明，国产 MEMS 检波器在频率响应尤其是对于小于 10Hz 的低频信号的响应方面较之传统检波器有较大的优势，轴向干扰比传统检波器要小一个数量级。但是，目前的国产 MEMS 检波器在信噪比和灵敏度方面还有待提高。

针对 MEMS 检波器存在的问题，我们将在改善放大电路、降低噪声、修改传感器设计指标、抑制传感器噪音和提高信噪比等方面着手改进，使它达到实用水平。期望通过更改传感器结构，使国产 MEMS 检波器性能指标达到国际先进产品的水平。

江苏油田和四川二物的同志在 MEMS 检波器的野外试验中给予了大力支持，南京石油物探研究所的黄中玉、赵群、徐国庆、张明等同志参加了研制工作，应用地球物理实验室的有关同事在数据采集、处理、分析中所给予了帮助，在此一并表示感谢。

参　考　文　献

1　董景新．微惯性仪表——微机械加速度计[M]．北京：清华大学出版社，2003，1～310

2　谢志萍．传感器与检测技术[M]．北京：电子工业出版社，2004，1～204

3　徐泰然．MEMS 和微系统——设计与制造[M]．北京：机械工业出版社，2004，1～393

4　Burger P，Garotta R，Granger P. Improving resolution and seismic quality assurance through field preprocessing [J]. The Leading Edge，1998，17(11)：1562～1569

5　Maxwell P，Tessman J，Reichert B. Design through to Production of a MEMS digital accelerometer for Seismic acquisition[J]. First Break，2001，19(3)：141～143

6　Mougenot D. How digital sensers compare to geophones[J]. Expanded Abstracts of 74th Annual Internat SEG Mtg，2004，5～8

7　Tessman J，Reichert B，March J，et al. EMS for geophysicists[J]. Expanded Abstracts of 71th Annual Internat SEG Mtg，2001，21～24

8　郭建，马国庆，宗遐龄，等．基于微机电系统的数字检波器及其应用[J]．石油物探，2005

9　王辉明，宋志翔，马国庆．MEMS 加速度传感器的开发及在地球物理勘探中的应用[J]．勘探地球物理进展，2005，28(3)：223～226

地震勘探检波器原理和特性及有关问题分析

吕公河

（中国石化胜利石油管理局地球物理物探开发公司，山东东营 257100）

摘要： 在地震勘探工作中，由于对检波器的原理和性能了解和认识得不够，致使在检波器的选择和使用上存在着一些不当之处，不清楚检波器的参数与响应特性之间的关系，以及这些参数对地震信号的影响，在检波器使用和对比时往往针对性不强。为此，从检波器的振动力学原理入手，分析了位移、速度和加速度3种类型检波器的频率响应特性，并阐述了检波器不同的机电转换原理；在此基础上，深入分析了检波器的特性参数对地震信号的影响以及地震勘探对检波器性能和参数的要求。根据地震勘探中地震波冲击振动信号的特点，认为具有频率范围宽、动态范围大、失真度小、灵敏度高、检波器允差小等特点的检波器才能满足地震勘探的需要。同时，对目前检波器使用中的一些做法进行了探讨，尤其是检波器对比试验中存在的问题。综合分析认为，只有掌握了检波器的原理、性能和参数，才能正确地选择和使用检波器。

关键词： 地震检波器　检波器性能　特性参数　振动系统　机电转换原理　频率响应特性

在地震勘探中检波器是至关重要的，它是接收地震信号的最前端环节，是直接感应大地质点振动的器件，对能否较为精确地接收地震波信号起着决定性作用。能否精确地感应地震波在检波器所在位置上引起的振动是由检波器的响应特性决定的，因此系统地研究分析检波器的特性是从事地震资料采集研究人员用好检波器的基础。

长期以来，研究人员在检波器的使用方面做了大量的工作，但由于对检波器的原理和特性研究不够深入，包括对一些基本的概念性的东西在检波器使用方面还存在着一些模糊不清的做法，在实践中没有相应的理论指导。这主要是因为，检波器作为振动传感器，它所基于的振动理论与地震勘探的波动理论是不同的，尽管振动和波动都属于弹性动力学范畴，但地震勘探工作者一般对振动力学的知识学习较少，缺乏对检波器的深入了解，因此甚至出现了一些不合理的说法和做法。

近年来一些有关地震勘探检波器方面的文章展示了许多有益的研究，但仍然存在概念不清、结论不够准确甚至误导等问题。在做法上，如进行了大量不同类型检波器的对比，即将常规检波器、数字检波器、磁悬浮检波器和压电检波器等接收的地震记录放在一起对比，这些地震记录之间存在较大差异，这是必然的，而有时人们会对这些地震记录大加品评，甚至会出现出人意料的结论，其实这是由各种类型检波器不同的响应特性决定的。从几种检波器感应振动物理量的角度来看，数字检波器是加速度检波器，常规检波器和磁悬浮检波器是速度检波器，速度检波器与加速度检波器在幅频和相频响应上存在较大差异，因此得到的地震信号频率和相位就存在较大的不同，记录面貌就会有较大差异。

鉴于目前在检波器方面的一些做法，非常有必要系统地对检波器进行分析，以形成正确统一的认识，进一步有效地指导实践。

检波器概括起来是由力学和电学两部分组成，力学部分是针对振动的感应系统，电学部分是将振动信号转换成电信号；力学部分反映的是检波器的动态特性，电学部分大多是反映检波器的静态特性(不考虑一些检波器的电路部分，只考虑机电转换部分)。通过分析检波器的响应特性，就能够知道检波器接收信号的特点，清楚哪种检波器更适合所要接收的地震信号，最终针对地震信号的特点结合检波器的特性合理地选择和使用检波器。

随着地震勘探技术及其仪器设备的发展，地震检波器在勘探中的作用越来越重要，人们更清楚地认识到检波器对感应地震信号起着决定性作用，是地震勘探最关键的环节，因此对检波器的重视程度明显提高。检波器的研制得到了长足发展，从常规检波器到高精度检波器，从磁悬浮、压电检波器到光纤检波器，甚至成立大课题组研究基于微机电系统(MEMS)技术和微光学机电系统(MOEMS)技术的地震检波器，这些检波器技术的发展必将对地震勘探技术的提高起到促进作用。如何使用好这些检波器对于地震资料采集人员来说是至关重要的，不同的检波器有着不同的特性，需要我们了解和学习这方面的知识，去正确地使用好它们，本文的意图就在于此。

1 检波器基本原理

1.1 检波器的力学原理

地震勘探检波器属于振动传感器，具有相同的工作原理，是一个单自由度的振动系统。根据感应振动信号的物理量不同，传感器可分为位移、速度和加速度 3 种类型，无论那种振动传感器都只是感应其中的一个物理量，这主要基于输出的电信号与哪个物理量成正比。

地震勘探检波器作为感应振动的传感器，它与其他振动传感器具有相同的原理，是一个单自由度振动系统(图 1)。

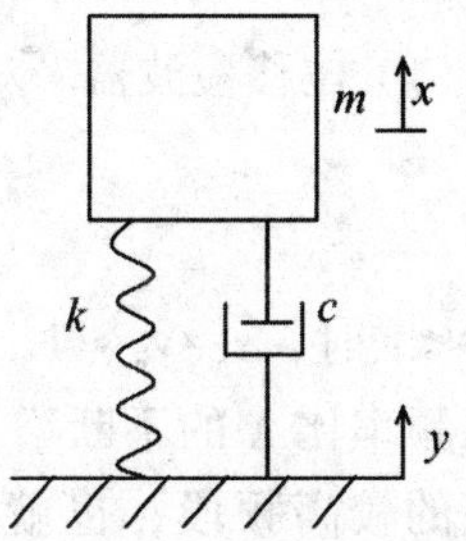

m x k c y

图 1 检波器的力学模型

当系统受外部振动位移函数

$$y = y_m \sin \omega t$$

激励时，其运动方程为

$$m\frac{d^2x}{dt^2} + c\frac{dx}{dt} + kx = m\frac{d^2y}{dt^2} \tag{1}$$

其中，

$$\frac{d^2y}{dt^2} = -y_m\omega^2 \sin \omega t$$

式中：y_m 是最大位移量。

(1) 式的通解为

$$x(t) = e^{-\omega_0 \xi t}(C_1 \cos \omega_d t + C_2 \sin \omega_d t) + A\sin(\omega t + \varphi) \tag{2}$$

（2）式由暂态项和稳态项两项组成，暂态项是阻尼自由振动项，随着时间增长，会逐渐消失；稳态项是随激振力持续作用而产生的，是反映传感器的响应特性的，在下面的分析中只考虑稳态解，即

$$x(t) = x_m \sin(\omega t + \varphi) \tag{3}$$

式中：x_m 为检波器振动的最大振幅，有

$$x_m = \frac{\lambda^2 y_m}{\sqrt{(1-\lambda^2)^2 + (2\xi\lambda)^2}} \tag{4}$$

令

$$A = \frac{x_m}{y_m} = \frac{\lambda^2}{\sqrt{(1-\lambda^2)^2 + (2\xi\lambda)^2}}$$

$$\varphi = \arctan\frac{2\xi\lambda}{1-\lambda^2} \tag{5}$$

$$\lambda = \frac{\omega}{\omega_0} \quad \xi = \frac{c}{2m\omega_0} \quad \omega_0 = \sqrt{\frac{k}{m}}$$

式中：A 为传感器的动态放大系数，代表传感器的幅频响应特性；φ 为传感器的初始相位，反映传感器的相频特性；λ 为频率比；ξ 为阻尼比；ω_0 为自然频率。

1.1.1　检波器的幅频特性

根据(4)式可以分析不同类型检波器的工作原理，按照检测振动的物理量，可分为 3 种情况。

（1）位移检波器。对于感应位移的检波器，其幅频响应特性为

$$\frac{x_m}{y_m} = \frac{\lambda^2}{\sqrt{(1-\lambda^2)^2 + (2\xi\lambda)^2}} \tag{6}$$

当 $\lambda \ll 1$ 时，$x_m/y_m \approx 1$，实现位移测量。图 2 是位移检波器的幅频特性曲线，可以看出，随着频率比 λ 的不断增大，振幅比逐渐逼近 1。说明位移检波器的工作频段是远大于自然频率的较高频段；也就是检测信号频率远远大于检波器自然频率时，测量才是近于线性的。

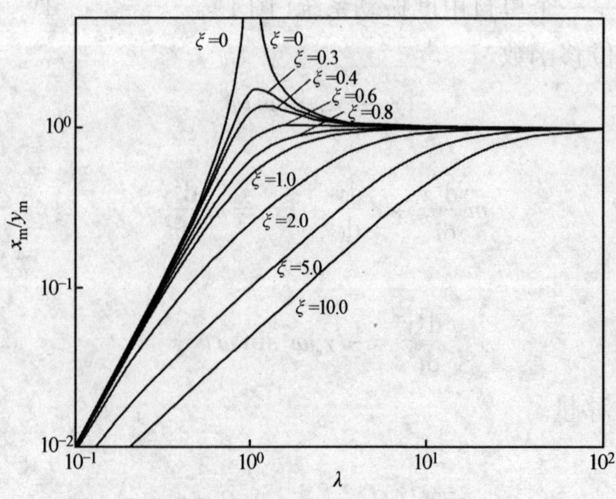

图 2　位移检波器幅频特性曲线

（2）速度检波器。当检波器感应振动速度时，其振动系统的幅频响应特性为

$$\frac{x_{\mathrm{m}}}{y'_{\mathrm{m}}}=\frac{\lambda}{\omega_0\sqrt{(1-\lambda^2)^2+(2\xi\lambda)^2}} \tag{7}$$

当 $\lambda\approx1$ 时，$x_{\mathrm{m}}/y'_{\mathrm{m}}\approx1/(2\xi\omega_0)$，在检波器自然频率附近，幅频特性近于常数，可以进行速度测量。图3是速度检波器不同阻尼比时的幅频响应特性，在自然频率附近测量振动速度的效果最好，随着阻尼比的增大，振幅比减小，灵敏度降低。

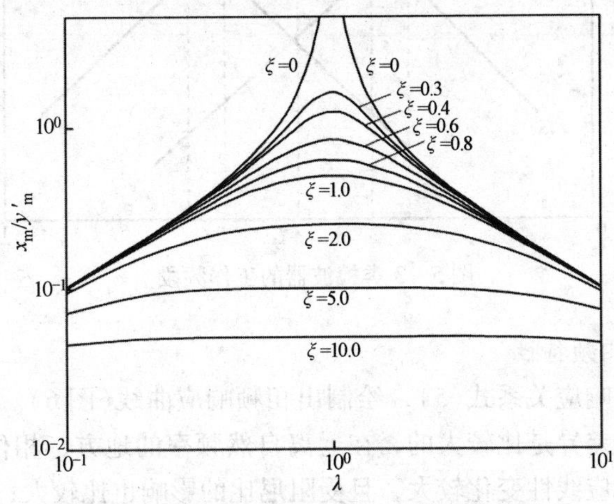

图3 速度检波器幅频特性曲线

（3）加速度检波器。加速度检波器的幅频响应特性为

$$\frac{x_{\mathrm{m}}}{y''_{\mathrm{m}}}=\frac{1}{\omega_0^2\sqrt{(1-\lambda^2)^2+(2\xi\lambda)^2}} \tag{8}$$

当 $\lambda\ll1$ 时，$x_{\mathrm{m}}/y''_{\mathrm{m}}\approx1/\omega_0^2$，可实现加速度测量。图4是加速度检波器的幅频响应曲线，在进行加速度检测时，利用的是远远小于检波器自然频率一端的频带范围，这时的检测信号才是线性的。

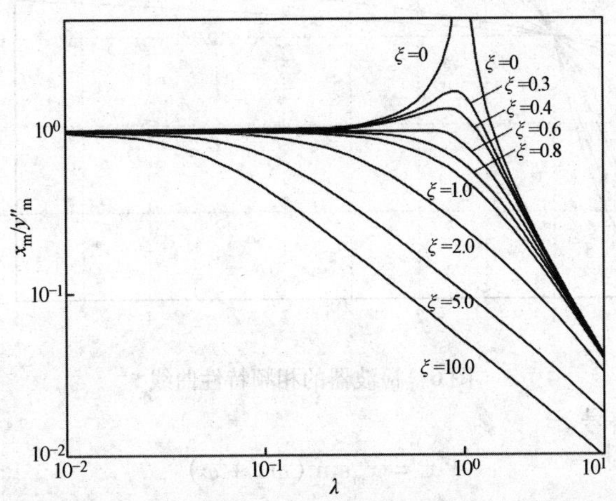

图4 加速度检波器幅频特性曲线

根据以上分析可以绘制出3种传感器感应振动适合的频率范围。图5是检波器对振动加速度、速度和位移响应的频率范围示意图，形象地指出了不同类型检波器的使用假设条件和

工作频段，这对于使用好各种不同类型的检波器具有指导作用。

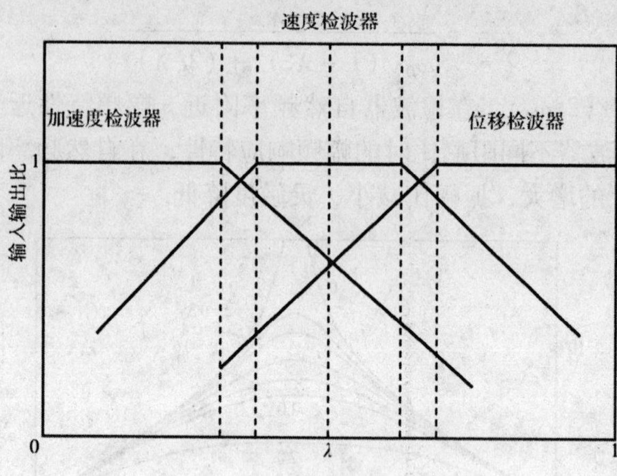

图5　3类检波器的工作频段

1.1.2　检波器的相频特性

根据检波器的相位响应关系式(5)，绘制出相频响应曲线(图6)。由图6可以看出，不同频率的信号相位响应差异是比较大的，在远离自然频率的地方，相位响应的线性度较好，在自然频率附近相位响应线性变化较大，且受阻尼比的影响也比较大；在远离自然频率的地方，相频曲线线性度在阻尼比较小时比阻尼比较大时要好；在自然频率附近，相频曲线线性度在阻尼比大时比阻尼比小时要好。

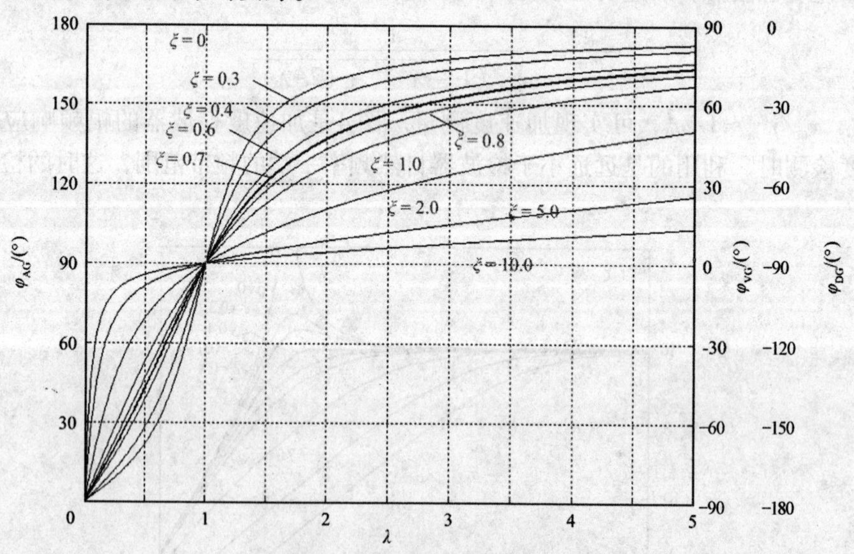

图6　检波器的相频特性曲线

对于检波器感应信号

$$x = x_m \sin(\omega t + \varphi)$$

进行微分，得到振动的速度和加速度的信号，即

$$x' = \omega x_m \cos(\omega t + \varphi) = \omega x_m \sin(\omega t + \varphi + \pi/2)$$

$$x'' = -\omega^2 x_m \sin(\omega t + \varphi) = \omega^2 x_m \sin(\omega t + \varphi + \pi)$$

由以上分析可以看出，位移、速度、加速度检波器的相频响应函数是一致的，只是相位上相互之间相差了90°，速度检波器的相位比位移检波器相位延迟90°，加速度检波器相位比速度检波器相位延迟90°。

从检波器的频率响应特性(图6)来看，位移检波器(DG)的幅频响应较好的频段在远远大于检波器自然频率的区域，这也是位移检波器力学理论成立的条件，在这个频率范围内，位移检波器的相位响应曲线线性度较好；速度检波器(VG)成立的力学条件是在自然频率附近观测信号的线性度最好，远离自然频率的信号将会发生畸变，比较严重的问题是在速度检波器的工作频率范围相位响应会发生剧烈变化；加速度检波器(AG)的相频响应曲线在远远低于自然频率的区域近似于水平直线，在该工作频带不同频率的信号相频响应是一致的，且相频响应线性度较好，相位角变化较小。

在地震勘探中，根据地震信号的特点采用的检波器主要是速度检波器和加速度检波器两类，位移检波器不适应宽频地震信号，最常使用的是速度检波器，但最好的应该是加速度检波器。

1.2 检波器机电转换原理

地震检波器的机电转换部分的作用是将振动系统感应的振动信号等比例地转换成电信号。由转换原理这一角度来看，检波器有电磁感应检波器、压电检波器、电容检波器、光纤检波器等。

1.2.1 电磁感应检波器的机电转换原理

电动式检波器。由电磁感应定律可知，线圈在磁场中运动，切割磁力线，线圈两端的感应电动势正比于穿过线圈的磁通变化率，对于动圈式检波器，其线圈中的感应电动势 E 为

$$E = Bl_0Nv \tag{9}$$

式中：B 为磁感应强度；l_0 为每匝线圈的平均长度；N 为线圈匝数；v 为线圈运动速度。令

$$\kappa_0 = Bl_0N$$

为检波器线圈运动机电转换的灵敏度，对于外部激励振动的速度而言，还需要考虑力学部分的放大系数，即检波器的灵敏度为

$$\kappa = \frac{1}{2\xi\omega_n}Bl_0N$$

对于结构确定的检波器，灵敏度是一个常数。灵敏度与检波器的阻尼比、自然频率、磁场的强度、线圈周长及线圈的匝数有关，灵敏度的提高可以通过降低阻尼比和自然频率，或提高磁场的强度、增大线圈的周长和增加线圈的匝数来实现。动圈式检波器的灵敏度是由力学和电学两部分决定的。

地震勘探中采用的动圈式检波器、动磁式检波器、磁悬浮检波器都是发电式传感器，基于相同的机电转换原理，通过改变线圈中的磁通量来产生电动势。

涡流式检波器。涡流加速度检波器的机电转换原理也是磁电感应的转换机理，只是惯性体是一个紫铜圆管。当惯性体受到外部激励在磁场中运动时，在闭合回路中就会产生涡流，由涡流产生的磁通量使固定在外壳上的线圈内部的磁通量发生变化，从而产生感应电动势。其线圈中的电动势为

$$E = n\frac{\mathrm{d}\Phi}{\mathrm{d}t} = nC_\varphi\frac{\mathrm{d}I}{\mathrm{d}t} = nC_\varphi C_i\frac{\mathrm{d}^2x}{\mathrm{d}t^2} = G\frac{\mathrm{d}^2x}{\mathrm{d}t^2} \tag{10}$$

式中：$I = C_i \frac{dx}{dt}$为紫铜圆管中的涡流；$\Phi = C_\varphi I$ 为涡流产生的磁通量；C_φ 为涡流产生磁通量的比例系数；C_i 为涡流与惯性体速度间的比例系数；x 为惯性体运动位移；G 为惯性体加速度运动时输出的灵敏度。

从(10)式还可以看出涡流检波器是一种加速度检波器，与振动的加速度成线性关系。在不考虑力学放大系数时，涡流检波器灵敏度的提高主要通过提高线圈的匝数来实现，但这样就有可能增大检波器的体积，增加线圈的阻值，会加强外部电磁干扰，不利于电磁干扰的压制。

1.2.2　压电检波器的机电转换原理

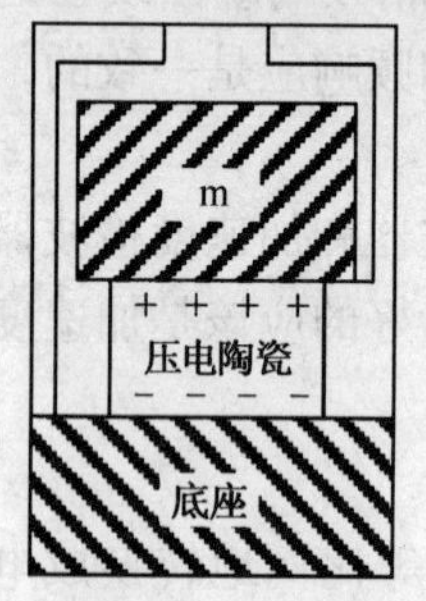

图 7　压电检波器的结构

如图 7 所示，压电检波器的机电转换原理是压电元件受到质量体 m 惯性力的作用，在压电元件的表面产生电荷，电荷的输出与被测物体的振动加速度 a 成正比，压电元件所受的力，就是惯性质量 m 感受振动时形成的惯性力，其输出电压灵敏度 S_V 为

$$S_V = \frac{\delta m d}{\varepsilon S} \tag{11}$$

式中：δ 为压电元件的压电常数；ε 为压电材料的介电常数；S 为压电元件的面积；d 为压电元件的厚度。

当压电检波器制成后，δ 和 m 即为确定值，是确定压电元件灵敏度的因素。由(11)式可知，检波器产生的电荷量与物体振动的加速度成正比。对于感应大地外部振动的灵敏度还需要考虑力学放大系数，对于感应加速度的压电检波器，其电压灵敏度为

$$\varphi = \frac{\delta m^2 d}{k \varepsilon S} \tag{12}$$

由(12)式可见，要提高压电加速度检波器的灵敏度，就要增大惯性体的质量 m、压电元件的厚度 d 或减小压电元件面积 S，也可以通过选择高压电常数 δ 和低刚度系数 k、低介电常数 ε 的压电材料来提高灵敏度。需要注意的是，加速度检波器的灵敏度与自然频率的平方成反比，要提高灵敏度就需要降低自然频率，而降低自然频率就会使有效工作频带变窄，因此为了满足较宽工作频带这一需求，灵敏度的提高就需要从其它参数上来考虑。

1.2.3　电容式检波器的机电转换原理

电容一般是由两个平行极板组成，若忽略边界效应的影响，其电容量为

$$C = \frac{\varepsilon S}{d} \tag{13}$$

式中：C 为输出电容量；ε 为极板间介质的介电系数；S 为极板间相互覆盖的面积；d 为极板间的距离。

电容传感器是根据两极板之间的距离或相互覆盖的面积或介电系数变化引起电容和两极板电荷变化来设计的，据此可设计出 3 种类型的检波器。地震检波器是利用振动引起极板之间距离的变化来设计的，为提高灵敏度和减少误差，采用了差分电容传感器(图 8)。差分电容的上、下两极板固定，称为静极板，中间极板为动极板。动极板受到外部振动，当 $\Delta d/d_0 \ll 1$ 时，可得到差动电容传感器的灵敏度 κ，即

$$\kappa = 2\frac{\Delta C/C}{\Delta d} \approx \frac{2}{d_0}$$

其差动电容传感器的相对非线性误差为

$$\delta = \frac{|(\Delta d/d_0)^3|}{|\Delta d/d_0|} \times 100\% = (\Delta d/d_0)^2 \times 100\% \quad (14)$$

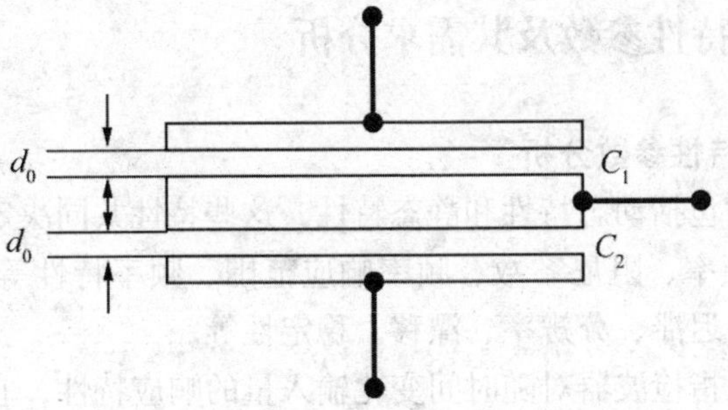

d_0 C_1
d_0 C_2

图 8 差动式电容传感器原理

与单电容传感器相比，差动电容传感器的灵敏度提高了一倍，相对非线性误差大大减小。差分电容传感器在 0～1000Hz 范围内频率响应的线性度好。目前，基于 MEMS 制造的数字检波器已广泛应用于地震勘探中，其中核心部件就是差动电容器；图 9 为其内部架构示意图，作为惯性体的动极板由类似弹簧的弹性体支撑，阻尼是由反馈电流在线圈中形成的电磁阻尼。数字检波器主要由两部分组成：一部分是利用整体微机械加工技术生产的电容性加速度传感器；另一部分是用于信号转换、具有闭环控制环路和信号幅值反馈电路的专用集成电路(ASIC)(图 10)。

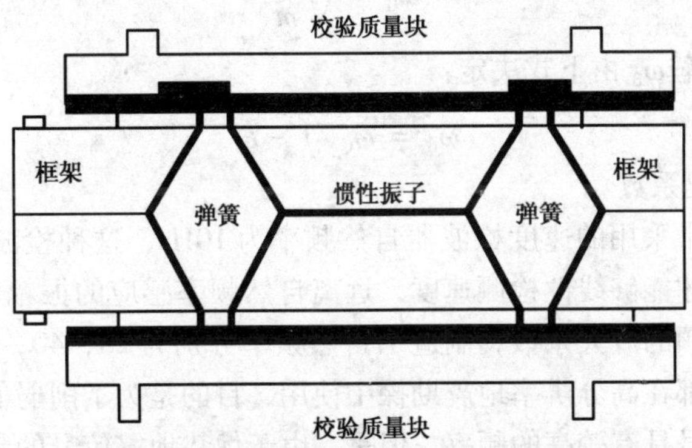

图 9 数字检波器振动差分电容结构

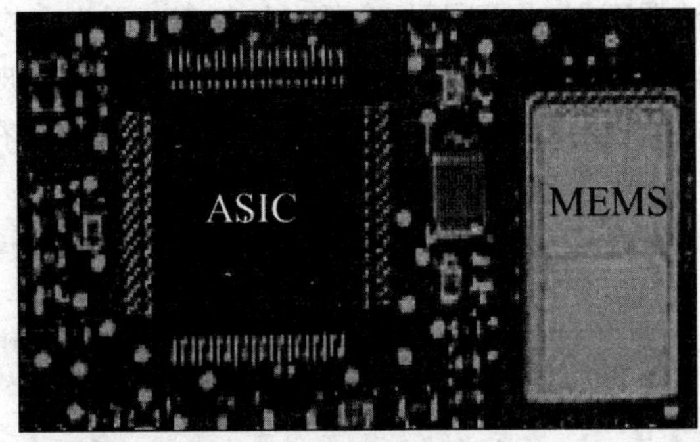

图 10 数字检波器电子线路板(局部)

针对光纤检波器目前已做了大量的研究工作，但大都停留在研究阶段，还没有形成真正能够用于地震勘探的产品。

2 地震检波器特性参数及其需求分析

2.1 地震检波器特性参数分析

地震检波器的特性包括动态特性和静态特性，这些特性共同决定了检波器的品质。动态特性参数主要有固有频率、阻尼系数、频率响应范围、频率特性等，静态参数主要有线性度、灵敏度、重复性、迟滞、分辨率、漂移、稳定性等。

检波器动态特性是指检波器对随时间变化输入量的响应特性，它取决于传感器本身，也与被测量的变化形式有关。动态特性由检波器的振动方程和力学特性决定，通过解振动方程可以得到系统的频率响应函数，进而得到幅频响应和相频响应函数，决定响应特性的主要参数是检波器的自然频率和阻尼比。前文中对检波器的幅频响应和相频响应已经进行了分析，下面只对一些与动态特性有关的参数进行分析。

2.1.1 自然频率

检波器的自然频率是检波器自身振动系统无阻尼时的固有频率(ω_0)，它是由系统的质量 m 和刚度系数 k 决定的，即

$$\omega_0 = \sqrt{\frac{k}{m}} \tag{15}$$

当有阻尼时，固有频率 ω_d 由下式决定：

$$\omega_d = \omega_0\sqrt{1 - \xi^2} \tag{16}$$

式中：ξ 为检波器阻尼系数。

在地震勘探中通常采用的速度检波器自然频率为 10Hz，这种检波器在检测地震信号时只有在自然频率附近才能够线性检测速度，远离自然频率感应的振幅比就会随频率比降低。人们为了相对提高高频的放大系数，制造了自然频率分别为 28，40，60 和 100Hz 的高频检波器，这些检波器大都在高分辨率地震勘探中使用，目的是为了削弱低频信号，抬高高频信号，使获得的地震信号具有较高的频率。但是，由于优势地震信号的频带偏窄，往往会受到较大的抑制，而高频信号的有效成分较少，致使在最终的地震信号中缺少低频，信噪比低，频带窄。对于加速度检波器而言，需要足够高的自然频率，因为在检测信号的频率范围只有远远低于自然频率的频段才能达到较好的线性度，这是由加速度检波器力学公式成立的假设条件决定的。如陆用压电检波器的自然频率为 2000Hz，其工作频率在 500Hz 以内。

2.1.2 阻尼比

检波器的阻尼比 ξ 是由振动系统的阻尼系数 c、弹性系数 k 和质量 m 共同确定的，它们之间的关系为

$$\xi = \frac{c}{2\sqrt{km}} \tag{17}$$

阻尼比对振动方程解的暂态项有较大的作用。下面就振动暂态项进行讨论。不考虑稳态项，那么检波器的暂态响应为

$$x(t) = e^{-\omega_0 \xi t}(C_1 \cos\omega_d t + C_2 \sin\omega_d t) \tag{18}$$

$$\omega_d = \omega_0 \sqrt{1-\xi^2}$$

式中：C_1 和 C_2 为常数。由此可见，当自然频率确定后，检波器暂态项的延续时间由阻尼比 ξ 决定。

当 $\xi=1$ 时，运动方程(18)式的解为

$$x = C_1 e^{-\omega_0 \xi t}$$

此时，检波器的自由振动介于周期振动与非周期振动之间，惯性体在回到平衡位置后立即停止振动，具有最好的分辨率，此时称为临界阻尼；

当 $\xi<1$ 时，(18)式的解为

$$x = C e^{-\omega_0 \xi t}\sin(\omega_d t + \varphi)$$

这时，固有振动为衰减的正弦振荡，称为欠阻尼状态；

当 $\xi>1$ 时会使接收到的振动减弱甚至失真，无实解，为过阻尼情况。

图 11 给出了 3 种阻尼情况下的振动曲线。

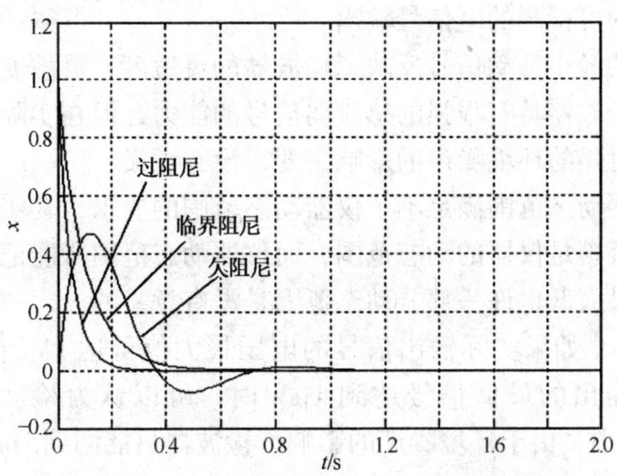

图 11　3 种阻尼情况下的振动曲线

在 $0<\xi<1$ 时，检波器的自由振动处于欠阻尼状态。由幅频响应和相频响应分析可知（图 2，图 3，图 4，图 6），随着阻尼比的增大幅频响应曲线的共振峰逐渐减小，在 0.6～0.8 时共振峰近似处于一个平点，没有发生很强的共振畸变；阻尼比的增大对于惯性体迅速平衡是有利的，这样可以提高检波器的分辨率，但灵敏度有所降低；阻尼比的增大从相频响应特征来看，速度检波器在自然频率附近相位的线性变化有所变好，加速度检波器在远远低于自然频率的频带相位变化有所变差。

通常，地震检波器的阻尼比为 0.6～0.8。

2.1.3　频带范围

检波器的频带范围是指检波器在线性范围内感应信号频率的范围。理论上感应单脉冲信号需要的频带范围为 0～∞ Hz，现实中这种检波器是不存在的，检波器都是在有限频带内线性地感应振动信号。

在地震勘探中，地震信号在时间域是连续变化的一系列脉冲信号的组合，在频率域是不同幅值不同频率的正弦信号的叠合。由于地震信号的频带范围从浅层到深层变化较大，要想把这些信号都较好的感应下来，希望检波器的频率范围要足够宽，同时为了能够较好地接收

高频信号，希望检波器要有较好的高频响应。

决定检波器频带范围的主要因素是检波器的自然频率。从速度检波器的力学公式成立的假设条件可以知道，速度检波器在自然频率附近范围线性度较好，离自然频率较远的频段幅频响应会发生畸变，故速度检波器的频带范围相对窄；加速度检波器的力学公式成立的假设条件是远远低于自然频率，通常认为在0.25倍自然频率以下的频段是线性的，因此加速度检波器的频率范围依赖于自然频率。为了扩大检波器的频率范围，往往需要把加速度检波器的自然频率制造得较高，如陆用压电检波器的自然频率是2000Hz，其工作频率范围为0～500Hz。理论上加速度检波器的最低响应频率可以达到0Hz，由于存在检波器内部电路振荡频率，实际上达不到0Hz。

2.1.4 动态范围

动态范围是指检波器能够线性感应最大和最小振动信号的能力，通常用两者的比值来表示，单位是dB。检波器感应的最大振动信号是由检波器的最大量程决定的，如检波器惯性体的最大位移空间超出这一最大位移，检波器将出现超调；相反，对于感应的最小振动信号要能使检波器有最低的可检测的电信号输出。

检波器所能感应的最小振动信号反映了检波器的灵敏度，灵敏度越大感应弱信号的能力越强，在隔振环境中检波器具有很强的感应弱信号的能力，但在实际检测环境中，感应弱信号的能力往往受到相对强的环境噪声的影响，变得没有意义。

通常所说的检波器动态范围满足不了仪器动态范围的要求，其实是指检波器输出的电信号最大值和最小值能否满足仪器的动态范围，而仪器动态范围所能记录的最小振动信号的电信号能量是多少？如果太低也许一部分动态范围是没有意义的。

对于20DX检波器，如果实际输出信号的电压最大值可达1V(在不做任何放大的情况下)，那么在检波器输出的最低信号达到1μV时，可以认为检波器的输出动态范围为120dB，但在实际测量中，由于环境噪声的影响，检波器只能测到1mV的最低信号，动态范围只有60dB。

在实验室利用振动台对20DX检波器进行了测试。当用0.001V脉冲激励检波器时，分析仪上显示其输出跨度为1.5mV；用0.01V脉冲激励检波器，输出跨度为15mV；用0.1V激励检波器，输出跨度为140mV；用1V脉冲激励检波器，输出跨度为1.4V，输入信号动态和输出信号动态均近于60dB；当激励脉冲再小或为0时，检波器的输出跨度为1.0～1.5mV，基本反映的是环境噪声。这些测试结果反映的只是检波器的实际输出，没有考虑检波器响应过程的线性度。目前生产厂家提供的检波器的动态范围是依据检波器的失真度来换算的，当失真度为0.1%时，就认为检波器的动态范围为60dB，这并不能真正反映检波器感应强弱信号的能力。

2.1.5 相位特性

检波器的相位特性是指输入与输出信号之间的相位差随频率变化的关系曲线(图6)。从相频曲线图上可以看出，检波器的相位特性表现为曲线特征，且在检波器的自然频率附近变化剧烈。不同类型的检波器工作频带范围不同，相位特性有所改变，位移和加速度检波器的工作频段远离自然频率，相频曲线接近于直线，尤其是阻尼较小情况下，工作频段的相频曲线近乎于水平直线。实际上，这两种类型检波器的阻尼是一条近于水平的斜直线。速度检波器的工作频带在自然频率附近，其相频曲线变化剧烈，但由于在自然频率附近相频曲线接近于一条斜线，因此速度检波器的实际相位特性并没有显示出来，但可以在进行不同类型检波器性能对比时，显示各类检波器相位特征的优劣。数字检波器在工作频段是没有相位差异的，相频特性是一条水平直线。

2.1.6 灵敏度

灵敏度是检波器输出信号与输入信号的比值(或称放大系数)。灵敏度是检波器拾取地震信号能力的又一重要参数，其大小与检波器弹簧的弹性系数、惯性体的质量、内阻、负载阻抗、机电耦合系数和摩擦系数等因素有关。一个合格检波器的这些参数应与出厂时的标定值相符，实际工作中必须测定这些参数，以便确定检波器是否能够继续使用。检波器的灵敏度直接关系到拾取地震信号能量的强弱，大灵敏度检波器得到的地震信号能量强，且增强了弱信号的拾取能力，但不会改变地震资料的信噪比。

2.1.7 假频

检波器的假频是在垂直于检波器感应振动方向激励时检波器产生的共振频率[18]。检波器的假频是决定检波器工作频率的主要因素，其大小决定检波器频带的上限和宽度，是检波器的一项重要指标。假频的产生是由检波器的制造工艺决定的，制造工艺水平越高，假频产生的位置也越高，一般检波器的假频在200Hz以上，超级检波器的假频能够达到350Hz。当地震信号达到或接近假频时便发生畸变，因此假频决定检波器频率范围的上限。从油气勘探地震信号的频率范围来看，目前检波器的假频是能够满足勘探需要的。

2.1.8 失真度

检波器的失真度是指输出谐波分量的总有效值与基波分量有效值的百分比，是反映检波器线性特性的一个重要指标。检波器失真主要是指谐波失真，即检波器受到正弦波信号激励时，输出的波形不是正弦的。通常输出波形包括基波和谐波，谐波的频率为输入信号频率的倍数或多倍数。产生谐波失真的主要原因是检波器机电参数和动力系统的各非线性因素，如检波器弹簧的非线性、磁路的非线性、阻尼的非线性以及幅频、相频的非线性，都可以使波形发生畸变。

检波器失真度大小反映了检波器的性能和品质。普通检波器的失真度小于0.2%(如最常用的20DX检波器)，较好检波器的失真度一般都能小于0.1%或更小一些(如SS-10系列和SN7C系列)。通常，检波器生产厂家把失真度与动态范围等同起来(表1)，这也间接地反映了失真度对检波器接收信号能力的影响。

表1 检波器的动态范围和失真度

参数	参数值				
动态范围/dB	53.97	60.00	66.02	73.98	80.00
失真度/%	0.20	0.10	0.05	0.02	0.01

谐波失真主要是由检波器中“非线性弹性元件”产生的波形畸变造成的，其次阻尼元件若是非线性的也会产生波形畸变。速度型检波器的固有频率处于地震勘探的频带范围之内，阻尼系数通常是0.6~0.7，因此，常规速度检波器的幅频特性和相频特性在地震勘探的主要频带范围内都是非线性的，它们都会因检波器自身固有频率的差异、激发频率的变化和阻尼的变化等影响而改变，使地震勘探的分辨率和精确度降低。

2.2 地震信号对检波器的要求

频带范围要宽。地震信号是一种脉冲振动，具有较宽的频带，而测量系统的测量频带总是有限的，无论是低频响应不好，还是高频响应不好，对振动信号的测量总要带来误差。

以矩形脉冲信号为例，如果检波器的低频响应不足，就不能保持矩形脉冲的峰值；若是高频响应不足，测量系统就不可能跟上信号的快速变化。由图 12 可见，由于测量系统的低频响应和高频响应的不足，分别给矩形脉冲信号带来“负冲”和“零漂”现象[8]。因此，对于频带较宽的地震信号而言，希望检波器从低频到高频要有足够宽的频率线性响应范围。

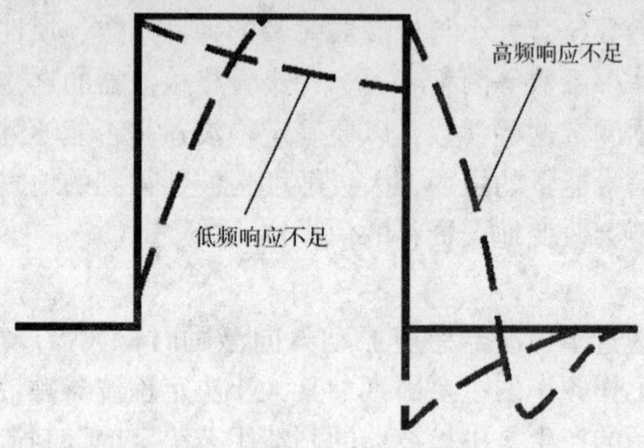

图 12　低频和高频响应不足时方波信号的畸变现象

在进行稳态信号测量时一般要略去暂态项的影响。测量地震脉冲信号时，由于脉冲的延迟时间很短，所以暂态项就有可能带来较大的影响。暂态项的衰减主要取决于 $e^{-\omega_0\xi t}$项，即衰减的快慢程度与传感器固有频率 ω_0、阻尼比 ξ 和时间 t 有关。希望暂态项衰减得越快越好，因此，测量冲击振动用的传感器不仅自然频率要高，而且要加大阻尼，这样才能使暂态项消失得快。

在地震勘探中通常采用的磁电式速度检波器，其主要适用范围在检波器的自然频率附近，远离自然频率的信号幅频响应会发生畸变，不再适合检测振动的速度。因此，由于速度检波器的工作频带较窄，影响了对宽频和高频地震信号的检测。此外，磁电式速度检波器还存在寄生谐振频率[18]，从而限制了对高频地震信号的接收，使检波器的有效工作频带变窄。

相位特性要好。振动冲击信号的测量对传感器的相频特性有很严格的要求。理想情况下，检波器的输入与输出信号波形同步，即相位差为零，或者相位随频率呈线性变化，如图 13 中所示的直线①和直线②；但一般传感器的相频响应不是理想线性的，如图 13 中所示的曲线③。

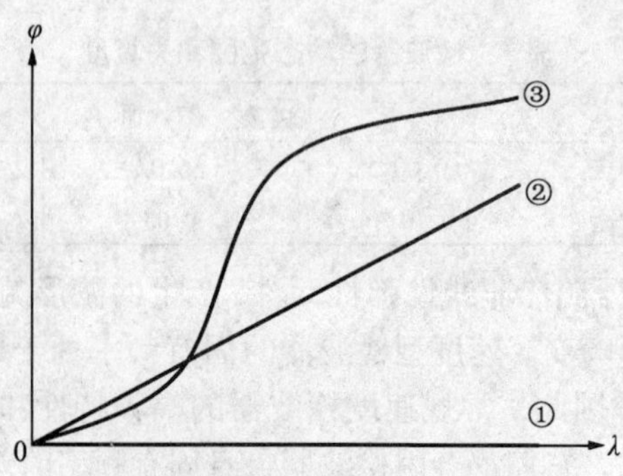

图 13　几种典型的相频特性曲线

相频特性线①为水平直线，说明传感器的响应信号与原信号之间无相位差，在整个测量频带内相位差不随频率变化，测得的信号不会发生波形畸变，不产生时间延迟；相频特性线

②为斜直线，说明传感器的相位差随频率呈线性变化，在这种相频传递特性下测得的信号不会发生波形畸变，只是在时间轴上发生了平移；相频特性线③为曲线，说明传感器的相位差随频率呈非线性变化，即对信号中的各频率成分的时间延迟不等，在这种相频传递特性下测得的信号会发生严重的波形畸变。目前常用的速度型检波器相位响应与图 13 中曲线③相似，是较差的；加速度检波器由于其工作频段远远低于自然频率，相位响应近于图 13 中水平直线①的情况，是较为理想的。

不同相位的谐波叠加后会降低地震信号的频率和地震资料的分辨率，因此检波器的相位线性一致性是反映检波器好坏的一个因素。目前采用的数字检波器在工作频段被认为是无相位差异的，是一种较为理想的加速度检波器。

动态范围要大。希望检波器能够接收来自地下足够小和足够大的信号，一般情况是看检波器能够检测到的最小地震信号。磁电式检波器是一种敏感线圈振动的速度检波器，要有一定的作用力使弹簧变形，并使悬挂在弹簧上的线圈达到一定的振动速度才会有输出。这就是检波器感应最小振动的“门槛值”。

由于地层的吸收衰减作用，使得不同地震信号的频率之间产生差异，造成地震波能量出现非常大的差异。如在华北平原区新生代盆地，激发频率为 160Hz 的地震波，经过地层传播，在 2000ms 深度，反射波能量的衰减可以达到 122.4dB。要想把能量强弱变化如此之大的地震信号感应下来，就需要检波器有足够大的动态范围，而实际采用的检波器的动态范围一般为 50～60dB。目前，24 位地震勘探仪的动态范围在 120dB 以上，检波器的动态范围远低于地震勘探仪的水平，这是地震勘探中地震信号接收的一个薄弱环节。

灵敏度要高。地震信号幅值的变化范围很大，因此，测量时要特别注意传感器灵敏度的选择。灵敏度选得太大，会使测量系统过载，灵敏度选得太小，会出现弱信号分辨率不够的情况。灵敏度取决于检波器的结构，采用不同的机电元件，就可以制造具有各种灵敏度的检波器。在先进的仪器条件下，检波器灵敏度适当选大一些较好。

常规检波器的灵敏度一般为 0.28，由于地震波的传播距离较远，返回到检波器的地震信号较弱，这种灵敏度不能满足深层微弱信号的接收条件，尤其是深层的高频地震信号，这也是常规检波器的一个不足之处。

谐波失真要小。常规速度检波器，由于在其结构中存在有弹簧、线圈或磁钢等可动元件，这些可动元件，随着使用期的增加，会出现一些性能上的降低。如弹簧老化，磁钢退磁等。这些性能的改变，会使检波器的性能指标降低，造成地震信号出现较大畸变，使检波器的稳定性下降。

假频要高。假频限定了检波器感应地震信号频率范围的上限，同时也反映了检波器的加工工艺。为了得到有效的高频信号和足够的频宽，需要检波器有较高的假频。

抗外电干扰能力要强。由于常规速度检波器采用了线圈、磁钢等电磁元件，容易感应 50Hz 的工业电。地震勘探的区域往往不能避开城镇等地区，数据采集工作常常处在工业电干扰之中。如何减少工业电干扰是提高资料信噪比的一个主要途径，因此研制具有一定抗外电干扰的检波器是一个努力方向。

综上所述，地震信号是一系列复杂振动信号的综合，希望这种波形能完整测出，要求检波器的动态范围足够大，灵敏度高，信噪比高；要求测量系统既有较低的低频响应，又有较高的高频响应。目前，常规检波器达不到这种要求，对脉冲信号的测量总是在一定的误差范围内进行的，传感器的幅频传递和相频传递不可能在无限宽的频带上保持良好的特性，因此对信号的测量只要能满足工程需要即可。

根据以上分析可以得出以下结论：

惯性式位移传感器不适宜测量振动脉冲信号，因为这种传感器的工作频段位于高频段，这将使脉冲信号低频段的大部分分量发生畸变。

速度传感器也不适用于振动脉冲信号的测量，因为它的传递频带窄，使脉冲信号的低频和高频分量都发生畸变，同时由于其工作频带在自然频率附近，相位变化严重，这也会造成信号发生畸变。

加速度传感器的工作频段位于远离自然频率的低频段，具有很好的低频传递特性，在高频段也可以根据脉冲持续时间来选择合适的传感器，满足上限频率的要求，因此加速度传感器是测量振动信号的理想传感器。

目前加速度测量一般采用涡流检波器、压电式检波器，阻尼比配置到 0.6 ~0.7，相频传递具有较好的线性特性，而数字检波器则更是一种理想的加速度检波器。

3 检波器存在问题的分析与探讨

3.1 常规检波器的不足

在地震勘探中采用的常规检波器基本上是以 20DX 为代表的检波器类型，自然频率一般为 10Hz，这类检波器可以满足常规地震勘探的需求，且经济实惠，但不能满足高精度地震勘探的需求。下面对这类检波器存在的不足进行分析。

（1）指标参数允差大，检波器一致性差，降低了地震资料的分辨能力。

常规检波器性能参数的允差一般为 ±5%。在 2002 年物探装备技术研讨会上，美国 I/O 公司发表了关于检波器允差对地震接收道相位影响的报告（表 2），当允差范围为 ±5% 时，道间的相位差可达 3ms，将对 166.6Hz 的信号陷波，缩小了检波器的频带范围，这样就使得叠合在一起的地震信号频率受到较大损失，严重降低地震信号的分辨率。因此，在高精度地震勘探中应该选用性能参数允差小的检波器。目前允差为 ±2.5% 的检波器已经出现在市场上，只是成本费用有所增加。

表 2 检波器允差对地震接收道相位的影响

参数	参数值		
允差范围/%	±10.0	±5.0	±2.5
道间相位差/ms	6.0	3.0	1.5

（2）失真度大，影响动态范围，造成信号畸变。

常规检波器失真度一般小于或等于 0.2%。由检波器行业给出的失真度与动态范围的对应关系（表 1）可知，失真度为 0.2 的检波器动态范围为 53.97dB，可见不能满足较好接收地震信号的要求，地震信号会发生较大的畸变，同时也反映出检波器磁体和弹簧等非线性材料的稳定性差。

（3）假频低，影响频带范围，增加横向干扰。

常规检波器假频一般大于或等于 180Hz，这会使频率接近 180Hz 的地震信号发生较大畸变，更高频率的地震信号则不能较好地被接收下来。在记录地震信号时，若采用1ms的采样率，仪器最高可以记录频率为400Hz的地震信号，采用2ms的采样率，可以记录频率为200Hz的地震信号，但180Hz的假频限定了地震信号记录的上限，这样的检波器是满足不了采样要求的频带范围，也满足不了正常地震勘探的需要。目前，在地震勘探中正在大量地使用这种检波器。

3.2 关于检波器一些问题的讨论

3.2.1 检波器的类型

在地震勘探中使用的检波器种类有很多，生产厂家推出了很多检波器系列，这些检波器中根据转换原理可分为电动式、涡流式、压电式、电容式、光纤式等，根据惯性体特点可分为动圈式、动磁式、磁悬浮式等，根据输出信号可分为模拟和数字等。这些种类繁多的检波器，对于使用者来说，足以把人弄得晕头转向，所以人们有些不知所措。人们把所有的检波器拿来对比，但只对存在一些现象的资料进行比对，论说它们的优劣，甚至会对一些现象感到奇怪，同一位置的大地振动信号，为什么这种检波器接收到的信号频率高，那种检波器接收到的信号频率低？究其原因，就是没有对检波器的根本类型认识清楚，不管什么样的检波器其根本都是感应振动，关键是感应的振动的哪个物理量，是感应振动的位移还是速度或加速度。其实，所有检波器都不外乎这3种。实际上，在地震勘探中只有速度检波器和加速度检波器两种，那么首先搞清楚使用的是什么检波器类型，这样就会对得到的地震资料有相对正确的认识。

3.2.2 检波器的自然频率

自然频率是地震勘探工作者最熟悉的检波器参数，从低频检波器到高频检波器已经使用了很多，尤其高分辨率地震勘探更是选择了各种不同自然频率的检波器，以达到提高地震信号频率的目的。在采用15位地震仪记录地震信号时，应用高频检波器来达到压制低频强信号相对抬高高频弱信号的目的；采用24位地震仪记录地震信号时，由于仪器比检波器有足够大的动态范围，检波器的自然频率不需要太高，太高的自然频率只能降低地震信号的频宽，是不利因素。如果没有特殊的压制低频干扰或强化某高频段信号的目的，最好采用频带较宽的检波器。

检波器自然频率的高低是好还是坏，不是一个可以简单回答的问题，关键是要看是哪种类型的检波器。位移检波器的自然频率越低越好，这样可以使接收振动信号的频带向低频延伸；加速度检波器的自然频率越高越好，这样可以在高频段拓宽接收地震信号的频带；速度检波器自然频率的高低可根据实际需要来选择，主要根据观测地震信号的频率特点来确定。总之，检波器以有较宽的频带范围为好。

3.2.3 检波器的灵敏度

检波器的灵敏度是对感应信号进行放大的系数。通常为了能够拾取弱信号，希望采用大灵敏度的检波器，但这样做的结果是，在放大弱信号的同时强信号也得到了放大，这就可能使大能量信号溢出，从而发生畸变。事实上，地震数据采集是在一个环境噪声背景下进行的，环境噪声的强弱，在一定程度上决定了检波器能够检测到的最小有效信号的大小。

不同类型的检波器灵敏度是不一样的，不能简单地以高低进行对比。如速度检波器与加速度检波器的灵敏度，在相同的坐标系下不是两条平行线，因此无法确定谁高谁低。它们可能是两条相交的线，在低频段的某段（如速度检波器的自然频率附近）加速度检波器的灵敏度低于速度检波器的灵敏度，随着频率的升高，加速度检波器灵敏度的提高相对速度检波器灵敏度的提高要快，因此在高频段，加速度检波器的灵敏度就要高于速度检波器的灵敏度。不同类型检波器灵敏度的对比是个复杂的过程，因为它们激励的物理量是不相同的，在各自的力学公式成立的假设条件下，幅频响应趋于稳定的值是不一样的(位移检波器是 $x_m/y_m \approx 1$，速度检波器是 $x_m/y_m' \approx 1/(2\xi\omega_0)$，加速度检波器是 $x_m/y''_m \approx 1/\omega_0^2$)，因此不能直接简单地对比不同类型检波器的灵敏度。同种类型检波器的灵敏度是可以相互对比的，在相同的坐标系下它们的灵敏度是近于平行的水平线。

3.2.4　检波器参数的允差

在选择检波器时人们往往很重视检波器的各项性能参数的大小，如自然频率、灵敏度、阻尼等，一说就是多少周的检波器，很少有人对这些指标的允差进行细致的考虑。由前面的讨论可知，允差对检波器之间的相位差异有较大影响，会降低勘探精度。有人甚至认为超级检波器就是把检波器参数允差小的组合在一起，与常规检波器没有什么差别，这种看法是不正确的。其实它们之间存在较大差别，参数允差小的检波器组合在一起，可以使检波器性能的一致性变得更好，更有利于高精度地震勘探。

3.3　检波器对比试验中存在的问题

3.3.1　试验目的不明确

在地震勘探中进行检波器试验时，缺乏对不同地震勘探目的信号的分析。要解决的地质问题是什么？需要开展什么样的地震勘探？是深层还是中、浅层高分辨勘探？还是解决低信噪比地区的勘探问题？这些对检波器的选择起着主导作用。

进行哪类检波器的试验应该是有方向性的，在实际中，对检波器类型和性能的试验存在一定的盲目性。由于对检波器类型及其性能的分析不够，没有认清哪种检波器是真正需要的，对勘探是有利的，往往有什么样的检波器都拿来试一试，不管检波器的类型，不管检波器的性能特点，甚至有时对某种检波器就是纯粹的试一试，有时还会把两个生产厂家类型参数相同的检波器进行对比，这些都是盲目的表现。

在选择检波器时多掺杂个人因素，大多数检波器的对比试验也是在检波器生产厂家的意图下完成的，使用检波器的人有时对这些检波器不熟悉、不清楚，有时甚至是混乱的。

3.3.2　试验内容不具体

检波器试验对比什么？检波器与检波器之间有什么区别？检波器哪个参数性能更好一些？检波器的对比试验应该在弄清这些问题的前提下进行。检波器对比试验应包括：

(1) 不同种类的检波器类型试验。对比的检波器是哪种类型很重要，是速度型检波器还是加速度型检波器？不同类型的检波器有很大差异。如将常规检波器与数字检波器或陆用压电检波器进行试验对比，这两类检波器无论在频率、相位还是灵敏度上都有很大差别，对比结果一定存在较大的不同。

(2) 同类检波器自然频率的对比试验。自然频率对检波器的频带范围起到限定作用，不同类型的检波器不一样。

速度检波器的自然频率制约检波器频带的下限，相当于一个低切滤波档，选择不同自然频率的速度检波器就等于选择不同的低切滤波档，相当于对低频信号进行不同档位的滤除，这样就会改变检波器的频带范围，因此限定了地震信号的频带范围。

加速度检波器自然频率的试验对比针对的是高频端，压电检波器的自然频率可达

2000Hz，即使高频段的频率是远远低于自然频率的0.25倍，也能达到500Hz；光纤检波器的自然频率可达到1000Hz，这样高频段的频率也能达到250Hz。

因此，加速度检波器的自然频率对地震信号不会产生太大影响，而速度检波器自然频率低频端频率的变化对地震信号的影响明显。

(3) 同类检波器灵敏度的试验对比。检波器的灵敏度其实就是感应信号的放大系数，不同灵敏度的对比实际上就是地震信号放大程度的对比。如常规检波器与磁悬浮检波器，在自然频率相同的情况下，灵敏度的不同并不会改变地震信号的频率特点和信噪比，改变的只是输出的地震信号的能量，高灵敏度的能量强，低灵敏度的能量弱。

3.3.3 试验资料分析的针对性不强

由于对检波器试验对比的目的和内容的实质认识不清，所以在进行资料分析时针对性不强。如对速度检波器自然频率进行能量分析，但低切滤波把强能量的低频信号滤除了，信号的强弱并不能说明问题；再如对灵敏度对比试验的资料进行自动增益显示，其结果是能量基本一致，或对灵敏度试验对比资料进行信噪比分析，但灵敏度并不影响信号的信噪比，这种对比亦是徒劳的。

因此应该针对试验对比的目的和内容的实质进行分析。

(1) 对不同类型检波器的对比试验资料，需要进行频率分析(振幅谱，频率扫描等)，以分析检波器的频带宽度和不同频率成分的分布情况；需要进行能量分析，尤其要分析不同频段上的能量情况，了解检波器的灵敏度情况；分析不同类型检波器接收的地震信号相位上的差异；分析信号信噪比，了解哪类检波器的信噪比更高一些。

(2) 对检波器自然频率的对比试验资料，要重点分析资料的频带特点，通过频谱分析和以不同自然频率为滤波档的频率扫描，观察不同自然频率检波器工作频带的变化情况。

(3) 对检波器灵敏度的对比试验资料，主要进行能量分析，分析灵敏度对地震信号能量的影响。

3.3.4 关于检波器对比试验的建议

检波器是经过鉴定测试合格的产品，其性能指标是可靠的，根据检波器的类型和检波器的性能指标，就能够知道检波器的响应特性和特点。对于不同类型和不同参数的检波器，我们是清楚它们接收地震信号的异同之处，什么样的检波器具备什么样的接收特点，这些是不会改变的。因此，检波器的对比试验只需要在室内进行检波器性能指标的对比分析就可以了，没有必要进行大规模的野外对比试验。

对于一个新区的勘探，可进行少量的有选择性的检波器试验；对新研制的检波器与成熟的检波器进行性能对比试验是必要的，在进行对比试验时检波器的类型最好一致。

4 结束语

根据地震勘探中检波器使用的情况，从检波器的原理和特性分析出发，讨论了目前检波器使用和认识上存在的不足，指出了可以进一步改进的地方，希望对检波器的使用者有一定的参考和指导作用。

依据检波器感应的振动的物理量可将检波器分为位移检波器、速度检波器和加速度检波器；依据机电转换原理，根据不同的物理效应可将检波器分为磁电感应式检波器、压电式检波器、电容式检波器、光纤式检波器等。

根据检波器的力学和电学特性可以分析检波器的性能及相应的特性参数，检波器的力学特性直接反映了感应振动信号的动力学特征，使用检波器的人应更加注重；制造检波器的人需要更加注意检波器的机电转换原理。

目前常规检波器各项指标较低，不能满足高精度地震勘探的需要，应使用频率范围宽、动态范围大、失真度小、灵敏度高、检波器允差小等特点的检波器。

选择什么类型的检波器应根据地震信号的特点和检波器的特性参数来确定，二者要相互适应，同时还要考虑对获得信号的要求。

在检波器的对比试验中要明确对比什么，是对比检波器的类型、灵敏度还是自然频率，目的一定要清楚。

对于从事地震资料采集工作的人员来说，系统地了解和掌握检波器的原理和特性是非常必要的，这是正确选择和使用检波器的基础，也是获得高质量地震信号的关键。

需要进一步强调的是，进行检波器对比试验前一定要清楚了解检波器的类型、性能和参数，其实检波器的性能和参数已经决定了检波器接收信号的特点，无需进行对比试验，只需根据需要选择更加适合的检波器种类就行。在使用检波器时，还应注意检波器与大地的耦合，如何改善耦合和利用耦合，这亦是地震资料采集人员需要着重考虑的问题。

学习和了解检波器的理论和特性是正确选择和使用各种检波器的基础。

致谢：感谢胜利油田物探公司地震勘探研究所徐锦玺高级工程师、基础研究实验室的邱燕工程师和仪器设备管理中心技术部的姚米凯高级技师在检波器测试方面给予的支持和帮助。

参 考 文 献

1 董世学，张春雨. 地震检波器的性能与精确地震勘探[J]. 石油物探，2000，39(2)：124 ~ 130

2 曹荣，李桂林. 碳酸盐岩裸露区不同类型检波器对比试验分析[J]. 勘探地球物理进展，2008，31(5)：330 ~ 334

3 梁运基，李桂林. 陆上高分辨率地震勘探检波器性能及参数选择分析[J]. 石油物探，2005，44(6)：577 ~ 581

4 王增明. 地震采集中检波器自然频率的试验分析[J]. 石油地球物理勘探，2003，38(3)：222 ~ 225

5 单刚义，韩立国，张丽华等. 压电式检波器在高分辨率地震勘探中的试验研究[J]. 石油物探，2009，48(1)：91 ~ 95

6 孙玉声. 振动传感器[M]. 西安：西安交通大学出版社，1991. 5 ~ 16

7 高品贤. 振动、冲击及噪音测试技术[M]. 成都：西南交通大学出版社，1992. 9 ~ 20

8 吴三灵. 实用振动试验技术[M]. 北京：兵器工业出版社，1993. 45 ~ 58

9 王青，戴剑锋，李维学. 物理原理与工程技术[M]. 北京：国防工业出版社，2008. 182 ~ 200

10 李心刚，张朋. 涡流检波器原理及参数分析[J]. 石油仪器，1988，2(1)：1 ~ 9

11 Lv G H. Application of a new generation of geophone to improve seismic acquisition in onshore-offshore transition areas[J]. Applied Geophysics，2005，2(4)：235 ~ 240

12 张宏乐，曹金栋. 用于地球物理勘探的 MEMS 加速度传感器[J]. 石油仪器，2002，16(2)：1 ~ 4

13 马超，乔学光. 光纤布拉格光栅地震检波器的研究与应用[J]. 地球物理学进展，2008，23(2)：622 ~ 626

14 许兆文，盛秋琴，施可彬等. 光纤光栅振动传感实验研究[J]. 南开大学学报(自然科学)，2001，34

(2)：79～81

15 贾宝华，盛秋琴，施可彬等．光纤光栅振动传感解调方法的研究[J]．光电子·激光，2001，12(7)：758～761

16 宁靖，吕公河，吴学兵等．布拉格光栅检波器在地震勘探中的应用前景[J]．勘探地球物理进展，2004，27(6)：440～443

17 赵殿栋，吕公河，张庆淮等．高精度三维地震勘探采集技术[J]．石油物探，2001，40(1)：1～7

18 胡时岳，吕刚．地震检波器横向振动性能分析与实验研究[J]．西安交通大学学报，1991，25(6)：16～20

19 丁伟，张家田．地震勘探检波器的理论与应用[M]．西安：陕西科学技术出版社，2006.21～24

20 李庆忠．走向精确勘探的道路[M]．北京：石油工业出版社，1993.41～43

三江盆地地震地质条件及采集技术研究

王德志[1,2]　贾烈明[2]

（1. 中国地质大学，湖北武汉 430074；2. 中国石化河南石油勘探局，河南南阳 473132）

摘要：位于中国东北边界内的三江盆地，环境与气候十分恶劣，勘探程度低，地震地质条件复杂，以往采集的地震资料较差。为整体解剖盆地结构、进一步评价含油气情况，中国石化集团于2004年冬在三江盆地开展了区域地震资料采集方法试验研究。通过分析三江盆地地震地质条件和以往资料存在的问题，针对多类型的表层结构、强屏蔽界面、低信噪比资料、复杂构造成像等方面的问题，进行了理论论证和地震采集技术研究，解决了地震勘探采集中的难点问题。提高了地震资料单炮记录的品质，获得了浅、中、深地层成像清晰的地震剖面，取得了明显的地质效果。

关键词：三江盆地　地震地质条件　地震采集技术　方法研究

1　引言

泛三江盆地位于中俄两境的东部，呈北东向延伸，长约500km，宽约200km，总面积90370km^2。在俄罗斯境内面积为56640km^2，称为中阿穆尔盆地，在中国境内面积为33730km^2，因黑龙江、松花江与乌苏里江在盆地内汇合得名三江盆地(图1)。

构造上三江盆地位于佳木斯隆起以东，那丹哈达岭褶皱带以西，是在元古－燕山期褶皱带基础上形成的中新生代断陷盆地，为两坳一隆的构造格局，从西向东依次为绥滨坳陷、富锦隆起、前进坳陷。盆地侏罗纪上统东荣组海相地层和白垩纪下统城子河组、穆棱组煤系地层等具有良好的生油气与聚集条件，推测第三系具有低熟油的勘探前景。

三江盆地地震勘探程度不高、不均衡。2004年中石化启动了对三江盆地登记区块的油气勘探工作，前期部署了一横两纵3条测线，目的是开展地震采集方法攻关，并整体解剖三江盆地的地质结构，调查盆地两坳陷南部边界断裂分布以及与盆地的接触关系。

2　地震地质条件

2.1　表层地震地质条件

三江盆地表层主体部位被第四系沉积层覆盖，东部、南部边缘为山地，出露老地层，有沉积岩、变质岩及火山岩，山地森林连片分布。白垩系－第四系的多期火山活动使盆地中心地带零星出露火山岩，主要在富锦隆起上，呈北东向分布。第四系层覆盖厚度150～300m，

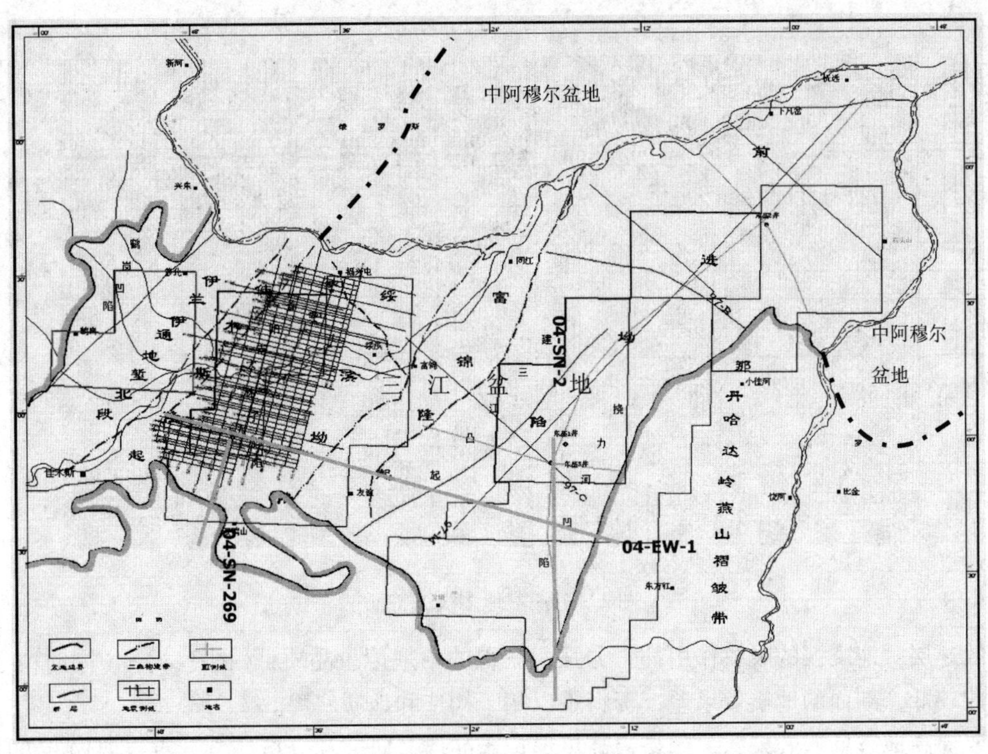

图1　三江盆地位置图

早期为上游河流冲积、洪积相沉积，晚期为沼泽相沉积，形成了上细下粗的表层结构特征。地表0.5～3.0m为亚黏土、亚沙土、沼泽土或少量泥炭土，下部为中粗砂或砂砾层，激发条件较差。潜水面1～8 m，表层速度一般可分为两层结构，低速层厚度1～8m，部分低岗区可达到10m以上，速度为350～500m/s；高速层速度为1600～1900m/s。表层结构在冬季受到冻土层影响，低降速带的速度、厚度会有所变化。

盆地地势低平、水资源丰富，沼泽、水网发育，湿地面积大，为著名的珍稀鸟类保护区。在寒冷的冬季进行地震勘探采集，可以避免涉水施工带来的诸多困难，但巨厚的冻土层和大范围的冰面会给地震采集带来新的问题。

2.2　深层地震地质条件

三江盆地盖层主要是中新生界地层，早白垩－下第三系的沉积间断使新生界地层超覆在中生界各套地层之上，形成了 T_4强反射界面，产生多次波(图2)并对中生界地层入/反射能量形成屏蔽。白垩纪、第三、第四纪多期火山活动把盖层构造复杂化，存在自西向东的逆冲推覆构造，这些都是地震勘探的难点问题。

3　地震采集技术研究

3.1　激发技术研究

分析以往三江盆地地震采集方法，是根据表层结构上细下粗的特点，选择泥土层激发，一般为4～8 m单井激发或3m组合井激发，药柱基本上在高速层之上，激发产生的地面干

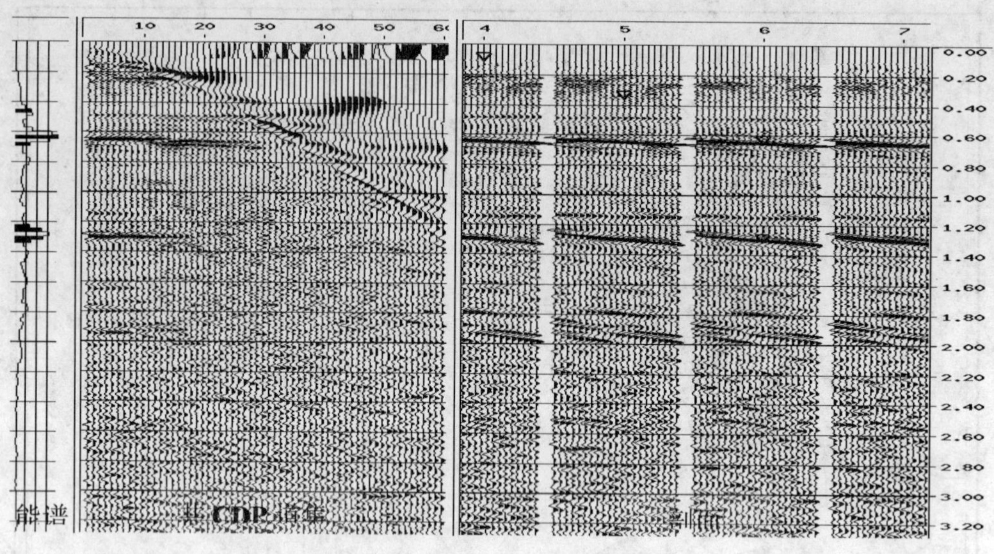

图 2　三江盆地多次波特征

扰和低速层对地震波的吸收作用都十分强，获得的单炮记录品质低[图 3(a)]，同时由于覆盖次数较低，剖面的地质效果差，资料难以用于构造和地质解释。

要提高地震勘探效果，关键是提高单炮记录品质。研究和分析认为，重点要做好低降速带的调查及激发井深、岩性、药量的试验。由于该区只适应冬季施工，但巨厚的冻土层，给准确的低降速带的调查带来困难。通过试验和对比分析，采用单/双井微测井方法可准确测定表层结构，根据表层结构逐点设计激发井深，使药柱在高速层顶面以下 5 ~ 7m 井段激发，使单炮记录得到了明显改善。在高速层顶面以下井段激发，虽然激发层多为中粗砂或砂砾层，但由于是水饱和层，改变了激发岩性性质，获得的单炮记录信噪比和分辨率都比较高(图 3)。

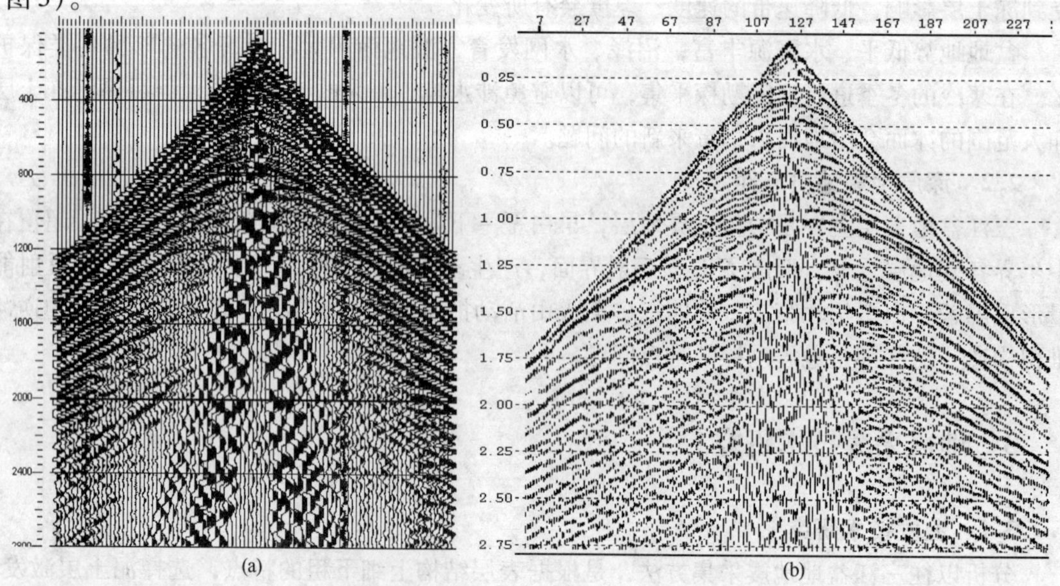

图 3　三江盆地以往单炮记录(a)与新单炮记录(b)对比

3.2　对 T_4 界面屏蔽问题的研究

根据已有资料，三江盆地 T_4 界面是一强反射，具有屏蔽作用。取 T_4 界面上下 P 波速度 $V_1=2365\text{m/s}$，$V_2=3797\text{m/s}$，密度为常数，横波速度为纵波速度的0.6倍。在纵波入射情况下，T_4 界面透、反射系数如图4所示。由图可见，当入射角大于39°时纵波透射系数 T_{PP} 骤然下降为零。即对于反射纵波来说，临界角为39°。在论证点 T_4 界面埋深540m。因此，当炮检距大于930m时在 T_4 界面产生全反射，限制了大炮检距接收 T_4 以下各界面的反射纵波。因此，在该区开展地震采集工作，炮检距不宜过大。

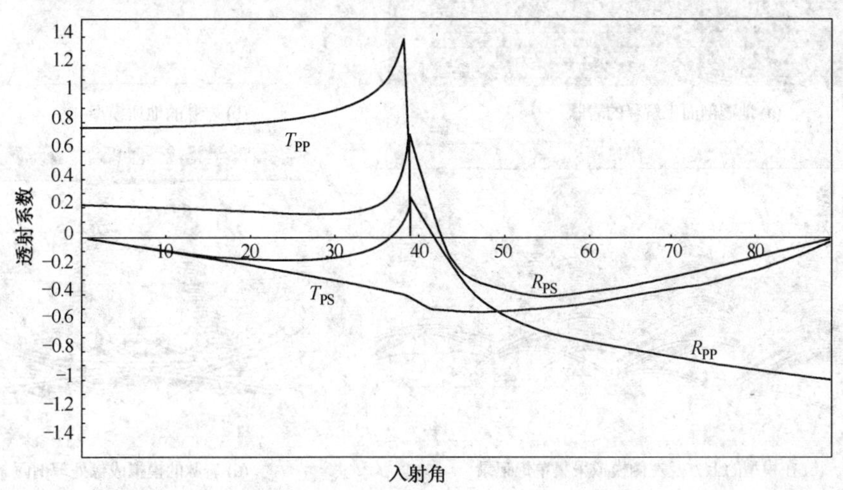

图4　T_4 界面透、反射系数随入射角变化曲线

R_{PP}—纵波反射系数；R_{PS}—转换横波反射系数；T_{PP}—纵波透射系数，T_{PS}—转换横波透射系数

3.3　对杂化构造复成像问题的研究

白垩系－第四系多期火山活动把盖层构造复杂化，火山岩岩脉与围岩之间形成了陡峭的波阻抗界面，从地震剖面上见不到陡峭界面的反射，只能从波组特征在横向上的变化推测火山岩岩脉的位置[图5(a)]，如何使陡峭的波阻抗界面反射在地震剖面上成像，这对研究地下构造显得十分重要。

根据图5(a)建立地质模型[图5(b)]，为了重点考察陡峭界面的成像，将围岩简化成单一介质。根据几何地震学原理，用地面激发、地面接收的地震采集方法，难以接收到陡峭界面的反射地震波。但假若陡峭界面是“粗糙”的，在地面能够接收到来自陡峭界面的散射波。地下陡峭界面的“粗糙”程度是固有的，相对地震波的高频成分它是“粗糙”的，可以产生散射波，所以，保证地震波有足够的高频成分是获取散射波的必要条件。

正演模拟拟定的采集参数，240道接收，道间距25m。

观测系统：3000－37.5－25－37.5－3000。

炮间距100m，在模型的上方及左侧模拟采集单炮记录见图5(c)，陡峭的波阻抗界面产生散射波。模型具有对称性，右侧采集单炮记录与左侧有相似性，就不再展示。

将采集资料进行模拟成像处理，剖面成像如图5(d)所示，成像比较清楚，形态也与模型一致，说明了利用散射波信息对陡峭界面成像是适应的。

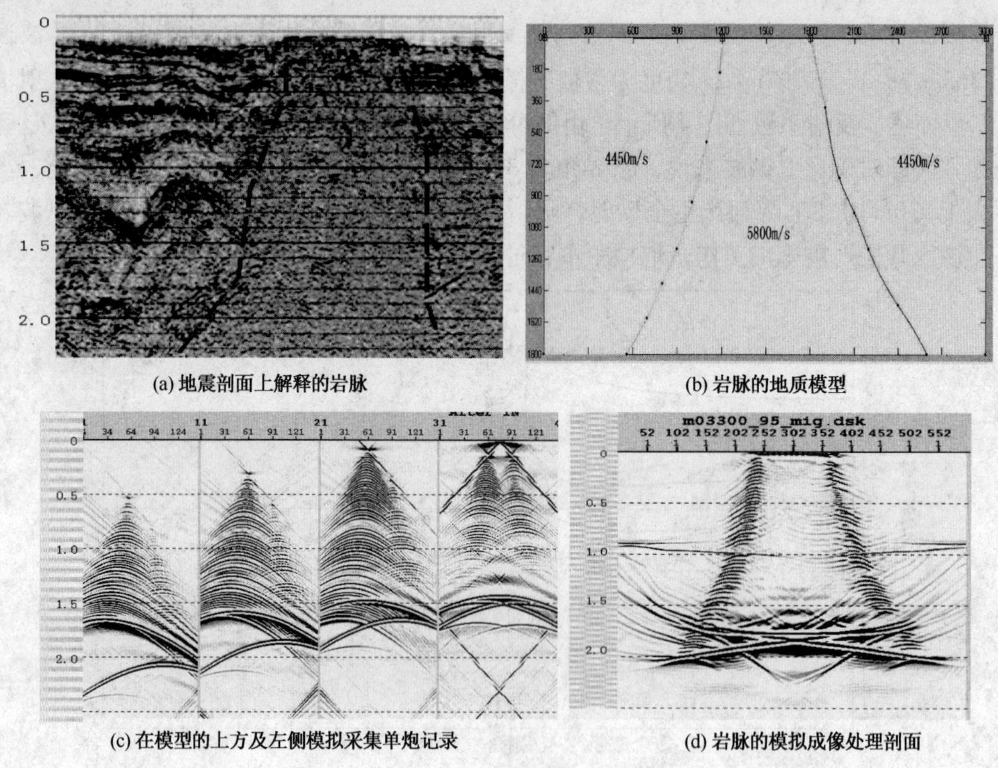

(a) 地震剖面上解释的岩脉　　(b) 岩脉的地质模型

(c) 在模型的上方及左侧模拟采集单炮记录　　(d) 岩脉的模拟成像处理剖面

图 5　火山岩体成像正演模拟

3.4　观测系统的设计

由于该区单炮记录品质低，T_4强反射界面对中新生界地层反射形成屏蔽，构造复杂成像困难，以往地震剖面上中生界各界面反射连续性差。为解决这一问题，根据论证结论，应采用适中排列、小道间距、高覆盖次数。同时为提高资料的信噪比，采用 2 条线接收的宽线观测系统，其主要考虑是：

（1）利用宽线采集资料进行剖面处理，通过叠加能够有效削弱侧面干扰波，提高地震剖面的信噪比；

（2）设计 2 条接收上检波点在测线方向上有所错动，选择面元叠加时等效于扩大了检波器的组合面积，有利于对沿测线方向的规则和不规则干扰波的压制。

试验剖面对比表明，宽线比单线在改善深层反射连续性差方面有明显效果（图 6），主要是中深目的层反射连续性得到改善，构造更清楚。

4　采集效果分析

单炮记录上激发能量强，浅、中、深层反射波组信噪比较高，反射波同相轴连续性好（图 6），频谱分析浅层主频 35Hz，频宽 0 ~ 100Hz，深层主频 30Hz，频宽 0 ~ 70Hz（图 7）。

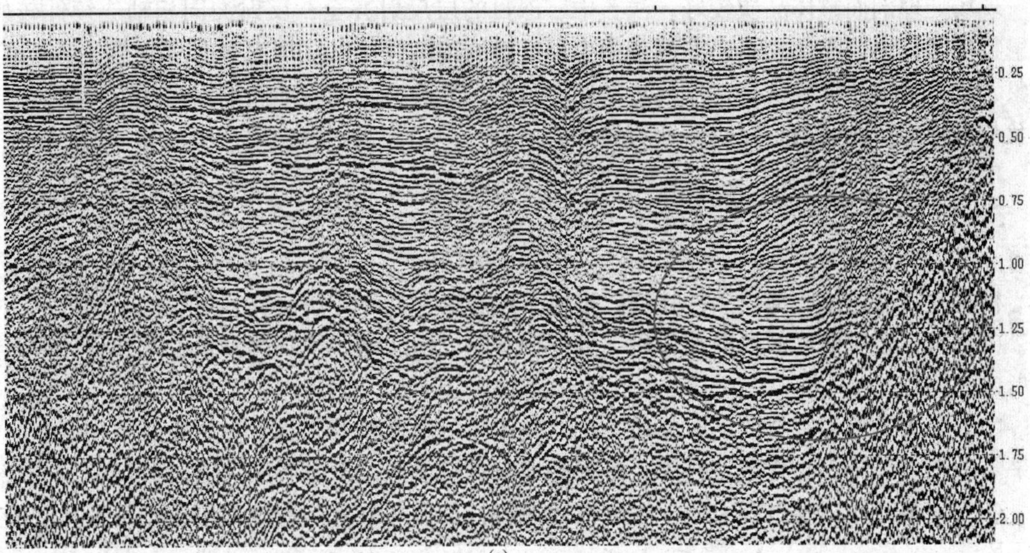

(a)

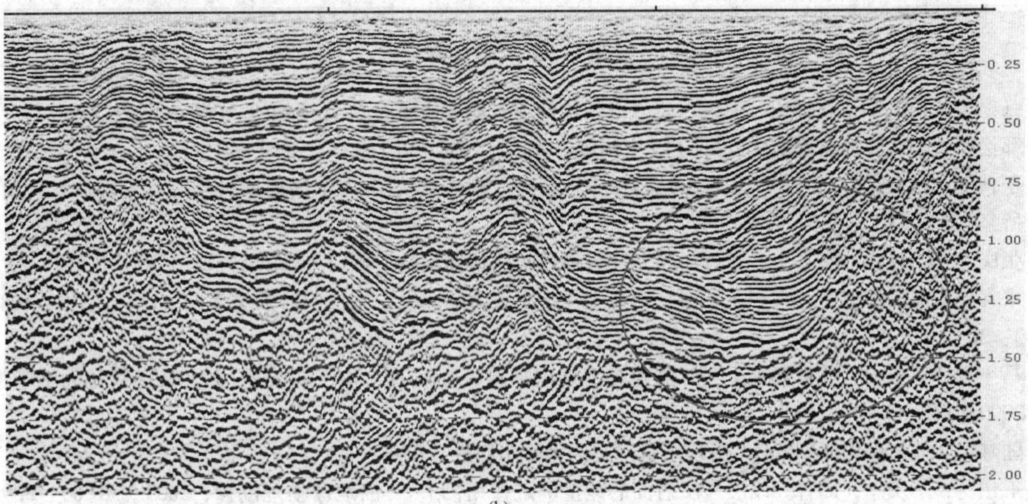

(b)

图 6　单线采集地震剖面(a)与宽线采集地震剖面(b)对比

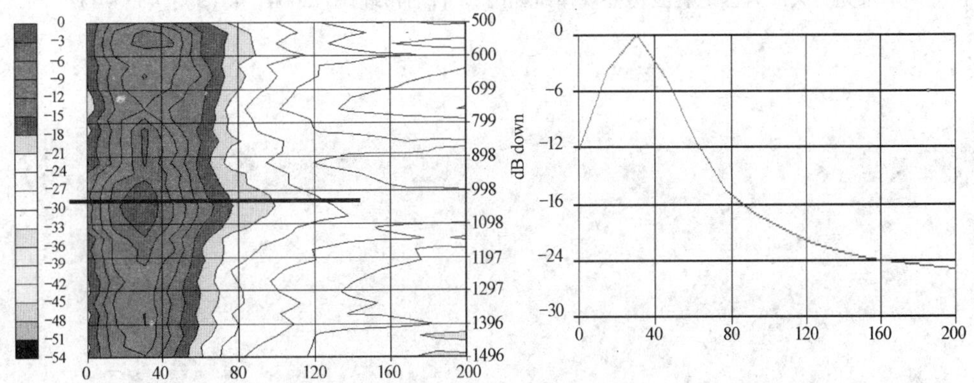

图 7　三江盆地新单炮记录频谱分析图

现场处理剖面整体品质较好，浅、中、深目的层反射齐全，反射波同相轴连续性较好，波组特征明显，信噪比较高，尤其是中生界反射的连续性比以往剖面有明显改善。剖面地质现象、地下构造特征较清楚，盆地边界轮廓清晰，准确反映了盆地两坳陷南部边界断裂分布以及与盆地的接触关系，完成了地质任务。

5 认识

根据三江盆地地震地质条件特征，进行了地震勘探采集方法研究，取得如下认识：

(1) 对于强反射界面的屏蔽作用、复杂构造的成像问题，是观测系统论证和设计时重点要考虑的问题。

(2) 要改善地震资料的反射品质，重点是提高单炮资料的质量。做好表层结构调查、加强采集的激发试验、优化激发井深，是提高地震资料单炮记录品质的关键。

(3) 采用宽线二维地震采集、增加覆盖次数，是提高复杂构造带低信噪比资料品质的有效手段。

参 考 文 献

1 张梅生，彭向东，孙晓猛．中国东北区古生代构造古地理格局[J]．辽宁地质，1998，6：91~96

2 邹艳荣．东北三江盆地演化分析[J]．中国煤田地质，1997，9(1 总 33)，19~21

3 丁秋红，张勤运，高玉华．那丹哈达地区中三叠统－中侏罗统[J]．中国地质科学院沈阳地质矿产研究所集刊，1997，5：269~286

4 张庆龙，水谷伸治郎，小岛智等．黑龙江省那丹哈达地体构造初探[J]．地质论评，1989，1：68~71

5 水谷伸治郎，邵济安，张庆龙．那丹哈达地体与东亚大陆边缘中生代构造的关系[J]．地质学报，1989，3：204~216

6 马小刚，王东坡，薛林福等．三江盆地绥滨坳陷构造特征及其与油气的关系[J]．长春科技大学学报，2000.(1)，46~49，60

7 陆基孟．地震勘探原理[M]．山东东营：石油大学出版社，1993

8 王建花，李庆忠，邱睿．浅层强反射面的能量屏蔽作用[J]．石油地球物理勘探，2003，38(6)：589~596，602

9 李承楚．多波地震勘探，高级专家文集，2002：244~268

10 裴正林，牟永光．火成岩区地震波传播规律研究[J]．石油物理探，2004，43(5)：433~437

黄土塬地区地震勘探激发技术的探讨

赵延江[1,2]

(1. 中国科学院广州地球化学研究所，广州五山 510640；
2. 中国石化胜利油田分公司勘探处，山东东营 257001)

摘要： 针对黄土塬地区激发岩性疏松、吸收衰减严重以及受黄土层下伏高速层的屏蔽，下传能量弱等问题，探讨了激发因素对地震资料品质的影响，提出了改善激发质量的措施。首先，对黄土塬地区的表层和地下地震地质条件以及干扰波特征进行了分析；然后，在分析激发因素的基础上进行了激发方式、激发井深、激发药量等试验，并通过对比分析试验资料，确定了中深井、小药量、多井组合的激发方式；利用该激发方式获得的地震资料，频率高，有效反射能量强，信噪比高，资料的品质明显提高。

关键词： 黄土塬地区　激发方式　激发试验　井深　药量　多井组合　频率　能量　信噪比

黄土塬地区表层黄土层较厚、疏松，且直接覆盖在坚硬岩石上，激发条件较差。过去，通常采用 8m 井深，单井 1kg 药量，12 ~ 20 口井组合激发，力求增大有效波的能量，提高有效波的频率。但由于围岩介质松散，且不含饱和水，激发频率很低，以低频干扰为主，地震资料的信噪比较低，品质不高。为此，我们在安边黄土塬地区进行了系统的激发因素试验，采用中深井多井组合激发，使地震资料的品质得到了较大的改善。

1　黄土塬地区的地震地质条件

1.1　表层地震地质条件

在该黄土塬地区，黄土塬上的黄土厚度可达 300m，甚至 400m，在沟中有时出露粉红色的粉砂岩。目前，对于黄土塬表层分层问题仍有争议，一部分人认为可以分层，一部分人则认为不能分层。为此，我们进行了黄土塬表层地震地质条件调查。根据调查结果，将黄土层划分为次生黄土层和原生黄土层，次生黄土层速度一般为 320 ~ 400m/s，原生黄土层速度为 710 ~ 840m/s，下伏中生界地层速度可达 3400m/s。

1.2　深层地震反射特征

根据地震资料可知，在该地区有几组连续性较好的波组。第 1 组在 500ms 左右，波组特征相对较差；第 2 组在 650 ~ 700ms 之间，有 3 个同相轴；第 3 组在 1300 ~ 1400ms 之间，连续性较好，有 3 个同相轴；第 4 组在 2150ms 附近，波组特征明显，连续性较好；第 5 组在 2200 ~ 2300ms 之间，波组连续性较好，地层倾角一般不大于 5°，近于水平。储层主要以薄砂层为主。

1.3 干扰波特点

黄土塬地区干扰波的主要特征为：

（1）喇叭口干扰。主要由面波、表层低频干扰、低速随机干扰以及表层次生干扰组成（图1中的三角形框），速度低于降速层速度，频率主要分布在10~60Hz之间。

（2）短程多次波。这类波的频率、速度和能量与一次波很接近，去除困难（图1中的菱形框）。

（3）长程多次波。这类波由黄土层的顶、底界面产生，传播距离和时间都较长，与一次波之间有较大的时差（图1中的椭圆框，有直达波和黄土层底的折射波）。

面波与次生干扰主要沿地表传播，在进行野外资料采集时，可以通过检波器组合得到一定程度的压制；但对短程和长程多次波的压制则很难在野外采集时实现，短程多次波甚至在数据处理中也很难去除。

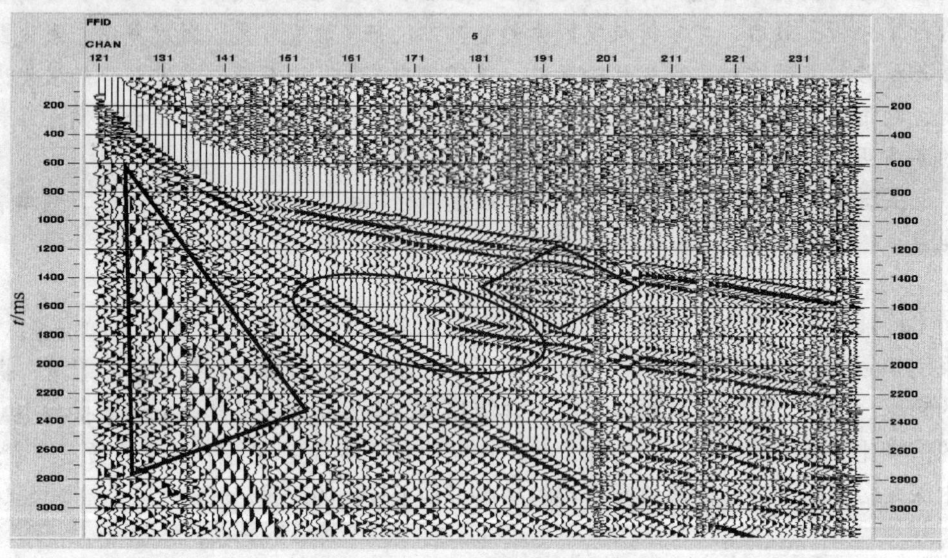

图1 黄土塬地区典型原始记录

2 黄土塬地区激发中存在的问题

（1）表层对地震波的吸收衰减严重。表层次生黄土层的品质因数一般在15左右，下伏的中生界地层品质因数一般在170左右，黄土层对波的吸收量约为深层地层的100倍，也就是说，厚度为15m的黄土层对波的吸收衰减量相当于深层厚度为1500m地层的吸收衰减量。

（2）激发的地震波能量和频率较低。由于该区的激发岩性松散，速度较低，导致激发信号频率较低。

（3）下传能量屏蔽严重。该区的黄土层直接覆盖在中生界地层之上，而黄土层与中生界地层之间的速度和密度差很大，形成了较强的波阻抗界面，大部分激发能量被反射，下传能量被严重屏蔽。

3 激发参数选择及效果分析

针对黄土塬地区的激发问题，我们在分析了各种激发因素对激发效果的影响基础上，制定了相应的激发措施。

3.1 激发因素分析

(1) 增加激发深度可以在一定程度上提高激发能量，减少表层的吸收衰减，但受到钻井设备的限制，工作量增加的较大，单深井激发存在较大困难。

(2) 药量对激发能量和频率有较大的影响，因此可以通过选择药量来改善激发能量和频率。由于黄土层相对疏松，大药量激发时，围岩就会发生永久形变，大部分能量被消耗在围岩中，而下伏高速层的屏蔽作用，使下传能量大大降低，深层反射弱；小药量激发虽然能提高激发频率，但能量太弱。因此，适宜采用小药量组合激发方式。

(3) 多井组合有利于提高信噪比和能量的下传。在黄土层中采用单井激发，要想获得较强的激发能量，就必须增加药量，但这样会大大增加激发噪声，但对增加有效波能量效果较小。如图2所示，在药量相同的情况下，单井激发时，激发能量作用在围岩上的面积较小(特别是在垂直方向上)，较大部分的爆炸能量消耗在对围岩的破坏上，产生地震波的能量相对减小；多井组合时，激发能量作用在围岩上的面积大，能够产生能量较强的地震波，而且，组合激发对压制激发干扰波有较好的效果。

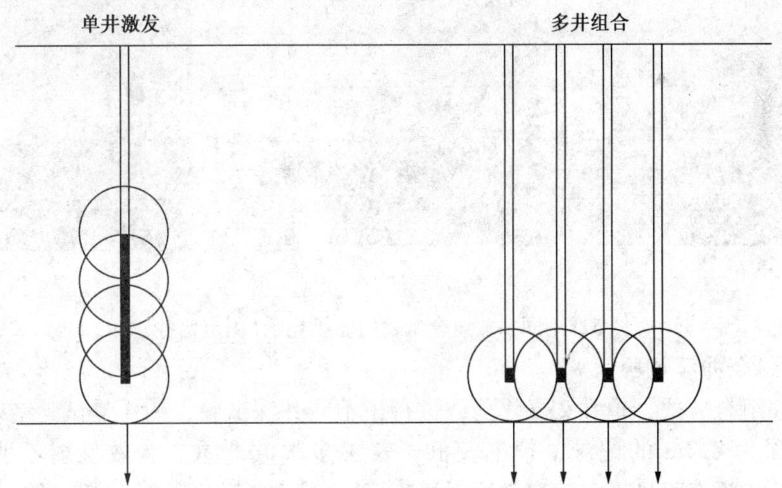

图2 不同激发方式对围岩的作用

3.2 激发因素试验分析

根据以上措施，进行了以多深井、单井小药量组合为主的激发因素试验。

3.2.1 组合井数试验

根据单井试验结果，采用单井17.3m井深和2kg药量进行了不同组合井数(3井，4井，5井)的对比试验，图3为试验结果对比图。由图可见，3井组合的能量相对弱，5井组合的能量最强；从有效反射(箭头所指)来看，3井组合的连续性较差，4井组合的连续性较好(闪电箭头所指)，与5井组合相比，反射相位多，频率较低，波组特征不明显；5井组合的反射能量强、弱明显，波组特征清晰(燕尾箭头所指)。综合分析，5井组合效果最好。

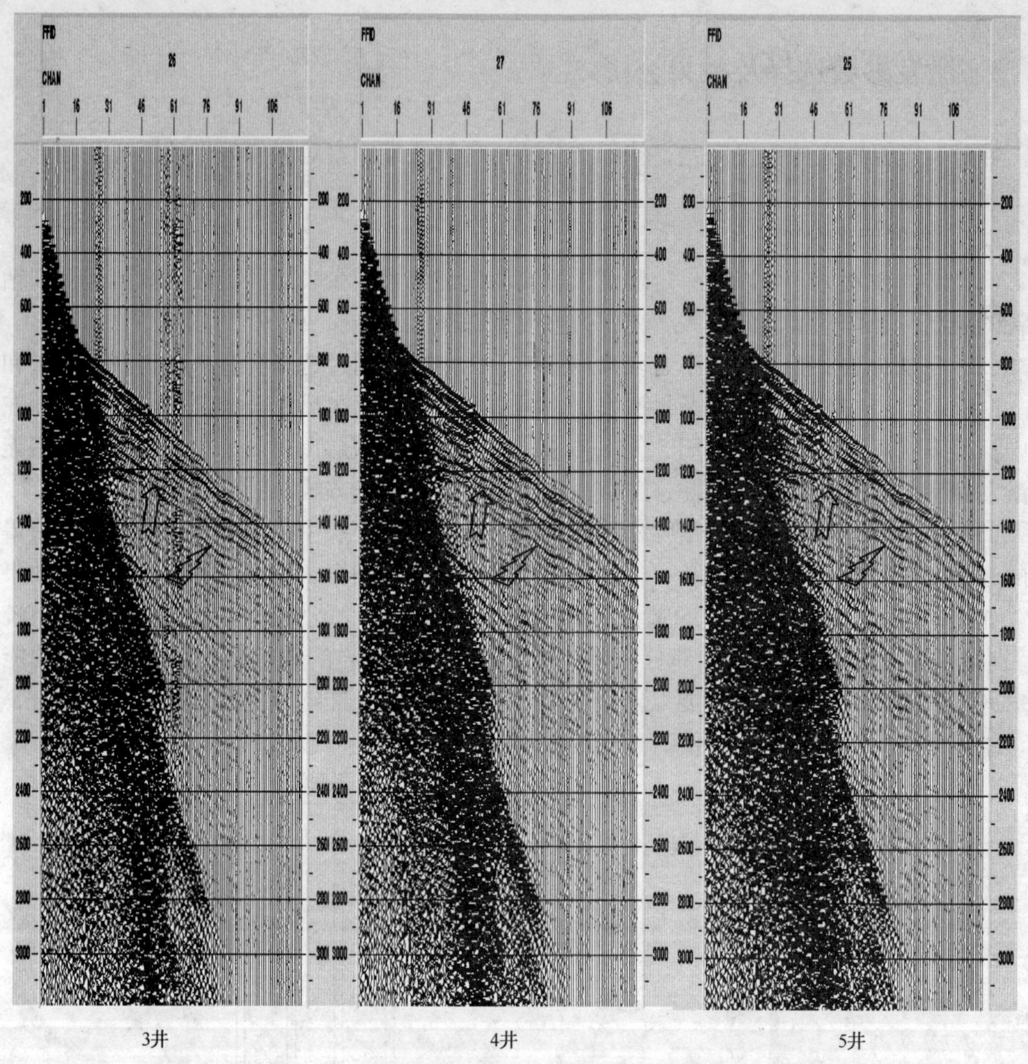

图3　不同井数组合激发的原始记录(固定增益)

3.2.2　组合井深试验

采用5井组合方式，单井2kg炸药，进行了不同井深试验，图4是试验结果对比图。由图可见，井深为8.3m的记录，频率较低，表层多次波严重，有效反射不明显；井深为11.3m的记录，频率明显提高，有效反射清晰(箭头所指)；井深为17.3m的记录，频率高，能量强，资料的信噪比较高。图5是不同井深的原始记录，可以看出，井深为17.3m的记录，能量最强，有效反射(椭圆内)品质最好。

3.2.3　组合药量试验

采用5井组合，17.3m井深，进行了单井药量分别为2kg，3kg，4kg，6kg的药量试验，图6是试验结果图。由图可见，从面波和全程多次波看，药量为2kg的记录能量最弱，药量为6kg的记录能量最强；从1.2~1.6s之间的反射来看，药量为2kg的记录，反射波组特征最好，频率以及信噪比较高；药量为3kg的记录，反射连续性变差，波组特征比较清楚；药量为4kg的记录，反射相位增多，表层多次波增强，频率有所降低；药量为6kg的记录，反射连续性差，波组特征模糊，频率明显降低，表层短程多次波干扰严重。

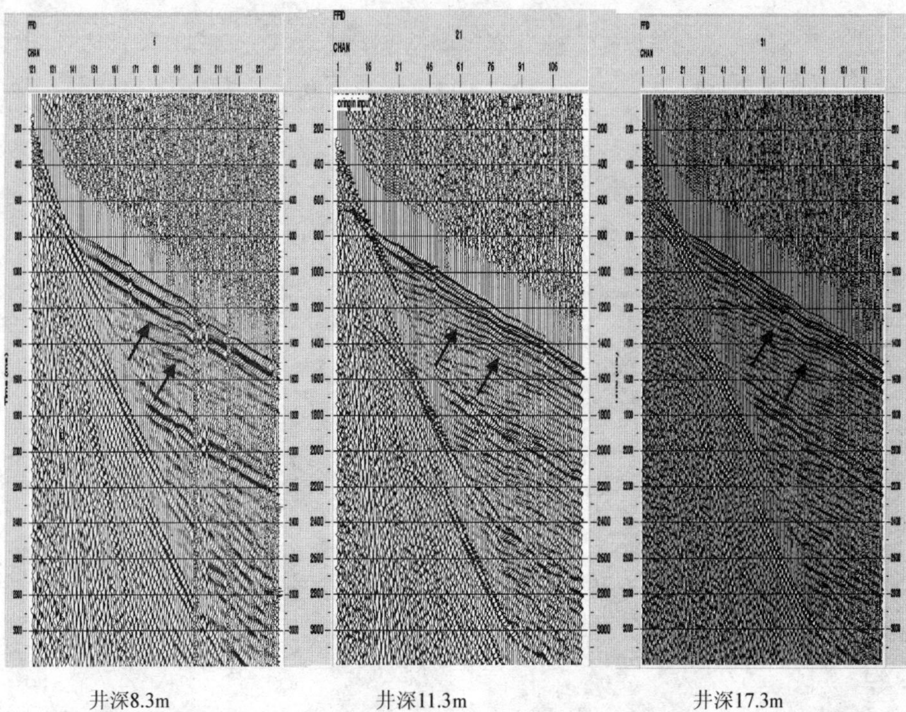

图4　5井组合不同井深激发的原始记录(自动增益)

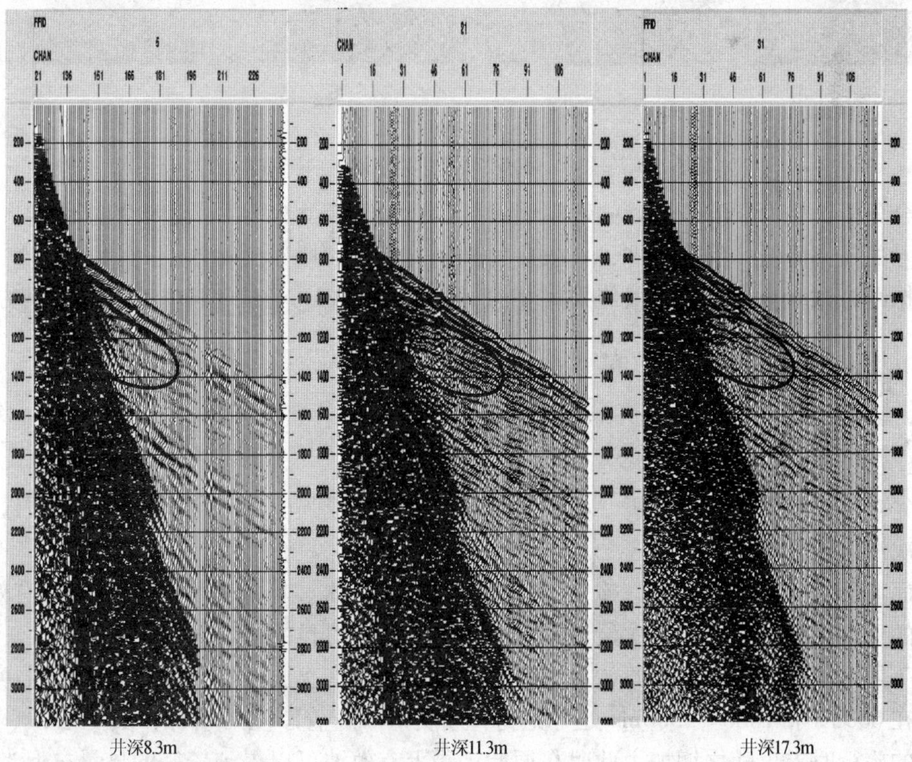

图5　5井组合不同井深激发的原始记录(固定增益)

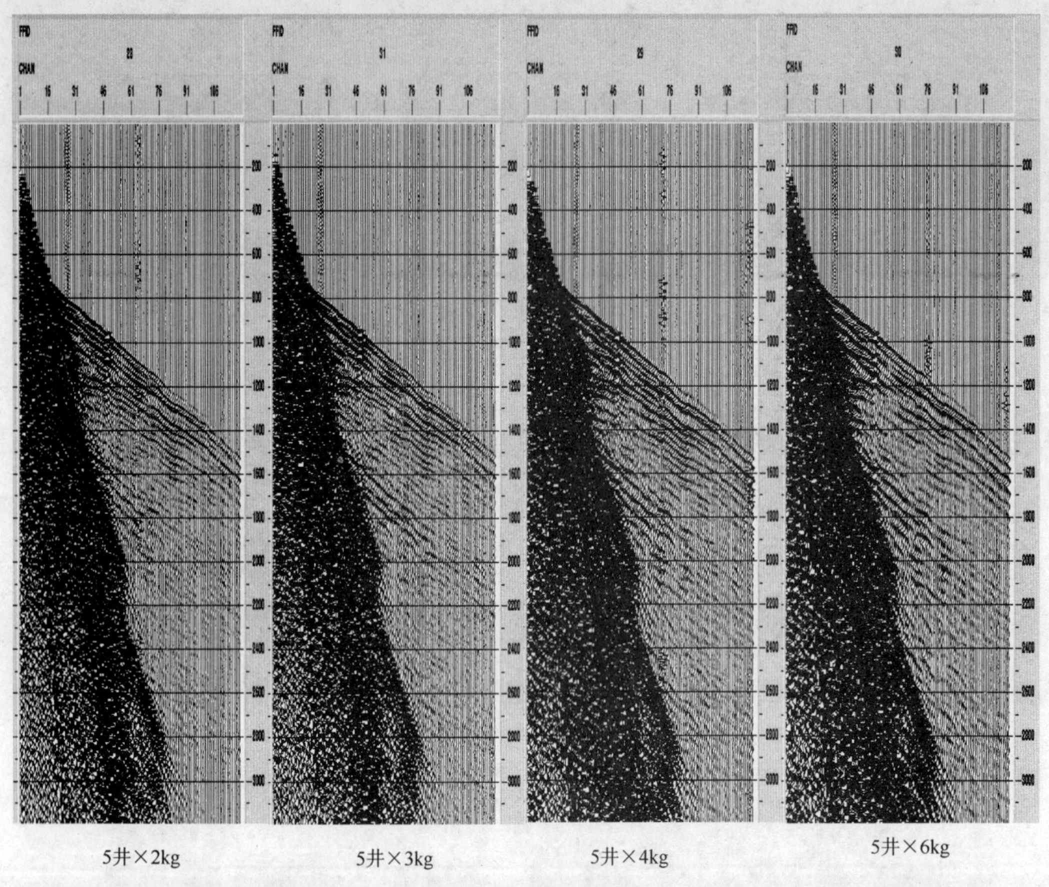

图6　5 井组合不同单井药量对比记录(固定增益)

综合分析，单井 2kg 药量时的地震记录最好。大药量虽然增加了记录的总能量，但会使有效信号的频率降低，噪声增加，有效反射模糊，资料的信噪比降低。

根据组合试验分析结果，最终采用井深 17. 3m 单井 2kg 药量 5 口井组合激发的方式。

4　地震资料效果分析

4.1　单炮记录分析

首先对单炮记录进行了分析。我们把单炮记录划分成强面波干扰区域、一次波区域和二次和三次波区域。

强面波干扰区域能量极强，掩盖了目的层反射；一次波区域是目的层反射波有效区域，是分析的重点区域；二次和三次波区域以多次波为主，对目的层反射波干扰严重。

图 7 是不同黄土层厚度的原始单炮记录，折射波、多次波、随机噪声和相干噪声非常严重，但在 600ms 和 1000 ~ 1500ms 处可见到有效反射。随着厚度的增加，黄土层顶、底之间多次波的旅行时差也随之增加，此时在原始记录上有效波可以得到较好的显示；但当黄土层较薄时，有效波就会淹没在表层多次波中，在原始记录上不能被区分出来。

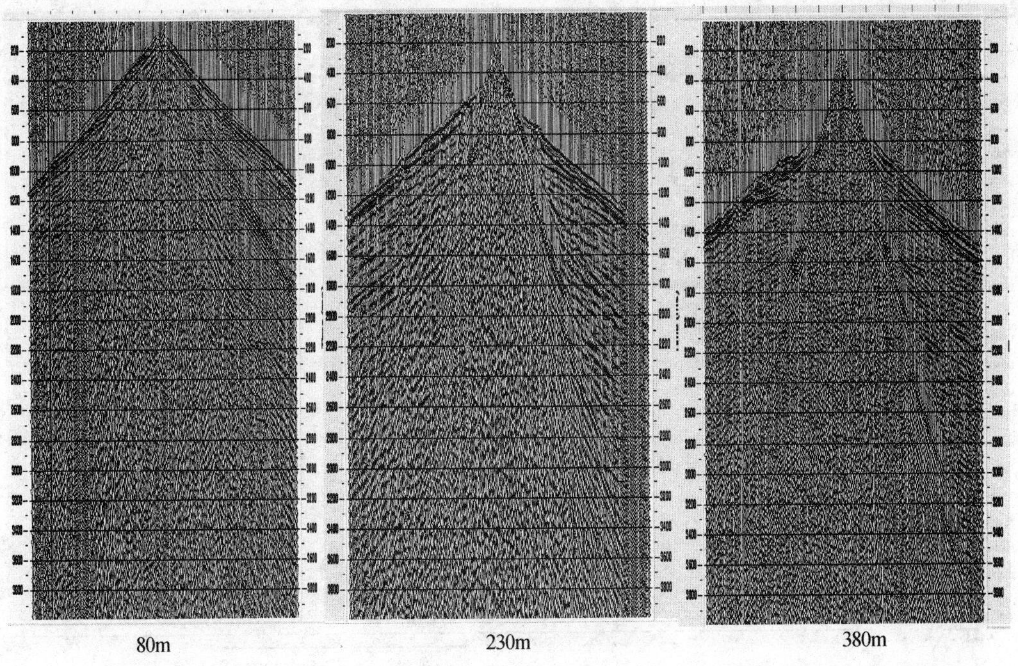

图7 不同黄土层厚度时的原始记录

4.2 剖面分析

图8为黄土塬地区测线A的叠加剖面，可见，反射特征明显，在600ms，1000ms，1700ms，2500ms附近有明显的连续性强反射。图9黄土塬地区测线B的叠加剖面，反射连续性强，信噪比高。

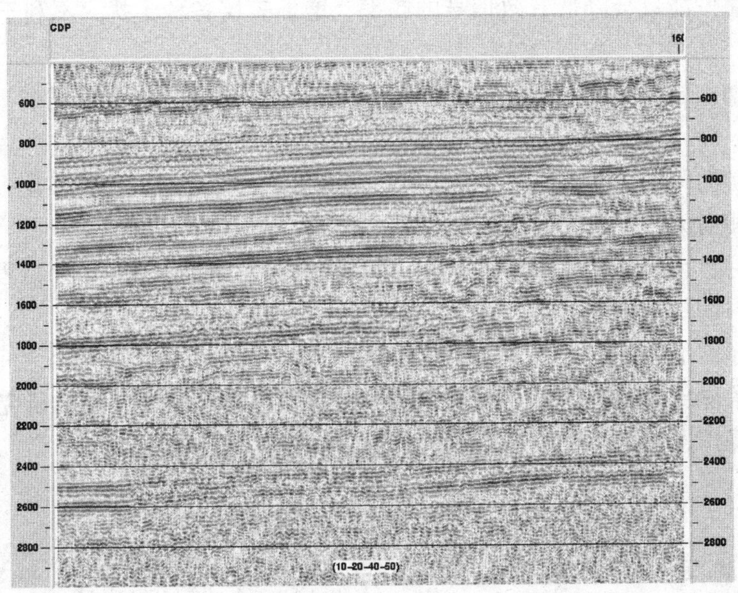

图8 黄土塬地区测线A叠加剖面(20~40Hz)

图 9　黄土塬地区测线 B 的叠加剖面

5　结束语

通过对黄土塬地区激发技术的研究，得出以下认识：

(1) 提高激发能量会降低有效信号的频率，增加表层各种干扰，不利于资料信噪比的提高；

(2) 适当增加激发深度，可以提高有效信号的频率，增强有效信号的能量，提高资料的信噪比；

(3) 黄土塬的厚度对地震记录的品质有一定的影响，厚度相对薄，表层多次波会淹没有效反射，厚度相对大，有效波可以得到较好的显示；

(4) 中深井、小药量、多井组合激发，可以提高激发能量和频率，一定程度地压制表层干扰，提高资料的信噪比。

下一步，还需加强黄土塬表层结构和岩性的研究，加大有效波与噪声之间的差异，进一步改善记录的信噪比。同时还要开展黄土塬地区激发机理和耦合问题的研究，增加下传能量，减少表层噪声，并结合观测方式和检波器特性进行综合研究。

参 考 文 献

1　吕公河，张庆淮，段卫星等，黄土塬地区地震勘探采集技术[J]. 石油物探. 2001，40(2)：84～91

2　吕公河. 地震勘探次生干扰弹性动力学分析[J]. 石油物探，2001，40(3)：76～81

3　吕公河. 地震勘探中振动问题分析[J]. 石油物探，2002，41(2)：154～157

4　钱绍瑚，刘江平，谷永兴. 炸药震源爆炸机制及激发条件的研究[J]. 石油物探，1998，37(3)：1～14

5 吕淑然，杨军．震源炸药在土介质中爆炸效应研究[J]．石油地球物理勘探，2003，38(2)，113～116

6 王永刚，李振春，高洪海．增加深层下传能量的野外试验及理论分析[J]．石油地球物理勘探，2001，36(2)，231～237

7 刘怀山，王玉岭．组合爆炸法在高分辨率地震勘探中的应用[J]．石油地球物理勘探，1990，25(6)：786～790

8 邓志文，倪宇东，陈学强等．复杂山地三维地震勘探采集技术[J]．石油物探，2002，41(1)：15～22

中国南方海相地层下组合地震采集方法研究

杨贵祥[1,2]　贺振华[1]　朱　铉[2]

（1. 成都理工大学，四川成都 610059；
2. 中国石化南方勘探开发分公司，云南昆明 650200）

摘要：中国南方海相地层“下组合”油气勘探领域广泛，但地震地质条件异常复杂，通过近几年的勘探实践，形成了一套实用的野外地震资料采集技术——基于饱和激发概念的激发方法、多检波器组合接收技术、小道距高覆盖次数变观观测技术、浅层反射法与微测井相结合的表层结构调查方法、盒子波调查干扰波技术、针对目标的观测系统设计技术、试验方法与试验资料量化分析技术和复杂山地测量技术、SPS 实时监控系统、适应不同地表的钻井成井技术、闷井方法、精细表层结构调查方法、综合静校正技术等。应用这些方法技术，在黔中—川东南三叠系—震旦系碳酸盐岩裸露区获得了可用于构造解释的高品质地震剖面；大大改善了米苍—大巴山中央造山带推覆构造南沿的地震资料品质，发现和落实了一批构造和岩性圈闭；在江南隆起前震旦系变质岩出露区得到了高品质的地震剖面；提高了中下扬子平原水网地区地震资料的品质。

关键词：“下组合”地层　地震地质条件　采集方法　饱和激发　组合接收　折射－反射联合勘探

中国南方海相地层“下组合”是指上震旦统－志留系为勘探目的层的成藏组合，其分布面积约 $150\times10^4km^2$，其中埋藏于地腹且未变质区的有利勘探面积约 $75\times10^4km^2$，主要分布于四川盆地、黔中隆起及其周缘地区、湘鄂西地区和中下扬子地区等。随着在川东探区海相地层上组合（三叠系－石炭系为勘探目的层的成藏组合）特大型气田（普光长兴－飞仙关组）的发现，南方海相地层“下组合”成为油气资源战略接替的重要区域。

在四川盆地川西南地区威远发现了震旦系灯影组气田，在黔中隆起及其周缘地区发现了麻江“下组合”古油藏和凯里“下组合”残余油藏，近期在丁山 1 井下志留统石牛栏组见到了良好的天然气显示，这些均揭示了扬子地区“下组合”具有良好的油气勘探前景。

1　“下组合”油气勘探综述

1.1　“下组合”油气勘探史

南方海相地层“下组合”油气勘探始于 20 世纪 50 年代，总体上可分为前期勘探（1998 年及其以前）和近期勘探（1999 年及其以后）。大致可分为 3 个阶段：

（1）早期重磁测量和模拟地震阶段（50～70 年代）。在该阶段主要进行了重、磁力测量，在黔中隆起及其周缘、湘鄂西、中下扬子等地区开展了少量的模拟地震工作。由于受当时勘探技术条件、水平的制约，所得资料的可用性差，难以解决局部构造问题，而且未开展针对“下组合”的地震方法研究。

(2) 前期数字地震和大地电磁测深(MT)试验阶段(1981～1998年)。该阶段开展了MT、地震概查与局部详查工作。勘探思路从第1阶段的“以找油为主”逐步转变为“以下古为主，以天然气为主，以背斜为主，以大型为主”。随着方法和装备的进步，开展了针对“下组合”的以数字地震为主，少量MT为辅，寻找“下组合”大型勘探目标的研究工作。“八五”期间，在苏皖南部地区测量了13条MT大剖面；作为国家重点科技项目在中下扬子地区开展了地震方法研究，取得了对4套形变层的认识，局部地区获得了前志留面的反射，在“下组合”发现了一些大型构造。由于钻探效果不甚理想，随着对“下组合”成藏的复杂性和勘探难度认识的进一步深入，“九五”期间勘探任务以“评价研究”为主，明确了保存条件是“下组合”油气成藏的关键因素，针对“下组合”的地球物理技术研究也一度停止。

(3) 近期综合地球物理阶段(1999年至今)。针对前期“下组合”地震勘探中普遍存在的低信噪比问题，开展了地震采集、处理、解释一体化和综合地球物理勘探技术研究，先后在川东地区采集二维地震资料3224.56km(川东南地区2673km，鄂西渝东地区551.56km)，针对鄂西渝东建南构造深层，对526.26km的地震老资料进行了高精度、高信噪比、高分辨率处理；在黔中隆起及其周缘地区开展了区域地震采集技术研究，采集资料163km，信噪比较高，MT概查5000多个物理点；在湘鄂西地区地震概查100.8km；在中下扬子地区采集二维地震资料6445.55km，针对深层重新处理老资料15561.5km，在局部有利地区进行了1∶50000～1∶100000高精度重力勘探，测量了3000多个MT物理点。

1.2 “下组合”勘探目的层地质特征

石油地质研究表明，南方海相地层“下组合”勘探目的层具有特殊的地质特征：

(1) 震旦纪－志留纪原型盆地构造岩相控制了“下组合”生储盖的发育。纵向上，“下组合”烃源岩发育时期与大地构造格局或沉积盆地性质发生重大变革转换时期相吻合，即晚震旦世陡山沱期、早寒武世牛蹄塘期、晚奥陶世五峰期、早志留世龙马溪期是“下组合”烃源岩发育的主要时期。横向上，生储盖展布受岩相控制。在震旦纪－志留纪，中国南方经历了被动大陆边缘盆地(晚震旦世－早奥陶世)、台内坳陷盆地(中奥陶世－志留纪)2个阶段，发育了上震旦统陡山沱组、下寒武统牛蹄塘组、上奥陶统五峰组及下志留统龙马溪组4套烃源岩；上震旦统灯影组、中上寒武统、下奥陶统桐梓组－红花园组、下志留统石牛栏组碳酸盐岩储集岩和志留系砂岩储集岩；下寒武统、志留系泥质岩和中上寒武统盐岩盖层。

(2) 泥盆纪－中三叠世原型盆地的沉积叠加使“下组合”烃源岩热成熟，形成了原生油气藏。在泥盆纪裂陷盆地、石炭纪裂陷－坳陷盆地、二叠纪－中三叠世稳定克拉通盆地的沉积叠加下，扬子地区“下组合”烃源岩进入了生烃高峰期，同时在“下组合”古隆起控制下形成了原生油气藏。乐山－龙女寺古隆起及其周缘和黔东翁安－永和下寒武统烃源岩热演化史的最新研究成果表明，扬子地区“下组合”主力烃源岩下寒武统的生烃高峰期主要为海西晚期至印支早中期，是海西期－中三叠世海相盆地沉积叠加的结果。乐山－龙女寺古隆起及其周缘下寒武统烃源岩的热演化史的模拟结果表明，古隆起南缘坳陷(深1井以南)、南斜坡(深1井以北)及其顶部(资1井)的生烃高峰期存在一定差异，但基本上均位于海西期－中三叠世。位于黔中隆起东斜坡的翁安－永和地区下寒武统烃源岩的生油高峰期为晚二叠世末至中三叠世。

(3) 印支晚期以来的构造叠加改造导致了保存条件的分异。印支晚期以来剧烈的构造叠加改造，不仅使扬子地区东南缘江南－雪峰隆起推覆带及其以南华夏地块的“下组合”生储盖丧失了有效性，也使扬子地区除江南－雪峰隆起推覆带以外其他地区的保存条件发生分异。

(4) 位于齐岳山断裂以西四川盆地东部的川东区块是“下组合”形变最弱区，黔中隆起及其周缘是“下组合”形变较弱区，它们均位于震旦纪－志留纪原型盆地生储盖有利区，是南方“下组合”油气勘探有利区块。

1.3 “下组合”地震资料现状

“下组合”油气成藏极其复杂，经历了从早期成藏、后期多期改造至现今赋存的复杂过程，且复杂的地表及地下条件给地球物理勘探尤其是地震勘探造成了较大困难，导致地震资料信噪比普遍较低。如湘鄂西、鄂东南灰岩出露地区，在地震资料上基本为空白区，1995年采集的资料多为Ⅱ类和Ⅲ类。平原水网地区浅层陆相地层资料品质一般较好，而中古生界地层，特别是“下组合”地震资料品质一般较差，如江汉盆地南部侏罗系覆盖地区海相地层资料Ⅰ类剖面可达40%，在构造顶部侏罗系剥蚀区海相地层资料Ⅰ类剖面仅在5%左右；苏北地区针对海相中、古生界印支面Ⅰ类剖面达14%，前志留面Ⅰ类仅在1%左右。在四川盆地及其周缘的“下组合”地层分布区，白垩系－侏罗系砂泥岩覆盖区的地震资料一般较好，特别是侏罗系砂泥岩覆盖区激发、接收条件优越，能初步解决高陡构造成像问题；在碳酸盐岩出露区地震资料品质较差。

1.4 “下组合”油气勘探工作难点

(1) 现有的“油气成藏理论”尚不能充分指导南方海相地层“下组合”油气成藏研究，适用的有针对性的油气综合评价技术方法系列需进一步完善。“下组合”油气成藏极其复杂，现今成藏各要素及油气藏赋存状态是漫长地质历史过程中经历复杂演化的结果，油气成藏理论虽然从早期的“槽台学说、背斜控油理论”、前期的“天然气成藏理论”发展到近期的“多次生烃、多期成藏理论”，但仍难以满足“下组合”复杂、动态成藏过程研究的要求。经过50多年的探索和研究，发展了一系列针对构造精细解释、储层识别预测评价、圈闭评价的技术系列，但要适应“下组合”特殊石油地质条件，还需进一步完善。

(2) 现有的地震勘探技术难以适应南方海相地层“下组合”的复杂地震地质条件。南方碳酸盐岩地区地表或为崇山峻岭，或为河湖纵横，激发、接收条件复杂；地腹褶皱断裂发育，地层倾角陡，给资料的采集和处理造成较大困难。

由于多层次、多期次的推覆和滑覆，多方向、多阶段断裂的交叉和多期次、多机制的岩浆活动等，造成了南方地区地球物理条件复杂和多样。复杂的构造使得波的传播速度在纵、横向上存在较大的差异，造成波场复杂，成像困难；巨厚的沉积地层和地层间较大的物性差异，产生了较强的地震反射，致使地震波能量下传困难，深层反射能量较弱。因此，“下组合”的地震工作难度大，主要表现在：①可供鉴戒的经验少；②地层时代老，地震波阻抗差异小，界面反射信号弱；③地层埋藏深，地震波衰减严重；④后期改造强烈，由于上组合构造复杂、变形强烈，增加了“下组合”物探工作的难度，部分地区存在“地震窗”问题；⑤勘探区大部分是地表碳酸盐岩裸露区，电磁勘探噪声干扰大，表层的非均质性造成地震散射严重，地震激发接收条件差；⑥山前带表层条件复杂，难以获得逆掩推覆构造信息；⑦“下组合”构造复杂，信噪比低，利用单一地球物理方法难以完成地质任务。

2 地震采集关键技术

南方地区勘探领域广，根据地表激发接收条件和获取地震资料的难易程度，可以分为侏罗系砂泥岩覆盖区、碳酸盐岩出露区、平原水网区等。

2.1 激发方法

炸药震源具有较强的能量，但药量的选取要根据激发岩性、勘探深度、最大炮检距和仪器的灵敏度等来决定。在上述因素不变的情况下，适当增加药量，可以使有效波的振幅得到加强。但是，当药量增加到一定时，药量的增加不仅不能使反射波振幅强度明显提高，反而会增加干扰波的能量，基于岩石物理学、岩石力学和炸药激发地震波的理论，对药量进行了定性、定量分析。图1为药量试验对比图，可见，激发能量随着药量的增加而增加，但当药量增加到一定程度后，再增加药量，振幅和能量不再明显增加。我们称这个药量为饱和药量。分析图1b可知，①10～20Hz低频能量随着药量增加明显增加，反映的主要是面波、地滚波等干扰波能量；②20～40Hz，30～60Hz，40～80Hz和60～120Hz频段的能量，在药量达到14～16kg后，增加变缓，即达到了饱和；③随药量的增加，低频能量的增强幅度要大于高频，当药量大于16kg，反射波能量的增强要远远小于低频干扰能量的增强；④药量较小时，低频损失很大。

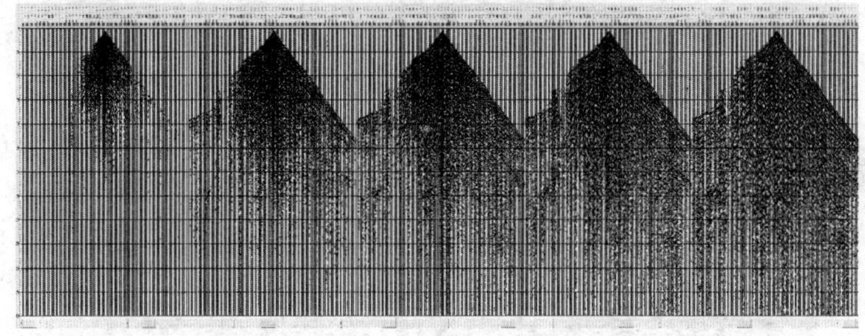

(a)单炮记录

(b)振幅随药量变化曲线

图1 饱和激发试验

分析应力－应变关系可知，饱和激发能满足线性叠加特性。因此，针对“下组合”勘探，我们提出了基于“饱和激发”概念的激发方法。

2.2　接收技术

2.2.1　检波器选型

对 CDJ－ZG－15Hz，20DX－28Hz，20DX－38Hz，SN7G－14Hz，SN7C－28Hz 和 SN4－10Hz 6 种检波器的单炮记录和叠加剖面进行了对比和分析，最终确定 SN4－10Hz 检波器为最佳检波器。

2.2.2　检波器埋深

检波器埋置试验表明，25cm 坑埋实较之不埋实，地震记录的信噪比高，同相轴连续性好。为此，我们采取坑深大于(或等于)20cm，并掩埋成“斗笠”状的埋置方式，以确保检波器插在硬土上，同时防止漏电和干扰。

2.2.3　水下检波器

利用压电检波器进行水中接收可以减少空道，增加地下反射信息(图 2)。在测线过河流、水库时，利用 3 种检波器联合进行资料采集，以确保覆盖次数。在水深大于 1.5m 时，用压电检波器；在水深小于 1.5m 时，用水上专用动圈检波器；陆上检波器则使用防漏电的密封插头。

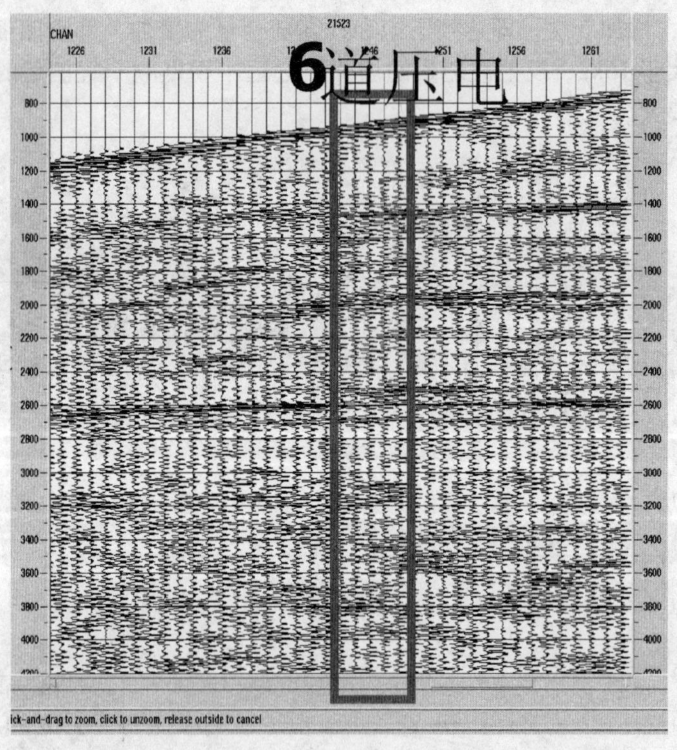

图 2　压电检波器效果

2.2.4　检波器组合

通常采用检波器组合来压制由激发产生的次生干扰。面积组合可以压制不同方向的干扰波，但组合过大，会使微弱的高频信号受到压制。因此，需通过干扰波调查，对各种干扰的影响进行分析，计算出干扰波半径，然后再进行组合试验，来确定组合参数。

我们进行了线性组合和面积组合试验。通过对比分析认为，组内距为 1m 的面积组合较之组内距为 1m 的线性组合和 0.5m 的面积组合，在压制干扰、突出有效波的主频和能量方面要好。确定组内距为1m的面积组合适合“下组合”勘探。

针对地表碳酸盐岩出露区岩石破碎的特点，开展了检波器个数试验，结果表明，增加检波器个数，有利于压制散射干扰，提高“下组合”反射信号的信噪比。

2.2.5 新型检波器

为了能更好地检测“下组合”的弱信号，我们进行了新型检波器(SM-24型)试验，图3为试验效果对比图。由图可见，新型检波器提高了深层弱信号的检测能力。

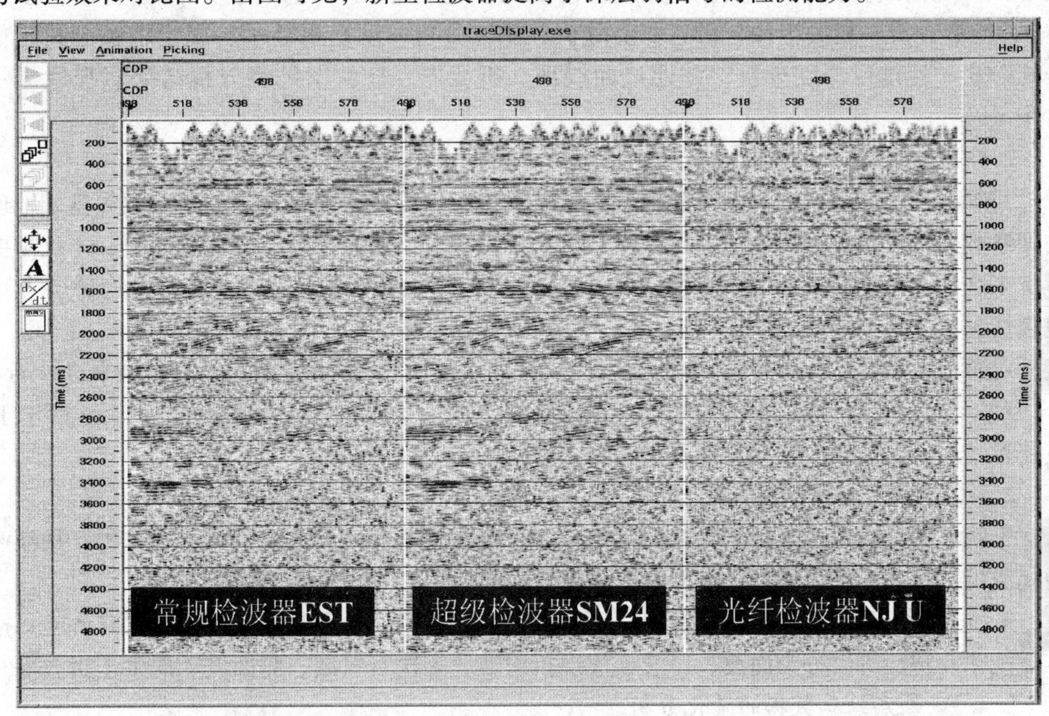

图3 检波器性能对比

2.3 观测系统设计技术

进行了基于模型分析的复杂山地采集工程设计。设计核心思想是，以勘探任务为目标，通过科学论证来确定设计技术和施工设计方案，利用卫星遥感技术进行点位优选，面向勘探目标进行动态实时观测系统设计。

(1)在现有的采集、处理、解释设备和勘探对象实际情况的基础上，结合地质任务，以提高资料品质(信噪比，分辨率，保真度)为目标，实现激发、接收、观测系统优化和覆盖次数匹配。

(2)利用卫星遥感数据体提供的地形、地物和地表岩性资料，结合野外踏勘资料，进行炮点和检波点的布设以及表层调查点的优选，从平面和空间上辅助地震勘探设计，最大限度地降低地面因素的影响。

(3)在进行观测系统设计时，以地球物理模型为基础，依据不同的地表、地下地质条件进行动态地针对性的设计。目的是为了增强对陡倾角地层反射信息的接收能力，避开由地表形成的强干扰。具体方法包括：大炮检距观测方式、小道距高覆盖观测方式、变观加密方式、增加构造顶部的覆盖次数等。采用正演技术模拟地下反射来设计观测系统是该项技术的关键。一般，在构造顶部均要增加叠加次数；在构造陡倾方向适时改变观测方式可以较准确地获得地下地质信息，但绝对不能因地势改变观测方式。

针对“下组合”特点，采用多种采集设计软件进行参数论证，并在试验基础上进行二次论证。

2.4 规范资料和量化分析

我们针对不同的地震地质条件规范试验方案，并对试验资料进行定量分析，优化采集参数。规范试验资料和量化分析方法包括规一化与非规一化频谱分析(叠合谱，多道谱)、能量分析、相关半径分析、Q值分析、滤波分析、动平衡显示、固定增益分析、信噪比分析、速度－深度分析，并通过曲线图、折线图、柱状图等将分析结果直观地显示出来。

2.4.1 观测系统的量化分析

对纵向和横向分辨率、面元和道距、最小和最大炮检距、非纵距、覆盖次数等基础地球物理参数进行了量化分析。覆盖次数是观测系统量化分析的重点。选择覆盖次数，不仅需要考虑工区以往和周边工区的勘探情况、特殊地质构造、特殊岩体(如火成岩，盐膏层等)、地表情况等，还要考虑地质任务。

对覆盖次数的量化分析是针对主要目的层(如主力油层)的埋深和地表障碍物来进行的。

对不同观测系统覆盖次数的量化分析是针对不同炮检距范围覆盖次数的分布是否均匀、主要目的层段的覆盖次数是否达到设计要求进行的。

2.4.2 干扰波的量化分析

干扰波的种类很多，根据噪声的出现规律可分为规则噪声和无规则噪声两大类；从噪声的起源可以将分为环境噪声、有源噪声和地震仪器(或资料处理中产生的)噪声。

干扰波量化分析的重点是有源噪声。有源噪声是在激发地震有效反射波的同时产生，按传播规律和特性可以分为面波、声波、浅层折射波、多次折射波、侧面波、次生干扰波等。

2.4.3 表层结构数据的量化分析

对于表层结构简单地区，表层的深度、厚度、速度等参数可以通过微测井、小折射方法得到。但对于近地表复杂地区，则需要利用多种方法进行点－线－面联合调查，并通过对多种资料的综合解释，得到近地表的地震地质参数。对表层结构数据量化分析实质上就是分析优选出不同区域的较好的表层结构调查方法。

2.4.4 激发因素的量化分析

对激发因素的量化分析重点是井深，可以通过量化分析，科学地确定激发深度。井深的确定需要考虑虚反射界面、最高频率、爆炸半径、激发岩性等。

2.4.5 单炮记录的量化分析

对野外单炮记录进行量化分析的目的是剔除坏道、评价记录、分析影响野外资料质量的采集因素。量化分析的主要内容有：噪声检测、频率扫描、主频及频宽分析、信噪比分析、能量分析、逐道频宽扫描、频谱分析等。噪声检测包括初至干扰、野值干扰、低频干扰、高频干扰，以及综合检测和面波频谱分析等。

2.5 其他配套的采集技术与措施

在进行“下组合”勘探时，还采用了复杂山地测量技术、SPS实时监控系统、适应不同地表的钻井成井技术、闷井方法、精细表层结构调查方法、干扰波调查方法(如盒子波技术)、综合静校正手段等。

3 勘探实例

在南方海相地层“下组合”分布区，白垩系－侏罗系砂泥岩覆盖区的地震资料较好，特别是侏罗系砂泥岩覆盖区的激发接收条件优越，能初步解决高陡构造成像问题。

碳酸盐岩出露区的地震资料品质较侏罗系砂泥岩覆盖区差，但通过有针对性地方法研究，在黔中－川东南三叠系－震旦系碳酸盐岩裸露区获得了可用于构造解释的高品质地震剖面；在中央造山带(米苍山，大巴山)推覆构造南沿地震资料品质明显提高，发现和落实了一批构造和岩性圈闭；在江南隆起前震旦系变质岩出露区－地震勘探禁区得到了高品质的地震剖面；在鄂西渝东地区采用基于模型的采集、处理、解释一体化策略，取得较好效果。

3.1 实例1：川东南地区

3.1.1 地震地质条件

川东南地区地表条件复杂，地形起伏大，植被发育，悬崖多，村镇密集；存在灰岩出露区和山前坡积带；断层发育，各断块间接触关系复杂；地层厚度、产状变化大。

在川东南地区海相地层“下组合”存在2个油气系统：①震旦系－下奥陶统油气系统。该油气系统以下寒武统牛蹄塘组深灰色－黑色泥、页岩为有效烃源岩，以震旦系灯影组及中上寒武统白云岩为储集岩，以下寒武统、下奥陶统泥页岩为盖层；②上奥陶统五峰组－志留系油气系统。该油气系统以上奥陶五峰组及下志留统龙马溪组为有效烃源岩层系，以下志留统石牛栏组为储集层系，以中下志留统韩家店组为盖层。

3.1.2 采集方法与效果

在川东南涪陵、天堂坝等地区采用高覆盖次数、小道距、变观观测技术获得了高品质的地震资料。为解决地震资料信噪比低的问题，设计叠加次数比以往有较大幅度提高，最低叠加次数不低于80次，在构造顶部达到120次，“下组合”地层资料的信噪比得到较大程度的提高。

在构造平缓区采用30次覆盖，40m道距，观测系统为4820－60－0－60－4820；在碳酸盐岩裸露区、高陡背斜核部采用60次覆盖，20m道距，480道接收，观测系统为4840－60－0－60－4840；在高陡构造带翼部采用60次覆盖，接收道数大于450道，在地层的上倾方向接收道距为20m，在地层的下倾方向接收道距为20m(或40m)，观测系统为6020(20m/40m)－60－0－60－4840(20m)和4840(20m)－60－0－60－6020(20m/40m)。

采取的主要措施有：①按激发岩性分区；②“避高就低、避陡就缓、避碎就整、避土就岩”，精选炮井；③采用“深井、变药量、饱和激发”方式，提高激发能量；④利用多种类型的钻机钻井，确保激发井深；⑤采用灌水闷井的方式，改善藕合条件；⑥采用全密封电缆；⑦检波器挖坑埋置；⑧强化戒严；⑨在保证勘探精度的前提下，最大限度地改善激发条件；⑩在详细踏勘的基础上，根据测线及附近出露的岩性确定单井药量和钻机类型；⑪根据测线及附近的构造特征、地物特征，优化观测系统设计；⑫通过模型正演、超小道距试验，选择适宜的观测系统，改善高倾角地层成像能力。

图4为不同岩性出露区的单炮记录，可见，不同岩性出露区记录的品质有明显差异。在白垩系、侏罗系出露地表激发接收的剖面品质较好，浅中深层地震反射波组齐全，能量强，同相轴连续性好，反射特征清晰，具有较高的信噪比和分辨率[图4(a)和图4(b)]；上三叠系须家河组粗砂岩和二叠系雷口坡组杂色页岩、灰岩地层，吸收衰减严重，激发和接收条件差，记录整体面貌表现为低频，面波发育，信噪比低，波组特征不明显，高陡背斜带、复杂

构造带的资料比产状相对平缓区差[图4(c)和图4(d)]。

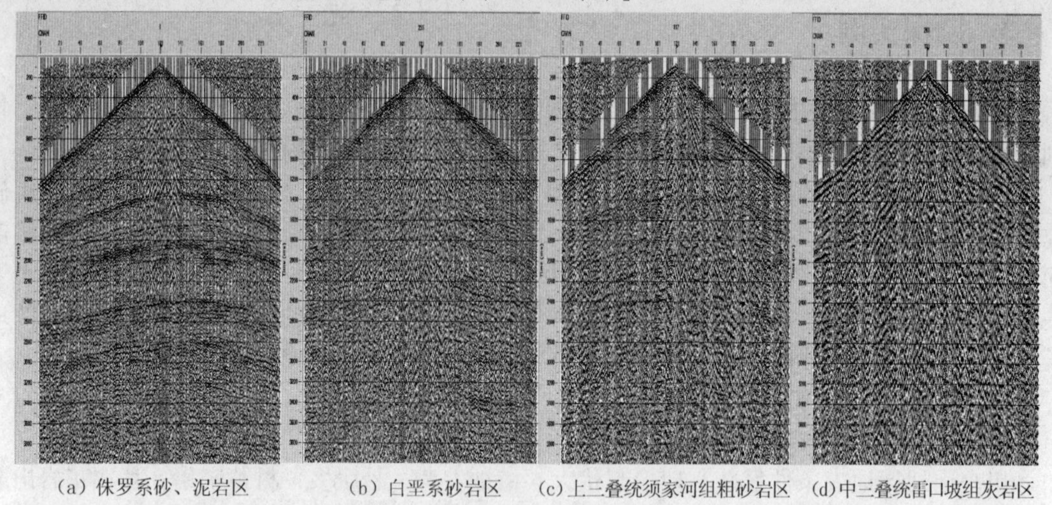

(a) 侏罗系砂、泥岩区　(b) 白垩系砂岩区　(c) 上三叠统须家河组粗砂岩区　(d) 中三叠统雷口坡组灰岩区

图4　不同岩性出露区的单炮记录

在白垩系、侏罗系、三叠系出露区，如表层为含水性好的砂、泥岩，地震激发接收条件较好，资料信噪比较高，地震界面连续性好，反射层丰富，波组关系清楚、稳定，可大面积连续追踪；如果地层产状较陡，表层含水性差，资料的品质变差。

在三叠系、二叠系及其以下老地层灰岩出露区，如果地层产状较陡，含水性差，速度纵横向变化差异大，检波器埋置条件差，将造成地震波场复杂、混乱，频散严重，导致激发能量不均匀，有效波衰减快，难以获得连续地震反射，原始记录的振幅、频率都存在较大的差异；但是，如果地层产状较平缓，表层含水性较好，同样可以得到较好的资料。

图5和图6为川东南林滩场和丁山构造带灰岩出露区的地震剖面，可见，资料的品质得到了较大的提高。利用针对“下组合”的地震采集技术，在二叠系(P)灰岩出露区获得了可供构造解释的地震资料，在侏罗系覆盖区获得了可供岩性预测的地震资料。在丁山构造地带，除了煤田采空区外，都得到了“下组合”各反射界面的有效反射波，大型鼻状构造特征清楚。利用该技术在涪陵地区高陡构造的下盘获得了清晰的潜伏构造地震反射特征。

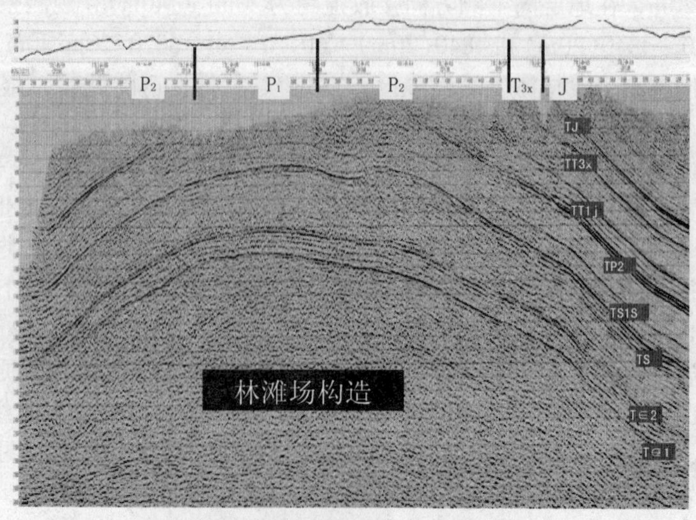

图5　林滩场灰岩出露区剖面

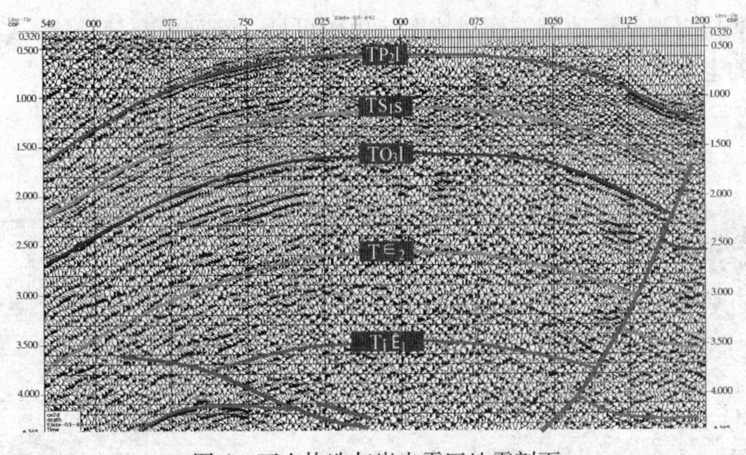

图6 丁山构造灰岩出露区地震剖面

3.2 实例2：通江－南江地区

3.2.1 地震地质条件

通江－南江地区地形起伏大，悬崖峭壁多，存在大面积灰岩出露区和山前坡积带。

3.2.2 采集方法与效果

在灰岩裸露区的采集参数是：观测系统为5620－40－0－40－4020，接收道数为480道，道距为20m，炮距为80m，覆盖次数为60～90次，采样率为1ms，记录长度为8s，井深18～24m，药量8～10kg，高能炸药，SN4－10型检波器，面积组合。在砂岩区的采集参数是：4820－60－0－60－4820观测系统，接收道数为240道，道间距为40m，炮间距为160m，覆盖次数为30次，采样率为1ms，井深为18～20m，药量为12～14kg，高密成型炸药震源，SN4型检波器，面积组合。

采取了详细踏勘、优化采集工艺、深井饱和药量激发、山前坡积带组合激发等措施。

图7为通江－南江地区的地震剖面，清楚地显示出2套形变层构造特征，下形变层的三角结构特征清晰，成排的构造显示良好。

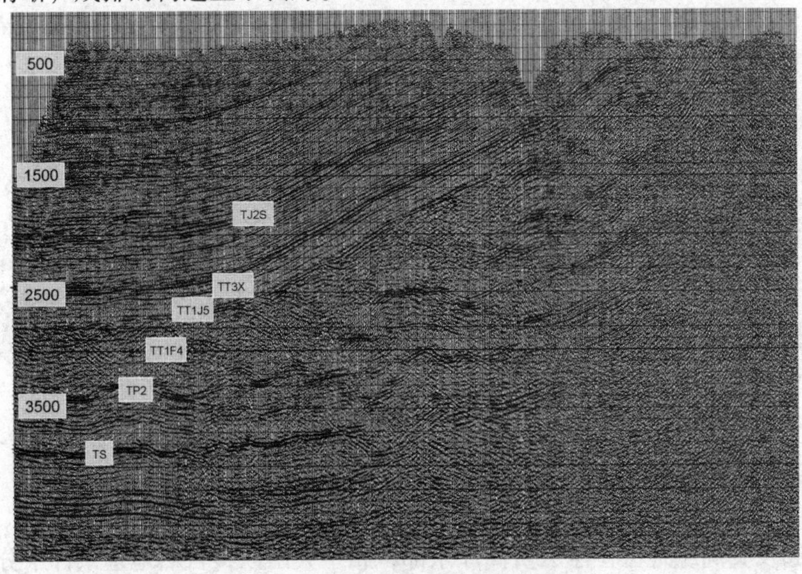

图7 通江－南江地区地震剖面

图 8 为碳酸盐岩裸露区地震剖面对比图。由图可见，新剖面在信噪比、结构特征等方面明显优于邻区的老剖面。

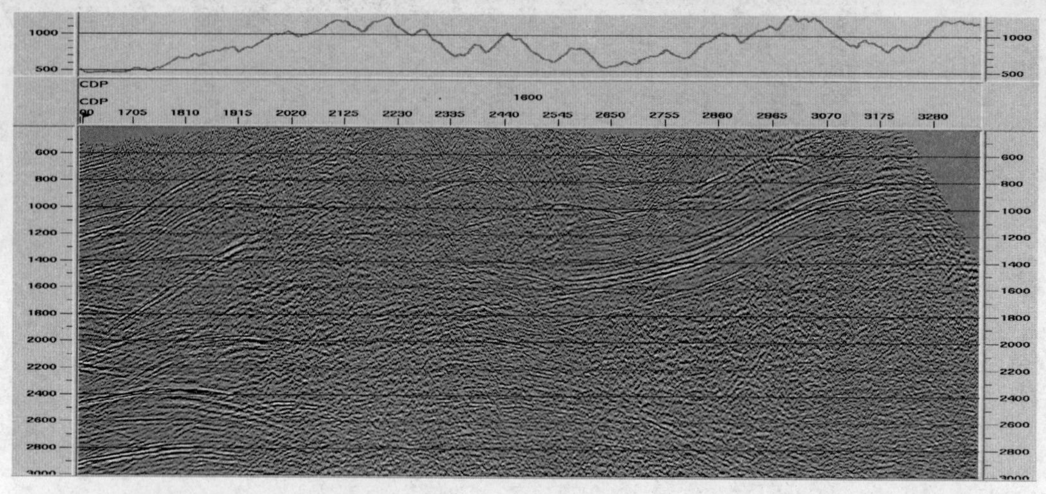

(a)通江地区(2004 年)

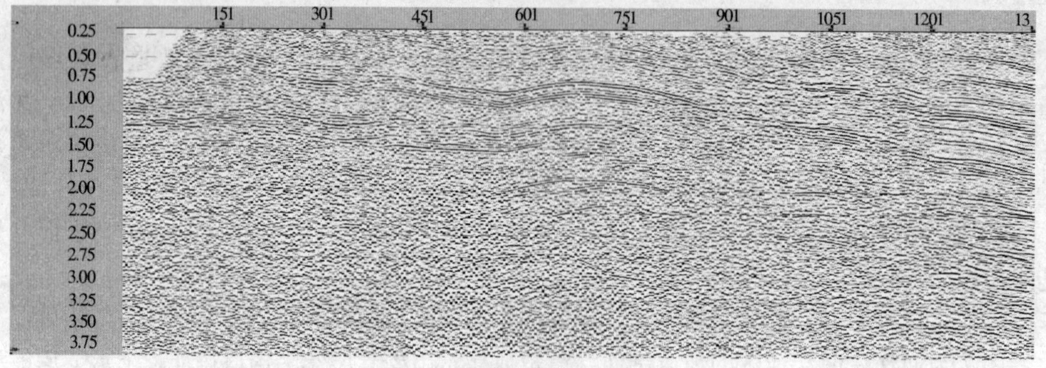

(b)天堂坝地区(2004 年)

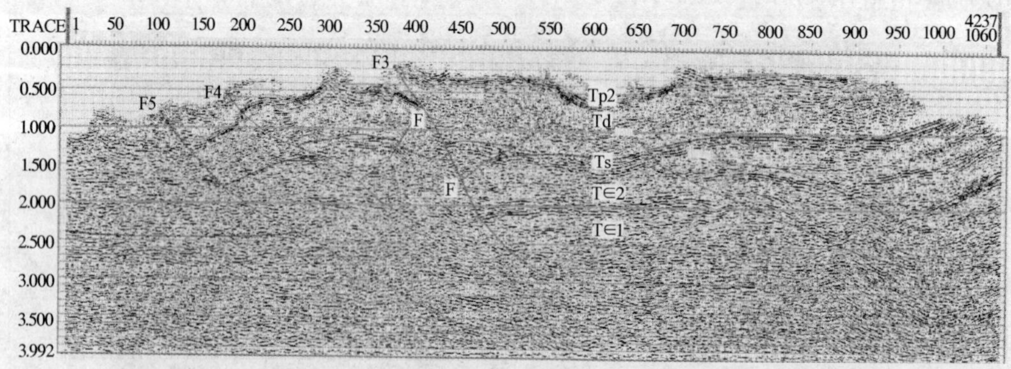

(c)鱼皮泽地区(1997 年)

图 8　碳酸盐岩裸露区地震剖面对比

3.3　实例 3：黔中隆起及其周缘地区

3.3.1　地震地质条件

黔中隆起及其周缘地区位于云贵高原东部，属于大山区，自然地理条件十分恶劣。表层为未固结的第四系和出露的碳酸盐岩，喀斯特地貌发育，岩石坚硬，溶洞、裂隙发育；第四系风化层厚薄不一，表层结构纵、横向变化大；地表植被繁茂、起伏剧烈，高差大，通视条件、交通条件差；存在大量民居、水库、河流等禁炮区和随机干扰源。

深部断层发育，部分地区地层陡倾，构造复杂，岩溶发育，碳酸盐岩地层对下覆地层产生屏蔽作用。

3.3.2 采集方法与效果

针对该区复杂的地震地质条件，采取了以下措施：

(1) 开展地面地质调查，为井位的选择、井深的设计提供依据。

(2) 开展干扰波调查，利用“盒子波试验”进行波场调查，分析干扰波的成因、规律及其对资料的影响程度；通过检波器组合试验，确定保护有效波、压制环境噪声的最佳组合参数，探讨岩石裸露区检波器的安置方法。

(3) 开展近地表结构调查，利用单井微测井、双井微测井、浅层反射波法、钻井和录井、地质调查等方法，建立精确的近地表结构模型，获取精确的静校正量。

(4) 开展照明技术应用研究，根据深层地质构造情况，建立合适的观测系统及现场采取灵活的变观设计，以确保主要目的层段的有效覆盖次数。

基本地震采集参数为：5390－10－20－10－5390(540道中间对称放炮排列)观测系统，接收道数为540道，道间距为20m，炮间距为60m，偏移距为10m，最大炮检距为5390m，覆盖次数为90次，采样率为2ms，记录道数为360道；单深井激发，井深为18～24m，药量为18～20kg；JF－20DX－10型检波器，6串2并方式，每道2×12个检波器，矩形面积组合(组内距1.5m，组合基距$L_x=10.5$m，$L_y=3$m)，挖坑埋置，坑深大于(或等于)20cm。采用中间对称观测系统。

通过“点－段－线”试验，最终采用高覆盖、小点距、大排列、饱和药量的采集方案，获得了丰富的碳酸盐岩裸露区的地下反射信息。

图9为黔中大方段地震剖面，剖面品质较高，清楚地显示出大方构造稳定的基底反射特征，以及中寒武底界和下寒武底界稳定的反射波组特征。图10为黔中以勒段地震剖面，在以二叠系和三叠系灰岩出露地表为主体的黔北坳陷，在以勒背斜核部出露了寒武系地层，利用“下组合”勘探方法获得了品质较好的资料，并发现在黔北坳陷存在多个潜伏构造。图11为黔中雪峰段地震剖面，在变质岩出露区，针对“下组合”的勘探，获得了雪峰推覆体板溪群变质岩下的有效反射，发现了雪蜂推覆体的形迹。

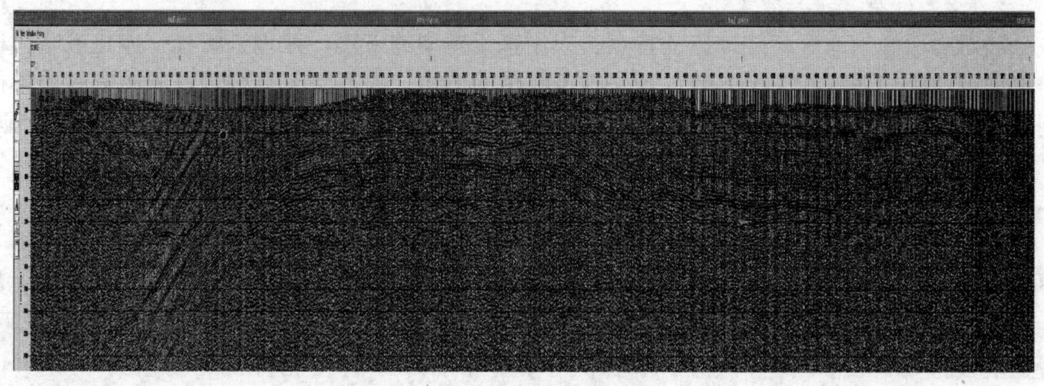

图9 黔中大方段地震剖面(2004年)

图 10 黔中以勒段地震剖面(2004 年)

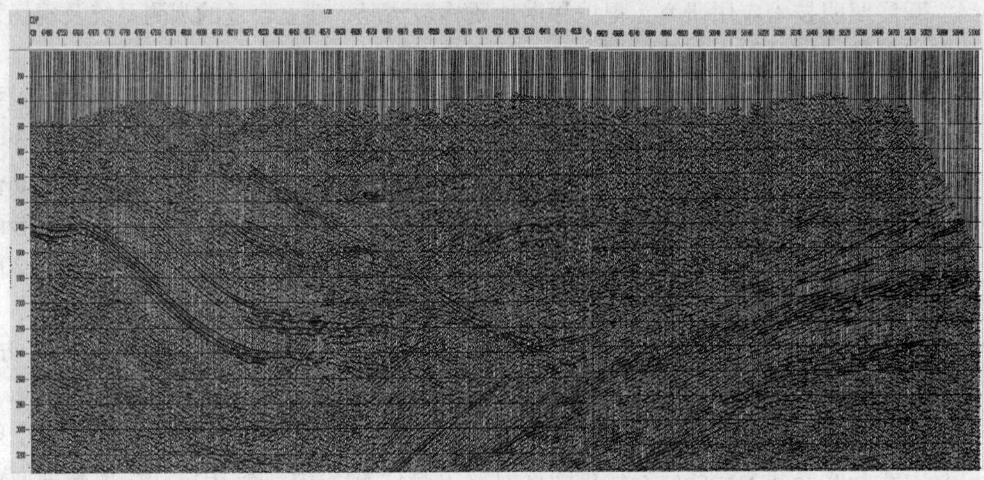

图 11 黔中雪峰段地震剖面(2005 年)

3.4 实例 4：鄂西渝东地区

3.4.1 地震地质条件

鄂西渝东地区地表出露以侏罗系砂泥岩为主，地表高差大，地下构造高陡。

3.4.2 采集方法与效果

针对鄂西渝东地区高陡构造的特点，采用基于模型的采集、处理、解释一体化策略，科学论证设计观测系统和采集参数，加强施工质量的监控，使高陡复杂构造的原始资料质量得到了大幅度提高。采取的主要措施有：①利用模型正演方法对观测系统设计进行科学论证；②分析不同道距、覆盖次数、偏移距、观测方式的试验资料，优化采集参数；③分析不同岩性点的试验结果，确定合理的激发参数。

基本地震采集参数为：观测系统为 4900 - 140 - 0 - 140 - 4900，2500 - 140 - 0 - 140 - 7300，7300 - 140 - 0 - 140 - 2500；道距为 40m，接收道数为 240 道；在灰岩段，覆盖次数为 60 次，单深井激发，井深大于(或等于)17m，高密炸药，药量 12 ~ 18kg；在砂泥岩段，覆盖次数为 30 次，单深井激发，井深大于(或等于)20m，中密炸药，药量为 9 ~ 14kg；SSJ - 10 型检波器，双串 18 个检波器沿等高线线性组合，组内距 1m，组合基距 16m。

图 12 是鄂西渝东地区建南“下组合”构造的地震剖面，2 套形变层结构特征清楚，“下组

合”构造形态清晰。

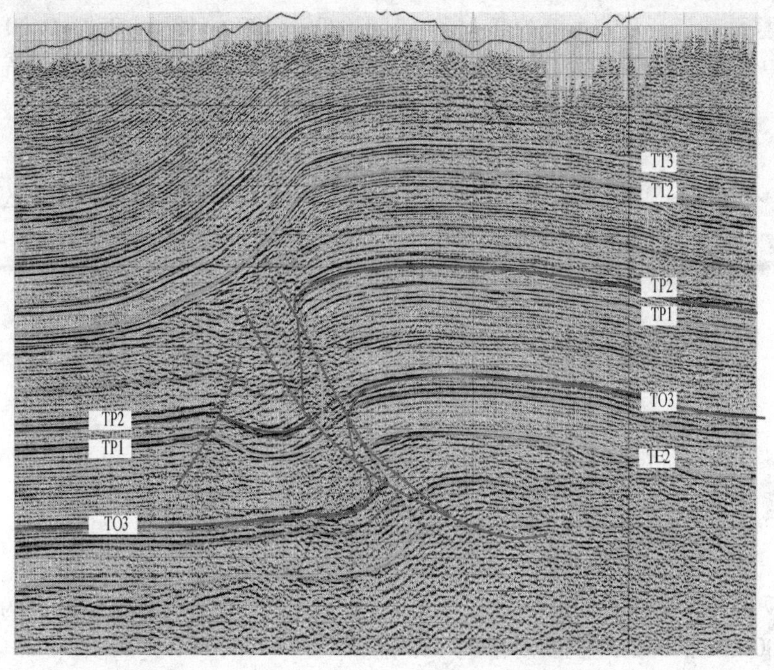

图 12 鄂西渝东地区“下组合”构造地震剖面

3.5 实例 5：下扬子地区

3.5.1 地震地质条件

下扬子地区以平原水网为主，苏南和安徽局部为丘陵地带，海拔较低。丘陵地区的地形多为洼地，深度从几米到几百米，岩性大多为冲积的黏土层，高隆部位多为岩石裸露或风化层，比较坚硬，横向上低、降速带变化较大。平原水网地区岩性多为胶泥、沙土(或流沙层)和淤泥，低速带变化相对不大，激发条件胶泥最好，沙土(或泥沙层)次之，淤泥最差。

下扬子地区深层地震地质条件随着构造的变化而不同，中新生界以陆相碎屑岩为主，厚度不等，地层产状相对平缓；海相中古生界碳酸盐岩地层顶界面 - 印支面反射强，特征明显，可以全区追踪；海相中古生界内部，存在碳酸盐岩与碎屑岩岩性界面，有或强或弱的反射；在后期改造剧烈的地区，断裂发育，界面弯曲或倾角变化大，内幕反射特征不清。

3.5.2 采集方法与效果

下扬子地区海相地层“下组合”反射信号能量弱，信噪比低，受复杂地表条件和上覆地层的影响，多次覆盖共中心点叠加成像质量不高。为了改善深层数据质量，我们针对“下组合”进行了宽线地震和反折射联合勘探方法研究。宽线地震采用 3 线 2 炮/2 线 3 炮方式，反射 - 折射联合勘探采用长排列观测方式。

选择在下扬子句容地区开展反射 - 折射联合勘探研究。句容地区干扰波强，通过“盒子波”试验确定了检波器的最佳组合方式。根据正演模型分析结果，结合先期试验资料，确定观测因素为：双井组合激发，井深 15m(高速层)，药量为 12kg ×2；3 串 27 个检波器线性组合，组内距为 2. 5m，组合基距为 65m(垂直排列)，道距为 20m，接收道数为 780 道，炮间距为 120m，叠加次数为 120 次；观测系统为 0 - 250 - 15830/20 × 130 和 15830 - 250 - 0/20 × 130；SYSTEMⅡ有线遥测地震仪，采样率为 2ms，记录长度为 8s，前放增益为 24dB，宽档滤波。反射 - 折射联合观测采用共深度面元折射法，采集参数为：道距 20m，接收道数为 780

道，3 串检波器垂直线性组合，组内距 2.5m，双边端点发炮，炮距为 120m，覆盖次数为 130 次，每放一炮移动 6 道，观测系统为 0 - 250 - 15830/20 × 130，15830 - 250 - 0/20 × 130。

图 13 是单线与宽线勘探效果对比图，可见，宽线剖面的信噪比较单线剖面有明显提高。

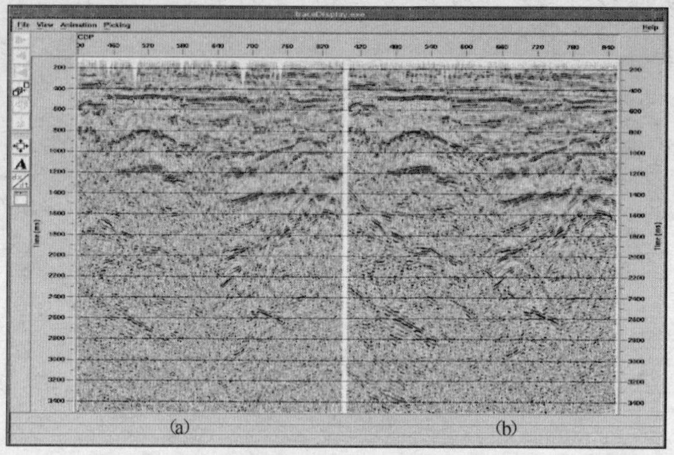

图 13　单线(a)与宽线(b)剖面对比

图 14 是反射与反射 - 折射联合勘探效果对比图，在反射 - 折射联合勘探的叠加剖面上，"下组合"(2000ms 以下)的地震反射得到了改善。

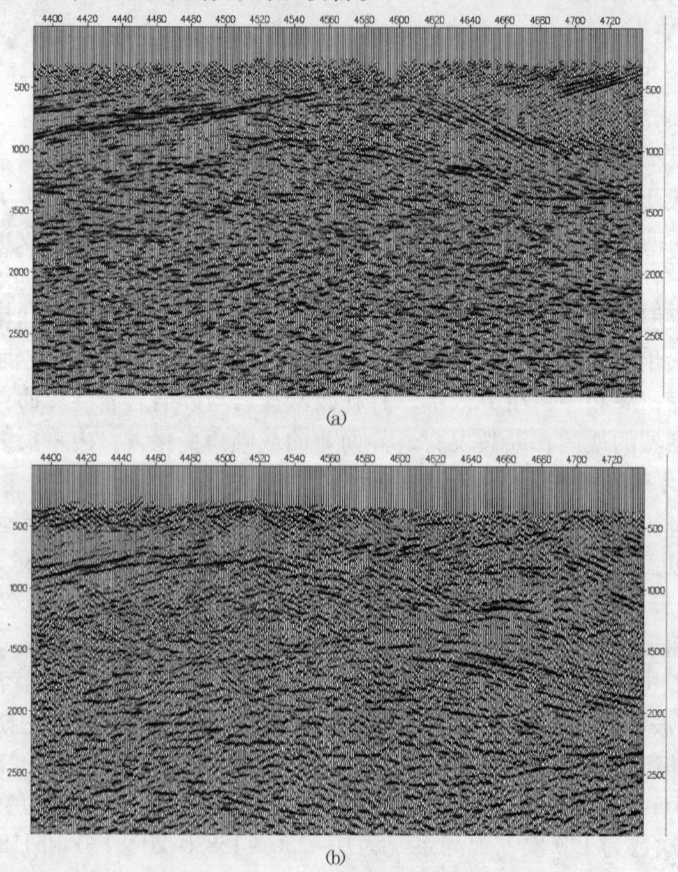

图 14　反射(a)与反射 - 折射联合(b)观测效果对比

4 结束语

中国海相地层“下组合”采集方法的研究结果和实例表明，下一步的工作重点是：

(1) 开展提高反射能量、信噪比和成像质量的地震勘探技术，以及配套处理方法研究；

(2) 针对低信噪比和复杂构造地区进行基于模型的采集、处理、解释一体化与基于真实地表的叠前成像方法研究；

(3) 针对碳酸盐岩出露区开展配套的处理方法研究；

(4) 针对平原水网区“下组合”波阻抗界面不明显、地震勘探难度大等问题，开展地质—地球物理方法研究。

参 考 文 献

1 董敏煜. 地震勘探[M]. 山东东营：石油大学出版社，2000，17～73

2 阎世信等. 山地地球物理勘探技术[M]. 北京：石油工业出版社，1999，1～58

3 陈禹页，黄庭芳. 岩石物理学[M]. 北京：北京大学出版社，2001，1～75

4 李代芳，杨雁清. 干扰波调查技术在JS地区的应用[J]. 石油物探，2003，42(3)：402～405

5 黄东定，陈迎春，唐成鸽等. 黄桥—如皋地区地震采集方法效果分析[J]. 石油物探，2004，43(2)：176～180

6 赵军国，宋玉龙，魏福吉等. 山前带地震采集技术研究——新疆和田桑株地区采集实例[J]. 石油物探，2003，42(2)：224～228

7 杨雄，刘泰生，刘斌. 碳酸盐岩地区地震勘探采集方法研究[J]. 石油物探，2003，42(3)：361～364

8 熊翥. 复杂地区油气地球物理勘探技术(数据采集)[M]. 北京：石油工业出版社，1999，39～152

川东北通南巴灰岩地区地震勘探采集技术

郑国庆　吴树奎　何新平

（中国石化中原石油勘探局物探公司，河南濮阳 457001）

摘要：川东北通南巴灰岩地区表层结构复杂，地震波场混乱，构造成像困难。针对这个问题：①进行了激发井深试验，试验结果说明在高速层激发效果较好；②研究了灰岩区含水条件下使用不同炸药类型的激发效果，在该区使用高能炸药可以提高激发能量；③基于地质模型进行了观测系统设计研究，并探讨了不同观测系统的实际应用效果，根据该区实际地质地震条件设计观测系统为 3640－60－(20)－60－6040 不对称观测系统；④进行了灰岩激发条件试验，采用水泥、清水和稠泥三种方式封井，清水封井对提高激发效果有明显作用。将上述方法应用于实际地震资料采集中，地震剖面的品质得到了较大的改善。

关键词：通南巴构造　灰岩地区　地震资料　采集技术　激发　接收　观测系统设计

通南巴构造位于南秦岭逆掩推覆构造南部。从地表出露岩性上看，南部分布有侏罗系、白垩系的陆相砂泥岩沉积。北部地层逐渐变老，从三叠系到震旦系地层均有出露(图1)。从构造上看，在通南巴构造和南秦岭逆掩推覆体之间存在一个明显的倾斜高陡构造带。该区勘探难点主要表现在北部灰岩地区表层结构复杂，波场混乱、构造成像困难和高陡构造带与两边地层接触关系模糊等方面。

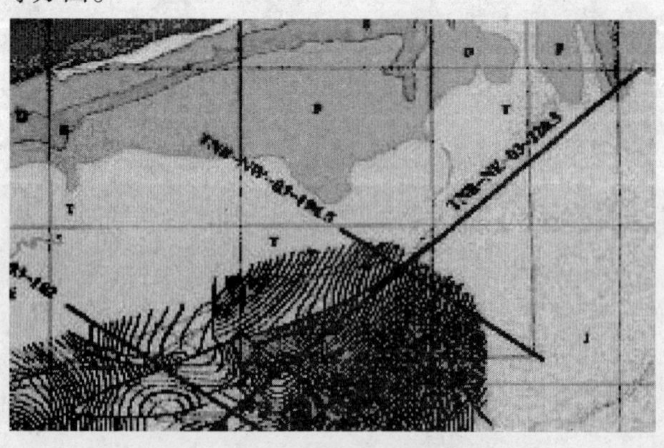

图1　通南巴地区表层岩性分布

1　近地表结构分析

灰岩区表土覆盖较少，地表出露多数为风化灰岩，速度在 1500～2100m/s，厚度为 3～13m。下伏灰岩根据出露地层不同速度也有明显差异，一种速度在 3500～4500m/s，更深的一种速度则在6000m/s以上。这种差异在单炮记录中表现十分明显。图2是182测线灰岩区的原始单炮，从中可以明显看出浅层直达波速度3500m/s左右，折射层速度6000m/s左右。浅层直达波速度3500m/s的灰岩主要属于三叠系雷口坡组和上嘉陵江组的白云岩和石膏互层。石膏层极易风化形成众多的裂隙、孔穴，被泥土填充后又形成所谓的泥质夹层。在实际钻井中经常会遇到，并且厚度和深度横向变化没有规律。速度在6000m/s左右的地层主要为下嘉陵江组和飞仙关组灰岩和白云岩，岩性相对单一，岩层相对较厚，侵蚀后形成较多的溶岩洞穴。

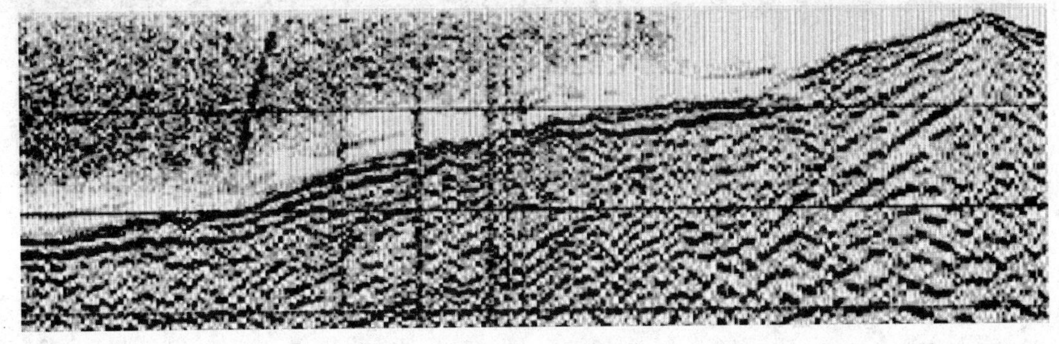

图2 182灰岩区单炮

从表层结构上看，在TNB－03－NW－194测线上地表出露多为下嘉陵江组和飞仙关组灰岩。而TNB－03－NW－182测线出露多为三叠系雷口坡组和上嘉陵江组的白云岩和石膏互层。因而在微测井成果中高速层差异较大(表1)。

表1 TNB－NW－03－194.5和TNB－NW－03－182线微测井解释成果

TNB－NW－03－194.5线

序号	桩号	低速层速度	低速层厚度	岩性	降速层速度	降速层厚度	岩性	高速层速度	岩性
1	1125				2107	5.9	风化灰岩	6111	灰岩
2	1299				1498	5.76	风化灰岩	6247	灰岩
3	1487				2785	2.49	风化灰岩	5920	灰岩
4	1687				1955	4.58	风化灰岩	6710	灰岩

TNB－NW－03－182线

序号	桩号	低速层速度	低速层厚度	岩性	降速层速度	降速层厚度	岩性	高速层速度	岩性
1	1385				1984	14.62	风化灰岩	3315	灰岩
2	1565				1977	9.61	风化灰岩	3322	灰岩
3	1717	611	3.03	表土	2004	10.27	风化灰岩	3359	灰岩
4	1823				1034	5.64	风化灰岩	3821	灰岩
5	1963	994	2.06	表土	1505	6.59	风化灰岩	3679	灰岩

从单炮品质上看，不论在灰岩还是在砂岩激发，在砂岩区都能接收到较好的反射波组，而在灰岩区则无明显连续的反射同相轴(图3)。通过对不同激发和接收条件下资料的定量分析认为不同地区激发和接收的能量差异较小。但在频率响应方面，灰岩地区具有明显的低频滤波效果。通常认为岩层刚性好、密度大、速度高时对地震波高频成分衰减较少。而实际上，灰岩地区表层风化形成的夹层对高频的滤波效果更为明显，加上表层溶洞、裂隙等次生干扰的叠加效应，使灰岩地区单炮记录面貌主频明显偏低。

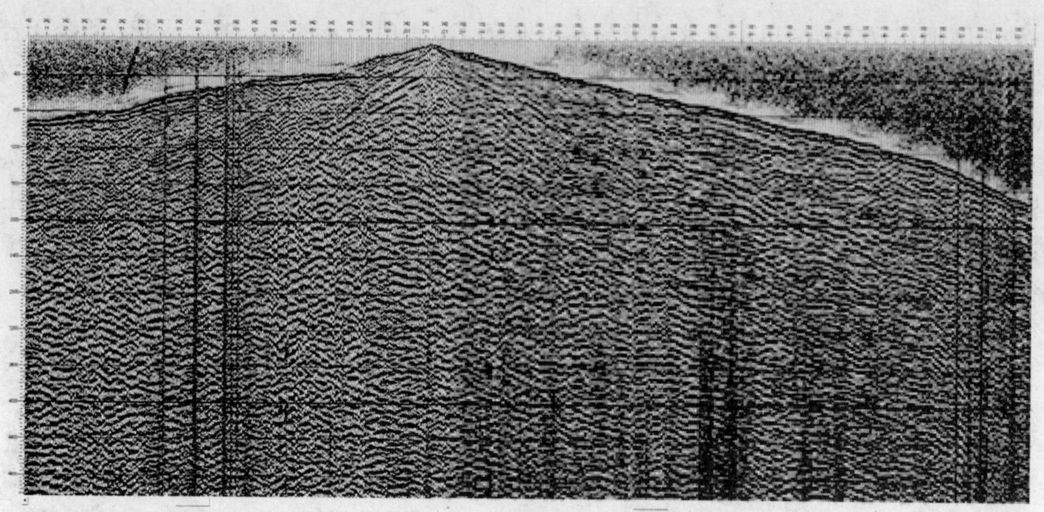

图 3　砂岩与灰岩交界地区单炮记录

2　激发井深的选择

从理论上分析，井深越大，上覆地层压力越大，能量下传越好。我们在灰岩区的试验证实了这一点。

根据表层调查结果，进行了 14m、17m、19m、21m、23m 不同井深激发的对比。为了更好地分析激发因素的合理性，试验中激发点选择在灰岩地区，接收排列则选择在砂岩地区。

固定增益显示单炮记录整体面貌频率偏低，在浅层 2.0s 以上能够见到连续性较好的波组，不同井深激发效果大致相当(图 4)；通过对分频扫描记录分析和单炮定量分析，认为 17～21m 激发效果较好，14m 激发效果稍差。结合表层调查结果分析，试验点低降速层厚度在 13m(见表 1－182 测线微测井解释成果 1717 桩号)，14m 深度实际上是在降速层中激发，效果较差。17m 以上基本上是在高速层激发效果稍好。因此，我们认为灰岩区的井深选择首先应保证药包在高速层中激发。

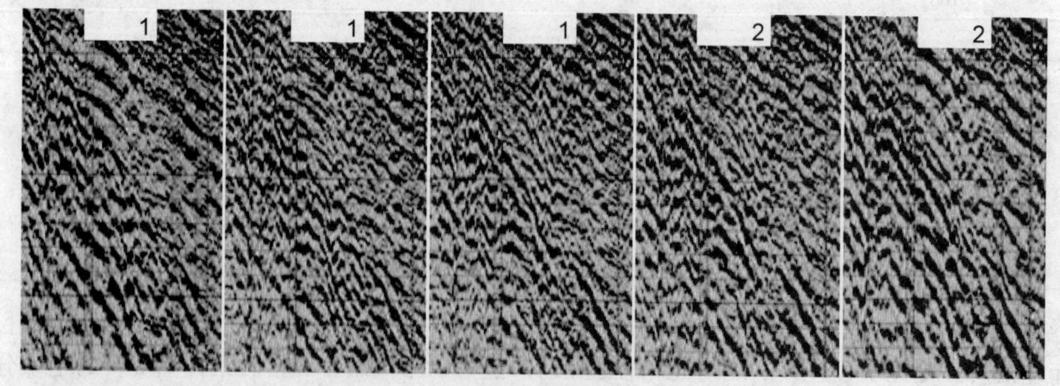

图 4　灰岩不同激发深度单炮记录

在实际钻井过程中，上覆灰岩风化层厚度横向变化剧烈，另外在灰岩中普遍存在泥质夹层，并且裂隙空隙发育，在每口井的埋深和厚度均不相同，这些都给井深选择带来了很大难度。试验中 23m 深度正好遇到下覆地层中的风化夹层，激发条件的非均质性导致激发效果较差。这表明灰岩区的井深选择也应当注意岩性纵向和横向的变化，避免在裂隙和岩性突变的区域激发，药包尽可能在均匀介质中激发，才能保证激发品质的稳定和良好。

3　不同炸药类型的激发效果

炸药在介质中爆炸瞬间的物理过程是：爆炸产生的强大压力在介质中产生冲击波，并向外传播，同时迫使空腔向外扩张；当空腔扩张结束时 冲击波的形成过程就结束了。冲击波在介质中存在的时间极短，随着传播距离的增加，很快转变为应力波。应力波又逐渐过渡到弹性地震波。在整个爆炸过程中，空腔形成的速度直接影响着激发子波的频带宽度，它主要与炸药的爆速和爆能有关。

阻抗耦合度代表了不同物质接触面传导能量的效率。当阻抗耦合度趋近于1时，可以认为这时的激发是最好的谐性激发。

依据几何耦合度和阻抗耦合度定义：

$$\text{阻抗耦合度}=(\text{炸药特性阻抗}/\text{介质特性阻抗})\times 100\%$$
$$=(\rho_1\times V_1)/(\rho_2\times V_2)\times 100\%$$

式中　ρ_1、V_1——炸药密度、爆速；

ρ_2、V_2——激发介质密度、纵波速度。

该区灰岩密度2.7g/cm，速度3500～6000m/s。可计算出不同炸药的阻抗耦合度：高能炸药阻抗耦合度在1.29～0.75之间；高密度炸药阻抗耦合度在1.0～0.59之间；中密度炸药阻抗耦合度在0.55～0.32之间

可见，高能炸药的阻抗耦合度最好。

结合本区灰岩的地表特点，在激发上应该使用炸热高、爆容大、做功力大的炸药，药爆炸后产生更多的爆热和气态物质对周围介质做功，在弹性介质中能形成较强能量的弹性波的炸药。在试验中，我们选取了三种不同的药型进行对比(表2)。

表2　炸药主要性能指标对比表

项　目	高能炸药	高密炸药	中密度炸药
爆速/(m/s)	>7200	>6800	>4000
密度/(g/cm^3)	>1.7	>1.4	>1.3
殉爆距离/cm	>20	>5	

根据我们在砂岩出露地区所得到的试验经验，药型对比采用的是高能6kg、高密度14kg、中密度14kg三种因素进行横向对比。图5是三种不同药型的原始记录对比，整体面貌差别较小。但在局部反射波组的连续性方面，高能炸药激发效果较好。

选取2.0s时窗进行频谱分析：试验中三种炸药激发的能量基本一致；高能炸药在2.0时窗中的能量和频带宽度都比其他两种药型好，中密炸药次之，高密度炸药最差；在2.6s时窗中高能和中密度炸药的品质基本一致，高密炸药较差(图6)。定量分析中，不同药型的激发能量基本一致，高密炸药的峰值频率稍微偏低，但在20Hz以上频率响应较差。

通过多次试验(图7)，我们认为高能炸药具有爆速高、能量大、殉爆距离大、体积相对较小、爆炸点集中等特点，可以提高该区的激发能量。

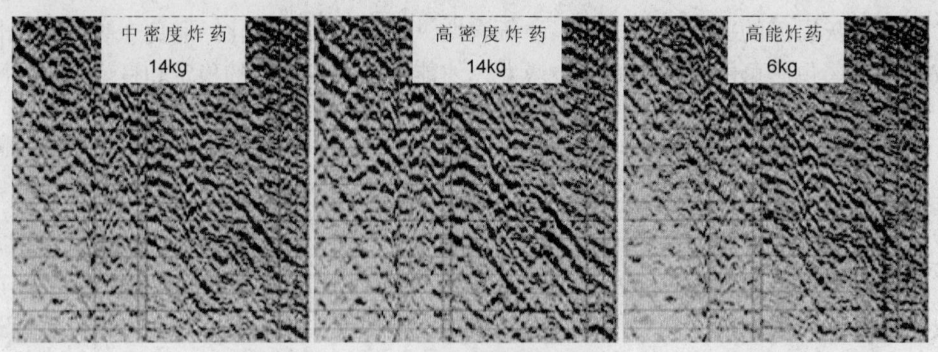

图5　药型对比原始记录

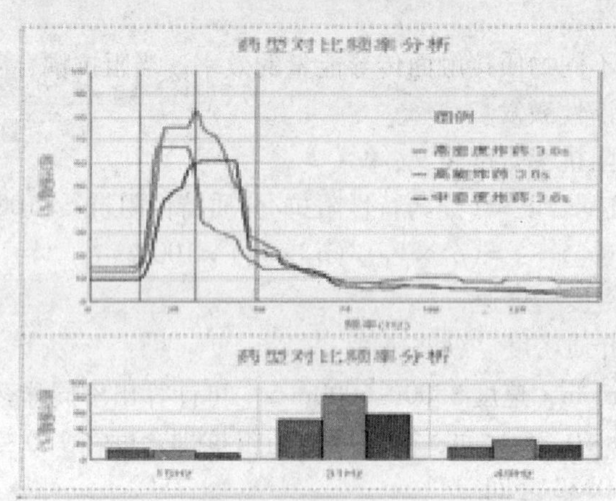

图6　药型对比频谱

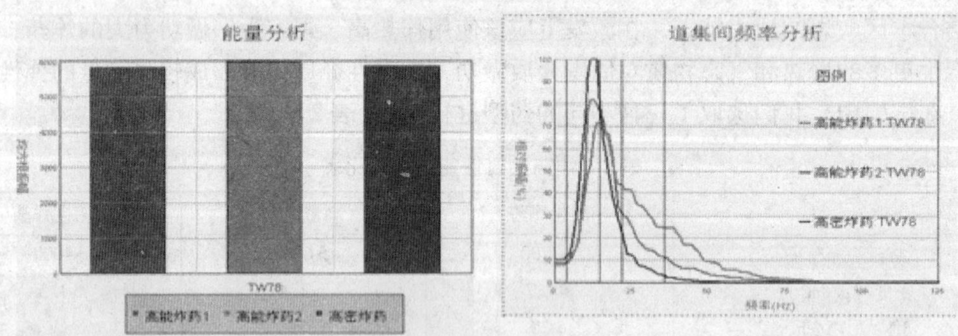

图7　补充药型试验对比分析

4　水对改善灰岩激发条件的作用

本次试验为寻找灰岩地区最佳的激发方案，分别进行了水泥封井、清水封井、稠泥封井三种不同方式的试验。

水泥封井采用下药后向井下灌注水泥，待凝固后再放炮施工；清水封井是放炮前采用清水灌注井中，用土封井；稠泥封井采用钻井时的泥浆封井，用土封井。

在固定增益显示单炮记录中(图8)水泥封井和稠泥封井记录面貌低频严重；分频扫描记录中(图9)清水封井在中深层2.6s的反射连续性最好，水泥封井和稠泥封井较差。

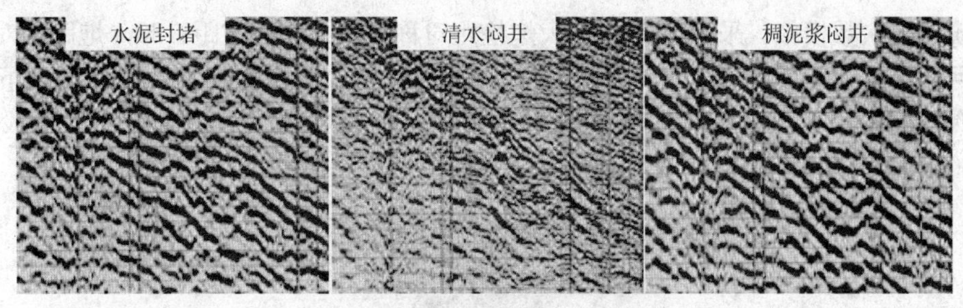

图8　不同闷井方式原始记录

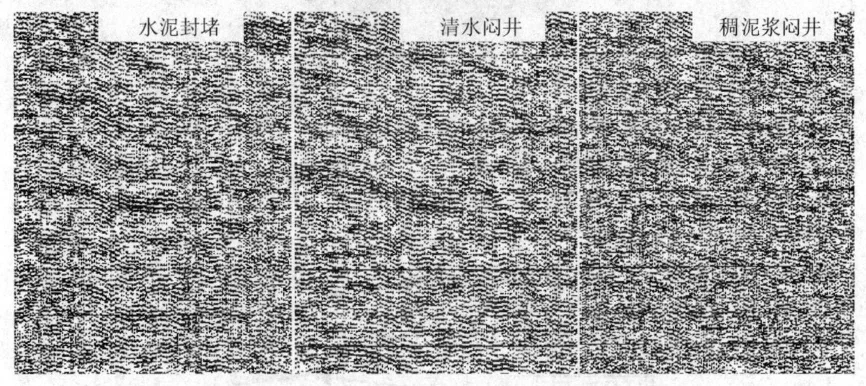

图9　不同闷井方式30～60Hz分频扫描

选取1.6s、2.4s两个时窗进行定量分析，在1.6s时窗中二次激发的峰值频率最高，稠泥封井则存在较严重的高频干扰；在2.4s时窗中，井中二次激发、清水封井的峰值频率基本一致，但井中二次激发的频带宽度较宽。水泥封井和稠泥封井在该时窗能量偏弱，波组特征不明显，主频偏低。设定20～65Hz为有效反射频段，在信噪比分析中，清水封井的信噪比最高，井中二次激发次之，水泥封井和稠泥封井最差。

分析几种封井方式的方法和原理，水泥封井中水泥凝固后的物性与灰岩基本一致，对激发条件无明显改善，因此激发效果不好。

与稠泥封井方法相比，清水封井过程中有充足的水分填充井壁，水对改善灰岩弹性性质，提高激发效果有着明显的作用。在施工中，我们主要采用稀泥浆封井，然后用沙土封实井口，这样做对保证灰岩区的激发能量取得了显著效果。

5　复杂构造的观测系统设计

根据实际构造，灰岩及高陡构造区地表起伏大，表层风化严重，横向速度变化剧烈，静校正问题突出，因此适合采用小道距接收，以提高静校正精度。通过理论分析，采用20m道距能够满足资料采集的需要。

由于西段灰岩区缺乏地震资料，根据表层出露地层年代判断主要目的层二叠系底部埋藏较浅(须家河组底部到下二叠统底部厚度约为3000m)。通过参数论证，认为灰岩区最大炮检距采用3600m较为适宜。根据西段的构造特点，我们采用大炮检距7200m，进行了射线追踪模拟，分析最佳接收方法。图10是在灰岩区激发和接收的射线追踪模拟记录，最大炮检距为7200m。从合成记录上可以看出，小号远排列接收到的Tp1底部反射能量偏弱。通过观测系统覆盖次数模拟，采用3600m最大炮检距对称接收，20m道距，80m炮距，对3000m埋深的目的层反射覆盖次数达到40次，增加排列对覆盖次数没有提高。由于断裂下盘地层埋藏较深，应采用较大的炮检距来提高对反射信号的接收能力。综合分析，西段应采用3640－60－(20)－60－6040不对称观测系统，以满足对复杂构造的需求。

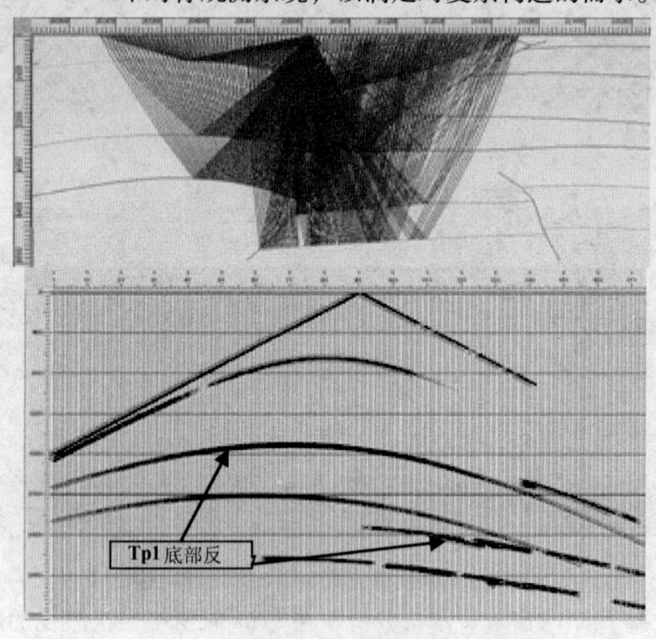

图10　灰岩区及过渡区射线追踪模拟

通过实际观测系统模拟，灰岩及高陡构造掩推覆体上盘主要目的层p1底部的覆盖次数10m线元时达到40次，20m线元达到80次以上，高陡构造逆掩推覆体下盘6000m的覆盖次数达到120次以上，为后续处理提供了广阔空间。

为进一步分析不同炮检距对剖面的影响，我们对比5400m和4800m两种不同最大炮检距的剖面效果，可以看出两者在剖面品质上基本接近，但在局部构造细节上有一定差异。对剖面进行局部放大(图11)可以明显看出，大炮检距剖面在深层2.7s的波组更丰富，连续性更好。表明适当延长高陡构造区的炮检距有利于倾斜构造的成像，取得更好的勘探效果。

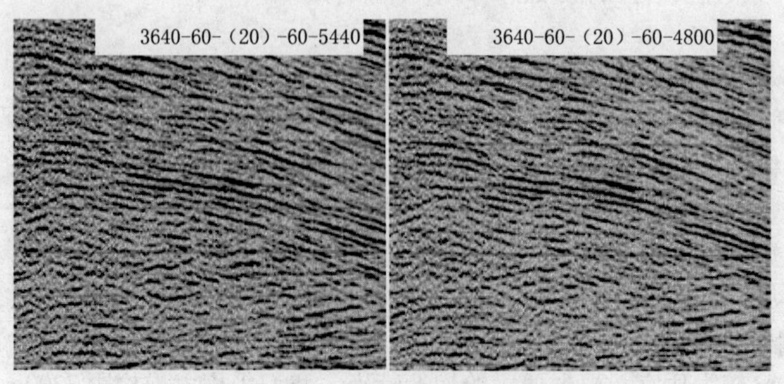

图11　高陡构造段不同炮检距剖面局部

6 应用效果

用前面所确定的井深、药型、封井等施工方法采集的地震资料，灰岩区和砂岩区的能量基本保持一致(图 12)，浅、中层有较好的反射波组，逆掩推覆体构造上下盘接触关系较为清晰，地震资料品质得到了较大的改善。

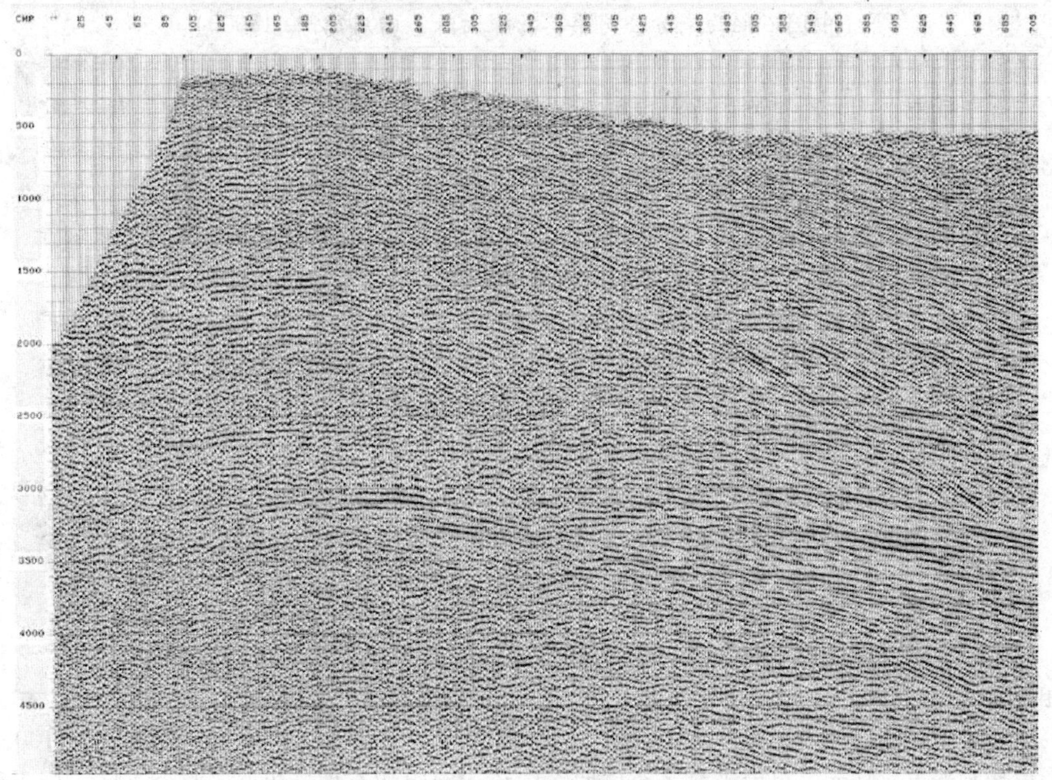

图 12　川东北通江地区 194.5 测线灰岩区剖面

7 结束语

根据川东北通南巴灰岩地区地震采集实例，探讨了该地区的激发和接收条件，发现不同地区激发和接收的能量差异不大，但灰岩地区具有明显的低频滤波作用；地层的非均质性会导致激发效果下降，应尽可能地在均匀介质中激发；采用高能量和清水封井可以提高激发能量和效果；采用加大的炮检距可以提高对反射信号的接收能力。

参 考 文 献

1　杨雄，刘泰生，刘斌．碳酸盐岩地区地震勘探采集方法研究[J]．石油物探，2003，42(3)：361 ~ 364

2　钱荣均．炸药震源激发效果分析[J]．石油地球物理勘探，2003，38(6)：583 ~ 588

3　陆基孟．地震勘探原理[M]．北京：石油大学出版社，1993，149 ~ 151

4　李忠平．渝鄂湘山地地震勘探资料采集中的几个关键问题[J]．石油物探，2000，39(4)：39 ~ 48

5　钱绍湖，刘江平，谷永兴等．炸药震源爆炸机制及激发条件的研究[J]．石油物探，1998，37(3)：1 ~ 14

南方黔中碳酸盐岩裸露区地震采集方法探讨

汪学武

（中国石化西南分公司第二物探大队，四川德阳 618000）

摘要： 南方黔中地区地表出露不同地质年代的碳酸盐岩地层，地表起伏剧烈，地层倾角大，表层破碎，岩性复杂，表层结构纵、横向变化大，激发和接收条件差；溶洞、裂隙发育，散射严重；面波、折射波发育，次生线性干扰强；目的层埋藏深度变化大，断层发育，地腹构造复杂，构造部位的成像效果差；地震波吸收衰减严重，反射能量弱，信噪比低。针对这些问题，探讨了适合于黔中碳酸盐岩裸露区的地震资料采集方法。对采集因素——道间距、最大炮检距、覆盖次数、激发井深、激发岩性、激发药量、检波器组合方式等进行了细致分析，确定了小道距、长排列、高覆盖次数、深井饱和药量激发、多串检波器组合接收的采集方法。实际应用表明，采用该采集方法提高了资料的信噪比，提高了断层和地腹构造的成像效果，可以满足碳酸盐岩裸露区的勘探要求。

关键词： 黔中古隆起　碳酸盐岩　地震采集方法　采集因素分析和选择　信噪比　成像效果

黔中古隆起隶属扬子准地台，位于贵州省中部、云贵高原西北部，是我国南方古生界海相碳酸盐岩油气勘探的重点区域，也是南方油气勘探重要的资源接替区。

黔中碳酸盐岩裸露区地表起伏剧烈，海拔高程多在 1000～2000m，相对高差达 1100m，地层切割严重，从元古界前震旦系至侏罗系中统遂宁组均有地层出露。整个工区表层土较薄，大部分地区碳酸盐岩直接出露，风化、破碎严重，含水性极差，激发和接收条件不好。

1985～1987 年，相关单位曾经在黔南地区进行过地震数据采集。主要采集参数（QN－Ⅲ线）：观测系统为 192 道接收，96 次覆盖，30m 道距，中间激发；可控震源激发，扫描频率 8～71Hz，扫描长度 14s，振动台次 3×15 台次；仪器为 SN348 数字地震仪，4ms 采样，5s 记录长度，前放增益 42dB，10～125Hz 滤波；SJ－10 型检波器（自然频率 10Hz）接收，线性组合，组合距 42m。

受当时技术条件的限制，所得地震资料品质很差，信噪比不高，只有个别地段可以见到连续性较好的反射波组。

2004～2006 年，南方勘探开发分公司在黔中地区部署了 11 条区域地震测线。针对碳酸盐岩裸露区的地表条件，对采集因素进行了选择试验，最终获得了品质较好的地震资料。

1　存在的问题

黔中地区位于碳酸盐岩裸露的大山区，地表复杂，勘探难点和存在的主要问题有：

(1) 出露岩性复杂，出露地层包括前震旦系至侏罗系的所有地层，出露岩性以碳酸盐岩为主，激发和接收条件差；

(2) 出露岩层倾角大，破碎、垮塌严重，溶洞发育，散射严重；

(3) 面波、折射波发育，次生线性干扰强；

(4) 地表起伏剧烈，风化层厚薄不一，表层结构纵、横向变化大，静校正问题突出；

(5) 勘探目的层埋藏深度和地层倾角变化大，断层发育，地腹构造复杂，地震波吸收衰减严重，反射能量弱，地震资料的信噪比低。

2 采集因素分析和选择

由于碳酸盐岩地区的地表地震条件复杂，采集因素选择的合适与否对采集效果影响很大，不同的碳酸盐岩地区资料的采集工作有着各自的特点，采集因素的针对性很强。为此，我们针对黔中碳酸盐岩裸露区的地质特点进行了采集因素研究和选择。

2.1 采集因素分析

2.1.1 道间距

以在叠前处理中不产生空间假频和偏移假频为道间距选择的基本原则。根据黔中地区主要反射层(三叠系，二叠系，石炭系，寒武系)最高频率与道间距关系(表1)可知，采用20m的道间距，主要勘探目的层最高频率可分别达到136Hz(寒武系)、110Hz(石炭系)、106Hz(二叠系)和80Hz(三叠系)。

表1 不同道距主要勘探目的层最高频率

目的层	t_0/s	H/m	v_n/(m/s)	道距/m		
				20	40	60
				f_{max}/Hz		
三叠系	0.663	994	2998	80	40	27
二叠系	1.162	1999	3441	106	53	35
石炭系	1.242	2171	3496	110	55	37
寒武系	1.522	2935	3857	136	68	45

对不同道间距相同覆盖次数(90次)的叠加剖面进行了分析。由图1可见，20m道距的叠加剖面[图1(a)]比40m道距[图1(b)]和60m道距[图1(c)]的叠加剖面成像效果好，反射波组特征更清楚，构造形态更清晰。碳酸盐岩地区断层发育，地腹构造复杂，因此采用20m道距有利于提高断层和构造部位的成像能力。

2.1.2 最大炮检距

最大炮检距的选择主要考虑四个方面的因素：①入射角和反射系数的关系；②勘探目的层埋深；③动校拉伸对信号频率的影响；④速度分析精度。

(1) 保证反射系数稳定性对最大炮检距的要求。这里要特别关注由入射角变化引起的波场特征的变化，如不同构造的地震波响应等。因为，复杂构造不同方向的照明响应差异很大，因此较宽的入射角可以提供更加丰富的照明信息，进而获得较好的构造成像。

(2) 最大炮检距的选择应考虑其与目的层埋深的关系。从反射波这个角度考虑，最大炮

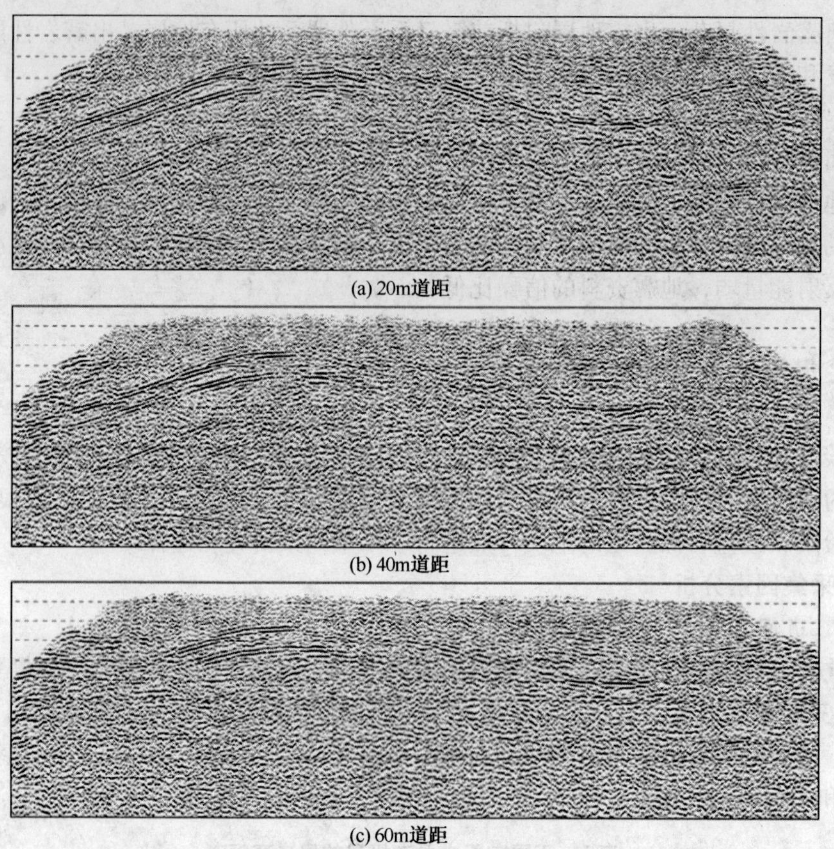

(a) 20m道距

(b) 40m道距

(c) 60m道距

图1　不同道距采集资料的叠加剖面

检距（x_{max}）应满足 $H_{max} \geqslant x_{max}$（或 $x_{max} \leqslant 2H_{min}$）。本地区的勘探目的层埋深在 2000m（$H_{min}$）至 4000m（$H_{max}$）之间，因此，单边排列长度应等于或小于 4000m，考虑到波场的复杂性，排列长度可适当大一些。

（3）动校拉伸系数和排列长度的关系为

$$x_{max} = \sqrt{2v^2 t_0^2 d}$$

式中，d 为动校拉伸率；v 为均方根速度；t_0 为目的层双程反射时间。要使主要目的层动校拉伸率小于 5%，兼顾各勘探目的层动校拉伸畸变的最大偏移距范围为 2270m；要使主要目的层的动校拉伸率小于 10%，兼顾各勘探目的层动校拉伸畸变的最大偏移距范围是 3250m。如果考虑高阶动校可以适当地克服拉伸畸变，将动校拉伸率放宽到 20%，则排列长度可以相应地延长到 4804m。但随着炮检距的增大，地震垂向分辨率将会降低[9]。

（4）满足速度分析精度的要求。从速度分析的精度来考虑，要求最大炮检距有足够的长度，这样可以减小速度分析误差。速度分析误差和炮检距的关系为

$$x_{max} = \sqrt{\frac{t_0}{f_P\left[\frac{1}{(v-\Delta v)^2} - \frac{1}{v^2}\right]}}$$

式中，x_{max} 为排列长度；v 为均方根速度；f_P 为反射波主频；t_0 为目的层双程反射时间。当速度分析误差取 3% 时，各层最大炮检距应不小于 1657，2806，3401 和 4352m。综合上述

因素，考虑整个工区的情况，最大炮检距取在4800m左右即可以满足主要目的层动校拉伸率控制范围和速度分析精度的要求。

对于黔中地区，根据地震波时距曲线分析(图2)可知，排列长度达到5500m才可以满足中、深层速度分析的需要。考虑到：①黔中地区勘探程度不高；②随着炮检距增大地震垂向分辨率降低；③地腹构造十分复杂，目的层埋深变化较大；④广角成像等问题，再者现在的处理软件对埋深不同的目的层可以采用不同的偏移距资料进行速度分析，为此，我们选择了较大的排列长度。

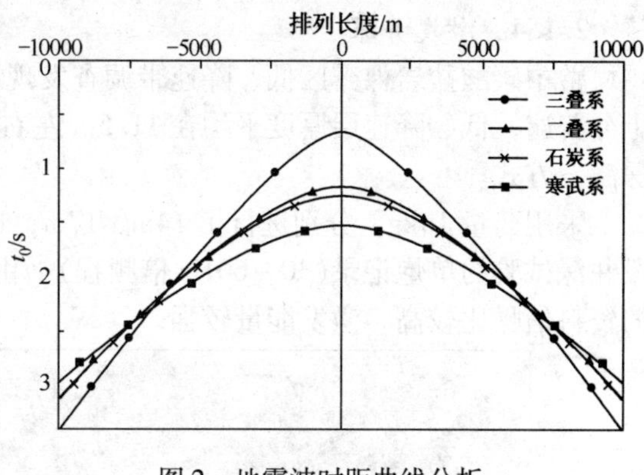

图2　地震波时距曲线分析

2.1.3　*覆盖次数*

覆盖次数的选择应从能充分压制干扰、提高目的层信噪比这一角度来考虑。从黔中碳酸盐岩裸露区不同覆盖次数试验现场监控处理叠加剖面(图3)看，覆盖次数越高，剖面的品质越高。在90次覆盖的叠加剖面[图3(a)]上可见，波组特征清晰，信噪比高，尤其是地质情况复杂地段的资料，信噪比较低覆盖次数的剖面有很大提高。60次覆盖[图3(b)]和30次覆盖的叠加剖面[图3(c)]上波组特征和信噪比都有所降低，同相轴连续性变差，尤其是30次覆盖的叠加剖面[图3(c)]，成像效果较差，不能清晰地反映构造细节。

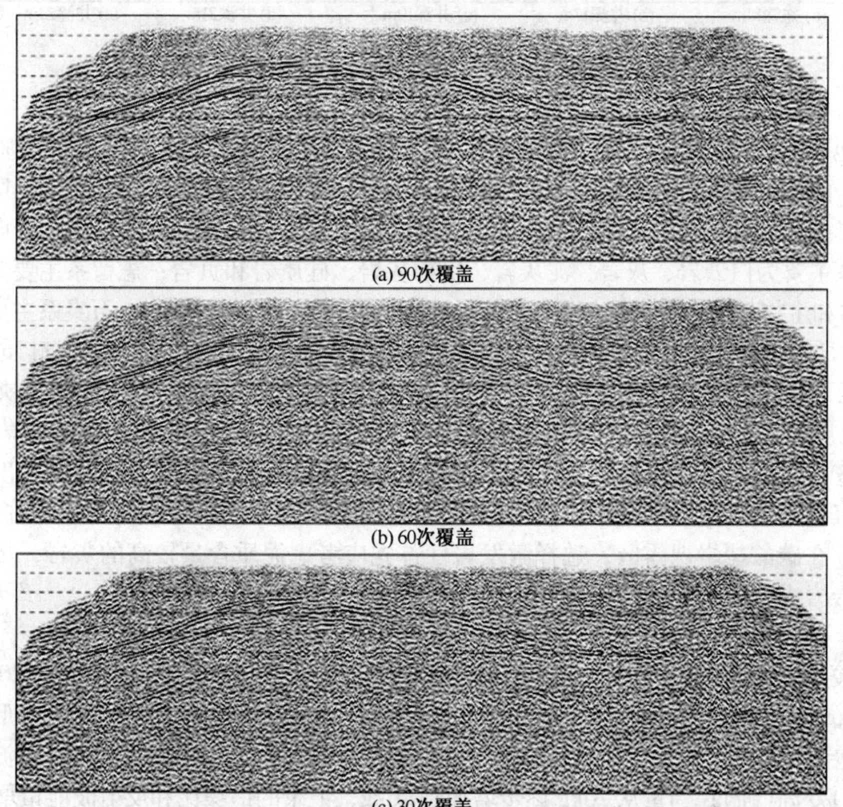

(a) 90次覆盖

(b) 60次覆盖

(c) 30次覆盖

图3　碳酸盐岩裸露区不同覆盖次数试验现场监控叠加剖面

2.1.4　激发井深

黔中碳酸盐岩裸露区低、降速带调查发现，基岩直接出露、低速层和降速层缺失的情况十分普遍，低、降速层厚度平均在11.5m左右(药柱长度约6m)，因此，我们采用了固定井深激发方式。

采用药量18kg，分别进行了14m，17m，19m，21m和23m井深试验。图4为碳酸盐岩段井深试验的单炮记录(30~60Hz倍频程)。由图可见，井深在17m左右的资料较其他井深的资料信噪比较高，激发能量较强。

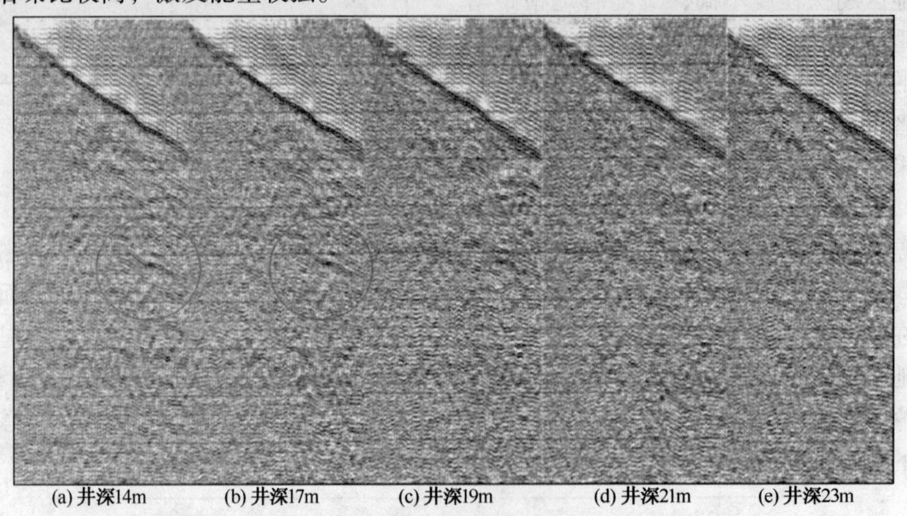

图4　碳酸盐岩段井深试验单炮记录

2.1.5　激发岩性

黔中地区碳酸盐岩出露地层主要有中生界三叠系到元古界前震旦系等9个地质年代的地层。其中，前震旦系主要为砂质板岩、变余沉凝灰岩、变余砂岩和绢云母板岩；震旦系主要为白云岩、炭质页岩、泥砂岩和长石石英砂岩；寒武系主要为白云岩、灰岩、砂岩、页岩和粉砂岩；奥陶系主要为白云岩、灰岩、泥灰岩、生物灰岩、硅质岩和页岩；志留系主要为泥岩、页岩、泥灰岩和生物灰岩；泥盆系主要为泥灰岩、钙质泥岩、泥岩和粉砂岩；石炭系主要为粉细石英砂岩、砂质页岩夹煤层和炭质页岩；二叠系主要有灰质页岩夹泥灰岩透镜体或硅质层和黏土；三叠系全区下部和上部发育碎屑岩，中部以碳酸盐岩为主，发育有膏盐溶塌角砾岩和夹膏岩。

9个地质年代地层的岩性归纳起来可分为三大类：①灰岩，白云岩；②泥灰岩，变余沉凝灰岩；③泥岩，页岩，砂岩。图5是不同碳酸盐岩中激发的单炮记录，可以看出，在泥灰岩和变余沉凝灰岩中激发的记录，波组特征清楚，信噪比高，明显好于在灰岩和白云岩中激发的记录。在碳酸盐岩裸露区，选择激发岩性首先应考虑泥质含量较高的灰岩，尽量避免在灰岩、白云岩中激发。

2.1.6　激发药量

在碳酸盐岩裸露段，激发井深为18m，取药量分别为14kg、16kg、18kg、20kg、22kg、24kg和26kg，在地形的低部位、中部位和高部位进行了激发药量试验。图6是地形低部位药量试验单炮记录。由图可见，药量从14kg逐步增加到18kg，记录的信噪比和反射波能量也随之由低(弱)变高(强)；药量从20kg逐步增加到26kg，记录的信噪比和反射波能量增高(强)的幅度很小。试验表明，在地形低部位，激发药量为18kg的记录能量最强，频带最宽(图7)。

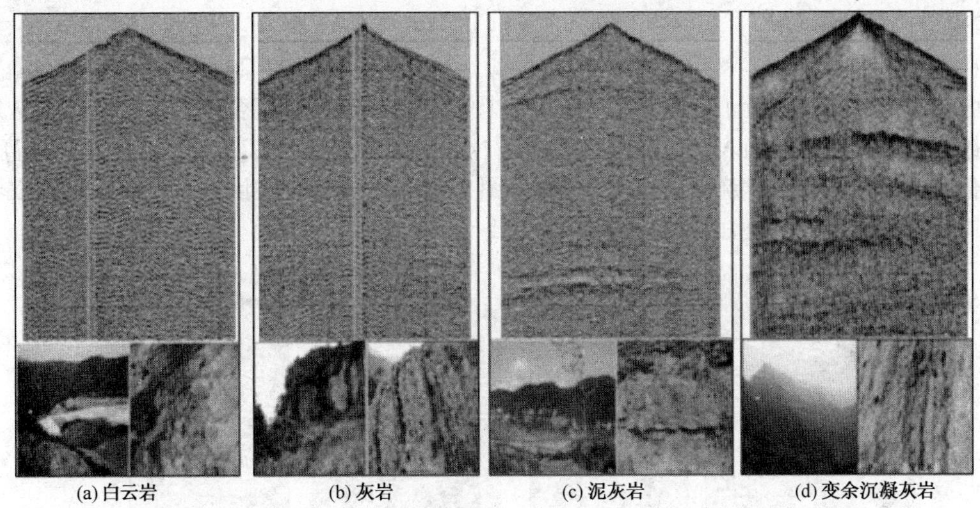

图5 不同碳酸盐岩中激发的单炮记录

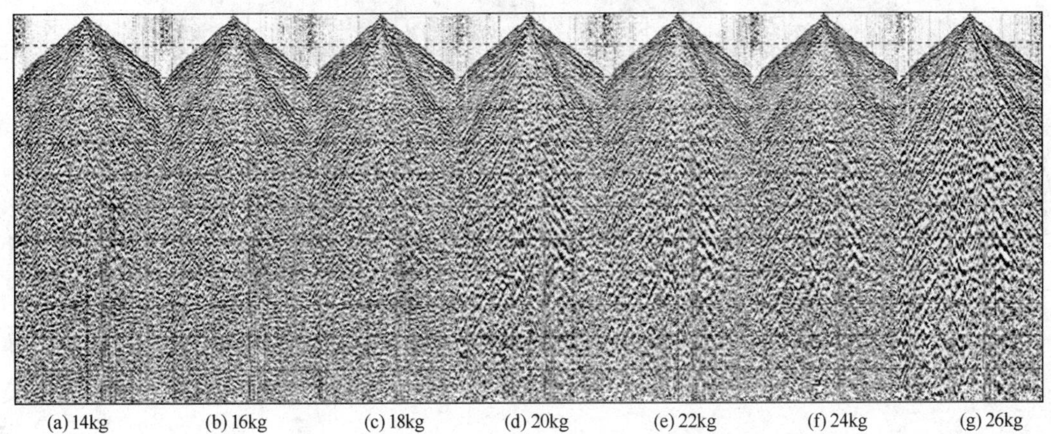

图6 地形低部位激发药量单炮记录(固定增益，井深18m)

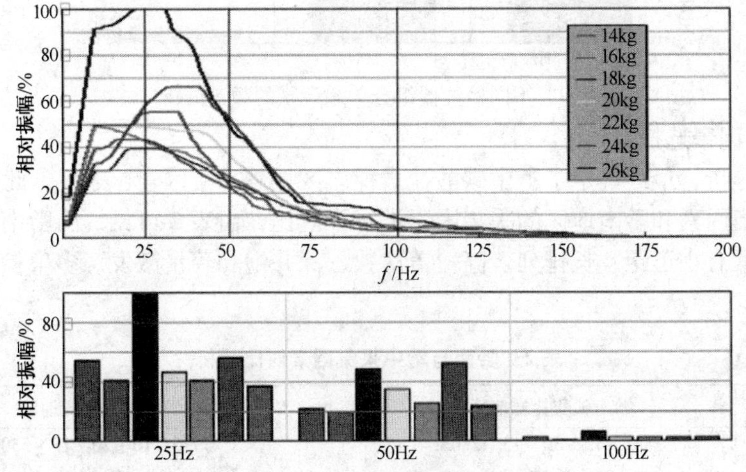

图7 不同激发药量单炮记录的频谱分析

2.1.7　检波器组合

在碳酸盐岩裸露区，利用盒子波调查技术，分别选取 9，16，24 和 36 个检波器，采用方型面积组合方式，进行了检波器组合试验。图 8 是不同检波器组合的单炮记录，图 9 是相应的振幅 - 频谱图。试验表明，随着检波器组合个数的增加，同相轴的连续性有所提高(图 8)，但主频却有所降低，频带宽度有所减小(图 9)。综合考虑上述因素，最终确定检波器组合采用 24 个检波器、方型面积组合形式。

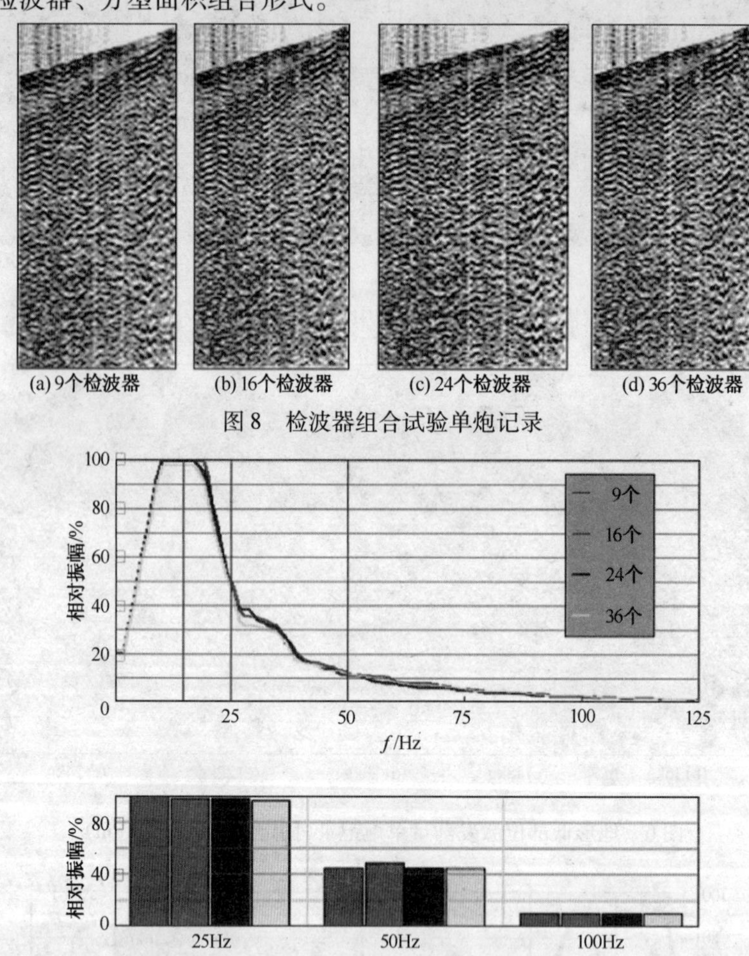

图 8　检波器组合试验单炮记录

图 9　不同检波器组合单炮记录的频谱分析

2.2　采集因素选择

根据以上分析，最终确定了黔中碳酸盐岩裸露区地震采集因素(表 2)。此外，我们还将黔中地区的采集因素和黔南地区的采集因素进行了对比，由表 2 可见，与黔南地区相比黔中地区的采集因素有小道距、长排列、高覆盖次数、深井饱和药量激发、多串检波器组合接收等特点。

表 2　黔南与黔中采集因素对比分析

采集参数	黔南碳酸盐岩地区	黔中碳酸盐岩地区
观测系统	2865 - 15 - 30 - 15 - 2865	5390 - 10 - 20 - 10 - 5390
叠加次数	96 次	90 次
仪器型号	SN348	408XL

续表

采集参数	黔南碳酸盐岩地区	黔中碳酸盐岩地区
记录长度	5s	6s
检波器型号	SJ-10	JF-20DX-10
接收道数	192	540
道间距	30m	20m
炮间距		60m
采样间隔	4ms	1ms
激发方式	可控震源 M18/612	炸药震源，深井激发
激发药性		高密度炸药
激发药量		山体低部位大于等于18kg，山体高部位大于等于20kg
激发井深		山体低部位大于等于18m，山体高部位大于等于20m
检波器组合方式	1串(15个)，线性组合，组合距42m	2串(24个)方型面积组合，组合距10.5m

3 勘探效果分析

图10是黔中碳酸盐岩区的现场叠加监控剖面与地面地质剖面组合图。在图10a上，标示左区的是以侏罗系砂泥岩出露为主地段的叠加剖面，标示右区的是二叠系和三叠系碳酸盐岩裸露区地段的叠加剖面；图10b为碳酸盐岩裸露区的叠加剖面。由图可见，碳酸盐岩裸露区主要目的层的反射信息丰富，同相轴连续性较好，信噪比较高，波组特征较清晰，完全能够满足勘探要求；砂泥岩出露区的资料品质比碳酸盐岩裸露区的要好。

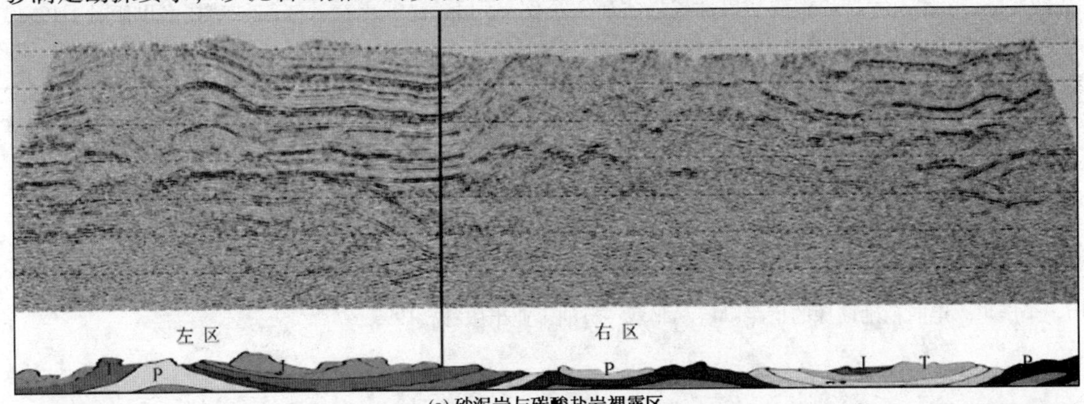

(a) 砂泥岩与碳酸盐岩裸露区

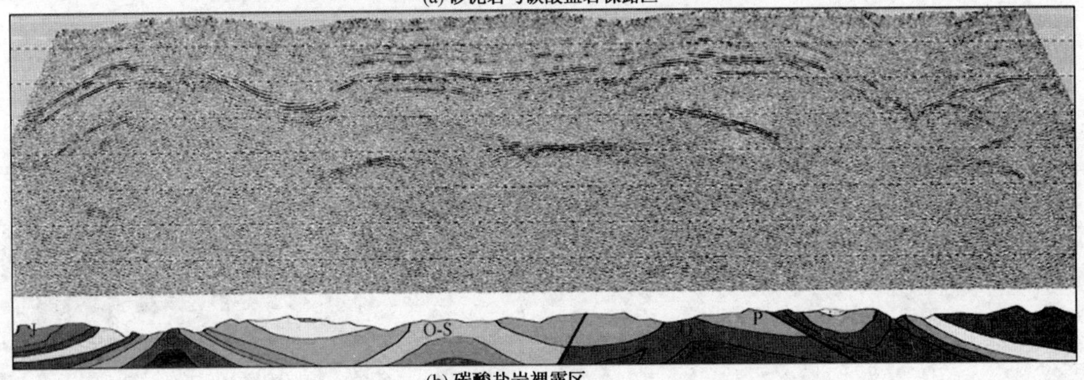

(b) 碳酸盐岩裸露区

图10 黔中地区现场监控处理叠加剖面与地面地质剖面

4 结束语

通过对碳酸盐岩裸露区地震勘探采集方法的探讨，结合黔中地区近年来的勘探实践，得到如下一些认识：

（1）采用“小道距，长排列，高覆盖次数，深井、饱和药量激发，多串检波器组合接收”的采集技术方法，有利于提高资料的信噪比，提高资料的品质。

（2）采用炸药震源、深井激发方式，有利于克服面波和次生线性干扰，且激发能量强，有利于提高资料品质。

（3）不同地质年代地层或同一地质年代地层不同岩性中的激发效果差异很大。通常，碳酸盐岩中的砂泥质含量越高，激发效果越好；纯灰岩、白云岩中的激发效果最差，因此优选激发岩性和激发点位，可有效地提高激发效果，改善资料品质。

参 考 文 献

1 李林新．南方海相碳酸盐岩油气区地震采集面临的问题和对策[J]．石油物探，2005，44(5)：529 ~ 537
2 邓志文，倪宇东，陈学强等．复杂山地三维地震勘探采集技术[J]．石油物探，2002，41(1)：15 ~ 22
3 俞建宝，曹荣．提高南方山地地震采集质量管理的思考[J]．勘探地球物理进展，2006，29(3)：157 ~ 162
4 漆立新．塔河油田碳酸盐岩储层高精度地震勘探的思考[J]．石油物探，2005，44(4)：352 ~ 356
5 欧庆贤．中国南方海相碳酸盐岩油气勘查研究论文集[J]．江苏南京：江苏科学技术出版社，1994，125 ~ 130
6 杨雄，刘泰生，刘斌．碳酸盐岩地区地震勘探采集方法研究[J]．石油物探，2003，42(3)：361 ~ 364
7 郑国庆，吴树奎，何新平等．川东北通南巴灰岩地区地震勘探采集技术探讨[J]．石油物探，2005，44(2)：175 ~ 178
8 云美厚，宋玉龙，丁伟等．镇巴复杂山地地震成像质量影响因素及对策[J]．勘探地球物理进展，2006，29(1)：42 ~ 47
9 罗斌，刘学伟，尹军杰等．炮检距对地震分辨率影响研究[J]．石油物探，2005，44(1)：16 ~ 20
10 李庆忠．走向精确勘探的道路[M]．北京：石油工业出版社，1993

地震处理

单点高密度地震数据处理分析与初步评价

张永刚[1]　王　赟[2]　尹军杰[3]

（1. 中国石油化工股份有限公司科技开发部，北京100728；
2. 中国科学院地质与地球物理研究所，北京100029；
3. 中联煤层气国家工程研究中心，北京100011）

摘要：文中结合数值模拟和实测数据，从分辨率、信噪比和数据处理的角度剖析了单点高密度地震数据与常规地震数据的区别，通过剖析数据处理流程各阶段的特点，对单点高密度地震数据的处理特点进行了总结，阐述了单点高密度地震数据的计算效率。认为对于单点高密度地震资料处理，需要根据小空间采样间隔、高保真、低/无假频、宽频带、低信噪比等特点选择合适的处理模块，并得出以下认识：①单点高密度采集有利于实现全波场的无假频采样，提高频带宽度，为实现无假频去噪和有效信号的高保真处理奠定基础，有利于提高复杂构造、大倾角构造和小尺度勘探目标的成像精度；②野外或室内组合法都可以有效压制面波和随机噪声，但室内组合优于野外组合，能保持更宽的频带，且使用灵活；③单点高密度数据使得现有处理软件去噪模块的去噪效果更好。

关键词：单点　高密度　组合　面波　偏移　数据处理　计算效率

1　引言

单点高密度地震数据采集在工程勘探、金属矿勘探、海上油气勘探、多分量数据采集中广泛采用。相对而言，油气地震勘探的线道距较大，加之中国陆上油气勘探多采用检波器组合的方式，因此对于油气地震勘探而言，单点高密度地震数据采集是一种新模式。随着主要勘探、开发目标由大型构造油气藏转向岩性与缝洞型油气藏，提高地震分辨率是进行精细储层描述的关键。单点高密度地震数据采集技术在加密采集空间样点的同时，由于不采用野外检波器组合就可以有效地保持地震信号的频带宽度，从而使得该技术备受关注。但是在单点高密度地震数据采集过程中，由于噪声未得到有效压制而使得单点地震数据的信噪比较低，对高密度地震数据进行室内组合是否可以有效地提高信噪比呢？国外的高密度地震数据采集由 Ongkiehnog 在1987 年提出，由1988 年的96 道增加到2880 道，现阶段已发展到了7000 ~ 10000 道以上的生产能力。PGS 公司于 1993 年使用 5 缆地震采集船，2001 年发展到 16 缆，目前能达到20 缆进行地震作业；面元普遍使用小尺度 6. 25m × 25m，有的甚至达到 6. 25m × 12. 50m、3. 125m × 12. 50m。对陆地单点高密度地震采集技术的研究和试验工作投入较多的是 WesternGeco 公司，并开发了“Q - Land”技术（以野外单检波器接收、室内进行数字组合处理）。从近几年 SEG 年会收录的论文看，每年都有一定数量的文章涉及单点密集式地震采集及其相关的处理、解释技术，并且国外的研究主要集中于单点高密度数据成像结果与常规三维地震成像结果的对比，并用于解释和监测油气开发。国内的研究主要集中于单点高密度数据采集方式的变化所引起的地震数据的特征变化及其与分辨率的关系，并从处理方法的角度进行分析对比和剖析。近年来，中石油和中石化等公司分别试验了单检波器、小道距地震采集技术，获得了一些野外数据，并从高分辨率地震勘探的角度，对这种数据的特点有了一定认识，如2006年东方地球物理公司在淮南煤矿某区块进行了三维单点高密度地震数据采集，道距为5m，获得的三维地震数据主频高达80~90Hz，频带宽度在200Hz以上。

2006~2008年，笔者基于单点多分量地震技术，结合数值模拟和实测数据，从理论分析与处理方法的角度，对单点高密度地震数据进行了相对系统的分析与测试。为便于客观、全面地认识单点高密度地震数据，本文从分辨率、信噪比和数据处理的角度剖析了单点高密度地震数据与常规地震数据的区别。

2 单点高密度地震数据的理论分析与处理方法

单点高密度地震数据主要有以下特点：

（1）无野外检波器组合的单检波器接收模式　保持了无叠加损失的频带宽度，使单点地震数据表现为较宽的频带，但造成地震数据的面波等噪声能量很强，数据信噪比低。

（2）高密度采集使道、线间距缩小，加密了地震信号的空间采样　在满足空间采样定理的前提下，使得有效波与干扰波均得以更完整的采样，有利于室内对信号的恢复和各种数字处理。

由于笔者未能搜集到同一地区完整的常规地震与单点高密度地震对比数据，只能从分辨率、信噪比、处理流程及其优化的角度，围绕单点高密度地震数据的上述特点，零散地应用数值模拟数据和各个不同地区的单点高密度地震数据进行论述。

2.1 单点高密度地震数据的室内组合分析

野外检波器组合具有压制随机噪声的作用。为验证室内组合压制随机噪声的效果，构建了一个单层介质模型进行地震波场模拟，模拟方法采用射线追踪法。图1为模拟的单炮记录，图2为不同道数组合频谱对比。由图2可见，随着组合道数的增加，随机噪声的能量逐渐下降，低频信号能量也有所压制，有效波能量得以突出。

野外检波器组合主要用于压制面波等线性干扰。由于工业电等线性干扰波难以从理论上进行数值模拟，为此，只能从数值模拟的角度说明单点高密度地震数据经过室内组合压制面波干扰的效果。假设浅层有两层低速带，利用瑞利面波的频散方程模拟面波波场。表1为近地表层状地质模型参数，模拟中震源函数为主频20Hz雷克子波。图3为高密度地震数据模拟记录及其频谱对比，由图3可见：①2m道间距、单个检波器的模拟记录(图3a上)的低频信号能量较强，主频不突出；②将道间距为2m的模拟记录分别组合成道间距为4m，8m的模拟记录(图3b上、图3c上)，组合后面波能量相对于有效波变弱；③从三种道间距模拟记录中面波与反射波重叠部分的频谱分析结果看，组合后低频信号能量得以压制，主频信号得以突出。由此可见，室内道组合可以相对压制面波。

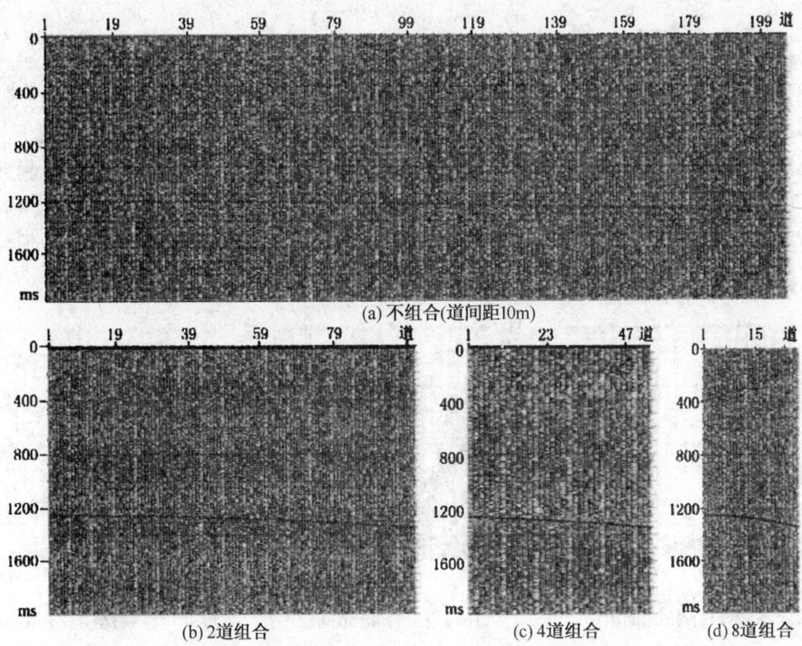

(a) 不组合(道间距10m)

(b) 2道组合　(c) 4道组合　(d) 8道组合

图1　模拟的单炮记录

排列类型为左端单边放炮，测线长度为2000m，采样率为1ms，每道2001个样点数；道间距分别为10，20，40，80m，最小炮检距为0，最大炮检距为2000m，每炮道数分别为2001，1001，501，26，炮间距、最小炮点距、最大炮点距均为0，炮数为1；震源函数为主频20Hz雷克子波，并加入了300%的随机噪声，数据体格式为IBM浮点型(4字节)

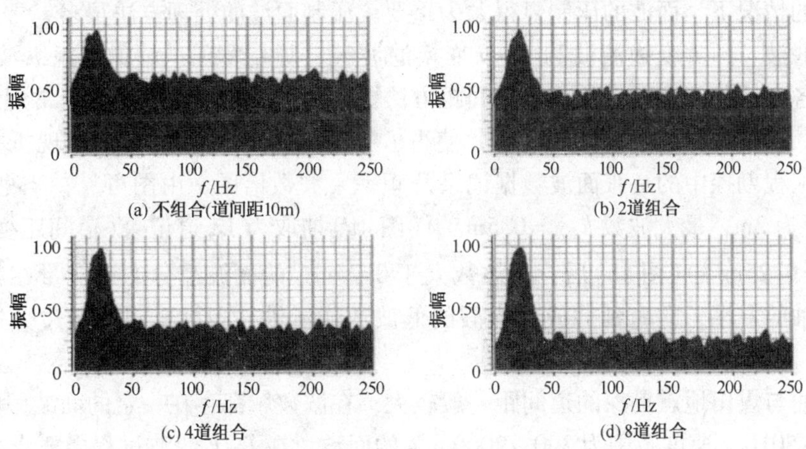

(a) 不组合(道间距10m)　(b) 2道组合

(c) 4道组合　(d) 8道组合

图2　不同道数组合频谱对比(时窗：1200~1400ms)

表1　近地表层状地质模型参数

层位	底界面埋深/m	纵波速度/(m/s)	横波速度/(m/s)	密度/(g/cm³)	备注
表层黏土1	1	100	40	1.5	近地表模型产生面波
表层黏土2	4	200	2		
表层黏土3	300	120	2.1		
反射层位1	2500	4000	2200	2.3	深层模型产生反射波
反射层位2		5000	2500	2.4	

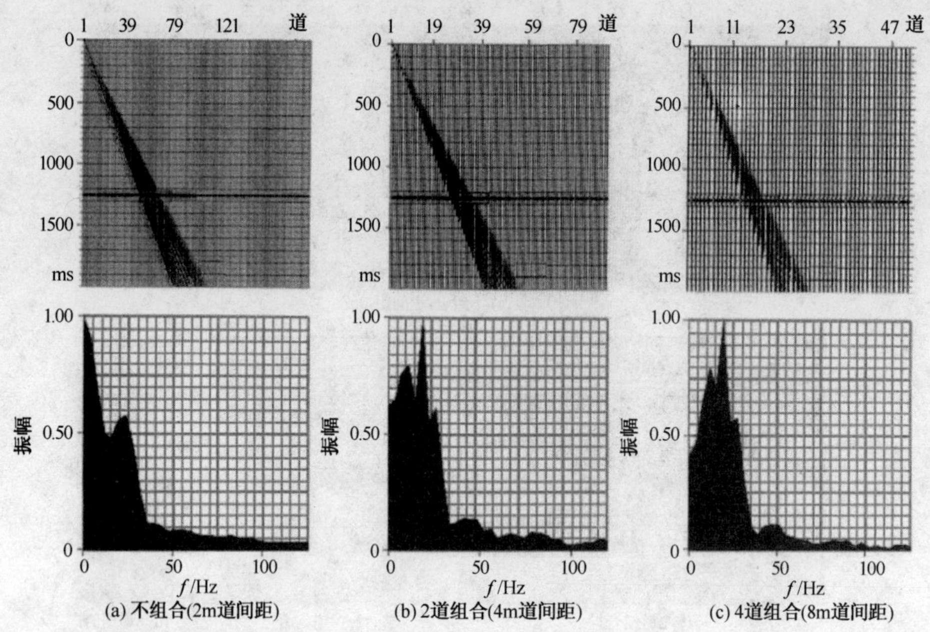

(a) 不组合(2m道间距)　(b) 2道组合(4m道间距)　(c) 4道组合(8m道间距)

图3　高密度地震数据模拟记录(上)及其频谱(下)对比

2.2　单点高密度地震数据中的面波压制

虽然组合可以相对地压制面波，但作为一种能量很强的线性干扰，在室内处理阶段还需要应用其他方法再进行面波的压制。尤其对于单点采集的地震数据，在原始数据信噪比低、面波较发育的情况下，面波的压制显得尤为重要。压制面波的处理方法很多，常用的有扇形滤波、高通滤波、$f-k$ 变换滤波和 $\tau-p$ 变换滤波等。研究发现：对于常规纵波地震数据，上述方法或各方法的组合均有效，小道间距方法更有利于面波的压制。由于常规纵波勘探的道间距较大，面波采样一般均具有假频，使得 $f-k$ 谱上高频部分的面波出现折叠而难以消除。图4为工程勘探中的一张面波数据记录及频率－波数谱图，由图可见，当把24道原始记录(道间距为2m，最大波数 $k_{max}=0.5m^{-1}$)(图4a)抽取为12道记录(道间距变为4m，最大波数 $k_{max}=0.25m^{-1}$)(图4b)后，则波数大于 $0.25m^{-1}$ 的面波组分的谱能量在频谱转换中折叠到波数轴的左端，向右延伸成为虚假的低波数能量轴，即由于道间距过大造成了假频现象。

目前石油与煤田地震勘探的道间距一般较大，在波数域都存在一定的面波假频。对于频率范围为2～50Hz、速度范围为300～2000m/s的面波，在 $f-k$ 滤波过程中要求采样间隔必须足够小才能保证无假频采样，即面波频率越高或速度越低，要求的道间距则越小，才能保证面波在波数域保真，并达到有效去除的目的。因此小道距有利于面波的无假频采样，保证了在无假频干扰的条件下进行面波压制。数值模拟结果表明，即使进行了道内插，大道间距产生的假频也无法完全消除。

另外需要注意的是，在处理单点采集的三分量地震数据时，对于径向分量与切向分量的面波压制需要特别注意。由于面波空间走时特征及频谱特征与转换波存在一定的重叠空间，不能使用常规空间域、频率域滤波方法进行面波压制，要应用基于偏振分析的面波压制方法，也可以应用 $f-k$ 变换滤波和 $\tau-p$ 变换滤波法。

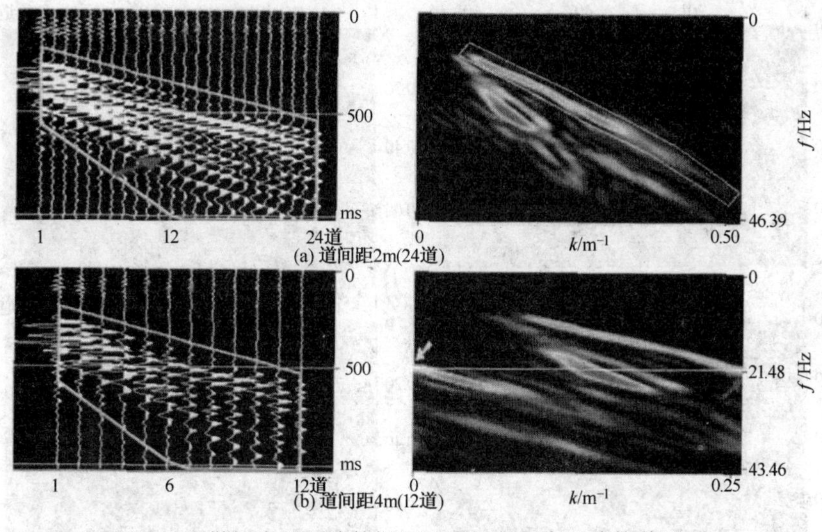

图4　工程勘探中的面波数据记录(左)与频率－波数谱图(右)

2.3　道间距与偏移效果的关系

经过大量理论模型数值模拟和实际地震数据的偏移处理分析(包括叠前偏移、叠后偏移、时间偏移、深度偏移)发现，道间距的变化对地震数据的偏移效果是有影响的，采用近似差分算子或条件稳定差分格式的有限差分偏移算法对道间距有一定要求，否则迭代计算过程将不收敛，从而产生频散现象。而对于其他格式的差分法偏移和积分法偏移，道间距越小，越有利于成像效果的提高。图5为简化盐丘模型，为论证道间距对偏移效果的影响，分别对图5模型进行了道间距为5m，10m，20m，40m的深度偏移实验，图6为傅里叶有限差分法叠前深度偏移剖面。由图6可见：当道间距为5m，10m时(图6a、图6b)，道间距Δx满足傅里叶有限差分格式的稳定性条件($415\leqslant\Delta x\leqslant10148$)，偏移效果较好，且5m道间距的偏移效果与10m道间距相当；当道间距大于10m时(图6c、图6d)，偏移发生数值频散(箭头处标识)，盐丘的边缘成像不清晰。图6说明，在满足空间采样定律的前提下，小道距有利于改善叠前深度偏移效果，主要原因为：①相同孔径内，小道距使得参与成像的道数增多，这一点对小尺度或大倾角勘探目标尤为重要；②小道距有利于准确的速度建模，特别是可求准浅层速度，能避免上层速度误差下传；③小道距有利于提高横向分辨率。此外，高密度地震采集对偏移效果产生的影响主要体现在信噪比和视觉分辨率的提高上。

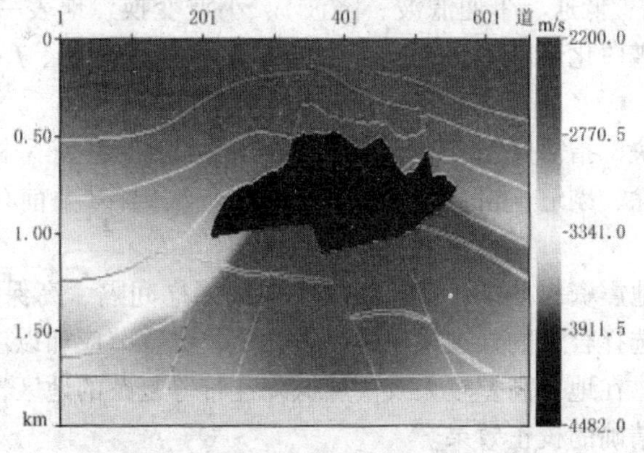

图5　简化盐丘模型

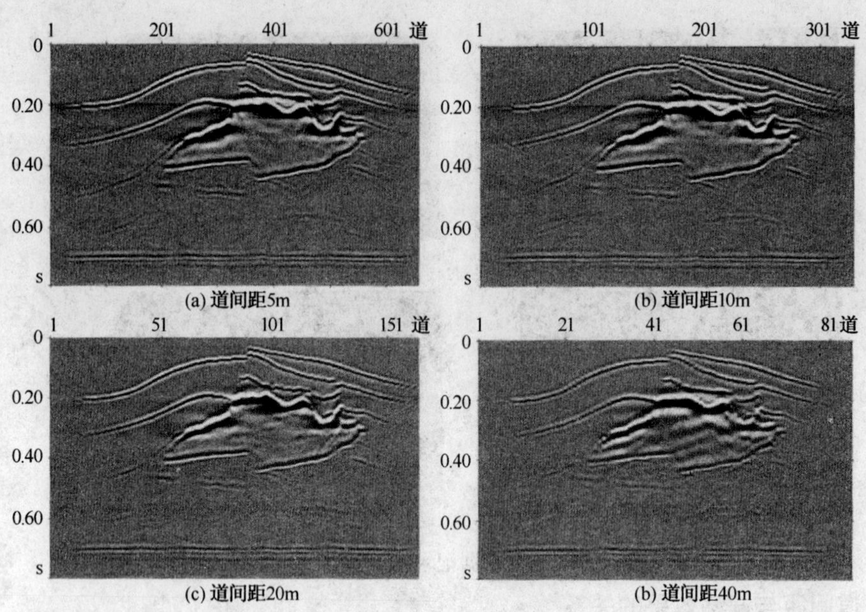

图 6　图 5 模型的傅里叶有限差分法叠前深度偏移剖面

采用固定排列接收地震波场（即排列不动），震源为主频 30Hz 的雷克子波，频带为 1～60Hz。时间采样间隔为 0.5ms，纵、横向的网格均为 5m，炮点起始 CDP 为 5，炮间距为 20m，总炮数为 164 炮，输出的正演记录时间长度为 1.5s

2.4　单点高密度地震数据处理的特点分析

针对单点高密度地震数据，文中对处理流程各阶段的不同模块进行了细致的分析、测试，根据各模块处理效果与道间距的关系，将模块分为三类，并总结了单点高密度地震数据的处理流程特点。

（1）有利模块　指空间采样间隔缩小对处理效果有好的影响的模块。主要有：初至折射波静校正、层析静校正、多域统计剩余静校正、$f-k$ 及与之相关的滤波方法、$\tau-p$ 域处理、中值滤波、拉冬变换、三维速度分析、倾角时差校正（DMO）、叠加、积分法偏移（如基尔霍夫积分法叠后/叠前偏移、基尔霍夫积分法时间/深度偏移）、波动方程 $f-k$ 法偏移模块。

（2）无关模块　指空间采样间隔的变化对处理效果无影响或没有数学计算上的直接相关性的模块。主要有：数据解编、定义观测系统、球面扩散补偿、抽道集、野外（一次）静校正、一维滤波（如高通、低通、带通滤波、陷波）、小波变换、地表一致性反褶积、预测反褶积、脉冲反褶积、谱白化、反 Q 滤波、动校正、二维速度分析、$f-x$ 域随机去噪、多项式拟合等模块。

（3）条件使用模块　指需要结合不同算法，有条件地判断空间采样间隔变化带来的影响的模块。主要有：切除、剔道、组合法去噪、有限差分法偏移（叠前/叠后偏移、时间/深度偏移）模块。

对于单点高密度地震资料处理，需要根据小空间采样间隔、高保真、低/无假频、宽频带、低信噪比等特点选择合适的处理模块，以下几个关键环节应加以注意。

（1）静校正处理　在地表高差较大及浅层低降速带等复杂的地区，应用层析静校正处理技术，以利于取得较精确的校正效果。

（2）面波及相干噪声压制　建议不采用室内道组合压制面波，以利于保护有效信号的低频成分；尽量选用自适应相干等有利于信号保真的方法压制噪声。

(3) 振幅补偿　建议采用地表一致性振幅补偿，消除因激发、接收条件不同而造成的振幅畸变，有利于有效信号的保真，从而更好地满足岩性反演的需要。

(4) 反褶积　建议采用地表一致性反褶积，校正因地表因素不一致造成的地震子波之间的差异，有利于有效信号的保真和频带的拓宽。

(5) 偏移　建议采用利于保幅、保真的波动方程叠前(时间/深度)偏移成像方法，有利于叠前反演、属性分析、岩性识别等。

3 计算效率分析

单点高密度地震数据的采集不仅对野外采集设备(仪器)提出了超高要求，所形成的海量数据的处理、解释对计算和存储设备也提出了挑战。由于目前我们还没有进行这种海量数据的处理，因此无法给出定量化、直观的计算效率对比，但以下两个例子可以使读者了解单点高密度地震数据处理的计算效率。表 2 列出了图 6 中不同道间距的偏移时间，由表 2 可见，随着道间距变大，偏移时间变小，如当选择 10m 道间距偏移时，整个偏移时间将比 5m 道间距缩短近一倍，即在只考虑 CPU 计算时间情况下，空间采样间隔的缩小将造成计算时间的快速增大。在实际地震数据处理过程中，除考虑 CPU 计算时间外，数据输入/输出等的时间也不可忽略。以淮南 A 煤矿同一区块 2004 年与 2006 年采集的数据为例(表3)，对单个的反褶积处理试验而言，2006 年采集数据的处理用时是 2004 年采集数据用时的 1.5 倍，整个作业流程合计用时增加更多(达 2.67 倍)，显然网格的倍数与作业用时并非简单的线性关系。

表 2　图 6 中不同道间距的偏移时间

道间距/m	偏移时间/s	道间距/m	偏移时间/s
5	7625.5	20	1772.6
10	3590.8	40	453.8

表 3　作业流程的用时对比

采集年分	检波器类型	数据类型	CDP 网格/(m×m)	作业用时/h	备　注
2004	模拟	组合常规	10×10	3	近似值
2006	数字	单点密集	5×2.5	8	近似值

4 结束语

文中基于单点多分量地震技术，结合数值模拟和实测数据，从理论分析与处理方法的角度，对单点高密度地震数据进行了相对系统的分析与测试，从分辨率、信噪比和数据处理的角度剖析了单点高密度地震数据与常规地震数据的区别，认为在满足空间采样定律的条件下，更小的道间距有利于弱反射信号的识别，尤其对于实际野外数据采集的低信噪比数据，高密度空间采样对弱信号拾取更有意义。可以推断，单点高密度采样有利于 P 波方位各向异性研究。综上所述，主要得出以下认识：

（1）单点高密度采集有利于实现全波场的无假频采样，提高频带宽度，为实现无假频去噪和有效信号的高保真处理奠定基础。高采样密度有利于提高复杂构造、大倾角构造和小尺度勘探目标的成像精度。

（2）室内组合优于野外组合，室内组合能保持更宽的频带，且使用灵活，可以有效压制面波和随机噪声。

（3）单点高密度数据使得现有处理软件去噪模块的去噪效果更好，对于单点高密度地震资料处理，需要根据小空间采样间隔、高保真、低/无假频、宽频带、低信噪比等特点选择合适的处理模块。

尚需指出，单点高密度数据对采集设备要求很高，要求仪器道数一般要达到万道以上，检波器性能要好(最好是高性能的数字检波器)，此外海量数据的存储和处理对室内和野外现场处理设备和技术提出了更高要求。

中国科学院地质与地球物理研究所的张金海博士、芦俊博士、杨春颖硕士为本文准备了有关图件，在此表示衷心感谢。

参 考 文 献

1 苗庆库，李玮，朱旭东．高密度地震法在工程勘察中的应用．物探装备，2002，12(2)：132～133

2 熊章强，张学强，李修忠等．高密度地震映像勘查方法及应用实例．地震学报，2004，26(3)：313～317

3 石战结，田钢，薛建．单点地震技术在浅覆盖区区域地质调查中的应用研究．世界地质，2003，22(1)：86～90

4 温建绪．小面元三维地震勘探技术在西山屯兰矿南五采区的应用．中国煤田地质，2008，20(6)：73～75

5 宋长愿，段建华，费明泽等．小面元采集三维地震勘探技术应用初探．中国煤田地质，2007，19(增刊2)：120～122

6 张胤彬．三维地震小面元采集技术在晋城矿区的应用．中国煤田地质，2008，20(6)：70～72

7 赵镨，武喜尊．高密度采集技术在西部煤炭资源勘探中的应用．中国煤田地质，2008，20(6)：11～17

8 Malcolm Boardman，Robin Walker. *The road to highdensity seismic*. Oilfield，1995，52～60

9 Ongkiehong L and Huizer W. Dynamic range of the seismic system. *First Break*，1987，5(12)：435～439

10 Ongkiehong L and Askin H J. Towards the universal seismic acquisition technique. *First Break*，1988，6(1)：40～45

11 Ongkiehong L. A changing philosophyin seismic data acquisition. *First Break*，1988，6(9)：281～284

12 Ghassan Rached and Abdulaziz Al-Rares. Single-sensor 3D land seismic acquisition in Kuwait. *SEG Technical Program Expanded Abstracts*，2006，25：61～64

13 Jonathan Anderson，Andrew Smart and Ayman Shabrawi. Solving an imaging problem in Kuwait Oil Company's Minagish field using single-sensor acquisition and processing. *SEG Technical Program Expanded Abstracts*，2005，24：502～505

14 Stephen Pickering. Q-Reservoir（Advanced seismic technology for reservoir）solutions. *Oil & Gas North Africa Magazine*，2003，26～30

15 Pan，Jeff Gee-Shang，Moldoveanu，Nick. Single-sensor towed streamer improves seismic acquisition. *Clearer signal enhances Gulf of Mexico AVO anomalies*(*Seismic Technology*)，Offshore，2001

16 Abdulbaset T Refae，Sayed Khalil，Bob Vincent et al. Increasing bandwidth for reservoir characterization with

single-sensor seismic data. *Petroleum Africa*, 2008, 41 ~ 44

17 Guido Baeten, Vincent Belougne, Tim Brice. Acquisition and processing of single sensor seismic data. *SEG Technical Program Expanded Abstracts*, 2001, 20

18 Andrew SLong. The revolution in seismic resolution: High density 3D spatial sampling developments and results. *SEG Technical Program Expanded Abstracts*, 2004, 23

19 Denis Mougenot, Nigel Thorburn. MEMS-based 3D accelerometers for land seismic acquisition. *The Leading Edge*, 2004, 23(3): 246 ~ 250

20 Peng Xiao, Qin Xin and Yang Wanxiang. Application of high density acquisition in Jungar Basin, wesern China. *SEG Technical Program Expanded Abstracts*, 2006, 25: 90 ~ 94

21 孙建国. 勘探地球物理技术最新进展 ———2002 年 SEG 年会综述 I：采集与处理. 勘探地球物理进展，2003，26(1)：66 ~ 78

22 吴长祥，李忠平，丁士平. 塔里木盆地卡 3 区块二维地震采集技术研究. 石油物探，2005，44(2)：179 ~ 182

23 王喜双，谢文导，邓志文. 高密度空间采样地震技术发展与展望. 中国石油勘探，2007，12(1)：49 ~ 54

24 钱荣钧. 关于地震采集空间采样密度和均匀性分析. 石油地球物理勘探，2007，42(2)：235 ~ 243

25 狄帮让，熊金良，岳英等. 面元大小对地震成像分辨率的影响分析. 石油地球物理勘探，2006，41(4)：363 ~ 368

26 熊金良，岳英，杨勇等. 面元大小与纵向分辨率关系. 石油地球物理勘探，2006，41(4)：489 ~ 491

27 李庆忠，魏继东. 高密度地震采集中组合效应对高频截止频率的影响. 石油地球物理勘探，2007，42(4)：363 ~ 369

28 董世泰，高红霞. 单点单检波器地震勘探技术. 石油仪器，2005，19(2)：66 ~ 68

29 Cai Xiling, Liu Xuewei and Deng Chunyan et al. Characteristics analysis on high density spatial sampling seismic data. *Applied Geophysics*, 2006, 3(1): 48 ~ 54

30 倪良健. 塔中沙漠区地震勘探采集方法研究[工程硕士论文]. 北京：中国地质大学，2006，70 ~ 86

31 赵会欣，晋志刚，张宇生等. 高密度空间采样地震采集覆盖次数的选择. 天然气工业，2007，27（增刊 A)：68 ~ 69

32 霍浩，张三元，闭金元等. 高密度地震数据采集和处理技术在江陵凹陷的应用. 江汉石油科技，2008，18(1)：1 ~ 5

33 夏颖，祝彩霞，孙灵群. 地震勘探仪器在高密度采集中的应用. 物探装备，2008，18(1)：7 ~ 10

34 夏洪瑞. 道间距对偏移结果影响的讨论. 勘探地球物理进展，2007，30(1)：33 ~ 38

35 曹务祥. 单道接收地震资料的室内组合方法. 石油地球物理勘探，2006，41(6)：615 ~ 619

36 Lu Jun, Wang Yun, and Yang Chun-Ying. Instantaneous polarization filtering focused on suppression of surface waves. *Applied Geophysics*, 2010, 7(1)

37 ZhangJin Hai, Wang Wei Min, Fu Li Yun and Yao Zhen Xing. 3D Fourier finite-difference migration by alternating-direction-implicit plus interpolation. *Geophysical Prospecting*, 2008, 56(1): 95 ~ 103

38 侯嵩，王赟，尹军杰. 道间距对地震偏移的影响. 石油地质与工程，2009

含黏滞流体各向异性孔隙介质中弹性波的频散和衰减

魏修成[1]　卢明辉[2]　巴　晶[3]　杨慧珠[3]

(1. 中国石化石油勘探开发研究院，北京 100083；2. 中国石油勘探开发研究院，北京 100083；3. 清华大学工程力学系，北京 100084)

摘要： 基于 Biot 理论，考虑液相的黏弹性变形和固液相接触面上的相对扭转，提出了含黏滞流体 VTI 孔隙介质模型。从理论上推导出，在该模型中除存在快 P 波、慢 P 波、SV 波、SH 波以外，还将存在两种新横波 - 慢 SV 波和慢 SH 波。数值模拟分析了 6 种弹性波的相速度、衰减、液固相振幅比随孔隙度、频率的变化规律以及快 P 波、快 SV 波的衰减随流体性质、渗透率、入射角的变化规律。结果表明慢 SV 波和慢 SH 波主要在液相中传播，高频高孔隙度时，速度较高；大角度入射时，快 P 波衰减表现出明显的各向异性，而快 SV 波的衰减则基本不变；储层纵向和横向渗透率存在差异时，快 SV 波衰减大的方向渗透率高。

关键词： 频散和衰减　孔隙介质　黏滞流体　各向异性　渗透率

1　引言

含流体孔隙介质中的波传播问题的研究是提高复杂储层介质中油气勘探精度的关键所在，因而也是众多地球物理学家和石油工程师所关心的热点问题。Biot 提出了双相介质的本构关系，创建了孔隙介质中弹性波传播理论，从理论上预测了慢纵波的存在，并初步讨论了慢纵波的性质。Biot 理论假设液相的本构关系为线弹性的，此时固相和液相接触面上仅存在正压力。1990 年，Liu 和 Katsube 指出含黏滞流体孔隙介质的液相变形包括弹性变形和黏性变形，并且固液相接触面上不仅存在正压力，还存在着大小相等、方向相反的切应力，此切应力是由于固液相之间的相对扭转变形所致，并给出了含黏滞流体各向同性孔隙介质的波动方程，从理论上推导出一种新横波的存在，由于其速度远远低于传统的横波，又被称为慢横波。

地球介质往往存在各向异性，VTI(Transverse Isotropy with a Vertical symmetry axis)介质模型是具有垂直对称轴的横向各向同性介质模型，在其中传播的 P 波，SH、SV 波的速度、振幅等波响应随波传播方向的不同而不同。本文基于 Liu 的黏滞流体固液相对扭转理论，从含黏滞流体 VTI 双相介质的流变学本构关系出发，给出了相应的波动方程，从理论上推导出含黏滞流体 VTI 孔隙介质中除存在 P 波，SH、SV 波以外，还将存在慢 P 波，慢 SH、慢 SV 波，并对这六种波的相速度和衰减规律进行了分析。

2 含黏滞流体 VTI 介质基本方程

2.1 含黏滞流体 VTI 双相介质的本构关系

含黏滞流体 VTI 介质的本构关系为：

$$\begin{bmatrix}\sigma_i\\ \boldsymbol{S}_l\end{bmatrix}=\begin{bmatrix}c_{ij} & Q_{ik}\\ Q_{lj} & R_{lk}\end{bmatrix}\begin{bmatrix}\varepsilon_j\\ \xi_k\end{bmatrix},\ i,\ j,\ l,\ k=1,\ 2,\ \cdots,\ 6 \tag{1}$$

式(1)中固相应力向量 $\boldsymbol{\sigma}_i$ 和液相应力向量 $\boldsymbol{S}_l$ 为：

$$\begin{aligned}\boldsymbol{\sigma}_i&=(\sigma_{xx},\ \sigma_{yy},\ \sigma_{zz},\ \sigma_{yz},\ \sigma_{zx},\ \sigma_{xy})^{\mathrm{T}}\\ \boldsymbol{S}_l&=(S_{xx},\ S_{yy},\ S_{zz},\ S_{yz},\ S_{zx},\ S_{xy})^{\mathrm{T}}\end{aligned} \tag{2}$$

式(2)中固相应变向量 ε_j 和液相应变向量 ξ_k 为：

$$\begin{aligned}\varepsilon_j&=(\varepsilon_{xx},\ \varepsilon_{yy},\ \varepsilon_{zz},\ 2\varepsilon_{yz},\ 2\varepsilon_{zx},\ 2\varepsilon_{xy})^{\mathrm{T}}\\ \xi_k&=(\xi_{xx},\ \xi_{yy},\ \xi_{zz},\ 2\xi_{yz},\ 2\xi_{zx},\ 2\xi_{xy})^{\mathrm{T}}\end{aligned} \tag{3}$$

固相弹性矩阵 $\boldsymbol{C}$、固液耦合相弹性矩阵 $\boldsymbol{Q}$、液相弹性矩阵 $\boldsymbol{R}$ 分别为：

$$\boldsymbol{C}=\begin{bmatrix}c_{11} & c_{12} & c_{13} & 0 & 0 & 0\\ c_{12} & c_{11} & c_{13} & 0 & 0 & 0\\ c_{13} & c_{13} & c_{13} & 0 & 0 & 0\\ 0 & 0 & 0 & c_{44} & 0 & 0\\ 0 & 0 & 0 & 0 & c_{44} & 0\\ 0 & 0 & 0 & 0 & 0 & c_{66}\end{bmatrix} \tag{4}$$

$$\boldsymbol{Q}=\begin{bmatrix}Q_1 & Q_1 & Q_1 & 0 & 0 & 0\\ Q_1 & Q_1 & Q_1 & 0 & 0 & 0\\ Q_3 & Q_3 & Q_3 & 0 & 0 & 0\\ 0 & 0 & 0 & 0 & 0 & 0\\ 0 & 0 & 0 & 0 & 0 & 0\\ 0 & 0 & 0 & 0 & 0 & 0\end{bmatrix} \tag{5}$$

$$\boldsymbol{R}=\begin{bmatrix}R+(\lambda_2+2\mu_2)\frac{\partial}{\partial t} & R+\lambda_2\frac{\partial}{\partial t} & R+\lambda_2\frac{\partial}{\partial t} & 0 & 0 & 0\\ R+\lambda_2\frac{\partial}{\partial t} & R+(\lambda_2+2\mu_2)\frac{\partial}{\partial t} & R+\lambda_2\frac{\partial}{\partial t} & 0 & 0 & 0\\ R+\lambda_2\frac{\partial}{\partial t} & R+\lambda_2\frac{\partial}{\partial t} & R+(\lambda_2+2\mu_2)\frac{\partial}{\partial t} & 0 & 0 & 0\\ 0 & 0 & 0 & \mu_2\frac{\partial}{\partial t} & 0 & 0\\ 0 & 0 & 0 & 0 & \mu_2\frac{\partial}{\partial t} & 0\\ 0 & 0 & 0 & 0 & 0 & \mu_2\frac{\partial}{\partial t}\end{bmatrix} \tag{6}$$

根据 Liu 的文章，在式(6)中，λ_2 和 μ_2 为液相对应于黏性变形的拉梅系数，其中 $\lambda_2=$

$\phi\lambda_f$，对于流体来讲，$\lambda_2=0$；$\mu_2=\phi\eta$，ϕ 为储层孔隙度，η 为流体黏度。

2.2 运动方程和几何方程

Liu 提出由于固液间相对扭转变形导致含黏性流体的固液相接触面上存在着大小相等、方向相反的切应力，即

$$\sigma_{ij}^{(1)}=-\sigma_{ij}^{(2)}=-2\mu_{11}\Lambda_{ij} \tag{7}$$

$$\begin{aligned}\Lambda&=\Gamma^{(1)}-\Gamma^{(2)}\\ \Gamma_{ij}^{(1)}&=1/2(\dot{u}_{i,j}^{(1)}-\dot{u}_{i,j}^{(2)})\\ \Gamma_{ij}^{(2)}&=1/2(\dot{u}_{i,j}^{(2)}-\dot{u}_{i,j}^{(1)})\end{aligned} \tag{8}$$

式(7)中，μ_{11}为扭转变形黏性系数，可由 $a=[(\mu_2+\mu_{11})/b]^{1/2}$ 求出，a 为孔隙形状参数。式(7)和(8)中的上标 1 和 2 分别表示固相和液相。

考虑到以上边界条件，可得到含黏滞流体 VTI 双相介质的运动方程为：

$$\sigma_{ij,j}+2\mu_{11}\Delta\cdot\Lambda_{ij}=(\rho_{11}\ddot{u}_i+\rho_{12}\ddot{U}_i)+b_i(\dot{u}_i-U_i) \tag{9}$$

$$S_{ij,j}-2\mu_{11}\Delta\cdot\Lambda_{ij}=\frac{\partial^2}{\partial t^2}(\rho_{12}u_i+\rho_{22}U_i)-b_i(\dot{u}_i-U_i). \tag{10}$$

式(9)和(10)中，$b_i=\eta\phi^2/k_i$ 为耗散系数，$b_i=\begin{cases}b_1, & i=1,2\\ b_3, & i=3\end{cases}$，$k$ 为储层渗透率。u_i 和 U_i 分别为固相和液相的位移，ρ_{11}，ρ_{12}，ρ_{22} 分别为 Biot 固相、固液耦合相、液相的密度，与岩石骨架密度 ρ_s、流体密度 ρ_f 和孔隙度 ϕ 以及孔隙形状有关。

孔隙介质的固相和液相应变、位移关系仍然满足：

$$\varepsilon_{ij}=\frac{1}{2}(u_{i,j}+u_{j,i}) \tag{11}$$

$$\xi_{ij}=\frac{1}{2}(U_{i,j}+U_{j,i}) \tag{12}$$

综合以上(2)~(12)式，就可以得到含黏滞流体 VTI 双相介质波动方程。

2.3 相速度和逆品质因子

以位移场 u_i 和 U_i 表示在含黏滞流体 VTI 双相介质中传播的弹性平面波的通解形式，考虑在(x, z)平面内波的传播，则有：

$$\begin{aligned}u_j&=A_j e^{i[k(xl_1+zl_3)-\omega t]}\\ U_j&=\bar{A}_j e^{i[k(xl_1+zl_3)-\omega t]}\\ j&=x,\ y,\ z\end{aligned} \tag{13}$$

式(13)中 l_1 和 l_3 分别表示波传播方向与 x 轴和 z 轴夹角的余弦，其余参数含义同前。

将几何关系(11)，(12)代入到本构关系(1)中，将得到的结果代入到运动方程(9)，(10)，再将位移场平面波解(13)代入到运动方程中，得到 Christoffel 方程：

$$(\boldsymbol{D}\cdot\boldsymbol{C}\cdot D^{\mathrm{T}}-\rho\omega^2\boldsymbol{I})\tilde{A}=0 \tag{14}$$

式(14)中的 $\boldsymbol{C}$ 代表式(1)中的弹性矩阵，$\boldsymbol{D}$ 为微分算子，定义如下：

$$\boldsymbol{D}=\begin{bmatrix}\frac{\partial}{\partial x} & 0 & 0 & 0 & \frac{\partial}{\partial z} & \frac{\partial}{\partial y}\\ 0 & \frac{\partial}{\partial y} & 0 & \frac{\partial}{\partial z} & 0 & \frac{\partial}{\partial x}\\ 0 & 0 & \frac{\partial}{\partial z} & \frac{\partial}{\partial y} & \frac{\partial}{\partial x} & 0\end{bmatrix} \tag{15}$$

为使$\tilde{A}$有非零解，Christoffel 方程的行列式必须等于零。由此得到纵波和横波的频散关系为：

$$\begin{vmatrix} \beta_{11} & \beta_{12} & \beta_{13} & \beta_{14} \\ & \beta_{22} & \beta_{23} & \beta_{24} \\ & & \beta_{33} & \beta_{34} \\ & & & \beta_{44} \end{vmatrix} = 0 \tag{16}$$

$$\begin{vmatrix} \omega^2\left(\rho_{11}+\dfrac{ib_1}{\omega}\right)-(c_{66}l_1^2+c_{44}l_3^2)k^2+\mu_{11}\omega ik^2 & \omega^2\left(\rho_{12}-\dfrac{ib_1}{\omega}\right)-\mu_{11}\omega ik^2 \\ \omega^2\left(\rho_{12}-\dfrac{ib_1}{\omega}\right)-\mu_{11}\omega ik^2 & \omega^2\left(\rho_{12}+\dfrac{ib_1}{\omega}\right)+(\mu_2+\mu_{11})\omega ik^2 \end{vmatrix} = 0 \tag{17}$$

式(16)表示快、慢 P 波和快、慢 SV 波的频散关系，式(17)表示快、慢 SH 波的频散关系。

式(16)中各参数含义为：

$$\begin{aligned}
\beta_{11} &= (c_{11}l_1^2+c_{44}l_3^2-\mu_{11}l_3^2\omega i)k^2-\rho_{11}\omega^2-b_1\omega i \\
\beta_{12} &= (c_{13}+c_{44}+\mu_{11}\omega i)l_1l_3k^2 \\
\beta_{13} &= (Q_1l_1^2+\mu_{11}l_3^2\omega i)k^2-\rho_{12}\omega^2+b_1\omega i \\
\beta_{14} &= (Q_1-\mu_{11}\omega i)l_1l_3k^2 \\
\beta_{22} &= (c_{44}l_1^2+c_{33}l_3^2-\mu_{11}l_1^2\omega i)k^2-\rho_{11}\omega^2-b_3\omega i \\
\beta_{23} &= (Q_3-\mu_{11}\omega i)l_1l_3k^2 \\
\beta_{24} &= (Q_3l_3^2+\mu_{11}l_1^2\omega i)k^2-\rho_{12}\omega^2+b_3\omega i \\
\beta_{33} &= [R-(\lambda_2+2\mu_2)\omega i]l_1^2k^2-(\mu_2+\mu_{11})\omega il_3^2k^2-\rho_{22}\omega^2-b_1\omega i \\
\beta_{34} &= [R-(\lambda_2+2\mu_2)\omega i]l_1l_3k^2+\mu_{11}\omega il_1l_3k^2 \\
\beta_{44} &= [R-(\lambda_2+2\mu_2)\omega i]l_3^2k^2-(\mu_2+\mu_{11})\omega il_1^2k^2-\rho_{22}\omega^2-b_3\omega
\end{aligned} \tag{18}$$

式(16)是一个关于复波数平方(k^2)的四次方程：

$$b_0k^8+b_1k^6+b_2k^4+b_3k^2+b_4=0 \tag{19}$$

求解方程(17)和(19)可以得到含黏滞流体 VTI 双相介质中六种波的复波数$\tilde{k}_i$，相应的六种波的相速度 V_i 和逆品质因子 Q_i^{-1} 可由下式得到：

$$V_i=\omega/\mathrm{Re}(\tilde{k}_i) \tag{20}$$

$$Q_i^{-1}=2\mathrm{Im}(\tilde{k}_i)/\mathrm{Re}(\tilde{k}_i) \tag{21}$$

3 数值算例

3.1 相速度曲面

为考察流体黏滞效应对 VTI 孔隙介质中弹性波传播的影响，对不含黏流体和含黏滞流体 VTI 双相介质中的弹性波相速度曲面进行了比较。取模型参数为：孔隙度 $\phi=0.2$，固相密度$\rho_s=2600\mathrm{kgm}^3$，干骨架弹性模量 $c_{11}=26.4\mathrm{GPa}$，$c_{13}=6.11\mathrm{GPa}$，$c_{33}=15.6\mathrm{GPa}$，$c_{44}=4.38\mathrm{GPa}$，$c_{66}=6.84\mathrm{GPa}$(参数取值来自文献 13)，固液耦合相弹性模量 $Q_1=2\mathrm{GPa}$，$Q_3=$

1. 65GPa，液相弹性模量 $R=1.33\text{GPa}$，流体密度 $\rho_f=900\text{kgm}^3$，流体黏滞系数 $\eta=0.5\text{Pa}\cdot\text{s}$，$z$ 轴方向的渗透率为 $k_3=100\text{mD}$，x 轴方向的渗透率为 $k_1=1000\text{mD}$，频率 $f=10\text{MHz}$。

从图 1(a)中可以看出，含理想流体 VTI 双相介质中存在四种弹性波，其中快 P 波、慢 P 波相速度曲面形状分别为椭圆和环形，SV 波相速度曲面形状近似为方形，SH 波相速度曲面形状为椭圆。从图 1(b)可以看出：含黏滞流体的 VTI 双相介质中除存在快、慢 P 波、SV、SH 四种弹性波外，还将存在两种新类型的波—慢 SV 波和慢 SH 波。与图 1(a)对比发现，快 P 波、快 SV、快 SH 弹性波的相速度曲面基本没有变化；慢 P 波相速度曲面变成椭圆形；慢 SV 波相速度曲面和慢 SH 波相速度曲面也是椭圆形，慢波中慢 P 波波速最高，慢 SH 波波速最低。

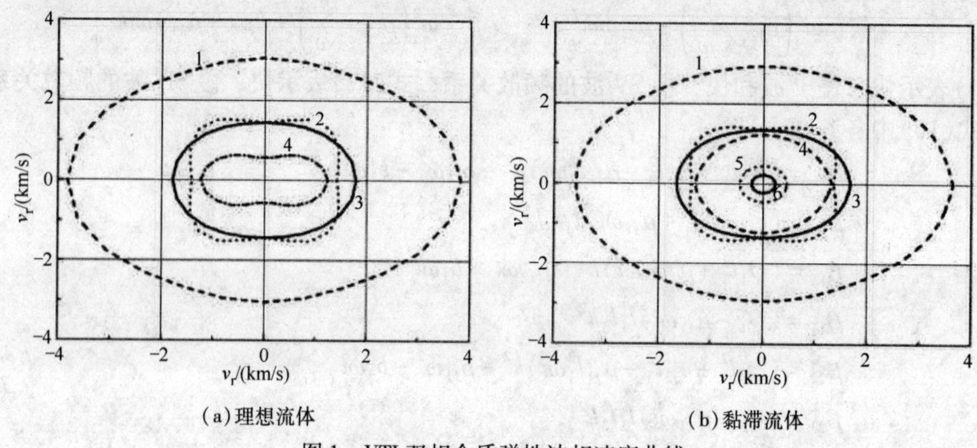

(a)理想流体　　(b)黏滞流体

图 1　VTI 双相介质弹性波相速度曲线

曲线 1 到 6 分别代表快 P 波、快 SV 波、快 SH 波、慢 P 波、慢 SV 波、慢 SH 波

3.2　速度随孔隙度和频率变化关系

取频率为 10Hz ~ 10MHz，孔隙度为 5%、10%、20%、30%，考察含黏滞流体 VTI 双相介质中六种弹性波相速度随孔隙度和频率的变化规律。由于快 SH 波、慢 SH 波的相速度变化规律与快 SV 波、慢 SV 波的类似，图 2 只给出快 P 波、慢 P 波、快 SH 波、慢 SH 波的速度变化规律。图 2(a)和 2(c)表明快波的速度随频率的提高而略有上升，速度随孔隙度的增大而降低；图 2(b)和 2(d)表明慢波在低频下速度很低，当超过 100KHz 时，慢波速度迅速增大。慢 P 波在 $f<10\text{KHz}$，速度随孔隙度增大而降低，在 $f>100\text{KHz}$ 时，速度随孔隙度增大而增大；慢 SV 波速度在整个频段内，随孔隙度增大而增大。

3.3　衰减随孔隙度和频率的变化关系

图 3 给出了快 P 波、慢 P 波、快 SV 波、慢 SV 波的逆品质因子随孔隙度、频率的变化规律，同样地，快 SH 波、慢 SH 波逆品质因子的变化规律与快 SV 波、慢 SV 波相同。从图中可以看出：慢 P 波、慢 SV 波的衰减随频率的增大而减小，即在地震频率 30Hz 左右时，慢波衰减非常快，因此很难观测到；快 P 波的衰减随频率增大先增大然后减小，在特征频率处衰减最大；快 SV 波的衰减随频率的增大先增大然后减小，频率高于 1MHz 后，衰减随频率的增大而增大。在低于特征频率的情况下，快 P 波、慢 P 波、快 SV 波的衰减受孔隙度的影响很小；高于特征频率时，这三种波的衰减随孔隙度的增大而增大。慢 SV 波的衰减在低于特征频率时随孔隙度的增大而增大；高于特征频率时，慢 SV 波的衰减不随孔隙度变化。

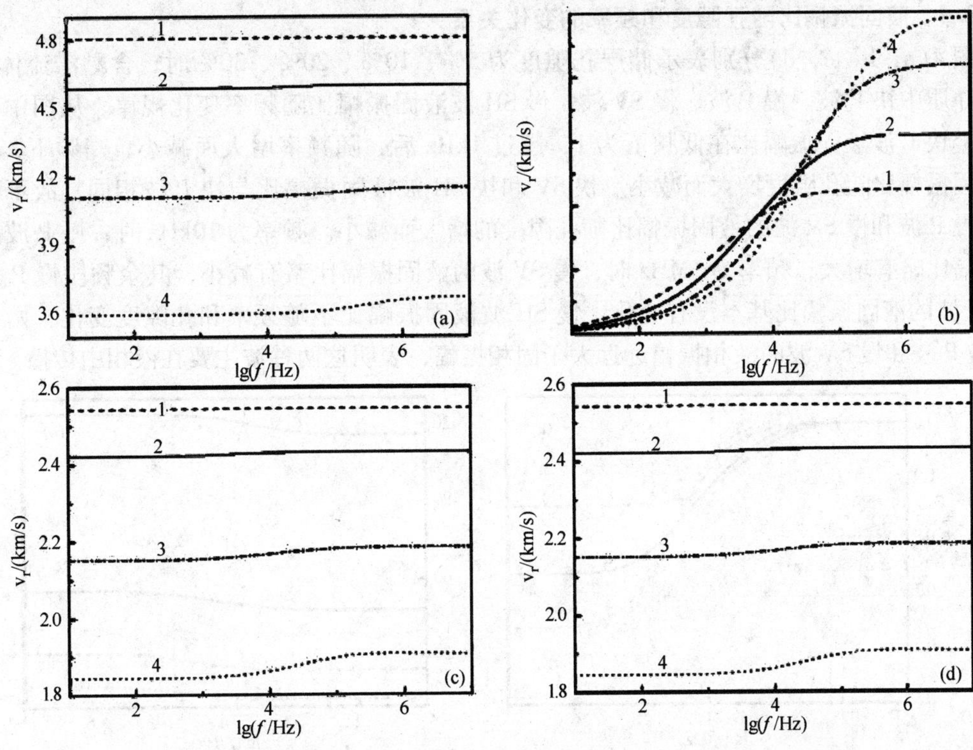

图2　含黏滞流体VTI双相介质中弹性波相速度随孔隙度、频率变化规律

曲线1，2，3，4分别表示孔隙度为5%，10%，20%，30%

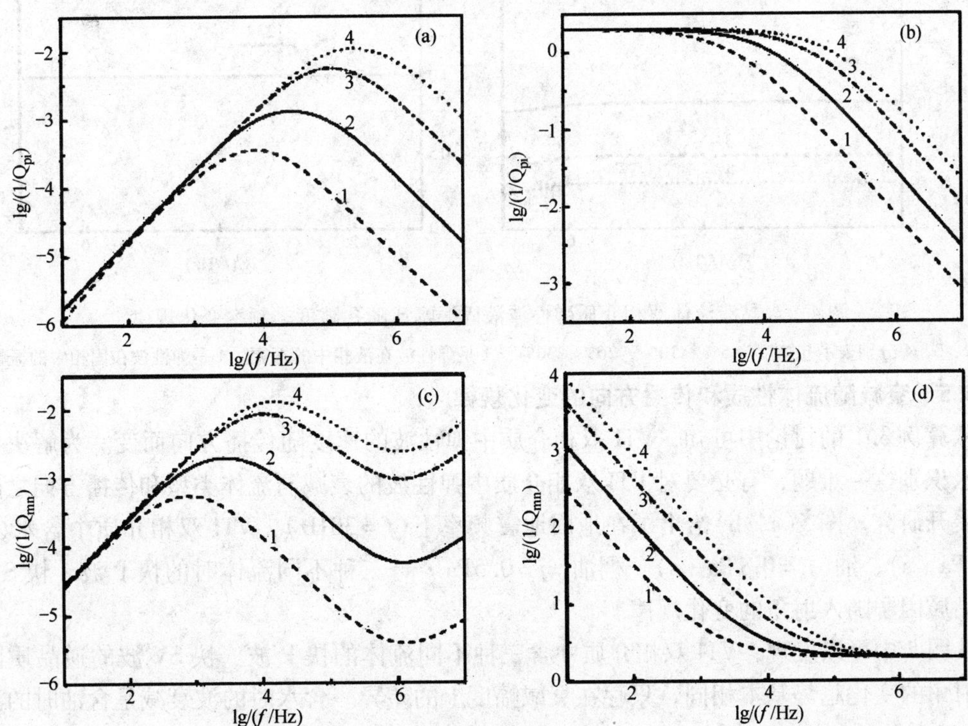

图3　含黏滞流体VTI介质弹性波衰减随孔隙度、频率变化规律

曲线1，2，3，4分别表示孔隙度为5%，10%，20%，30%

3.4　液固振幅比随孔隙度和频率的变化关系

图4(a，b，c，d)分别表示储层孔隙度为5%、10%、20%、30%时，含黏滞流体VTI双相介质中快P波、慢P波、慢SV波、慢SH波液固振幅比随频率变化规律。从图中可以看出：快P波液固振幅比在低频下为1，超过1kHz后，随频率增大而减小；高频下，快P波液固振幅比随孔隙度增大而减小。快SV和快SH波液固振幅比与快P波相同，故不再赘述。慢P波和慢SV波的液固振幅比随孔隙度的增大而减小。频率为10kHz时，慢P波的液固振幅比略有增大；频率为1MHz时，慢SV波的液固振幅比略有减小，其余频段慢P波和慢SV波的液固振幅比基本没有变化。慢SH波液固振幅比不随频率和孔隙度变化，始终为1。慢P波和慢SV波的液相振幅远远大于固相振幅，表明这两种波主要在液相中传播。

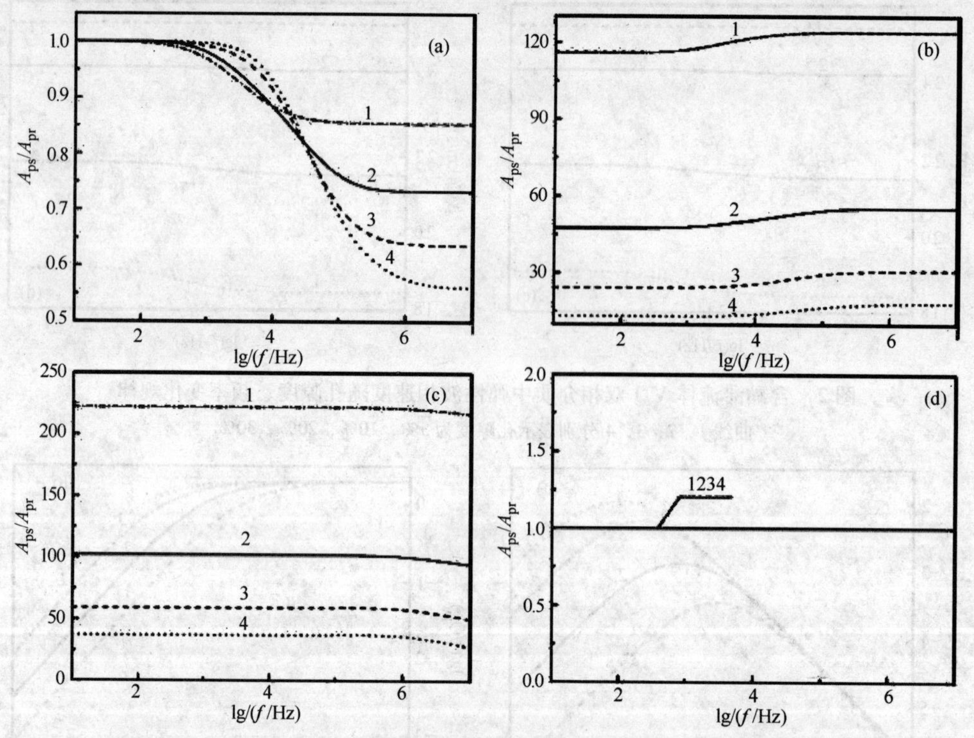

图4　含黏滞流体双相介质弹性波液固振幅比随孔隙度、频率变化规律

1，2，3，4分别表示孔隙度为5%，10%，20%，30%。$\bar{A}$是弹性波在液相中的振幅，A是弹性波在固相中的振幅。

3.5　衰减随流体性质和传播方向的变化规律

从算例3.1的讨论中可知，VTI双相介质中弹性波的速度随传播方向而变。为解决储层中油水识别这一难题，有必要对VTI双相介质中弹性波的衰减与流体类型和传播方向之间的关系展开研究。图5(a，b)给出了在地面地震频率下(f=30Hz)，VTI双相介质中含水(η=0.001Pa·s)、油(η=0.1Pa·s)、稠油(η=0.5Pa·s)三种不同流体时的快P波、快SV波的逆品质因子随入射角的变化规律。

从图5中可以发现，VTI双相介质中含三种不同流体的快P波、快SV波的逆品质因子随入射角的变化趋势基本相同，只存在衰减幅度上的差异。含水时的波衰减是含油时的波衰减的100倍左右。

从图5a中可以看出：小于40°入射时，快P波的衰减基本不随入射角变化；大于40°入

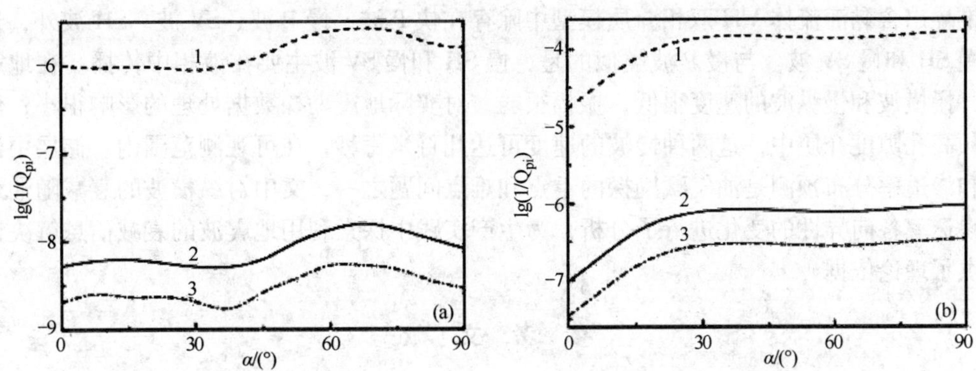

图5 含不同流体 VTI 双相介质中快 P 波和快 SV 波的逆品质因子随入射角的变化

（a）、（b）分别表示快 P 波、快 SV 波，曲线 123 分别代表含水、油、稠油

射时，快 P 波的衰减随入射角增大先增大然后减小，最大衰减发生在 70°左右。因此，对于快 P 波来讲，只有在大入射角(即大炮检距)处，振幅的衰减才表现出明显的各向异性特征。

从图 5b 中可以看出：小于 30°入射时，快 SV 波的衰减随入射角增大而增大；大于 30°以后，衰减基本不随入射角变化。因此，对于快 SV 波来讲，只有在小入射角(即近炮检距)处，才能观测到 SV 波衰减的各向异性。

3.6 衰减随渗透率各向异性和传播方向的变化规律

图 6(a，b)给出了在地面地震频率下($f=30$Hz)，VTI 双相介质中含稠油($\eta=0.5$Pa·s)时，$k_x=100$mD，$k_z=1000$mD 和 $k_x=1000$mD，$k_z=100$mD 两种情况下的快 P 波、快 SV 波的逆品质因子随入射角的变化规律。

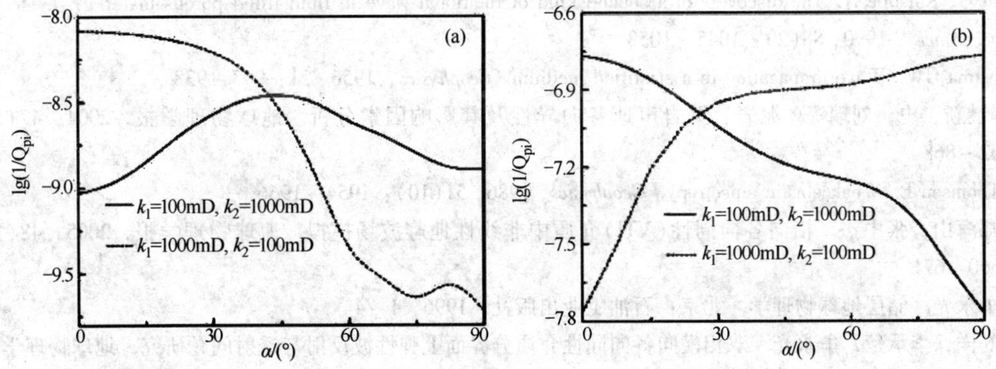

图6 含稠油 VTI 双相介质中快 P 波(a)和快 SV 波(b)的逆品质因子随渗透率和入射角的变化

从图 6(a)可以发现，当 $k_x<k_z$ 时，快 P 波的衰减随入射角的增大先增大后减小，在 45°左右衰减最大；当 $k_x>k_z$ 时，快 P 波的衰减随入射角的增大先减小后增大，在 0°衰减最大。从图 6(b)可以看到：当 $k_x<k_z$ 时，快 SV 波的衰减随入射角的增大而减小；当 $k_x>k_z$ 时，快 SV 波的衰减随入射角的增大而增大。由此可以根据快 P 波和快 SV 波的衰减随入射角的变化规律来定性地判断储层最大、最小渗透率的方向。

4 小结

对于某些特殊的油气储层，譬如含天然沥青油藏，流体的黏性变形不能忽略。文中从理论上推导出含黏滞流体VTI双相介质模型中除存在快P波、慢P波、SV波、SH波外，还将存在慢SH和慢SV波。与慢P波类似的是，慢SH和慢SV波主要在液相中传播。在地震频率下，慢横波和慢纵波的速度很低，振幅很弱，对实际地震勘探数据处理的影响很小；但是在高频高孔隙度介质中，这两种慢波的速度可达几百米每秒，在可观测范围内。储层中油水识别和渗透率分布预测是油气藏勘探的重点和难点问题之一，文中对纵横波的衰减随油水性质和渗透率各向异性的变化进行了分析，为生产实践中探索利用地震波的衰减信息解决该难题提供了理论依据。

参 考 文 献

1 聂建新，杨顶辉，杨慧珠. 基于非饱和多孔隙介质BISQ模型的储层参数反演. 地球物理学报，2004，47(6)：1101～1105

2 张新明，刘克安，刘家琦. 流体饱和多孔隙介质二维弹性波方程正演模拟的小波有限元法. 地球物理学报，2005，48(5)：1156～1166

3 王秀明，张海澜，王东. 利用高阶交错网格有限差分法模拟地震波在非均匀孔隙介质中的传播. 地球物理学报，2003，46(6)：842～849

4 Biot M A. Theory of propagation of elastic waves in a fluid saturated porous solid：I. Low frequency range. *J. Acoust. Soc. Amer.*，1956，28(2)：168～178

5 Biot M A. Theory of propagation of elasticwaves in a fluid saturated porous solid：II. Higher frequency range. *J. Acoust. Soc. Amer.*，1956，28(2)：179～191

6 Biot M A. Mechanics of deformations and acoustic propagation in porous media. *J. Appl. Phys.*，1962，33：1482～1498

7 Liu Q，Katsube N. The discovery of a second kind of rotational wave in fluid filled porous material. *J. Acoust. Soc. Amer.*，1990，88(2)：1045～1053

8 Postma GW. Wave propagation in a stratified medium. *Geophysics*，1956，21：905～938

9 邓继新，史，刘瑞等. 泥岩、页岩声速各向异性及其影响因素分析. 地球物理学报，2004，47(5)：862～868

10 Thomsen L. Weak elastic anisotropy. *Geophysics*，1986，51(10)：1954～1966

11 郑海山，张中杰. 横向各向同性(VTI)介质中非线性地震波场模拟. 地球物理学报，2005，48(3)：660～671

12 牟永光. 储层地球物理学. 北京：石油工业出版社. 1996，1～4

13 刘洋，李承楚，牟永光. 双相横向各向同性介质分界面上弹性波反射与透射问题研究. 地球物理学报，2000，43(5)：691～698

基于遗传算法的叠前地震波形反演构建虚拟井曲线

严建文[1,2]　杨绍国[3]

[1. 中国地质大学(武汉)资源学院；
2. 中国石化石油勘探开发研究院南京石油物探研究所；3. 美国EPT公司]

摘要：鉴于叠前反演分辨率高，叠后反演速度快、稳定性好，所以叠前和叠后混合反演正成为人们研究的热点。其关键技术是叠前地震波形反演构建虚拟井曲线，在此基础上以虚拟井作为控制信息进行叠后反演。本文采用遗传算法(GA)全局寻优的非线性反演方法构建虚拟井曲线，成功地解决了叠前地震波形反演面临的数据和模型之间高度非线性及目标函数具有多个极小值问题。文中给出了利用GA地震波形反演的计算步骤及关键步骤的注意事项。实例结果表明该方法可行。

关键词：叠前和叠后混合反演　遗传算法　虚拟井

1　引言

地震反演分为叠前地震反演和叠后地震反演。叠前地震反演分辨率高，能提供详细的地下地层特征信息，但反演速度慢、稳定性差。叠后地震反演分辨率低，但速度快、稳定性好，能满足大规模生产应用的需要。

叠前地震波形反演所面临的问题有：①计算量和数据量非常大；②数据和模型之间高度非线性；③目标函数有多个极小值；④多解性。非线性、非惟一性和大计算量等问题使叠前地震波形反演的难度很大。但叠前地震反演对储层岩性和所含流体的高分辨率对广大油气勘探开发研究人员具有较大的吸引力。针对叠前地震波形反演所面临的难题，近十年来许多地球物理研究人员进行了大量的探索和研究，获得了许多重要的研究成果。

采用遗传算法(GA)和模拟退火(SA)全局寻优的非线性反演方法比较成功地解决了叠前地震波形反演所面临的数据和模型之间高度非线性及目标函数具有多个极小值问题。遗传算法的代表性研究成果在文献中有详细论述。张厚柱等将遗传算法应用于层速度的反演，解决了无井约束反演、含噪声资料的反演等较为复杂的问题；王宝珍等、李晶等、成琥等将遗传算法应用于地震波阻抗的反演。文晓涛等还应用遗传算法进行碳酸盐岩储集层的评价研究，评价结果与测井解释和钻井结果较为吻合。模拟退火算法的代表性研究成果在文献中有详细论述。Ingber等对遗传算法和模拟退火算法进行了对比研究，证明两种方法均能实现全局寻优，只不过快速模拟退火(VFSA)的速度要快一些。

Xia等和Sen采用分步反演的方法提高了叠前地震波形反演的速度和稳定性。其主要步骤为：第一步，用旅行时反演估算背景速度；第二步，线性反演波阻抗的扰动量；第三步，联合第一和第二步的结果构建初始模型，用VFSA/GA叠前地震波形反演估算弹性参数。

若将地震数据从时间域转换到 $\tau-p$ 域或角道集中，可减少计算工作量。

采用先进的地质建模技术，可把地质、测井、地震等多元地学信息统一到模型上，实现各类信息在模型空间的有机结合，提高反演的信息使用量，克服地震反演的多解性。

上述研究成果基本上解决了叠前地震波形反演所面临的高度非线性和局部极小值问题，但未能很好地解决非惟一性和大计算量的问题。为此，有些学者采用了一种折衷的办法，即叠前和叠后混合反演的方法。首先在一些控制点进行精细的叠前地震波形反演构建虚拟井曲线，然后以虚拟井作为控制信息进行叠后反演。叠前和叠后混合反演的方法利用了叠前反演分辨率高，叠后反演速度快、稳定性好的优点，克服了各自的缺点，成为目前的一个研究亮点，特别是在深海无井的情况下具有很好的应用前景。本文主要开展了叠前地震波形反演构建虚拟井曲线方法的研究。

地震反演的多解性是一种固有的属性，没有很好的解决方法。目前主要采用先验信息约束方法，认为既满足先验信息又与地震数据匹配良好的地下地质模型是地震反演的一个比较合理的解。

2　基于遗传算法的叠前地震波形反演

本文采用 GA 叠前地震波形反演估算弹性参数。叠前反演在角道集上进行，以便减少计算工作量。叠前资料预处理包括：角道集抽取、叠前去噪、压制多次波和高精度速度分析等。GA 叠前地震波形反演的流程如图 1 所示，主要包括以下 8 个步骤。

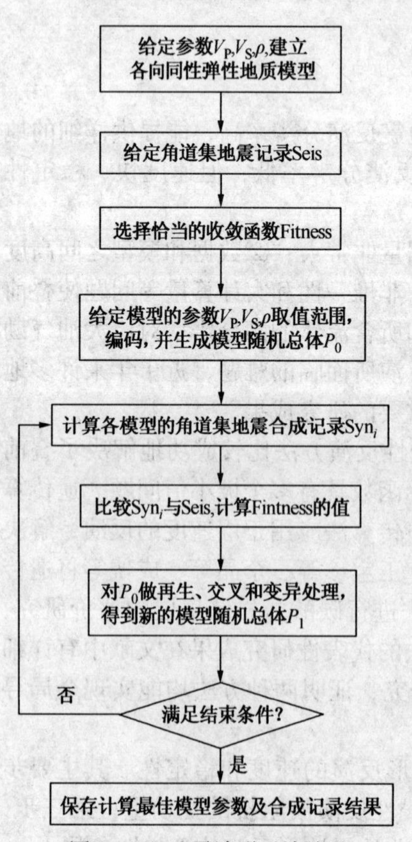

图 1　GA 地震波形反演流程

(1) 准备初始模型、地震记录 Seis 等数据。由高精度速度分析构建初始模型，地震记录 Seis 为角道集地震记录。

(2) 确定地质模型参数及参数搜索范围和搜索间隔。

(3) 对模型参数编码。根据搜索范围的搜索间隔，先确定各参数可能取得的不同值的个数，为节省空间对所有参数进行整数编码。

(4) 生成拟合模型的初始随机总体 P_0。假设生成了 n 个随机模型，由 $X = X_{\min} + \text{Code} \times \Delta X$，对 V_P，V_S 和 ρ 三个参数 n_t 个样点用随机生成的方式生成整数码要求的样本量。

(5) 计算各模型的合成地震记录 Syn_i。合成地震记录采用 Zoeppritz 方程计算。

(6) 比较 Syn_i 与 Seis，计算并保存目标函数值。

(7) 根据目标函数值对 P_0 做再生、交叉、变异处理，更新 P_0 生成新的随机总体 P_1。

(8) 如果满足结束条件，结束并输出结果；否则重复步骤(5)～(8)直到结束。

在比较 Syn_i 与 Seis 时，将观测记录与合成记录之间的匹配程度称为模型的拟合度，如果随机模型与实际情况相差很远，由观测记录计算得到的角道集与相应的合成角道集匹配就会很差。相反，如果所选随机模型接近

实际情况，从而使由观测记录计算得到的角道集与相应的合成角道集能很好地匹配。此时目标函数定义为

$$\text{Objects}[i]=\sum_{j}\frac{|\text{Seis}[j][i]-\text{Syn}[j][i]|}{N_t}\quad i=1,\ \cdots,\ n$$

其中 n 为群体样本数。从理论上说，点越多，搜索效率应该越高。但实际上，增加搜索点也增加了遗传计算的计算量。因此解决实际问题时，根据问题的性质及解空间的大小，做适当选择。在计算时，由于遗传计算量相对较大，选择了较小的群体。为便于操作和增加程序的适应能力，采用人机交互输入的方式选择 8 到 32 间的偶整数。$N_t=n_t\text{angles}$，n_t 为地震道时间取样点数；angles 为角道集所选角度个数，Seis[j]为观测记录角道集；Syn[j]为合成记录角道集。

3 叠前地震波形反演的实现

3.1 编码方法

对多参数、复杂非线性问题，其编码的优劣直接影响计算效率。为此采用了整数编码方案以有效降低码的长度，加快计算速度。整数编码由下式给出

$$\text{Code}=(X-X_{\min})/\Delta X$$

式中，X 为样本值；$X_{\min}$为样本最小值；ΔX 为增量。

3.2 适应度函数

适应度函数是由目标函数转换而得到用于刻划个体适应生存能力的函数。对极小值问题一般采用指数变换，但这种变换是一种均匀变换。在计算后期，当群体中各样本目标函数值接近时，为增加优秀个体在再生时被选中的可能性，并加快算法收敛，可选择 S 函数做叠加变换。

指数变换表达式为

$$\text{Fitness}[i]=\frac{\exp(-\text{Objects}[i]/\sigma)}{\sum_{j}\exp(-\text{Objects}[\text{j}]/\sigma)}\quad i=1,\ \cdots,\ n$$

其中，Objects[i]为第 i 个成员的目标函数值；σ 为群体目标函数值的方差；Fitness[i]为第 i 个成员的适应度。

S 函数变换表达式为

$$y=\frac{1}{1+a\mathrm{e}^{-b(x-\theta_0)}}$$

式中，x 为不同样本的原适应度值；y 为变换后的适应度值；$\theta_0=\sum_{i=1}^{n}\text{Fitness}[i]/n$，为所有样本的平均适应度；$a>0$，表示用于控制放大比例参数，越大对平均值以上的部分放大越明显。$b>0$，表示调节系数(当 $a=1$ 时，可取 b 为 8 ~ 10；b 太大达不到对接近最大值处的适应度的放大，b 较小时可用线性变换取代)。

3.3 算法过程

一般 GA 在计算时采用的是上一代的适应度作为启发函数再生后进行的随机启发搜索方法。为提高算法速度，在实际处理中除使用上一代的适应度，还充分利用了优秀的隔代遗传信息作为启发信息，参与遗传过程的计算。采用一种有限深度回溯搜索的方法，避免了迭代计算的反复，从而加快了计算收敛速度。事实上，在超大解空间中，某一代的遗传性能往往很难决定最终结果的好坏。另外，在交叉中每对成员交叉变换使用两次概率选择方法，即先选成员对，再选参数，且每个参数分别选择，这样可以有效地增加搜索能力。

4　试算效果实例分析

图 2 给出了理论地震记录的基于遗传算法的叠前地震波形反演的实例。图中展示了反演纵波速度和理论井中速度曲线，反演横波速度和理论井中速度曲线，反演密度和理论井中密度曲线，理论地震角道集记录和反演结果的合成角道集记录。基于遗传算法叠前反演结果与理论井中数据基本吻合，理论地震角道集记录和反演结果的合成角道集记录吻合非常好。

图 3 给出了实际地震记录的基于遗传算法的叠前地震波形反演的实例。图中展示了反演

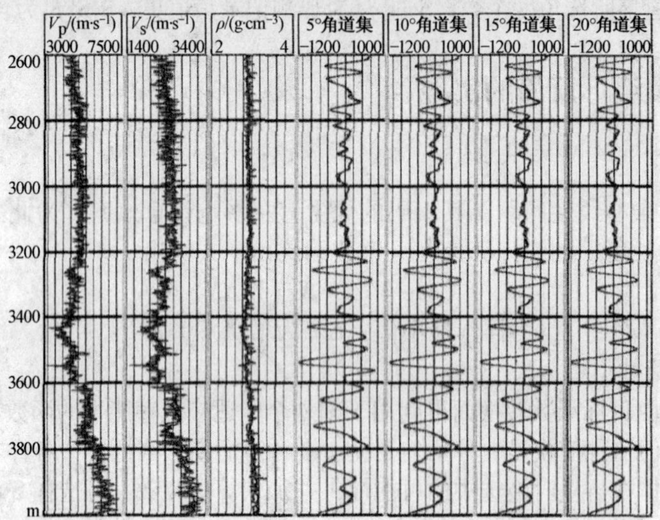

图 2　基于遗传算法的理论地震记录叠前地震波形反演实例

图中从左到右分别为：反演纵波速度和理论井中速度曲线，反演横波速度和理论井中速度曲线，反演密度和理论井中密度曲线，5°理论地震角道集记录和反演结果的合成角道集记录，10°理论地震角道集记录和反演结果的合成角道集记录，15°理论地震角道集记录和反演结果的合成角道集记录，20°理论地震角道集记录和反演结果的合成角道集记录

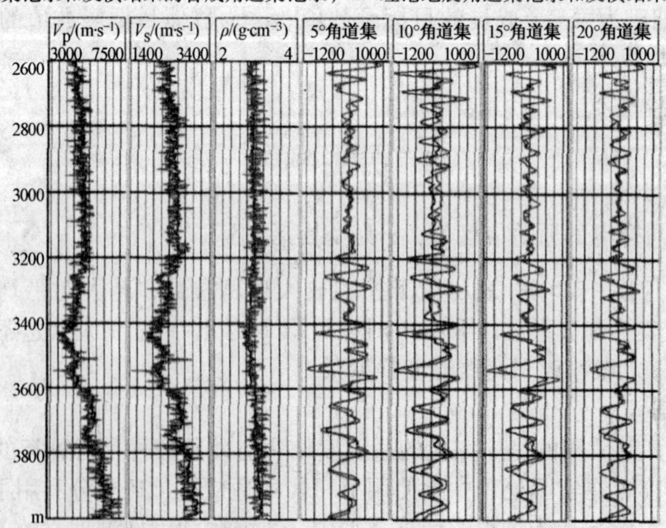

图 3　基于遗传算法的实际地震记录叠前地震波形反演实例

图中从左到右分别为：反演纵波速度和实际井中速度曲线，反演横波速度和实际井中速度曲线，反演密度和实际井中密度曲线，5°实际地震角道集记录和反演结果的合成角道集记录，10°实际地震角道集记录和反演结果的合成角道集记录，15°实际地震角道集记录和反演结果的合成角道集记录，20°实际地震角道集记录和反演结果的合成角道集记录

纵波速度和实际井中速度曲线，反演横波速度和实际井中速度曲线，反演密度和实际井中密度曲线，实际地震角道集记录和反演结果的合成角道集记录。基于遗传算法叠前反演结果与井中实际数据基本吻合，实际地震角道集记录和反演结果的合成角道集记录吻合较好。

5 结论

经过本文的研究我们得出以下结论。

(1) 遗传算法(GA)作为一种有效的全局寻优算法，由于其计算原理简单、搜索能力强、对搜索空间要求低，在解决地震波反演问题时是有效和实用的；

(2) 在 GA 中初始群体成员的数量并非越多越好(一般认为搜索起点多会提高搜索效率)；

(3) 在 GA 中使用隔代遗传信息可以有效地加快算法收敛速度；

(4) 多参数超大解空间的参数编码方式选择非常重要；

(5) 在 GA 计算后期各成员目标函数值接近时，采用一些特殊函数适当加大优秀成员的适应度，可使收敛速度加快。

参 考 文 献

1 张永刚. 地震波阻抗反演技术的现状和发展. 石油物探，2002，41(4)：385 ~ 390

2 Sen M K and Stoffa P L. Rapid sam pling of model space using genetic algorithms：Examples from seismic waveform inversion. *Geophys J Internat*, 1992，108，281 ~ 29

3 Mallick S. Model-based inversion of amplitude-variation-with-offset data using a genetic algorithm. *Geophysics*, 1995，60，1355 ~ 1364

4 Mallick S. Some practical aspects of prestack wave-form inversion using a genetic algorthm：An example from the east Texas Woodbine gas sand. *Geophysics*, 1999，64，326 ~ 336

5 张厚柱，杨慧珠，徐秉业. 用遗传算法反演层速度. 石油地球物理勘探，1995，30(5)：633 ~ 644

6 王宝珍，杨文采. 用改进的遗传算法进行地震波阻抗反演研究. 石油地球物理勘探，1998，33(2)：258 ~ 264

7 李晶，陈裕明，唐湘蓉. 用退火遗传算法进行地震波阻抗反演. 石油物探，2004，43(5)：234 ~ 237

8 成琥，赵宪生，王红霞等. 基于 BP 网络和遗传算法的波阻抗混合反演. 石油物探，2006，45(6)：574 ~ 579

9 文晓涛，贺振华，黄德济. 遗传算法与神经网络法在碳酸盐岩储集层评价中的应用. 石油物探，2005，44(3)：225 ~ 228

10 Sen M K and Stoffa P L. Nonlinear one-dimensional seismic waveform inversion using simulated annealing. *Geophysics*, 1991，56，1624 ~ 1638

11 Xia G, Sen M K and Stoffa P L. 1-D elastic wave-form inversion：A divide-and-conquer approach. *Geophysics*, 1998，63，1670 ~ 1684

12 Inger L and Rosen B. Genetic algorithms and very fast simulated annealing：A comparision. *Math Comput Modelling*, 1992，16，87 ~ 100

13 Sen M K. Pre-stack waveform inversion：Current status and future direction. In：*Institute for Geophysics*, 2001

14 Mallick S. Hybrid seismic inversion：A reconnaissance tool for deepwater exploration. *The Leading Edge*, 2000，19，1230 ~ 1237

层析静校正在黄土塬弯宽线资料处理中的应用

林伯香　肖万富　李　博

（中国石化石油勘探开发研究院南京石油物探研究所，江苏南京 210014）

摘要： 常规层析静校正技术用于黄土塬地区弯宽线资料处理难以达到合理的精度。为此，在假设垂直测线方向上表层速度是随地形起伏的稳定速度结构的情况下，引入"广义速度单元"概念，对三维层析静校正速度反演过程加以改进，使其适合宽、弯线资料观测系统。将采用广义速度单元策略的层析静校正技术用于实际资料处理，并将结果与某处理系统的层析静校正处理结果进行了比较，结果表明这种处理方法是可行的。

关键词： 黄土塬　弯宽线　层析静校正　广义速度单元

黄土塬地区地表高程变化大、低速带不稳定，静校正问题比较突出。文献[1～5]介绍了黄土塬地区近表层条件的复杂性和与之相适应的野外观测方式，总结了包括静校正在内的资料处理的一些经验。研究表明，黄土塬地区地震资料的初至波是可以有效拾取的，初至层析静校正方法是解决黄土塬地区静校正问题的有效方法。

在 M 地区，为了方便施工，提高激发、接收效果和叠加次数，人们采用弯线加宽线的观测方式采集资料。如果把这些弯宽线资料简化成二维资料计算层析静校正量，精度显然不够；如果用纯三维的处理方法反演表层速度结构，又会有大量的速度单元由于没有足够数量的射线落入而无法获得可靠的速度，影响静校正结果的精度。我们通过引入"广义速度单元"的概念，对三维层析静校正的速度反演过程加以改进，使其适合弯宽线资料观测系统，避免采用纯三维处理方式存在的问题。

1　问题分析

图 1 是黄土塬地区一条典型的弯宽线布局平面示意图（局部）。测线在纵向上的跨度达 300m，采用中间激发，两边各 120 道接收的方式，道间距为 30m。

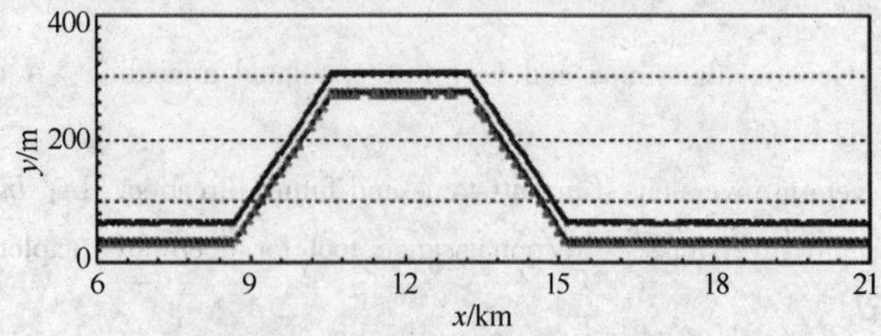

图 1　一条典型的弯宽线炮点和接收点平面分布（局部）

图2为黄土塬地区3个典型的炮记录，记录上初至时距曲线形态相差甚多，这表明工区表层速度结构横向变化大，常规静校正方法在这样的地区很难取得好的结果。由于初至时间相对比较清楚，基于初至时间的层析静校正方法应该可以发挥较好的作用。

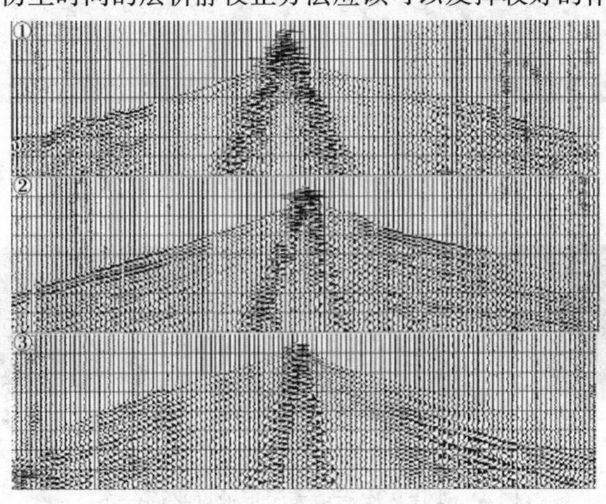

图2　3个比较典型的炮记录

层析静校正首先将地下模型分解成一系列长方形(体)的基本速度单元，经过多次迭代反演所有这些单元的速度，最后依据这些单元的速度函数计算静校正量。只有当每个速度单元有足够多的来自不同方向的射线通过时，反演得到的速度才是可靠的，由此计算的静校正量也才是正确的。

对于宽线和弯线组合观测方式，层析静校正方法有两种策略，且都存在一定的问题。

(1) 如果在y方向上仅定义一个单元(即三维坐标二维速度模型)，以图1所示的测线为例，速度单元在y方向的长度要达到300m。如果一条测线的弯度再大一些，速度单元在y方向的长度还要大。这将产生2个问题：一是过大的单元长度会降低射线追踪(正演)的精度；二是在同属于这样一个大单元的不同子测线上，物理点(接收点、炮点)的高程差可能很大，高程较大的点落入二维速度模型的地面单元上，而高程较小的点则落入地面单元以下的某个单元，从而降低反演结果的精度。

(2) 如果在y方向上按照合理的间隔定义多个单元，即采用纯三维处理方式，则会有大量的速度单元没有足够的射线经过(甚至完全没有)。其结果是，不仅这些没有足够射线经过的单元速度无法可靠地求得，还影响到正演的射线追踪结果，从而进一步影响到有射线经过的单元速度的求取。

以图1所示的测线为例。在速度不随x和y坐标变化的平面常速模型条件下，地表附近的射线密度平面分布如图3所示。可见有大量的速度单元没有射线经过，也就无从反演计算出它们的速度。图4是经过2次迭代后得到的地表附近速度结构平面图，由于一般取较高的速度为初始速度，有射线经过的单元速度在向正确的速度靠近，而没有射线经过的单元速度还保持不变(较高的初始速度)。

如果问题仅仅这样还不算严重——有大量射线经过的单元可以反演出较高精度的速度；没有射线经过的单元速度不正确没有关系，这些单元本来就没有布置物理点；射线数较少的单元速度精度只是相对较低而已。

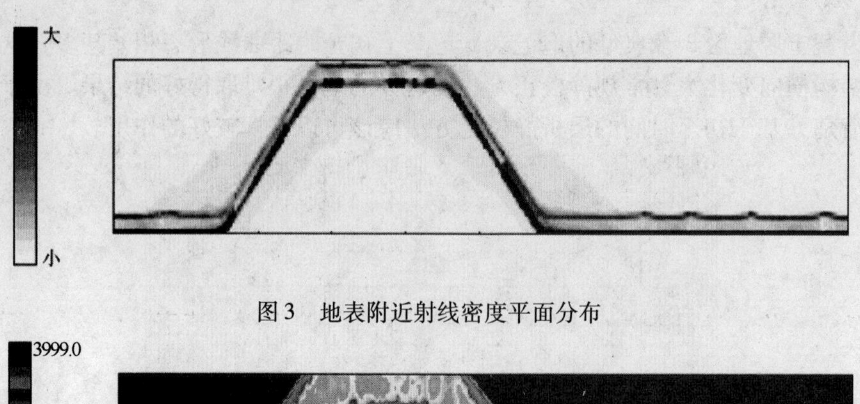

图 3　地表附近射线密度平面分布

3999.0
2934.0
1868.9
803.9
v/(m/s)

图 4　迭代 2 次后地表附近速度平面分布

问题严重的是，随着迭代次数的增加，没有射线经过的速度单元与有射线经过的速度单元之间有较大的速度差。没有射线经过的单元速度大，对射线有“吸引”作用，影响射线路径的走向，引起射线追踪错误，最终影响速度反演的精度。图 5 是迭代 17 次后地表附近的射线密度平面分布图，此次迭代的初始速度（即上一次迭代的结果）在平面上的错误分布导致了错误的射线追踪结果，并进一步影响到本次和以后各次的速度反演精度。

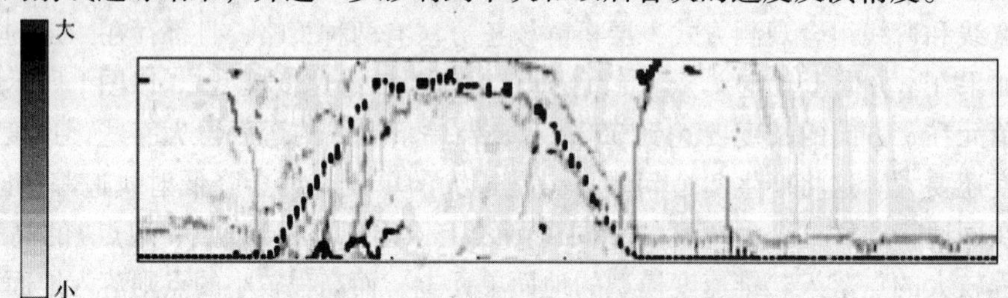

图 5　迭代 17 次后地表附近射线密度平面分布

2　广义速度单元策略

初至时间层析反演由正演与反演两步构成。正演计算射线路径和旅行时；反演根据正演的理论走时与实际走时的差，以及正演得到的射线路径计算每个速度单元的修正量并修改原来的速度模型。实现正演与反演的方法有许多，在采用同时迭代重建技术（Simultaneous Iterative Reconstruction Technique，简称 SIRT）计算速度修正量时，某个基本（速度）单元的慢度修正量为

$$\Delta S = \sum_{i=1}^{n} (a_i \Delta t_i / l_i) \Big/ \sum_{i=1}^{n} a_i \quad (1)$$

式中，Δt_i 是经过该基本单元的第 i 条射线的实际走时与正演走时的差；l_i 是第 i 条射线的总长度；a_i 为第 i 条射线在该单元中的长度；n 为经过该单元的射线总数。

SIRT 反演公式实际上是一个加权平均公式，比较容易加以改造使其适合弯宽线表层速度的反演。

假设垂直于测线主方向(即 y 方向)上的表层速度结构是随地形起伏的稳定速度结构(即速度函数仅是埋深的函数，与 y 坐标无关)，我们引入“广义速度单元”的概念，把同一 x 坐标、离地面深度相同的单元当成一个广义单元，如图 6 所示。图中编号为 1，2，…，20 的单元等都是基本速度单元，编号为 1 ~ 10 的 10 个基本单元构成一个广义速度单元，编号为 11 ~ 20 的 10 个基本速度单元则构成另一个广义速度单元。以广义速度单元为单位，采用(1)式计算速度修正量，求出的速度修正量应用于属于这个广义速度单元的所有实际的基本速度单元。

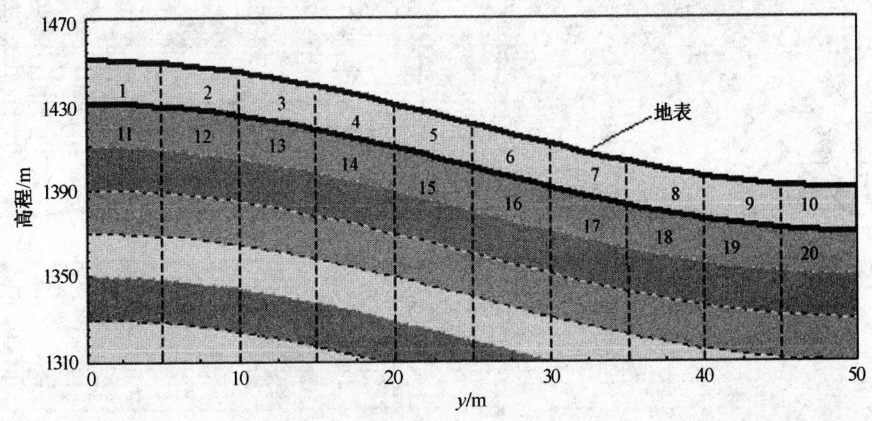

图 6 广义速度单元的概念

尽管一条弯曲测线整体上的纵向跨度可能比较大，但落入相同 x 坐标的单元内的物理点纵向跨度一般不会太大。黄土塬地区采用的宽线线距一般在 50m 左右，炮点偏离接收线的距离也不会很大。在这样的 y 方向局部跨度内，可以假设表层速度是随地形起伏的稳定速度结构，从而采用广义速度单元策略进行层析静校正处理。该方式比三维坐标二维速度模型方式进了一步，既考虑了各个物理点实际空间坐标的差别，又充分利用各个单元的射线信息增加了统计效应，同时避免了使用纯三维处理方式存在的问题。

图 7 是不同策略反演过程中时间均方差的对比图，由于采用速度值比较高的初始速度函数，反演开始时时间均方差比较大。虚线是纯三维处理方法，时间均方差缓慢收敛于 18.0ms；实线是广义速度单元策略反演方法，时间均方差快速收敛于 12.3ms。

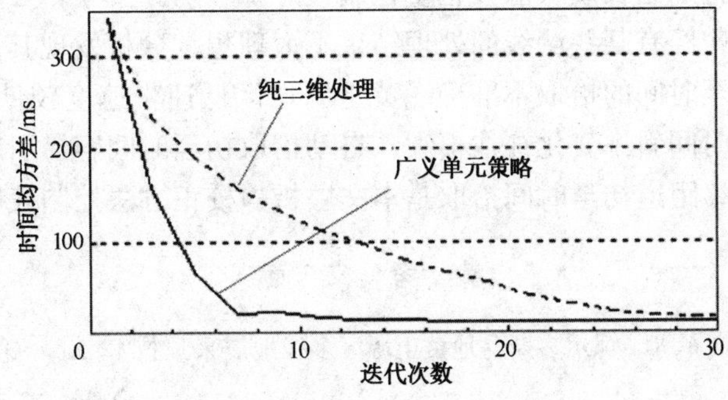

图 7 不同策略反演的时间均方差对比

3 效果分析

将基于广义速度单元策略的层析静校正技术应用于某实际资料处理，并与某处理系统的层析静校正处理结果进行了对比[图8，其中图8(a)应用了剩余静校正量]。由图可见，本文方法对长波长静校正量控制得比较好，在其他剩余静校正方法的配合下，可以较好地解决黄土塬等复杂地表区弯宽线资料的静校正问题。

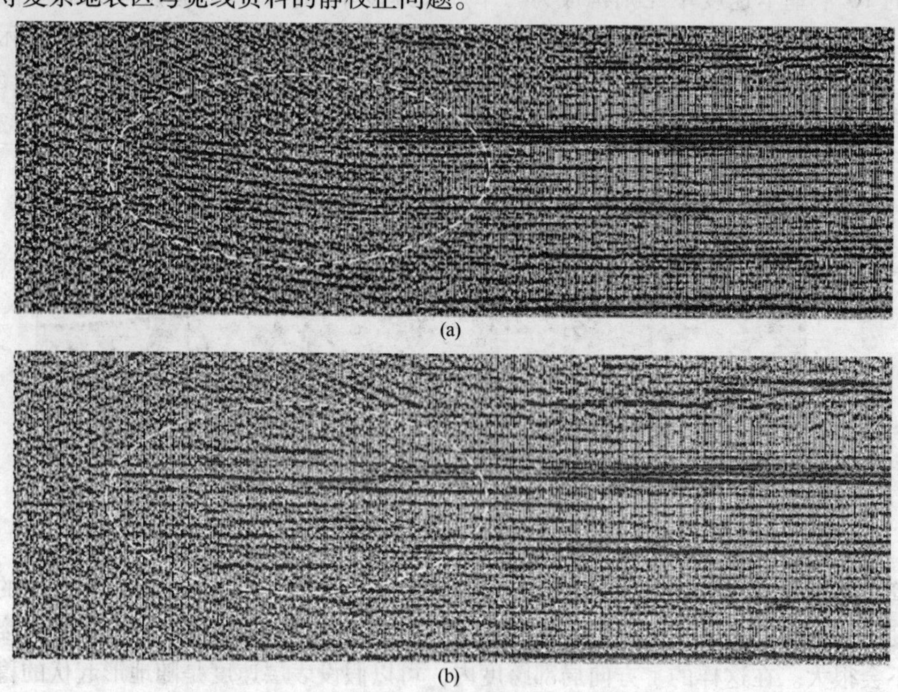

图8 某处理系统层析静校正(a)与本文层析静校正技术(b)的效果对比

4 结束语

通过引入广义速度单元策略，层析静校正技术用于黄土塬地区弯宽线资料的静校正处理取得了较好的效果，特别是长波长静校正量控制较好。

在处理过程中，曾经有某些测线的处理结果不太理想，分析发现其主要原因是初至时间尤其是近偏移距道初至时间的拾取不准确。黄土塬地区低速带速度较低，在其较厚的区域，来自不同地层的初至时间斜率变化往往很大，自动拾取初至时间容易引起失误，必须进行人工修改。因此，近偏移距道初至时间拾取是本文层析静校正方法控制表层速度的关键。

参 考 文 献

1 孙景旺，杜中东，任文军等．鄂尔多斯盆地黄土塬区多线地震采集技术[J]．石油物探，2003，42(4)：505～507

2 吕公河，张庆淮，段卫星等．黄土塬地区地震勘探采集技术[J]．石油物探，2001，40(2)：84～91

3 程建远，张广忠，胡继武．黄土塬区的三维地震勘探技术[J]．中国煤田地质，2004，16(6)：40～43

4 邓国振，张树海，龙利平等．黄土塬二维直测线地震勘探方法及效果[J]．石油物探，2003，42(2)：219～223
5 王进海，熊民生．模型法静校正在黄土塬地区的应用[J]．石油地球物理勘探，1995，30(增刊1)：48～53
6 李家康，余钦范．近地表速度的约束层析反演[J]．石油地球物理勘探，2001，36(2)：135～140
7 林伯香，孙晶梅，刘清林．层析成像低速带速度反演和静校正方法[J]．石油物探，2002，41(2)：136～140
8 林伯香，孙晶梅，徐颖等．复杂地表条件静校正中的3D表层速度层析反演研究[J]．石油物探，2005，44(5)：454～457
9 李录明，罗省贤．复杂三维表层模型层析反演和静校正[J]．石油地球物理勘探，2003，38(6)：636～641

固定剥离面静校正技术在山前带模型试验中的应用研究

邹达理[1] 蔡 俩[1] 李 佩[1,2] 黄 骏[1] 黎 玮[3]

（1. 中国石化石油勘探开发研究院南京石油物探研究所，江苏南京 210014；
2. 中国石化石油勘探开发研究院，北京 100083；
3. 中国石化国际石油勘探开发公司缅甸石油有限公司，缅甸仰光 11181）

摘要：分析了山前带地区近地表地震地质条件的特点，探讨了影响山前带地区构造不确定的因素，在此基础上提出了固定剥离面静校正处理技术。设计了一个典型的山前带二维速度模型，基于其数值模拟数据，对固定剥离面静校正技术的剥离量、剥离深度、充填速度进行了分析，并讨论了应用该技术的必要性。将该静校正技术应用于正演模拟数据的深度偏移处理中，并与常规静校正技术得到的深度偏移剖面进行了对比分析，结果表明，该技术能有效地提高近地表静校正精度、速度分析精度和构造落实的可靠性。

关键词：固定剥离面静校正技术 山前带 高速岩体 模型试验 剥离面 静校正量 精度

山前带地区，地表起伏大，低、降速带速度和厚度变化剧烈，浅层速度纵、横向变化大，静校正问题十分突出。山前带地区地震资料处理面临的最大困难或问题是静校正不精确、速度不真实、构造不确定。其中最基础也最关键的问题是，极难获得准确的近地表静校正量。静校正量准确与否对速度精度的影响极大，常规静校正方法产生的偏差对速度分析结果的影响会大到无法忽略的程度。因此，解决好静校正问题是山前带地震资料处理成功的关键。

针对具有复杂近地表结构地区地震资料处理中静校正问题的研究有很多，也取得了不错的效果。但对于山前带地区近地表存在高速岩体情况下的静校正问题，还没有找到很好的解决办法，大多数静校正技术受到剥离深度的限制，不能充分发挥作用。为了了解山前带地区近地表存在高速岩体情况下，近地表静校正问题解决不彻底对深层速度和目的层构造形态的影响，针对山前带的特殊地表形态，建立了具有代表性的二维速度模型，并基于正演模拟结果，开展了系统的静校正方法研究。研究认为，采用层析静校正等常规静校正方法，不能解决山前带地区的近地表静校正问题。为此，根据山前带地区近地表结构特点和资料处理中的难点，提出了固定剥离面静校正技术，并基于模型数据对方法进行了讨论。

1 山前带表层地震地质条件分析

山前带地区表层地震地质条件有以下特点：①地表高差大(超过 1000m)；②低、降速带厚度变化较大；③浅层速度纵、横向变化大(超过 1600m/s)；④静校正量变化大(超过 400ms)；⑤部分地区表层存在不规则的高速岩体。这些都给近地表静校正量的准确求取带来了技术难题，而浅层速度横向上的变化对深层速度分析造成的影响也不容忽视，不规则高速岩体的屏蔽作用使常规静校正技术的应用受到限制。

2 山前带地区构造不确定的影响因素分析

影响山前带地区构造不确定的因素有很多，与数据的采集、处理、解释各个环节都有关系，如浅层结构调查的精度、资料采集的质量、解释成图的速度等。本文将着重探讨山前带地区资料处理中影响构造不确定的主要因素。

2.1 近地表静校正精度因素

山前带地区表层地震地质条件复杂，静校正的精度难以得到保证。这是因为：

(1) 常规微测井的深度只有数十米，探测深度明显不够，而且通常微测井(或小折射)的控制点分布稀疏(1km)，不能精细描述复杂近地表结构的变化，难以对静校正量发挥约束控制作用，因此，近地表模型法在山前带地区的应用受到限制；

(2) 地表高差大，加上表层存在高速岩体的屏蔽作用，折射静校正、层析静校正等常规静校正方法的剥离深度不够，总体上只能较好地反映近地表(约 100m 以内)静校正量的变化，不能真实反映较深层静校正量的变化，静校正问题不能得到彻底消除；

(3) 地表高差大，尤其是速度横向变化大，替换速度无法准确选取，常规静校正方法受到一定限制，难以获得精确的静校正量。

2.2 速度谱精度因素

速度谱的精度直接依赖于静校正的精度，静校正的精度得不到保证，速度谱也不能真实地反映地层速度，进而影响到构造解释的可靠性。

可见，近地表静校正的精度问题是影响构造不确定的最主要因素。

3 固定剥离面静校正技术

固定剥离面静校正的技术思路是：将浅表层复杂地层的速度替换为下伏地层的速度，以去掉浅部复杂地层对处理带来的不利影响，提高速度分析的精度和成像效果。固定剥离面静校正技术的实现流程是：结合表层测量、地震记录、处理剖面、VSP 等研究资料，建立能真实代表该区的浅层速度模型，基于该速度模型，采用数值模拟方法获得正演记录；根据浅层的具体情况设定固定剥离面，利用对速度模型进行逐点 VSP 测量获得的 VSP 资料或自激自收正演记录，获取准确的剥离静校正量；利用已掌握的速度信息获取准确的充填速度，得到合理的充填静校正量，最终获取精确的固定剥离面静校正量。

3.1 正确的浅层速度模型的建立

静校正问题解决得不好，求取的速度就不真实，也就不能建立正确的浅层速度模型。浅层速度模型不正确，就不能获得精确的静校正量，不能求取真实的速度。为此，对静校正、速度与浅层速度模型三者之间的关系进行了研究。首先根据山前带地区一条典型的二维剖面，结合表层测量资料、VSP 资料以及对山前带地区资料处理结果的认识等，建立了能代表山前带特点的二维速度模型(图1a)；然后在速度模型1上设置固定反射界面(剥离面，剥离深度为1600m)，建立了如图2a所示的速度模型，以获得准确的剥离量。

基于两个速度模型，对固定剥离面静校正技术的应用效果进行了分析。首先通过数值模拟获得正演记录，并对速度模型进行逐点VSP测量，获得VSP资料；然后基于这些资料进行了静校正处理、速度分析、叠前深度偏移处理等。

图1和图2分别给出了速度模型1和速度模型2以及与之相对应的叠前深度偏移剖面。分析可知，速度场精确，亦即浅层速度模型正确，则叠前深度偏移可以获得理想的成像效果。

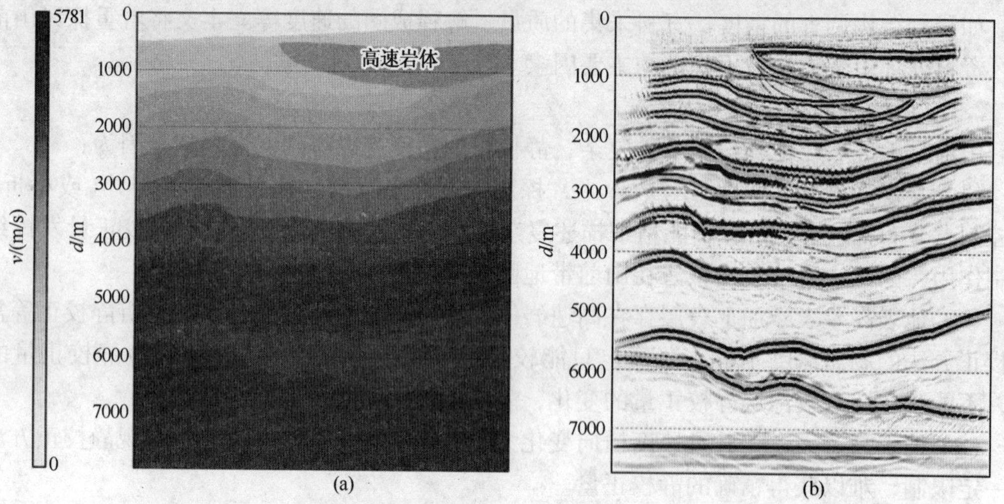

图1　典型的山前带速度模型1(a)和叠前深度偏移剖面(b)

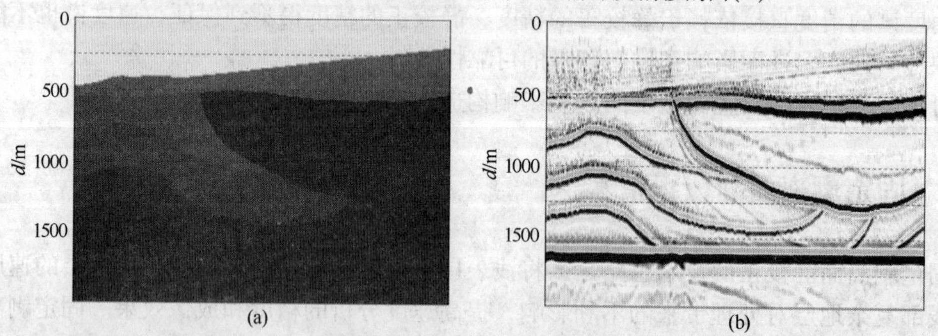

图2　速度模型2(a)和叠前深度偏移剖面(b)

3.2　剥离量的求取

剥离量求取得准确与否直接关系到固定剥离面静校正量的精确度。剥离量可以通过自激自收剖面中剥离界面波组的旅行时获得，即$t_0/2$(图3a)；也可以通过对速度模型进行逐点VSP测量，根据初至时间获得(图3b)，两种方法获得的剥离量差别不大(图3c)。

3.3　充填速度的选取

为了使求取的静校正量能最真实地反映实际地质情况，通常取海拔高程的平均值作为基准面，基准面贴近地表，其t_0和速度的误差相对小；基准面离地面越远，其t_0和速度的误差就越大。充填速度的选取应以能够代表工区大部分剥离界面下伏地层的层速度为准则。

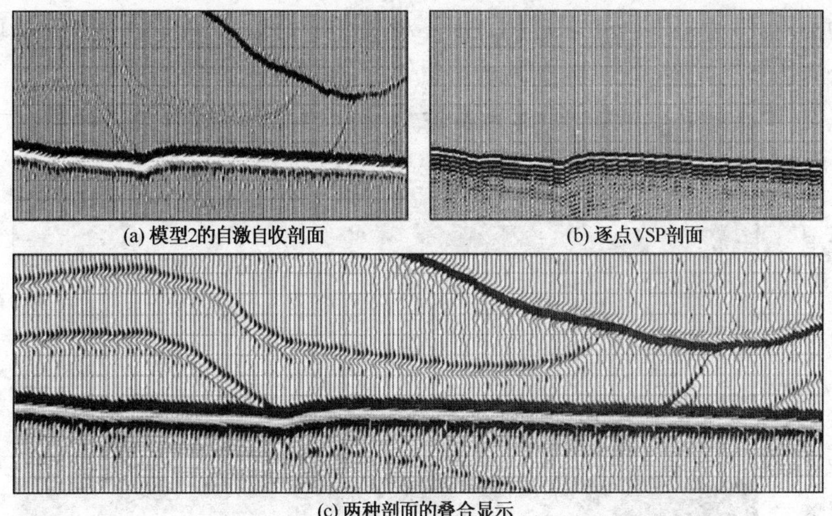

图3　剥离量的求取

3.4　固定剥离面静校正的必要性

在山前带地区，浅层(深度达1000m)速度横向变化大，基准面不论定在何处，都不存在稳定的替换速度层。在这种情况下，由高程静校正、折射静校正、层析静校正等方法获得的静校正量，其长波长趋势基本一致，但均不能较好地反映真实静校正量的变化，与VSP实测静校正量不相符。层析折射静校正方法则受浅部高速岩层屏蔽作用的影响，求取的静校正量只能反演浅表层(数十米)速度变化的细节，不能正确反演较深地层(1000m内)的速度信息。

将浅部复杂地层的速度替换为下伏地层速度，可以去掉复杂地层带来的影响，提高速度分析的精度。图4给出了高程静校正方法和固定剥离面静校正方法的速度谱，对比分析可知，固定剥离面静校正方法速度谱的精度明显提高。由此说明，“剥离”处理是十分必要的。

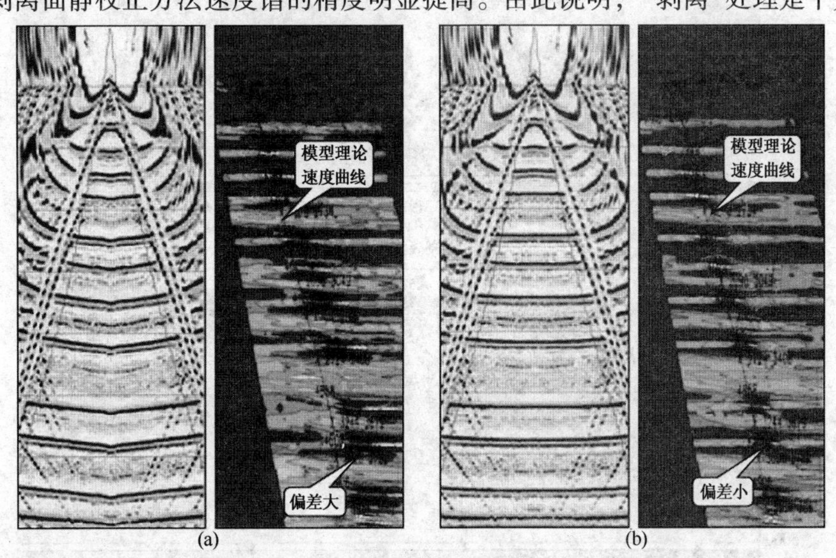

图4　高程静校正(a)和固定剥离面静校正(b)方法的速度谱

3.5　剥离深度的确定

为了选取合适的剥离深度，我们进行了不同剥离深度试验。

图 5 为不同剥离深度的均方根速度剖面。对比分析可知，未做剥离静校正处理的均方根剖面存在不真实速度异常[图 5(a)中箭头所指处]；剥离深度不够时(600m)，这个速度异常

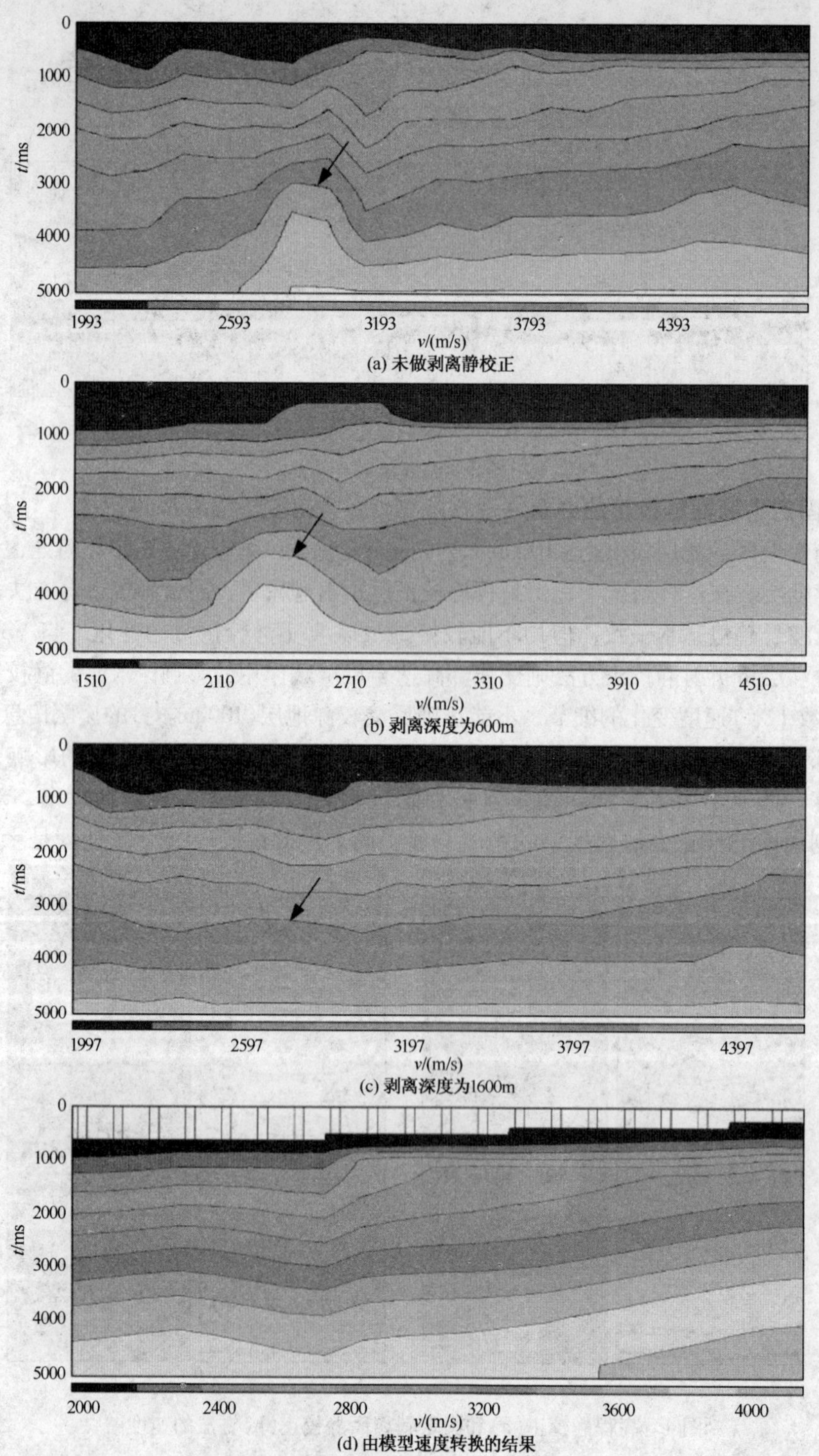

图 5　不同剥离深度的均方根速度剖面

仍然存在[图5(b)]，也就是说剥离深度太浅，难以消除不规则高速岩体对深层均方根速度的影响；剥离深度足够时(1600m)，速度异常基本消失[图5(c)]，与通过模型速度转换得到的速度剖面[图5(d)]形态接近，这说明剥离界面在高速岩体以下，高速岩体对深层均方根速度的影响基本被消除。以上分析表明，近地表静校正的精度对均方根速度的影响非常大。

图6为不同剥离深度时间域的叠加剖面。在剥离深度为1600m时，模型速度的叠加剖面[图6(a)]与速度谱的叠加剖面[图6(b)]面貌基本一致，说明剥离深度合理，剥离面位于浅部高速砾岩层之下(图2)；剥离深度为600m时的速度谱的叠加剖面[图6(c)]与剥离深度为1600m时的模型速度的叠加剖面[图6(b)]面貌有差别，说明剥离深度不够，剥离面位于高速砾岩层中间，仍受到高速砾岩层的影响。

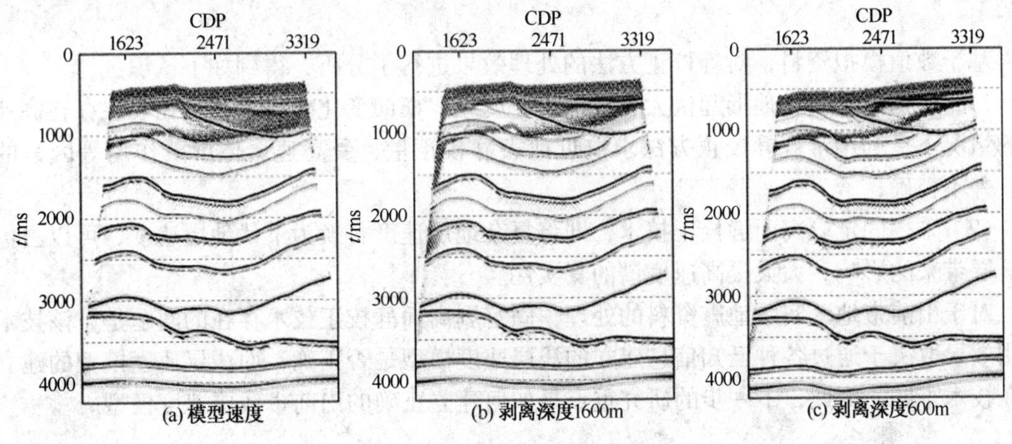

图6　不同剥离深度的叠加剖面

4　处理效果分析

图7给出了基于数值模拟数据的不同静校正方法的叠前深度偏移剖面。图7(a)是利用数值模拟的速度模型处理的叠前深度偏移剖面，图7(b)和图7(c)分别是利用常规静校正方

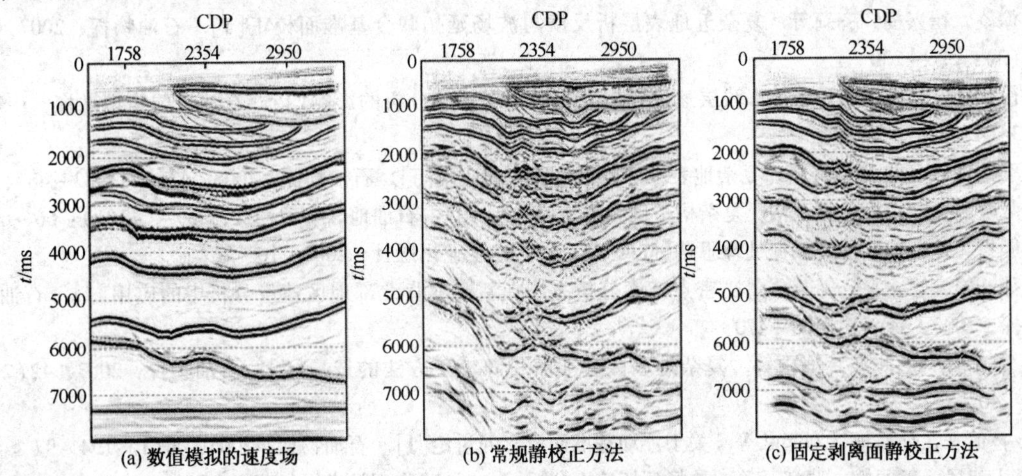

图7　不同静校正方法得到的叠前深度偏移剖面

法和固定剥离面静校正技术得到的叠前深度偏移剖面，初始偏移速度模型的层速度均由叠加速度转换而得。对比图 7(a)与图 7(b)可见，两剖面反射波组的深度误差很大；对比图 7(a)与图 7(c)可见，两剖面反射波组的深度误差较小，剖面特征比较接近。

基于模拟数据的固定剥离面静校正技术应用效果表明，静校正、速度与浅层速度模型三者存在着密切的关系，可见，按传统的处理流程来解决实际问题的出发点应是浅层速度模型，因为有了可靠的浅层速度模型，便可以获得较精确的深度偏移剖面。在实际地震资料处理中，建立正确的浅层速度模型是首要任务，它是获得精确静校正量的基础，是解决山前带地区构造准确成像问题的关键。

5 结束语

基于数值模拟资料，对静校正方法的处理效果进行了分析，得到如下认识：

(1) 山前带地区，地形起伏大，近地表速度纵、横向变化大，尤其是在表层存在高速岩体的情况下，利用常规静校正方法求取近地表静校正量，受高速岩体屏蔽作用等因素的影响，并不精确；

(2) 采用固定剥离面静校正技术，即将复杂地层速度替换为下伏地层速度，可以去掉复杂地层带来的影响，大大提高速度谱的真实性。

对于山前带地区实际地震资料的处理，固定剥离面静校正技术存在的问题是，该技术的应用效果取决于通过各种已知信息建立的浅层速度模型是否正确，而浅层速度模型的建立也存在技术难题。因此，下一步的研究重点是如何建立正确的山前带浅层速度模型。

参 考 文 献

1 漆立新，顾汉明. 天山南缘亚肯北地区速度建场因素分析[J]. 石油地球物理勘探，2007，42(4)：407～412

2 郑鸿明，杨晓海，崔琴等. 基准面校正的理论研究及误差分析[J]. 新疆地质，2005，23(1)：79～81

3 林伯香，孙晶梅，徐颖. 不同周期的地形起伏分量对叠加速度的影响[J]. 石油物探，2004，43(2)：130～134

4 徐凌，崔兴福，齐莉等. 复杂近地表层析反演与波场延拓联合基准面校正[J]. 石油物探，2007，46(3)：226～230

5 徐常练，许云，乌达巴拉. 浅层速度横向变化对深层速度分析的影响[J]. 石油地球物理勘探，1999，34(4)：457～464

6 邬达理. 多井 VSP 资料在复杂地表区静校正处理中的应用[J]. 石油物探，2008，47(5)：483～487

7 戴晓云，刘在枢，金玉洁. 复杂构造区叠加速度分析 [J]. 石油地球物理勘探，2007，42(1)：66～69

8 熊翥. 复杂地区地震数据处理思路[M]. 北京：石油工业出版社，2002. 10～26

9 孙开峰，管路平，韩革华等. 密点速度分析方法在新疆亚肯北部地区速度分析中的应用[J]. 石油物探，2005，44(5)：468～470

10 刘治凡，毛海波，邵雨等. 复杂地表区基准面和静校正方法的选择[J]. 石油物探，2003，42(2)：240～247

11 林伯香，孙晶梅，刘起弘等. 关于浮动基准面概念的讨论[J]. 石油物探，2005，44(1)：94～97

12 王建民，王丽娜，裴江云等. 波场延拓速度分析[J]. 地球物理学进展，2004，19(2)：420～423

基于胜利典型地质模型的波动方程地震波照明分析研究

单联瑜[1,2]　**刘　洪**[1]　**匡　斌**[2]　**王华忠**[3]　**沈财余**[2]　**许学平**[2]

（1. 中国科学院地质与地球物理研究所，北京 100029；

2. 中国石化胜利油田有限公司物探研究院，山东东营 257022；

3. 同济大学海洋地质与地球科学学院，上海 200092）

摘要： 地震波照明分析技术以地震波传播理论为基础，面向特定地质目标进行观测系统设计来得到最佳照明的地震数据，进而得到最佳的成像效果。本文定义了最佳照明数据体、最佳照明的概念，指出对特定速度场而言，最佳观测系统是客观存在的，最佳观测系统设计的目的就是找到逼近该客观存在的最好的观测系统。本文基于胜利油田典型地质模型研究了波动方程地震波照明，分析照明阴影区的形成原因，结合对模型数据实验的效果分析，对单程波和双程波照明的特点和应用范围进行了探讨，指出单程波照明具有计算优势，双程波照明能够更好地保持波传播特点的优势。

关键词： 波动方程　地震波照明　正演模拟　典型地质模型

1　引言

地震数据采集、处理及解释是一项紧密联系的系统工程。地震波照明分析技术能够把野外观测、成像处理以及地质解释贯穿起来。地震波照明的含义是在假设的地质模型（速度模型）上，使用波动方程模拟的地震波传播结果，分析震源及检波器对目标反射层的照明及接收情况，统计出照明强度和有效照明次数，完成照明分析。在均匀介质中，震源对地下的照明情况主要由几何扩散效应所控制。在非均匀介质中，几何扩散效应与构造形态都会影响地下照明效果。

当遇到复杂地下构造时，往往会造成地震剖面上出现阴影区。这些阴影区很多情况下是由于地震观测系统引起的，如经常出现的采集脚印问题。实际上，在复杂横向变速情况下，地震观测系统的问题常常造成成像振幅畸变，给后续的地震解释带来困难和误导。当然，地震波成像方法不完善也会造成成像振幅畸变，这主要是由宏观速度估计不准确和偏移算子不能很好地描述横向变速介质中波的传播引起的。使用照明分析技术可以分析地震波对目标反射层的照明，了解地震数据采集的缺陷，估计速度分析的可靠性，指导偏移算子的选择，尽可能消除阴影区，得到可靠的成像结果。

地震波照明本质上就是通过地震波传播数值模拟，研究现有观测系统下照明强度的分布。因此，所有的地震波传播数值模拟方法，不论是射线追踪方法或是波动方程方法，均可作为地震波照明分析方法。

Schncider 基于射线追踪正演模拟，采用分析共反射点覆盖次数的方法来分析特定目标体的照明情况。射线追踪技术通过计算地下共反射点对应所有射线与照明相关各种属性(射线数目、最小和最大炮检距、炮检距分布、方位角分布以及反射振幅分布之和)来分析目标体上不同区域的照明强度分布。

Xie 等、Wu 等、冯伟等基于波动方程照明分析方法直接求解波动方程，通过地震波传播数值模拟，预测波场随空间和时间的变化，而波场能量沿空间的分布就是地震波照明强度。一般来说，根据方程的不同解法，波动方程的照明分析方法主要分为单程波照明分析方法和双程波照明分析方法两种。使用单程波方程进行照明分析时，如果只模拟震源的照明范围，就称为单向照明；如果同时考虑检波器接收孔径因素的影响，就称为双向照明。使用双程波方程进行正演模拟过程中，如果同时记录下波场传播的能量强度随空间的变化范围，就可以进行双程波照明。

本文主要针对胜利油田复杂地下构造，以胜利探区二维典型地质模型作为分析对象，进行波动方程地震照明分析研究，研究成果可以为胜利油田复杂深层构造的地震采集、处理和解释提供参考。

2 地震波照明分析与地震观测系统

地震波照明分析涉及两个问题：①下行地震波是否照明了目标反射层；②被照明的目标反射层的反射波是否能被检波器有效地接收到。笔者认为：对既定的速度结构介质，最佳观测系统是确定的，人们之所以设计观测系统就是试图找到逼近该客观存在的观测系统。因为地面上任何一个炮点的下行能量，把地下一个共反射点激活，产生的上行绕射能量传到地表具有相同的能量分布规律。因此，对一个共反射点而言，其最佳观测方式事实上是不随炮点位置的变化而变化的，如果把该绕射点的能量全部接收到，对该绕射点而言就是一个最佳观测。根据地震波传播的互易原理，反过来也是这样，为了得到更好的照明结果，对地下一个绕射点而言(对一个界面也是如此)，地表能量大的地方即是应该多放置炮点的地方，也是应该多放置检波点的地方。据此可以说，最佳观测系统就是逼近客观存在的最好的观测系统。

在复杂构造情况下，我们不可能做到对每一个绕射点的最佳观测，这就需要设计观测系统。这正是地震波照明分析的主要目的。事实上，设计观测系统是为了得到最佳照明的数据体。本文定义了最佳照明的数据体及最佳照明的概念：

(1) 最佳照明数据体　任一反射界面上，沿界面均匀分布同样属性的立体观测角，即每个立体观测角存在等间隔的圆环，圆环上均匀分布“局部”炮检点，若空间采样满足采样定理(不产生假频)，则立体观测角张角足够大，“局部”炮检点产生能量均匀及入射子波波形一致的数据体。

(2) 最佳照明　从平面波角度来说，平面波垂直入射到反射界面上，这个反射界面就被该平面波最佳照明。对于该反射界面而言，其他非垂直入射的平面波都不是最佳照明。在理论上，利用一个垂直入射的平面波就足够对该反射界面进行准确地成像。实际上，在复杂介质情况下很难得到这样的平面波。地震数据实行多次覆盖观测，一是为了宏观速度估计；二是利用非最佳观测的平面波对反射层进行成像。事实上，最佳照明是设计观测系统时所追求的目标，但在复杂介质情况下很难实现。

3 模型实验分析

本文利用胜利油田的二维典型地质(速度)模型来进行波动方程照明分析(图1)。胜利探区范围主要涉及渤海湾盆地的济阳坳陷、临清坳陷、昌潍坳陷等地区。渤海湾盆地是我国东部陆相断陷盆地的一部分，济阳坳陷也具有东部陆相断陷盆地典型的地质特点，北断南超，发育着五种典型的二级构造带类型：陡坡带、洼陷带、中央断裂带、缓坡带、低凸潜山披覆构造带。

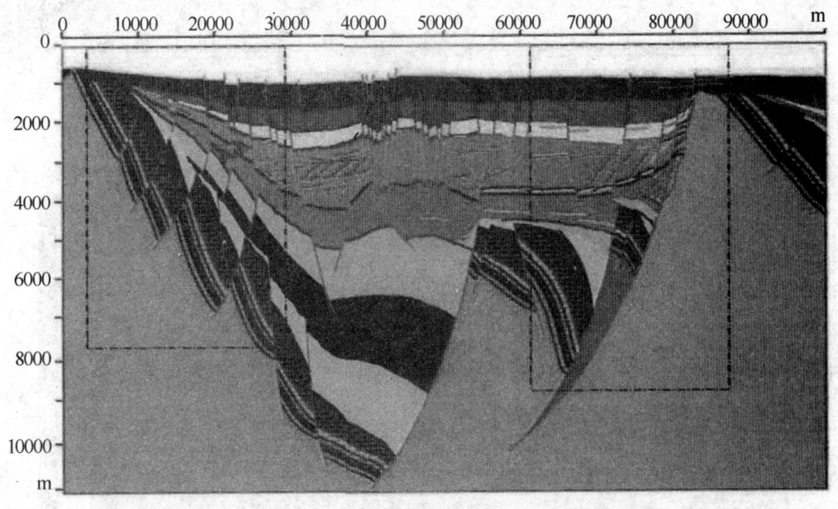

图1 胜利典型地质模型图

韩文功等通过分析济阳坳陷的陆相断陷盆地具体地质特点，将地质认识归纳、具体量化为概念模型；给地层定义地球物理参数，进行充分论证，反复修改和完善，建立具有地球物理意义的地质模型。该模型包括了陆相断陷盆地的五种典型二级构造带类型，反映了胜利探区的典型地质情况。本文从这个模型抽取缓坡带和陡坡带进行照明分析。

3.1 单程波照明分析实验

缓坡带是济阳坳陷十分发育的一种构造带。该类构造带外接凸起，内邻洼陷，地层坡度小(0°~30°)，构造变动持续缓慢，地层超覆、剥蚀、不整合现象频繁。本文基于缓坡带坡上潜山及新生带断块构造模式(图2)，进行了单程波照明分析。

地震波照明分析应该用双程波方程，而且在每一个局部点最好用局部平面波分析不同入射角的能量分布情况。但地震波照明分析毕竟不是地震波成像，对大部分构造成像问题而言，利用单程波方程的波传播，甚至利用射线理论的波传播就足够了。

本文使用高角度有限差分加上最佳匹配层吸收边界条件的单程波方程方法，进行地震波照明分析，分别模拟了地表震源点激发向下传播的地震波和绕射点、二次震源点引起向上传播的地震波。图3是照明分析计算使用的速度模型，图4、图5分别模拟了地表和地下激发的向下和向上传播的地震波场。

图 2　缓坡带地质模型图

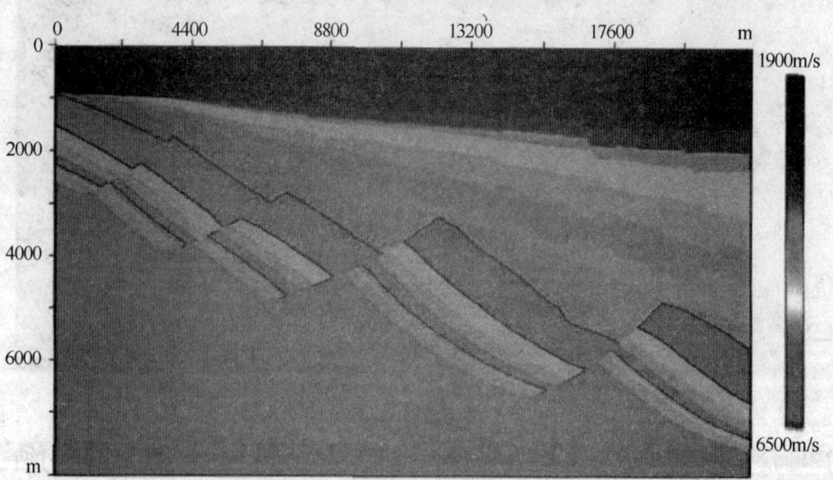

图 3　缓坡带速度模型

图 4　地表激发向下传播的地震波场

图5 地下激发向上传播的地震波场

将地表激发的所有炮记录的照明分析结果叠加，可以观察所用观测系统对地下的总体照明效果。总计计算生成了701炮，炮间距为20m，对于每一个炮道集：均采用中间放炮，对称接收，每边最大炮检距为6000m，道间距为5m。图6是只考虑震源激发的地震波的单向照明(源照明强度)；图7是同时考虑检波器接收孔径的双向照明(采集响应强度)。经过对比分析，双向照明更全面、真实地反映现有野外观测系统对地下照明情况。

从图6、图7总体来看，新生界地层照明能量强且均匀，中、古生界照明能量弱且不均匀，两者之间照明能量差别明显。斜坡带断块，尤其是大倾角深层构造对地震波传播有明显屏蔽作用，对照明能量影响很大，是造成阴影区的主要原因之一。

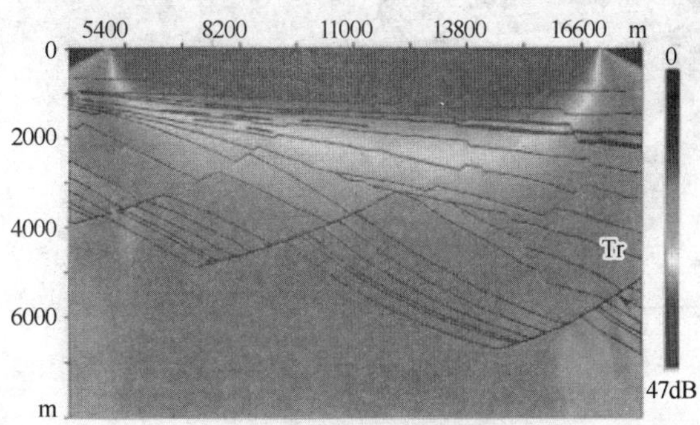

图6 单向照明分析结果

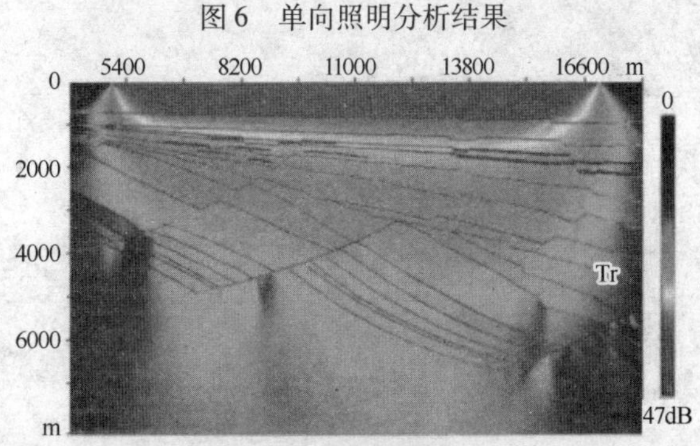

图7 双向照明分析结果

从照明分析结果来看，单程波正演基本上反映了波在复杂介质中传播的基本特征。与双程波的模拟结果相比，除了高角度传播的波、反射波和回转波外，下行能量是一致的。与射线理论相比，能提供能量信息和多波至信息，对于地震波照明分析、成像分析甚至静校正分析都大有益处。

3.2 双程波照明分析实验

陡坡带构造模式反映了箕状湖盆的北断地质特点。它受控于湖盆的主断裂，发育了多种类型的扇体，如扇三角洲、近岸水下扇和浊积扇等。由于断裂(层)发展的不平衡，主断层分阶，可形成二台阶潜山。本文基于二台阶及陡坡带构造模型(图8)，进行了双程波照明分析测试。

本文使用高阶有限差分法编写的程序进行了声波正演模拟及照明分析。总计生成了439炮，对于每一个炮道集：均采用中间放炮，对称接收，每边最大炮检距为6000m，道间距为5m，记录时间为7s，采样间隔为0.25ms。

图8、图9分别是二台阶及陡坡带深层构造的地质模型和速度模型。图10显示了第100炮的正演模拟结果、能量在空间中的展布和叠前深度偏移结果。

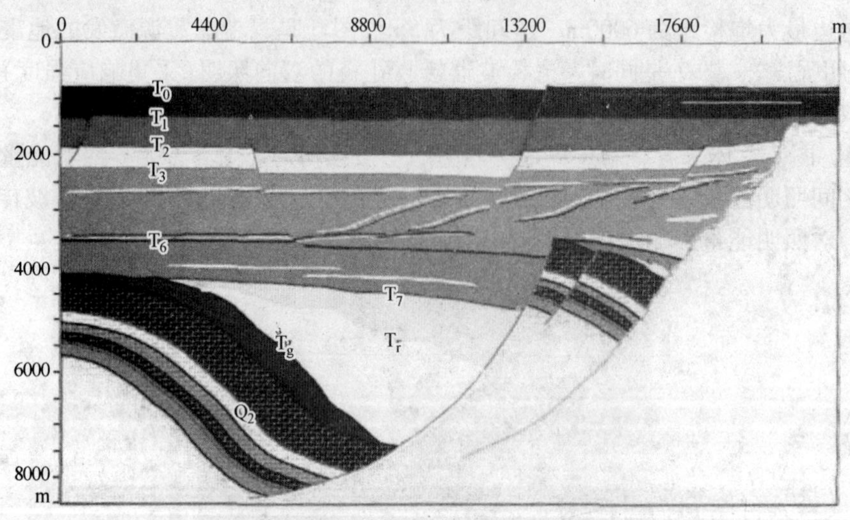

图8 陡坡带构造地质模型图

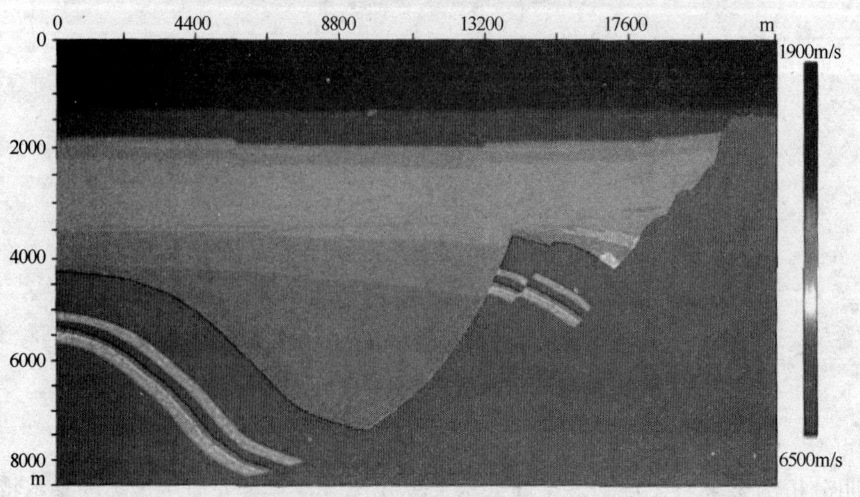

图9 陡坡带构造速度模型

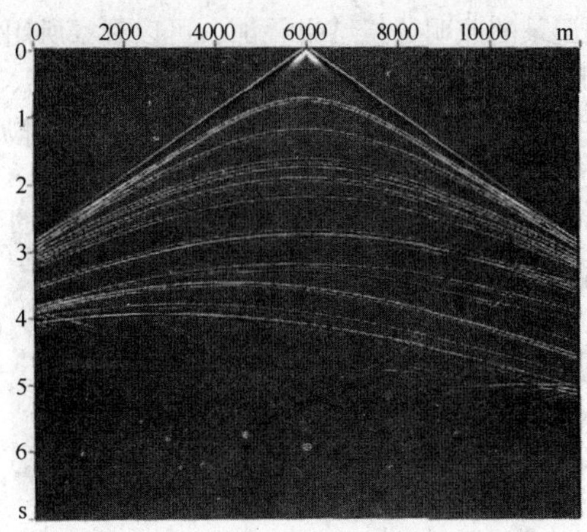

图 10(a) 第 100 炮的正演模拟结果

由于二台阶上层横向变速，导致传播到深层的能量分布不均匀，某些区域出现能量的阴影区。对于单炮成像而言，阴影区内反射界面成像不清楚[图 10(b)、图 10(c)所示]。此外，由于二台阶上层横向变速，能量在深层会沿某些波导管传播。这种现象使得这些沿波导管传播的能量不能传到地表或在很远处传到地表而不被观测到[图 10(b)]。

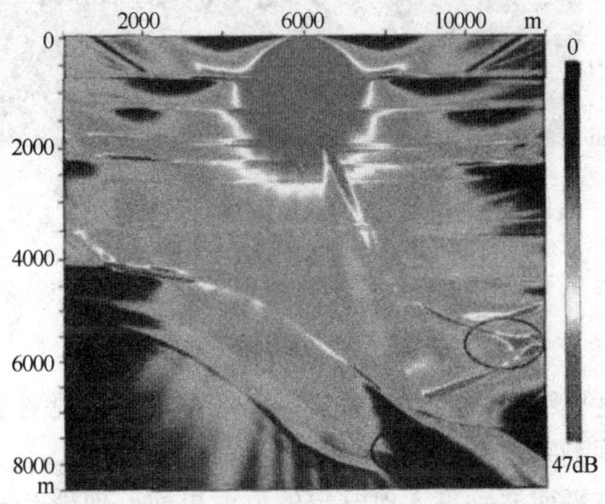

图 10(b) 单炮能量在空间中的展布

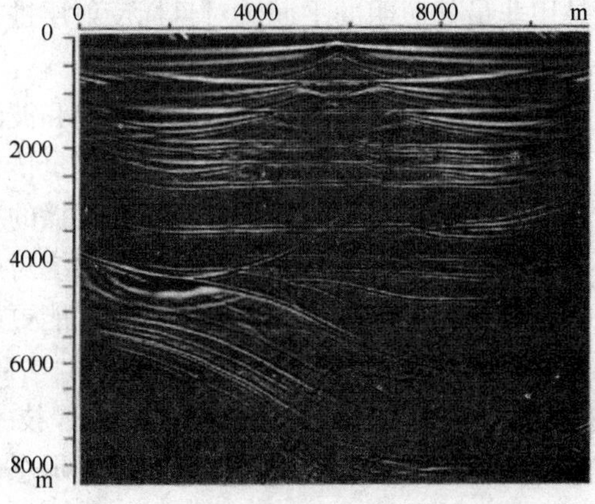

图 10(c) 对应炮的叠前深度偏移结果

将地表激发的所有炮记录的照明分析结果叠加，可以观察所用观测系统对地下的总体照明效果(图 11)。单炮照明分析出现的阴影区现象经过多炮叠加后，得到一定改善。图 12 是对正演模拟结果进行叠前深度偏移的结果，由图可以看出正演模拟和照明分析的正确性。

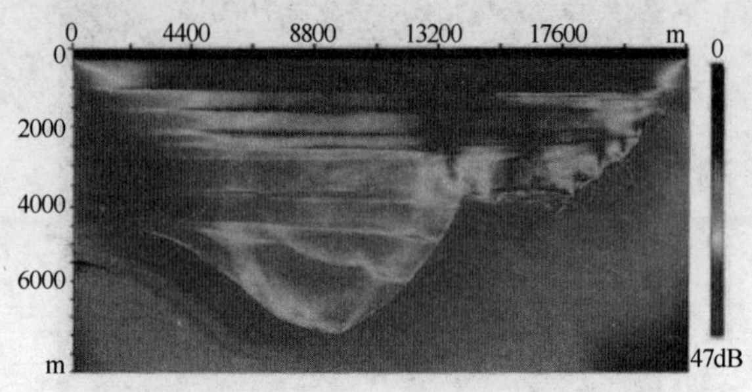

图 11　多炮照明分析叠加图

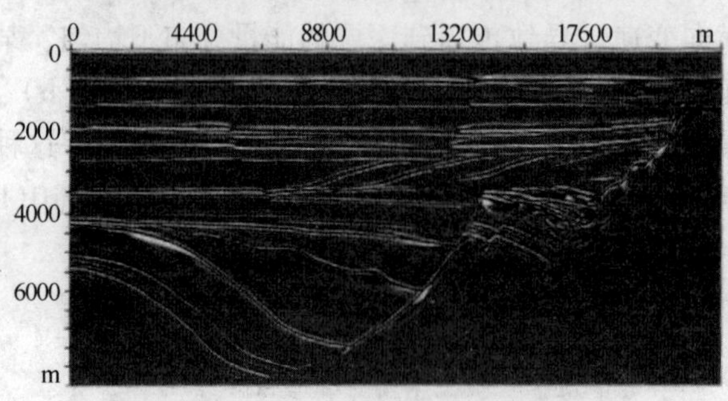

图 12　叠前深度偏移的结果

4　结论

(1) 对于既定的速度模型，最佳观测系统是客观存在的，观测系统设计的目的就是要找到逼近客观存在的最佳观测系统。

(2) 最佳照明要求有平面波垂直入射既定的反射界面。理论上，只要一个这样的平面波成分就能给出该反射界面的清晰图像。实际上，在复杂介质情况下很难得到这样的平面波。大多数情况下，人们往往是用非最佳照明的平面波对目标反射层进行成像。地震波照明分析的主要目的就是使设计的观测系统包含这样的平面波成分。

(3) 由于复杂构造下的横向剧烈变速，导致很多波导效应和波的大角度折射，进而导致波传播方向变化剧烈，使得目标反射层没有被照亮或者反射能量传到排列之外。

(4) 单程波照明分析方法基本上反映了波在复杂介质中传播的基本特征。相比单向照明分析方法，双向照明方法能够更全面、真实地反映野外观测系统对地下的照明情况。

(5) 双程声波照明分析方法是精度最高的照明分析方法，能更好地分析地震波在复杂构造情况下的传播和照明规律。

本次研究工作属于中石化重点课题“济阳坳陷深层构造成像技术研究”。在研究过程中，得到唐祥功工程师和同济大学任浩然博士的大力协助，在此表示感谢。

参 考 文 献

1 Schncider W A and Winbow G A. Efficient and accurate modeling of 3-D seismic illumination. Expanded Abstracts of 69th SEG Mtg, 1999, 633 ~ 636

2 Xiao-Bi Xie, Shengwen Jin, Ru-Shan Wu. Wave-equation-based seismic illumination analysis. Geophysics, 2006, 71(5): 169 ~ 177

3 Ru-Shan Wu, Ling Chen. Directional illumination analysis using beamlet decomposition and propagation. Geophysics, 2006, 71(4): 147 ~ 159

4 冯伟，吴如山，王华忠等. 面向目标的小束源照明和成像. 地球物理学进展，2006，21(3)：802 ~ 808

5 韩文功，沈财余. 陆相断陷盆地复杂地质模型建立与正演模拟. 石油地球物理勘探，2006，41(4)：396 ~ 401

Q 补偿技术在提高地震分辨率中的应用

——以准噶尔盆地 Y1 井区为例

郭　建[1]　王咸彬[1]　胡中平[1]　王仰华[2]

(1. 中国石化石油勘探开发研究院西部分院，新疆乌鲁木齐 830011；
2. 英国帝国理工大学油藏地球物理中心，伦敦 SW7 2AZ)

摘要： 准噶尔盆地 Y1 井区主要发育岩性、地层油气藏，但由于目的层埋深大(5000～6000m)，储层薄(8～10m)，储集体与围岩波阻抗差异小，反射能量弱，加上煤层干扰，使得储层识别、预测难度大。针对这一问题，利用能同时进行振幅校正和相位畸变校正的反 Q 滤波方法对该区的三维地震资料进行了提高分辨率处理。首先选择过井地震剖面进行相位校正，通过与测井资料合成记录进行对比获得最佳相位校正算子；然后进行振幅补偿，通过频谱分析调整振幅补偿算子，确保反 Q 滤波在振幅补偿的同时不破坏各种有效频率成分的相对变化关系；反复进行上述处理获得最佳 Q 值模型，该模型具有时变和空变的特点。用最佳 Q 值模型对全区地震资料进行补偿处理，明显提高了地震剖面的分辨率，提高了地层岩性圈闭的识别能力与储层预测精度，落实了地层上倾尖灭线及砂体展布范围。

关键词： Q 值模型　反 Q 滤波　地震分辨率　准噶尔盆地

由于大地的滤波作用，地震波在地层中传播时会产生高频成分衰减、子波相位畸变等现象，这种与介质有关的性质通常用介质品质因子 Q 表示。Futterman 和 Strick 等给出了 Q 因子实验室模型。Kjartansson 假定 Q 值在地震资料频带范围内与频率无关，提出利用反 Q 滤波方法对地震信号进行补偿。Robinson 提出反 Q 滤波是地震波传播的反过程，可以用类似于地震反褶积(Bickel 和 Natarajan)和偏移(Hargreaves 和 Calvert)的算法来实现反 Q 滤波。

在反 Q 滤波中，稳定性和有效性一直是困扰研究人员的难题。Hargreaves 和 Calvert 用类似于频率－波数域地震偏移的方法，实现了 Q 值常数情形下的相位反 Q 滤波，校正了由散射引起的相位畸变，但不能进行振幅补偿。王仰华提出了能同时进行振幅补偿和相位校正、稳定而有效的反 Q 滤波方法，并在 2003 年将其应用到实际地震资料的处理中，进而对反 Q 滤波方法的有效性进行量化评估。

如何获得 Q 值也是摆在地球物理学家面前的一个难题。Tonn 对计算 Q 值的 10 种方法进行了比较，认为没有一种方法可适用于所有情况，方法的效果取决于记录的质量。对于真振幅资料，解析信号法是良好的方法；无法得到真振幅时，频谱模拟是比较好的方法；当资料信噪比较低时，各种方法的可靠性均明显降低。利用 VSP 资料计算 Q 值是一种常用的方法，但 VSP 资料常常比较缺乏，而且难以确定 Q 值的空间分布。王仰华在 2004 年提出利用反演的原理，借助地面地震记录计算层状介质的 Q 值，比较系统地解决了地面地震资料的 Q 值计算问题，给出了能同时进行振幅校正和相位畸变校正的反 Q 滤波方法。

国内对于提高地震分辨率的研究很多。20 世纪 90 年代初，李庆忠对高分辨率处理技术进行了详细的论述。裴江云、何樵登提出了基于 Kjartansson 模型的反 Q 滤波方法，但该方法只适用于高信噪比地区。刘学伟等根据粘弹性波动理论补偿风化层的吸收，提出一种具有空变和时变特性的 Q 值补偿方法，从而提高地震分辨率。裴江云等利用面波的衰减特性进行近地表品质因子 Q 值估算，并利用获得的 Q 值进行振幅衰减补偿。对 Q 补偿后的地震道做剩余振幅补偿，可使地震剖面比较均衡，反射振幅的强弱基本能反映地下反射层的信息，从而有利于进行储层预测和提高解释的成功率。凌云等利用大地吸收衰减分析法分析了球面发散与吸收衰减随时、频变化的规律，以及近地表地层岩性不同对地震波的吸收衰减情况。姚振兴等提出了一种在深度域进行反 Q 滤波的新方法，深度域的 Q 滤波算子符合地震波在衰减介质中的传播规律，不仅考虑了介质吸收对地震波振幅的影响，而且考虑了由于体波频散造成的波形畸变。郭建等对鄂尔多斯盆地的地震资料进行了 Q 补偿试验，提高了含煤岩系地层的分辨率。赵殿栋等根据沙漠区地形地貌特点和低、降速带厚度资料设计野外采集观测系统，进行品质因子野外调查，采用频谱比法计算品质因子；通过粘弹性波动方程把地表接收到的信号延拓到高速层的顶面，从而完成低、降速带对地震信号的吸收衰减补偿工作，并在塔里木盆地沙漠地区获得了比较好的应用效果。

我们针对准噶尔盆地 Y1 井区目的层段埋深大(5000～6000m)，储层薄(8～10m)，储集体与围岩波阻抗差异小，反射能量弱，以及煤层干扰等问题，利用能同时进行振幅校正和相位畸变校正的反 Q 滤波方法对该区的三维地震资料进行了处理，明显提高了地震剖面的分辨率，从而提高了地层、岩性圈闭的识别能力和储层预测精度。

1 工区地质概况

Y1 井区位于塔城地区和昌吉回族自治州境内，区域构造上处于准噶尔盆地中央坳陷昌吉凹陷西段，北邻马桥凸起，南靠山前构造带，西跨车排子凸起南端和四棵树凹陷西端，侏罗系目的层基本为一向北抬起的单斜。但综合研究表明，在晚第三纪以前，该区存在一大型正向构造单元——车莫古隆起，其发育演化对整个准噶尔盆地腹部地区的构造、沉积及后期的成藏具有重大影响。

车莫古隆起位于盆 1 井西凹陷和昌吉凹陷之间，是两个生烃凹陷重要的油气运移指向区。由于后期掀斜作用，隆起北翼抬升，早期形成的油藏遭到了破坏和调整，造成莫西庄地区油藏普遍含水，含油饱和度低。隆起南翼后期构造变动较小，可能保留有较大范围的原生地层超覆油藏和岩性油藏，形成含油饱和度较高的高压油气藏。

2 反 Q 滤波方法及其实现步骤

假定地表($\tau=0$)的频率域地震道为 $U(0,\omega)$，经反 Q 滤波后的时间域地震道为 $u(\tau)$，则

$$u(\tau)=\frac{1}{\pi}\int_0^{\infty}U(0,\omega)\Lambda(\tau,\omega)\cdot\exp\left[\mathrm{i}\int_0^{\tau}\left(\frac{\omega}{\omega_{\mathrm{h}}}\right)^{-\gamma(\tau')}\omega\mathrm{d}\tau'\right]\mathrm{d}\omega \tag{1}$$

式中：$\Lambda(\tau,\ \omega)$为稳定的振幅补偿算子；$\gamma(\tau)$为时变衰减参数，$\gamma(\tau)=[\pi Q(\tau)]^{-1}$；$\omega_h$ 是参考频率。

对(1)式每个采样点 τ 按顺序计算，可写作

$$\begin{bmatrix} u_0 \\ u_1 \\ \vdots \\ u_M \end{bmatrix} = \begin{bmatrix} a_{0,0} & a_{0,1} & \cdots & a_{0,N} \\ a_{1,0} & a_{1,1} & \cdots & a_{1,N} \\ \vdots & \vdots & & \vdots \\ a_{M,0} & a_{M,1} & \cdots & a_{M,N} \end{bmatrix} \begin{bmatrix} U_0 \\ U_1 \\ \vdots \\ U_N \end{bmatrix} \tag{2}$$

或用矢量矩阵表示为

$$\boldsymbol{x} = \boldsymbol{A}\boldsymbol{z} \tag{3}$$

式中，$\boldsymbol{x}=\{u(\tau_i)\}$为时间域输出数据矢量；$\boldsymbol{z}=\{U(\omega_j)\}$为频率域输入数据矢量；$\boldsymbol{A}$ 为反 Q 滤波矩阵$(M\times N)$，其元素定义为

$$a_{i,j} = \frac{1}{N}\Lambda(\tau_i,\omega_j)\exp\left[i\int_0^{\tau_i}\left(\frac{\omega_j}{\omega_h}\right)^{-\gamma(\tau')}\omega_j\,\mathrm{d}\tau'\right] \tag{4}$$

式(4)指数项是反 Q 滤波的相位校正项。由于振幅补偿和相位校正是时变的，因此反 Q 滤波算法对应于随时间或深度变化的 Q 值模型。

从公式(4)可知，振幅补偿和相位校正可以分别进行。结合 Y1 井区的具体地质情况，我们设计了如下反 Q 滤波处理的步骤：

(1) 对工区近地表 Q 值调查资料及研究成果进行分析和总结，获取初始 Q 值分布；

(2) 在过井地震剖面上进行相位校正，并与测井资料合成记录进行对比，检验和修正相位校正算子，使得地震相位与合成地震记录最佳吻合；

(3) 对相位校正后的地震资料进行振幅补偿，并通过频谱分析调整振幅补偿算子，确保在振幅补偿的同时不破坏各种有效频率成分的相对变化关系；

(4) 对处理后的地震资料进行解释，检验其是否符合地质规律，是否提高了分辨率，如果没有，则根据新的地震 - 地质解释模型调整处理参数；

(5) 重复进行(2) ~ (4)处理，获得最佳 Q 值模型，并用其对全区地震资料进行补偿处理，使最终处理结果达到地质解释的要求。

3 实际应用效果分析

利用反 Q 滤波方法对 Y1 井区三维地震资料进行补偿处理后，抽取过 Y1 井的剖面进行效果对比。图 1 为过井纵测线(inline)方向地震剖面反 Q 滤波处理前后的效果对比图，可以看出，经反 Q 滤波处理后，地震剖面分辨率明显提高，各种地质现象更加丰富，小断层、地层尖灭点清晰可辨。图 2 为反 Q 滤波处理前后的频谱对比图，可以看出，经反 Q 滤波处理后的频谱较好地保持了补偿前各个频率成分的相对变化特征，主频提高了 10Hz 以上，频带明显展宽。

图 3 为过 Y1 井横测线(crossline)方向地震剖面反 Q 滤波处理前后的效果对比图，可以看出，经反 Q 滤波处理后，黄色箭头所指的砂层尖灭点非常清晰，据此可以给出新的储层横向展布范围。

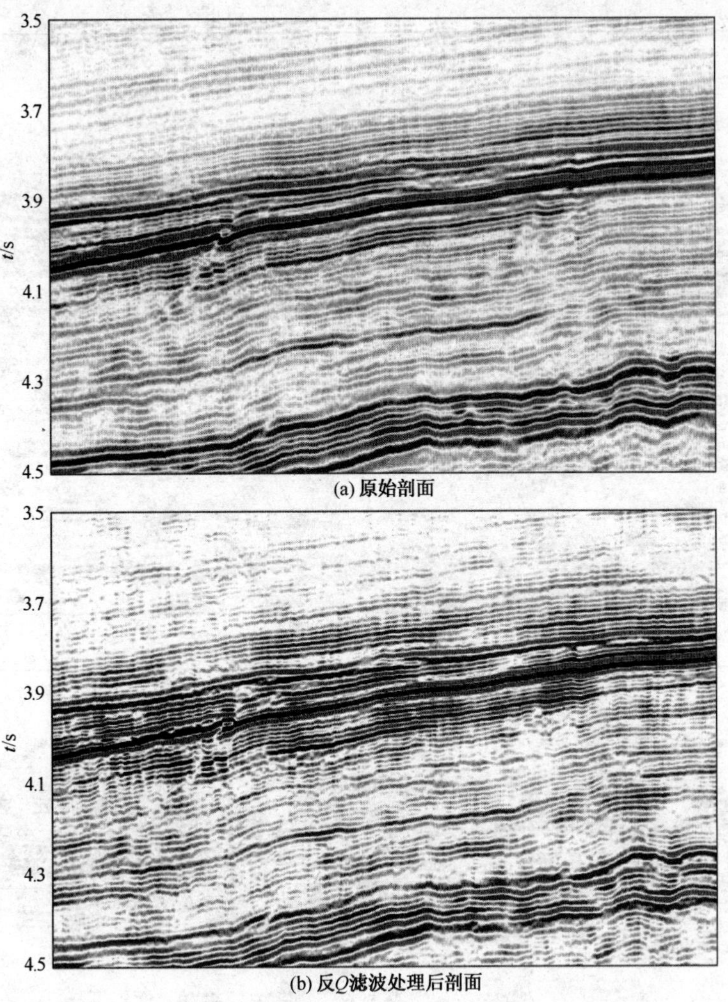

图 1 过 Y1 井纵测线反 Q 滤波处理前后剖面对比

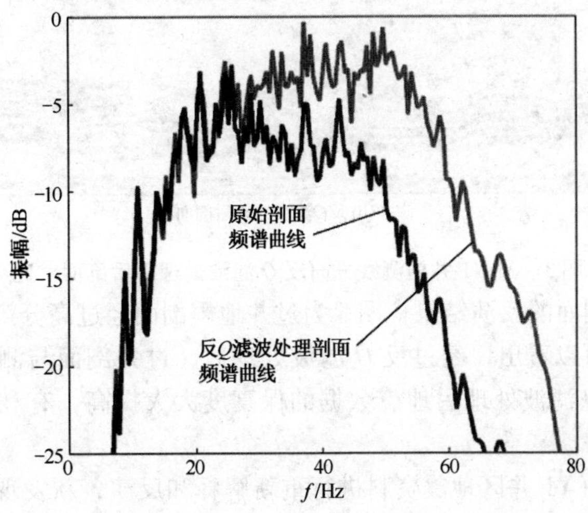

图 2 过 Y1 井纵测线方向反 Q 滤波处理前后的频谱对比

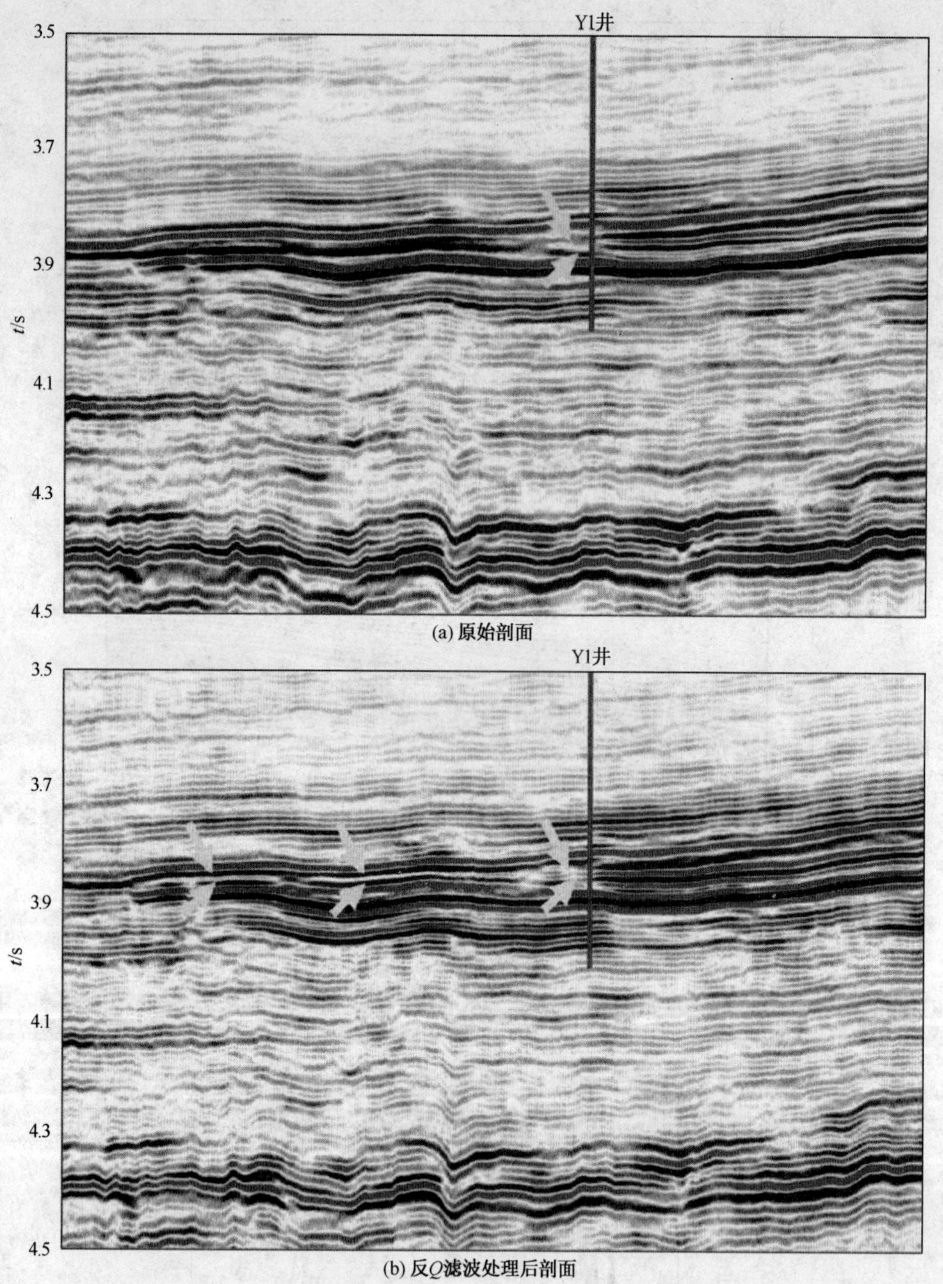

(a) 原始剖面

(b) 反Q滤波处理后剖面

图3　过 Y1 井横测线方向反 Q 滤波处理前后剖面对比

图4 为过井地震剖面的反演结果，图5 为过井地震剖面经过高分辨率反 Q 滤波处理后的反演结果。通过对比可以看出，经过反 Q 滤波处理后，过井剖面与测井资料的吻合程度明显提高，说明经过反 Q 滤波处理后地震数据的保真度大大提高，有利于进行储层的横向外推和预测。

对经过补偿处理的 Y1 井区地震资料进行重新解释和反演，新发现了多个有利的岩性圈闭，同时扩大了原地层圈闭的范围，增加了油气储量。

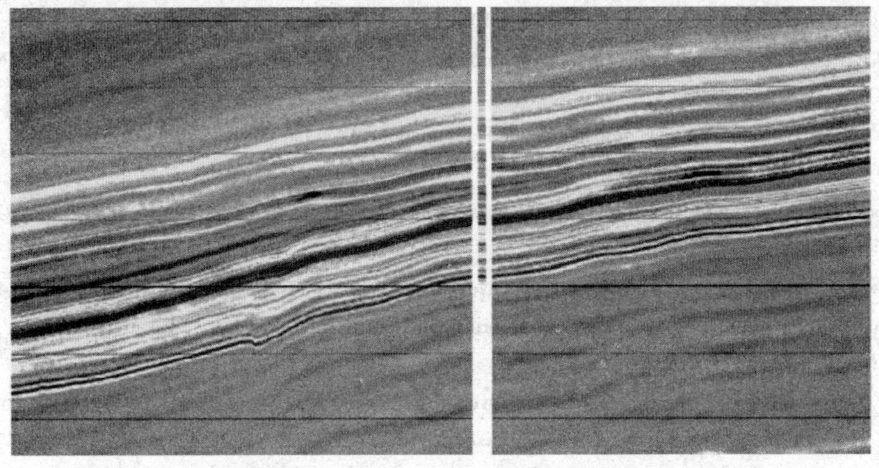

图 4　过井剖面的波阻抗反演结果

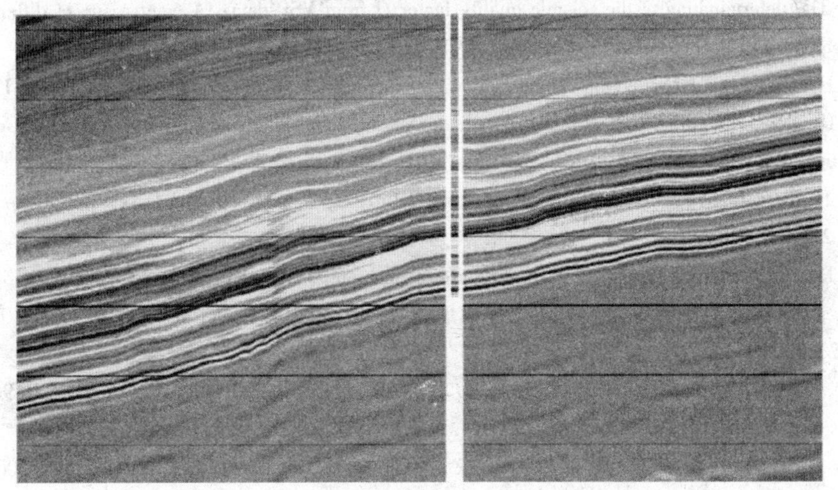

图 5　经反 Q 滤波处理后剖面的波阻抗反演结果

4　结束语

反 Q 滤波方法在准噶尔盆地 Y1 井区三维地震资料处理中的应用表明：该方法可以在保持地震资料反射特征不变的情况下提高地震资料分辨率，使得目标层段反射特征更加清晰，小断层、地层尖灭点等地质现象得到充分展示，有利于地层、岩性油气藏的精细描述。

但是，由于进行了水平叠加处理，振幅和相位的保真性遭受部分损失，通过反 Q 滤波方法获得的 Q 值模型并不是地层真正的 Q 值，且缺少最佳判别准则，只能进行反复处理以达到最佳补偿效果。下一步的研究方向是进行叠前 Q 值补偿的试验研究，以取得更好的补偿效果。

参　考　文　献

1　Futterman W I. Dispersive body waves[J]. Journal of Geophysical Research, 1962, 67(11): 5279 ~ 5291

2　Strick E. The determination of Q, dynamic viscosity and transient creep curves from wave propagation measurements[J]. Geophys J Roy Astr Soc, 1967, 13(1): 197 ~ 218

3 Strick E. A predicted pedestal effect for pulse propagation in constant-*Q* solids[J]. Geophysics, 1970, 35(3): 387 ~ 403

4 Kjartansson E. Constant *Q* wave propagation and attenuation[J]. Journal of Geophysical Research, 1979, 84(7): 4737 ~ 4748

5 Robinson J C. A technique for the continuous representation of dispersion in seismic data[J]. Geophysics, 1979, 44(8): 1345 ~ 1351

6 Bickel S H, Natarajan R R. Plane-wave *Q* deconvolution[J]. Geophysics, 1985, 50(9): 1426 ~ 1439

7 Hargreaves N D, Calvert A J. Inverse *Q* filtering by Fourier transform[J]. Geophysics, 1991, 56(4): 519 ~ 527

8 Wang Y H. A stable and efficient approach to inverse *Q* filtering[J].. Geophysics, 2002, 67(2): 657 ~ 663

9 Wang Y H. Quantifying the effectiveness of stabilized inverse *Q* filtering[J]. Geophysics, 2003, 68(1): 337 ~ 345

10 Tonn R. The determination of the seismic quality factor *Q* from VSP data: A comparison of different computational methods[J]. Geophysical Prospecting, 1991, 39(1): 1 ~ 28

11 Wang Y H. *Q* analysis on reflection seismic data[J]. Geophysical Research Letters, 2004, 31(17): L17606

12 Wang Y H, Guo J. Modified Kolsky model for seismic attenuation and dispersion[J]. Journal of Geophysics and Engineering, 2004, 1(1): 187 ~ 196

13 Wang Y H, Guo J. Seismic migration with inverse *Q* filtering[J]. Geophysical Research Letters, 2004, 31(21): L21608

14 Wang Y H. Inverse *Q*-filter for seismic resolution enhancement[J]. Geophysics, 2006, 71(3): V51 ~ V60

15 李庆忠. 走向精确勘探的道路——高分辨率地震勘探系统工程剖析[M]. 北京: 石油工业出版社, 1993. 52 ~ 190

16 裴江云, 何樵登. 基于 Kjartansson 模型的反 *Q* 滤波[J]. 地球物理学进展, 1994, 9(1): 90 ~ 99

17 刘学伟, 郜圣宏. 用面波反演风化层 *Q* 值[J]. 石油物探, 1996, 35(2): 89 ~ 95

18 裴江云, 陈树民, 刘振宽等. 近地表 *Q* 值求取及振幅补偿[J]. 地球物理学进展, 2001, 16(4): 18 ~ 12

19 凌云, 高军, 张汝杰. 基于一维弹性阻尼波动方程理论的沙丘 *Q* 吸收补偿[J]. 石油地球物理勘探, 1997, 32(6): 795 ~ 803

20 凌云. 大地吸收衰减分析[J]. 石油地球物理勘探, 2001, 36(1): 1 ~ 8

21 姚振兴, 高星, 李维新. 用于深度域地震剖面衰减与频散补偿的反 *Q* 滤波方法[J]. 地球物理学报, 2003, 46(2): 229 ~ 233

22 Guo J, Wang Y H. Recovery of a target reflection underneath coal seams[J]. Journal of Geophysics and Engineering, 2004, 1(1): 46 ~ 50

23 赵殿栋, 郭建, 王咸彬等. 沙漠区低降速带地震波的吸收补偿方法研究与应用[J]. 中国西部油气地质, 2006, 2(3): 241 ~ 244

碳酸盐岩溶洞模型地震成像分辨率研究

杨勤勇

（中国石化石油物探技术研究院，江苏南京 210014）

摘要： 碳酸盐岩缝洞储层具有埋藏深、非均质性强等特点，地震成像精度较低。为了研究碳酸盐岩缝洞储层地震成像分辨率的影响因素，设计了两个溶洞数学模型。采用不同的空间采样间隔和子波主频进行了数值模拟，利用 iCluster 软件对不同的地震数据进行了叠前深度偏移成像处理。基于成像结果，分析了与溶洞成像纵、横向分辨率有关的影响因素。分析结果表明，溶洞成像纵向分辨率与激发主频关系密切，与空间采样间隔无关；溶洞成像横向分辨率与空间采样间隔和激发主频有关。小的空间采样间隔有利于提高溶洞的成像精度，但减小空间采样间隔并不能无限提高溶洞成像的横向分辨率。

关键词： 碳酸盐岩溶洞储层　纵向分辨率　横向分辨率　数值模拟

碳酸盐岩缝洞型油气藏是我国西部地区的重要勘探目标。新疆塔河油田中、下奥陶系碳酸盐岩岩溶缝、洞储集体具有埋藏深、非均质性强等特点，地震波场复杂，成像难度大。针对这些问题，许多研究人员开展了多方面的研究工作。杜正聪等通过波动方程数值模拟揭示了单个裂缝、溶洞及裂缝带的地震波场特征；李剑峰等采用物理模拟手段分析了溶洞、裂缝的地震能量变化特点；季敏等分析了孔洞尺寸、形状、充填物和埋深对绕射能量和绕射双曲线形状的影响规律；董良国等研究了不同尺度溶洞的反射波最大振幅和频谱特征；李佩等利用各向异性弹性波波动方程交错网格高阶有限差分数值模拟方法研究了不同密度和不同填充物的垂直裂隙介质的波场响应特征；胡中平对溶洞"串珠状"现象的形成机理和识别方法进行了讨论；王者顺等、王小卫等和胡鹏飞结合实际工作总结了碳酸盐岩缝洞型储集体成像的有效处理技术和处理手段；朱生旺等和张立彬等分别研究了适用于缝洞成像的绕射波成像方法和反 Q 偏移方法。这些研究也表明，缝洞储层的绕射波较发育，储层埋藏深、信号能量较弱，成像较困难。

高精度地震和加大空间采样密度可以有效提高缝洞储层绕射波的能量，有利于提高缝洞储层的地震成像的分辨率。影响地震成像分辨率的因素有反射频宽、空间采样密度、信噪比等。狄帮让等和熊金良等研究了面元尺寸和纵向分辨率的关系。我们通过溶洞模型的数值模拟和偏移成像，从空间采样间隔和子波主频两个方面分析和研究了影响溶洞成像纵、横向分辨率的因素。

1　地震成像分辨率

地震成像分辨率可以分为纵向分辨率和横向分辨率。一般认为地震纵向分辨率为 1/4 波长，即

$$R = \lambda/4 = v/4f \tag{1}$$

式中，λ 为波长；v 为速度；f 为地震波主频。从(1)式可知，理论的地震成像纵向分辨率只与主频有关。

横向分辨率通常用第一菲涅尔带定义，可分辨的带宽半径为

$$R_F = \sqrt{\frac{h\lambda}{2} + \left(\frac{\lambda}{4}\right)^2} \tag{2}$$

式中，h 为地质体到地表的深度。应用波场延拓法进行偏移成像可以消除 h 的影响，即 h 为 0，因此有

$$R_F = \lambda/4 = v/4f \tag{3}$$

从(3)式可知，理论上的地震偏移成像横向分辨率与地震波主频有关。

2 溶洞模型的建立

为了研究溶洞地震成像的纵、横向分辨率，设计了两个速度模型：①不同尺度的孤立溶洞数学模型；②不同尺度的溶洞组合数学模型。

2.1 孤立溶洞

孤立溶洞模型如图 1 所示。模型介质分为两层，上层速度为 3000m/s，下层速度为 4500m/s，速度分界面深度为 5000m。在分界面的下方存在一系列不同尺度的溶洞，溶洞形状为正方形，速度均为 2300m/s，边长从左至右分别为 8m，16m，24m，32m，40m，48m，56m，64m，72m 和 80m。应用声波传播波动方程有限差分数值模拟方法进行正演数值模拟，网格尺寸为 2m×2m。采用不同的激发主频和空间采样间隔(指 CMP 间隔，以下相同)进行激发和接收，获得了 5 组地震数据。表 1 为孤立溶洞模型正演模拟参数。模拟地震数据的记录长度为 4000ms，时间采样间隔为 1ms。图 2 为 3 种不同主频的高斯子波频谱，可见，主频越大，子波的频带越宽。

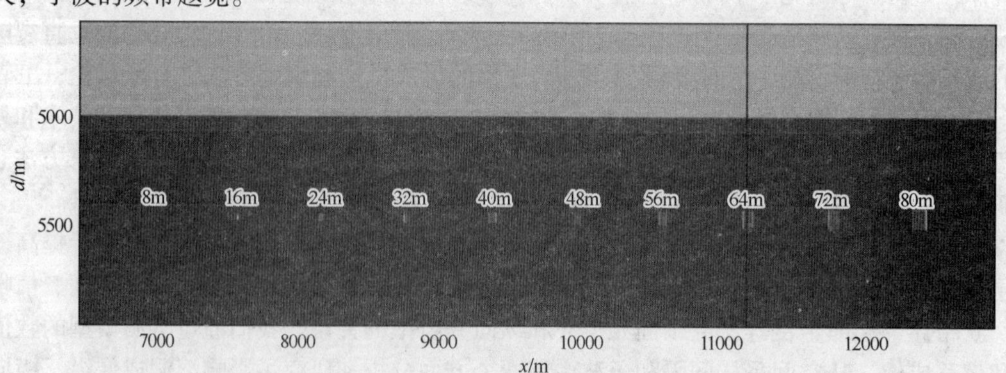

图 1　孤立溶洞速度模型

表 1　孤立溶洞模型正演模拟参数

序　号	CMP 间隔/m	f/Hz	序　号	CMP 间隔/m	f/Hz
1	10	20	4	30	38
2	10	38	5	50	38
3	10	75			

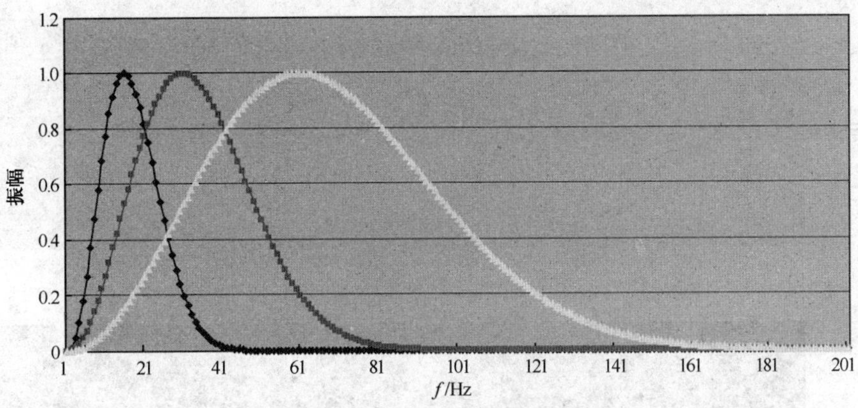

图2　不同激发主频的子波频谱

2.2　溶洞组合

溶洞组合模型如图3所示。模型介质分为两层，上层速度为3000m/s，下层速度为4500m/s，速度分界面深度为1000m。在分界面下方存在一系列不同尺度的溶洞组合，溶洞形态为长方形，速度均为2300m/s，高度均为32m，宽度从左至右依次为8m，16m，24m，32m，40m，48m，56m，64m，72m和80m，每个小组合内部的溶洞间距与宽度相同。应用声波传播波动方程有限差分数值模拟方法进行正演数值模拟，网格尺寸为2m×2m。采用不同的激发主频和空间采样间隔进行激发和接收，获得了5组地震数据。表2为溶洞组合模型正演模拟参数。模拟地震数据记录长度为1500ms，时间采样间隔为1ms。

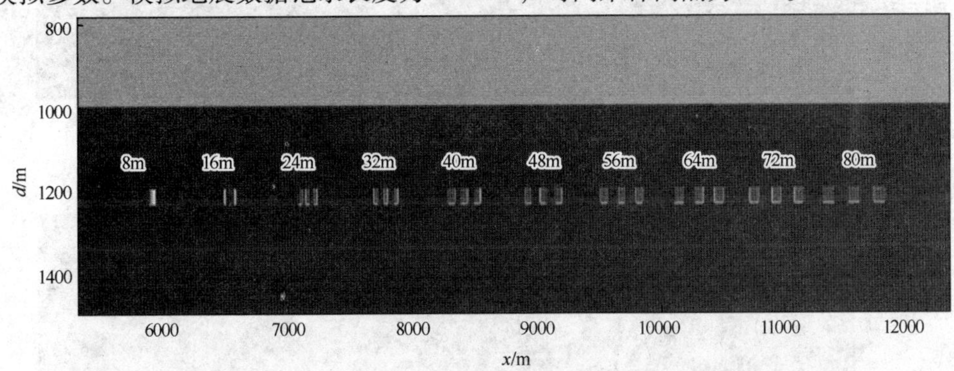

图3　溶洞组合速度模型

表2　溶洞组合模型正演模拟参数

序　号	CMP间隔/m	f/Hz	序　号	CMP间隔/m	f/Hz
1	10	20	4	5	38
2	10	38	5	20	38
3	10	75			

3　成像效果与分辨率分析

3.1　纵向分辨率分析

利用iCluster叠前偏移成像软件系统，应用裂步傅里叶法对5组正演地震数据进行叠前深度偏移成像处理。图4和图5为孤立溶洞模型5组不同正演地震数据的偏移成像剖面，可见“串珠状”反射特征。

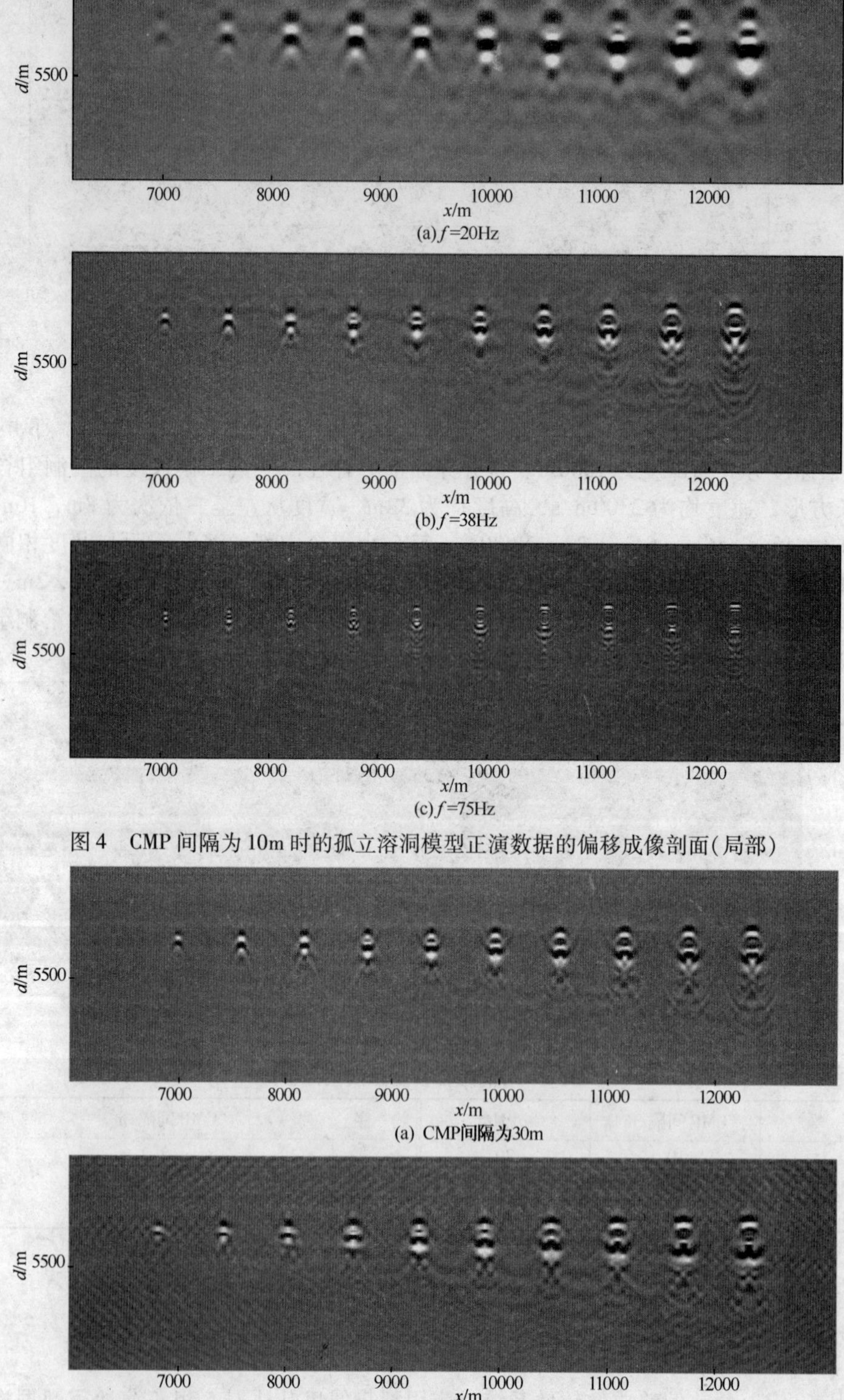

(a) f=20Hz

(b) f=38Hz

(c) f=75Hz

图 4　CMP 间隔为 10m 时的孤立溶洞模型正演数据的偏移成像剖面(局部)

(a) CMP间隔为30m

(b) CMP间隔为50m

图 5　f = 38Hz 时的孤立溶洞模型正演数据的偏移成像剖面(局部)

从图4中可见，在空间采样间隔相同的情况下，随着激发主频的增大，溶洞模型的地震成像纵向分辨率逐渐提高。比较图4(b)、图5(a)和图5(b)可见，在激发主频相同的情况下，成像结果较为近似，即不同的空间采样间隔对溶洞成像的影响较小。需要注意的是，图5(b)中比较明显的假频噪声是由空间采样间隔过大引起的。

下面从频谱方面分析子波主频和空间采样间隔对纵向分辨率的影响。

对深度域偏移成像结果做深时转换，从时间域成像剖面中抽取右边第3个溶洞中间位置(图1)的一道数据。运用S变换分析该道数据的时间频谱(时间为3000～4000ms)，结果如图6和图7所示(图6与图4对应，图7与图5对应)。在图6和图7中，3300ms位置的时间频谱能量对应于水平界面，3500ms位置的时间频谱能量对应于溶洞。从图6可以看出，空间采样间隔相同时，随着激发主频的提高，地震成像结果的频带宽度逐渐变大，纵向分辨率逐渐提高。比较图6(b)，图7(a)和图7(b)可以看出，激发主频相同时，不同空间采样间隔成像结果的频带宽度基本一致，地震成像纵向分辨率基本没有差别。

上述的分析结果与纵向分辨率为$v/4f$的论述一致，即纵向分辨率只与地震子波主频有关，与空间采样间隔无关。值得注意的是，在实际地震资料处理中的小面元采集确实提高了地震成像的纵向分辨率。针对此，熊金良等提出了一种观点，即小面元本身并没有提高纵向分辨率，它是通过面元叠加提高了高频端的信噪比，进而提高了纵向分辨率。

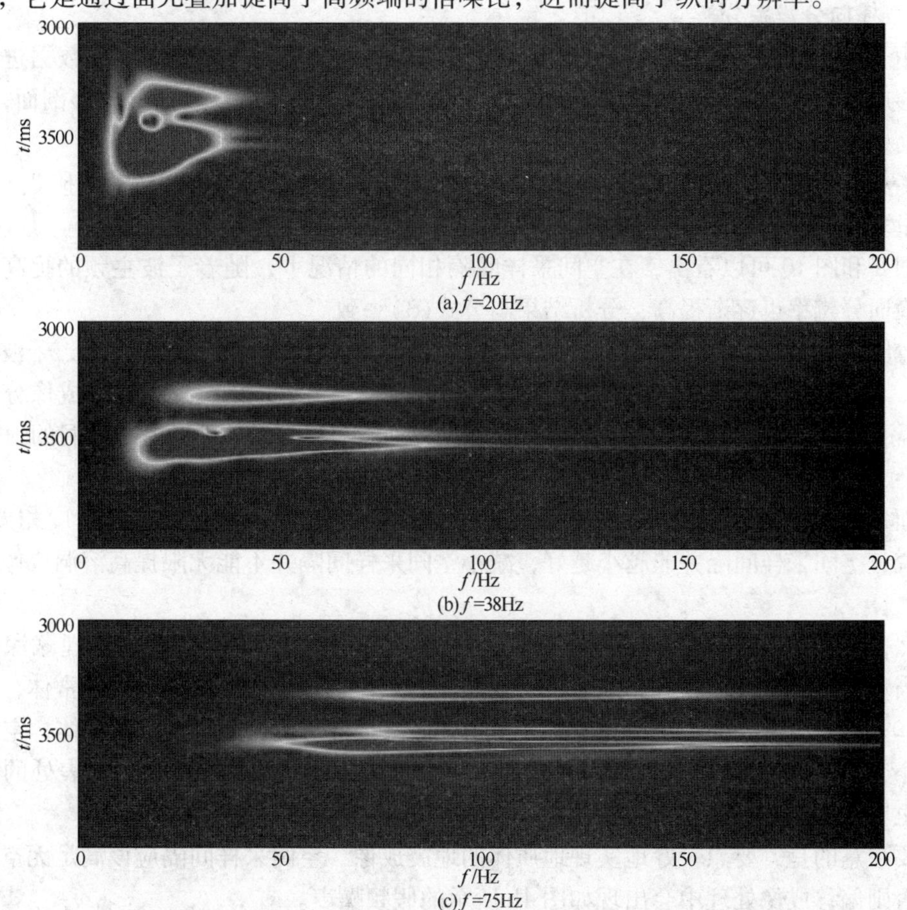

图6 与图4对应的偏移成像结果中某一道数据的时间频谱

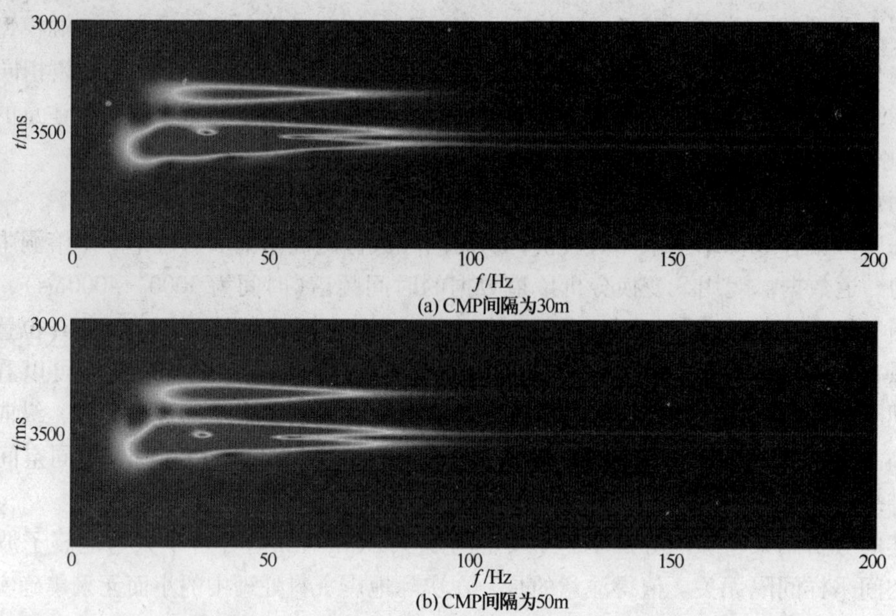

(a) CMP间隔为30m

(b) CMP间隔为50m

图7　与图5对应的偏移成像结果中某一道数据的时间频谱

3.2　横向分辨率分析

利用iCluster叠前偏移成像软件系统，应用裂步傅里叶法对5组正演地震数据进行叠前深度偏移成像处理。图8和图9为溶洞组合模型5组不同正演地震数据的偏移剖面，可见，主频越高，横向分辨率越好；而空间采样间隔对横向分辨率的影响不明显。

为了更清楚地分析横向分辨率的差异，在每一道的一定深度范围内(溶洞附近)统计地震波能量之和(图10和图11，图10对应图8，图11对应图9)。

从图8和图10可以看出，在空间采样间隔相同的情况下，随着子波主频的提高，溶洞成像的横向分辨率也逐渐提高，分析结果与公式(3)一致。

比较图8(b)、图9(a)、图9(b)以及图10(b)、图11(a)、图11(b)可见，子波主频均为38Hz，当CMP间隔为20m时，左边第2组溶洞组合(溶洞间距为16m)的成像分辨率比CMP间隔为5m或10m时略低。由此可知，减小空间采样间隔有利于提高溶洞的地震成像精度。

然而，比较CDP间隔为5m和10m的偏移成像结果发现，两者的成像精度相差不大，也就是说，空间采样间隔并非越小越好，减小空间采样间隔并不能无限提高溶洞成像的横向分辨率。

那么，空间和样间隔应如何选择？理论上，波场延拓偏移消除了地质体埋藏深度的影响，相当于把地下地质体抬升到地表进行观测。要想识别地表处的一个地质异常体，在该地质异常体上方至少需要两个观测点，即要分辨地表某横向尺度为l的地质异常体，空间采样间隔应小于$l/2$。因此可以认为，要分辨地下一个横向尺度为l的溶洞体，地表处的空间采样间隔也应该小于$l/2$。

需要注意的是，要想较好地实现地质体的地震成像，空间采样间隔应该满足无空间假频条件，否则偏移成像处理中会出现如图4b所示的假频噪声。

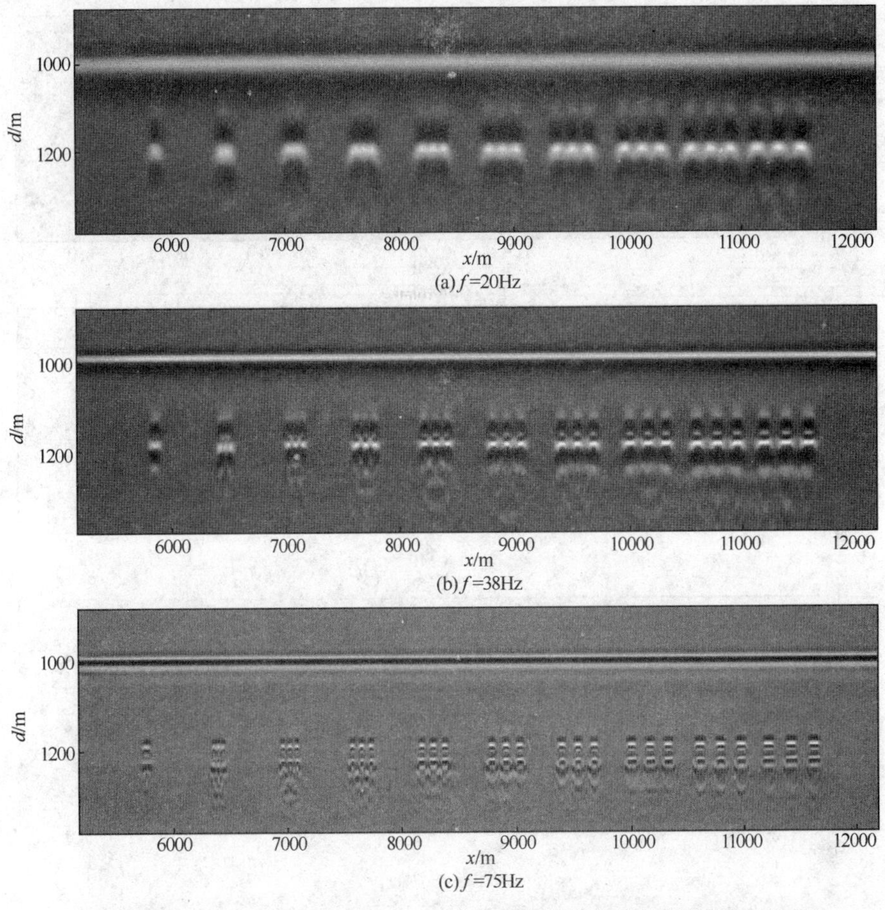

(a) f=20Hz

(b) f=38Hz

(c) f=75Hz

图 8　CMP 间隔为 10m 时的溶洞组合模型正演数据的偏移成像剖面(局部)

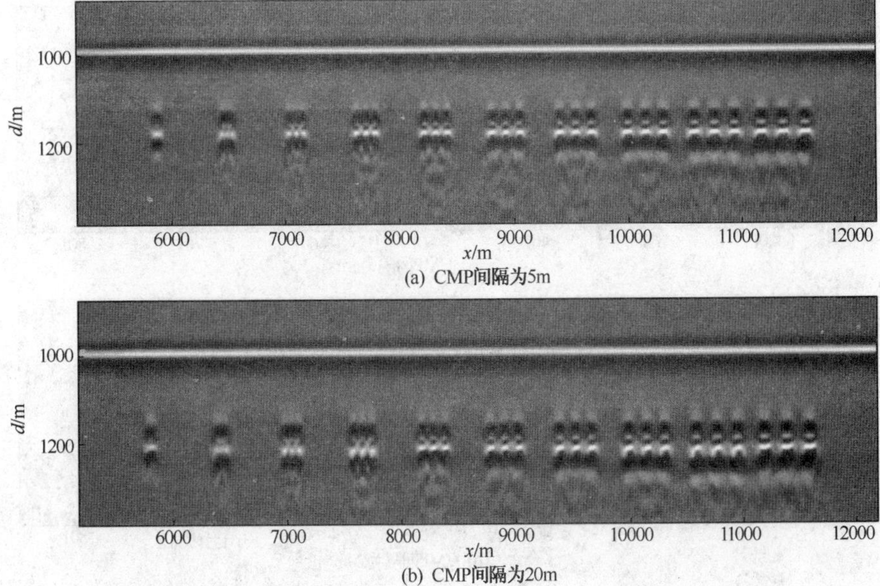

(a) CMP间隔为5m

(b) CMP间隔为20m

图 9　f = 38Hz 时的溶洞组合模型正演数据的偏移成像剖面(局部)

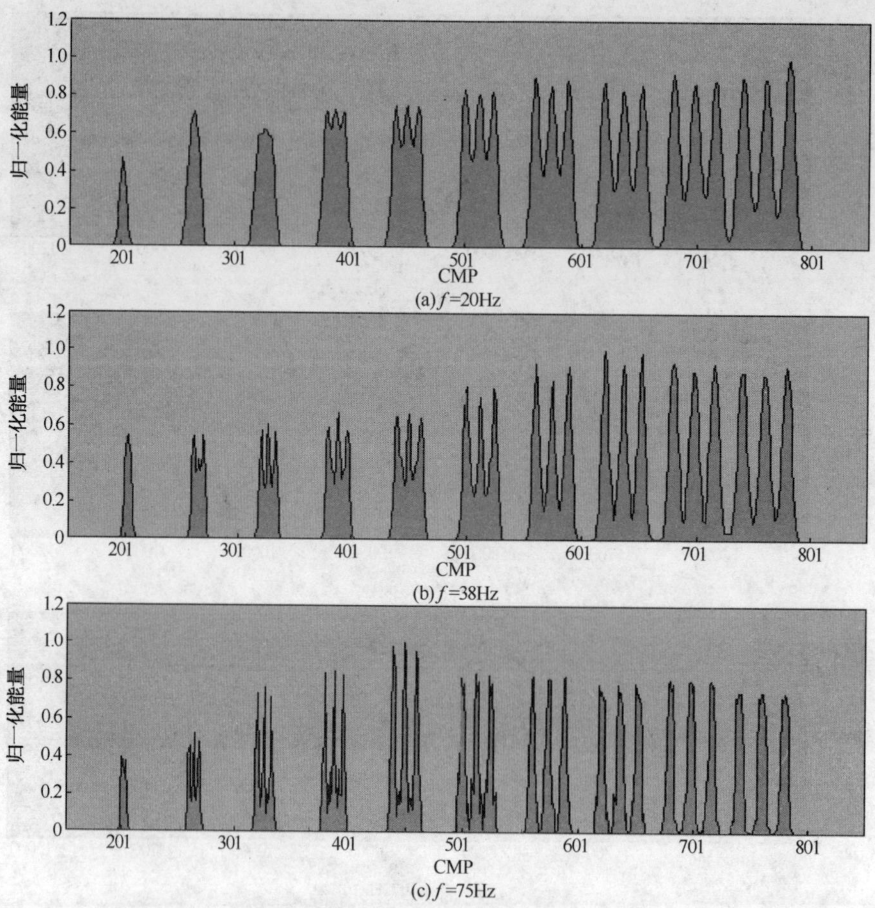

(a) f=20Hz

(b) f=38Hz

(c) f=75Hz

图 10　CMP 间隔为 10m 时的溶洞组合模型正演数据偏移成像剖面的单道能量统计

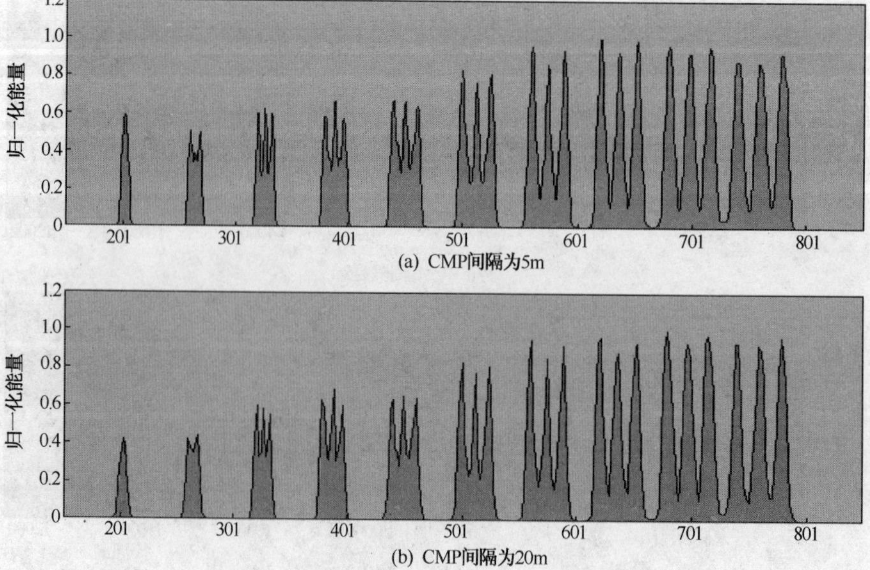

(a) CMP间隔为5m

(b) CMP间隔为20m

图 11　f = 38Hz 时的溶洞组合模型相同主频正演数据偏移成像剖面的单道能量统计

4 结束语

通过对两个不同溶洞数学模型进行正演模拟和偏移成像，并分析影响溶洞成像分辨率的采集因素，获得了以下认识。

(1) 溶洞成像纵向分辨率与激发主频(频带宽度)关系密切，与空间采样间隔无关。随着激发主频的提高，溶洞成像纵向分辨率逐步提高。在满足反假频条件下，空间采样密度增大，溶洞成像纵向分辨率没有随之变化。

(2) 溶洞成像横向分辨率与空间采样间隔和子波主频有关，要分辨横向尺度为 l 的溶洞体，首先应该保证空间采样间隔小于 $l/2$，其次需要有足够高的激发主频。小空间采样间隔有利于提高溶洞成像精度，但空间采样间隔并非越小越好。在已满足 $l/2$ 和反假频条件下，减小空间采样间隔并不能无限提高溶洞成像的横向分辨率。

参 考 文 献

1 王勤聪，李宗杰，孙雯. 塔河油田碳酸盐岩储集层地球物理识别模式[J]. 新疆石油地质，2002，23(5)：400~401

2 韩革华，漆立新，李宗杰等. 塔河油田奥陶系碳酸盐岩缝洞型储层预测技术[J]. 石油与天然气地质，2006，27(6)：860~878

3 刘振武，撒利明，张研等. 中国天然气勘探开发现状及物探技术需求[J]. 天然气工业，2009，29(1)：1~7

4 杜正聪，贺振华，黄德济等. 缝洞模型波动方程正演与偏移[J]. 成都理工大学学报(自然科学版)，2003，30(4)：386~390

5 李剑峰，赵群，郝守玲等. 塔河油田碳酸盐岩储层缝洞系统的物理模型研究[J]. 石油物探，2005，44(5)：428~431

6 季敏，魏建新，王尚旭. 孔洞物理模型数据的地震响应特征分析[J]. 石油地球物理勘探，2009，44(2)：196~200

7 董良国，黄超，刘玉柱等. 溶洞地震反射波特征数值模拟研究[J]. 石油物探，2010，49(2)：121~124

8 李佩，朱生旺，曲寿利等. 垂直裂隙 P 波响应特征分析[J]. 石油物探，2010，49(2)：125~132

9 胡中平. 溶洞地震波“串珠状”形成机理及识别方法[J]. 中国西部油气地质，2006，2(4)：423~426

10 王者顺，樊佳芳，高鸿等. 塔河油田叠后地震资料高保真处理技术[J]. 物探与化探，2004，28(5)：436~438

11 王小卫，吕磊，刘伟方等. 塔里木盆地碳酸盐岩地震资料处理的几项关键技术[J]. 岩性油气藏，2008，20(4)：109~112

12 胡鹏飞. 塔河油田碳酸盐岩缝洞型储集体成像技术研究[J]. 石油地球物理勘探，2009，44(2)：152~157

13 朱生旺，曲寿利，魏修成等. 通过压制共散射点道集映射改善绕射波成像分辨率[J]. 石油物探，2010，49(2)：107~114

14 张立彬，王华忠. 稳定的反 Q 偏移方法研究[J]. 石油物探，2010，49(2)：115~120

15 狄帮让，熊金良，岳英等. 面元大小对地震成像分辨率的影响分析[J]. 石油地球物理勘探，2006，41(4)：363~368

16 熊金良，岳英，杨勇等. 面元大小与纵向分辨率关系[J]. 石油地球物理勘探，2006，41(4)：489~491

基于改进的时移成像条件的保幅叠前深度偏移研究

王立歆[1,3]　马方正[2]

（1. 同济大学海洋与地球科学学院，上海 200092；
2. 中国石化胜利油田分公司物探研究院，山东东营 257022；
3. 中国石化石油物探技术研究院，江苏南京 210014）

摘要：为了实现保幅叠前深度偏移，在波动方程保幅偏移方程的基础上详细推导了傅里叶有限差分波动方程延拓算子。由于波动方程叠前深度偏移技术的应用受计算效率的制约，因而，提出了利用大延拓步长进行波场延拓，在延拓层位，利用相关成像条件进行成像。对延拓步长层间的层位，结合含有绕射聚焦项的时移映射函数，对延拓层位上未基于频率叠加的上、下波场的互相关值进行傅里叶逆变换，并结合零时刻成像原理求出延拓层间的成像值。脉冲响应测试和 Marmousi 模型试算表明该方法可以实现保幅叠前深度偏移，并可以大幅度提高偏移成像效率。

关键词：傅里叶有限差分　保幅　叠前深度偏移　时移映射函数　改进的时移成像条件

随着能源工业对地震勘探要求的不断提高，波动方程叠前深度偏移成像技术被逐步应用于复杂地质构造成像。以先进的地震波理论为基础的保幅叠前深度偏移是一种更精确的成像方法，它能消除介质传播因素对地震波振幅的影响，为利用地震数据偏移成像振幅信息进行 AVO-AVA 分析提供可靠的岩性参数和储层信息，是地震勘探技术发展的必然趋势。

然而，波动方程叠前深度偏移技术的应用一直受计算效率的制约。有很多学者在提高成像效率方面做了大量工作，如 Berkhout 提出了快速有效的面炮偏移技术；张叔伦等和赵景霞等分别将面炮技术应用于有限差分和傅里叶有限差分叠前深度偏移等，有效地提高了运算效率。

我们推导了基于傅里叶有限差分法的保幅叠前深度偏移算子，并从改进成像条件的角度来提高波动方程偏移成像的效率。分别通过脉冲响应测试和 Marmousi 模型叠前深度偏移处理，验证了基于改进的时移成像条件的傅里叶有限差分保幅叠前深度偏移方法的有效性。

1　傅里叶有限差分保幅单程波动方程延拓算子

二维情况下，双程波声波方程为

$$\left(\frac{1}{v^2}\frac{\partial^2}{\partial t^2}-\frac{\partial^2}{\partial x^2}-\frac{\partial^2}{\partial z^2}\right)P(t,x,z)=0 \tag{1}$$

式中，$P(t, x, z)$为全波场；$v=v(x, y, z)$，为介质速度。

保幅单程波方程可表示为

$$\begin{cases}\left(\dfrac{\partial}{\partial z}+\boldsymbol{\Lambda}\right)D(t,x,z)+\boldsymbol{\Gamma}D=0\\ \left(\dfrac{\partial}{\partial z}-\boldsymbol{\Lambda}\right)U(t,x,z)+\boldsymbol{\Gamma}U=0\end{cases} \tag{2}$$

式中，U为上行波波场；D为下行波波场；U和D与双程波场P的关系为

$$\begin{cases}U(t,x,z)=\dfrac{1}{2}(\boldsymbol{\Lambda}+\dfrac{\partial}{\partial z})P(t,x,z)\\ D(t,x,z)=\dfrac{1}{2}(\boldsymbol{\Lambda}-\dfrac{\partial}{\partial z})P(t,x,z)\end{cases} \tag{3}$$

$$\boldsymbol{\Lambda}=(\frac{1}{v^2}\frac{\partial^2}{\partial t^2}-\frac{\partial^2}{\partial x^2})^{\frac{1}{2}}$$

$$\boldsymbol{\Gamma}=\frac{v'}{2v}\left[1-\left[\frac{\omega^2}{v^2}+\frac{\partial^2}{\partial x^2}\right]^{-1}\frac{\partial^2}{\partial x^2}\right]$$

$$v'=\frac{\partial v}{\partial z}$$

由此可得

$$D+U=\boldsymbol{\Lambda}P \tag{4}$$

为避免频繁的波场变换，我们在成像前定义新的压力波场，即做波场变换：

$$\begin{cases}p_{\mathrm{D}}=\boldsymbol{\Lambda}^{-1}D\\ p_{\mathrm{U}}=\boldsymbol{\Lambda}^{-1}U\end{cases} \tag{5}$$

则它们满足单程波方程

$$\begin{cases}\left(\dfrac{\partial}{\partial z}+\boldsymbol{\Lambda}-\boldsymbol{\Gamma}\right)p_{\mathrm{D}}(x,z;\omega)=0\\ \left(\dfrac{\partial}{\partial z}-\boldsymbol{\Lambda}-\boldsymbol{\Gamma}\right)p_{\mathrm{U}}(x,z;\omega)=0\end{cases} \tag{6}$$

基于式(6)的近似单程波动方程(即保幅单程波动方程)，我们利用傅里叶有限差分(FFD)的思路推导保幅单程波场延拓算子。

以上行波为例，保幅上行波方程为

$$\frac{\partial p_{\mathrm{U}}}{\partial z}=\boldsymbol{\Lambda}p_{\mathrm{U}}+\boldsymbol{\Gamma}p_{\mathrm{U}} \tag{7}$$

根据摄动原理将式(7)变换为

$$\frac{\partial p_{\mathrm{U}}}{\partial z}=(\boldsymbol{\Lambda}_0+\boldsymbol{\Lambda}-\boldsymbol{\Lambda}_0)p_{\mathrm{U}}+(\boldsymbol{\Gamma}_0+\boldsymbol{\Gamma}-\boldsymbol{\Gamma}_0)p_{\mathrm{U}} \tag{8}$$

设每层的参考速度为$v_0(z)$，式(8)可分裂为

$$\frac{\partial p_{\mathrm{U}}}{\partial z}=(\boldsymbol{\Lambda}_0(z)+\boldsymbol{\Gamma}_0(z))p_{\mathrm{U}} \tag{9a}$$

$$\frac{\partial}{\partial z}p_{\mathrm{U}}(t,x,z)=(\boldsymbol{\Lambda}-\boldsymbol{\Lambda}_0)p_{\mathrm{U}}(t,x,z) \tag{9b}$$

$$\frac{\partial}{\partial z} p_{\mathrm{U}}(t,x,z) = (\boldsymbol{\Gamma} - \boldsymbol{\Gamma}_0) p_{\mathrm{U}}(t,x,z) \tag{9c}$$

首先将$\boldsymbol{\Lambda}_0$，$\boldsymbol{\Gamma}_0$，$\boldsymbol{\Lambda}$，$\boldsymbol{\Gamma}$代入式(9a)，得

$$p_{\mathrm{U}}(\omega,k_x,z+\Delta z) = \mathrm{e}^{\mathrm{j}\Delta z\sqrt{\omega^2/v_0^2 - k_x^2}} p_{\mathrm{U}}(\omega,k_x,z) \tag{10a}$$

$$p_{\mathrm{U}}(\omega,k_x,z+\Delta z) = \left[\frac{v_0(z+\Delta z)\sqrt{1-\dfrac{v_0^2(z)}{\omega^2}k_x^2}}{v_0(z)\sqrt{1-\dfrac{v_0^2(z+\Delta z)}{\omega^2}k_x^2}}\right]^{\frac{1}{2}} p_{\mathrm{U}}(\omega,k_x,z) \tag{10b}$$

利用式(10a)和式(10b)可在频率-波数域进行相移。

然后将$\boldsymbol{\Lambda}_0$，$\boldsymbol{\Gamma}_0$，$\boldsymbol{\Lambda}$，$\boldsymbol{\Gamma}$代入式(9b)，得

$$p_{\mathrm{U}}(x,z_n,z+\Delta z,\omega) = p_{\mathrm{U}}(x,x_n,\Delta z,\omega)\mathrm{e}^{\mathrm{j}\omega\Delta v(x,z)\Delta z} \tag{11a}$$

$$[\boldsymbol{I} - (\alpha_x + \beta_{1x} - i\beta_{2x})\boldsymbol{T}_x] p_{\mathrm{U}i}^{m+1} = [\boldsymbol{I} - (\alpha_x + \beta_{1x} + i\beta_{2x})\boldsymbol{T}_x] p_{\mathrm{U}i}^{m} \tag{11b}$$

其中，i 和 m 均为大于 0 的整数，

$$\Delta v = \frac{1}{v(x,z)} - \frac{1}{v_0(z)}$$

$$\boldsymbol{I} = (0,1,0) \quad \boldsymbol{T}_x = (-1,2,-1) \quad \alpha_x = \frac{1}{6}$$

$$\beta_{1x} = \frac{bv^2}{a\omega^2\Delta x^2} \quad \beta_{2x} = \frac{\left(1-\dfrac{v_0}{v}\right)v\Delta z}{2a\omega\Delta x^2} \quad a = 2$$

$$b = \frac{q^2+q+1}{2} \quad q = \frac{v_0}{v}$$

式(11a)和式(11b)分别用于计算频率-空间域的时移处理和有限差分补偿项。

最后将$\boldsymbol{\Lambda}_0$，$\boldsymbol{\Gamma}_0$，$\boldsymbol{\Lambda}$，$\boldsymbol{\Gamma}$代入式(9c)，得

$$p_{\mathrm{U}}(\omega,x,z+\Delta z) = \left[\frac{v(x,z+\Delta z)v_0(z)}{v(x,z)v_0(z+\Delta z)}\right]^{\frac{1}{2}} p_{\mathrm{U}}(\omega,x,z) \tag{12a}$$

$$[\boldsymbol{I} - (\alpha_x + \gamma_{1x} - \gamma_{2x})\boldsymbol{T}_x] p_U^{n+1} = [\boldsymbol{I} - (\alpha_x - \gamma_{1x} + \gamma_{2x})\boldsymbol{T}_x] p_U^{n} \tag{12b}$$

其中，

$$\gamma_{1x} = \frac{v^2(n+1) - v^2(n)}{8\omega^2\Delta x^2}$$

$$\gamma_{2x} = \frac{v_0^2(n+1) - v_0^2(n)}{8\omega^2\Delta x^2}$$

式(12)用于计算保幅偏移算子补偿项。

式(9)、式(10)、式(11)和式(12)即为保幅傅里叶有限差分偏移上行波延拓算子。对于下行波只需将 i 前面的符号取反即可。

2 成像条件

常规基于共炮集的波动方程偏移的成像条件是相关成像条件。设下行震源波场某一频率

ω 的波场分量为 $D(\omega)$，相应频率的上行记录波场为 $U(\omega)$，则通过对下行波和上行波求互相关 $R(x, z_m, \omega)$ 并基于频率进行叠加来得到延拓层位 z_m 的成像值 $I(x, z_m, \omega)$，即

$$R(x,z_m,\omega) = \frac{U(x,z_m,\omega)[\boldsymbol{D}(x,z_m,\omega)]^*}{|\boldsymbol{D}(x,z_m,\omega)|^2 + \sigma^2} \tag{13}$$

$$I(x,z_m,\omega) = \frac{1}{N}\sum_{\omega} R(x,z_m,\omega) \tag{14}$$

式中，N 为频率成分的个数；$[\boldsymbol{D}(x, z_m, \omega)]^*$ 为 $\boldsymbol{D}(x, z_m, \omega)$ 的共轭复数；σ^2 为稳定常数。

设常规偏移成像的波场延拓步长为 Δz，为了提高成像效率，加大延拓步长至 $2\Delta z$。若当前波场延拓至层位 z_m，那么下一步波场延拓至 $z_m+2\Delta z$。对这一延拓区间内的层位 z，应用如式(15)和式(16)所示的改进的时移成像条件对层位进行成像：

$$I(x,\tau(z)) = \frac{1}{2\pi}\sum_{\omega} R(x,z_m,\omega)\mathrm{e}^{\mathrm{j}\omega\tau(z)} \tag{15}$$

$$\tau(x,z) = 2(\sqrt{x^2+z^2} - \sqrt{x^2+z_m^2})/v(x,z) \quad |z-z_m| < \Delta Z \tag{16}$$

式中，$\Delta Z = 2\Delta z$，为大延拓步长；$\tau(x, z)$ 是时移映射函数，表示炮点至延拓层位 z 和 z_m 处的成像时间之差。根据式(15)，对延拓层 z_m 处的上、下行波波场互相关且未基于频率进行叠加成像的相关值 $R(x, z_m, \omega)$ 进行傅里叶逆变换，并结合零时刻成像原理求出 z 处的成像值，即相当于对 z_m 层的成像值进行时移。这种拟插值成像算法应用的是延拓层的上、下行波场互相关而未进行叠加成像的值，因此，对波场延拓过程中采用的波场延拓算子没有要求。研究中采用的傅里叶有限差分保幅偏移算子，既可适应速度场的剧烈变化，又可保证对陡倾地层的成像效果，而且保幅偏移算子可以使深层能量得到补偿，使得成像结果的能量比较均衡。

Sava(2006)等提出的时移成像条件采用的时移映射函数为

$$\tau_0(z) = (z-z_m)/v(x,z) \quad |z-z_m| < \Delta Z \tag{17}$$

式中，$\tau_0(z)$ 是时移映射函数，表示从 z 到 z_m 的时间，依赖于实际层速度 $v(x, z)$。

与 $\tau_0(z)$ 相比，我们采用的时移映射函数考虑了波场延拓算子的绕射聚焦项，能更好地表征波场随深度的变化，更准确地进行延拓层间的拟插值成像。

3 数值模拟

分别通过脉冲响应测试和 Marmousi 模型叠前深度偏移处理来验证基于改进的时移成像条件的傅里叶有限差分保幅叠前深度偏移方法的有效性。

3.1 脉冲响应测试

脉冲放置在 $x=3000\text{m}$，$t=300\text{ms}$ 处。介质速度为 $v=2000\text{m/s}$，速度场横向间隔为15m，采用的频率是25Hz。图1是基于小延拓步长($\Delta z=4\text{m}$)应用不同的延拓算子得到的脉冲响应曲线，反映了算法的成像能力。应用常规未加入保幅处理的傅里叶有限差分波场延拓算子进行脉冲响应测试的结果表明，波前振幅在各个方向上不均衡，传播角度越大，振幅越小；大角度处波前振幅非常微弱(图1a)。而利用本文推导的傅里叶有限差分保幅算子对脉冲进行处理后，波前振幅不均衡现象得到改善，传播角度较大时振幅得到了增强(图1b)。

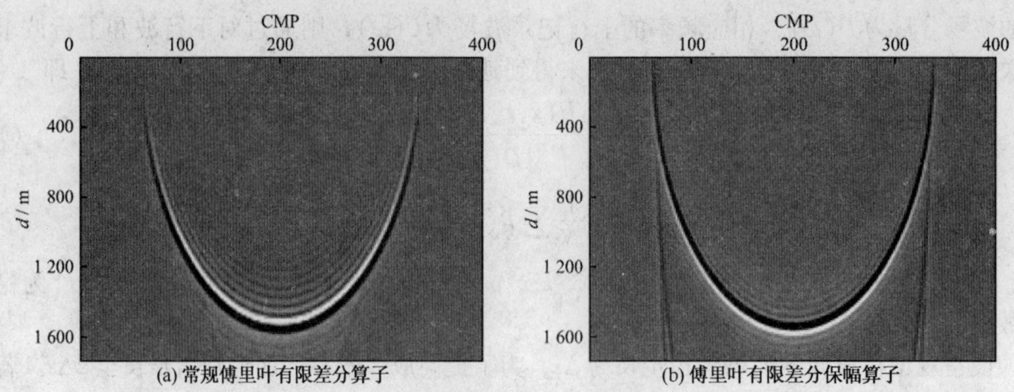

(a) 常规傅里叶有限差分算子　(b) 傅里叶有限差分保幅算子

图 1　$\Delta z=4\mathrm{m}$ 时脉冲响应测试结果

图 2(a)和图 2(b)是分别基于较大延拓步长($\Delta Z=12\mathrm{m}$ 和 $\Delta Z=20\mathrm{m}$)，综合应用由式(15)和式(17)组成的原时移成像条件与傅里叶有限差分保幅算子得到的脉冲响应测试结果。图 3 是基于较大延拓步长($\Delta Z=12\mathrm{m}$ 和 $\Delta Z=20\mathrm{m}$)，综合应用由式(15)和式(16)组成的改进的时移成像条件与傅里叶有限差分保幅算子得到的脉冲响应测试结果。由图 2 和图 3 可知，随着延拓步长的加大，逐渐出现同相轴间断现象，而且步长越大间断现象越明显。对比图 2(b)和图 3(b)可见，在延拓步长相同时，应用改进的时移成像条件得到的同相轴有更好的连续性，与图 1(b)所示的小步长下的响应特征吻合较好。此外，得到图 1(b)所示的脉冲

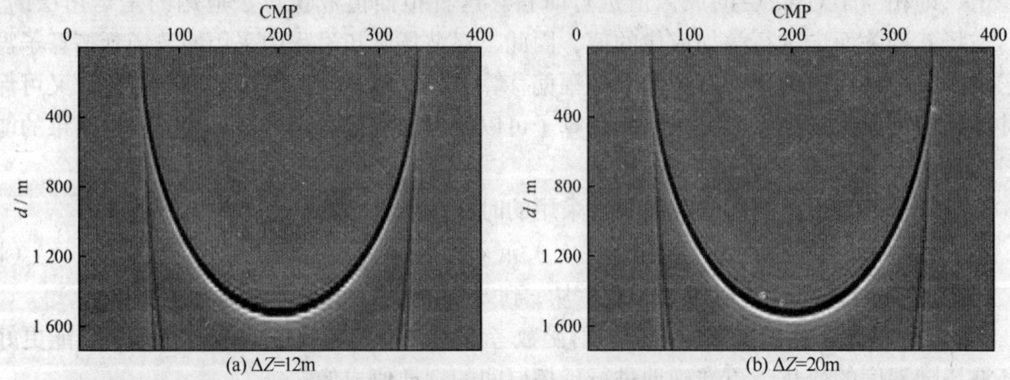

(a) ΔZ=12m　(b) ΔZ=20m

图 2　综合应用原时移成像条件与傅里叶有限差分保幅算子得到的脉冲响应测试结果

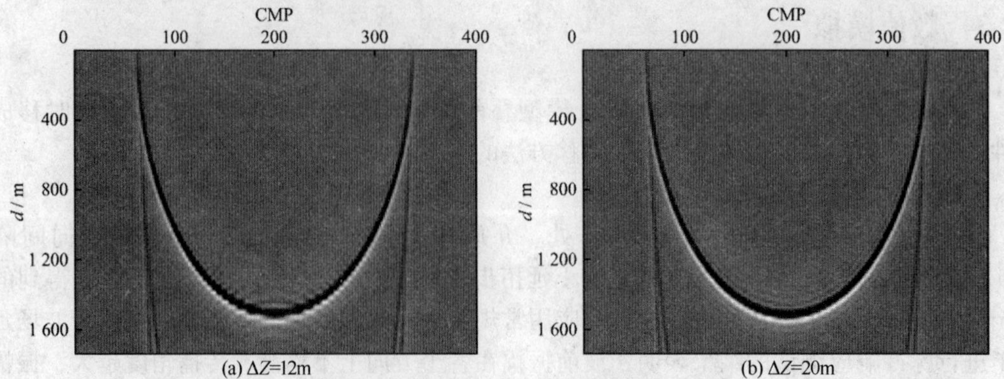

(a) ΔZ=12m　(b) ΔZ=20m

图 3　综合应用改进的时移成像条件与傅里叶有限差分保幅算子得到的脉冲响应测试结果

响应用时为24s，图3(b)用时为8s，处理效率得到大幅度提高，说明综合应用改进的时移成像条件与傅里叶有限差分保幅算子来提高波动方程偏移效率有很大的潜力。

3.2　Marmousi 模型叠前深度偏移试验

为了检验应用改进的时移成像条件进行傅里叶有限差分保幅偏移的有效性，我们利用Marmousi 模型数据对此算法进行测试分析。模型速度场如图4所示，维数为497×750，速度场横向间距为12.5m，最大深度为3000m，深度采样间隔为4m。该模型的炮记录采样点数是750，采样率是4ms，总采样长度3000ms，共240炮，每炮96道。

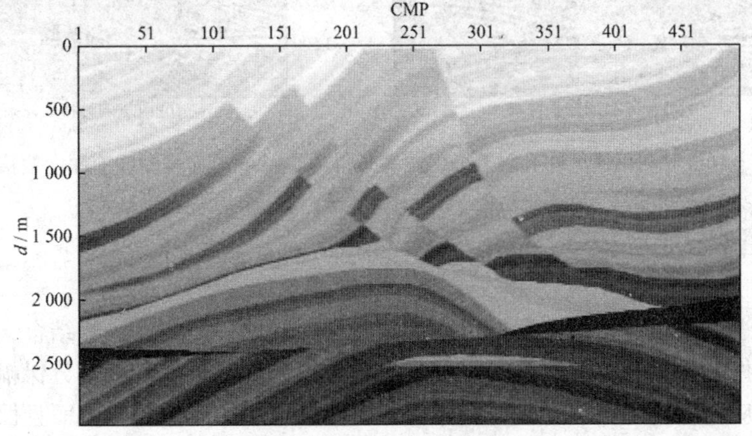

图4　Marmousi 速度模型

图5(a)是基于小延拓步长($\Delta z=4$m)应用常规傅里叶有限差分波场延拓算子进行叠前深度偏移得到的地震剖面，虽然构造成像比较清晰，但底部能量较低，上层能量较高，上、下部能量不均衡。图5(b)为基于小延拓步长($\Delta z=4$m)应用傅里叶有限差分保幅偏移算子进行叠前深度偏移得到的结果，可见，在保证构造成像精度的同时，深层能量得到补偿，而且上、下部能量比较均衡。

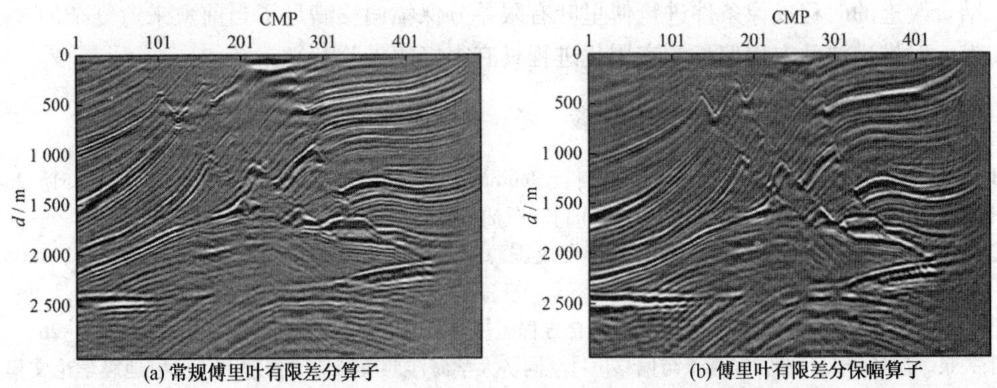

图5　$\Delta z=4$m 时 Marmousi 模型叠前深度偏移地震剖面

图6(a)和图6(b)为基于大延拓步长($\Delta Z=16$m)分别应用原时移成像条件及改进的时移成像条件并基于傅里叶有限差分保幅偏移算子进行成像的结果。可见，利用改进的时移成像条件进行偏移得到的同相轴的连续性更好，而且一些陡倾构造区域的成像效果更好。与小延拓步长情况下的成像结果[图5(b)]相比，基于大延拓步长且应用改进的时移成像条件的效果稍差但基本相当，而且图5(b)所示的偏移过程耗时为326min，图6(b)所示的耗时为

75min，计算效率得到大幅度提高，表明该方法的实际应用潜力很大。

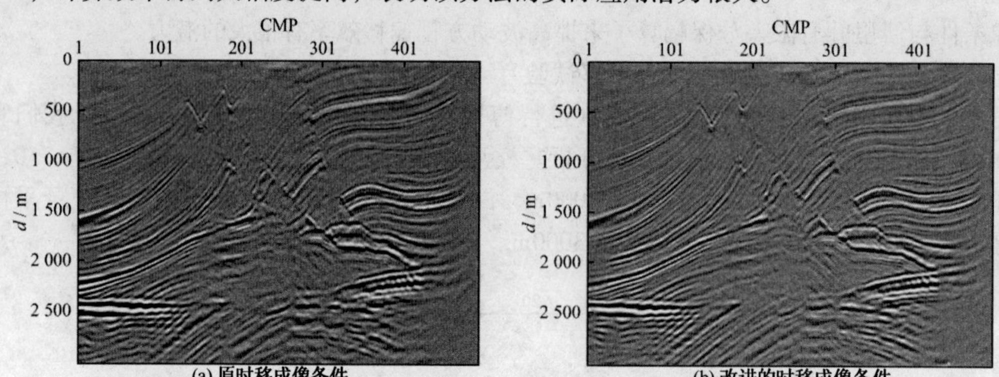

(a) 原时移成像条件　　(b) 改进的时移成像条件

图 6　$\Delta Z = 16$m 时利用傅里叶有限差分保幅算子得到的 Marmousi 模型叠前深度偏移地震剖面

4　结束语

我们将改进的时移成像条件和傅里叶有限差分保幅偏移延拓算法相结合，提出了基于改进时移成像条件的保幅叠前深度偏移方法。这种方法利用傅里叶有限差分保幅偏移算子进行偏移，既可适应速度场的剧烈变化，又可保证对陡倾地层的成像效果，而且保幅偏移算子可以使深层能量得到补偿，使得成像能量比较均衡。为提高其成像效率，结合应用时移成像条件，并在常规时移成像条件的基础上，通过在时移映射函数中考虑绕射聚焦项，对时移成像条件进行改进。改进的时移成像条件能够更好地表征波场随深度的变化，更准确地进行延拓层间成像。和原时移成像条件相比，改进的时移成像条件适用于更大的延拓步长；和常规成像条件相比，可以提高成像效率。

我们提出的方法是从二维情况出发进行推导以及应用测试的，也可拓展应用到三维情况。结合改进的时移成像条件进行傅里叶有限差分保幅偏移满足了当前愈来愈复杂的地震勘探需求，对推进波动方程偏移的实用化进程具有很好的借鉴意义。

参 考 文 献

1　Berkhout A J. Areal shot-record technology[J]. Journal of Seismic Exploration，1992，18(3)：251 ~ 264
2　张叔伦，孙沛勇. 快速面炮叠前深度偏移[J]. 石油地球物理勘探，2001，36(4)：333 ~ 338
3　赵景霞，张叔伦，孙沛勇，等. 三维并行合成震源记录叠前深度偏移[J]. 地球物理学报，2006，49(1)：225 ~ 233
4　张关泉. 波动方程的上行波和下行波的耦合方程组[J]. 应用数学学报，1993，16(2)：251 ~ 263
5　张关泉. 波场分裂、平方根算子与偏移[G]//同济大学海洋地质与地球物理系. 反射地震学论文集. 上海：同济大学出版社，2000：6 ~ 20
6　Zhang Y，Xu S，Bleistein N，et al. True arnplitude angle domain eommon image gathers from one-way wave equation migrations[J]. Geophysics，2007，72(1)：549 ~ 558
7　张宇. 振幅保真的单程波方程偏移理论[J]. 地球物理学报，2006，49(5)：1410 ~ 1430
8　张宇，徐升，张关泉，等. 真振幅全倾角单程波方程偏移方法[J]. 石油物探，2007，46(6)：582 ~ 587
9　李振春. 地震成像原理与方法[M]. 东营：石油大学出版社，2007：75 ~ 103
10　丁伟，李振春，刘玉莲. 基于 Born/Rytov 近似的联合叠前深度偏移方法[J]. 石油物探，2003，42

(1)：29 ~ 34

11 何英，王华忠，马在田．复杂地形条件下波动方程叠前深度成像[J]．勘探地球物理进展，2002，25(3)：13 ~ 19

12 Claerbout J F. Toward a unified theory of reflector mapping[J]. Geophysics，1971，36(3)：467 ~ 481

13 Mark N. Using time-shift imaging condition for seismic migration interpolation[J]. Expanded Abstracts of 77th SEG Mtg，2007，2378 ~ 2382

14 Sava P，Fomel S. Time-shift imaging condition in seismic migration[J]. Geophysics，2006，71(6)：S209 ~ S217

15 李振春，秦德文，叶月明，等．基于时移成像条件的波动方程保幅成像[J]．勘探地球物理进展，2008，31(4)：270 ~ 273

16 Mark N. A fast and accurate migration from topography via coarse step downward wavefield extrapolation[J]. Expanded Abstracts of 78th SEG Mtg，2008，2397 ~ 2401

通过压制共散射点道集映射噪声改善绕射波成像分辨率

朱生旺[1]　曲寿利[1,2]　魏修成[1]　李　佩[1]

（1. 中国石化石油勘探开发研究院，北京100083；
2. 中国石化石油物探技术研究院，江苏南京210014）

摘要： 碳酸盐岩缝洞型储层的地震反射表现为复杂的绕射波特征，因此提高绕射波成像精度对储层描述与刻画非常重要。基于等效偏移距叠前时间偏移方法，根据绕射波映射到共散射点(CSP)道集后的特征，利用信号倾角分解方法压制映射相干噪声，以减轻其对绕射波成像横向分辨率的影响。鉴于绕射波与映射相干噪声信息的有效分离是关键，提出了一种适应振幅空变的信号分解算法，理论试算验证了该方法的有效性。

关键词： 等效偏移距　共散射点道集　绕射波　分辨率

碳酸盐岩缝洞型储集体的地震反射通常表现为复杂的绕射波特征。绕射波反映了介质突变或横向非连续性的重要信息，对绕射波进行准确成像是提高缝洞体成像效果的关键。为了提高碳酸盐岩缝洞型储层描述与刻画的精度，提高绕射波成像效果的方法研究越来越受到人们的重视。

实际上，绕射与反射没有严格的界限，按惠更斯原理，反射波是绕射波干涉叠加的结果，即反射是绕射的特例。Dix 将能反映界面弯曲与倾角信息的同相轴定义为反射，其余的则为绕射。Ernest 等采用 Dix 的定义，分析了一个截断平界面模型的绕射波特征，指出反射能量初至遵循最小旅行时原则，该初至之后到达的能量则为绕射波能量，但在某些特殊的接收点位置，反射波与绕射波可能同时到达，并给出了绕射响应的解析表达式。

如何更好地利用绕射波信息来反映地下介质的横向变化，前人已做过一些尝试。Ernest 根据绕射波特征，提出了一种共断点(CFP)叠加方法，该方法利用截断的平界面绕射波响应特征对动校正后的 CFP 道集进行振幅和相位校正，然后形成突出断点反射的 CFP 叠加剖面，其结果可以有助于更好地进行断层解释。Landa 等根据绕射波运动学特性，通过检测和聚焦绕射波信息来探测局部非均质异常体，其基本原理是在共绕射点剖面上通过相关来增强绕射点位置的地震信号振幅。Khaidukov 提出聚焦 - 去焦(focusing-defocusing)绕射成像方法，其基本做法分 3 步：①利用基于反射聚焦的共炮点偏移得到伪深度剖面，并切除强聚焦能量；②对上述切除强聚焦能量后的偏移结果进行反偏移，得到主要包含绕射波能量的炮集记录；③对压制反射后的结果，应用一般的叠前偏移方法进行偏移，得到绕射波成像结果。在应用 Khaidukov 方法得到的成像剖面上，断点与变化剧烈的不规则界面(如盐丘边界)的显示更加清晰。Nowak 等尝试了从地震记录中分离绕射波的另一种方法，即利用炮集记录中反射波与绕射波同相轴轨迹的几何差别，通过双曲线 Radon 变换，将反射波从地震记录中分离出来，从而可以通过进一步的处理达到增强绕射波能量的目的。

实现绕射波成像显然要采用叠前偏移方法。对于目的层上覆地层速度结构不是非常复杂的情况，采用叠前时间偏移方法一般能够满足成像精度的要求。叠前时间偏移方法的出发点是表述地震波传播旅行时的双平方根方程，对双平方根方程做不同的变形，结合波动理论可以导出不同的叠前时间偏移方法。Norman 等分析了绕射波与反射波成像轨迹的差异以及对地震成像的不同贡献，认为绕射波是决定横向分辨率的主要成分，并指出着眼于反射波的传统成像方法如果不能很好地利用绕射波，则将对成像质量和分辨率造成损害。

地震偏移的主要目的是提高地质目标的横向分辨率，在以碳酸盐岩缝洞型储层为目标的储层描述中，地震横向分辨率尤为重要，其决定了对缝洞体尺度与几何形态刻画的精度。偏移结果的横向分辨率本质上受菲涅耳带控制，同时也与地震频宽、目标埋深、空间采样率、偏移孔径、偏移速度、偏移算法及信噪比等相关。我们基于等效偏移距叠前时间偏移，提出了一种改善绕射波成像横向分辨率的方法。主要原理是，对共散射点(CSP)道集的有效信号进行增强处理，即根据绕射波在 CSP 道集上的特征，利用信号分解方法压制来自非正下方绕射点的绕射波映射噪声，从而达到提高绕射波成像横向分辨率的目的。理论试验表明，该方法能够提高绕射波成像的横向分辨率。

1 绕射波在 CSP 道集中的特征

Banacroft 等和 Margrave 等讨论了等效偏移距叠前时间偏移方法，在偏移过程中，直接应用双平方根方程将共中心点(CMP)道集映射到 CSP 道集，继而在 CSP 道集上采用 Kirchhoff 积分法实现成像。在计算过程中，等效偏移距方法没有涉及反射界面的概念，因此更适合于作为研究绕射波成像的基本方法。

图1 是绕射点与观测点的示意图。S 点激发，R 点接收，记录到的位于地面坐标 $x=0$ 和时间深度(垂直双程旅行时)为 τ 的绕射点(P)的旅行时 t 满足变形后的双平方根方程：

$$t^2 = \tau^2 + \frac{4h^2}{v^2} + \frac{4x^2}{v^2} - \frac{16h^2x^2}{v^4t^2} \tag{1}$$

式中，x 为炮检中心点的地面坐标；h 为半偏移距；v 为速度。等效偏移距叠前时间偏移方法的关键步骤是通过等效偏移距变换

$$h_E^2 = x^2 + h^2 - \left(\frac{2xh}{tv}\right)^2 \tag{2}$$

将(h, t)域的 CMP 道集数据映射为(h_E, t)域的 CSP 道集数据。式(2)中的 h_E 为等效半偏移距。通过式(2)的变换，旅行时描述由双平方根方程变为单平方根方程：

$$t = \sqrt{\tau^2 + \frac{4h_E^2}{v^2}} \tag{3}$$

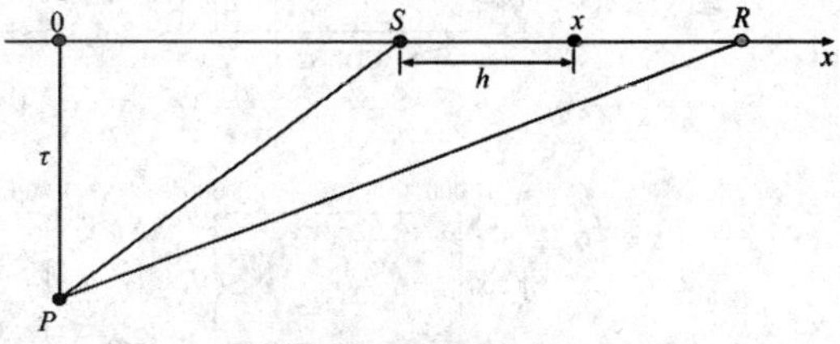

图1 绕射点与观测点的位置分布

即在绕射点正上方的 CSP 道集中，绕射旅行时轨迹具有以等效偏移距为变量的双曲线形式。

假设绕射点的地面投影位置为 x_0，同样在 S 点激发，R 点接收，观测到的旅行时 t 满足方程：

$$t^2 = \tau^2 + \frac{4h^2}{v^2} + \frac{4(x-x_0)^2}{v^2} - \frac{16h^2(x-x_0)^2}{v^4t^2} \tag{4}$$

由式(2)可以得到通过等效偏移距变换后该绕射点的绕射波在 $x=0$ 处的 CSP 道集中的旅行时 t 满足方程：

$$t^2 = \tau^2 + \frac{4h_E^2}{v^2} - \frac{4x_0}{v^2}(2x - x_0)\left(1 - \frac{4h^2}{v^2 t^2}\right) \tag{5}$$

由式(5)可见，不在 CSP 道集正下方的绕射点的绕射波能量映射到该 CSP 道集后将成为一种噪声干扰，这种噪声干扰不是随机的，称其为映射噪声。当 $h \ll vt/2$ 时，式(5)可以近似为

$$t^2 = \tau^2 + \frac{4(h_E - x_0)^2}{v^2} \tag{6}$$

即绕射点的近偏移距能量被映射到顶点位于 $h_E = x_0$ 的双曲线轨迹上，理论试算表明，这是形成映射相干噪声的主要成分。

图 2 给出的是一个理论模型的试验结果。图 2a 是均匀速度背景中含 8 个速度异常点的

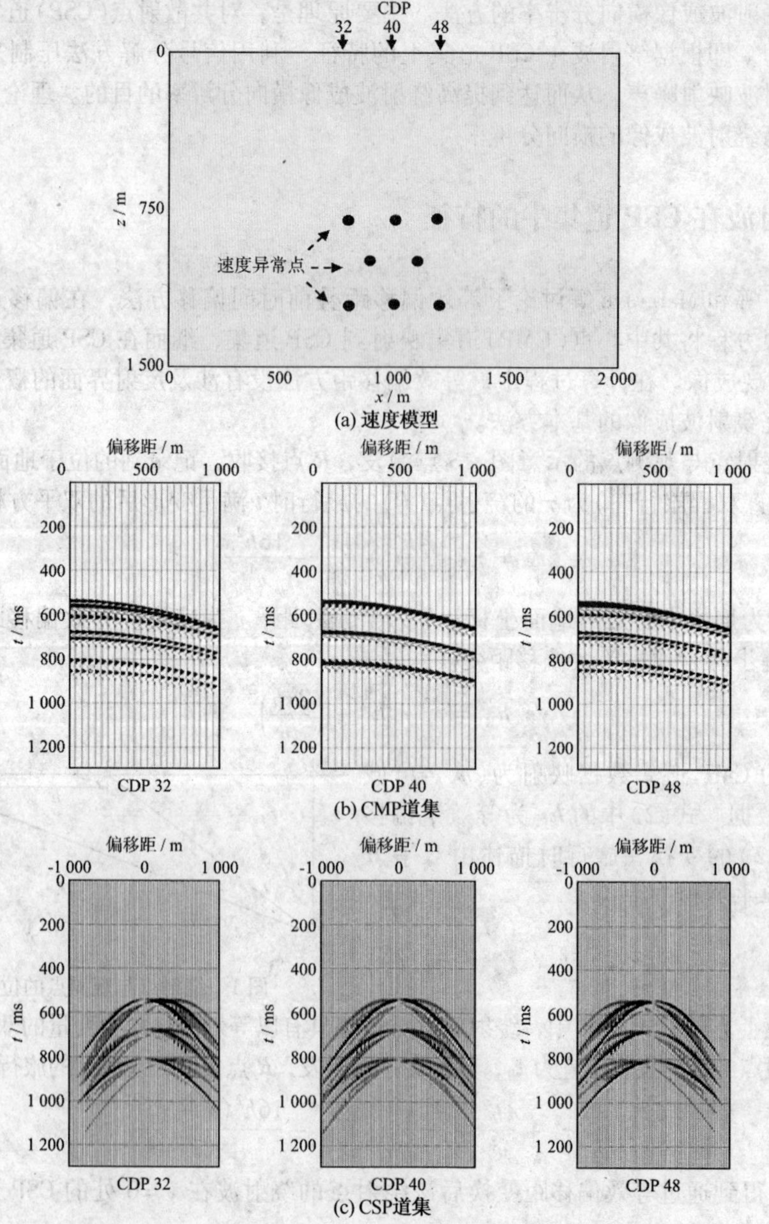

图 2　CMP 道集和 CSP 道集上的异常体绕射表现形式

速度模型；图2b和图2c是对该模型做正演计算得到叠前数据。图2b是CDP号为32，40和48(图2a所标位置)的CDP道集；图2c是对应位置的CSP道集。从图2可见，与CMP道集相比，CSP道集上的异常点的绕射波特征更加清晰；绕射波在其绕射点正上方的CSP道集中，同相轴轨迹为双曲线；非正下方绕射点的绕射波映射到CSP道集中的能量形成映射噪声干扰，其相干成分近似为一顶点偏离零偏移距位置的双曲线轨迹的同相轴。

这些非正下方绕射点的绕射波映射能量将在成像过程中成为干扰，使成像结果中绕射体的边界变得模糊，降低了绕射波成像的分辨率。在对CSP道集进行成像之前，对CSP正下方绕射点的绕射波映射能量之外的映射噪声进行压制，能够提高绕射波成像的横向分辨率。

2 映射噪声压制方法

对CSP道集中绕射波特征的分析表明，来自地下某绕射点的绕射波通过等效偏移距变换后，能量不仅被映射到正上方的CSP道集中，形成双曲线同相轴，构成有效信号，同时也被映射到其他CSP道集中，在邻近的CSP道集上形成近似双曲线轨迹的同相轴，构成主要的映射相干噪声。对CSP道集进行动校正处理后，有效信号为一水平同相轴，而相干噪声则为具有一定时间倾角的倾斜同相轴。对动校正后的CSP道集进行倾角滤波可以达到压制相干噪声的目的。

倾角滤波方法有很多，有效分离倾角时差较小的信号是决定倾角滤波效果的关键。最小平方倾角分解(Radon变换)方法是分离不同倾角信号最为有效的方法之一，但传统的最小平方倾角分解方法不能很好地适应CSP道集中绕射信号振幅随偏移距变化的情况。由于振幅变化会影响信噪分离，从而导致倾角切除后损失有效信号，因此，我们对传统的方法进行了改进，提出了一种适应振幅横向变化的信号分解算法。

设$d(x_k, t)(k=1, 2, \cdots, N_x)$表示CSP道集某时窗内的$N_x$个地震道，$x_k$为偏移距。将$d(x_k, t)$傅里叶变换到频率域，即

$$d(x_k,t) \xrightarrow{\text{FT.}} D(x_k,\omega)$$

将最小平方倾角分解归结为求解线性方程组

$$\boldsymbol{Am} = \boldsymbol{g} \tag{7}$$

式中：

$$\boldsymbol{A} = (a_{ij})_{L\times L}$$

$$a_{ij} = \sum_{k=1}^{N_x} \mathrm{e}^{\mathrm{i}\omega(\alpha_j-\alpha_i)x_k}$$

$$\boldsymbol{m} = (m_1, m_2, \cdots, m_L)^{\mathrm{T}}$$

$$\boldsymbol{m}_l \equiv m_l(\omega)$$

$$\boldsymbol{g} = (g_1, g_2, \cdots, g_L)^{\mathrm{T}}$$

$$g_l \equiv g(\omega, \alpha_l) = \sum_{k=1}^{N_x} D(x_k, \omega)\mathrm{e}^{-\mathrm{i}\omega\alpha_l x_k}(l=1, 2, \cdots, L)$$

L为给定的倾角数。求解方程(7)可得到由$\alpha_l(l=1, 2, \cdots, L)$指定的具有不同倾角时差信号成分的估计$\boldsymbol{m}$。传统的倾角分解压制相干噪声的方法是，噪声与有效信号倾角范围不同，据此得到噪声成分，经反变换到时间-空间域，再将其从输入中减去，即可得到噪声压制后

的结果。

为了改善信号振幅随偏移距变化的噪声压制效果，我们在传统倾角分解方法的基础上引入振幅拟合，用二次多项式拟合振幅随偏移距的变化，即取

$$m_l(x_k,\omega) = (a_l x_k^2 + b_l x_k + c_l) m_l(\omega) \mathrm{e}^{-\mathrm{i}\omega\alpha_l x_k} \quad k = 1,2,\cdots,N_x \quad l = 1,2,\cdots,L \tag{8}$$

作为振幅随偏移距变化时不同倾角的信号估计。记拟合误差为

$$\varepsilon_k(\omega) = D_n(x_k,\omega) - \sum_{l=1}^{L} (a_l x_k^2 + b_l x_k + c_l) m_l(\omega) \mathrm{e}^{-\mathrm{i}\omega\alpha_l x_k}$$

取目标函数

$$J(\omega) = \sum_{\omega} \sum_{k} \varepsilon_k(\omega)\ \tilde{\varepsilon}_k(\omega)$$

由$\frac{\partial J}{\partial a_l}=0$，$\frac{\partial J}{\partial b_l}=0$ 和$\frac{\partial J}{\partial c_l}=0$，得到方程组：

$$\begin{pmatrix}
f_{11}^{(4)} & f_{11}^{(3)} & f_{11}^{(2)} & f_{12}^{(4)} & f_{12}^{(3)} & f_{12}^{(2)} & \cdots & f_{1L}^{(4)} & f_{1L}^{(3)} & f_{1L}^{(2)} \\
f_{11}^{(3)} & f_{11}^{(2)} & f_{11}^{(1)} & f_{12}^{(3)} & f_{12}^{(2)} & f_{12}^{(1)} & \cdots & f_{1L}^{(3)} & f_{1L}^{(2)} & f_{1L}^{(1)} \\
f_{11}^{(2)} & f_{11}^{(1)} & f_{11}^{(0)} & f_{12}^{(2)} & f_{12}^{(1)} & f_{12}^{(0)} & \cdots & f_{1L}^{(2)} & f_{1L}^{(1)} & f_{1L}^{(0)} \\
f_{21}^{(4)} & f_{21}^{(3)} & f_{21}^{(2)} & f_{22}^{(4)} & f_{22}^{(3)} & f_{22}^{(2)} & \cdots & f_{2L}^{(4)} & f_{2L}^{(3)} & f_{2L}^{(2)} \\
f_{21}^{(3)} & f_{21}^{(2)} & f_{21}^{(1)} & f_{22}^{(3)} & f_{22}^{(2)} & f_{22}^{(1)} & \cdots & f_{2L}^{(3)} & f_{2L}^{(2)} & f_{2L}^{(1)} \\
f_{21}^{(2)} & f_{21}^{(1)} & f_{21}^{(0)} & f_{22}^{(2)} & f_{22}^{(1)} & f_{22}^{(0)} & \cdots & f_{2L}^{(2)} & f_{2L}^{(1)} & f_{2L}^{(0)} \\
\vdots & \vdots & \vdots & \vdots & \vdots & \vdots & \vdots & \vdots & \vdots & \vdots \\
f_{L1}^{(4)} & f_{L1}^{(3)} & f_{L1}^{(2)} & f_{L2}^{(4)} & f_{L2}^{(3)} & f_{L2}^{(2)} & \cdots & f_{LL}^{(4)} & f_{LL}^{(3)} & f_{LL}^{(2)} \\
f_{L1}^{(3)} & f_{L1}^{(2)} & f_{L1}^{(1)} & f_{L2}^{(3)} & f_{L2}^{(2)} & f_{L2}^{(1)} & \cdots & f_{LL}^{(3)} & f_{LL}^{(2)} & f_{LL}^{(1)} \\
f_{L1}^{(2)} & f_{L1}^{(1)} & f_{L1}^{(0)} & f_{L2}^{(2)} & f_{L2}^{(1)} & f_{L2}^{(0)} & \cdots & f_{LL}^{(2)} & f_{LL}^{(1)} & f_{LL}^{(0)}
\end{pmatrix}
\begin{pmatrix} a_1 \\ b_1 \\ c_1 \\ a_2 \\ b_2 \\ c_2 \\ \vdots \\ a_L \\ b_L \\ c_L \end{pmatrix}
=
\begin{pmatrix} g_1^{(2)} \\ g_1^{(1)} \\ g_1^{(0)} \\ g_2^{(2)} \\ g_2^{(1)} \\ g_2^{(0)} \\ \vdots \\ g_L^{(2)} \\ g_L^{(1)} \\ g_L^{(0)} \end{pmatrix} \tag{9}$$

这里

$$g_j^{(n)} = \sum_{\omega} \sum_{k} x_k^n \mathrm{Re}\ (z_{kj}(\omega)) \quad j = 1,2,\cdots,L \quad n = 0,1,2$$

$$f_{jl}^{(n)} = \sum_{\omega} \sum_{k} x_n^n \mathrm{Re}\ (\tilde{y}_{kj}(\omega) y_{kl}(\omega)) \quad j,l = 1,2,\cdots,L \quad n = 0,1,2,3,4$$

$$z_{kj}(\omega) = D(x_k,\omega)\ \tilde{m}_j(\omega) \mathrm{e}^{\mathrm{i}\omega\alpha_j x_k} \quad j = 1,2,\cdots,L \quad k = 1,2,\cdots,N_x$$

$$y_{kj}(\omega) = m_j(\omega) \mathrm{e}^{-\mathrm{i}\omega\alpha_j x_k} \quad j = 1,2,\cdots,L \quad k = 1,2,\cdots,N_x$$

求解方程组(9)可以得到不同倾角信号分解结果的振幅二次拟合系数 a_l，b_l 和 c_l($l=1$，2，…，L)，将它们代入式(8)即可得到不同倾角的信号估计$m_l(x_k,\ \omega)$($j=1$，2，…，L；$k=1$，2，…，N_x)，由此实现信号分解。这种方法更适用于信号能量横向变化的情况。

下面用模型来说明上述信号分解改进方法的有效性。图 3 给出的是一个理论记录，包含了 6 个同相轴，代表 6 个不同倾角的信号，每个信号的振幅都随偏移距渐变，6 个信号的时间倾角按相邻道的道间时差表示，分别为 -4.0，-2.0，0，1.5，3.0 和 4.0ms。图 4 给出了采用传统倾角分解方法和本文方法的信号分解结果，图中 P1 对应输入记录(图 3)，P2 是分解不同倾角成分的叠加结果。P2 右边是对应分解的不同倾角信息成分，其以相邻道时差

表示的时间倾角值标于图的上方。从图 4 可以看出，引入振幅空变拟合后，同相轴的振幅变化体现在相应的倾角分解结果中，且分解结果具有更好的稀疏性，这无疑会改善倾角滤波效果，使相干噪声压制更彻底，有效信息损失小。

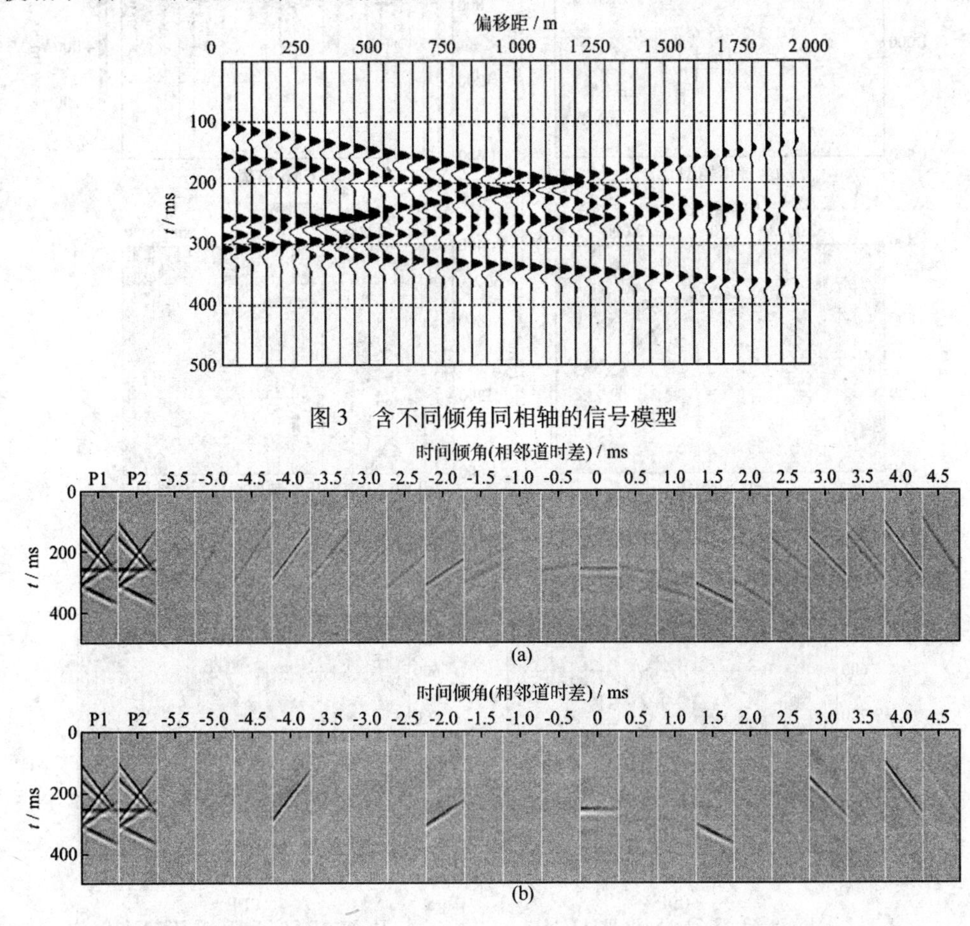

图 3　含不同倾角同相轴的信号模型

图 4　采用传统方法(a)与本文方法(b)的信号分解结果

3　理论模型试算

下面通过理论数据试算来验证压制等效偏移距变换的映射噪声对提高绕射波成像横向分辨率的有效性。图 5 给出了一个理论模型试算结果，设计的速度模型如图 5(a)所示，在均匀速度背景下有 8 个速度异常点。通过正演得到多次覆盖观测数据，其中第 5 个异常点上方的 CMP 道集显示在图 5(b)中，与该点对应的 CSP 道集显示在图 5(c)中。对 CSP 道集进行去噪处理，结果如图 5(d)所示。显然，对 CSP 道集进行去噪处理后，非正下方绕射点的绕射波映射能量得到了较彻底的压制，而正下方绕射点的绕射波映射能量被很好地保留下来。图 6 给出了零偏移距剖面偏移、叠后偏移、CSP 道集直接成像和 CSP 道集去噪处理后的成像结果。由图 6 可见，叠后偏移成像效果最差[图 6(b)]；CSP 道集直接成像优于叠后偏移，但散射体边界模糊[图 6(c)]；对 CSP 道集进行映射噪声压制后再成像，其成像效果得到改善，散射体边界清晰[图 6(d)]，接近零偏移距剖面[图 6(a)]的偏移结果。

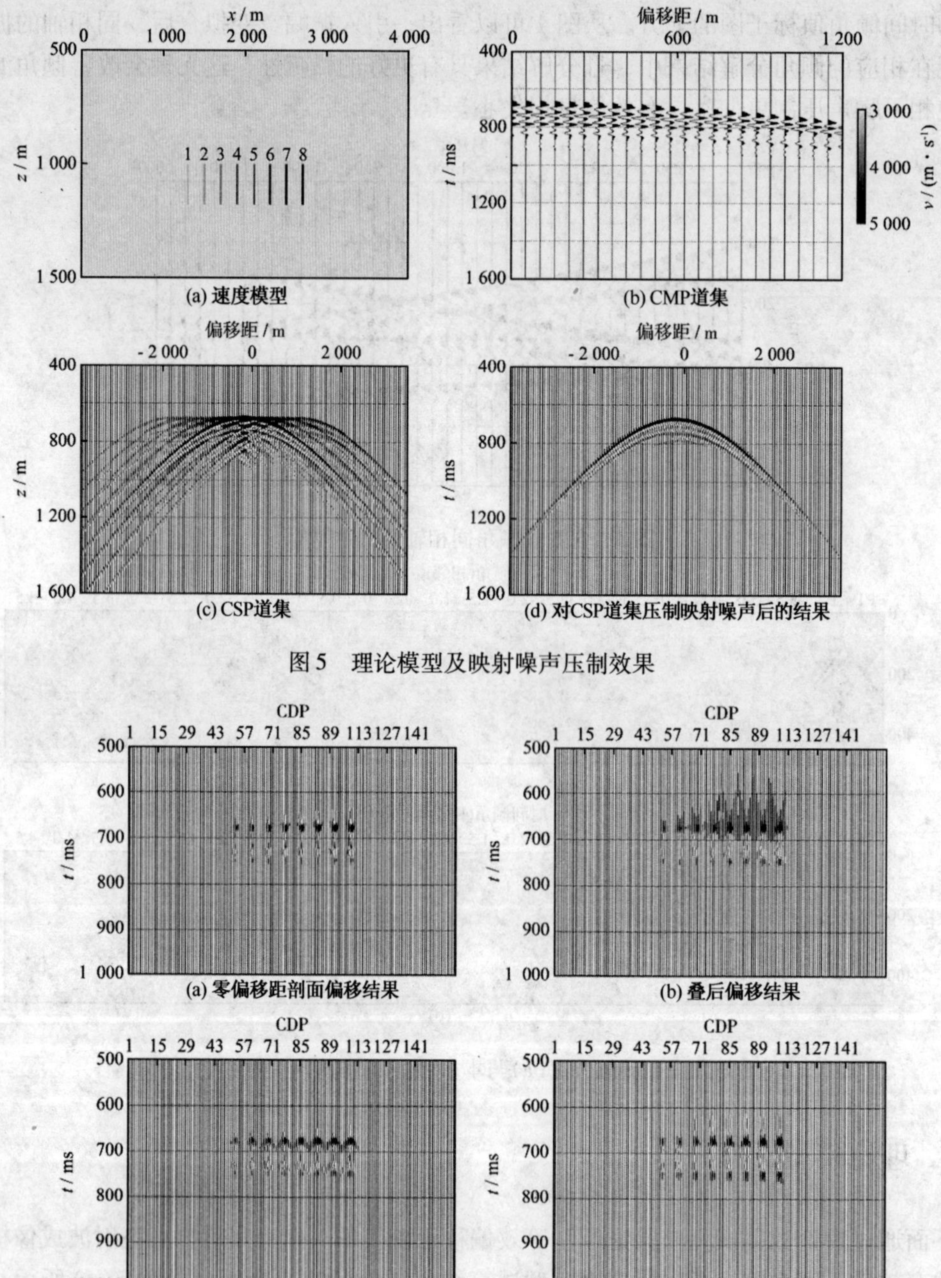

图5　理论模型及映射噪声压制效果

图6　成像效果

为了进一步验证改进方法的有效性，给出了另一个理论模型算例。模型为3层，从浅至深各层速度分别为3000m/s，4000m/s，5000m/s，纵横波速度比为1.7，密度分别为2.0g/cm^3，2.4g/cm^{3}和2.7g/cm^3。在第3层深度为1500m处均匀分布10个圆洞，其直径分别为10m，20m，30m，40m，50m，60m，70m，90m，110m和130m，洞间距（相邻两洞中心距离）为200m，洞内充填物速度为2500m/s，密度为1.8g/cm^3。采用弹性波方程正演生成多次覆盖观测数据。由CMP道集分选、速度分析、CSP道集映射、映射噪声压制和CSP道集上积分成像等处理流程完成对该理论数据的叠前时间偏移处理。图 8 是映射噪声压制前、后的 CSP 道集，可见，映射噪声压制后的 CSP 道集非正下方洞的绕射波能量在很大程度上得到了削弱[图 8(b)]。图 9 是成像效果对比，做了映射噪声压制处理后，洞的成像效果较好，横向分辨率更高[图 9(b)]。

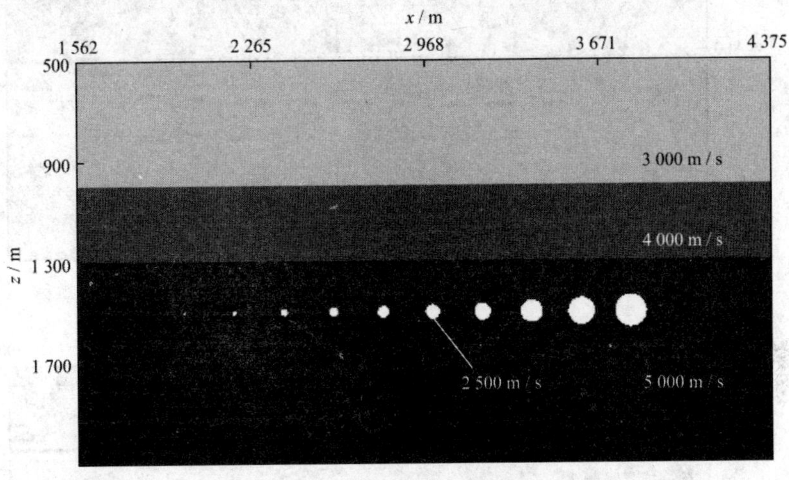

图 7　含不同直径圆洞的速度模型

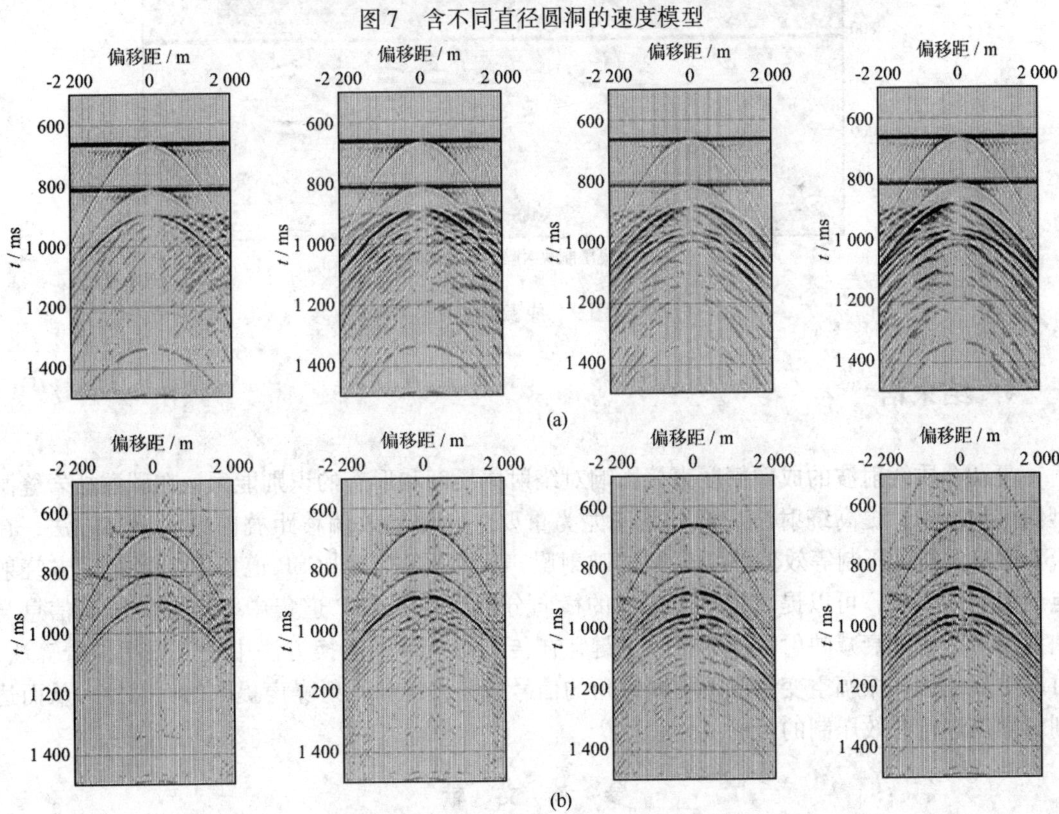

图 8　映射噪声压制前(a)、后(b)的 CSP 道集

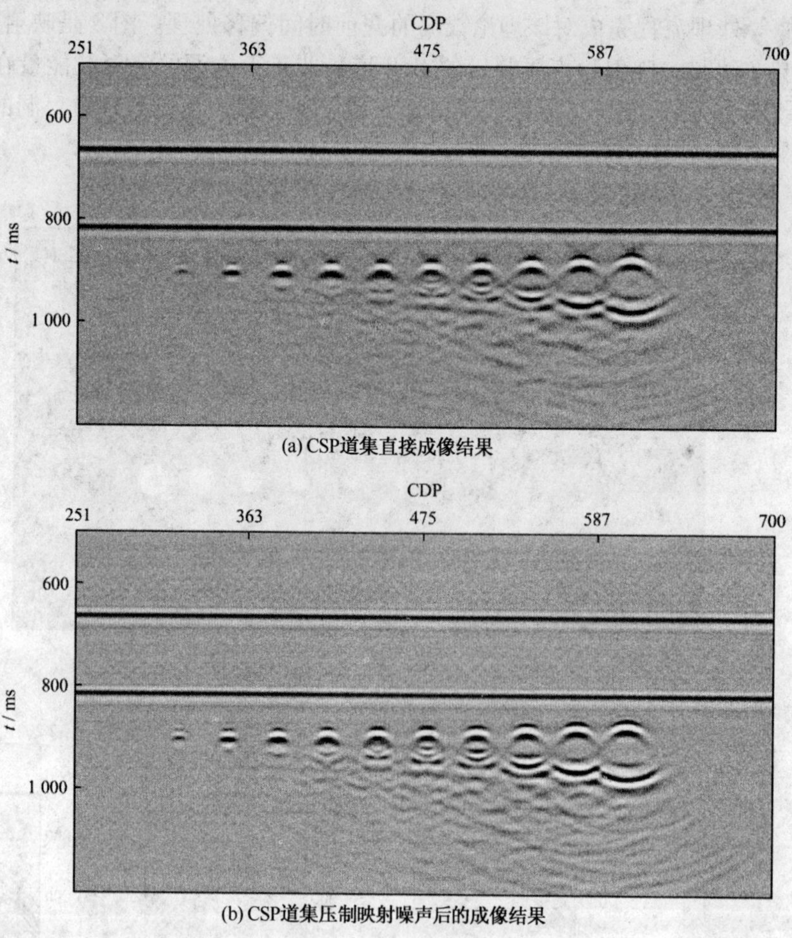

(a) CSP道集直接成像结果

(b) CSP道集压制映射噪声后的成像结果

图9　成像效果

4　结束语

复杂介质绕射波的成像精度直接影响对绕射体尺度和形态的识别能力，在碳酸盐岩缝洞型储层预测中，提高绕射波成像分辨率尤为重要。利用等效偏移距叠前时间偏移方法，在CSP道集上通过压制等效偏移距变换的映射噪声，衰减映射到CSP道集中的非正下方绕射点的绕射波能量，可以提高绕射波成像的横向分辨率。在CSP道集中分离有效绕射信息与映射噪声是有效衰减映射噪声的技术关键，在传统的Radon变换方法中引入振幅拟合算法，可以更好地估计振幅空变情况下不同倾角的信号成分，提高映射噪声提取的可靠性，从而达到对噪声进行有效压制的目的。

参　考　文　献

1　Kanasewich E R，Phadke S M. Imaging discontinuities on seismic sections[J]. Geophysics，1988，53(3)：334～345

2　Landa E，Keydar S. Seismic monitoring of diffraction images for detection of local heterogeneities[J]. Geophysics，1998，63(3)：1093～1100

3 Khaidukov V. Diffraction imaging by a focusing-defocusing approach[J]. Expanded Abstracts of 73rd Annual Internat SEG Mtg, 2003, 26 ~ 31

4 Nowak E J, Imhof M G, Tech V. Diffractor localization via weighted Radon translations[J]. Expanded Abstracts of 74th Annual Internat SEG Mtg, 2004, 10 ~ 15

5 王华忠，徐蔚亚，徐兆涛等. DMO和叠前时间偏移的共同起点[J]. 石油地球物理勘探，2002，37(3)：224 ~ 229

6 Neidell N S. Perceptions in seismic imaging part 2: reflective and diffractive contributions to seismic imaging [J]. The Leading Edge, 1997, 16(8): 1121 ~ 1123

7 Hubral P, Schleicher J, Tygel M. A unified approach to 3-D seismic reflection imaging, part I: basic concepts [J]. Geophysics, 1996, 61(3): 742 ~ 758

8 Hubral P, Schleicher J, Tygel M. A unified approach to 3-D seismic reflection imaging, part II: theory[J]. Geophysics, 1996, 61(3): 759 ~ 775

9 Bancroft J C, Geigerz H D, Margra G F. The equivalent offset method of prestack time migration[J]. Geophysics, 1998, 63(6): 2042 ~ 2053

10 Margrave G F, Bancroft J C, Geiger H D. Fourier prestack migration by equivalent wavenumber[J]. Geophysics, 1999, 64(1): 197 ~ 207

塔河油田碳酸盐岩缝洞型储集体成像技术研究

胡鹏飞

（中国石化西北油田分公司勘探开发研究院，新疆乌鲁木齐 830011）

摘要：针对塔河油田奥陶系大型潜山顶面起伏剧烈、内幕岩溶纵横向变化大的特点，以进一步提高塔河油田碳酸盐岩缝洞型储集体的成像精度及微小断裂成像精度为目标，开展了以三维地震资料目标精细处理和叠前时间偏移处理方法为主的缝洞体精细成像技术研究，建立了以三维层析静校正及近地表模型技术、叠前分频去噪处理技术、三维高保真处理技术、串联反褶积技术、三维速度分析及地表一致性剩余静校正迭代技术、高精度三维偏移速度建模技术、三维叠前时间偏移处理技术为基础的缝洞体精细成像技术。通过缝洞体精细成像技术的应用，使得缝洞体成像质量、风化面成像精度、断裂特征刻画、横向分辨率、资料信噪比及保真度等方面得到明显改善，中、下奥陶统风化面的形态得到精细刻画，为碳酸盐岩缝洞型储层预测及缝洞储集体几何空间半定量定量化预测奠定了基础。

关键词：塔河油田　碳酸盐岩　缝洞型储集体　串珠状地震反射结构　层析静校正　叠前去噪技术　速度建模　三维叠前时间偏移

1　引言

塔河油田是中国最大的海相隐蔽型碳酸盐岩大油田。截至 2007 年底，已对 15 个区块(艾协克、桑塔木、艾协克北、塔里木乡、牧场北、桑东、兰尕、艾丁、塔河南、于奇、托甫台、阿克亚苏、于奇东、西达里亚、艾丁北)进行了三维地震勘探，满叠面积达 6400km^2。塔河油田已在两大领域、多个层系(奥陶系、石炭系、三叠系、侏罗系、泥盆系东河塘砂岩、白垩系)获得油气突破，2007 年原油产量达到 1536 万吨。在塔河油田探明储量中，奥陶系油藏储量约占 95%。

塔河油田奥陶系碳酸盐岩油藏是一个与古风化壳有关的大型岩溶裂缝－孔洞型油藏，在空间上由多个缝洞单元叠合组成复合油藏，大型洞穴及溶蚀孔洞是奥陶系碳酸盐岩的主要储集空间类型。已有多口井钻遇有效缝洞(放空、漏失)，说明洞穴比较发育，同时也表明塔河油田奥陶系油藏具有不同于国内其他大型油田的特殊性和非常规性。针对碳酸盐岩缝洞型油藏的特点和地震成像的难点，经过长期技术攻关，探索出了以三维地震精细处理和三维叠前时间偏移为主的一套适合塔河油田碳酸盐岩缝洞体的精细成像技术。通过对塔河油田目标区地震资料的实际应用结果表明，该套成像技术大大提高了奥陶系顶风化面及内幕岩溶特征的成像精度，进一步落实了塔河油田碳酸盐岩缝洞型储层发育带，明显提高了钻井的油气见产率，为塔河油田的持续发展和油气产量稳步增长提供了可靠的技术保障，取得了巨大的经济效益。

塔河油田碳酸盐岩缝洞型储层具有以下主要特点：

(1) 碳酸盐岩油藏埋藏深(一般大于5300m)，储集空间以溶洞与裂缝为主，溶洞的规模一般不大(直径多为10~30m)，其延伸方向复杂且极不规则。储集类型复杂多样，以裂缝、溶洞为主，油气受裂缝和古岩溶缝洞体控制，储层纵横向非均质性强。

(2) 奥陶系顶部风化面附近出现裂缝、溶洞发育带，其地震反射特征表现为：杂乱反射结构、弱振幅、低阻抗、低速度。高陡构造发育、侵蚀沟谷蜿延曲折、纵横交错，这给奥陶系顶部风化面的精确成像带来了较大困难。

(3) 碳酸盐岩内幕出现裂缝、溶洞发育带，其地震反射特征表现为：强振幅反射、低阻抗、低速度，平面上表现为条带状、树枝状振幅异常，剖面上表现为“串珠状”地震反射结构。

(4) 奥陶系碳酸盐岩在不整合面之下0~250m深度范围内发育3套洞穴型储层。钻探表明：高产井钻遇裂缝溶洞型、中产井钻遇裂缝孔洞型、低产井钻遇裂缝型储层，高产井和正地貌、小断裂、强串珠反射、局部构造轴线关系较大。因此，针对碳酸盐岩内幕裂缝、溶洞发育带的准确成像困难较大。

2 碳酸盐岩缝洞体精细成像技术

塔河油田三维地震资料经过前期对九个区块的三维地震资料进行连片目标精细处理后，地震资料品质得到了较大程度的改善，为后续储量提交、探井、评价井、滚动开发井部署提供了依据。但随着勘探开发程度的不断深入，面对塔河油田奥陶系油藏的特殊性和复杂性，叠后时间偏移方法的局限性逐渐显现出来。主要表现为奥陶系缝洞型储层的成像精度较低，微小断裂成像清晰度较差，缝洞型储层的能量聚焦和归位准确性较差，并可能存在假地震异常及风化面解释陷阱，致使九区块连片目标精细处理的地震资料难以满足勘探开发对地震预测精度的要求。为此，针对塔河油田奥陶系大型潜山顶面起伏剧烈、内幕岩溶纵横向变化大的特点，为了进一步提高塔河油田碳酸盐岩缝洞型储集体的成像精度，精细刻画中、下奥陶统风化面的形态，提高奥陶系目的层的地震相对振幅保持精度，以提高微小断裂成像精度为攻关目标，开展了以三维地震资料目标精细处理和叠前时间偏移处理方法为主的缝洞体精细成像技术研究，建立了以三维层析静校正及近地表模型技术、叠前分频去噪处理技术、三维高保真处理技术、串联反褶积技术、三维速度分析及地表一致性剩余静校正迭代技术、高精度三维偏移速度建模技术、三维叠前时间偏移处理技术为基础的缝洞体精细成像技术。通过这套成像技术的应用，突出了潜山顶面及内幕的成像，使碳酸盐岩缝洞体及微小断裂成像精度明显提高，中、下奥陶统风化面的形态得到精细刻画，为碳酸盐岩缝洞型储层预测及缝洞储集体几何空间半定量-定量化预测奠定了基础。

2.1 三维层析静校正及近地表模型技术

野外一次静校正是陆地地震资料处理中的一个重要环节。三维共反射面元道集内的各道信息是在地表较大区域内接收到的，且各道与面元中心点有不同的距离和方位角，所有地表高程和近地表低速带会产生较大的静校正量。对于塔河油田的资料来说，虽然地表变化较平缓，但表层存在低、降速带厚度及速度横向变化较大等问题，静校正问题仍然较为突出。通过层析静校正技术建立与近地表地震地质条件一致的近地表模型，求取准确的野外一次静校正量，是三维处理解决静校正问题的关键性技术。因此必须采用统一的三维静校正技术，建立统一的近地表模型，计算炮点和检波点静校正量，进行长波长和短波长静校正，解决由地表引起的长波长和短波长静校正问题，而剩余的短波长静校正量则可通过自动剩余静校正加以消除。该技术的应用为后续数据处理奠定了良好基础。

2.2 叠前分频去噪处理技术

工区内干扰波较为发育，各种线性干扰和随机干扰较严重，分布范围广。如何最大限度地压制干扰波，提高信噪比，是塔河油田三维地震数据处理的又一关键环节。为了对奥陶系碳酸盐岩缝洞型储层进行预测，在数据处理过程中，合理消除地表以及采集因素引起的振幅横向变化非常重要。为了不影响球面扩散补偿和地表一致性振幅补偿的应用效果，针对干扰波的不同特点，进行多种去噪方法试验，并选择不同的去噪方法对噪声进行消除。对于压制野值随机干扰，分别采用均方根振幅及主频统计去噪技术、异常振幅处理技术，可取得很好的去噪效果。用叠前分频去噪(LEFT)处理技术和自适应相干噪声压制的模型减去法对面波及线性干扰进行压制，也可取得较理想的效果。

2.3 三维高保真处理技术

三维高保真处理技术主要用于消除表层因素对地震子波波形和振幅的影响，实现子波波形、振幅一致，能够真实反映地下地质现象的变化。振幅和波形一致性主要采用原始振幅分析、异常振幅压制、球面扩散补偿、地表一致性振幅补偿、地表一致性反褶积、地表一致性静校正等技术，消除各炮点、检波点、炮检距间的能量差异。采用球面扩散补偿技术弥补地震波在垂向上的能量衰减，使浅、中、深层能量适中，对部分记录存在的振幅差异，需要做地表一致性振幅补偿。地表一致性振幅补偿技术是从统计实际数据的振幅出发，并对振幅统计数据进行分解，在共炮点域和共检波点域分别求取道集的比例因子进行补偿，使全区共炮点、共检波点域道集的平均能量水平趋于一致，解决激发条件和接收条件不同造成的差异，以消除振幅不一致对后续保幅处理的影响。

2.4 串联反褶积处理技术

反褶积处理是提高资料分辨率的关键步骤，其主要目的是通过压缩地震子波，提高地震资料纵向分辨率。合理选择反褶积方法和参数，对资料处理质量起着举足轻重的作用。反褶积不但能有效地拓宽频带，同时还能在一定程度上有效地压制干扰，解决地表非一致性的影响。子波一致性处理主要是进行振幅、相位、频率一致性处理，实现子波一致性，主要通过地表一致性反褶积方法实现。地表一致性反褶积是利用共炮点域、共检波点域、共 CMP 域及共炮检距域的统计子波，消除由于激发、接收条件的不均匀性及地表低、降速带影响造成的子波畸变。采用地表一致性反褶积消除由地表变化所引起的子波波形畸变，使地震剖面在横向上保持波形的一致性，在此基础上进一步采用串联反褶积，达到压缩地震子波提高分辨率的目的。通过地表一致性反褶积和预测反褶积等技术的应用，使地震剖面的信噪比、分辨率、保真度得到明显提高。

2.5 高精度三维偏移速度建模技术

建立精确的速度模型是叠前时间偏移成像成功的关键。在当今偏移成像算法日趋完善的情况下，速度模型精度的高低，直接影响成像的精度。根据当前速度模型建立技术的发展现状和塔河油田地震地质条件的特点，研究高精度的速度模型建立技术。速度模型的建立主要分为两个部分：初始速度模型的建立和速度模型的修正。初始速度模型的建立是以前期均方根速度函数为基础，首先沿所建立构造模型抽取沿层均方根速度，再适当对其进行编辑处理，并建立初始速度模型。由于初始速度模型与实际速度模型存在差异，故用其进行叠前时间偏移达不到最优成像质量，必须对初始速度模型进行修正。叠前时间偏移速度分析就是以成像质量最优作为判断标准对速度进行修正，速度模型的优化主要采用逐层速度修正技术：①利用初始均方根速度场在目标测线上进行叠前时间偏移，在偏移后的CRP道集中进行垂向延迟时分析，并进行垂向均方根速度修正，以修改初始均方根速度场，从而形成修改后的速度模型；②进行叠前时间偏移迭代，分析并拾取沿层剩余均方根速度，修改沿层均方根速度，形成修改后的速度模型；③反复迭代，直至叠前时间偏移后的CRP道集拉平。由于奥陶系潜山的速度在空间上变化剧烈，为提高叠前时间偏移速度分析的质量和精度，在高陡构造发育地带，利用速度剖面、速度体及速度切片、偏移道集等多种方式联合控制速度质量，从而获得高精度的叠前时间偏移速度模型。

2.6 三维叠前时间偏移技术

叠前时间偏移是偏移成像和速度分析的重要手段，并能对陡倾角反射进行成像，可获得较高横向分辨率成像剖面。可把叠前时间偏移视为一种能适应各种倾斜地层的广义NMO叠加，其目的是使各种绕射能量聚焦，而不是把绕射能量归位到其相应的绕射点上去，因此叠前时间偏移所要求的速度模型不必是一个真实的深度域速度模型，而是一个时间域成像速度模型，从而降低了叠前时间偏移速度分析过程的复杂程度，使计算效率大大提高。通过在目标测线上对影响叠前时间偏移成像效果的偏移孔径、反假频频率、反假频距离等关键参数进行全面而细致的测试，选取有效的偏移参数，获得了满意的成像效果。

塔河油田奥陶系碳酸盐岩缝洞型储层构造特征复杂，高陡构造、断层发育，岩性横向变化大，造成地震资料绕射波发育，速度空间变化大，并存在局部低速异常，波组连续性差，难以准确成像。经过反复试验，采用克希霍夫积分法叠前时间偏移，可以使奥陶系顶风化面及内幕岩溶特征准确成像，并使奥陶系顶及内幕岩溶绕射波收敛。克希霍夫积分法叠前时间偏移以点反射的非零炮检距方程为基础，沿非零炮检距的绕射曲线旅行时轨迹对振幅求和，即先对每个共炮检距剖面单独成像，再将所有结果叠加，从而形成偏移剖面。经叠前时间偏移得到共反射点道集，不仅消除了构造因素的影响，还可以获得高信噪比的叠前时间偏移剖面。

3 处理效果分析

经过上述精细目标处理后(采用全频段处理，成果资料的频带范围较宽)，信噪比和分辨率有了不同程度的提高，主要表现为：波组特征明显、波组关系清楚，断层、尖灭点位置清晰，潜山顶面形态更加清楚，便于构造解释；潜山内幕反射的振幅强弱变化明显，保真度及成像精度得到明显提高，为奥陶系碳酸盐岩缝洞型储层精细预测奠定了良好的基础。

通过对比碳酸盐岩缝洞体精细成像技术处理的最终成果与前期目标精细处理成果后发现，前者在缝洞体成像质量、风化面成像精度、断裂特征刻画、横向分辨率、资料信噪比及保真度等方面较后者有明显改善。由于叠前时间偏移的成像原理体现了波动的物理本质，绕射归位好，对“串珠”异常特征表征、缝洞体的边界识别、断裂特征刻画等方面效果明显，使缝洞体的整体成像精度得到明显提高(图1~图5)。由图1~图5可见，“串珠”异常特征表现突出[图1(a)、图2(a)]，缝洞体的边界清晰，风化面层段信噪比较高、内幕特征清晰[图3(a)、图4(a)]，断层位置可靠，层间小断层较清楚，大断裂断面及断裂特征更清晰，深部直立大断裂在叠前时间偏移剖面上清晰可见[图1(a)～图4(a)]。从相干数据切片上也可看出，叠前时间偏移的相干数据切片断裂分布更清晰，断裂特征反应更明显[图5(b)]。

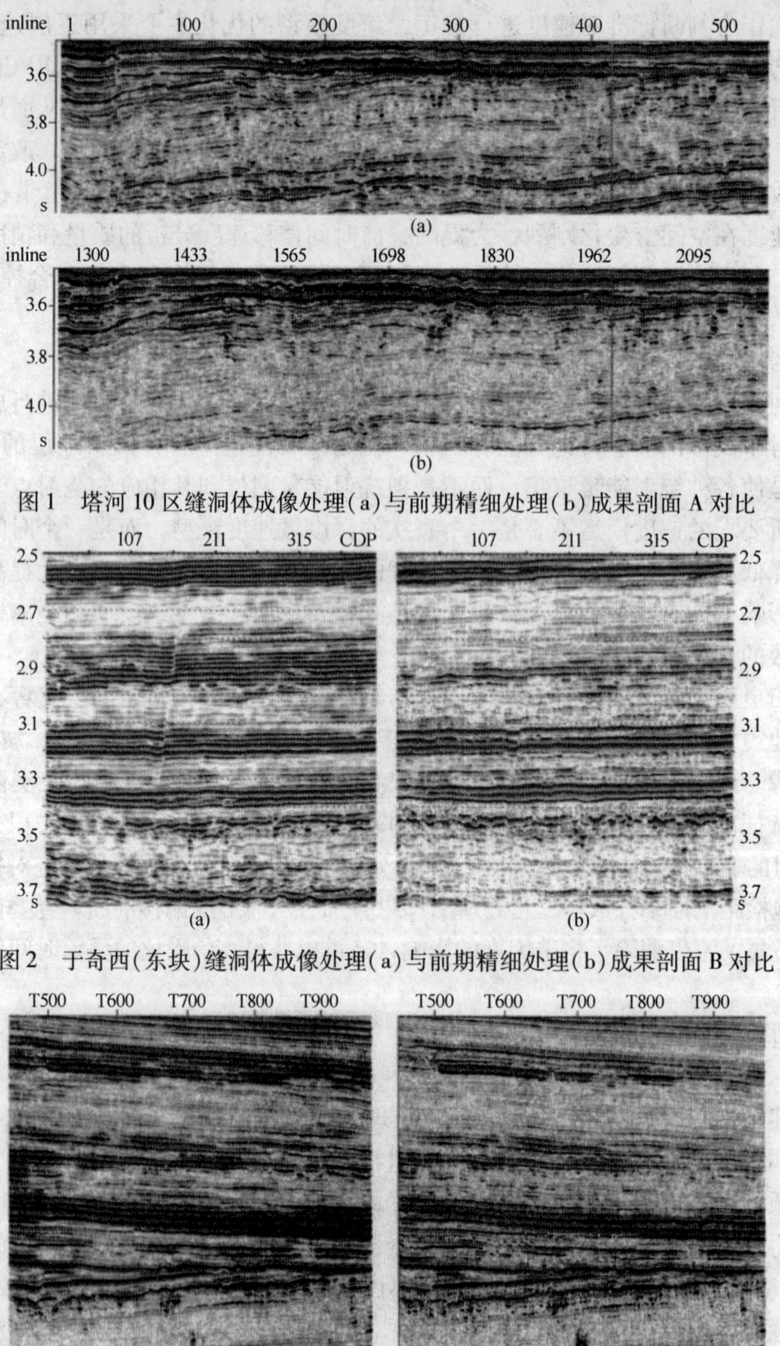

图1　塔河10区缝洞体成像处理(a)与前期精细处理(b)成果剖面A对比

图2　于奇西(东块)缝洞体成像处理(a)与前期精细处理(b)成果剖面B对比

图3　于奇西(东块)缝洞体成像处理(a)与前期精细处理(b)成果剖面C对比

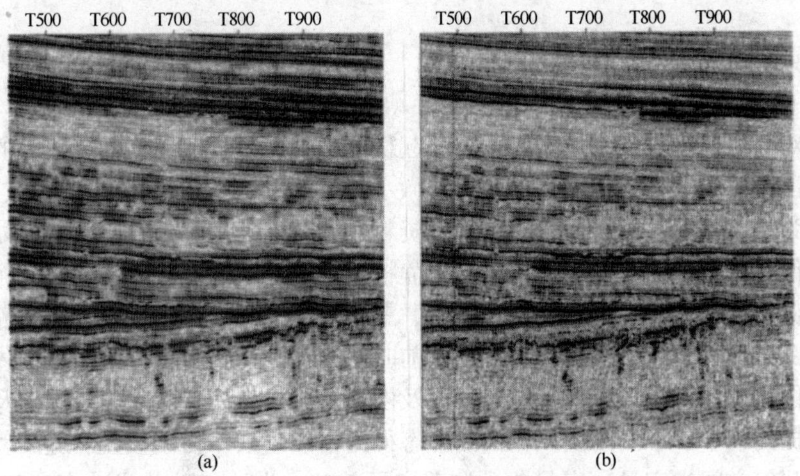

图4 于奇西(东块)缝洞体成像处理(a)与前期精细处理(b)成果剖面D对比

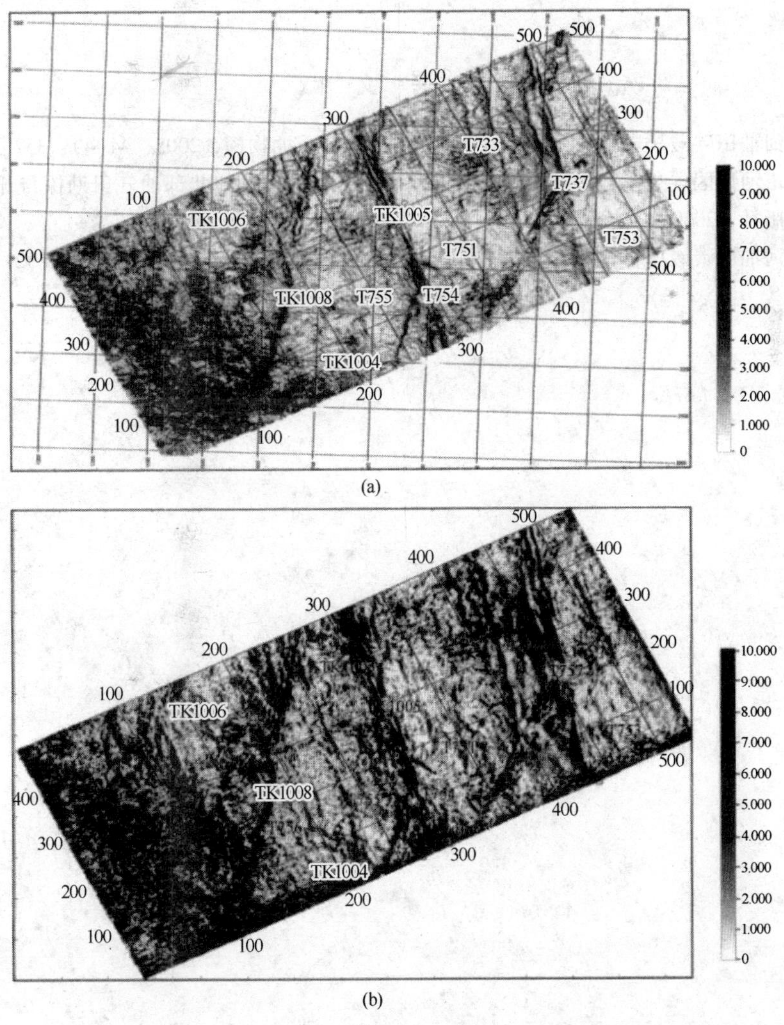

图5 缝洞体成像处理(b)与前期精细处理相干数据切片(a)对比

4　结束语

文中针对塔河油田奥陶系大型潜山顶面起伏剧烈、内幕岩溶纵横向变化大的特点，以进一步提高塔河油田碳酸盐岩缝洞型储集体及微小断裂的成像精度，精细刻画中、下奥陶统风化面的形态为攻关目标，开展了以三维地震资料目标精细处理和叠前时间偏移处理为主的缝洞体精细成像技术研究，建立了以三维层析静校正及近地表模型技术、叠前分频去噪处理技术、三维高保真处理技术、串联反褶积技术、三维速度分析及地表一致性剩余静校正迭代技术、高精度三维偏移速度建模技术、三维叠前时间偏移处理技术为基础的缝洞体精细成像技术。通过成像技术的应用，突出了潜山顶面及内幕的成像，使碳酸盐岩缝洞体及微小断裂成像精度明显提高，中、下奥陶统风化面的形态得到精细刻画，为碳酸盐岩缝洞型储层预测及缝洞储集体几何空间半定量-定量化预测奠定了基础，为油气钻井成功率达到85%以上提供了可靠的技术保障，为塔河油田发展成我国最大的海相隐蔽型碳酸盐岩油气田发挥了重要作用。

参考文献

1　漆立新．塔河油田碳酸盐岩储层高精度地震勘探的思考．石油物探，2005，44(4)：352～356
2　李宗杰等．塔河地区碳酸盐岩储层预测技术方法研究．塔里木盆地北部油气田勘探与开发论文集．北京：地质出版社，2000
3　袁国芬．塔河油田碳酸盐岩储层地球物理响应特征．石油物探，2003，42(3)：318～321

横向速度变化对构造成像影响的物理模拟研究

郝守玲　赵　群

（中国石化勘探开发研究院南京石油物探研究所，江苏南京 210014）

摘要： 塔河地区低幅度构造普遍发育，由于地层速度横向变化大，目的层埋藏深，局部构造难以落实，因此，加大了勘探风险。为此，利用物理模拟技术探讨了横向速度变化对构造成像的影响。建立了上覆变速层的背斜构造模型，并对物理模拟实验结果和偏移处理效果进行了分析。由于上覆变速层的影响，时间剖面上构造形态被改变，构造高点发生位移，常规时间偏移方法和常用的几种时深转换方法均不能得到正确的深度构造成像结果。利用物理模型建立了与实际情况较为符合的深度域层速度模型，对物理模拟数据进行了深度偏移处理，在深度偏移剖面上，原始地层和构造的几何形态基本得到了恢复。

关键词： 物理模型　速度横向变化　低幅度构造　时深转换　深度偏移

新疆塔河地区各地质时代地层中发育有众多的低幅度构造。但由于浅（表）层地质条件十分复杂，散射干扰发育，速度横向变化剧烈，影响了深部地层的成像质量。而人们往往对起伏地表的影响比较重视，对速度的横向变化却有所忽视。速度场的横向变化可以导致构造圈闭面积发生改变，构造高点移位、淹没甚至出现假象，使得时间剖面所反映的构造有可能在地层中并不存在，而实际存在的低幅度构造却没有得到反映。由此造成解释失误，导致钻探失利。

在塔北，由于速度横向变化剧烈、目的层埋藏深、局部构造幅度低、圈闭面积小，时间偏移剖面上出现了构造高点移位、构造幅度和形态畸变等现象，严重影响了对变速层之下地质构造的认识和速度的求取。针对这一问题，我们设计制作了横向变速物理模型，以探讨速度横向变化对构造成像的影响。

1　横向变速物理模型设计

我们设计的横向变速模型由三层介质组成（图 1）。第一层为均匀水平低速层（v_1 = 1480m/s）；第二层是横向变速层，顶面为水平，底面是弯曲界面，形成一背斜构造，速度值从左侧线性递增到右侧；第三层为均匀层（v_3 = 2650m/s），底部为水平，目的是观测上覆变速层对其的影响。

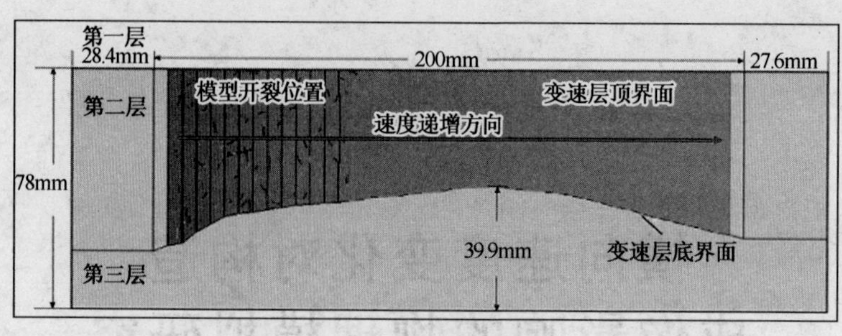

图1　横向变速物理模型

2　物理模型制作

2.1　模型材料选取

模型的制作难度在于横向变速层的制作。考虑到实际制模的条件和情况，我们设计了一个200mm×200mm×60mm的变速层，设计思想是在200mm的长度范围内，速度横向渐变，最终速度值增加1000m/s左右。为此，我们把200mm长的模型横向等分为40个5mm的长度段，每段赋予一个速度增量，以满足速度横向渐变的要求。为了达到设计要求，我们进行了材料配比试验工作，基于材料容易成型和方便浇铸的考虑，我们选择了4种主要材料，再添加其他辅助材料，通过一定的工艺流程混合配制成型。其中4种主要材料及其部分物性参数见表1。

表1　变速模型部分材料物性参数

主要材料	速度/(m/s)	密度/(g/cm³)	阻抗/[(g/cm³)·(m/s)]
环氧树脂	2700	1.20	3600
硅橡胶	1000	1.38	1380
二丁脂	1600	1.14	1820
铝粉	5000	2.70	1377

2.2　模型的制作

由于我们制作的模型属多层模型，且结构比较复杂，因此对制作模具的要求较高。模具既要顾及构造形态，又要适合分层浇铸，同时还要考虑浇铸过程中的脱模问题。

因为变速层的速度变化范围较大，模型材料(除铝粉外)在常温常压条件下均呈液体状态，因此在模型浇铸之前，首先根据材料的测试试验结果，将不同材料按一定比例混合，再加入适量的添加剂，包括稀释剂、固化剂等；然后放入搅拌器中搅拌均匀，同时要进行加热以排除气泡。加热时温度的控制非常关键，温度高，可使混合液的黏度降低，有利于搅拌均匀，加快排除气泡，但也会相应缩短液体固化时间，有时甚至会出现内部的放热反应还没有完成，而表面已固化的情况，致使液体内部发生炸裂，制模失败。温度低，混合液黏度很大，这样既不容易搅拌均匀，也不利于气泡排出。经过多次反复试验，确定了合适的温度条件。

确定了材料的配比率之后，进行模型整体浇铸。由于变速层横向等分成40个不同的速度段，段与段之间会形成反射界面，因此在进行模型整体浇铸时，需在前一层还没完全凝固的半熔融状态下就开始浇铸下一层，这样不但可使各段之间保持相互独立，而且段与段之间的速度是渐变的。

模型变速层速度在200mm范围从1751m/s增加到2724m/s(表2，实际浇铸了39个速度段)，实测速度与设计速度差异不大(图2)，总的速度变化趋势是线性递增的。

表2 各速度段实测速度

层号	速度/(m/s)	层号	速度/(m/s)	层号	速度/(m/s)
1	1751	14	2212	27	2347
2	1769	15	2237	28	2392
3	1801	16	2257	29	2444
4	1818	17	2283	30	2493
5	1851	18	2092	31	2506
6	1886	19	2114	32	2617
7	1941	20	2132	33	2666
8	1980	21	2173	34	2680
9	1996	22	2192	35	2770
10	2020	23	2212	36	2777
11	2057	24	2242	37	2747
12	2105	25	2267	38	2724
13	2150	26	2309	39	2700

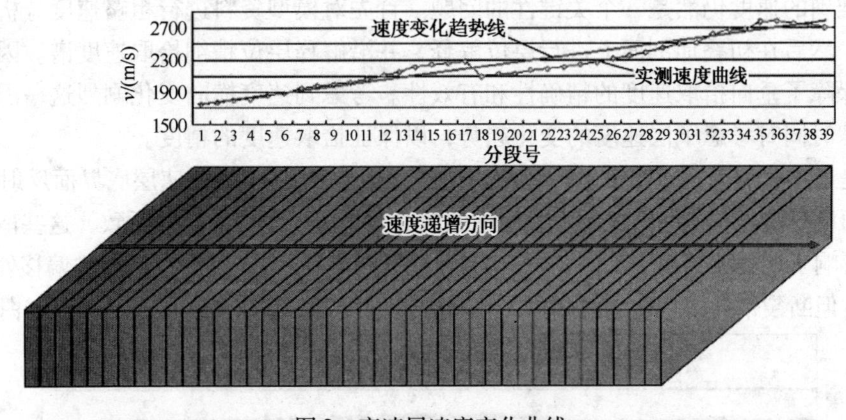

图2 变速层速度变化曲线

需要说明的是，由于制模材料固有的一些性质，模型在放置了一段时间后，有一部分材料因收缩不均在模型内部形成了一些不规则的自然裂缝(图1中所标的模型开裂位置)，这可能会对模型底部反射产生影响。

3 物理模型数据采集

采用三维全自动超声地震物理模拟采集系统进行数据采集(本模型只进行了二维观测)，观测系统为0-250-2040。物理模拟观测参数如下：总炮数为200炮，每炮接收道数为180道，总道数为36000道；道间距为10m，炮点距为20m，最小偏移距为250m，最大偏移距为2040m；覆盖次数为45次，采样率为1ms，每道采样点数为6000个。换能器主频为30Hz，时间和空间比例均为1:10000，速度比例为1:1。模拟实验炮集如图3所示。

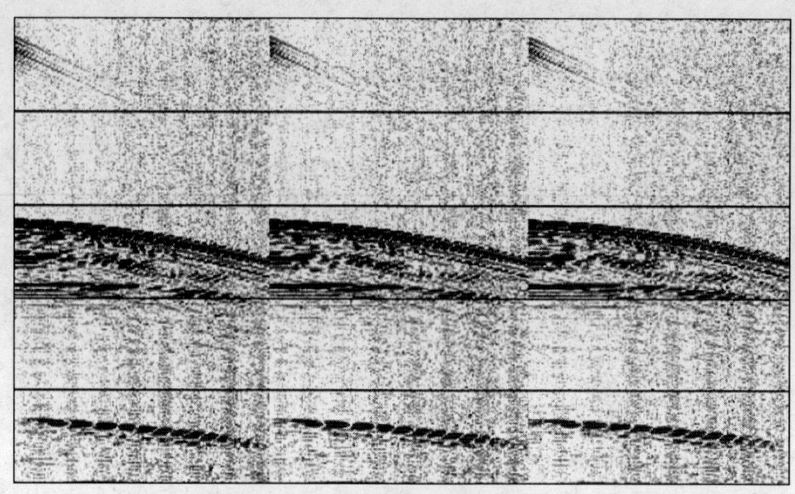

图 3　变速物理模拟实验炮集(部分)

4　物理模拟实验数据分析

利用与实际地震资料处理相同的流程对模拟资料进行了常规处理。对地震资料处理而言，确定准确的速度仍然是一个关键性的问题。首先对模型资料进行粗略速度分析，得到初叠加剖面；然后在初叠加剖面上进行层位解释，并沿解释层位精细拾取速度谱。因有层位约束，故而保障了垂向拾取速度的精确性和有效性。考虑到速度横向变化剧烈这一因素，在拾取叠加速度时同时考虑了层速度的变化趋势，以保证拾取速度的精度。

图 4 是最终叠加剖面。图中 T_1 为变速层顶界面反射波，T_2 为变速层底界面反射波，T_3 为模型底界面反射波。在最终叠加剖面上出现的散射波是由模型中的裂缝所致，这些散射波的能量很强，影响了地震波的向下传播。图 5 为偏移剖面。从图中可以看到，经过偏移处理后，散射波收敛，但断裂带的影响依然清晰可见，断裂带下 T_2 和 T_3 缺失，形成了反射空白区。

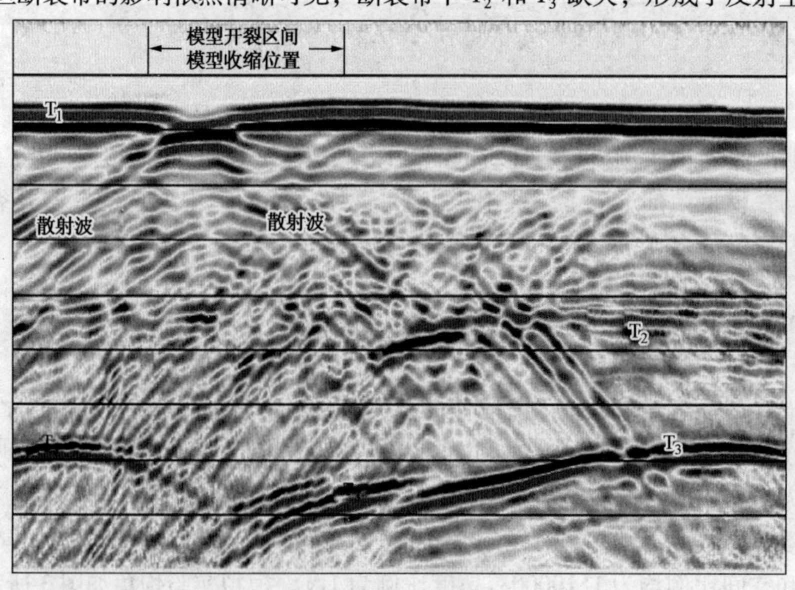

图 4　叠加剖面

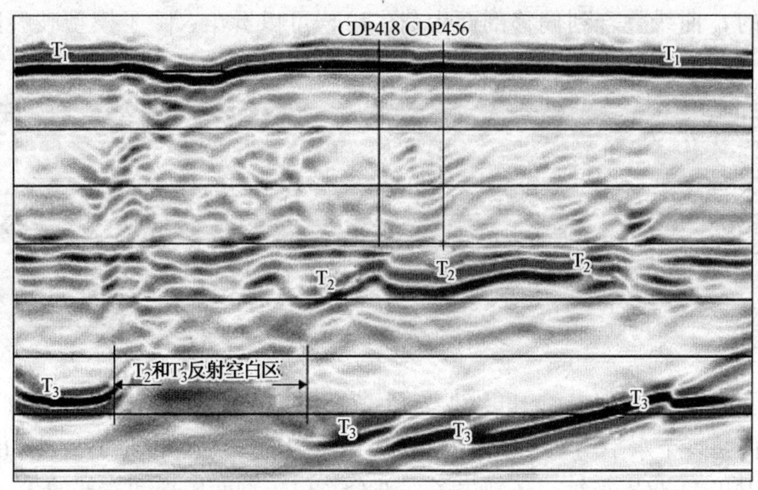

图5 叠后时间偏移剖面

在本次物理模拟实验中，我们关注的是变速层对 T_2 和 T_3 的影响。从叠后时间偏移剖面来看，受速度横向变化的影响，T_2 的形态已与深度域(模型)完全不同(图1)。深度域中的构造高点应该位于偏移剖面的 CDP456 附近(图5)，但在偏移剖面中却没有反映出来；CDP456 的右侧，即背斜构造的右翼，由于变速层速度增大，反射同相轴基本被拉平，背斜构造形态几乎看不出来了。

在 CDP418 附近，T_2 有一个小的向上隆起，很象是一个背斜(图5)，但这只是一个假象，它是由上覆层层速度变化造成的。这是因为在第17速度段和第18速度段模型的速度发生了倒转(速度降低)，影响到下伏地层，使反射同相轴隆起，出现构造高假象。根据物理模型中构造的实际深度和变速介质中各层的实测速度计算了每一层的 t_0 时，然后与深度域的实际构造形态做了对比(图6，时间曲线与构造深度曲线都进行了归一化)。由图6可以很直观地看出，变速层对下伏地层的影响非常大，背斜构造形态已与设计的完全不同。由此可见，速度横向变化的影响是不可忽视的。

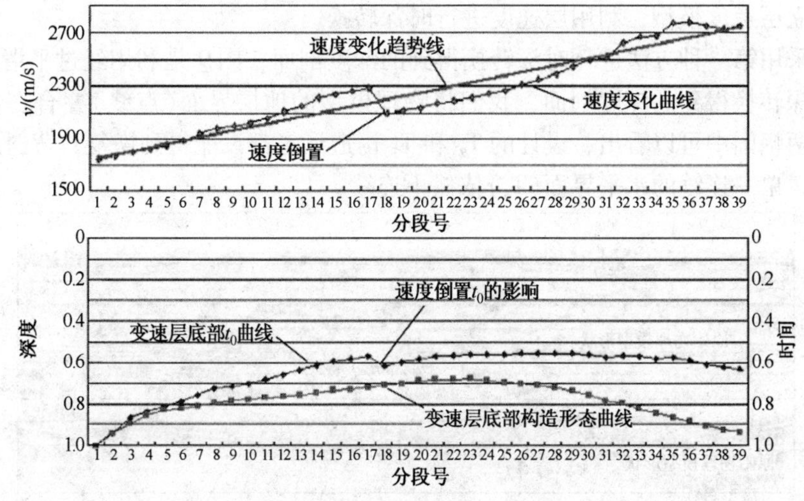

图6 速度场横向变化对 t_0 的影响

将变速层的 t_0 曲线叠合到偏移剖面中(图 7)，可以看出，除了模型破裂段，t_0 曲线与 T_2 基本吻合。

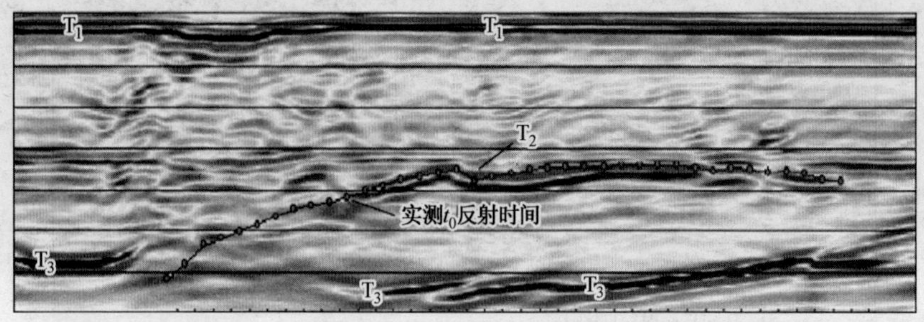

图 7　变速层实测 t_0 曲线与偏移剖面叠合显示

模型底界面是一个水平均匀介质层的底面，但受上覆介质速度横向变化和裂缝散射带的影响，界面反射 T_3 不仅不连续，还缺失了一部分，位于剖面中部和右部的 T_3 也变成了倾斜界面(图 5)。可见，反射界面对速度的变化非常敏感，速度变化对时间剖面的影响很大。在时间剖面上出现的假构造和假断层，经过时间偏移后依然存在，显然，采用一般的时间偏移方法很难恢复模型的真实形态。

5　时深转换

通常人们希望通过时深转换来校正由速度横向变化剧烈导致时间剖面上出现的构造假象，那么时深转换是否真的能恢复构造形态呢?

时深转换的关键是速度场的建立。绘制深度构造图主要有以下方法：

(1) 由 t_0 构造图转换得到。先绘制出反射层的 t_0 构造图，再绘制该层的平均速度平面分布图，将二者相乘得到深度构造图。

(2) 利用井点处的速度资料外推生成空间三维平均速度场，然后把时间数据体转换到深度域，得到深度数据体，绘制各目的层的深度构造图。

(3) 建立层速度模型，利用层速度进行时深转换。

图 8 是采用第一种方法进行时深转换得到的深度剖面，图 9 是利用经过平滑后的模型层速度进行时深转换得到的深度剖面，我们将物理模型的地层界面(点线)叠合在剖面相应的层位上。从两幅图中可以看出，设计的 T_2 和 T_3 构造形态都没能得到恢复，背斜形态(T_2)完全被改变了，单一连续的水平界面(T_3)依然不连续。

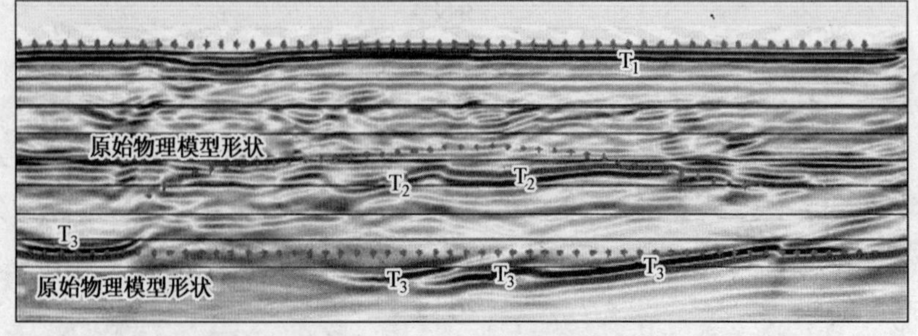

图 8　用平均速度场进行时深转换得到的深度剖面

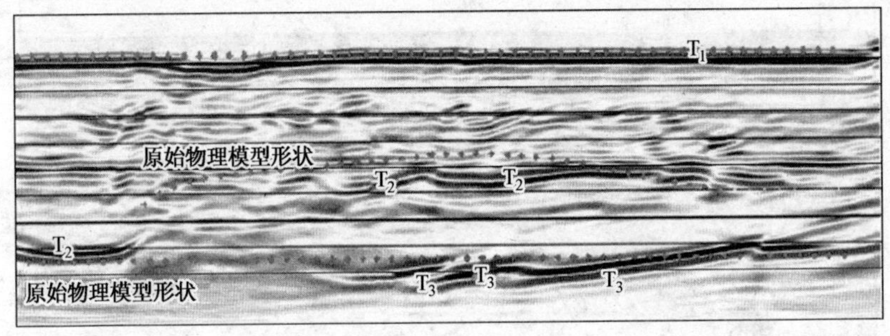

图 9 用模型层速度进行时深转换得到的深度剖面

6 叠前深度偏移

在速度存在横向变化时，时间偏移的结果是畸变的，而深度偏移的结果是正确的。叠前深度偏移主要由深度域层速度模型建立和深度偏移成像处理两部分组成。叠前深度偏移是基于深度域层速度模型的地震成像，速度模型的正确与否对深度偏移的成像质量影响极大，是深度偏移能否成功的关键。速度模型的建立包括初始速度模型的建立和速度模型的修改与验证。初始速度模型是利用常规速度谱或叠前时间偏移后的速度分析结果，结合地质、测井等信息建立的。

利用由初始速度分析建立起来的速度模型进行深度偏移没有达到预期的效果，只是 T_2 有了一些改善，T_3 没有恢复设计形态(图 10)。

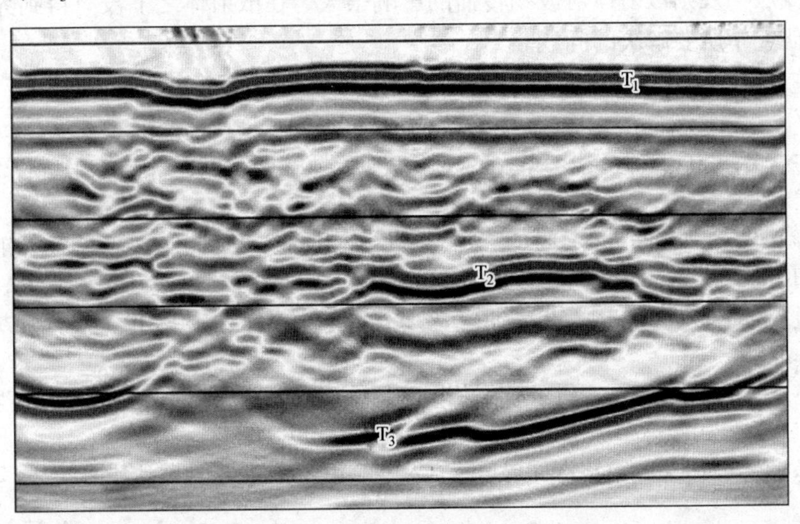

图 10 应用常规速度分析方法所建速度模型进行叠前深度偏移的结果

根据物理模型，我们建立了一个基本真实的深度域层速度模型，图 11 是利用该速度模型进行叠前深度偏移后的结果。从图中可以看出，T_2 和 T_3 的几何形态基本上得到了恢复，反射缺失是由模型破裂所致(图 11 中圆圈所示)，但振幅所受影响没有得到恢复。

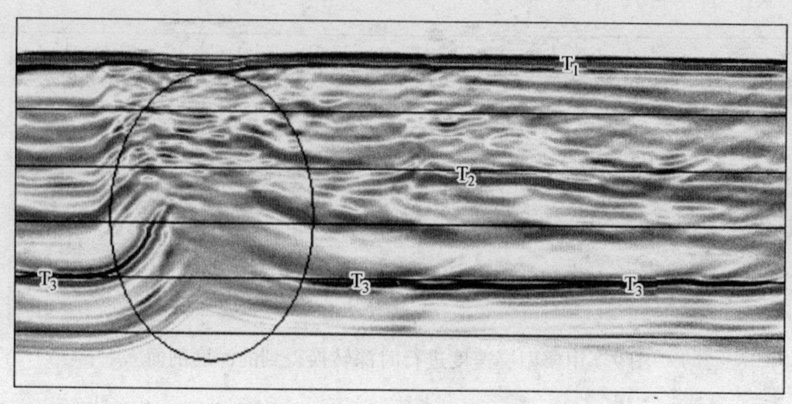

图 11　深度域层速度模型的叠前深度偏移剖面

7　结束语

由速度横向变化物理模拟实验结果看到，构造的地震响应特征对速度的变化非常敏感，在时间剖面上，速度的任何变化都会对构造成像结果产生影响。当速度横向变化剧烈时，会造成构造形态的失真和变形，而采用一般处理方法（如叠后、叠前时间偏移和时深转换）不能恢复其实际形态，只有通过基于精确层速度模型的深度偏移处理才能消除由速度横向变化带来的影响，恢复构造的实际形态。这表明，建立准确的层速度模型非常重要，不准确的层速度模型会导致偏移结果出现较大的偏差。

另外，浅层不规则散射体对波场传播的影响很大，在散射体之下没有得到界面反射，这是在今后的研究中所要解决的问题。

参　考　文　献

1　吴茂炳，王新民，际启林等. 塔中地区油气勘探成果及勘探方向[J]. 新疆石油地质，2002，23(2)：95~97

2　李宗杰，韩革华，张旭光等. 塔河地区碳酸盐岩储层预测技术方法研究[A]. 见：蒋炳南，塔里术盆地北部油气田勘探与开发论文集[C]. 北京：地质出版社，2000. 403

3　张华军，肖富森，刘定锦等. 地质构造约束层速度模型在时深转换中的应用[J]. 石油物探，2003，42(4)：521~525

4　唐必锐，覃发兰，黄花香等. 四川东部高陡构造时深转换方法研究[J]. 天然气工业，2005，28(8)：41~43

5　李来林，吴清岭，何玉前. 叠前深度成像技术及其应用[J]. 大庆石油地质与开发，2004，23(5)：110~112

6　王余庆，李斐，王宇超. 叠前偏移技术探讨及应用[J]. 西北油气勘探，2006，18(2)：31~39

7　马学军. 叠前深度偏移技术在塔河地区盐下成像中的应用[J]. 勘探地球物理进展，2004，27(3)：208~212

8　方伍宝，周腾，袁联生等. 叠前深度偏移在复杂地区的应用[J]. 石油物探，2003，42(1)：68~71

9　姜忠良，范运臣，王睿祥等. 叠前深度偏移技术在东濮凹陷的应用[J]. 勘探地球物理进展，2003，26(3)：208~210

单程波外推高陡倾角反射成像技术的应用研究

方伍宝[1]　张　兵[1,2]

（1. 中国石化石油勘探开发研究院南京石油物探研究所，江苏南京 210014；
2. 同济大学海洋与地球科学学院海洋地质国家重点实验室，上海 200092）

摘要：基于单程波外推方法的二次反射波成像技术基本原理是：在将地震波场进行炮点下行波和检波点上行波常规波场延拓的基础上，进一步对检波点波场进行下行波延拓，对延拓的3个波场通过上、下行波两两交叉相关，进行上行和下行波场成像，该技术具有类似于逆时偏移的功能。以一个垂直构造模型为例，简要分析了高陡构造的波场特征；基于一个二维和一个三维高陡构造模型数据，进行了偏移成像处理试验，结果表明，可以对倾角大于90°的高陡构造精确成像。将该技术应用于某山前带实际地震资料的偏移处理，获得了较好的效果，常规偏移剖面中成像模糊的层位边界在该偏移剖面上成像清晰。

关键词：单程波外推　二次反射波　深度偏移　高陡构造

高陡构造的精确成像是当前地震资料处理中较为棘手的问题。如我国南方和西部的逆掩断层、倒转地层和盐体边界等复杂构造的成像，存在建立较精确的速度模型比较困难以及还没有有效且实用的成像方法等。近几年来，许多学者采用逆时偏移技术对高陡构造的成像进行了一些试验性研究，但进展不大，主要是因为逆时偏移的固有缺陷没有得到很好的克服，如计算效率低下的问题。基于单程波的叠前偏移方法虽然具有计算效率高的优点，但它仅能对倾角小于90°的地层进行成像，对逆掩断层、盐丘边界等倾角大于90°的复杂构造无法成像。

有些学者利用单程波偏移方法尝试对高陡构造进行成像，并取得了一些成果。如Zhang等(2006)提出了利用真振幅单程波波动方程偏移对回转波进行成像的方法，该方法通过分别将震源波场和检波点波场分解为上行和下行波场来实现回转波偏移，从而实现对大于90°的反射层进行成像的目的，且能避免层间多次波对成像结果的影响，其计算效率高于逆时偏移法，该方法在盐丘模型数据中得到了成功应用；Xu等(2006)基于常规单程波波动方程，在炮域进行偏移时，通过两步法实现震源波场和检波点波场的延拓，即分别将震源波场和检波点波场分解为上行和下行两个波场，这样就比常规单程波波动方程延拓多出两个波场，然后通过构建成像条件实现对回转波的成像；Jin等(2006)提出了一种基于单程波方程的二次波偏移方法，该方法以多次前向散射和单次背向散射理论为基础，实现多次反射波外推，通过设计相应的成像条件，得到与单程波偏移方法成像结果类似的初次反射波和多次反射波成像结果，针对具有垂直层位的模型数据进行了方法试验，获得了成功；Xie等(2006)提出了一种对波场没有倾角限制的基于全波逆时计算和局部单程波传播算子的深度域偏移方法，该方法利用全波有限差分算子来外推震源和检波点波场，对某些位置的外推波场再采用局部单程波传播算子外推不同方向的波场，并进行方向波场成像，该方法可消除背向散射噪声，且输出数据量小，非常利于大规模三维地震资料处理；Liu 等(2007)针对逆时偏移中经常出现的浅部噪声问题，采用单程波成像条件予以解决，即将每个成像点处的逆时外推波场分解成单向波分量，对这些单向波分量的上行和下行波交叉应用成像条件，在模型数据的方法试验中取得了较为理想的效果。

在前人研究的基础上，我们发展应用了基于单程波波场延拓的偏移成像技术，即通过对二次反射波的成像来实现对高陡构造的成像。利用二维模型数据、三维模型数据和实际地震资料对该成像技术进行了试验性处理。

1 方法原理

将波动方程

$$\nabla^2 P(x,z,t) - \frac{1}{v^2}\frac{\partial^2 P(x,z,t)}{\partial t^2} = 0 \tag{1}$$

变换为单程波方程：

$$\frac{\partial P(x,z,t)}{\partial z} = \left[\frac{1}{v^2} - \left(\frac{\partial t}{\partial x}\right)^2 - \left(\frac{\partial t}{\partial y}\right)^2\right]^{\frac{1}{2}} \frac{\partial P(x,z,t)}{\partial t} \tag{2}$$

式中，$P(x, z, t)$为地震波场；v 为介质速度；x 为横向位置；z 为深度位置；t 为传播时间。为便于进行波场延拓，通过傅里叶变换将地震波场 $P(x, z, t)$变换到频率－波数域，得到频率－波数域地震波场的形式 $P(k_x, z, \omega)$，则基于(2)式的波场延拓公式为

$$P(k_x, z_{i+1}, \omega) = P(k_x, z_i, \omega)\mathrm{e}^{\pm ik_z\Delta z} \tag{3}$$

式中，$P(k_x, z_{i+1}, \omega)$为延拓波场；k_x 和 k_z 分别为横向和深度方向的波数；ω 为圆频率；z_{i+1}为延拓的深度位置；Δz 为延拓步长；上行波场延拓时 $\mathrm{e}^{\pm ik_z\Delta z}$取符号“+”，下行波场延拓时 $\mathrm{e}^{\pm ik_z\Delta z}$“取符号“－”。

通常基于单程波方程的叠前深度偏移是分别对炮点波场进行下行波波场延拓和对检波点波场进行上行波波场延拓，并成像处理，这样显然无法对大于90°的高陡构造进行成像。而本文方法除了对炮点和检波点波场分别进行下行波波场和上行波波场延拓外，还对检波点波场进行了下行波波场延拓，这样就得到了 3 个延拓后的波场分量。对这 3 个波场分量进行上、下行波两两交叉相关，从而比常规单程波波动方程偏移多出了一个成像条件，通过二次反射波成像就可以解决高陡构造的成像问题。

常规方法的成像条件是：

$$M_1(x, z_{i+1}) = \sum_{\omega} P_{\mathrm{sd}}(x, z_{i+1}, \omega) P_{\mathrm{ru}}(x, z_{i+1}, \omega) \tag{4}$$

检波点下行波场延拓的成像条件是：

$$M_2(x, z_{i+1}) = \sum_{\omega} P_{\mathrm{sd}}(x, z_{i+1}, \omega) P_{\mathrm{rd}}(x, z_{i+1}, \omega) \tag{5}$$

本文方法的成像条件是：

$$M(x, z_{i+1}) = M_1(x, z_{i+1}) + M_2(x, z_{i+1}) \tag{6}$$

式中，$P_{sd}(x, z_{i+1}, \omega)$为炮点的下行波延拓波场；$P_{ru}(x, z_{i+1}, \omega)$为检波点的上行波延拓波场；$P_{rd}(x, z_{i+1}, \omega)$为检波点的下行波延拓波场。

2 方法试验

2.1 模型试处理分析

设计了一个具有垂直断面的双层模型，简要分析了高陡构造的波场特征；设计了一个二维模型和一个三维模型，对本文所讨论的单程波外推高陡倾角构造反射成像技术进行了偏移处理试验。

2.1.1 高陡构造波场分析

图1给出的是具有垂直断面的双层速度模型，图2为其中的一个波前快照(①为拐点绕射波；②为垂直断面的多次反射波；③为平界面的二次反射波；④为平界面的一次反射波；⑤为平界面的一次反射波；⑥为初至波)，图3为其中的一个单炮记录(①为初至波；②为一次反射波；③为一次反射波；④为垂直断面的二次反射波)。从图2可以看到，断面反射波一般要经过两次反射才能被地表的检波器接收到，所以仅能对一次反射波成像的常规偏移方法不能对高陡构造很好成像；从图3中可清楚地看到，经过垂直断面多次反射的波与一次反射波有着明显的旅行时差异。

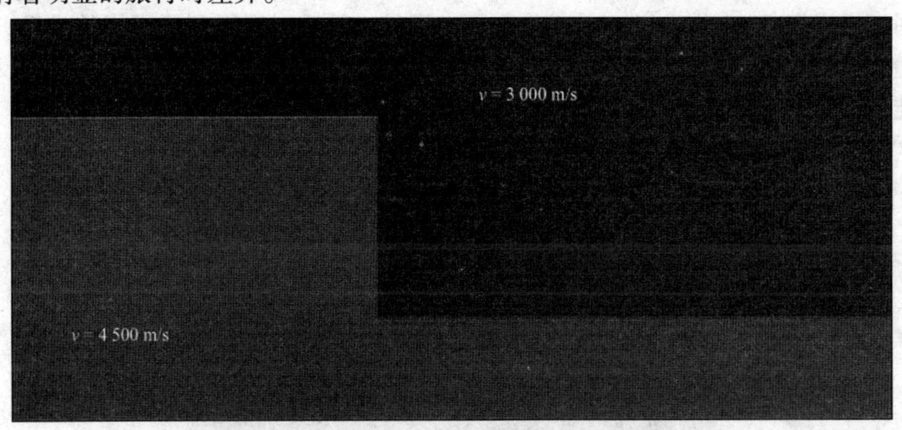

图1 垂直断面速度模型

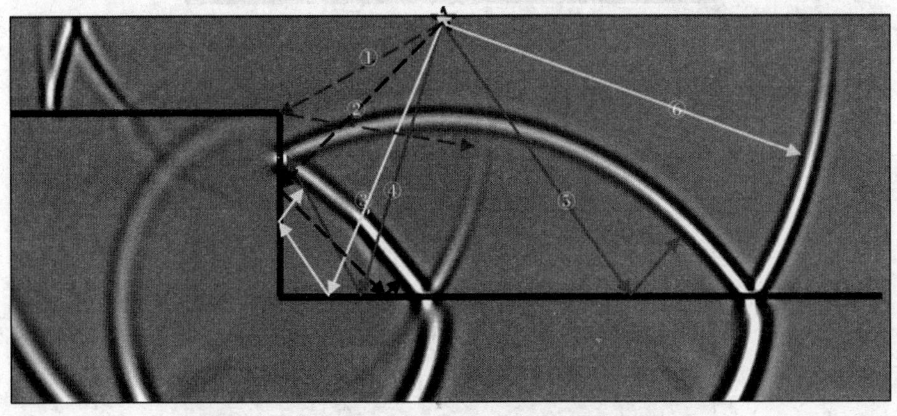

图2 波前快照

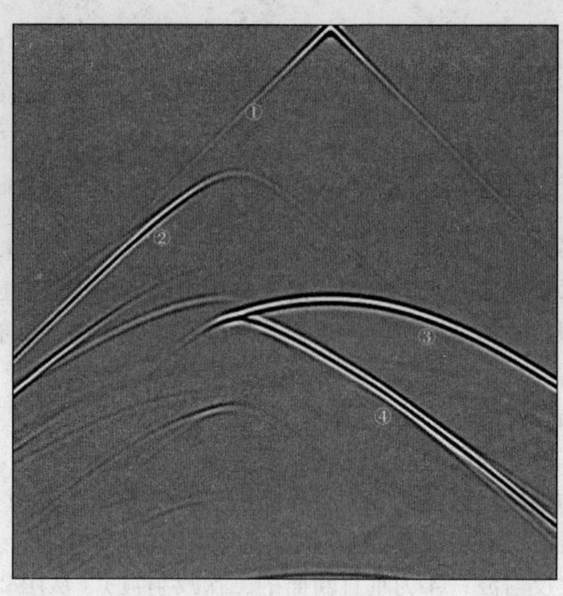

图3　单炮记录

2.1.2　偏移试处理分析

图4给出的是二维速度模型，模型中包含有垂直、倾角大于和小于90°的6个断面。图5为采用常规成像条件[公式(4)]的成像剖面，可见，平反射层得到了很好的成像，但6个高陡构造断面没能成像。图6为采用总成像条件[公式(6)]的成像剖面，可见，平反射层和6个高陡构造断面都得到了很好的成像。

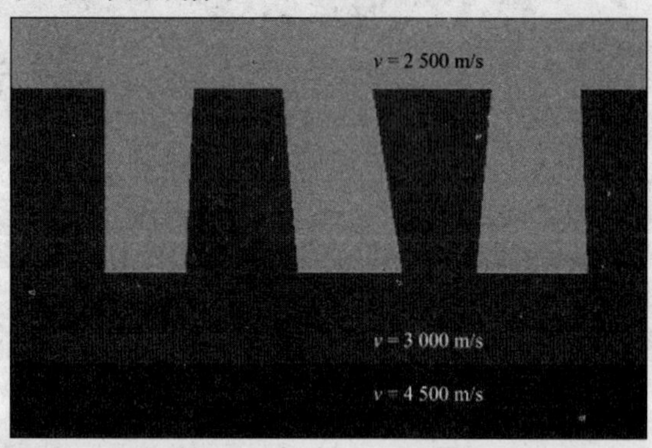

图4　二维高陡构造速度模型

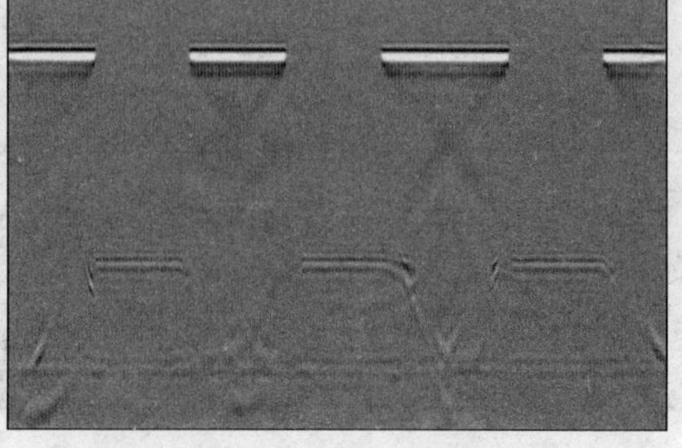

图5　采用公式(4)作为成像条件的偏移剖面

图6　采用公式(6)作为成像条件的偏移剖面

图7(a)给出的是三维速度模型，模型中包含直角和半圆形构造；图7(b)为垂向速度剖面[图7(a)中虚线处]，存在倾角大于90°的断面。图8为采用本文方法处理的偏移结果，可以看到，大于90°的断面得到了很好的成像。

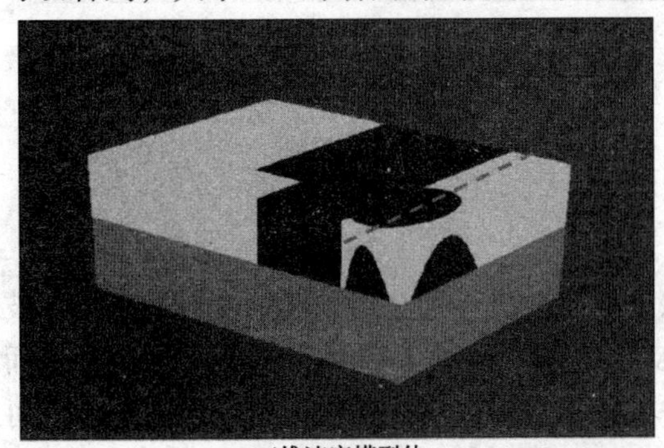

(a) 三维速度模型体

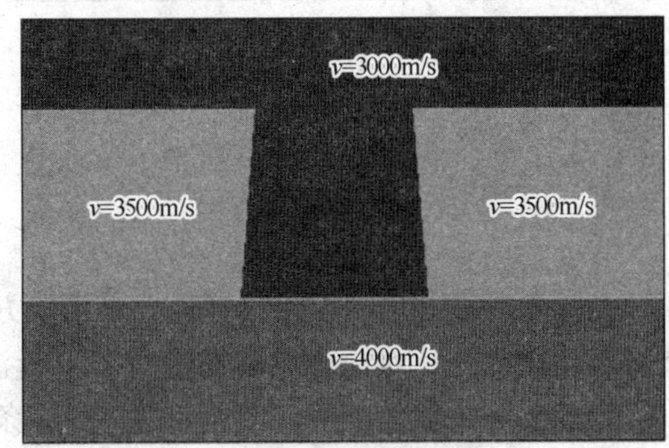

(b) 垂向速度剖面

图7　三维高陡构造速度模型

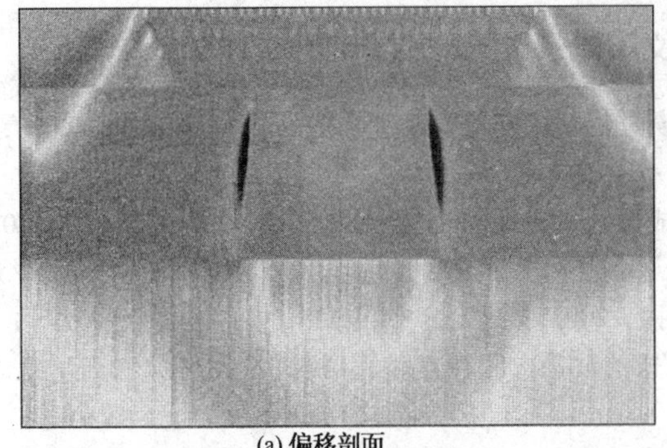

(a) 偏移剖面

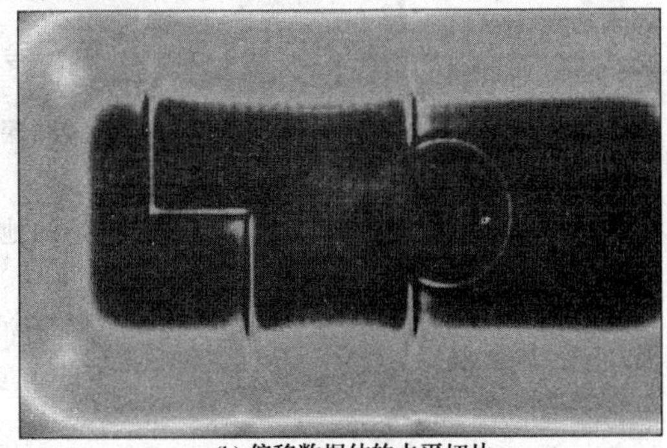

(b) 偏移数据体的水平切片

图8　深度偏移结果

2.2　实际地震资料试处理

采用本文方法对某山前带实际地震资料进行了偏移成像试处理，且与常规方法的处理结果进行了对比。该山前带地下构造较复杂，在常规叠前深度偏移处理的剖面上，层位边界成像较模糊[图9(a)中方框所示位置]，在应用本文方法处理的偏移剖面上，层位边界的成像清晰度得到了明显提高[图9(b)中方框所示位置，为便于对比分析仅考虑了回转波的成像]。

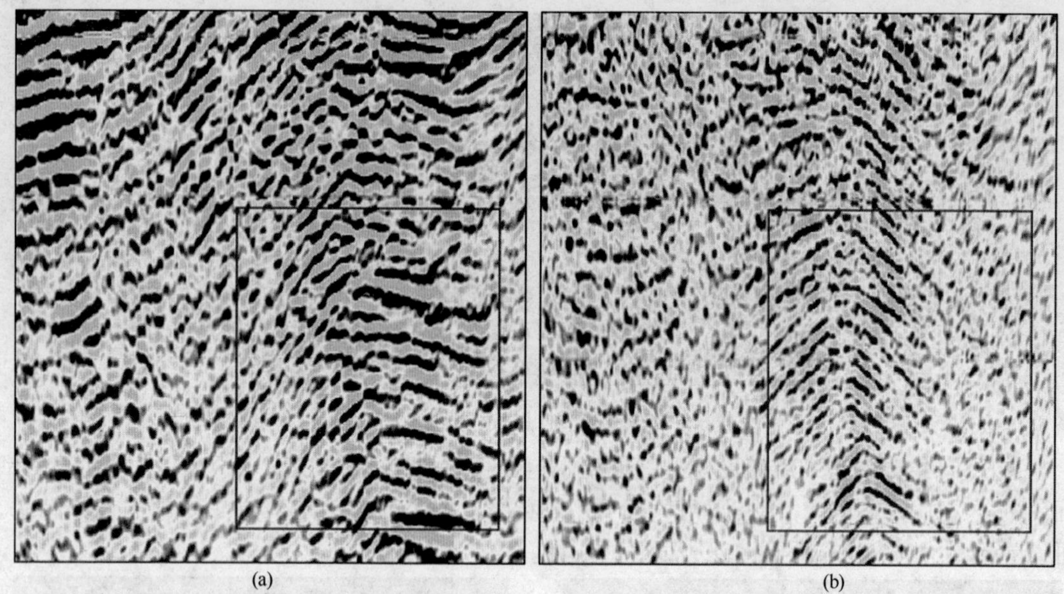

(a)　(b)

图 9　实际地震资料的常规偏移方法(a)和本文方法(b)的叠前深度偏移剖面

3　结束语

基于单程波叠前深度偏移理论，对常规方法进行了改进，即在对检波点波场进行上行波波场延拓之外，还对检波点波场进行了下行波波场延拓，相对于常规叠前深度偏移方法而言，增加了一个成像条件。增加的这一成像条件实际上是对二次反射波进行成像，这样就可以实现倾角大于90°的高陡构造的成像。二维模型、三维模型和实际地震资料的试验处理证实方法是可行和有效的。下一步的工作重点是方法的实用性研究。

参 考 文 献

1　黄兆辉，刘洪累，唐必锐等. 高陡构造地区勘探失误分析及速度建模改进方法[J]. 石油物探，2008，47(3)：301～305

2　伍志明，李亚林，贺振华等. 高陡复杂构造的地震成像技术进展[J]. 天然气工业，2004，24(2)：40～43

3　方伍宝. 三维叠前深度偏移的建模技术[J]. 石油物探，2002，41(2)：132～135

4　刘礼农，陈树民，张剑锋等. 稀疏采样下陡角度构造的波动方程深度偏移成像[J]. 地球物理学报，2006，49(5)：1452～1459

5　张宇，徐升，张关泉. 真振幅全倾角单程波方程偏移方法[J]. 石油物探，2007，46(6)：582～587

6　方伍宝，孙建国，赵改善等. 波动方程叠前深度偏移成像软件系统的研制及应用[J]. 石油物探，2005，44(5)：486～490

7　马淑芳，李振春. 波动方程叠前深度偏移方法综述[J]. 勘探地球物理进展，2007，30(3)：153～161

8　程玖兵，马在田，陶正喜等. 山前带复杂构造成像方法研究[J]. 石油地球物理勘探，2006，41(5)：525～529

9　Zhang Y，Xu S，Zhang G Q. Imaging complex salt bodies with thrning-wave one-way equation[J]. Expanded Abstracts of 76th Annual Internat SEG Mtg，2006，2323～2327

10 Xu S Y, Jin S W. Wave equation migration of turning waves[J]. Expanded Abstracts of 76th Annual Internat SEG Mtg, 2006, 2328 ~ 2332

11 Jin S W, Xu S Y. One-return wave equation migration: imaging of duplex waves[J]. Expanded Abstracts of 76th Annual Internat SEG Mtg, 2006, 2338 ~ 2342

12 Xie X B, Wu R S. A depth migration method based on the full-wave reverse-time calculation and local one-way propagation[J]. Expanded Abstracts of 76th Annual Internat SEG Mtg, 2006, 2333 ~ 2337

13 Liu F Q, Zhang G Q. Reverse-time migration using one-way wavefield imaging condition[J]. Expanded Abstracts of 77th Annual Internat SEG Mtg, 2007, 2170 ~ 2174

14 Zhang J, McMeChan G A. Turning wave migration by horizontal extrapolation[J]. Geophysics, 1997, 62(1): 291 ~ 296

三维多分量地震资料处理技术研究

黄中玉[1]　曲寿利[1,2]　王于静[2]　赵改善[2]　魏修成[1]　徐亦鸣[2]　余　波[2]

(1. 中国石化石油勘探开发研究院，北京100083；
2. 中国石化石油物探技术研究院，江苏南京210014)

摘要：在三维多分量地震资料处理中，鉴于多分量的矢量波场特征和转换波传播路径非对称的特殊性，研究和开发了适合多分量地震资料处理的专用方法。这些处理方法包括：三维多分量地震资料的水平分量旋转、多分量叠前去噪、转换波静校正、纵波和横波垂直速度比计算、转换波共渐进线转换点面元和共转换点面元抽取、各向异性叠加速度分析、各向异性动校正、叠前时间偏移速度分析、直射线和弯曲射线的各向异性叠前时间偏移等，由此组成了最基本的三维多分量地震资料处理流程。将上述处理流程应用于实际三维多分量地震资料的处理，取得了令人满意的处理效果。

关键词：多分量　各向异性　共渐近线转换点面元　共转换点面元　叠前时间偏移

多分量地震记录的矢量波场特征和地震波场中的转换波(C 波)在传播过程中表现为射线路径非对称性，横波(S 波)在低速带和各向异性介质中传播时受各向异性影响更大，多分量采集往往采用大偏移距观测系统而导致时距曲线的非双曲性等特点，使得多分量和C 波资料的处理与单一纵波(P 波)资料的处理不同，具有一定的特殊性和难度。因此，充分利用多分量地震资料，建立C 波非对称传播路径的数据处理基本思路，考虑各向异性对C 波资料处理的影响和建立适应大偏移距资料采集的C 波地震资料处理方法，已成为近年来多分量地震技术的研究热点。

Alkhalifah 等(1995)针对具有垂向对称轴的横向各向同性(VTI)介质推导出了P 波各向异性旅行时公式，解决了P 波各向异性处理的基本问题；对于各向同性介质的C 波处理，Garotta 等(1982)总结了C 波资料在处理和解释时可能遇到的特殊问题和难点；王维佳等(1983)提出了转换波横波速度分析和转换波双平方根动校正处理方法；黄中玉等(1986)提出了共转换点成像方法，解决了从转换波资料中扫描分析出横波叠加速度，按转换波非对称路径进行动校正以及实现共转换点叠加的转换波处理中的基本问题；对于各向异性介质，Li 等(2001)给出了VTI 介质的C 波各向异性非双曲线的时距公式，奠定了多分量地震资料各向异性处理的理论基础，研发出相应的处理模块，促进了各向异性介质的多分量地震资料处理。

本文介绍了三维多分量各向异性处理的基本流程和关键技术环节，主要包括多分量地震资料的水平分量旋转、叠前去噪处理、建立各向异性速度模型、C 波各向异性叠前时间偏移以及适应大偏移距C 波资料处理的层状各向异性叠前时间偏移方法等，将这些处理方法应用于中国西部地区的实际三维转换波资料处理并获得了良好的应用效果。

1 三维多分量地震资料处理流程

三维多分量地震资料处理除了需要用到常规纵波处理的模块之外，针对转换波资料的特殊性专门开发了一些特殊处理模块。由此组成的三维多分量地震资料最基本的处理流程如图1所示，其中包括：

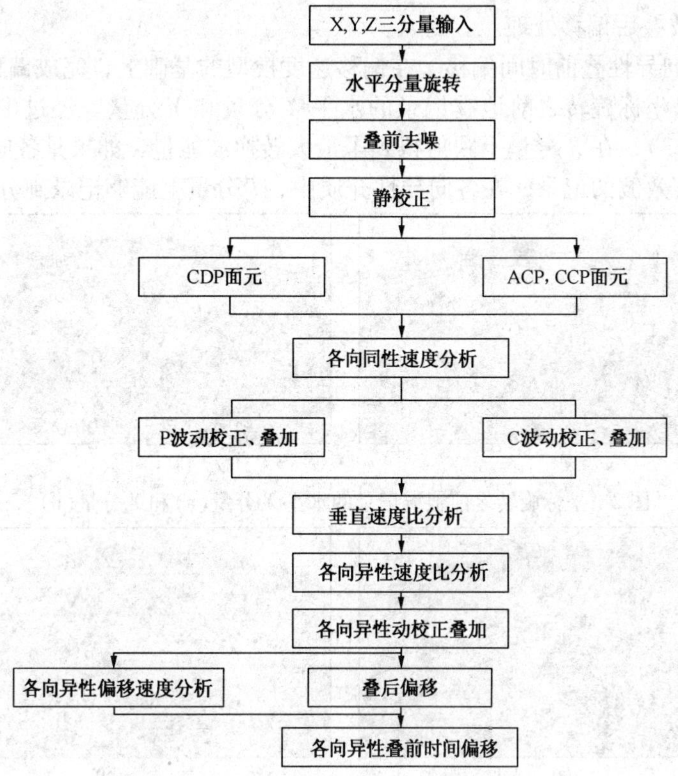

图1 三维多分量地震资料处理基本流程

(1) 水平分量的坐标旋转。将在三维观测系统下记录的水平 X 分量和 Y 分量，按 Alford (1986)提出的公式旋转到沿炮检点方向和切线方向的 R 分量和 T 分量。

(2) 三分量叠前去噪处理。除了常规去噪方法可以用于单个分量的去噪处理外，偏振或极化滤波能更有效地消除面波干扰，保持体波的有效频率成分。

(3) C 波静校正处理。C 波与 P 波的静校正方法有所不同，关键在于如何得到近地表浅层横波速度。目前从地震资料中直接反演横波速度的方法有两种，一种是从水平分量资料中拾取横波折射波的初至，然后做横波初至反演，得到近地表浅层横波速度；另外一种方法是用瑞利面波的频散曲线特征反演近地表横波速度。然后，将这种由反演得到的横波速度用于 C 波静校正处理。

(4) 抽取 CDP，ACP 或 CCP 面元。对 C 波资料，必须抽出共渐进线转换点(ACP)或共转换点(CCP)面元。从 CDP 面元完成 P 波速度分析和初始叠加，从 ACP 面元完成 C 波资料各向同性速度分析和初始叠加。

(5) P 波和 S 波垂直速度比交互分析。根据反射波组的构造形态、波组特征、走时关系以及其他信息，在输入的 P 波和 C 波初叠剖面中选取几个标志层进行同层反射波组匹配标定，确定垂直速度比(γ_0)。

(6) C 波各向异性速度分析。分析 C 波叠加速度、有效速度比和 C 波各向异性参数。

(7) C 波各向异性动校正和叠加。需要考虑大炮检距和各向异性对 C 波旅行时的影响。

(8) C 波各向异性叠前偏移速度分析。利用各向异性动校正速度模型作为偏移速度的初始模型，进行各向异性叠前偏移处理，对共成像点(CIP)面元做反动校正，重新进行各向异性速度分析，在速度谱上调整速度，以获得新的偏移速度。

(9) C 波叠后偏移处理。这是一种等效处理方法，采用等效 C 波速度，就可以利用常规偏移模块完成 C 波叠后偏移处理。

(10) C 波各向异性叠前时间偏移。在偏移速度模型的基础上，完成偏移成像处理。

图 2 显示的是坐标旋转之前地震记录的水平 X 分量和 Y 分量。经过坐标旋转后得到 R 分量和 T 分量(图 3)，在 R 分量上映射得到了最大转换波能量，如果是各向同性介质，在 T 分量上没有任何有效波的记录，在各向异性介质中，T 分量上能够记录到分裂的横波信息。

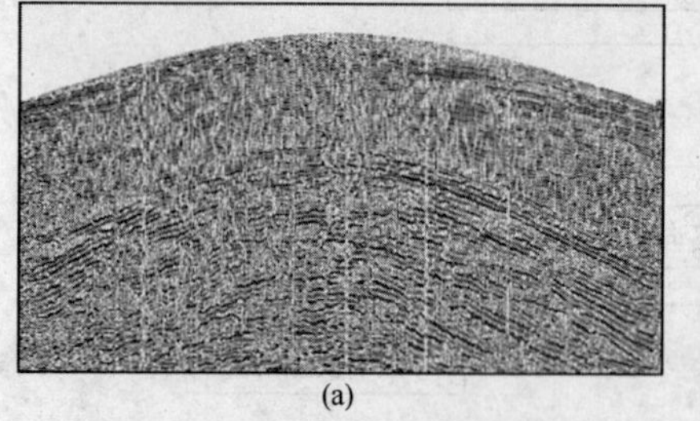
(a)

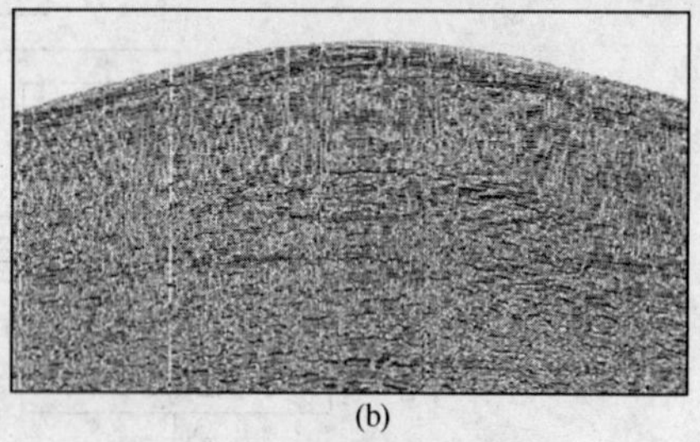
(b)

图 2　坐标旋转之前地震记录的水平 X 分量(a)和 Y 分量(b)

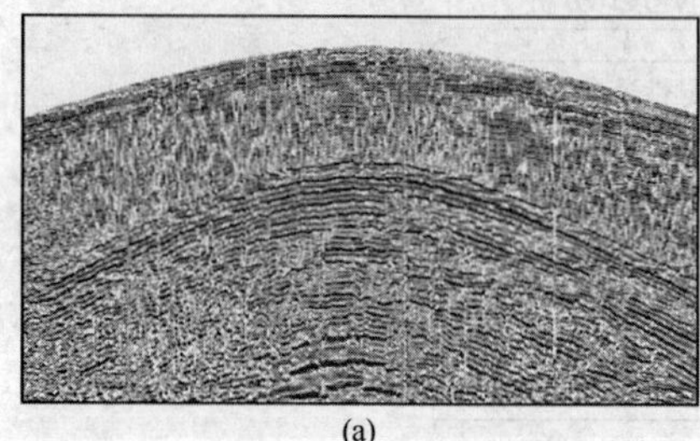
(a)

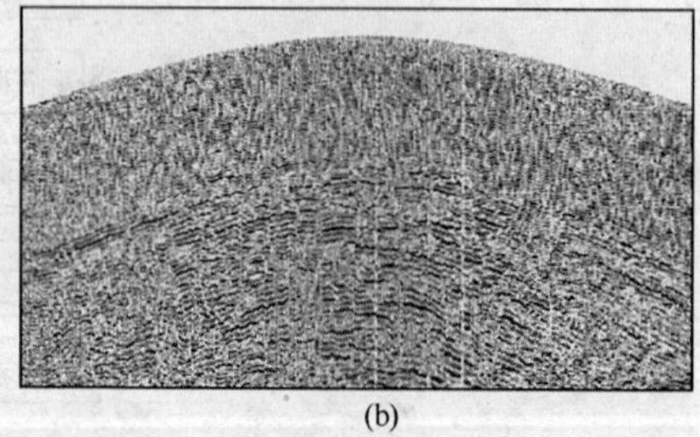
(b)

图 3　坐标旋转后地震记录的 R 分量(a)和 T 分量(b)

偏振滤波的最大优点是在不破坏 C 波有效低频成分的前提下压制同样低频的面波。图 4 是二维三分量的原始炮集记录，由于面波的发育而压制了有效波能量(图 4 中方框内)。图 5 是偏振滤波后的三分量炮集记录，面波得到很好的压制，有效波振幅突出。

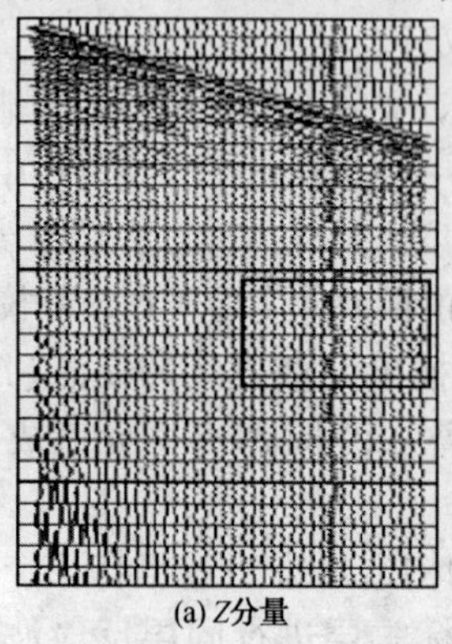
(a) Z分量

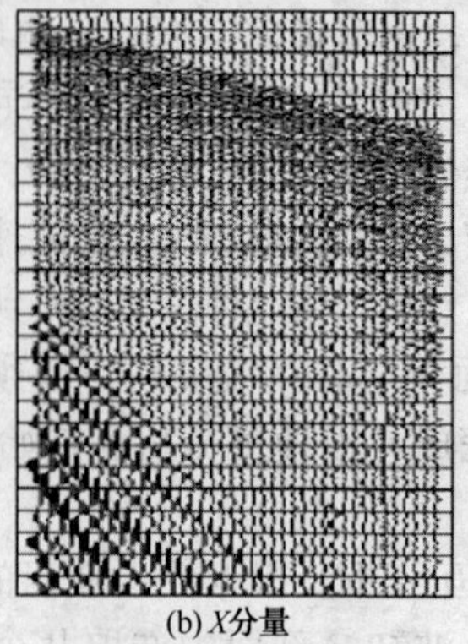
(b) X分量

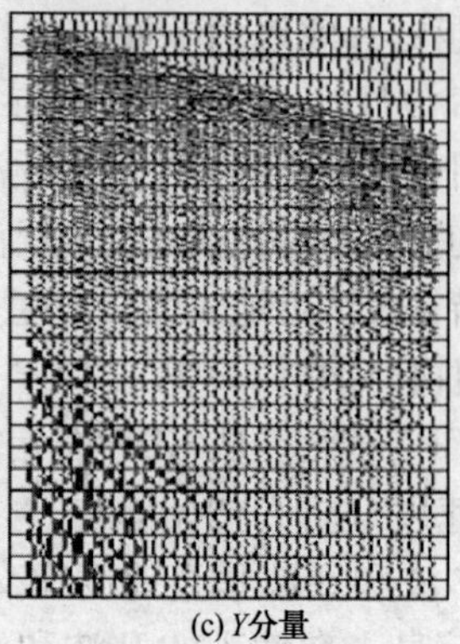
(c) Y分量

图 4　偏振滤波前原始炮集的三分量记录

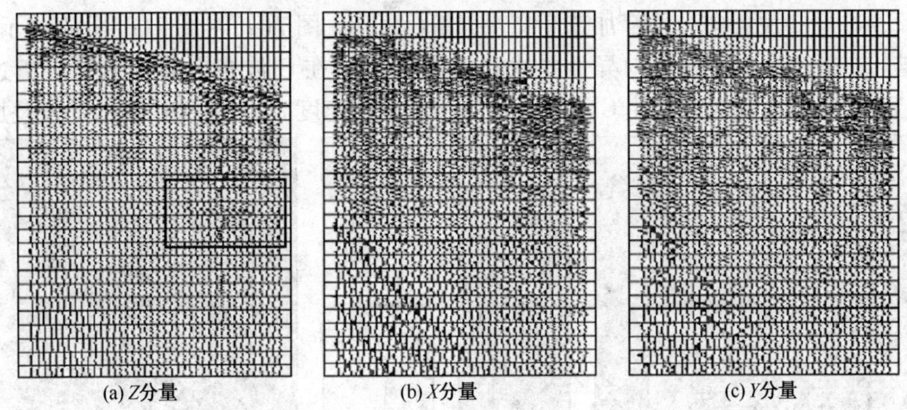

图5 偏振滤波后的三分量记录

2 三维C波速度建模

三维C波速度建模建立在各向异性速度分析的基础上，C波速度分析的基本公式考虑了大偏移距和各向异性参数对C波旅行时的影响，因此，C波的非双曲线时距公式为

$$t_c^2 = t_{c0}^2 + \frac{x^2}{v_{cn}^2} - \frac{(\gamma_{iso} - 1)}{\gamma_{iso} v_{cn}^2} \cdot \frac{[\gamma_{iso} - 1 + 8\chi_{eff}/(\gamma_{iso}^2 - 1)]x^4}{4t_{c0}^2 v_{cn}^2 + [\gamma_{iso} - 1 + 8\chi_{eff}/(\gamma_{iso}^2 - 1)]x^2} \tag{1}$$

式中，t_c 表示偏移距为 x 处的C波旅行时；t_{c0} 表示零偏移距处的C波双程旅行时；v_{cn} 为C波的叠加速度；γ_{iso} 为P波和C波的有效速度比；χ_{eff} 为C波的各向异性参数。公式(1)在偏移距和深度的比值为2.5的条件下依然精确。

在实际三维C波各向异性速度建模中，除了需要求取 v_{cn}，γ_{iso} 和 χ_{eff} 外，还需要确定P波和S波的垂直速度比(γ_0)。这4个参数的求取过程为：

首先，从P波和C波的初叠剖面中选取几个主要反射波组作为标志层，通过波组的构造形态、特征、走时关系以及资料的其他信息，应用垂直速度比交互分析技术，对两种剖面的同层反射波组进行标定对比，确定垂直速度比 γ_0(图6)。

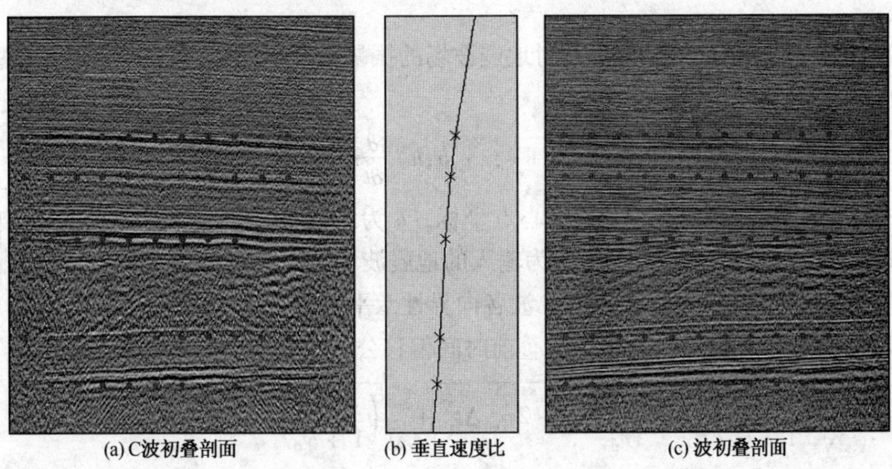

图6 纵波和横波垂直速度比分析结果

然后，进行 C 波各向异性叠加速度交互分析(图 7)。图 7(a) ~ 图 7(d)分别显示的是叠加速度谱、有效速度比谱、各向异性曲线和 ACP 面元。在 C 波各向异性速度分析过程中，先将 γ_{iso} 和 χ_{eff} 置为 0 或常数，在 C 波速度谱上拾取叠加速度 v_{cn}，得到 C 波的动校叠加速度。

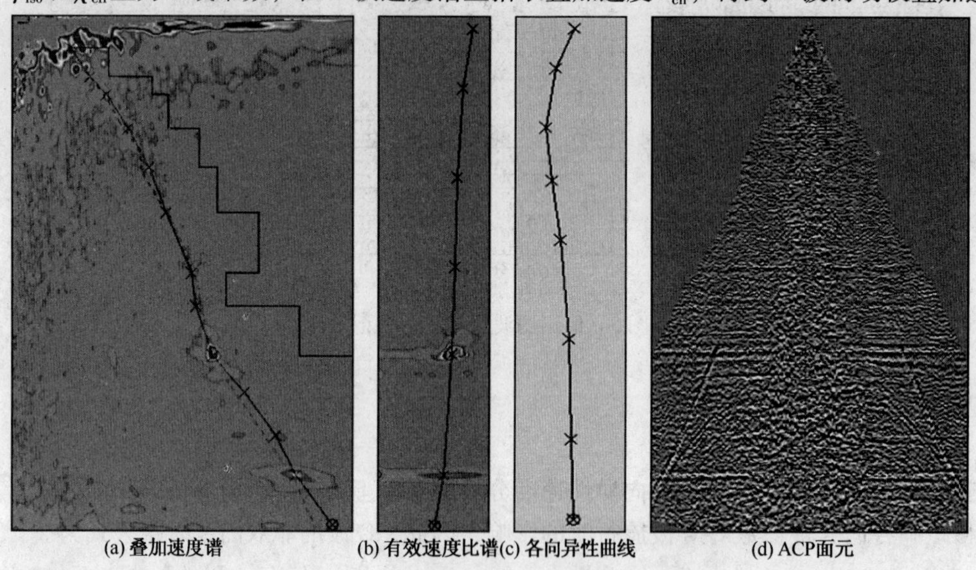

(a) 叠加速度谱　(b) 有效速度比谱　(c) 各向异性曲线　(d) ACP面元

图 7　三维转换波各向异性叠加速度分析结果

其次，在有效速度比谱上拾取 γ_{iso}，有效速度比的基本分布规律为从浅至深其值由大变小，在能量相干谱上拾取最大值，并依照有效速度比的基本分布规律拾取其他位置上的有效速度比。

最后，在各向异性曲线上拾取 χ_{eff}。每次交互分析都要根据 ACP 面元的校正效果，评估参数拾取得是否合适，从而确定 C 波各向异性速度场，并且完成 C 波各向异性的动校正和叠加处理，以评估和确定最终的各向异性速度场。

3　三维 C 波各向异性叠前时间偏移

叠前时间偏移的克希霍夫算法是对地震波场的振幅沿绕射曲线进行加权求和的过程，其积分表达式为

$$I(\tau, y, h) = \int W(\tau, y, b, h) \frac{\partial}{\partial t} u(\tau, y, b, h) \mathrm{d}b \tag{2}$$

式中，h 为 1/2 炮检距；y 为共中心点坐标；b 为绕射成像点偏离中心点的距离；W 为加权函数；I 为时间 τ 的成像结果；u 为输入的地震波场。当下行波为 P 波上行波为 S 波时，式(2)就是 C 波的绕射偏移公式。用 C 波各向异性双平方根公式中的走时 t_c 代替(2)式中的 τ，就可以得到 C 波各向异性克希霍夫叠前时间偏移公式，其中，t_c 可表示为

$$t_c = \sqrt{\left(\frac{t_{c0}}{1+\gamma_0}\right)^2 + \frac{(x+h)^2}{v_{pn}^2} - 2\eta_{eff}\Delta t_P^2} + \sqrt{\left(\frac{\gamma_0 t_{c0}}{1+\gamma_0}\right)^2 + \frac{(x-h)^2}{v_{sn}^2} + 2\zeta_{eff}\Delta t_s^2} \tag{3}$$

式中，v_{pn} 和 v_{sn} 分别为 P 波和 S 波的速度；η_{eff} 和 ζ_{eff} 分别为 P 波和 S 波的各向异性参数。这些参数都可以从 γ_0，v_{cn}，γ_{iso} 和 χ_{eff} 这 4 个参数中派生出来。公式(3)是基于单层介质的各

向异性三维 C 波克希霍夫叠前时间偏移的经典公式，是一种直射线的偏移算法。

将各向异性叠加速度模型作为偏移速度的初始模型，进行三维 C 波的偏移速度分析。在利用公式(3)进行三维 C 波偏移速度交互分析时，我们发现一种普遍现象：各向异性叠加速度模型对近道的偏移是合适的，但在远偏移距处的共成像点(CIP)面元中总是会出现偏移校正不平的现象，增大偏移速度这种过偏现象依然存在，在处理中一般用切除的方法切掉这些有效信号。为了不损失这些有效信号，我们引入层状介质弯曲射线的思路[9]，对公式(3)进行了修改：

$$t_{ps}=\sqrt{t_{p4}^2\left(1+\frac{1}{2}k\frac{c_{4p}x_p^6}{t_{p4}^2}\right)^2-2\eta_{eff}\Delta t_p^2}+\sqrt{t_{s4}^2\left(1+\frac{1}{2}k\frac{c_{4s}x_s^6}{t_{s4}^2}\right)^2+2\zeta_{eff}\Delta t_s^2} \tag{4}$$

其中，

$$t_{p4}=\sqrt{c_{1p}+c_{2p}x_p^2+c_{3p}x_p^4}$$

$$t_{s4}=\sqrt{c_{1s}+c_{2s}x_s^2+c_{3s}x_s^4}$$

$$\Delta t_p^2=\frac{(x+h)^4}{v_{pn}^2[t_{c0}^2v_{pn}^2/(1+\gamma_0)^2+(1+2\eta_{eff})(x+h)^2]}$$

$$\Delta t_s^2=\frac{(x-h)^4}{v_{sn}^2[t_{c0}^2v_{sn}^2\gamma_0/(1+\gamma_0)^2+(x-h)^2]} \tag{5}$$

式中，c_{ip}和c_{is}($i=1$，2，3，4)分别为与纵波和横波层速度有关的系数；k 是常数项。由此，我们建立了层状介质弯曲射线的三维 C 波各向异性克希霍夫叠前时间偏移算法。利用公式(3)建立的各向异性速度模型和公式(4)，就能够对三维 C 波资料进行弯曲射线的各向异性克希霍夫叠前时间偏移处理。对常数项 k 做适当的调整，可以获得不同的偏移效果。

图 8a 和图 8b 分别显示了采用直射线算法[公式(3)]和弯曲射线算法[公式(4)]对 A 区某三维 C 波地震资料进行各向异性叠前时间偏移得到的 CIP 面元，两种偏移算法采用了相同的偏移速度模型，CIP 面元从左到右偏移距由大到小。图 8a中的 CIP 面元反射同相轴逐渐上翘，远道出现明显的过偏现象(矩形框内)，图 8b 中的 CIP 面元由于采用了新的地震波走时计算公式，其远道的过偏现象有明显改善。

图 9 显示了应用两种算法得到的各向异性叠前时间偏移剖面，矩形框内展示了 C 波对奥陶系不整合面构造的成像效果以及可能是由缝洞引起的“串珠状”的成像特征(图 9 中矩形框右侧)。图 9a 中目的层成像模糊，低频化现象严重(见矩形框内)；而图 9b 中目的层的分辨率得到了明显提高，反射界面连续，绕射波收敛，断点更加清晰，剖面上的“串珠状”特征更加明显。

分别采用直射线算法和弯曲射线算法对 B 区某三维 C 波地震资料的两束线进行了各向异性叠前时间偏移，两种方法得到的偏移剖面(局部)和 CIP 面元的部分远道如图 10 和图 11 所示。图 10 中的 CIP 面元反射同相轴存在过偏移现象，浅层比深层更明显，在偏移剖面上，2.6s 处的反射波组不能连续追踪，波组关系不明确。方框内的反射波能量横向突变，低频化明显。图 11 中的 CIP 面元反射同相轴过偏现象得到很好的改善，在偏移剖面上，2.6s 处的反射波组可连续追踪，方框内的反射波能量横向均匀，连续性好，没有出现低频化现象，整个剖面的成像质量得到明显提高。

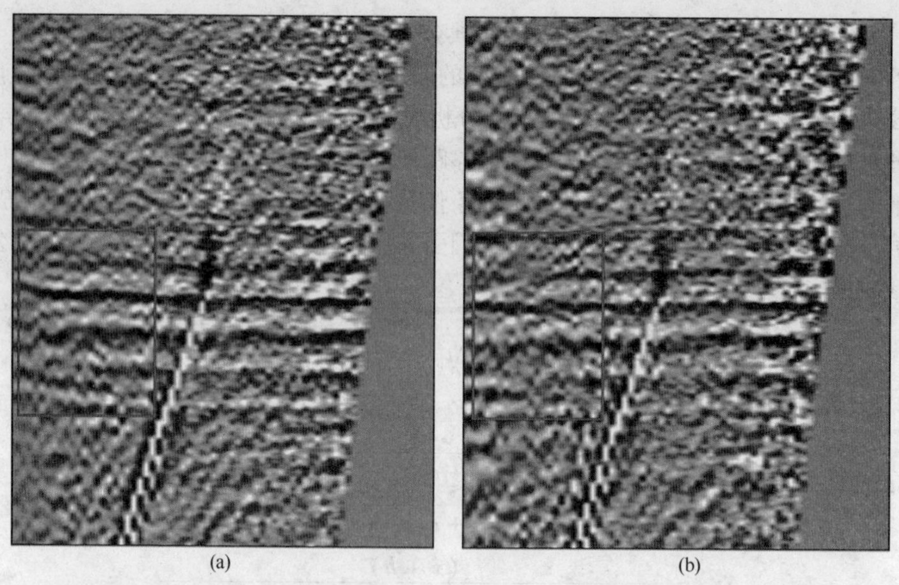

图 8　采用直射线算法(a)和弯曲射线算法(b)得到的 C 波各向异性叠前时间偏移 CIP 面元

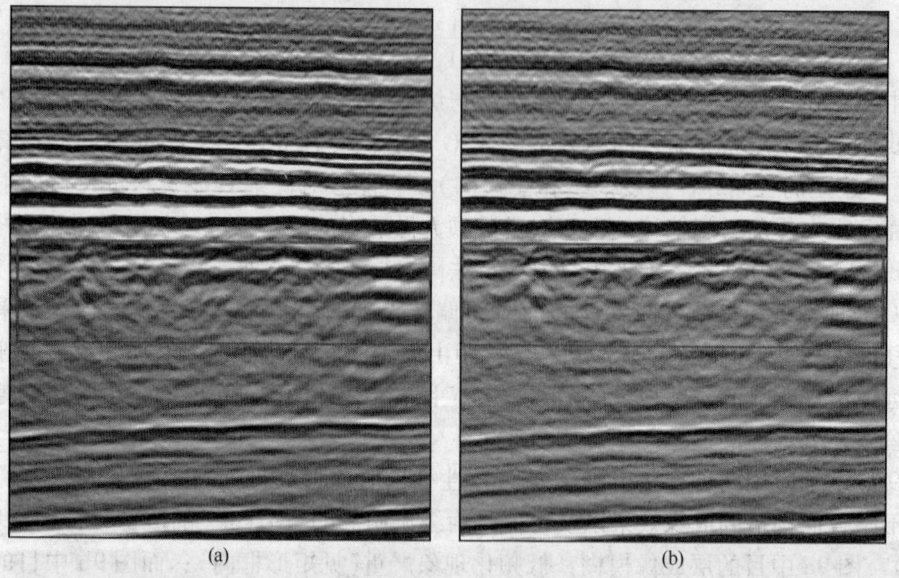

图 9　采用直射线算法(a)和弯曲射线算法(b)得到的 C 波各向异性叠前时间偏移剖面

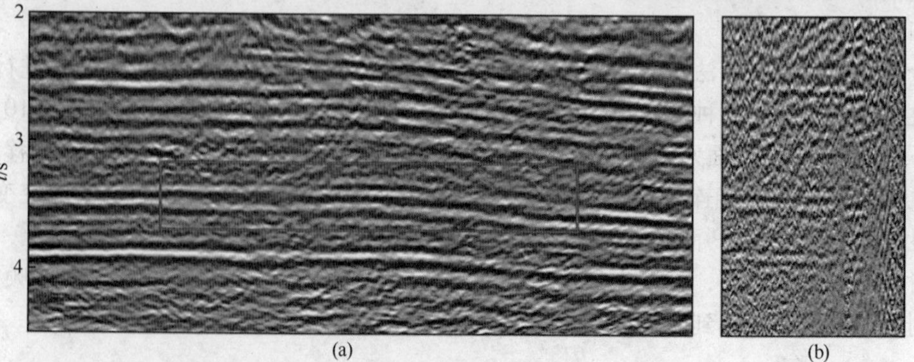

图 10　采用直射线算法得到的 C 波叠前时间偏移剖面(a)和部分远道的 CIP 面元(b)

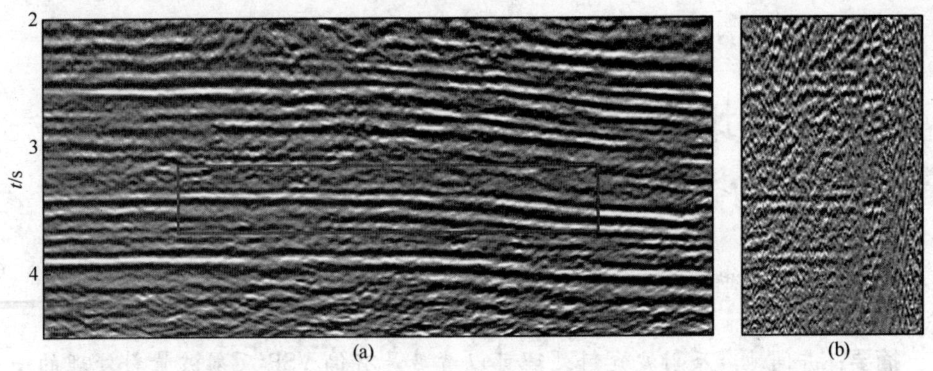

图 11 采用弯曲射线算法得到的 C 波叠前时间偏移剖面(a)和部分远道的 CIP 面元(b)

4 结束语

由于多分量和转换波的特殊性，我们开发了适合三维多分量地震资料处理的专用处理模块，展示了水平分量旋转、三分量偏振滤波、各种面元(ACP，CCP)的抽取、各向异性速度建模以及各向异性叠前时间偏移技术等，由此建立了三维多分量地震资料处理的基本流程，实现了对三维多分量地震资料的处理。在直射线各向异性叠前时间偏移算法的基础上，发展了层状介质的弯曲射线三维 C 波各向异性叠前时间偏移算法，该方法特别适合对偏移距和深度的比值大的数据进行处理。实际三维 C 波地震资料的处理表明上述处理流程和方法是有效和实用的。

参 考 文 献

1 Alkhalifah T, Tsvankin I. Velocity analysis for transversely isotropic media[J]. Geophysics, 1995, 60(5): 1550~1566

2 Garotta R, Michon D. Comparisions Between P-SH-SV and Converted Waves[J]. Expanded Abstracts of 52nd Annual Internat SEG Mtg, 1982, 61~63

3 王维佳，徐亦鸣，何晓冬. 纵波与转换波联合勘探[J]. 石油物探，1983，22(1)：84~94

4 黄中玉，谢康年. P-SV 波叠前反射点水平偏移[J]. 石油物探，1986，25(2)：34~40

5 Li X Y. Converted-wave moveout analysis revisited: the search for a standard approach[J]. Expanded Abstracts of 73th Annual Internat SEG Mtg, 2003, 805~808

6 Dai H C, Li X Y. Anisotropy migration and model building for 4C seismic data: A case study from Alba[J]. Expanded Abstracts of 71st Annual Internat SEG Mtg, 2001, 795~798

7 Alford R M. Shear data in the presence of azimuthal[J]. Expanded Abstracts of 56th Annual Internat SEG Mtg, 1986, 476~479

8 黄中玉，高林，徐亦鸣等. 三分量数据的偏振分析及其应用[J]. 石油物探，1996，35(2)：9~16

9 Sun C W, Martinez R D. 3D Kirchhhoff PS-wave prestack time migration for V(z) and VTI media[J]. Expanded Abstracts of 73rd Annual Internat SEG Mtg, 2003, 957~960

井间地震反射波资料处理及应用

曹 辉 郭全仕 唐金良 吴永栓 王世星

(中国石化石油勘探开发研究院南京石油物探研究所，江苏南京210014)

摘要：井间地震反射波资料处理可以看着是有偏VSP反射波资料处理的一种延伸。由于一对井间地震资料相当于近千个有偏VSP，加上反射角度增大以及频率的大幅度提高(约10倍)，因此，它也有自身的一些特点。在分析了井间地震反射波资料特点的基础上，从资料的预处理与反射波成像等方面，系统介绍了资料处理的过程、方法与需要注意的问题，重点介绍了空间属性建立、数据选排(抽道集)、频谱分析、噪声压制以及限角叠加等技术，并给出了实际井间地震资料的处理实例。由于反射角度普遍很大，在叠加时应当采用限角叠加技术；由于频率极高，为了实现良好的同相叠加效果，还要求资料采集有足够高的叠加次数。否则，井间地震反射波成像的效果难以保证。

关键词：井间地震 预处理 空间属性 数据选排 反射成像 分步限角叠加

1 引言

井间地震资料既不同于地面地震资料，也不同于VSP资料，它几乎包含了地震勘探中可能遇到的各种波场，如直达波、折射首波、反射波、绕射波、转换波、散射波、导波、管波、各种转换波以及多次波等。除了这些波场外，井间地震还不可避免地记录了各种干扰。由于观测方式的变化，井间地震的干扰波也与地面地震有着明显的差异。例如，在地面地震勘探中，与地表有关的各种面波干扰非常发育；在井间地震探测中很少发现这类面波，取而代之的是与井筒有关的干扰波，如各种类型的管波等。因此，井间地震的波场特征较为复杂，人们对这些的波场的认识也远没有对地面地震波场的认识深刻。

与地面地震一样，采集到的井间地震资料必须进行处理，才能获得用于解释的资料或图像。R. E. 谢里夫将地面地震资料处理的目的归纳为四点：第一，增强信号，压制噪声，提高信噪比；第二，数据归位(偏移)；第三，从测量数据中提取速度、振幅、频率、极性等属性信息；第四，使成果资料利于用解释人员容易理解的方式进行显示。

井间地震资料处理除了达到这些目的之外，还有其自身的特殊要求：

(1) 在地面地震资料中，反射波场占有绝对的主导地位，是优势波场，各种干扰波相对较弱；与此不同的是，井间地震资料的反射波场相对较弱，能量较强是初至波与管波等波场。因此，要获得良好的反射波成像效果，必须首先在强干扰背景下，分离出高质量的有效一次反射波场。

(2) 井间地震资料具有很高的频率，一般可达到地面地震资料的10倍左右，最高时接近100倍。频率的大幅度升高，会加大资料处理的难度，主要表现在噪声压制与同相叠加等方面。以同相叠加为例，如果地面地震实现同相叠加的道间时差要求小于10ms，则井间地震实现同相叠加的道间时差就必须小于1ms甚至更低。因此，同样的处理方法在地面地震资料处理中能获得很好的效果，但在井间地震资料处理中却未必见效。相对地面地震资料处理的质量控制而言，井间地震的处理误差一般不能超过地面地震误差的十分之一。因此，要想获得好的井间地震资料的处理效果，必须大幅度提高处理精度。

2 处理流程

井间地震反射波资料的处理主要由预处理、反射波场分离、反射波成像三大部分组成，具体处理流程见图1。其中，预处理的主要目的是压制噪声，提高数据的信噪比，并形成各种数据道集，为后续的波场分离和反射成像等做准备；反射波场分离是利用各种波场分离技术，如多域多道滤波、高精度Radon变换等，分离出可用于反射成像的上、下行有效反射波；反射成像则是利用VSP－CDP成像、走时场延拓成像以及偏移成像等技术，将分离出的上、下行反射波转换成类似于地面地震资料的井间地震反射波剖面。

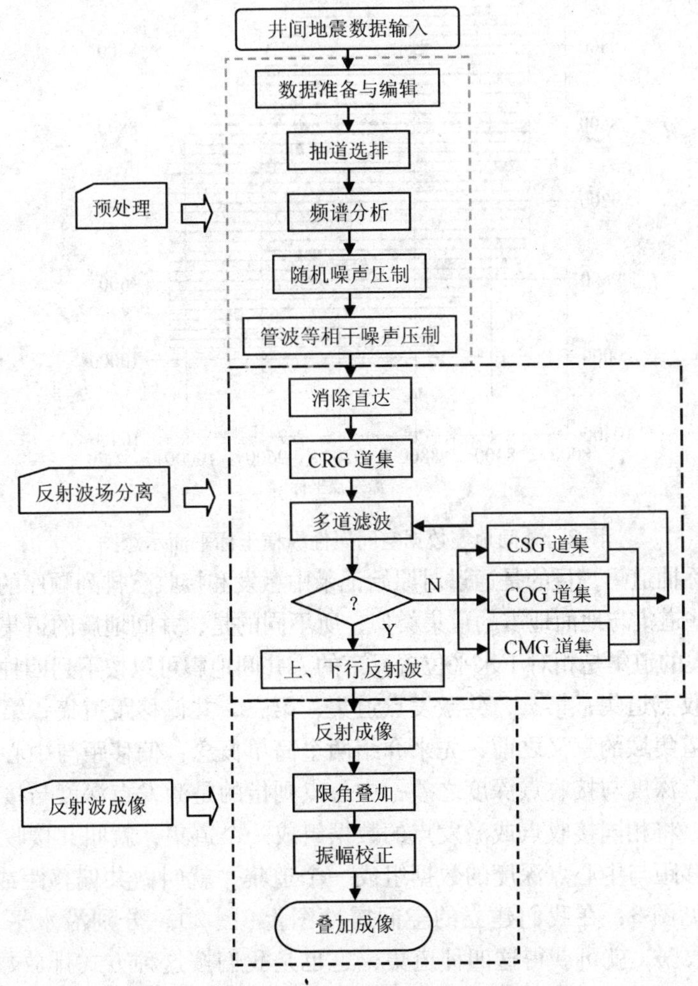

图1 井间地震反射波资料处理流程图

3　资料预处理

地震资料在进行其他处理之前，必需首先进行预处理。与地面地震相比，井间地震资料的预处理内容既有相同之处，也有不同的地方。但预处理的原理基本相同，都是要压制噪声，增强有效信号，提高资料的信噪比。

井间地震资料预处理的内容主要包括：空间属性建立、数据选排(抽道集)、道编辑、频谱分析、随机噪音压制、管波等相干噪声压制等。

这里所说空间属性主要指数据的排列方式。因此，空间属性建立的原则是便于数据的进一步处理和显示。目前，井间地震空间属性常采用的方式是将激发点作为横坐标(X)，接收点作为纵坐标(Y)，时间(T)作为垂直坐标，按三维数据体的方式排列数据，这样做的优点是便于后续的处理。图 2 所示是纵(Y)、横(X)坐标排放的平面示意图。

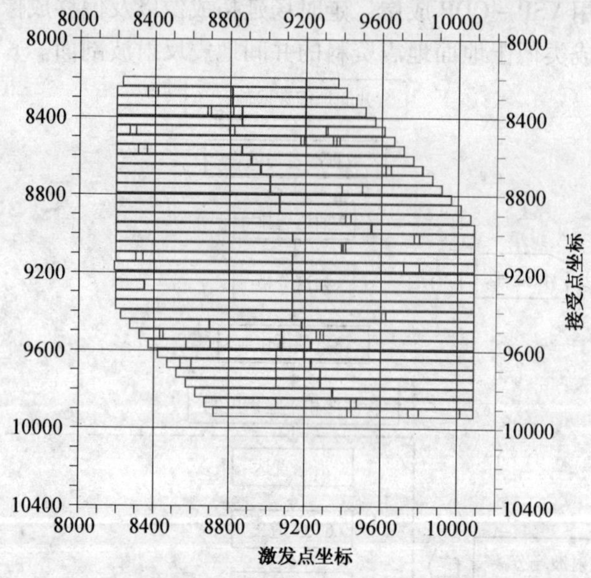

图 2　井间地震数据空间属性纵横坐标平面示意图

数据选排也称抽道集，目的是通过对原始记录中激发和接收点排列顺序的改变，以得到不同的道集域。这些道集与地面地震的道集类似，所不同的是，井间地震的道集是相对于井深而言的，而地面地震的道集是相对于水平位置而言的。井间地震可以按下列四种方式选排：

第一，共接收点道集；第二，共激发点道集；第三，共偏移距道集；第四，共中心点道集。在搞清不同道集域的意义之前，先来介绍两个简单概念：偏移距与中心点。井间地震的偏移距系指激发点深度与接收点深度之差；中心点则指的是激发点深度与接收点深度之和的一半。顾名思义，将相同接收点或激发点的数据组成一个道集，就叫共接收点或共激发点道集；而将相同偏移距与中心点深度的数据组成一个道集，就叫做共偏移距或共中心点道集。道集的空间关系见图 3，在我们建立的空间属性图上(图 2)，分别沿水平、垂直、45°角、315°角方向抽取数据，就可获得这四种道集，这也是我们按这种方式排放数据的主要目的。在后续的资料处理中，只要针对不同波场以及噪声的具体特征，通过变换道集域，就能够较方便地实现去噪与波场分离的目的。

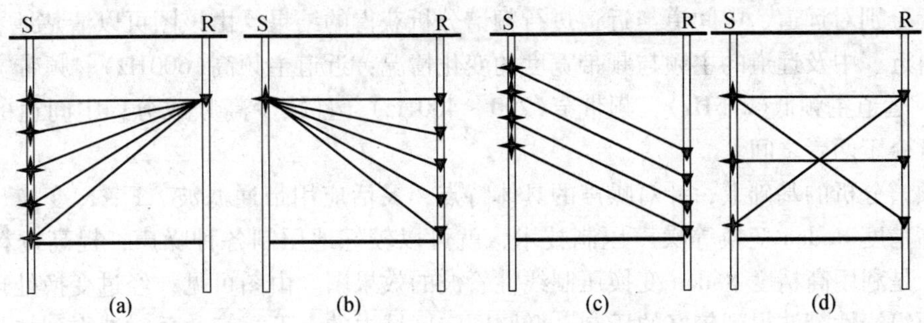

图3　井间地震数据选排(抽道集)空间关系示意图

图中S为激发井，R为接收井。从左至右分别为：(a)共接收点道集(CRG)；(b)共激发点道集(CSG)；(c)共偏移距道集(COG)；(d)共中心点道集(CMG)。

井间地震的道编辑与地面地震的道编辑完全相同，也就是在不同道集中，以直观或其他方式判定所采集资料中的坏炮、坏道及野值等，并将它们剔除(见图5中的101~111道以及195~205道)，以提高资料的信噪比。

频谱分析是数据分析的重要工具，也是为后续的噪声压制以及信噪比提高所做的基础性工作。为了有效地压制噪声，增强有效信号，首先必须全面系统地分析采集资料的频谱特征。在频谱分析方面，井间地震主要进行三方面的工作：第一，整体分析各道集的频谱特征；第二，分析频率随时间与空间的变化关系；第三，进行分频扫描，系统分析信号及噪音的频谱分布特征。图4是一张共接收点道集记录，图中标出了利用(150道，20ms)的矩形窗

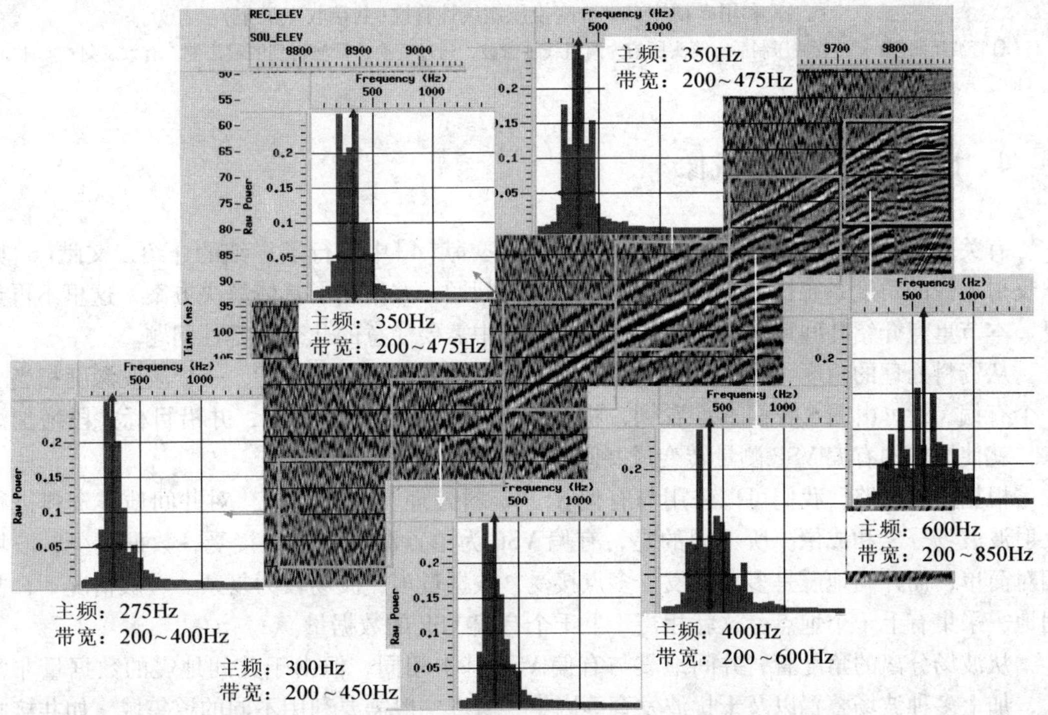

图4　利用(150道，20m/s)的矩形窗由远至近分别对远道、中间道与近道(从左到右)进行谱分析获得的结果(共接收点道集)。远道较近道频率有所降低，频带变窄

由远至近分别对远道、中间道与近道进行频谱分析获得的结果。由该图可以清楚地看出井间地震资料近、中及远道的主频与频带宽度的变化情况：近道主频高(600Hz)、频带宽(200～850Hz)；远道主频低(275Hz)、频带窄(200～400Hz)，且缺少高频成分；中间道的主频与频带宽度介于两者之间。

在频谱分析的基础上，针对噪声的具体特点，灵活应用带通滤波、F－K变换、小波变换以及高精度Radon变换等噪声压制技术，就可以较好地压制各种噪声，提高资料的信噪比。图5是利用高精度Radon变换压制线性管波的效果图。由图可见，经过变换处理，箭头所指的两组线性管波得到较好的压制，椭圆圈定区域内的上下行有效反射波得到加强，资料质量明显改善。

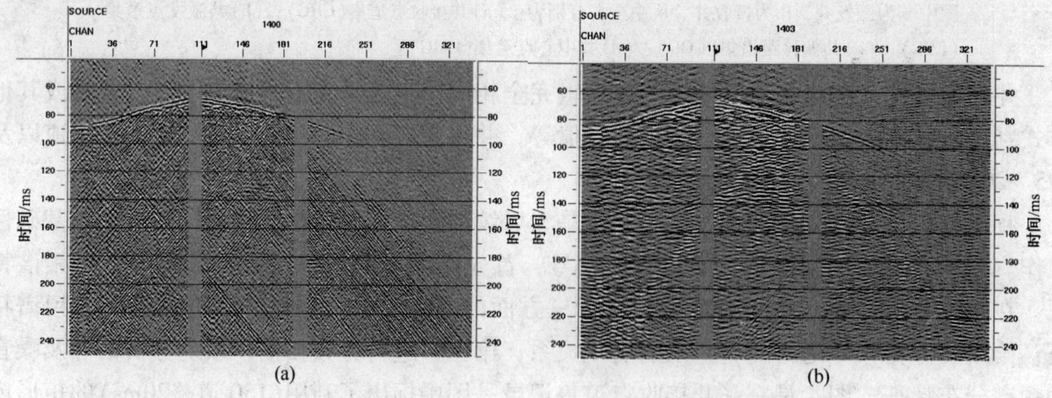

图5　利用高精度Radon变换压制线性管波(共接收点道集)

(a)管波压制前；(b)管波压制后。箭头所指为两组线性管波，通过变换，管波得到明显压制，有效反射(椭圆圈定区域)显著增强

4　反射波场分离与成像

有关井间地震反射波场分离的技术细节已在文献[4]中进行了详细的介绍，文献[6]则从反射成像的角度系统探讨分析了成像中存在的问题，并给出了具体解决方案，这里不再重复。本节重点介绍井间地震反射波场分离与成像中需要注意的几个关键性问题。

从资料处理的角度，我们可以将井间地震观测视为多个有偏VSP，一个激发深度相当于一个有偏VSP。由图6我们不难看到，将有偏VSP的炮点移至井中，并沿目标井段增加炮点，就使原先的有偏VSP测量转变成井间地震测量。

根据这一思路，我们可以采用与有偏VSP资料处理类似的方法，对井间地震资料进行反射波波场分离和成像。所不同的是，有偏VSP为单点激发、多点接受，数据量少，波场相对简单；而井间地震是多点激发、多点接受，数据量多，波场较为复杂。一般情况下，井间地震采集有上千个炮点，这就相当于上千个有偏VSP的数据量。

从波场分离的角度看，井间地震与有偏VSP基本相同。但由于井间地震的数据量非常大，加上多种波场叠置以及干扰波发育等因素，所以一般需要利用不同的道集域，如共接收点道集(CRG)、共激发点道集(CSG)等，对干扰波进行反复压制，并在不同道集域进行波场分离和优化波场分离的结果。

从反射成像的角度看，两者虽然在成像方法上一样，但由于一对井间地震资料相当于上

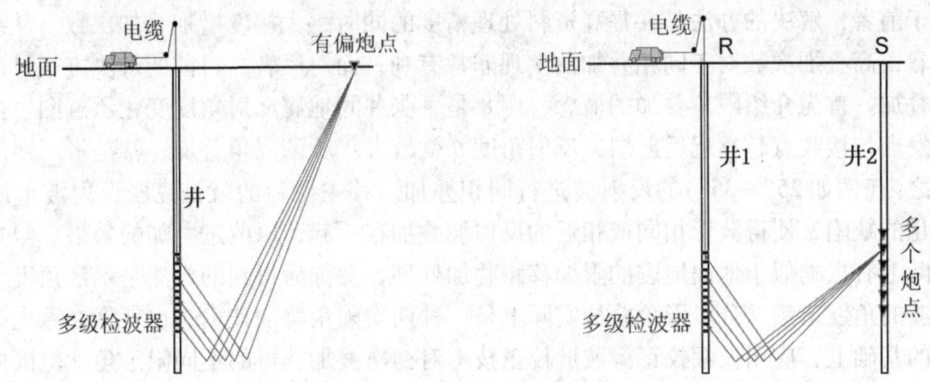

图6 有偏VSP与井间地震激发与接收点位置对比示意图

左：有偏VSP，右：井间地震。R表示接收井，S表示激发井

千个有偏VSP，因此在成像后还需要进行叠加处理。成像后的叠加处理是影响井间地震成像质量优劣的关键因素之一。与地面地震的叠加相比，井间地震反射波场的叠加难度更大，具体表现在两个方面：

第一，资料的频率极高，实现同相叠加的时差就必须很小，一般要小于地面地震的十分之一；

第二，井间地震的反射属于大角度反射波，且反射角变化范围很大。这样，如果将所有反射角的资料在未校正前进行叠加，势必降低同相叠加的效果。图7是一张胜利油田LJ地区的井间地震角度道集剖面，由图可见，随着反射角度的变化，反射波的波形也随之发生很大变化。

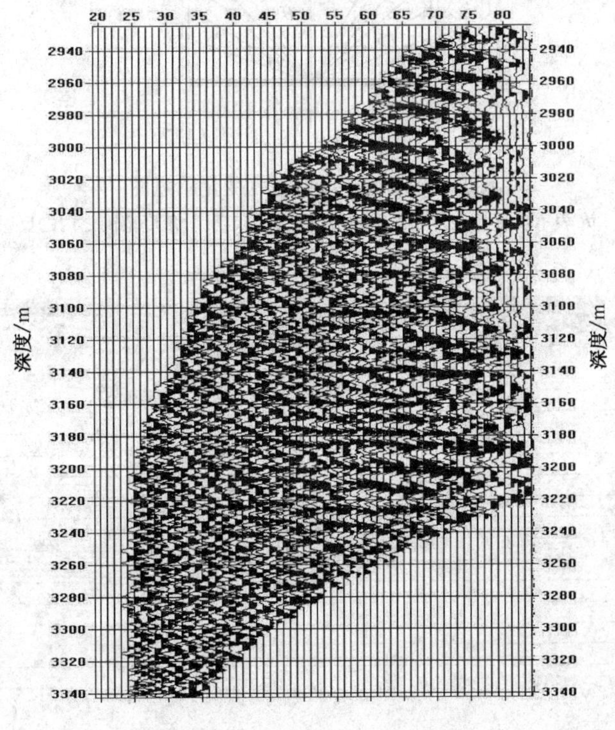

图7 井间地震角度道集剖面

随着反射角度的变化(20°~85°)，反射波形变化很大

对于前者，解决的办法是在提高资料处理精度的同时，大幅度增加叠加次数。从统计学的角度看，高叠加次数对于同相叠加的实现非常有利；而对后者，目前的解决方案是进行分步限角叠加。首先介绍限角叠加的概念。图 8 是一张井间地震反射角度变化示意图。由图可见，激发点与接收点越靠近反射层，反射角度 θ 就越大。所谓限角叠加，就是将一定反射角度范围之内(例如 25° ~ 35°)的反射波进行同相叠加。其主要目的就是克服反射波形随反射角度变化的缺陷，使得波形相同或相近的反射波叠加在一起，以改进叠加的效果。限角叠加处理实际上有点类似于地面地震的限偏移距叠加处理，叠加后得到的仍然是限定角度范围内的反射波的角度道集。分步限角叠加实际上是一种两次限角叠加技术，也就是在原先初次限角叠加的基础上，应用振幅校正等波形校正技术对初次叠加获得的不同限定角度范围内的反射波角度道集进行校正，使得它们的波形趋于一致后，再将所有的角度道集进行最后的叠加，以得到最终的井间地震限角叠加剖面。图 9 所示就是一张应用分步限角叠加技术获得的联井井间地震剖面，该剖面尽管还存在一些陡倾的条带状干扰(特别是剖面中间地带，主要由井间地震特殊观测方式引起)，但整体上反射波层次清楚，同相轴连续性好，且井与井之间闭合的很好，充分说明了反射波成像正确，分步限角叠加技术可行、有效。

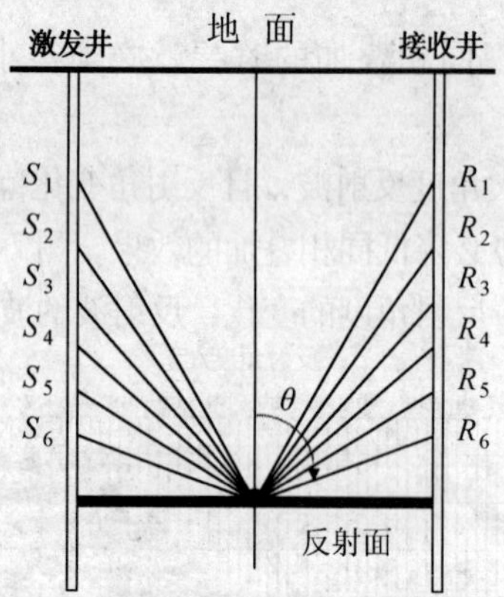

图 8　井间地震反射角度变化示意图

S 表示激发点位置，*R* 表示接收点位置。限角叠加就是将一定反射角度范围之内的反射波进行同相叠加

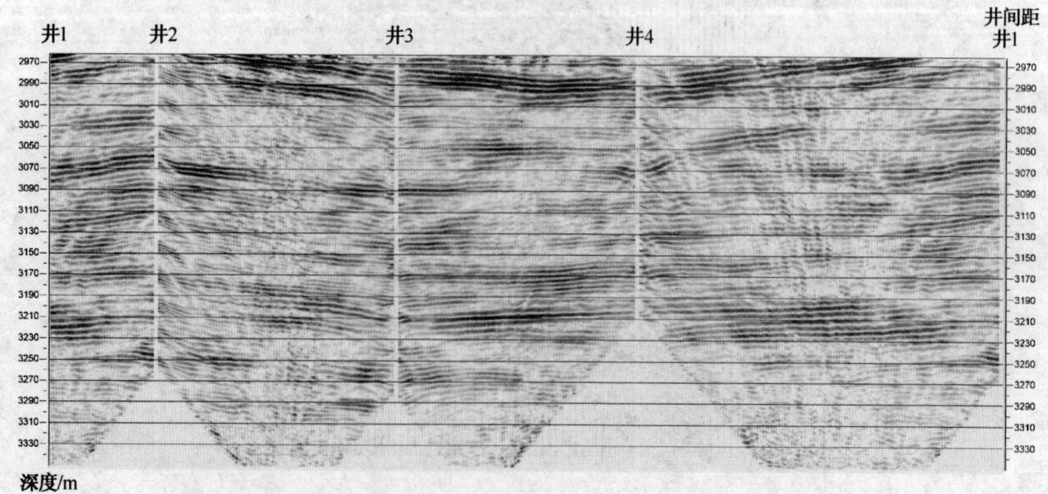

图 9　某地井间地震限角叠加联井剖面，井与井之间闭合较好

需要指出的是，在进行限角叠加之前，应当将超过临界角的反射波去除。根据我们的经验，该地区井间地震反射波的临界角一般在80°左右，而15°以下接收不到有效反射，因此，成像时选择的有效反射波的反射角在15°～80°之间。实际成像中，可以利用声测井资料算出井间地层的反射临界角分步，并依次选择有效反射波参与成像处理。

5 结语

井间地震反射波资料的处理，与地面地震与VSP资料的处理既有相同或相近之处，也有其自身的一些特点。由上述处理过程我们不难看出：

(1) 井间地震资料预处理与地面地震资料预处理的目的基本一致，都是为了压制噪声和提高信噪比。但是，由于面对的对象不同，处理的手段与技巧并不完全相同。一方面，地面地震中广泛发育的与地表有关的面波干扰，在井间地震中不再出现，取而代之的是与井筒有关的管波强干扰；其他类型的噪声特点也存在不同程度的差异。因此，要针对这些噪声的具体特点，选择合适的方法加以消除。另一方面，在地面地震资料中，反射波是优势波场，其他波场相对较弱，因此反射波成像较容易实现；而在井间地震资料中，反射波的能量弱于初至波、管波以及其他一些干扰波的能量，且往往与各种干扰波相互叠置。因此，要进行反射波成像，必须在压制各种干扰和增强有效反射信号的基础上，高质量地分离出有效的上、下行反射波场。

(2) 井间地震的反射波场分离和成像可以看成是有偏VSP波场分离和成像的一种延伸。实际上，一对井间地震资料相当于上千个有偏VSP，因此，井间地震资料处理除了进行反射成像之外，在成像之后还需要进一步进行叠加处理。而井间地震资料不仅频率极高，且属于大角度反射，其叠加的难度极大。从这个意义讲，能否实现同相叠加就成为井间地震反射成像成功与否的关键所在。在实际处理过程中，我们采用分步限角叠加技术，较好地解决了大角度反射波形变化对同相叠加所造成的影响。而对于由于频率升高导致的要求同相叠加时差更小的矛盾，可以通过提高叠加次数来克服。实际资料的处理表明，当叠加次数超过100次后，只要处理手段得当，处理精度足够高，高频井间地震反射波可以较好地实现统计意义上的同相叠加。对于井间地震观测而言，实现这样的叠加次数并不困难。

尽管井间地震反射波资料的处理难度较大，客观地讲，目前还存在较多的问题，例如，可控震源能量辐射模式问题（非球面波）、振幅补偿问题、叠加次数高度不均匀问题等，但是实际资料的处理结果说明，完全可以获得质量可信的井间地震反射波剖面。

参 考 文 献

1 曹辉. 井间地震技术发展现状[J]，勘探地球物理进展，2002，25(6)：6～10

2 J. M. Harris, R. Nolen－Hoeksema, J. W. Rector, S. K. Lazrratos, M. A. Van Schhack. High－resolution crosswell imaging of a west Texas carbonate reservoir: Part 1 – Project summary and interpretation. Geophysics, 1995, 60(3): 667～681

3 朱光明编写. 垂直地震剖面方法. 北京：石油工业出版社，1988. 64～70

4 曹辉，唐金良，郭全仕等. 井间地震反射波场分离及应用研究 石油物探，2004，43(6)；518～522

5 郭全仕，张卫华，黄华昌等. 高精度拉冬变换方法及应用 石油地球物理勘探，2005，40(6)：622～627

6 郭全仕，邬达理，唐金良等. 井间地震反射波成像技术探讨石油物探，2005，44(5)：439～444

垦 71 井区 3D VSP 资料波场分离方法应用研究

张卫红　陈　林　高志凌

（中国石化石油勘探开发研究院石油物探研究所，南京 210014）

摘要：三维 VSP 是多偏移距 VSP 资料，多种类型波叠合在一起形成复杂波场，从复杂波场中分离出单一的反射波保幅波场是三维 VSP 波场分离的重要工作。常规二维 VSP 波场处理方法单一，难以适用于复杂的三维波场处理。针对三维 VSP 资料波场特点，以分离上行反射 P 波为例，将单一波场分离方法加以适当组合，对实际资料进行了应用研究，研究认为波场分离处理中叠加消去法和中值滤波相结合的方法、F－K 滤波和中值滤波相结合法克服了单一方法的缺陷，波场处理后获得了波组特征明显、波场清晰单一的上行反射 P 波保幅波场，是适用于该区三维 VSP 波场分离处理的方法，为后续反射波成像处理提供了可靠的原始资料。

关键词：三维 VSP　波场分离　波组特征　保幅

1　引言

多年来，国内外石油工业界对 VSP 勘探技术已进行了大量的研究开发工作，二维 VSP 勘探技术各个方面的研究成果在井旁精细构造成像、井旁断层识别、井旁地层岩性描述、地震波衰减、速度各向异性以及孔隙压力预测和孔隙度估算等方面都取得了许多实际的应用效果。随着勘探程度的进一步深入，对油藏描述技术的要求不断提高，二维 VSP 资料的成像已不能充分地描述大多数三维地质体，三维 VSP 勘探技术得到迅速发展，三维 VSP 波场资料是研究的基础，得到高保幅反射波场，进行井周高分辨率成像，可为井周储层预测和精细储层描述提供更多的地层信息。

垦 71 井区位于济阳坳陷沾化凹陷南部，地质储量丰富，该区地质构造相对简单，地表平坦，含油层系较多，原有的地震勘探资料信噪比低、分辨率差，分辨率问题是开发中需要解决的问题之一。

常规二维 VSP 波场分离方法有多道速度滤波、中值滤波、F－K 滤波、$\tau-p$ 变换等，每种方法都有各自的优势，但单一方法的使用存在混波、低频化、振幅畸变等缺陷。三维 VSP 资料是三维 VSP 观测方式下获得的多偏移距 VSP 资料。受井下检波器级数的限制，数据观测井段小；受不同激发点的激发环境的影响，井下检波器接收的振幅存在差异，在三分量剖面上表现出直达波起跳不一致，不同炮集能量强弱不一；噪声干扰影响了剖面上反射波清晰程度、能量强弱，波组特征，资料的信噪比不一。目前，国内外学者处理三维波场的方法也都是二维方法的演变，分离得到的反射波场品质不一。我们根据垦 71 井区三维 VSP 波场资料的特点，对单一的二维波场分离方法进行适当的组合，并选择适当的参数，应用于三维波场分离，使从多种类型波叠合的复杂波场中分离出单一的反射波保幅波场成为可能，为后续的反射波成像处理提供可靠的反射波波场。

2 快速有效识别反射波

要进行波场分离，首先是要识别出各类波。常规二维有偏移距 VSP 三分量剖面上既有上、下行反射 P 波，又有上、下行转换 P - SV 波，多种波叠置在一起，一般依据不同种类波视速度不同加以识别。三维 VSP 采集是地面不同偏移距炮点激发，三分量数字检波器置于井中位置相对固定接受，采集获得多个多偏移距三分量（Z、X、Y）原始记录资料。就单个分量而言，原始记录可选排出共炮点（单炮）道集、共接受点（深度点）道集、炮线排列方向道集、共偏移距道集等。不同道集上反射波的表现形式不同：单炮道集上由于观测井段小，反射波同相轴短；其他道集上多种类型的波交错在一起形成复杂波场。如何在大量的数据集上快速有效识别反射波呢？我们以垦 71 井区三维 VSP 资料为例来分析，垦 71 井区三维 VSP 资料采集，井中采用 14 级检波器接收，数据井段深度范围从 800 ~ 930m，级间距为 10m。

我们从分析原始垂直 Z 分量入手，选择炮域，依据数模资料、零偏 VSP 资料及二维全井段有偏 VSP 资料。首先识别全井段有偏 VSP 原始 Z 分量剖面上上行反射 P 波特征；然后将二维与三维近似偏移距资料进行波场对比，找到对应井段，分析波组特征，利用二维有偏 VSP 的反射波场特征，在三维 VSP 资料垂直分量单炮剖面上可快速识别出各种类型的波（图 1）；再分析整个三维 VSP 工区内垂直分量单炮记录的品质，得到：有些单炮剖面上可见较强能量的直达 P 波和多组上行反射 P 波，直达 P 波起跳干脆，一致性较好，上行反射 P 波能量也较强，层次清晰，连续性好，信噪比高；有些垂直分量单炮剖面上直达 P 波能量较

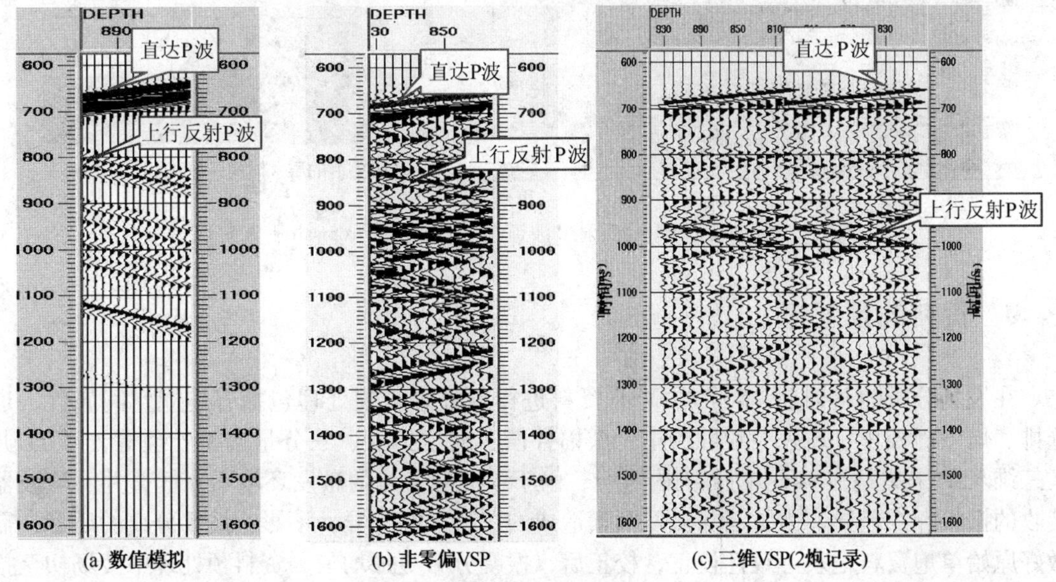

(a) 数值模拟　(b) 非零偏VSP　(c) 三维VSP(2炮记录)

图 1　波场识别（偏移距 1100m）

弱，几乎难以见到上行反射 P 波。整个工区内垂直分量单炮记录的质量差异较大，识别中对直达 P 波能量弱，上行反射 P 波能量弱、不可见的单炮，采用提高能量比例因子，左右单炮对比法加以识别。

用类似的方法可识别转换波，分析整个三维 VSP 工区内选排出的原始单炮水平 *X*、*Y* 分量，上、下行反射 P 波能量较弱，有些共炮点道集上浅层(900～1200ms)上行转换波 P－SV 波较清晰，能量较强，有些共炮点道集上深层(2900～3200ms)有上行转换波 P－SV 波，有些共炮点道集上行转换波 P－SV 波难以见到。总的来说，工区内上行转换波 P－SV 波很弱，难以识别，波场分离难度大。

了解反射波的原始频带范围有助于波场处理中慎用带通滤波，保留有效波频带。由于在三维 VSP 原始资料上，直达 P 波能量远大于反射 P 波能量，为了分析反射 P 波的频谱，我们先把直达 P 波分离去除出来，然后对保留的反射 P 波在共接收点道集上进行频谱分析。图 2 是 860m 深度点处的一条 crossline 方向上的共接收点道集和相应时窗内的频谱分析，从图中可以看出：浅部地层(700～900ms)反射 P 波的主频段在 55～60Hz，频带在 10～130Hz；主要目的层(900～1500ms)反射 P 波的主频段在 45～50Hz，频带在 5～120Hz。

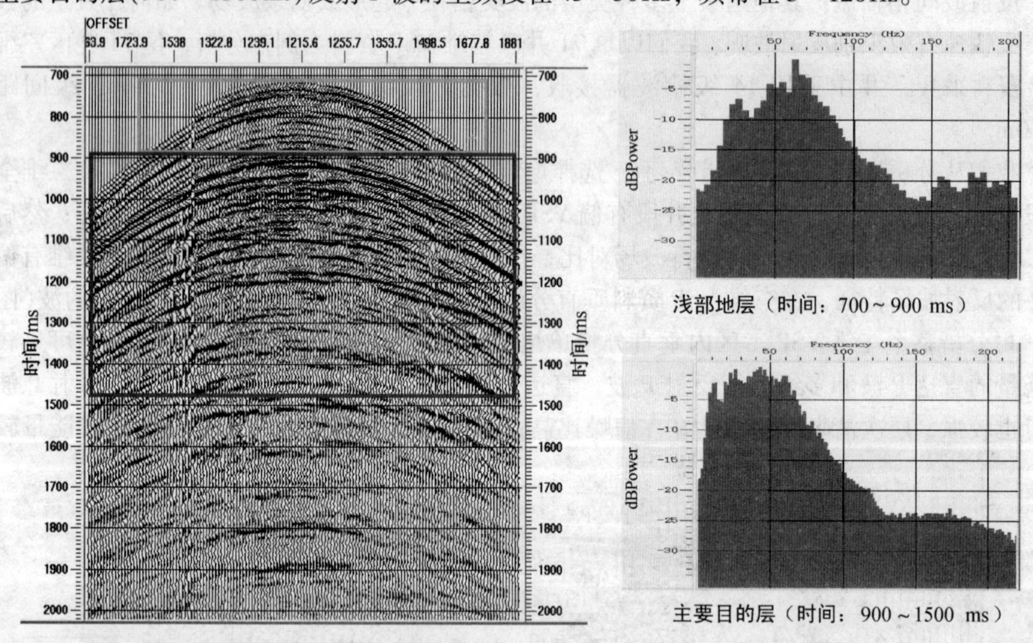

图 2　共接收点(860m)反射 P 波道集的频谱分析(crossline 方向)

3　资料的预处理

在波场分析的基础上，对三维 VSP 资料进行预处理，预处理包括有建立空间属性、道选排、炮点静校正、地表一致性校正、振幅补偿、初至拾取、三分量偏振处理等，垦 71 井区三维 VSP 采集是在 $9km^2$ 的范围内进行，由于不同激发点的激发环境不一样，井下检波器接收的振幅存在差异，为了消除激发因素造成的这种振幅差异，不影响波场分离的质量，需做好原始单炮资料地表一致性校正，校正后，振幅分布更加均匀。资料预处理中波场初至拾取、三分量偏振处理是后续波场分离的关键。

3.1 初至拾取

三维VSP数据采集时采用的是炸药震源激发，得到的信号为最小相位信号。我们采用人机交互的方式在共炮点道集垂直(Z)分量上拾取初至时间，并统一拾取起跳后的第一个最大峰值处的时间，拾取后在共深度道集内进行精细修正，做好质量控制，以保证初至拾取的精度和质量。

在垂直分量(Z)上拾取初至时间后，将初至时间附给水平(X、Y)分量，使得每一炮每个分量、每一个深度点的道头中都带有初至时间，为下一步偏振处理做好准备工作。

3.2 三分量偏振处理

三维VSP观测所获得的记录都是有一定偏移距的三分量(Z、X、Y)资料，经波场分析识别，Z、X、Y分量既存在着上、下行反射P波，又存在着上、下行转换P-SV波，多种类型波场同时存在，不同传播方向和不同偏振特性的波相互迭合在一起，直接在原始波场上分离出任一种波，都难以获得单一的、最大能量的有效波场。

偏振分析依据波在一点上的质点振动方向鉴别波，经偏振处理后，可获得以反射P波能量为主和以转换P-SV波能量为主的波场分量，在不同分量上针对不同类型的波场进行相应的波场分离处理，就能达到不同类型波场完全分离的目的。图3是三分量偏振处理前、后的剖面，可以看出，与原始垂直分量相比，经过三分量偏振处理后的径向分量上，反射P波能量得到了加强。

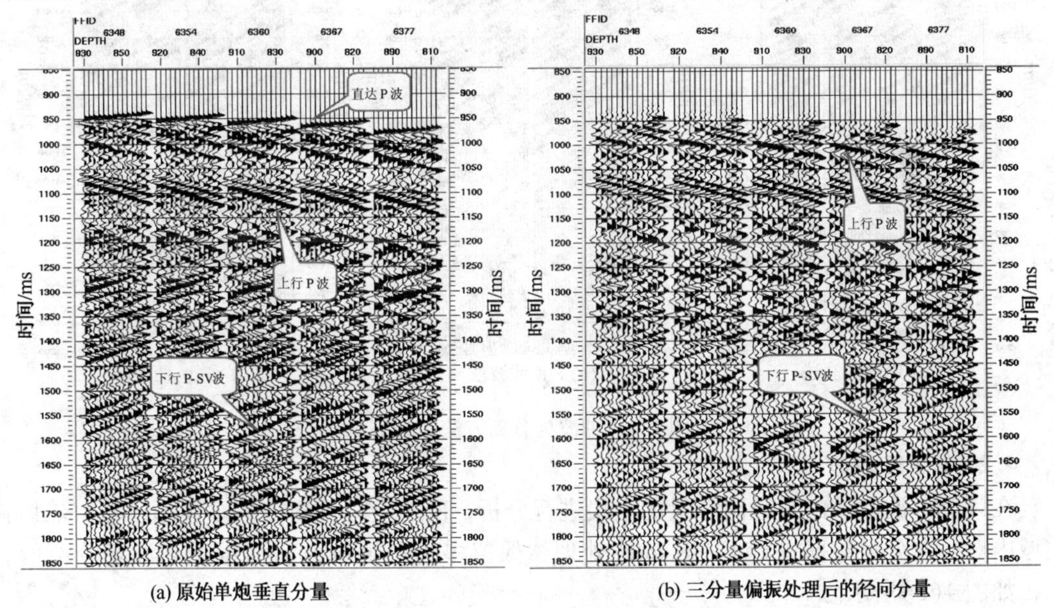

(a) 原始单炮垂直分量　　(b) 三分量偏振处理后的径向分量

图3　三分量偏振处理前、后的比较

4 反射波波场分离

VSP资料波场处理主要是分离得到上行反射波，上行反射波包括上行反射P波和上行转换P-SV波，为获得高品质的反射波波场，波场分离在偏振处理后进行。三分量偏振处理得到的径向分量上上行反射P波能量最强(图3)，因此在该分量上分离上行反射P波。我们用多种方法对上行反射 P 波波场进行分离，如叠加消去法和中值滤波法相结合的方法、$\tau-p$ 变换(Radon 变换)、F-K 滤波等，每种方法都进行了多个参数测试。以上行反射 P 波波组特征明显，波场清晰、单一、信噪比高和高保真振幅作为判别波场分离处理效果的主要标准。

4.1　叠加消去法和中值滤波法相结合

初步分离：在径向分量每一炮上拾取一组上行反射 P 波强同相轴时间，进行波场初步分离，分离后各炮集上上行反射 P 波特征基本表现出来；二次分离：由于各炮集上上行反射 P 波特征明显差异，不能拾取到同一组或相近的波组，波场初步分离后上行反射 P 波特征较为明显，但炮集间波场存在明显差异，分析认为是由于所拾取的上行反射 P 波波组不是同-组的影响，为了改善分离效果，在初步分离后的波场上对拾取的 P 波同相轴进行了多次修正，尽量拾取同-组 P 波波组，将上行 P 波同相轴修正后，重新进行波场分离得到上行反射 P 波波场，见图 4(a)所示。

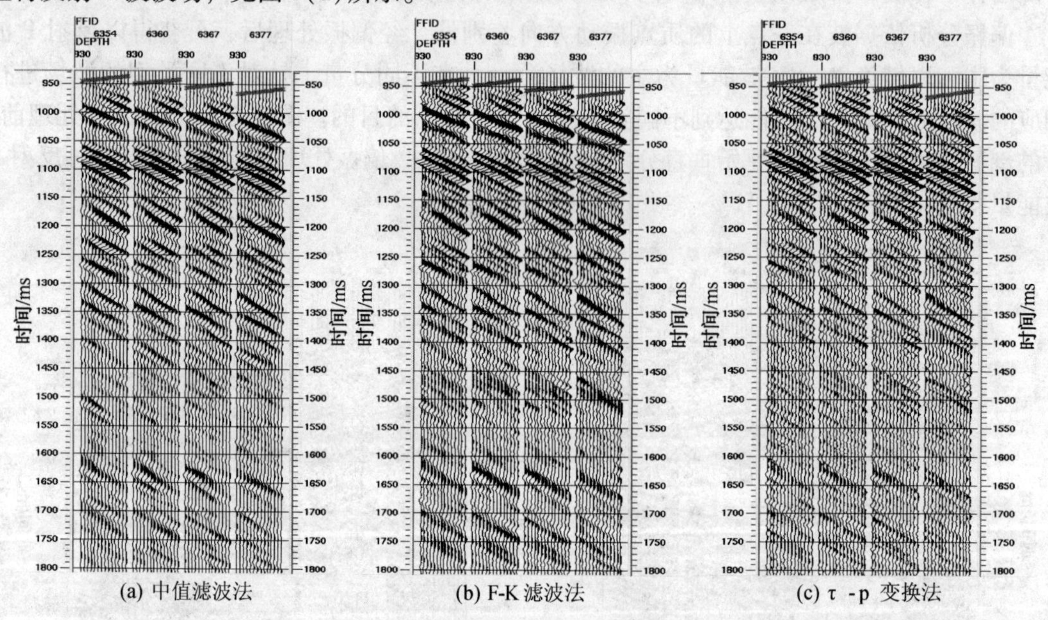

(a) 中值滤波法　　(b) F-K 滤波法　　(c) τ -p 变换法

图 4　三种波场分离方法的结果

4.2　F-K 滤波

在频率-波数域内对径向分量的炮集进行分析，圈出上行反射波的多边形区域，然后在炮域内对径向分量数据进行 F-K 滤波处理，保留多边形区域，从而也达到波场分离的目的，如图 4(b)所示。

4.3　$\tau-p$ 变换(Radon 变换)

$\tau-p$ 变换是依据上行波和下行波视速度符号相反(时距图中斜率相反)，在 $\tau-p$ 域内它们分别成像于上半平面和下半平面，并且对于 $z-t$ 域内的直线同相轴，能量可聚焦到一点。如果选择 $\tau-p$ 平面中的一部分，平面上部或下部，作逆 Radon 变换，就可使上、下行波分别重建，达到波场分离的目的。经处理试验，在径向分量炮集内，我们没有直接用 $\tau-p$ 变换分离波场，而是采用先将上行 P 波按所拾取的同相轴时间排齐，再进行 $\tau-p$ 变换分离波场，分离后得到反射 P 波波场，如图 4(c)所示。

从图4(a)、图4(c)上可以看出(1)、(3)两种方法分离的波场剖面在1000～1200ms特征相当，反射P波波场特征明显，波组层次清晰，各炮集间波组关系合理，F-K滤波分离的波场剖面[图4(b)]上浅层混有转换波场，在1200～1600ms，三种方法的结果差异较大。

另外，偏振处理后垂直径向方向的分量上上行转换P-SV波能量最强，除上行转换P-SV波外，同时还有较强的下行P波能量。因此在该分量上要分离得到转换P-SV波，需先消去下行P波。由于偏移距的影响，炮集间上行转换P-SV波的波组特征差异大，分离得到上行转换P-SV波的难度要大于反射P波，我们也用多种方法在炮域内进行了处理研究，最终也得到了较为满意的结果。

5 波场分离效果分析

井下测量的VSP资料，被认为是能提供更可靠的地震波振幅变化的数据，可用于直接解释井旁地层剖面的岩性变化和改善地面地震资料的振幅标定，因此，我们希望波场分离过程中振幅的损失最小，分析波场分离前、后振幅保持的程度可以判别波场分离方法的有效性。

图5是三种方法分离后的上行反射P波波场的振幅与分离前的振幅比较，图中蓝黑色点连线(A0)是原始振幅，紫红色点连线是叠加消去法和中值滤波法(A1)分离后的振幅，浅蓝色点连线是$\tau-p$变换法分离(A3)后的振幅，黄色点连线是F-K滤波方法分离(A2)后的振幅，从图5可以看出，叠加消去法和中值滤波法相结合的方法、F-K滤波方法分离后的振幅相对关系保持较好，而$\tau-p$变换方法分离后的波场振幅变化较大。

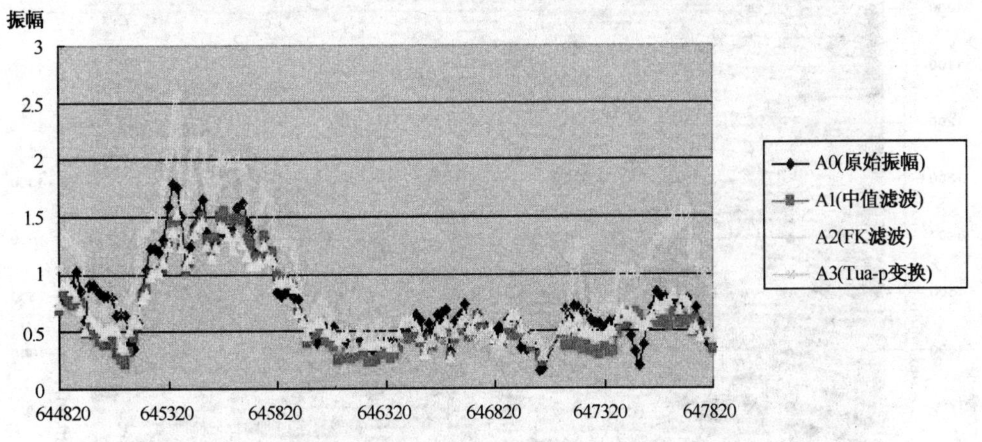

图5 不同波场分离方法处理后的振幅比较(crossline 方向)

反射波波场分离的目的是为后续的反射波成像处理提供可靠的原始资料，检验分离方法有效性的另一种办法是将不同方法分离得到的波场都进行成像处理，将成像处理剖面与井旁地面资料进行对比来判别。从三种分离方法处理的波场成像剖面与井旁地面资料的波组特征、振幅强弱对比分析来看，叠加消去法和中值滤波相结合的方法、F-K滤波法都分离得到的波场较为可靠，图6(b)是F-K滤波法波场分离后反射P波成像剖面嵌入高精度地面资料的对比，从图6(a)、图6(b)对比可以看出成像剖面明显优于高精度地面三维地震，尤其是图中箭头所指示的地方，改善明显。分析表明，高质量的波场可以得到井周高分辨率的

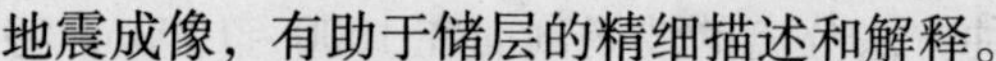

地震成像，有助于储层的精细描述和解释。

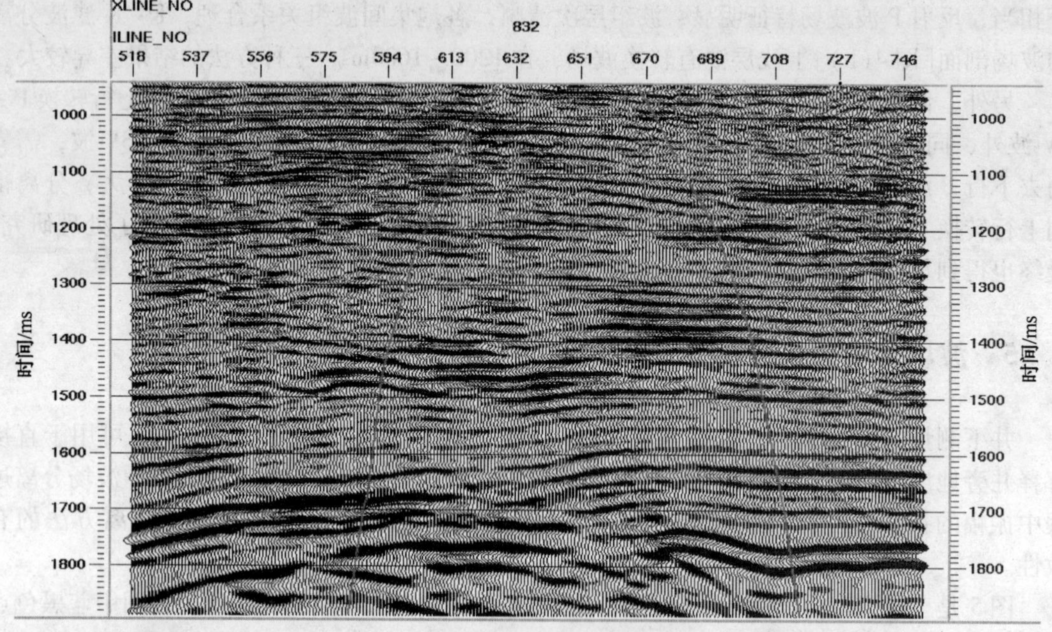

图 6(a)　过 K1 井的地面三维地震剖面(crossline 方向)

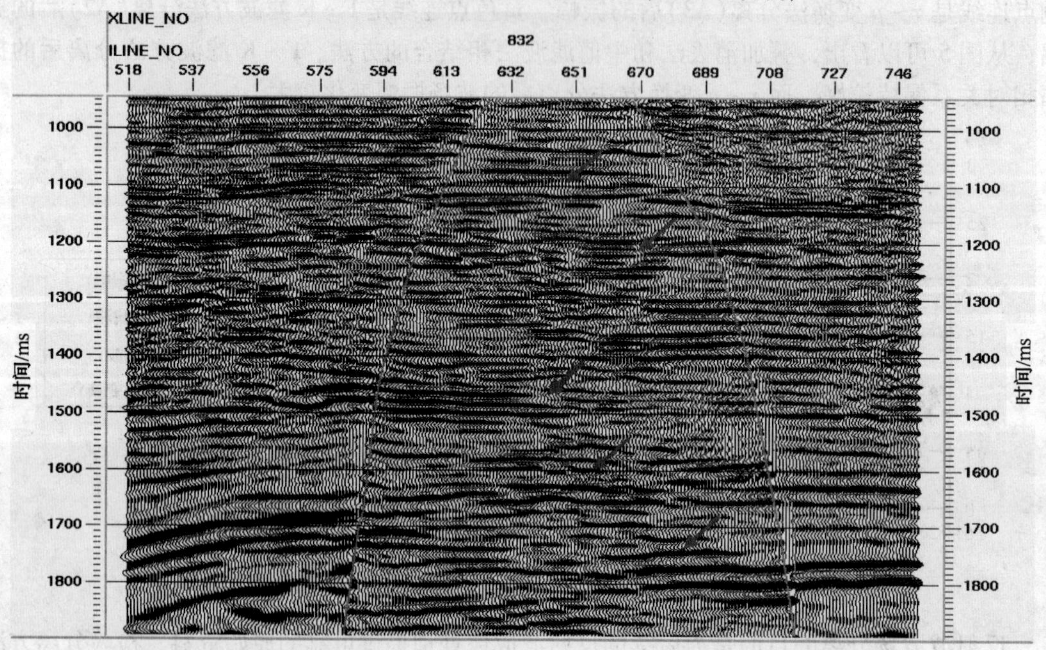

图 6(b)　三维 VSP 资料反射 P 波成像嵌入地面三维剖面中(crossline 方向)

6　结束语

实际得到的三维 VSP 资料往往受井下检波器级数的限制，还有不同激发环境等因素的影响，资料的信噪比不一。选择合适的数据集，用适当的波场分离方法，可以进行波场的有效分离。针对K1井区三维VSP资料，采用多种波场分离方法，在炮域内进行不同方法的处理研究，分析波场分离前、后的波场振幅变化及反射P波成像剖面与地面资料对比，认为叠加消去法和中值滤波相结合的方法分离得到的反射P波波场特征明显，波组层次清晰、单一，波场可靠，有更高的信噪比。

虽然F-K滤波法分离后的波场不单一，但波场分离前、后振幅保持较好，若对F-K滤波分离的波场再进行小点数的中值滤波，振幅特征不变，同样可获得特征明显，波组层次清晰、单一的反射波场；另外，从反射波成像的角度看，只要成像速度合适，单一的F-K滤波法分离的波场不影响反射波成像的质量。因此，在三维VSP资料波场分离处理中叠加消去法和中值滤波相结合的方法、F-K滤波和中值滤波相结合法克服了单一方法的缺陷，是值得推荐的两种方法。三维VSP波场分离后获得可靠的反射波场，波场成像将具有更高的分辨率和更好的构造细节特征，可更好地用于解决井周油气储层识别与预测，体现出三维VSP技术解决问题的能力。

参 考 文 献

1 朱光明. 垂直地震剖面. 北京：石油工业出版社，1994，64~100

2 曹辉，唐金良，郭全仕等. 井间地震反射波波场分离及应用研究. 石油物探. 2004，43(6)：518~522

3 唐金良，曹辉，王立华等. 中值滤波在井间地震资料处理中的应用. 石油物探. 2005，44(1)：47~50

4 张卫红. VSP转换波成像技术及实例分析. 石油物探. 2003，42(1)：42~48

5 李云龙，严又生，白俊辉等. 轮古38井3D-VSP数据采集方法探讨. 石油物探. 2006，45(3)：299~303

6 乔玉雷，王延光，李九生等. 对井间地震反射波成像资料的初步认识. 石油物探. 2006，45(3)：272~276

7 Katarina Jovanovic and Kurt J. Marfurt, P and S waves separation from vector VSPs by blocky antialias discrete radon transform：Application to Vinton Dome, Louisiana, U. S. 2004 SEG

8 Satinder Chopra, Emil Blias, Abhi Manerikar, etc Simultaneous acquisition of 3D surface seismic and 3D VSP data-processing and integration, 2002 SEG

9 Jean-Luc Boelle, Pierre Hugonnet, 1998, Wavefield separation in borehole seismic by Linear Radon Decomposition, 99, SEG

10 Jean-Luc Boelle, Penelope KAISER Difficulties and clues in 3D VSP peocessing 99, SEG

塔中围斜区连片精细速度建模与变速成图

叶 勇 孙武亮 孙开峰

（中国石化石油物探技术研究院，江苏南京 210014）

摘要：塔中围斜区断裂构造复杂，构造形态难以落实。由于数据采集年代、施工参数、处理方法、野外地震和地质条件等方面的差异，连片整体速度研究及构造成图是研究该地区构造形态的关键。针对整体构造评价薄弱的问题及勘探部署难以决策的迫切需求，研究了塔中围斜区八个区块连片精细速度建模及变速成图技术。通过速度基准面统一技术、速度闭合差分析校正技术和基于解释层位框架控制的速度去噪技术的研究，获得了塔中八连片整体速度模型及各地震反射层整体构造图。

关键词：塔中地区 八连片 速度建模 速度变化规律 变速成图 整体构造图

塔中地区位于塔里木盆地中央隆起，油气资源丰富，具有生油层和储集层系多的特点。目前已在塔中围斜区低凸起带及其北缘发现了工业油气藏，显示出较好的油气勘探前景。塔中围斜区勘探面积大，但整体构造评价比较薄弱，尤其是对区块间结合部位和构造转换部位的认识程度较低。

本次速度研究涉及的资料有二维和三维数据，包括基准面、测井、VSP、钻井分层、解释层位等数据。由于资料来源于多方面，需要分区分批进行处理，整理匹配工作量大。研究八个区块连片精细速度分布、编制主要地震反射层位整体构造图是研究构造演化与油气成藏、落实有利相带与优质储层、提出部署方案的关键步骤。

随着地震勘探目标日趋复杂，勘探难度越来越大，速度分析、变速成图的方法及精度也在不断地完善和提高。针对塔中围斜区八个区块连片（以下简称“塔中八连片”）速度资料的特点，我们研究形成了大面积二维连片速度建模技术，建立了塔中八连片整体速度模型，获得了塔中八连片主要地震反射层位构造图，落实了构造形态及低幅度构造，较好地识别出了岩性地层圈闭，取得了良好的地质效果。

1 原始速度资料分析

1.1 存在的问题

塔中探区位于塔里木盆地中部塔克拉玛干沙漠腹地，塔中围斜区八个区块包括阿东区块、顺托果勒西区块、顺托果勒区块、顺托果勒南区块、卡塔克 1 区块、卡塔克 2 区块、卡塔克 3 区块和卡塔克 4 区块（图 1）。研究区面积大，由于野外地震和地质条件的差异、数据采集年代和施工参数的不同、处理方法和参数的差异，因而原始速度资料存在以下诸多问题。

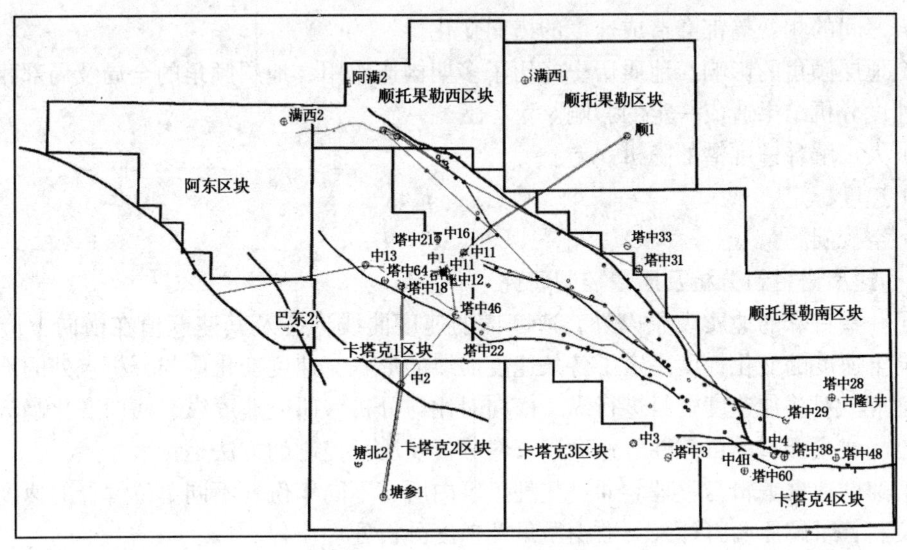

图1 塔中围斜区八区块位置图

(1) 基准面和替换速度不一致对全区速度场的影响。全区基准面范围在1000~1100m，替换速度范围在1800~2100m/s。要想建立全区统一的精细速度场，必须采用统一的基准面和替换速度，以消除它们对 t_0 及速度的影响。

(2) 速度闭合差问题。不同时期数据采集的仪器及方法、处理方法及手段的不同都会造成二维测线交叉处速度可能不闭合。图2为速度沿层分布放大图，对测线交叉处的速度闭合差进行分析，发现闭合差一般小于50m/s。

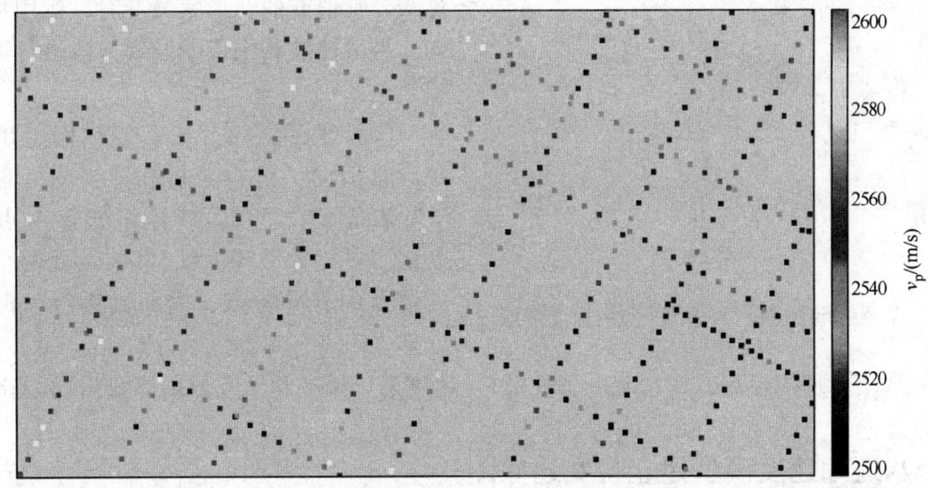

图2 速度沿层分布结果

(3) 长波长静校正分量的影响。地表的起伏变化、地表沙丘分布及其形态变化、潜水面的变化及高速层顶界的变化，都会引起长波长静校正分量的“静校不静”现象，从而引起区域上的 t_0 及速度的变化。

(4) 各向异性的影响。研究区分布于沙雅隆起南斜坡及塔中隆起的北斜坡带，塔中隆起及围斜地区发育的不整合面、古潜山、生物礁、火成岩刺穿、溶洞-裂缝、断层及碳酸盐岩与碎屑岩之间的相变等都会造成速度的横向变化。

（5）地层倾角的影响。地质历史经历了多期构造作用，地层倾角的全局及局部相对变化都会对速度分析结果造成一定的影响。

（6）人工解释速度谱的随机误差。

（7）速度标定。

（8）空校问题。

1.2　速度谱资料分析及质量控制研究

除了一些特殊的地质现象以外，速度谱的速度曲线形态及其速度值在横向上应是渐变的；纵向上速度的变化梯度决定了各条速度曲线的形状，速度变化应与分析点处的地层组合方式相适应。对叠加速度资料进行纵、横向对比与分析，研究速度纵、横向变化趋势，确保连片速度场建模资料的可靠性。速度谱资料分析及质量控制的方法是：

（1）速度数据编辑与整理。通过整理工区内所有不同年份、不同单位解释的速度谱数据及有关资料，了解原始野外采集数据质量及速度分析处理流程。

（2）速度分析时间起算点检查。速度分析时，一般采用静校正方法把同一个分析点上所有激发点和接收点校正到某一个水平面上，不同的速度分析点可以得到不同的水平面。速度应用时，应使 t_0 值具有统一的起算点。

（3）提高原始速度谱的质量。全面收集、严格筛选，剔除不正常的速度分析点或某一批速度谱，以保证所用速度曲线的质量。

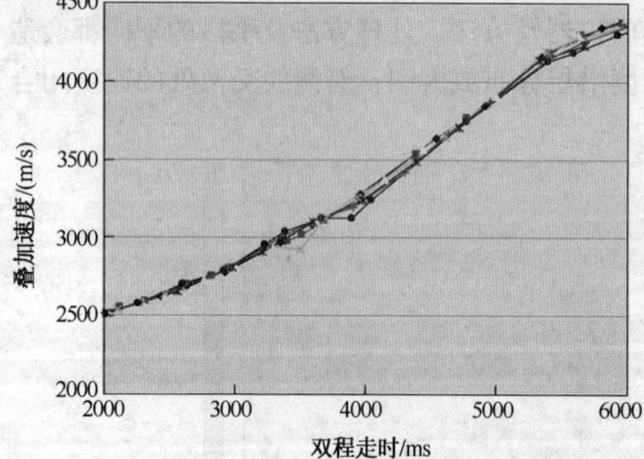

图 3　某测线 5420 桩号相邻 3 个点的速度谱点

（4）速度横向对比与分析。在平面各个方向上对比选择的速度谱速度曲线，当出现跳跃异常值或曲线形状突变时，运用加权平均、平滑滤波和中值滤波等方法进行适当的校正。

（5）速度纵向分析。当纵向上出现一些异常值时，进行分析和适当的处理。图 3 为某条测线 5420 桩号相邻 3 个点的速度谱点图，在 3500 和 3800ms 处两个桩号的谱点中有异常点，需对其进行平滑滤波处理。

（6）采用合理的校正方法，统一各种资料（速度谱、VSP 和钻井分层等数据）的基准面。

2　八连片速度模型建立与变速成图

2.1　基于解释层位框架控制的速度约束

受地震资料品质等因素的影响，速度谱上的叠加速度存在随机误差，必须对求取的速度场进行约束，剔除不合理的速度值，保证速度场的可信度。某一个速度谱点并非仅仅反映该点地层的变化规律，而是其周围空间范围介质特性的综合反映。因此，在地层组合相同和沉积环境相似的一条测线上，相邻的速度谱应具有一定的相似性或渐变性。采用基于解释层位地质框架模型控制的速度约束方法，可以在解释层位框架内实现相邻速度谱的约束分析。

图4为工区内贯穿南北方向的某测线叠加速度剖面，可见，多处缺少叠加速度函数。图5为该测线在解释层位地质框架模型控制下的叠加速度分布图，可见，剔除了图中红圈区域，可以使叠加速度数据基本集中，变化趋势更为合理。以此为约束对图4进行内插平滑处理，得到速度函数完整、合理的叠加速度剖面。

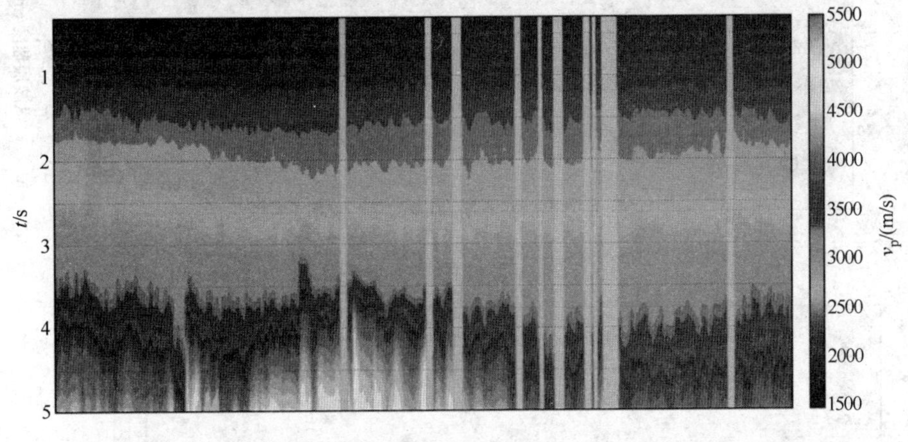

图4 某测线叠加速度剖面

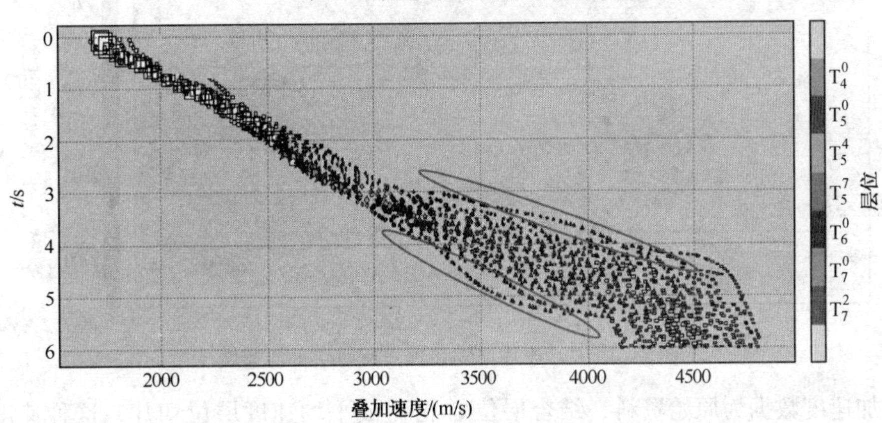

图5 某测线解释层位框架控制下的叠加速度分布

2.2 速度模型的建立

基于解释层位框架控制的速度约束方法，对叠加速度进行分析及去噪处理。在此基础上，首先利用瞬时约束反演方法在浮动基准面上计算层速度，然后将层速度校正到固定基准面，再计算平均速度，从而建立八连片整体速度模型。在数据体中，沿地震解释反射层抽取主要层位的平均速度，利用工区内收集的十多口钻井分层的时深数据进行校正，形成校正后的速度模型，用于变速时深转换。图6为八连片中某测线的层速度剖面，图7为塔中八连片奥陶系顶面反射层经校正后的平均速度分布图。

2.3 基于地质统计的层位时深转换速度处理方法研究

非均匀介质的速度随空间位置的变化而变化，常速时深转换已不能适应复杂油气层描述的需要，必须进行变速时深转换绘制构造图。如何既能保证层位平均速度的精度，又能保持其在空间的变化趋势，从而避免因速度陷阱造成错误的构造解释结果，这是变速时深转换的出发点。

图 6　某测线的层速度剖面

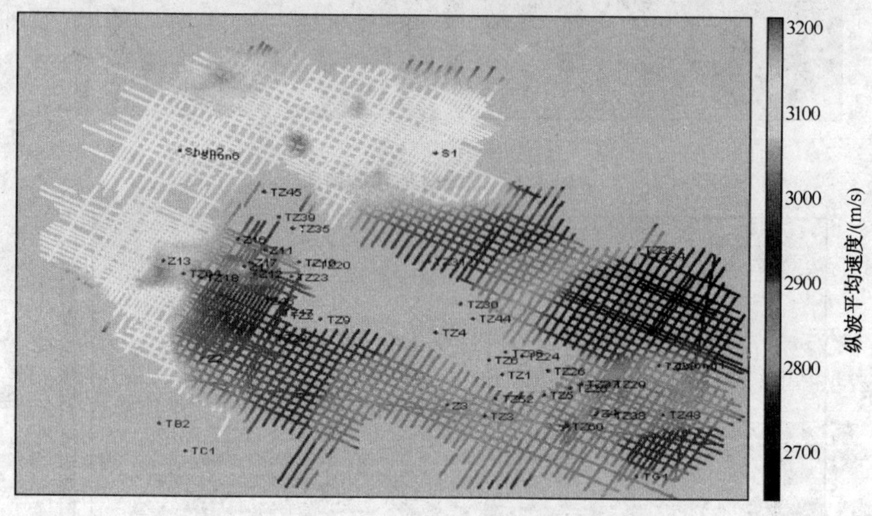

图 7　塔中八连片奥陶系顶面反射层平均速度

以叠加速度数据为原始资料，结合层位 t_0 值生成平均速度层位切片，这种速度受到各种随机误差的影响，在对叠加速度的解释过程中带有某些主观因素和随机性，因此，利用叠加速度数据经过简单的计算实现变速时深转换很难取得好的效果。简单平均法、加权距离反比法及趋势面拟合法等传统的数学手段常用来消除层位平均速度的随机误差并进行速度插值，这些方法虽然计算简单，但估算精度差，且未考虑速度的空间变化规律。基于泛克立格技术的变速时深转换层位速度处理方法以叠加速度数据为基础资料，生成层位速度切片。应用泛克立格技术进行处理，获得的层位速度既消除了随机误差，又正确地反映了速度的变化规律，可以用于变速时深转换。

2.4　地震速度数据标定及变速成图

钻井和 VSP 测量局限于有限点，依据井点钻井分层和 VSP 数据，将地震速度校正成统一值。在非井点上，首先绘制误差分布图，找出误差分布规律；然后运用最佳数学期望法，将误差合并到速度场中。

时深转换需要层位上各点的平均速度值。利用 VSP 测量的平均速度对计算出的地震平均速度进行校正，并对平面上其它点的平均速度数据进行约束。基于钻井分层数据应用转换

后的速度对地震速度进行校正和约束，依据

$$r_i = \frac{v_s(i) - v_w(i)}{v_w(i)} \tag{1}$$

$$R = f(r_i) \tag{2}$$

$$i = 1,2,3,\ldots,n$$

$$v'_w(i) = \frac{v_s(i)}{(1+R)} \tag{3}$$

式中 r_i——井点处的校正系数；

$v_s(i)$——地震平均速度；

$v_w(i)$——井点处的平均速度；

R——非井点处的校正系数；

$v'_w(i)$——校正后的井点处平均速度。

钻井分层和VSP数据，一方面可以在速度建模过程中对速度进行校正和约束，另一方面可以对最终速度模型的精度进行检验。使用钻井分层和VSP数据时，应进行质量分析，对数据的可靠性进行评价。建立速度模型的目的是进行时深转换，钻井分层数据是某一层位的深度数据，如果计算出来的平均速度正确，那么经过时深转换后，其深度值应与钻井分层数据一致。

变速时深转换基本处理步骤是：①统一层位和速度基准面，形成层位平均速度切片数据；②引入泛克立格方法改善平均速度层位切片数据质量；③对时深转换结果进行网格化，形成构造图。

3 地质效果分析

通过速度剖面或沿层速度切片可以检查八连片整体速度模型的质量，分析速度变化规律，并通过与VSP数据进行对比，检验速度的可靠性。沿层速度切片反映了各区块连结部位的速度变化趋势，可以进行连片速度变化规律的研究。在八连片奥陶系顶面反射层平均速度分布图上(图7)，平均速度变化范围为2600~3200m/s，东北部的顺托果勒南区块速度最低，卡塔克2区块、卡塔克3区块、卡塔克4区块和顺托果勒区块速度较高，西部的阿东区块、卡塔克1区块和顺托果勒西区块的速度值最高。

图8为某井VSP层速度与地震层速度的对比图，可见，两者变化趋势基本一致，当双

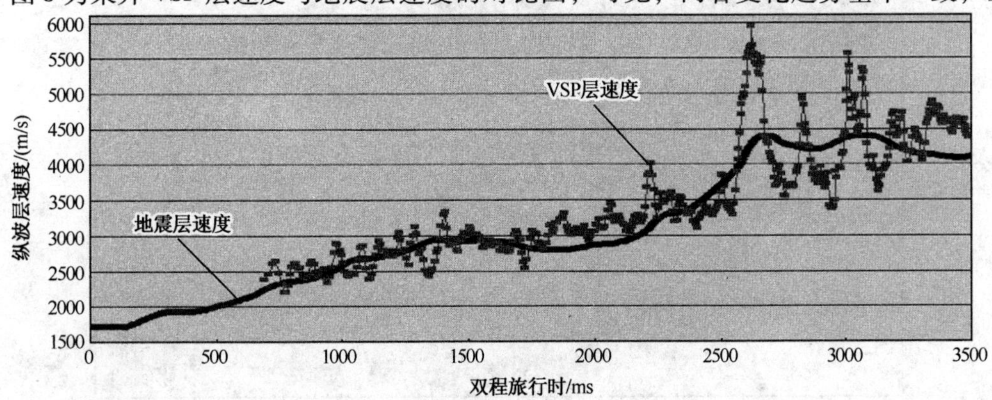

图8 VSP层速度与地震层速度对比结果

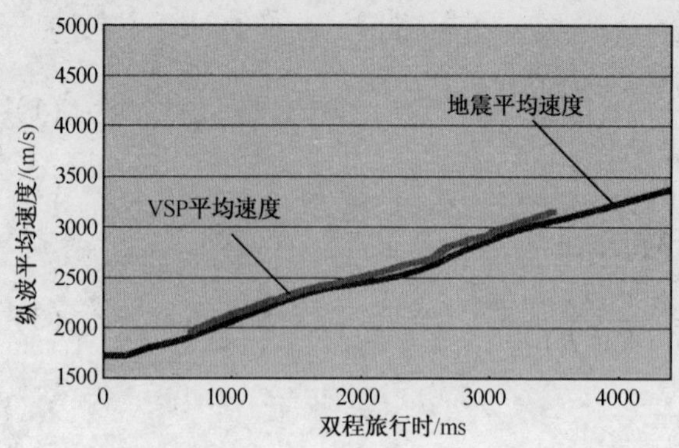

图 9　VSP 平均速度与地震平均速度对比结果

程旅行时小于 2500ms 时，速度差异较小；当双程旅行时大于 2500ms 时，速度差异有所增大。图 9 为该井 VSP 平均速度与地震平均速度对比图，可见，VSP 平均速度与地震平均速度趋于重合。

针对地震解释层位，利用八连片速度模型沿层提取平均速度，利用钻井分层及 VSP 平均速度进行校正及变速时深转换，最终获得各反射层构造图。

塔中地区以卡塔克隆起为中心，由南、北坡折带和南、北斜坡及中央背冲带 5 个次级单元组成。卡塔克隆起经历了多期构造运动，断裂和褶皱构造非常发育，有多组沿不同方向展布的断裂构造带，是一个由许多次级构造带组成的比较完整的大型台背斜构造。

图 10 为塔中地区奥陶系顶面反射层连片构造图，埋藏深度为 3300 ~ 6500m。整体走向为北西西的大型背斜，现今构造呈东高西低之势。断裂体系在平面上分为北、中、南 3 个区，以东西、北西和北东向为主，断裂控制了次级构造带的形成及展布。圈闭类型主要有断块、断鼻、背斜、潜山和岩性等。南区主要发育北北东向断裂，中区被横穿东西的深大断裂切割，北区发育北西向断裂。在西北向东南逐渐抬升的斜坡背景下，中部的卡塔克 1 区块、西北部的顺托果勒西区块形成了多个背斜圈闭，圈闭幅度从十几米到几十米不等，中 1 井、中 12 井、中 16 井和中 11 井位于构造高点上。南区卡塔克 2 区块和卡塔克 3 区块发育火成岩刺穿的岩性圈闭(图 10 中圆圈所示)。以中 1 井和中 12 井为中心的隆起带为界，南部和北部为两个斜坡，南坡陡、北坡缓。各井误差均小于 0.1% 。

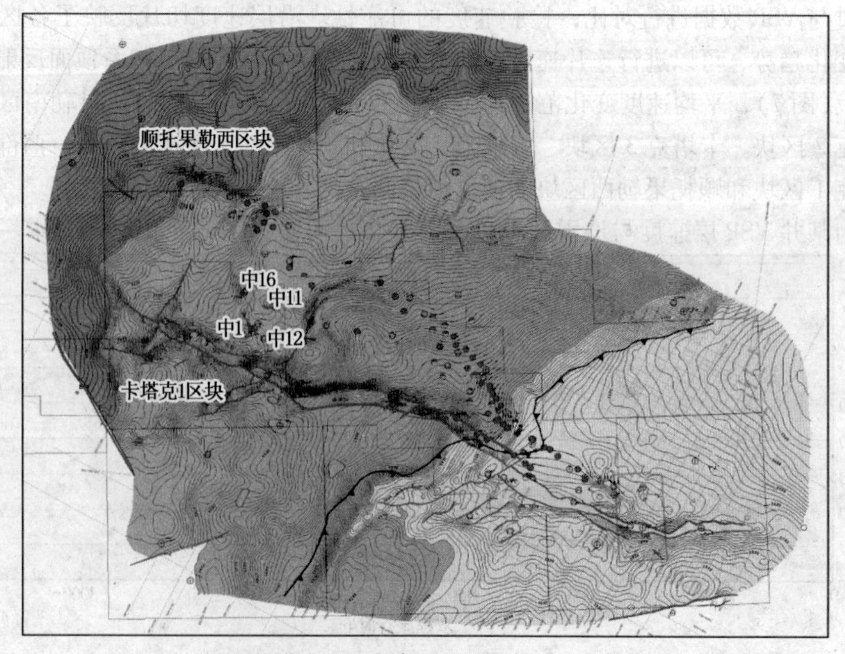

图 10　塔中地区奥陶系顶面反射层连片构造

4 结束语

在勘探面积大、整体构造评价薄弱的塔中地区，整体连片精细速度模型建立及变速成图技术取得了较好的应用效果。

为建立全区统一的精细速度场，针对原始速度资料存在的诸多问题，采用解释层位地质框架模型控制的速度约束方法，对相邻速度谱进行约束分析，可以消除速度谱上叠加速度存在的随机误差，保证速度场的可信度。

统一层位和速度基准面，利用泛克立格技术对变速时深转换层位速度进行处理，能获得既消除了随机误差又正确反映速度变化规律的层位速度，并将其用于变速时深转换。利用钻井分层及 VSP 数据，在速度模型建立过程中对速度进行校正和约束，并对最终的速度模型精度和构造图深度进行检验。最终获得的整体速度模型各区块连结部位速度变化趋势平稳，绘制了塔中八连片各地震反射层整体构造图，落实了构造形态及低幅度构造，取得了良好的地质效果。

参 考 文 献

1 Billetee F, Lambare G, Pascal P. Velocity macromodel estimation by stereotomography[J]. Expanded Abstracts of 67th Annual Internat SEG Mtg, 1997, 1889 ~ 1992

2 Causse E. Seismic traveltime approximations with high accuracy at all offsets[J]. Expanded Abstracts of 72nd Annual Internat SEG Mtg, 2002, 2325 ~ 2328

3 杨军，王永刚，杨彦敏，等．阿尔及利亚 416a—417 区块构造精细成图方法[J]．石油物探，2007，46(3)：294 ~ 301

4 Koren Z, Ravve I. Constrained velocity inversion[J]. Expanded Abstracts of 75th Annual Internat SEG Mtg, 2005, 2289 ~ 2292

5 潘宏勋，孙开峰，叶勇．地震速度分析技术新进展[J]．勘探地球物理进展，2008，31(3)：172 ~ 177

6 何际平，鲁烈琴，王红旗等．复杂地区速度场建立与变速构造成图方法研究[J]．地球物理学进展，2006，26(2)：167 ~ 172

7 马海珍，雍学善，杨午阳等．地震速度场建立与变速构造成图的一种方法[J]．石油地球物理勘探，2002，37(1)：53 ~ 59

8 宋桂桥，尹天奎，刘连升等．关于塔中大沙漠区低速带调查重新定位的思考[J]．石油物探，2008，47(4)：372 ~ 375

9 王振国，陈小宏，王学军等．沙漠地区老地震资料的处理技术及效果分析[J]．勘探地球物理进展，2007，30(2)：123 ~ 129

10 吴琼，杨长春，张文忠等．过渡带拼接地震资料处理方法研究[J]．地球物理学进展，2008，23(3)：761 ~ 767

11 叶勇．三维约束 Dix 反演层速度方法及其应用研究[J]．石油地球物理勘探，2008，43(4)：443 ~ 446

12 叶勇，孙开峰．密点速度分析技术在塔河油田西南部低幅构造中的应用[J]．地球物理学进展，2008，23(1)：124 ~ 128

13 孙开峰，叶勇．泛克里格法在三维地震资料变速成图中的应用[J]．石油物探，1998，37(2)：112 ~ 117

14 赵鹏大．地质勘探中的统计分析[M]．武汉：中国地质大学出版社，1990：1 ~ 288

哈萨克斯坦滨里海盆地盐下成像技术应用研究

王世艳[1,2]

[1. 中国石油大学(北京)，北京 100083；
2. 中国石化国际石油勘探开发有限公司，北京 100083]

摘要：哈萨克斯坦滨里海盆地盐下地震勘探存在盐丘屏蔽、干扰波发育、反射波能量弱、先验资料缺乏以及因速度异常引起的构造假象等问题。通过合理组织处理流程，有效压制了面波干扰、规则干扰、强能量干扰和随机噪声干扰；采用由粗到细的思路，先利用谱分析方法建立宏观速度场，再利用射线层析成像方法提高速度分析精度，建立了较为准确的速度模型；利用频率－空间域有限差分叠前深度偏移解决了盐下及盐丘侧翼的成像问题。上述特色处理技术的应用，使得哈萨克斯坦滨里海盆地盐下及盐丘侧翼反射清楚，有效消除了由速度异常造成的构造假象。

关键词：滨里海盆地　盐下成像　速度模型　叠前深度偏移

哈萨克斯坦滨里海盆地在 20 世纪 70 年代进行过大面积的二维勘探工作，但该地区既有盐水沼泽地带，又有丘陵状的沙漠地带，造成激发接收条件较差，地震资料品质不高。

从已有的资料看，哈萨克斯坦滨里海盆地盐丘构造极为发育，已发现 1500 多个盐丘，占盆地总面积的 25% ~30%。在中生界地层之上沉积有 100 ~500m 的第三系和第四系地层，受其厚度影响，表层平均速度变化较大。深层有巨厚的下二叠统孔谷组盐岩地层，厚度从几百米到 5000 多米不等，将剖面分为盐下组与盐上组，其间为强烈不整合。盐上组为一些小型的断鼻、断块等构造；盐下组构造比较复杂，沉积面埋藏深度变化很大，形成了一些幅度达几公里、由局部凸起与凹陷组成的构造体系。

从盆地已发现的盐下油气田来看，盐下油气藏具有面积大、含油高度大的特点，但由于该地区缺少盐丘内部及盐下的测井资料，叠前深度偏移速度场建立和偏移成像难度较大，盐下储层岩性、物性特征也很难预测。

1　地震资料的特点

1.1　面波及规则线性干扰

该区地表激发接收条件较差，表层速度较低，地震波能量衰减很快。为了提高地震资料信噪比，增强盐下反射能量，野外施工采用大药量激发，故原始单炮记录存在较强的低频干扰，面波和线性干扰发育且能量强，有效信号被淹没。图 1 为面波和线性干扰严重的单炮记录，几乎看不出有效信号，频谱显示的基本上为低频面波能量(图 2)。

1.2　不规则干扰

由于地表条件较差，该区原始地震资料信噪比低，各种不规则干扰异常发育，如高频干扰、声波干扰、多次波干扰、随机干扰及异常强振幅干扰等。

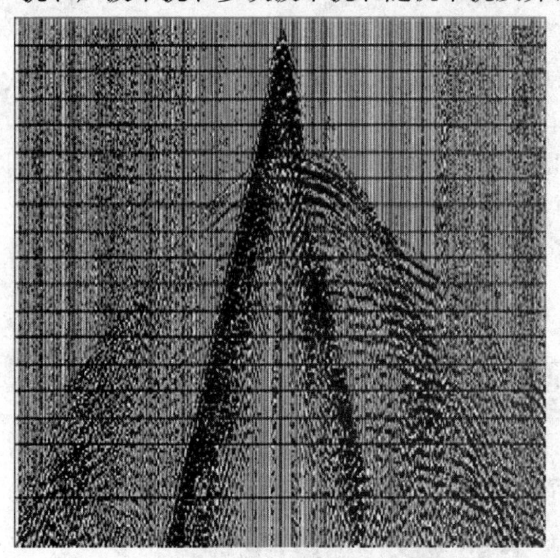

图 1　面波和线性干扰严重的单炮记录

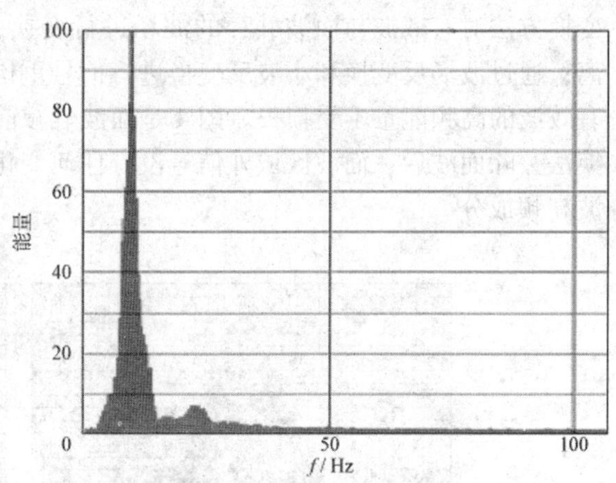

图 2　单炮记录频谱

1.3　盐丘屏蔽

该区盐岩地层厚度从几百米到5000多米不等，盐丘边界通常情况下是良好的反射界面，透过盐丘的地震波能量较弱。同时，盐丘分布范围广，面积大，形状不规则，盐丘体存在较强的散射和吸收，地震波能量到达盐底时能量很弱。盐底将地震记录自然分成盐下组与盐上组两部分，其间为强烈不整合(图3)。

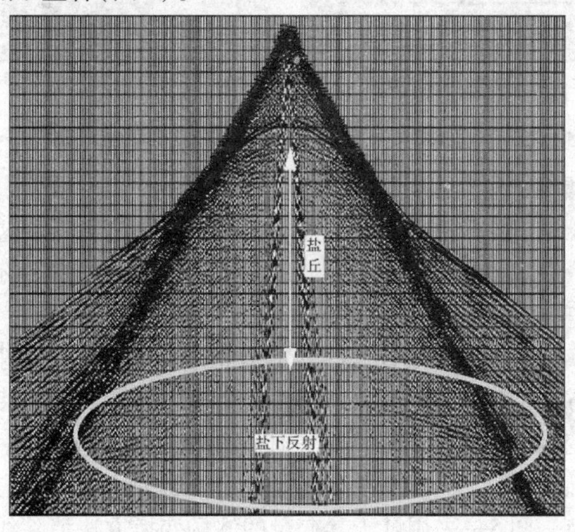

图 3　巨厚盐下单炮记录

2　地震资料处理

2.1　面波衰减

在叠前对面波进行压制可以提高地震资料的信噪比和分辨率。以往对面波的压制基本上是依据面波的频率特性或视速度特性来进行，造成有效波不同程度的损失。区域小波变换法将整个面波波场作为研究对象，首先用一定的数学方法对其进行精确描述，然后利用小波变换分离面波波场（含低频有效波波场）与较高频有效波波场。具体做法是：采用非线性波场变换方法对有效波与面波共存的波场进行变换；利用水平相干性的差异对两种波场进行分离；通过波场反变换和小波反变换进行信号重构。该方法既保护了有效波的低频能量，又使有效波的高频能量不受损失。图 4 是面波衰减前、后的单炮记录，可以看出，经区域小波变换法去除面波后，面波区域外信号没有任何变化，面波区域内的面波被消除，且保留了反射波高频成分。

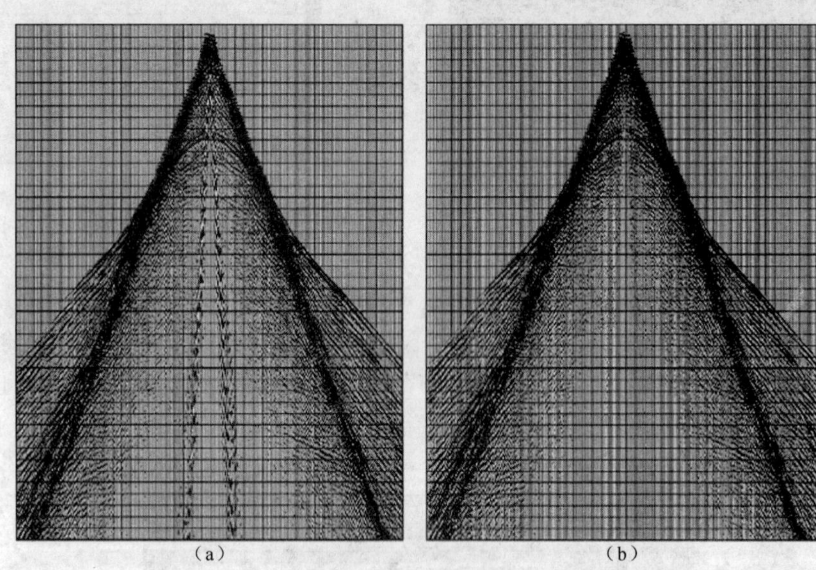

图 4　面波衰减前(a)和衰减后(b)的单炮记录

2.2　规则干扰的剔除

规则线性干扰的压制方法较多，如 *f-k* 滤波法、中值滤波法等。这些方法已经在实际生产中得到了广泛应用，并取得了良好的效果。但当线性干扰的规律性不强时，这些方法的应用效果会受到影响。

依据基于速度变换的叠前道集可使噪声与有效信号易于分离这一事实，本次研究采用基于参变量的波场变换方法消除线性干扰。首先假定目标波场与某一参变量有关，利用特殊的变换方法将地震记录变换到参变量 - 距离域，使得线性干扰大致水平，规律性增强；然后利用线性滤波技术，消除相干噪声。这种去噪方法对于干扰以外的地震信号无任何影响，因而具有高保真去噪的优点。图 5是采用基于参变量的波场变换方法消除线性干扰前后的单炮记录。可以看出，线性干扰消除后，单炮记录的信噪比和分辨率得到较大提高，特别是 3000ms 附近（方框内）盐下反射同相轴清晰。受盐丘形状及盐丘速度影响，盐丘侧翼和盐下反射存在明显的时差。

2.3　速度场的建立

速度场建立的准确性取决于对地下地质情况的认识，但该地区缺少测井资料，仅有 20 世纪 80 年代以前勘探处理的老资料，信噪比低，可信度不高，地质认识程度仅限于从周围

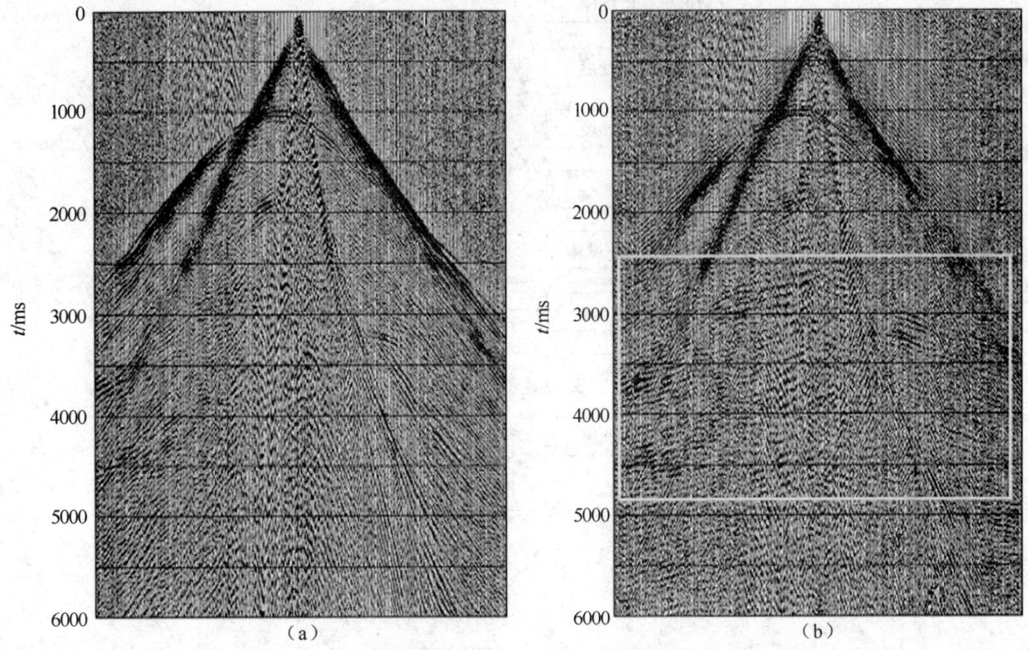

图 5　线性干扰消除前(a)和消除后(b)的单炮记录

油田获得的地质信息。在对地下认识几乎是空白的情况下，速度场的建立只能从地震反射信息中获得。受地震资料信噪比低、反射波标准层拾取误差等因素的影响，速度场建立的准确性受到限制。我们利用多种手段，通过由粗到细多次迭代来完成速度场的建立：①利用 DMO 速度建立叠前偏移速度场；②进行叠前时间偏移并建立初始速度场；③采用谱分析方法进行速度分析得到分辨率不高的宏观速度场；④采用射线层析成像方法对利用谱分析法得到的成像速度场进行更新，最终得到准确性和分辨率较高的成像速度场。速度场建立的流程图如图 6 所示。

2.4　叠前深度偏移

叠前深度偏移方法分 Kirchhoff 积分法和波动方程法两种，它们都是解 Helmholtz 方程，前者是微分方程的积分解，后者是对波场进行深度递推。Kirchhoff 积分解是波动方程的高频近似解，当目标体速度变化剧烈或目的层较深时，Kirchhoff 积分叠前深度偏移效果较差。针对哈萨克斯坦滨里海盆地盐丘厚度大、目的层埋藏深的特点，我们选用波动方程法进行叠前深度偏移，该方法能够适应横向速度的剧烈变化，成像精度高。波动方程法叠前深度偏移波场外推算子优劣的判别标准是，在方便计算的条件下最大程度地确切描述波在复杂介质中的传播过程。

根据三维声波方程，在任意速度分布情况下，炮点或检波点波场外推方程为

$$\frac{\partial P(t,x,y,z)}{\partial z} = -\left[\frac{1}{v^2(x,y,z)} - \left(\frac{\partial t}{\partial x}\right)^2 - \left(\frac{\partial t}{\partial y}\right)^2\right]^{\frac{1}{2}} \frac{\partial P(t,x,y,z)}{\partial t} \tag{1}$$

频率－空间域有限差分法叠前深度偏移将方程(1)变换到频率－空间域，然后对其进行求解，具有计算效率高和精度高的特点。

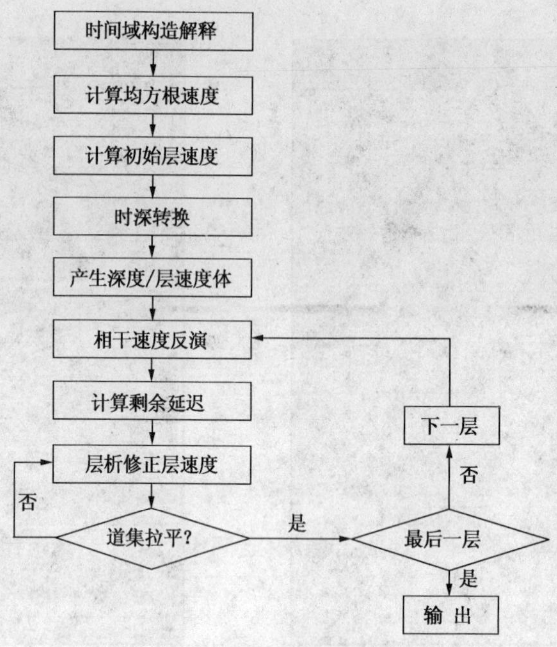

图6 速度模型建立流程

3 效果分析

对哈萨克斯坦滨里海盆地某测线进行了成像处理，图 7 为常规叠后时间偏移剖面与相同位置的叠前深度偏移剖面(转时间域)局部对比图。可以看出，常规叠后时间偏移受盐丘形状及盐丘速度影响，盐下反射杂乱[图 7(a)方框内]，盐丘边界接触关系不清楚[图 7(a)箭头所示]，成像效果差；频率－空间域叠前深度偏移剖面上同相轴能够连续追踪[图 7(b)方框内]，盐丘边界[图 7(b)箭头所示]成像效果较好。图 8 是该测线叠前深度偏移剖面，可以看出，经本文方法处理后，盐丘边界反射清楚，盐下反射能够连续追踪，资料整体信噪比较高。特别是时间域的盐下背斜构造[图 7(b)方框内]在深度域解释为小幅向斜构造[图 8 方框内]，消除了由盐丘形状和速度造成的构造假象，与实际勘探结果吻合。

4 结束语

(1) 哈萨克斯坦滨里海盆地激发接收条件较差，盐丘分布范围广，盐丘厚度变化大，地震资料信噪比较低，特别是盐下反射能量弱，连续性差。进行盐下成像处理时，首先要注意保护低频信息，消除线性干扰，提高原始资料信噪比。

(2) 将基于谱分析思路的宏观速度建模模式和基于射线层析成像方法的微观速度建模模式相结合，经多次反复迭代，可以建立较为准确的速度模型。

(3) 利用频率－空间域有限差分法叠前深度偏移可以较好地解决哈萨克斯坦滨里海盆地盐下及盐丘侧翼的成像问题，准确反映地下构造的真实形态。

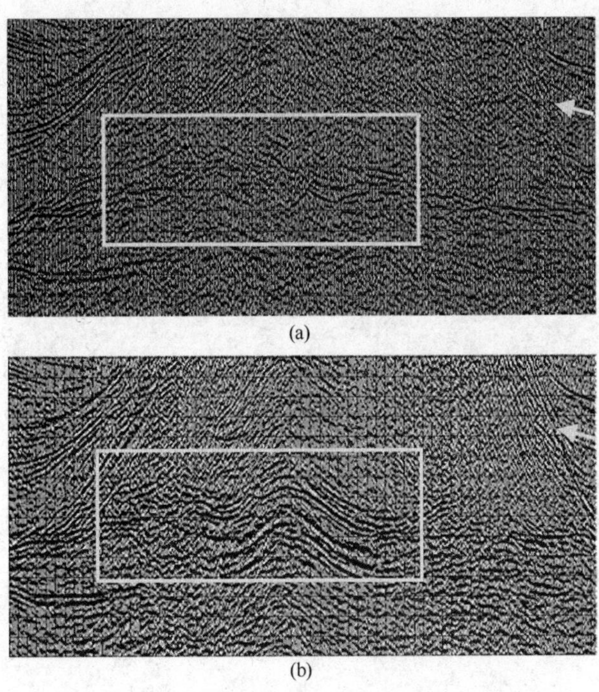

(a)

(b)

图7 某测线叠后时间偏移剖面(a)与叠前深度偏移转时间域剖面(b)局部

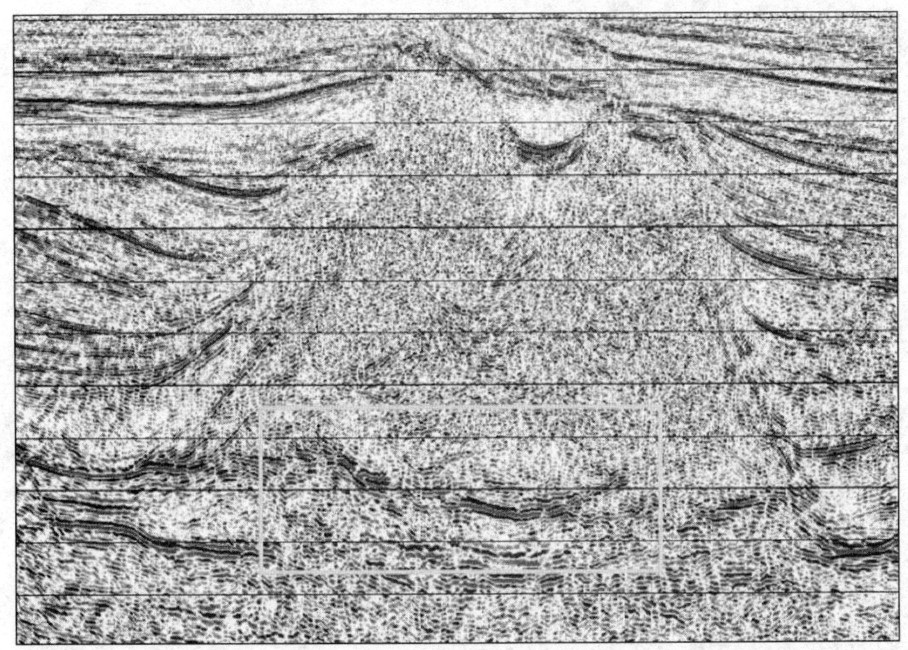

图8 某测线叠前深度偏移剖面

参 考 文 献

1 李卫忠，张明震，王成礼等. 压制面波的波场分离方法[J]. 石油地球物理勘探，1998，33(5)：679～690

2 蔡希玲. 声波和强能量干扰的分频自适应检测与压制方法[J]. 石油地球物理勘探, 1999, 34(4): 373 ~380

3 吕景贵, 刘振彪, 管叶君等. 压制叠前相干噪音的速度变换域滤波方法[J]. 石油物探, 2001, 40(4): 94 ~99

4 吕景贵. 基于速度的波场变换叠前噪音压制处理技术方法研究[D]. 北京: 中国地质大学, 2000

5 王成礼, 尚新民. 基于参变量的波场变换方法与应用[J]. 石油地球物理勘探, 1995, 30(1): 75 ~85

6 王成礼. k-x 与 τ-x 波场变换及其初步应用[J]. 石油地球物理勘探, 1994, 29(1): 37 ~47

7 金胜汶, 曹景忠, 马在田等. 可分裂的三维陡倾角深度偏移算法[J]. 地球物理学报, 1996, 39(4): 544 ~549

8 刘超颖. 大倾角有限差分深度偏移[J]. 石油地球物理勘探, 1992, 27(8): 695 ~705

9 刘洪, 袁江华, 陈景波. 大步长波场深度延拓的理论[J]. 地球物理学报, 2006, 49(6): 1779 ~1793

10 刘洪, 王秀闽, 曾锐等. 单程波算子积分解的象征表示[J]. 地球物理学进展, 2007, 22(2): 463 ~471

11 程玖兵, 王华忠, 马在田. 频率－空间域有限差分法叠前深度偏移[J]. 地球物理学报, 2001, 44(3): 389 ~395

地震解释

地震叠前反演与直接烃类指示的探讨

管路平[1,2]

（1. 南京大学地球科学系，江苏南京 210093；2. 中国石化
石油勘探开发研究院南京石油物探研究所，江苏南京 210014）

摘要：随着油气勘探的不断深入，岩性油气藏和隐蔽油气藏的勘探开发问题日益受到勘探学家们的关注，地震叠前反演技术成为近年来地震属性分析和反演研究的热点。AVO 技术通过分析振幅随偏移距的变化进行岩性和流体识别，交会图分析是 AVO 异常分析的主要技术手段。包括弹性阻抗反演和叠前同步反演在内的叠前弹性反演技术是 AVO 技术的主要发展方向，叠前弹性参数反演可以得到更丰富的储层岩性和流体的信息，有利于进行储层的直接烃类检测。结合地震叠前反演技术的发展历程和实际应用，探讨了利用地震叠前反演技术进行油气藏直接烃类检测的技术发展趋势。

关键词：叠前反演　AVO 技术　弹性阻抗　直接烃类指示

1　叠前反演的发展历程

利用地震资料进行储层岩性识别和流体预测一直是勘探学家努力追求的目标。20 世纪 70 年代，勘探学家在总结归纳了含油气砂岩的地震振幅特点以后，提出了根据地震振幅属性识别砂岩储层的判别模式，包括“亮点型”反射、“平点型”反射和“暗点型”反射等，这可以称为早期地震岩性识别或直接油气指示技术的萌芽。

Ostrander(1984)在研究“亮点型”砂岩储层地震振幅特征过程中，发现了“含气砂岩反射振幅随偏移距增加而增大，含水砂岩反射振幅随偏移距增加而减小”的现象，首先提出利用反射系数随入射角的变化识别“亮点型”含气砂岩，从而发展了利用地震资料进行烃类检测的技术，也标志着实用 AVO 技术的出现。经过 20 余年的发展，AVO 技术得到了长足进步，已经全面超越振幅随偏移距变化分析范畴，形成了地震叠前反演技术系列。这一技术系列的形成和不断成熟将对地震岩性识别、流体预测和直接烃类指示技术的发展产生积极的影响。

Ostrander 发现 AVO 异常现象是科学实践中的“偶然发现”，但是，隐藏在地震叠前数据中的异常现象并非是地震波振幅的特例，而是遵循了 Zoeppritz(1919)提出的精确描述平面波传播动力学的 Zoeppritz 方程。平面 P 波在介质 1 中传播，非垂直入射到下伏介质 2 的物性界面时，会产生反射波和透射波(图 1)，这些波满足 Snell 定律。根据应力连续和位移连续的特性，引入反射系数和透射系数，在满足 Zoeppritz 方程的条件下，就可以得出波的位移振幅。

20 世纪 60 年代，Bortfeld 就对不同入射角条件下平面 P 波的反射系数和透射系数的计

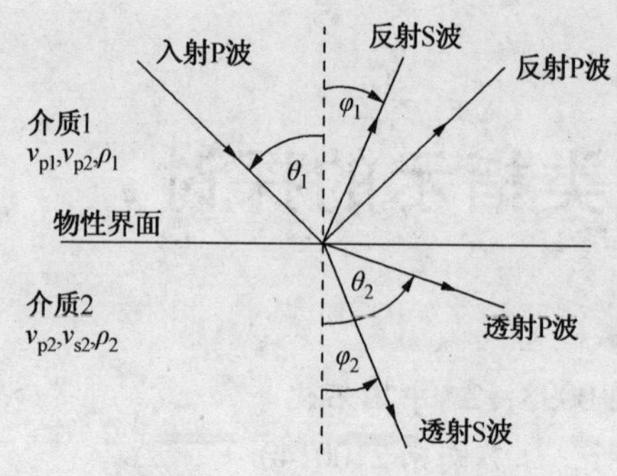

图1 2个无限弹性半空间之间的非垂直入射P波的反射和透射

算开展了研究。在地质界面密度变化率、P波和S波速度变化率远远小于1的情况下，可以对Zoeppritz方程进行线性简化，计算地层的岩石物性参数。1980年，Aki和Richards对Zoeppritz方程进行了简化，并做了全面系统的阐述，给出了根据地质界面处地层密度、P波和S波速度等物性差异计算不同入射角P波反射系数的表达式：

$$R_{\mathrm{PP}}(\theta) \approx \frac{1}{2}(1-4p^2v_{\mathrm{S}}^2)\left(\frac{\Delta\rho}{\rho}\right)+ \frac{1}{2\cos^2\theta}\frac{\Delta v_{\mathrm{P}}}{v_{\mathrm{P}}}-4v_{\mathrm{S}}^2\rho^2\frac{\Delta v_{\mathrm{S}}}{v_{\mathrm{S}}} \tag{1}$$

一个关于地震P波非垂直入射的“偶然发现”，其实在1980年(甚至于更早的时间)就有人对非垂直入射的P波特征进行了理论研究和定量分析的技术探讨(Richards 和 Frasier，1976)，因此，科学“偶然发现”的背后有着方法理论研究的必然。

在进行叠后地震属性分析和反演时，一般只能关注振幅与P波阻抗或其它某一参数之间的关系；而在叠前属性分析和反演中，针对不同偏移距(反射角)的地震数据，可以在地震岩性预测和流体预测中，将分析的触角深入到具体的弹性参数方面(如P波速度、S波速度、密度和$v_{\mathrm{P}}/v_{\mathrm{S}}$等)。对于拉梅常数、切变模量和泊松比等弹性参数，泊松比在Zoeppritz方程中是以一个独立的参数出现的，从P波阻抗到泊松比是人们对地层的研究逐渐走向深入的表现。在研究叠前振幅变化与P波速度的关系时可以发现，振幅变化与其它弹性参数的关系更有意义，这是因为P波速度已不能作为一个独立的弹性参数进行研究，叠前振幅的变化与S波速度、地层密度或泊松比的变化密切相关，因此，在进行地层岩性识别和流体预测时，必须重视地层岩性和含油气性对几个弹性参数的影响。

传统的叠后P波波阻抗反演是基于P波在界面垂直入射的假设，当CDP道集的偏移距范围较小且储层埋深较深时，这一假设基本成立，这时叠后P波波阻抗反演可以得到比较可靠的结果。然而，在偏移距范围很大时，振幅随炮检距显著变化，无论是反射波的振幅还是极性都会发生非常大的变化，在这种情况下，传统的地震道反演不再适用，需要考虑AVO的影响。Goodway等(1997)提出了LMR弹性参数反演方法；Connolly(1999)提出了弹性阻抗(Elastic Impendance，简称EI)概念，并给出了弹性阻抗表达式：

$$I_{\mathrm{E}}(\theta) = v_{\mathrm{P}}^{1+\sin^2\theta}v_{\mathrm{S}}^{-8k\sin^2\theta}\rho^{1-4k\sin^2\theta} \tag{2}$$

弹性阻抗的思想是：从叠前地震数据入手，巧妙地将AVO分析与地震道弹性反演相结合，从而，将地震道反演技术向前推进了一步。这样，不仅消除了因叠加产生的平均效应，更重要的是在此基础上建立的适合常规叠后资料的非零炮检距P波弹性阻抗模型，不仅包含了波阻抗，还包含了P波和S波速度、地层密度等岩性和流体信息，能更准确地进行岩性识别和流体识别，甚至是直接烃类指示，是地震反演发展的最新方向。

本文将重点探讨AVO分析技术和叠前弹性参数反演技术的理论基础、技术现状和发展趋势，结合上述技术在油气勘探开发中的实际应用，阐述利用地震叠前反演技术进行直接烃类指示的技术可行性，并对其它地震叠前反演技术(如射线波阻抗反演和地震叠前波形反演等)进行技术评述。

2 振幅随偏移距变化的分析

2.1 AVO 分析技术的发展

1955 年，Koefoed 首次将泊松比与反射系数直接联系起来进行研究，并利用 17 组 P 波和 S 波速度、密度和泊松比等参数，较为详细地研究了泊松比对两个各向同性介质的反射/折射面反射系数的影响，最大的入射角达到了 30°。其研究成果被称之为“Koefoed 五原则”。Shuey(1985)进一步研究了泊松比对反射系数的影响，并对 Zoeppritz 方程做了进一步简化，提出了著名的 Shuey AVO 方程：

$$R(\theta) \approx A + B\sin^2\theta + C\sin^2\theta\tan^2\theta \tag{3}$$

式中，A 是“零偏移距”振幅(也称为 P 波的“截距”)；B 是 AVO 梯度(也称为 AVO 的“斜率”)；第三项只有在远偏移距条件下才会产生重要影响，在角度较小的情况下可以忽略不计。正是由于 Shuey 的抛物线表达式，使得 AVO 属性分析和零偏移距剖面的提取在油气勘探开发中得到广泛应用。

1987 年，Smith 和 Gidlow 在对含气砂岩进行 AVO 分析时，提出了 AVO 分析的加权叠加处理方法，并引入“流体因子(fluid factor)”概念，由此推动了利用地震(尤其是叠前)资料进行烃类直接指示技术的发展。Fatti 等(1994)从 Aki 和 Richards 方程出发，在弱化地层密度项的前提下，重新改写了 Aki 和 Richards 方程，提出了含气砂岩的 AVO 预测方法。为了充分挖掘 AVO 信息的潜力，AVO 属性(斜率和截距、λ 和 μ 等)交会图在岩性识别和油气预测中得到了广泛的应用，产生了多种 AVO 烃类检测因子。

2.2 AVO 异常的分类

为了利用 AVO 属性进行油气评价和检测，1989 年，Rutherford 和 Williams 提出了三类 AVO 异常划分方案；Foster 等对 AVO 第二类异常进行了深入的研究，提出了 AVO 异常细分方案；Castagna 和 Swan 根据不同储层的 AVO 属性在交会图中的位置，进行了进一步的异常类型分类，提出了四类 AVO 异常划分方案。

上述 AVO 异常划分方案基本上是围绕含气砂岩的 AVO 异常进行的。为了全面进行 AVO 异常分析，并以此进行岩性识别、流体预测和直接烃类指示等油气藏表征研究，在综合前人 AVO 异常分类的基础上，Young 和 LoPiccolo(2003)提出了综合 AVO 异常分类方法(图 2)。共有 10 种 AVO 异常类型，其中对应于正砂岩(Conforming Sandstone)5 种(1 ~ 5)，对应于非正砂岩 5 种(-1 ~ -5)，并给出了不同类型 AVO 异常的特征描述(表 1)。

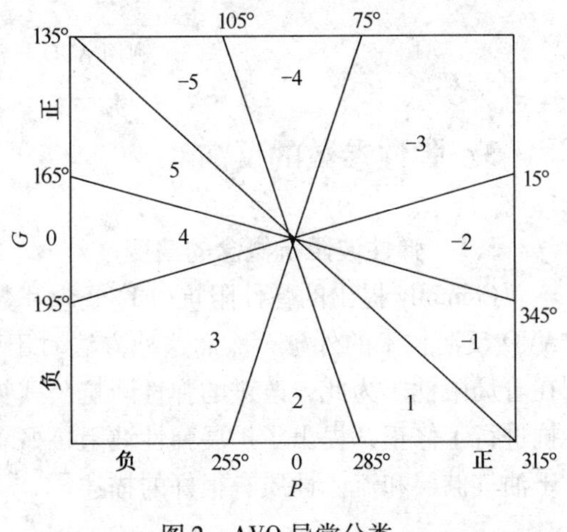

图 2 AVO 异常分类

图 3 是根据 AVO 异常分类进行 AVO 异常分析的一个实例，根据钻井结果，在地震剖面上标出了气/水界面的位置。由叠加剖面可见，对应于储层的同相轴在气/水界面处“抖动”了一下，但如果没有气/水界面的投影，很难明白这个细微变化的油气指向意义；而在 AVO 异常类型剖

面上，储层的顶、底界面反映比较清楚，对应于叠加剖面的“抖动”处，可以清晰地辨别不同的AVO异常类型，通过追踪AVO正负异常的边界，可以较为准确地确定储层中的气/水界面。在气/水界面之上，AVO的正异常(类型1、类型2和类型3)是含气砂岩的AVO响应，其中以AVO异常类型1为主；在气/水界面之下，以AVO的负异常(类型-1)为主，是含水砂岩的AVO响应。

表1　AVO异常分类及AVO特征描述

	类型	P(截距)	G(梯度)	AVO特征
正砂岩	1	正值	负值	波峰，振幅随着偏移距增大而减小，在远偏移距处，波峰变为波谷
	2	接近0	负值	接近于垂直入射，即将变为波谷，振幅随偏移距增大而增大
	3	负值	负值	波谷，振幅随偏移距增大而增大
	4	负值	变化小	波谷，振幅随偏移距变化微乎其微
	5	负值	正值	波谷，振幅随偏移距增大而减小
非正砂岩	-1	正值	负值	波峰，振幅随偏移距增大而减小
	-2	正值	变化小	波峰，振幅随偏移距变化微乎其微
	-3	正值	正值	波峰，振幅随偏移距增大而增大
	-4	接近0	正值	接近于垂直入射，即将变为波峰，振幅随偏移距增大而增大
	-5	负值	正值	波谷，振幅随偏移距增大而减小，在在远偏移距处，波谷变为波峰

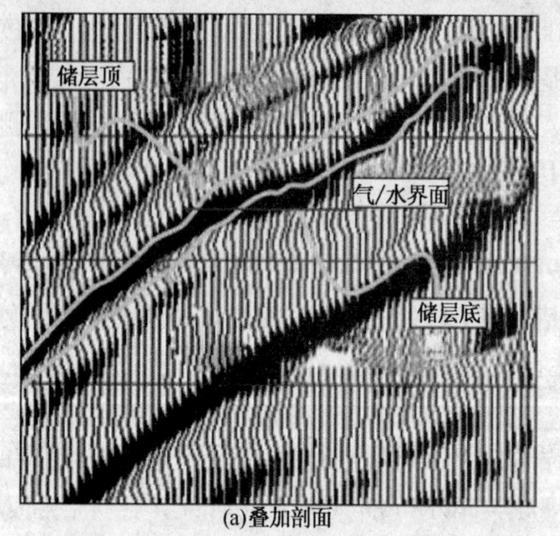

(a)叠加剖面

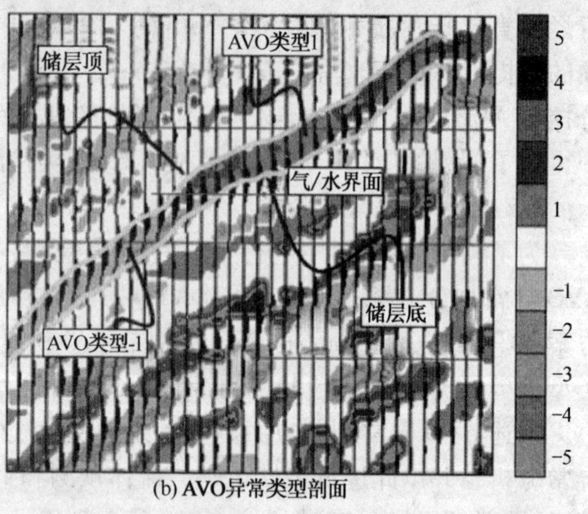

(b) AVO异常类型剖面

图3　利用AVO异常分类识别气/水界面的实例

3　弹性参数的反演

3.1　弹性波阻抗概念的演变

Connolly提出的弹性阻抗(EI)概念和数学表达式丰富了AVO分析技术的内涵，扩大了AVO反演技术的外延，然而这种方法对于P波和S波的速度比做了一些基本假设，因此存在着局限性。为此，改进的弹性阻抗公式被相继提出。其中，Whitcombe(2002)对弹性波阻抗进行了修正，提出了扩展弹性波阻抗概念，并在此基础上建立了流体识别与预测因子，对于油气储层和流体性质有很好的描述。

$$I_E = v_{P0}\rho_0\left(\frac{v_P}{v_{P0}}\right)^{1+\sin^2\theta}\left(\frac{v_S}{v_{S0}}\right)^{-8k\sin^2\theta}\left(\frac{\rho}{\rho_0}\right)^{1-4k\sin^2\theta} \tag{4}$$

为了便于计算，可以假定 k 为常数(如 $k=0.25$)。对(4)式两边取对数，(4)式就简化成一个与 $\sin^2\theta$ 相关的线性方程，从而可以大大提高计算速度和效率。

3.2 采用叠后反演方法的弹性阻抗反演

在 AVO 分析中，使用加权叠加处理方法是为了得到较高的信噪比。同样，基于目前的实际情况(野外数据采集和计算机资源等)，对地震的角道集实施部分叠加，既能够保留和突出识别地层流体和岩性方面的 AVO 特征，也可以提高地震叠前数据的信噪比。与常规叠加道不同的是，这种叠加仅仅是一定范围入射角记录的平均，而不是作为零炮检距的近似。

通过部分叠加，通常可以得到近、中、远 3 个偏移距的叠加数据，分别采用不同偏移距的地震子波和叠后反演方法进行不同角度范围的反射系数计算。在前面计算的基础上，对于近偏移距数据，可以近似地看作是声波波阻抗，直接计算出对应的弹性阻抗；对于其它偏移距的数据，就需要根据弹性阻抗的定义函数来获得不同角度范围的弹性阻抗。然后，再对不同角度范围的弹性阻抗反演结果进行组合，计算地层的 P 波速度、S 波速度和密度(或者声波阻抗、泊松比和密度)等弹性参数，以进行地层岩性识别和流体预测。

3.3 弹性参数叠前同步反演

2001 年，Ozdemir 等提出了利用 AVO 信息进行弹性参数同步反演(Simultaneous inversion，也称为“联合反演”)的思路，2002 年出现了利用模拟退火(simulated annealing)方法进行叠前弹性参数同步反演的技术实现。随着近几年 AVO 分析和随机反演技术方法的不断发展和进步，叠前同步反演方法日益成熟，在同步反演方法中采用的技术一般多为非线性技术。

图 4 给出了部分叠加弹性阻抗反演和同步反演处理流程，通过对比可以发现，同步反演与部分叠加弹性阻抗反演的输入数据是相同的。由于不采用叠后反演方法，可以避免提取角度地震子波，从而减少了数据转换中的累积误差。

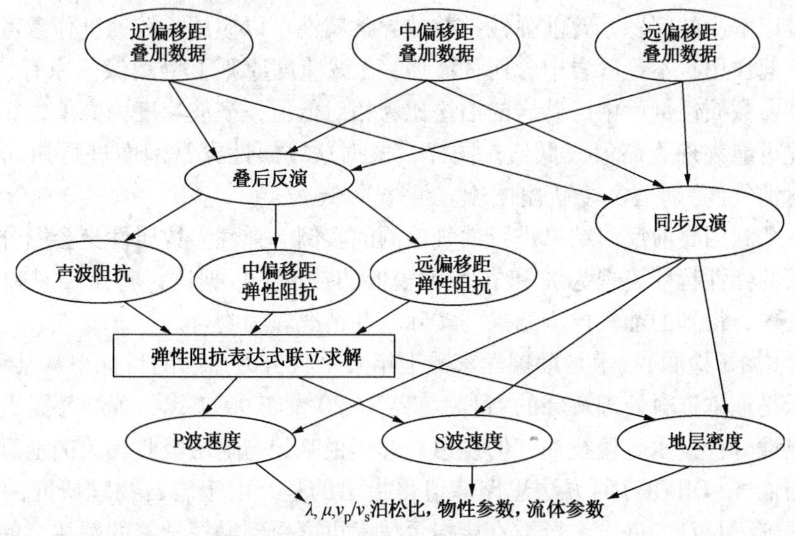

图 4 两种弹性参数反演流程的对比

4 直接烃类指示的研究

地震叠前反演的目的是充分利用P波勘探的叠前地震资料，进行面向地层的弹性参数反演，进而根据不同岩性、不同孔隙流体(油气)饱和状态在弹性参数上所表现的差异，进行地层岩性识别和储层流体预测。

AVO异常反映的是地层泊松比的变化，而泊松比变化反映的是不同岩性、不同孔隙流体介质之间存在差异这一客观事实。大量岩石物理实验研究表明，沉积岩的泊松比值具有如下特点：①未固结的浅层盐水饱和沉积岩泊松比值非常高(0.4以上)；②泊松比随孔隙度的减小和沉积固结程度的增高而降低；③高孔隙度盐水饱和砂岩泊松比值较高(0.3～0.4)；④高孔隙度气饱和砂岩泊松比值极低(如低到0.1)。一般来讲，不同岩性按泊松比值从高到低的排序依次是石灰岩、白云岩、泥岩和砂岩；在砂岩中由于孔隙流体性质的差异，泊松比值从高到低的排序依次是水砂岩、油砂岩和气砂岩。

岩石物理研究发现，当砂岩中含气时，P波速度明显降低，泊松比较小，与围岩的泊松比之差大都在0.2～0.3之间，因此，在含气砂岩中一般都可检测到较明显的AVO效应。含油层的泊松比值大于含气层，与围岩相差无几甚至接近，因此反射系数随炮检距的变化程度小于含气层，AVO效应要比含气地层弱得多，而且油层的AVO效应包含了所有可能出现的信息，检测也将更为困难。因此，AVO技术应用在寻找气藏方面更为有利，更能体现其优越性。

利用叠前反演技术进行岩性预测和流体检测，本质上就是对叠前反演得到的异常属性参数进行再次处理，以得到预测岩性和含油气性的参数剖面。岩性预测的基础是不同岩性的弹性参数表现出来的差异，预测的目的则是从复杂的地层中找出潜在的储层(孔隙型砂岩储层或碳酸盐岩储层)。砂岩具有较泥岩低的泊松比值和高的速度特征，但当砂岩含气后，泊松比值急剧减小，P波速度快速下降，甚至还常常低于泥岩，这是利用常规叠后资料进行储层预测的一个难以解决的问题。叠前弹性参数的异常属性可以应用S波速度作参考，因为流体对剪切模量不起作用，不论砂岩中含何种流体，S波速度原则上仍然保持原有(高速)特征。因此，在弹性参数属性剖面中，砂岩的泊松比为相对低值，横波速度为高值，纵波速度依其孔隙流体状况可能表现为高值或低值。同样，根据这些属性异常剖面进行油气检测的基础是，当储层含油气(特别是含气)后泊松比会明显降低。

图5是一个利用叠前反演结果进行油气检测的实例。弹性参数属性交会图分析表明，该区的有利储层的弹性特征表现为λ和μ均为较低的数值。根据这一特点，对弹性参数属性剖面进行了处理，得到的油气检测结果与实际钻井情况较为吻合。

烃类直接指示(检测)技术是勘探学家数十年来一直努力追求的目标，从某种意义上讲，烃类直接指示是地震资料处理解释的“最高境界”。20世纪90年代，黄绪德提出了利用地震综合反演与属性分析技术直接找油气的设想，林华根基于与地层吸收相关的地震特征分析提出了直接指出油气(DIPOG)的方法思路。值得指出的是，由于岩石物理研究的进展，地震岩石物理学得到了长足的进步，烃类直接指示技术再度受到勘探学家的关注。韩德华和Batzle研究了储层中不同流体、不同饱和状态的岩石物理特征，阐述了活气(fizz)、活油、活水的概念，提出利用岩石的弹性特征进行流体预测的技术方法。通过与地震岩石物理相关的一

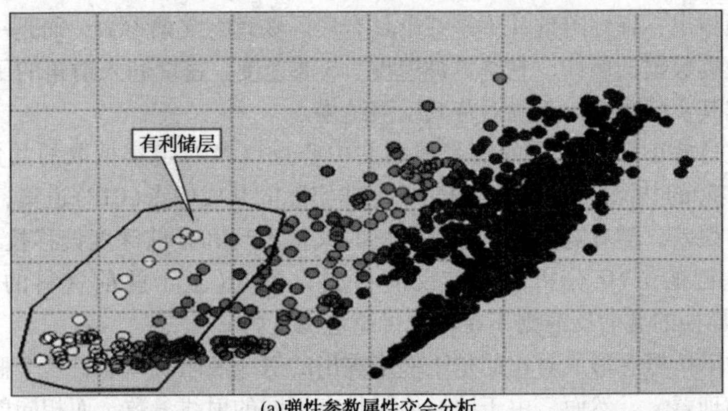

(a)弹性参数属性交会分析

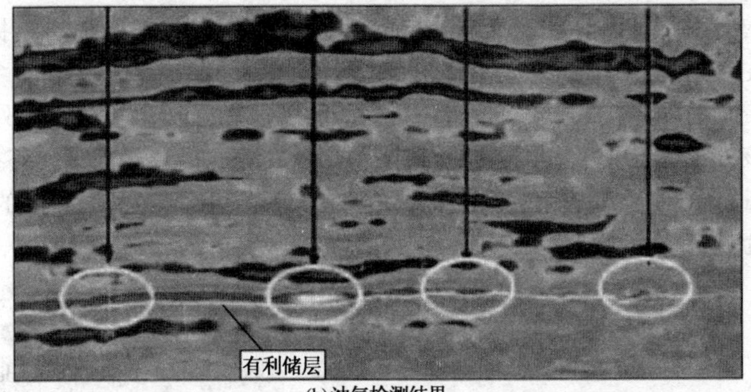

(b)油气检测结果

图5 利用AVO技术进行油气检测的结果

些研究，利用地震资料进行烃类直接检测已经逐渐从愿景变为现实。

利用地震资料进行烃类直接检测，需要解决的关键技术问题包括以下三个方面：

(1) 岩石物理测试数据与地震数据的标定问题。岩石物理分析一般在孔隙(岩心)尺度上进行，而地震的分辨率(尤其是纵向分辨率)是不能满足孔隙尺度研究需要的，两者之间存在巨大的反差，必须根据实际地质情况，进行岩石物理属性特征的粗化(Up-Scale)。

(2) 对于不同类型的储层，应该对不同的储层条件(温度和压力)、不同流体状态下的岩石物理特征进行差异性分析，建立烃类指示的判别模式。

(3) 对众多的地震属性(包括弹性特征的组合关系)进行筛选，并进行灵敏度分析，找出能够直接反映含油气性的地震属性。

5 结论和认识

(1) 经过20余年的技术发展，AVO技术已经成为油气勘探开发中常规的地震处理与解释技术。随着油气藏表征更加关注流体，利用扩展以后的AVO技术进行流体预测，开展直接烃类指示研究，具有理论基础，且技术上可行，关键在于通过地质研究，建立含油气性的弹性参数识别模式。只有建立了含油气性的判别模式，才可能通过弹性参数的组合或转换进行烃类的直接指示。

(2) 弹性阻抗反演技术作为脱胎于AVO分析的地震反演新方法，具有良好的实际应用前景，但是必须指出，弹性阻抗并不是一个具有实际物理意义的参数，而是一个通过推导得出的用来解释地震数据的属性，它是P波速度、S波速度、密度和入射角的函数，所以，在应用中必须了解其实际含义，正确对待其反演结果。

(3) 目前进行叠前反演使用的都是根据共中心点(CMP)道集抽取的共角度道集数据，CMP道集并非实际的共深度点(CDP)道集，也非实际的共成像点(CIP)道集，据此抽取的角度道集必然存在误差。随着宽方位角地震资料的大量出现和叠前深度偏移技术的实际应用，以CIP道集为基础的AVO分析和叠前反演将成为主流(至于叠前资料的各向异性分析(AVOZ)和各向异性的叠前反演则不在本文讨论范围之内)。

(4) 与弹性阻抗概念形成对比的是王仰华提出的射线波阻抗概念，这个概念较之弹性阻抗具有明确的物理意义。然而，由于同一地层具有不同的射线参数，而相同射线参数的地层含义是不清晰的，因此，如何将射线波阻抗的计算结果构成常规的地层数据体(或剖面)，是该技术方法在实用化过程中需要解决的技术问题。

(5) 在地震叠前反演技术中，除了上述的AVO反演和弹性阻抗反演以外，还有叠前波形反演方法。该方法在近几年虽然也有一些技术文献发表，但总的来说，其技术方法(非线性问题和计算量巨大问题)本身尚处于探讨阶段，不具备进行工程化实用的基础。尽管如此，其仍不失为具有技术挑战性的研究方向。

参 考 文 献

1 Ostrander W J. Plane-wave reflection coefficients for gas sands at non-normal angles of incidence [J]. Geophysics, 1984, 49(10): 1637 ~ 1648

2 Goodway Y, Downton J. Recent applications of AVO to carbonate reservoirs in the western canadian sedimentary basin[J]. The Leading Edge, 2003, 22(7): 670 ~ 674

3 Castagna J P, Backus M M. AVO analysis—tutorial and review[A]. In: Castagna J P, Backus M M. Offset-dependent reflectivity—theory and practice of AVO analysis[C]. Tulsa, USA: SEG, 1993, 3 ~ 37

4 Bortfeld R. Approximation to the reflection and transmission coefficients of plane longitudinal and transverse waves[J]. Geophysical Prospecting, 1961, 9(3): 485 ~ 503

5 Aki K, Richards P G. Quantitative seismology: theory and methods[M]. San Francisco: Freeman W H Company, 1980. 100 ~ 160

6 Richards P G, Frasier C W. Scattering of elastic waves from depth-dependent inhomogeneties[J]. Geophysics, 1976, 41(2): 441 ~ 458

7 Goodway B, Chen T, Downton J. Improved AVO fluid detection and lithology discrimination using Lamé petrophysical parameters[J]. Expanded Abstracts of 67th Annual Internat SEG Mtg, 1997, 183 ~ 186

8 Connoly P. Elastic impendance[J]. The Leading Edge, 1999, 18(4): 438 ~ 452

9 Mallick S. AVO and elastic impendance[J]. The Leading Edge, 2001, 20(10): 1094 ~ 1104

10 Ozdemir H, Hansen J W, Tyler E. Rock and reservoir parameters from pre-stack inversion of surface seismic data[J]. First Break, 2006, 24(10): 83 ~ 87

11 Koefoed O. On the effect of Poisson ratios of rock strata on the reflection coefficients of plane waves [J]. Geophysical Prospecting, 1955, 3(2): 381 ~ 387

12 Shuey R T. A simplification of the Zoeppritz equations[J]. Geophysics, 1985, 50(5): 609 ~ 614

13 Smith G C, Gidlow P M. Weighted stacking of rock property estimation and detection of gas[J]. Geophysical Prospecting, 1987, 35(8): 993 ~ 1014

14 Fatti J L, Smith G C, Vail P J, et al. Detection of gas in sandstone reservoirs using AVO analysis: a 3-D seismic case history using the Geostack technique[J]. Geophysics, 1994, 59(10): 1362 ~ 1376
15 Castagna J P, Swan H W. Principles of AVO crossplotting[J]. The Leading Edge, 1997, 16(4): 337 ~ 342
16 Rutherford S R, Williams R H. Amplitude-versus-offset variations in gas sands[J]. Geophysics, 1989, 54(6): 680 ~ 688
17 Foster D J, Keys R G. Interpreting AVO responses [J]. Expanded Abstracts of 69th Annual Internat SEG Mtg, 1999, 748 ~ 751
18 Young R A, LoPiccolo R D. A comprehensive AVO classification[J]. The Leading Edge, 2003, 22(10): 1030 ~ 1037
19 Whitcombe D N. Elastic impedance normalization[J]. Geophysics, 2002, 67(1): 60 ~ 62
20 Whitcombe D N, Connolly P A, Reagan R L, et al, Extended elastic impedance for fluid and lithology prediction[J]. Geophysics, 2002, 67(1): 63 ~ 67
21 Ozdemir H, Ronen S, Olofsson B, et al. Simultaneous multicomponent AVO inversion[J]. Expanded Abstracts of 71st Annual Internat SEG Mtg, 2001, 269 ~ 272
22 Ma X Q. Simultaneous inversion of prestack seismic data for rock properties using simulated annealing[J]. Geophysics, 2002, 67(10): 1877 ~ 1885
23 Dutta T, Mukerji T, Mavko G, et al. Reservoir quality prediction by integrating sequence stratigraphy and rock physics[J]. Expanded Abstracts of 76th Annual Internat SEG Mtg, 2006, 1811 ~ 1815
24 Gonzúlez E F, Mavko G, Mukerji T. Rock physics and multiple-point geostatistics for seismic inversion[J]. Expanded Abstracts of 76th Annual Internat SEG Mtg, 2006, 2047 ~ 2051
25 Stephen K D, MacBeth C. Inverting for the petro-elastic model via seismic history matching[J]. Expanded Abstracts of 76th Annual Internat SEG Mtg, 2006, 1688 ~ 1692
26 Wang Z. Fundamentals of seismic rock physics[J]. Geophysics, 2001, 66(2): 398 ~ 412
27 黄绪德. 油气预测与油气藏描述——地震勘探直接找油气[M]. 南京: 江苏科技出版社, 2003. 1 ~ 200
28 林华根. 直接指出油气(DIPOG)的方法思路[J]. 中国西部油气地质, 2006, 2(1): 14 ~ 18
29 Batzle M, Han D, Hoffman R. Optimal hydrocarbon indicators[J]. Expanded Abstracts of 71st Annual Internat SEG Mtg, 2001, 1103 ~ 1106
30 Han D, Batzle M. Fizz water and low gas saturated reservoirs [J]. The Leading Edge, 2002, 21(3): 395 ~ 398
31 Han D, Batzle M. Gassmann's equation and fluid saturation effects on seismic velocities[J]. Geophysics, 2004, 69(2): 398 ~ 405
32 Wang Y H. Sparseness-constrained least-squares inversion: application to seismic wave reconstruction[J]. Geophysics, 2003, 68(7): 1633 ~ 1638

井间地震约束下的高分辨率波阻抗反演方法研究

曹丹平[1]　印兴耀[1]　张繁昌[1]　孔庆丰[2]　董月昌[2]

[1. 中国石油大学(华东)地球资源与信息学院，山东青岛266555；
2. 中国石化胜利油田分公司物探研究院，山东东营257022]

摘要：井间地震资料频带信息丰富、分辨率高，能够衔接地面地震资料与测井资料。在频带较窄的地面地震资料反演中充分利用井间地震资料的宽频带特征，可以克服常规地震资料反演存在的多解性强和分辨率不高的问题。在基于柯西分布建立地震资料稀疏脉冲反演方法的基础上，引入高频信息丰富的井间地震资料作为反演约束条件，建立井间地震约束下的地面地震高分辨率波阻抗反演目标函数，实现对目标函数的有效求解。实际资料处理表明，井间地震约束下的地面地震波阻抗反演结果与测井曲线吻合较好，并且在保持测井约束反演结果整体特征的基础上提高了反演分辨率，更好地刻画了储层细节特征。

关键词：井间地震　高分辨率　波阻抗反演　稀疏脉冲反演

在储层预测中得到广泛应用的常规波阻抗约束反演技术主要将地震剖面所过井位的声波测井资料与地震层位解释结果作为约束条件来弥补地震资料分辨率较低的缺陷。但是叠后地震约束反演的分辨率受地震资料分辨率的制约，在地震资料的有效频带之外，高频信息永远存在多解性，缺乏有效的约束方法来提高反演的分辨率。因此可以通过增加合理的地质约束条件来获取多解中的最优解。

井间地震资料的波场丰富、分辨率较高，可以对井间地层、构造和储层等地质目标进行精细成像，更加精确地描述储层横向变化及连通性等特征。近年来，井间地震作为油藏地球物理的一项技术得到了快速发展，在油气开发与生产中发挥着越来越重要的作用。充分利用井间地震资料丰富的高频信息对地面地震波阻抗反演进行约束，有利于综合应用多种地球物理资料共同解决油藏地球物理问题。

在地面地震资料稀疏脉冲反演方法的基础上，将井间地震资料作为约束条件引入到波阻抗反演目标函数中，充分利用井间地震资料丰富的高频信息克服反演的多解性，提高反演的分辨率。

1　井间地震约束下的反演方法

1.1　基于柯西分布的稀疏脉冲反演方法

地震褶积模型为：

$$d = Gr + n \tag{1}$$

式中，$d=[d_1, d_2, \dots, d_N]^{\mathrm{T}}$ 是观测地震数据；$r=[r_1, r_2, \dots, r_M]^{\mathrm{T}}$ 是反射系数序列；G 是 $N\times M$ 维子波褶积矩阵；$n=[n_1, n_2, \dots, n_N]^{\mathrm{T}}$ 表示观测噪声。根据贝叶斯公式可以得到近似表达式：

$$p(r|d) \propto p(r)p(d|r) \tag{2}$$

式中，$p(r|d)$表示反射系数的后验概率密度；$p(r)$表示反射系数的先验概率密度；$p(d|r)$表示似然函数。

假设噪声服从零均值和σ_{n}^2方差的正态分布，且噪声与地震数据和反射系数无关，则似然函数可以表示为

$$p(d|r) = \frac{1}{(2\pi\sigma_{\mathrm{n}}^2)^{N/2}}\exp\left[\frac{-(d-Gr)^{\mathrm{T}}(d-Gr)}{2\sigma_{\mathrm{n}}^2}\right] \tag{3}$$

根据贝叶斯反演理论，不同的先验概率分布对应着不同性质的解，则高斯分布对应于最小二乘解。常用的稀疏脉冲反演方法可以通过假设反射系数的先验概率服从柯西分布来实现，该分布的概率密度特征如图1所示，其表达式为

$$p(r) = \frac{1}{(\pi\sigma_{\mathrm{r}})^M}\prod_{i=1}^{M}\left[\frac{1}{1+(r_i-\bar{r})^2/\sigma_{\mathrm{r}}^2}\right] \tag{4}$$

式中，$\bar{r}$代表反射系数均值；σ_{r} 代表反射系数方差。

从图1可以看出，柯西分布属于长尾巴分布，相对于高斯分布来说其峰值分布更窄，且逼近0的速度也较缓。柯西分布有助于在反演反射系数时得到少量的非零值和大量的零值，从而实现稀疏脉冲反演。

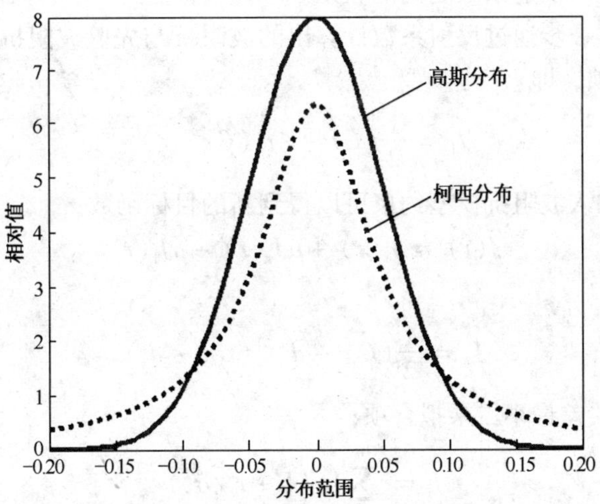

图1 柯西分布与高斯分布特征

结合贝叶斯公式(2)可以得到基于柯西分布的反演后验概率密度表达式，即

$$p(r|d) \propto K\cdot\prod_{i=1}^{M}\left[\frac{1}{1+(r_i-\bar{r})^2/\sigma_{\mathrm{r}}^2}\right]\cdot \exp\left[\frac{-(Gr-d)^{\mathrm{T}}(Gr-d)}{2\sigma_{\mathrm{n}}^2}\right] \tag{5}$$

使(5)式取最大值的解为反射系数 r 的最优解，即最大后验概率估计。

对(5)式两边同时取对数并略去常数项，可以定义目标函数为

$$J = \frac{1}{2}(Gr - d)^{\mathrm{T}}(Gr - d) + \mu \cdot \sum_{i=1}^{M} \ln(1 + r_i^2/\sigma_r^2) \tag{6}$$

显然对(6)式的最小化等价于对(5)式的最大化，从而将基于柯西分布的最大后验概率问题转换成目标函数(6)式的最小化问题。

1.2 波阻抗模型约束条件

在有井资料或其它地质资料可利用的情况下，可以引入先验信息来得到地球物理反演问题更适定、更有意义的解。如波阻抗可以看作是反射系数对时间的积分，通过增加波阻抗模型进行约束可以控制反演结果的准确性和稳定性。虽然绝对波阻抗只在井点处比较准确，但对于有明显分界面特征的整套目的层来说，将其顶、底相对稳定的波阻抗值引入目标函数参与约束是可行的。

当反射系数 $r(t)$ 比较小时，其与波阻抗 $I(t)$ 之间存在如下近似关系：

$$r(t) \approx \frac{\Delta I(t)}{2I(t)} \approx \frac{\partial}{\partial t}\frac{\ln[I(t)]}{2} \tag{7}$$

式中，$\Delta I(t)$ 代表 t 时刻上、下的波阻抗差，对时间积分即可得到 t 时刻的相对波阻抗：

$$\xi_t = \frac{1}{2}\ln\frac{I(t)}{I(t_0)} = \int_{t_0}^{t} r(\eta)\mathrm{d}\eta \tag{8}$$

式中，ξ_t 为相对波阻抗值；$I(t_0)$ 表示初始波阻抗值；$C = \int_{t_0}^{t} \mathrm{d}\eta$ 为积分算子矩阵。通过(8)式可以建立波阻抗与反射系数之间的联系。

根据(8)式可以进一步通过反射系数计算出的波阻抗与先验波阻抗之间的最小平方误差定义波阻抗模型约束项，即

$$J_{\mathrm{I}} = \frac{1}{2}(Cr - \xi)^{\mathrm{T}}(Cr - \xi) \tag{9}$$

在目标函数(6)式中加入波阻抗模型约束可以得到新的目标函数：

$$J(r) = J_{\mathrm{s}}(r) + \mu J_{\mathrm{r}}(r) + \rho J_{\mathrm{I}}(r) \tag{10}$$

式中

$$J_{\mathrm{s}} = \frac{1}{2}(G_{\mathrm{s}}r - d_{\mathrm{s}})^{\mathrm{T}}(G_{\mathrm{s}}r - d_{\mathrm{s}}) \tag{11}$$

表示地面地震数据的误差最小二乘拟合项；

$$J_{\mathrm{r}} = \sum_{i=1}^{M} \ln(1 + r_i^2/\sigma_r^2) \tag{12}$$

表示反射系数稀疏性约束项，它体现了反射系数序列的随机性和统计学特征；μ 和 ρ 为对应的权系数。(10)式即为测井约束下的稀疏脉冲反演目标函数。

1.3 井间地震资料约束条件

对井间地震在正演模拟、采集、处理和反演解释等方面的研究表明，井间地震叠加剖面与地面地震叠加剖面可以具有相同的反射系数，在此假设上可以加入井间地震资料作为约束条件，引入合理的高频信息。对于时间域井间地震数据 d_{c} 来说，当假设噪声服从高斯分布时也可以通过似然函数加入井间地震资料约束项。令井间地震数据的误差拟合项为

$$J_c = \frac{1}{2}(G_c r - d_c)^T(G_c r - d_c) \tag{13}$$

由此可以得到井间地震资料和测井资料共同约束下的地面地震波阻抗反演目标函数为

$$J(r) = J_s(r) + \alpha J_c(r) + \mu J_r(r) + \rho J_I(r) \tag{14}$$

式中：$J_s(r)$，$J_c(r)$，$J_r(r)$和$J_I(r)$分别代表地面地震资料约束、井间地震资料约束、反射系数稀疏性约束和波阻抗模型约束；α表示井间地震资料的约束强度，α越大，井间地震约束的强度越大；μ为稀疏性约束因子，μ越大，反射系数越稀疏；ρ为波阻抗模型的约束因子，ρ越大，反演结果越依赖于给定的模型；μ和ρ在控制反射系数分布特征和准确性的同时，增强了目标函数解的稳定性。

2 反演方法的实现过程

根据前面的定义可知，使约束反演目标函数(14)式取最小值的解即为反演结果的最优解，对(14)式中的r求偏导，即

$$\nabla J(r) = \frac{\partial}{\partial r}[J_s(r) + \alpha J_c(r) + \mu J_r(r) + \rho J_I(r)] \tag{15}$$

其中，稀疏性约束项对r的偏导表示为

$$\nabla J_r(r) = \frac{2}{\sigma_r^2} Q r \tag{16}$$

矩阵Q的对角元素为

$$Q_{ii} = \frac{1}{1 + r_i^2/\sigma_r^2} \tag{17}$$

令$\nabla J(r)=0$并整理可得求解表达式为

$$(G_s^T G_s + \alpha G_c^T G_c + \mu Q + \rho C^T C)\cdot r = (G_s^T d_s + \alpha G_c^T d_c + \rho C^T \xi) \tag{18}$$

根据(14)式和(18)式可知，井间地震资料约束的地面地震资料波阻抗反演方法与常规测井资料约束的波阻抗反演方法的流程基本一致。由于地面地震资料波阻抗反演流程中引入了井间地震资料作为约束条件，因此在开展约束反演时还需要进一步考虑井间地震井旁道与地面地震井旁道之间的匹配问题。

首先利用测井曲线对地面地震井旁道进行标定，对井间地震资料进行高精度深时转换，再在地面地震井旁道初步标定的基础上对井间地震井旁道进行精细标定，确保调整后的时深关系能够同时满足两种地震资料井旁道标定的要求；然后提取对应的地面地震子波和井间地震子波。通过精确标定后的子波即可得到褶积矩阵G_s和G_c，结合地震数据d_s和d_c，给定各种反演参数，即可通过(18)式求取最优解。从(18)式中可以看到，对角线矩阵Q与待求的参数有关，即属于非线性求解问题，可以采用共轭梯度法进行求解。在获得当前反射系数后即可计算新的对角线矩阵Q，通过循环迭代求解，直至满足误差条件：

$$\frac{|J^k(r) - J^{k-1}(r)|}{|J^k(r)| + |J^{k-1}(r)|} \leqslant \varepsilon \tag{19}$$

为止。

3　实际地震资料反演

利用井间地震资料约束地面地震资料的波阻抗反演需要时间域地面地震资料、深度域井间地震资料和测井资料。由于反演是在时间域进行，因此需要对深度域井间地震资料进行深时转换。在深时转换过程中首先建立高精度速度模型，然后采用高精度插值算法进行重采样，确保转换结果的合理可靠。图 2 为胜利油田垦 71 区块 Jian41 井—108 井的地面地震和井间地震剖面，可见，地面地震资料主频较低，而井间地震资料主频较高、有效频带较宽，具有更高的分辨率和丰富的细节特征。但地面地震资料具有非常强的整体轮廓特征，通过加入井间地震资料约束可以在保持地面地震反演特征的基础上提高资料分辨率。

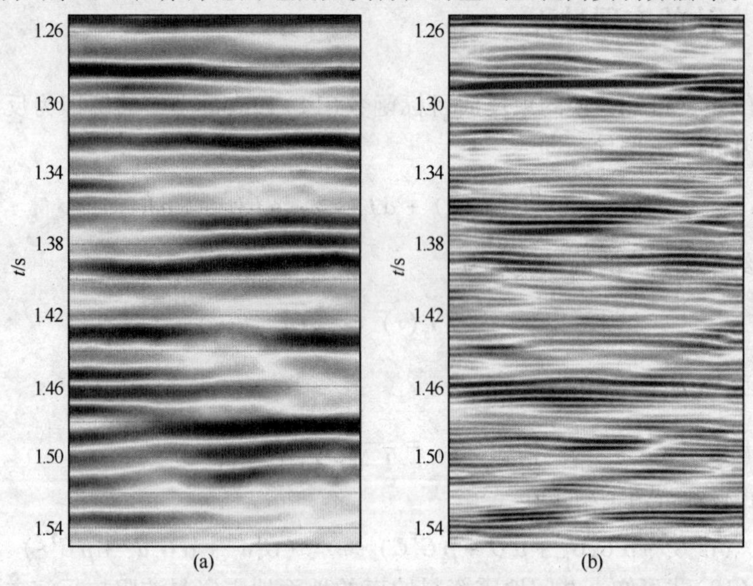

图 2　Jian41 井—108 井的地面地震剖面(a)与井间地震剖面(b)

利用井间地震资料约束地面地震反演的前提是，假设两种地震资料反映了相同的地下地质结构特征。因此可以通过相同的时深关系同时标定两种地震资料的井旁道，即通过同一个反射系数序列建立起两种地震资料之间的联系，从而实现两种地震资料的匹配。图 3 给出了 108 井两种地震资料井旁道的标定结果。

通过相同的时深关系标定之后即可提取对应的地震子波，结合常规测井约束反演流程，通过(18)式的迭代求解即可得到井间地震约束下的地面地震反演结果。图 4 给出了井间地震约束下的地面地震反演结果与常规测井约束反演结果，在剖面两侧投影的是两口井的自然电位曲线。

对比图 4 中两种反演结果可以看出，井间地震约束下的地面地震反演引入了井间地震资料中丰富的高频信息，其反演结果更清晰、准确地反映出常规测井约束反演中无法细分的砂层组组合特征，在保证砂体横向连续性的同时提高了纵向分辨率。图 4 中清晰地展现了常规地面地震反演无法准确识别的地下砂、泥岩薄互层特征(椭圆框内)，反演结果与自然电位曲线吻合较好，说明井间地震约束下的地面地震波阻抗反演方法优势明显。

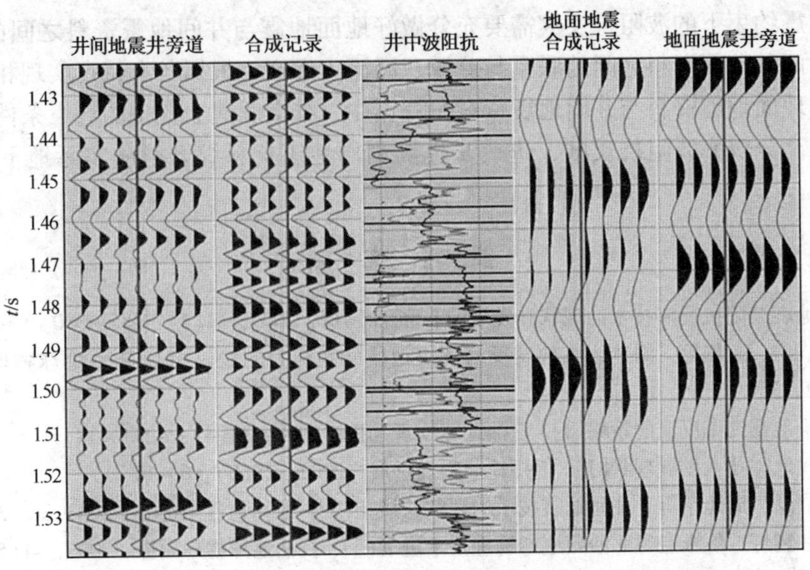

图 3　井间地震与地面地震井旁道的标定结果

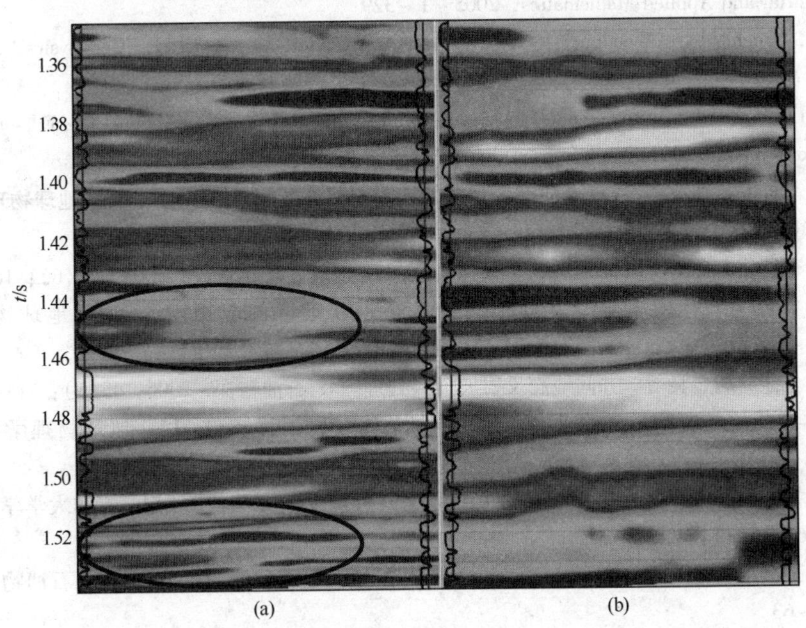

图 4　井间地震约束下的地面地震反演结果(a)和常规测井的约束反演结果(b)

4　结束语

在基于柯西分布的地震资料稀疏脉冲反演方法的基础上，建立了井间地震资料约束下的地面地震反演目标函数，实现了井间地震约束下的地面地震资料高分辨率波阻抗反演。实际资料处理表明，在地面地震波阻抗反演中引入高频信息丰富的井间地震资料作为约束条件，获得的反演结果在保持常规测井约束反演结果整体特征的基础上提高了分辨率，反演结果与测井曲线吻合较好，较好地刻画了储层的细节特征。

井间地震约束下的波阻抗反演需要充分做好地面地震与井间地震资料之间的匹配工作，今后应针对两种地震资料之间的联系与差异开展深入研究，根据各自特点实现相互补充，同时充分利用地面地震资料与井间地震资料的特点在三维空间建立合理的约束条件，实现三维地震资料的高分辨率波阻抗反演，进一步提高利用地震资料综合解决实际地下地质问题的能力。

参考文献

1 张永刚. 地震波阻抗反演技术的现状和发展[J]. 石油物探，2002，41(4)：385～390

2 沈财余，江洁，赵华等. 测井约束地震反演解决地质问题能力的探讨[J]. 石油地球物理勘探，2002，37(4):372～376

3 李庆忠. 论地震约束反演的策略[J]. 石油地球物理勘探，1998，33(4)：423～438

4 曹辉. 井间地震技术发展现状[J]. 勘探地球物理进展，2002，25(6)：6～10

5 陈世军，刘洪，周建宇等. 井间地震技术的现状与展望[J]. 地球物理学进展，2003，18(3)：524～529

6 王喜双，甘利灯，易维启等. 油藏地球物理技术进展[J]. 石油地球物理勘探，2006，41(5)：606～613

7 Tarantola A. Inverse problem theory and methods for model parameter estimation[M]. Philadelphia，USA：Society for Industrial and Applied Mathematics，2005：1～329

8 Ulrych T J，Sacchi M D，Woodbury A. A bayes tour of inversion：a tutorial[J]. Geophysics，2001，66(1)：55～69

9 Youzwishen C F. Non-linear sparse and blocky constraint for seismic inverse problems[D]. Edmonton，Canada：University of Alberta，2001

10 朱光明，李桂花，张文波. VTI 介质三分量井间地震观测波场数值模拟[J]. 石油地球物理勘探，2008，43(2):201～206

11 朱海龙，李智宏，赵群. 井间地震物理模拟研究[J]. 地球物理学进展，2008，23(6)：1833～1840

12 左建军，林松辉，孔庆丰等. 井间地震技术在永新地区的应用[J]. 油气地球物理，2008，6(3)：33～37

13 曹辉，郭全仕，唐金良等. 井间地震反射波资料处理[J]. 石油物探，2006，45(5)：514～519

14 严建文，方伍宝，曹辉等. 井间地震数据的波动方程偏移成像[J]. 地球物理学报，2008，51(3)：908～914

15 杨勤勇，韩立国，曹辉等. 井间资料约束下地震波阻抗反演方法研究[J]. 吉林大学学报(地球科学版)，2006，36(3)：468～473

16 吕铁良，王永刚，谢万学等. 稀疏脉冲反演技术在井间地震反演中的应用[J]. 石油物探，2007，46(1)：58～63

17 孟宪军，王延光，孙振涛等. 井间地震资料时间域波阻抗反演研究[J]. 石油学报，2005，26(1)：47～49,54

纵波方位各向异性及其在裂缝检测中应用

杨勤勇[1,2]　赵群[2]　王世星[2]　何樵登[1]

（1. 吉林大学地球探测科学与技术学院，吉林长春 130026；
2. 中国石化石油勘探开发研究院南京石油物探研究所，江苏南京 210014）

摘要： 裂缝型储层具有良好的油气储集性能，地球物理方法通常利用多波多分量技术来检测裂缝的方向和密度，但该技术的应用受到诸多因素的限制，因此，人们开始探索利用三维纵波资料进行裂缝预测的方法，但方位各向异性介质中 P 波反射系数的精确解很复杂。为此，首先通过物理模拟实验，证实垂直裂缝存在方位各向异性特征(AVA)；然后在 AVA 特征分析基础上，提出了基于二维多方位预测的精确解法和基于三维多方位预测的最小二乘法。利用基于三维多方位预测的最小二乘法，对塔河油田某区块的碳酸盐岩裂缝储层进行了预测，结果表明，预测的裂缝方向和密度与实际情况相符合。

关键词： 塔河油田　裂缝　方位各向异性　AVA 技术　储层预测

裂缝型储层在我国西部地区发育，如塔河油田的碳酸盐岩储层，川西的致密砂岩裂缝储层等。检测裂缝的方法有很多，如露头分析、区域和局部应力分析、岩心分析、井下电视或地层测井、遥感成像以及地球物理方法等。地球物理方法大多利用多波多分量地震勘探来预测和描述裂缝的方向和密度。然而，该技术的应用存在诸多限制，一是陆地多波多分量勘探存在许多技术问题，二是费用昂贵。鉴于此，20 世纪 90 年代初，国内外地球物理学家们开始探索如何利用三维纵波资料来预测裂缝。

Mallick 研究了海洋三维地震资料反射/透射系数的方位各向异性；Ruger 研究了各向异性介质中纵波反射系数随方位角的变化；Krasovec 和 Rodi 等分析了裂隙介质中 AVO 随方位角的变化；刘洋研究了各向异性介质中的方位 AVO；Gray 和 Head 利用纵波方位各向异性技术对 Manderson 油田的裂缝进行了检测；朱培民用纵波 AVO 数据反演了储层裂隙的密度参数。总体来说，纵波方位各向异性应用研究大多是针对海上油气勘探或陆上储层埋深相对较浅的情况。然而，塔河油田古生界碳酸盐岩裂缝型储层埋深在 5000～6000m，那么如何利用纵波方位各向异性来预测裂缝发育带呢？为此，我们通过物理模拟，对垂直裂缝的方位各向异性特征进行了深入分析，并在此基础上，进一步发展了基于 AVA 技术的裂缝预测方法，并应用于新疆塔河油田某区块的碳酸盐岩裂缝储层预测。

1　垂直裂缝的方位各向异性特征

设计了如图 1 所示的裂缝模型。模型由一组平行排列的有机玻璃片叠合而成，用有机玻璃片之间的缝隙来模拟平行排列的裂缝。单片有机玻璃的尺寸为 250mm ×40mm ×2mm，共

150 片，均匀叠合在一起，模型总尺寸为 300mm × 250mm × 40mm，缝隙中充填水或空气。

采用固定偏移距，在模型上部中心点将测线方位旋转 180°的方法来观测裂缝介质的 P 波方位各向异性特征。具体观测方法为：把激发换能器与接收换能器固定于模型顶部某一水平面上，换能器之间的距离保持不变，同时绕中心点逆时针旋转，每旋转 15°采集一道数据，旋转 360°共采集 25 道数据。定义测线方位与裂缝走向平行时为 0°，测线方位与裂缝方向垂直

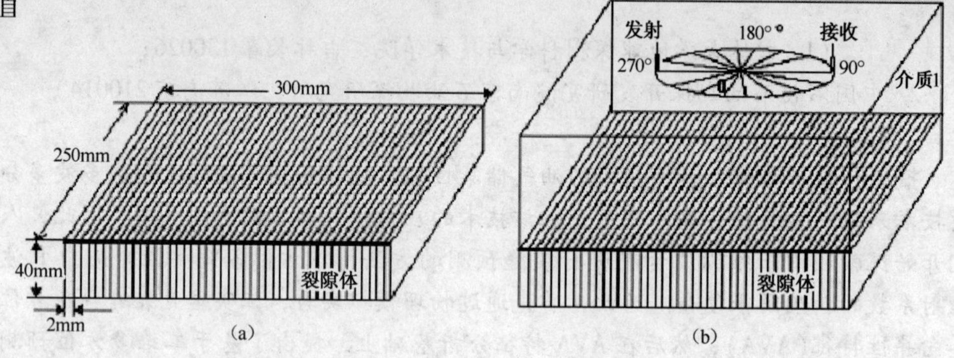

图 1　裂缝模型(a)和固定偏移距观测系统(b)

图 2(a)为模拟的地震记录，A 标示的是不同方位接收的裂缝层顶界面的反射，B 标示的是射线经过裂缝层后不同方位接收到的裂缝层底界面的反射，可见，同相轴 B 呈现出方位各向异性特征。图 2(b)为同相轴 B 的反射振幅、反射时间和波在裂缝体中的传播速度与

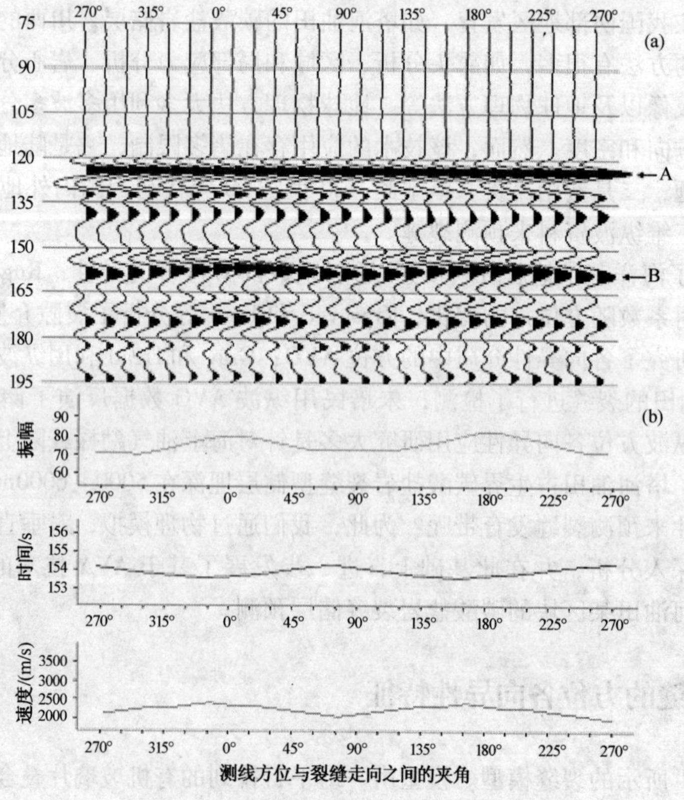

图 2　物理模拟记录(a)和各向异性特征曲线(b)

测线方位的关系曲线，可见，当测线方位与裂缝方向平行时，反射时间最小、振幅最大；随着观测方位与裂缝方向之间夹角的增大，反射时间逐渐增大，振幅逐渐减小；当观测方位与裂缝方向垂直时，反射时间最大，振幅最小，变化以180°为周期。

2 P波振幅随方位变化(AVA)分析方法

由以上分析可知，P波振幅是随方位变化而变化(AVA)的。但是，方位各向异性介质中P波反射系数的精确解很复杂，为此，人们提出了各种弱各向异性介质的数值计算方法，如具有水平对称轴的横向各向同性介质(HTI)，对称轴面为垂向的各向同性介质(VTI)，以及两者组合的正交各向同性介质的P波反射系数近似解。这些近似解最大的限制在于，只有沿平行或垂直于对称轴面(裂缝方向)时才能获得确切解，因此，无法利用现有的地震观测进行时空可变裂缝方位的有效预测。

对垂直裂缝物理模型固定偏移距P波反射振幅特征随方位的变化进行了定量分析，发现在一个固定炮检距上P波反射振幅响应 R 与炮检方向和裂缝走向之间的夹角 φ 有如下关系：

$$R = a + b\cos 2\varphi \tag{1}$$

式中，a 为与炮检距有关的基本常量，b 为与炮检距和裂缝特征相关的模量。仿照简谐振荡特征，a 可以看成均匀介质下的反射强度，b 为固定偏移距下随方位变化的振幅调谐因子。当炮检方向平行于裂缝走向时($\varphi=0$)，振幅($R=a+b$)最大；当炮检方向垂直于裂缝走向时 ($\varphi=90°$)，振幅($R=a-b$)最小。理论上，只要知道3个方位上的振幅变化就可利用公式(1)求解裂隙方位角 φ 和与裂隙密度相关的综合因子 b 。因此，在均匀分布的方位道集上可以通过识别相对强振幅(能量)来进行裂缝检测。

2.1 基于二维的多方位观测方法

对于每个CMP点，假设某固定偏移距有3个方位的观测资料(或由三维资料分离出来) $R(\varphi)$,$R(\varphi+\alpha)$,$R(\varphi+\beta)$ ，φ 为第1个道集与裂缝走向之间的夹角，α 和 β 分别为已知的第2个和第3个道集与第1个道集之间的夹角。由(1)式可得：

$$\begin{cases} R(\varphi) = a + b\cos 2\varphi \\ R(\varphi+\alpha) = a + b\cos 2(\varphi+\alpha) \\ R(\varphi+\beta) = a + b\cos 2(\varphi+\beta) \end{cases}$$

根据3个道集上的振幅响应关系和分选的道集来精确确定 φ , a , b 。上式的解为

$$\varphi = \frac{1}{2}\arctan\left\{\frac{[R(\varphi)-R(\varphi+\beta)]\sin^2\alpha-[R(\varphi)-R(\varphi+\alpha)]\sin^2\beta}{[R(\varphi)-R(\varphi+\alpha)]\sin\beta\cos\beta-[R(\varphi)-R(\varphi+\beta)]\sin\alpha\cos\alpha}\right\} \pm n\pi \tag{2}$$

式(2) 给出了平行或垂直于裂缝方向的唯一解。当介质是方位各向同性时，分子和分母同为0，φ 为不确定值(因而是任意的)；当分子和分母有一个为0时，$\varphi=45°$。对于叠前资料，利用式(2)求解每个炮检距(或部分叠加段)的 φ ，再进行加权平均(用 b 控制)，即可求得总裂缝方向。对于3个方位上的叠加或偏移资料，也可利用式(2)来求得裂缝方向。设定N为选定的某段道集的道数，

$$\frac{1}{N}\sum_{i=1}^{N} R_i = \frac{1}{N}\sum_{i=1}^{N} a_i + \frac{1}{N}\sum_{i=1}^{N} b_i\cos 2\varphi$$

从(2)式可以看出，由于使用了加权振幅比，因此以相同程度改变不同方位测线的叠前相对振幅处理，不会影响对裂缝方向的计算，但会影响不同层的裂缝密度相对分布关系。

2.2 基于三维多方位观测的裂隙预测方法

由于目前使用的4~6线束状采集方式不能使方位-炮检距的分布达到均匀分布的要求，同时叠前资料噪声还会对计算产生影响，因此需寻求更加稳键的计算方法。

对于给定的CMP位置，如果有多个方位角(大于3)的资料，求解裂缝的方向就变成了一个超定问题。定义裂缝方位角 φ 自北按顺时针方向计算，各观测方位道集(部分叠置段可作滑动处理)的方位角为 α_i $(i=1,2,\cdots,M)$，则利用(1)式求得方位角 α_i 处的反射振幅 R_i 为

$$R_i = a + b\cos 2(\alpha_i - \varphi) \tag{3}$$

我们研究了两种求解方法。

(1) 当 $M>3$，方程(3)为超定方程，采用最小二乘法拟合计算 φ,a,b 值，即

$$\begin{cases} Y(a,b,\varphi) = \sum\limits_{i=1}^{N} \left[R_i - a - b\cos 2(\alpha_i - \varphi) \right]^2 \\ \dfrac{\partial}{\partial a} Y(a,b,\varphi) = 0 \\ \dfrac{\partial}{\partial b} Y(a,b,\varphi) = 0 \\ \dfrac{\partial}{\partial \varphi} Y(a,b,\varphi) = 0 \end{cases}$$

(2) 先将式(3)的超定方程转化为确切正定问题式(2)的集合，随机地选出方位数据集中的任意3组，求解式(2)；然后再统计解的样本分布概率，如果计算结果位于一个完全确定的峰值附近，裂缝方位解就是唯一的，如果有多个峰值且分布范围广，则无各向异性。

多方位求解法同样也可在叠前和部分叠加的叠后多个偏移距段进行，对所有偏移距段的 φ,a,b 进行加权平均，给出每个样点对应的 φ,a,b 值。实现上可根据炮检方位和方位分布、叠前资料的信噪比和干扰区域，分段进行拟合和计算。叠后数据的噪声通常比叠前数据少，叠加及部分叠加有利于解的稳定。

3 应用实例

我们利用塔河油田部分区块的叠前三维地震资料，应用P波各向异性技术，检测了该区块的裂缝发育情况。

对三维数据进行了常规的地震保幅处理，主要包括道编辑、带通滤波、剩余静校正、真振幅恢复、地表振幅一致性补偿及动静校等。

由于我们利用的是现有的地震数据，为适应方位变化的要求，在进行裂缝检测前对原始数据进行了一些必要的处理，即：①宏面元抽取和测网形成；②剩余时差校正；③形成方位道集；④生成方位角度道集；⑤对方位角度道集进行各方位上的P和G拟合；⑥对叠前方位道集和方位角度道集进行归一化；⑦生成方位叠加道。

虽然从理论上只要知道固定点3个方向上的振幅变化就可以求解与裂缝走向和密度相关的预测值，但为了消除数据的不均匀性和噪声干扰，增强结果的稳键性，我们采用超定方程，用最小平方拟合法对方位叠加数据进行了计算。

图3是在塔河油田某区块利用本文方法预测的裂缝密度和裂缝方位图，细小黑线段的走向表示裂缝的方位，背景色代表裂缝密度，红色为高值，表示裂缝发育。由图可见，高值区呈团块状分布，解释为受控喀斯特残丘地貌的残留网状缝洞发育带；X3井、X6井、X5井和X2井裂缝较发育，其中X3井处裂缝发育面积较大，X1井、X4井、Y1井和Z1井处裂缝欠发育。测井解释结果证实，Z1井裂缝欠发育，X3井裂缝发育，其它井部分井段裂缝发育。P波各向异性技术(AVA)检测的裂缝发育程度与测井解释结果基本一致。

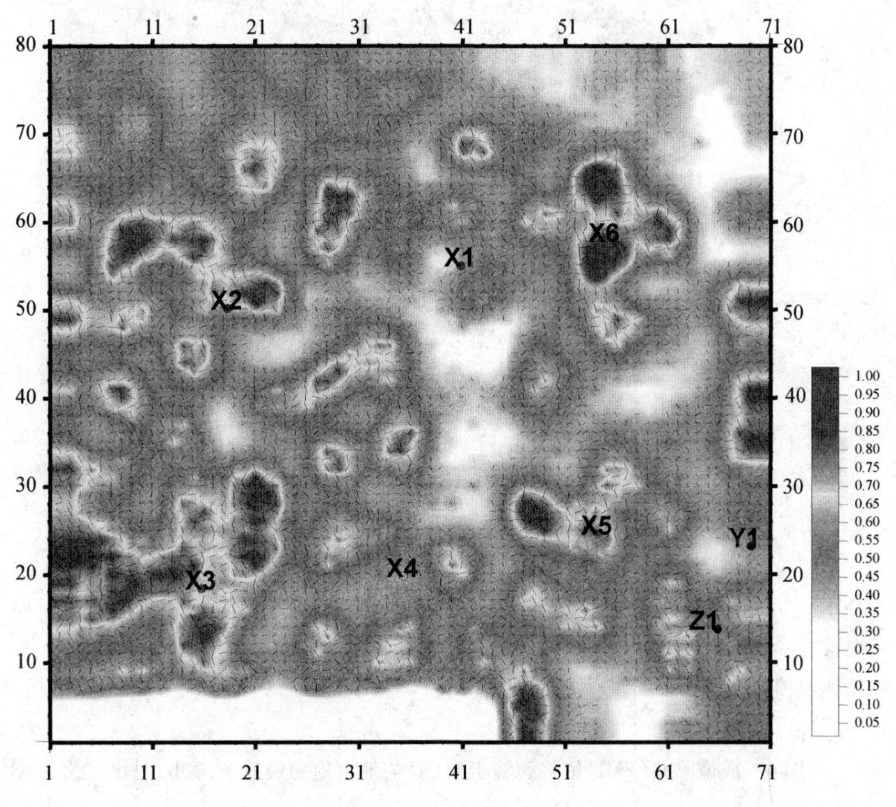

图3 下奥陶统顶部(T_7^4)裂缝方位及裂缝密度平面显示

裂缝方位统计表明，工区内裂缝发育优势方位有北西向和北东向2组。图4是X1井、X3井、X6井和X4井相应层位段成像测井解释的裂缝方位与地震资料检测的裂缝方位对比图，成像测井解释和地震检测的裂缝方位北东向一致，北西向有少许偏差，这可能与井位的局限性有关，因为构造解释的工区主断裂呈北西方向。

由相干和倾角/倾向属性图可知，工区内溶蚀冲沟的优势方向是北东向和北西向，而这种溶蚀冲沟主要沿裂缝或断裂等形成。

油气产能表明，位于裂缝发育程度高区域(X3，X6，X5，X2)的井产能均在150m³/d以上，位于裂缝发育程度较高区域的井(X1，X4)产能在100m³/d以上，位于裂缝相对发育程度最低区域的井(Z1，Y1)基本无产能。

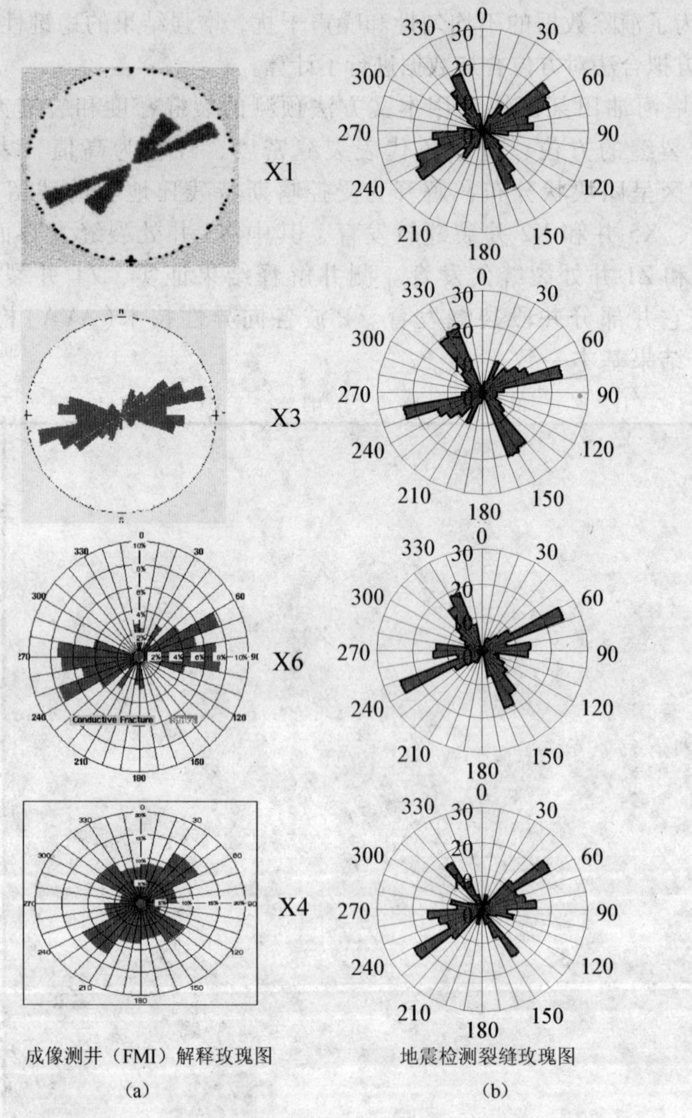

图4 成像测井(FMI)解释裂缝走向(a)与地震检测裂缝走向(b)对比

4 结束语

通过物理模拟试验，进一步证实垂直裂缝存在方位各向异性特征(AVA)。在此基础上开发的精确解法和最小二乘法能有效地预测裂缝储层。

针对埋藏较深(5000～6000m)的储层，利用纵波三维地震资料进行裂缝检测前，需对资料进行精细的预处理，尤其是要尽可能地保持振幅。在求解裂缝走向和密度时，采用超定方程可消除数据的不均匀性和噪声干扰，增强结果的稳键性。

参 考 文 献

1 Mallick S, Frazer L N. Reflection/Transmission cofficients and azimuthal anisotropy in marine seismic studies [J]. Geophysics, 1991, 56(1): 241~252

2 Ruger A. Variation of P - wave reflectivity with off set andazimuth in anisot ropic media[J]. Geophysics, 1998, 63(3): 935~947

3 Krasovec M L , Rodi W , Toksoz M N. Sensitivity analysisof amplitude variation with off set (AVO) in f racturedmedia[J]. Expanded Abstracts of 68th Annual Internat SEG Mtg, 1998, 201~203

4 刘洋. 各向异性介质中的方位AVO[J]. 石油地球物理勘探, 1999, 34(3): 260~267

5 Gray D , Head K. Fracture detection in Manderson Field : A 3D AVAZ case history[J]. Leading Edge, 2000, 19(11): 1214~1221

6 朱培民, 王家映, 於文辉等. 用纵波 AVO 数据反演储层裂隙密度参数[J]. 石油物探, 2001, 40 (2): 1~12

7 Adam Gersztenkorn et al. Eigenstructure - based coherence Computations as a aid to 3 - D structural and stratigraphic mapping[J]. Geophysiscs, 1999, 64(5): 1468~1479

8 张立勤, 彭苏萍, 李国发等. 方位 AVO 技术检测储层各向异性的方法和实践[J]. 天然气工业, 2005, 25 (10): 38~40

陆相断陷盆地复杂地质模型建立与正演模拟

韩文功[1]　沈财余[2]

（1. 胜利油田 山东东营 257017；
2. 中国石化胜利油田物探研究院，山东 东营 257022）

摘要：仿 Marmo usi 模型论证地震方法的思路，本文以济阳断陷盆地多期构造运动形成的构造格局和六种典型构造模式为研究对象，把胜利油田典型的地质特点浓缩到一个模型中，即陆相断陷盆地复杂地质模型，简称“胜利油田典型模型”。文中论述了建立模型的具体过程和方法，即先建构造模型，再建地层、岩性模型；然后介绍了胜利油田典型模型的正演模拟及其数据体在研究叠前深度偏移方法和观测系统设计方面的应用。应用效果表明此方法具有良好的应用前景。

关键词：地震正演模拟　陆相断陷盆地　复杂地质建模　胜利油田典型模型　Marmousi 模型　叠前深度偏移

1　引言

通过建立已知的地震地质模型进行地震正演，能够帮助人们直观地认识地震波在地层中的传播规律，识别地质构造及油气藏的地震响应，从而指导地震数据的采集、处理和解释。模型正常研究是地震勘探方法的基础，每届 SEG 年会都有涉及该专题的大量文章，通过建模及正演可论证地震方法和技术的有效性。20 世纪 90 年代，在 SEG/EAGE 推出 Marmousi 模型后，国内外都把 Marmousi 模型作为论证地震方法（尤其是叠前偏移成像方法）有效性的通用典型模型。

胜利油田所处的济阳断陷盆地是我国东部陆相断陷盆地的典型代表，其构造和沉积类型复杂多样，不仅上部断块、砂体发育，而且下部还有各种复杂类型的地质体，如深部浊积岩、低凸潜山及二台阶等。为了认识该盆地的复杂结构特征，胜利油田开展叠前深度偏移技术的研究与应用已经有十多年的历史，其方法和软件的测试基本上采用 Marmousi 模型。但是对十几块针对不同地质类型和地质特点的三维地震资料进行叠前深度偏移处理，其应用效果却参差不齐。用同样方法和软件，为什么在有些地区应用得好，而在另一些地区就不如意呢？原因可能是多方面的，但“研究对象的地质特点变了”这一点可以肯定。

为了探讨叠前深度偏移技术在胜利油田的适应性，笔者认为有必要建立针对胜利油田地质特点的典型模型。

2 胜利典型模型的建立

2.1 胜利典型模型的设计

济阳断陷盆地构造格局的形成与其经历的多期构造运动有关，特别是燕山运动和喜山运动，控制了济阳拗陷的发育和形成。其构造层自下而上可分为：太古界泰山群变质岩；古生界海相地层；中生界和下第三系湖相沉积层；上第三系和第四系河流相沉积。主要地震反射界面自下而下有 T_{g2}，T_{g1}，T_g，T_j，TR，T_7，T_2，T_1，T_0，分别代表不同年代地层的分界面。

以区内比较典型的区域地震大剖面(616.0 和 593.0 线)为背景(图 1，图 2)，分析济阳拗陷构造特点，建立胜利油田典型地质构造模型框架。其中 616.0 线为南北向，南起鲁西隆起，穿过牛头镇洼陷、广饶凸起、东营凹陷，北到埕子口凸起，全长约 162.4km，经过草桥、陈家庄和牛庄等 10 多个油田，收集井资料 40 余口。593.0 线也为南北向，南起鲁西隆起，穿过东营凹陷、孙家庄凸起、沾化凸起、沾化凹陷、义和庄凸起、车镇凹陷，北到埕子口凸起，全长约 143.8km。这两条地震大剖面基本上反映了济阳拗陷的构造地质特征。

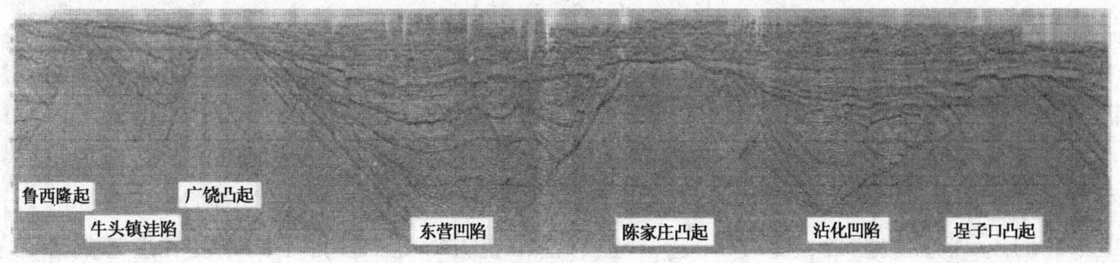

图 1 胜利油田 616.0 线区域地震大剖面(162.4km)

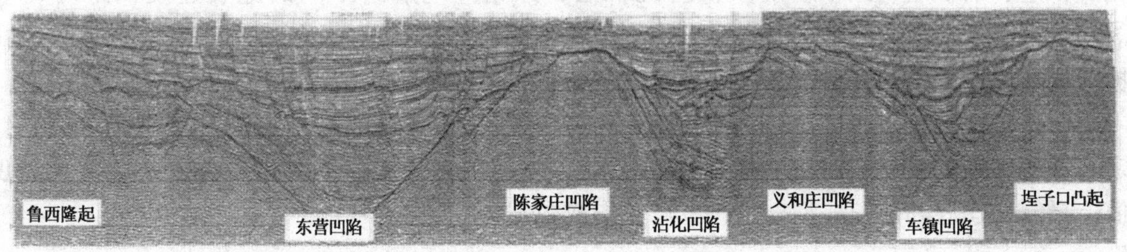

图 2 胜利油田 593.0 线区域地震大剖面(143.8km)

首先以这两条剖面为原形，在地震剖面上进行层位和断层的解释，建立起时间域的构造模型框架。然后根据地震标定结果拟合的时深关系曲线和两条剖面的叠加速度场，进行时深转换，建立深度域的构造模型框架。

基于构造模型框架，以胜利油田六种典型的局剖构造模式为构件，建立胜利油田典型构造模型(图 3)。在缓坡带下第三系沙河街组设计了两个高速火成岩体，在中部凹陷设计了复杂断裂带和深部低凸起潜山，在陡坡带的外侧设计了二台阶潜山。

2.2 对构造模型的细化及地震速度的填充

实际上，建立胜利油田典型二维模型的过程就是把胜利油田典型地质特点抽象、浓缩到一张剖面上。所谓“典型”就要求它具有代表性和概括性，既不能太简化又不能太繁琐。因

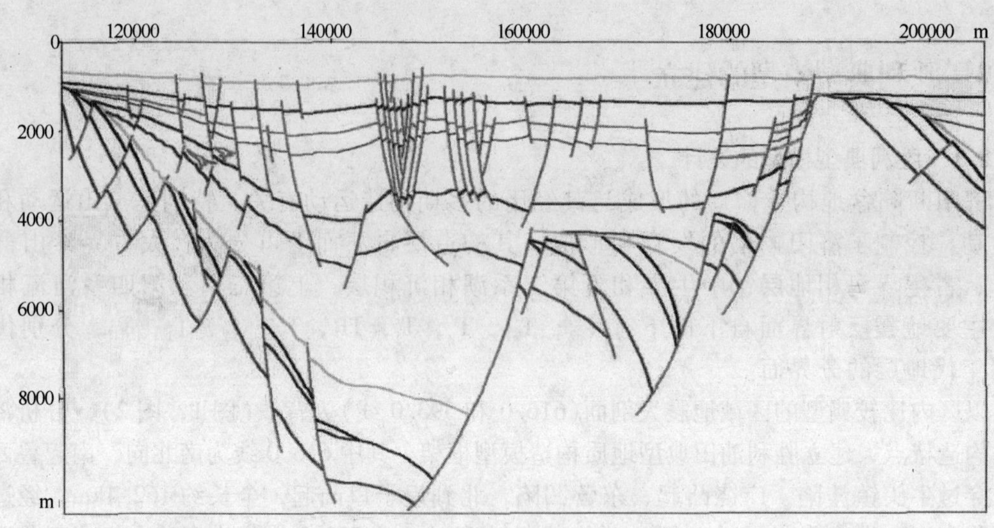

图 3 胜利油田典型构造模型

此在构建典型构造模型时，要根据胜利油田的地质特点，主要以不同的地震速度表征不同的地层岩性，在以下六个方面进行细化：①在较线(约 1700m)下第三系沙河街组沙一段(E_{s1})生物灰岩顶面以下和中层(约 2100m)下第三系沙河街组沙二段(E_{s2})底面以上，根据测井声波曲线，各增加四套 0 ~ 10m 厚的不同地震速度的薄互层[图 4(a)]；②下古生界奥陶系中奥陶统顶面与寒武系馒头组页岩顶面之间的海相地层沉积稳定(约 1250m)，在地震剖面上视厚度约为 400ms、8 个相位，根据测井声波速度资料，细分为六套不同地震速度的地层[图 4(b)]；③在缓坡带、陡坡带及其外侧、潜山上方等处，设计不同厚度和形态的砂砾岩体，并赋予不同的地震速度[图 4(c)]；④在下第三系沙河街组沙三段地层内设计了三角洲相底积层、前积层、顶积层及浊积岩沉积层，并相应地赋给不同的地震速度[图 4(d)]；⑤在下第三系沙河街组地层内设计两个高速火成岩体[图 4(e)]；⑥在上第三系馆陶组潜山披覆构造地层中设计多个低于围岩速度的河道砂体[图 4(f)]。

对于较厚的地层(如下第三系沙河街组沙三段)，采用测井和地震两种资料的综合，给定一个地震平均速度。对于薄层、小层及砂体等地质体，主要依据测井声波曲线填充速度值。最终构建胜利油田典型模型(图 5)，形成数据体。

3 波动方程地震正演数值模拟

3.1 数值模拟方法

波动方程数值模拟的精度依赖于剖分网格和解的逼近误差。胜利油田典型模型正演采用交错网格高阶有限差分方法进行地震正演数值模拟。通过泰勒级数展开得到如下差分公式

$$u\left(t+\frac{\Delta t}{2}\right)=u\left(t-\frac{\Delta t}{2}\right)+2\sum_{m=1}^{M}\frac{1}{(2m-1)!}\times\left(\frac{\Delta t}{2}\right)^{2m-1}\frac{\partial^{2m-1}u}{\partial t^{2m-1}}+o(\Delta t^{2M})$$

式中：Δt 是时间步长；M 是泰勒级数展开式的阶数，由试验得知 $M=10$ 即能满足地震正演数值模拟解的精度和解的稳定性的要求。

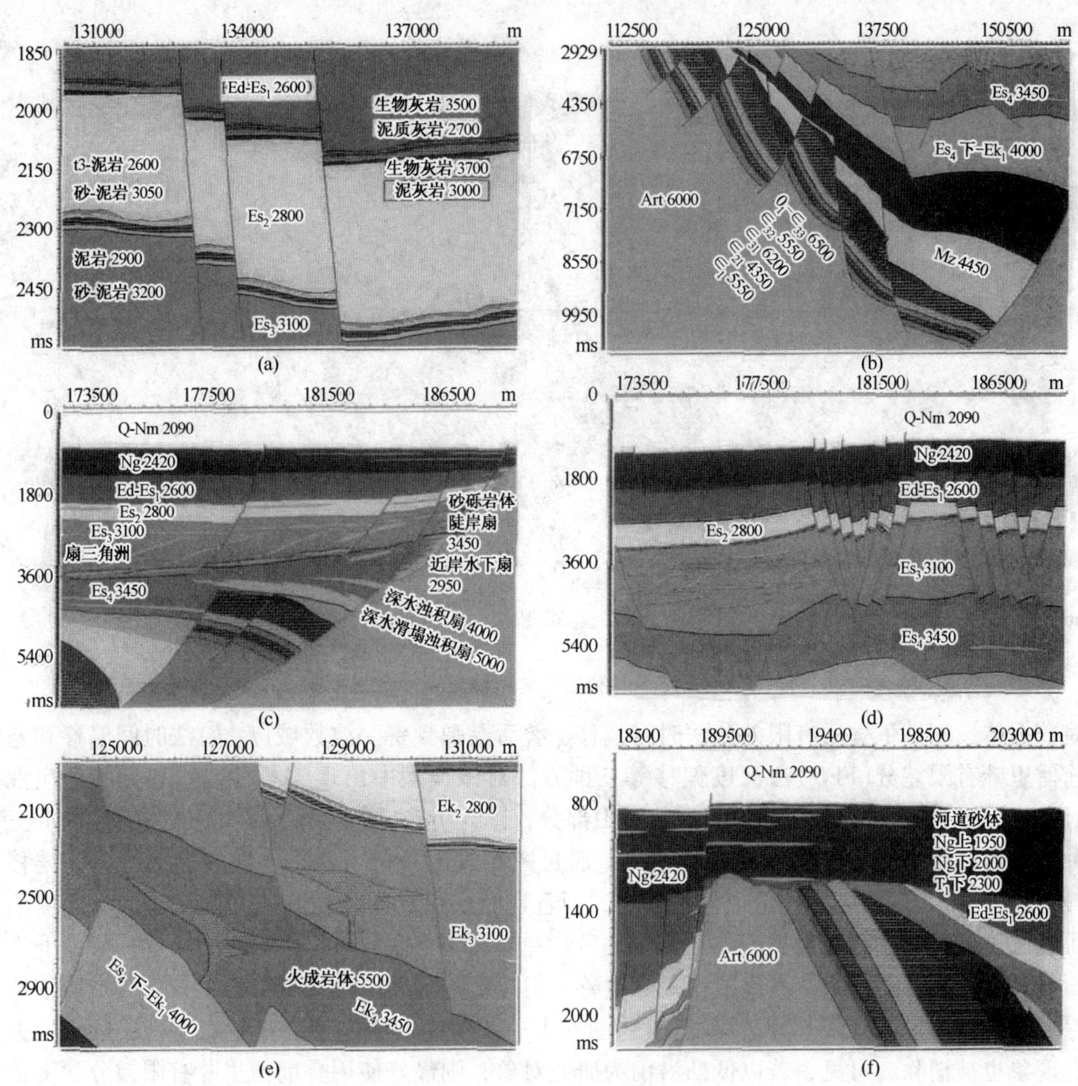

图4 胜利油田构造细化模型(各层速度单位：m/s)

(a)沙一段和沙二段各4套薄互层；(b)古生界潜山6套速度层；(c)二台阶和陡坡带砂砾岩体；(d)三角洲扇和复杂断块；(e)两个火成岩体；(f)高凸潜山上第三系河道砂体

3.2 数值模拟参数

采用的观测方式：中间激发，两边接收；观测系统为6100－125－0－125－6100；接收总道数为480道(两边各为240道)；道间距为25m，炮间距为100m；覆盖次数为60次。正演模拟参数为$\Delta x=2$m，$\Delta z=3$m，$\Delta t=0.5$ms。选取不同频率的子波进行正演模拟，以备用于地震资料处理过程中分辨率等问题的研究。

4 模型的应用

4.1 应用于偏移成像方法的研究

胜利油田典型模型及其正演的数据体为偏移成像方法的研究提供了基础。笔者通过该正

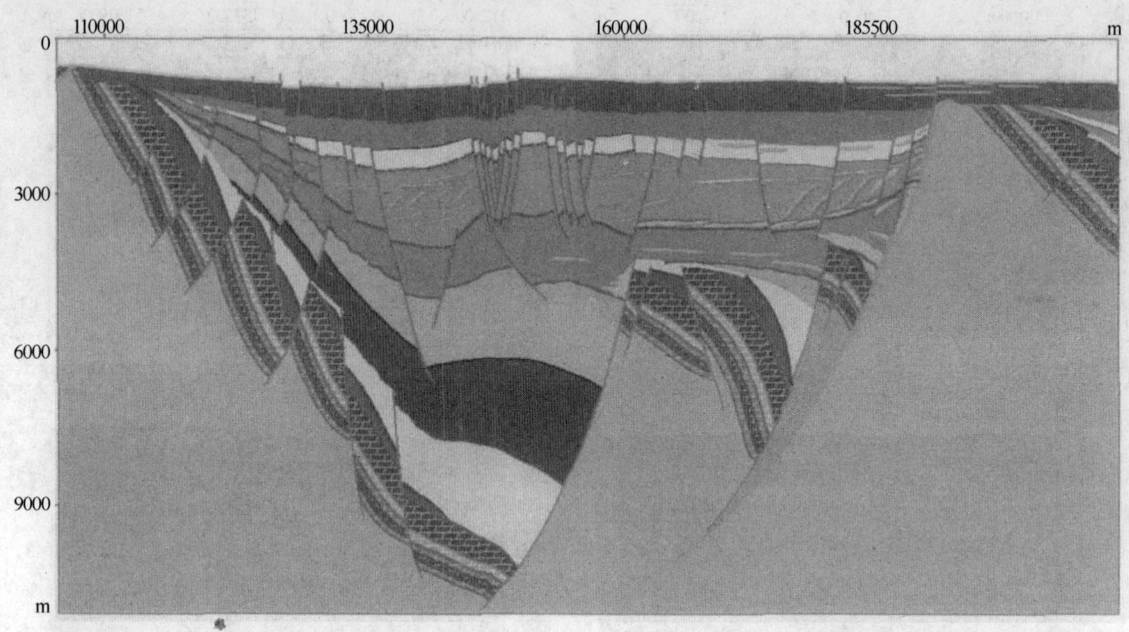

图5　胜利油田典型地质模型

演数据体，测试了叠后有限差分法时间偏移、叠后黏弹频率－波数域($f-k$)法时间偏移和叠前傅里叶有限差分(FFD)法深度偏移等三种方法对该模型中出现的各种地质现象的适应性(图6)。图6(a)是选取图5中间低凸潜山部分，图6(b)、图6(c)、图6(d)分别是以上三种方法对低凸潜山部分偏移成像的结果。通过图6对比分析可看出，叠后有限差分法偏移[图6(c)]的大倾角断面构造成像不清楚，而且逆断层引起的纵横向速度变化造成的速度陷阱使层位构造形态存在上拉现象；由于叠后黏弹$f-k$法偏移[图6(d)]方法能够补偿地下岩石对地震波黏滞性吸收，断面成像得到改善，但速度陷陆使层位构造形态上拉失真现象依然存在；叠前傅里叶有限差分法深度偏移[图6(b)]不但断面成像形态清楚，而且层位上拉失真现象也被消除。可见，若以低凸潜山为研究对象，则最好使用叠前傅里叶有限差分深度偏移方法。

4.2　基于胜利油田典型模型的观测系统设计

利用胜利油田典型模型及其正演的数据体，从地震资料的处理和解释应用的角度，分析研究野外地震采集观测系统的设计。

以胜利油田典型模型中的复杂断块[图4(d)]为例，图7(a)和图7(b)分别为其不同位置处的CMP道集和对应的叠加剖面。在道集1600～2000ms和2600～2800ms时间段内，除了绕射波和反射波之外，断块上的薄互层波场对数据分析和叠前成像均构成影响。进而在纵向上影响叠前偏移成像的速度分析和建模精度，在横向上使得CMP道集展现的波场特征变化大，如果偏移距和道路过大，波场的连续性还将受到严重的影响。叠加剖面上多组断层造成丰富的绕射波场，横向能量也有变化，波场特征存在较大差异。针对这类地质体的地震采集，为了保证采集的地震波场变化的连续性，在观测系统设计时，必须重点分析和选择偏移距和道距。

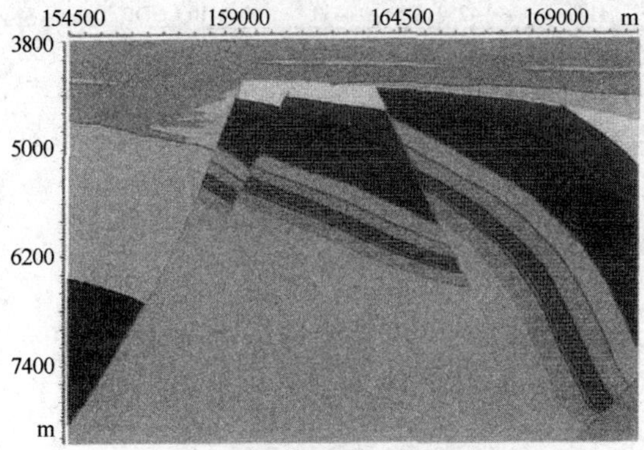

（a）图5模型中低凸潜山部分

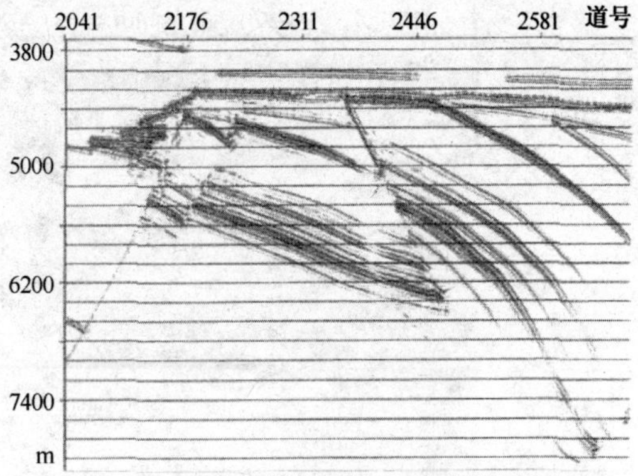

（b）对图6(a)做叠前傅里叶有限差分深度偏移

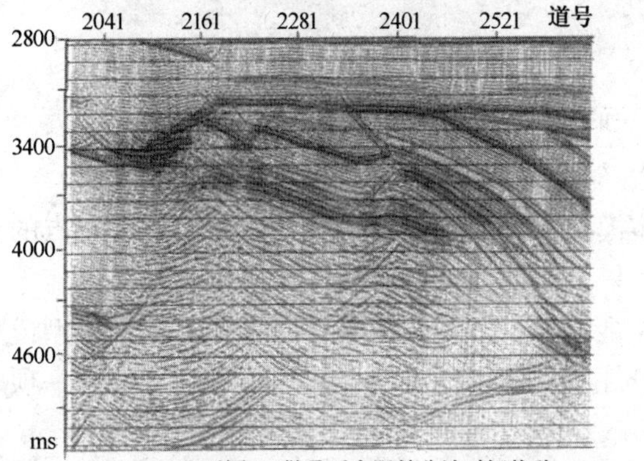

（c）对图6(a)做叠后有限差分法时间偏移

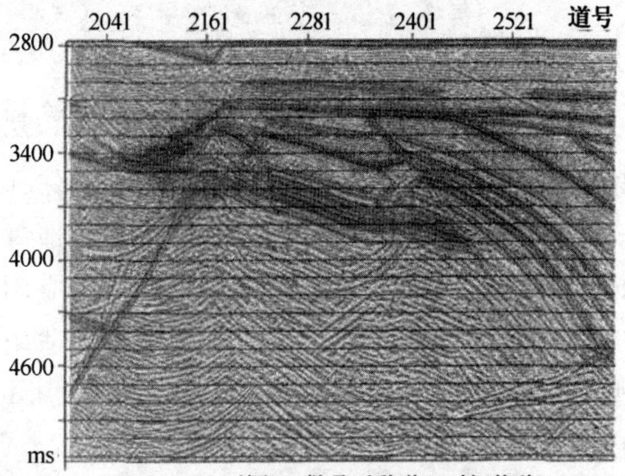

（d）对图6(a)做叠后黏弹 f-k 时间偏移

图 6　偏移成像方法的研究

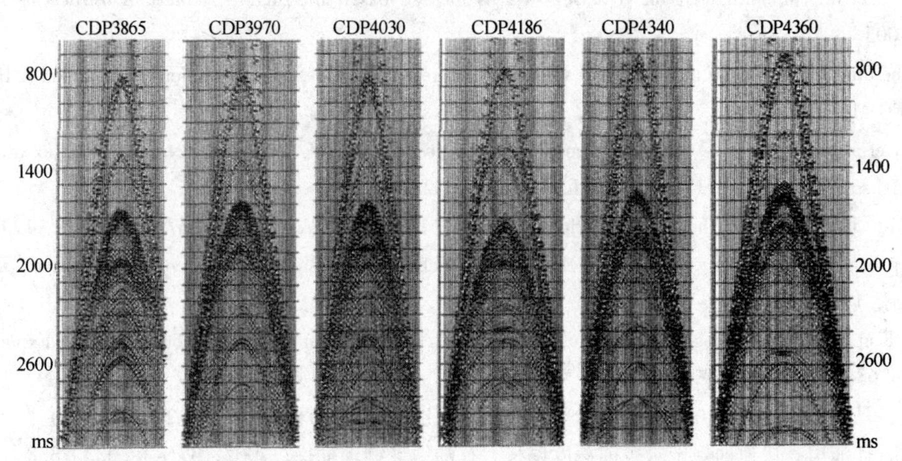

图 7(a)　复杂断块不同位置的 CMP 道集

5　结束语

陆相断陷盆地复杂地质模型(胜利典型模型)是基于我国东部胜利油田陆相断陷盆地的

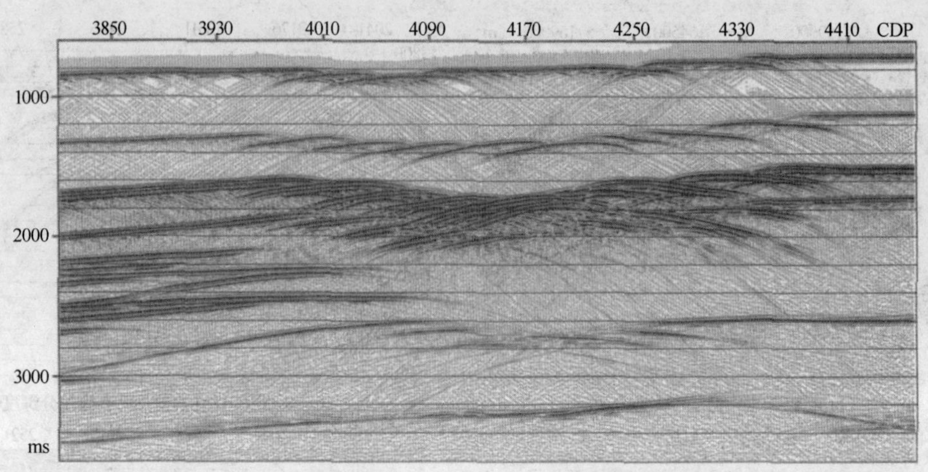

图7(b)　复杂断块的叠加剖面

地质特点建立的，与Marmousi模型相比，它更适全我国东部地区的地质情况。

陆相断陷盆地复杂地质模型建立与地震正演模拟为研究选择适用于我国东部地区特点的地震方法和技术提供了验证手段，初步应用的效果表明此方法具有良好的应用前景。

目前已建立的胜利油田典型模型仅适用于二维情形，下一步将着手建立胜利三维典型模型，显然要做更深入的研究，如何种沉积环境条件下、何种地震属性切片更敏感，就是一项极有意义的研究工作。

参考文献

1　Andrew D et al. Modeling lorg-offset seismic waves for sub basalt imaging. *Expanded A bstracts of* 73*rd SEG Mtg*, 2003

2　Cory Hoelting et al. Elastic modeling and steep dips: unraveling the reflected wavefield. Expanded A bstracts of 73rd SEG Mtg, 2003

3　Martin Get al. Marmousi 2: an updated model for the investigation of AVO in structurally complex areas. Exp anded A bstracts of 72nd SEG Mtg, Salt Lake City, 2002

4　Klimes L. Travel times in the INRIA Marmousi models. Expanded. A bstracts of 67th SEG Mtg. 1997

5　Versteeg R. The Marmousi experience. velocity model determination on a synthetic complex data set. The Leading Edge, 1994, 13(9)

6　Billette F et al. Stereoto mography with automatic picking: application to the Marmousi dataset, Expanded Abstracts of 68th SEG Mtg, 1998

7　李振春，马在田等．波动方程法共成像点道集偏移速度建模．地球物理学报，2003，46(1)

8　张叔伦，孙沛勇．快速面炮记录叠前深度偏移．石油地球物理勘探，2002，37(4)：333～338

9　匡斌，王华忠等．傅里叶有限差分深度偏移成像方法研究和应用．石油地球物理勘探，2001，36(6)：698～703

10　陈生冒，曹景忠等．基于拟线性Born近似的叠前深度偏移方法．地球物理学报，2001，44(5)

11　帅德福编著．济阳拗陷油气勘探．北京：石油工业出版社，2004

12　胜利油田地质志编写组编．中国石油地质志．北京：石油工业出版社，1987

13　刘兴材，李丕龙主编．复式油气田论文集．北京：石油工业出版社，2002

14　牟永光，裴正林著．三维复杂介质地震数值模拟．北京：石油工业出版社，2005

地震属性应用中的不确定性分析

张建宁 于建国

（中国石化胜利油田物探研究院，山东东营 257022）

摘要： 随着地震技术的不断发展，从地震数据中提取的地震属性越来越丰富，通过对地震属性提取、优选和联合解释，在一定程度上缩小了地震资料的多解性。但由于地震数据本身有限并存在误差，地震属性应用中依然广泛地存在不确定性和非唯一性，认识这些不确定性是地震属性在复杂油气藏勘探与开发中应用的重要前提条件。根据地震勘探基本原理着重分析了①地质模型的多样性、复杂性、非均质性和几何尺度的限制；②观测数据分辨率的限制、噪声和干扰的影响和观测数据的误差；③预测方法中样本个数限制、方法的适应性和物性参数的不确定性；④主观认识等对地震属性应用的影响，并结合实际资料指出了引起地震属性应用不确定性的基本原因、主要因素及其可能产生的现象，进一步明确了地震属性应用前提、应用条件和应用范围。

关键词： 地震属性 反问题 不确定性 干扰与误差 主观认识

1 引言

目前，可以从地震数据体中提取近百种属性，国内外的学者对地震属性有不同的分类。Taner 将地震属性分为两大类：物理属性和几何属性。A. R. Brown 将地震属性分为四类：时间属性、振幅属性、频率属性和吸收衰减属性。地震属性的提取方式主要有：①剖面属性提取；②层面属性提取；③三维体属性提取。地震属性优化方法是利用人的经验或数学方法，优选出对所求解问题最敏感的属性个数、最少的地震属性或属性组合，提高地震预测精度，常用的有神经网络法、统计分析法等。通常按照振幅统计类、频谱统计类、层序统计类和相关统计类进行分类，各类属性可能代表一定的地质意义。例如：①振幅统计类—可以反映岩性、地层层序变化、不整合、断层、流体的变化、储层的孔隙度变化、河流和三角洲的砂体、地层的调谐效应以及裂缝等；②瞬时类参数—可以反映岩性、地层层序变化、不整合、断层、流体的变化、储层的孔隙度变化、河流和三角洲的砂体；③频谱统计类—可以反映裂缝发育带、含气吸收区、调谐效应、岩性或吸收引起的子波变化等；④层序统计类—可以识别岩性地层变化、含油气性，划分地层层序特征，突出某种振幅异常；⑤相关统计类—可帮助识别断层、尖灭、杂乱反射等。

近年来研究人员综合应用地震、测井、地质和油藏等数据使储层发现与评价、油藏勘探与开发的效果得到了显著改善。其中，精细标定的地震属性在确定储层结构与油藏参数中发挥了重要作用。但地震属性与地下地质目标并非有一一对应关系。有时地震属性存在异常指示，但找不到相对应的地质油藏特征；也会遇到地震属性没有异常指示却发现了地质油藏特征异常的现象。多数地震属性是构造、地层、岩性与油气等各种因素的综合反映，应用地震属性研究油藏特征具有复杂性、多解性和不确定性。

马在田院士指出：地震属性的研究与应用问题不是如何用地震资料去研究储层孔隙度、流体饱和度、孔隙压力、油气水边界、流体的前缘位置以及储层的平均厚度和剩余储量等参数的技术细节，而是用地震资料求出这些参数的前提条件。杜世通教授也认为找到地震属性与储层物性之间的关系是不困难的，因难的是评价它们统计的有效性、可靠性和地质意义。

由此可见，地震属性应用中的不确定性研究是使用地震属性解决储层结构、油藏参数等油气藏勘探开发问题的一项非常重要内容。

2　地震属性应用的评价基础

地震属性应用实际上就是根据地震数据模型求解实际的物理模型，广义上属于反问题求解，但它更加注重数学运算。在地震资料中通过的数学计算可得到不同的地震属性，应用这些属性可对目标进行物理意义的分析和地质油藏问题的研究。由于目前地震资料分辨率的限制并存在误差，对于实际地质模型而言，地震反射都是实际地质模型在一定尺度范围内综合响应的结果。任何求解地震属性问题的计算方法都是以缩小解的非唯一性范围、求取实际模型的有关唯一信息、逼近真正解为目的。

地震属性应用效果的解好坏主要取决于地震子波的性质，取决于地震问题的本质。求取地质模型的可靠性取决于观测数据的分辨率，而观测数据分辨率取决于地震子波频宽和主频的高低。观测数据有误差时，地震属性求解的结果只能在方差和分辨率之间进行折衷，只有这样地震属性应用才能取得较理想的效果。

因此，对于频宽有限、存在误差地震资料，地震属性应用中不确定性广泛存在。实际应用表明，影响地震属性应用可靠性和稳定性的主要原因可分为由地质、地震、预测方法和主观认识等因素所产生的干扰与陷阱。

3　地质因素产生的不确定性

3.1　地质模型的多样性

地下地质模型复杂多样，常出现不同地质模型产生相同的地震指示，造成多解性和错误的分析。例如：在“亮点”技术应用中，通常埋藏较浅的储层含气后产生地震强反射形成“亮点”，但是浅层的火成岩、砾岩、厚层疏松纯净砂岩、大套砂砾岩中的泥岩和砂泥岩特殊组合等都可能产生与薄气层形成的亮点相似的地震反射，显然，“亮点”指示并非是浅储层含气的唯一反映。例如：济阳坳陷郑家地区 598.6 剖面 1028 – 1058CDP 点之间的 0.95s 处有一个“亮点”反射，经郑气 2 井钻探证实它是由特殊高速砂岩地层与低速泥岩地层组合形成的地震强反射，并非砂岩含气后形成的“亮点”(图 1)。

在 AVO 技术预测油气藏时同样存在不确定性，由于气藏的速度、密度和泊松比都比围岩低，因此其地震反射具有明显的 AVO 效应，即振幅随偏移距增加而增大，但在异常的水砂岩、微量含气砂岩和特殊的岩性变化等条件下其泊松比也可能比围岩低，地震反射一样具

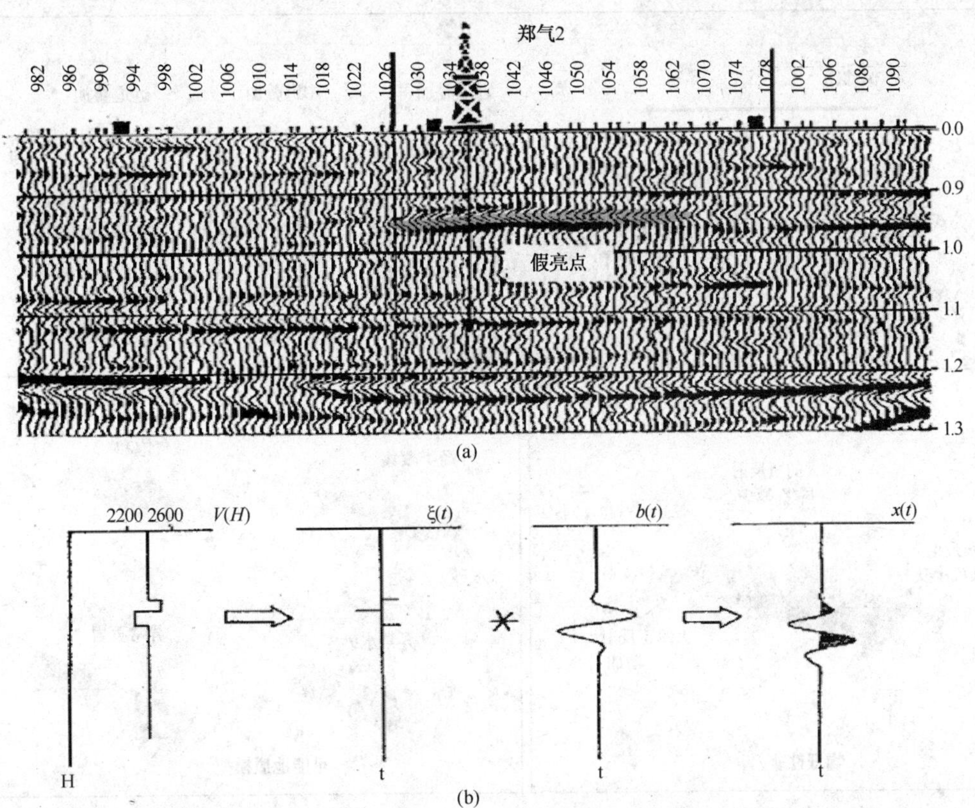

图1 郑家589.6地震剖面(a)与岩性组合影响分析(b)

有AVO特征(图2)。

因此，即使利用比较成熟的“亮点”和AVO技术，由于地质模型的多样性其预测结果仍然存在不确定性。

3.2 地质体尺度的限制

当前，小砂体、微断层等小尺度地质目标是油气勘探开发的重点之一。但这些目标在地震资料中难以体现出来，不可避免地增大了多解性。在东营凹陷牛庄洼陷沙三段浊积砂体勘探中，通过高分辨率三维地震资料解释，精细描述了188个砂体，面积381.0km^2，地质储量12061×10^{4}t，单个砂体平均厚度15.6m，面积2.03km^2，储量64×10^{4}t。而对已开发的牛20断块砂体要素统计表明：在14个砂体中有10个面积小于1km^2，有效厚度最大的仅仅5.5m，绝大多数在2~3m之间，平均地质储量27.4×10^{4}t。显然，即使使用了高分辨率资料进行预测的结果与实钻仍有相当的误差。在纯化油田不到170km^{2}的区域内，发育了多达224条大小不一的断层。统计表明仅发育在沙四段上的落差小于15m的断层就有62条，这些微小断层在地震剖面上的反射特征不明显，对比解释的可靠性差，多解性广泛存在。

东营凹陷胜坨地区坨143区块属于沙三段构造岩性圈闭，埋深在2930~2980m之间，面积0.85km^2。坨143-21井在2945.4~2952.3m处钻遇油层6.9m，其对应的地震反射几乎是空白(图3)。

3.3 复杂的薄互层构成

济阳坳陷薄互层油藏广泛存在，是勘探的难点之一。其地质特征为：①绝大多数地层为

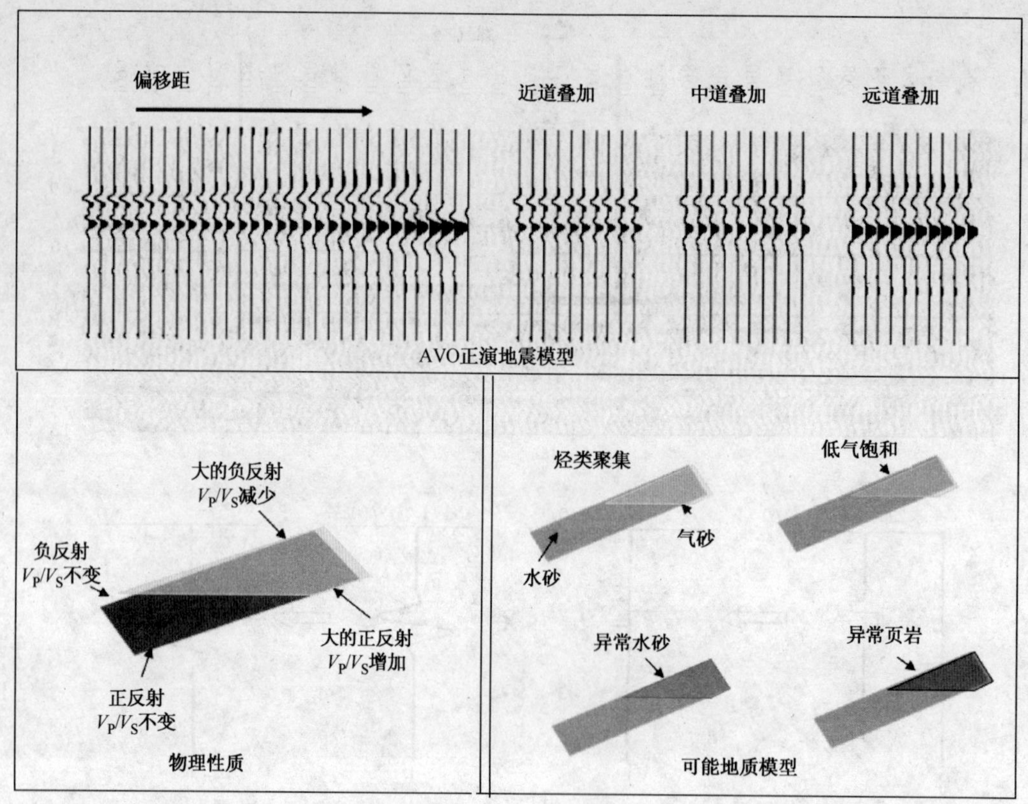

图 2　AVO 技术在油气检测中的不确定性分析示意

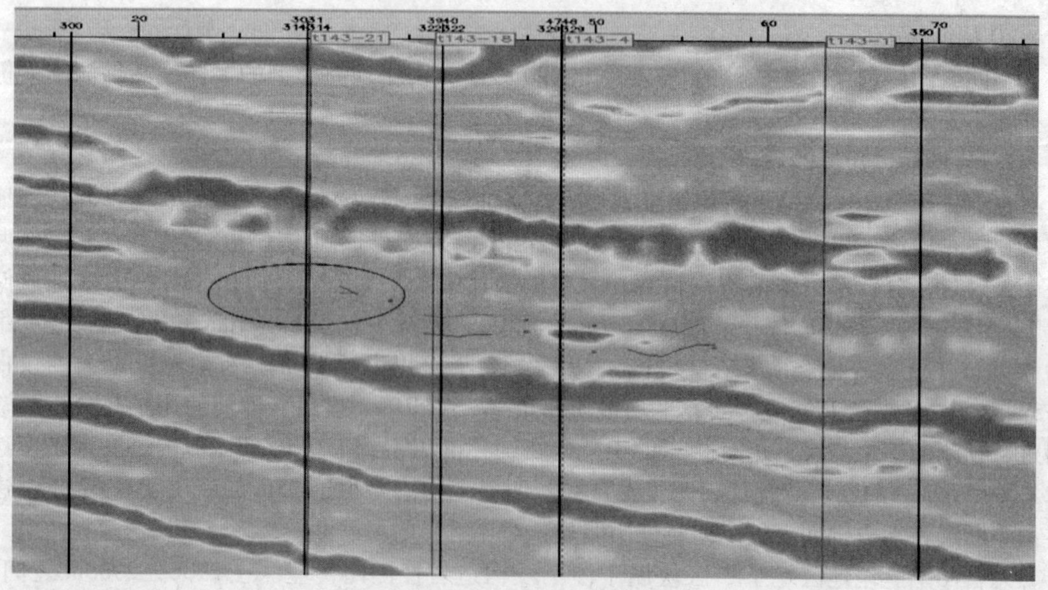

图 3　过坨 143－21 井地震剖面

厚度小于常规地震勘探分辨率的薄层与超薄层；②地层在横向上相变剧烈，从地震勘探的角度来说意味着它们引起的地震波场(振幅、频率、极性、速度及波阻抗等)在横向上有变化；

③地层结构具有多种类型，既有盐泥互层、砂泥互层、泥页互层等韵律型结构，亦有岩性渐变的递变型结构。

从地层的厚度来说，薄互层模型可分为等厚和不等厚两类；从地层的结构来说，可分为韵律型和递变型两类。

任何一种地震薄互层模型都包含在上述各类模型的不同组合之内。

图4是一个砂泥岩薄互层地质模型和它不同频率的正演地震响应，地质模型的砂组厚20m，由10个不等厚砂泥薄层组成(砂岩厚为3m、1m、1m、3m、1m)。可以看出不同频率的正演地震响应有明显的差异，在目前地震资料频宽小于100Hz的条件下，我们得不到这种薄互层各自的地震响应，因此也就无法确定其组成和物性。

一般地，薄互层相嵌关系及隔层厚度等横向变化较为复杂，地震响应上或出现相长干涉或出现相消干涉或产生调谐等现象，仅根据地震资料很难准确判断其构成和变化情况(图5)。在对薄互层构成特征不了解、变化规律不明确的条件下解释难度更大。因此，薄互层油藏是目前地震解释产生多解性的主要原因之一。

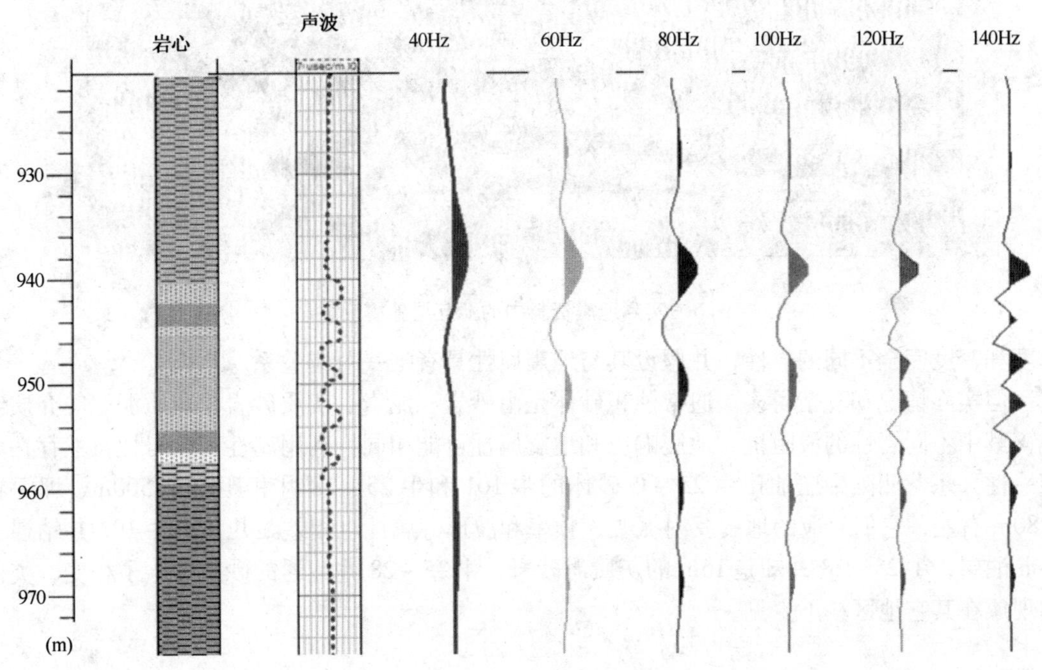

图4　砂泥岩薄互层地质模型和它不同频率的正演地震响应

3.4　储层非均质性的表征

储层非均质性在陆相盆地中普遍存在，储层非均质宏观描述一般包括平面非均质、层内非均质和层间非均质。对于层内非均质来说，砂岩中常存在泥岩和泥质粉砂岩夹层，其厚度较小，无论是其形态结构还是其物性参数的变化解释都非常困难(如砂体内的泥质薄夹层和河道点砂坝侧积砂体之间的泥质侧积层等，在地震属性中得不到有效反映)。在陆相盆地中，大多数砂岩储层是由不同速度、密度的钙质粉砂岩、过渡岩性、粉砂岩和泥岩组成，这些岩性具有不同的波阻抗值。其中的岩性构成较多时，求解不具有唯一性，因此，许多研究都将其简化。例如，通常将地质模型简化成二元介质，即将所研究的储层简化为两种

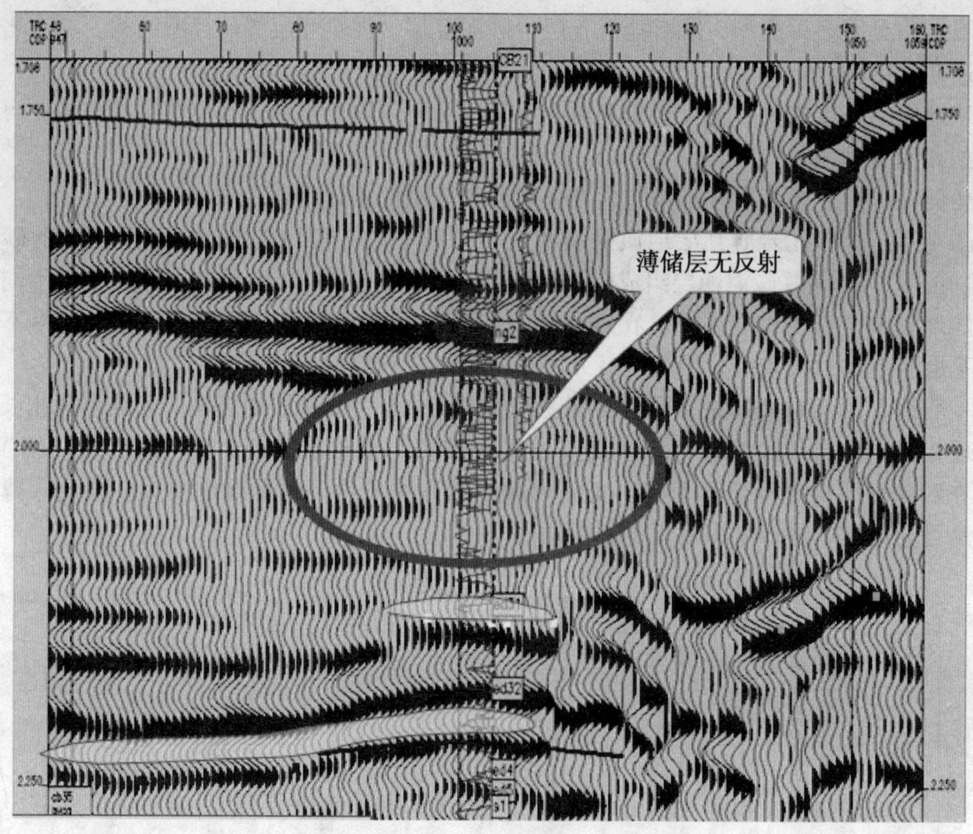

图5　实际地震资料中的薄互层地震反射

速度和密度完全不同的岩性，并假设其与地震属性具有唯一对应关系。

但实际情况却复杂得多。通常浊积砂体是由砂岩、泥岩、灰质砂岩、灰质泥岩等介质组成，其中不同岩性的波阻抗、地震响应和地震属性可能相同，利用属性区分岩性自然存在非唯一性。东营凹陷牛庄油田牛 25 - C 砂体的牛 101 和牛 25 - 28 井相距不到 500m，埋深在 3280m 右左，它们对应的地震反射振幅、频率和波形等属性也相差无几，但牛 101 井钻遇了 14m 油层，牛 25 - 28 井却是 16m 的灰质泥砂岩，牛 25 - 28 井钻遇的砂层发生了相变，类似的现象在其它地区亦不少见。

4　观测数据产生的不确定性

4.1　分辨率的限制

地震分辨率的限制是产生地震属性应用不确定性的关键因素。

垂直分辨率是指在垂直方向上能分辨岩性单元的最小厚度，按目前地震记录的频率分析，埋深小于 2000m 地层，其主频一般在 40 ~ 60Hz，最高分辨率为 8 ~ 15m；而在中深层地震主频仅仅 25Hz 右左，这样的分辨率用来分辨几米甚至不足 1 米的储层是不可能的。所以只能将砂层组作为研究对象。只有砂层组地震反射平均作用与其中的储层可以一一对应时才能取得较好的效果。这在相当的程度上依赖于砂层组结构认识和解释经验，选择的模型及标准不同，解释结果也不一样。

图6是一个不连续河间砂体为边界的曲流河道地质模型和地震响应。主河道砂体厚度为8m，不连续河间砂厚度为2m，宽都是250m，两主河道距离250m。瑞克子波不同频率的正演地震响应表明，两河道边界处的反射特征在26Hz瑞克子波地震响应中表现并不明显，而在50Hz瑞克子波地震响应上可以分辨出河间砂体微相的地震反射。因此，可以根据高分辨率地震剖面上的这种微地震相变化，确定储层砂体沉积相带，正确确定河道边界。

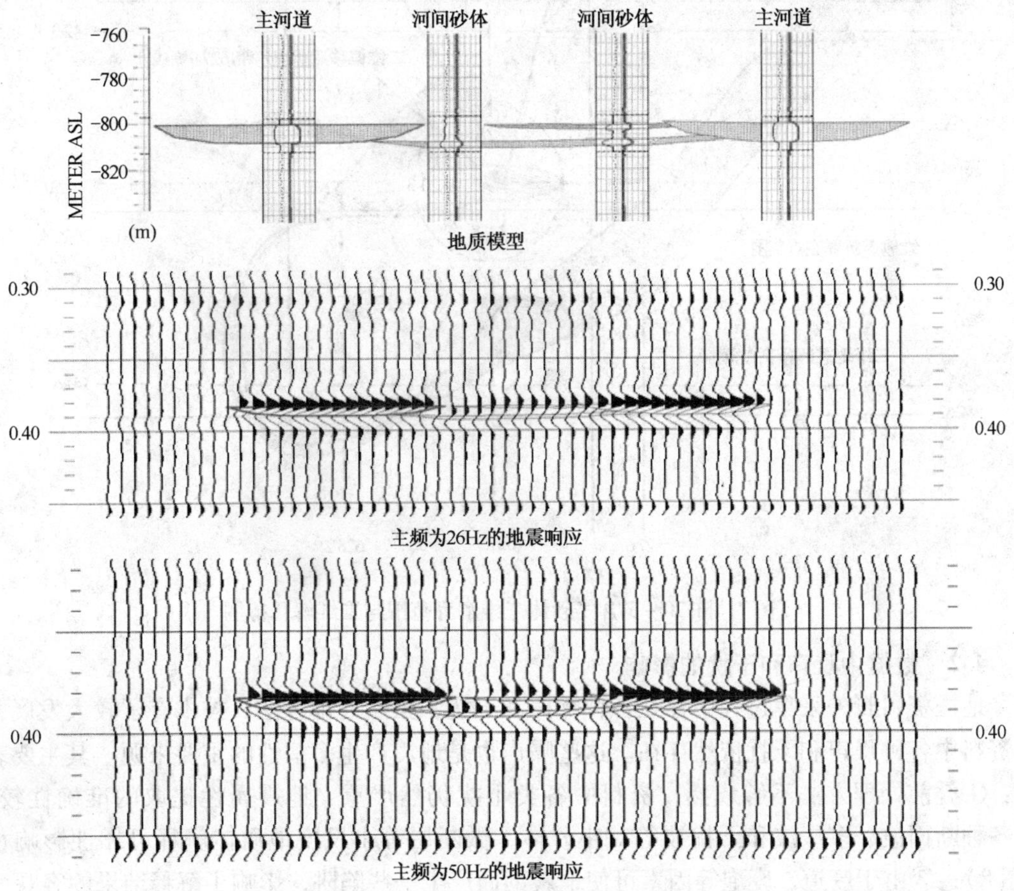

图6　河道砂体沉积微相的正演地震模型

地震资料的水平分辨率是指在水平方向上可以确定的地质体大小、位置和边界的精度。水平分辨率也是有限的，存在盲区。由于菲涅尔效应的影响，使得地面上接收的某时刻地震信息不是来自某一点，而是来自一个面元。面元的半径与地震波的速度、频率和反射层的埋深有关。

例如，在济阳坳陷陈家庄地区142.0测线382CDP点1.1s处有亮点反射，根据菲涅尔带计算其半径超过100m，使得142.0测线在陈气20－3处可以接收到来自南部含气砂体的地震反射信息，627.9测线在陈气20－3处接收到来自西部含气砂体的反射信息。二维地震资料处理无法空间偏移，不能把来自两侧的反射信息归位到，由于菲涅尔效应存在亮点反射，并非真正的气层亮点反射，陈气20－3井钻探证实这个分析(图7)。

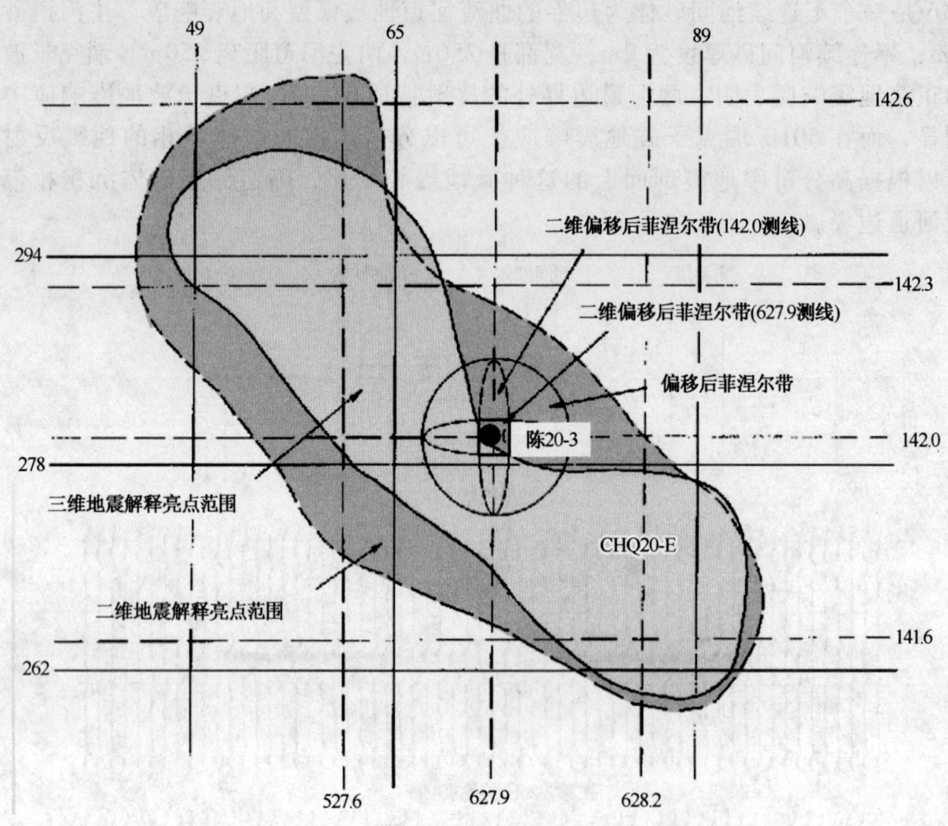

图 7　陈 20－3 含气砂体三维解释范围与二维解释范围

4.2　数据中噪声和干扰的影响

地震资料野外采集过程中存在各种噪声和干扰，虽然处理方法、技术有了较大发展，但是资料中各种噪声和干扰依然存在。这些噪声也是地震产生多解性的重要来源。其主要表现在：①叠前处理方法不够成熟，资料中各类干扰仍然严重，地震属性提取的准确性较差；②各种断面波、多次波和干扰波等对小砂体、微断层等小尺度地质体解释可靠性影响很大(图 8)；③由于废道、废炮等因素可使地震剖面产生一些陷阱，影响了解释结果的客观性。

例如济阳坳陷惠民凹陷商河地区火成岩发育，由于火成岩不规则分布的干扰，本区地层速度横向变化较大，地层反射同相轴的时间产生不规则变化，容易出现速度陷阱，在直接用这些剖面解释时会产生假构造现象(图 9)，扩大了不确定性。

在野外采集过程中，地表和地下条件的复杂性和地震波勘探方法的限制直接影响资料品质，使得地震属性预测结果不稳定。其误差主要来源有：①地表存若在巨厚风化层，反射能量则弱，得不理想地震有效波；②若地表高程差异大，可造成地震反射波畸变，地下地质体的反射时间和振幅等属性都有误差；③若地下存在异常速度体，地震反射波与地下地质体之间的时深关系会有较大变化；④在地震勘探观测系统设计时，更多考虑多次覆盖干扰波的压制和对成像的改善，没有考虑入射角和方位角等参数，这也是产生误差的一大原因。

济阳坳陷飞雁滩地区南部是陆地，土质松软，地表为潮湿泥土，速度低，其对目的层反射波的强烈吸收和反射使其能量极其微弱；而北端为海滩，土质较坚硬，地表速度较高，对

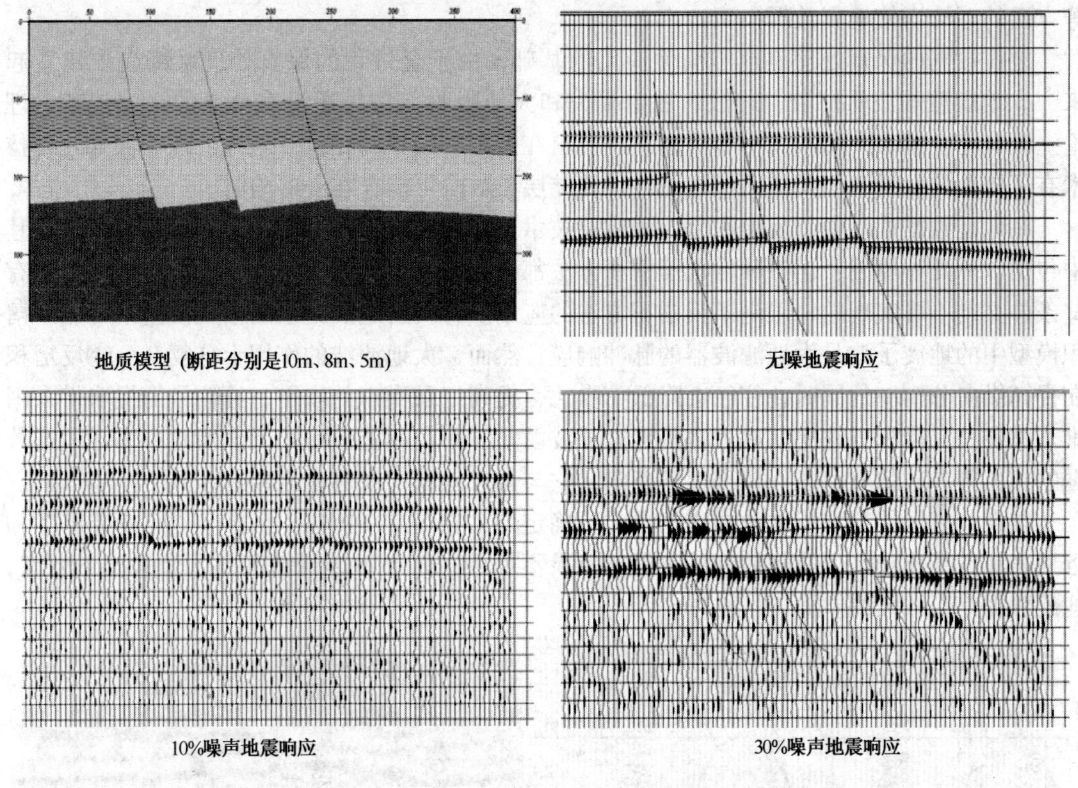

图 8 微小断层与信噪比正演模型

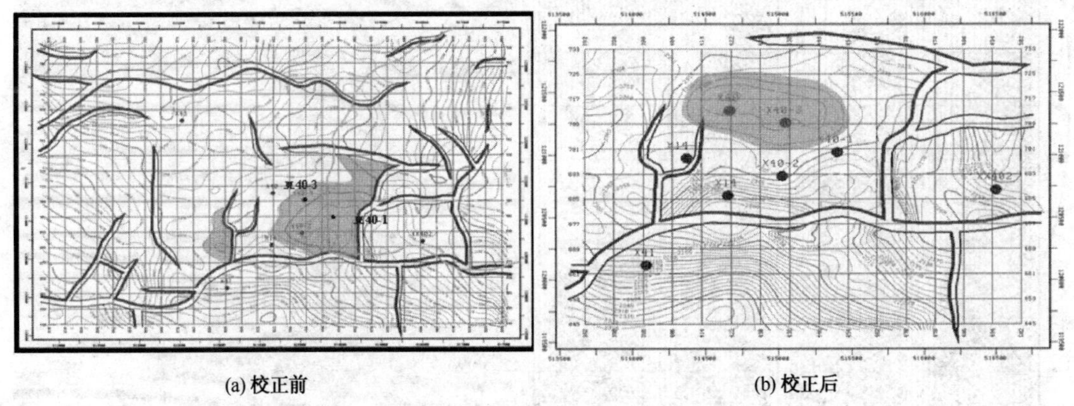

(a) 校正前 (b) 校正后

图 9 夏 40 井区速度校正前后沙二下构造图

地震波的吸收、反射较弱，目的层地震资料的能量较强。

4.3 数据处理过程中产生的影响

由于处理方法、技术和手段等各方面因素的影响，也可以造成地震资料各种各样的误差。这些误差也会对分析结果产生影响，它包括：①叠加速度解释不合理和偏移速度选择不恰当造成的地震波形畸变、反射同相轴归位不正确；②在压制干扰、提高资料信噪比的处理过程中往往仅强化波阻抗界面的时深关系，而使反映储层性质的其他地震属性的真实性受到了影响；③由静校正技术限制产生的各种资料陷阱；④地震波衰减的 Q 值补偿、子波选择等方面的不恰当使地震数据失真。

地震数据的保真处理是地震属性应用的基础，由于全过程的保真处理系统尚未建立起来[8]，地震波的波前扩散、透散、散射损失和大地吸收作用等还没有全面的认识清楚，理论上没有完全解决。所以，尽管目前地震资料在能量、频率和相位一至性处理等保真处理技术有了较大的发展，但是应用地震属性估算储层参数时可能存在一些陷阱。

在地震数据处理中，反褶积是一种重要技术。在实施过程中有时达不到理想效果，这其中包括以下几种原因：①各种常规反褶积方法都必须有一定的假设条件，而在实际工作中有些条件又是不可实现的，限制了反褶积方法的应用。②反射地震记录的褶积模型不可靠。褶积模型中的地震子波是大地滤波器的脉冲响应，然而，大地滤波的作用十分复杂。③反褶积在提高纵向分辨率的同时，往往会降低信噪比，提高记录噪声的水平，给信号的提取带来困难。④各种反褶积方法的前提大多是地震子波已知，而实际上恰恰相反。因此，实际地震数据的相位等参数依然存在一定程度不确定，它与合成地震记录对比通常有差异。

复杂地表可能导致反射波描述的更加不确定性，在埕北 14 地区由于存在低速带厚度和近地表速度变化较大，常规的静校正处理效果不理想，如果不进行精确的剩余静校正处理，地震数据存在较大的差异(图 10)。

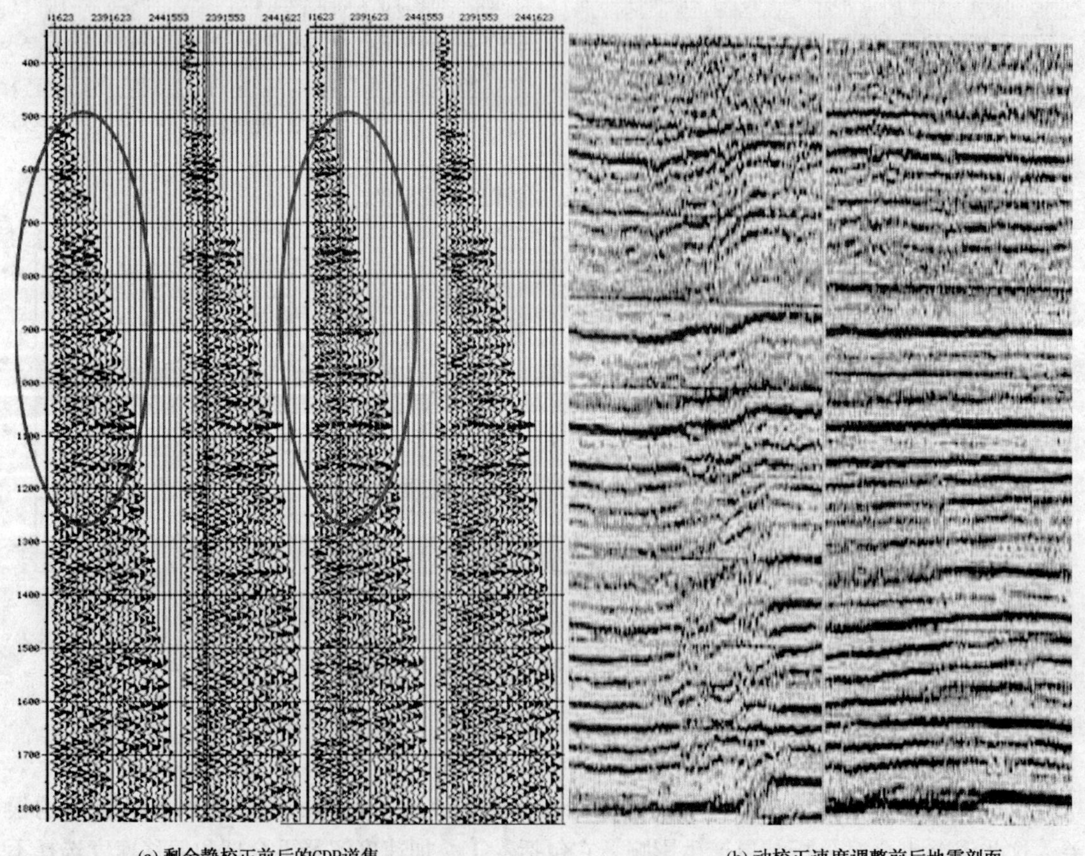

(a) 剩余静校正前后的CDP道集　　(b) 动校正速度调整前后地震剖面

图 10　埕北 14 地区动静校正对地震数据的影响

5 预测方法导致的不确定性

5.1 样本个数的限制

在应用地震属性预测储层物性时，样本的统计是研究两者之间关系变化规律的基础之一。实际应用中勘探阶段已知结果的数据通常比较少，常发生由于样本数不够而产生的不确定性。主要有如下情况：①如果已知样本中两种实际上不相关的属性出现相关了称为虚假相关，虚假相关产生的概率随着用于学习的样本数目的减少而增大，随着地震属性数目增加而增大，在地震属性之间并不完全相独立时虚假相关的概率更大；②当已知的样本数不够时，因回归建立的经验公式不具代表性可造成数据与地质模型的不一致；③样本指标集的结构不具全面性、有效性和敏感性，产生解释结果的多样性。

沾化凹陷太平油田馆下 4+5 砂组砂岩埋藏较浅、地震资料分辨率较高。砂体厚度小于调谐厚度时可以用反射振幅计算砂岩厚度，但由于样本数较小，在相关系数基本相同的条件下，根据实测数据可以回归得到多个计算公式，存在较大的不确定性(图11)。

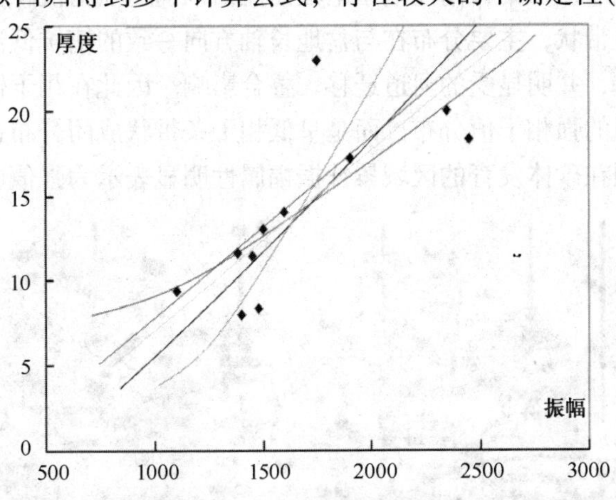

图11 太平油田馆下 4+5 砂组砂岩厚度-振幅散点图

5.2 预测方法的适应性

储层预测中需要计算储层参数，如孔隙度、渗透率、流体饱和度、地层压力等。这些参数是无法从地震资料直接求得的。从地震资料能够计算出来的参数有储层速度、地层波阻抗值、品质因子(Q)或衰减系数、地震波在通过储层或储集层组合时的相位变化、振幅及波形的纵横向变化等。利用这些地震参数，再根据它们与测井、井孔地层的数据分析对比找出其相关关系，最后通过相关方法和技术将地震参数转换为储层参数。目前已发展了很多这方面的方法和技术，例回归分析、模式识别和神经网络等。但是在实际应用中通过数学方法描述物理过程可能漏掉某些特征，造成数字模型不完善。数值模型是数学模型的近似，这种近似是有条件与限制的。

预测方法的容错性和敏感度也可能存在不适应：一方面，容错性太大时会使数据中存在的噪声和干扰不能被很好地压制，使预测结果失真，而其容错性太小又容易把一些有用的信息被排除使结果产生错误；另一方面，方法的敏感度太高时可能把一些干扰导致的畸变误认为异常或者即使很小的干扰也可导致预测结果很大的变化，而敏感度太低时可能不能很好地识别储层物性异常在地震属性中的变化，失去了预测的意义。

6　主观因素产生的不确定性

对地下地质规律的认识是利用地震属性进行储层预测的基础。如果地质规律认识不清、解释经验的不足、选择模式的不恰当，将会导致预测结果的不确定性。主要表现在：①地震~地质层位标定是地震属性应用的基础，而这种标定除受子波、极性、地震速度的影响外，还与对标定层位及其相关地区条件与这些地震参数关系的认识有关；②地震解释是储层预测的主要内容，具有一定的主观性，解释人员要建立足够多的地质模型，才能把眼前的地震资料与某种地质现象联系起来，进行正确的解释和判断；③数据选取和优化是否合理决定了地震属性应用的成败，而地震属性提取和优化依据是已知的地质认识和实际经验。

例如孤南洼陷与济阳坳陷其它地区类似，馆上段曲流河较发育，最初应用三维地震水平切片和相干体切片识别河道砂体时并没有发现稳定、弯弯曲曲的河道，反射振幅也不是特别强。通过对其沉积特征研究后认识到孤南洼陷馆上段曲流河以河道滞留沉积、点坝为主，砂体受到古地貌控制，平面上呈带状，主要分布在与盆地长轴方向一致的槽坑低洼区域。地震相表现为中振幅，但连续性较差，并明显受的河道迁移、叠合影响。因此在相干体在平面上很少有弯曲延伸的典型曲流河道似的强相干值分布，而是呈低相干条带状成团分布；单个砂体地震反射振幅强特征并不显著，但在砂体发育的区域累计振幅属性明显表示为强值(图12)。

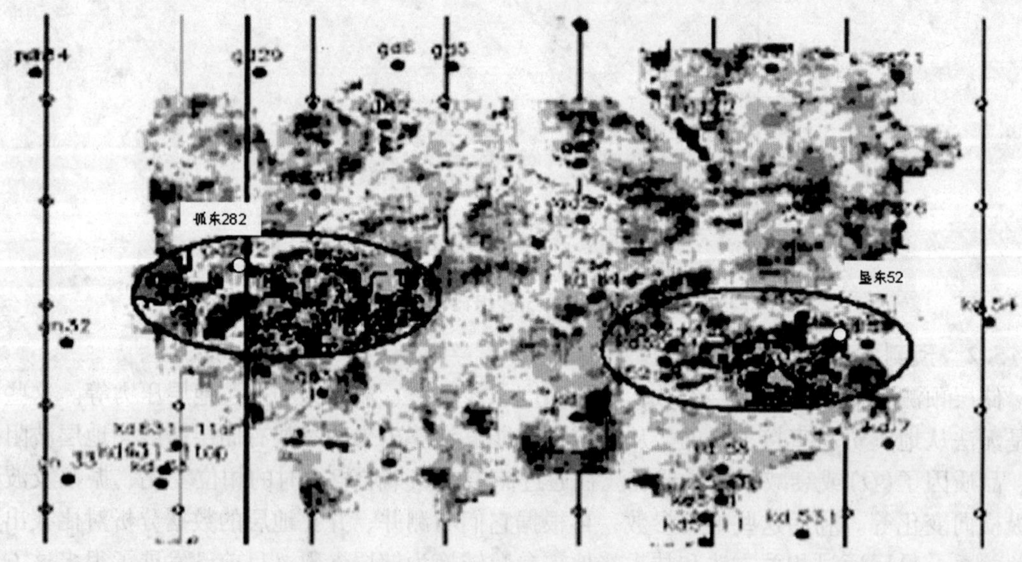

图12　垦52－孤东282井区累计振幅图

由于技术的限制和认识的局限，仍然有部分地震属性的地质意义不确定，在应用中存在一定的盲目性。部分从事地球物理学的人员将地震属性研究做成了“黑匣子”；也有将储层预测说成是“神学、心理学、地球物理学与地质学的结合”；国外有的专家将地震属性研究与巫术相提并论，称地震属性分析为“地震炼金术”；还有不少专家对地震属性研究的前景表示担忧；这种状况使不少地球物理学家对地震属性的研究感到迷惘，更不用说其他相关行业的专家了。

7 结论

(1) 在地震属性应用中只有所研究对象达到了地震资料可分辨尺度，其岩石物理差异能产生地震响应的条件下，才可能较好地获得逼近实际地质模型的结果。通常由于研究对象的多样性、复杂性、非均质性和几何尺度的限制，由地震属性求解的结果是实际模型在一定约束条件下的特解或者是一定范围内的平均值，它具有区域性、局限性。

(2) 地震数据是地震属性应用的核心内容，由于地震数据有限并存在误差，其地震属性反映地下地质特征的灵敏度具有很大不确定性，只能应用不同的方法消除各种误差和干扰，尽可能通过综合评价认识数据模型与物理模型之间的内在联系，严格按照它们本身固有的规律进行预测，才能缩小地震属性应用中多解性范围，逼近真正的实际地质模型。

(3) 在地震属性应用中的任何数学方法都有其适应的条件、适应的对象和适应的范围，它们不是单纯计算方法，更重要的是实践和应用。只有在数据模型与物理模型之间建立了正确的联系桥梁，才能有效地用这些方法进行综合研究；不能片面地强调计算方法的精度和普适性，不进行具体地震数据、地质情况分析，忽略方法本身必要的基本条件和适应范围，导致方法应用的盲目性。

(4) 由于油气勘探开发中所研究的对象、求解的问题与地震属性之间关系复杂，对它们认识往往是变化和动态的，需要不断地积累、提高和完善。一方面，可以通过地震属性应用解决油气藏勘探开发中遇到的问题；另一方面，还可以不断地根据新的钻探成果、新的认识进一步提高、完善地震属性应用。

(5) 研究地震属性应用不确定性的目不是否认它的应用价值，而是要进一步明确引起结果不确定性的基本根源、主要因素和易出现的现象，了解其应用的前提、条件和范围，进一步提高地震属性应用的有效性。

参 考 文 献

1 Quincy Chen，Steve Sidney. 用于储层预测与监测的地震属性技术[J]. 张翠兰译. 国外油气勘探，1998，10(2)：220～231

2 刘文岭，牛彦良，李刚等. 多信息储层预测地震属性提取与有效性分析方法[J]. 石油物探，2002，41(1)：100～106

3 乐友喜，王永刚，张军华. 由地震属性向储层参数转换的综合效果分析[J]. 石油物探，2002，41(2)：202～206

4 陈军，陈岩. 地震属性分析在储层预测中的应用[J]. 石油物探，2001，40(3)：94～111

5 黄真萍，王晓华，王云专. 薄层地震属性参数分析和厚度预测[J]. 石油物探，1997，36(3)：28～38

6 王永刚，乐友喜，刘伟等. 地震属性与储层特征的相关性研究[J]. 石油大学学报(自然科学版)，2004，28(1)：26～31

7 何碧竹，周　杰，汪功怀. 利用多元地震属性预测储层信息[J]. 石油地理物理勘探，2003，38(3)：258～262

8 马在田. 关于油气开发地震学的思考[J]. 天然气工业，2004，24(6)：43～46

9 谭明友，张建宁. 地震反演结果的评价[J]. 石油物探，2004，43(6)：551～555

10 王兴谋，韩文功，李红梅等．浅层亮点气藏地震检测的陷阱分析[J]．石油大学学报．2003，27(1)：19～22

11 张玉芬．影响薄互层地震反射波特征因素分析[J]．地质科技情报，1998，17(3)：101～106

12 张建宁．牛庄洼陷浊积岩砂体储层物性地震预测[J]．石油地球物理勘探，2005，40(6)：551～555

13 于平，赵震宇．勘探地震学数据处理中的三种反褶积技术[J]．世界地质，2002，21(2)：181～183

14 曹辉．关于地震属性应用的几点认识[J]．勘探地球物理进展，2002，25(5)：18～22

火成岩储层的综合预测研究

崔世凌[1,2]　杨泽蓉[2]

（1. 中国科学院地球化学研究所，广东广州 510640；
2. 中国石化胜利油田分公司物探研究院，山东东营 257100）

摘要： 应用基础资料研究了火成岩储层的地质、地震特征，特别是火成岩内部频率、振幅的变化特征，确定了火成岩裂缝存在时火成岩体频率和振幅的变化特征和一般性规律。开展了火成岩储层预测方法技术研究，包括瞬时信息技术、切片对比技术、曲率分析技术、多参数分析法和吸收系数法等，建立了一套火成岩储层预测技术系列。应用该技术系列，预测了 S741 块火成岩储层的裂缝发育带，并对储层的有利相带进行了综合预测，其结果得到了钻探的证实。

关键词： 火成岩　储层　预测方法　S741 块

济阳坳陷的西部火成岩非常发育，特别是惠民凹陷是火成岩最发育的地区，在该地区的生产实践中，逐步形成了一套有效的火成岩储层预测技术系列。将该技术系列应用于惠民凹陷 S741 块火成岩储层预测中，取得了较好的效果。

1　火成岩基本地质和地震特征

1.1　火成岩岩石特征

火成岩是由地幔的岩浆沿地壳薄弱地带侵入地层中或喷发到地表，经冷凝固结而成的岩石。喷发岩包括玄武岩、火山碎屑岩等；侵入岩以浅层侵入岩为主，岩性多为辉绿岩。

1.2　火成岩岩相特征

济阳坳陷新生界的火成岩研究结果表明，侵入岩的岩相单一，而喷发岩岩相复杂。喷发岩岩相由火山中部向外依次划分为火山通道相、次火山岩相、爆发相、喷溢相、喷发沉积相等。

火山通道相是连接岩浆和地表的通道，又称火山颈，为火山熔岩和火山碎屑岩充填。内部无成层性，外观为筒状或漏斗状。次火山岩相是在火山活动时，熔岩在没到达地表前，在断裂发育的地区挤入地层中，具有火山岩外貌，与火山锥的溢流相、爆发相穿插。爆发相主要由较粗的火山碎屑岩组成，如火山角砾岩、角砾凝灰岩等，在平面上越近火山口，碎屑岩越粗。可进一步细分为近火山口亚相、中间亚相和远火山口亚相，中间过渡相处于火山斜坡带，储层物性较好，多形成有利的储集层。对于喷溢相，由于岩浆溢出火山口呈带状流动，呈面式分布，通称熔岩流或岩被，具有一定厚度的熔岩流在垂向上具有分带性，自上而下可分为：岩流自碎角砾岩、上部气孔－杏仁状熔岩、中间致密块状熔岩和下部管状气孔－杏仁状熔岩。岩性的垂向分带性导致了储集空间的不均一性。喷发沉积相存在于火山作用的全过程，通常是火山喷发岩和沉积岩作用和相互掺和的产物，该岩相多远离火山口。

1.3　火成岩储集特征

火成岩的储集空间按成因分为原生和次生，即原生孔缝和次生孔缝，是火成岩在形成过程中，受到喷发、溢流、侵入、冷凝、结晶成岩、构造运动等因素的影响在岩层内形成。

由于火成岩的成因、岩性、岩相的不同，所处的构造背景、断裂活动的差异，造成了火成岩孔隙裂缝分布的不均一性。从整个济阳坳陷已钻井的统计资料看，已发现的火成岩油藏根据储集层的类型分为3类：孔隙型、裂缝型和孔隙－裂缝复合型。

火成岩孔隙是在火山活动和成岩过程中形成的，主要以原生孔隙为主，包括气孔、杏仁体内孔、斑晶间孔、收缩孔、微晶晶间孔、玻晶间孔、晶内孔、熔蚀孔、塑流孔等。以上孔隙多数是封闭状态，因成岩交代作用，部分孔隙被充填。

火成岩裂缝多是在地质历史时期中，由于地质构造运动和断裂活动而形成。裂缝连通原生孔隙，增大了火成岩储集空间的连通型，这类储集空间是最有效的储集层。根据成因，火成岩裂缝可分为构造裂缝、隐爆裂缝、成岩裂缝、风化裂缝等，其中构造缝和风化缝对火成岩储集性能改造作用最大，因此，在构造破碎带、风化淋滤带分布的火成岩储集空间发育。

以济阳坳陷为例，其火成岩储层的储集特征为：

（1）沙三段初期的富气火成岩储集层以孔隙－裂缝型为主，储集层物性最好。该期火成岩处于沙三段和沙四段不整合面上，富气火成岩内部原生孔隙发育，同时受风化、断裂作用改造，孔隙增大，裂缝发育，加强了孔缝的连通性。如滨南断裂带西部火成岩，B674井沙三段含油火成岩取心段为富含油玄武岩，成分以碎屑为主，呈凝灰结构，气孔杏仁构造，孔缝发育，成蜂窝状分布，孔隙直径最大6 cm，一般2～10 mm，裂缝最长8 cm，一般1～3 cm，孔缝连通性较好，含油面积在70%以上。

（2）处于断裂带内的侵入岩储层以构造裂缝为主，也是良好的储集层，如S741块沙三段火成岩。

（3）火山锥储集层多以孔隙型为主，因此，不同类型的火山锥储集性能差异较大，如S741块沙一段火成岩平均孔隙度为25%，S551和S58井区火山锥孔隙度在10%～34%之间。

（4）凝灰岩储集空间一般不发育。

1.4　火成岩的地震反射特征

火成岩的地震反射特征是火成岩物理特征的直观体现，具体地说，就是由火成岩的成因、内部结构、厚度、产出状态、层速度、密度等与围岩（新生代一般是沉积岩）或火成岩内部的差异，形成波阻抗界面的差异，这种差异主要表现在速度、厚度、振幅、频率和地震相等地震属性中。

1.4.1　速度

火成岩速度的特点是：①速度不随深度有规律地变化。②具有较大速度分布范围（2500～6500m/s）。③侵入岩平均层速度高于喷发岩，在地震剖面上一般表现为强反射；喷发岩的速度差异较大，其反射有强有弱。④喷发岩内不同岩相带的岩性其层速度差异较大，凝灰岩的速度一般低于火山角砾岩，而火山角砾岩速度低于致密玄武岩。⑤火成岩的速度与围岩速度的关系视岩石类型的不同而不同，一般侵入岩、次火山岩和致密玄武岩的速度远高于围岩速度，这几种火成岩在地震上表现为强反射。如S741块沙三段辉绿岩的层速度高于围岩(包括泥岩、页岩和砂岩)1 000~1 600 m/s，喷发岩中的火山碎屑岩由于岩性复杂，使得其内部速度变化较大，与围岩速度差有高有低。⑥火成岩速度与孔隙、裂缝的发育存在着密切的关系，从大量测井曲线统计结果看，一般孔隙、裂缝发育的火成岩的层速度低于致密火成岩的层速度，其密度也有同样规律。孔缝的发育引起速度、密度的降低，为地震上识别火成岩的储层提供了一定的依据。

1.4.2 厚度

火成岩的反射除与火成岩围岩速度、密度差异有关外，其反射振幅的强度和反射波组的多少还与其厚度有关。因此火成岩的厚度影响火成岩反射特征的外形。根据火成岩的反射特征，引入调谐厚度来作为度量大小。调谐厚度受地震主频的控制，当火成岩厚度小于调谐厚度时，火成岩地震反射为中强反射；当火成岩厚度大于调谐厚度时，火成岩是一组2个以上的同相轴。

1.4.3 振幅特征

在常规剖面上，致密高速火成岩(侵入岩和玄武岩)为强振幅反射；在波阻抗剖面上为高速度亮点的特征；在瞬时振幅剖面上为强包络面(图1)。具有一定储集层的火成岩速度较致密火成岩速度低，但仍然高于围岩速度，在常规剖面上的表现仍为中强反射，而在瞬时振幅剖面上，表现为其强振幅包络面的能量有强弱变化的特征。火山碎屑岩振幅变化动态范围大。

1.4.4 频率特征

火成岩体的频率一般表现为低频。从井旁地震道提取的火成岩段的子波频谱（图2）和瞬时频率剖面上都有此特征。因此，它们可以作为识别火成岩体的标志。

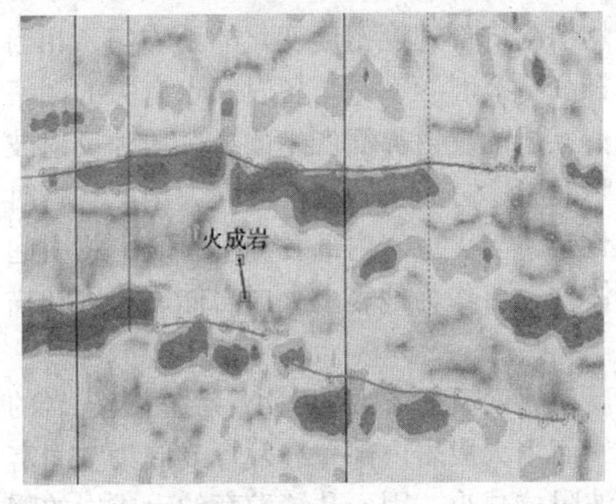

图1 瞬时振幅剖面

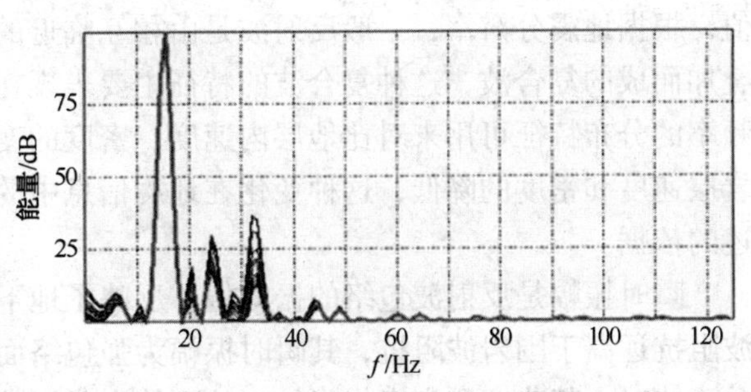

图2 井旁地震道提取的火成岩子波频谱

1.4.5 地震反射特征

地震反射特征包括火成岩地震反射在剖面、切片、三维立体上的外形以及波组与围岩的接触关系。济阳坳陷中新生代火成岩地震反射特征主要有平行板状反射、穿层板状反射、弧形反射、蘑菇状反射、丘状反射等(图3)。

2 火成岩储层有利相带预测方法

火成岩储层预测基于高速度高密度的火成岩，当其内部孔缝发育或含流体时，相应地速度密度降低，由此引起地震属性的变化。通过利用反映火成岩体内部对储层物理特征变化敏

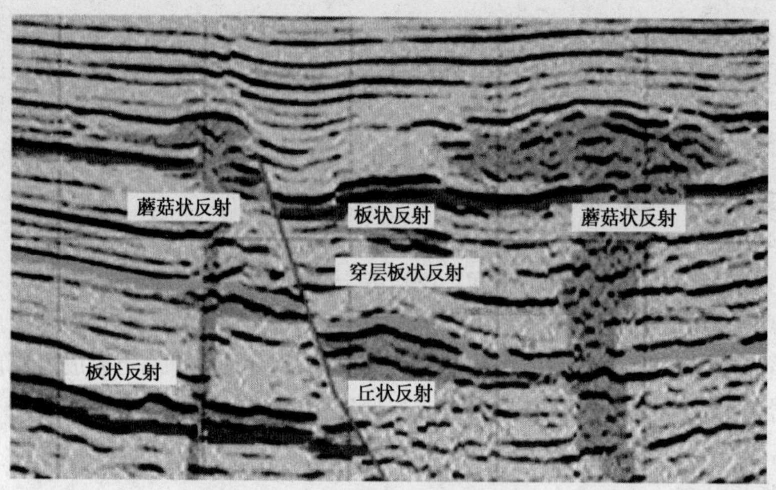

图3　火成岩地震反射特征

感的不同地震属性，研究火成岩储层的分布规律，进而综合多种属性定性推断火成岩的储层发育带。近年来火成岩油藏描述研究结果表明：三瞬信息、层切片对比、地震属性参数分析、构造曲率分析及吸收系数分析等技术适用于侵入岩和玄武岩储层预测。

2.1　瞬时信息技术

瞬时振幅、瞬时频率是对火成岩内部的速度和密度微变化较敏感的特征参数，为此可用以识别厚层火成岩体内部不规则孔缝发育带。

对于孔缝发育的火成岩体，由于孔缝分布的不均引起内部速度密度变化的不均匀，相当于内部产生了许多不规则的波阻抗界面，使其频率升高。瞬时频率是与各时间点有关的频率值，根据地震分辨率，一般反射波是由相互临近的薄互层的反射界面产生的各个单独反射波叠加而成的复合波，这种复合波的特征主要表现在瞬时频率分布上的频率升高，因此，瞬时频率的分布特征可用来对比地层内速度、密度的变化带。当火成岩内部孔缝发育时，将引起岩层速度和密度的降低，这种变化在地震信息中的体现，可作为地震上火成岩储层识别和描述的依据。

瞬时振幅是反射波包络的振幅值，反映了地下反射界面反射系数的大小。致密火成岩的波阻抗远高于围岩波阻抗，其瞬时振幅为强包络面，而当火成岩内部孔缝发育或储集空间富含流体时，其速度和密度将降低，从而使火成岩的波阻抗减小，因而孔缝发育的火成岩的瞬时振幅也减小。因此利用火成岩反射段的瞬时振幅信息，可以寻找强振幅中弱振幅的变化带以预测火成岩储层发育带。

通过正演模型(图4)验证了以上结论。

综上所述，可以应用瞬时振幅、瞬时频率信息综合预测火成岩体内部不规则孔缝发育带。该技术适用于薄层火成岩(小于调谐厚度)的储层预测。

2.2　切片对比技术

对于小于调谐厚度的薄层火成岩，火成岩反射为一个同相轴，对描述的火成岩沿其解释层位向下(波峰)或向上(波谷)，以一定间隔切得一系列反映火成岩内部的反射能量变化的切片，由时深转换将时间域的层切片转换为深度域的层切片，再由已知井建立火成岩储层与反射能量的对应关系，通过对比不同深度的层切片，可以定性研究薄层火成岩储层纵横向的

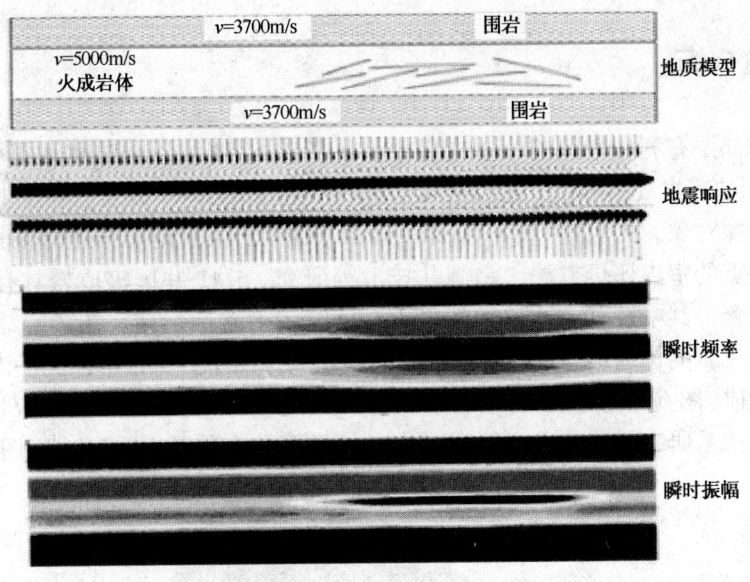

图4 火成岩体裂缝发育带正演模型及地震响应

分布规律，为火成岩储层有利相带的综合评价提供依据。

该技术适用于薄层火成岩(小于调谐厚度)的储层预测，不适用于对多期形成的含沉积岩夹层的薄互层火成岩储层预测。

2.3 曲率分析技术

构造裂缝是岩层在构造运动中受构造应力作用形成的有规律排列的裂缝。受应力作用岩层发生弯曲变形，岩层弯曲程度大的部位是应力集中处，对于火成岩这种易破裂的脆性岩层，该部位微裂缝发育。因此，岩层曲率的大小反映了岩层构造裂缝的相对发育程度和分布特征。根据曲率与构造裂缝这种成因上的关系来预测次生微裂缝，称为曲率分析技术，曲率值高表示曲率大，裂缝发育。通过曲率等值线立体图(图5)可看出在火成岩体的中部曲率相对比较大，推测应该是裂缝发育区。该技术适用于岩层曲率变化大的火成岩，如背斜型火成岩、鼻状火成岩，尤其适用于处于构造背景上裂缝型火成岩的构造缝预测。

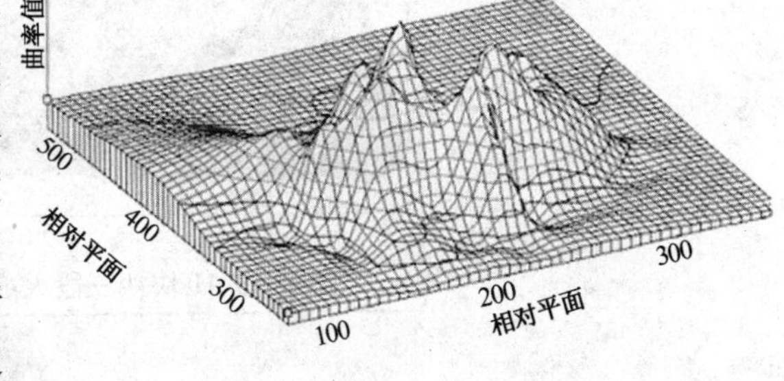

图5 火成岩体曲率等值线立体显示

2.4 吸收系数分析技术

当地震波穿过非弹性介质时，引起地震波振幅和能量的衰减，其衰减程度用吸收系数来度量，而吸收系数与介质的性质及波的频率有关，并且吸收系数与频率呈非线形正比关系。对于储层发育的非均质火成岩体，地震波的吸收系数增大，因此可用吸收系数来预测火成岩有利相带。

3　效果分析

将火成岩储层有利相带预测方法应用于惠民凹陷 S741 块火成岩体取得了较好的效果。S741 块是胜利油田发现的第一个中型火成岩油藏。在 S741 井火成岩获得工业油流后，S741 块成为重点勘探对象，先后进行了包括原生油藏，储层，裂缝地震描述等方面的研究及针对火成岩裂缝特点的室内评价方法、钻测井技术等研究。S741 井区火成岩具有多期多套的特点，主要有 3 套，其中发育于沙三中的侵入岩体是主力含油岩体。在多元综合标定的基础上，首先对火成岩的构造形态进行了精细的描述，利用曲率分析技术预测了该火成岩体曲率的平面分布规律(图 6)。从图 6 可看出，曲率相对高值分布在 S741 井—S743 井区。同时，利用瞬时信息技术研究了该火成岩体瞬时信息的平面分布特征(图 7)，由图可见，S741 火

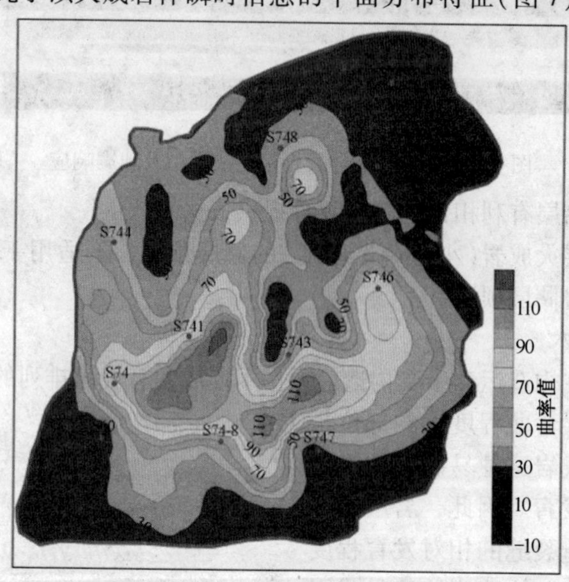

图 6　S741 块沙三段火成岩体曲率平面分布

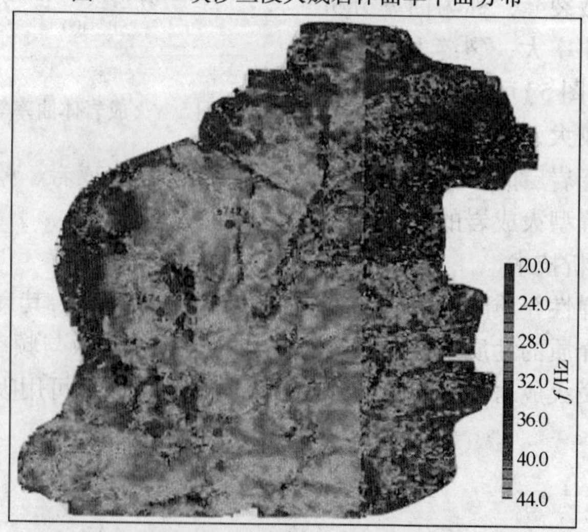

图 7　S741 块沙三段火成岩体瞬时频率平面分布

成岩体的中部为高瞬时频率分布区，这从一个侧面说明了中部为裂缝相对发育的地区，也是有利储层的分布区。

然后对 S741 块沙三段火成岩提取火成岩段的吸收系数，从火成岩段吸收系数的平面分布(图 8)来看，火成岩南块预测结果与井吻合程度高，对开发具有一定的指导意义。

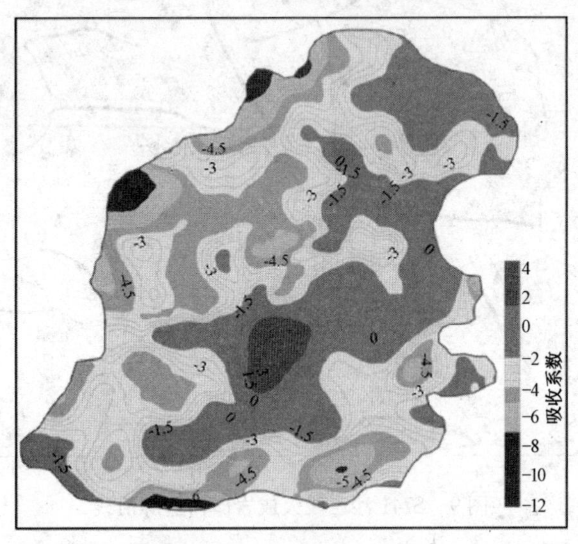

图 8 S741 块沙三段火成岩体吸收系数平面分布

综合应用上述火成岩体储层预测方法，预测了 S741 沙三段火成岩体储层的有利相带，结果如图 9 所示。可以看出，火成岩体的有利储层的发育分布规律已基本被查明，即在断层发育带、构造转折带火成岩裂缝、裂隙最为发育，是火成岩储层的有利相带，也是有利的油气富集区带。钻井揭示在不同区域构造部位和不同喷发环境下，火山岩具有不同的储集物性，预测结果与地质分析是一致的。

根据上述研究成果，围绕 S741 火成岩体布置了 13 口井。从钻井情况来看，火成岩储层有利相带的预测结果与实钻结果基本吻合，有 2 口井钻探效果不理想，S744 井供液能力差，产油 2 t/d，不含水；S746 井试油未见油。S747 井由于钻井过程中漏失泥浆达 1 000 m^3，未取得合格的试油资料，后下气举管柱并进行气举试采，共气举 4 次，累积产油 26 m^3。

由于 S741 块火成岩裂缝系统发育不均匀，在横向和纵向上分布较复杂，因此，在 S741 块每钻一口井，都是一口滚动井，有的甚至是一口探井，布井时具有一定的风险性，因此，试油工作非常重要，例如 S747 井由于试油资料不合格，影响到油藏规律的研究、地质储量规模的估算等工作的展开。

在综合预测火成岩储层的基础上，进行火成岩油藏描述，取得了较好的勘探效果和经济效益，如惠民凹陷 S741 火成岩控制含油面积 26.0 km^2，控制石油地质储量 1 331 $\times 10^4$ t，S74－6、S74－12 等井在火山锥中获得工业油流。B338 火成岩外围勘探中取得较大突破，两口评价井均获工业油流。沾化凹陷 L151 火成岩勘探也取得较好勘探效果，控制含油面积 7.6 km^2，控制石油地质储量 690 $\times 10^4$ t。

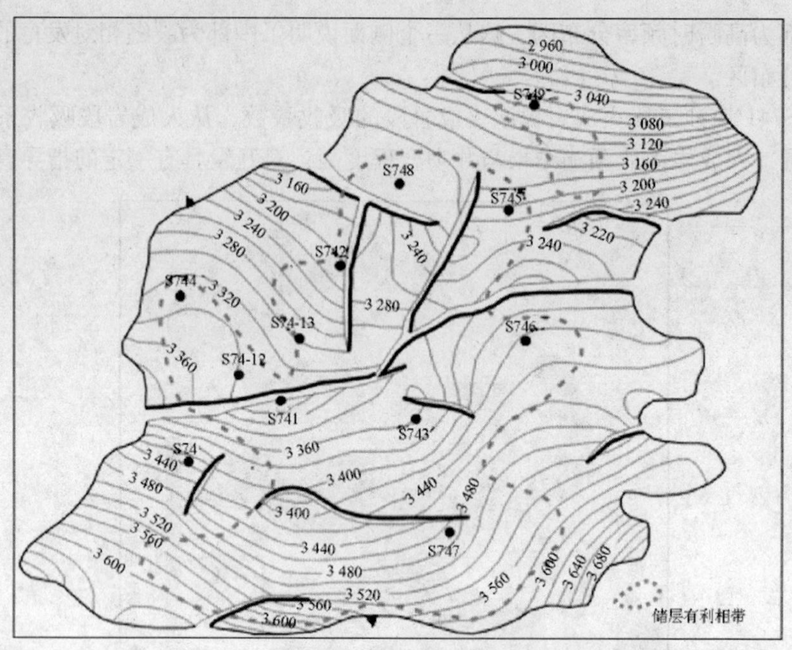

图 9　S741 沙三段火成岩体构造等值线

4　结束语

我们对火成岩储层的地质、地震特征进行了分析和总结，对火成岩储层预测方法技术进行了研究。对于侵入岩、玄武岩裂缝型储层的预测可以应用三瞬信息、层切片对比、地震属性参数分析、构造曲率分析及吸收系数分析等技术进行有利储层相带的预测。三瞬信息、层切片对比技术对于薄层火成岩（小于调谐厚度）的储层预测比较有效；曲率分析技术对于构造背景上裂缝型火成岩的构造缝预测效果较好。储层预测目前还处于定性描述的基础上，在应用的过程中要综合应用多种技术进行综合预测以提高应用的效果。

致谢：在研究过程中，得到刘洪文、张保银、刘瑞红、郭英等同志的大力支持和帮助，在此致谢。

参 考 文 献

1　操应长，姜在兴，邱隆伟，等．渤海湾盆地第三系火成岩油气藏成藏条件探讨[J]．石油大学学报（自然科学版），2002，26(2)：6～10

2　严慧中，刘学敏，蔡文涛，等．火成岩储层地震综合技术的应用[J]．石油地球物理勘探，1999，34(增刊)：89～95

3　操应长，姜在兴，邱隆伟．山东惠民凹陷商 741 块火成岩油藏储集空间类型及形成机理探讨[J]．岩石学报，1999，15(1)：134～136

4　夏步余，谌廷姗．地震技术在火成岩发育区开发中的应用[J]．石油物探，2002，41(4)：462～463

5　赵淑琴．地震预测技术在辽河断陷盆地东部凹陷火成岩油气藏勘探中的应用[J]．特种油气藏，2004，11(5)：35～38

6 崔凤林，勾永峰，蔡朝晖．用于火山岩预测的地震属性提取及有效性分析方法研究[J]．石油物探，2005，44(6)：598～600

7 李春光．山东惠民凹陷火成岩原生油气藏[J]．江汉石油学院学报，1994，16(1)：8～12

8 徐刚，王兴谋，邱隆伟等．惠民凹陷商741井区火成岩储集层研究[J]．石油勘探与开发，2003，30(3)：99～102

9 孟宪波，何新，韩淑静等．商741地区火成岩储层研究[J]．特种油气藏，2003，10(1)：78～81

10 何瑞武，黄捍东，李群等．商741井区火成岩地震裂缝预测[J]．石油地球物理勘探，2005，40(6)：682～687

11 党龙梅，李行船，孙冬梅等．商741块火成岩构造应力场与裂缝系统研究[J]．特种油气藏，2003，10(1)：106～111

12 回春，高志卫．商河油田商四区沙三中火成岩裂缝研究[J]．西部探矿工程，2005，(111)：123～125

13 张云银，胡强．火成岩描述及其消除干扰的方法[J]．石油地球物理勘探，1997，32(增刊2)：107～113

14 任占春，张光焰．商741火成岩裂缝性油藏屏蔽暂堵技术研究[J]．油田化学，1999，16(4)：306～309

15 郑明学．商741－平1井欠平衡压力钻井技术[J]．石油钻探技术，2000，28(5)：15～16

16 刘惠民，肖焕钦，韩荣花．临邑洼陷商741火成岩油藏岩相及储集层研究[J]．地质评论，2000，46(4)：425～430

17 李湘军，毕义泉，沈国华等．滨南油田火成岩油藏勘探技术[J]．断块油气田，2002，9(3)：5～8

18 武恒志，康仁华，徐福刚．罗151井区火成岩储层的地震信息研究[J]．石油大学学报(自然科学版)，2001，25(1)：77～86

实用地震沉积学在沉积相分析中的应用

刘保国[1]　刘力辉[2]

(1. 中国石化华北油田分公司，河南郑州 450006；
2. 北京诺克斯达石油科技公司，北京 100083)

摘要： 提出了实用地震沉积学理念，探讨了实用地震沉积学的技术体系。实用地震沉积学的技术体系包括精细等时地层格架、最小等时研究单元、岩相物理分析和定量地震相分析等，其中定量地震相分析包括年代地层切片技术、地震属性和波形分析技术等。以鄂尔多斯盆地塔巴庙 D 气田上古生界岩性油气藏为例，重点阐述了定量地震相分析技术在沉积相分析中的应用。实例分析表明，实用地震沉积学在沉积相分析和岩性圈闭预测方面具有独特的优势。

关键词： 地震沉积学　等时地层格架　最小等时研究单元　岩相物理分析　定量地震相分析　沉积相分析

鄂尔多斯盆地塔巴庙 D 气田属于上古生界石炭系—二叠系的一套煤系地层建造，其主力含气层为山西组(S)，构造背景为西倾单斜，沉积相为三角洲平原河道沉积，发育典型的岩性圈闭气藏。气藏储层薄，横向非均质性强、物性差，含气丰度较低，进一步发现有利目标的难度较大。勘探开发实践表明，该区山西组有利岩性圈闭多分布于多期河道叠置的高孔渗砂体发育带，因此，气藏预测的关键是沉积微相分析。本区地震资料的分辨率较低，反射多呈平行—亚平行结构，在传统地震剖面上，无法实现用相面法解释地震相(分析前积—非前积反射结构和反射外形的组合)进而转化为沉积相的方法，也无法满足山西组沉积相研究的精度要求。因此，我们根据实用地震沉积学理念，利用定量地震相分析技术，对 D 气田山西组三角洲平原河道砂体分布范围进行了描述。

地震沉积学概念最早由国外华人学者曾洪流提出，它是继地震地层学、层序地层学之后出现的一门新的边缘交叉学科。近几年，国内一些大学也开展了地震沉积学的研究，但基本上处于理论探讨和初步应用阶段。针对这一现状，我们根据近几年来地震沉积学的研究实践，重新厘定了地震沉积学的研究方法和技术思路，提出了实用地震沉积学的概念，并与传统的地震地层学做了对比(表 1)。我们认为：实用地震沉积学就是以地震储层预测技术(属性分析和地震反演)为主，研究等时地层格架内的沉积相及其形成过程的一门学科，是层序地层学、沉积学、地震储层预测技术相结合的产物。其技术体系中的一个关键方法是：在一个局部区带范围内划定最小等时研究单元，研究其岩相与地震反射特征的关系，在一个相对等时面(时窗)上提取特征地震属性，作为地震相定量描述的依据，再结合单井岩心资料，研究平面反射模式和沉积相的关系，最终划定最小等时单元的沉积微相。

表1　地震沉积学和地震地层学研究对比

	地震沉积学	地震地层学		地震沉积学	地震地层学
研究尺度	准层序组	体系域	相标志	动力学	几何学
数据体	90°相位数据体	常规数据体	相刻画	定量描述	定性描述
地震相	平面展布特征	剖面反射特征			

1　精细等时地层格架的建立

地震沉积学是从层序地层学发展而来的，建立等时地层格架既是层序地层学的精髓，也是地震沉积学中一系列关键技术应用的前提。地震沉积学认为原始地震剖面上同相轴不完全是等时的，其等时性受地震频率控制，对地震剖面进行分频后，产状和位置在不同的分频剖面上表现一致的同相轴其等时性较可靠。由于高频成分比低频成分的分辨率高，在层位追踪和精细等时地层格架建立时，可以用高频的分频剖面作为参考。

D气田的地震资料分辨率低，有些层位，如盒一段(H_1)在原始地震剖面上局部难以分辨[图1(a)]，而在30Hz分频剖面上可追踪[图1(b)]，这为地震层位的划分和井间等时地层格架的建立提供了直接证据。

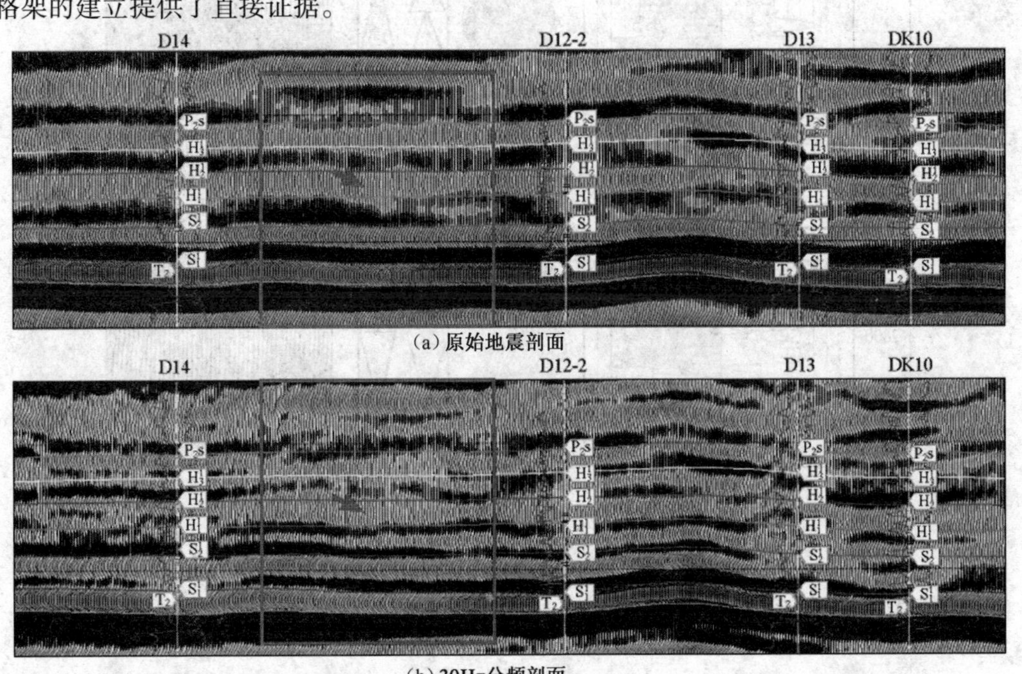

(a)原始地震剖面

(b)30Hz分频剖面

图1　连井等时地层格架

2　最小等时研究单元的确定

最小等时研究单元概念是："三相"(即地震相、测井相、岩心相)结合时关于井震统一尺度的定义，该概念定义了地震反射分析时窗、层序级别、测井旋回和地质分层的对应关系，也是沉积分析时的最小地质成图单元。用测井资料划分层序时可以划分到准层序乃至更小的级别，而在地震资料上一个完整波形所代表的是准层序组的级别。为了使两种资料的研究尺度达到统一，在合成记录标定后，需要确定一个井震统一的最小等时研究单元。

塔巴庙 D 气田地震反射波主频为 28Hz，可以识别的砂体厚度在 20m 左右。图 2 为 D3-27 井的等时地层格架分析和最小等时研究单元划分结果，可以看出，测井上可以划分到准层序或更小的层序单元，但由于地震分辨率较低，准层序界面在地震剖面上无法追踪。为了达到井震研究尺度的统一，我们将地层格架单元划分到准层序组。如伽马曲线显示山二段 (S_2) 存在上粗下细的 2 个旋回，在原始地震剖面和分频地震剖面上对应为波峰加波谷的 1 个反射，有时对应 2 个反射，所以将 S_2 段分成 S_2^1 亚段和 S_2^2 亚段作为最小等时研究单元(图 2 中左侧条带)。平面地震属性相反映的是该段地层的优势相，即 S_2^2 亚段的特征。

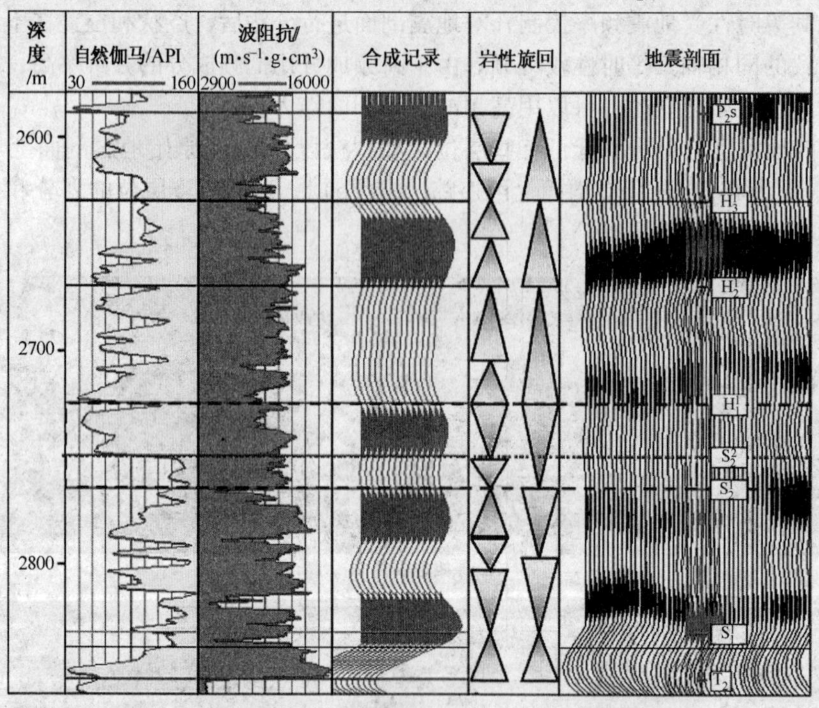

图 2　D3-27 井等时地层格架分析及最小等时研究单元划分

3　岩相物理研究

岩相物理研究强调通过关键井分析，研究最小等时研究单元内的优势相和地震反射特征之间的关系，筛选敏感的指相参数，确立地震属性提取时窗，为地震平面属性相的表征和成因解释打下基础。

图 3 为 D3-27 井的岩相物理分析结果，可以看出，S_2 段测井相(伽马曲线)为似箱形特征，伽马值相对较低，表明为河道砂体沉积环境。岩石物理分析表明，山西组的砂岩和泥岩阻抗接近，如砂岩含气，速度降低，波阻抗为相对低值，叠置的河道砂体对应的地震反射表现为低阻抗、低连续、低频率的“三低”特征。因此可以用相对阻抗、相干和频率属性作为

指相参数，对地震相进行刻画。

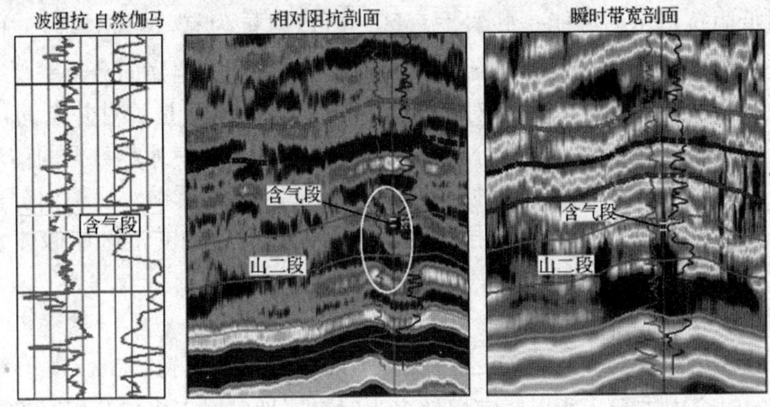

图3　D3-27 井岩相物理

4　定量地震相分析

4.1　年代地层切片

首先追踪盒一段(H_1)和山二段(S_2)的层序边界，S_2 段砂体对应的同相轴可能穿时，故要进行穿轴解释。以这两层为约束，按照层间 S_2 整合沉积特征内插出一系列的层位，生成相对等时切片(图4)。年代地层切片比时间切片和沿层切片更接近于等时沉积界面，同时具有较高的垂向分辨率。为了增加稳定性，实际应用时通过两个等时地层切片形成变时窗提取属性。

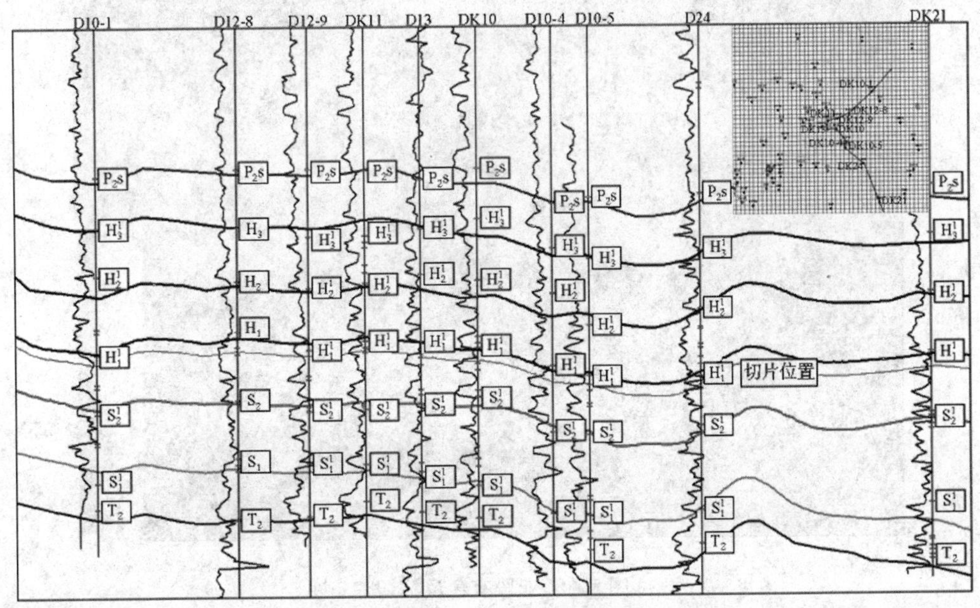

图4　塔巴庙地区 D 气田主要研究层的格架及地层切片位置

4.2　相对阻抗

S_2 段相对低阻抗指示的可能是砂岩发育区，所以阻抗为有效指相参数。目前流行的测井约束反演结果受井点约束值的影响较大，虽纵向分辨率高，但横向分辨率低，不利于沉积研究。有色反演技术是一种全新的相对阻抗反演方法。其原理是：对井点的声阻抗作谱分析，然后对地震数据作谱分析，根据分析结果设计匹配算子，使地震数据的谱和井点的声阻抗谱匹配，得到一个相对阻抗体。这种阻抗体受井点约束值的影响小，横向分辨率高，适用于地震相分析。图 5 为 S_2^2 亚段相对阻抗切片，中部两条河流的交汇区厚砂体发育，高产井集中。

4.3　频率属性

S_2 段低频指示的可能是砂岩发育区。频率属性由傅立叶变换得出，由于傅立叶变换要求在一定长度的时窗内进行，所以频率属性多为时窗属性。对于岩相分析，没有必要求出一个样点上的精确的频率信息（如主频等），只需关心频率的横向变化。用时频分析方法获得样点上高、低频能量的相对变化（用不同的颜色表示频率的相对高低），形成一个频率域数据体，用于频率属性的定量描述，作为沉积分析的指相参数。图 6 为 S_2^2 亚段时频三原色切片，它从频率角度提供了岩相的边界信息。对比图 6 与图 5 可以发现，时频三原色切片和有色反演切片形态相似，尤其是两图的中间区域，吻合较好。单井产能分析表明，该区域高产井集中，为高效储层分布范围。

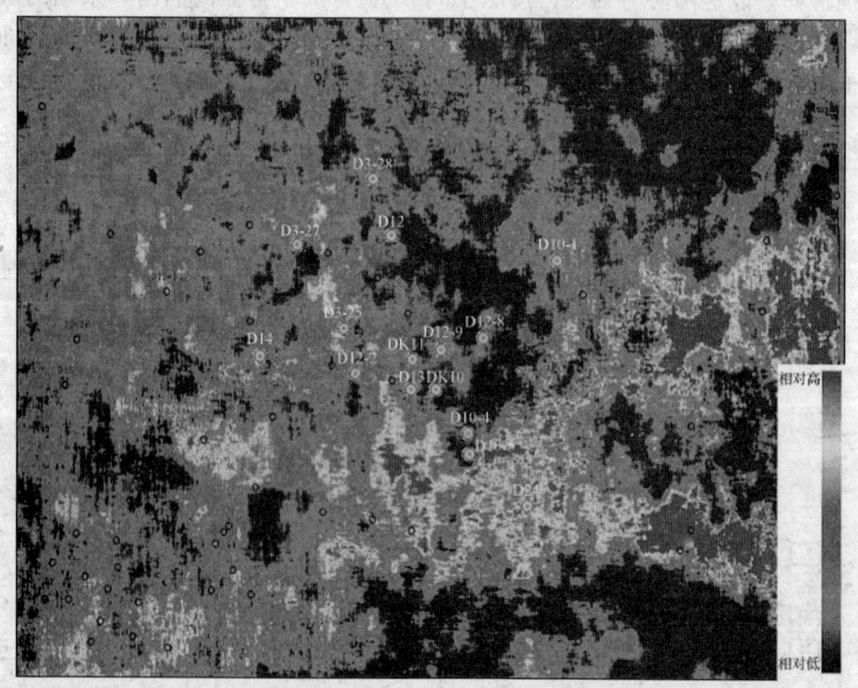

图 5　S_2^2 亚段有色反演切片

4.4　倾角相干

S_2 段低连续反射特征指示河道发育。地震同相轴横向连续性可以用相干、倾角和方位角等几何属性描述。相干技术通常主要用于刻画断裂系统，但在鄂尔多斯盆地断层不发育地

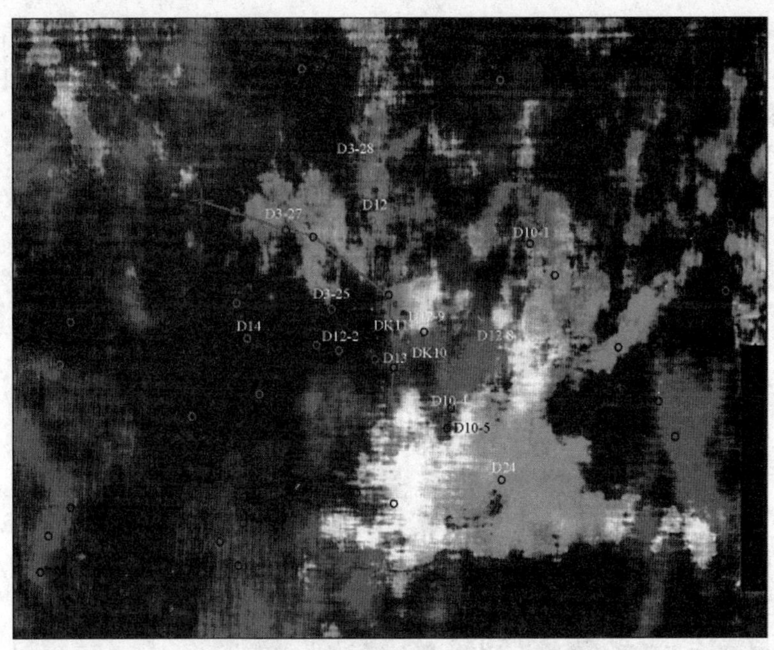

图6 S_2^2 亚段时频三原色切片

区，可用于反映河道。倾角相干是考虑倾角的第三代相干技术，它反映出同相轴的局部变化，精度很高。图7为 S_2^2 亚段倾角相干切片，不相干的黑色条带是 S_2 段三条主河道的反映。

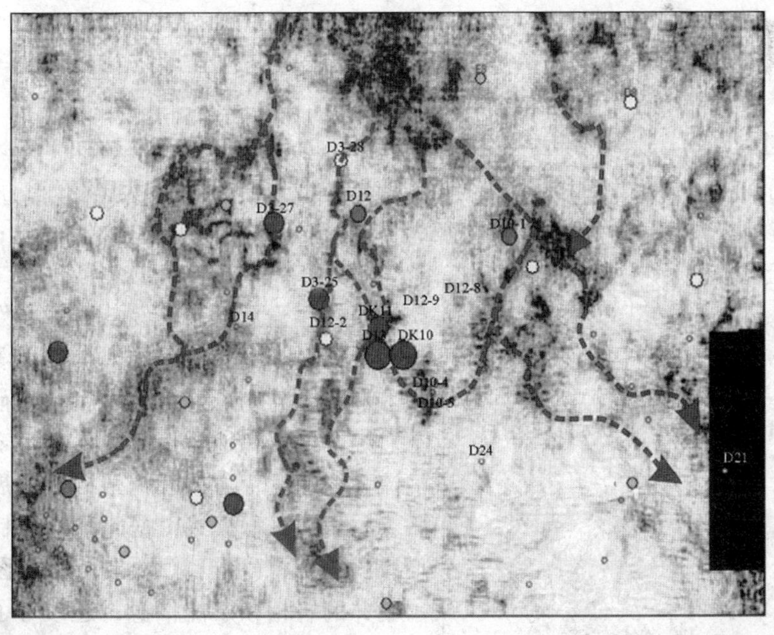

图7 S_2^2 亚段倾角相干切片

4.5 地震波形

地震波形是振幅、频率、相位的综合表达，是垂向岩性组合的综合反映，与岩相密切相关。为了使地震波形聚类结果更具有沉积意义，首先将等时地层切片的位置作为聚类对比的时窗中线，进行相对等时对比；其次用90°相位资料作聚类分析，使聚类结果和砂体位置对应；最后用典型井(测井相、岩心相)调整聚类分析的颜色，使地震相、测井相和岩心相“三相”统一。图 8 为 S_2^2 亚段波形分类。

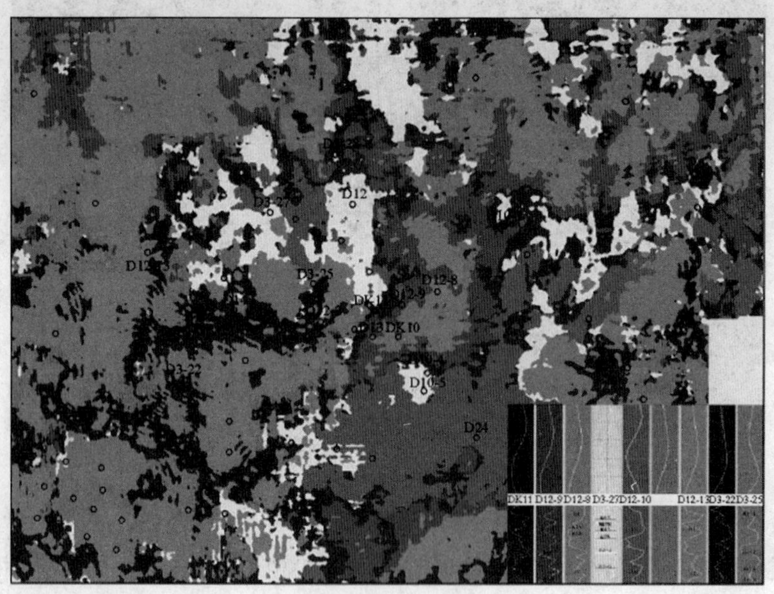

图 8　S_2^2 亚段波形分类

5　沉积微相分析

对 S_2 段进行了沉积微相分析。分析思路是：在区域沉积规律的指导下，从单井沉积相分析和连井沉积对比出发，用相干属性判断河流走向，即主河道的大体位置；用波形聚类信息分析主河道的边界信息；用时频三原色和阻抗信息分析分支河道的边界信息；用多属性综合分析平面沉积微相。

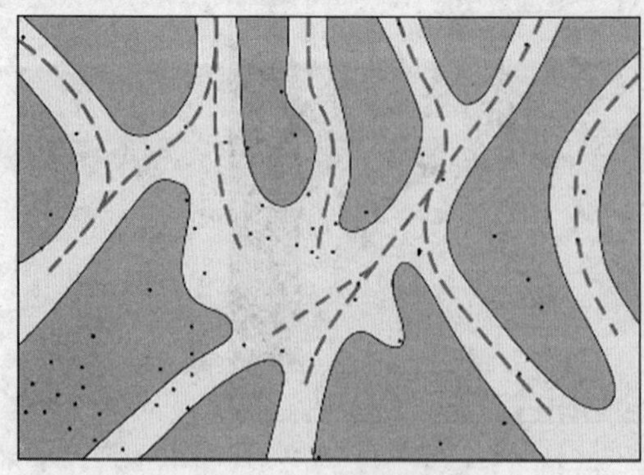

图 9　S_2^2 亚段沉积相

通过相干属性分析得知，区内发育有 3 条河流系统，呈南北展布(图 7)；波形聚类信息(图 8)和相干属性分析揭示 3 条河流在研究区中部交汇。综合地震和地质信息，我们确定了 3 条主要河流系统的发育方向和河道砂体的展布范围。该区为三角洲沉积模式，据此我们绘制了研究区 S_2^2 亚段沉积相图(图 9)。绘制沉积相图时不仅考虑了单井的岩相和产能信息，还参考了地震属性的横向变化特征，因此能客观地反映砂体的展布方向和分布范围。后续的勘探开发证实了对砂体的展布方向和分布范围的描述。

6 结束语

实用地震沉积学技术体系包括精细等时地层格架、最小等时研究单元、岩相物理分析和定量地震相分析等。等时意义下的定量地震相分析技术，以地震资料为主研究沉积微相，从定性到定量，从大尺度到小尺度，为准层序组沉积分析和相控储层预测奠定了基础，可以直接为井位部署提供依据。

相对于地震地层学和层序地层学，实用地震沉积学解决了层序地层学不能对高级别层序沉积相展布规律进行研究的问题，以定量属性参数刻画地震相，与单井沉积相结合，对沉积相的预测更客观，能够进行层序、准层序组、砂层组(储层)逐级控制下的岩性圈闭预测。

地震沉积学技术在储层预测中的作用明显，在岩性油气藏预测方面有突出的优势，应进行深入探索，完善理论和实践体系。

参 考 文 献

1 董春梅，张宪国，林承焰．有关地震沉积学若干问题的探讨[J]．石油地球物理勘探，2006，41(4)：405~410

2 Zeng H L，Henry S C，Riola J P. Stratal slicing，part II：real 3-D seismic data[J]. Geophysics，1998，63(2)：514~522

3 Zeng H L，Ambrose W A. Seismic sedimentology and regional depositional systems in Mioceno Norte，Lake Maracaibo，Venezuela[J]. The Leading Edge，2001，20(11)：1260~1269

4 林承焰，张宪国，董春梅．地震沉积学及其初步应用[J]．石油学报，2007，28(2)：69~73

5 Brown A R. Dabm C G，Graebner R J. A stratigraphic case history using three-dimensional seismic data in the Gulf of Thailand[J]. Geophysical Prospecting，1981，29(3)：327~349

6 Schlager W. The future of applied sedimentary geology[J]. Journal of Sedimentary Research，2000，70(1)：2~9

7 Zeng H L，Henry S C，Riola J P. Stratal slicing，part II：real 3-D seismic data[J]. Geophysics，1998，63(2)：502~513

8 Brown A R. Seismic attributes and their classification[J]. The Leading Edge，1996，15(10)：1090

9 Zeng H L，Backus M M. Interpretive advantages of 90°-phase wavelets：part 1，modeling[J]. Geophysics，2005，70(3)：C7~C15

10 Zeng H L，Kerans C. Seismic frequency control on carbonate seismic stratigraphy：a case study of the Kingdom Abo sequence，west Texas[J]. AAPG Bulletin，2003，87(2)：273~293

11 王立武，梁春秀，邹才能等．综合地震解释技术在松辽盆地南部岩性油藏预测中的应用[J]．勘探地球物理进展，2004，27(1)：58~62

12 陈守田，孟完禄．薄互层储层预测方法[J]．石油物探，2004，43(1)：33~36

13 凌云研究组．基本地震属性在沉积环境解释中的应用研究[J]．石油地球物理勘探，2003，38(6)：642~653

14 张永华，杨道庆，孙耀华等．高精度层序地层学在隐蔽油藏预测中的应用[J]．石油物探，2007，46(4)：378~383

15 李海亮，朱允辉，王宏波．波形分析技术在识别小断层和剥蚀线中的应用[J]．西北油气勘探，2006，18(3)：35~41

16 师永民，祁军，张成学，肖荣阁等．应用地震波形分析技术预测裂缝的方法探讨[J]．石油物探，2005，44(2)：128~131

碳酸盐岩溶洞物理模型地震响应特征研究

赵　群　曲寿利　薛诗桂　张　明

（中国石化石油物探技术研究院，江苏南京 210014）

摘要：在碳酸盐岩地区的油气勘探中，溶洞地震响应特征的识别面临着很大挑战，关键问题在于对溶洞的形态、大小及充填物变化引起的地震波变化规律及地震响应特征的认识。为此，针对碳酸盐岩储层的地质特点，抽象出3类(不同形态、不同尺度及不同充填物)溶洞物理模型，利用地震物理模拟技术开展了模拟实验。结果显示，小尺度的溶洞($d \ll \lambda$)，地震波到达溶洞后，散射现象占主导，缝洞绕射波振幅与偏移距有近似解析关系。大尺度溶洞的形态对绕射波的振幅具有强烈影响，在菲涅耳带半径内，线体能量最强，片、柱、椭球、球型体绕射信号逐渐减弱。均匀充填溶洞的绕射波能量最强，波形简单，剖面信噪比高，反射成像收敛的“串珠”能量强，对称拖尾较短；非均匀充填溶洞的绕射波能量较弱，剖面信噪比低，非均质性越强其成像“串珠”形态畸变越大、拖尾越长。

关键词：地震物理模型　碳酸盐岩　溶洞型储层　溶洞形态　溶洞尺度　溶洞充填物

碳酸盐岩台地在经历重复暴露以及与成岩作用有关的变化后，孔隙度的演化、储层质量都会发生很大的变化。热带喀斯特地区常形成一系列明显的正地貌特征，如岩溶孤峰、岩溶滩、多边形体及塔礁等。虽然这些正地貌特征的地形起伏可达300m，但在地震剖面上仍难以观察到。此外，大规模岩溶作用会形成负地貌特征，如落水洞、岩溶塌陷，或为普遍分布的大溶洞，或是局部分布的树枝状溶洞，还有呈管道状分布的溶洞等，表现形式多样，在碳酸盐岩环境中很常见。在现有资料不完善的条件下，这些地质结构的尺度、不规则外形及填充物使人们难以掌握任一尺度下储层的真实特征或性质，在地震勘探中难以对它们进行精确成像，严重影响了对储层特征的刻画与预测。

为此，我们开展了碳酸盐岩溶洞地震物理模型实验研究。针对碳酸盐岩储层的地质特点，抽象出3类溶洞地球物理模型，即具有不同尺度、形态及充填物的系列溶洞物理模型。利用地震物理模拟技术，采用一系列定量化的研究手段进行溶洞模型的超声波观测，分析其地震响应特征。物理模型实验表明，地震技术不仅可以定性识别出溶洞地震波传播规律及地震响应特征，还可量化它们的关系。为深入认识碳酸盐岩油藏提供了有效的方法和手段，对进一步认识地震波传播机理具有重要意义。

1　碳酸盐岩溶洞型储层的地质特征

碳酸盐岩储层的储集空间具有多样性，主要包括溶蚀孔、洞和裂缝3类，其中对储集和渗透起主要作用的是溶洞和裂缝。溶洞型储层的储集性能受孔隙的大小和分布、胶结作用及充填物等因素控制。

1.1 碳酸盐岩溶洞空间分布特征

根据以往研究成果，可以将缝洞系统的存在形式归纳为6类，即地下河系统型(流入型洞穴、流出型洞穴)、岩溶洞穴型、溶蚀孔洞型、溶蚀缝型、礁滩溶孔型和白云岩孔洞型。

地下河系统型又分为单支管道、管道网络和构造廊道3个亚类。

(1) 单支管道型：地下河呈线状分布，主洞体近圆形，直径2~10m，长度1~30km。

(2) 管道网络型：地下河呈网状分布，主洞体近圆形，直径2~10m，长度10km以上。

(3) 构造廊道型：洞主体为峡谷状，呈折状分布，断面宽1~10m，高5~50m，长度0.5~5.0km。

岩溶洞穴型又分为厅堂型、竖井型和溶洞型3个亚类。

(1) 厅堂型：洞顶呈较平的天板或穹形、离散状分布，直径50m至数百米，高10~50m。

(2) 竖井型：形态较简单，洞主体呈椭圆或近圆形；沿地下河走向散点状分布；直径0.2~10.0m，延伸长度小于50m。

(3) 溶洞型：断面形态多样，以不规则椭圆形为主，离散状分布，直径0.2~50.0m，高0.2~10.0m。

溶蚀孔洞型：不规则孔、洞呈层状或带状分布，孔径0.2~20.0cm。

1.2 碳酸盐岩溶洞充填物特征

溶洞储层按充填程度可分为未充填、部分充填和完全充填3种类型，据实际野外钻井资料[7]统计，单井累计厚度为2303.94m，未充填溶洞累计厚度为1079.49m，占溶洞厚度的46.87%；部分充填的溶洞累计厚度为258.5m，占溶洞厚度的11.23%；完全充填溶洞累计厚度为965.5m，占溶洞厚度的41.9%。这3种充填状态对地震响应的影响较明显。未充填溶洞中以流体为主，速度和密度都较低，充填洞的速度和密度较高。未充填溶洞孔隙度为100%，含油或含气饱和度取值100%；部分充填溶洞孔隙度为10%(部分充填溶洞段统计)，含油饱和度为80%。溶蚀孔洞常为泥质、方解石全充填或半充填。

2 碳酸盐岩溶洞地震物理模型的建立

从碳酸盐岩溶洞地质特征分析结果可知，要真正建立与实际情况完全一样的溶洞结构模型是不可能的，因此对这些地质情况进行归纳简化，以突出主要的研究对象为目标建立溶洞模型。

在建立模型时，以可接近性、相似性和完整性为原则，超声地震模拟实验模型尺度的选择需考虑波长与几何尺度的关系，模型材料和模型的建造必须考虑模型与原型的相似性问题，即在几何相似性前提下设计模型尺寸，在物理性质相似性前提下选择物理模型的材料。

综合考虑溶洞体的埋深和形态等因素，选用的模型空间尺度比例为1∶10000，模型材料速度比选用1∶ 2。从实验目的考虑，设计了3类抽象地震物理模型，使溶洞具有不同尺寸、形态和充填形式。其一，针对实际千姿百态的溶洞抽象出几种简单的几何形态(图1)，包括棍形、片形、球形、柱形。棍形主要模拟管道型溶洞；柱形模拟竖井型；圆、椭球体形模拟孤立溶洞。根据野外溶洞地质类型及选定的模型空间尺度比例，设计并制作了具有不同尺寸和形态的三维溶洞的地震物理模型，溶洞的最小尺度设计为 0.5mm。

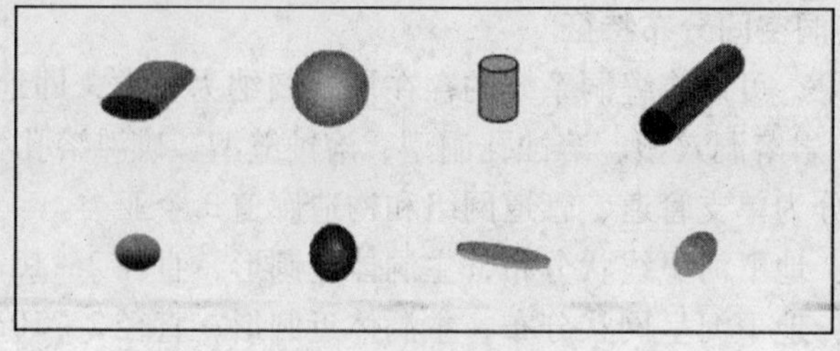

图 1　溶洞物理模型形态

图 2 展示了一组具有不同形态溶洞的三维地震物理模型照片。在模型设计中采用了组合方式，将备制好的微结构材料雕刻成棍、片、球、柱 4 种形态溶洞模型，浇注在同一模型内。这种制作方法的优点在于对多种形态的溶洞在同一条件下进行观测、采集数据，便于进行定性、定量比对分析。模型中的溶洞分别采用了 5 种不同的充填物(纵波速度分别为 1300m/s，1720m/s，1960m/s，2200m/s 和 2400m/s)。

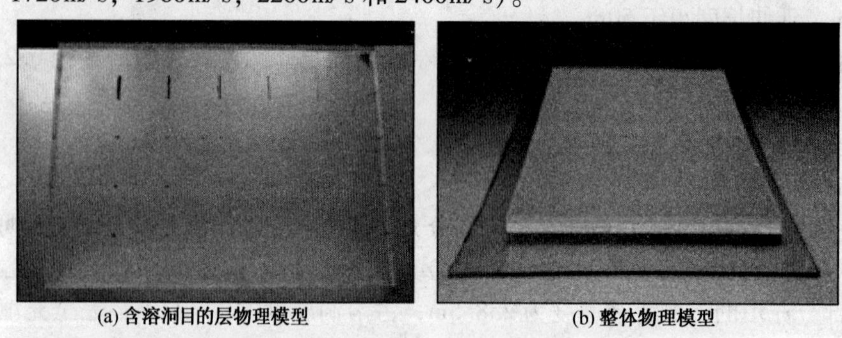

(a) 含溶洞目的层物理模型　　(b) 整体物理模型

图 2　棍、片、球、柱 4 种形态溶洞物理模型照片

3　溶洞物理模型实验与地震波场特征分析

3.1　溶洞物理模型实验

溶洞物理模型实验是在中国石油化工股份有限公司石油物探技术研究院超声地震物理模拟实验室进行的。实验方法为：将制作的溶洞物理模型放在水槽中，水层作为表层介质，溶洞深度随模拟目的层深度而定，观测采用固定炮检距和野外地震勘探二维观测系统两种方式。激发和接收采用的纵波换能器主频为 300kHz。通过尺度和速度比将观测结果转换为与野外数据同数量级的参数进行处理与分析。

3.2　不同尺度溶洞地震反射基本特征

图 3(a)展示了不同尺度溶洞地震物理模拟的部分模型，共 10 个溶洞，从左至右溶洞的模拟直径分别为 5，10，20，35，45，60，80，120，140 和 180m。模拟溶洞埋深为 5200m，速度为 3250m/s，密度为 1.2g/cm^3；而围岩速度为 4800m/s，密度为 1.53g/cm^3。当主频为 25Hz 时，溶洞的波长为 130m。图 3(b)和图 3(c)分别为得到的地震叠加剖面和偏移剖面，可以看出：①溶洞的绕射能量随其直径减小而逐渐减弱，当溶洞尺度小于 λ/20 时，基本不

能从地震反射波形上直接分辨溶洞，用常规处理方法无法对其成像；②直径 10m 以上的溶洞可以形成串珠，并随着溶洞尺度增大，“串珠”在地震剖面上越长，其横向范围也越大；③直径大于 80m 的溶洞绕射信号出现了明显的顶、底反射现象，且溶洞底的反射能量大于其顶的反射能量。

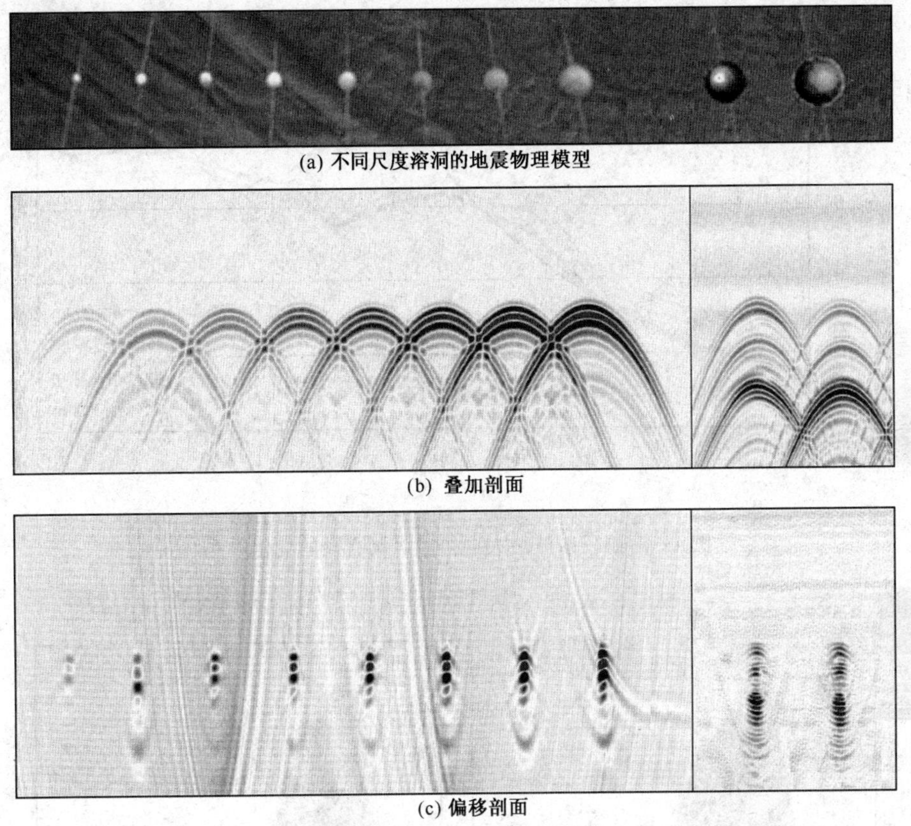

(a) 不同尺度溶洞的地震物理模型

(b) 叠加剖面

(c) 偏移剖面

图 3 塔河油田典型“串珠状”地震反射剖面

图 4 给出了 4 组不同深度(h)、不同尺度溶洞的反射波对应的最大振幅值能量变化曲线，可见，不同埋深溶洞的反射波振幅随溶洞直径的变化趋势一致，深度越大相对能量较小。图 4 中的黑色曲线表示埋深为 5000m 的小尺度溶洞绕射波最大振幅值随溶洞直径变化的趋势线，它们的相关系数平方为 0.972。绕射波能量随溶洞直径增大呈指数上升，并非线性增加。因此，在埋深相同时，单溶洞的反射波能量与其直径成指数关系，即

$$A = A_0 e^{Cx} \tag{1}$$

同时发现，溶洞尺度与反射振幅的强弱存在一个类似薄层调谐效应的现象。如图 4 所示，同一深度溶洞的反射振幅随其直径变化的规律为：溶洞直径增大时，对应的反射振幅先增大、后减小、再增大、然后稳定在某一幅值。从波长角度分析，溶洞直径为波长的 1/3 左右时，反射波振幅出现极大值。因此可以这样认为：在可分辨溶洞直径小于地震波波长的情况下，地震波到达溶洞后，绕射现象占主导地位，其反射能量是溶洞体的综合反应，具有明显的调谐效应；当溶洞直径大于一个地震波长后，溶洞以反射现象为主，其反射能量主要来自于溶洞顶面反射。

图5为图3所示模型中溶洞直径为20m，40m，60m和80m的偏移记录谱分析图。从谱分析结果中可以看出小尺度溶洞反射波的频带宽，主频偏高；大尺度溶洞反射波的频带变窄，主频偏低。当溶洞直径大于60m时，在地震剖面上出现了较为明显的顶、底复合反射波，故在其对应的谱分析结果中可见多峰的现象。

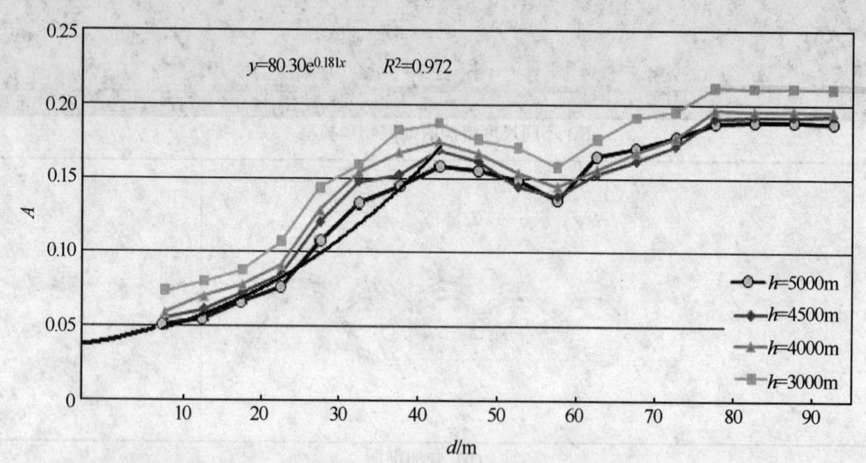

图4　溶洞反射波最大振幅随溶洞直径的变化关系

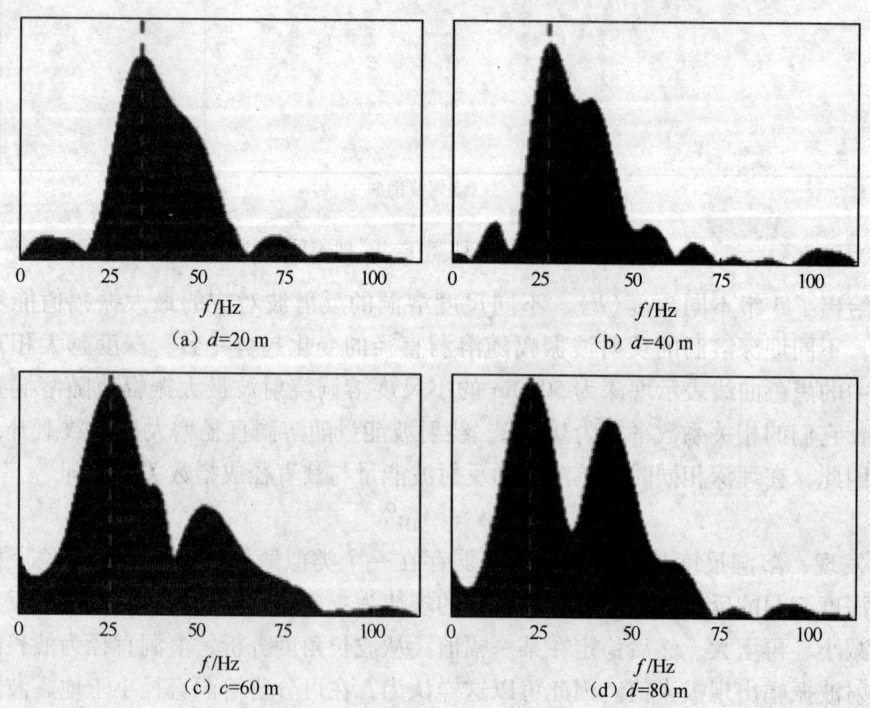

(a) d=20 m　(b) d=40 m

(c) c=60 m　(d) d=80 m

图5　不同直径溶洞的频谱

3.3 不同形态溶洞地震反射基本特征

3.3.1 溶洞物理模型一

设计了3种形态分别为半球、球体和正方体的小尺度溶洞物理模型[图6(a)]，尺度分别为20，20，16m，速度为2800m/s；围岩速度为5000m/s。对这些模型进行模拟实验，得到的地震叠加和偏移剖面分别如图6b和图6c所示。从图6(b)和图6(c)中可以看出，球体和正方体模型的散射波振幅"串珠"长度极为相近。图7为这些模型的散射波波长振幅曲线，可见，球体和正方体模型的散射波在波的动力学特征方面看不出明显的变化，最大振幅均接近于5.8，而它们与半球模型的差异极为明显，后者最大振幅约4.2。由此可见，对于小尺度的异常体($d \ll \lambda$)，散射波的强度只与异常体的尺度有关，与异常体的形状基本没有关系。由于边长为16m的正方体的体积与直径为20m的球体的体积极为接近，均可看作是空间尺度(直径)是20m的球体，而半球体可以看作是空间等效尺度(直径)约为15m的球体。因此，在二维情况下，小尺度异常体散射波振幅与异常体的等效尺度成正比。

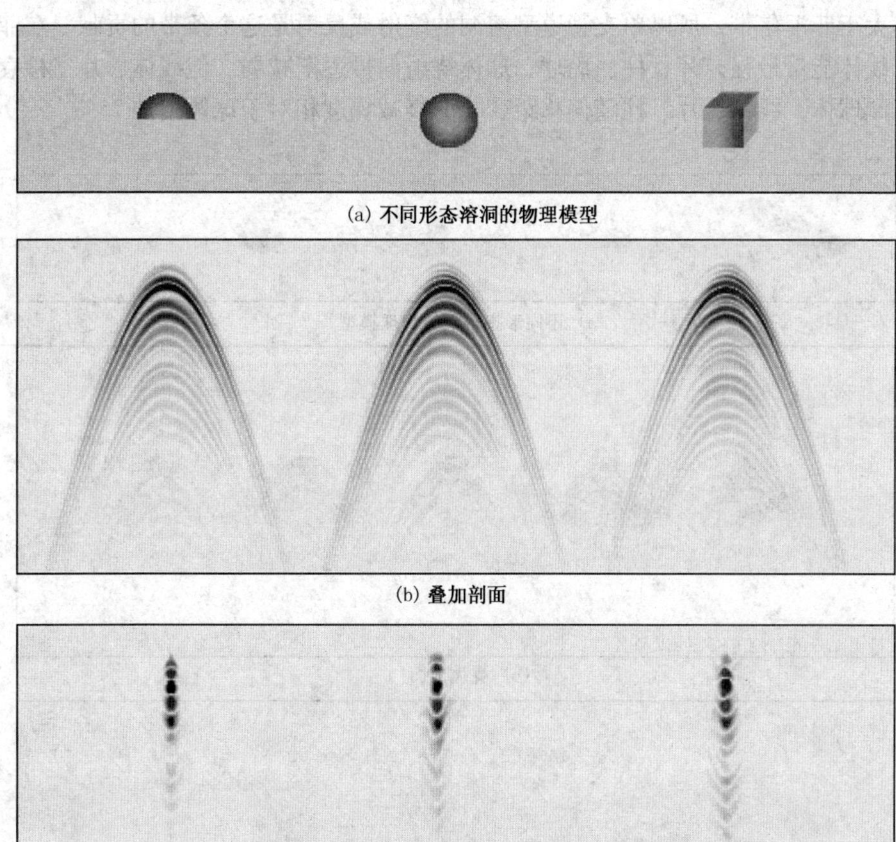

(a) 不同形态溶洞的物理模型

(b) 叠加剖面

(c) 偏移剖面

图6 溶洞物理模型一及其地震剖面

3.3.2 溶洞物理模型二

分别对单支管道型、厅堂型、竖井型、溶洞型4种形态的5个溶洞物理模型(图8a，模

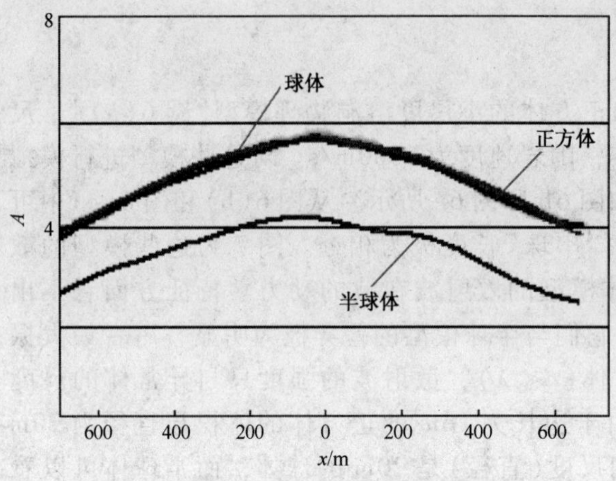

图 7　溶洞物理模型一的地震波能量

型横向宽度均为 50m）进行了模拟，得到的地震叠加和偏移剖面如图 8b 和图 8c 所示。从叠加和偏移剖面上可以看到，溶洞形态变化导致绕射叠加振幅有较大的差异，偏移归位形成的“串珠”长度不一。图 9 为不同形态绕射波能量图，可见单支管道型溶洞的绕射能量最强。这种能量强弱关系与水平反射面的大小有关，也即绕射体对菲涅尔带的贡献不同。单支管道型与溶洞型在垂直方向的截面都为圆形，但在水平截面上完全不同，溶洞型的水平截面仍为圆形面，而单支管道型在横向（垂直测线方向）是一条很长的反射带，横向反射面远远大于菲涅尔带，所以单支管道型溶洞的绕射或反射是这个条带的贡献。在菲涅耳带半径内，线体能量最强，片、柱、椭球、球体绕射信号逐渐减弱。但线体、片、柱衰减梯度大于椭球和球体，线体、片、柱随偏移距变化的衰减梯度相对于球体增加 75%。

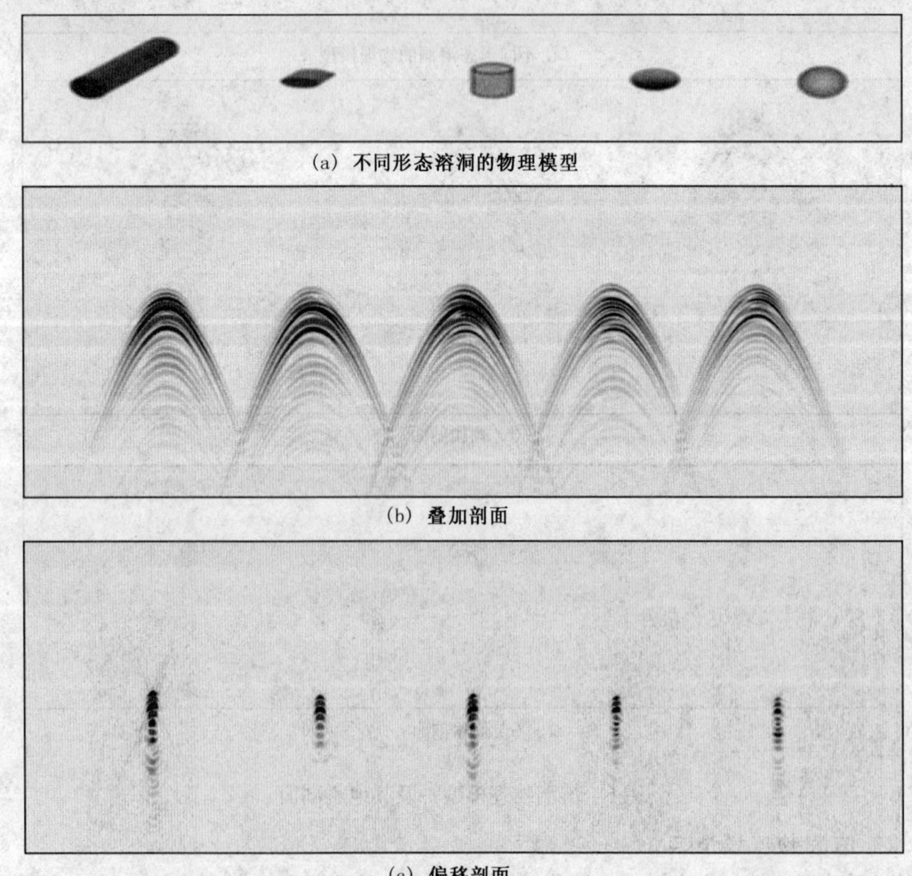

(a) 不同形态溶洞的物理模型

(b) 叠加剖面

(c) 偏移剖面

图 8　溶洞物理模型二及其地震剖面

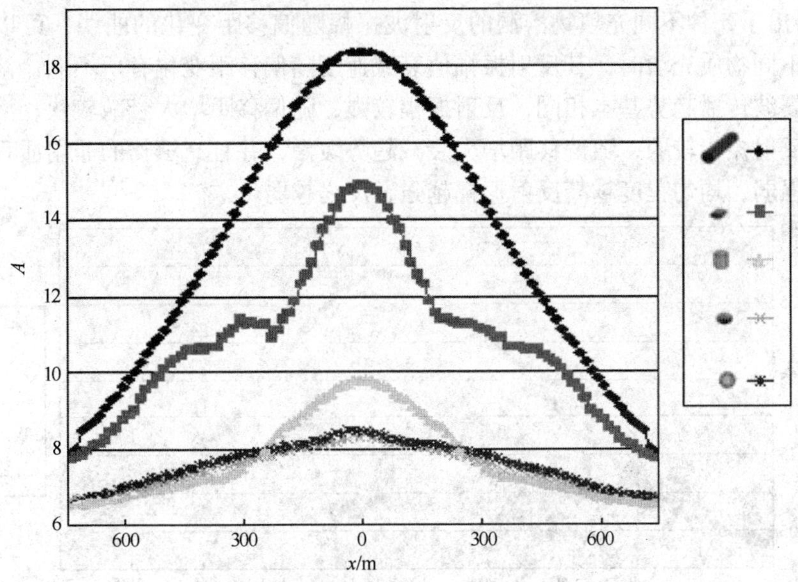

图9 溶洞物理模型二的地震波能量

3.4 不同充填物溶洞地震反射基本特征

图10(a)给出了5种充填材料不同、尺寸相同的溶洞，将它们放置在模型同一深度进行地震模拟观测。其中溶洞A充填空气、溶洞B充填小球体、溶洞C充填颗粒(均匀孔隙)、溶洞D充填稠油、溶洞E充填非均质多孔物质。溶洞模型直径为8mm，埋深为360mm，按长度比1:5000，速度比1:1制作；则模拟的实际溶洞直径为40m，埋深为1800m。围岩的速度为3000m/s，B，C和E溶洞的速度为1800m/s。图10(b)为得到的叠加剖面。

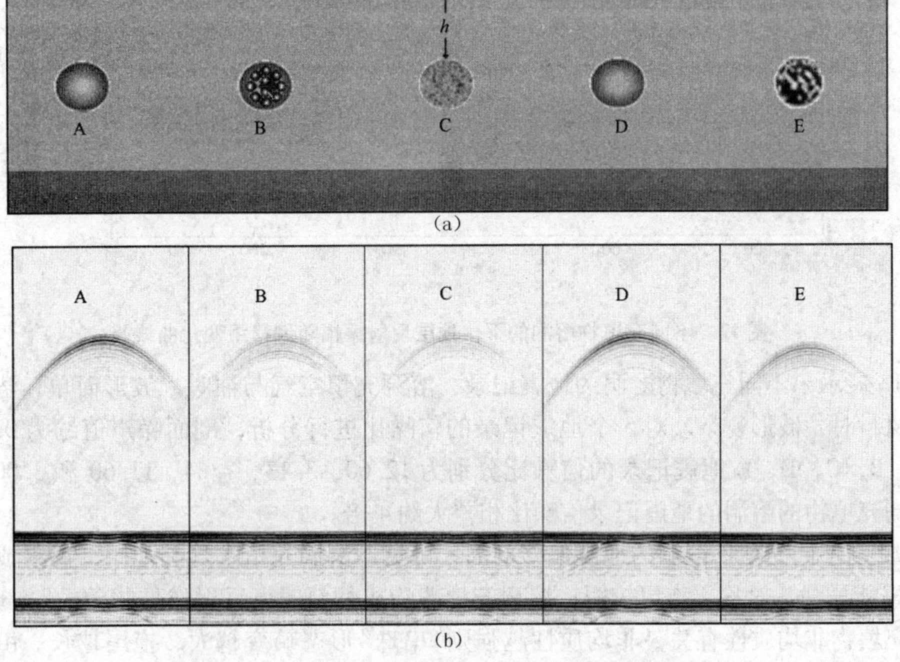

图10 不同充填物溶洞模型(a)及其地震叠加剖面(b)

图 11 给出了 5 种不同充填物溶洞的反射波振幅随偏移距变化的曲线，可以看出，相同尺度溶洞被不同物质充填时，其反射振幅值衰减速度随偏移距变化有所不同。溶洞被空气和油充填时地震波传播趋势基本相同，反射振幅较强，随偏移距增大衰减较快；溶洞被非均质物质充填时反射振幅较弱，随偏移距增大衰减趋势缓慢，并且充填物的非均质程度直接影响反射振幅的强弱，均匀程度越高反射振幅越强，反之越弱。

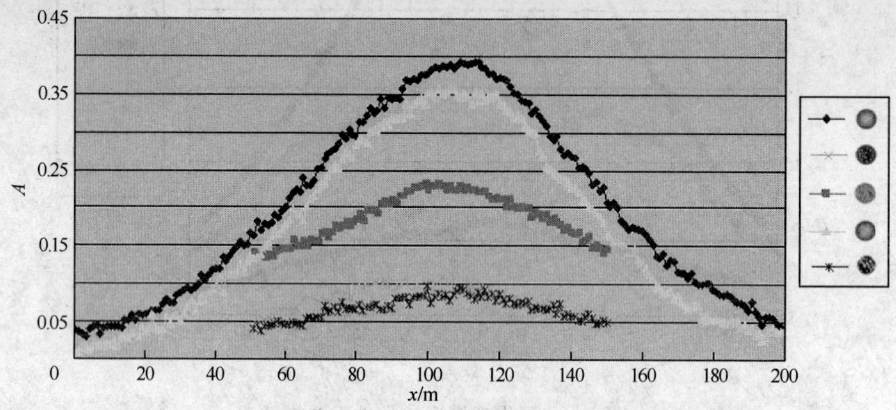

图 11　不同充填物溶洞的反射振幅随偏移距变化曲线

图 12 给出了溶洞下伏地层的反射波振幅随偏移距变化曲线，可见，溶洞对其下伏地层的地震波反射产生较大影响，影响范围(约 275m)远远大于溶洞的尺度，并随溶洞充填物不同影响程度不一。

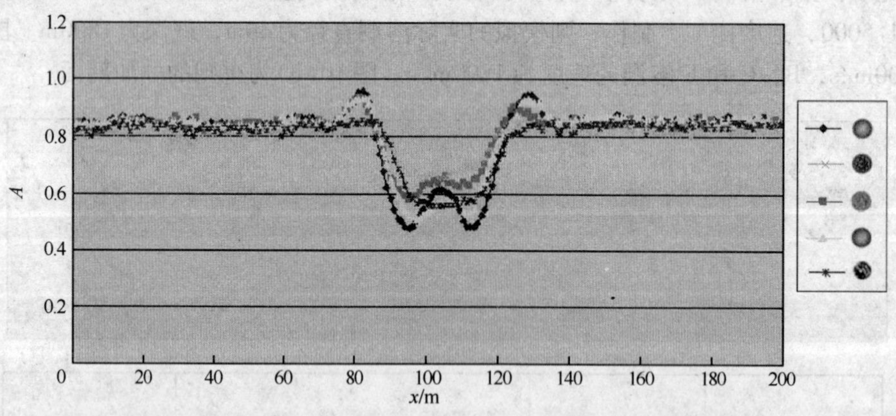

图 12　不同充填物溶洞的下伏地层反射振幅随偏移距变化曲线

图 13 展示了不同充填物溶洞的地震记录，溶洞充填空气与油时，波形简单；溶洞充填非均质材料时，波形复杂。对 5 个地震记录的信噪比进行分析，剖面噪声值约为 0.03，则溶洞 A，B，C，D，E 地震记录的信噪比分别为 12.60，3.13，7.64，11.60 和 3.00，因此具有不同充填物的溶洞的地震记录信噪比相差大约 4 倍。

图 14 为不同充填物溶洞的地震偏移剖面，可见，溶洞充填空气与油时，反射成像收敛的“串珠”能量强、对称、拖尾较短；溶洞充填非均质材料时，反射成像收敛的“串珠”能量强弱与充填物非均质性有关，非均质性越强则“串珠”形态畸变越大、拖尾越长。由偏移剖面预测溶洞大小约是实际大小的 2.5 倍左右，即预测溶洞横向尺度为 100m。

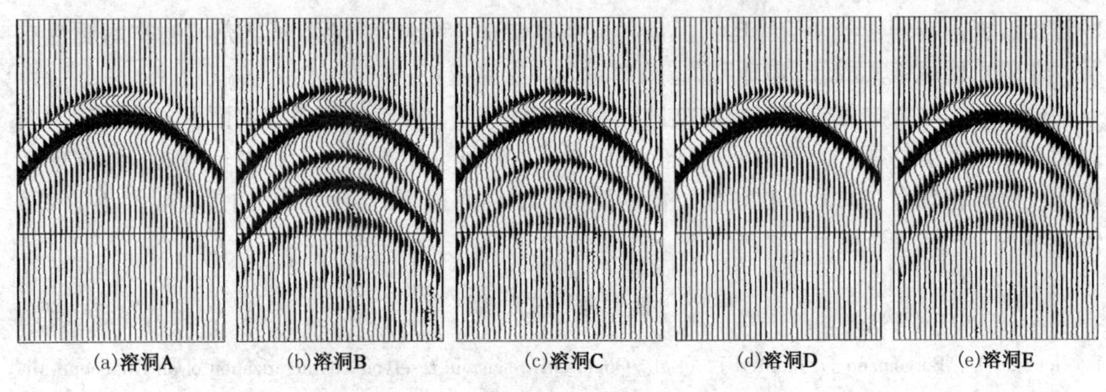

图 13 不同充填物溶洞的地震记录

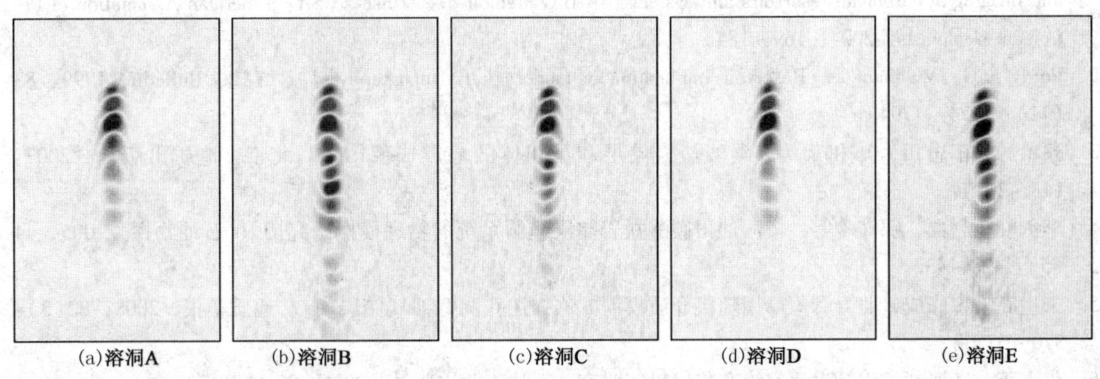

图 14 不同充填物溶洞的地震偏移剖面

4 结束语

通过对具有不同尺度、不同形态和不同充填物的系列溶洞模型的物理模拟实验，并利用偏移成像、溶洞体波形及频谱分析、反射能量对比等手段对碳酸盐岩溶洞物理模型的地震响应特征进行了研究，得到以下结论与认识：

（1）当溶洞为溶洞型时，在溶洞直径小于地震波波长的情况下，地震波到达溶洞后，散射现象占主导，其反射波最大振幅随溶洞直径增大呈指数增大，溶洞直径约为地震波波长1/3 时反射最大振幅出现极大值，随后振幅逐渐减小。溶洞直径大于一个地震波波长后，反射现象占优，最大反射振幅呈现不断增大的趋势直至达到一个稳定值。

（2）不同尺度的溶洞反射波频带差别较大，小尺度溶洞反射波的频带宽，主频偏高；大尺度溶洞反射波的频带变窄，主频偏低。

（3）对于小尺度的溶洞($d\ll\lambda$)，散射波的强度只与溶洞体的尺度有关，与溶洞体的形状基本没有关系。小尺度溶洞体散射波振幅与溶洞体的等效尺度成正比；大尺度溶洞的形态对绕射波的振幅具有强烈的影响，在菲涅耳半径内，线体能量最强，片、柱、椭球、球体型绕射信号逐渐减弱。

（4）溶洞充填物性质不同时其波场也有所差异，均匀充填溶洞的绕射波能量最强、波形简单、剖面信噪比高，反射成像收敛的“串珠”能量强、对称、拖尾较短；非均质充填溶洞的绕射波能量较弱，剖面信噪比低，反射成像收敛的“串珠”能量强弱与充填物非均质性有关，非均质性越强其成像“串珠”形态畸变越大、拖尾越长。

（5）利用地震物理模拟实验数据进行常规地震处理，在叠加和偏移剖面上，小型溶洞表现为串珠状反射特征，大型溶洞表现为似层状反射特征。溶洞顶界面反射较清晰，溶洞单元底部反射同相轴存在时间下拉现象。依据偏移成像剖面预测的溶洞大小约是实际大小的2.5倍左右。

参 考 文 献

1 Neuhaus D, Borgomano J, Jauffred J, et al. Quantitative seismic reservoir characterization of an Oligocene-Miocene carbonate buildup: Malanrpaya field, Philippines[G]//Eberli G P, Masaferro J L, Sarg J, eds. Seismic imaging of carbonate reservoirs and systems: AAPG Memoir 81. Tulsa, USA: American Association of Petroleum Geologists, 2004: 169 ~ 184

2 Purdy E G, Waltham D. Reservoir implication of modern karst topography[J]. AAPG Bulletin, 1999, 83(11): 1774 ~ 1794

3 蔡希源，李思田，郑和荣等. 碳酸盐岩储层和沉积体的地震成像[M]. 北京：地质出版社，2007：143 ~ 217

4 李剑峰，赵群，郝守玲等. 塔河油田碳酸盐岩储层缝洞系统的物理模拟研究[J]. 石油物探，2005，44(5)：428 ~ 432

5 朱生旺，魏修成，曲寿利等. 用随机介质模型方法描述孔洞型油气储层[J]. 地质学报，2008，82(3)：370 ~ 377

6 焦方正. 塔河油气田开发研究论文集[M]. 北京：石油工业出版社，2006：93 ~ 118

7 王士敏，鲁新便. 塔河油田碳酸盐岩储层预测技术[J]. 石油物探，2004，43(2)：153 ~ 185

8 胡中平，李宗杰，赵群. 碳酸盐岩溶洞发育区高精度地震勘探效果[J]. 石油地球物理勘探，2008，43(1)：83 ~ 87

9 王立华，魏建新，狄帮让. 溶洞物理模型地震响应及其属性分析[J]. 石油地球物理勘探，2008，43(3)：291 ~ 296

10 蒋进勇. 塔河油田碳酸盐岩储层孔隙度模型的改进[J]. 石油物探，2004，43(6)：564 ~ 567

11 李凡异，魏建新，狄帮让. 碳酸盐岩溶洞横向尺度变化的地震响应正演模拟[J]. 石油物探，2009，48(6)：557 ~ 562

12 漆立新. 塔河油田碳酸盐岩储层高精度地震勘探的思考[J]. 石油物探，2005，44(4)：352 ~ 356

13 王从槟，龚洪林. 塔中地区奥陶系碳酸盐岩储层岩石地球物理特征研究[J]. 石油物探，2009，48(3)：290 ~ 293

沉积背景控制下的储层预测方法

——以大牛地气田TGM地区的应用为例

张卫华[1,2]　刘忠群[3]

[1. 中国地质大学(武汉)资源学院，湖北武汉430074；
2. 中国石化石油勘探开发研究院南京石油物探研究所，江苏南京210014；
3. 中国石化华北分公司勘探开发研究院，河南郑州450000]

摘要： TGM地区是大牛地气田天然气产能建设的重要区块，但该区天然气储层层系多、厚度薄，横向非均质性强，加之地震资料分辨率低，导致精确储层预测困难。为减小TGM地区储层预测的多解性，最大限度地提高储层预测的精度，在深入分析TGM地区储层发育地质特征的基础上，提出了沉积背景控制下的储层预测思路：将TGM地区储层预测作为一个系统工程，首先从储层的沉积背景出发圈定储层发育有利区块；然后针对有利区块的地质情况和地震资料特征，选取针对性的储层预测方法和技术，对储层进行精细刻画。针对TGM地区太原组、山西组和下石盒子组储层预测的结果与钻井的符合率在90%以上。

关键词： 大牛地气田　TGM地区　天然气产能建设　沉积背景　储层预测

TGM地区位于鄂尔多斯盆地伊陕斜坡的东北角，是大牛地气田第2个$10\times10^8\mathrm{m}^3$天然气产能建设的主要区块之一。区内已有27口探井，但只有8口井获得工业天然气流，成功率低于30%。获得工业天然气流的储层分别为太原组二段、石盒子组一段、石盒子组二段，山西组二段、山西组一段、奥陶系等，具有明显多层系、非均质性强等特点，且位于不同目的层的储层在垂向上具有互补性或继承性，在太原组和山西组还存在因煤系地层造成的储层预测难的问题。

为进一步探明TGM地区天然气的分布特征，为TGM地区产能建设做准备，2005年，根据地震属性和反演方法的储层预测结果部署了10口开发准备井，目前已完钻的6口井无阻流量小于$3\times10^4\mathrm{m}^3/\mathrm{d}$，基本属于落空井。这几口关键井的落空，给整个TGM地区天然气开发前景蒙上了阴影。究竟是TGM地区不具备天然气大规模成藏条件，还是储层预测的结果没能反映储层发育的真实情况？

从区域地质背景上看，TGM地区与已取得天然气勘探成果的南部和西部邻区具有相似的地质特征，应该具有较好的天然气勘探开发前景，那么如何提高储层预测的精度应该是TGM地区天然气勘探面临的首要问题。分析TGM地区地质特征认为，要精确地预测该地区储层的分布特征，必须从系统的观点出发，分析储层的沉积背景，把握储层发育的总体特征，在此基础上，采用针对性的储层预测方法对目标储层进行精细刻画，将地震储层预测的不确定性降到最低。

1　TGM 地区的地质特征

利用沉积背景约束地震储层预测的前提是储层的展布特征受古地貌控制。从 TGM 地区区域地质特征和探区地质特征看，其主要目的层的展布受控于古地貌，符合这一前提条件。

TGM 地区所在的鄂尔多斯盆地位于华北地台西部，是一个长期稳定发育的多旋回大型克拉通叠合盆地，地质构造演化经历了 5 个阶段。鄂尔多斯盆地虽然经历了多期次构造运动，并缺失部分地层，但从现今盆地的构造面貌来看，盆地内部的构造环境具有长期和整体的稳定性，各时代地层除盆地边缘有角度不整合接触外，一般均为连续沉积或假整合接触。

TGM 地区的构造和沉积受鄂尔多斯盆地整体发育特征的控制。中晚奥陶世，加里东运动使该地区经历了长达 1 亿年以上的抬升剥蚀，缺失志留系、泥盆系及下石炭统、中石炭统早期的沉积，地貌经过了准平原化过程；海西运动早期，鄂尔多斯地台发生沉降，接受海相沉积，并开始由海陆过渡相向陆相转化；石炭纪中、晚期—二叠纪早期为海相—海陆过渡相沉积，气候湿润，植物发育，沉积地层为砂岩、泥岩、灰岩含煤；二叠纪晚期转变为陆相干旱气候沉积，沉积地层为砂岩和泥岩。TGM 地区局部构造和断裂不发育，总体特征为一北东高、西南低的平缓单斜，平均坡降为 6 ~ 9m/km，地层倾角为 0.3° ~ 0.6°，局部发育鼻状隆起，未形成较大的构造圈闭。

2　沉积背景控制下的储层预测思路

由 TGM 地区地质特征的分析可知，该地区主要目的层的沉积发生在地层非常平缓的背景上，局部构造不发育，构造和断裂活动对沉积几乎没有控制作用，沉积主要受古地貌控制，储层应主要发育在负地形单元内。为此，提出了沉积背景控制下的储层预测方法：通过恢复古地貌控制储层发育的背景，应用针对性的方法技术预测有利背景内的地震异常体，利用钻井资料对异常体进行标定，揭示异常体的地质意义，以提高储层预测精度。

沉积背景控制下的储层预测方法不同于单纯的储层预测技术，它是将储层预测作为一个系统工程，强调整体控制，即强调储层发育背景，了解储层发育规律，从总体上把握储层发育特征，划分储层发育有利区；然后针对有利区的储层地质特征和地震资料特点，优选针对性的方法技术，精细刻画有利区内储层的展布特征，将地质和地震方法结合起来，从而最大限度地避免了地质方法不够精细和地震方法多解性的问题。

沉积背景控制下的储层预测方法思路如图 1 所示，总体实现分为三部分，采取逐步推进策略，最终实现提高储层预测精度的目的。

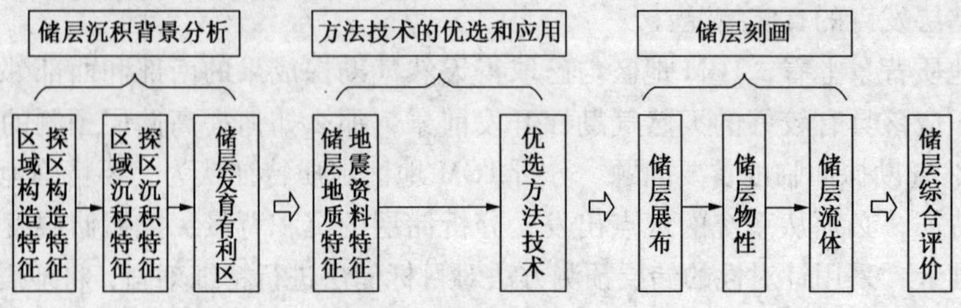

图 1　沉积背景控制下的储层预测思路

2.1 古地貌恢复

古地貌的精确恢复较为困难，但 TGM 地区构造简单，目的层为连续沉积的砂泥岩互层，采用层拉平技术获得的古地貌就能满足沉积背景研究的要求，而不必进行剥蚀恢复和压实补偿。

图 2 是对不同目的层进行古地貌恢复后的地震剖面。

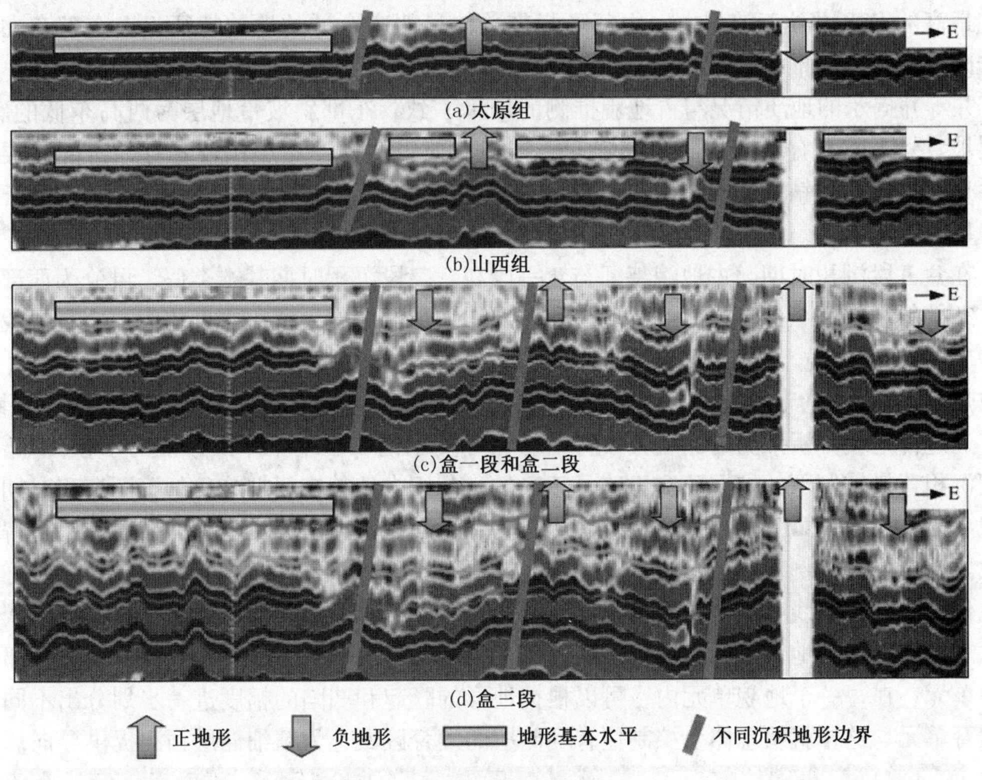

图 2　目的层段古地貌恢复

分析图 2 得到以下认识：

在太原组沉积时期，整个古地貌可分为西部单元、中部单元和东部单元 3 个大的单元。西部单元的地形基本呈水平形态，地震反射同相轴连续，反映为低能环境下的沉积，推断该单元储层不发育；中部单元的地形基本为呈东倾的单斜，单元西部为一正地形，接受沉积能力有限，东部为一负地形，能接受一定的沉积，推断该单元储层有一定的发育，但质量一般；东部单元基本为一凹陷，是沉积最厚的地方，推测该单元储层发育。钻井结果也支持了这一观点，在太原组获得工业气流的 D47 井、D54 井和 D55 井等均位于该单元内，位于西部和中部单元的探井在太原组未获得工业气流。

在山西组沉积时期，古地貌整体较平缓，根据层位的高低和局部地貌的发育特征，总体上亦可分为西部、中部和东部 3 个地貌单元。西部单元与太原组时期基本一致，但局部存在低幅度小洼陷；中部单元的地层层位较高，类似于低幅度中央隆起，地层呈向东倾的平缓单斜，存在局部高；东部单元地层总体平缓，存在局部低。古地貌特征反映山西组总体上为低能沉积环境，储层主要发育在中部单元的东部，钻井（D41 井、D42 井、D34 井和 D44 井等）揭示，山西组为三角洲平原和滨岸沼泽沉积，为低能环境下的沉积，进一步证实 TGM

地区的沉积受古地貌控制。

在盒一段和盒二段沉积时期，古地貌变化较大，根据地形变化特征可分为西部平缓带、中部凹陷带、中部隆起带和东部斜坡带 4 个地貌单元。西部平缓带的地层基本水平，但在整体水平背景下发育了众多小凹陷、小隆起，与钻井所反映的特征一致；中部凹陷带的凹陷幅度较大，沉积厚度也最大，应是寻找盒一段和盒二段储层的最有利区域，TGM 地区盒一段产气最高的 D28 井位于该带内；中部隆起带总体呈西高东低的地貌特征，在东部存在一个小洼陷，从古地貌推测该带储层不发育，在东部有零星发育，该带内的 D46 井、D42 井和 D43 井等井揭示的地质情况与古地貌推测的结果一致；东部斜坡带地层为西高东低的斜坡，在斜坡背景上发育有局部的凹陷和隆起，推测在该带的东部储层比较发育，西部储层不发育，这一推测得到钻井证实，位于东部的 D55 井在盒一段发现优质天然气储层，位于西部的 D47 井、D35 井、D57 井和 D58 井等井均未在盒一段和盒二段发现储层。

在盒三段沉积时期，古地貌特征与盒一段和盒二段沉积时期基本类似，可分为西部缓坡带、东部斜坡带两个带。在西部缓坡带和东部斜坡带的东部，沉积厚度较大，应是寻找盒三段储层的主力区带。位于东部斜坡带内的 D57 井发现了盒三段的有利储层，其他钻井(西部缓坡带内无钻井)均未发现盒三段的有利储层，证实古地貌与储层发育具有密切的相关性。

通过古地貌分析推测的储层分布特征与钻井揭示的特征基本一致，证明了在 TGM 地区采用沉积背景控制下的储层预测思路是正确的。基于古地貌恢复划分出的不同沉积时期的古地貌单元，根据 TGM 探区古地貌控制沉积这一特点，勾画出了不同时期储层的沉积背景。以太原组储层段为例对此进行讨论。图 3 给出了太原组储层段的沉积背景(蓝色代表低地，橙色代表高地，红线表示古地貌单元界线，黑线表示储层发育区界线)，可以看出，从宏观上太原组储层段的地貌单元与古构造恢复剖面[图 2(a)]一致，分为东部、中部和西部 3 个地貌单元；在每一个地貌单元内，可以根据地形的隆起和凹陷的幅度进一步划分出不同的储层发育单元，这样就从总体上控制住有利储层的发育区域，为精细储层预测提供导向。

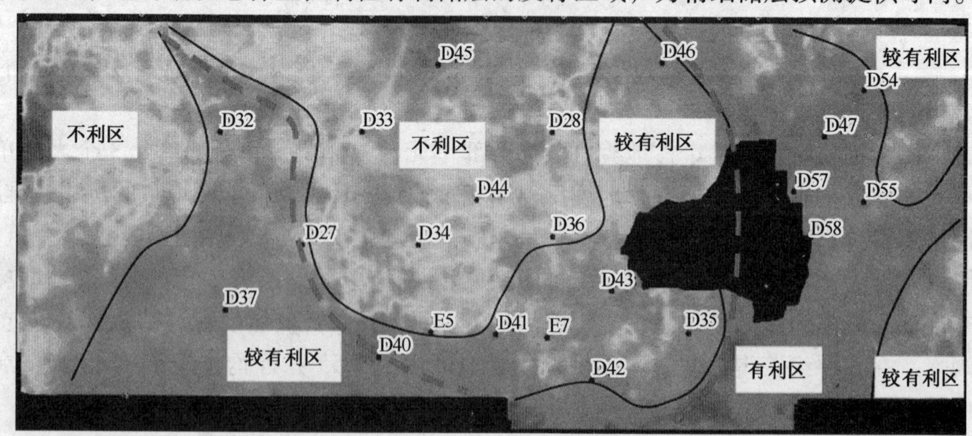

图 3　太原组储层段的沉积背景

2.2　针对性的储层预测方法

在明确了储层发育整体规律的前提下，选用针对性的方法，对有利区内的储层发育特征做进一步刻画。

首先采用属性交会图分析方法，针对不同目的层进行敏感性属性分析，得出太原组的敏感属性是时差和波形分类；山西组的敏感属性是频率；盒一段的敏感属性是振幅和时差；盒二段的敏感属性是振幅；盒三段的敏感属性是振幅和弧长。利用属性分析方法，对储层进行定性评价。

在储层定性评价的基础上，应用JASON软件中的随机反演程序对储层进行定量预测和评价。

3 储层预测及效果分析

应用不同的属性分析方法可以获得一系列目的层有利储层展布图，但由不同方法获得的结果存在一定的差异。将沉积背景研究的结果作为控制条件，利用神经网络技术对不同方法的结果进行属性融合分析，获得最终的储层分布平面图。这里，我们以太原组储层预测为例，讨论沉积背景控制下储层预测方法的预测结果和应用效果。

3.1 储层预测

图4、图5和图6分别为利用波形、振幅和波阻抗属性预测的太原组储层分布图(红色代表储层)，3种属性反映的储层分布特征存在较大的差异，但它们共同反映出在TGM地区东部存在异常体，该异常体正好位于沉积背景显示的有利区域(图3)。对比分析图4、图5和图6可知，波形属性显示太原组储层相当发育，分布在探区的东部和西部(图4)；均方根振幅属性刻画出的储层分布范围相当局限，仅分布于探区的东部和西部的局部区域(图5)；波阻抗反演预测的储层平面分布特征过于零散，这与井的约束程度有关，说明反演的横向分辨率有限(图6)。

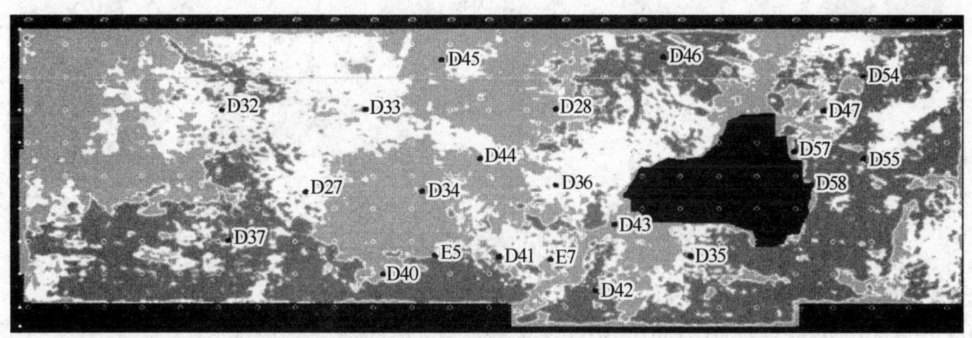

图4 利用波形聚类方法预测的太原组储层平面分布特征

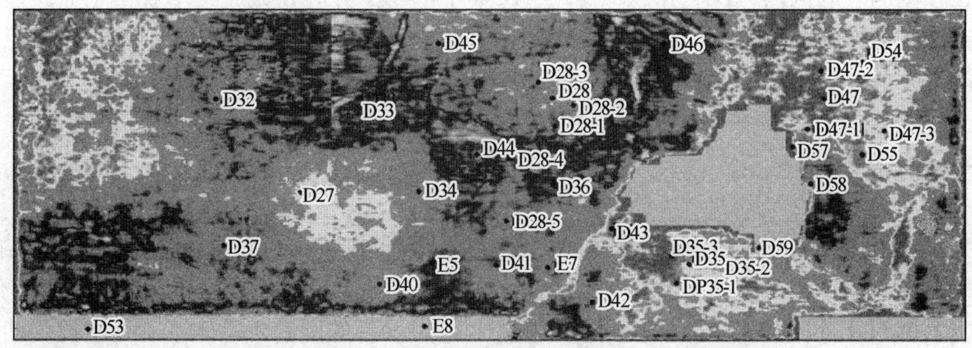

图5 利用均方根振幅方法预测的太原组储层平面分布特征

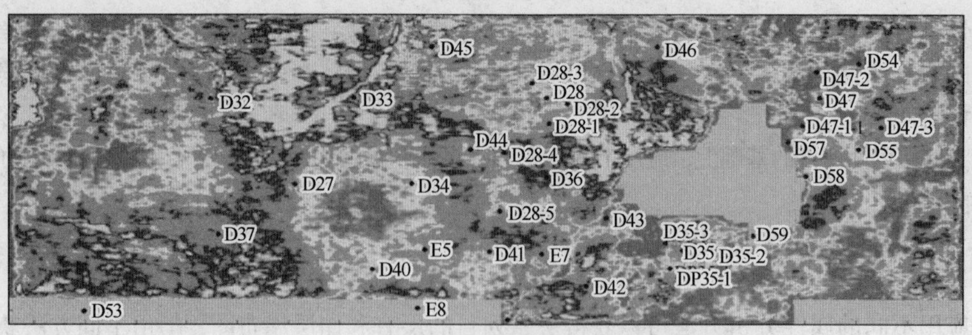

图6　利用波阻抗反演方法预测的太原组储层平面分布特征

不同方法储层预测结果存在一定差异，那么，哪一种方法更接近储层的实际分布特征呢？根据钻井结果可知，上述3种方法预测结果均存在一定的欠缺。波形聚类刻画出的储层面积比钻井揭示的要大，均方根振幅和波阻抗刻画出的储层分布过于零散，面积偏小。为了获得TGM地区更为精确的太原组储层展布图，我们将沉积背景作为控制条件，利用神经网络技术对属性和反演结果进行了综合分析，得到如图7所示的太原组储层平面分布特征。图7上反映出1个主要的和3个次要的有利储层分布区(深色所示)，主要有利储层分布区呈北东向条带状展布，这与地质上解释的滨海砂坝沉积特征一致。

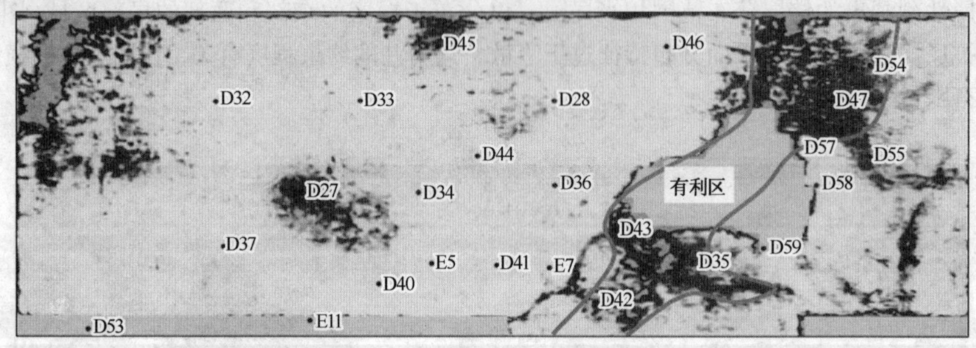

图7　沉积背景控制下储层预测方法预测的太原组有利储层平面分布特征

3.2　储层预测效果分析

为了验证沉积背景控制下储层预测的效果，我们对探区内所有的钻井结果与预测结果进行了对比分析。在预测的有利区外，所有的探井和开发准备井在太原组二段均未见工业产能；在预测的有利区内，D47井、D55井、D54井和D35井等在太原组均获得工业产能；部署在有利区内作为验证井的D47-2井和D35-2井也获得了良好的油气显示(图8)。太原组储层预测对井的符合率目前为100%，取得了良好的预测效果。

4　结束语

大牛地气田TGM地区的储层预测建立在沉积背景控制、定性预测到定量预测的基础上，整个储层预测的过程系统而科学。

(1) 沉积背景控制下的储层预测技术从控制储层发育的因素入手，准确地把握了储层发育的总体特征和大致的分布范围，使储层预测具有极强的针对性，以储层发育背景作为约束

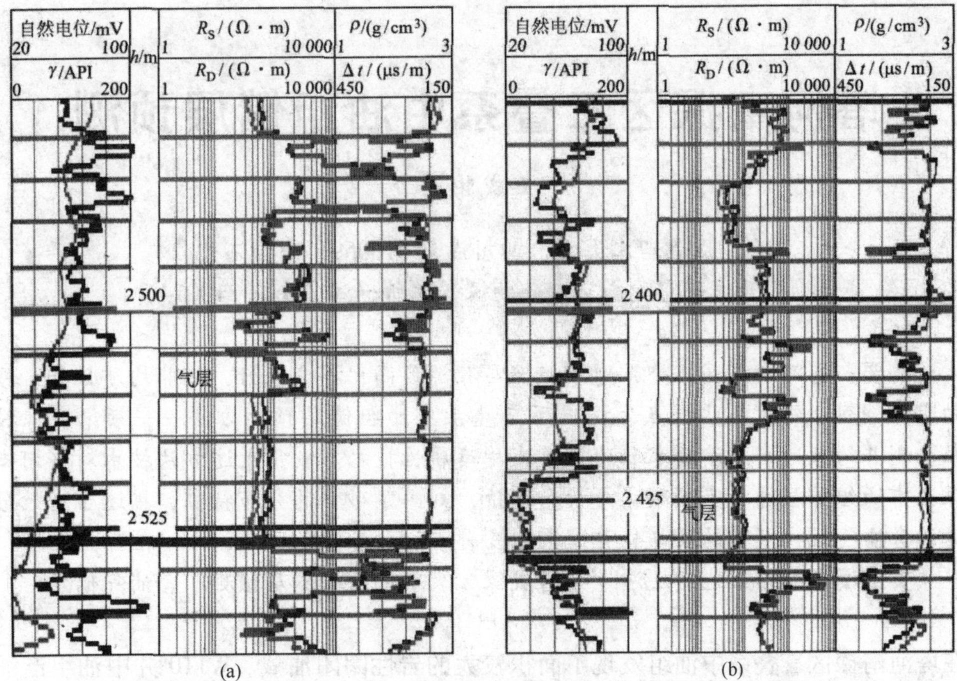

图8 D35-2井(a)和D47-2(b)井的测井解释结果

条件的多属性综合分析，提高了储层预测的精度。

(2) 不同目的层有各自的敏感地震属性，采用属性交会分析方法获得的敏感属性在一定程度上反映了储层发育的特征，但单一属性不能完全反映储层分布的真实情况，必须综合应用多种敏感属性进行储层预测。

(3) 长期稳定的构造特征是应用古地貌反映沉积背景的前提条件，即古地貌控制沉积，沉积决定储层的分布。

参 考 文 献

1 侯洪斌，牟泽辉，朱宏权．鄂尔多斯盆地北部上古生界天然气成藏条件与勘探方向[M]. 北京：石油工业出版社，2004. 4～8

2 杨俊杰．鄂尔多斯盆地构造演化与油气分布规律[M]. 北京：石油工业出版社，2002. 33～38

3 张莉，朱筱敏，钟大康等．惠民凹陷古近系砂岩储层物性控制因素评价[J]. 吉林大学学报：地球科学版，2007，37(1)：105～111

4 凌云，孙德胜，高军等．基于三维地震数据的准层序组内沉积体的解释研究[J]. 石油物探，2005，44(6)：569～577

5 凌云，惠晓宇，孙德胜等．薄储层叠后反演影响因素分析与地震属性解释研究[J]. 石油物探，2008，47(6)：531～538

6 姜岩，李文艳，吴明华．一种模糊神经网络技术及其在储层预测中的应用[J]. 石油物探，2004，43(4)：377～379

7 印兴耀，周静毅．地震属性优化方法综述[J]. 石油地球物理勘探，2005，40(4)：482～489

塔河南探区三叠系中油组储层预测

王咸彬[1,2]

（1. 成都理工大学，四川成都610059；中国石化
勘探开发研究院南京石油物探研究所，江苏南京210014）

摘要：塔河南探区三叠系中油组储层孔隙度高，渗透性好，但非均质性强，横向变化剧烈。针对这些特点，提出了三叠系中油组储层预测方法——频谱成像技术、测井约束地震反演技术和地震衰减梯度属性技术。利用上述方法技术对塔河南探区中油组储层进行了预测、分析和评价，刻画了砂体的分布特征，描述了有效砂体的含油气性，预测结果与钻井结果相吻合。

关键词：井约束地震反演　频谱成像　衰减梯度　储层预测　含油气储层

在塔河南探区三叠系中油组发现了面积较大的岩性圈闭油藏。W110 井中油组产油层厚度为 4m（4345.97 ~ 4349.97m），产油 17.1m^3/d，产气 42500m^3/d，不含水；WY2 井中油组测井解释油气层厚度为 17.5m；WT1 井中油组产油 76.8m^3/d；WN1 井中油组产油 72.0m^3/d。此外，还有多口井有油气显示，显示出该区中油组巨大的勘探潜力。

1　地质概况和研究思路

塔河南探区在构造上位于阿克库勒凸起东南斜坡与顺托果勒隆起顺北斜坡的过渡地区，表现为下古生界向北抬升的斜坡形态，上古生界呈楔形披覆于下古生界之上；中新生界整体呈由北西向南东方向抬升的单斜构造背景，局部发育断距小、延伸短的小断层，局部存在中油组砂岩上倾尖灭型圈闭、微幅构造；三叠系与下伏石炭系呈角度不整合接触，与侏罗系一般为平行不整合接触，部分地段发生削截现象，呈不整合接触。三叠系主要为辫状河三角洲相和滨浅湖相至较深湖相的砂岩与泥岩互层沉积，发育有上、中、下三套砂体，分别与上覆厚层泥岩构成了较好的储、盖组合配置。其中中油组厚度变化最为明显，砂体厚度在 0 ~ 60m 之间变化，说明地层的非均质性强，横向变化剧烈。钻井揭示研究区三叠系储层的主要岩性为灰色砾质粗砂岩和中砂岩、细砂岩等，储层的孔隙度高，渗透性好。

针对研究区地层非均质性强、横向变化剧烈、储层预测较难的特点，在前人研究结果的基础上，提出了针对性的研究思路：利用测井约束地震反演技术预测砂体的展布；利用频谱成像技术对砂岩储层的边界进行刻画，结合约束反演预测结果，获得更合理的砂体分布范围；利用地震衰减梯度属性对储层流体进行描述，预测含油气砂体的分布。

2　频谱分析

基于薄层调谐原理的频谱成像技术可以很好地检测储层边界。如果将频谱成像技术作为

基础研究，那么它将为后期的精细反演提供合理的地质模型和反演参数；如果将其作为一个条件对反演进行约束，那么最终的解释结果将更加可信。

需要强调的是，频谱成像完全依赖于地震数据体本身，因此要求地震数据为保持振幅处理的纯波数据，这样才能使高频信息尤其是弱高频信息得以充分应用，从而保证地震频谱成像结果分析的有效性。

2.1 目的层段的频谱分析

为了调查了解目的层段频谱的空间变化情况和频带宽度变化情况，必须针对目的层段进行频谱扫描和频谱分析。

图 1 是过 WT1 井主测线上不同地震道范围的频谱扫描图。分析可知，CDP 范围从大向小变化时，高频信号的变化比较明显，特别是 CDP756—CDP856 的频谱[图 1(d)，WT1 井位于 CDP806]，55Hz 以上的有效信号变得较弱，这与储层横向上变化较快相对应；地震主频在 28Hz 左右，频带宽度为 10～65Hz。

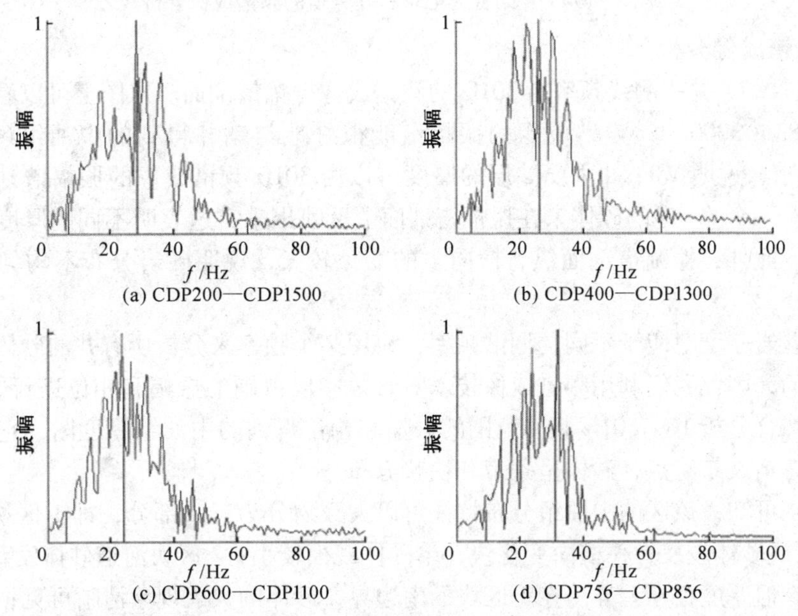

图 1　过 WT1 井地震主测线的频谱分析

对工区所有井的过井地震测线进行了频谱分析，确定目标层的地震主频为 25～30Hz，频带宽度为 7～65Hz，优势频率为 15～35Hz，而 40～65Hz 的有效信号能量很弱。

2.2 井旁道频谱成像分析

图 2 是 WT1 井的合成记录和井旁道的频谱成像图。可见，砂岩与地震频谱成像有较好的对应关系，因此，可以利用频谱成像技术检测砂岩的分布范围和空间沉积特征。同时可以通过分析调谐振幅，利用调谐振幅最大值对应的调谐频率，确定目的层段的最佳调谐频率范围。对工区所有井进行了井旁道频谱成像分析，确定出目的层段的最佳调谐频率范围为 15～35Hz。

分析图 2 可知，合成记录和井旁道的频谱成像在能量上存在差异，这是由于地震数据中高频有效信号能量很弱所致。由此，印证了目的层段的频谱分析结果，即大于 40Hz 的有效信号能量很弱。

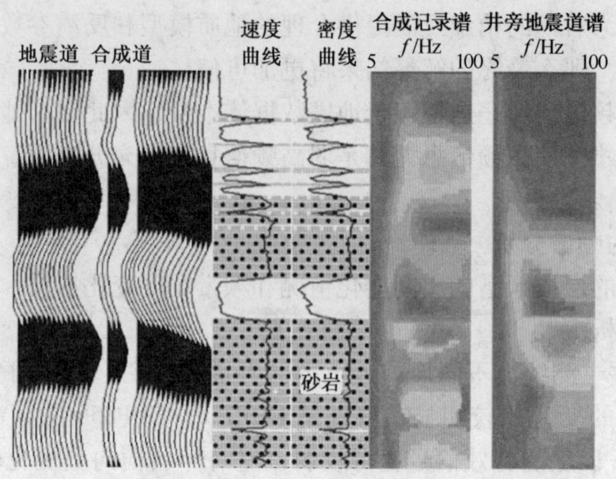

图 2　WT1 井的合成记录和井旁道的频谱成像分析

2.3　频谱成像分析

图 3 是过 WT1 井主测线频率为 30Hz 的频谱成像振幅谱剖面。从图上可以看到，在井点位置深度 2983 ~ 3000ms，频谱成像的振幅谱能很好地与钻井得到的中油组(砂岩厚度为 27m)对应起来，说明 WT1 井主要储层的厚度可以由 30Hz 频谱成像的振幅谱刻画。但在中油组顶之上有一个 6m 厚的砂体未在振幅谱剖面上反映出来，这表明不同的厚度对应于不同的调谐频率。此外，振幅谱剖面纵、横向上的变化较大，说明砂岩分布不均匀，厚度变化较大。

不同的砂岩厚度对应于不同的调谐频率，只用某个频率来分析所有井的砂体横向变化是不切合实际的，因此我们利用频谱成像技术对有效频段范围的振幅和相位进行了综合分析。图 4 是通过综合分析 10 ~ 50Hz 频率范围的振幅和相位得到的中油组厚度图，它清楚地反映出河道的形态与展布特点，砂体呈条带和块状分布。

分析图 4 可知，该区的中油组分布特征可以大致划分为三大部分，即 1 区块、2 区块和 3 区块。1 区块砂体较发育，横向变化快，单砂体规模较小；2 区块河道砂体发育；3 区块砂体广泛发育，但厚度存在差异。在 1 区块的南边界，砂体的尖灭现象清晰可见；而在 3 区块内，WT102 井和 WP3 井时间厚度(位于黄色区域)较 WT101 井的时间厚度(位于蓝色区域)大一些。

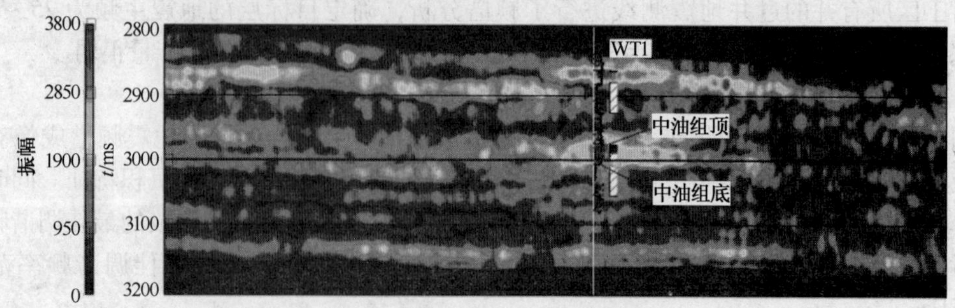

图 3　主测线频率为 30Hz 的振幅谱剖面

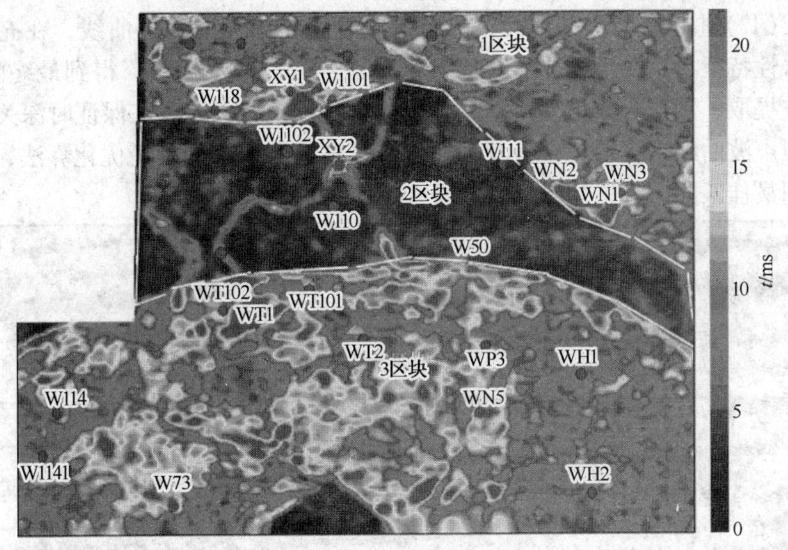

图4 中油组厚度分布特征(时间)

3 测井约束地震反演

利用测井约束地震反演对砂体分布进行了预测。首先对测井曲线进行了交会分析(图5)，结果表明声波测井曲线不能很好地反映地层岩性的变化，自然电位测井曲线能够很好地区分砂岩和泥岩，因此采用拟声波曲线构建技术，将对岩性变化敏感的自然电位测井曲线构建为拟声波曲线，用于地震反演。

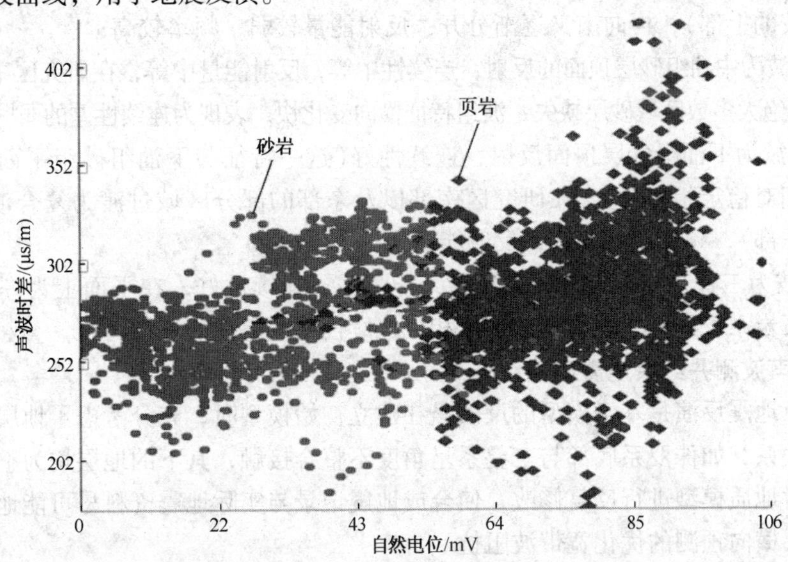

图5 WT1井砂泥岩交会分析

3.1 层位标定和子波提取

首先对标准层位进行标定，确定时深关系。该区的地震主频为25～30Hz，为此，我们采用主频为28Hz的理论Ricker子波，通过一维正演模拟确定了子波的极性、主频和长度；

然后对标准层(T_5^0)进行标定，得到大致的时深关系；应用声波测井曲线，在充分考虑地震波组特征、岩性特征、钻井地质分层等因素情况下，做进一步标定，得到最终的时深关系。然后进行子波提取，制作合成记录，对层位进行精确标定(图6)。在保证时深关系不变的前提下，利用拟声波曲线来提取拟声波反演子波。子波提取采用的是最优化算法，使合成记录和井旁道得到最佳匹配。

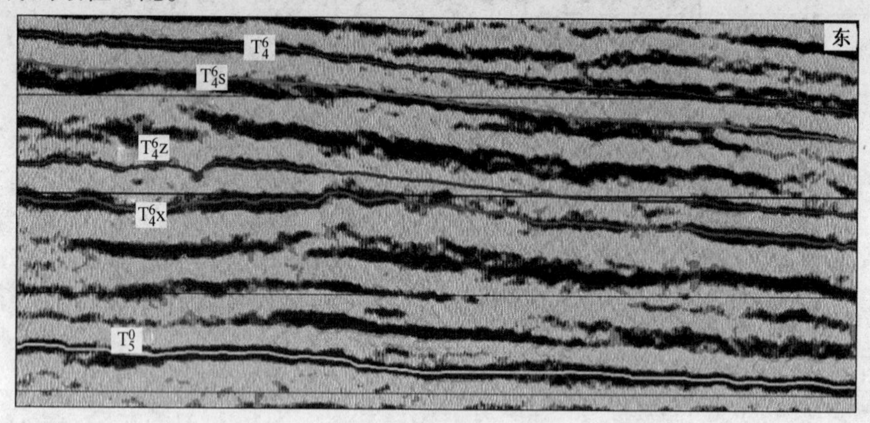

图6 过WT2井和WN5井的连井地震剖面

研究区各层位的波组特征如下：

(1) T_4^6波为侏罗系与三叠系界面反射，连续性较好，能量变化较大，由较弱到中等，局部较强，频率为中、高频；

(2) T_4^6s波为上油组砂层顶面的反射，连续性较好，由南向北逐渐变为一复合波(标定位置为复合波的上部)，再向南又逐渐分开，反射能量较弱，频率较高；

(3) T_4^6z波为中油组砂层顶面的反射，连续性中等，反射能量中等，在研究区中部该套砂岩相变为泥岩，绝大多数区域砂层缺失，波组特征横向变化快，表现为连续性差的弱振幅反射；

(4) T_4^6x波为下油组砂层顶面反射，连续性好(这一特征与下油组砂组平面分布广，厚度大，沉积相对稳定相吻合)，在研究区南部以及东部的部分区域过渡为复合波(标定位置为复合波的下部)，频率相对偏低，反射能量强；

(5) T_5^0波为三叠系与石炭系界面反射，能量强，连续性好，在平面上为一套稳定的反射，下伏的石炭系反射则表现为弱能量、相位连续性差或空白的反射特征。

3.2 拟声波测井约束地震反演

测井约束地震反演是基于模型的反演。在建立初始模型时，充分考虑了地层的构造框架和地层接触关系，如侏罗系底部与三叠系呈角度不整合接触，其下的地层均为整合接触。通过迭代反演对地质模型进行反复修改，使合成地震记录与实际地震资料尽可能地逼近，以求取适合目的层横向预测的优化宽带波阻抗。

图7是过WY1井主测线地震反演波阻抗剖面，可见，反演剖面的垂直分辨率很高，接近于测井的分辨率，反演结果与钻井结果相吻合，泥岩和砂岩之间的波阻抗分界明显。在WY1井井点处，深度3009~3012ms和深度3021~3035ms，波阻抗均表现为高值，在这两个井段钻遇中油组砂岩($Z_{T2}-Z_{B2}$，厚6.5m；$Z_{T3}-Z_{B3}$，厚21.5m)。说明反演波阻抗能很好地区分砂泥岩。

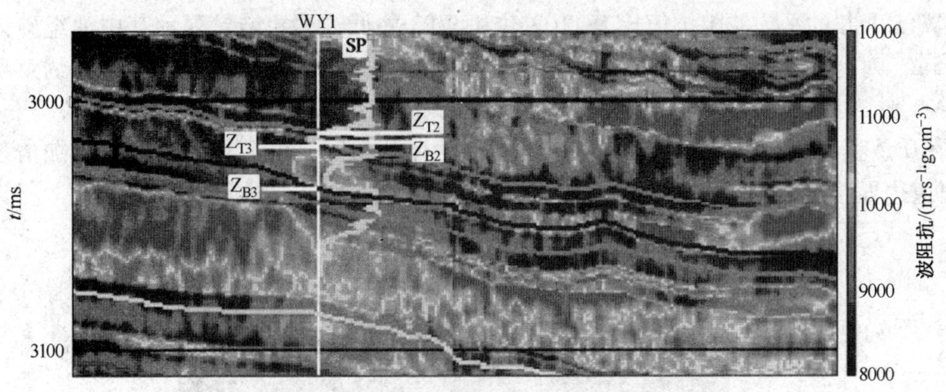

图 7　过 WY1 井主测线反演波阻抗剖面(局部放大)

图 8 是 WT101—WT1—WT102—WT2—WP3 连井线的反演波阻抗剖面，其中 WT1 井和 WT2 井参与了反演，反演结果与测井结果完全吻合；WT101 井、WT102 井和 WP3 井为后期钻井，3 口井的自然电位曲线(SP)反映的岩性与反演剖面反映的岩性一致，即反演预测的砂体位置和厚度与实钻吻合；在 WT101 井的中油组砂岩中厚为 3.1m 的泥岩夹层也被预测出来(图中白色箭头所指位置)。

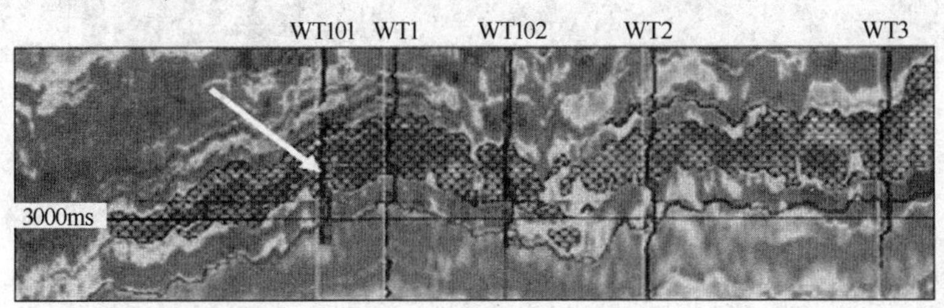

图 8　连井反演波阻抗剖面

图 9 是反演得到的中油组砂岩的平均波阻抗平面分布图，河道的形态与展布特征清楚地反映出来，砂体呈条带和块状分布，分布很不均匀，在中北部可见砂体尖灭现象；WT102 井和 WP3 井位于较高阻抗区域，钻井结果表明，两口井中油组的砂体厚度分别为 47m 和

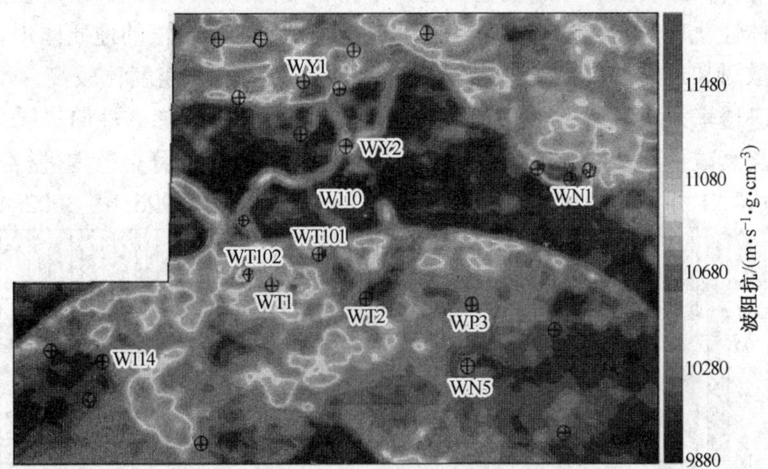

图 9　中油组砂岩平均波阻抗平面分布特征

53m；WT101 井的平均波阻抗值比 WT102 井和 WP3 井低，钻井结果揭示其中油组砂体厚度为 38.5m。对比图 4 和图 9 不难发现，中油组砂体发育趋势频谱成像结果与测井约束反演结果基本一致，储层边界频谱成像较测井约束反演刻画得更清楚。

图 10 是利用频谱成像约束地震反演得到的砂体分布图，可见，砂体边界更加清楚，尤其是河道边界。

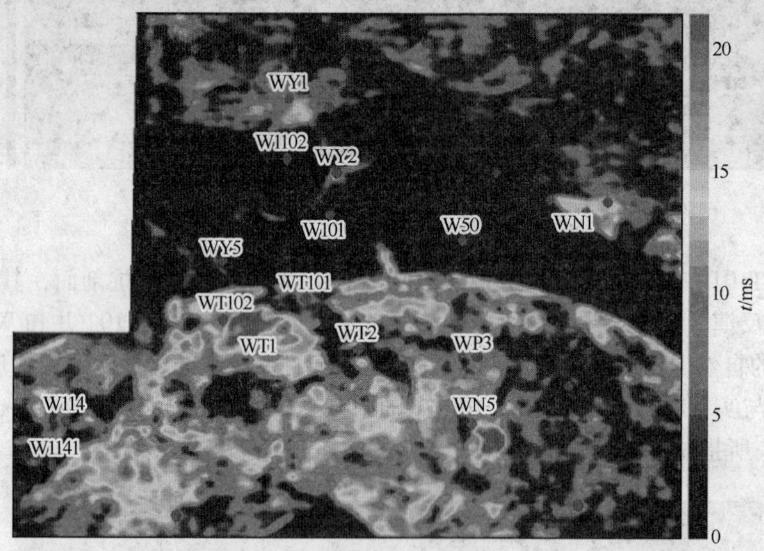

图 10　频谱成像约束地震反演的中油组砂体厚度分布特征(时间)

4　衰减梯度属性

属性分析的目的是将储层特征通过地震属性定量表现出来。但地震属性繁多，Brown 按照数学、物理学方法将地震属性分为时间、振幅、频率和衰减 4 大类。要从众多属性中获取有效地震属性，关键是地震属性的标定，也就是认识和识别出能够反映地质意义和物理意义的具有稳定统计特征的属性。经过反复标定、对比和分析，认为衰减梯度属性能够较好地描述储层的含流体性。理论研究表明，与致密的地质体相比，当疏松的地质体中含流体时，会引起地震波的散射和地震波能量的衰减。研究区砂岩的密度和速度比较高，平均孔隙度为 14% ~25%，渗透率为几十到几百 $10^{-3}\mu m^2$，属于中孔、中—高渗透性储集层。孔隙中充填有流体时，地震衰减梯度会明显增加，据此可以对含油气储层的分布范围进行描述。

图 11 是过 WN1 井主测线地震衰减梯度属性剖面，中油组 2996.8 ~ 3002.4ms 的地震衰

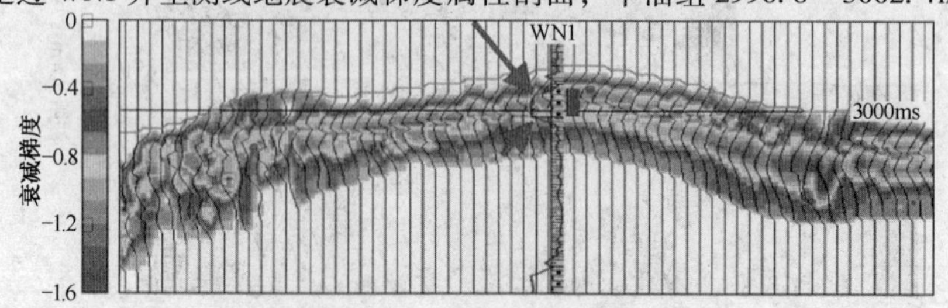

图 11　地震衰减梯度属性剖面

减梯度属性范围在-0.8～-1.6之间变化(红黄色)，为强吸收衰减，正好对应钻井揭示的中油组油层段(4259.0～4264.7m，图中粉红色箭头指示段)。也就是说，储层中含有流体时，地震衰减梯度属性表现为强吸收衰减。

图12是中油组地震衰减梯度属性平面图，含油气储层分布范围清晰。分析可知，含油气储层分布于河道沉积上，范围为WY1井西、WN1井西南、WT1井南和W114井西等地区。统计分析表明，在中油组钻遇到流体的井，均表现为强吸收衰减，表现为微弱或无吸收衰减的井，93%的井未钻遇流体。

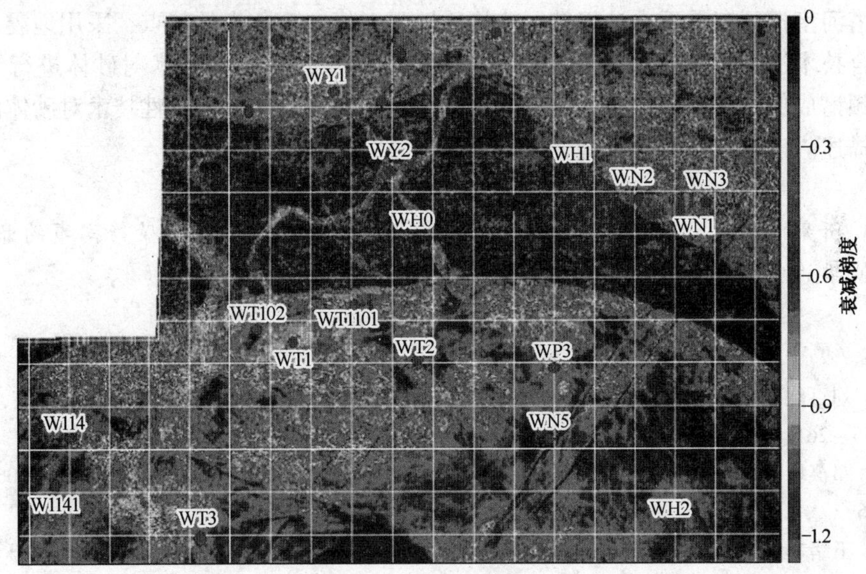

图12 中油组地震衰减梯度属性平面分布特征

利用信息融合技术，获得了中油组含油气砂体厚度图(图13)。对比图10和图13，可见

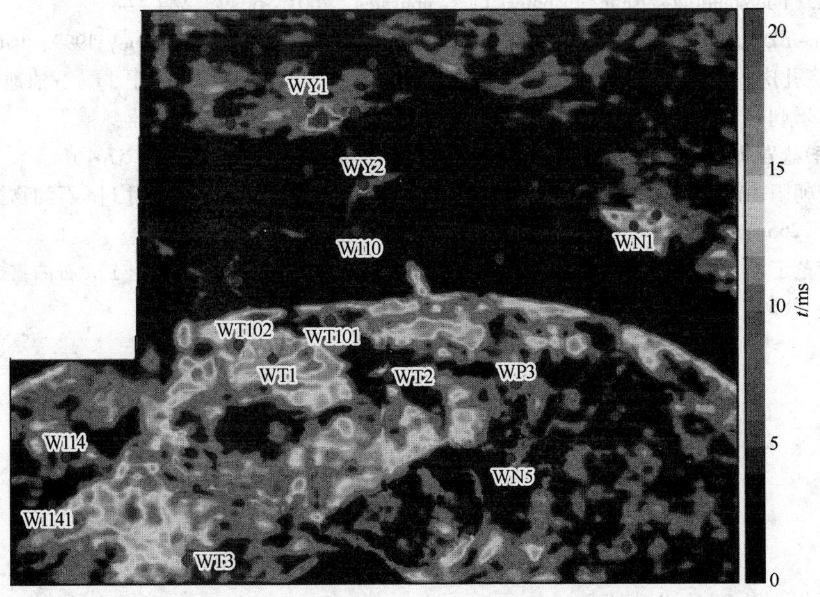

图13 中油组有效砂体厚度分布特征(时间)

含油气砂体范围较反演技术识别出来的砂体范围小很多。在图 10 上 WN5 井东南区域砂岩较发育，经信息融合后，在图 13 上该位置含油气砂体并不发育，时间厚度值在 0 附近。在图 10 上砂岩发育且在图 12上吸收衰减强的区域，如 WT1 井、WN1 井和 WY1 井，经信息融合后，在图 13 上这些井的含油气砂体发育，并且在中油组均钻遇流体。

5　结束语

针对塔河南探区三叠系中油组储层非均质性强、横向变化大的特点，采用地震反演和地震属性联合技术进行了储层预测。利用拟声波曲线约束地震反演技术对砂体进行了有效识别；利用频谱成像技术对砂体边界进行了检测；利用地震衰减梯度属性技术对砂体的含油气性进行了描述。以上技术的有机结合，保证了预测结果的可靠性。

致谢：研究中得到了南京石油物探研究所曹辉兰、蔡玉华、张秀荣等同事的鼎力相助，在此表示诚挚的感谢！

参　考　文　献

1　郑四连，刘百红，张秀容等．伽马拟声波曲线构建技术在储层预测中的应用[J]．石油物探，2006，45(3)：256～261

2　于文芹，邓葆岭，周小鹰．岩性指示曲线重构及其在储层预测中的应用[J]．石油物探，2006，45(5)：482～486

3　徐明华，王绪本，李学华．自然伽马反演在双家坝构造飞仙关组鲕滩储层预测中的应用[J]．石油物探，2003，42(3)：346～349

4　王延光．储层地震反演方法以及应用中的关键问题与对策[J]．石油物探，2002，41(3)：299～303

5　Brown A R. 地震属性及其分类[J]．严又生译．国外油气勘探，1997，9(4)：529～530

6　Brown A R. Understanding seismic attributes[J]. Geophysics，2001，66(1)：47～48

7　Qian S，Chen D. Joint time-frequency analysis[J]. IEEE Signal Processing Magazine，1999，16(2)：52～67

8　王西文，杨孔庆，杨午阳．基于小波变换拟瞬时吸收系数的计算方法和应用[J]．石油地球物理勘探，2002，37(增刊)：116～118

9　蔡瑞．碳酸盐岩地层反射结构分析与储层预测[J]．石油物探，2006，45(1)：57～61

10　冯凯，查朝阳，钟得益．反演技术和频谱成像技术在储层预测中的综合应用[J]．石油物探，2006，45(3)：262～266

11　苑书金，董宁，于常青．地震波衰减技术在鄂尔多斯盆地储层预测中的应用[J]．石油物探，2006，45(2)：182～185

相控储层预测技术及其在大牛地气田D井区的应用

关　达[1]　张卫华[1,2]　管路平[1]　张秀容[1]

（1. 中国石化石油勘探研究院南京石油物探研究所，江苏南京 210014；
2. 中国地质大学，湖北武汉 430074）

摘要：在地震和地质条件复杂地区，利用纯地球物理方法进行储层预测，由于受到地震资料品质和预测方法多解性的影响，使得预测精度成为制约地震勘探开发的关键。为此，提出了相控储层预测技术，即利用地震相和沉积相控制地震储层预测。给出了相控储层预测技术的基本原理——综合利用地质、物探和测井资料，从地震相出发寻找储层识别模式，利用沉积相(有利地震相)控制地震储层预测。在大牛地气田D井区，应用相控储层预测技术对盒3段和山1段的有利储层分布范围进行了预测，预测结果与井的符合率高达90%以上。

关键词：大牛地气田　河道砂体　相控储层预测　地震相/沉积相　地质成因　预测精度

基于地震属性与地震反演的储层预测在寻找油气藏和定量描述油气藏方面发挥了巨大的作用，取得了良好的效果。但随着勘探目标的复杂化，地震储层预测结果的多解性日益显现出来，成为困扰地震解释人员的一大难题。如何提高储层预测的精度，最大限度地降低储层预测的多解性，是摆在地球物理勘探研究人员面前的一个亟待解决的问题。为此，地球物理工作者提出了一些解决方案，但这些方案总体上沿袭的是技术革新或者改变数学变换方式的思路，以至于使目前可提取的地震属性达数百种之多。而属性综合技术的应用，则产生了更多的由不同属性组合而成的新属性。

但新的属性能否改善储层预测的精度还是一个未知数，如基于神经网络的优化属性有时反而会得出与实际地质情况出入甚远的结果，特别是在储层非均质性强的河流相沉积地区；地震反演虽然具有较高的垂向分辨率，但横向分辨率却很低，为此，一些学者在反演过程中引入层序地层格架和地震属性作为控制，利用层序作为控制的关键问题在于即使是四级地层层序对岩性的控制能力也很弱，以地震层序作为控制牺牲了反演的纵向分辨率，而横向分辨率并没有得到改善；利用属性约束反演则存在着属性反映的横向连续性是否真实的问题，即属性本身也存在多解性问题。在地震资料目前的分辨能力下，单纯的从技术角度出发，提高储层预测的精度是非常困难的。

我们从地震资料和地震技术客观实际出发，针对目前提高储层预测精度的要求，从地质和地震结合的角度，提出了相控储层预测的思路和方法。

1 相控储层预测基本原理

相控储层预测就是以地震相/沉积相控制属性或反演结果，从地质成因的角度降低储层预测的多解性。具体的实现过程是：

（1）利用地质资料和地震资料研究工区内的构造沉积特征，寻找储层发育的总体规律；

（2）利用井资料和地震资料寻找储层预测的敏感性参数；

（3）利用正演模拟研究储层的地震响应特征，并与实际地震资料进行对比，利用井资料作为控制，确定储层在实际地震剖面上的响应特征，划分出有利地震相带，以有利地震相带约束属性和反演；

（4）从储层的沉积环境出发，即利用前期获得沉积相控制储层预测结果或储层预测过程，寻找在有利沉积环境内发育的储层。

相控储层预测包括储层沉积和构造背景特征的研究，以及刻画具体储层的方法技术研究。

图1(a)是相控储层预测框架图。主体思想是在寻找储层发育整体规律的前提下，对目标储层进行精细雕刻。整体规律的认识可通过构造分析、沉积分析和沉积环境内岩相的组合分析来实现。特别是岩相的组合分析，可从沉积环境出发寻找不同岩性的时空配置关系，为煤系储层等特殊地层内的储层预测寻找到一种新的解决方案。

图1(b)是实现相控储层预测的流程图。相控储层预测就是在储层的沉积和构造背景特征研究的基础上，利用针对性的方法技术刻画储层。强调储层预测的综合性：地质和物探的结合，不同的储层预测方法的结合，多种成果的综合；注重储层预测的思路，认为储层预测的方法技术要服从于预测储层的目的，实现了储层预测由注重方法技术到注重储层预测思路的回归，这与凌云提出的注重基本属性应用的思想是一致的。相控储层预测的关键在于对储层发育整体特征的认识和把握，以及储层预测方法的针对性和有效性。

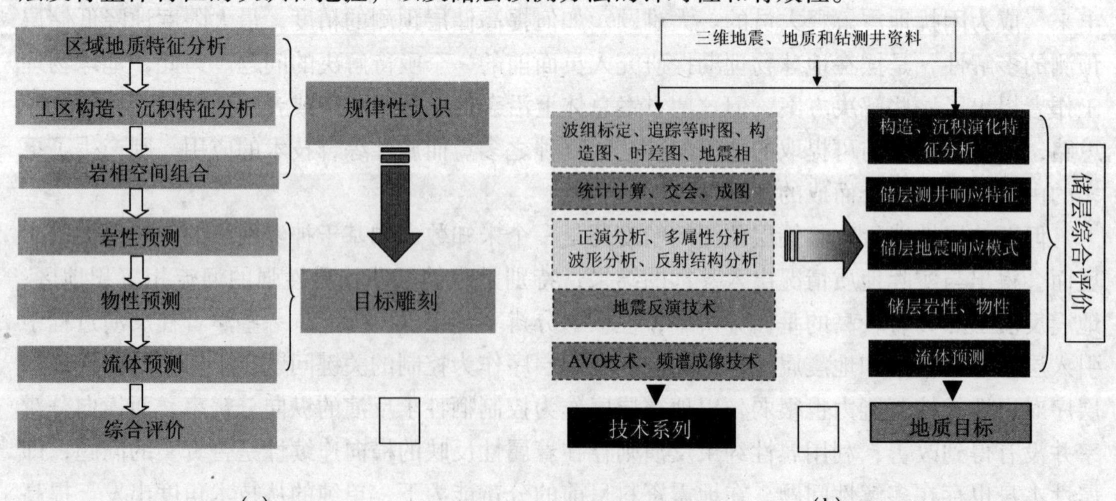

图1 相控储层预测思路(a)和实现流程(b)

实现相控储层预测有2种方式：一是松散的相控储层预测，即将储层预测结果与沉积相研究成果相结合，认为在有利相带内发育的储层为有利储层；二是紧密的相控储层预测，即将沉积相作为约束条件，进行属性提取和反演，直接预测出有利储层。2种实现方式均需要地质和物探的紧密结合，精确的相分析以及对储层敏感的属性和反演参数是获得好的结果的前提。

2 相控储层预测在大牛地气田的应用

2.1 大牛地气田储层基本特征

大牛地气田上古生界发育有3套主力产气层，即二叠系下石盒子组、山西组和石炭系太原组。下石盒子组和山西组储层为河道砂，太原组储层为河道砂和滨海砂坝。所有储层均为低孔、低渗的致密储层，孔隙度范围在4%～19%，一般小于6%，渗透率一般低于0.5mD。储层的横向非均值性强，河道砂经过多期叠加改造，河道砂的主体发育部位很难确定，单砂层薄，小层对比困难，储层的空间延伸规律难以确定。钻井结果证实了这一特征，在J15井获得工业油气流后，围绕该井部署了J6，J7，J8，J9，J10，J11和J12等井，但钻探后这些井的天然气效果均不理想(图2，深色五角表示获工业油气流的井，浅色五角表示失利井)。山西组和太原组煤层发育，煤系地层强反射淹没了储层反射，利用地震属性和反演方法难以识别储层(图3)。大牛地气田地表为沙漠，地表条件复杂，造成资料的信噪比、分辨率较低，反射特征不清晰，而且资料的主频低、频带窄，不能满足薄储层预测的要求(图3)。围岩与储层的波阻抗差异小，基于常规方法的波阻抗反演不能有效地识别储层(图4)。

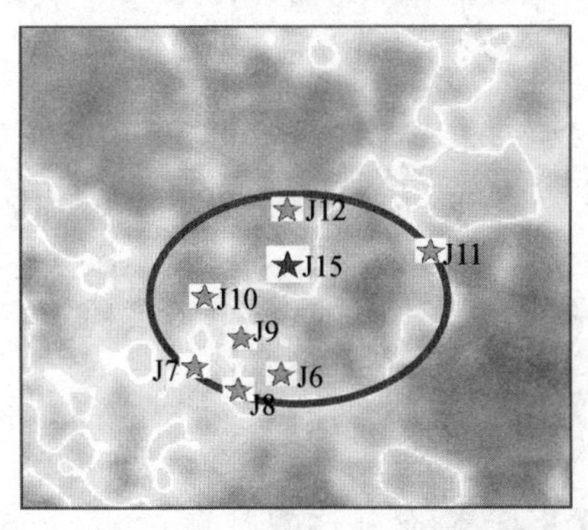

图2 围绕J15井部署井的分布情况

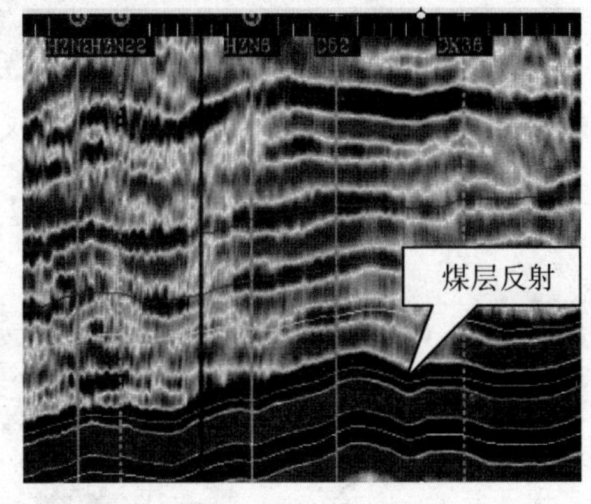

图3 过J52－JK35井的常规地震剖面

在大牛地气田已开展了长期的地震勘探方法研究工作，但研究结果与钻井揭示结果仍存在相当的差距，不能满足井位部署的要求。我们认为相控储层预测是提高大牛地气田储层预测精度的有效方法。

2.2 储层发育整体规律认识

根据相控储层的思路，我们对盒3段储层的地质特征进行了详细分析，认为控制盒3段天然气分布的是河道砂体，因此，应从整体上认识河道砂体的分布规律。该区的研究程度低，对沉积相的研究相对薄弱，我们采用研究沉积背景的方法来分析和确定河道发育的范围。

图5为盒3段储层沉积背景图(兰色代表河道，红黄色代表高地)，可以看出，区内发

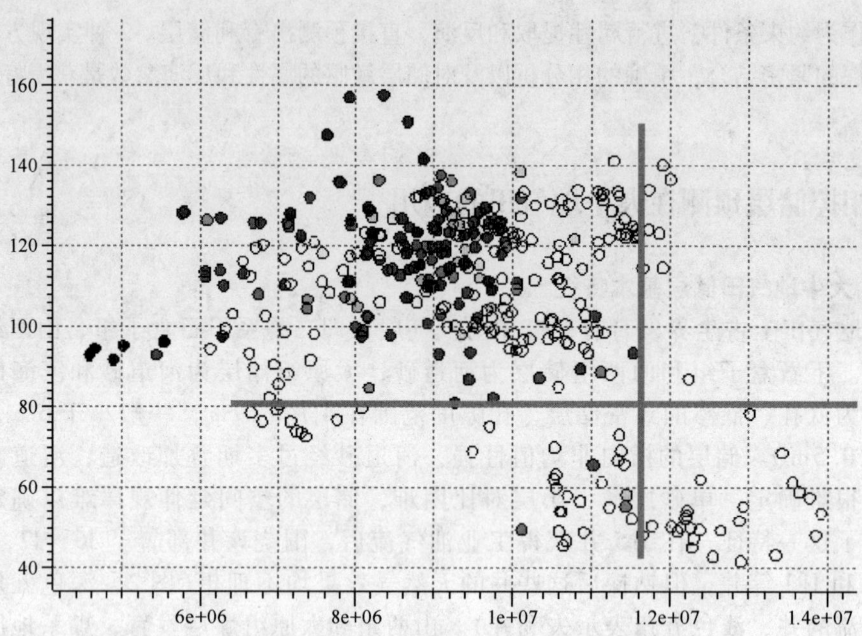

图4　自然伽马和声波阻抗交汇分析（○为砂岩，●为泥岩）

育有1条北北东向的主河道和2条北北西向的支流河道。因此，我们认为，大牛地气田D井区的主要储层分布在西部，沿北北东向展布。

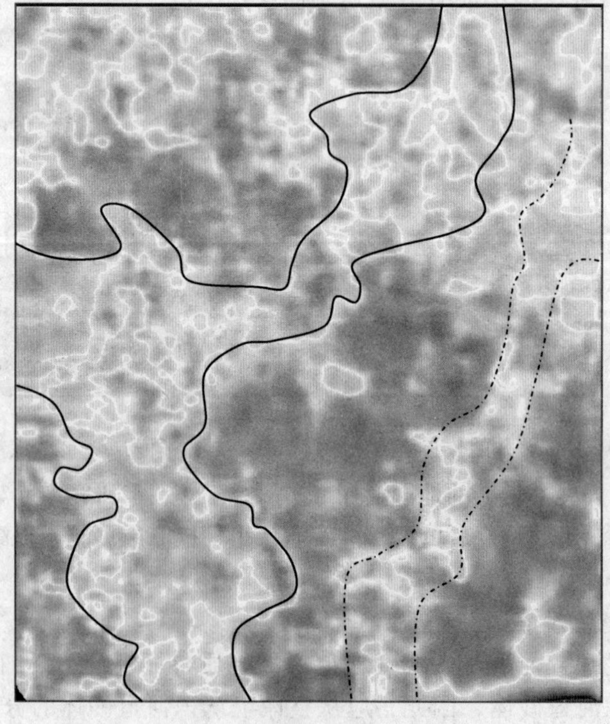

图5　盒3段储层的沉积背景

2.3 储层预测

相控储层预测的关键是对储层整体规律的认识和针对性的方法技术。常规属性分析和反演有一定的局限性，因此，我们提出了利用正演模拟和相控地震属性技术刻画储层的平面分布，通过伽马曲线拟声波波阻抗反演定量描述储层的研究思路。

首先我们通过正演模拟和井资料分析得到有利储层的2种反射结构——透镜状强反射和短轴状强反射；然后提取了这2种反射结构的控制地震属性，获得了包含地震相意义的属性图；但是地震资料本身具有多解性，因此我们将地震相控储层预测结果和沉积背景相结合，进行了进一步分析，最终获得了D井区的储层分布特征(图6)。对储层预测结果分析认为，河道砂体主要分布在工区的东部，受分流河道的控制，非均值性强，改变了原先对储层沿主河道大面积分布的认识。

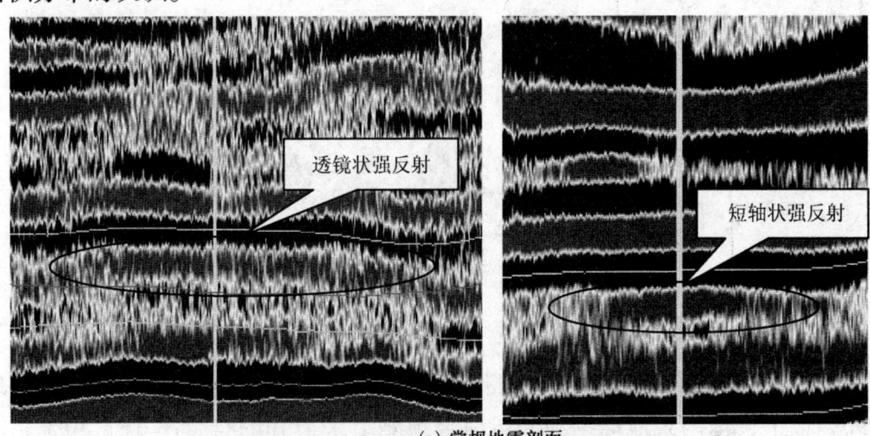

(a) 常规地震剖面

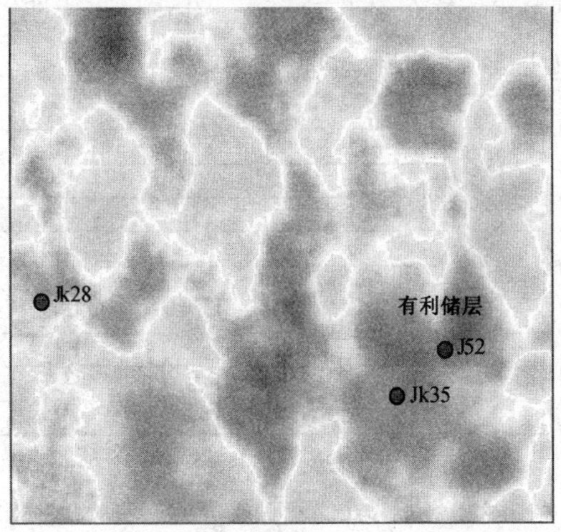

(b) 振幅属性

图6 盒3段的振幅属性

3 预测效果分析

为了验证相控储层预测技术的有效性，我们将相控储层预测结果与以前的预测结果进行了对比分析。在没有进行相控储层预测之前，根据地震反演和地震属性分析结果在盒3段高产区部署的探井有16口空井。对这16口井的分析表明，这些井均位于河道的边部或河间高地上(图7)。

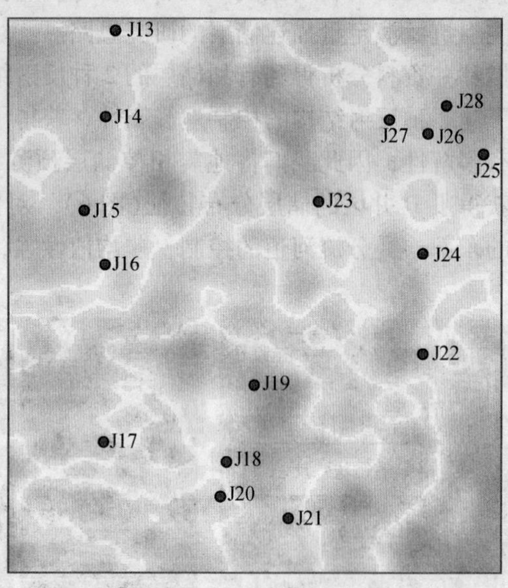

图7　盒3段失利井在盒3段沉积背景图上的位置(局部)

我们对几种储层预测结果(图8)与钻井的吻合率进行了分析。相控储层预测结果与井的符合率在90%以上，国内某地球物理公司综合预测结果与井的符合率小于50%，国外某地球物理公司综合预测结果与井的符合率小于40%。分析结果表明，相控储层预测结果与井的符合率要大大高于纯地球物理方法储层预测的精度。

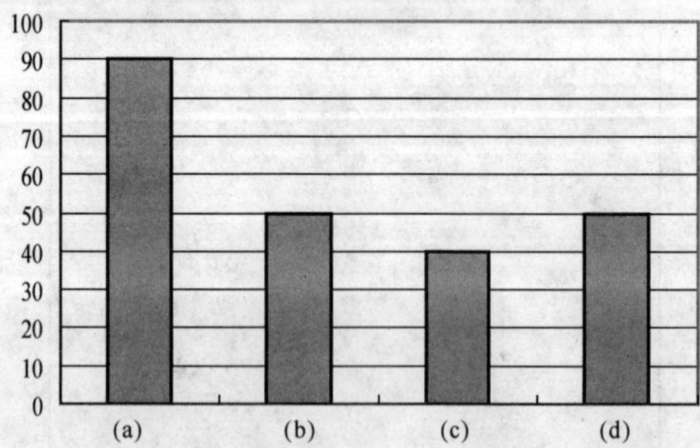

图8　D井区不同方法储层预测结果与实钻吻合率对比

(a) 相控储层预测方法；(b) 综合预测方法(国内)；(c) 综合预测方法(国外)；(d) 地质方法预测结果

4　结束语

利用相控储层预测技术对大牛地气田D井区的河道砂体的分布特征进行了描述，与井的符合率高达90%以上。我们认为，将地质和物探结合起来，可以避免地震资料的多解性给预测结果带来的影响，提高储层预测的精度。但是，相控储层预测技术在不同的地区有不同的实现方式，所包含的内容也有所不同，最终预测结果的质量取决于解释人员对地质和地震资料的理解。

参 考 文 献

1 高林，吴玉桂．地震属性技术[A]．张永刚．油气地球物理技术新进展——第 73 届 SEG 年会论文概要[C]．北京：石油工业出版社，2004

2 崔凤林，勾永峰，蔡朝晖．用于火成岩预测的地震属性提取及有效性分析 [J]．石油物探，2005，44(6)，598 ~ 600

3 张卫华．解释的回归——由注重解释方法到注重解释思路[A]．张永刚．油气地球物理技术新进展——第 73 届 SEG 年会论文概要[C]，北京：石油工业出版社，2004．93 ~ 103

4 印兴耀，周静毅．地震属性优化方法综述[J]．石油地球物理勘探，2005，40(4)：482 ~ 489

5 鲍祥生，尹成，赵伟等．储层预测的地震属性优选技术演技[J]．石油物探，2005，45(1)：28 ~ 33

6 宋维琪，冯磊．测井约束下的地震属性二次规划反演[J]．石油物探，2003，42(1)：298 ~ 301

7 凌云，孙德胜，高军等．基于三维地震数据的准层序组内沉积体的解释研究[J]．石油物探，2005，44(6)：569 ~ 577

测井约束地震反演技术在塔河油田碎屑岩储层预测中的应用

徐丽萍

（中国石化西北油田分公司勘探开发研究院，新疆乌鲁木齐 830011）

摘要：塔河油田T759井区白垩系卡普沙良群舒善河组目的层段的砂岩层较薄，砂、泥岩之间的阻抗差异较小，因此不能有效地对砂体进行追踪，给储量计算带来了一定困难。为此，针对该井区目的层段开展了储层测井地震约束反演研究。首先，对T759井区测井资料进行了分析，认为自然电位测井曲线可以较好地区分砂、泥岩；然后，采用精细井震标定、子波提取、初始模型建立、主组分分析、模型估算等方法进行测井约束地震反演，得到舒善河组的自然电位反演数据体，绘制了舒善河组自然电位反演均方根平面图，对砂体的展布特征进行了描述。

关键词：测井地震约束反演　测井资料归一化　初始模型　主组分分析　储层预测

塔河油田7区T759井区位于塔里木盆地北部沙雅隆起中段南翼阿克勒凸起的南斜坡上，中、新生界整体表现为向北西方向倾伏的单斜，局部存在低幅度构造。中、新生代沉积特征主要表现为陆内盆地沉积，早白垩世为辫状河—三角洲—湖泊相沉积，晚白垩世—古近纪为三角洲平原—洪泛平原沉积，新近纪为三角洲—湖泊相沉积。2005年，T759井钻遇了白垩系卡普沙良群舒善河组的油气层。该地层以灰绿色、棕褐色泥岩为主，夹中、薄层红棕色细砂岩。纵向上可分为两段：上段为一套中、厚层的下砂上泥组合；下段为中、厚层的棕褐色泥岩夹中、薄层红棕色细砂岩和粉砂岩。卡普沙良群舒善河组油气显示活跃，提交的探明储量层位位于舒善河组底部砂岩中。

舒善河组下段的砂岩组合分为上油气层和下油气层，T759井在舒善河组下油气层获产油85t/d和产气$13\times10^4m^3/d$，实现了塔河油田白垩系卡普沙良群舒善河组油气勘探的重大突破。为了进一步扩大T759井区的油气勘探成果，2006年8月，在T759井西南方向615m处一构造高点部署钻探了开发准备井KZ3井，同年10月10日，在KZ3井4039～4044m层段射孔试采，获产油25.83t/d，产气$2.8567\times10^4m^3/d$。之后，在当年12月完钻的T759-1井试采，获得了工业油气流。

舒善河组下段砂岩组合的砂层较薄，T759井、T759-1井和KZ3井揭示，最薄的砂层只有10m，最厚的也仅有24m(KZ3井)，在上、下油气层之间夹有厚度为10～15m的泥岩。从声波测井曲线上看，砂层与围岩的声波时差差异不明显(图1)，显然，应用波阻抗反演方法是很难对砂体进行有效识别的。而由自然电位曲线可见，砂体与围岩的自然电位差异较大，因此，利用自然电位能够很好地对砂岩进行识别(图1)。为此，我们采用测井约束地震反演技术获取自然电位数据体，对砂体进行识别和追踪。

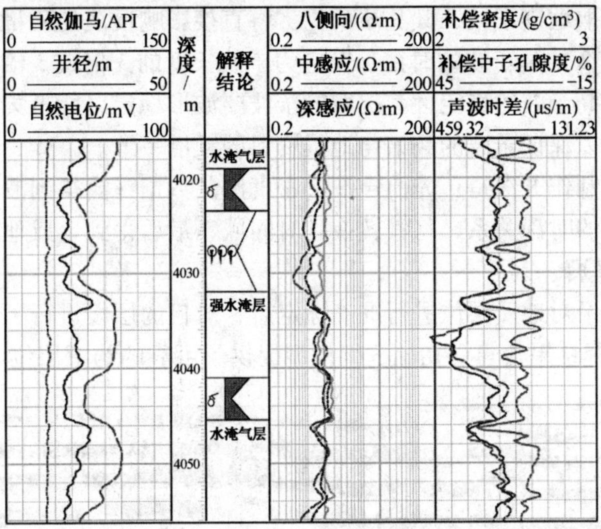

图1 T759井测井曲线

1 测井约束地震反演方法

1.1 测井资料归一化

在测井时，采用的仪器类型和刻度标准会有所不同，钻井环境(泥浆比重和地层水矿化度等)也会存在一定差异，因此由不同井测得的自然电位曲线，基线往往不同。为了得到可靠的自然电位数据体，所有井应采用统一的自然电位基线。因此，以纯泥岩段的趋势线作为基线，对自然电位曲线进行了归一化处理，归一化后的基线值为100mV(图2)。

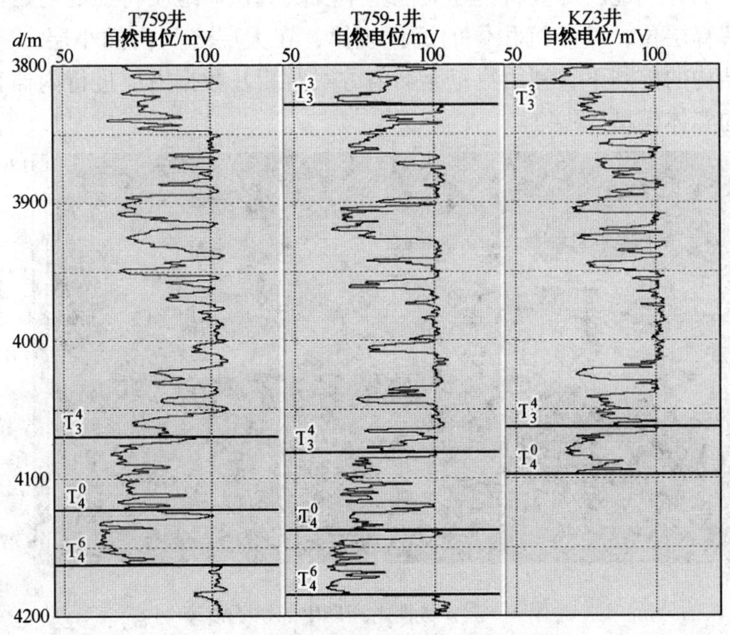

图2 归一化处理后的自然电位曲线

1.2　子波提取和合成地震记录制作

从地震资料中提取地震子波，其品质的优劣将直接影响反演的质量。提取子波的长度通常在100ms左右，那么估算子波的时窗长度应为子波长度的3倍或3倍以上，这样可以降低子波抖动的程度，提高子波的稳定性。提取的子波要波形稳定，能量集中在子波中央的主瓣上，旁瓣迅速衰减，以保证子波的频谱与地震资料的频谱一致。

合成地震记录的制作方法是：先由声波－密度测井数据计算得到波阻抗和反射系数，再根据声波曲线反映出的时深关系，将其转换到时间域，最后得到合成地震记录。

1.3　层位精细解释

利用合成地震记录对地质层位进行准确标定后，对目的层段进行了精细解释，结果如图3所示。层位精细解释结果为建立初始框架模型提供了可靠的约束层位。

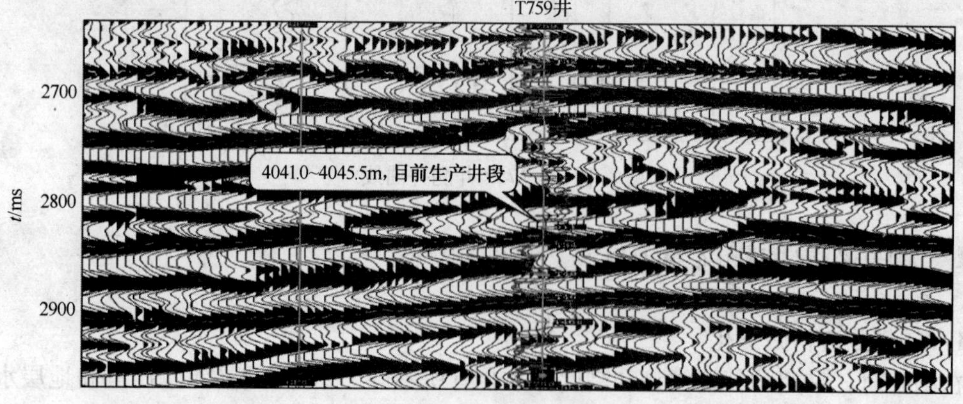

图3　过T759井北东—东西向的地震时间偏移剖面(波形显示)

1.4　初始地质模型建立

利用地震、测井和地质等资料，建立能基本反映沉积体地质特征的初始模型。具体做法是：根据地震解释层位，基于沉积体的沉积规律，在大层之间内插小层，建立地质框架结构；在此框架结构的控制下，利用克里金插值方式对测井数据沿层进行内插和外推，建立一个平滑、闭合的实体模型(图4)。

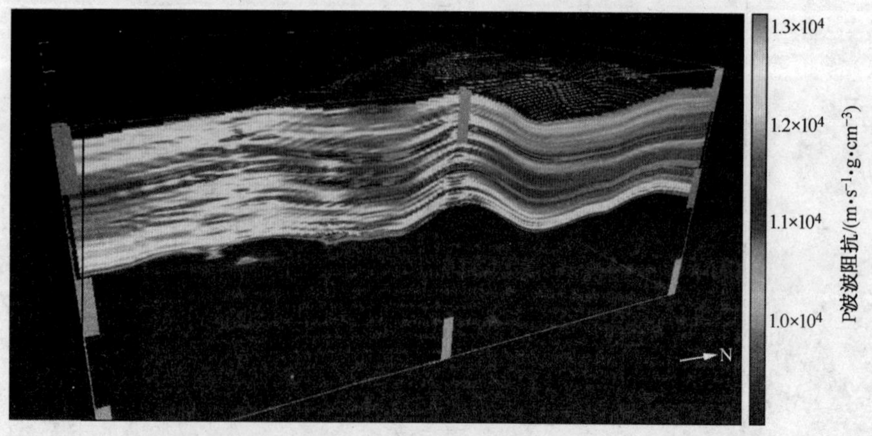

图4　测井数据内插产生的初始模型

1.5 主组分分析

主组分分析的作用是，用最小的参数描述模型，以便更好地进行模型估算，得到最优化、最可靠的模型。

地震资料的数据量巨大，求解权值的运算实际上是难以实现的。解决这个问题的办法是，在初始模型的基础上，首先对测井资料和地震资料进行主组分分析和奇异值分解；然后，通过求解非线性大型方程组，将其分解为一系列标准正交基(这些标准正交基是相互独立的)，每一道数据都可以表示为这些标准正交基的线性组合。各个标准正交基对线性组合的贡献是不一样的，在精度允许的范围内，选取贡献大的标准正交基(即主组分)来确定权值的分布。

为了保证主组分分析的可靠性，在进行主组分分析时必须满足以下4个约束条件：①对于每一种测井曲线，新分量值应该在原始曲线的最小值与最大值之间；②新分量的权值必须是正值；③权值之和必须是1；④新分量与权值结合所含有的信息应与老分量和权值结合的信息相同。

1.6 模型估算

在主组分分析基础上，利用正、反演迭代来优化初始模型，以使其与测井和地震资料达到最佳匹配。要使地质模型达到最佳，应满足下列约束条件：①最终模型的阻抗曲线应与初始模型的阻抗曲线一致；②应遵循初始模型的变化趋势；③两个模型之间的差异不宜过大；④由最终模型得到的合成地震记录与实际地震记录应有很好的相关性。

1.7 约束反演

测井约束地震反演采用的是Jason反演软件中的InverMod反演模块。InverMod反演技术的基础是，各地震道之间彼此相关，同一个模型任何一道的数据都可以由其它道的数据加权得到。在得到数据的权值空间分布后，将权值应用于各类测井曲线上，便可以得到各类测井属性数据体，如波阻抗和自然电位等。

通过初始模型建立、主组分分析、模型估算和正、反演迭代等，得到与实际地质体最逼近的地质模型，获得了波阻抗数据体(图5)和自然电位数据体(图6)。

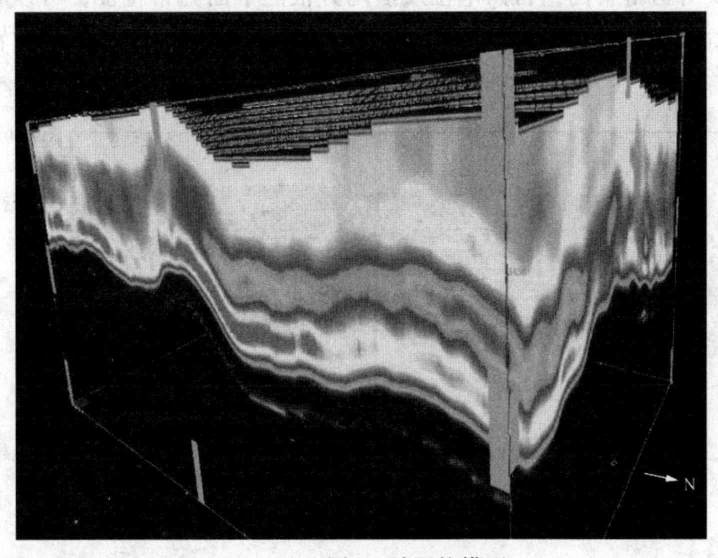

图5 波阻抗模型

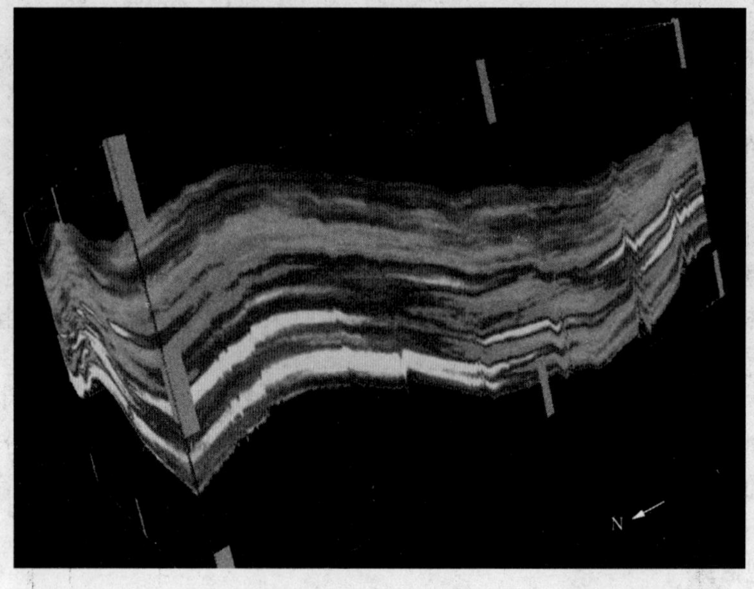

图 6　自然电位模型

2　预测效果分析

在 T759 井区，利用自然电位测井资料进行了地震约束反演，对舒善河组砂岩进行了追踪，对砂体的空间分布特征进行了描述，绘制了舒善河组砂岩自然电位均方根值平面图。

舒善河组的砂体薄，由波阻抗反演剖面(图 7)可见，砂岩与泥岩的波阻抗值相互重叠，因此利用波阻抗难以对砂体进行识别；在自然电位反演剖面上(图 8)，舒善河组各砂体清晰可辨，可以对厚度只有 10m 的薄砂体进行识别，横向可追踪对比，砂体厚度也与钻井揭示的砂体厚度相符。

图 9 展示了 T759 井区舒善河组自然电位反演均方根的平面分布特征，可以看见，在舒善河组发育有两个近南北向的砂岩条带，T759 井位于西侧条带的中部，两个砂岩条带在断裂发育带处出现错断。

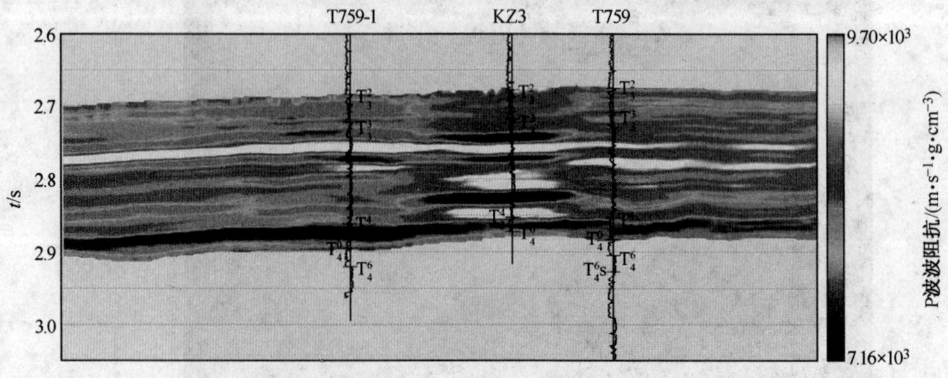

图 7　T759-1 井—KZ3 井—T759 井的连井波阻抗反演剖面

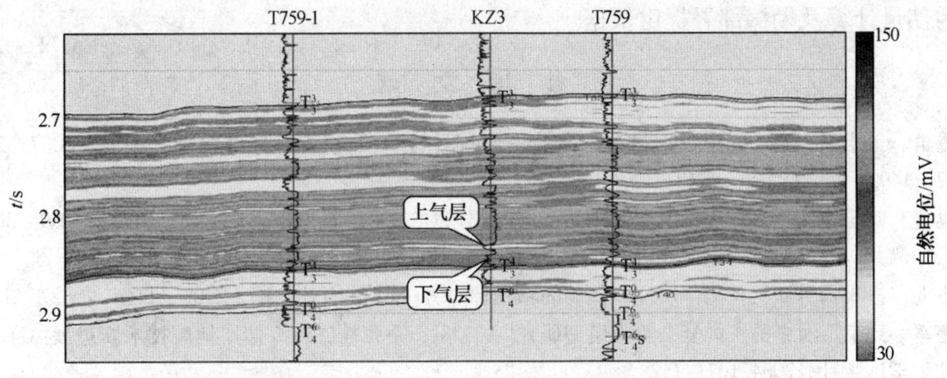

图 8 T759-1 井—KZ3 井—T759 井的连井自然电位反演剖面

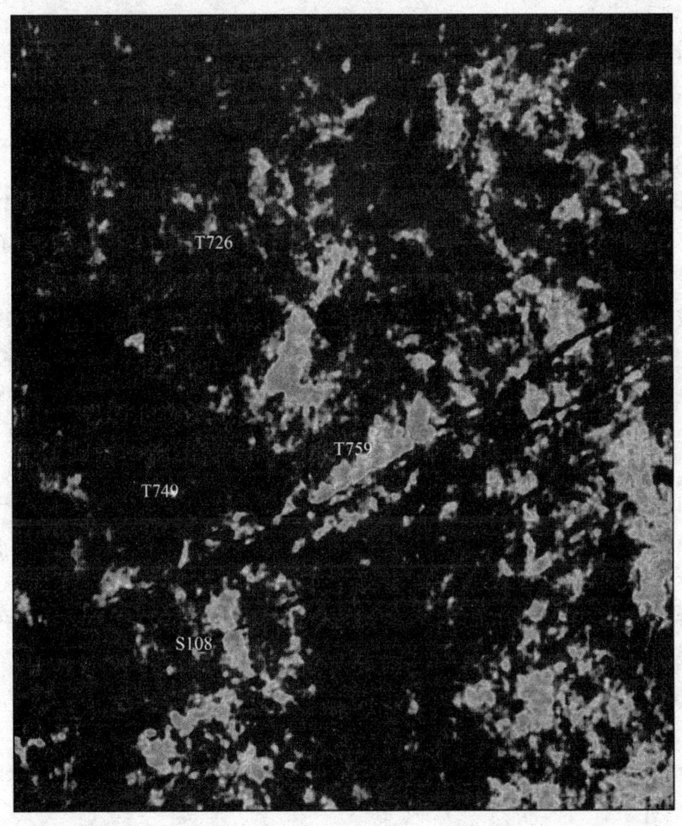

图 9 T759 井区舒善河组自然电位反演均方根平面分布特征

3 结束语

对于砂泥岩波阻抗差异微弱的碎屑岩储层，自然电位有更高的分辨率，为此提出了自然电位曲线的地震约束参数反演方法，并在塔河油田 T759 井区针对舒善河组砂岩进行了储层预测试验。结果表明，采用测井约束的地震反演技术得到的自然电位数据体能够较好地识别低差异波阻抗砂岩，可以有效地对舒善河组薄砂体进行追踪，对砂体的空间分布特征进行描述，为储量计算及勘探部署提供依据。

参 考 文 献

1 刘爱群，盖永浩．测井约束反演过程中测井资料统计分析研究[J]．地球物理学进展，2007，22(5)：1487~1492

2 王延光．储层地震反演方法以及应用中的关键问题与对策[J]．石油物探，2002，41(3)：299~303

3 凌云．测井与地震信息标定研究[J]．石油地球物理勘探，2004，39(1)：68~74

4 杨占龙，沙雪梅．储层预测中层位—储层的精细标定方法[J]．石油物探，2005，44(6)：627~631

5 孟宪军．约束反演中的三维复杂约束模型研究[A]．见：仝兆岐，编．储层地震技术新进展[C]．东营：石油大学出版社，2004.107~112

6 段云卿，王彦春，覃天，等．储层地震反演在辽河油田大民屯凹陷的应用[J]．地球科学，2007，32(4)：554~558

7 李方明，计智锋，赵国良，等．地质统计反演之随机地震反演方法——以苏丹M盆地P油田为例[J]．石油勘探与开发，2007，34(4)：451~455

8 凌云，惠晓宇，孙德胜，等．薄储层叠后反演影响因素分析与地震属性解释研究[J]．石油物探，2008，47(6)：531~558

9 杨林．于奇西地区砂泥岩薄互层反演方法应用研究[J]．石油物探，2008，47(2)：186~190

10 尹兵祥，杨剑萍，尹克敏．东营凹陷民丰断裂带地区地震反演及储层预测[J]．石油物探，2007，46(5)：484~487

11 郭朝斌，杨小波，陈红岳，等．约束稀疏脉冲反演在储层预测中的应用[J]．石油物探，2006，45(4)：397~400

12 杨少虎，黄玉生，彭文绪，等．声波重构技术在储层反演中的应用[J]．石油地球物理勘探，2006，41(2)：171~176

13 付志方，张君，邢卫新，等．拟声波构建技术在砂泥岩薄互层储层预测中的应用[J]．石油物探，2006，45(4)：415~417

14 刘淑华，张宗和．储层特征曲线重构反演技术——以冀东油田南堡凹陷为例[J]．勘探地球物理进展，2008，31(1)：53~58

15 谭明友，张建宁．地震反演结果的评价方法[J]．石油物探，2004，43(6)：551~555

储层的地震识别模式分析及定量预测技术初探
——以塔河油田碳酸盐岩储层为例

杨子川　李宗杰　窦慧媛

（中国石化西北分公司勘探开发研究院，新疆乌鲁木齐 830011）

摘要： 通过对塔河油田碳酸盐岩储层模型正演研究，结合储层实际地震反射特征，依据碳酸盐岩岩溶储集体的形态、规模、组合形式、距奥陶系风化面距离等多种影响因素，对塔河油田碳酸盐岩储层识别模式进行了系统的总结分析，总结出了不规则地震反射结构、串珠状强振幅地震反射结构、弱振幅低频地震反射结构三种储层地震识别模式，并对每种识别模式和三者之间的组合方式进行了详细论述。在此基础上，运用时频分析、反射强度、波形分析技术，依据对缝洞体空间分布研究及实钻的溶洞统计分析结果等资料，以缝洞单元划分结果为约束条件，对三维缝洞储集体的有效空间分布进行精细刻画，并求取视体积。初步探索了碳酸盐岩储层的定量预测方法，并取得一定效果。

关键词： 时频分析　波形分析技术　反射强度　地震反射结构　缝洞单元　识别模式　定量预测

塔河油田的主体为奥陶系碳酸盐岩缝洞型油藏，主要储集类型为缝洞型储层，储集体受岩溶、裂缝控制，形态复杂，纵横向非均质性强，埋藏深(超过5300m)，地震反射信号弱，其勘探开发极其困难。近年来，经过联合攻关研究，逐步形成了对裂缝、溶洞型储层进行识别的技术系列，但仍然难以满足以缝洞单元为开发单元的缝洞型油藏的开发要求。主要是由于对缝洞储集体的发育规模、空间展布规律等问题认识不够精细，这些都与缝洞识别技术方法的适应性以及对缝洞体的三维空间展布方向的了解有关。塔河油田现有碳酸盐岩储层预测的技术方法大多是对地震保幅数据体沿目的层的层面、切片、时窗段进行地震参数异常信息的提取，其预测结果只能反映目的层某个岩性界面或厚度段内缝洞体的地震异常信息，而不能反映缝洞体的规模。要想研究缝洞体的规模，需依靠地震反射能量体、频率调谐体、波阻抗体等数据体进行缝洞体规模描述。因此，开展缝洞储集体半定量—定量描述研究，进一步认识缝洞储集体的三维空间展布规律，提高碳酸盐岩缝洞型储层的预测精度，仍是塔河油田开发阶段需要研究的重要课题。

1　碳酸盐岩储层地震识别模式

塔河油田奥陶系储层地震反射波的变化除了地震本身的影响因素(如采集和处理)外，还与缝洞体大小、发育程度、距奥陶系顶面距离以及其它的地质因素(如地层平整度、过渡带、泥质充填、古地貌等)有很大的关系。近两年，利用正演模拟技术，根据碳酸盐岩岩溶储集体的形态、尺度范围、组合形式、距奥陶系风化面距离，建立了多种碳酸盐岩缝洞型储层理论地质模型和实际地质模型，对碳酸盐岩储层地震反射特征进行了大量的、系统性模型正演研究，获得了不同介质模型情况下的合成地震正演记录。

对上述正演模拟结果分析，并结合塔河油田碳酸盐岩实际地质与地震表现进行综合解释后发现，中、下奥陶统顶面(T_7^4 反射波)及内幕反射除与储层的发育程度有关外，还与储层所处位置密不可分，其规律性较强，并归纳出如下 3 种储层识别模式。

1.1　A 类模式(不规则地震反射结构)

多个地震道中、下奥陶统顶面(T_7^4 反射波)及内幕波形反射结构呈不规则状、无一定方向、振幅可强可弱，同相轴可长可短且连续性较差，常有非系统性同相轴反射终止和分叉现象，此种波形特征反映碳酸盐岩储层较为发育。从模型正演可知，能够形成 A 类地震波形反射特征的多与大小不等、形态各异的溶洞 - 裂缝集合体或符合一定条件的裂缝、地层塌陷等有关，反映的是一系列不同密度的裂缝带或纵向厚度较小的由随机分布的小孔洞组成的孔洞集合体构成的缝洞储集体的反射特征。并且反射能量强弱主要受缝洞密度、缝洞规模、裂隙发育程度、内部孔洞的分散程度、孔内或裂隙内充填物性质及距中奥陶统风化面距离等因素的影响。通过对塔河油田钻井钻遇储层与地震波形特征统计对比分析认为，累积产油量高、储层极为发育的钻井多为此类地震波形特征。尽管形成该类波形特征的因素较复杂，但可以认为，碳酸盐岩缝洞型储层越发育，缝洞集合体形状越不规则，形成的波形反射特征也越不规则、杂乱。此类反射特征在地震剖面上很容易识别(图 1)。

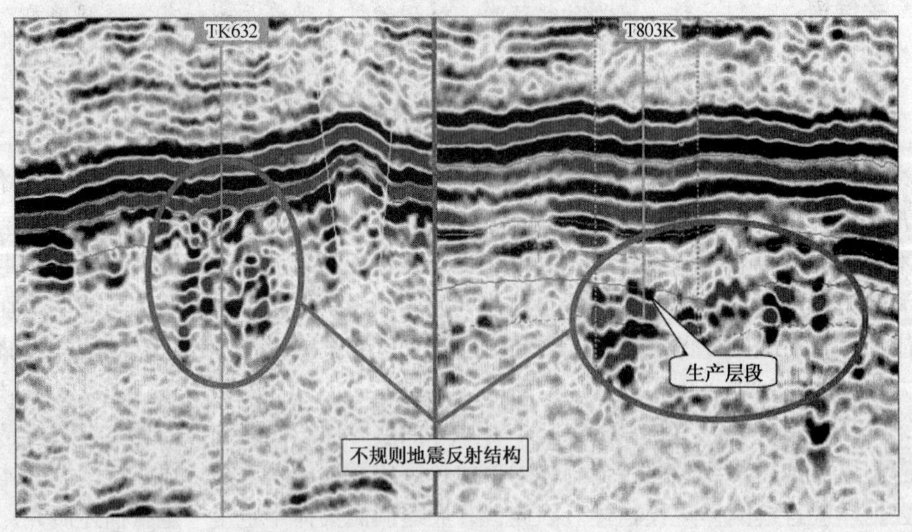

图 1　过 TK632 井和 T803K 井地震剖面

1.2　B 类模式(串珠状强振幅地震反射结构)

当缝洞储层距中、下奥陶统顶面大于 30 m 时，多个地震道 T_7^4 地震反射波(中、下奥陶统顶面)以下第一负波谷振幅大于后续的正波峰振幅值时，第一负波谷处即为碳酸盐岩储层发育位置，并且波谷的振幅值越大、频率越低，表示缝洞储层越发育。地震剖面上多表现为“串珠状”波形异常反射特征。典型的串珠状强振幅地震反射结构，如图 2 所示，主要是由储集体与致密围岩之间的多次波(耦极振荡)及绕射波经偏移归位后形成的较强短轴反射组成。通常的垂直洞穴异常体、球形溶洞储集体、裂缝储层、叠层状储层等在一定条件下都可形成“串珠状”地震反射特征。“串珠状”特征明显的程度受储集体的高度、宽度、形态、内部孔洞的分散程度、孔内充填物性质等因素影响。随着孔洞内的充填物从流体(1500m/s)变化到较致密的溶积砂岩或泥质灰岩(速度大于4000m/s)时(即孔洞内充填物的速度增大),或者储集体纵向厚度减小时,“串珠状”反射波振幅会减弱。

从串珠形成的数量上,可分为单珠、双珠和多珠3种类型;从中、下奥陶统顶面及内幕串珠的反射强度上,可分为顶面强反射、内幕为串珠以及顶面弱反射、内幕为串珠2种组合类型。一般而言,串珠的数量代表储层的发育规模,但要注意识别多珠“串珠状”由于耦极振荡、反射多次波等现象造成的假像和陷阱。顶面弱反射、内幕为串珠说明中奥陶统顶面和内幕发育储层,之间可能存在一套致密灰岩隔层;顶面强反射、内幕为串珠则说明中奥陶统顶面储层不发育或规模较小,而中奥陶统内幕(T_7^4 地震反射波30m以下)储层较发育。

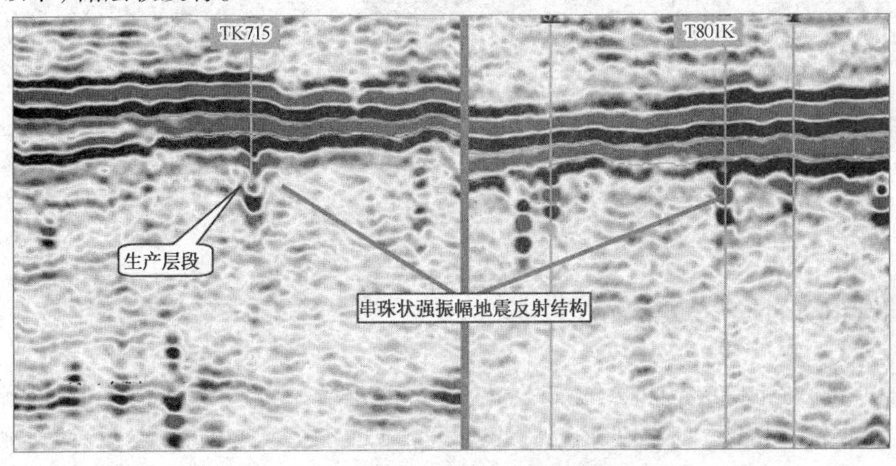

图2 过TK715井和T801K井地震剖面

1.3 C类模式(弱振幅、低频地震反射结构)

储层发育在中、下奥陶统顶部,T_7^4 地震反射波呈弱反射、低频特征,如图3所示。该反射特征通常出现在奥陶统风化面附近(距风化面5~20 m)。这主要是由中、下奥陶统顶面反射波与沿横向分布范围宽、纵向厚度小的溶洞反射叠加引起的,使得中、下奥陶统顶面反射波的能量变弱,而溶洞底部与下伏围岩之间的正极性反射受到下奥陶统顶面反射波的负极性续至波叠加也变得较弱。在中、下奥陶统风化面附近,溶洞厚度增大或溶洞内充填物速度愈低,中、下奥陶统顶面反射波及溶洞底部的反射的能量会更弱、频率会更低。但随着距离奥陶统风化面愈远,溶洞顶底反射会加强,并产生振荡效应,渐渐过渡到串珠状强振幅地震反射波形结构。

对于上奥陶统覆盖区,C类模式应慎用。因为上奥陶统恰尔巴克组泥灰岩速度较低,势必降低 T_7^4 反射的振幅强度,这和C类模式的弱振幅低频储层反射特征相类似,因而难以识别。此种情况下,应根据 T_7^4 反射波下拉幅度和相位横向发生相移以及频率下降幅度进行综合识别。一般而言,T_7^4 反射波下拉幅度越大、频率突变为低频,可作为储层发育的识别依据。

上述3种储层地震识别模式，在实际地震剖面上，可演变成多种模式的组合形式，如串珠状强振幅地震反射结构，大致有3种组合形式：①顶部弱反射加内幕强串珠；②顶部强反射加内幕强串珠；③多个串珠组成杂乱强反射。弱振幅、低频地震结构，也可产生3种组合形式：①顶部、内幕弱反射；②顶部弱反射加内幕强串珠；③顶部弱反射加内幕杂乱反射。

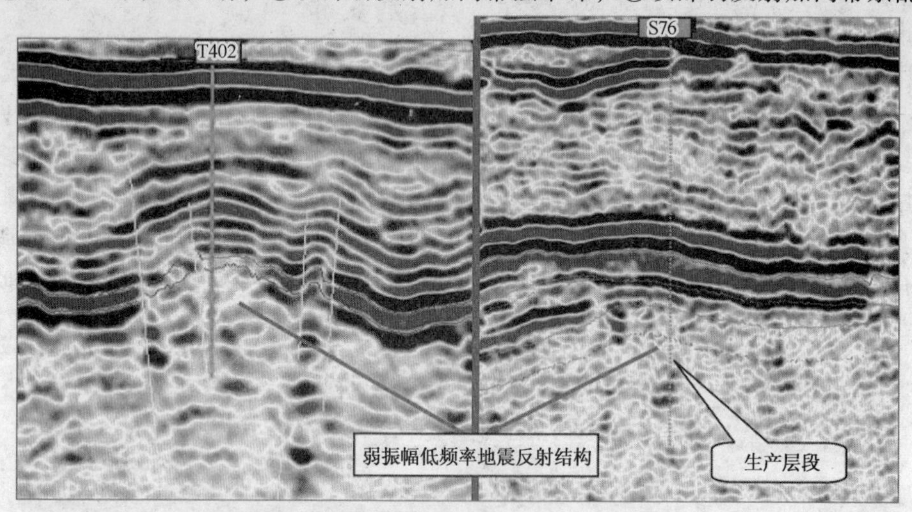

图3　过T402井和S76井地震剖面

2　碳酸盐岩储层定量描述技术

塔河油田以往的储层预测技术(如振幅、振幅变化率等技术)大多是对地震保幅数据体沿目的层的层面、切片、时窗段进行地震参数异常信息的提取，其预测结果只能反映目的层某个界面或时间段缝洞体的地震异常信息平面横向变化情况，不能反映储层在三维空间的变化特征，而地震反射能量、分频技术、波形分析技术成果产生的是三维空间数据体，通过可视化技术，能够反映储层在三维空间上的展布特征。

2.1　频谱分解储层三维空间描述技术

分频解释技术就是将地震信息从时间域转换到频率域进行目标地质异常体识别，或者是转换成单一频率的时频四维数据体。该方法在对三维地震资料时间厚度、地质不连续性进行成像和解释时，可在频率域内对每一个频率所对应的振幅进行分析。这种分析方法排除了时间域内不同频率成分的相互干扰，从而可得到高于传统分辨率的解释结果。经过分频解释处理后呈现出来的是全新的储层成像，可以更好地确定储层几何形态，反映储层内部的非均质变化。

该技术在短时窗内沿层(或等时)生成振幅或相位谱数据体，这种新的数据体在垂向上为连续变化的频率。塔河碳酸盐岩储层多表现为强振幅反射特征，因此，利用可视化手段将不同频段的调谐振幅数据体内强反射刻画出来，即可达到研究储层空间展布特征的目的。

以塔河油田4区为例，利用频谱分解技术进行储层三维空间展布研究。对于4区，储层地震反射特征主要有2种，一是以T402井和S48井为代表的表层内幕均为弱反射，为对应储层产能相对最好的反射类型之一，尤其奥陶系表层弱反射基本都代表储层发育的良好部位，前人以距离奥陶系顶面60m为界，将本区缝洞分为浅层缝洞和深层缝洞。浅层缝洞一般都会对奥陶系表层的地震反射形成影响，使表层反射变弱。60m在地震剖面上基本对应20ms的时间范围。二是串珠状反射，对应储层的产能总体较好。除此之外，“不规则反射”包括“斜产状”以及“块状杂乱强反射”，基本都获得高产或工业油流，也为本区与产能对应最好的反射类型之一。上述这几类都属于强反射，虽然有些强反射是从奥陶系表层开始，但基本都会延伸至20ms之下。且强反射最大的范围可达到奥陶系表层之下100ms。

基于4区储层特征多表现为弱反射和强反射，对于本区的分频解释技术采用这样的思路：圈定出本区奥陶系表层20ms内弱(空白)反射以及20~100ms内异常强反射的几何形态及范围。

针对4区奥陶系表层20ms内弱(空白)反射，调谐体(Tuning Cubes)弱能量区代表弱反射的范围，弱能量的中轴位于30Hz左右(图4)。通过对原始地震数据体进行频谱分析，从频谱图上可以看出奥陶系所在层段主频为30Hz左右，有效频宽为18.5~60 Hz。正好与调谐体能量团的中轴对应频率一致。因此选取30Hz作为分析奥陶系表层20 ms内弱(空白)反射空间分布情况(图5)。图中能量团边界基本代表了表层弱反射的边界几何形态。从T403—TK410—S48—T401—T402一线表层弱反射成一个条带状分布，且该条带基本与本区的岩溶构造高点展布范围一致。通过钻井分析与缝洞地震反射特征对比分析认为，30Hz数据体反映缝洞分布规律最好，前人利用钻井压力测试资料解释的本区缝洞连通单元也基本受该条带控制。

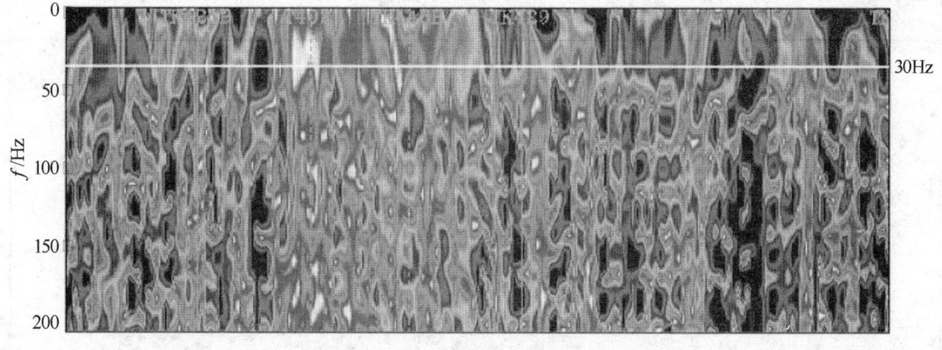

图4 4区不同频率调谐振幅剖面

4区奥陶系20~100 ms内强反射主要发育有串珠状反射、内幕规则较强-强反射以及“不规则强反射”，具有这些反射特征的地方在本区基本都获得高产或工业油流，是本区与产能对应较好的几种反射类型。所以分频处理在奥陶系内幕主要针对强反射类型(图6)。图6清楚地反映了4区西部20~60 ms范围内的TK440—TK427—TK417B一线以及4区东部TK404—TK409一线存在2个较大规模近南北向强反射带；在4区南部T403—TK446B井区以及TK405—TK467—TK464B井区存在一个南北向和一个近东西向的小规模强反射带。

2.2 波形分析储层三维空间描述技术

地震反射波形分析主要研究道与道之间的波形变化，包括一个或多个同相轴的包络形

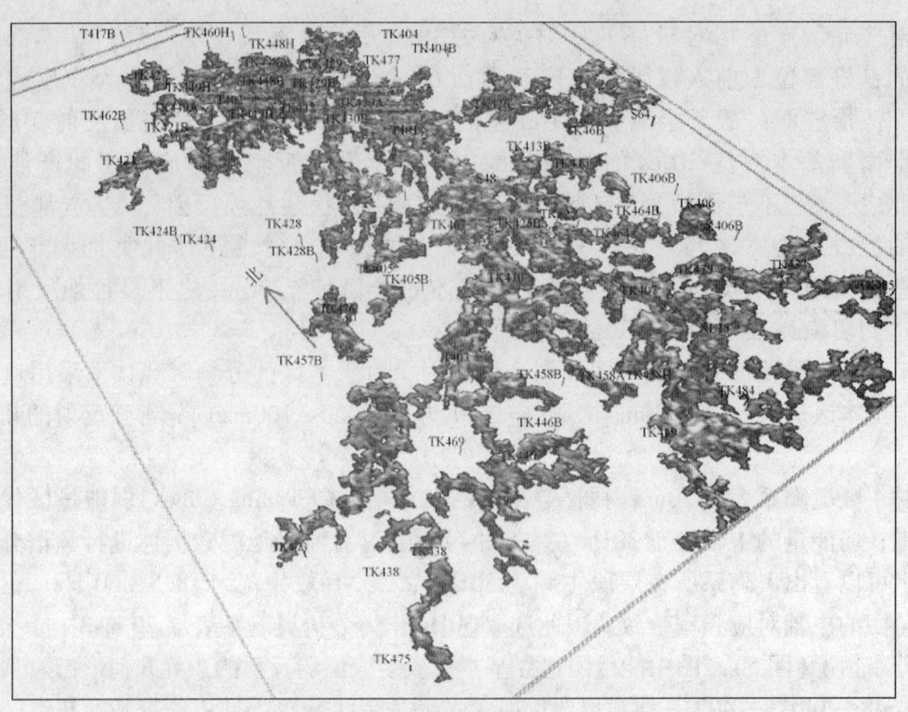

图 5　塔河 4 区奥陶系表层 20ms 时频分析预测的储层发育带

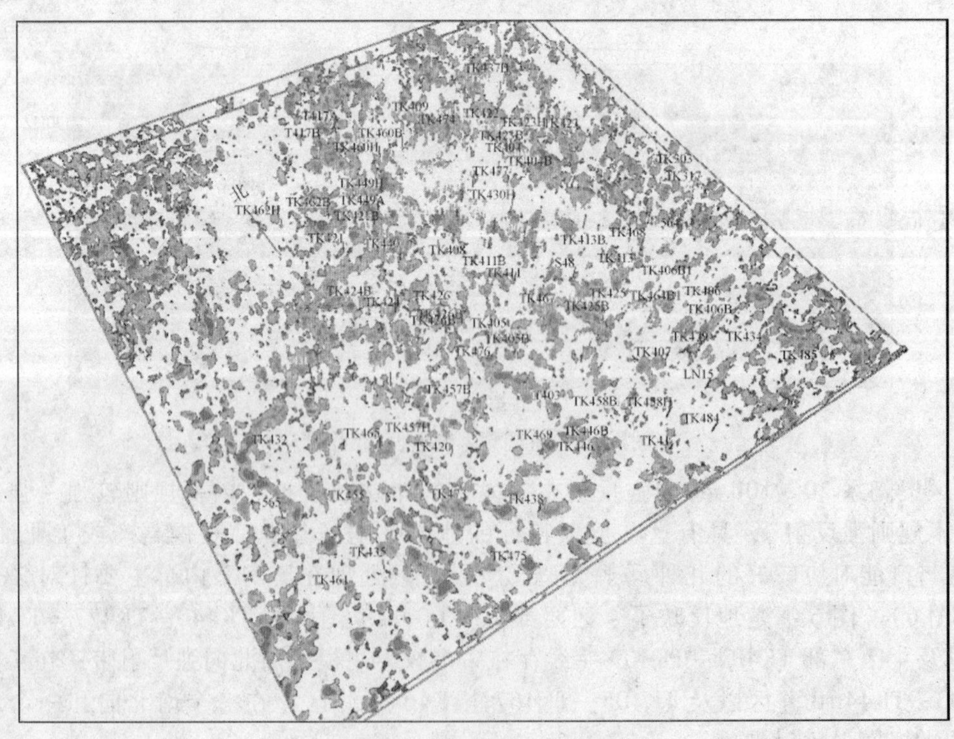

图 6　塔河 4 区奥陶系深层时频预测(30Hz)

状，振幅变化率与超出的周期数、主频、由同相轴各组之间干涉产生的不规则相位，以及上述各项的自相干和互相干，从而预测碳酸盐岩不同级别的缝洞型储层及其所在的大致位置。当储层的厚度、发育部位和发育程度发生变化时，反射波的波形特征也随之变化，利用这种关联性变化即可达到储层预测的目的。

以塔河油田8区为例，利用波形分析技术进行储层三维空间展布研究。该区基本不存在表层弱反射类型，主要以串珠状反射为主。根据有监督波形分析法预测结果(图7)，8区发育有3个储层带，并认为这3个带具有储层连通性。另在8区西部外还发现一个连通性较差的近南北向展布的储层发育带。通过沿储层发育轴向任意线剖面观察，储层有的部位为表层连通，有的部位为中深层连通。

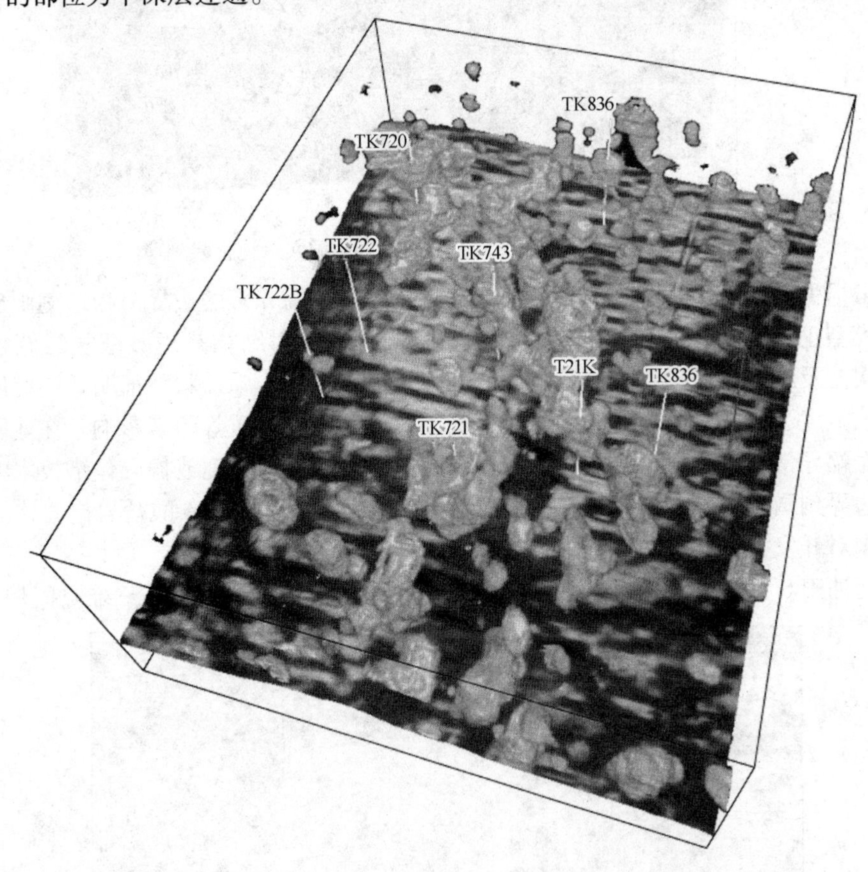

图7 塔河油田8区有监督波形分析预测结果(局部)

根据波形分析预测成果，结合前期8区缝洞单元、连通单元研究成果，利用三维可视化子体雕刻技术，有选择性进行了缝洞单元体的雕刻，如TK824井。地震剖面显示位于内幕连续强反射整个波谷半个相位，平面位于8区东北部，邻近发育有不规则强反射，表层弱反射等。利用波形预测结果进行雕刻，可知该储集体平面延伸方向总体为东西向，并且有分支，如图8所示，推测与T702发育的浅层洞穴具有连通性，自动计算种子点雕刻洞穴面积0.698km^2，体积为0.0037km^3。

2.3 反射强度储层三维空间描述技术

平均反射强度(瞬时振幅或振幅包络)是复地震道属性中的一种，常用来确定亮点、平点、暗点，也用来确定岩性、地层甚至流体成分的变化。作为复地震道振幅的绝对值，在某

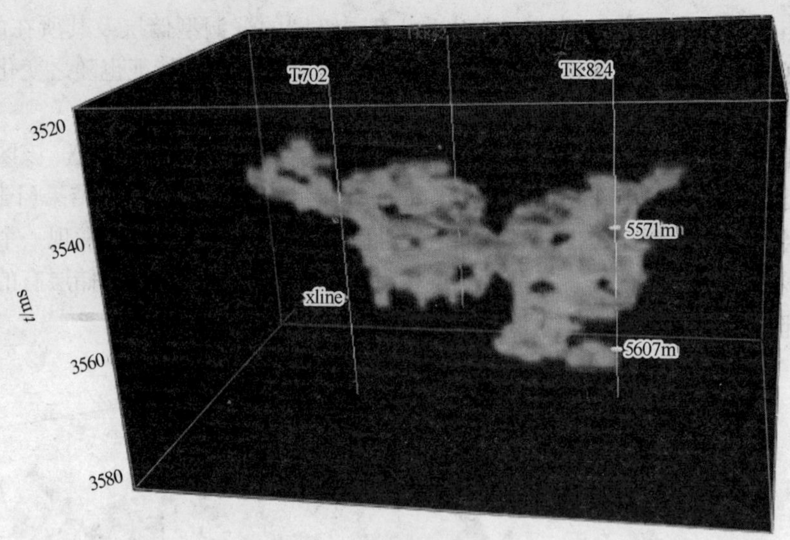

图8　TK824井5571~5607m井段对应洞穴可视化雕刻

种程度上虽损失了地震垂直分辨率，但却能够将完整的振幅异常的边界清晰地刻画出来。

前期模型正演研究表明，“串珠状”强振幅短同相轴反射结构是由碳酸盐岩储集体顶底之间的多次波及绕射波经偏移归位后形成的较强短反射组成，串珠状特征明显的程度受储集体的高度、宽度、形态、内部孔洞的分散程度、孔内充填物性质等因素影响。在地震属性上表现为强振幅异常反射、强振幅变化率特征，因此，利用反射强度或振幅包络技术将其强振幅异常的边界刻画清晰(图9)，便能达到准确预测塔河油田奥陶系碳酸盐岩储集体的分布规律的目的，对开发井位部署和缝洞单元的划分将有重要的指导意义。

以塔河油田8区和10区为例，利用反射强度预测技术开展了储层三维空间展布研究。

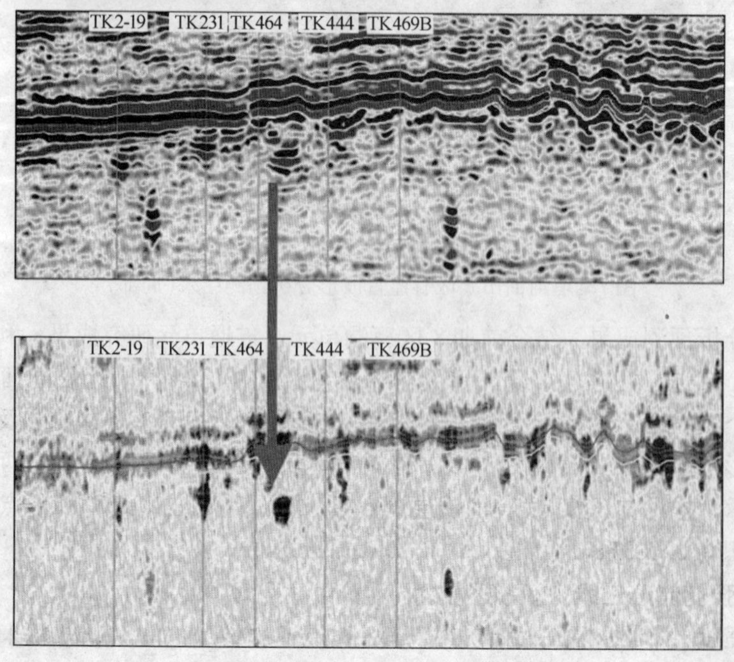

图9　保幅数据转换成反射强度数据地震剖面

塔河油田8区和10区主要以串珠状、不规则强振幅反射为主，因此，该项技术具有较好的适用性。

具体思路和步骤为：①利用叠后数据处理软件，将保幅偏移数据体转换为反射强度数据体；②利用三维可视化解释软件，将转换的反射强度数据体依据反射强度值的大小，选择合适的参数进行透视显示，准确识别碳酸盐岩储集体的三维空间分布形态特征；③利用子体雕刻技术，逐个对碳酸盐岩储集体三维空间分布形态进行精细识别、追踪和刻画，并求取其视体积。

根据反射强度预测结果(图10)，8区共发育有14个缝洞单元，分别为TK855－T802K井缝洞单元、T705－TK847井缝洞单元、S86－TK721井缝洞单元、TK820－TK836井缝洞单元、TK829井缝洞单元、TK844井缝洞单元、TK843井缝洞单元、S91－T805K井缝洞单元、TK831－T815K井缝洞单元、TK833井缝洞单元、T706井缝洞单元、T814K－TK823X井缝洞单元、T811K井缝洞单元以及TK822－T702B井缝洞单元。平面上多呈北北西向、南北向、北东向分布，经过实际钻探和开发动态资料验证，吻合程度较高。

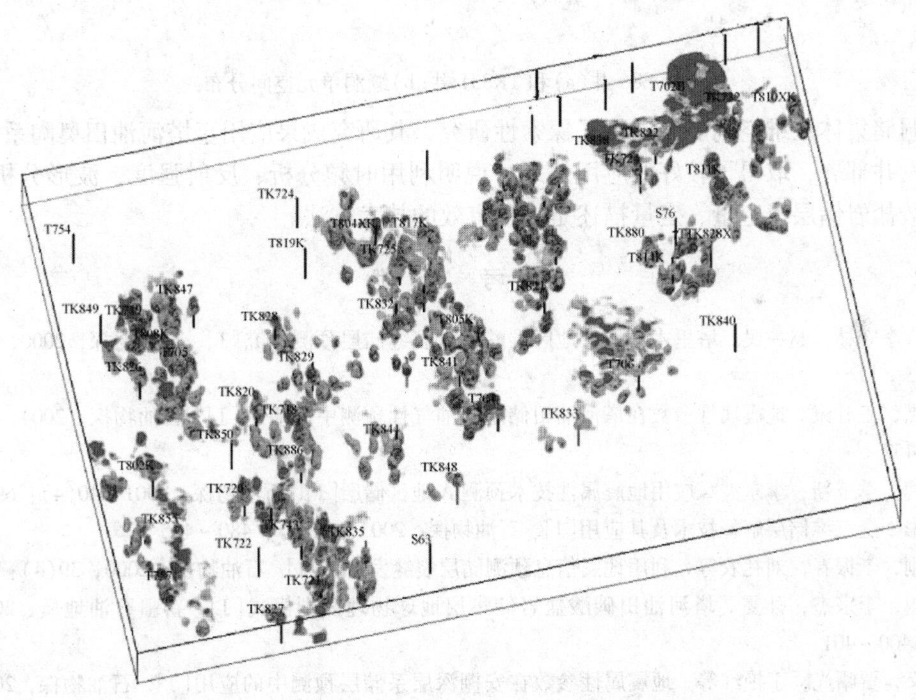

图10 8区反射强度技术储层预测空间分布

根据反射强度预测结果，再利用三维可视化子体雕刻技术，有选择性地进行了缝洞单元体雕刻，如S86井缝洞单元，平面上呈北北西向分布，连通性较好，自动计算种子点雕刻缝洞单元面积3.3 km^2，体积为1.38 km^3[图11(a)]；TK831井缝洞单元面积0.7 km^2，体积为0.071 6 km^3[图11(b)]。

3 结束语

运用时频分析、反射强度、波形分析技术，依托三维可视化子体雕刻技术手段，对塔河

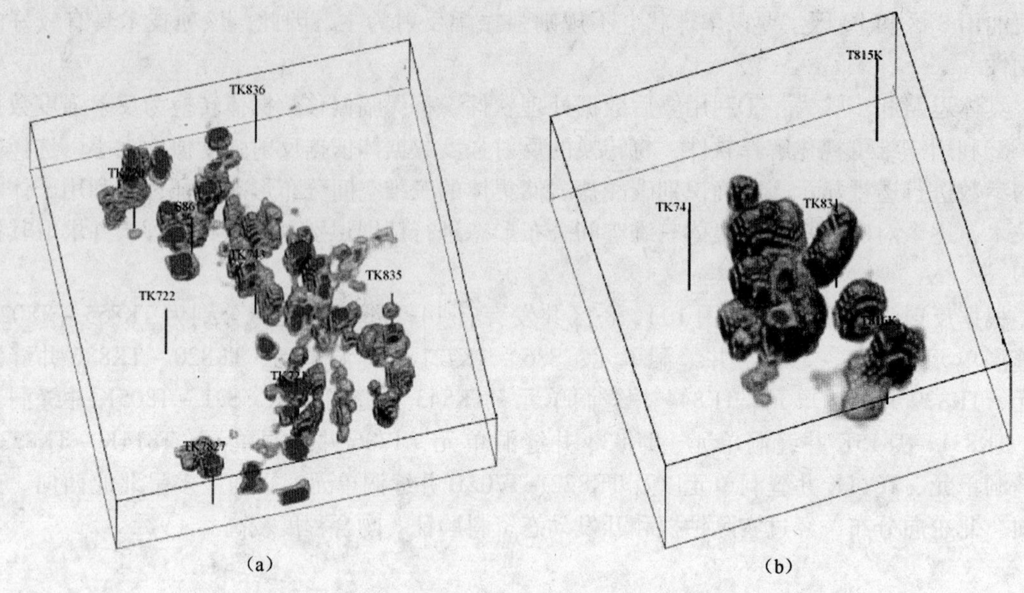

(a)　(b)

图 11　S86 井(a)和 TK831 井(b)缝洞单元空间分布

油田缝洞储集体三维空间展布进行了探索性研究，其研究成果应用于塔河油田奥陶系油藏描述和开发井部署，取得了较好的应用效果。说明利用时频分析、反射强度、波形分析技术，开展碳酸盐岩储层半定量、定量描述是一种有效的技术方法。

参　考　文　献

1　李明，李守林，赵一民．塔里木盆地某地区碳酸盐岩裂缝储层预测研究[J]．石油物探，2000，39(2)：24~35

2　李宗杰，王胜泉．地震属性参数在塔河油田储层含油气性预测中的应用[J]．石油物探，2004，43(5)：453~457

3　王玉梅，季玉新，李东波．应用地震属性技术预测 A 地区储层[J]．石油物探，2001，40(4)：69~76

4　王咸彬．全三维储层解释技术及其应用[J]．石油物探，2003，42(4)：480~485

5　王永刚，李振春，刘礼农等．利用地震信息预测储层裂缝发育带[J]．石油物探，2000，39(4)：57~63

6　王勤聪，李宗杰，孙雯．塔河油田碳酸盐岩储集层地球物理识别模式[J]．新疆石油地质，2002，23(5)：400~401

7　钟俊义，贾曙光，丁艳红等．地震属性参数在安棚深层系储层预测中的应用[J]．石油物探，2003，42(1)：82~85

8　王军，董臣强，罗霞等．裂缝性潜山储层地震描述技术[J]．石油物探，2003，42(2)：179~185

川东北地区礁滩相储层预测技术与应用

敬朋贵[1, 2]

（1. 成都理工大学能源学院，四川成都 610059；
2. 中国石化南方勘探开发分公司研究院，云南昆明 650200）

摘要： 随着地质认识的深入和勘探思路的转变，川东北地区在原来认为是勘探不利区的海槽相区，相继发现了飞仙关组鲕滩孔隙型气藏、长兴组礁滩孔隙型气藏，探明了普光特大型气田。钻探表明，川东北地区长兴－飞仙关组气藏多为构造－岩性复合型气藏，加强储层预测研究是取得勘探成功的关键。为此，在达县－宣汉地区利用高分辨率三维地震资料，采用古地貌分析、地震相分析和多属性分析技术进行了礁滩相储层展布预测；应用地震波阻抗反演方法、岩性反演方法对礁滩相储层孔隙度、有效厚度进行了定量预测。在长兴组和飞仙关组预测储层发育区，毛坝 3 井、普光 5 井、普光 6 井均钻获长兴组礁滩相优质储层，完井测试获高产天然气流；大湾 1 井、大湾 2 井钻获飞仙关鲕滩优质储层：预测结果与钻探结果吻合。将以上方法技术应用于通南巴构造带和元坝地区，预测元坝地区可能发育大规模的礁滩相储层，是勘探有利区。

关键词： 鲕滩　生物礁　地震属性　地震反演　储层预测

川东北地区油气地质勘查始于 20 世纪 50 年代。到 20 世纪末，区内主要构造带均已被钻探，发现了一些规模有限的中小型天然气藏，如渡口河、铁山坡等。根据地质研究取得的认识以及钻井揭示的川东北地区飞仙关组鲕滩储层和生物礁分布的结果，认为川东达县－宣汉及通南巴的大部分地区均位于开江－梁平海槽区内，属于油气勘探的不利指向区。该区域内以寻找构造圈闭为主的勘探已陷入停滞状态，除了对飞仙关组鲕滩储层有一定的认识外，对长兴组生物礁的认识很少——钻探表明它是可遇而不可求的。

2000 年以来，随着地质认识的深入和勘探思路的转变，南方勘探开发分公司将达县－宣汉地区天然气勘探的主要对象由构造气藏转变为构造－岩性复合气藏，实施了高分辨率二维勘探和大面积、高覆盖、宽方位三维地震采集，获得了质量较高的地震资料，在此基础上进行了长兴组和飞仙关组地层的沉积相研究和储层预测。经过整体评价和部署，在原来认为是勘探不利区的海槽相区，相继发现了飞仙关组鲕滩孔隙型气藏、长兴组礁滩孔隙型气藏，探明了迄今为止四川盆地埋深最大、储量最大、丰度最高的普光特大型气田。

研究和实钻表明，海相碳酸盐岩储层展布规律研究和储层预测的成功与否是决定勘探成败的重要因素。储层预测思路的不断完善和预测技术的不断进步，是碳酸盐岩储层展布规律研究和储层预测成功的关键。我们在达县－宣汉高分辨率三维地震勘探的基础上，针对川东北地区海相碳酸盐岩鲕滩储层的非规则、非均质特征，开展了礁滩储层的地震预测研究。

1　区域地质概况

川东北地区位于川东弧形褶皱带的东北倾伏端，构造整体呈北东东向延伸，北侧为大巴山弧形褶皱带，西侧以华蓥山断裂为界与川中平缓褶皱带相接。该区经历了燕山期及早、晚喜山期构造运动，主要发育有北北东、北西向构造，主要特点是褶皱强烈，断裂发育。纵向上以嘉陵江组上部至雷口坡组下部膏盐岩为最主要的滑脱层，志留系页岩为次要滑脱层，发育有 3 套脆性变形层、3 套塑性变形层，形成上、中、下 3 个构造变形层，具有不协调变形的特点。其中，下三叠统至石炭系的中部变形层是本区最主要的勘探层系。

达县 - 宣汉地区位于开江和泸州两个古隆起带的斜坡和边缘，是加里东、印支和燕山早期成藏事件的运移指向区，有着与油气成藏匹配的众多构造圈闭，具备形成大中型气田的地质条件。纵向上发育多套海相地层/储层，自下而上有：①石炭系黄龙组，岩性以潮间白云岩为主夹灰岩，顶部遭受剥蚀，溶蚀孔洞及裂缝相当发育，是川东地区的主要储层，但在本区分布范围小，厚度也较小；②长兴组，储层主要为发育在长兴组上部的礁盖白云岩，厚度 30 ~ 160 m，是本区主力储层；③飞仙关组，储层以溶孔白云岩为主，厚度最大超过 330m，也是本区主力储层。

2　达县 - 宣汉地区储层预测

2.1　区内勘探概况及储层特征

达县 - 宣汉区块位于四川省宣汉县及达川市，构造上位于四川盆地川东高陡构造带与川中隆起带北东端交界处，勘探面积 1116km^2。到 2005 年底，累计完成二维数字地震测线 118 条，总长 2581km，三维地震满覆盖面积 1290km^2。2003 年实施大面积、高覆盖、宽方位三维地震采集，获得了高质量的地震资料，构造和断裂展布基本落实清楚，区内发育有下三叠统飞仙关组鲕滩孔隙型储层、上二叠统长兴组生物礁储层，最大厚度分别达 330m 和 160m，储层分布明显受古沉积环境控制。

2.2　储层预测思路

首先，以储层岩石物性参数分析为基础，在储层的地质构造、沉积相、发育模式研究指导下，建立储层地质 - 地球物理模型；然后，通过地球物理正演模拟，确定储层的地震响应特征与识别标志；最后，借助地震资料的精细地质解释、地震沉积相分析和测井约束地震反演，实现深层碳酸盐岩储层的预测与描述。具体思路如图 1 所示。

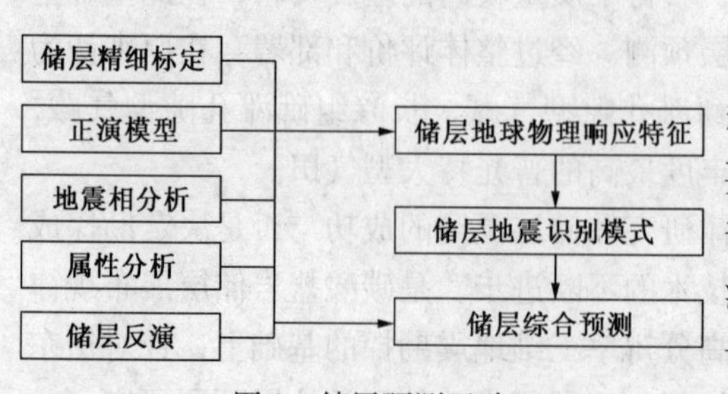

图 1　储层预测思路

2.3　储层地球物理响应模式

本区礁滩储层孔隙发育，储层的岩性、电性和地球物理响应特征与围岩差异明显。电性上主要表现为低伽马、低密度和高中子孔隙度，地震剖面上飞仙关组鲕滩储层表现为低频、低速、低波阻抗、强振幅、低连续性的“亮点”反射特征，长兴组储层则表现出低频、弱振幅、杂乱或透镜状结构的反射特征(图 2)。图 3 是根据钻井揭示的储层组合关系构建的地质模型及其正演结果。

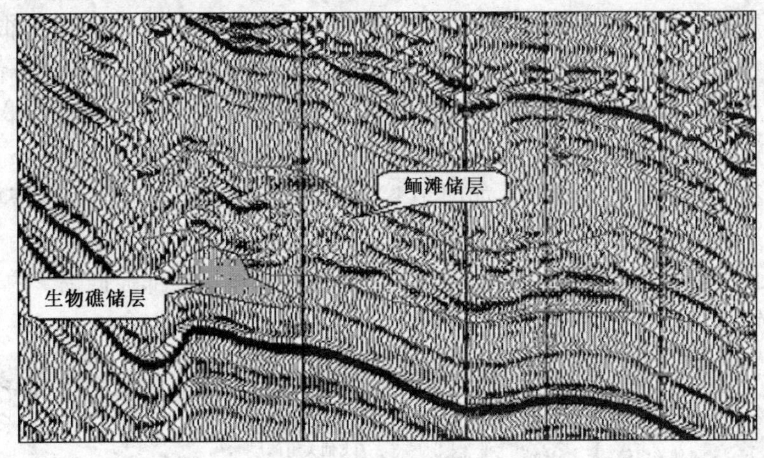

图2 长兴组、飞仙关组储层地震反射特征

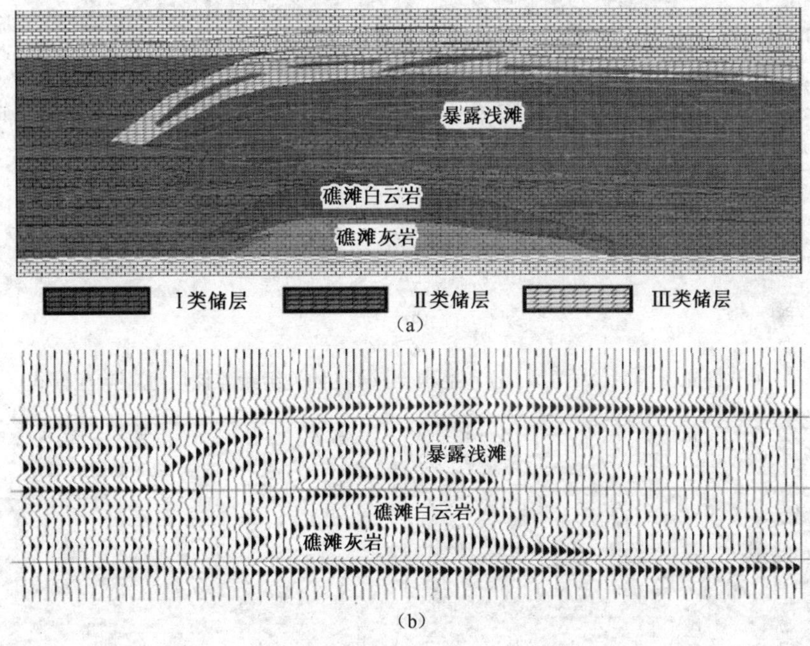

图3 鲕滩和生物礁地质模型(a)与正演结果(b)

2.4 储层地震识别模式

根据模型正演研究结果，结合地震反射特征(地震相)分析，将本区长兴－飞仙关组礁滩储层划分为5种地震响应模式：

(1) 普光型飞仙关组鲕滩储层，如图4(a)所示。普光型飞仙关组储层在地震剖面上呈多轴、低频、低速、中强(变)振幅、差连续性、杂乱或透镜状结构反射特征，主要分布在普光构造和老君构造一带。

(2) 大湾型飞仙关组鲕滩储层，如图4(b)所示。地震剖面上该类型储层呈现双轴、低频、低速、强振幅、亚平行结构的典型“亮点”反射特征，主要分布在大湾构造相变线以北地区。

(3) 毛坝型飞仙关组鲕滩储层，如图4(c)所示。该储层在剖面上呈三轴、强振幅、中等频率、中好连续性、平行结构的“亮点”反射特征，主要分布在毛坝构造北部地区。

(4) 毛坝型长兴组生物礁储层，如图5(a)所示。毛坝型长兴组生物礁分散分布在毛坝构造中部至分水岭构造一带的碳酸盐岩缓坡相区，礁体顶、底为强振幅，内部为低频、弱振幅、杂乱或透镜状结构反射特征，规模一般在3~5 km^2，储层厚度30~100 m。

(5) 普光型长兴组生物礁储层，如图5(b)所示。普光型长兴组生物礁密集分布于老君构造、普光构造南部、大湾构造南部相变线附近的台地边缘古斜坡的陡缓转折带，储层纵向上主要发育在长兴组顶部的礁盖。在地震剖面上，储层整体呈顶部强振幅，内部低频、弱振幅、杂乱或透镜状结构反射特征。

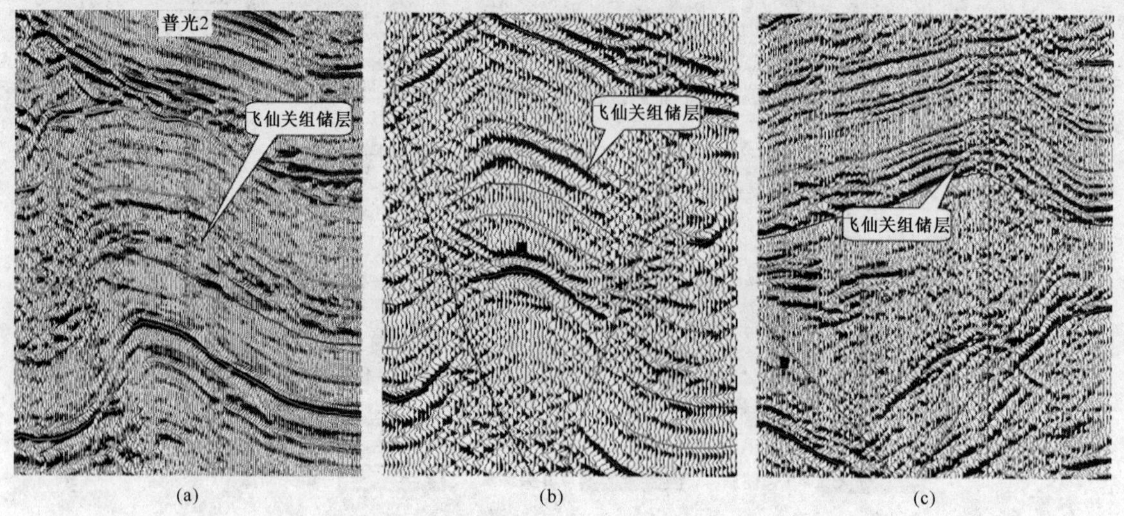

图4　普光型(a)、大湾型(b)和毛坝型(c)飞仙关组鲕滩储层地震响应模式

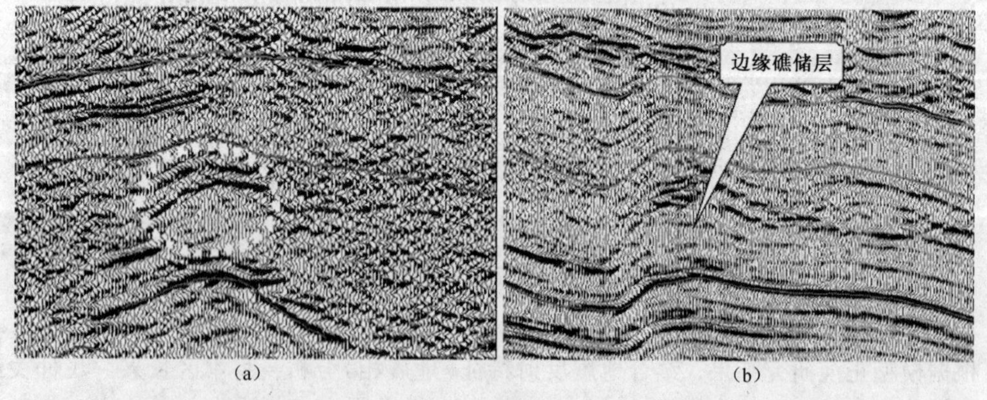

图5　毛坝型长兴组礁滩(a)和普光型边缘礁(b)储层地震响应模式

2.5　地震沉积相分析

本区储层发育受沉积相带的严格控制，长兴-飞仙关组优质白云岩储层主要发育在台地边缘暴露浅滩和台内暴露浅滩等相带。利用地震资料分析地质沉积变化对储层预测研究至关重要。

2.5.1　古地貌分析

古地貌恢复对储层的预测和识别有明显的指导作用，尤其对于川东北海相碳酸盐岩储层，一旦能够较明确地恢复出原始沉积格局，就可以循着古地貌单元寻找有效储层。古地貌恢复采用层拉平技术，通过拉平嘉陵江组地震反射层，可以看出飞仙关组沉积时期地势存在高低起伏变化(图6)。普光构造、老君构造、毛坝构造北一带处于高地势区，主要是台地边缘沉积，是发育鲕滩储层的主要部位；南部的付家山构造、毛坝构造南、东岳寨构造、清溪场构造一带处于低地势区，为陆棚相沉积，其间有一个十分明显的地势斜坡。

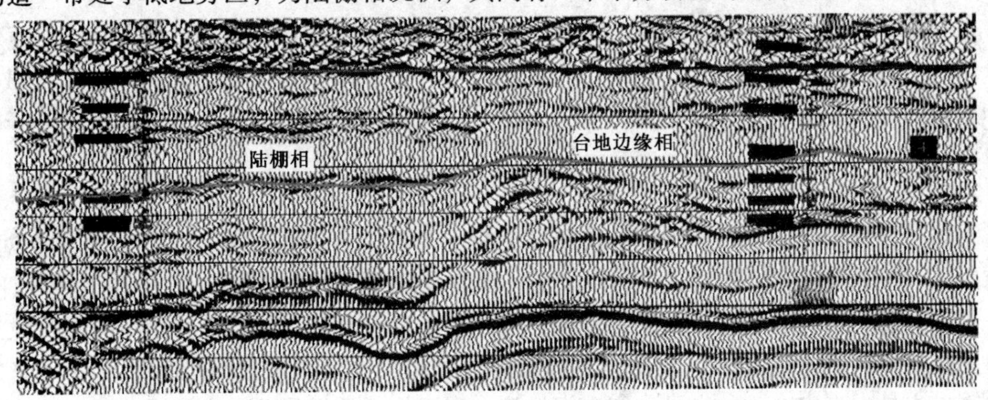

图6　飞仙关组沉积时期古地势

2.5.2　频谱成像分析

频谱成像技术主要依据薄层反射的调谐原理，即利用分频处理技术把地震数据变换到频率域，产生具有单一频率的一系列地震能量属性和相位属性；利用一系列振幅谱来描绘地层的时间厚度变化；利用相位谱来显示地质体的横向不连续性。因此，该技术可用于描述沉积相和沉积环境，检测储层的分布特征。

图7是利用频谱成像技术生成的达县－宣汉地区飞仙关组振幅谱平面分布图，该图清楚地反映了达县－宣汉地区北部沉积相变化特征，相变线刻画清晰。相变线以北为强振幅特征，代表了储层发育的台地边缘相带；相变线以南表现出明显的弱振幅特征，代表了陆棚相沉积环境，孔隙性储层不发育。

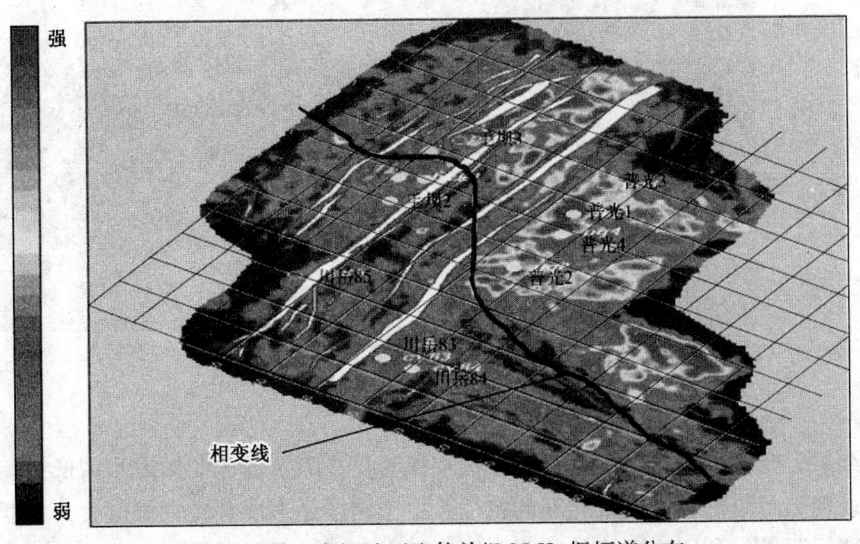

图7　达县－宣汉地区飞仙关组25 Hz振幅谱分布

2.5.3 地震属性分析

针对研究区的实际情况，主要分析了地震波的速度、振幅、相位、频率等参数的变化幅度、范围。在准确的储层标定基础上，选取代表目标储层的时窗段，依据储层的地震响应特征，提取分析不同的属性，找出对区内孔渗性鲕滩有异常反映的属性类型，开展储层横向预测。

根据鲕滩储层的地震响应特征，由速度差形成的以振幅为代表的能量类参数可以有效地区分鲕粒白云岩储层与围岩，在平面上可以清晰地划分出储层相带发育的边界。在振幅、频率和相位属性平面图上，鲕滩储层的相变带都有较明显的反映，由此可以确定鲕滩储层的分布范围。

2.6 地震反演

在储层岩石物性、电性和地震响应特征分析的基础上，通过多种反演手段的测试对比，总结出“三步”法地震反演方法，并用该方法对本地区碳酸盐岩储层进行精细描述及评价。第一步是，利用声波和密度资料进行地质建模和约束稀疏脉冲反演，获得绝对波阻抗数据和层速度数据体，进而以波阻抗数据体为约束，通过随机反演求取伽马反演和密度反演数据体；第二步是，设定合理的伽马和密度门槛值，利用伽马数据体和密度数据体对波阻抗和层速度数据体进行滤波，将泥岩和膏岩去除，得到可以反映储层纯孔隙的波阻抗和层速度数据体，进行储层精细解释；第三步是，利用纯储层的波阻抗数据体和岩心孔隙度作交会分析，获得孔隙度与波阻抗的关系式，并进行储层参数反演，求取储层的孔隙度。

2.6.1 波阻抗反演

图8为过东岳寨构造和普光构造的北东向联井波阻抗反演剖面。总体上飞仙关组Ⅰ类、Ⅱ类储层波阻抗值较低，在 $1.3\times10^4 \sim 1.5\times10^4(g/cm^3)\cdot(m/s)$，Ⅲ类储层波阻抗值稍高，在 $1.50\times10^4 \sim 1.70\times10^4(g/cm^3)\cdot(m/s)$；长兴组储层波阻抗值在 $1.65\times10^4 \sim 1.75\times10^4(g/cm^3)\cdot(m/s)$。

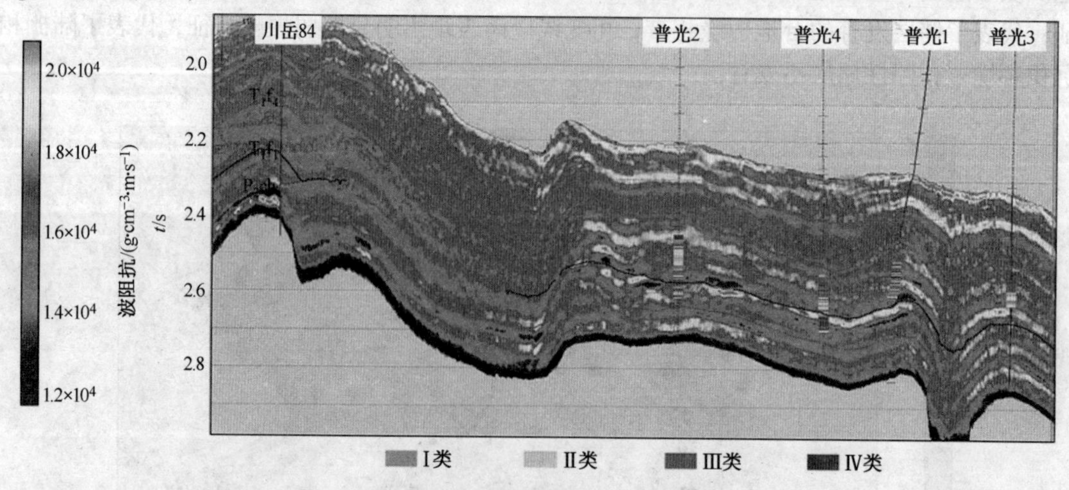

图8 联井波阻抗反演剖面

反演结果表明，鲕滩储层发育区低阻抗特征明显，阻抗值比非鲕滩相区低；鲕滩储层发育段整体表现为高阻抗和低阻抗相间的特征，由于储层是多层叠置，厚度大，其低阻抗之间的高阻抗特征明显。利用波阻抗的这一特征，基本上可以对鲕滩储层的分布进行预测。

2.6.2 岩性反演

测井曲线分析表明，研究区自然伽马曲线对储层较敏感，基本上能反映鲕滩储层的发育情况。据统计，三维区内7口井的飞仙关组自然伽马值主要分布在10～40API。普光2井飞仙关组至长兴组波阻抗与自然伽马交会分析表明，非储层段自然伽马值一般大于20API，储层段自然伽马值在9～18API。因此，利用地质统计和随机模拟反演方法进行自然伽马参数反演，得到伽马数据体，可以进行储层预测。

图9和图10分别为过普光6井、普光2井、普光4井、普光1井、普光3井的联井自然伽马和密度随机反演剖面，剖面上低自然伽马、低密度的异常值分布清楚地反映了长兴组、飞仙关组储层的横向非均质特征。普光6井、普光2井、普光4井、普光1井飞仙关组发育巨厚溶孔白云岩储层，自然伽马值小于20API，密度值在2.58～2.65g/cm^3，表现出明显的低自然伽马、低密度特征；普光3井飞仙关一段储层不发育，表现出相对高自然伽马和高密度特征。普光6井、普光2井长兴组发育了厚层生物礁盖白云岩储层，也表现为明显的低自然伽马、低密度特征，而普光4井以北到普光3井一带长兴组为开阔台地沉积，孔隙性储层不发育，自然伽马值大于25API，密度值高于2.7g/cm^3，明显比南部的普光6井高。因此，利用自然伽马和密度的随机反演数据能够准确区分储层与非储层，较好地刻画储层的纵横向变化特征。

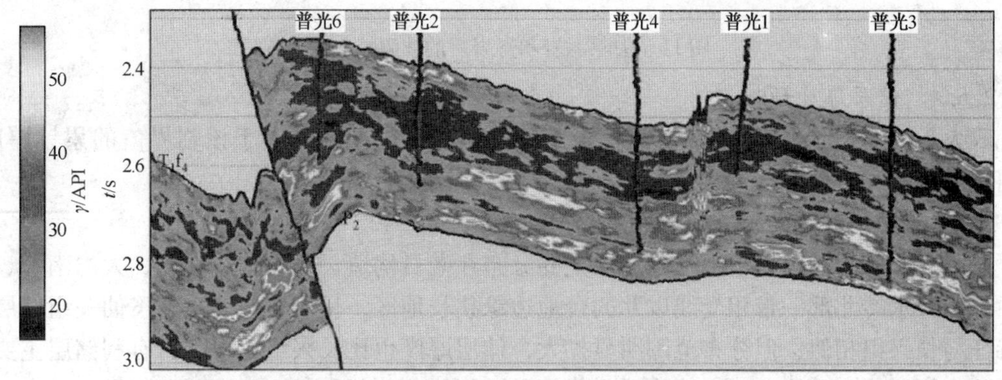

图9 联井自然伽马反演剖面

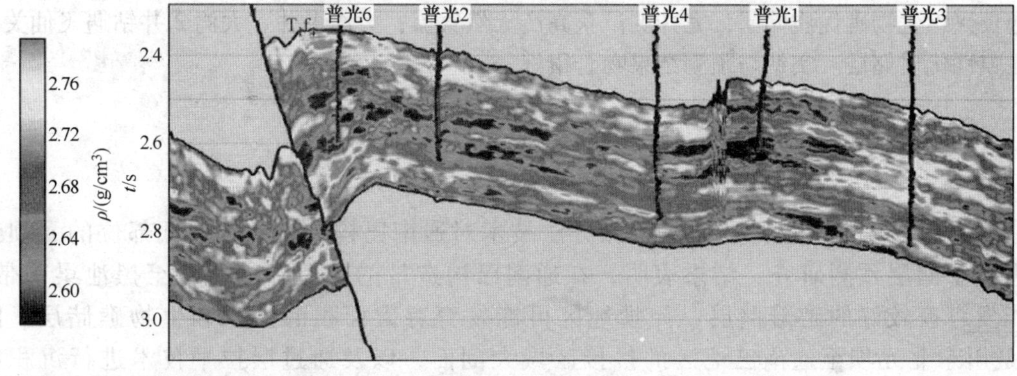

图10 联井密度反演剖面

2.6.3 孔隙度预测

通过测井孔隙度与自然伽马进行交会分析，建立自然伽马与孔隙度的关系式；以自然伽马为软约束条件，对孔隙度进行随机模拟反演。按照川东北普遍采用的标准，孔隙度小于2.5%为非储层，孔隙度在2.5%～6%为Ⅲ类储层，孔隙度6%～12%为Ⅱ类储层，孔隙度大于12%为Ⅰ类储层。

图11为利用伽马数据和密度数据进行约束，去除泥岩和膏岩后的波阻抗联井剖面，剖面上反映储层的低阻抗异常更为清楚，储层的横向非均质特征十分明显。用去除泥岩和膏岩影响后的波阻抗数据与岩心孔隙度作交会分析，可以求得储层段更准确的孔隙度与波阻抗的相关关系式，用于孔隙度反演。

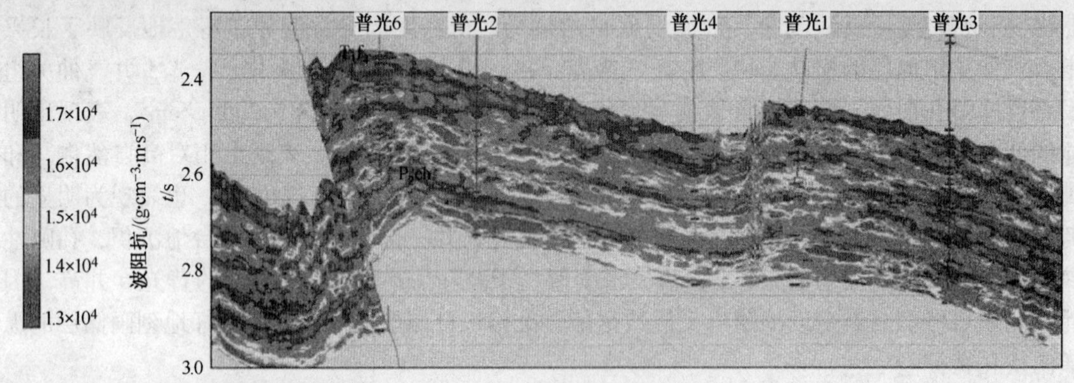

图11　去除泥岩和膏岩后的波阻抗剖面

2.6.4　*储层厚度预测*

取大于2.5%的孔隙度作为有效孔隙度临界值，在层间统计大于该临界值的累计厚度，得到储层厚度分布预测结果。

2.7　储层预测效果分析

研究表明，本区长兴组生物礁储层主要分布在老君构造、普光构造南部、大湾南部、毛坝中部、分水岭北部一带相变线以北的台地边缘狭长地区，呈北东向展布。飞仙关组储层分布特征与长兴组相似，但分布范围明显扩大，储层厚度也比长兴组大得多，有利储层主要分布在普光构造、老君构造、大湾构造中北部及毛坝构造北部。

实钻结果表明，在长兴－飞仙关组预测储层发育区，毛坝3井、普光5井、普光6井均钻遇长兴组生物礁优质储层，完井测试获高产天然气流；大湾1井、大湾2井钻遇飞仙关鲕滩孔隙性优质储层。实钻与预测结果吻合很好。

3　推广应用

利用达县－宣汉地区的储层预测方法技术对通南巴构造带和构造低部位的元坝地区进行了储层预测研究，结果表明，在通南巴构造带的东北部马路背至黑池梁一带，可能发育有较好的礁滩储层，元坝地区可能发育有大面积的鲕滩和生物礁储层。图12是川东北元坝至通南巴地区的拼接区域大剖面，以及通过层拉平技术进行沉积相分析的结果，结合达县－宣汉地区建立的地震识别模式，预测元坝地区可能发育有大规模的礁滩储层，是勘探有利区。

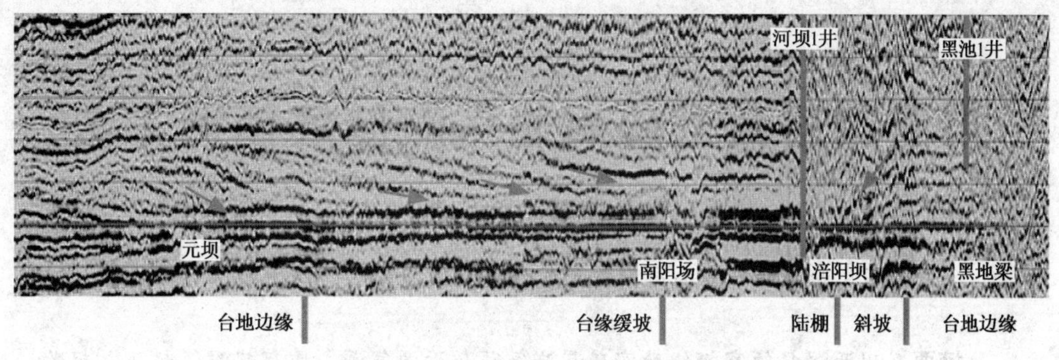

图12 元坝—通南巴地区拼接大剖面

4 结束语

(1) 通过模型正演和地震相分析建立储层地震识别模式，能够直观有效地预测川东北飞仙关组鲕滩储层和长兴组生物礁储层。

(2) 通过地震多属性分析、频谱成像分析和古地貌恢复技术，实现物探与地质研究相结合，能够有效预测储层的有利发育区及其分布，进而达到研究沉积相变化规律的目的。

(3) 本文提出的"三步"法地震反演技术可以为储量计算提供有意义的基础参数，是研究和评价川东北飞仙关组储层的重要技术。

参考文献

1 李岩峰，刘殊，曾晓．川东飞仙关组鲕滩储层地震响应特征及预测[J]．石油物探，2005，44(3)：236~239

2 吴大奎，陈晓超．利用地震资料对川东地区飞仙关鲕滩储层孔隙度的预测研究及效果分析[J]．天然气工业，2001，21(3)：34~36

3 杨雨，张静．川东下三叠统飞仙关组鲕滩分布及其天然气勘探前景[J]．成都理工学院学报，2001，27(增)：147~150

4 元军，尹兵祥，徐筱兵等．四川盆地铁山坡地区飞仙关组鲕滩储层地震预测[J]．石油物探，2005，44(6)：617~620

5 王一刚，张静，杨雨等．四川盆地东部上二叠统长兴组生物礁气藏形成机理[J]．海相油气地质，2000，5(2)：145~152

6 彭勇，肖姹莉．四川开江黄龙场、渡口河地区地震储层预测研究[J]．天然气勘探与开发，2001，24(1)：1~8

7 蒲勇，陈祖庆，田江．地震属性技术在碳酸盐岩鲕滩储层预测中的应用[J]．石油物探，2004，43(增刊)：62~66

8 王罗兴，谢芳．川东北飞仙关组鲕滩气藏地震响应特征及勘探展望[J]．天然气工业，2000，20(5)：26~28

9 刘殊，郭旭升，马宗晋等．礁滩相地震响应特征和油气勘探远景[J]．石油物探，2006，45(5)：452~458

川西深层致密碎屑岩气藏储层预测方法

甘其刚　许　多

（中国石化西南油气分公司勘探开发研究院德阳分院，四川德阳 618000）

摘要： 川西深层须家河组致密碎屑岩气藏属近源气藏，具有超深、超压、超致密、低孔隙度、低渗透率和强非均质性的特点，其有利储层分布、储层裂缝发育带预测和含气性识别是制约气藏勘探开发的难点。为此，针对须家河组气藏的特点，基于储层特征分析及储层分类，建立了波阻抗反演与拟声波测井约束波阻抗反演、地震相划分、地震属性分析、地震分频预测等多技术相结合的有利储层横向展布预测方法采用地质、地震、测井等多学科联合研究的方法，系统地建立了多尺度裂缝发育带预测和裂缝综合评价技术系列以叠前反演和叠前地震属性提取方法为主，建立了岩石物性参数反演、AVD 叠前反演油气预测、Proni 吸收滤波、吸收梯度预测、双相介质理论含气性识别、多尺度频率和吸收分析等含气性预测和识别的技术系列。综合利用上述方法，对须家河组致密非均质裂缝性储层进行了有利储层识别、裂缝检测和含气性预测，取得了较好的效果，预测结果与钻井结果吻合。

关键词： 深层须家河组　裂缝性气藏　有利储层　裂缝检测　含气性预测

1　储层特征

川西深层上三叠统须家河组以陆相碎屑岩沉积为主，自下而上发育了须家河组二段(须二段)、须家河组三段(须三段)、须家河组四段(须四段)、须家河组五段(须五段)4 段地层。须家河组气藏为致密碎屑岩气藏，具有超深、超压、超致密、低孔隙度、低渗透率和强非均质性等特点。

1.1　储层发育特征

须家河组储层主要为砂岩类储层，在须二段中发育有砂岩、页岩互层类型的储层。钻井揭示，在上三叠统各组段中，砂岩含量平均为 47.34% ~84.38%，最高为须二段，平均为 84.38%，最高可达 98.04%，即使是泥页岩较发育的须三段和须五段中，砂岩在地层中的含量也接近 50%，可见须家河组砂岩类储层十分发育。其中须二段和须四段砂岩特别发育，累积厚度达数百米，是须家河组的储层；须三段和须五段主要以泥岩、页岩、煤等为主，为烃源岩段。

1.2　储层物性特征

须家河组砂岩孔隙度为 0.33% ~25.70%。平均值为 4.79%，渗透率为 0.345×10^{-7} ~ $187.859\times10^{-3}\mu m^2$，平均值为 $0.45\times10^{-3}\mu m^2$，孔隙度和渗透率均具有很大的变化范围。与四川盆地川中地区和鄂尔多斯盆地的三叠系相应层位相比(表 1)，孝泉—新场—合兴场地区须家河组具有非常低的孔隙度和渗透率，储层整体致密—超致密化。

表1 鄂尔多斯盆地、川中和孝泉—新场—合兴场地区三叠系相应储层的孔隙度和渗透率

地区	地层	孔隙度(%)/样品数	渗透率($10^{-3}\mu m^2$)/样品数
孝泉-新场-合兴场	须二段和须四段	4. 79/1779	0. 4501/1447
川中	主要为香二段和香四段	6. 83/819	0. 8170/809
鄂尔多斯盆地	延长组	11. 66/62687	3. 0085/59023

须二段和须四段主要储集层段的物性特征为：孔隙度平均值须四段为6.01%，须二段为3.76%，须四段明显高于须二段；渗透率平均值须四段为$0.37197\times10^{-3}\mu m^2$，须二段为$0.51316\times10^{-3}\mu m^2$，须二段明显高于须四段。

在川西坳陷中段，须二段储层孔隙度平均值绝大多数地区为3.4%~3.9%，其中考泉地区很高，为7.11%，罗江地区相对较低，为2.63%；须四段储层的孔隙度平均值绝大多数地区在4.03%~6.22%，新场地区较高，为7.57%，特别是须四段上部约为10%（在9%~11%）。由此可见，须家河组在整体致密—超致密背景上发育有部分储集性能较好的储层。但这些储层横向上和纵向上的非均质性都很强，因此增加了相对优质储层的预测难度。

须家河组各段的储集体类型呈多样化。须二段的储集体以孔隙-裂缝型、裂缝-孔隙型和裂缝型为主，须四段的储集体主要有孔隙型、裂缝-孔隙型，同时还有一些裂缝型。由于须家河组各段砂岩储层具有超低孔渗特征，基质孔隙基本不具备有效渗滤条件，只有当断裂、裂缝发育时，渗透率才会显著增加，须家河组中的许多储层才能成为有效储层。大量钻井成果资料表明，须家河组储层中裂缝发育程度与钻井天然气的产能呈正相关关系。

2 储层的波阻抗和地震响应特征

须家河组典型井的测井资料交会分析结果表明（图1），自然伽马(γ)可以很好地区分砂岩和泥岩；须四段的高速、中速和低速砂岩的声波时差(Δt)值分界清楚，范围分别为$47.5\times3.2808\sim57.5\times3.2808\mu s/m$，$57.5\times3.2808\sim75.0\times3.2808\mu s/m$，$75.0\times3.2808\sim85.0\times3.2808\mu s/m$，其中中速砂岩与泥岩相当；密度($\rho$)值分布范围大，分界不清楚；波阻抗($l$)特征与$\Delta t$类似，具有明显的三分性。

根据以上的统计分析结果和测井资料，按照波阻抗特征可将须家河组砂岩储层分为：

高阻抗砂岩储层（Ⅰ类），波阻抗明显高于围岩，地震响应为“强波峰、强波谷”特征。裂缝型、部分裂缝—孔隙型、高钙孔隙型储层具有此类特征。

中等阻抗砂岩储层类，（Ⅱ类）波阻抗与围岩相近，地震响应为“弱反射”特征。部分裂缝—孔隙型和孔隙型储层具有此类特征。

低阻抗砂岩储层（Ⅲ类），波阻抗明显低于围岩，地震响应为“ 强波谷、强波峰”特征。孔隙型储层往往具有此类特征。

3 须家河组气藏预测技术

3.1 须家河组砂岩储层预测方法

须家河组陆相砂岩储层波阻抗特征复杂，单纯应用波阻抗反演不能完全解决须家河组砂

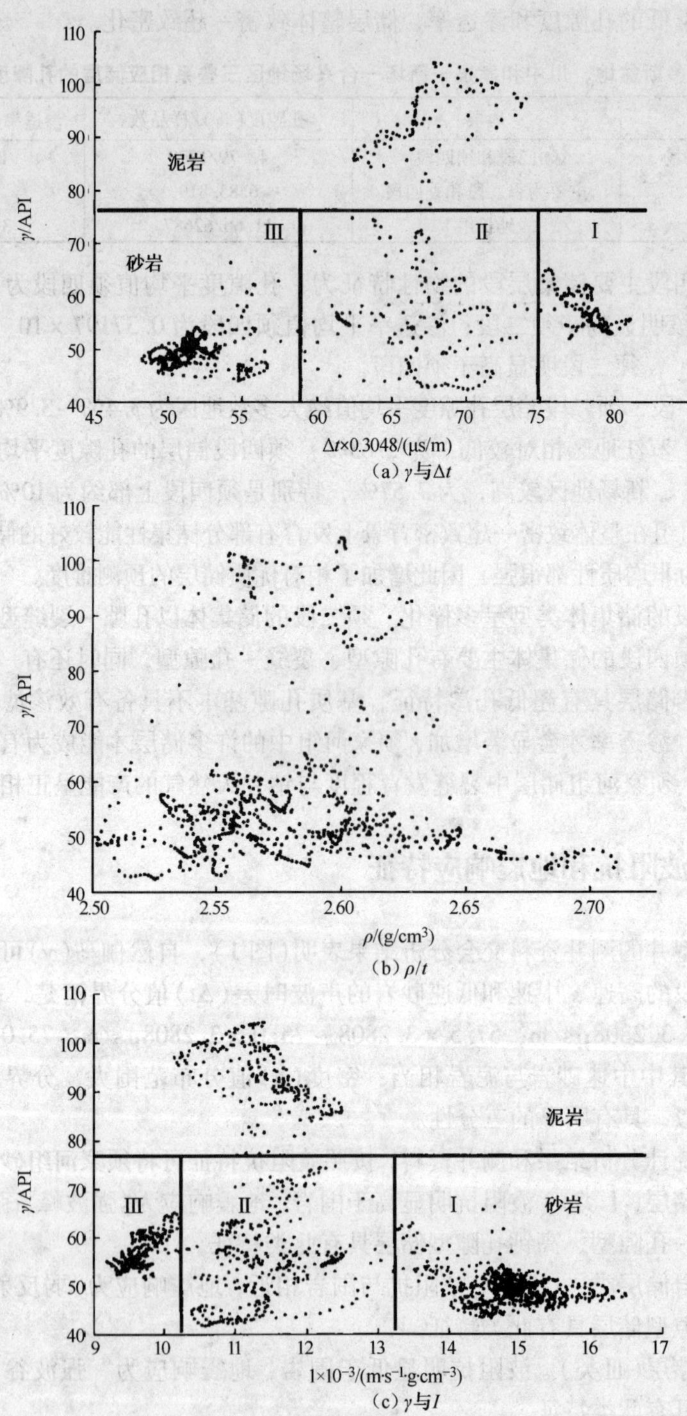

图1　须四段测井资料交会分析结果

岩储层的预测问题。这是因为：①Ⅱ类储层的波阻抗与围岩接近；②当同一砂岩储层发生相变，高、中、低波阻抗值横向交替变化时，砂体横向追踪困难；③波阻抗反演属物性反演，砂体厚度预测误差大。

测井资料分析表明，自然伽马可以很好地识别砂体。将自然伽马与声波测井资料进行交会分析构建拟声波曲线，用构建的拟声波曲线作为约束条件进行地震反演，可以解决Ⅱ类砂岩储层预测和砂体横向追踪的问题，从而提高砂岩储层厚度的预测精度。

须家河组砂岩储层的预测思路是在提高深层地震资料分辨率的基础上，利用钻井岩心和测井资料建立中期旋回层序地层格架，并以此作为反演的约束模型，进行高分辨率测井约束反演。采用波阻抗反演与拟声波侧井约束波阻抗反演相结合的方法，同时结合地震相划分、地震属性分析和地震分频等方法，预测砂岩储层的横向展布。通过三维可视化解释技术，精细刻画和描述砂岩储层的空间展布特征(图2)。

3.2 须家河组裂缝气藏预测方法

仅利用单一方法预测须家河组致密非均质性裂缝性气藏存在多解性，因此采用了多方法、多尺度的综合预测手段，地质、地震、测井等多学科联合，系统地建立了从大尺度裂缝预测—小尺度裂缝预测—微裂缝发育带预测，以及裂缝综合评价和有效性判别的多学科裂缝预测配套方法技术。

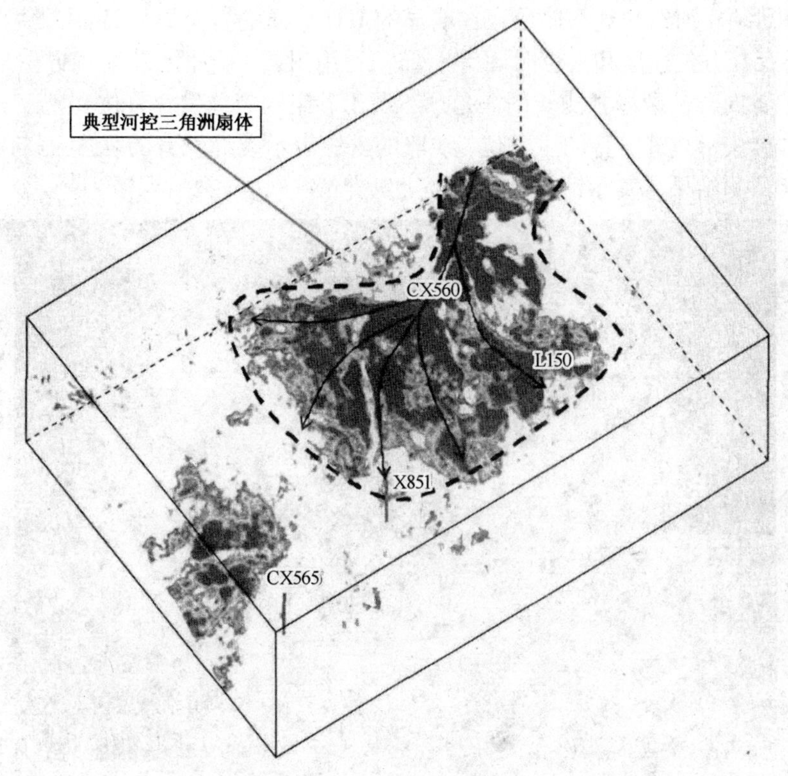

图2 新场地区须二段4砂组的空间展布特征

3.2.1 地质裂缝预测方法

地质裂缝预测方法包括构造断裂及形变分析、构造应力场反演、天然裂缝网络二维裂缝度预测、基于地史成因的裂缝预测和基于断裂分布的大尺度裂缝预测等技术。地震裂缝预测方法针对相对大尺度裂缝的预测，通过构造断裂及形变分析、构造演化及构造应力场反演解决与构造、断裂有关的裂缝预测问题，通过研究不同时期区域裂缝发育和分布状况与油气运移、聚集的关系实现天然气相对富集区域预测。

3.2.2　地震属性裂缝预测方法

当地震波通过断裂及裂缝发育带时，其动力学特征和运动学特征将发生变化，因此，通过提取地震波的各种属性，可以间接预测裂缝发育带。地震属性裂缝预测方法包括三维相干体、三维倾角计算、三维方差体、谱分解切片、多尺度边缘检测及非线性裂缝预测等沿层裂缝预测技术。该预测方法针对相对小尺度裂缝的预测，利用叠后地震信息，解决构造局部裂缝发育部位、与小断层有关的裂缝、引起地震属性变化的裂缝发育区等的预测问题。

3.2.3　P波方位各向异性裂缝检测技术

P波方位各向异性裂缝检测技术利用地震波在各向异性介质中传播时发生的振幅、速度、旅行时、AVO属性随方位角的变化，检测裂缝（特别是垂直缝或高角度缝）发育的方位和发育密度。其预测结果与裂缝发育带的微观特征有密切关系。P波的振幅、速度各向异性裂缝检测方法是目前利用纵波资料检测裂缝最为可靠和直接的方法，对于检测裂缝型油气藏中的天然开启裂缝，特别是检测具有较为单一发育方向或具有一定发育主方向的垂直或高角度裂缝网络系统有较高的可靠性和精度。

研究表明，须家河组裂缝型储层存在明显的HTI介质的各向异性特征，除了存在方位振幅差异外，还存在方位速度和方位时间等差异。利用川西FG地区三维宽方位地震资料，开展了P波方位各向异性裂缝预测。图3是须二段Ⅰ砂组的裂缝发育方位和密度分布图，图中黑色线段的方位表示裂缝发育的主方位，线段的长短表示裂缝发育的强度，红色区域为裂缝相对发育区。预测结果与实际钻井揭示的裂缝发育情况吻合较好。

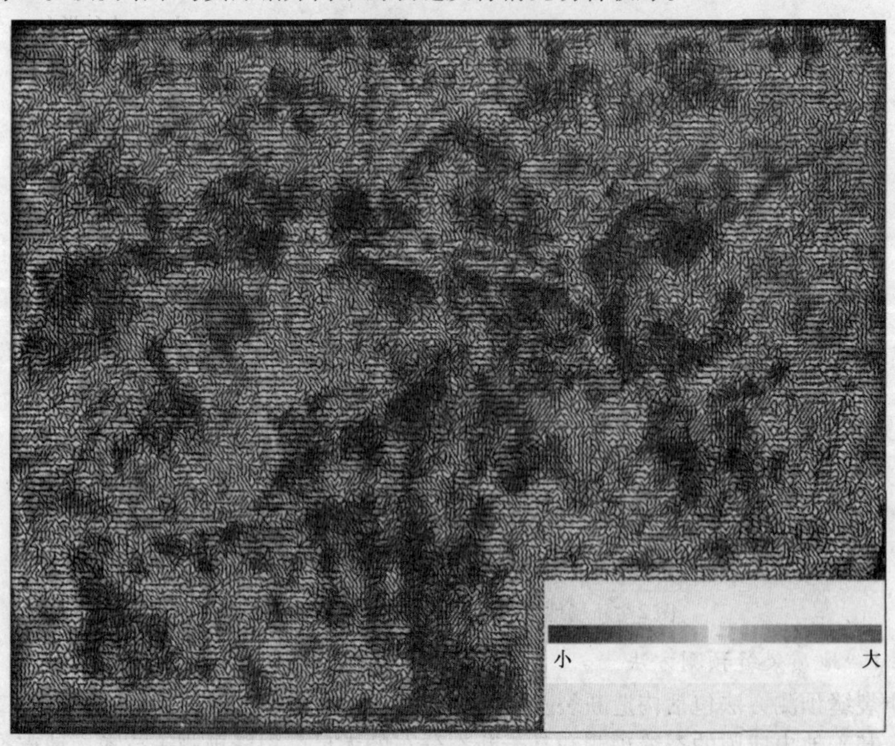

图3　须二段1砂组裂缝发育方位和密度的平面分布特征

3.2.4 裂缝网络建模技术

裂缝网络建模是表征裂缝系统的重要手段，是裂缝检测成果深化应用的前提。通过在地质体上建立裂缝的空间模型，并以此为基础进行裂缝等效孔隙度和渗透率计算，为储量计算和钻井设计提供依据，包括水平井、分支井和大斜度井的轨迹设计。

3.3 须家河组储层含气性检测方法

须家河组储层埋藏深、超致密化，表层低降速带影响较大，地震高频信号衰减快，使得须家河组储层的地震反射有效频带窄、主频低，导致叠后地震属性参数含气地震响应特征不明显，一些在浅层、中深层有效的含气性预测方法在须家河组储层含气性预测中的应用效果很差。针对此问题，从叠前地震资料出发，以叠前反演方法和叠前地震信息提取为主，开展了储层含气性地震预测方法试验，初步建立了AVO岩石物性参数反演、AVD叠前反演、Proni吸收滤波、吸收梯度预测、双相介质理论含气性识别、多尺度频率与吸收分析等含气性预测和识别技术系列。

图4是利用叠前AVO岩石物性参数反演得到的新场地区须四段3小层含气砂体$\lambda\rho$的$\mu\rho$平面分布图，含气砂体表现出低λ和高μ特征，因此利用低λ和高μ的预测模式可以准确预测砂体的分布进行含气性检测，其预测结果与钻井情况吻合很好。

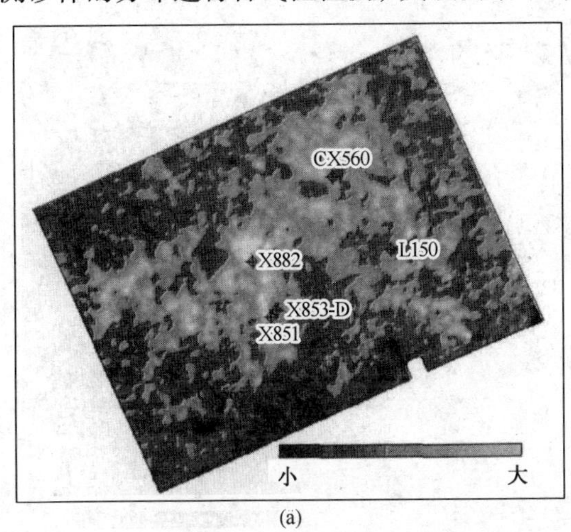

(a)

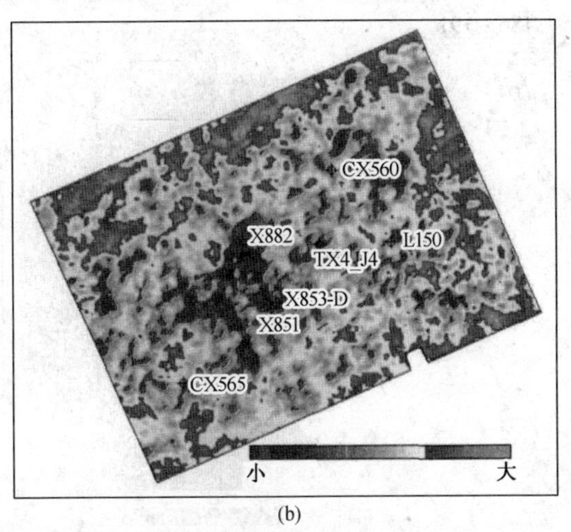

(b)

图4 须四段3小层含气砂体的$\mu\rho$(a)和$\lambda\rho$(b)平面分布特征

4 结束语

针对川西深层超致密碎屑岩气藏识别困难这一问题，以地震处理、解释一体化思路为指导，利用地震、测井、地质等多学科联合研究的方法，针对性地建立了致密砂岩储层预测、裂缝发育带综合预测、储层含气性识别等方法系列，初步形成了适合川西深层致密非均质裂缝性气藏地震识别的配套技术，较好地解决了川西深层致密裂缝型气藏的储层识别和裂缝检测等问题，在储层含气性预测方面也取得了一定的效果。形成的致密砂岩气藏油气勘探的新思路和新技术，对促进川西深层致密砂岩天然气的勘探具有重要作用。

但是，川西深层超致密裂缝性气藏的复杂性决定了对其分布和富集规律的认识和对气藏的识别不可能一毗而就，勘探难度和勘探风险仍然较高。建议下一步利用三维三分量转换波资料更加丰富的信息，开展纵、横波联合方法研究，减少气藏识别的多解性和不确定性，以进一步提高气藏预测的精度。

参 考 文 献

1 刘保国. 提高大牛地气田三维地震储层预测精度的思考[J]. 石油特探，2008，47(1)：95~102

2 叶泰然，苏锦义，刘兴艳. 分频解释技术在川西砂岩储层预测中的应用[J]. 石油物探，2008，47(1)：72~76

3 甘其刚，杨振武，彭大钧. 振幅随方位角变化裂缝检测技术及其应用[J]. 石油物探.2004.43(4)：373~376

4 甘其刚，高志平. 宽方位AVA裂缝检测技术应用研究[J]. 天然气工业，2005，25(5)：42~44

5 Ruger A. Variation of P-wave reflecitivity with offset and azimuth in anisotropic media[J]. Geophysics. 1998，63(3)：935~947

6 Subhashis M. Kenneth I. C. Laurent J M. Determination of the principal directions of azimuthal anisotropy from P-wave seismic data[J]. Geophysics，1998，63(2)：692~706

7 李显贵，徐天吉，甘其刚. 新场气田须家河气藏含气性地震检测研究[J]. 石油物探，2006，45(2)：186~191

川西坳陷雷口坡组气藏勘探远景区预测

范菊芬

（中国石化西南油气分公司勘探开发研究院德阳分院，四川德阳 618000）

摘要： 川西坳陷中三叠统雷口坡组顶面是一个风化面，目前在雷口坡组还没有发现大型的溶蚀孔洞缝型气藏。从雷口坡组的成藏地质条件、岩相古地理演化、沉积相和地震相等方面探讨了雷口坡组发育优质储层的可能性，预测了洛带气田、新场气田和马井构造雷口坡组气藏的勘探远景区。雷口坡组优质储层发育的基础是潮坪沉积相的藻屑滩和古岩溶形成的各类溶蚀性孔隙，区域岩相古地理分析认为，沿着中坝—安县—新场—洛带印支期古斜坡环带可能发育藻屑滩，且受到过暴露剥蚀作用。洛带地区雷口坡组地震相表现为丘形反射，两侧存在斜交反射带，顶部呈削蚀面特征，可能存在溶蚀沟和古潜山，预测发育有经过暴露溶蚀作用的藻屑滩；新场气田雷口坡组顶部存在地层圈闭和斜交反射带，有明显的削蚀面特征；马井构造存在连片的丘形地震异常。结合露头剖面的藻屑滩特征，分析认为洛带气田和新场气田的雷口坡组为有利勘探远景区，马井构造雷口坡组为远景勘探区。

关键词： 川西坳陷　雷口坡组　风化面　藻屑滩　针孔白云岩　古潜山　地层圈闭

风化面附近的碳酸盐岩易发育大量的孔洞缝，从而形成优良的储集空间，为油气富集提供了条件，如新疆的塔河油田以及四川的威远气田、七里峡气田、大池干气田、梁平二叠系气田等。如果在风化面下存在古潜山则可以形成大型油气藏，如华北济阳凹陷奥陶系碳酸盐岩风化面、任丘油田元古界蓟县系雾迷山组白云岩风化面之下都有古潜山存在，油气发现井的产能都在 1000t/d 以上。多年的勘探实践已形成针对风化面溶蚀性缝洞系统的系列研究手段。如塔河油田的主要储集类型为缝洞型，缝洞型储层在地震剖面上多表现为串珠状反射特征，据此可以对孔洞缝的分布进行定性和定量描述。

经风化剥蚀的碳酸盐岩溶蚀性孔洞缝发育层段，在钻井过程中常常会发生大喷大漏现象。四川盆地中三叠统雷口坡组（T_2l）顶为风化剥蚀面，但尚未发现大型溶蚀性孔洞缝。如在川中—川南地区、龙门山前露头区和中坝气田，钻遇雷口坡组地层的钻井较多，都没有发现大型的孔洞缝系统；在川东北地区（如普光气田）也有大量的钻井钻穿雷口坡组，同样也没有发现孔洞缝型气藏，这一特征与川西南阳新统气藏差别很大。就目前的资料分析可知，雷口坡组的地层特征和风化溶蚀过程与其它油气田的风化面有很大不同，不能进行简单类比。雷口坡组泥质含量较大，不利于溶蚀作用的产生；印支期末的构造运动主要是整体抬升，在盆地内没有褶皱运动，不利于断层的发育，这些因素使得风化溶蚀作用局限在风化面附近，而且风化溶蚀的孔洞缝后期又被充填。总体而言，雷口坡组优质储层不发育，在中坝、磨溪龙女寺等中、小气田，雷口坡组储层的岩性均为溶蚀性的颗粒白云岩，孔隙度和渗透率都较小，钻井过程中没有出现大喷大漏的现象。相关研究结果表明，隆起的古残丘有可能形成油气藏，但没有见到更深入的报道。

川西坳陷雷口坡组埋藏较深，研究程度较低，只有合兴场地区的 CH100 井和龙门山前地区的 LS1 井揭示雷口坡组，没有发现溶蚀性孔洞缝。根据何鲤等的研究，颗粒较粗的浅滩相沉积白云岩经过暴露溶蚀作用，可以形成优质储层，即在有利沉积相带，若存在程度较高的剥蚀和溶蚀作用，有可能形成雷口坡气藏。中坝气田开发现状表明，雷口坡组气藏具有较好的勘探前景。地表露头调查发现，雷口坡组发育有藻屑滩。在地震剖面上，洛带—马井构造存在丘形反射体，其中洛带气田雷口坡组有明显的削蚀面特征，新场—合兴场亦有削蚀面特征。根据地表露头调查资料预测，马井—洛带丘形异常地震反射反映的是藻礁相沉积，新场丘形凸起地震反射反映的是藻屑滩相沉积，都是很好的地层圈闭。藻屑滩经过暴露溶蚀作用可以形成优质储集空间，适合天然气聚集，形成气藏。

因此，在川西坳陷，可以将雷口坡组作为勘探目的层，部署风险勘探井，有可能发现新的勘探领域。

1　川西坳陷中三叠统雷口坡组成藏地质条件

1.1　川西坳陷构造概况

四川盆地为印支期—喜山期的一个前陆盆地，龙门山推覆带为前陆冲断带，川西坳陷为印支期—喜山期的前渊，是在印支期形成、燕山期和喜山期继承发育的一个深大坳陷(图1)。在龙门山推覆带上发育有一系列的局部构造：北段有安县构造，中段有鸭子河构造，南段有大邑构造，其中鸭子河构造的圈闭幅度和圈闭面积较大。在前陆盆地斜坡带上发育有孝泉—新场—合兴场构造带(简称孝新合构造带)，这是一个近北东向的构造带，有孝泉、

图1　川西坳陷区域构造特征(雷口坡组顶)

新场、合兴场等多个构造高点。将前陆盆地分为两个局部坳陷：梓潼坳陷和川西坳陷，洛带气田位于川西坳陷的东坡，是一个鼻状构造，马井构造是坳陷中的一个凸起。

安县构造的CC1井、大园包构造的LS1井都钻穿雷口坡组地层，合兴场构造的CH100井进入雷口坡组地层60m，在雷口坡组钻遇气层的中坝气田位于安县构造东北部，距离川西坳陷约100km。

1.2 雷口坡组岩性及含油气系统

中三叠统雷口坡组的岩性以白云岩为主，约占65%，灰岩和石膏分别占17%和16%，泥岩仅占2%，视厚度约为600m。根据岩性的变化，将雷口坡组自上而下分为4段[雷四段(T_2l^4)、雷三段(T_2l^3)、雷二段(T_2l^2)和雷一段(T_2l^1)]，储层主要发育于雷二段和雷三段(图2)。

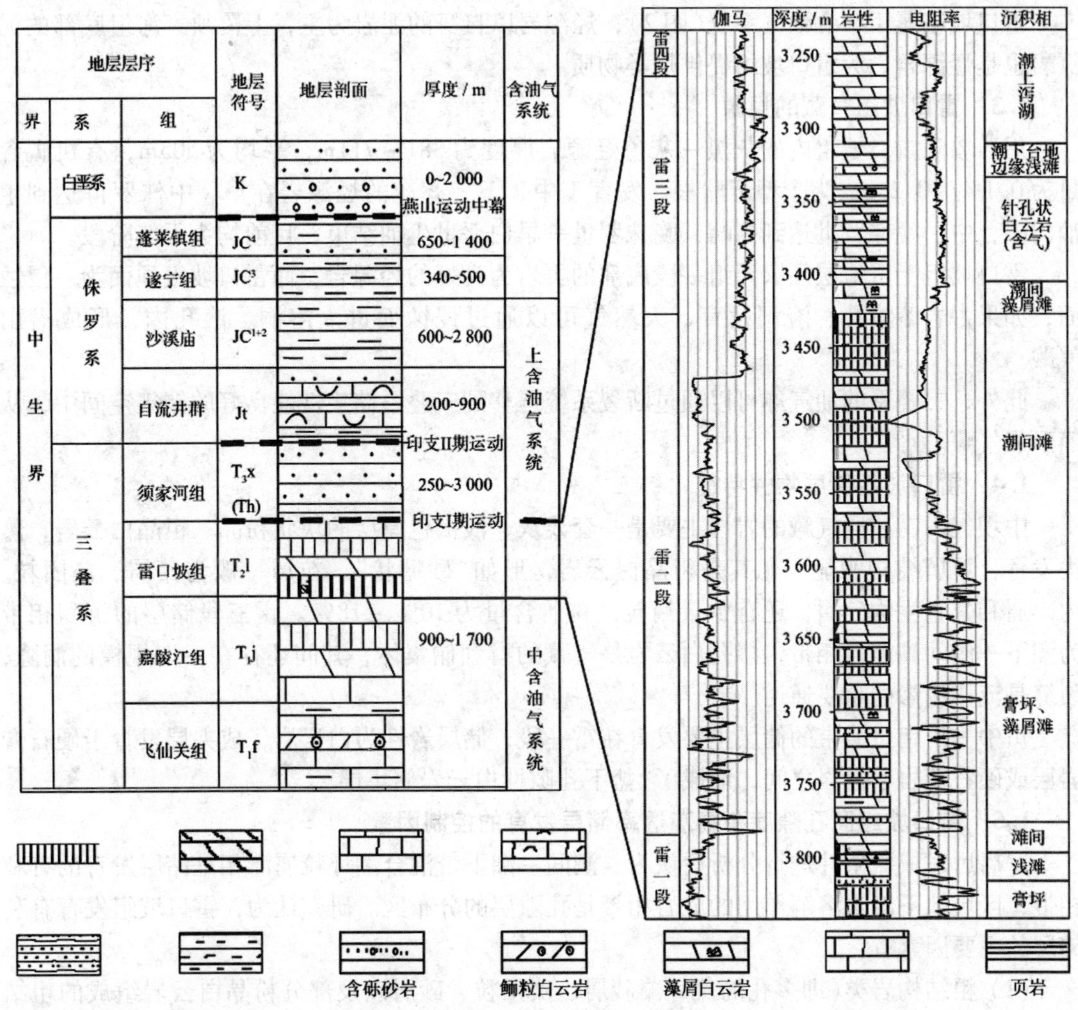

图2 三叠系地层和含油气系统

雷四段的厚度约为100m，岩性为较致密的厚层块状泥晶、微晶白云岩，中、上部为夹有藻屑和砂屑的白云岩。与上覆须家河组呈假整合接触，剥蚀程度坳陷内较低，边缘较高。

雷三段的岩性主要为厚约100m的厚层块状白云岩，夹有较纯的藻屑和藻团粒白云岩，是中坝气田雷三段气藏的产层段。中坝气田雷三段的储层岩性以深灰色和褐灰色亮晶藻屑、藻砂屑、藻砾屑、藻团块、藻团粒、残余藻砂屑等蓝藻类亮晶白云岩、虫屑白云岩为主。由安县和绵竹汉旺地区的龙门山推覆带地表露头剖面可知，雷三段发育有厚大的藻屑滩；中坝气田的雷三段储层也为浅滩沉积的藻屑滩。

雷二段的总厚度约为200m，上部和下部为中厚层层状石膏质白云岩，局部夹角砾状石膏质白云岩，石膏含量极不均匀，上部还夹有1~3层白云质石膏；中部为白云质灰岩及灰岩，视厚度为30m。由绵竹汉旺地区地表露头剖面可知，雷二段沉积了滩相藻屑白云岩、鲕粒白云岩、生屑白云岩等，有利储层的累积厚度为46m。

雷一段的视厚度约为200m，岩性主要为薄层状膏质白云岩夹页岩和少量石膏，与下伏嘉陵江组(T_1j)呈整合接触。

雷口坡组属于中含油气系统(图2)，烃源岩以自身的泥岩为主，上覆须家河组底部的泥页岩也是烃源岩，为雷口坡组提供烃类物质。

1.3　雷口坡组气藏的烃源

川西坳陷雷口坡组内的灰黑－灰色烃源岩厚度为381~711m，平均为505m，有机碳含量为0.1%~0.2%，为Ⅰ型干酪根。发育于中、下三叠统的烃源岩在早、中侏罗世达到生油门限，中、晚侏罗世达到高峰，晚侏罗世—早白垩世生油结束，目前均为干气阶段。

雷口坡组上覆地层须家河组一段底部的页岩为良好的烃源岩，而雷口坡组顶面为一侵蚀面，如果古岩溶溶孔、溶洞发育，天然气可以通过侵蚀面进入溶洞、溶孔内，形成潜山气藏。

此外，二叠系的油气亦可以通过断裂系统运移到三叠系储集性能良好的储集空间中，从而形成气藏。

1.4　雷口坡组储层物性特征

中坝气田雷三段气藏的岩性主要是一套浅灰、浅褐色厚层的块状粉晶、粗晶白云岩，藻类发育，粒屑结构明显，尤其是粗晶白云岩，形如“砂糖状”。粒屑一般为藻屑、藻团粒、内碎屑和其它生物碎屑，还有少量鲕粒，粒屑含量为10%~18%。雷三段储层的沉积相带为潮下—潮间高能滩相带，溶孔白云岩是气藏的有利储集体，其间还存在一定规模的洞隙，裂缝是流体流渗的重要通道。

川中—川南过渡带的储层主要发育在雷一段，储层岩性为白云岩，成夹层发育于硬石膏岩层或硬石膏岩、盐岩之间，形成了“盐下孔隙性白云岩储集层”。

1.5　雷口坡组高孔隙度和高渗透率储层发育的控制因素

罗启后对成藏条件进行分析后认为，潮间－潮下带混合潮坪粒屑滩相是储层发育的有利相带，区域地下淡水溶解作用的成岩相带是孔隙层的分布区。研究认为，雷口坡组发育有利储层的主要因素有：

(1) 粗结构岩类(即多孔的藻、藻砂屑、藻团粒、砂屑以及部分粉晶白云岩组成的粗结构针孔白云岩段)发育。地质资料表明，中坝气田雷口坡组碳酸盐岩的厚度在600m左右，储层主体是雷三段下部的针孔白云岩段，岩性为褐灰、灰褐色中—厚层层状细晶藻屑白云岩，其间夹有中—薄层层状藻团粒、团粒、砂屑、鲕粒和砾屑白云岩，粗结构岩石发育，粒屑含量为30%~75%，粒屑白云岩厚度占针孔白云岩段厚度的75%以上。储层厚度为25~100m，岩性较纯，泥质含量为3%~5%，局部重结晶作用较强烈，孔渗性较好。

(2) 各类溶蚀孔隙发育。印支运动早幕末至晚幕初的古岩溶作用对雷三段储集岩的形成作出了主要贡献，具有一定规模的溶孔发育带为中晚期成岩作用的孔隙演化奠定了基础。印支运动早幕末，龙门山北段岛链——天景山古隆起露出水面而遭受剥蚀(图3)，雷口坡组的碳酸盐岩地层在海水面附近及其以上受到了大气水循环作用。天景山古隆起东翼和南端11口井的岩石薄片观察结果表明，古岩溶作用发生在距雷口坡组顶面以下150~230m处，多发生在雷三段下部以藻屑(含膏质)白云岩为主的粒屑白云岩中，岩溶的厚度一般小于100m。

(3) 构造裂缝发育。中坝构造在雷口坡组沉积以后经历了多期构造运动，使得脆性白云岩层形成了较多裂隙，这些裂隙和微裂隙作为孔隙之间的通道，对提高储层的渗透性以及产能具有十分重要的意义。

(4) 酸性水对岩石的溶解作用。溶解作用多发生于由古岩溶形成的孔洞缝中的细粒和粗粒两期次生白云石和方解石中，也有部分发生于非古岩溶的粒间白云石胶结物中，现今有效孔隙的发育程度也与溶解作用有关。

1.6 雷口坡组高孔隙度和高渗透率储层有利区带预测

风化面上的碳酸盐岩能否发育为优质储层还与碳酸盐岩的沉积相有关，潮间—潮下带混合潮坪粒屑滩经过暴露和剥蚀才可以成为优质储层。

中三叠世早期为安尼期[图3(a)]，四川盆地为扬子台地的一部分，是一个半封闭的陆表海，沉积雷口坡组—天景山组地层。其北部秦岭海基本关闭，东有江南古陆，西南为川滇古陆，西侧与特提斯海残余洋——松潘—甘孜洋相连，是海水进退的主通道。研究认为，在四川盆地内存在两处残留沉积中心：一处在以南充为凹陷中心的一个环带上，一处在成都至蒲江一带。环绕这两个凹陷中心，从古斜坡带向四周水域变浅，依次出现潮下浅水—极浅水—潮间—潮上沉积环境，在潮下—潮间发育高能滩相带，藻屑浅滩发育在古隆起—凹陷的过渡带上。

早三叠世为卡尼期[图3(b)]，印支运动Ⅰ期从此时开始。川中古隆起抬升，海水向松潘—甘孜海西撤，形成了总体上西部深、东部浅的沉积格局。四川盆地内大部分地区处于剥蚀状态，此时期沉积的天景山组只有在成都以西的松潘—甘孜残余洋内才能见到。如位于大元包构造上的LS1井钻遇厚度为326m的天景山组，而位于沉积环带上的合兴场的CH100井和安县的CC1井都没有见到天景山组地层，有可能是没有沉积天景山组或者是沉积后被剥蚀掉了。另外，在隆起带上雷口坡组的厚度变薄，有明显的削蚀点和风化面特征。

川西坳陷离川滇古陆较近[图3(a)]，碳酸盐岩沉积物中泥质含量较高，不利于溶蚀作用发生；三叠纪末期的印支运动为整体抬升，没有造山运动，在雷口坡组内没有发育断层和褶皱，风化溶蚀作用被限制在风化面附近。因此，粗结构碳酸盐岩成为发育优良油气储集层的基础。寻找高能相带的粗结构碳酸盐岩滩体，即寻找潮下—潮间发育的高能滩是雷口坡组气藏预测的关键，在由剥蚀和溶蚀作用形成的具有一定规模的溶孔发育区带中有可能发育优质储层。

根据区域岩相古地理[图3(a)]和后期的暴露溶蚀作用[图3(b)]研究结果预测，在以松潘—甘孜洋印支期残余洋为中心的中坝—安县—洛带—大邑印支期古斜坡环带上，可能发育优质储层(图1)。

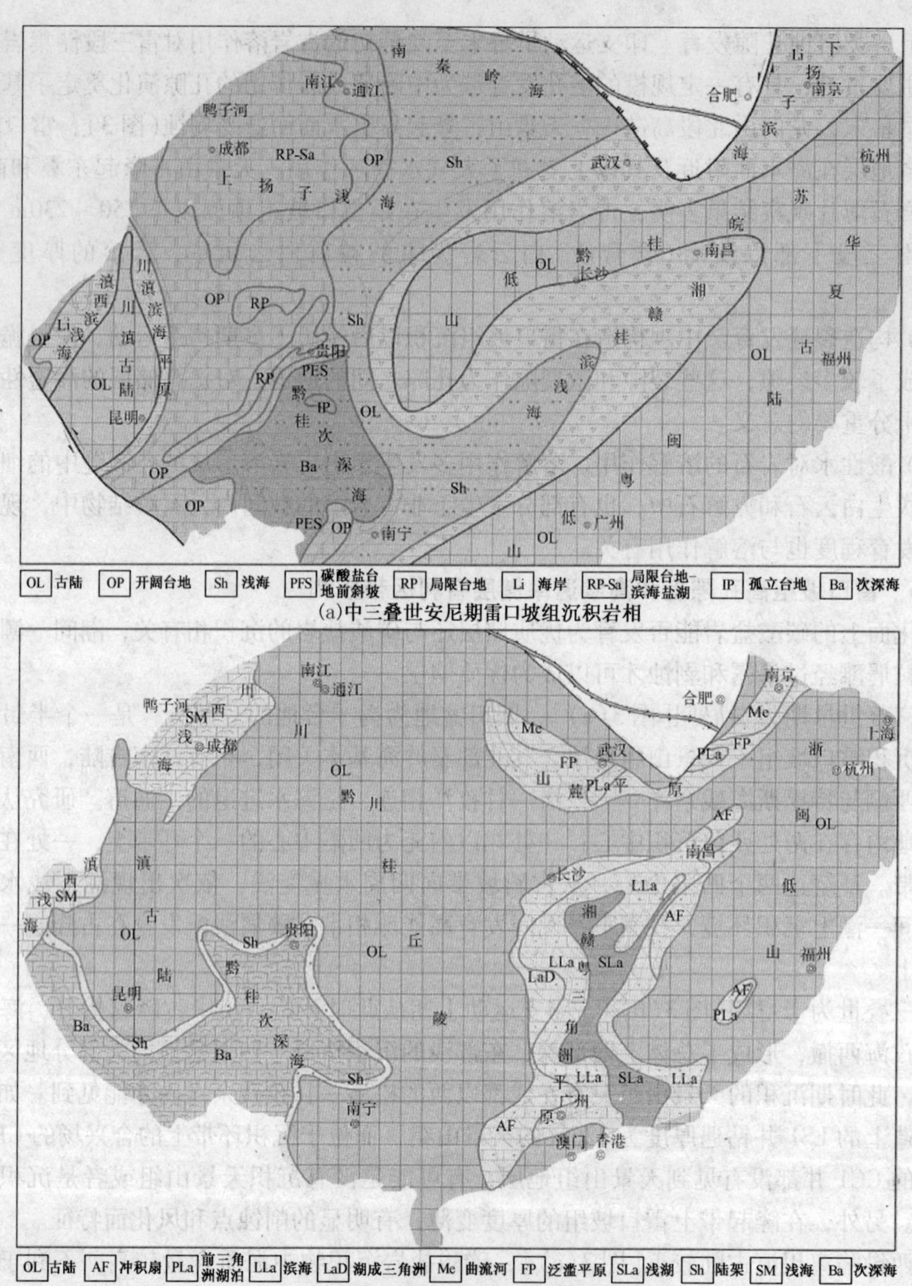

(a)中三叠世安尼期雷口坡组沉积岩相

(b)早三叠世卡尼期天景山组沉积岩相

图3 不同沉积期岩相古地理分析结果

2 洛带气田雷口坡组勘探远景

2.1 洛带气田可能的古潜山地震特征

洛带气田位于川西坳陷的东坡(图1)，现有的产气层是侏罗系遂宁组和蓬莱镇组。从2006年开始，在川西坳陷进行了大规模海相地层研究，采集了大批高分辨率和高信噪比地震资料，图4是从川中古隆起到龙门山推覆带的高分辨率大剖面。由图4可见，在雷口坡组顶部有丘形凸起反射，且存在削蚀面特征和斜交反射带(图4方框内)，表现出古潜山地震相特征，在丘形凸起上存在多条断层，推测与古潜山的古溶蚀作用有关。Luo1井钻遇5m厚的雷口坡组，但未见到斜交反射带中的地层。

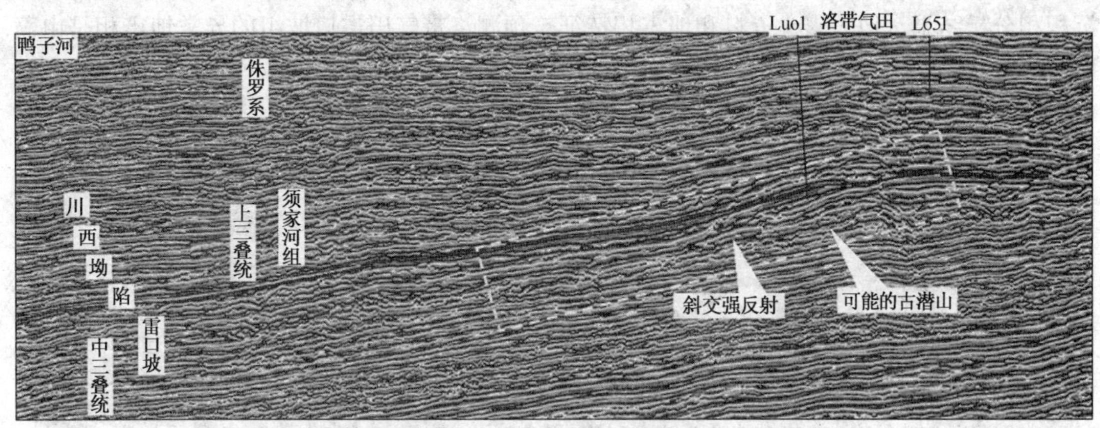

图4 川中古隆起—龙门山推覆带的高分辨率大剖面

沉积相发生变化会使溶蚀作用产生差异，而差异性溶蚀作用也可以在雷口坡组顶部形成深沟和古潜山地貌。利用三维地震资料对洛带气田可能的古潜山特征做了进一步分析。图5为一过洛带气田的三维地震剖面，为突出古构造特征，对下侏罗统白田坝组顶进行了层拉平处理，以消除印支期构造运动的影响。由图5可见，在雷口坡组顶面存在多个凹槽，在凹槽边缘存在明显的反射终止现象，是削蚀点反射特征，若凹槽是溶蚀沟，则两个凹槽之间的凸起可能就是古潜山。

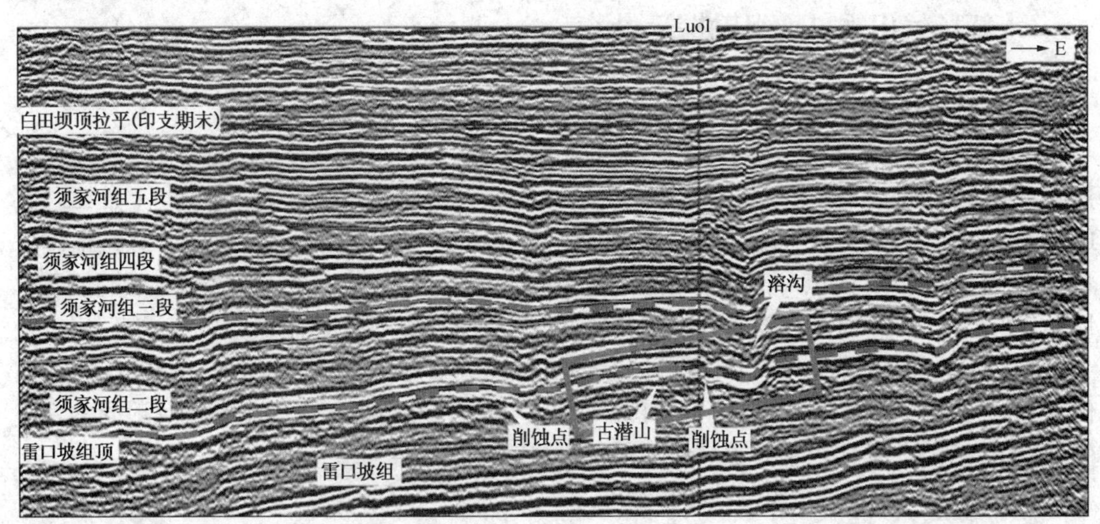

图5 过洛带气田的三维地震剖面

2.2 洛带气田雷口坡组沉积相分析

如果在雷口坡组发育有礁滩相碳酸盐岩，形成气藏的可能性更大，为此，我们对雷口坡组的沉积相进行了分析。从岩相古地理分析结果(图3)上看，洛带气田位于古隆起—沉积中心的过渡带上，有可能发育浅滩相的藻礁。图 6 是采用三维可视化技术解释的过洛带气田的地震剖面，可见，在雷口坡组顶面存在一面积较大的丘形反射体，可能是藻礁反射。在相邻的地震剖面上，这种地震相成片出现，说明这个地震异常是可靠的。为了认清这一地质体的性质，对地表露头进行了系统调查，结果表明在雷二段和雷三段都发育有藻屑白云岩。根据沉积相分析结果、地表露头资料和地震相特征，预测洛带气田雷口坡组的异常地震相是由藻礁灰岩引起的。综合上述分析，预测洛带气田雷口坡组具有较好的勘探远景。

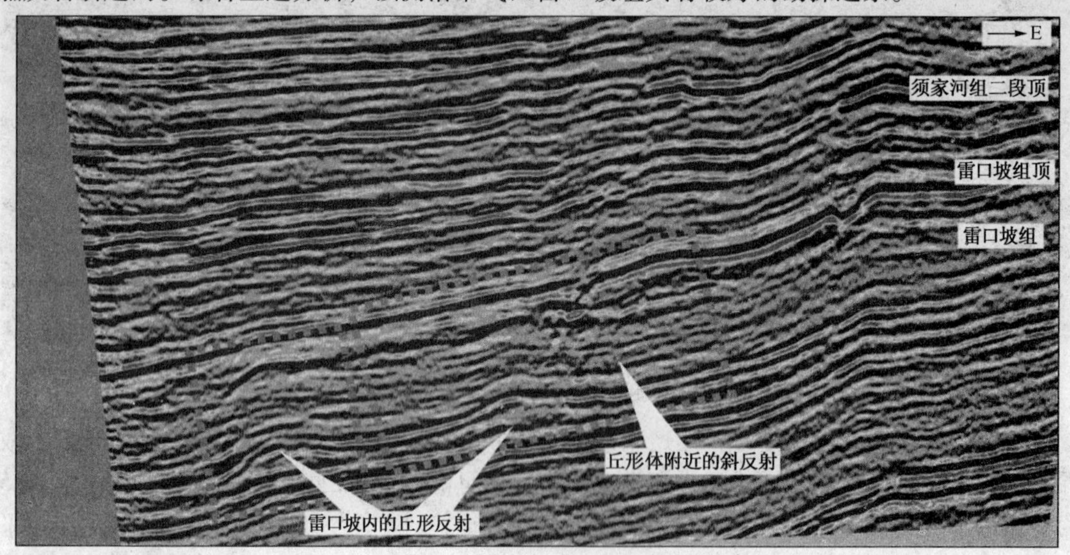

图 6　过洛带气田的地震剖面

3　新场气田雷口坡组勘探远景

3.1　新场气田雷口坡组地层圈闭特征

在新场气田的侏罗系发现了我国最大的浅层气藏。须家河组二段也是重要的产气层，钻遇须家河组二段的 X851 井是 1 口高产气井，在新场气田部署并钻探了一系列井（如 X2 井、L150 井）对须家河组二段气藏进行了开发（图 1），但都没有钻遇雷口坡组地层。该区地震资料丰富，品质较高，可以对雷口坡组的地震相特征进行可靠分析。由岩相古地理和剥蚀暴露情况分析结果（图 3）推测，新场气田雷口坡组也应该有较好的勘探前景。

图 7 为一新采集的新场气田雷口坡组的三维三分量地震剖面（由北京 HISPEC 公司提供），经过拓频处理，分辨率较高。由图 7 可见，在雷口坡组顶部有一个丘形反射异常，西侧有斜交反射带，推测可能是藻屑滩反射，两侧有削蚀点。

3.2　新场气田雷口坡组沉积相预测

在合兴场气田的 CH100 井没有发现雷口坡气藏，但从岩相分析结果得知 CH100 井的雷口坡组沉积有较厚的藻砂屑白云岩，表明其为高能滩相沉积。如果能够确认新场气田的沉积相比合兴场的要高，在新场气田就可能存在浅滩相沉积。

合兴场气田和新场气田沉积相之间的差异可以通过地震相特征进行分析。图 8 为合兴场—新场的连井剖面，为突出沉积相特征，对上三叠统须家河组二段顶进行了拉平

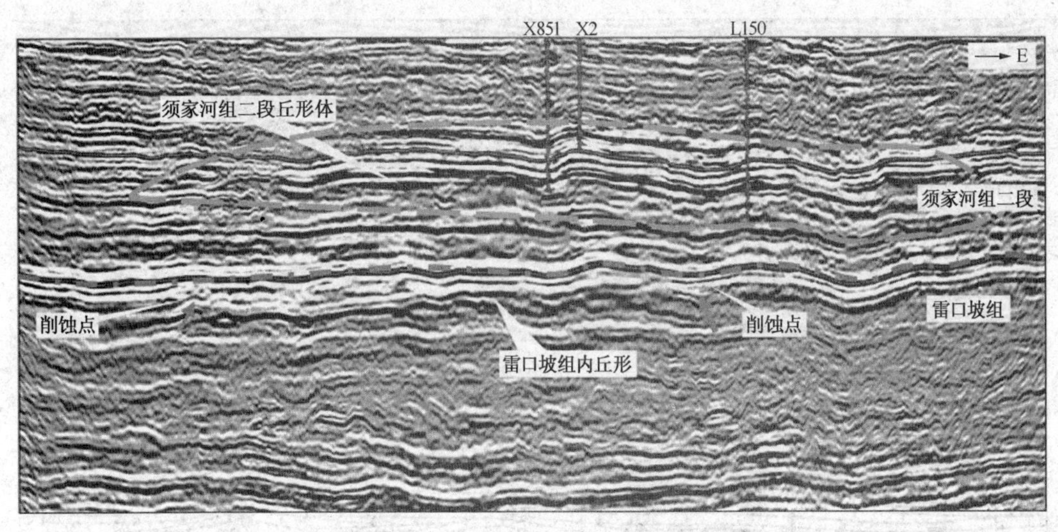

图7 过新场气田的三维三分量地震剖面

处理。由图8可见，在合兴场气田CH100井处，雷口坡组的反射波频率较高，振幅较弱；在新场气田，雷口坡组的反射波频率较低，振幅较强；孝泉—新场—合兴场一带，表现出斜交反射特征。据此预测，新场气田雷口坡组的沉积相相对较高，沉积颗粒藻屑滩的可能性较大。

综合地层圈闭特征和沉积相分析结果，预测新场气田雷口坡组具有较好的勘探远景。

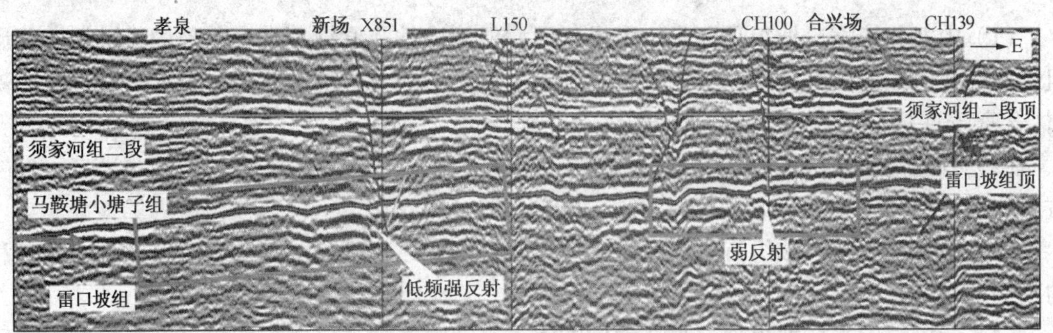

图8 合兴场—新场的连井剖面

4 马井构造雷口坡组勘探远景

马井构造是川西坳陷内的一个凸起，雷口坡组埋藏较深。图9a为过马井构造的地震剖面，可见，在雷口坡组上部存在一个丘形反射异常，在下部丘形反射异常成片出现，是比较典型的礁反射特征，在丘形反射异常两侧有上超现象，地震相与洛带丘形地震相(图6)相似，这表明丘形地震相是连片分布的。在距马井构造较近的绵竹汉旺地区(图1)的露头剖面上，发现有藻礁灰岩存在，其中有厚度为46m的针孔白云岩储层，孔隙度较高。根据露头调查结果，将丘形异常反射解释为雷二段内的一个藻礁(图9b)。

综合上述分析，认为马井构造雷口坡组有较好的勘探远景。

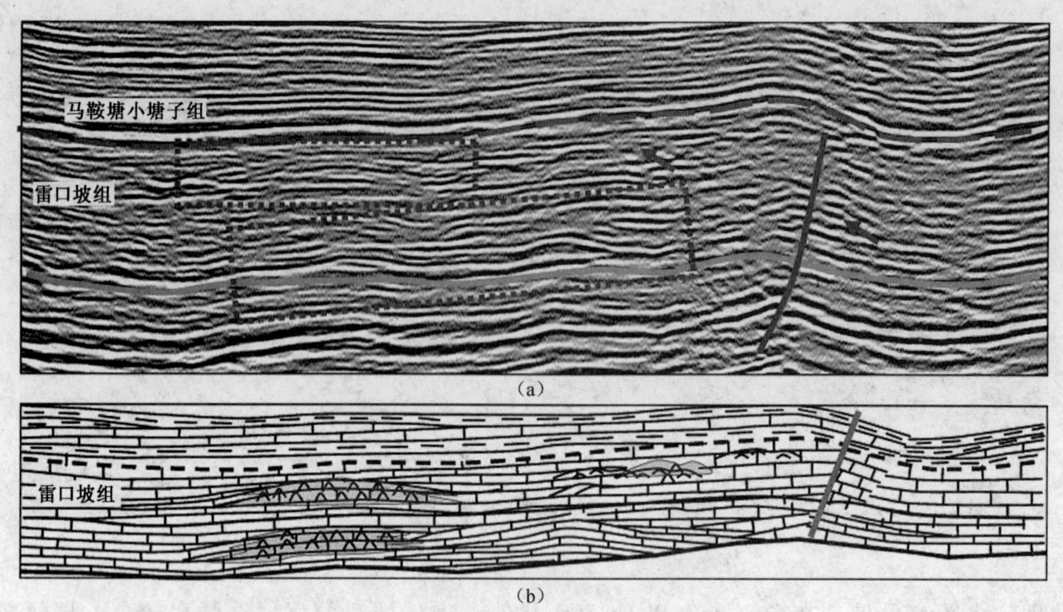

图9　过马井构造的地震剖面(a)和地质解释剖面(b)

5　结束语

(1) 中三叠统雷口坡组顶面是一个风化面，但溶蚀性孔洞缝不发育，藻屑浅滩相的砂屑粗结构针孔白云岩段是优质储层发育的基础，古岩溶形成各类溶蚀孔隙，岩溶多发育在以藻屑(含膏质)白云岩为主的粒屑白云岩中。

(2) 有利优质储层发育区带为以松潘—甘孜洋为中心的中坝—安县—新场—洛带—大邑古斜坡的一个环带上。

(3) 洛带气田雷口坡组有可能发育藻屑浅滩相沉积，顶部可能存在古潜山，可作为有利的勘探远景区。

(4) 新场气田雷口坡组顶部存在地层圈闭，有削蚀面特征，沉积颗粒藻屑滩的可能性较大，具有较好的勘探远景。

(5) 马井构造存在成片的丘形反射异常，且距离绵竹藻礁露头较近，预测马井构造的丘形反射异常为藻礁，可作为远景勘探区。

致谢：在本文的编写过程中，刘殊博士给予了许多指导，在此表示感谢。

参 考 文 献

1　陈清华，刘池阳，王书香．碳酸盐岩缝洞系统研究现状与展望[J]．石油与天然气地质，2002，23(2)：196～201

2　陶洪兴，张荫本，唐泽尧．中国油气储层研究图集(卷二)碳酸盐岩[M]．北京：石油工业出版社，1994．111～128

3　华北石油勘探开发设计研究院．华北碳酸盐岩古潜山油藏开发[M]．北京：石油工业出版

社，1985.1～83
4 蔡瑞．碳酸盐岩地层反射结构分析与储层预测[J]．石油物探，2006，45(1)：57～61
5 陈广坡，潘建国，陶云光．碳酸盐岩岩溶型储层综合预测评价技术的应用及效果分析[J]．石油物探，2005，44(1)：33～36
6 李明，李守林，赵一民．塔里木盆地某地区碳酸盐岩裂缝储层预测研究[J]．石油物探，2000，39(2)：24～35
7 李宗杰，王胜泉．地震属性参数在塔河油田储层含油气性预测中的应用[J]．石油物探，2004，43(5)：453～457
8 杨子川，李宗杰，窦慧媛．储层的地震识别模式分析及定量预测技术初探[J]．石油物探，2007，46(4)：370～377
9 朱仕军，黄继祥，李先荣等．川中—川南过渡带古残丘的地震解释及其对香溪群油气藏的控制作用[J]．西南石油学院学报，1994，16(4)：7～10
10 何鲤，廖光伦，戚斌等．中坝气田雷三气藏分析及有利相带预测[J]．天然气勘探与开发，2002，25(4)：20～26
11 四川油气区石油地质编写组．中国石油志—四川油气区[M]．北京：石油工业出版社，1989.424～432，82～85
12 郭正吾，邓康龄，韩永辉．四川盆地形成与演化[M]．北京：地质出版社，1994.1～190
13 李知维，沈昭国，侯方浩等．四川盆地川中—川南过渡带中三叠统雷口坡组雷一[1]亚段储集层特征及发育环境[J]．内蒙古石油化工，2006(6)：90～93
14 罗启后，王世谦．四川盆地中西部三叠系重点含气层系天然气富集条件研究[J]．天然气工业，1996，16(增刊)：40～54
15 刘宝珺，许效松．中国南方岩相古地理图集[M]．科学出版社，1994.155～188

济阳探区单一河道砂体边界地质建模及其地震正演响应特征分析

刘金连[1]　张建宁[2]

（1. 中国石化油田勘探开发事业部，北京 100728；
2. 中国石化石油物探技术研究院，江苏南京 210014）

摘要：河道砂体边界识别是河流相岩性油气藏勘探与开发中的关键。由于河道砂体尺度小、散度大，地震资料的分辨率有限，砂体边界地震识别存在不确定性。在密井网条件下，应用钻井和测井等资料，从曲流河的沉积特点和演变规律出发，分析了河流相砂体边界的展布规律，研究了河道边界的接触关系，建立了典型模式，确定了单一河道边界的废弃河道沉积物、不连续河间砂体、河道砂体顶面层位差异和河道砂体厚度差异 4 种识别标志，并分别建立了相应的地质模型。利用地震正演模拟技术研究了 4 种识别标志为边界条件的砂体地震响应特征，分析了反射振幅、频率、相位、波形和时间等变化规律，总结了在不同标志接触关系中应用水平切片、相干分析和地震属性等技术进行识别的可能性。将研究成果应用于济阳坳陷老 168 井区的河道砂体识别和精细描述，取得了较好的效果。

关键词：河道砂体　识别标志　地质模型　正演模拟　反射特征

济阳坳陷是一个典型的陆相断陷含油气盆地，复杂的构造格局和丰富的储集类型与多套烃源岩相匹配，形成了种类丰富的油气藏。济阳坳陷纵向上具有 3 套含油气层系和 10 套含油气亚层系，油气藏在各层系之间分布差异较大，其中 1/3 的储量分布在新近系馆陶组河流相储层中。经过多年的勘探与开发，形成了一套比较完整的馆陶组河流相砂体描述方法和储层预测技术，但对尺度小、散度大的河道砂体的地震识别与描述在技术上还存在一定难度。这种非均质性油田的勘探与开发对有效储层的描述有较高的技术要求，一方面要求能准确地预测砂体几何形态及分布范围，另一方面要求能准确地描述储层物性的变化规律，提高勘探和开发效益。

目前，依据纵向上的岩心和测井等资料可以对砂体进行较准确的识别，但在横向上对砂体之间的关系进行确定还存在不少困难。在前人对河道砂体的岩性、沉积特征、电性特征和砂体预测及描述等研究成果的基础上，从建立河道识别标志的地质模型入手，应用正演模拟技术及其它地震预测技术，研究了单一河道边界的地震反射特征。

1　利用地震资料研究河道砂体的基础

济阳坳陷馆陶组上段为泛滥平原河流相沉积，主要发育岩性油气藏。研究区的砂体分布控制着油气成藏，储层岩性以粉砂岩、粉细砂岩和细砂岩为主，单一砂层较薄，厚度一般在3~8m，砂层间的泥岩隔层厚度大于10m；砂体埋藏较浅(小于1500m)，断层不发育，构造比较简单；地震资料信噪比和分辨率较高，反射波主频在50Hz左右。通过对大量的测井数据统计可知，由于砂岩速度大于泥岩速度(砂岩速度(v_s)为2450~3000m/s，泥岩速度(v_m)为2100~2500m/s)，砂岩和泥岩之间存在速度差，形成了较强的波阻抗界面，在实际地震剖面上能够区分大于调谐厚度的砂层顶、底界面；同一区域的砂体速度比较稳定，可以根据地震属性研究小于调谐厚度的砂层厚度变化。因此，在一定程度上地震资料具有分辨河道岩相和岩性的能力。

在实际应用中，单一河道砂体厚度一般小于10m。受地震资料分辨率的限制，纵向上主要依据地震反射能量的变化对单一砂体进行分析；横向上由于砂体边界的地震反射变化较大，单一砂体边界的地震识别存在多解性，影响了实际应用的效果。在勘探程度高的地区，由于拥有较齐全的钻井、测井和地震资料，因此对油气藏的沉积特征和变化规律有比较深刻的认识，可以在正确的地质模式指导下建立合理的地质模型，通过正演地震模拟技术将井资料与横向连片的地震资料有机结合，减少地震资料解释的不确定性，正确识别单一河道砂体的边界。

2 河道砂体边界的主要识别标志

按照曲流河的沉积特点和演变规律，河道沉积微相主要形成主河道、废弃河道、决口水道、决口扇、天然堤和河漫滩等砂体。因此，准确地预测河道沉积微相是识别单一河道的关键。通过识别砂体成因类型和精细解剖单一砂体空间配置结构，确定了济阳探区馆陶组河流相单一河道砂体边界的主要识别标志有：

(1) 废弃河道沉积物。废弃河道沉积物是单一河道砂体边界的重要标志。在曲流河相带内部，废弃河道代表一个点坝的结束，而最后一期废弃河道则代表一次性河流沉积作用引起的河流改道。

(2) 不连续河间砂体。尽管大面积分布的河道砂体是多条河道横向拼合的结果，但两条河道之间会出现分叉，留下河间沉积物的踪迹，沿河道纵向上不连续分布的河间砂体是两条不同河道分界的标志。

(3) 河道砂体顶面层位差异。尽管属于同一个成因单元，但不同河道砂体沉积能量的微弱差别及河流改道或废弃时间差异的影响，都会使河道砂体的顶、底层位存在差异。如果这种差异出现在河道分界附近，就可以将其作为两条河道砂体的边界标志。

(4) 河道砂体厚度差异。由于河流的分流能力受多种因素影响，不同河道砂体必然存在厚度上的差异，如果这种差异性的边界可以在较大范围内追溯，很可能是不同河道砂体单元的指示。

3 不同河道砂体的正演模型及其地震响应特征

根据已经建立的河道砂体地质概念模式设计曲流河道砂体边界识别地质模型，然后通过正演模拟分析其地震响应特征。

3.1　废弃河道沉积物

设计的废弃河道砂体边界地质模型如图 1 所示，模型的砂体厚为 8m、宽为 250m，两个河道之间的距离为 300m。26Hz Ricker 子波的地震正演响应在两个河道边界处的反射振幅、频率、相位和时间都发生了变化：振幅值减小，频率增高，同相轴反射时间和波形存在一定的差异。常规地震剖面上产生这种地震反射特征的地质因素较多，因此应根据研究区实际地质情况建立合理的地质模型，并将其与地震反射特征进行精细对比，才能达到较好识别废弃河道沉积物的目的。

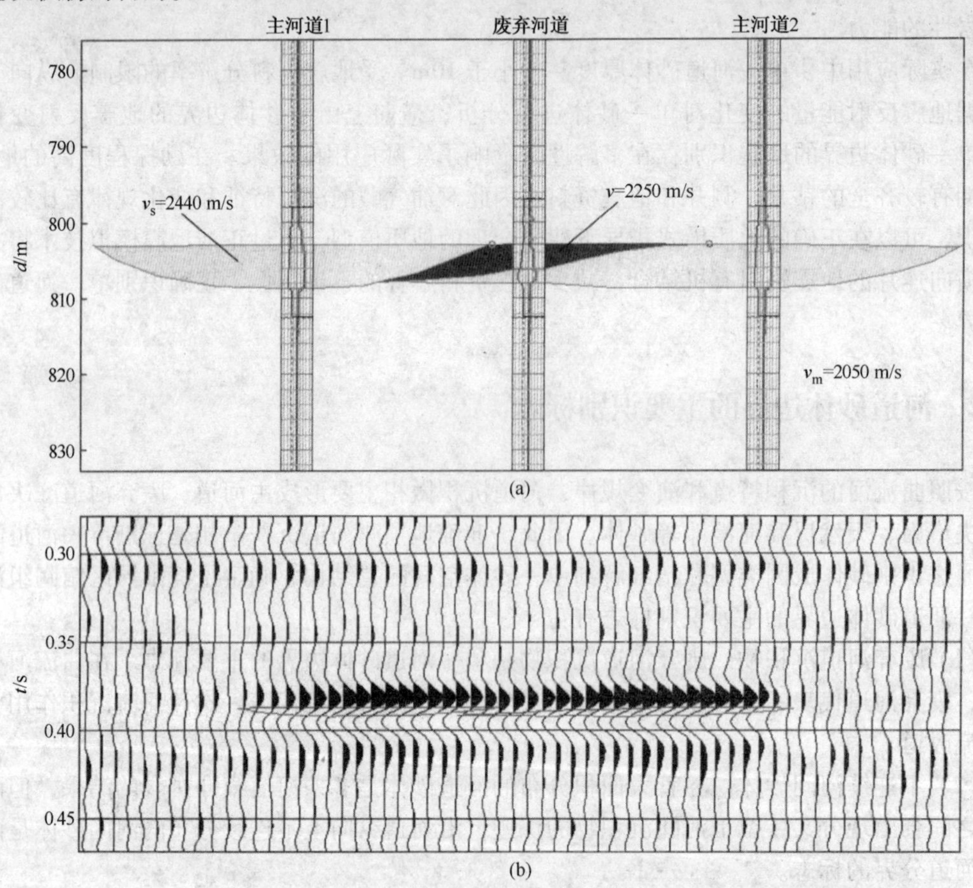

图 1　废弃河道砂体边界地质模型(a)及 26Hz Ricker 子波的地震响应(b)

3.2　不连续河间砂体

设计了以不连续河间砂体为识别边界标志的地质模型，模型的砂体厚度为 8m、宽为 250m，两个主河道之间的距离为 500m，有不连续河间砂体发育(图 2)。地震正演响应表明：26Hz Ricker 子波地震响应的振幅减小，频率增高；50Hz Ricker 子波的地震响应可以分辨出河间砂体的地震反射。因此，当地震剖面上存在反射变弱、同相轴分叉及产生复波等特征时，可从河道的沉积特征和地质概念模式分析出发，确定是否存在不连续河间砂体，并根据反射特征识别不连续河间砂体的边界。

3.3　河道砂体顶面层位差异

设计了河道砂体顶面层位差异为识别边界的地质模型(图 3)，模型的砂体厚度为 8m、宽为 500m，两个砂体的埋藏深度相差 5m。26Hz Ricker 子波的地震响应特征表明，在常规比例尺地震剖面上两个河道边界处的反射特征变化不大[图3(b)]，在大纵比例尺地震剖面上边界反射时间有一定差异[图3(c)]。因此，在地震剖面上出现砂体反射时间差异时，应分析这种差异在平面上(地震相干、地震属性等地震切片)的分布规律，结合砂体沉积相带和古地貌特征进行研究，判断反射时间差异是古地形继承性的结果，还是沉积能量的微弱差别及河流改道等因素造成的结果，最终确定其是否为河道砂体顶面层位差异产生的河道砂体边界特征。

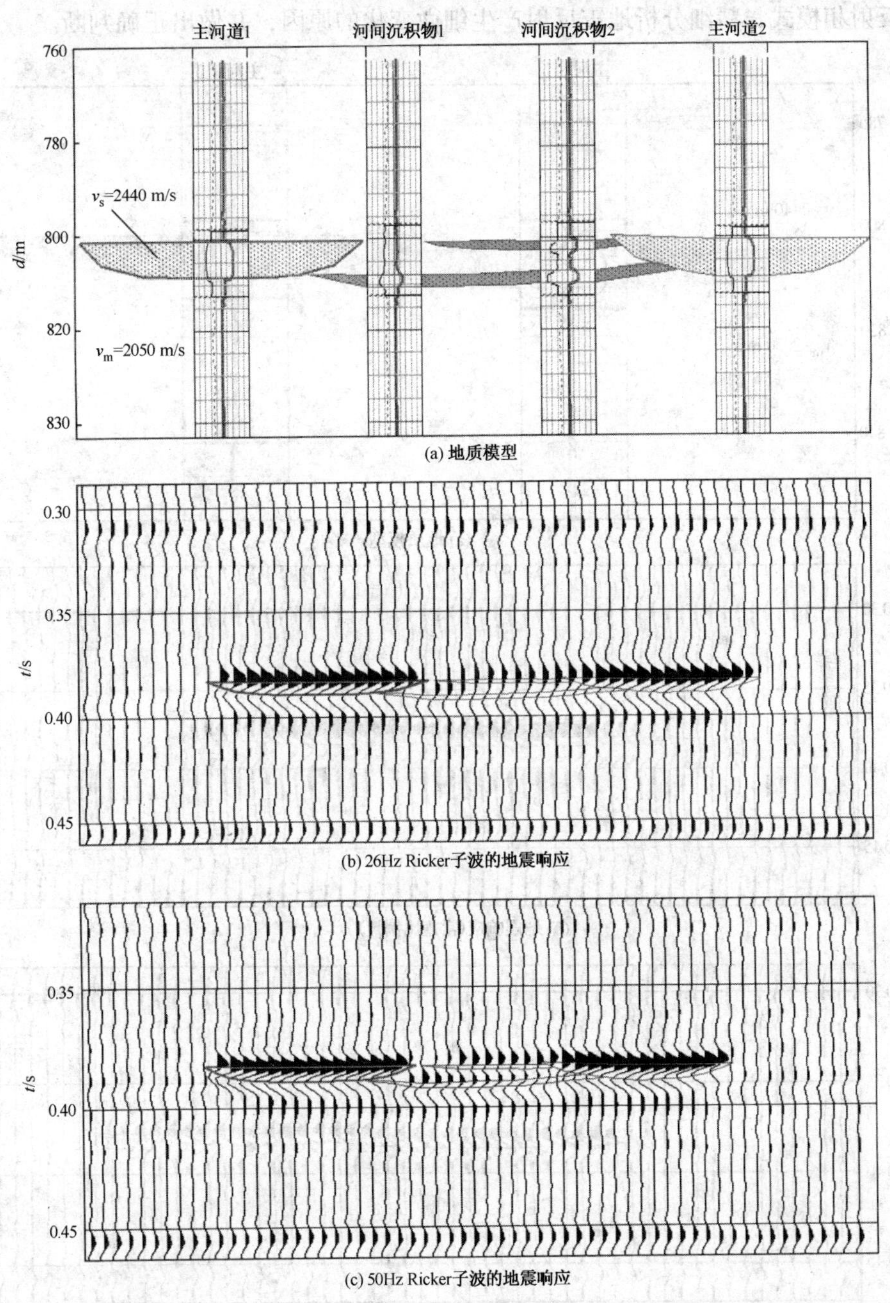

图2 不连续河间砂体地质模型及地震响应

3.4　河道砂体厚度差异

设计的河道砂体厚度差异为识别标志的地质模型如图4所示，两个河道砂体厚度分别为8m和4m，宽分别为500m和300m。26Hz Ricker子波的地震响应表明，河道砂体厚度差异边界处的反射特征变化不明显，与砂体变薄的反射特征非常相似。说明仅仅依据地震资料不能识别该类型的砂体边界，应该结合地质模型、钻井和测井等资料进行综合研究，确定该类砂体的反射相模式，精细分析地震反射产生细微变化的原因，并做出正确判断。

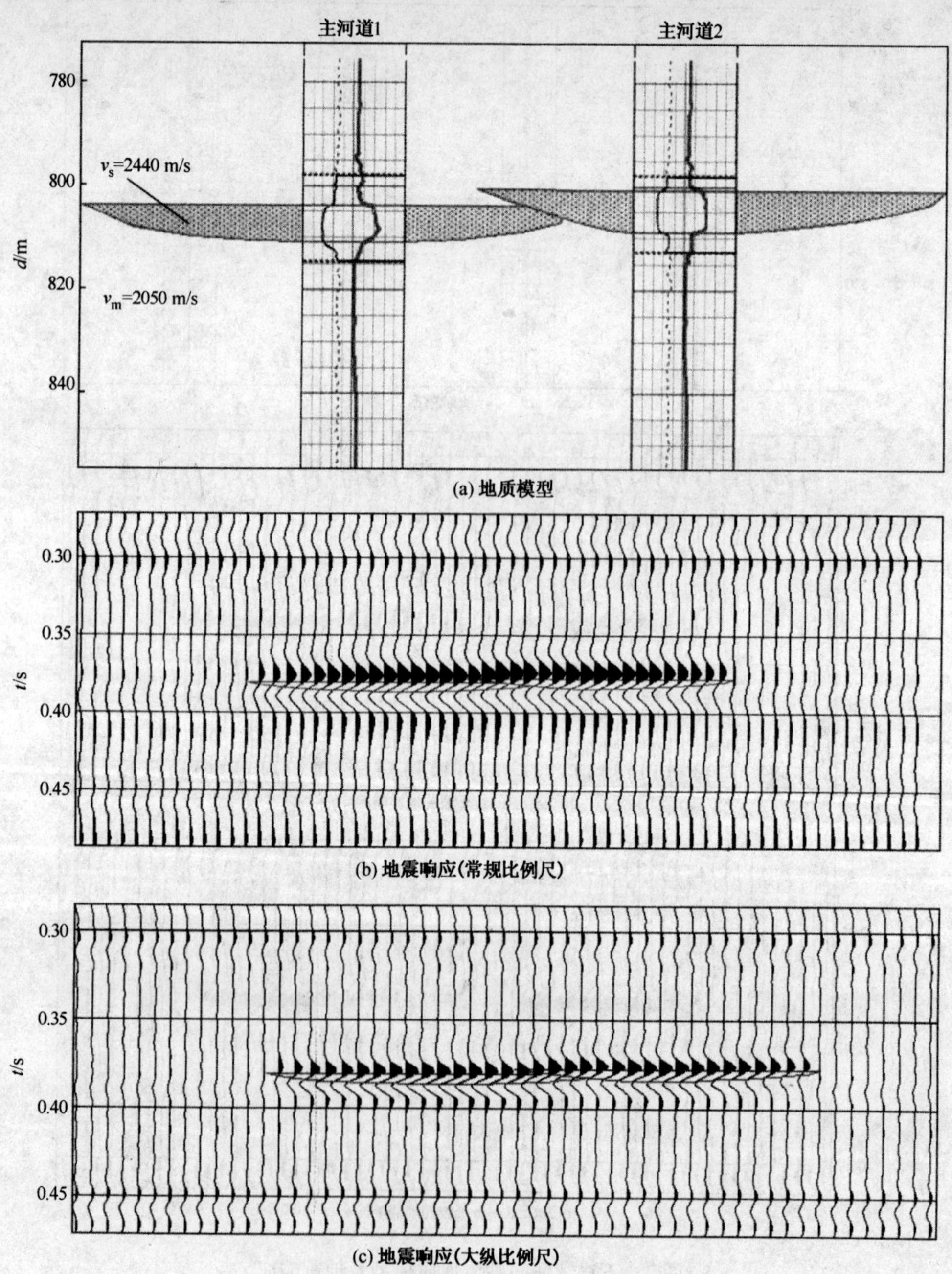

图3　河道砂体顶面层位差异地质模型及地震响应

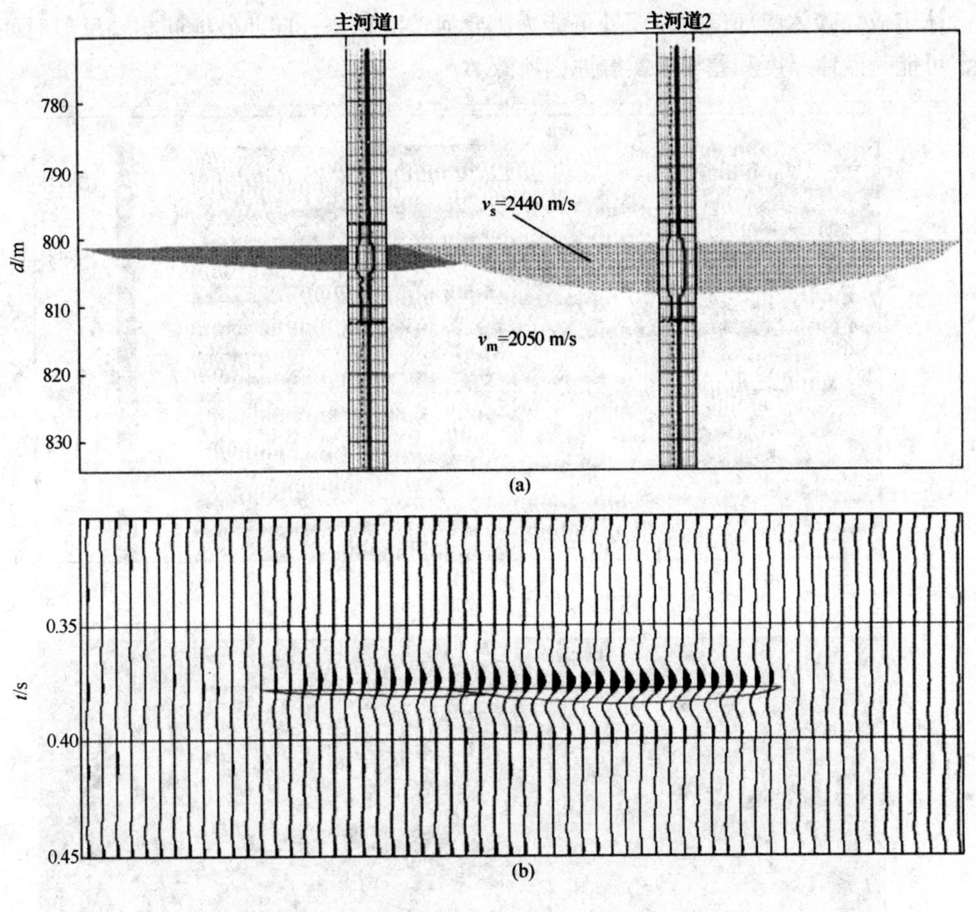

图4 河道砂体厚度差异地质模型(a)及地震响应(b)

4 实际应用分析

济阳坳陷沾化凹陷馆陶组上段发育曲流河薄砂体油藏。由于该类砂体纵向上多呈透镜状，在地震剖面上能见到对应的河流滞留沉积和砂坝反射。本区地形开阔，坡度较缓，曲流河沉积通常不稳定，改道与迁移现象多，依据常规地震资料难以识别该类砂体。根据单井相分析和综合地质研究的结果，确定本区砂体边界主要有不连续河间砂体、废弃河道沉积物和河道砂体顶面层位差异等识别标志。因此，可以根据已经建立的识别地质模型及其地震反射特征进行砂体边界识别。

图5a为过老168井的地震剖面，在1.2~1.4s主要为曲流河沉积地震反射，但仅仅通过砂体标定和解释很难确定砂体边界。根据本文建立的河道砂体沉积模式和地震反射特征，应用地震正演模拟技术，进行了砂体边界识别。

1号砂体在地震剖面上的反射同相轴在南、北两个主方向上均延伸变弱，期间没有出现反射同相轴分叉现象及复波等特征，具有单一主河道砂体地震响应特点。因此，推测1号砂体是单一砂体，从老168井处向南、北方向减薄尖灭。

2号砂体地震反射向南变弱，但没有尖灭，与南部的另一个强反射相连，可能有两个主河道砂体组成。砂体南部反射较弱处可能为废弃河道沉积物；向北砂体同相轴反射时间存在差异，可能是砂体厚度和差异压实等原因所致。

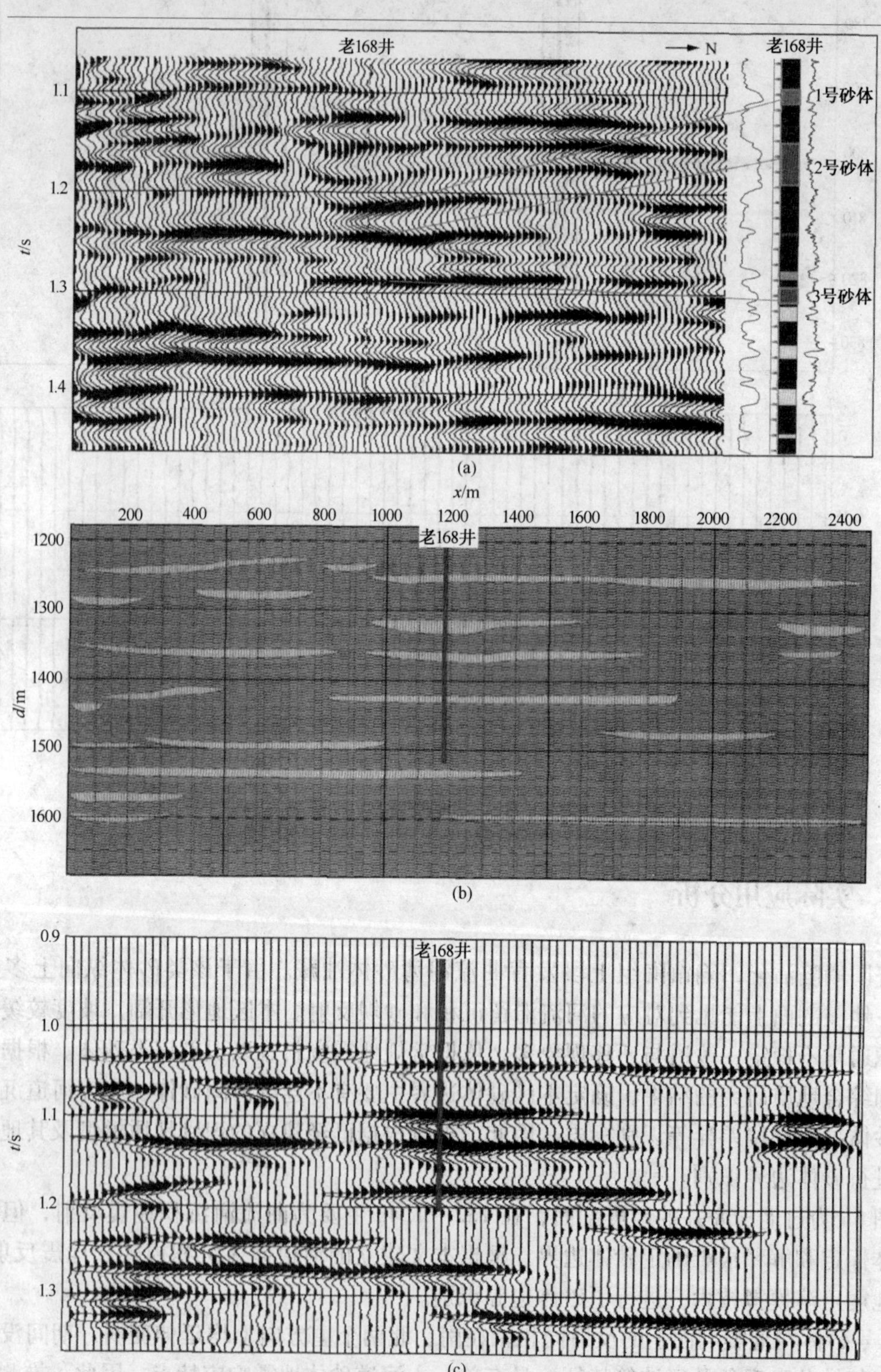

图5　过老168井的地震剖面(a)与正演地质模型(b)及地震响应(c)

3号砂体地震反射与1号砂体相似。从老168井向北延伸较远，估计为单一砂体；向南出现反射同相轴变弱、分叉现象，可能存在不连续河间砂体等。

通过对地震正演模拟与实际地震剖面进行反复对比，不断修改和完善地质模型，确定哪些尖灭和变弱的地震反射是废弃河道所致；研究同相轴连续性发生畸变是否是不连续河间砂体存在和产生的识别标志；分析反射时间差异与沉积体系是否一致，推断不同河道砂体之间可能因顶面层位差而产生的边界；消除地震剖面上存在其它干扰因素而产生的反射异常，最终实现单一砂体边界的识别[图5(b)和图5(c)]。

应用地震正演模拟技术，结合水平切片、相干属性等地震预测技术在老河口地区共预测Ⅰ类砂体24个，面积26.9km^2；Ⅱ类砂体1个，面积0.4km^2。在飞雁滩地区识别和解释砂体40个，其中Ⅰ类砂体14个，面积27km^2，预测地质储量$1900 \times 10^4 t$；Ⅱ类砂体26个，面积18.4km^2，预测地质储量$1200 \times 10^4 t$。在埕北洼陷发现砂体103个，其中Ⅰ类砂体68个，面积85.9km^2，预测地质储量$7500 \times 10^4 t$；Ⅱ类砂体35个，面积26.8km^2，预测地质储量$1700 \times 10^4 t$。

5 结束语

识别河道砂体边界的关键是建立正确的地质模型。地震正演模拟技术是一种有效的手段。地震资料是分析判断地质模型正确与否的重要依据。建立地质模型时不能片面追求地震正演响应与实际剖面相似，盲目修改地质模型，应从研究区曲流河的沉积特点和演变规律出发，对已经钻遇的河道沉积微相进行全面分析，才能建立正确的单一河道砂体主要识别标志和地质模型，达到良好的识别效果。

地震正演模拟技术在河道砂体边界识别中存在不确定性，不同的砂体边界组合可能产生相似的地震反射特征。因此，应该结合水平切片、分频、相干和反演等其它地震技术进行综合识别和描述，并根据新的钻探成果修改和完善地质模型，才能提高解释的可靠性和精度。

致谢：感谢胜利油田物探研究院邹东波等对本研究工作给予的帮助！

参 考 文 献

1 郭元岭，赵乐强，石红霞等．济阳坳陷探明地质储量特点分析[J]．石油勘探与开发，2001，28(3)：33～36

2 李丕龙，金之钧，张善文等．济阳坳陷油气勘探现状及主要研究进展[J]．石油勘探与开发，2003，30(3)：1～4

3 张善文，王永诗，石砥石等．网毯式油气成藏体系——以济阳坳陷新近系为例[J]．石油勘探与开发，2003，30(1)：1～10

4 赵霞飞．河流相模式与储层非均质性[J]．成都理工学院学报，1999，26(4)：357～364

5 陈清华，曾明，章凤奇等．河流相储层单一河道的识别及其对油田开发的意义[J]．油气地质与采收率，2004，11(3)：13～15

6 夏庆龙，赵志超，赵宪生．渤海浅部储层沉积微相与地球物理参数关系的研究[J]．天然气工业，2004，24(5)：51～53

7 李椿，于生云，黄伏生等．河流相储层建筑结构的解剖与应用[J]．大庆石油学院学报，2004，28(2)：92～94

8 张建宁，丁晓梅．孤南洼陷馆上段河道砂体地震识别方法[J]．勘探地球物理进展，2006，29(4)：264～268

9 刘春园，朱生旺，魏修成等．随机介质地震波正演模拟在碳酸盐岩储层预测中的应用[J]．石油物探，2010，49(2)：133～139

10 田立新，周东红，刘力辉．辽东湾蠕虫状地震反射的地质意义研究[J]．石油物探，2010，49(3)：295～298

11 边立恩，贺振华，黄德济．储层的地震低频响应及识别[J]．石油物探，2008，47(6)：573～576

12 叶泰然，苏锦义，刘兴艳．分频解释技术在川西砂岩储层预测中的应用[J]．石油物探，2008，47(1)：72～76

13 王鑫．地震属性技术在王73地区储层预测中的应用[J]．石油物探，2007，46(3)：272～277

14 李显贵，邵吉华，张涛．波阻抗模型正演技术在砂岩储层预测中的应用[J]．石油物探，2004，43(6)：584～586

15 王西文．岩性油气藏的储层预测及评价技术研究[J]．石油物探，2004，43(6)：511～517

塔河油田碳酸盐岩储层三孔隙度测井模型的建立及其应用

漆立新[1]　樊政军[1]　李宗杰[1]　柳建华[1]　刘瑞林[2]

（1. 中国石化西北油田分公司勘探开发研究院，新疆乌鲁木齐 831100；
2. 长江大学，湖北荆州 434023）

摘要：塔河油田碳酸盐岩缝洞型储层的非均质性强，溶蚀孔洞、裂缝、溶洞发育，定量计算储层基质和裂缝的孔隙度是评价缝洞型碳酸盐岩油气层的关键。由岩石骨架体积、基质孔隙体积、连通的缝洞体积和不连通的缝洞体积 4 个部分组成的测井解释模型可以模拟基质和连通缝洞的并联导电网络以及非连通缝洞和基质的串联导电网络。用中子和密度测井资料求取总孔隙度，采用声波测井资料计算基质孔隙度，结合深、浅双侧向电阻率计算出连通缝洞孔隙体积和非连通缝洞孔隙体积。计算出的 3 种孔隙成分适用于各种类型储层组合，并可定性判断储层的有效性。根据该方法判断出研究区的有利储层类型为基质孔和连通缝洞型以及孔－洞－缝组合型。

关键词：测井解释　三孔隙度模型　碳酸盐岩储层　连通缝洞孔隙度

塔河油田位于塔里木盆地沙雅隆起阿克库勒凸起的西南部，碳酸盐岩油气田主要分布在古隆起上。目前已探明石油储量十多亿吨，原油产量六百多万吨。碳酸盐岩岩性主要为颗粒微晶灰岩与泥微晶灰岩。储集空间类型多、大小悬殊、分布不均，分为洞、孔、缝 3 类。由岩心、岩石铸体薄片、荧光薄片和扫描电镜等资料分析得出，该地区的储层类型主要为孔隙－裂缝型、裂缝型、裂缝－孔洞型、裂缝－溶洞型及孔－洞－缝复合型。按孔隙尺度和形态可分为基质孔隙和溶蚀缝洞孔隙。基质孔隙主要由晶体间和颗粒间孔隙组成，溶蚀缝洞孔隙主要由岩溶溶蚀产生的次生溶蚀孔洞、溶蚀裂缝与构造（地层）应力产生的裂缝组成。在碳酸盐岩测井评价中，双孔隙度模型中的裂缝孔隙度通常根据双侧向测井资料计算，仅考虑了溶蚀孔洞中连通导电的成分，未考虑次生溶蚀孔洞的曲折路径所占体积空间；基质孔隙度根据声波测井资料计算；总孔隙度根据密度和中子测井资料计算。总孔隙度中基质孔隙度和裂缝孔隙度之外的其它孔隙成分全部计入“次生孔洞孔隙度”。对于塔河油田多重孔隙介质储层或含稠油储层，采用双孔隙度模型计算储层的裂缝孔隙度存在一定的误差。为此，通过测井技术攻关，研究了三孔隙度测井解释模型，进一步评价了塔河油田碳酸盐岩储层参数与空间类型。

1　三孔隙度测井模型理论

1.1　模型的建立

碳酸盐岩储层的储集类型为缝洞型，储集空间包括孔隙、裂缝、溶孔(洞)以及它们之间的相互耦合所形成的裂缝－孔隙、裂缝－溶孔(洞)、溶洞－裂缝等。裂缝、溶孔、溶洞、基质孔隙及其相互连通形成的网状裂缝系统为主要储集空间。因此，为了更好地评价碳酸盐岩储层，建立了由岩石骨架体积、基质孔隙体积、连通的缝洞体积、非连通的缝洞体积构成的岩石三重孔隙度体积模型。其中岩石骨架体积与岩石基质孔隙体积构成岩石骨架系统，该部分与双孔隙度模型的整个岩石骨架体积相对应；而连通的缝洞体积(V_2)和非连通的缝洞体积(V_{nc})与双孔隙度模型的次生孔隙相对应。

在三孔隙度模型中，基质孔隙体积表达的是导电性及声波传播特性；均匀部分的孔隙空间是指岩石基质或颗粒之间的孔隙；连通的缝洞体积表达的是碳酸盐岩中的张开缝和溶蚀缝，即已连通的溶蚀孔洞的体积；非连通的缝洞体积表达的是碳酸盐岩中微小孔隙的燧石颗粒、化石碎屑、孤立的黄铁矿、部分溶蚀的鲕粒孔及后期阻断的溶蚀缝洞等所占的空间体积；连通的缝洞体积和非连通的缝洞体积在电性上是非均匀的。

1.2　3种孔隙度求解方法

三孔隙度模型中的各种孔隙度均可以利用常规测井资料计算得到。

利用中子和密度测井资料可以得到地层的总孔隙度(φ)的表达式为

$$\varphi = \sqrt{\frac{\varphi_D^2 + \varphi_N^2}{2}} = \varphi_m + \varphi_{nc} + \varphi_2 \tag{1}$$

式中，φ_D 为密度孔隙度；φ_N 为中子孔隙度；φ_m 为基质孔隙度，是在不考虑溶洞与裂缝等次生孔隙时岩石骨架体系中基质孔隙空间与组合系统的总体积之比；φ_2 为连通缝洞孔隙度，表示连通缝洞所占岩石体积的大小；φ_{nc} 为非连通缝洞孔隙度，表示与连通缝洞导电性质不同的孔隙空间所占岩石体积的大小。

纵波基本沿岩石骨架传播，根据声波时差资料只能计算基质孔隙(晶间孔、粒间孔)体积占骨架体系(基质孔隙体积与骨架孔隙体积之和)的比例，通过换算可以得到基质孔隙度的表达式为

$$\varphi_m = \varphi_b(1 - \varphi_2 - \varphi_{nc}) \tag{2}$$

式中，φ_b 为由声波时差计算得到的孔隙度。

在进行深侧向测井时，串联了非连通缝洞的泥浆，并联了连通缝洞的泥浆，导致其与浅侧向测井值不同，可根据这个关系得到 φ_{nc} 与 φ_2 的另外两个约束方程为

$$R_{LLD} = \varphi_{nc}R_{mf} + (1 - \varphi_{nc})R_{f0} \tag{3}$$

$$\frac{1}{R_{f_0}} = \frac{\varphi_2}{R_{mf}} + \frac{(1 - \varphi_2)R_w}{R_{mf}R_{LLS}} \tag{4}$$

式中，R_{LLD} 为深侧向电阻率值；R_{LLS} 为浅侧向电阻率值；R_{mf} 为泥浆滤液电阻率值；R_w 为地层水电阻率值；R_{f_0} 为充满地层水的储层的电阻率值。

将式(1)、式(2)、式(3)和式(4)联立求解，即可计算出 φ_2，φ_{nc} 和 φ_m。

1.3 三孔隙度测井模型中胶结指数的求解方法

当地层中发育连通缝洞和孤立孔洞、缝洞时，储集空间的几何形状发生很大变化。地层的胶结指数是地层导电通道弯曲程度的量度，反映地层孔隙空间的几何形态。

利用地层中的导电通道等效电阻网格的串、并联关系，对于双侧向为正差异的情况，可推导出阿尔奇公式中的地层因子，这样就可以得到地层因子与连通缝洞孔隙度、孤立孔洞孔隙度、总孔隙度、基质孔隙度、地层的导电因数之间的关系，即

$$F_{\mathrm{t}} = \left\{\left[\varphi_{\mathrm{nc}} + \frac{(1-\varphi_{\mathrm{nc}})}{(\varphi_2 + (1-\varphi_2)/F)}\right]\right\} \tag{5}$$

式中，F 为岩石骨架系统的地层因子；F_{t} 为组合系统的地层因素。

利用阿尔奇定律，可得到连通缝洞孔隙度、非连通缝洞孔隙度、总孔隙度、基质孔隙度与地层胶结指数之间的关系为

$$\varphi^{-m} = \left\{\varphi_{\mathrm{nc}} + \frac{(1-\varphi_{\mathrm{nc}})}{[\varphi_2 + (1-\varphi_2)/\varphi_{\mathrm{BM}}^{-m_{\mathrm{b}}}]}\right\} \tag{6}$$

式中，m 为组合系统的胶结指数；m_{b} 为基质孔隙部分的胶结指数，约定为2。

对于双侧向为负差异的情况：

$$\varphi^{m} = \left\{\varphi_2 + \frac{(1-\varphi_2)}{[\varphi_{\mathrm{nc}} + (1-\varphi_{\mathrm{nc}})\varphi_{\mathrm{BM}}^{-m_{\mathrm{b}}}]}\right\} \tag{7}$$

如果已知连通缝洞孔隙度、非连通缝洞孔隙度、总孔隙度、基质孔隙度，即可计算出地层的胶结指数 m，该指数综合反映了地层的导电通道类型以及各类导电通道的大小等信息。对于每种类型的导电通道，根据 m 的大小并结合连通缝洞孔隙度可进一步研究储层的有效性。此外，也可以根据计算的连通缝洞孔隙度、非连通缝洞孔隙度、总孔隙度、基质孔隙度值划分储层的类型。

2 三孔隙度测井解释模型的应用

2.1 应用成像测井资料验证三孔隙度模型计算结果

由公式(1)可知，在组合三孔隙度模型中，当部分孔隙成分较低时，三孔隙度模型可退化为双孔隙度模型或单孔隙度模型。例如，对于裂缝型储层，其连通缝洞孔隙成分较高；对于溶洞型储层，3 种孔隙成分均存在；而溶蚀孔型储层的基质孔隙成分或非连通缝洞孔隙成分或二者都高。为了研究三孔隙度模型计算参数与测井资料之间的对应关系，选择了不同储层类型进行了讨论。

2.1.1 基质孔和连通缝洞型储层

TK1002 井一间房组 6142.8 ~6148.9m 井段为基质孔与连通缝洞型储层(图 1)。由图 1 可见，该井段双侧向测井值呈正差异；三孔隙度测井对总孔隙度均有响应，声波时差孔隙度接近总孔隙度。连通缝洞孔隙度约为 0.04%，占总孔隙度的 12.1%；可见，该井段平行于深侧向电流线的连通缝洞孔隙度占较大比例。m 的平均值为 1.74，成像测井图像上有高倾角的溶蚀缝。

2.1.2 基质孔和非连通缝洞型储层

T749 井一间房组 5949 ~5952m 井段为典型的基质孔与非连通缝洞型储层(图 2)。在该

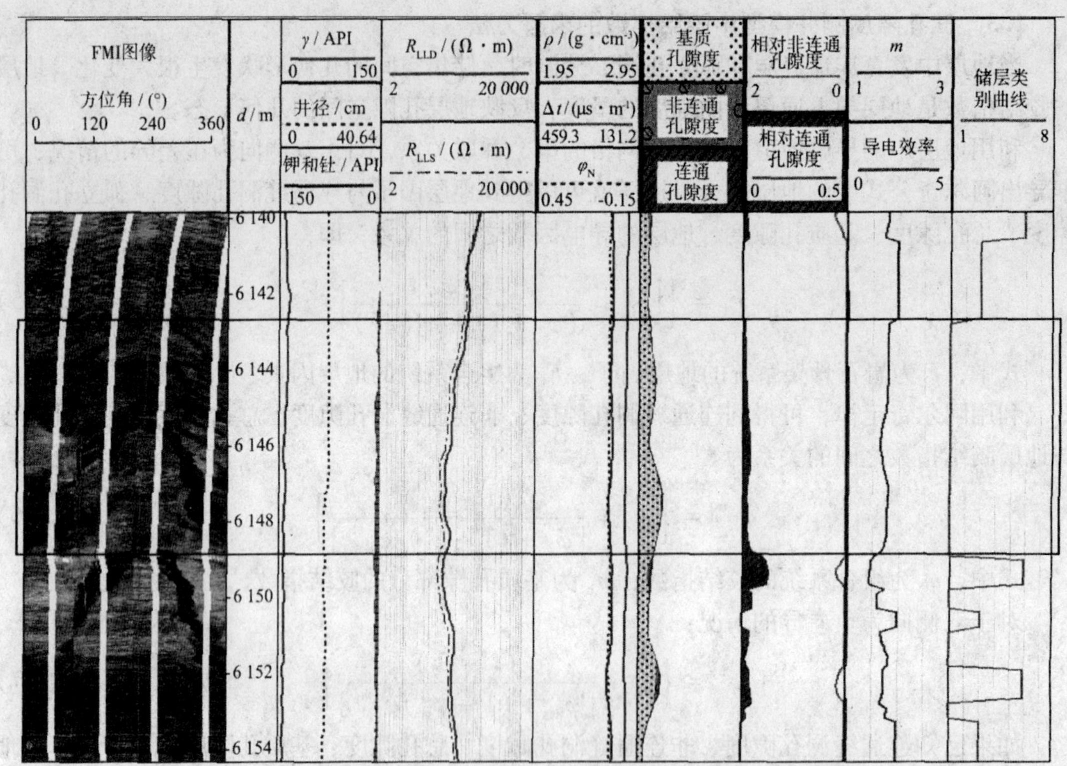

图1 TK1002 井一间房组测井曲线及三孔隙度测井模型计算结果

井段双侧向测井曲线呈大的正差异，深、浅侧向电阻率平均值分别为182Ω·m 和138Ω·m；密度测井值大幅度减小，均值为2.56g/cm^3；中子孔隙度以较大幅度增大，均值为0.055；声波时差也以较大幅度增大，均值为177.2μs/m。该井段的总孔隙度较大，均值为5.38%；其中非连通缝洞孔隙度为1.8%，约占总孔隙度的33.4%；基质孔隙度为3.55%；m 值偏高，均值为2.28。

2.1.3 纯基质孔隙型储层

该类储层双侧向测井值略降低，呈正差异；密度测井值有微弱的降低；中子测井曲线和声波测井曲线几乎没有变化(图3)。

2.1.4 连通缝洞和非连通缝洞型储层

T728 井鹰山组6110.2 ~6117.8m 井段主要为连通缝洞与非连通缝洞型储层(图4)。该井段双侧向测井值略降低，差异不明显；密度测井值降低；中子孔隙度增大；声波时差值和基线基本重合；总孔隙度相对围岩孔隙度偏大，其中非连通缝洞孔隙度所占比例较多，连通缝洞孔隙度在总孔隙度中所占比例为1% ~3%；m 值的变化范围为1.5 ~2.0。

2.1.5 孔－洞－缝组合型储层

T756 井一间房组6082 ~6085m 井段为孔－洞－缝组合型储层(图5)。该井段双侧向测井值降低，呈较大的负差异；密度测井值减小，平均值为2.64g/cm^3；中子孔隙度曲线变化不明显，平均值为0.04；声波时差有较小幅度的增大，平均值为173.88μs/m；该井段的总孔隙度较高，约为3.92%；基质孔隙度为2.91%；连通缝洞孔隙度约为0.06%，占总孔隙度的1.6%，非连通缝洞孔隙度约为0.97%，约占总孔隙度的24.4%；m 值降低，约为2.01。

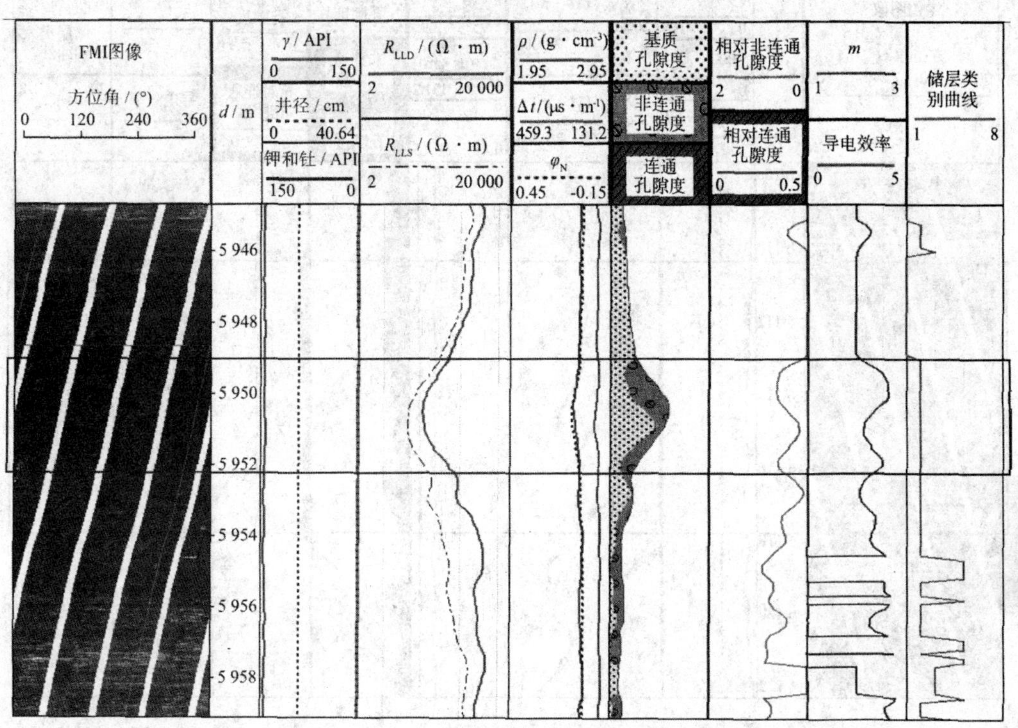

图 2 T749 井一间房组测井曲线及三孔隙度测井模型计算结果

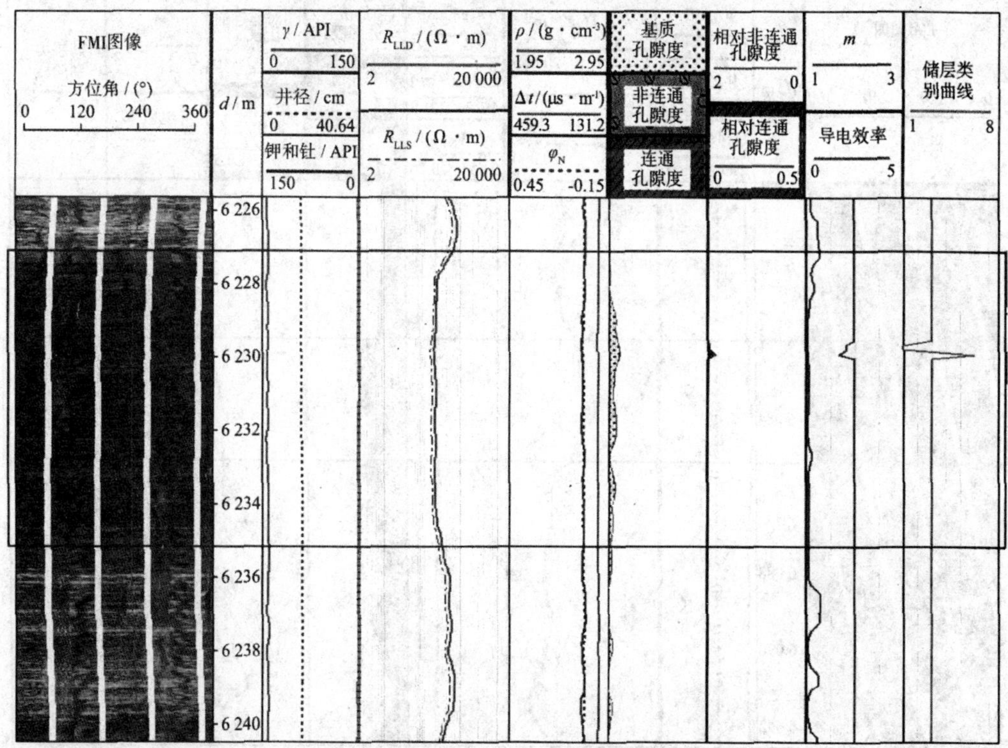

图 3 S111 井一间房组测井曲线及三孔隙度测井模型计算结果

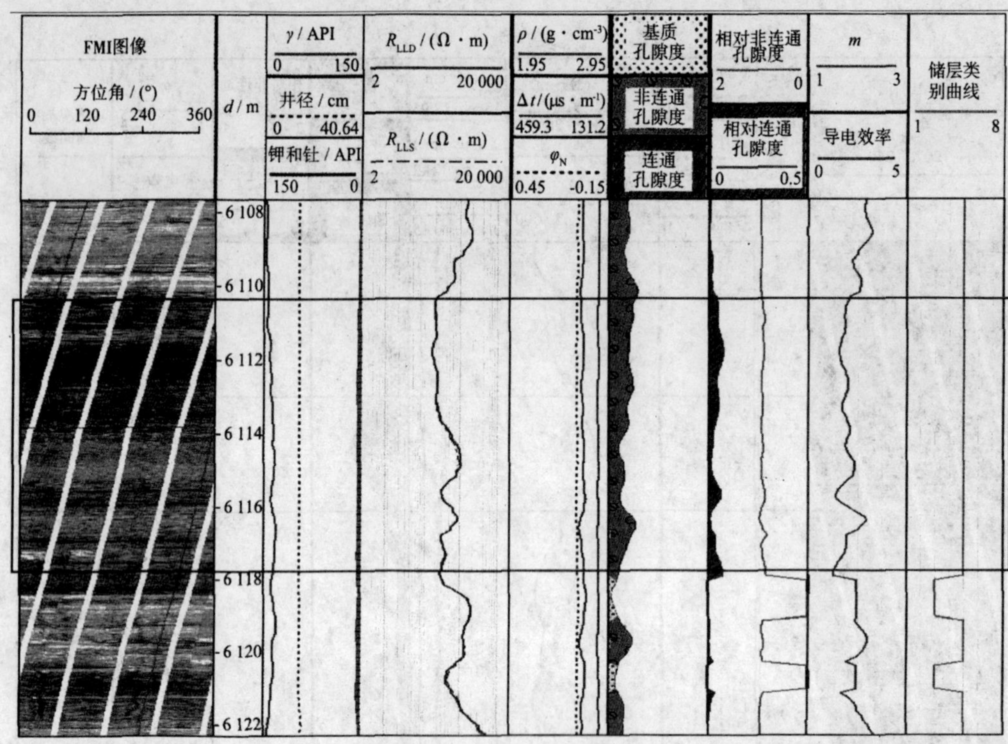

图4 T728井鹰山组测井曲线及三孔隙度测井模型计算结果

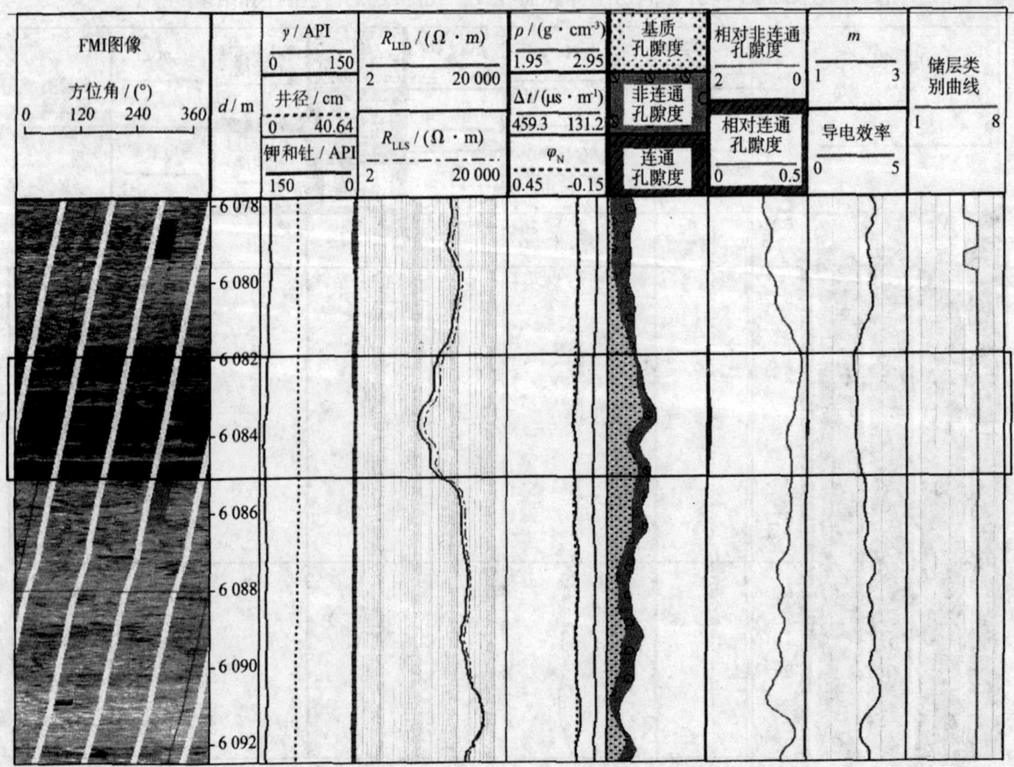

图5 T756井一间房组测井曲线及三孔隙度测井模型计算结果

2.1.6 大溶洞型储层

S106井一间房组5974~5975m井段主要为大溶洞型储层(图6)。该井段双侧向测井值很低，呈正差异；三孔隙度测井曲线均有明显的响应，密度测井值较低，平均值为2.5g/cm³，中子孔隙度增大，平均值为0.086；声波时差也增大，平均值为232.9μs/m；该层总孔隙度约为10.7%，基质孔隙度约占总孔隙度的97.1%，连通缝洞孔隙度约为0.31%，占总孔隙度的2.9%；m的均值约为1.91。

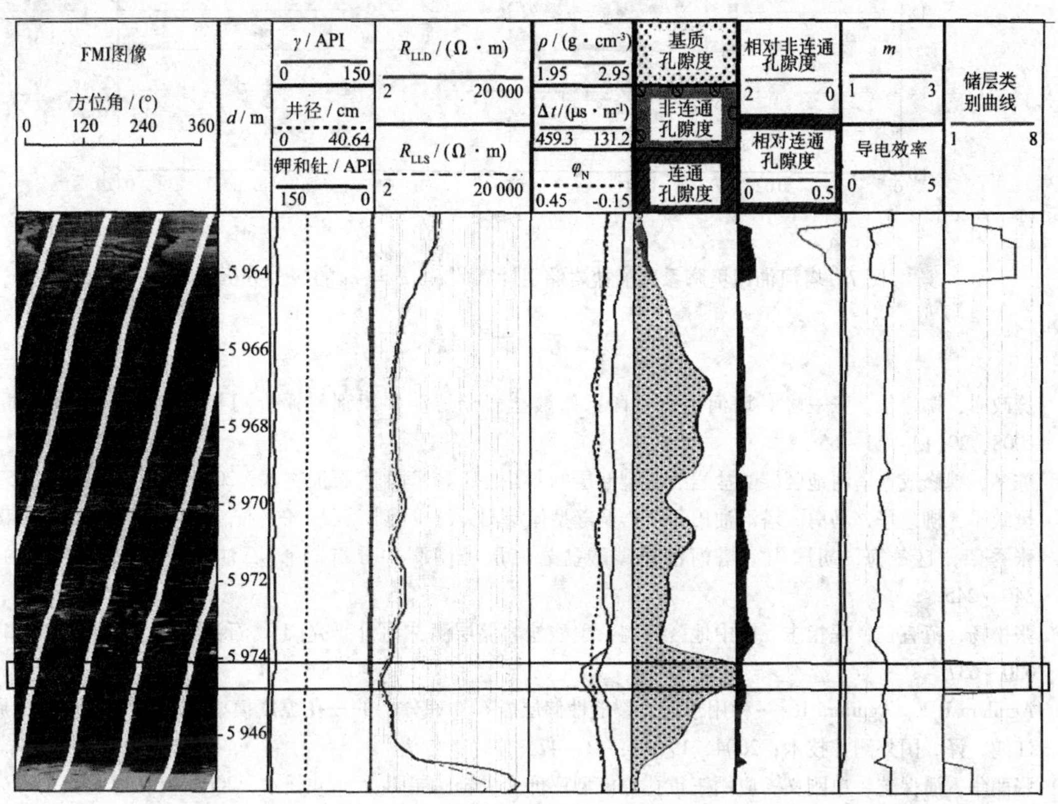

图6 S106井一间房组测井曲线及三孔隙度测井模型计算结果

2.2 储层有效性的判定

三孔隙模型计算结果表明，能形成产能的储层类型主要为基质孔和连通缝洞型，孔-洞-缝组合型，也有部分为非连通缝洞型和连通缝洞型。纯基质孔型储层很少形成产能。

对储集空间类型为溶蚀孔洞型的储层用其平均胶结指数(m)与平均$φ_2/φ$进行交会分析(图7)，此次交会分析的样本个数为55个。由图7可见，非产层井段(实际上为酸压干层或酸压低产井段)m值大于2时，$φ_2/φ$小于0.8%；产层井段大多数点m小于2时，$φ_2/φ$大于0.8%。

3 结束语

建立的三孔隙度测井模型适用于不同孔、洞、缝组合的储层，并可用于判别产层和非产层，这说明三孔隙度测井模型与传统的双孔隙度模型相比，更适合于评价塔河油田碳酸盐岩缝洞型储层。

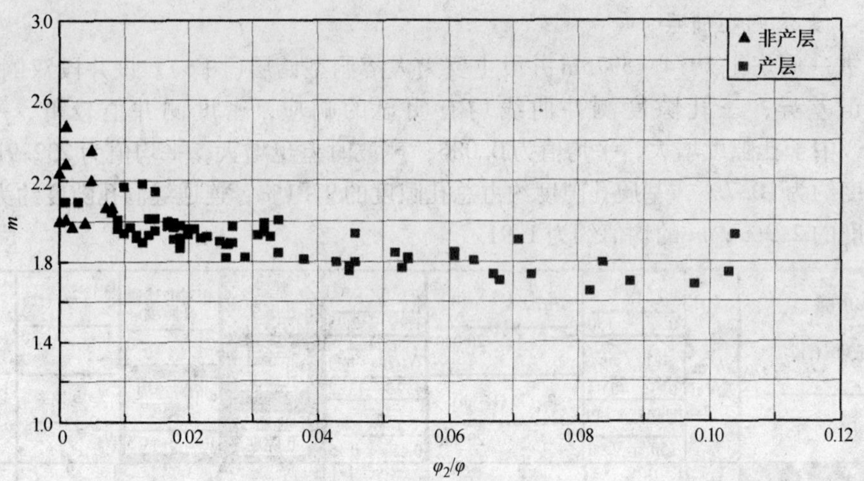

图7 塔河油田奥陶系碳酸盐岩储层计算的 φ_2/φ 与 m 的交会分析结果

参 考 文 献

1 樊政军，柳建华，张卫峰．塔河油田奥陶系碳酸盐岩储层测井识别与评价[J]．石油与天然气地质，2008，29(1)：61～65

2 陈冬，魏修成．塔河地区碳酸盐岩裂缝型储层的测井评价技术[J]．石油物探，2010，49(2)：147～152

3 樊政军，柳建华，马勇．塔河油田石灰岩洞缝型储层测井评价[J]．天然气工业，2007，27(7)：45～48

4 张秀荣，赵冬梅，胡国山．塔河油田碳酸盐岩储层类型测井分析[J]．石油物探，2005，44(3)：240～245

5 张松扬，范宜仁，程相志．塔中地区奥陶系碳酸盐岩储层测井评价研究[J]．石油物探，2006，45(6)：630～637

6 Aguilera R F，Aguilera R．一种用于天然裂缝性储层岩石物理分析的三孔隙度模型[J]．魏宁，殷静，周江鸿，译．国外测井技术，2004，19(4)：41～47

7 张丽华，潘保芝，单刚义．应用三重孔隙模型评价火成岩储层[J]．测井技术，2008，32(1)：47～40

8 徐朝晖，焦翠华，王绪松．碳酸盐岩地层中双孔隙结构对电阻率及胶结指数的影响[J]．测井技术，2005，29(2)：115～117

9 赵良孝，补勇．碳酸盐岩储层测井评价技术[M]．北京：石油工业出版社，1994：82～90

10 李翎，魏斌，贺铎华．塔河油田奥陶系碳酸盐岩储层的测井解释[J]．石油与天然气地质，2002，23(1)：49～54

11 刘瑞林，樊政军，柳建华．一种校正泥浆侵入影响计算视地层水电阻率与含水饱和度的投影作图方法[J]．石油天然气学报，2009，31(6)：104～107

新场气田须家河气藏含气性地震检测研究

李显贵　徐天吉　甘其刚

（中国石化西南油气分公司物探研究院，德阳泰山，618000）

摘要：新场气田须家河气藏属于深层陆相致密碎屑岩气藏，具有致密、低孔渗、薄层交互、多层叠置和强非均质性的特点。长期以来，勘探成功率低、效益差。近年来，以高精度地震资料为主线，多学科协同，深入研究含气地震响应特征，充分利用地震资料信息，取得了一系列油气勘探开发的重大突破。同时，形成了吸收速度频散预测（AVD：Absorption and Velocity Dispersion）技术、动态能谱预测（DR：Dynamic Register）技术、瞬时子波能量吸收预测（WEA：Wave Energy Absorption）技术、Proni 吸收滤波预测（PF：Proni Filter）技术、储层频谱成像吸收梯度预测（AG：Absorption Grads）技术以及 AVO 反演属性（剪切模量 μ、拉梅常数 λ、泊松比 σ）分析（AVO：Amplitude Versus Offset）技术等含气性检测方法技术系列，这些技术在新场气田须家河气藏取得了很好的应用效果。实践表明，新场气田须家河气藏含气砂岩储层具有高 AVD 异常、高 DR 异常、高 WEA 异常、低 PF 异常、低 AG 异常、高 μ 异常、低 λ 异常和低 σ 异常等特征，综合应用这些异常特征信息，可以较好地进行非均质致密砂岩储层的含气性检测。

关键词：致密　非均质　碎屑岩　地震资料　含气性检测　须家河气藏

四川德阳新场气田是位于四川盆地川西坳陷中部的一个大型气田。对于该区浅层蓬莱镇及中深层沙溪庙等气藏来说，通过“七五”、“八五”及“九五”等国家科技攻关，形成了模型正演技术、三维相干数据体技术、三维压力预测技术、有效吸收预测技术、线性油气预测技术、非线性油气预测技术、模拟退火反演技术及储层空间展布刻划技术等储层预测系列技术，取得了很好的天然气储产量。但是，新场气田深层须家河气藏 X851 井的高产表明，深层须家河气藏具有巨大的勘探前景。然而，在该层段上紧随 X851 之后的 L150 等干井又证明，新场气田深层须家河气藏属于深层陆相致密碎屑岩气藏，具有致密、低孔渗、薄层交互、多层叠置和强非均质性的特点，勘探难度巨大。以前浅中层研究取得的一些行之有效的技术，再也无法见到明显的效果了。面对勘探对象的复杂性、特殊性，依靠科技进步，我们在“十五”科技攻关期间，除了在采集技术进行了一些改进外，还有针对性地开展了须家河气藏含气性检测技术应用研究，取得了一些经验和认识，为深层勘探的突破奠定了良好的技术基础。

1　主要方法技术介绍

新场气田深层须家河气藏的含气性检测技术主要有：吸收速度发散预测（AVD：Absorption and Velocity Dispersion)技术、动态能谱预测(DR：Dynamic Register)技术、瞬时子波能量吸收预测（WEA：Wave Energy Absorption)技术、Proni 吸收滤波预测(PF：Proni Filter)技术、储层频谱成像吸收梯度预测（AG：Absorption Grads)技术以及 AVO 反演属性分析(AVO：Amplitude Versus Offset)技术等，下面就对这些技术的方法原理进行简单介绍。

1.1 AVD 技术

传统理论认为地震波是在弹性介质中传播，但实际上地震波是在非弹性介质中传播的，利用线性方法可以研究地震波传播的非弹性问题，介质吸收导致地震波传播过程中频谱的变化，孔隙介质在含油气或含水的情况下吸收特性及相速度的发散特性是不同的。AVD(吸收速度频散：Absorption and Velocity Dispersion)技术就是利用地面地震叠前资料计算地震波的吸收特性及速度的发散曲线，最终利用吸收特性及速度频散曲线在储层上的异常来预测油气藏的：

$$AVD = f(Abs, \Delta V) \tag{1}$$

式中，Abs 是利用地震波在地层中的衰减计算吸收；ΔV 是速度在目的层段的频散；

AVD 可有效地识别孔隙和裂隙比较发育的储层及含气层系，正大值异常值区反映含气异常区，正值无异常区反映封堵条件好的致密地质体，最大值区反映含气异常区或孔隙裂隙发育区。

1.2 DR 技术

基于现代地球物理学地下离散介质的理论认为，野外采集所得到的地震资料的地球物理特性，主要取决于地下介质点密度及压力的相对变化。当储集层存在流体时，流体压力出现异常，地震波在其中的传播会产生主频降低、速度变化、振幅变化、流体压力变化及地震极化率变化等异常。

DR(动态频谱能量异常：Dynamic Register)处理技术就是利用二维或三维地震资料计算主频衰减异常 $\Delta F(\mathrm{d}F/\mathrm{d}t)$、速度异常 $\Delta V(\mathrm{d}V/\mathrm{d}t)$、振幅异常 $\Delta A(\mathrm{d}A/\mathrm{d}t)$、流体压力异常 ($Pr$)等经过校正后合成为动态流体参数：

$$DR = f(\Delta F, \Delta V, \Delta A, Pr) \tag{2}$$

DR 高异常值表示主频衰减率高、速度异常值大等，是储层存在富含天然气可能性大的一种表现。

1.3 WEA 技术

由于气层的存在会导致地震波高频成分的衰减，WEA(子波能量吸收：Wave Energy Absorption)通过逐道滑动时窗，提取时窗内的子波，比较相邻时窗子波高频端的能量衰减来预测气藏(图 1)。

WEA 试图解决两方面的技术难题：小时窗子波的提取；子波能量吸收的计算。与有效吸收预测的计算方法有些类似，只不过它是一种直接由叠前道集体提取信息来进行油气预测的方法。

1.4 PF 技术

PF 技术用 Proni 变换可将观察到的地震信号看作为带有振幅、衰减、频率和相位等四个参数的一系列衰减正弦函数的和：

$$X_n = \sum_{K=1}^{P/2} A_k e^{\alpha k(n-1)t} \cos[2\pi fk(n-1)t + \theta_k] \tag{3}$$

式中，A 为振幅；f 为频率；θ 为相位；α 为衰减；$P/2$ 为阻尼正弦值的个数。

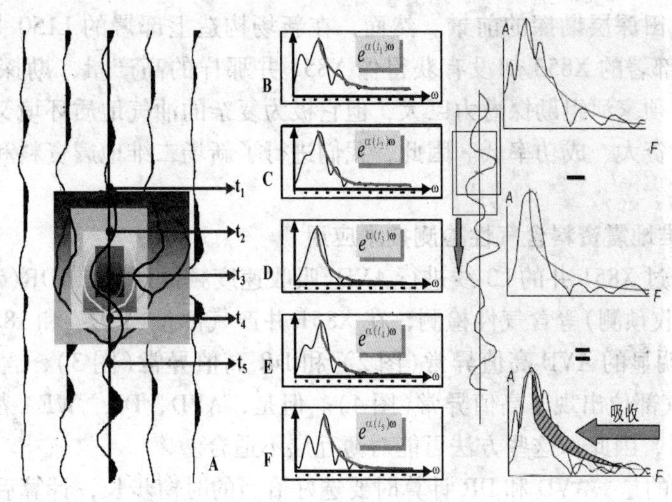

图1 WEA(子波能量吸收分析)基本原理

经过 Proni 吸收滤波后，地震资料的吸收衰减信息更加突出。因此，低的 *PF* 值反映了强吸收衰减，含气的可能性较大。

1.5 AG 技术

通常，地震能量谱由三个部分组成，具有地质意义的薄层干涉振幅谱，地震子波谱和噪声。去掉地震子波影响后，地震能量谱由两部分组成，具有地质意义的薄层干涉振幅谱和噪声。没有地震子波包络影响的薄层干涉振幅谱几乎沿着同一水平线附近变化，有效的高频部份得到了加强，使薄层干涉的地质现象更易从干涉振幅谱中加以检测。

散射理论的研究结果表明，含油气岩石会造成波传播的能量衰减。这种衰减可通过高频能量的损失显著观测到。这些不规则的衰减对烃类指示非常有用。因为瞬时频谱分析可以提取地震道每个样点的频率谱，地震衰减可以被描述为基于频率的频谱变化，即吸收梯度 *AG*(Absorption Grads)。*AG* 是负值，低 *AG* 异常含气可能性大。

1.6 AVO 技术

AVO (振幅随偏移距变化：Amplitude Versus Offset)油气检测技术是利用叠前地震资料中反射波振幅与炮检距变化关系，研究地下岩性变化并进行油气预测和油气富集带圈定的一项技术。

在实际应用时，将模拟退火反演技术用于 AVO 分析中，形成 AVO 模拟退火反演技术，其思路是：由 AVO 加权叠加技术将 P 波地震资料(NMO 道集)分离出纵波速度反射率(纵波剖面)和横波速度反射率(横波剖面)，再利用模拟退火反演技术对纵波剖面和横波剖面进行联合反演，从而求出用于油气异常判别的 λ、μ、σ 等属性数据体，剪切模量 μ 代表刚性，μ 越高，刚性越好，砂岩含气的条件越好。拉梅常数 λ 代表流体特性，λ 越低，砂岩含气可能性越大。泊松比 σ 越低(一般 <0.21)，砂岩含气可能性越大。

2 应用分析

“九五”期间，在新场构造上部署的第一口针对须二的深井—X851 井获得了高产工业气流，展示了新场气田深层勘探的前景。然而，在新场构造上部署的 L150 井未获油气成果，在距 X851 井很近部署的 X853 却没有获得像 X851 井那样的高产量，勘探与钻探的历程表明：新场气田深层须家河组勘探潜力巨大，但它极为复杂的油气地质环境又使得深层勘探难度大、风险高、投资大、成功率低。因此，我们进行了新场二维地震资料和新场三维地震资料的应用研究。

2.1　新场二维地震资料含气性检测技术应用

利用新场地区过 X851 井的 L3 线进行 AVD（吸收速度频散预测）、DR（动态能谱预测）和 WEA（子波能量吸收预测）等含气性检测，在 X851 井产气部位（F 层）和 x853 井产气部位（J 层）都分别出现了明显的 AVD 高值异常（图 2）和 DR 高值异常（图 3），含气性检测效果很好。WEA 也在产气部位出现了高值异常（图 4）。但是，AVD、DR、WEA 都在"G－H"薄互层出现了"假异常"，因此，这些方法可能对薄互层不适合。

另外需要注意的是，AVD 和 DR 计算时要选好恰当的时窗步长，计算后还要进行数据点位置的精确归位，最好是在叠前深度偏移道集体上进行分析。

2.2　新场三维地震资料含气性检测技术应用

利用新场三维地震资料，进行 *PF* 含气性检测的结果如图 5 所示。从图上可以看出，*PF* 含气性检测的低值异常与产气位置基本吻合。这表明，含气部位的吸收大，因而通过 Proni 吸收滤波后，出现"振幅空白区"，即在沿层平面上出现 *PF* 低值异常。

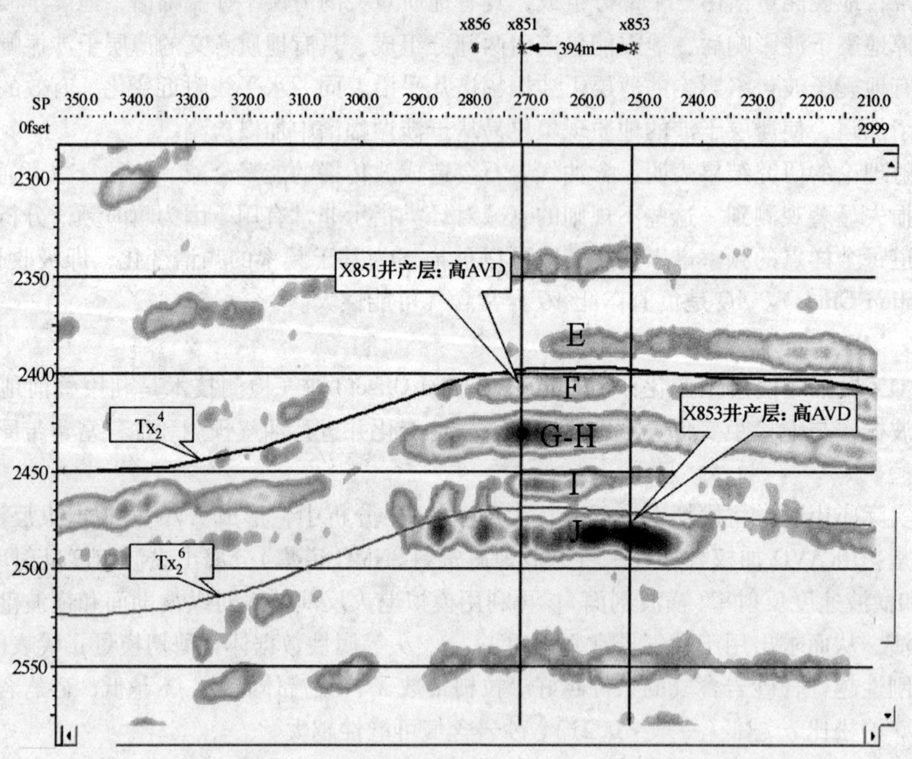

图 2　过 851 井 L3 的线 AVD 含气性检测结果

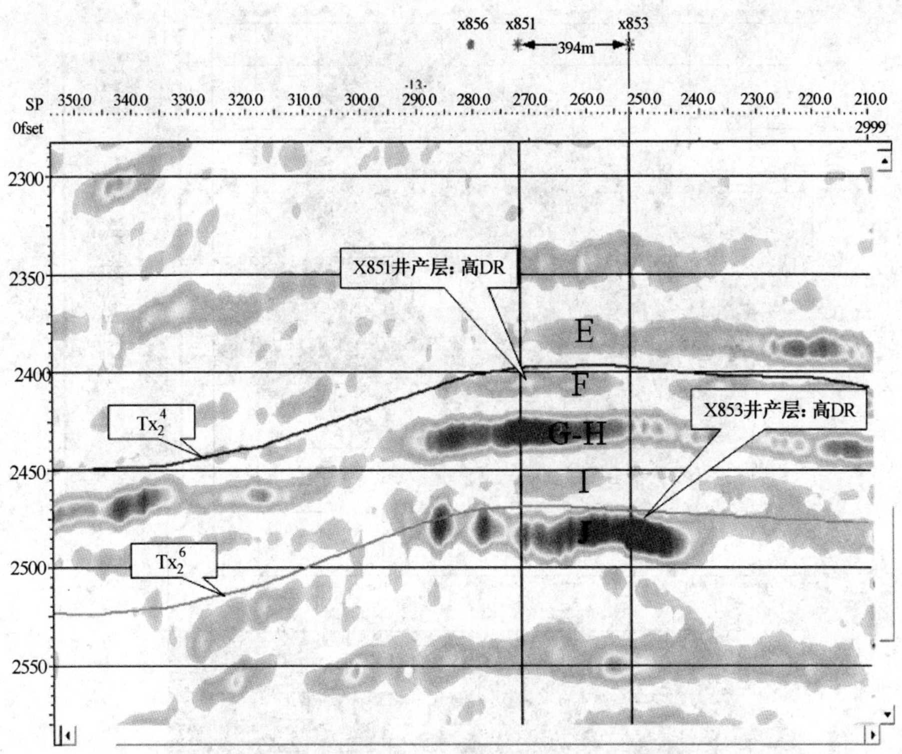

图 3 过 851 井 L3 的线 DR 含气性检测结果

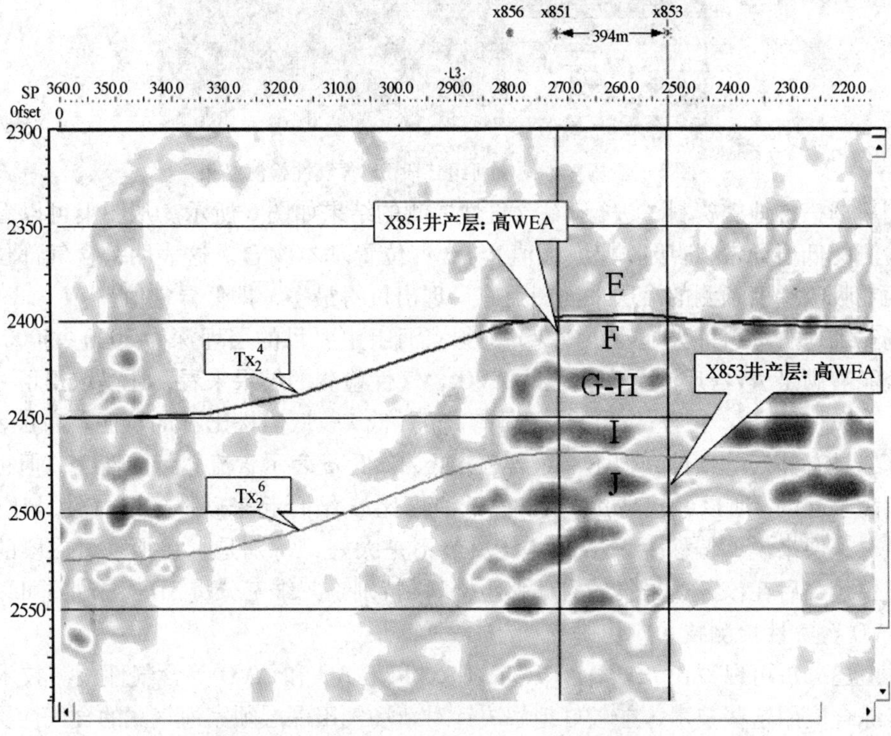

图 4 过 851 井 L3 的线 WEA 含气性检测结果

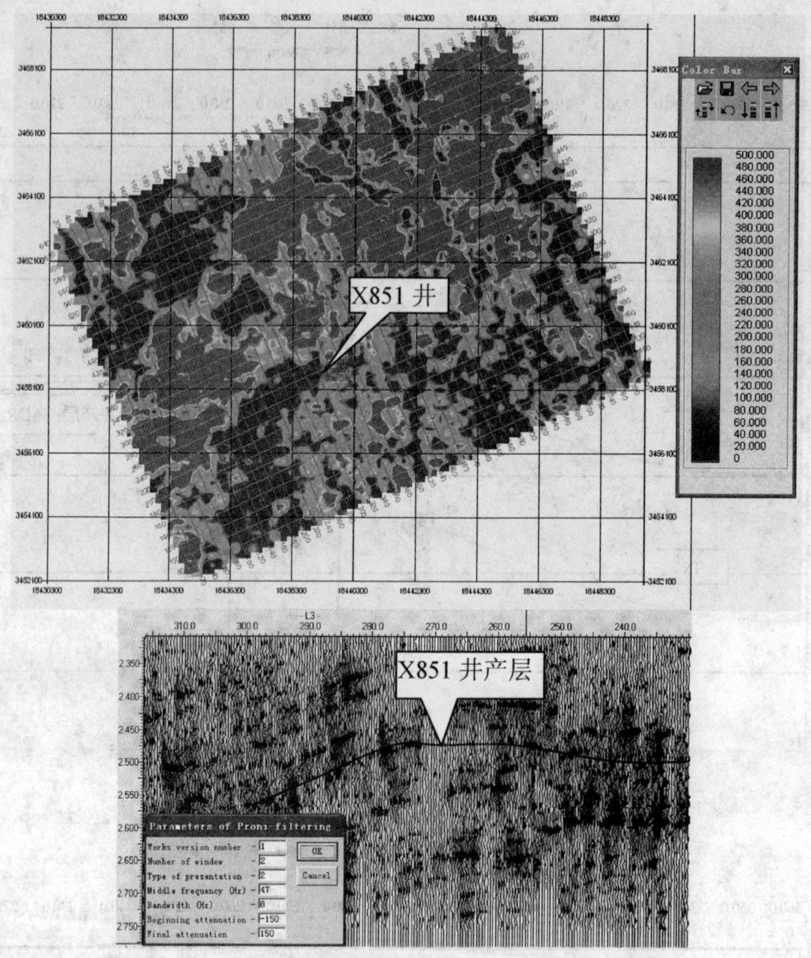

图 5　新场三维须家河组二段 PF 含气性检测结果

利用新场三维地震资料，进行 *AG* 含气性检测的结果如图 6 所示。从图上可以看出，*AG* 含气性检测的低值异常(即吸收梯度大值)与产气位置基本吻合。这表明，含气部位的吸收大，因而在吸收梯度预测的沿层平面图上，呈现出负得最多，即低异常值。

新场三维地震资料最大炮检距 2495m，须家河组主要目的层埋深为 3000 ~ 5000m 之间，不是完全能够满足 AVO 反演要求，但从 AVO 含气性检测的结果来看，还是取得了一定的效果(图 7、图 8、图 9)：在含气部位出现具有高 μ、低 λ、低泊松比 σ 的特征。高 μ 表示砂体的刚性好，具有储气的条件，但不一定含气；低 λ、低 σ 表示含流体可能性大，但也可能是泥质含量高引起的。所以，较高 μ、低 λ、低泊松比 σ 结合起来砂体的含气性是比较好的。已有资料对深层来说，偏移距太小，AVO 反演不是太好，特别是，在须家河二段的效果还不是很理想，今后在该区新采集的大偏移距资料(特别是三维三分量 3D3C 资料)可以更进一步进行 AVO 含气性检测技术应用研究。

通过上述分析可以看出，AVD、DR、WEA、PF、AG 和 AVO 等含气性检测技术各具特色，只有综合应用这些技术才能较好地解决针对新场气田深层须家河气藏的含气性检测问题(表 1)。

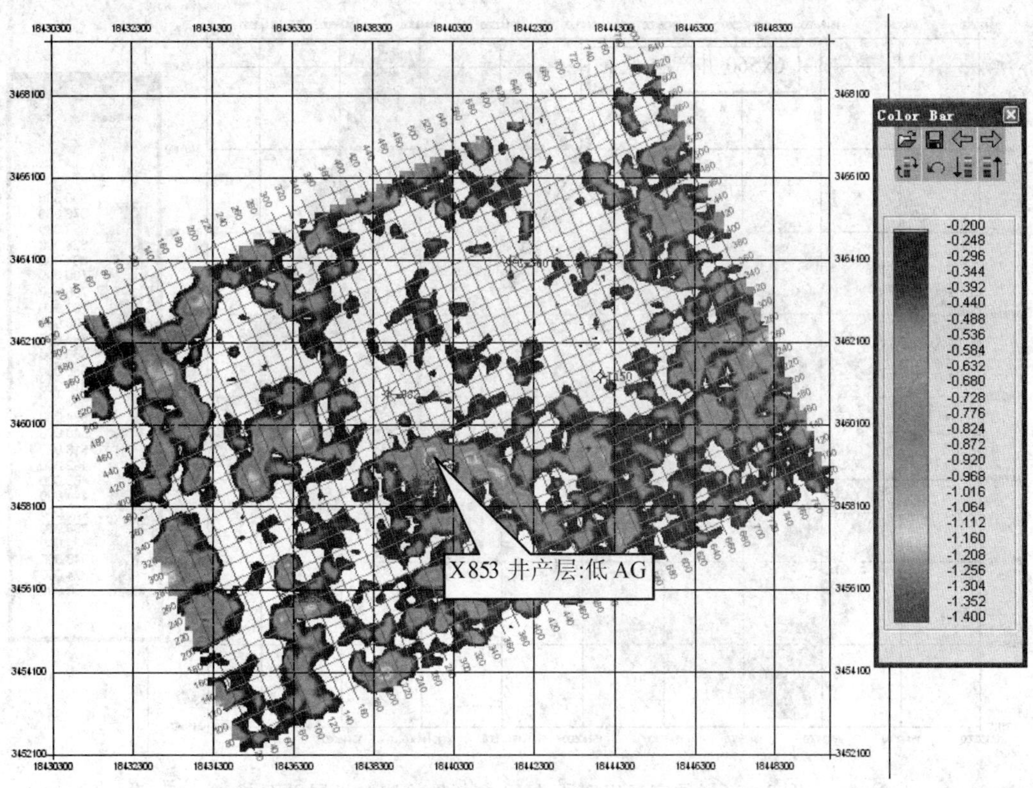

图 6　新场须家河组二段 AG 含气性检测结果

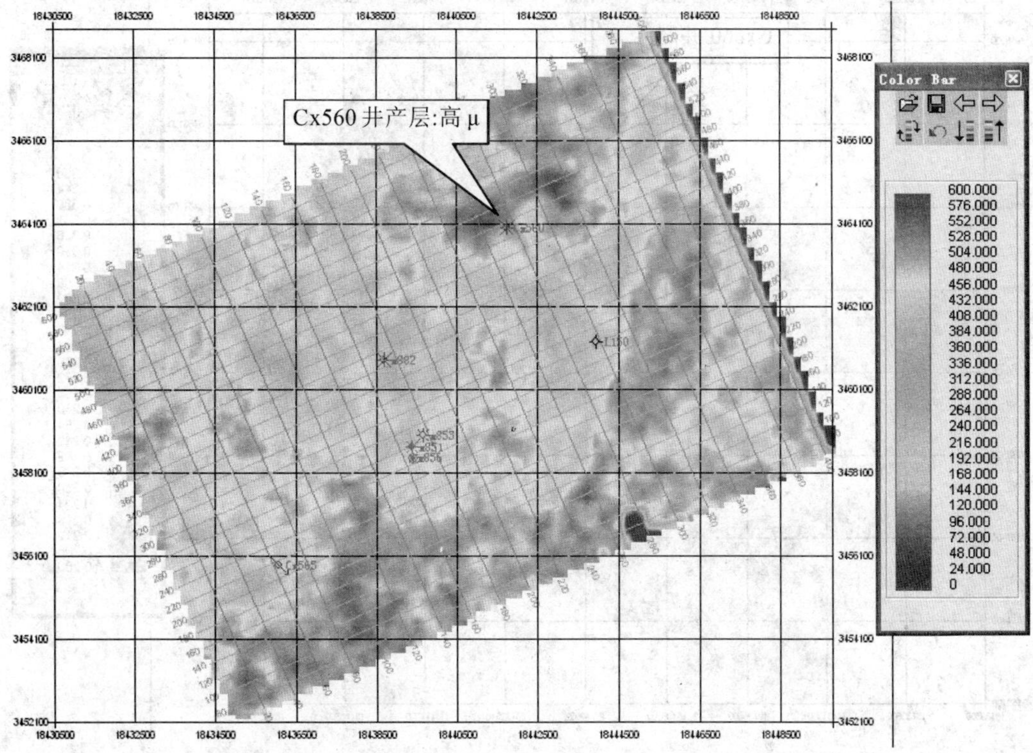

图 7　新场须家河组四段 AVO 含气性检测 μ 沿层平面图

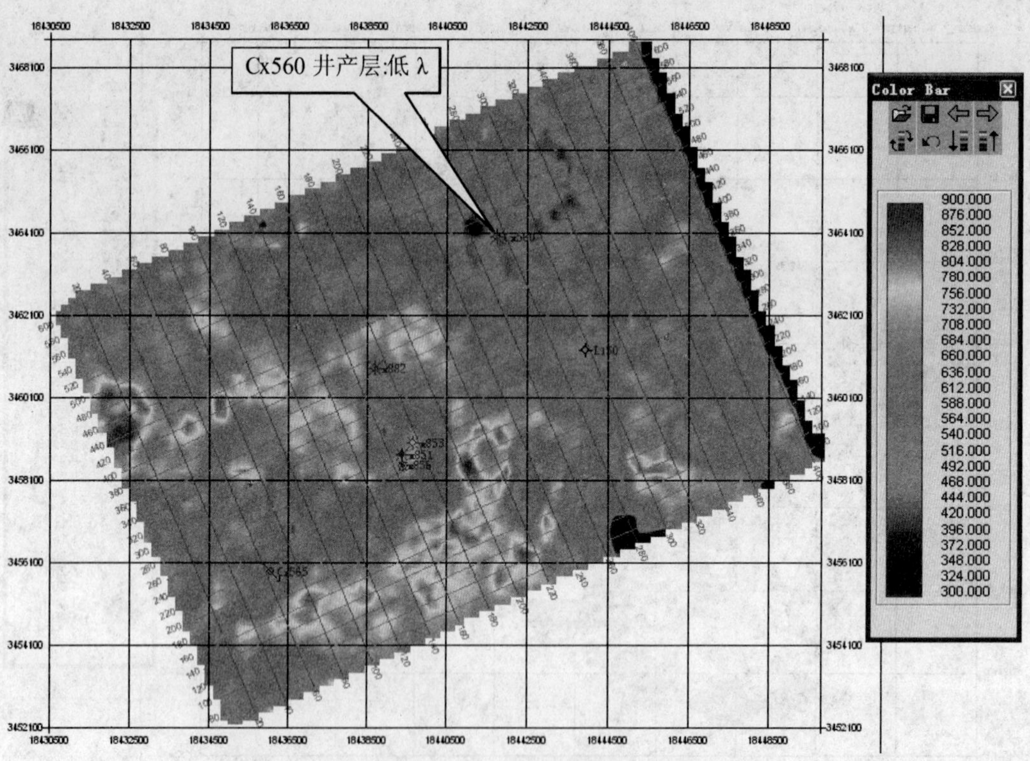

图 8　新场须家河组四段 AVO 含气性检测 λ 沿层平面图

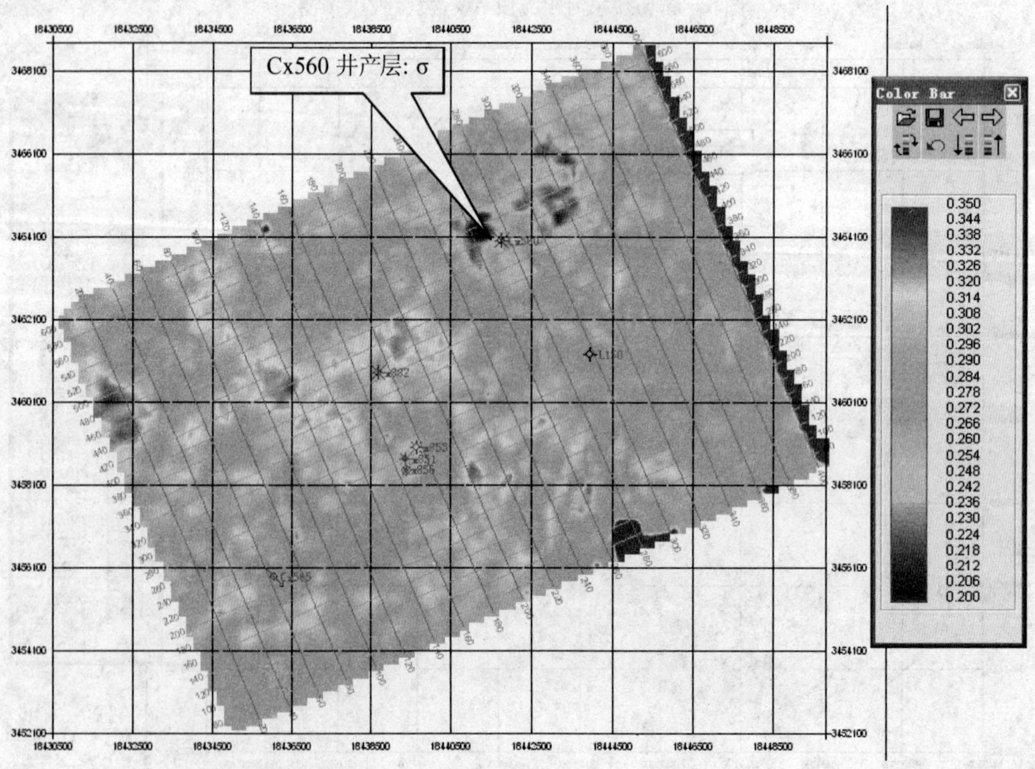

图 9　新场三维须家河组四段 AVO 含气性检测 σ 沿层平面图

表1 新场气田深层须家河气藏含气性检测技术对比情况

技术	AVD	DR	WEA	PF	AG	AVO
含气特征	高 *AVD*	高 *DR*	高 *AVD*	低 *PF*	低 *AG*(负)	高 μ 低 λ 低 σ
输入数据	叠前资料	叠前资料	叠前资料	叠后资料	叠后资料	叠前资料

基于吸收速度发散预测的 AVD 技术、基于动态能谱预测的 DR 技术和基于瞬时子波能量吸收预测的 WEA 技术使用的是叠前地震资料，计算数据量较大，对三维地震数据来说，这些技术应用起来不是很容易。从目前含气性检测效果来看，AVD 和 DR 效果比较明显，WEA 相对要差一些。

基于 Proni 吸收滤波预测的 PF 技术和基于储层频谱成像吸收梯度预测的 AG 技术使用的是叠后地震资料，计算数据量较小，对三维地震数据来说，这些技术是比较实用的。从目前含气性检测效果来看，AG 的效果比 PF 效果要好一些。

基于 AVO 反演属性分析的 AVO 技术是很好的含气性检测技术，其 λ、μ、σ 等属性联合使用(高 μ - 低 λ - 低 σ)，可以较好地进行砂体含气性检测。这项技术虽然使用的是叠前地震资料，但由于采用了比较成熟的纵横波分离和联合反演的方法，对三维地震数据来说，实现起来也就不是太难了。

3 结论建议

吸收速度频散预测(AVD)技术、动态能谱预测(DR)技术、基于瞬时子波能量吸收预测(WEA)技术、Proni 吸收滤波预测(PF)技术、储层频谱成像吸收梯度预测(AG)技术以及 AVO 反演属性分析(AVO)技术等在新场须家河气藏进行了含气性检测应用，取得了较好的应用效果，其含气性检测模式是：高 AVD、高 DR、高 WEA、低 PF、低 AG 和较高 μ - 低 λ - 低 σ。

从今后的发展来看，上述技术在宽方位多波多分量资料的应用可能会取得更好的效果，所以发展多波多分量是十分必要的。

参 考 文 献

1 李显贵，邵吉华，张涛. 波阻抗模型正演技术在砂岩储层预测中的应用[J]. 石油物探，2004，43(6)：584 ~ 586

2 杨振武，李显贵，王安志. 新场、东泰、合兴场三维地震相干及应用[J]. 石油地球物理勘探，2000，35(3)：339 ~ 345

3 许多，李显贵，刘殊等. 合兴场地震资料吸收油气预测研究[J]. 物探化探计算技术，2000，22(2)：56 ~ 58

4 李显贵，文雪康，王紫娟等. 洛带气田地震多参数综合油气预测研究[J]. 石油地球物理勘探，2000，35(6)：779 ~ 785

5 李显贵. 非线性突变在石龙场油气预测中的应用[J]. 石油物探，2003，42(3)：306 ~ 308

6 李正文等. 油气储集层线性与非线性联合预测方法技术及应用[J]. 石油物探，2000，39(2)：15 ~ 23

7　唐建明. 川西坳陷致密非均质气藏储层空间展布刻划[J]. 天然气工业，2002，22(4)：19～23

8　唐云，李显贵，邱华等. 宽方位地震资料采集观测系统设计初探[J]. 石油物探，2003，42(2)：233～236

9　唐建明. AVO纵横波反演。物探化探计算技术[J]. 2002，24(1)：34～39

10　李显贵，甘其刚. 川西坳陷致密非均质储层地震识别技术[J]. 特种油气藏，2004，11(5)：32～35

永3复杂断块油藏多尺度地球物理资料流体预测研究

夏吉庄[1] 杨宏伟[1] 吕德灵[1] 黄旭日[2] 梅士盛[2] 刘振民[3]

(1. 中国石化胜利油田分公司物探研究院，山东东营257061；
2. 北京金鹰旭日能源技术有限公司，北京100101；
3. 中国石化胜利油田分公司胜利采油厂，山东东营257000)

摘要：利用永3复杂断块纵波和横波测井资料以及渗透率、孔隙度、岩相等静态参数，结合开发动态参数，对Gassmann模型进行标定，建立不同流体状态下的地球物理响应量版；将叠前地震反演流体预测数据投影到设定的油藏数值模拟网格上，利用标定的岩石物理量版对每个网格上的叠前地震反演属性进行含水饱和度计算；以流体反演得到的含水饱和度来约束历史拟合，最终得到剩余油分布的精细描述结果。研究表明，利用永3断块油藏模型及其对应的多尺度地球物理资料，可以定量地预测空间含水饱和度分布；叠前地震属性中的泊松比约束反演得到的含水饱和度场能较准确地描述油藏模型的含水饱和度；用泊松比反演得到的含水饱和度来约束油藏模型的历史拟合可以在空间上提供更多的信息，得到的流体分布结果与实际油藏信息更逼近。

关键词：岩石物理模型 量版 叠前地震反演 数值模拟 历史拟合 流体预测

对油藏进行流体建模，尤其综合多尺度的多种数据进行流体建模，或者确定其空间分布，是目前具有挑战性的难题。未结合生产动态信息，单纯从地球物理响应特征上分析流体的分布，得到的预测结果具有不确定性，同时由于地球物理数据本身的制约，其确定的流体分布难以符合流体流动规律。因此，需要利用其它手段，尤其是与油藏数值模拟方法结合起来，获得既满足地球物理响应特征，又满足井中流体流动情况和空间流体流动规律的流体分布，提高流体预测的准确性和可靠性。油藏数值模拟是在反映油藏模型非均质性的基础上，以流体流动规律为指导，以井中流体流动历史为条件，对空间流体的流动情况进行模拟的过程。然而，由于油藏数值模型对空间，即井以外的信息没有约束作用，使得空间上的流体分布具有很大的不确定性。因此，利用其它空间信息，尤其是地球物理的空间分布信息来约束油藏模型，可以得到更加可靠的空间流体分布特征。

Huang等在1998年利用四维地震作为约束条件，探讨了在数值模拟的框架下确定流体分布的方法，随后进一步提出了三维地震属性分区的约束方法以及利用叠后三维地震属性作为约束的方法；Andersen等(2006)提出利用四维叠前信息约束油藏模型的方法；Skjervheim等(2005)提出利用集合卡尔曼滤波(Enkf)结合四维地震约束油藏模型的方法。另外，国外一些石油公司的研究机构也不断推出各种利用四维地震约束油藏模拟模型的方法和过程，但是几乎没有对三维地震数据，尤其是二次采集的三维地震数据以及多波、叠前地震数据进行过这方面的尝试。

永3断块位于永安油田的南部，北面为永3北界大断层，西南方向与水体相连，属于多油层、中－高渗透、稀油的复杂断块油藏。开发过程中由于层系划分过粗，储层物性差异大，因而储量动用不均衡，各砂层组采出程度差异大，平均采出程度为31.9%。对剩余油分布的精细描述是该地区下一步挖潜的关键。复杂断块油藏本身构造复杂，并且多层合采，仅仅依靠传统的油藏数值模拟方法很难得到理想的剩余油分布描述。胜利油田在此区块采集了高精度的面向开发目标的三维地震数据体，并在此基础上，进行了大量的地球物理研究，尤其是叠前地震反演及属性研究。我们利用叠前反演属性结合岩石物理模版得到了流体空间分布，以此来约束油藏数值模型的历史拟合，得到更加准确的地下三维流体分布结果。

1　方法及流程

1.1　岩石物理模型

岩石物理模型是油藏静、动态参数与地震响应的关键桥梁，通过油藏的静态参数，如渗透率、孔隙度、岩相等，结合流体分布和其它动态参数，可以确定油藏对应的地震响应特征。通过岩石物理模型对不同静态条件下不同流体状态的地球物理响应特征进行研究，可以形成在不同的静、动态参数条件下对地球物理响应特征进行解释的模型量版。

目前，岩石物理模型的描述主要以Biot-Gassmann理论为主，但由于某些油藏具有特殊性，会针对不同的情况采用该模型的变形形式或者区域经验公式。

Gassmann方程的基本假设为：①岩石中的流体和固体骨架耦合，而岩石的密度是孔隙流体和固体骨架密度的加权平均；②在固体骨架的剪切模量改变时，流体与固体骨架之间没有耦合，相互不发生影响，即岩石的平均剪切模量为固体骨架的平均剪切模量；③岩石是一个封闭系统，其体积变化等于流体体积变化和固体骨架体积变化之和；④岩石的总压力为固体骨架压力和流体压力之和。岩石体积弹性模量(K)为

$$K = K_d + \frac{\left(1 - \frac{K_d}{K_s}\right)^2}{\frac{\varphi}{K_f} + \frac{1-\varphi}{K_s} + \frac{K_d}{K_s^2}} \tag{1}$$

式中，K_s为岩石颗粒弹性模量；K_d为干岩石弹性模量；φ为孔隙度；K_f为流体弹性模量，其表达式为

$$\frac{1}{K_f} = \frac{S_w}{K_w} + \frac{S_o}{K_o} + \frac{(1 - S_w - S_o)}{K_g} \tag{2}$$

式中，K_w，K_o和K_g分别为水、油和气的弹性模量；S_w，S_o和S_g分别为水、油和气的饱和度。

声波在岩石中的速度(v_P)为

$$v_P = \sqrt{\frac{K + 4\mu/3}{\rho}} \tag{3}$$

式中，μ 为岩石剪切模量；ρ 为岩石密度，与饱和度呈线性关系，即

$$\rho = \varphi S_w \rho_w + \varphi S_o \rho_o + \varphi(1 - S_w - S_o)\rho_w + (1 - \varphi)\rho_{ma} \tag{4}$$

式中，ρ_w，ρ_o 和 ρ_g 分别为水、油和气的密度；ρ_{ma} 为岩石骨架密度。于是，声波阻抗(I_A)可以表示为

$$I_A = \rho v_p \tag{5}$$

为了取得合理的 v_P，需要在物性参数条件下求取干岩石骨架弹性模量(K_d)。K_d 在测井声波速度下一般表示为

$$K_d = \frac{K[\frac{\varphi K_m}{K_f} + 1 - \varphi] - K_m}{\frac{\varphi K_m}{K_f} + \frac{K}{K_m} - (1 - \varphi)} \tag{6}$$

式中，K_m 是在 v_P 和 v_P/v_S 之间的关系已知的情况下计算获得的弹性模量。把压力作为 K_d 的函数，并满足指数关系，就可以将压力放到 Gassmann 关系式中。

用 Gassmann 方程描述岩石在流体饱和(孔隙饱和流体)的情况下的弹性参数，然后由油藏数值模型计算得到声波阻抗。这样就可以通过油藏的静、动态参数来合成地震信号。

1.2 方法流程

方法的实现流程如图1所示，首先利用地质属性和井条件对 Gassmann 方程进行标定，形成岩石物理模型量版；其次，将高精度三维地震数据经过叠前反演处理得到的多种叠前反演属性投影到油藏模型网格上，得到基于油藏模型的叠前反演属性；然后基于油藏数值模型，利用岩石物理模型量版来查找叠前反演属性对应的三维空间的流体分布；最后，利用流体反演得到的含水饱和度分布与油藏模型的含水饱和度进行比较，根据得到的差异来约束油藏模型的历史拟合，得到更加准确的地下三维流体分布。

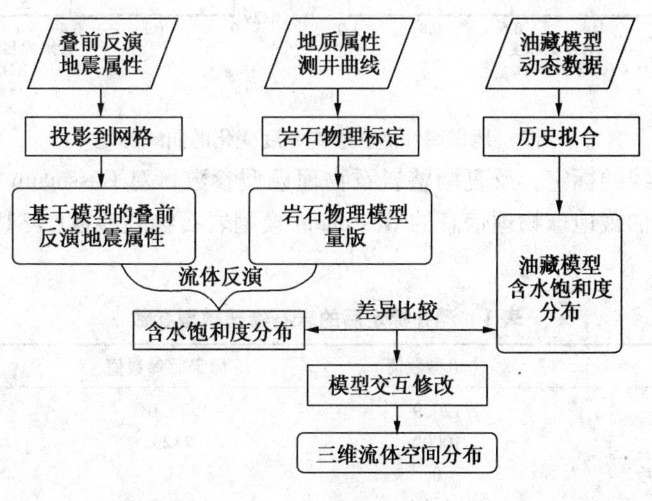

图1 方法实现流程

2 应用实例

2.1 岩石物理模型标定

以 Gassmann 方程为基本岩石物理模型，利用永 3 断块的纵波和横波测井资料，对其进行标定，得到反映永 3 断块油藏和地球物理信息的岩石物理解释量版。

利用永 3 断块检 1 井的纵、横波测井数据，对其测井曲线样本点进行标定(图 2)。在其它油藏参数确定的情况下，将由岩石物理模型计算得到的纵波速度(v_P)、横波速度(v_S)、纵波阻抗(I_P)和泊松比(σ)随含水饱和度的变化趋势(图 2 中曲线)与测井数据相比较(图 2 中数据点)。通过调整岩石物理模型参数，使计算结果和实测结果的变化趋势基本拟合。

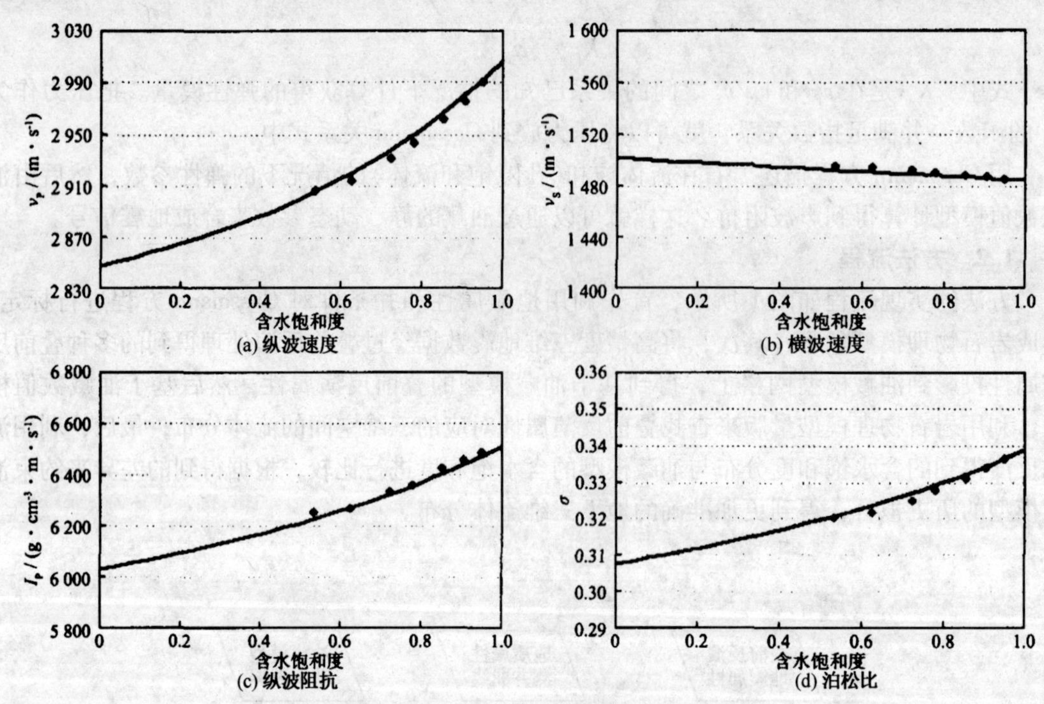

图 2 地震属性随含水饱和度变化的曲线标定

通过对测井曲线的标定，反复调整岩石物理模型参数，对 Gassmann 模型进行标定，得到了反映永 3 断块油藏地球物理信息的 Gassmann 模型岩石物理参数(表 1，该模型基于各向同性介质)。

表 1 测井标定后的岩石物理模型参数

参数名称	初始参数值	标定后参数值	单位
地层温度	120.9	78.0	℃
地层水矿化度	10000	28295	g/ m³
气藏束缚水饱和度	0	0	
气的比重	1.0	0.7	
油的比重	29	31	API

续表

参数名称	初始参数值	标定后参数值	单位
溶解气油比	0	0	
海平面高度	0	0	
动水压力梯度	0.00098	0.00098	MPa/m
地层压力梯度	0.002	0.002	MPa/m
骨架体积模量	39.0000	48.3526	10^6MPa
地层胶结系数	0.040000	0.092445	
骨架密度	2650	2650	kg/m^3
干岩石纵横波速度比	1.74000	1.73627	
泥岩纵波速度	2260	2839.7	m/s
泥岩横波速度	1412	1615.4	m/s
泥岩密度	2333	2300	kg/m^3
体积临界压力	-2.0000	-2.3744	MPa
剪切临界压力	-2.0000	-2.3744	MPa
体积转化压力	55.0	37.6	MPa
剪切转化压力	55.0	37.6	MPa

2.2 岩石物理模型量版

经过测井样本点和测井曲线标定，得到多组参数的岩石物理模型量板。本文方法重点考虑含水饱和度、孔隙度、泥质含量的变化对纵波速度、横波速度、纵波阻抗和泊松比的影响，共得到24组岩石物理模型量版。例如在地层深度、压力和孔隙度确定的情况下，得到不同泥质含量(V_{sh})下泊松比随含水饱和度变化的一组量版(图3)。

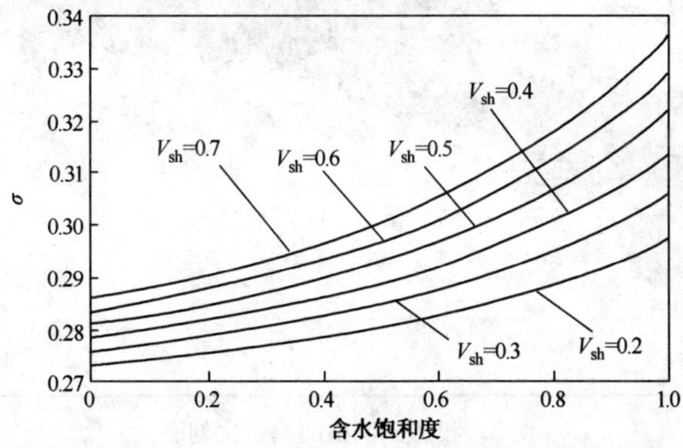

图3 泥质含量不同时泊松比随含水饱和度变化的量版

确定了岩石物理模型量版以后，通过查询该量版就可以得到对应每一个纵波速度、横波速度、纵波阻抗、横波阻抗、泊松比等地球物理响应特征基于油藏模型的流体属性值，我们主要考虑通过岩石物理量版得到地球物理响应对应的含水饱和度分布。

2.3 叠前反演地震属性投影到油藏模型网格

叠前地震反演是在对叠前地震资料进行保幅处理和偏移归位的基础上，利用叠前地震数据中的丰富信息，结合各种测井资料，反演出纵波速度、横波速度以及密度等地层参数的一项技术，得到的成果数据体可用于对储层的岩性、物性及流体等进行分析，与叠后地震反演相比具有明显的优越性。

若想由叠前地震反演数据通过岩石物理模型量版得到油藏模型的含水饱和度分布，需要将叠前地震反演数据投影到网格上。这样每一个网格点都得到一个地震属性值，通过查找标定好的岩石物理量板就可以得到一个对应的含水饱和度值。

图 4 和图 5 分别为叠前反演泊松比和投影到网格的泊松比剖面。通过比较可以看出，投影到网格的泊松比与原泊松比的区域变化趋势基本一致，投影的质量与油藏模型的准确性、岩石物理模型的准确性和网格的精细程度有关。

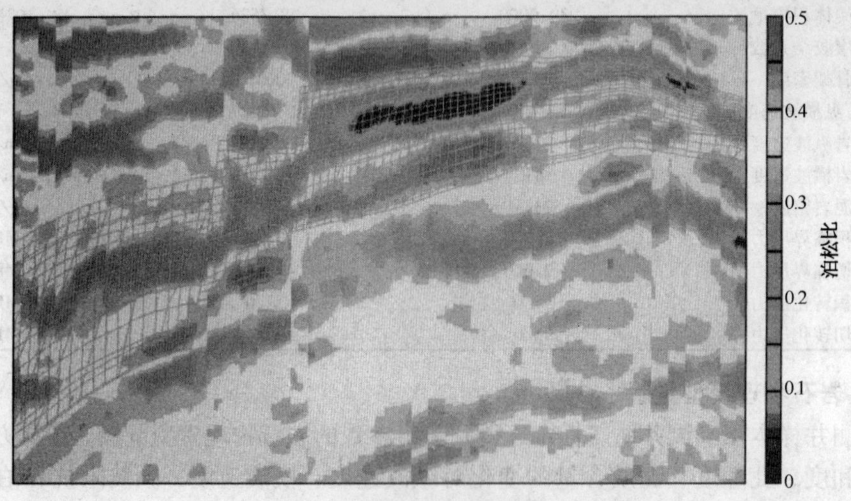

图 4　叠前反演泊松比剖面

图 5　投影到网格的泊松比剖面

2.4　油藏模型分析

油藏数值模拟模型是利用地球物理资料对流体进行建模的基础，模型的好坏直接影响研究的效果。我们采用的油藏数值模拟模型是利用高精度三维地质建模方法，由地质模型经粗化得到的，以永 3 断块沙二段下 5 砂组和 6 砂组(S_25-6 砂组)为研究目的层。粗化后的模型从构造、储层和物性方面都很好地体现了在多种资料约束下的三维地质建模的精度。

图 6(a)至图 6(d)分别显示的是对模型的少数参数进行修正后，由模型计算得到的全区块的日产油量、日产水量、日产液量和含水率与实测值的拟合情况(图中数据点代表实际测井值，曲线代表由模型计算得到的值)。由图 6 可见，模型计算得到的含水率与实际含水率的变化趋势基本一致，日产液量拟合较好。

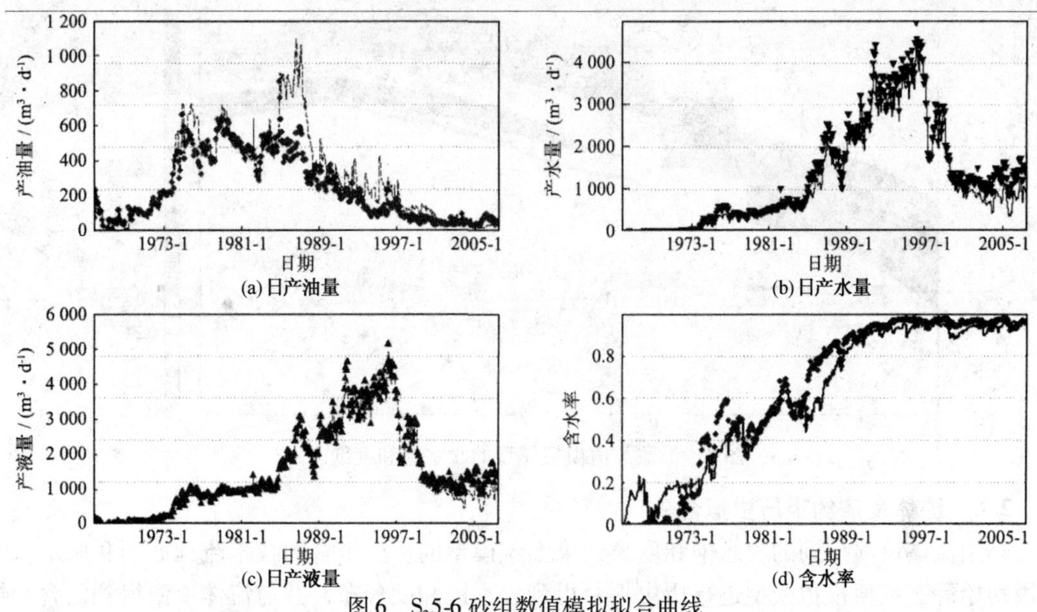

图 6 $S_2$5-6 砂组数值模拟拟合曲线

2.5 基于油藏数值模型的流体反演

利用永 3 断块地震资料标定的岩石物理模型和叠前地震反演得到的地震属性就可以对油藏模型的饱和度分布进行反演。其步骤是：首先将叠前地震反演数据投影到预先设定好的油藏数值模拟网格上；然后利用标定的岩石物理模型量板对每个网格上的地震反演数据进行计算，得到含水饱和度。

利用标定的岩石物理模型量板对每个网格上的叠前地震反演数据，如纵波阻抗、横波阻抗、泊松比、密度等进行计算得到含水饱和度。图 7 和图 8 分别显示的是由泊松比反演得到的含水饱和度剖面和油藏数值模拟模型含水饱和度剖面。通过将反演得到的含水饱和度场和模型的含水饱和度场进行对比可以看出，由泊松比反演得到的含水饱和度与油藏数值模拟模型的含水饱和度的区域变化趋势基本一致，尤其是由地震信息获得的流体分布更具有空间变化性，两者在局部区域存在差异，可以利用这些差异来指导油藏数值模拟模型的历史拟合。

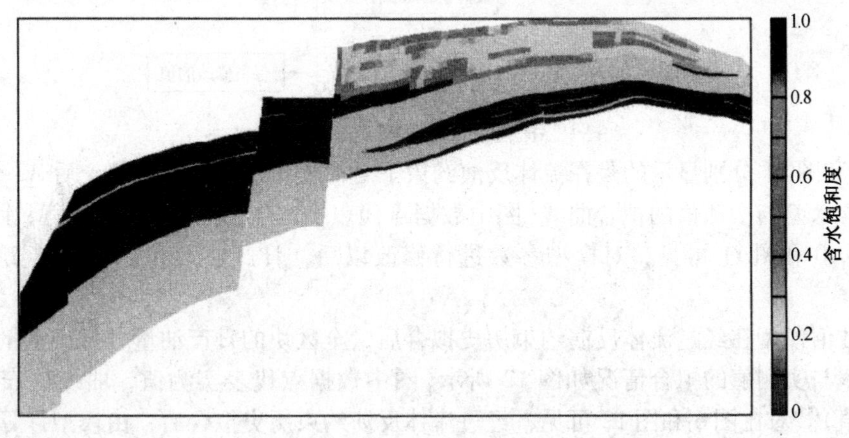

图 7 泊松比反演得到的含水饱和度剖面

图 8　油藏数值模拟模型的含水饱和度剖面

2.6　流体反演约束历史拟合

利用流体反演得到的含水饱和度来约束油藏模型的历史拟合的技术流程如图 9 所示。首先用初始静态数值模拟模型进行历史拟合得到含水饱和度分布，并与流体反演得到的含水饱和度场进行对比分析，得到两者的差异；然后选择要修改的模型参数(如渗透率、孔隙度等)，根据差异选择修改区域和层位；接着人工修改模型参数，重新进行数值模拟计算，最终实现由数值模拟模型历史拟合计算得到的含水饱和度分布与流体反演得到的含水饱和度场基本一致。

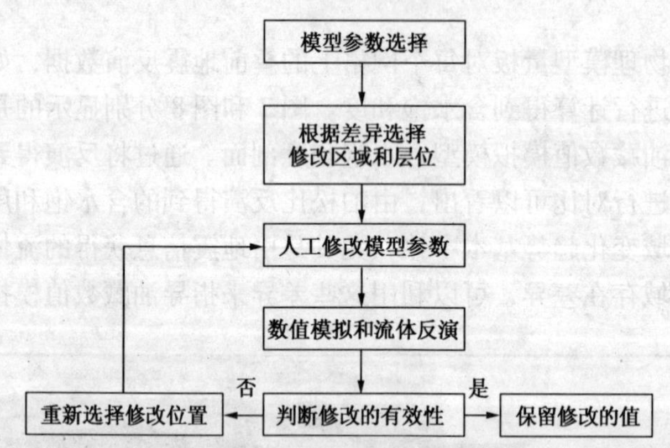

图 9　流体反演约束历史拟合流程

图 10 和图 11 分别显示的是在流体反演约束下对模型参数进行修改前、后 A3-42 井的日产油量和含水率与实测值的拟合曲线(图中数据点代表实测值，曲线代表由模型计算得到的值)。由图 10 和图 11 可见，对模型参数进行修改以后，日产油量和含水率与实测值更加吻合。

油藏数值模型在经过流体反演约束历史拟合后，全区块的日产油量、日产水量、日产液量和含水率与实测值的拟合情况如图 12 所示(图中数据点代表实测值，曲线代表由模型计算得到的值)。对比图 6 和图 12 可见，经过流体反演约束历史拟合后，由模型计算得到的日产油量和日产水量与实测值的拟合程度明显提高，模型计算含水率与实际含水率变化趋势更吻合。

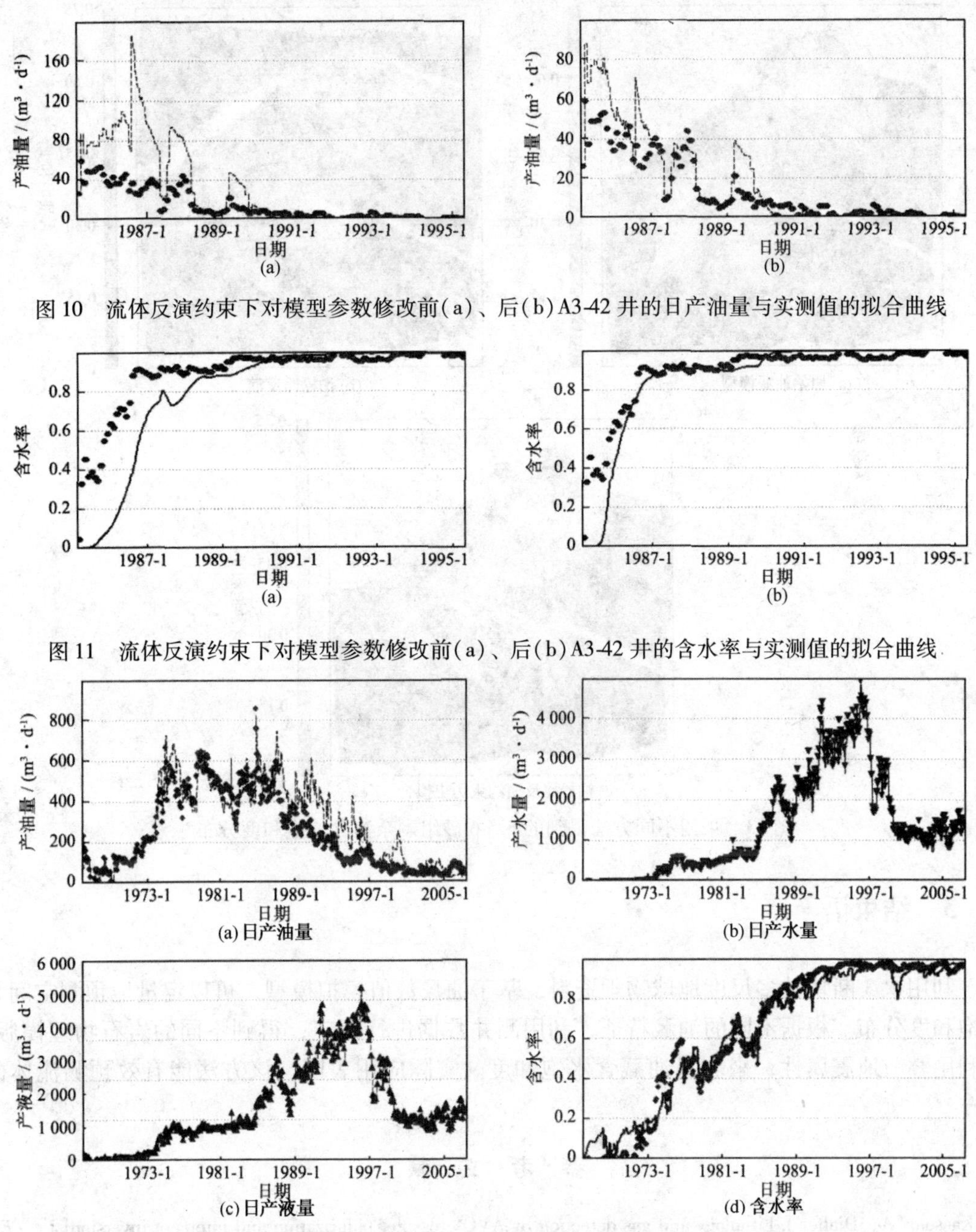

图10 流体反演约束下对模型参数修改前(a)、后(b)A3-42井的日产油量与实测值的拟合曲线

图11 流体反演约束下对模型参数修改前(a)、后(b)A3-42井的含水率与实测值的拟合曲线

图12 $S_2$5－6砂组流体反演约束历史拟合后数值模拟拟合曲线

图13(a)显示了$S_2$5-6砂组原始油藏模型的剩余油含油饱和度分布；图13(b)显示了用泊松比反演得到的剩余油含油饱和度分布；图13(c)显示了用泊松比反演得到的含油饱和度来约束油藏模型的历史拟合得到的剩余油含油饱和度分布。由图13可见，在原始油藏模型的基础上，用泊松比反演来约束历史拟合，获得的地震空间信息更加可靠，最后得到的流体空间分布与实际油藏更加逼近。

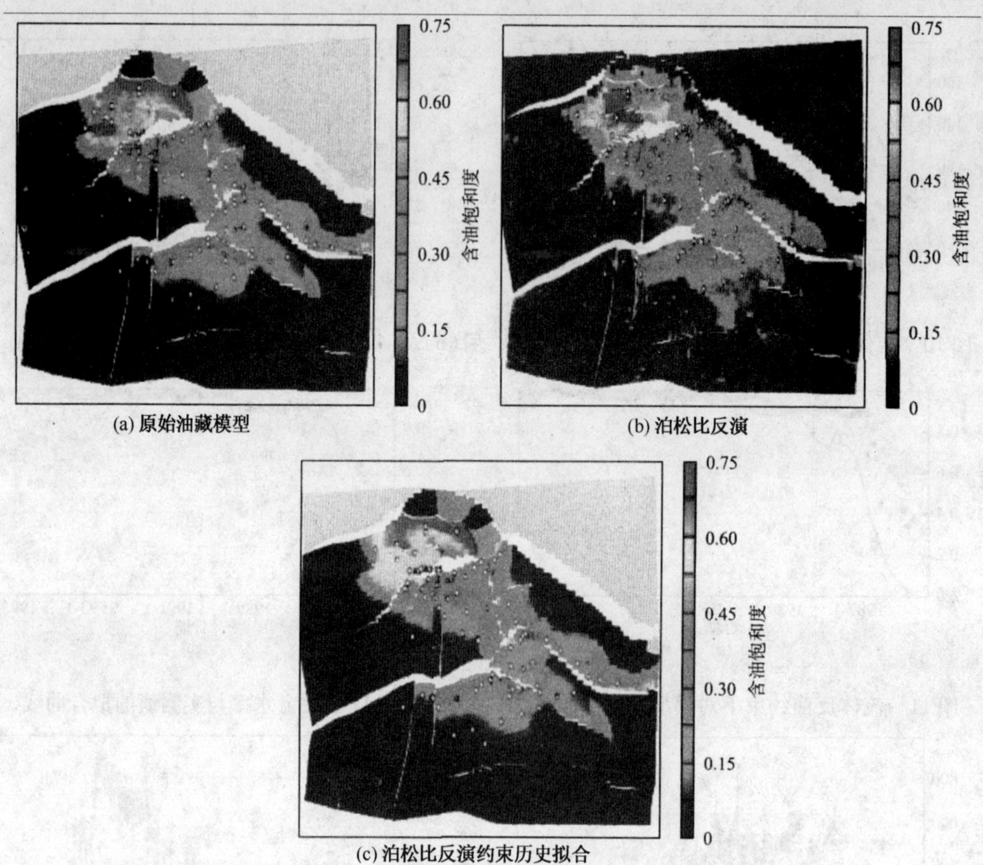

(a) 原始油藏模型　(b) 泊松比反演　(c) 泊松比反演约束历史拟合

图 13　采用不同方法得到的 $S_2$5-6 砂组剩余油含油饱和度分布

3　结束语

利用永 3 断块的多尺度地球物理资料，基于油藏数值模拟模型，可以定量地预测空间含水饱和度分布。根据不同的油藏特征，利用测井数据进行标定，得到不同的岩石物理模版；再利用叠前地震属性，来获得油藏含水饱和度。实际应用表明，该方法能有效预测流体的分布。

参 考 文 献

1　Kassouri A, Djaffer J. Lithology and gas detection by AVO crossplot polarization and intercept inversion[J]. *Expanded Abstracts of* EAGE 65th Annual Conference, 2003, P039

2　甘利灯，赵邦六，杜文辉等．弹性阻抗在岩性与流体预测中的潜力分析[J]．石油物探，2005，44(5)：504 ~ 505

3　张娥．利用地震属性预测砂岩储集层厚度及含油饱和度[J]．石油勘探与开发，2000，27(1)：92 ~ 94

4　李来林．一种预测储层含油饱和度的新方法[J]．大庆石油地质与开发，2002，21(3)：72 ~ 73

5　刘洋．利用地震资料估算孔隙度和饱和度的一种新方法[J]．石油学报，2005，26(2)：61 ~ 64

6　金龙．利用地震资料定量反演孔隙度和饱和度的新方法[J]．石油学报，2006，27(4)：63 ~ 66

7 李凌高，王兆宏，甘利灯等．基于叠前地震反演参数的流体饱和度定量预测方法[J]．石油物探，2009，48(2)：121～124

8 Huang X R，Meister L，Workman R. Improving production history matching using time-lapse seismic data[J]. The leading Edge，1998，17(10)：1430～1433

9 Huang X R，Meister L，Workman R. Improvement and sensitivity of reservoir characterization derived from time-lapse seismic data[J]. Expanded Abstracts of 73rd SPE Annual Internat Mtg，1998，49146

10 Huang X R. Integrating time-lapse seismic with production data：a tool for reservoir engineering[J]. The Leading Edge，2001，20(10)：1148～1153

11 Andersen T，Zachariassen E，Høye T. Method for conditioning the reservoir model on 3D and 4D elastic inversion data applied to a fluvial reservoir in the North Sea[J]. Expanded Abstracts of EAGE 68th Annual Conference，2006，B007

12 Skjervheim J A，Evensen G，Aanonsen S I，et al. Incorporating 4D seismic data in reservoir simulation models using Ensemble Kalman Filter[J]. Expanded Abstracts of 80th SPE Annual Internat Mtg，2005，95789

13 Hatchell P，Kawar R，Savitski A. Integrating 4D seismic，geomechanics and reservoir simulation in the Valhall oil field[J]. Expanded Abstracts of EAGE 67th Annual Conference，2005，C012

14 Lane H S，Kjelstadli R M，Barkved O I，et al. Constraining reservoir uncertainty with frequent 4D seismic data at Valhall field[R]. Houston，USA：Offshore Technology Conference，2006

15 Andersen C F，Grosfeld V，Van Wijngaarden A J，et al. Interactive interpretation of 4D prestack inversion data using rock physics templates，dual classification，and real-time visualization[J]. The Leading Edge，2009，28(8)：898～906

16 凌云，黄旭日，孙德胜等．3.5D 地震勘探实例研究[J]．石油物探，2007，46(4)：339～352

17 Ødegaard E，Avseth P. Interpretation of elastic inversion results using rock physics templates[J]. Expanded Abstracts of EAGE 65th Annual Conference，2003，P022

18 Gassmann F. Elastic waves through a packing of spheres[J]. Geophysics，1951，16(4)：673～685

19 魏嘉，唐杰，岳承祺等．三维地质构造建模技术研究[J]．石油物探，2008，47(4)：319～327

20 慎国强，孟宪军，夏吉庄等．面向油藏开发地质问题的精细储层反演研究[J]．Applied Geophysics，2007，4(1)：58～65

21 苗永康，王玉梅，吴国忱等．济阳坳陷 Y3 地区基于地震资料的流体识别方法[J]．石油物探，2010，49(1)：62～67

十屋断陷小宽断裂带的走滑特征研究及其勘探前景分析

袁红军[1]　刘　民[2]　王振升[2]　谭振华[2]　赵淑萍[2]

(1. 中国石化石油勘探开发研究院，北京 100083；
2. 中国石油大港油田分公司，天津 300280)

摘要： 松辽盆地十屋断陷四五家子构造带走滑断层非常发育，小宽走滑断层贯穿研究区南北，沿断裂带已经发现了四五家子、后五家子、八屋等油气田，说明该走滑断裂带是一个油气相对富集的区带。但断层的持续走滑，使得走滑断裂带成为构造破碎的复杂断裂带，精确落实构造的难度相当大。基于高精度三维地震资料解释结果，分析了小宽断层的剖面特征、平面特征和空间特征，总结了走滑断层对烃源岩、储层和圈闭的形成以及油气运移的作用，认为走滑断裂带是寻找构造油气藏的有利场所，指出位于小宽断裂带北部的太平庄构造是下一步构造油气藏勘探的目标。

关键词： 十屋断陷　小宽断裂带　走滑断层特征　构造油气藏　勘探前景

十屋断陷位于松辽盆地东南隆起区的南端，为一西断东超“箕”状断陷盆地，形成于晚侏罗纪至早白垩纪，盆地的西部为柳条凹陷，东北部是德惠凹陷，总面积达 3100km^2。地层有发育于晚侏罗纪的火石岭组和早白垩纪的沙河子组、营城组、登娄库组；早白垩纪地层之上为统一的坳陷沉积，地层有发育于晚白垩纪的泉头组、青山口组、姚家组和嫩江组。目前，十屋断陷已发现后五家子气田、八屋气田、孤家子气田和四五家子油气田、秦家屯油气田，以及数个含油气构造。

十屋断陷油气分布复杂，老地震资料不能满足油气勘探开发的要求。为此，中国石化东北油气分公司于 2008 年在松辽盆地南部十屋断陷四五家子—八屋地区进行了高密度二次三维地震资料采集和处理。小宽走滑断裂带穿越整个三维工区，在该断裂带上已经发现了四五家子油气田、后五家子气田和八屋气田等，因此，该带是一个富集油气的复杂断裂带。以往由于受老地震资料分辨率的限制，对走滑断层的特征了解不深，因此很难精确落实构造。四五家子—八屋地区高精度三维地震勘探使地震资料的品质得到了很大改善，基于高精度三维地震资料可以深度认识和精确刻画小宽走滑断裂带，精确落实走滑断裂构造，深入研究小宽断层与油气成藏的关系。

1　走滑断层的概念

走滑断裂的断面接近直立，上、下盘主要沿走向相对水平移动，基本特征是平直的断线、陡立的断面及较窄的断层带，分左行走滑和右行走滑。Sylvester(1988)建议将走滑断层分为板块间和板块内两类，其中板块间的断层称为平移断层，而板块内部只限于地壳的称为横推断层。走滑构造是指地壳或岩石圈在走滑断裂作用下产生的构造组合，包括走滑构造带及其伴生构造。走滑构造是地质构造中最为常见的现象之一，普遍存在于盆地构造体系之中。据统计，全球约59%的板块相对运动矢量是与板块边界的法线斜交的(夹角大于22°)，14%的运动矢量几乎与板块边界平行(夹角在22°左右)。故有“处处有走滑，时时有走滑”之说。

Sylverster从全球板块结构的角度，对走滑断层作了一个成因分类。总的划分为板块间的切入岩石圈深层的转换断层和板块内的薄皮的限于地壳内的平移断层。前者又分为洋中脊转换断层(具相似扩张矢量的洋壳位移段)、边界转换断层(分割不同板块，平行于板块边界)及与海沟相连的走滑断层(调节斜向俯冲的水平分量)。平移断层又分为嵌入断层(由碰撞作用引起的陆块移动)、捩断层(调节外来体内或外来体和相邻构造单元间的差异位移)、变换断层和陆内转换断层(分隔不同构造样式的外来体)。

2 小宽断裂带的成因及走滑特征

小宽断裂带是一条控制十屋断陷中央隆起带的北北东向的断层，由早期的营城组末期和登娄库组末期的构造运动形成，总体表现为发育时期长(营城组末期—嫩江组末期)、延伸距离远(50km)、南北断距小(40m)、中部断距大(近500m)等特点；平面上表现为时正时逆、雁行排列等特点；剖面上表现为断层近乎直立、南部为一条、北部为多条、正花状构造发育等特点(图1)；空间上丝带效应明显，具有明显的走滑断层的特点。

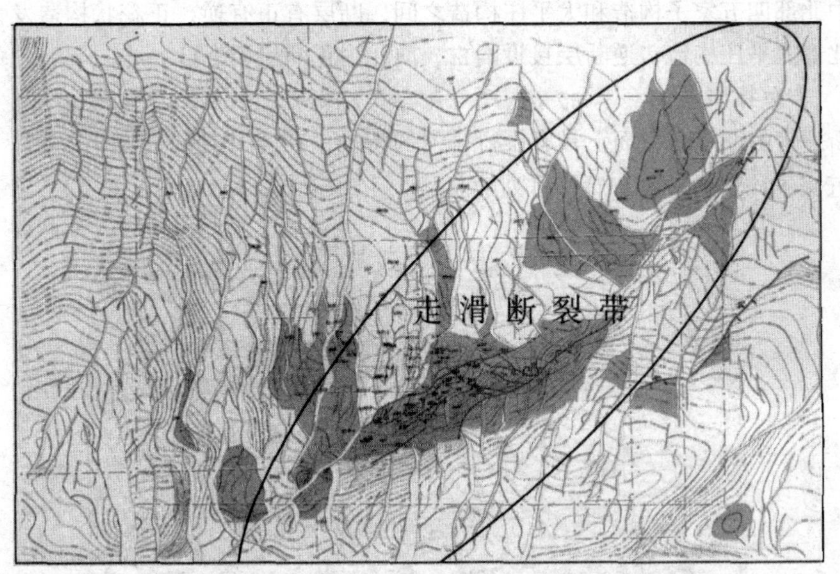

图1 四五家子—八屋地区 T_4^1 构造的平面特征

2.1 小宽走滑断裂的成因

小宽断裂是一个长期活动的次级基底断裂，分布在上侏罗系—下白垩统(J_3—K_1)的断陷沉积内，活动时间也是侏罗纪晚期至白垩纪早期末，空间延伸范围为基底至登娄库组顶部。小宽断层的走滑运动表现为“始于营城组末期，加剧于登娄库组末期，终于嫩江组末期”的特点。营城组末期为断陷演化阶段的鼎盛时期，小宽断层发生了小规模的走滑运动，形成了低幅度褶皱构造；登娄库组末期是盆地断陷阶段向坳陷阶段的转化期，该时期小宽断层的走滑运动加剧，使营城组末期形成的低幅褶皱构造的隆起和剥蚀非常明显；嫩江组末期为小宽断层走滑的末期，也是走滑运动规模最大的时期，在该时期太平洋板块向欧亚大陆俯冲，使日本海开始扩张，对松辽盆地产生近东西向的剪切应力，即嫩江运动，导致小宽断层等一系列基底断层沿走向(即北东向)发生剧烈的左行走滑，最终形成了四五家子等一系列正花状构造。

小宽断层是控制十屋断陷中央隆起带沉积的大断裂，断层对沉积的控制主要发生在两个时期，一是登娄库组末期，走滑运动产生的隆升和剥蚀在十屋断陷内表现明显，在地震剖面上反映为 T_3 反射界面，位于十屋断陷北部和中部的小五家子构造剥蚀严重，最大剥蚀厚度达400m；二是嫩江组末期，走滑运动导致构造抬升，使其遭受进一步风化剥蚀，在该时期四五家子等局部构造成型。

2.2　小宽断裂带的走滑特征

2.2.1　剖面特征

在十屋断陷高精度三维地震剖面上，小宽断裂带的断层由南部—四五家子构造—构造转换带—太平庄构造断裂依次表现为正断层—多条逆断层—正、逆断层结合—正断层的特点。具体为：

(1) 南部是正断层，断面较陡，直插基底(图2)；

(2) 中部四五家子构造主体发育有多条逆断层，断面较陡，深入基岩，正花状构造发育(图3)；

(3) 中北部四五家子构造和太平庄构造之间，断层有正有逆，正花状构造发育(图4)；

(4) 北部太平庄构造，逆断层接近消亡，演化为正断层(图5)。

2.2.2　平面特征

小宽断裂带的断层在平面上具有雁行排列的特征，在 T_4^1 构造图(图1)及 T_4 构造图(图6)上，四五家子构造均发育有雁行排列的断层。

图2　小宽断裂带南端的地震剖面(T540线)

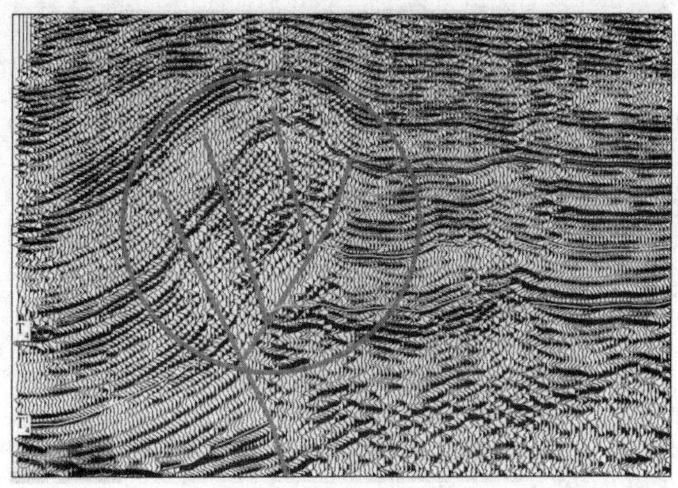

图3　小宽断裂带中部的地震剖面(T720线)

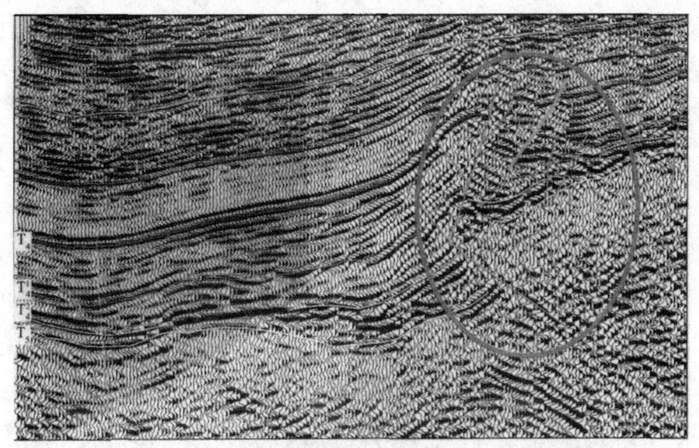

图4　小宽断裂带中北部的地震剖面(T1080线)

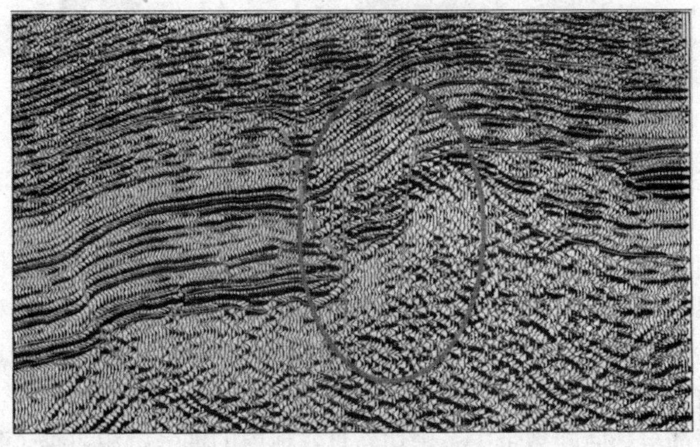

图5　小宽断裂带北部的地震剖面(T1190线)

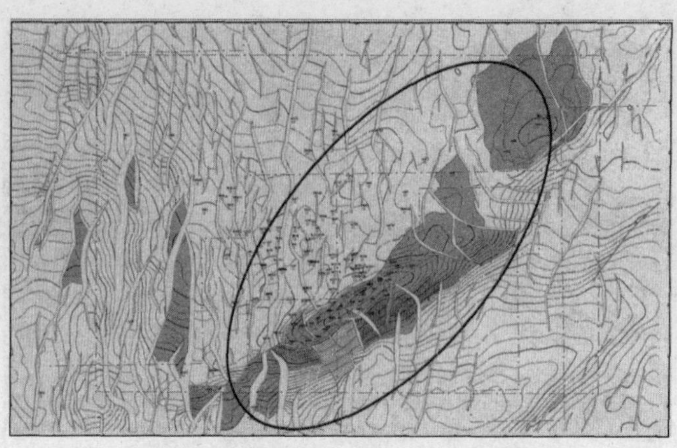

图6　四五家子—八屋地区 T_4 构造平面特征

2.2.3　空间特征

小宽断裂带在空间上具有明显的丝带效应。丝带效应是走滑断层的一种重要的空间展布规律，表现为沿着走滑断层的走向，断层的断面总的来看近于直立，但断面的倾向不稳定，以垂直位置为轴左右摇摆，断裂局部或成正断层或成逆断层(图7)。

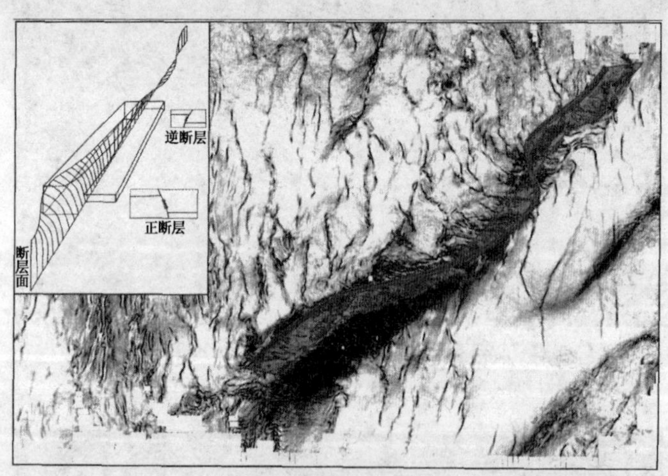

图7　四五家子—八屋地区 T_4 构造相干属性平面特征

3　走滑断层与油气的关系

走滑断裂与油气分布关系密切，国内外不乏走滑断裂带中油气富集的例子。如美国圣安德烈斯走滑断裂周围发育了一系列含油气新生界盆地，其中面积最大的洛杉矶盆地是美国最好的产油盆地；我国东部发育的郯庐走滑断裂带长达2400km，切割深度80～100km，沿断裂带发育了松辽盆地、鲁西盆地、沂沭盆地、苏北盆地等，这些盆地的空间分布、构造特征、形成及演化等都与郯庐断裂带关系密切，且盆地内的油气资源占据了我国大部分油气探明储量和产量。因此，走滑断裂带多为油气富集带，走滑断裂带往往具有良好的成藏条件，小宽断裂带也具有同样的特点。

（1）走滑活动促进了烃源岩的热演化。

走滑断裂的活动，特别是切割深度比较大的走滑断裂的构造活动，对地温梯度和烃源岩热演化过程有重大影响。这类断裂向上连通盖层、向下切穿基底，是地壳内的物质向上运移的通道，地壳深部的能量和物质沿着走滑断裂向上涌出，使得走滑断裂带往往是岩浆岩分布的主要区带。大规模的火山活动对烃源岩热演化有着重要意义，它不仅提供了大量的热源，有利于有机质向油气转化，提高烃源岩的热演化程度，而且有利于古生物的生长发育，对优质烃源岩的形成及成熟起重要控制作用。

在研究区内，由于小宽断层的持续走滑，火山活动剧烈，火石岭组的火山岩十分发育。大规模的火山活动促进了营城组和沙河子组的暗色泥岩生烃，因此，小宽断裂带具有良好的油源条件。

（2）走滑活动改善了断裂带附近地层的储集物性。

在断裂活动期，由于应力的释放，地层中会产生大量的微裂缝。对于走滑断裂，由于断层的上、下盘错动大，构造应力强烈，断裂附近的地层受到搓挤，发生破碎，物性会发生很大变化，这对于改善储层的物性起到了重要作用。

小宽断裂活动始于营城组末期，加剧于登娄库组末期，终止于嫩江组末期，活动时期长。长期剧烈的断裂活动使断裂带附近的地层持续受到搓挤，这给储集空间的形成提供了有利条件。

（3）走滑活动有利于圈闭的发育。

断层的持续走滑形成了四五家子构造和太平庄构造，这两个构造都是由断层切割而形成的断背斜，为油气聚集提供了良好的圈闭条件。目前，四五家子构造带的勘探程度较高，已部署各类探井50余口，勘探程度较低的太平庄构造应是下一步构造油气藏勘探的目标。

（4）走滑活动形成了良好的油气运移通道。

在油气输导体系中，断层是最为活跃的因素。走滑断裂的每一次活动，都形成了大量的断层，主干断裂连通其它次级或伴生断裂，形成了良好的油气运移通道。断裂的活动和开启将深部的烃源岩和浅部的储集体连通，使油气从“源”到“汇”。

在小宽走滑断裂带，构造圈闭十分发育，成藏条件良好，小宽断层活动时间较长，断裂是油气运移的良好通道，从沙河子组到嫩江组都存在油气聚集区。我们根据目前的勘探程度认为，位于走滑断裂带北段的太平庄构造应是部署构造油气藏勘探的首选。

4 结束语

基于三维高精度地震资料，对小宽走滑断层的特征进行了分析，小宽走滑断层的剖面特征为断面较陡，直插基底，时正时逆，正花状构造发育；平面特征为呈雁行状排列；空间特征为丝带效应明显。

走滑作用对烃源岩、储层和圈闭的形成和油气运移都具有重要作用。小宽断裂带断层的走滑活动持续时间长，成藏条件良好，是寻找构造油气藏的有利场所，而位于走滑断裂带北段的太平庄构造勘探程度较低，应是目前油气勘探部署的首选区域。

参 考 文 献

1　池英柳，赵文智．渤海湾盆地新生代走滑构造与油气聚集[J]．石油学报，2000，21(2)：14～20

2　Sylvester A G. Strike-slip faults[J]. Geological Society of America Bulletin，1988，100(11)：1666～1703

3　杨云岭，郭栋．鲁西地区的走滑断层[J]．油气地质与采收率，2004，11(2)：1～5

4　姚继峰，廖兴明，于天欣．辽河盆地构造分析[J]．断块油气田，1995，2(5)：21～26

5　王义天，李继亮．走滑断层作用的相关构造[J]．地质科技情报，1999，18(3)：30～34

6　张用夏，李卢玲．郯庐断裂的平移及其对邻区的影响[A]．见：构造地质论丛编辑部，编．构造地质论丛[C]．北京：地质出版社，1984.1～8

7　孙大明．松辽盆地南部十屋断陷天然气成藏条件定量研究[J]．石油勘探与开发，2000，27(4)：84～86

8　邹才能．松辽盆地南部岩性地层油气藏成藏动力和分布规律[J]．石油勘探与开发，2005，32(4)：77～81

9　范秋海，吕修祥，李伯华．走滑构造与油气成藏[J]．西南石油大学学报(自然科学版)，2008，30(6)：76～79

10　Bjorklund T，Burke K，Zhou H W. Miocene rifting in the los angeles basin：evidence from the puente hills half-graben，volcanic rocks，and p-wave tomography[J]. Geology，2002，30(5)：451～454

11　万天丰．郯庐断裂带的延伸与切割深度[J]．地质学报，1996，10(4)：518～520

12　邓乃恭．中生代华夏类型构造和郯庐断裂体系的特征与形成机制[A]．见：构造地质论丛编辑部，编．构造地质论丛[C]．北京：地质出版社，1984.33～38

13　陈丕基．郯庐断裂巨大平移的时代与构局[J]．科学通报，1988，33(4)：289～293

14　冯先岳．阿尔金断裂带[M]．北京：地震出版社，1982.219～225

15　黄汉纯，王长利．阿尔金构造带特征及其对塔里木和柴达木盆地的影响[M]．北京：地质出版社，1987.56～59

16　Wu S G，Yu Z H，Zhang R Q，et al. Mesozoic～Cenozoic tectonic evolution of the Zhuanghai area，Bohai-Bay Basin，east China：application of balanced cross-sections[J]. Journal of Geophysics and Engineering，2005，2(2)：158～168

17　Athy L F. Density，porosity and compaction of sedimentary rocks[J]. American Association of Petroleum Geologists，1930，14(1)：1～24

18　Hedberg H D. Gravitational compaction of clays and shales[J]. American Journal of Science，1936，31(5)：241～287

综合研究

油藏综合地球物理技术在垦71井区的应用

李　阳

（中国石化油田勘探开发事业部，北京100011）

摘要： 油藏综合地球物理技术在油田滚动勘探与开发的储层描述、精细地质建模中发挥着越来越重要的作用。油藏地球物理中相关技术的研究在国内外已有不同程度的开展，但针对处于开发中后期老油田剩余油预测的油藏综合地球物理技术的应用研究还很少。为此，开展了包括地质、地震、测井、岩石物理、油藏建模、油气开发等多学科油藏综合地球物理技术的应用研究。在高精度三维地震、数字三分量检波器采集的三维多波地震、井间地震、三维VSP等资料高分辨率成像的基础上，发展了两项综合应用技术，即提供储层三维空间精细地球物理属性模型的多资料井震联合储层反演技术，以高精度构造解释与储层解释为基础的多尺度资料匹配确定性油藏建模技术。在胜利油田垦71井区应用油藏综合地球物理技术预测剩余油，取得了很好的效果。根据预测结果实施了5口补孔改层措施井，部署了13口新井，钻探结果与预测结果基本相符，预计可提高5%的油气采收率。

关键词： 油藏综合地球物理技术　联合反演　油藏建模　油气开发　采收率

胜利油田垦71井区位于沾化凹陷中部垦西大断层下降盘中段，是垦西油田的主力开发区。该区块构造幅度小，含油层数多(6个砂组67个小层)，储层薄，横向变化大，油水关系复杂。随着开发程度的提高，高含水井逐年增多，产量自然递减快(19.41%)，剩余油高度分散但又局部富集。为此，我们利用“点多、面广、量大”的地球物理资料以及油藏综合地球物理技术，在垦71井区进行了精细构造、储层和油气藏模型研究，以解决寻找剩余油和提高采收率问题。研究思路如图1所示。

1　油藏综合地球物理技术

根据图1给出的油藏综合地球物理技术研究思路，在垦71井区采用多种方法进行了地震数据采集，并进行了有针对性的资料处理和解释。以下为油藏地球物理技术研究中的5个关键技术。

1.1　高精度井震资料联合采集

在进行资料采集时，采用了同一震源激发，高精度三维地震、三维三分量地震、三维VSP等资料同步接收的井震联合采集方式。图2为井震联合采集方法工作原理图。由于各种采集方式采用了同一震源，保证了激发子波的一致性，使得各地震资料之间具有良好的相关性。在联合采集的同时，还进行了数对井的井间地震资料采集。为了提高原始资料的分辨率和信噪比，采取了提高激发频率以及高覆盖次数(120～180 次)、小面元(10m×10m)、宽方位角接收等措施。

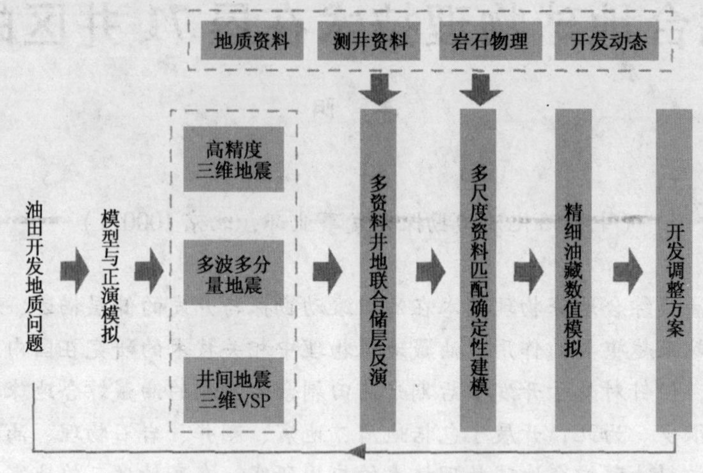

图 1　油藏综合地球物理技术研究思路

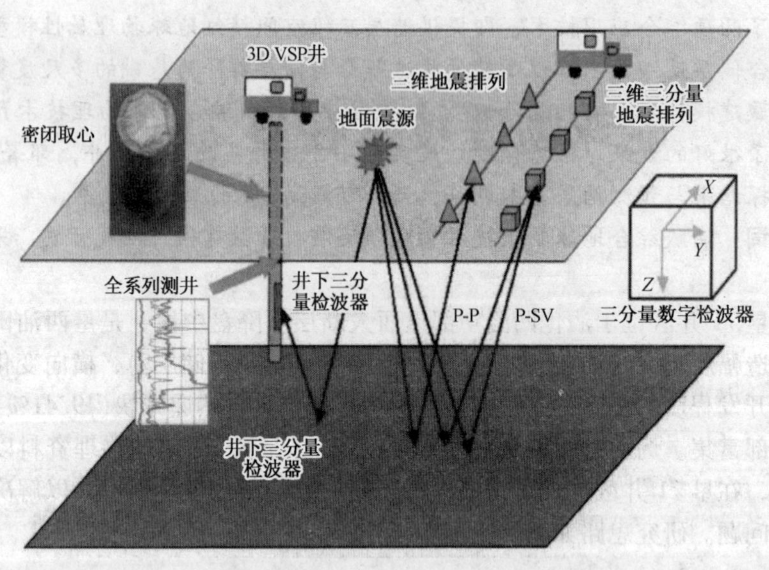

图 2　井震资料联合采集工作原理

1.2　高精度地面三维地震资料处理

针对垦 71 井区油藏断块复杂和砂泥岩薄互层等特点，在资料处理中，将重点放在提高资料的纵、横向分辨率上。在进行了地表一致性反褶积、子波零相位优化、反 Q 滤波、叠后预测反褶积等精细处理后，高精度三维地震成像剖面上目的层的反射波主频提高到 60～70Hz，高截频提高到 100Hz；反射波组特征明显，断层、断块清晰，层间信息丰富，可以对 8～10m 尺度的小断层、微幅构造和薄层进行描述(图 3)。

此外，在进行三维三分量资料采集时采用了数字三分量检波器，虽然单点接收在一定程度上降低了资料的信噪比，但却消除了由组合带来的低通效应，提高了资料的分辨率。在进行三维三分量资料处理时侧重于提高资料的信噪比，使纵波资料的信噪比基本达到高精度三维地震的水平。

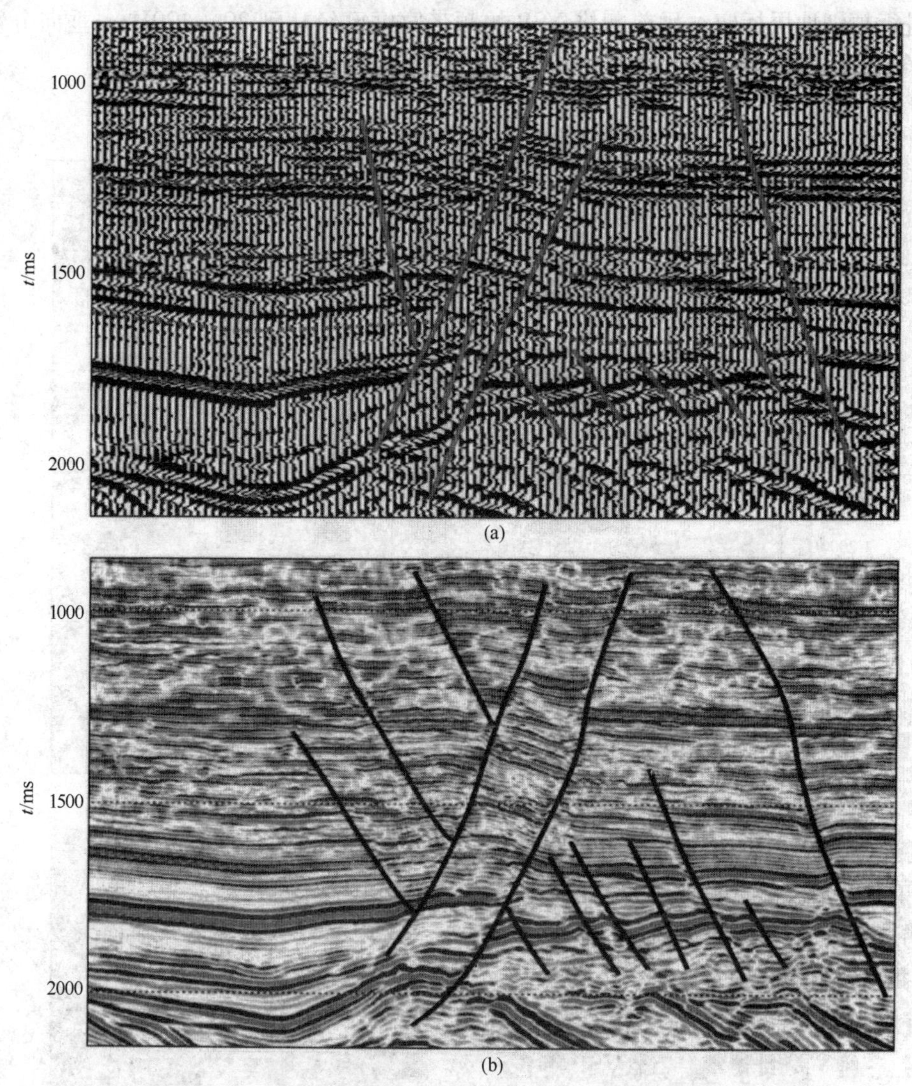

图3 常规三维地震(a)和高精度三维地震(b)偏移剖面

在转换波资料处理中，创新研究了利用转换波叠加速度，纵、横波垂直速度比，纵、横波等效速度比和转换波各向异性等参数进行速度分析的方法，并实现了基于射线追踪的转换波叠前时间偏移。在转换波资料解释中，根据“深度唯一”的准则，在标准反射波对比解释的基础上，研究了转换横波剖面压缩方法，获得了可与纵波对比的转换横波叠加剖面和偏移剖面。图4为纵波和转换横波偏移剖面。

1.3 井中地震资料处理

为适应垦71井区构造复杂和薄互层情况，研究了确定第一Fresnel带最短路径的有限频率波前射线追踪方法，有效地提高了射线追踪和旅行时层析反演的精度。在反射波资料处理中，通过共反射点角度道集分析，去除噪声和广角反射，进行有限角度叠加，提高了反射波成像的信噪比。井间成像剖面的反射波主波数达到100/km，可以分辨本区疏松砂泥岩地层中厚度为3~5m的砂层，达到分辨层组甚至单层的水平(图5，Nm—明化镇组，Ng—馆陶组，Ed—东营组）。三维 VSP 的勘探目的是在井旁空间查找小构造、小断层、小砂体，为三维地震进行精细地层标定。目前三维 VSP 的频带宽度已经达到 20～120Hz，垂向分辨能力 5～8m（图 6）。

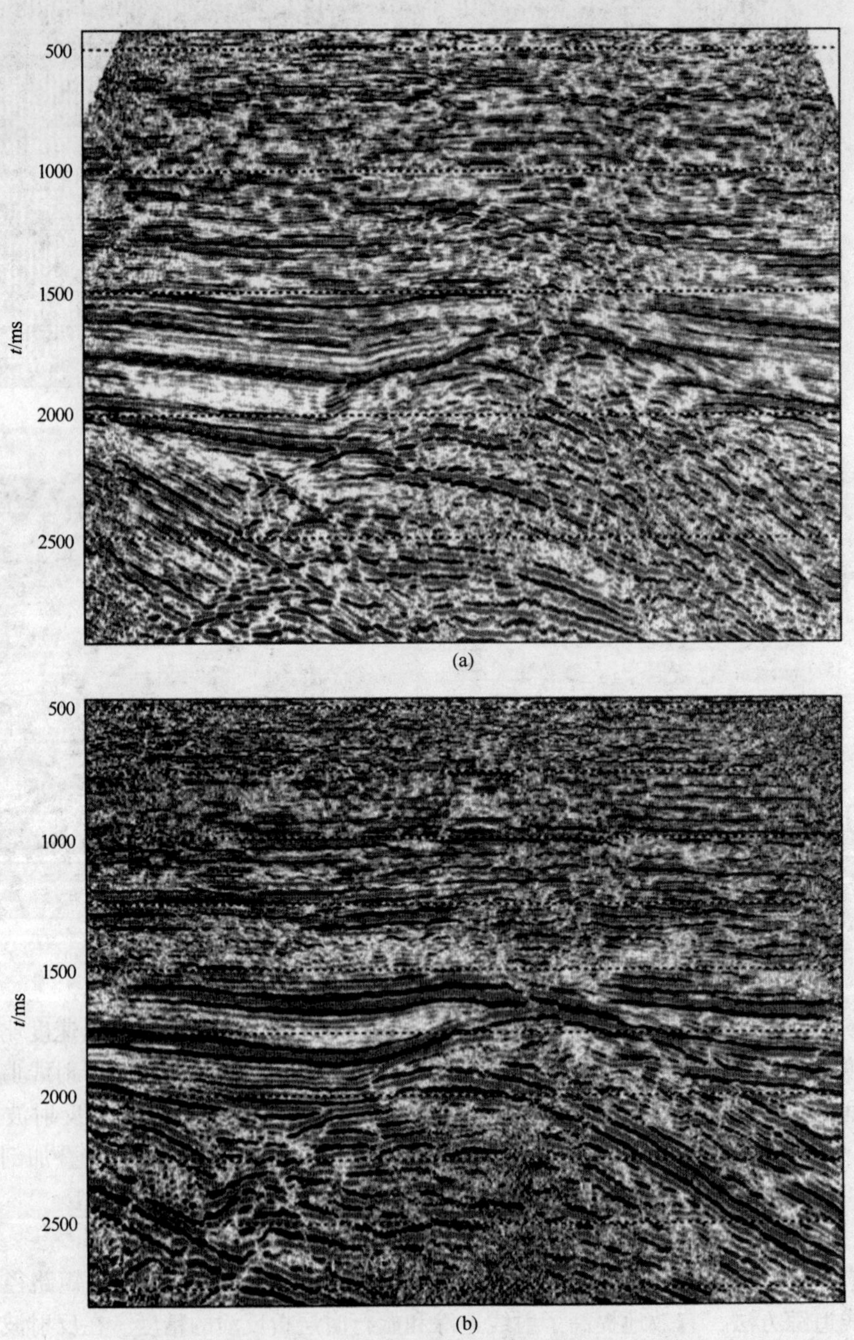

图 4　纵波（a）和转换横波（b）偏移剖面

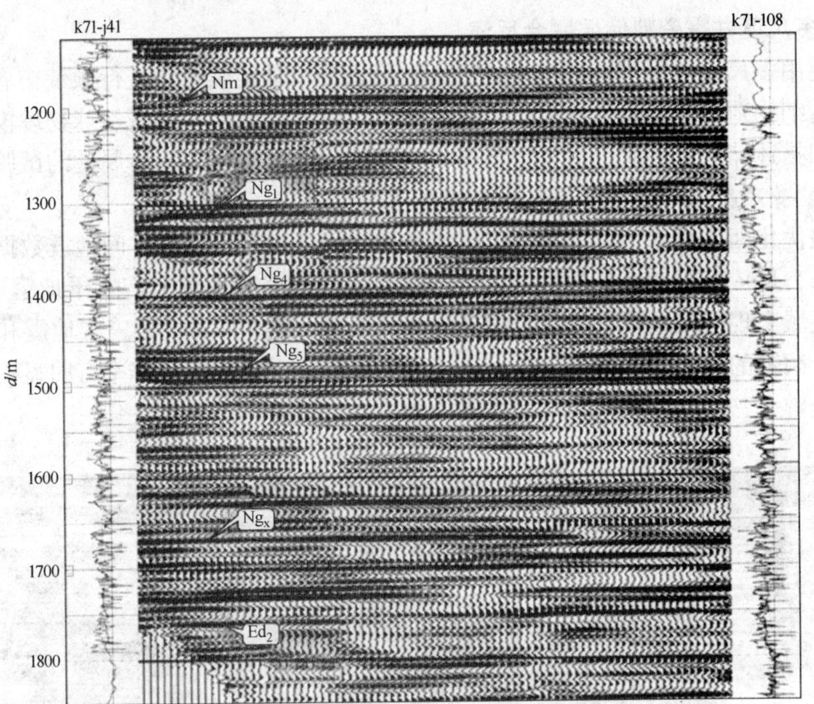

图5 井间地震反射波成像剖面

图6 三维VSP地震成像数据体

1.4　多尺度井震资料储层联合反演

综合利用多尺度地震资料和井间地震高频信息对三维地震资料进行频带拓展，以测井资料和三维精细构造解释结果为约束进行联合反演，建立高分辨率油藏地球物理模型，在三维空间预测和描述储层。同时进行了叠前弹性波阻抗反演预测储层流体属性的试验。

1.4.1　多尺度地球物理资料联合频带拓展及反演

应用最优化匹配技术，将三维地震资料脉冲化后的构造信息和井间地震数据中的高频信息结合起来，形成三维约束拓频的约束条件模型。将约束条件模型与三维地震资料相结合，在反射系数域实现三维地震有效频带拓展，提高地震分辨率。图7为三维地震和井间地震联合拓宽信号频带的效果图。由图7可见，拓频后三维地震剖面的分辨率有明显提高，接近井间地震的分辨率，反射波的连续性和地层接触关系也更清楚。

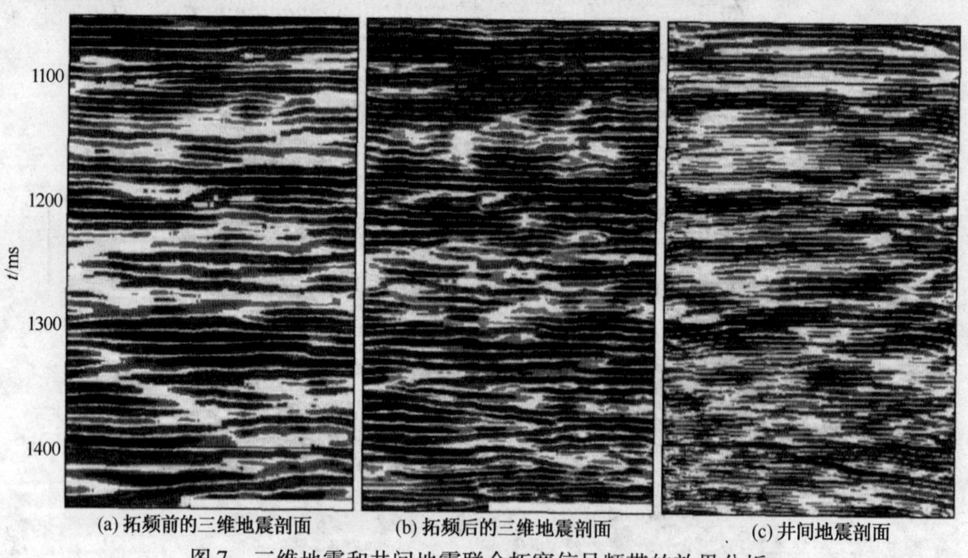

(a) 拓频前的三维地震剖面　(b) 拓频后的三维地震剖面　(c) 井间地震剖面

图7　三维地震和井间地震联合拓宽信号频带的效果分析

以拓频后的三维地震资料为主体，以测井、地质构造和岩石物理分析结果等多种信息为约束，采用测井速度分析校正、小层对比地质精细标定、复杂断层结构控制等关键技术，对本区储层进行波阻抗精细反演，得到储层弹性参数(纵波速度、声波阻抗等)的空间分布模型(图8)。利用测井资料获得岩性与波速之间的关系，形成储层岩性空间分布模型。

1.4.2　基于岩石物理综合分析的叠前属性反演

以岩石物理综合分析和地震正演模拟特征分析为基础，利用叠前地震资料不同入射角范围的角度道集数据，以密闭取心、全系列测井、岩石物理和地质等综合信息为约束，进行叠前弹性波阻抗反演。利用反演得到的纵、横波速度和密度资料，结合弹性参数与测井泥质含量曲线和含水饱和度的交互关系，进行流体识别。图9为利用叠前弹性波反演进行流体识别的结果(图中黄色线为泥质含量曲线，红色线为含水饱和度曲线)，可见，在叠前反演剖面上可以区分油层和水层。

1.5　多尺度资料匹配确定性油藏建模

多尺度资料匹配建模利用不同尺度和分辨率资料之间的互补优势，以大尺度资料为桥梁，通过匹配技术，将高分辨率地球物理资料拓展到三维空间中，提高陆相油藏开发中后期油藏模型的精度，改善油藏建模的资料基础。方法的主要特点是确定性、高分辨率和三维空间化。

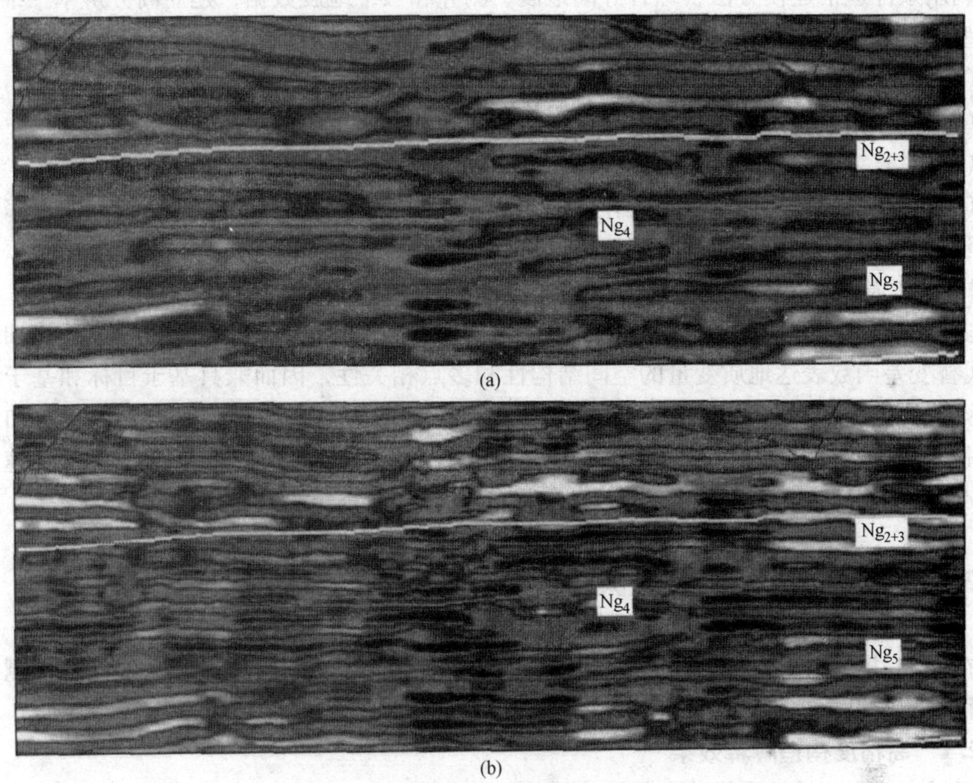

图8　三维地震常规反演(a)与井震联合反演(b)效果对比

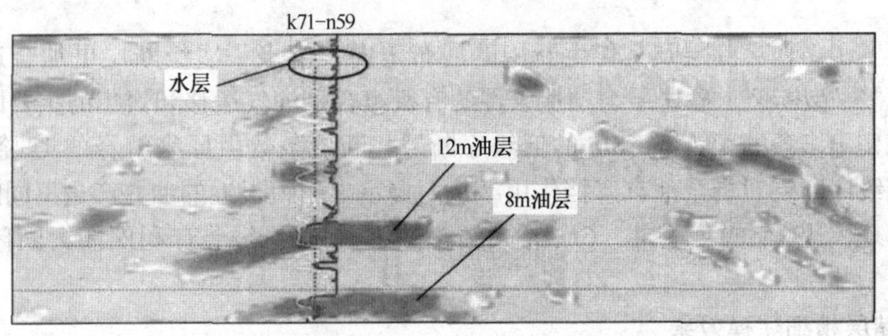

图9　利用叠前弹性波反演进行流体识别的结果

1.5.1　基于井间地震资料拟露头的多尺度资料匹配建模

以往通过密井网解剖，已经建立了多种储集层的地质知识库和原型。但井与井之间的储层和物性分布关系受对比和插值方法的影响，难以连续地观测储层之间的连通性和沉积关系以及地下实际油藏的非均质性。井间地震能够提供井间储层连续变化和连通关系的小尺度定量描述，因此在建模时将区内的小尺度井间地震资料作为“拟露头”，以此获得地下油气储层的实际统计规律和关系，为油藏模型提供更加合理的沉积模式，提高陆相沉积环境下的油藏建模精度。

1.5.2　基于条件递推的多尺度资料匹配建模

利用条件递推建模方法，综合井间地震、测井和三维地震数据，建立高分辨率三维波阻抗模型。具体的工作流程是：

（1）由测井数据建立地震－地质波阻抗一维模型；

（2）对井间地震数据进行随机反演，得到井间地震深度域波阻抗；

（3）对三维地震数据进行随机反演，得到三维地震深度域波阻抗；

（4）将反演的井间地震波阻抗作为“伪井”，利用贝叶斯－序贯高斯模拟方法，综合上述波阻抗资料，建立高分辨率三维波阻抗模型。

1.5.3　基于多点地质统计学的多尺度资料匹配建模

多点地质统计学是在多个点的相关关系上描述空间变量的连续性和变异性，用“训练图像”代替变差函数表达地质变量的空间结构性和多点相关性，因而兼具基于目标和基于象元两种算法的优点，不仅可以使储层模型反映先验地质概念(目标几何形态)，而且更加忠实于井和地震数据。由于该方法仍然以象元为模拟单元，采用序贯算法，因而具有计算速度快的优点。

2　垦71井区综合应用效果分析

在垦71井区应用油藏综合地球物理技术进行构造解释、储层描述和含油气性预测，取得了很好的效果。

2.1　高精度构造解释效果

通过高精度三维地震搭建空间构造格架，以小层对比为精确控制点，利用井间地震和三维VSP资料精细解剖低级序断层和微幅构造，使三维构造解释精度得到了提高(图10)。具体表现在：

（1）落实了垦西大断层及其伴生断层的展布走向，给出了次级断层更加合理的组合方式，明确了“Y”型断裂、砂岩层与构造条件的有机组合是油气运移和聚集的重要因素；

（2）识别出多条断距为5～8m的低级序断层，断层条数由原来解释的12条增加为28条，许多低级序断层对剩余油有遮挡作用，从而揭示出相距很近的油井产量不同的原因；

（3）发现了17个幅度为4～6m的微幅构造，确定了5个有利圈闭，圈闭面积总计为1.65km^2。

2.2　储层精细建模效果

从岩石物理实验出发，以正演模型为指导，利用储层结构分析、精细小层对比、相控理论和测井约束反演等方法，进行井震联合多尺度资料综合储层建模，建立了多参数约束的储层物性模型(图11)，精细描述了薄储层的空间展布特征和物性特征。小层平面对比的纵向分辨能力达到3m，各小层在平面上的沉积类型表现清楚，薄储层纵向叠置、横向展布清楚，反映了馆陶组(Ng)曲流河、辨状河和东营组二段(Ed_2)三角洲成因的储层沉积相带空间展布规律，解决了砂体横向尖灭和连通性问题，合理解释了油、气、水关系，解决了油田开发中存在的“储层高部位出水、低部位出油”的矛盾。

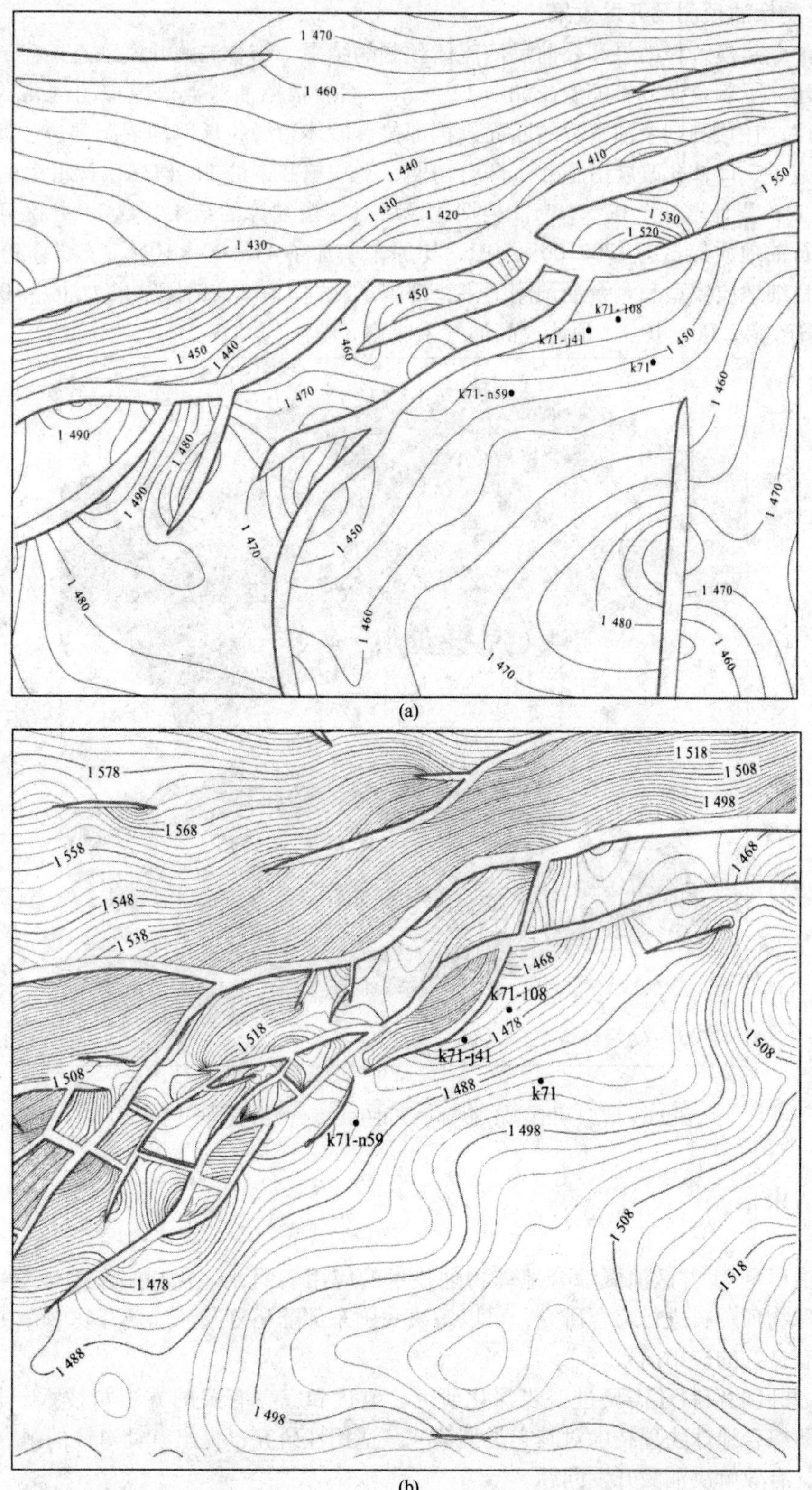

(a)

(b)

图 10　垦 71 井区 T1 反射层的老构造图(a)和新构造图(b)

2.3　剩余油预测及开发效果

利用油藏建模解释结果和叠前反演流体预测的结果，结合油藏开发动态信息，通过油藏数值模拟建立了剩余油分布模型，如图 12 所示。然后根据油藏数值模拟的油藏属性和剩余油分布规律，在预测剩余油富集的断面遮挡部位、砂体边缘、局部构造高部位、储层相变带附近，实施了 5 口补孔改层措施井。调整初期，平均单井产油 11.4 t/d，含水率由 96.7% 下降到 73.4%，累计增油 1.07×10^4t。根据建模后对储量复算的结果，垦 71 井区开发主体区上报新增石油地质储量为 1702.00×10^4t，比原来增加了 413.00×10^4t。依照新建立的垦 71 井区油藏精细地质模型和剩余油预测结果，部署了新井 13 口，钻探结果为油井 10 口、水井 3 口，新增产能 2.00×10^4t，预计提高油气采收率 5%。

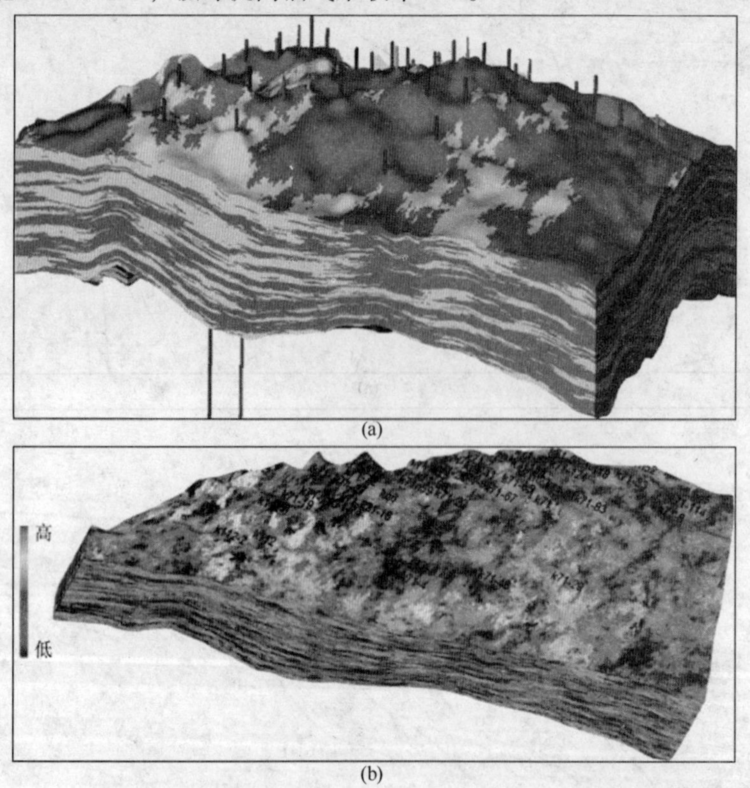

(a)

(b)

图 11　垦 71 井区 Ed_2 砂体(a)和孔隙度(b)的三维空间分布

3　结束语

胜利油田垦 71 井区油藏综合地球物理技术的应用表明：综合利用多种地球物理技术，对多种地球物理资料进行综合研究，可以解决我国东部陆相复杂油气藏开发中存在的主要地质问题，有良好的应用前景。

垦 71 井区的资料还需要进一步深化研究，改进和完善有关的方法与技术。与此同时，应加强油藏综合地球物理技术对其它类型油气藏适用性研究，提出有针对性的组合方案，以降低成本，有效解决油藏开发问题。

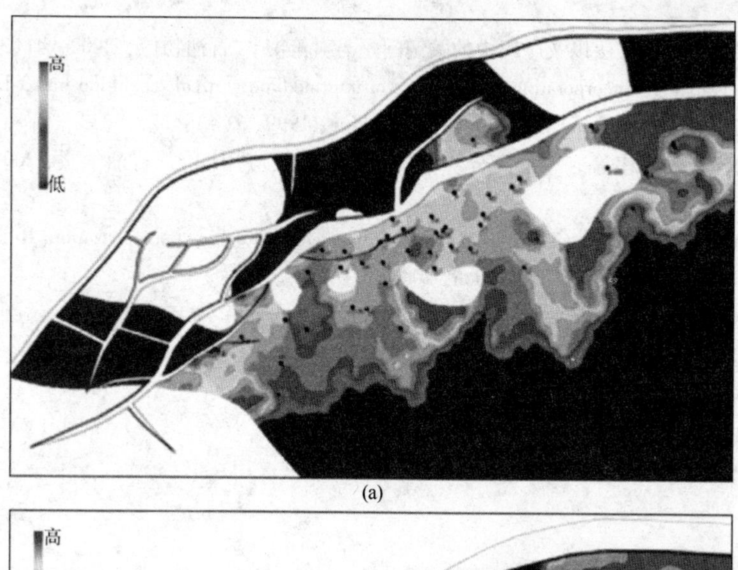

(a)

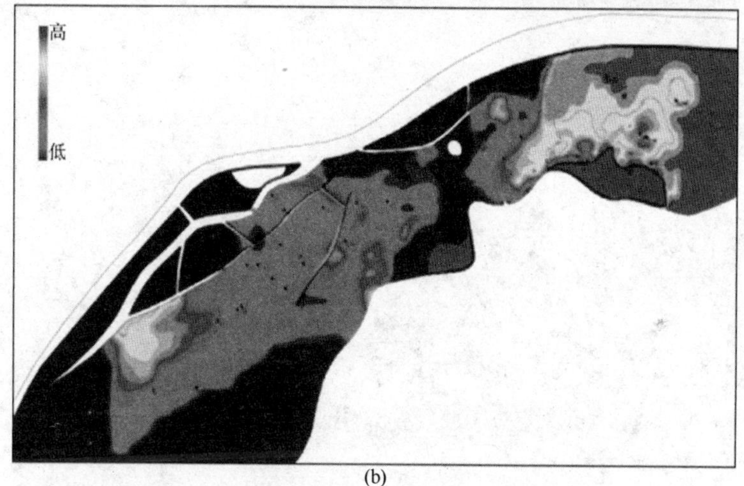

(b)

图12　垦71井区 Ng_4^9(a)和 Ed_2^9(b)剩余油饱和度

参考文献

1　韩大匡．深度开发高含水油田提高采收率问题的探讨[J]．石油勘探与开发，1995，22(5)：47～55

2　李阳．储层流动单元模式及剩余油分布规律[J]．石油学报，2003，24(3)：52～55

3　Li Y, Zhang Z L. Exploration technology for complex sandstone reservoirs in the developed area of Shengli oilfield[J]. Engineering Sciences, 2003, 1(2): 267～274

4　李阳．胜利油田油藏综合地球物理研究现状及展望[J]．石油勘探与开发，2004，31(3)：11～16

5　宋玉龙，谭绍泉．胜利油田高精度地震勘探采集技术及应用实例[J]．石油物探，2004，43(4)：359～368

6　郭树祥，李建明，毕立飞等．频率域地表一致性反褶积方法及应用效果分析[J]．石油物探，2003，42(1)：97～101

7　云美厚，丁伟．地震子波频率浅析[J]．石油物探，2005，44(6)：578～581

8　郭建，王咸彬，胡中平等．Q补偿技术在提高地震分辨率中的应用——以准噶尔盆地Y1井区为例[J]．石油物探，2007，46(5)：509～513

9　王成礼，宋玉龙，牟风明等．两步法预测反褶积在压制变周期鸣震中的应用[J]．石油物探，2007，46

(1)：28 ~ 31

10　王延光. 储层地震反演方法以及应用中的关键问题与对策[J]. 石油物探，2002，41(3)：299 ~ 303

11　Behrens R A, Tran T T. Incorporating seismic data of intermediate vertical resolution into 3-D reservoir models: a new method[J]. SPE Reservoir Evaluation & Engineering, 1999, 2(4): 325 ~ 333

12　贺维胜，夏吉庄，杨宏伟等. 三维高分辨率模型的建立及应用[J]，石油学报，2007，28 (1)：58 ~ 60，66

13　Barens L, Biver P. Pre-stack geostaticstical inversion used for reservoir characterization[R]. Abu Dhabi: Abu Dhabi International Conference and Exhibition, 2004

江汉盆地地震电效应探索试验

陈孝雄　王友胜　曾凡惠　董江伟

（中国石化江汉石油管理局物探公司，湖北潜江　433124）

摘要：通过以地震激发、电场接收的方式，在江汉盆地开展点试验、段试验，探索震电效应的最佳观测方式以及信噪分离方法，结果表明采用激发点中心对称相减技术、多炮垂直叠加技术有利于获取有效震电信号。

关键词：震电效应　激发点中心对称相减　多炮垂直叠加

1　引言

震电观测方法是利用人工震源进行激发，用电极及相应装备在地面接收地下界面由地震波转换产生的震电效应的一种观测方法。

1936 年，Blau、Staham 和 Thompson 发现了第一类震电效应，即电阻效应；1939 年，Ivannov 发现了第二类震电效应，即流动电势效应。第 1 类震电效应（震阻效应或 I 效应）是指在流体饱和孔隙介质内部，受地震波扰动的局部产生体应变和切应变，引起孔隙结构的变化和双电层电荷体系的改变，导致介质电导率变化。第 2 类震电效应（流动电势效应或 E 效应）是指在流体饱和孔隙介质分界面上，双相介质在受到动态形变时，固体骨架和孔隙流体发生非同相振动，从而引起双电层中正负电荷非等速运动，产生交变电磁场。

大量研究结果证明：震电（电震）转换在油气探测方面具有一定的应用发展前景。但由于震电观测方法研究在国内主要集中在理论基础与实验室研究，而野外现场试验，尤其是在油气勘探开发中的应用试验极为缺乏，所以尚有一系列的应用问题未能得到妥善的解决。本文拟通过野外试验对震电效应的最佳观测方式、信噪分离方法进行一些探索。

2　试验方法

2010 年 3 月在潜江新农 - 蚌湖三维地震工区，沿检波线选择干扰小、地形平坦、施工方便的试验场地，包括 1km 试验段和邻近的的一个试验点。

试验仪器采用加拿大凤凰公司 V8 多功能电法仪和 408 地震仪同步接收电场信号和地震信号。采用加拿大生产的不极化电极，MT 方式记录电场。电场采样率 2400Hz（0.417ms），地震采样率 4000Hz（0.25ms）。分点试验和段试验分别进行试验。

点试验观测方式如图 1 所示。在右边布设 4 对电极接收电场，电极距分别为 50m，对“对称电极”，另在离测点 1000m 附近布设一对“参考电极”。所有电极采用同一布极方向。激发点采用“田”字型设计 9 炮，实际有一哑炮，只有 8 炮有效，炮间距 7m，既保证两炮之间不炸空，又可以近视当作同一激发点。

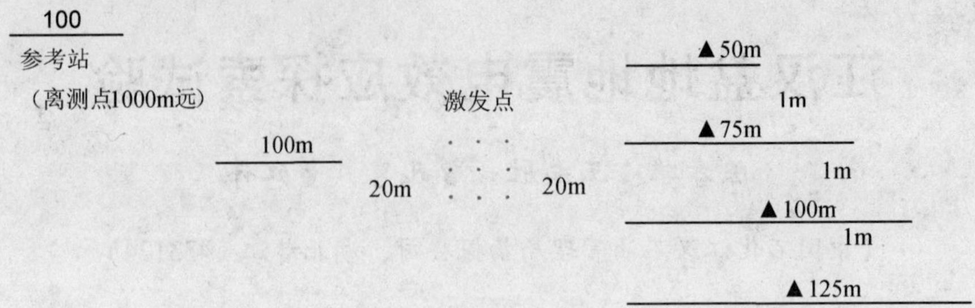

图 1　点试验观测方式示意图

（直线：电极距，黑三角：检波器）

段试验观测方式如图 2 所示。

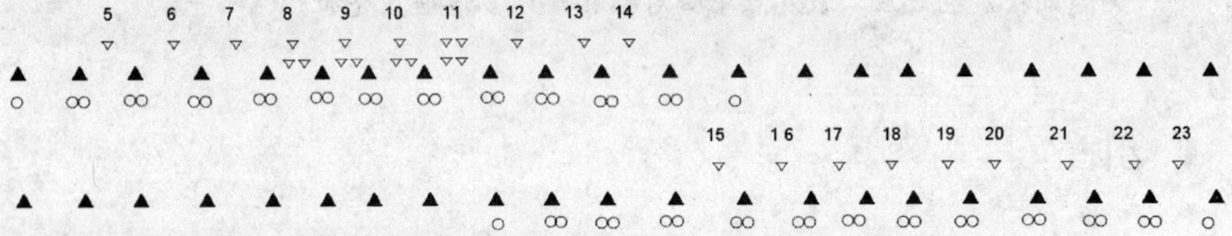

图 2　段试验电极、检波器、炮点分布示意图(上、下为两个排列)

○：电极　▲：检波点　▽：炮点　5：炮点号

沿测线布设 21 个检波器接收地震波，由于 V8 仪器盒子数量限制，分两个排列测量电场。第一个排列布设 13 对电偶极，第二个排列布设 12 对电偶极，偶极距均为 50m。激发点 19 个，其中 8、9、10 号激发点先后激发 3 次，9 号激发点先后激发 4 次。

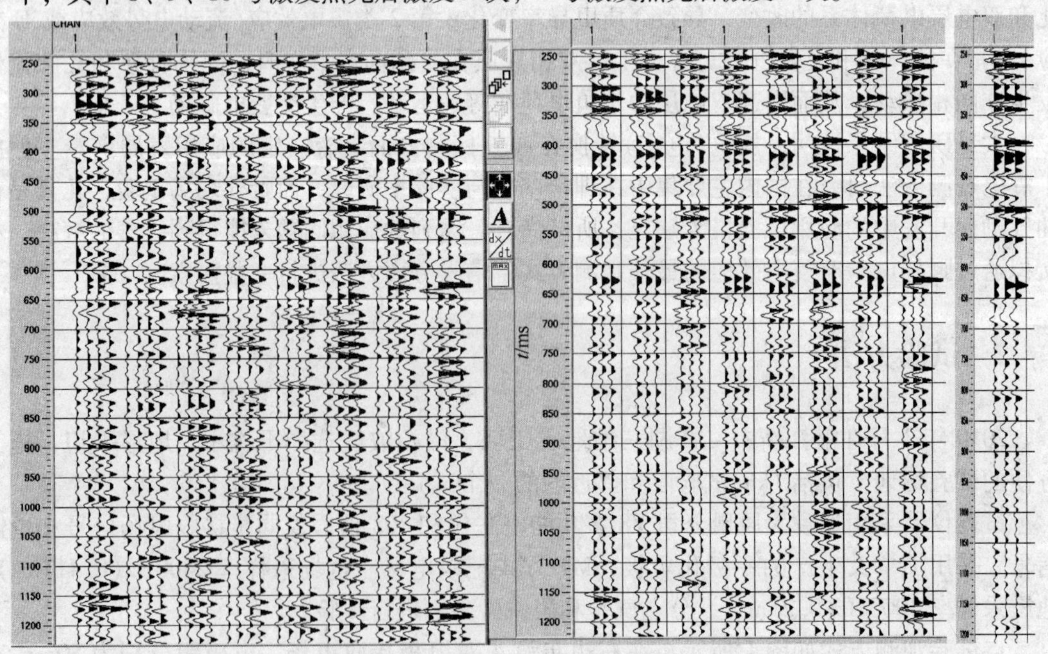

图 3　点试验 8 炮原始记录及处理结果

左：原始 8 炮炮集(滤波：6 - 8 - 100 - 120Hz)　中：每炮对称相减　右：对称相减再 8 炮垂直叠加

3 资料处理与分析

理论研究和实测资料都表明，在关于激发点对称的两个偶极所观测的电场信号包含有震电信号和背景干扰电场信号，他们的震电信号具有大小相等而极性相反的特征，背景干扰电场具有幅值相近而极性相同的特征，通过求取关于激发点对称的两个偶极的差可以得到更高的信噪比。这种方法称为激发点中心对称相减法，它有利于于消除区域噪声和增强信号。

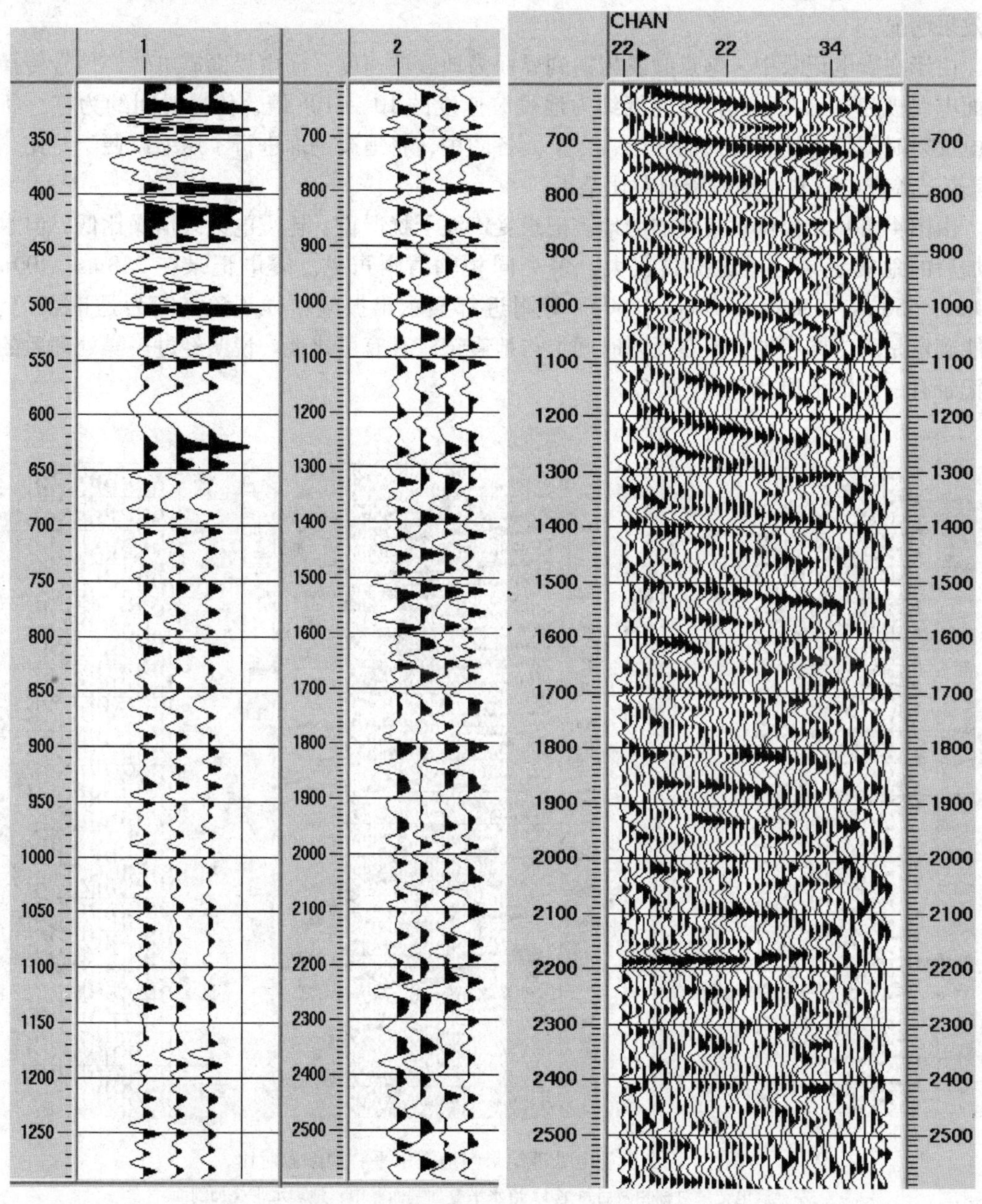

图 4 点试验震电资料与地震资料对比

左：震电 8 炮对称相减再叠加　中：地震 8 炮垂直叠加的结果　右：地震水平叠加剖面

同一激发点先后多次激发时，所观测到的震电转换信号反映的总是对应了地下反射层，无论哪次激发它都是具有相同的反射时间，而每次激发的背景干扰电场（包括大地电场）却是随机变化的，因此，提供同一激发点先后多次激发所得电场记录的垂直叠加，有利于压制随机的背景干扰电场。

图3点试验8炮原始记录及处理结果。经过激发点中心对称相减，大地电场及背景电场干扰得到一些压制，再对8炮垂直叠加，随机噪声得到了进一步压制。另外试验对比发现，由于参考站记录的背景电场与测点相似性差，用参考站法去噪不如采用激发点中心对称相减法效果明显。

由于在震电记录中，炮点激发传播到界面为地震波速度，而由界面震电转换信号传播到地面电偶极为电磁波，其传播速度约为地震波速度的 $10^3 \sim 10^6$ 倍，传播时间约为零，所以震电反射时间仅为地震反射的一半，在下面各图中，将地震剖面进行了压缩以便于对比。图4是点试验震电资料与地震资料对比结果。

由图4可见，仅作垂直叠加的地震记录受声波干扰严重，比震电记录信噪比低，但水平叠加后的地震记录信噪比提高很大，多个同相轴清晰可见。震电记录在330ms、400ms、500ms、550ms、630ms、750ms、800ms等附近都显示出振幅增强现象，因为是单点记录，不能确定是否为同相轴，但在反射时间上与地震记录具有可比性。说明经过去噪处理后的震电记录有一定的地质意义。

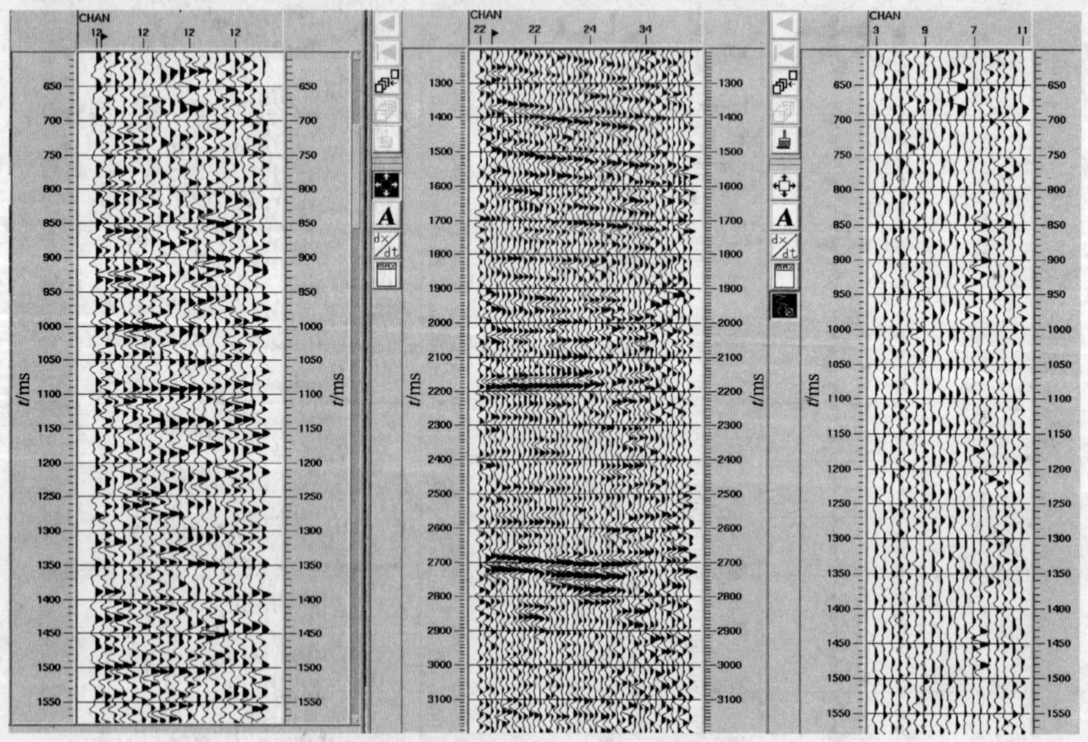

图5　段试验震电处理结果与地震水平叠加剖面对比

左：震电记录对称相减后每炮12道水平叠加剖面　中：地震水平叠加剖面

右：震电记录对称相减之后提取每炮近道形成的剖面

图5是段试验震电处理结果与地震水平叠加剖面对比。震电记录对称相减之后提取每炮近道形成的剖面，由于只显示了单道记录，信噪比较低，无明显同相轴。而震电记录对称相减后每炮12道水平叠加剖面却显示了较好的同相轴，与地震水平叠加剖面对比，具有较好的可比性。

4 结论与认识

(1)V8电法仪与地震仪同步记录，为地震、震电同步观测记录地震效应的最佳观测方式。一次放炮，可以同时得到地震、震电两种资料，为油气探测提供额外的信息；

(2)采用激发点中心对称相减和垂直叠加技术，能够在一定程度上压制背景电场干扰，突出震电信号；

(3)开发和研究类似于地震的多次覆盖技术，进一步提供震电信噪比是下一步研究的重点方向。

参 考 文 献

1 戴世坤. 双相介质中震电效应和震电波场传播理论. 2000年中国博士后学术论文集，2001

2 陈本池，牟永光，狄帮让，魏建新. 井中震电勘探模型实验研究. 地球物理学进展，2002

3 刘洪. 震电效应研究在资源勘探中的应用前景. 地球物理学进展，2002

4 陈本池. 震电效应在油气勘探开发中的应用，物探与化探，2007

5 苏魏，刘财，陈晨. 震电效应理论及其研究进展. 地球物理学进展，2006

6 石昆法. 震电效应原理和初步实验结果. 地球物理学报，2001

7 严洪瑞，刘洪等. 震电勘探方法在大庆油田的实验研究. 地球物理学报，1999

8 Butler K E, Russel R D. Measurement of the seismoelectric response from a shallow boundary [J]. Geophysics, 1996

碳酸盐岩溶洞发育区高精度地震勘探效果

胡中平[1,2]　李宗杰[3]　赵　群[1]

（1. 中国石化石油勘探开发研究院南京石油物探研究所；
2. 中国石化石油勘探开发研究院西部分院；3. 中国石化西北分公司）

摘要： 本文重点研究了碳酸盐岩岩溶储层的地震波场特征。首先从靶区的地震地质条件出发，分析了前期地震采集所存在的问题，即采集面元大、信噪比低、地震资料品质不高。针对溶洞引起的绕射地震波运动学和动力学特征，分析了不同面元大小、不同接收点距溶洞绕射地震波场成像差异。提出了小道距、宽方位观测是研究溶洞储层的有效采集方法，叠前成像是研究溶洞储层的必要处理手段。

关键词： 碳酸盐岩　溶洞　三维高精度地震　宽方位　小点距　叠前成像

1　引言

新疆塔河油田为奥陶系海相碳酸盐岩孔、缝、洞型油气藏，勘探开发面临储层非均质性强、绕射和散射地震波场发育、地震波场十分复杂等储多难题。油田地表为大片沙漠所覆盖，在进行地震勘探时，不仅面临激发、接收条件差，巨厚砂层对地震波高频吸收等问题，同时砂层底部与下伏地层高波阻抗界面对下伏地层的屏蔽作用也使得反映深部信息的地震数据能量弱、分辨率和信噪比低，难以深入开展对储层的研究。

近几年国内外各大油田、大油公司在老油气田区挖潜和提高现有油气田的采收率上，纷纷通过高精度三维地震勘探提升资料品质，以达到降低成本、提高钻井成功率，实现油田增产的目的。中国石油集团公司轮南油田采集了高精度三维资料，处理后与该区常规三维地震剖面相比，无论是纵、横向分辨率还是信噪比都有明显提高。轮南油田与塔河油田同位于阿克库勒凸起，埋深与塔河油田相当，深浅层地震地质条件相似，于是中石化西北分公司前期在塔河油田艾协克、桑塔木等地先后针对三叠系目的层开展过二维高分辨率地震勘探试验工作。从试验效果看，原始资料反射波频带宽度明显拓宽，频宽呆达 5 ~ 75Hz，处理后三叠系目的层段频带范围达 10 ~ 90Hz，有效波主频可达 60Hz 以上。也就是说新采集的地震资料无论是分辨率还是有效波主频都有显著的提高。由此可见，高精度地震技术的应用在油气勘探中起着越来越重要的作用。

中文依据高精度地震资料，结合塔河油田溶洞发育实例，深入研究溶洞发育区的地震波场特征，不仅有利于深入探索塔河油田的勘探方法和储层特性，对类似靶区如塔中等地区的勘探开发也有重要的借鉴价值。

2 靶区地质条件

经过多年的勘探开发和研究发现，新疆塔河油田奥陶系海相碳酸盐岩储层具有以下特点。

(1)储层埋藏较深(一般在5300m以下)，属陆棚混积相、开阔台地—台缘相。岩心分析揭示基岩孔隙度小(0.04%～1.0%)，渗透率低(1mD)，奥陶系储集体发育及分布特征与阿克库多期次的构造应力变形特征及多期次的岩溶发育特征密切相关。

(2)储集空间以溶洞和裂缝为主，溶洞的规模一般都不大，多数直径为10～30m，其延伸方向复杂且极不规则；裂缝与微裂缝的发育及展布受构造与应力控制，经岩溶作用叠加改造后形成缝洞网络系统。

(3)储层类型复杂多样，有裂缝型、裂缝—孔洞型、裂缝—溶洞型、基质孔隙型和生物礁滩型等。

(4)储层纵横向非均质性强，不仅表现为孔、洞、缝等储集空间的种类、发育规模及其相互组合和空间分布的差异较大，而且经过长期的叠加改造，形成了不同程度不同规模的垮塌和充填。

(5)储层纵向上受控于不同时期潜山风化淋滤岩溶带、渗流岩溶带和潜流岩溶带的共同作用，横向上受控于古岩溶高地、古岩溶科坡、不同走向断裂交会的共同影响及垮塌和充填的现次改造。由于储层埋藏较深且纵横向变化大，目前采集的地震反射信号，尤其是碳酸盐岩风化壳内幕反射信号较弱且连续性差，外加大范围高差近100～200m古残丘及垮塌的剧烈起伏影响，难以进行准确的解释及油气评价。

迄今，国内外勘探界对海相碳酸盐岩地区地球物理波场特征已有比较深入的认识，对于复杂碳酸盐岩地区的油气勘探也积累了许多成功的经验。因此在开展海相碳酸岩高精度勘探过程中，人们十分关注采集方式对复杂地质体识别的影响以及不同复杂地质体的地震波场特征。本文重点针对岩溶，从正演出发分析不同面元、不同大小溶洞地质体的地震波场响应，在此基础上进一步探讨针对溶洞地质体的观测方式及处理手段。

图1为塔河油田溶洞在地震剖面上的特征响应。面对这样的地震资料特征，我们思考的重点是如何进一步了解这种响应特征与岩溶大小、几何形态及岩溶储集体的关系，以及高精度地震采集和处理对复杂地质体成像的影响。

3 前期采集问题分析

塔河油田艾协克、桑塔木三维地震于1995年施工，采用OFS－V型数字地震仪。受当时仪器、设备及技术条件的限制，这些三维勘探在观测系统设计、激发参数、接收条件上都存在一些问题，尤以观测系统设计问题最为严重。

塔河地区东部三叠系目的层埋深一般大于4600m，构造幅度在5～25m，闭合面积在0.5～16.5km^2。但是在前期艾协克、桑塔木、桑东等区开展三维地震施工时，观测系统参数一般采用低覆盖次数(20～30次)、大面元(25m×50m～25mm×75mm)、窄方位角(横纵比为0.17)、短排列(最大炮检距小于目的层深度值4600m)。显然这种观测系统设计不能满足高分频率、高信噪比的要求，不利于发现并落实低幅度构造和非构造圈闭，尤其不利于用叠前地震资料进行缝洞及流体的预测，如 AVO、AVA 等。也就是说，早期采集的地震资料的面元及观测方位角不能满足精细刻画奥陶系内幕缝洞储集体的半定量一定量预测的需求，影响了储集体的分析预测精度。

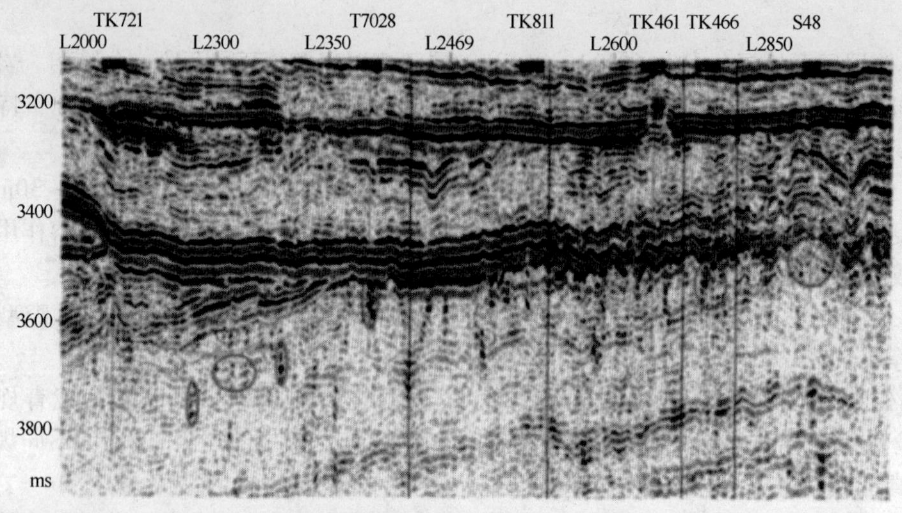

图 1　塔河油田溶洞在地震剖面上的响应

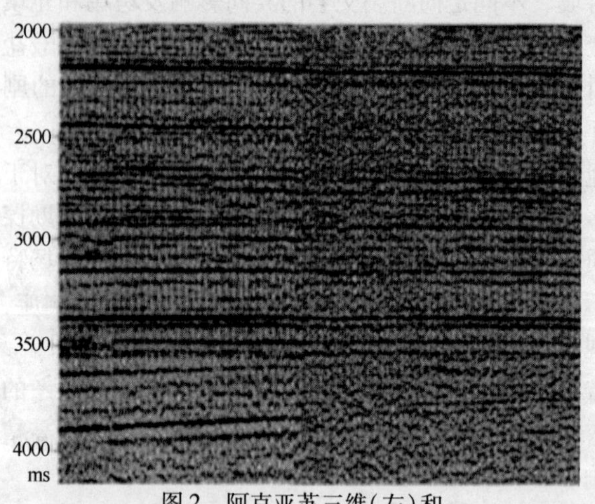

图 2　阿克亚苏三维(左)和塔河南三维(右)交点处资料对比

图 2 为阿克亚苏三维(图左，新采集)和塔河南三维(图右，原采集)交点处地震剖面对比，这两种观测系统的差异主要表现在叠加次数和面元方位角的分布上。阿克亚苏三维观测系统的叠加次数为 48 次，排列片的横纵比为 0.58；塔河南三维观测系统的叠加次数为 24 次，排列片的横纵比为 0.25。从剖面图对比中可以明显地看出两种观测系统在最终成像质量上的差异。图左侧的信噪比或分辨率均比图右侧有很大提高，也就是说新采集的地震资料为解释人员提供了更加丰富的地质信息。

4　溶洞正演波场分析及成像方式探讨

对缝洞规模和发育程度的预测是塔河油田储层预测的关键。由于孔洞的大小已远超出地震波能够分辨的极限范围，所以必需更多地依靠地震属性的提取进行识别。为了更好地了解溶洞地震波场响应及影响因素，我们利用物理模型重点研究不同大小溶洞体的地震波场响应，以及不同面元、不同方位对溶洞体观测的影响。塔河油田的模型设计为：一系列直径分别为 50m，40m，30m，25m，20m，15m，10m 的孔洞位于地下 5300m 深处，孔洞充填物速度为2500m/s，围岩速度为4500m/s，我们分别以10m，20m，30m，40m，50m的道距进行二维观测。图3为不同尺度，不同观测面元原始道集记录，图4是对图3资料的叠前时间偏移结果。由原始记录和成像结果可以得出如下结论：

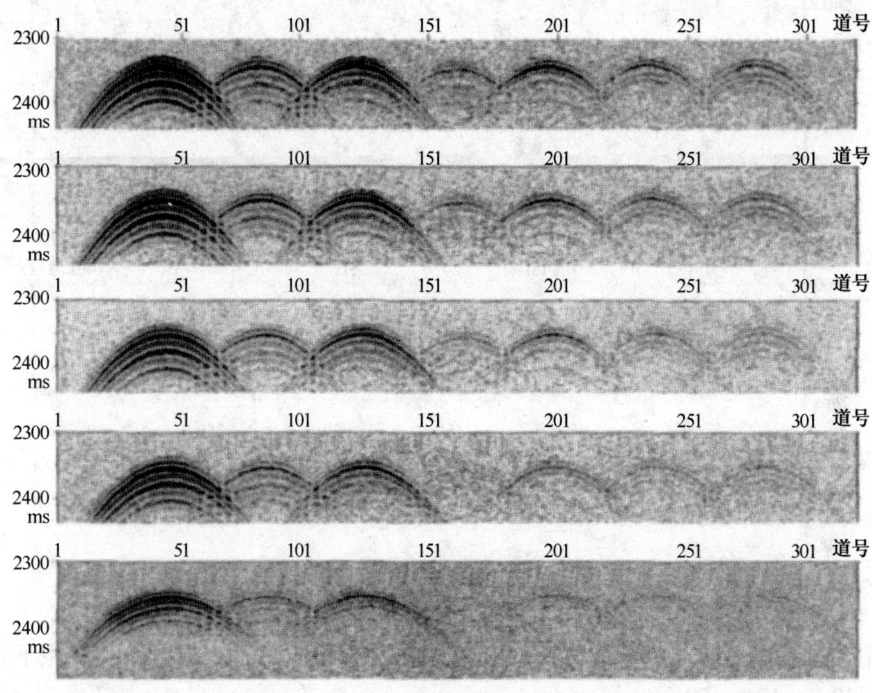

图3 不同尺度、不同观测面元原始道集记录

由左往右孔洞大小为：50m，30m，40m，10m，25m，15m，20m；由上往下道距分别为10m，20m，30m，40m，50m

(1)随着道距增大，孔洞的绕射能量逐渐减弱；

(2)在道距不变的情况下，孔洞规模越小，绕射能量越小；

(3)即使在道距远远大于孔洞规模的情况下，依然可以接收到孔洞的绕射。

图5为CDP距等于10m时不同大小溶洞校正后能量对比，图6是溶洞为25m时不同CDP距校正后能量关系。结果表明，能量和溶洞大小成正比，和道间距成反比。通过正演分析，我们发现通过地震技术可以检测溶洞。而要检测较小的溶洞则需要开展高精度地震勘探，尤其需要加密空间采样。在正演波场分析的基础上，我们就可以为野外高精度地震采信提供实验数据。在获得高精度野外地震数据的基础上，有必要进一步讨论针对岩溶地震波场的关键处理技术。由图3的岩溶正演波场分析可知，岩溶会引起绕射地震波场。绕射和反射地震波场除运动学特征有明显差异外，动力学特征也有明显差异。运动学特征差异主要表现为两者地震波场轨迹的曲率半径不同，动力学特征主要表现为绕射地震波能量强，但随炮检距增加能量衰减很快。因此，对于体积较小的溶洞，要想获得足够的绕射地震波信息，需加密采样点。对于绕射波而言，如果采用共中心点叠加方法，会使绕射波能量发散，难以精确刻画溶洞地质体，而叠前成像技术使溶洞体绕射波获得较好的归位，有利于精细刻画溶洞地质体。图7为实际地震资料叠前时间偏移(左)和叠加剖面(右)溶洞成像比较，由图可见，叠前时间偏移可以更清楚地获得溶洞地质体所引起的串珠状反射。

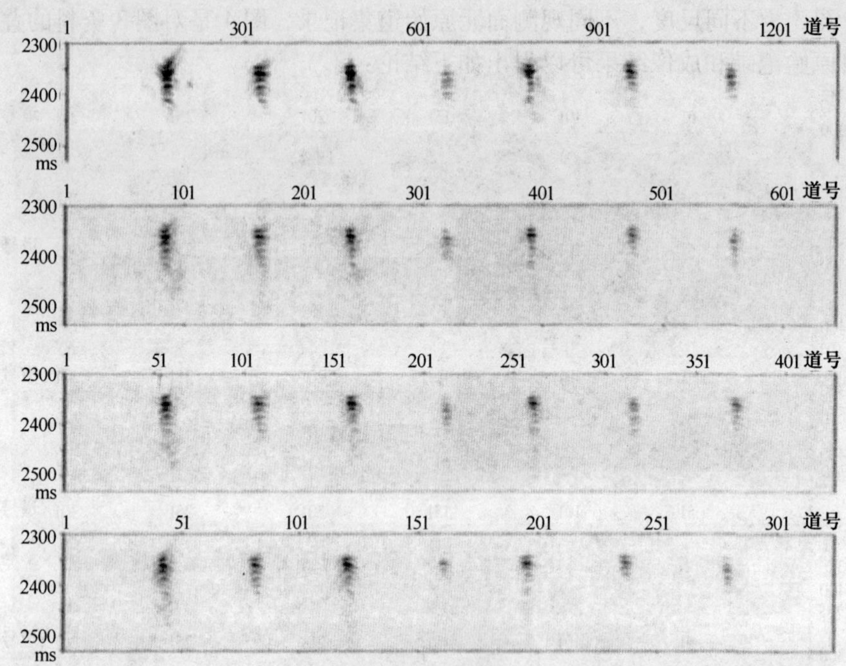

图4　不同尺度，不同观测面元成像结果

由左往右孔洞大小为：50m，30m，40m，10m，25m，15cm，20m；由上往下道距分别为：20m，30m，40m，50m

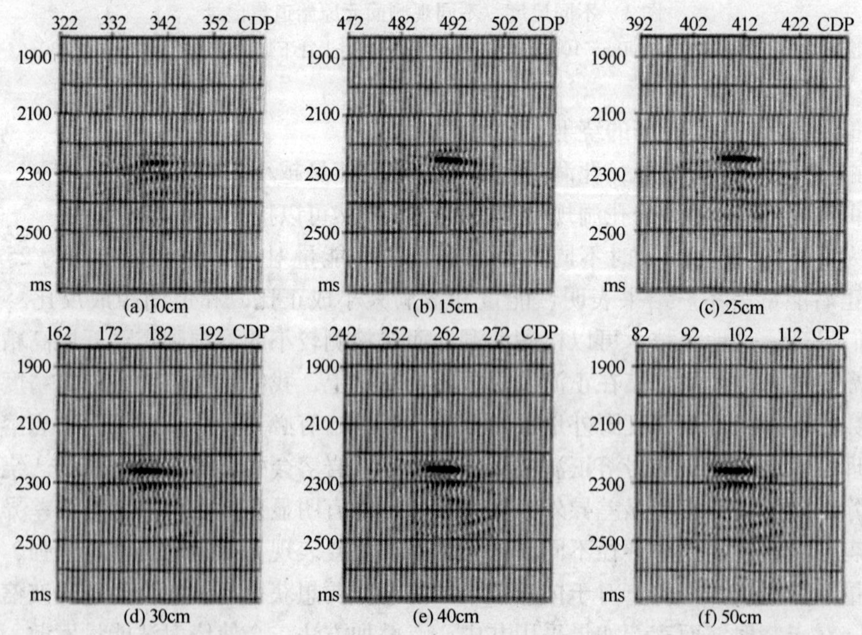

图5　CDP距等于10m时不同大小溶洞校正后能量对比

5 结束语

在溶洞发育区提高地震资料精度十分必要。在努力提高地震资料品质的基础上，要重点研究面元大小和溶洞绕射波能量之间的关系，不同尺度以及不同充填物溶洞绕射波能量的差异，分析溶洞所引起的多次绕射波特征。由于绕射波能量衰减较快，因此，采用小道距、宽方位可以更精确地研究溶洞地质体。

南京石油物探研究所常鉴、张明、王汝真、佘德平、李佩参与了该项目研究工作；南京物探研究所管路平常务副所长、中石化西北局研究院韩革华副院长和何有良先生对研究工作给予了指导和帮助，谨此致谢！

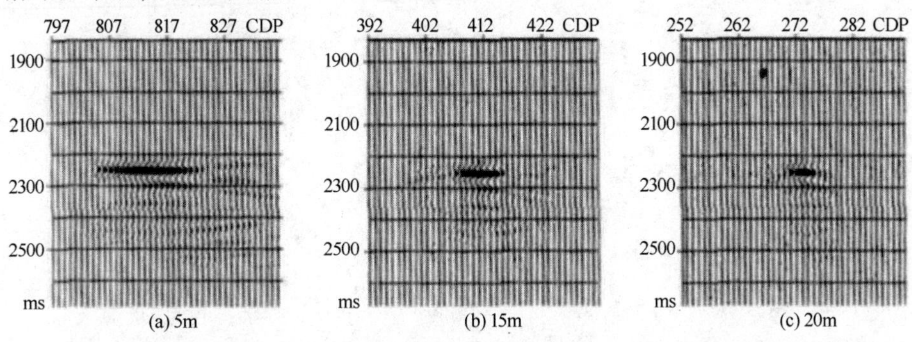

图6　溶洞为25m时不同CDP距校正后能量关系

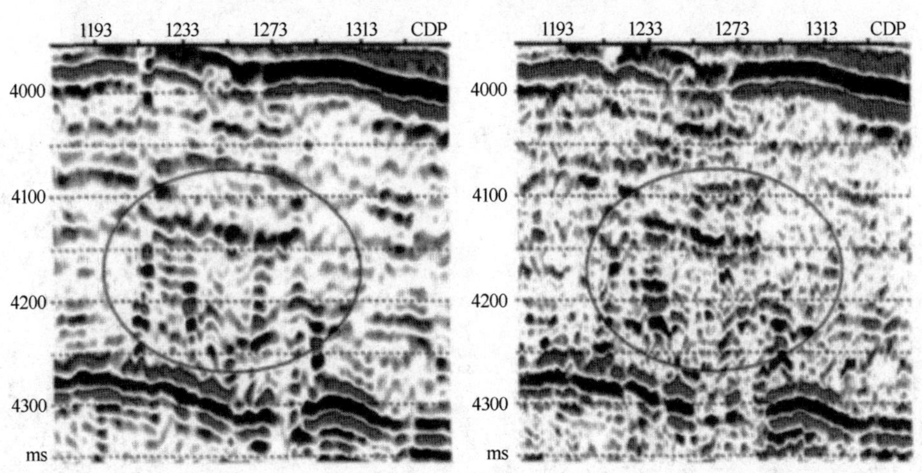

图7　实际地震资料叠前时间偏移(左)和叠加剖面(右)溶洞成像比较

参　考　文　献

1　陈广坡，潘建国，管文胜．碳酸盐岩岩溶型储层的地球物理响应特征分析．天然气勘探与开发，2005，28(3)：43~46

2　李剑峤，赵群，郝守玲，李智宏．塔河油田碳酸盐岩储层缝洞系统的物理模拟研究．石油物探，2004，44(5)：248~432

3　王士敏等．塔河油田碳酸盐岩储层预测技术．石油物探，2004，44(2)：153~185

4　蒋进勇．塔河油田碳酸盐岩储层孔隙度模型的改进．石油物探，2004，44(6)
5　Say ers C M，Ebrom D A. Seismic traveltime analysis for azimuthally anisotropic media：Theory and exper ment，*Geophysics*，1997，62(5)：1570 ~ 1582
6　胡中平，孙建国．高精度地震勘探问题思考及对策分析．石油地球物理勘探，2002，37(5)：517 ~ 521
7　熊翥．我国物探技术的进步及展望．石油地球物理勘探，2003，38(4)：447 ~ 459；38(6)：701 ~ 706；2004，39(2)：237 ~ 243
8　吕公河等．基于采集目标的地震照明度的精确模拟．石油地球物理勘探，2006，41(3)：258 ~ 261
9　胡中平．地震“串珠状”特征形成机理及识别方法．中国西部油气地质，2006，2(4)：423 ~ 426

南方复杂山地三维地震勘探实践与效果分析

敬朋贵[1,2]　殷厚成[3]　陈祖庆[2]

（1. 成都理工大学能源学院，四川成都610059；
2. 中国石化勘探南方分公司，四川成都610041；
3. 中国石化石油物探技术研究院，江苏南京210014）

摘要：南方海相碳酸盐岩油气勘探历史较长，以前虽有所发现，但规模有限。近几年来，随着三维地震勘探技术的发展及其在南方复杂山地的大规模实施，中国石油化工股份有限公司相继在川东北地区海相油气勘探领域取得了巨大发现。勘探实践表明，三维地震勘探技术大幅度改善了该地区的地震资料品质，为解决复杂地质问题奠定了良好的资料基础，从而提高了碳酸盐岩储层预测和描述的精度，大大加快了油气勘探节奏。从普光大型气田的探明到元坝大型礁滩体的发现，充分表明三维地震勘探技术在南方复杂海相油气勘探中发挥了不可替代的作用。

关键词：海相　碳酸盐岩储层　三维地震

南方海相碳酸盐岩油气勘探历经几十年，以前在该领域实施了大量二维地震勘探，取得了一些成果，特别是在四川盆地三叠系海相地层、石炭系、寒武系发现了一些气田，但这些气田的总体规模十分有限。而且基于二维地震资料进行生物礁预测十分困难，精度和准确性不高，对储层发育特征和油气成藏规律认识不清。中国石油化工股份有限公司为了在该领域取得重大突破，集中资金，持续组织攻关，通过引进新技术、新方法，大胆实施复杂山地三维地震勘探。短短的10年间，在川东北地区实施山地三维地震勘探满覆盖面积达到几千平方千米，不仅发现了迄今为止国内储量最大、埋藏最深、丰度最高的普光气田，还发现了分布面积更大、埋藏更深的元坝大型礁滩复合体，实钻结果证实该礁滩复合体具有良好的成藏条件，潜在储量巨大。

1　问题与难点

川东北大部分地区地震资料信噪比较高，早期的二维地震资料可以用来确定构造格局，但难以进行储层预测。多年的勘探开发实践表明，对于复杂的海相碳酸盐岩储层，仅仅依靠构造部署井位风险很大。实际上在川东北地区许多构造高部位都实施过钻探，但没有大规模的油气显示。原因是二维地震勘探难以很好地预测碳酸盐岩地层有利储层发育区。

南方复杂山地地表起伏剧烈，山高、沟深、坡陡，表层地质条件复杂多变。砂泥岩区地表岩性变化频繁，低降速带厚度和速度变化大，山顶、山坡风化程度严重，地震波能量衰减快，激发和接收条件多变；碳酸盐岩出露区多为喀斯特地貌，岩石直接出露地表，风化层极薄，表层速度很高，速度结构模型十分复杂，激发条件差，地震资料的信噪比很低，地下多为逆掩推覆构造，断裂发育，勘探目的层埋藏深。南江、黑池梁等地区过去都被视为地震勘探的“禁区”，对其进行大规模地震勘探的难度大，施工异常困难，质量控制尤其重要。

礁滩储层预测没有成熟的经验可以借鉴，如何突破已有的认识，建立新的模式，预测有利储层分布区，准确预测礁、滩发育部位是面临的主要技术难题。

2 主要技术与方法

2.1 三维地震资料采集技术

在南方复杂山地三维地震资料采集中存在的主要问题有：①剧烈起伏的地形、复杂多变的表层地震地质条件以及广泛发育的地下高陡构造，导致传统的野外地震数据观测方式不再适用；②近地表物性横向变化剧烈、非均质性强，造成散射干扰严重，激发和接收条件与介质的匹配和耦合情况差异巨大，导致某些区域地震数据信噪比过低；③近地表条件的复杂性导致地表结构和速度分布求取不准确，动、静校正的速度模型以及偏移速度分析结果误差较大，影响了地震数据处理效果和解释的正确性；④碳酸盐岩介质的非均质性强，地震波在其中传播时受到严重干扰而产生畸变，对储层中的反射波传播规律尤其是动力学特征认识不清，影响了反映储层反射特征的地震参数的正确提取，制约了储层预测的精度。针对以上问题，我们综合地面地质调查、微测井、钻井取心等资料建立了精细的近地表模型。

2.1.1 复杂山地三维观测系统设计技术

复杂山地三维观测系统设计主要包括以下几个方面：

（1）基于地质目标体的基本观测系统设计论证。重点分析前期地震资料和地质任务要求，从理论上对观测系统进行参数论证，主要依据的是前期勘探成果、地质模型、地质和地理信息图。根据地质任务以及主要目的层的地球物理参数、地震地质条件和采集技术要求，建立地震地质模型，重点采用基于波动方程理论的照明度和照明率分析设计技术，对面元大小、覆盖次数、最大炮检距、道距等参数进行论证，对覆盖次数、炮检距和方位角分布的均匀性进行理论分析，确保建立科学、合理的观测系统。同时结合南方山地实际地表条件，在保证采集的可实现性和时效性的原则下，在满足叠前时间偏移、叠前深度偏移、AVO 分析、礁滩相及裂缝储层预测等需求的基础上，优选面元尺寸、叠加次数和方位角。我们在达县—宣汉地区、通南巴构造带、元坝地区及鄂西渝东地区实施的三维观测系统的面元尺寸均为 25m×25m，覆盖次数为60～72 次，远高于早期二维地震资料的覆盖次数。2008 年在南江区块和 2009 年在川东南涪陵区块兴隆场的三维地震勘探中提高了空间采样率，面元尺寸由 25m×25m 变为 20m×20m；针对镇巴攻关项目设计了覆盖次数为 120 次、炮线距和检波线距均为 200m 的属性更均匀的观测系统。

（2）基于高精度卫星照片的设计技术。收集和购买探区高精度卫星照片，在室内进行整体施工设计，对大型障碍区提前进行变观设计，确保观测结果符合技术设计及地质任务要求。

（3）基于高精度测量定位的分束（区）设计。受山地地形条件限制，在许多地方人力无法到达理论设计的点位，经过放样后必然存在与理论样点的偏差，有时偏差很大，因此需要再次对实际放样后的观测系统进行合理性分析与论证，如果不符合基本观测属性要求，则需要在某些地方重新放样，重新放样的方式有加密、变观、以炮补道、以道补炮。

2.1.2 两步法近地表调查技术

为了较好落实三维探区近地表结构，同时不影响施工进程，在正式钻井之前，首先需要采用大网格对工区进行近地表低、降速带调查，网格密度一般为炮线距的4倍(通常为3km×3km～4km×4km)，主要目的是确定激发井深度，以确保设计的激发井深度大于低、降速带的厚度。在正式生产之前，将调查的网格密度加密1倍，完成全区近地表结构调查。调查结果可以为静校正提供初始模型，对层析成像静校正有较好的约束作用。

2.1.3 基于近地表模型的井深设计

在碳酸盐岩出露区，采用微测井和高密度电法资料，根据电阻率与波速的正相关关系(高速度模型对应高电阻率，低速度模型对应低电阻率)，对高密度电法反演剖面进行标定。浅表层电性结构分层与低、降速带分层基本吻合，且反映了近地表物性特征。建立的近地表物性模型与钻录井解释成果吻合较好，查明了近地表溶洞与含水裂隙的分布情况，为激发点位优化与井深设计提供了依据。在通南巴三维地震资料采集中，基于径向基函数的曲面插值方法，建立了不规则分布的三维多层结构模型(图1)。钻井检验的模型误差一般不大于4m，产生的静校正量误差小于5ms。

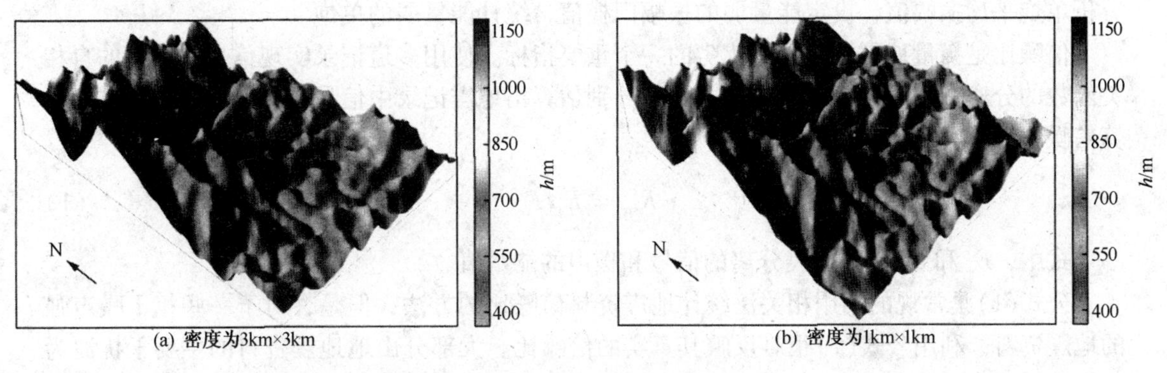

图1 不同密度微测井低、降速带厚度模型

2.1.4 基于饱和激发理论的最佳激发因素选择技术

对激发能量的选择一直存在争论，争论的核心在于是优先考虑保护高频信息，还是在保证足够的能量和信噪比的前提下提高地震资料的频率。根据我们在川东北实施的二维和三维地震勘探项目的实际情况以及三维地震勘探在设计时采用的长排列长度，针对海相目的层埋藏深的具体地质特点，基于岩石力学、岩石物理学和爆破理论，通过对炸药激发子波的动力学特征、岩石弹性参数和爆炸药量关系的研究，将野外试验与室内物性参数分析相结合，最终采用了基于饱和激发原理的最佳地震激发因素。

基于饱和激发理论与岩石弹性参数，在复杂山地实施的三维地震采集中实现了提高信噪比与分辨率的有机结合。

2.2 地震资料采集质量定量分析与评价技术

在三维地震勘探实践中，勘探南方分公司为了加强对野外地震资料采集质量的监控，将地震资料处理前移至现场，应用室内地震资料处理技术对现场采集资料的质量进行全面监控，形成了一套实用、快速、直观的野外地震资料质量定量分析与评价技术。通过该手段实现了对地震资料由点到线到面再到空间的质量监控，使地震资料质量监控实现了由定性到定量、由人为主观评定到计算机标准化评定的转变。

2.2.1　野外基础资料质量检查方法

利用线性动校正或拟合初至法检查SPS文件的桩号、高程、几何属性关系是否正确、完整；通过显示高程和井深的属性来检查高程、井深、野外测量数据是否存在异常；绘制炮点、检波点位置分布图和覆盖次数图，检查最大、最小炮检距分布是否符合设计要求。发现问题及时反馈给施工单位、监督及甲方管理人员，随时落实、更正、补测，直至满足要求。

2.2.2　地震资料质量控制方法

能量、频率和信噪比是反映地震资料质量的关键因素，不正常道和背景噪声的存在直接影响地震资料的质量。我们通过对原始单炮记录的平均振幅统计、主频分析、信噪比估算、不正常道统计、噪声背景平均振幅统计等手段对地震资料的质量进行全方位检查。

野外采集单炮的能量强弱受激发井深，低、降速带厚度，炸药是否爆炸充分等诸多因素影响。确保野外采集单炮的能量适当以及做好能量分析工作是保证地震资料品质的一个重要方面。能量分析的内容有：①对典型的地震记录和能量直方图进行显示和分析；②对每束线进行单炮平均振幅分析，将分析结果以平面属性图的方式显示，及时发现可能存在的问题，分析单炮平均振幅值，设定能量弱的振幅门槛值，统计能量弱的单炮。

信噪比是衡量地震资料质量优劣的一个重要指标。使用多道记录实现信号和噪声的自相关函数的分离，利用分离后的自相关函数分别估算出地震记录中信号和噪声的能量，进而计算信噪比(R_{sn})，其计算公式为

$$R_{sn} = E_s/E_n \tag{1}$$

式中，E_s 和 E_n 分别代表分离的信号和噪声的能量值。

公式(1)是常规的利用相关法统计地震资料信噪比的方法，但是，对于一些相干噪声强的地震资料，利用公式(1)很难反映其真实的信噪比。大部分山地地震资料的主要干扰波为线性相干噪声，而对野外采集的原始资料信噪比估算的主要目的是判断采集记录中主要反射时段信号的强弱程度。计算每个地震记录的信噪比，形成直观的单炮信噪比平面属性图，了解信噪比在不同位置的分布情况；噪声背景的强弱直接影响地震资料的品质，单炮记录初至之前的能量值与初至后有效波能量值的比值可以反映噪声背景的变化，在初至前与初至后设计时窗进行能量提取，将这些分析结果进行属性显示，可以直观反映地震资料信噪比的变化。具体算法为

$$A_1 = S/N_1 \tag{2}$$

$$A_2 = S/N_2 \tag{3}$$

$$A_3 = S/N_3 \tag{4}$$

式中，A_1，A_2和A_3分别为主要反射时段、主要反射时段以下和背景干扰的能量比值；S为信号能量；N_1，N_2和N_3分别为低频、低频噪声和初至前的能量值。

频率分析的目的是了解地震记录的频率变化规律。野外采集单炮记录的频率与地震勘探的分辨率紧密相关，为了保证地震勘探的分辨率，要求野外采集资料的频率不能太低，频带不能太窄。通过对典型单炮记录进行滤波扫描，对不同目的层进行频谱分析，检查原始单炮

记录的频率成分是否缺失，检查频带宽度是否达到要求。为检查每束线频率的空间分布是否合理以及是否存在突变，选择目的层作为分析时窗范围，逐炮计算单炮主频，将分析结果进行属性显示，找出地震资料频率变化的区域和规律。

分频扫描能够及时发现地震资料中存在的脉冲干扰。由于野外存在“天电”和设备感应等现象，正常显示激发记录很难直接发现脉冲干扰，需要进行高频扫描。为此，我们要求各施工单位每10炮进行一次高频端扫描，确保资料不受脉冲干扰。

2.3 礁滩储层预测技术

2.3.1 礁滩储层模型的正演技术

根据礁、滩、斜坡、陆棚等不同沉积相带的地质特征，结合实钻和测井资料所揭示的探区内相关储集体的岩石速度和密度等参数，建立了精细的地质模型，通过射线追踪、波动方程模拟等技术手段对模型进行正演分析，可以帮助我们认识礁滩地质体的地震异常响应特征。

2.3.2 礁滩储层地震模式识别

基于高信噪比三维地震资料，结合模型正演得到的地震响应特征，依据实际地震资料的反射波特征（振幅、频率、相位特征），我们建立了各类礁、滩（如普光和毛坝的台缘礁滩复合体，元坝缓坡礁、滩，礁后浅滩，礁间滩，台内滩等）的地震识别模式（图2和图3）。

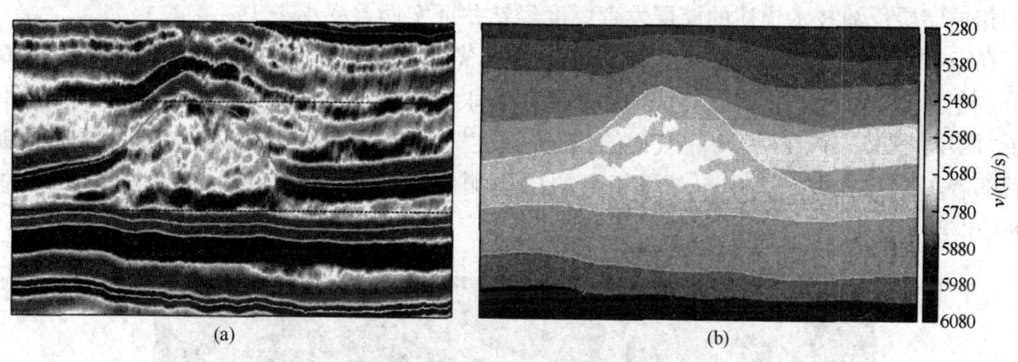

图2 生物礁地震识别模式(a)与地质模型(b)

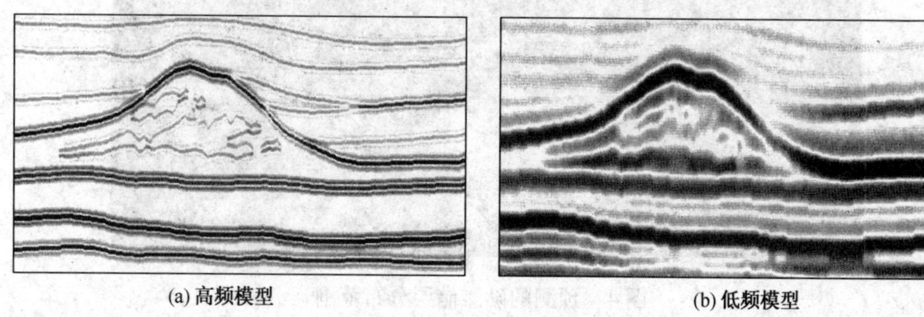

图3 正演模型

2.3.3 沉积相研究技术

采用地震解释层位拉平技术开展高精度古地貌研究，分析关键沉积时期的古地貌展布特征，指导沉积相和地震相的解释，减少地震识别模式中可能存在的陷阱。

2.3.4　相控测井约束地震反演技术

通过沉积相研究确定有利储层分布区域，精细的储层层位解释构建准确的地质框架模型，在测井资料的约束下开展高精度随机反演，精细刻画有利储层的分布范围，经过储层参数反演，定量预测孔隙度和有效厚度分布情况，确定优质储层发育区。

3　实例分析

3.1　南方山地三维地震勘探实施工作量

截止2008年底，勘探南方分公司按照中国石化整体勘探部署要求，在南方山地海相碳酸盐岩区域共实施三维地震勘探满覆盖面积超过5000km^2，分布于川东北达县、宣汉、元坝、通南巴和南江地区。

3.2　勘探效果分析

在多个探区实施三维地震勘探后，地震资料的品质普遍得到提高，储层预测效果较好，综合解决地质问题的能力得到提升，勘探成功率得到提高。

在达县—宣汉三维地震勘探成果资料基础上迅速建立了“普光型”、“毛坝型”生物礁及鲕滩储层地震识别模式，通过三维地震属性分析技术清晰地划分出有利礁滩储层沉积区域，利用相控储层反演技术描述的储层发育厚度经钻井证实误差率小于3%。

在三维地震勘探成果基础上，2006年底，普光气田仅依靠7口井就迅速探明了2510×10^{9}m^{3}储量，大大缩减了普光大型气田的探明时间。实现了“少打井、速探明”的目标，并创造了“两年发现，三年探明”1个气田的“普光速度”。截至2009年底，在实施三维地震勘探之后部署了多口探井，其中，对海相目的层预测成功的井占85.2%，获得工业产能的井占80.6%。

图4　预测的礁滩储层分布范围

在探明普光气田的同时，我们利用同样的勘探技术与手段，在元坝地区开展了油气勘探并迅速发现了元坝大型礁滩地质异常体分布区。以前通过二维地震资料论证确立的元坝1井，在钻遇目的层后，发现储层薄、物性较差。与此同时，完成施工的元坝一期三维地震勘探成果资料为我们揭示了礁滩体的准确位置和范围，为元坝1井实施侧钻提供了准确资料。依据新的三维地震资料进行元坝1井侧钻后获得高产工业气流，揭开了元坝地区大规模勘探的序幕。截至2008年，已在元坝地区实施了三轮三维地震勘探，利用三维地震勘探成果完成了对本区有利礁滩储层分布区域的预测和描述，明确了元坝地区7个大的礁滩储层勘探目标，预测有利储层分布面积几百平方千米(图4)，天然气资源规模可观。利用三维地震勘探成果对该区海相目的层进行预测，经钻井证实成功率达到100%，完成测试并获得工业产能的成功率为100%。

4 结束语

经过长期的努力，我们建立了一套行之有效的克服复杂地表地形条件的三维地震安全生产组织体系、野外采集质量分析及控制技术、不断完善的三维观测系统优化技术，提高了生产效率，有效保障了资料采集的质量。三维地震勘探已经被证实是海相油气勘探的有力手段，取得的成果资料必将在后续的勘探发现、增储上产中发挥不可替代的作用。

参 考 文 献

1 牟书令．中国海相油气勘探理论技术与实践[M]．北京：地质出版社，2009：386～389

2 赵殿栋．高精度地震勘探技术发展回顾与展望[J]．石油物探，2009，48(5)：425～435

3 杨贵祥，贺振华，朱铉．中国南方海相地层下组合地震采集方法研究[J]．石油物探，2006，45(2)：157～168

4 黄锐．川东北碳酸盐岩地区地震勘探技术难点与对策[J]．石油物探，2008，47(5)：476～482

5 马永生．中国海相油气勘探[M]．北京：地质出版社，2007：1～530

新场地区三维三分量地震勘探实践

于世焕[1]　赵殿栋[1]　李　钰[2]　赵文芳[3]　宋桂桥[1]

（1. 中国石化油田勘探开发事业部，北京 100728；
2. 大庆石油学院地球科学学院，黑龙江大庆 163318；
3. 同济大学海洋与地球科学学院，上海 200092）

摘要：新场地区须家河组气藏深层致密储层孔隙度和渗透率低，含气层与围岩之间的地震响应差异小，如何利用有效的地球物理信息进行储层含气性检测及流体判别是该区深层勘探的关键。进行了须家河组地层的转换波各向异性测试，结果表明该地层具有明显的各向异性特征，适宜进行三维三分量地震勘探。建立了多波微测井方法，制作了重锤横波震源，进行近地表探测试验，纵波和横波的近地表结构厚度不同，速度亦有明显差异。发展了多波地震资料处理的关键技术，确立了多波地震资料的处理流程。进行了储层识别和裂缝特征预测，建立了高渗区地震响应模式。分析纵波与横波单一属性参数及组合参数裂缝检测效果，形成了有效的综合含气检测指数，其高值区与多口高产井区吻合。

关键词：新场地区　三维三分量　多波静校正　各向异性测试　优质储层　综合含气指数

新场构造位于川西坳陷中段孝泉－新场－丰谷北东东向构造带西端，整体为一低缓背斜，背斜两翼不对称，南陡北缓，长轴的长度为 44km，短轴的长度为 9km，高点埋深为 4040～4400m，上三叠统发育多套烃源岩。须家河组发育三角洲平原－前缘沉积砂体，主要砂岩储层的发育层段为须家河组二段（须二段）和须家河组四段（须四段），裂缝发育，多为优质的裂缝－孔隙型、孔隙－裂缝型、孔隙型储层。

须家河组埋深普遍较大，经历的成岩演化过程极为复杂，储集空间良好但储层渗透能力较差，裂缝是控制气井高产的关键因素。储层在适当条件下会产生有效裂缝，改善储层的渗流性，释放储层中已经聚集的烃类，成为工业型甚至高产气藏。须二段和须四段的气藏特征主要表现为：构造整体含气、多期气藏叠置、局部富集高产气藏。运移通道是断裂和裂缝，早期砂岩孔隙在运移中发挥了重要作用，裂缝和优质储层的叠加形成高效储渗区，这是形成高产油气富集带的关键因素。

须家河组深层地质条件十分复杂，裂缝型储层非均质性极强，裂缝分布规律难以掌握。提高深层须家河组勘探开发成功率的关键主要有以下几方面。

提高相对优质储层的预测精度。须二段和须四段砂岩发育程度高，储层预测方法与中浅层侏罗系完全不同，即不应仅仅以砂岩为预测重点，而应以砂岩中的相对优质储层为预测重点。

提高裂缝预测精度。有效裂缝是致密砂岩储层获得工业产能的关键，与其它地区致密砂岩储层相比，该区上三叠统砂岩致密化程度更高。预测和识别储层中有效的裂缝发育带，是深层勘探取得突破的关键。

深层含气性检测及流体性质识别。须家河组油气藏具有超低孔隙度和渗透率、超高压、非均质性强的特点，油气产能与高渗透区带直接相关。深层致密储层孔隙度和渗透率低，含气层与围岩之间的地震响应差异小，一些在常规储层中有效的含气性预测方法在该区应用效果不明显，如何利用有效的地球物理信息进行储层含气性检测及流体判别是该区深层勘探的关键问题。

新场地区油气地震勘探始于20世纪70年代初，1971年采用模拟磁带仪采集了单线单次剖面，孝泉地区腹部有隆起显示；1977年针对须家河组目的层，采用模拟地震仪进行6次覆盖的普查，发现了孝泉构造即新场构造孝泉高点；1985年查明了孝泉地腹的构造形态、展布特征及区域构造配置关系，开展了以中浅层为勘探目的层的二维地震详查，测网密度达到1km×2km，覆盖次数为12~48次，落实了该区的构造形态，并进行了岩性解释，对油气地质条件和天然气成藏机制进行了有效的探索；1992年进行了二维地震详查，测网密度为0.8km×1.0km；2000年开展了孝泉地区中浅层三维地震勘探。

随着油气勘探程度的提高，勘探开发难度不断加大。常规的纵波地震勘探面临诸多挑战，如非构造隐蔽油气藏勘探、储层真假亮点判别、裂缝发育带预测、流体预测与油藏动态监测等。要解决这些复杂的勘探问题，仅仅依靠纵波三维地震勘探有明显的局限性和不确定性。为了更好地适应新场地区复杂油气藏勘探开发的要求，2005年在该区实施了三维三分量地震勘探，在非均质性极强的致密砂岩储层中寻找有效裂缝的高效渗透区。

1 野外地震采集技术

1.1 砾石区钻井工艺技术的改进

川西平原近地表广泛分布较厚的砾石、沙卵石及河滩大卵石，而黏土和泥岩较少（表1）。

表1 某井近地表结构

岩性	表土	砾石	黏土	卵石	黏土	卵石
深度/m	0~1	1~18	18~20	20~24	24~27	27~32

2000年以前，由于钻井工艺技术的限制，激发方式采用浅坑组合(1.5m×24井)，所获资料品质较差。2005年以来，钻井工艺技术有了长足进步，提高了激发效果，采用的方法有：①在粒径较小的沙卵石区，采用冲击钻，形成单深井，井深12m以上，或组合井(10m×2井、8m×3井、6m×4井)；在河滩大卵石区，采用大型挖掘机，形成组合井4m×4井(组合井深最浅不小于4m)，当进行有水激发时，与单深井激发效果相近；②黏土或泥岩的激发效果好于砂岩(图1)，所以尽量选择粘土或泥岩成分多的井段进行激发；③河岸无水激发比河滩有水激发效果差，根据变观的方法，将河滩两岸无水大卵石激发点移至河滩，进行含水卵石激发。

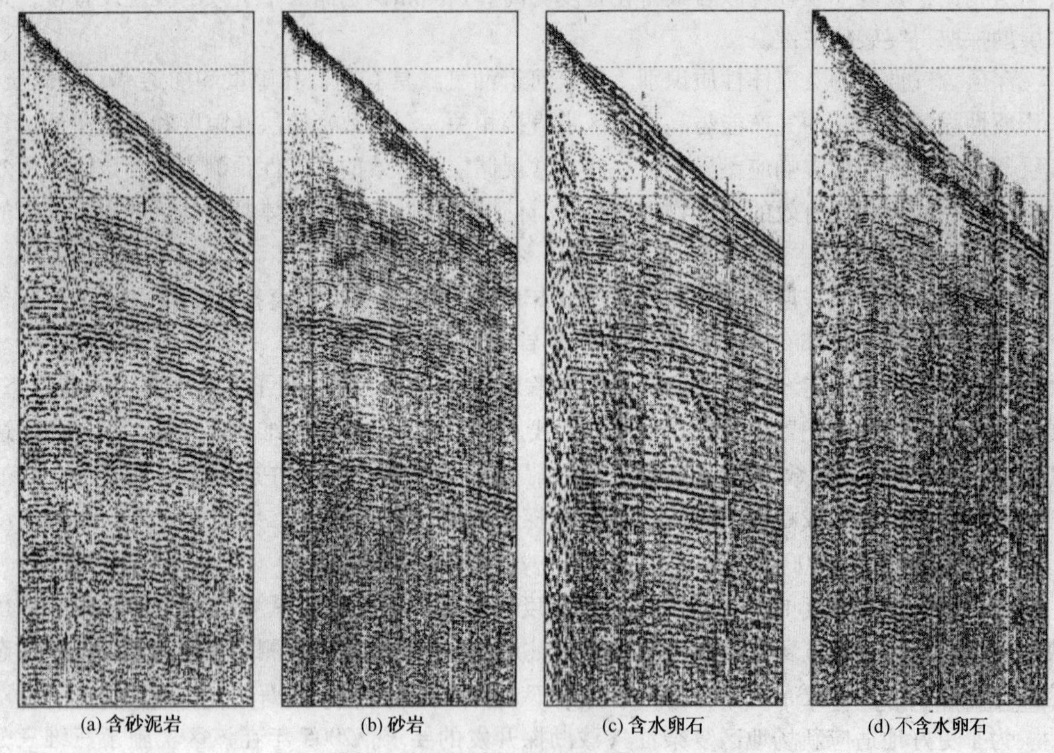

图 1　在不同岩性处激发的单炮记录

采用上述激发方式获得的地震资料成像效果明显改善，特别是深层信噪比得到明显提高，但分辨率仍不能满足很好地解决地质问题的需求。对激发药量均为 14kg，井深分别为 12m，14m，16m，18m，20m 和 22m 的地震记录进行比较后发现，地震记录的质量随着井深的增加有一定的改善，但不明显，继续依靠增加井深的方法已不是解决问题的有效途径。在选择激发参数时，以纵波为主，但同时要考虑转换波，转换波能量一般比对应的纵波能量小，野外试验表明，当纵波最佳激发能量确定后，应增加 20%，以更适应转换波勘探。

1.2　单点数字检波器与模拟检波器组合接收记录的比较

采用同步激发与接收的方式对单点数字检波器与 12 个模拟检波器组合接收的记录进行了比较。从单炮记录看，由数字检波器接收到的单炮记录的频率明显较高(图 2)。在双程旅行时(t_0)为 2.3s 处的 T_5^1 层(图 2箭头处)频谱图上(图 3)，数字检波器接收的单炮记录的主频为 37.5Hz，模拟检波器接收的单炮记录的主频为 29Hz，主频提高了 8.5Hz；数字检波器接收的单炮记录的高频成分增多，频带宽度为 2 ~ 91Hz，模拟检波器接收的单炮记录的频带宽度为 2 ~ 75Hz，数字检波器接收的单炮记录的频带宽度向高频方向拓宽了 16Hz。

模拟检波器组合能够较好地压制高频随机噪声，但其接收到的单炮记录受低频随机噪声和 50Hz 工业电干扰严重。

以前针对检波器组合问题，主要考虑对干扰波的压制效果，而对有效波的损害考虑较少。其实，检波器组合对中、远道有效波信息的损害是严重的，主要原因是以前所用检波器道数少，后续的室内地震资料处理没有好的噪声压制方法。近年来，接收道数有了突破性的发展，在实际生产中，三维地震勘探的接收道数已超过 30000 道，室内地震资料处理发展了一系列有效的噪声压制技术。单点数字检波器高密度采集技术的优势越来越明显。

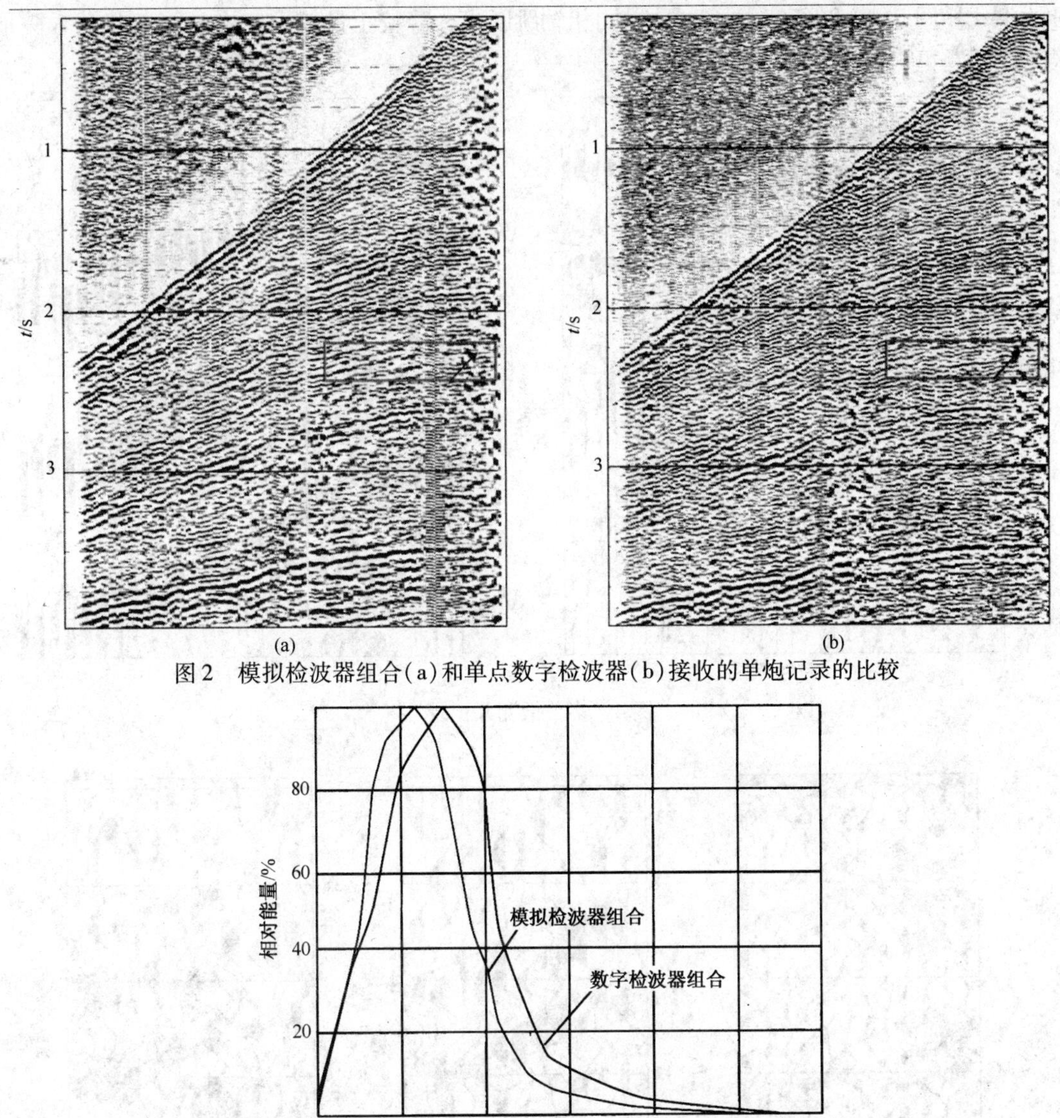

图2 模拟检波器组合(a)和单点数字检波器(b)接收的单炮记录的比较

图3 模拟检波器组合和单点数字检波器接收的单炮记录在T_5^1层的频谱

1.3 多波微测井方法

采用多波微测井方法进行了近地表纵、横波速度结构的调查和试验。研制了纵波和横波震源激发装置，将重量为500kg的5个钢锭与枕木有效连接，再与地面紧密耦合。采用重锤敲击的方法，垂直敲击产生纵波，侧向敲击产生横波，在井深为25m处等间隔放置30个三分量数字检波器，得到的记录如图4所示。纵波和横波的近地表信息如表2所示，由图4和表2可见，纵波和横波的近地表结构不同，速度更有明显差异，纵横波速度比一般大于2；而在深层，纵横波速度比一般在1.7左右。在多波地震勘探中，建立两套近地表模型，分别应用于纵波和横波。

在工区长度为550m的接收段内，地表平坦，海拔高程几乎没有变化，单炮记录Z分量

的 T_5^1 层[图 5(a)箭头处]同相轴较连续，平滑性好，静校正量不大，而水平 X 分量和 Y 分量的 T_5^1 层[图 5(b)和图 5(c) 箭头处]同相轴跳跃大，静校正量较大。在地形起伏的丘陵地区，此问题更为突出。

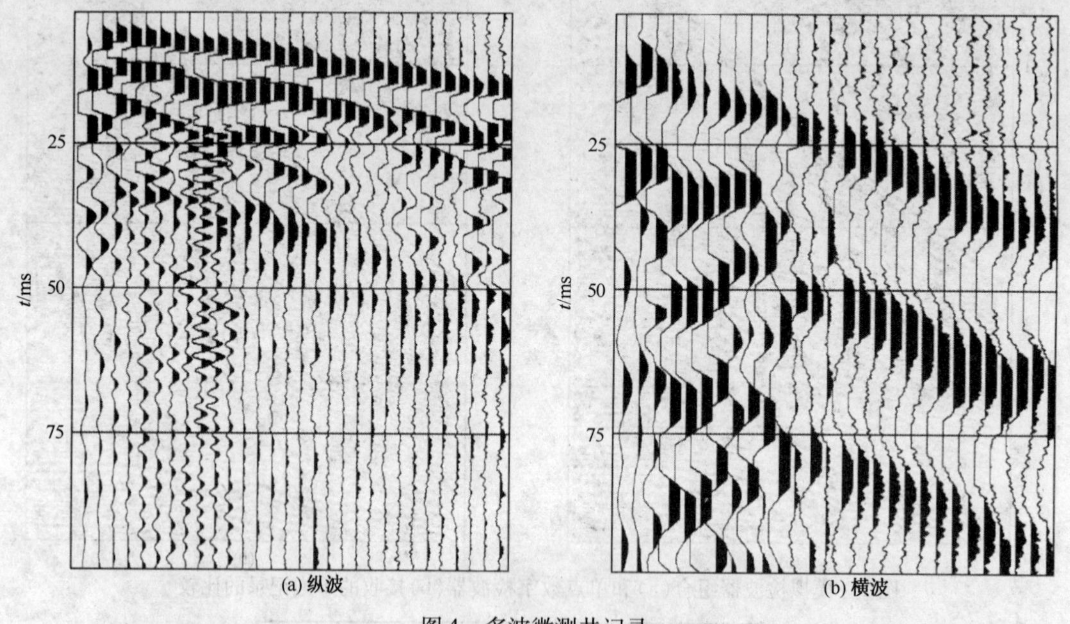

图 4　多波微测井记录

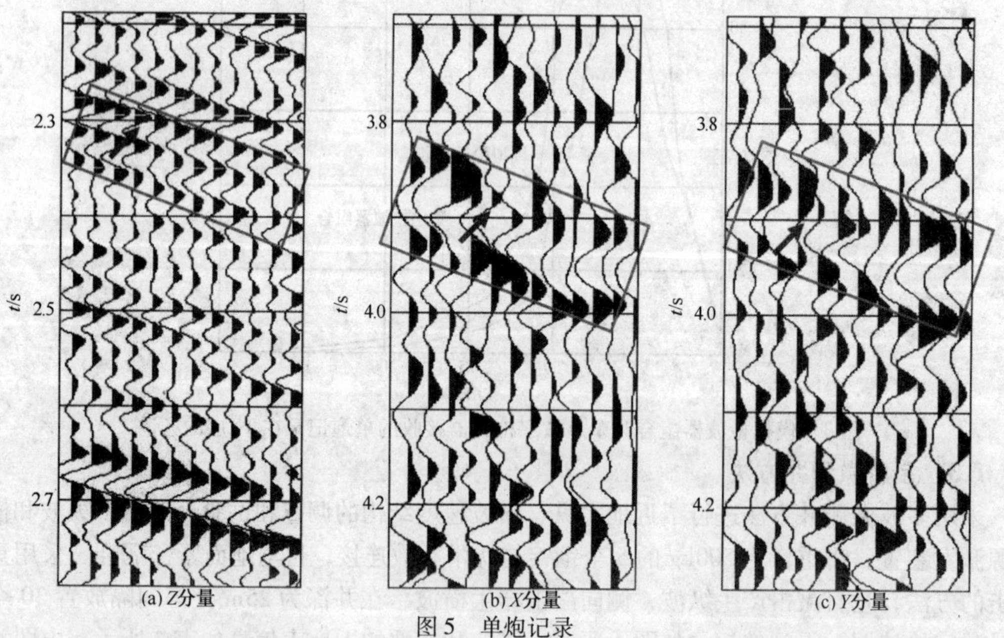

图 5　单炮记录

1.4　地层各向异性测试

选择地表平坦、地下结构相对简单的地段，在半圆周上等间隔放置 180 个三分量检波器，在对称半圆周上进行等间隔 180 炮激发，测试目的层的各向异性特征。每个三分量检波器的水平 X 分量指向均对准圆点，激发半径由接收半径、目的层深度和纵、横波速度确定，使地下目的层的转换点是共同位置。须家河组纵波共反射点道集在 2.6s 处整个方位角范围内的反射波振幅变化不大(图6)。转换波共转换点道集在 3.2s 处、方位角为 98°~126°时，反射波振幅非常弱，几乎是空白区，而在其它方位角范围，反射波振幅较强(图7)。

试验表明，川西坳陷须家河组具有明显的各向异性特征，适宜开展多波地震勘探。2005 年以来，进行了两块三维三分量地震勘探，观测系统参数如表 3 所示，其特点为：宽方位角、大炮检距、较高覆盖次数和横纵比。

表2 近地表结构

标志层	结构厚度/m	纵波速度/(m/s)	结构厚度/m	横波速度/(m/s)	纵横波速度比
H_0	1.8	524	1.4	232	2.26
H_1	2.3	1350	3.2	732	1.85
H_2	8.0	2614	13.1	917	2.85
H_2 以下	>8.0	3107	>13.1	1312	2.37

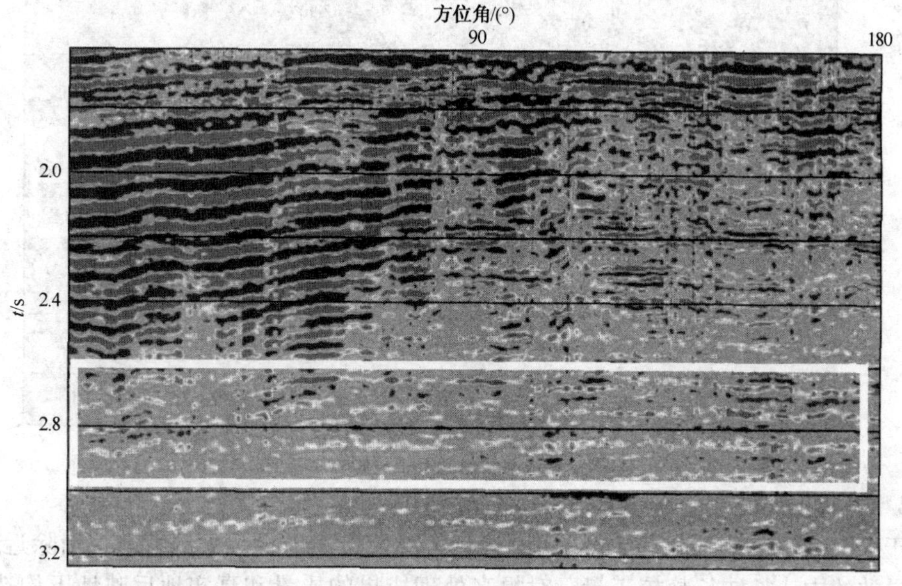

图6 须家河组纵波共反射点道集

对于三维三分量地震勘探来说，高的横纵比和覆盖次数尤其重要，横纵比越高意味着横向保留的信息越多。研究地层各向异性特征需要比较不同方位的信息，因此，要进行分方位角处理，每一组方位角或扇区一般需要 10 道以上信息。覆盖次数越高，越能将方位角分得更细，分辨率就越高，如果地下地层各向异性特征复杂且多方位变化，就需要高的覆盖次数。

表3 三维三分量观测系统参数

项目	观测系统	道间距/m	检波线距/m	炮点距/m	炮线距/m	面元/m^2	覆盖次数	横纵比	年度
XC	12L16S264T66F	50	400	50	300	25×25	66	0.70	2005
FG	32L8S128T2R128F	50	200	71	50	25×25	128	0.97	2008

2　资料处理

2.1　提高资料信噪比

组合应用不同的噪声衰减方法进行纵波噪声压制，包括压制区域异常振幅、单频噪声、人动及外界强振幅等噪声干扰；利用均值加权法、矢量分解法等相干噪声压制方法求取相干噪声模型，并从原始记录中减去噪声，实现高保真去噪。对于转换波，需要进行区域异常振幅处理、单频噪声压制。由于面波的频率和视速度与转换波较为相近，基于频率和视速度差异的方法无法很好地区分面波和转换波，根据体波和面波的不同极化特征，采用矢量滤波技术进行面波衰减。在限制时窗的条件下，同时控制频率和视速度差异来进行线性干扰压制。

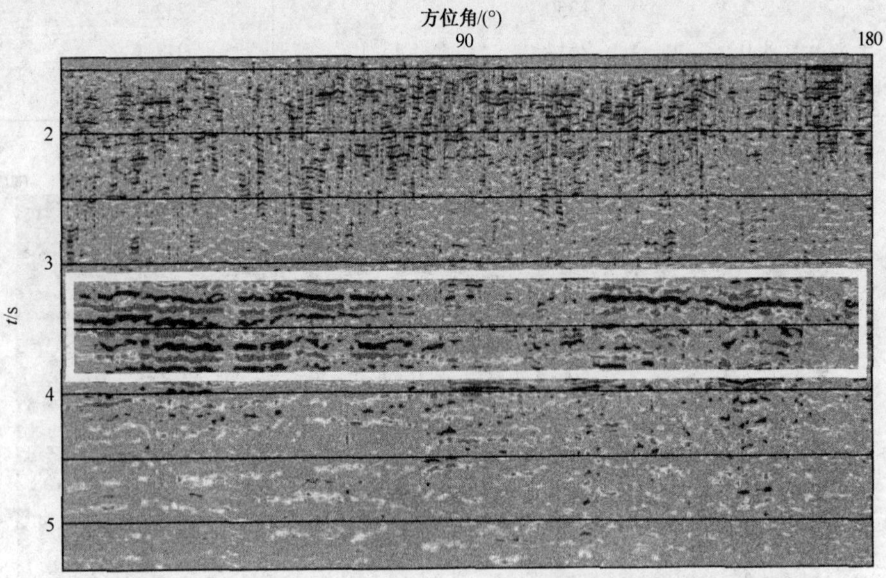

图7　须家河组转换波共转换点道集

2.2　静校正处理

对于纵波来说，针对地表复杂，近地表低、降速带横向变化大等特点，消除近地表低、降速带导致的中、长波长静校正量，对提高处理成果的质量和真实地反映地下构造非常重要。采用三维层析成像反演静校正方法，建立可靠的近地表模型，解决长波长静校正问题，确保构造形态真实可靠。采用地表一致性剩余静校正和精细速度分析迭代处理，解决中、短波长静校正问题。

对于转换波来说，由于PP波速度与岩性和孔隙流体有关，而横波速度只与岩石固体骨架有关，横波低速带厚度比纵波大且不均匀，在地表浅层转换横波速度比纵波速度小很多，所以转换横波的静校正量大。转换波静校正一直是一个较难解决的问题，采用传统高程静校正、表层模型法、构造时间控制法、面波反演横波表层速度等手段相结合的方法，来解决转换波长波长静校正问题。而对于转换波短波长静校正问题，在共检波点叠加道上采用互相关方法来解决。图8为转换波静校正前、后的剖面。

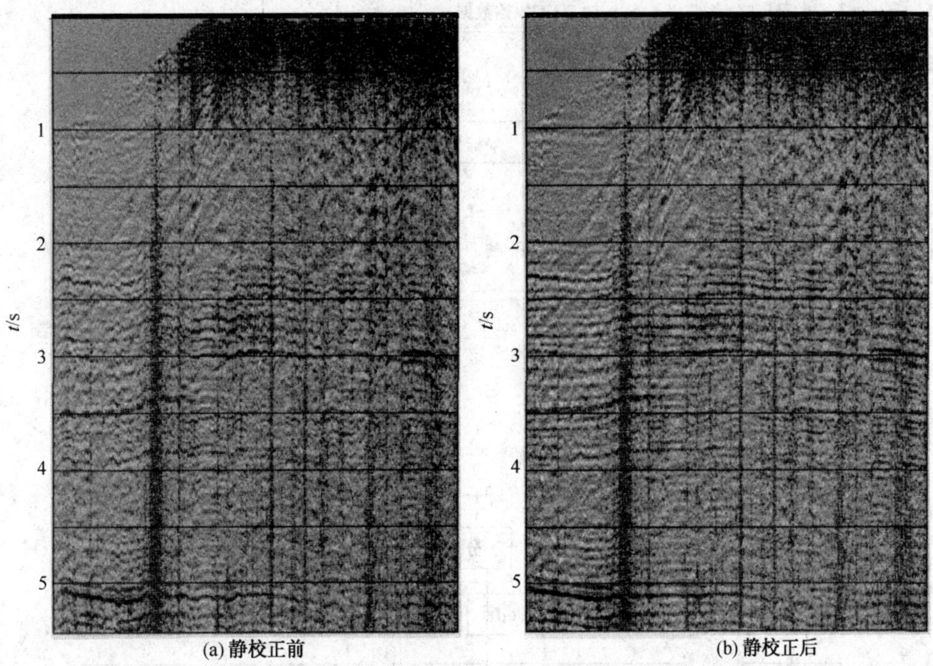

(a) 静校正前 (b) 静校正后

图 8 转换波剖面

2.3 速度分析

由于转换波射线的不对称性，在转换波处理时，用共转换点(CCP)道集代替常规纵波的 CMP 道集。对于三维转换波来说，在时空域滑动时窗内抽取 CCP 道集，且与速度分析迭代进行，以求取逼近真实的转换点。

在纵波速度分析中，地层的各向异性特征主要表现在纵波的大偏移距道上，为保证大偏移距道的信息得到保留，采用方位各向异性速度分析方法。通过速度扫描和交互速度分析及剩余静校正，反复分析速度，获取最佳叠加速度，以消除剩余静校正量对叠加效果的影响。

在转换波速度分析中，转换波比纵波具有更明显的方位各向异性特征，为了校平中、大偏移距转换波同相轴，采用速度分析和剩余静校正迭代进行的方法，获得最佳的叠前时间偏移初始速度。

对于纵波来说，叠前时间偏移有利于改善成像效果。对于转换波来说，由于抽取 CCP 道集时很难得到真实的 CCP 点，因此叠前时间偏移也是转换波精确成像的主要手段。通过反复迭代，建立准确的叠前时间偏移速度场。

2.4 各向异性处理

裂缝分析时，利用宽方位信息，尽可能保持方位各向异性特征。对三维三分量地震资料进行叠加成像处理时，消除了方位各向异性的影响，取得了好的叠加成像效果。利用全方位的转换波资料分析横波分裂，进行快、慢波时延补偿，获得了精确的成像效果，直接得到裂缝方位和裂缝发育强度信息。

2.5 资料处理流程

处理流程分为两部分(图 9)。前一部分是基础性预处理，包括从原始数据的输入到剩余静校正；后一部分是获得成果剖面，包括纵波成果剖面和转换波成果剖面(图 10)。

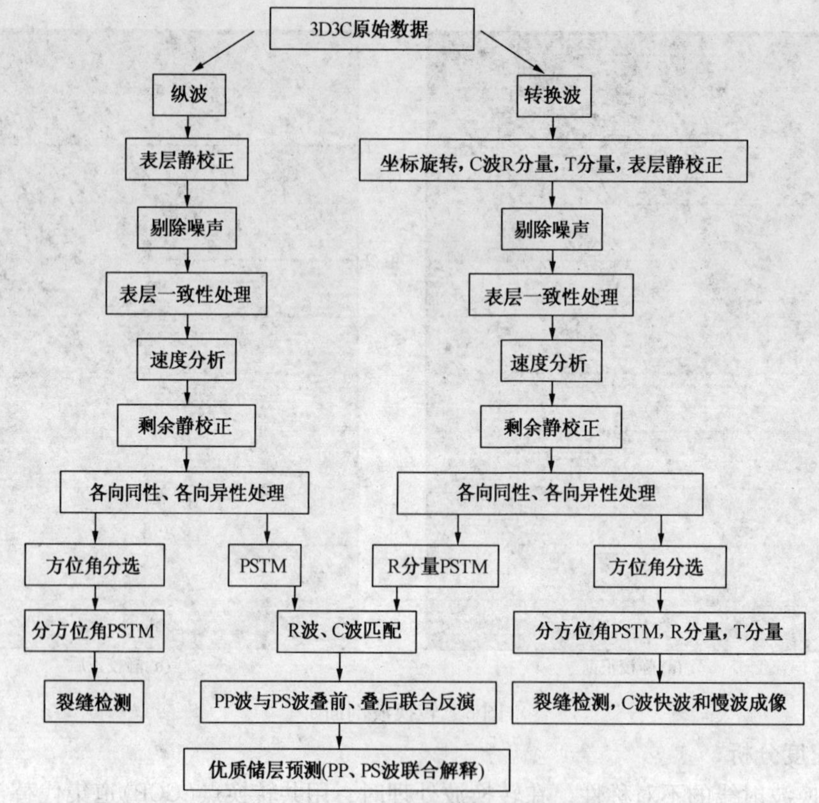

图 9　三维三分量资料处理基本流程

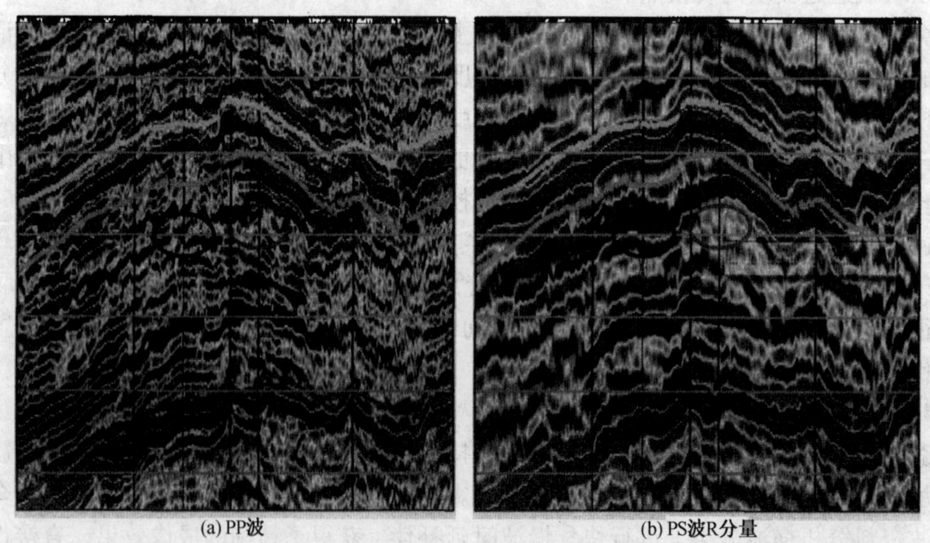

图 10　叠前时间偏移连井剖面

3 资料解释

3.1 多波联合解释思路

多波联合解释重点包括构造解释、断层解释、储层预测、裂缝预测、砂体含气性预测等，其技术思路为：

(1) 对 Z 分量进行解释，确定地震反射层位、构造及其反射特征；对 X 分量和 Y 分量进行解释，与 Z 分量解释成果对比，掌握标志层及整体构造背景。

(2) 采用三维自动时间匹配、子波及相位匹配技术，应用区域沉积与构造、井中地球物理等资料，对 PP 波、PS 波地震数据进行精细标定及匹配处理，完成精细构造解释、地层层序划分和层位对比。

(3) 采用 PP 波方位各向异性分析、PS 波分裂裂缝检测技术，应用裂缝建模、融合相干、曲率及倾角等属性，综合分析裂缝发育情况，对主要储层段的裂缝发育方位和发育强度进行精细综合预测和分级评价，实现体、面结合的裂缝发育带预测。

(4) 提取 PP 波和 PS 波的地震属性，结合叠前反演岩性参数，应用与储层特征相适应的烃类检测技术，提取可靠的含气性判别指标，进行砂体含气性检测。

3.2 储层预测

重点针对须家河组进行了储层预测研究。以合成地震记录为主要标定方式，对 PP 波和 PS 波进行联合精细标定，研究深层须家河组的含气地震响应特征，建立含气地震响应识别模式。通过 AVO 叠前反演和地质统计学岩性模拟，获得优质储层的厚度、孔隙度、含气饱和度等参数的展布规律，实现优质储层预测和储集物性预测。在储层 PP 波和 PS 波联合精细标定基础上，结合地震相和沉积相进行高分辨率层序地层研究，利用 PP 波与 PS 波 PSTM 处理成果和叠前、叠后联合反演成果及弹性波阻抗反演成果，预测有利储层的平面和空间展布范围。基于地质资料、地震资料等综合信息，提取沿层属性和体属性参数，采用数据体交会和多数据体、多尺度信息融合技术实现全波属性分析，开展全区储层的横向追踪，圈定有利储层分布范围。

在须二段中、下亚段发现了相对优质的孔隙型储层，区域展布良好，明确了新场地区须二段相对优质储层的发育主要受控于砂岩相，即主要发育于水下分流河道和河口坝的中粒砂岩和中细粒砂岩内。纵向相对优质储层主要为 Tx_2^4 砂体，其次为 Tx_2^5 砂体和 Tx_2^7 砂体；平面上，Tx_2^4 砂体相对优质储层分布稳定，Tx_2^7 砂体相对优质储层主要分布在构造的北翼。

3.3 裂缝发育带预测

采用地质与地球物理分析相结合的方法对裂缝进行综合预测[17-19]。利用钻井、野外露头裂缝、常规测井、全波测井和成像测井资料，对裂缝特征进行研究，采用破裂变形特征分析、相干系数分析、沿层倾角提取分析等方法，综合预测裂缝发育区带。

应用 PP 波裂缝检测方法进行 Tx_2^4 砂体的单组裂缝检测比较有效，但对多组复杂裂缝体的检测效果不是很理想。比如，X851 井和 X856 井两口高产井发育网状缝，根据 PP 波各向异性裂缝检测成果，预测的裂缝发育强度并不高，说明 PP 波方位各向异性方法难以预测复杂网状缝的发育情况。

针对各向异性横波分裂的特点，采用旅行时时差梯度法检测裂缝，其步骤是：在一定的时窗范围内，通过角度扫描和时差计算，得到区域裂缝方位；将径向分量和横向分量进行坐标变换，旋转到该方位，得到与裂缝方位有关的快横波和慢横波(图 11)；根据快、慢横波波形相似原则，对快、慢横波做互相关谱分析，进行延迟时扫描，然后做梯度计算，得到延迟时差的变化率(图 12)。从图 12 中可见，有效裂缝是随机分布的。有效裂缝方位在同一地层基本一致或缓慢变化，每个地层有主要有效裂缝方位。由横波预测的全区裂缝发育方位与测井成像技术解释的有效裂缝方位一致。

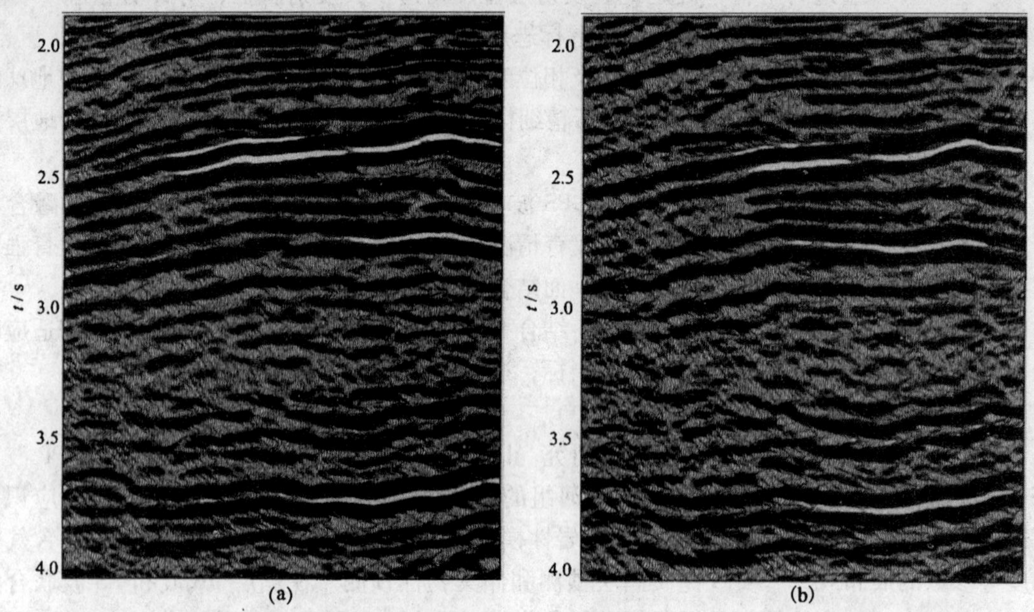

图 11　横波分裂得到的快横波(a)和慢横波(b)

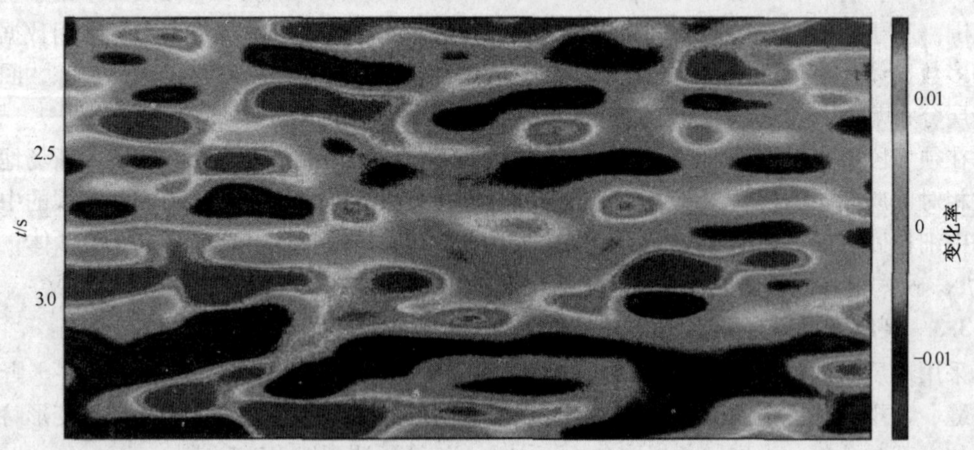

图 12　延迟时差的变化率

须二段气藏纵、横向非均质性极强，裂缝网络与相对优质孔隙型储层构成的高效渗透区是高产、稳产的关键因素。须家河组储层高效渗透区的地震响应特征为“强相位中断、弱反射杂乱”的地震暗点，分两种类型：①PP 暗点和 PS 暗点相结合的类型，这是最优组合，因为存在大型裂缝网络，裂缝发育过程中破坏了岩石骨架，导致纵波和横波均难以稳定成像，以 X2 井为典型代表。②PP 暗点和 PS 连续反射类型，这是次优组合，裂缝网络未明显破坏岩石骨架，当存在气藏时，纵波受流体影响大，成像效果受到影响，横波不受流体影响而能稳定成像，以 X3 井为典型代表(图 13)。

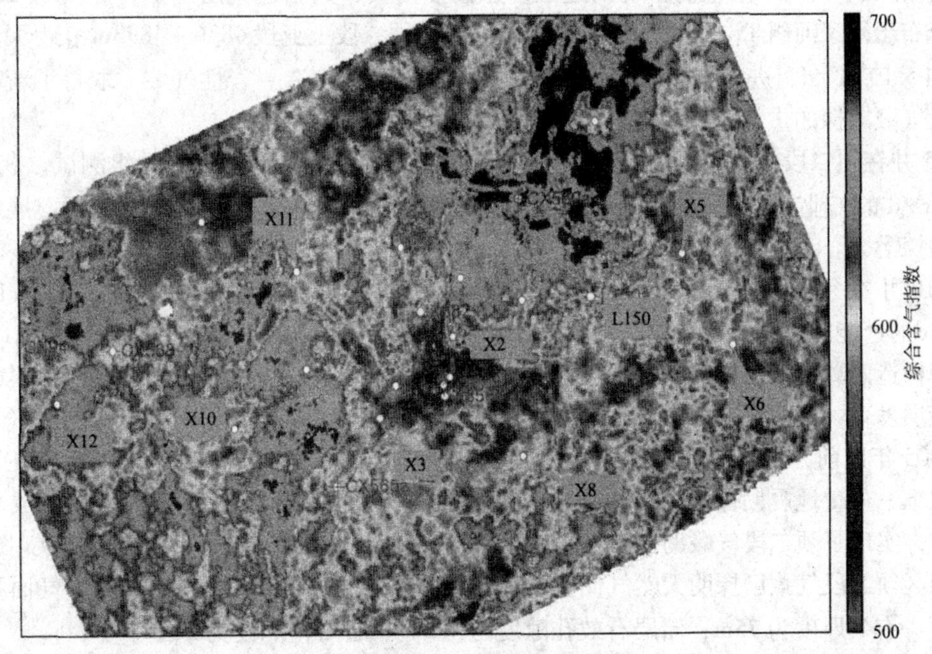

图 13　须家河组含气指数平面分布特征

3.4　纵、横波联合反演含气性预测

通过 PP 波和 PS 波联合反演预测储层含气性。AVO 叠前反演是利用纵波的 AVO 特性，通过 Zeoppritz 方程求解出横波信息，含有一定的近似和假设条件，而多分量地震勘探能够直接获得横波信息，反演结果更加真实可靠。利用 PP 波小入射角叠加剖面反演声波阻抗，利用 PS 波成像剖面反演横波阻抗，利用 PP 波和 PS 波大入射角资料联合反演弹性阻抗。开展纵、横波联合叠前反演，获得岩石物理参数和含气性参数(如泊松比等)。

运用多属性配套方法识别气层。基于波形的波阻抗特征识别技术检测高阻抗致密层和低阻抗气层。开展波阻抗反演，根据储层含气地震响应模式，利用储层阻抗特征实现储层的含气性检测。利用分频解释技术，研究薄互层储层的含气性，通过分频处理，得到不同频率条件下的地震能量属性和相位属性，预测有利储层的横向含气性展布特征。

含油气层系主要为须家河组，应用纵、横波地震属性单一参数，比如振幅、频率、时差、速度、纵波和横波参数比值等，可以在一定程度上识别含气特征，但不是很突出。选择多个参数，进行适当组合运算，形成一个更为有效的综合含气指数参数。高产井 X2 井、L150 井、X11 井、X3 井、X10 井和 X5 井均落在综合含气指数为 500 ~ 600 的区域内(图 13)。深层圈闭以构造圈闭为主，发育裂缝 - 构造型圈闭和构造 - 岩性圈闭。裂缝 - 构造型圈闭主要分布在须二段，具有一定的构造背景，油气富集地区裂缝发育程度较好；构造 - 岩性圈闭比较独特，主要发育在须四段。

4　应用效果

X8 井位于川西坳陷中段新场构造五郎泉高点南翼，共钻遇气层 8 层，厚度为 225.5m，主要分布于须家河组 Tx_2^2，Tx_2^{4+5} 和 Tx_2^8 等砂组。在须二段上亚段 4836 ~ 4893m 获得天然气产量 $25.1\times10^4m^3/d$，进一步证实了新场地区须二段气藏为构造 - 岩性气藏，取得了新场南坡须二段气藏勘探的重大突破。

X5 井在须二段中亚段 Tx_2^4 和 Tx_2^5 砂组有良好的含气显示，并在 Tx_2^7 砂组测试，获得 $8.5\times10^4m^3/d$ 的工业产能，实现了须二段气藏含气面积由新场主体部位向东的扩展，展示了良好的勘探潜力。

X10 井在须二段测试，获得 $10.3\times10^4m^3/d$ 的产能，X11 井在须二段获得 $11.7\times10^4m^3/d$的产能，实现了须二段气藏含气面积由新场主体部位向西翼方向的扩展。X12 井位于新场构造西翼的孝泉高点，在须二段 Tx_2^4 砂组中下部 4798 ~ 4825m 井段见良好的气显示，砂岩储层发育，孔隙型储层含气性良好，证实了新场构造西翼须二段具有良好的含气性。

2005 年以前，新场地区钻井 18 口，成功井 8 口，钻井成功率为 44%。2005 年在该地区实施三维三分量地震勘探后，钻井 9 口，成功井 7 口，钻井成功率为 78%，钻井成功率明显提高，实现了须二段气藏勘探开发范围由新场主体部位向西、向东、向南的扩展(图 14)，新场地区须二段气藏已探明天然气储量 $1177\times10^8m^3$，Tx_2^4，Tx_2^5 和 Tx_2^7 亚段的含气面积共为 $347km^2$，有效厚度为 75m；储层有效孔隙度为 4.5%，含气饱和度为 58%。

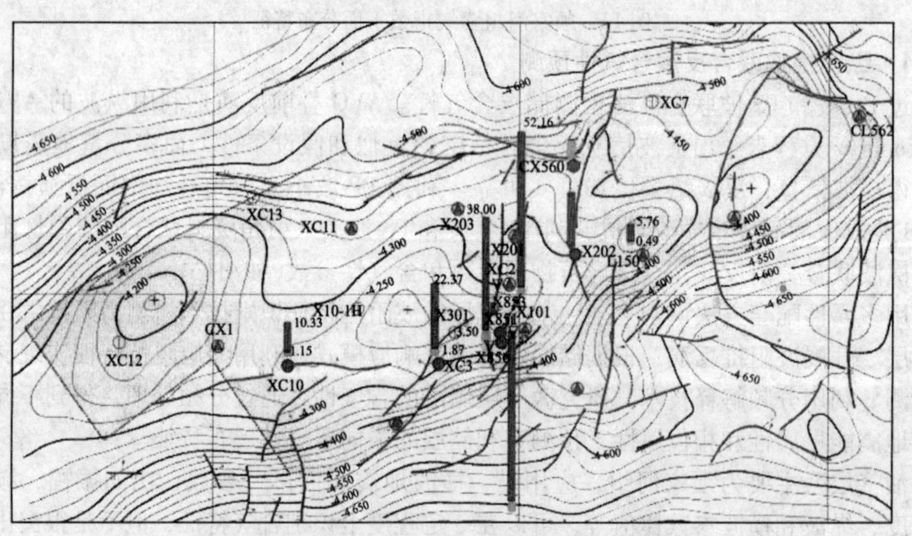

图 14　深层须家河组二段中亚段含气区域平面分布

5　结束语

在进行三维三分量地震勘探之前，应首先对目的层进行各向异性测试，只有目的层具有明显的各向异性特征，才能有效进行三维三分量地震勘探。对于多波地震勘探，应该采用方位角更宽的观测系统，横纵比一般大于 0.7，最好达到 1，尽量使各方位角扇区内的炮检距及方位角分布均匀。

新场地区陆相深层须家河组在区域性砂岩致密分布的大背景下，存在局部的相对有效优质储层，其平面分布较为随机。当裂缝发育为高角度网状缝时，渗透率会显著增加，储层成为有效储层，裂缝经过改造能形成高产和稳产的工业气层。当裂缝不发育而属于典型的孔隙性储层时，只能形成一般的工业气层。

致谢：感谢中国石油化工股份有限公司西南油气分公司的谢用良、阮函成、杨继友、刘胜和唐建明在本文研究过程中给予的帮助。

参考文献

1 Neuhaus D，Borgomano J，Jauffred J，et al. Quantitative seismic reservoir characterization of an Oligocene Miocene carbonate buildup：Malanrpaya field，Philippines[G]//Eberli G P，Masaferro J L，Sarg J，eds. Seismic imaging of carbonate reservoirs and systems：AAPG Memoir 81. Tulsa，USA：American As sociation of Petroleum Geologists，2004：169~184

2 Purdy E G，Waltham D. Reservoir implication of modern karst topography[J]. AAPG Bulletin，1999，83(11)：1774~1794

3 蔡希源，李思田，郑和荣等．碳酸盐岩储层和沉积体的震成像[M]．北京：地质出版社，2007：143~217

4 李剑峰，赵群，郝守玲等．塔河油田面碳酸岩储层缝洞系统的物理模拟研究[J]．石油物探，2005，44(5)：428~432

5 朱生旺，魏修正，曲寿利等．用随机介质模型方法描述孔洞型油气储层[J]．地质学报，2008，82(3)：370~377

6 焦方正．塔河油田气田开发研究论文集[M]．北京：石油工业出版社，2006：93~118

7 王士敏，鲁新便．塔河油田碳酸盐岩储层预测技术[J]．石油物探，2004，43(2)：153~185

8 胡中平，李宗杰，赵群．碳酸盐岩溶洞发育区高精度地震勘探效果[J]．石油地球物理勘探，2008，43(1)：83~87

9 王立华，魏建新，狄帮让．溶洞物理模型地震响应及其属性分析[J]．石油地球物理勘探，2008，43(3)：291~296

10 蒋进勇．塔河油田碳酸盐岩储层孔隙度模型的改进[J]．石油物探，2004，43(6)：564~567

11 李凡异，魏建新，狄帮让．碳酸盐岩溶洞横向尺度变化的地震响应正演模拟[J]．石油物探，2009，48(6)：557~562

12 漆立新．塔河油田碳酸盐岩储层高精度地震勘探的思考[J]．石油物探，2005，44(4)：352~356

13 王从槟，龚洪林．塔中地区奥陶系碳盐岩储层岩石地球物理特征研究[J]．石油物探，2009，48(3)：290~293

川东北碳酸盐岩地区地震勘探技术难点与对策

黄　锐

（中国石化油田勘探开发事业部，北京 100029）

摘要：在川东北山区针对碳酸盐岩储层开展的地震勘探取得了丰富的成果，但也面临诸多技术难点，主要有：碳酸盐岩裸露区地震资料采集难，高陡构造地震成像难，碳酸盐岩地震储层预测难。对难点形成的原因进行了分析，提出了解决这些难点的对策技术。这些对策技术可以归纳为以下 4 点：①加强碳酸盐岩裸露区地震波场传播规律研究，加大单点高密度地震观测、三维地震观测的研究和应用力度；②从地震采集、处理、解释一体化的角度进行综合研究，加强照明分析在地震采集中的实用性研究，加大高陡构造的构造样式研究，提高构造建模能力，在考虑表层模型与地下地质模型的基础上，开展三维叠前深度偏移应用研究；③加强多学科综合，探索地震—地质—体化的形式，提高碳酸盐岩地震储层识别和预测的精度，特别是碳酸盐岩优质储层的有效预测方法研究；④随着对精细勘探的要求，加大钻机、炸药、检波器、地震仪的研制和应用研究力度。

关键词：川东北地区　碳酸盐岩　地震勘探　技术难点

随着川东地区油气勘探的不断深入，尤其是围绕飞仙关组、长兴组礁滩相地质目标的勘探，相继发现了渡口河、罗家寨、铁山坡等一批高产气田，石油地质学家开始重新思考该区的油气勘探思路。通过对区内及周边地区石油地质条件的综合分析，认为该区在长兴期—飞仙关期具有形成礁滩相孔隙型白云岩储层的基本条件，是构造—岩性复合型圈闭发育的地区，制约气藏规模及储量丰度的主要因素是储层的厚度、分布面积、孔隙发育程度。为此，调整了 40 年来以构造勘探为主的勘探思路，提出了"以长兴组—飞仙关组礁、滩孔隙型白云岩储层为主的构造—岩性复合型圈闭为勘探对象"的勘探思路。针对海相碳酸盐岩石油地质条件的特殊性和该区工程技术条件的特殊性，经过数年的理论研究、技术攻关与探索，形成了以复杂山地高精度地震勘探为核心的碳酸盐岩油气藏勘探技术系列。2005 年发现了普光大型气田，之后的 2006 年和 2007 年，又在龙岗和元坝地区获得油气勘探的重大突破。

现行地震勘探技术是在浅层、简单地表、简单构造和陆相碎屑岩勘探基础上发展起来的，在面对山地复杂地表条件或目的层埋藏深或碳酸盐岩储层时，存在着严重不足和不适应性。川东北地区同时具有复杂地表、目的层埋藏深和碳酸盐岩储层的地质特征，使得现行地震勘探技术的不足与不适应性表现得更为严重。该区地震地质条件复杂，地表高山林立，出露地层岩性变化大，地下碳酸盐岩储层非均质性强，目的层埋藏深，勘探面临诸多技术难点，主要有：碳酸盐岩裸露区地震资料采集难，高陡构造地震成像难，碳酸盐岩地震储层预测难。

1 碳酸盐岩裸露区地震资料采集的技术难点与对策

在碳酸盐岩出露区，由于山地地表复杂和碳酸盐岩裸露，造成内幕反射很弱，散射严重，资料的信噪比大都很低。如川东北碳酸盐岩裸露区(出露三叠系嘉陵江组灰岩或更老的地层)，特别是高陡构造顶部和盆地周缘的大山区，地震资料品质很差，在地震剖面上出现信噪比极低的空白带。

1.1 技术难点

分析认为，碳酸盐岩裸露区地震反射资料品质差的原因主要有以下几个方面：

(1)在碳酸盐岩地层中钻井十分困难，而且往往缺水；

(2)碳酸盐岩地层是强刚性体，在高速刚性体中激发易产生高频地震波，且临界角小，炸药激发的能量大部分作用于破碎岩石，向下传播的能量少；

(3)炸药在高速刚性体中爆炸产生压缩波与剪切波，根据能量守恒定律，由于横波能量的分散，要产生与低速弹性体等量的纵波，就需要更大的激发药量；

(4)由于高速刚性体具有较大的波阻抗，激发的纵波仅有较少能量能透过高速刚性体本身(大部分能量被反射或被聚焦在水平方向(临界角小)，或者为剪切波能量)，而透过刚性体的较少能量一部分被折射，只有一部分能穿过较厚的刚性体底层，反射与透射能量相当少，因此，刚性体底部及其以下地层的反射波信噪比很低；

(5)接收条件较差，无论是在风化垮塌区(或松散堆积物区)还是在碳酸盐岩出露区，检波器的埋置条件都非常不好，难以与地层形成良好的耦合；而为了压制各种散射干扰，还必须采用面积组合方式，检波器的摆放同样十分困难，难以实现真正的面积组合；

(6)高陡构造顶部附近断裂发育，地层倾角变化大(从近乎水平至直立或倒转)，地震波的传播路径十分复杂，有限长的排列不能得到足够的反射信息，甚至部分反射段产生的反射波不能传播到地表，地震波场复杂，成像难度加大；

(7)地表非均质性强，散射严重，地震资料的信噪比很低。

针对以上问题前人进行了多方面的试验，但均未取得好的效果。如为了增加下传能量，采用大药量激发，但同时也增加了面波、声波及各种干扰波的能量，未能达到提高信噪比的目的。

此外，高陡构造地表巨大的地形高差(可达1000m以上)和地层速度的横向变化还常造成静校正不准确，这也是影响剖面品质的重要因素之一。

1.2 技术对策与效果

针对上述问题，采取如下对策。

(1)加强地震勘探部署研究。就目前的技术水平而言，碳酸盐岩裸露区布置测线应特别慎重，应选择碎屑岩与碳酸盐岩过渡带开展对比研究，不断探索碳酸盐岩裸露区地震勘探的实用技术。室内设计后必须到野外认真细致地踏勘，选择最佳测线位置。在复杂地区应尽量开展三维观测。

(2)开展表层结构调查，为炮点井位的选择、井深的设计提供依据。采取多种近地表结构调查方法进行精细的地表调查，包括地质露头调查、钻井岩性录井(沿测线绘制岩性横向分布曲线，分析岩性变化特征和规律)、微测井等，综合各种资料，建立近地表模型，为静校正提供依据。同时，根据不同地形、不同岩性及野外实际情况，设计井深，并在规范允许范围，采用“五避五就”原则—“避干就湿、避高就低、避碎就整、避土就岩、避虚就实”布设炮点，确保井深设计、测量定点的井位合理和准确。

(3)采用“盒子波”技术调查干扰波，并进行有针对性的压制。通过“盒子波试验”进行波场调查，分析干扰波的成因、规律以及对资料的影响程度。通过检波器组合试验，确定保护有效波、压制环境噪声的最佳组合参数，探讨岩石裸露区的检波器安置方法。

(4)采用合理的、灵活多变的观测方式。根据深层地质构造情况建立合适的观测系统，在现场采取灵活的变观措施，确保主要目的层段的有效覆盖次数。构造平缓区、碳酸盐岩出露区和高陡背斜核心部位应分别采用不同的观测系统进行观测。针对高陡构造顶部石灰岩出露区地震剖面反射空白现象，采用先进的地震采集设计软件，在模型正演的基础上，设计有利于下倾激发、上倾接收和尽量多接收信息的不对称观测系统。对于高陡构造应采用小道距、高覆盖次数、不对称观测系统(构造不同部位参数可以不同)，综合考虑质量和成本因素，构造顶部以120次覆盖、20m道距为宜。采用小道距(20～10m)和高采样率(1ms)，可以保证复杂、高陡构造的空间采样率和高频信号的可检测性；采用高覆盖次数(60～120次)，有利于提高信噪比和高陡构造成像质量；采用长排列、不对称接收，有利于获得高陡构造的反射信息，压制次生干扰。

(5)优化激发、接收工艺。在激发方面，优选炮井点位，采用泥浆闷井、合适的药量、多井深井组合激发，井深和药量按饱和激发的原则进行优选；采用爆炸速度与介质速度藕合的药柱，选取合适的引爆点(上端引爆)，使下传能量较强，频率成分丰富；有时还采用二次激发方式。在接收方面，采用多串检波器面积组合；同时改善检波器的接收条件，检波器的埋置在第四系覆盖区采用挖坑方式，在岩石出露或坚硬地表区采用电钻打孔、填土、贴泥饼的方式。避免微震干扰，保证接收效果。

(6)随着对精细勘探的要求，加大钻机、炸药、检波器、地震仪的研制与应用研究力度。钻机要加大功率和更轻便；炸药要高效、成型，还要试验多种震源；地震仪应进一步提高灵敏度和抗干扰能力；检波器则应选用宽频带的低截频检波器，尽量采用单点高密度观测。

在川东镇巴地区，应用HUACHAN公司研制的“SI地震勘探数据采集仪器系统”进行了单点高密度地震采集试验，试验结果表明，采用室内谱均衡与最优动态数字组合(DGAD)方法，可以有效地压制面波(低频)干扰和随机高频干扰，提高资料的信噪比，同时不损害有效波的高频成分(图1)。在川东黑池梁地区，采用三维地震观测方式，获得了碳酸盐岩裸露区品质良好的地震资料(图2)。

在川东南江地区采用“小道距、高覆盖次数、长排列接收、优化设计、优化激发接收工艺”地震采集技术，提高了地震资料品质，两套形变层构造特征与下形变层的三角带结构特征清晰(图3)。

2　高陡构造地震成像的技术难点与对策

2.1　技术难点

高陡构造地震成像难的原因主要有：

(1)干扰严重，地震资料信噪比低；

(2)地表起伏大，静校正难度大；

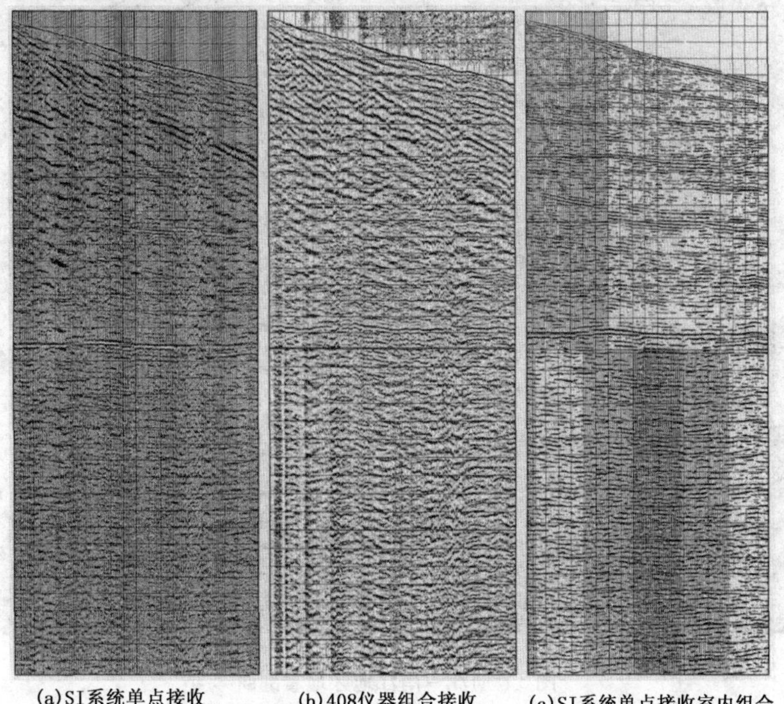

图1 碳酸盐岩裸露区单炮记录

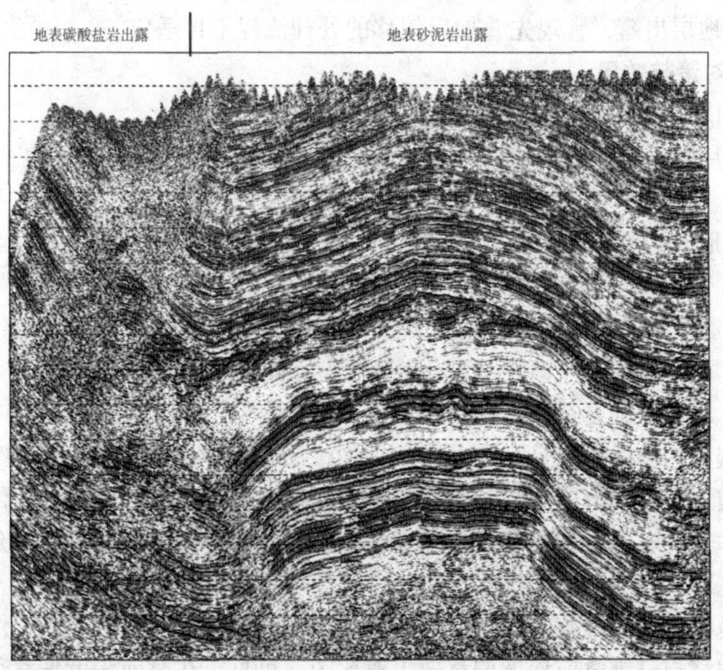

图2 碳酸盐岩地区地震剖面

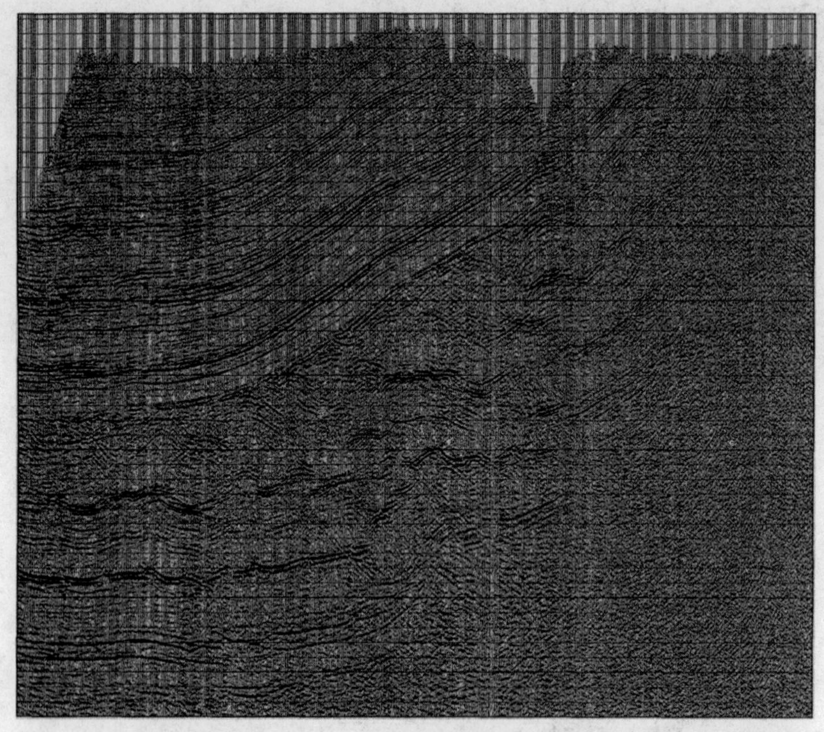

图3　通江－南江地区地震剖面

(3)射线路径复杂，覆盖次数不足，照明强度不够，造成地震反射盲区；

(4)构造样式多变，建模难度大；

(5)高倾角地层出露，常规先叠加后偏移的处理流程不再适应。

2.2　技术对策与效果

针对上述问题，采取了如下对策：

(1)综合应用野外近地表精细调查、初至波层析成像、迭代剩余静校正解决复杂山地的静校正难题；

(2)以区域地质构造和速度分布规律研究为基础，利用叠前偏移共反射点道集的速度分析，建立高精度偏移速度模型；

(3)采用地震波走时算式系数优化方法，提高大炮检距时走时计算精度；

(4)基于波场Fresnel相干理论发展了叠前深度偏移保幅技术，形成了拟起伏地表曲射线叠前偏移技术，以保证复杂构造和储层的成像精度。

叠前深度偏移的总体思路是：建立时间模型，反演层速度建立速度模型(如相干反演法加叠加速度反演法)，目标线偏移优化速度－深度模型，建立准确的速度场，进行叠前深度偏移。关键技术是：时间模型的建立，速度模型的建立，速度—深度模型的建立，三维叠前深度偏移。

在川东北地区应用三维叠前深度偏移技术获得了高陡构造的精确成像。图4为普光地区三维叠前时间偏移与三维叠前深度偏移效果对比图，可见，在叠前深度偏移剖面上高陡构造成像清晰，归位正确；在保证偏移成像合理的基础上，提高了主要勘探目的层的信噪比和分辨率，突出了波组特征，剖面上浅、中、深层反射波组齐全，层间信息丰富，信噪比较高；

偏移成像合理，反射波准确归位，绕射波收敛，断点清晰、可靠，各种地质现象清晰，大断层、地层不整合以及潜伏构造得到了较好体现，因此，能真实地反映地下地质构造。

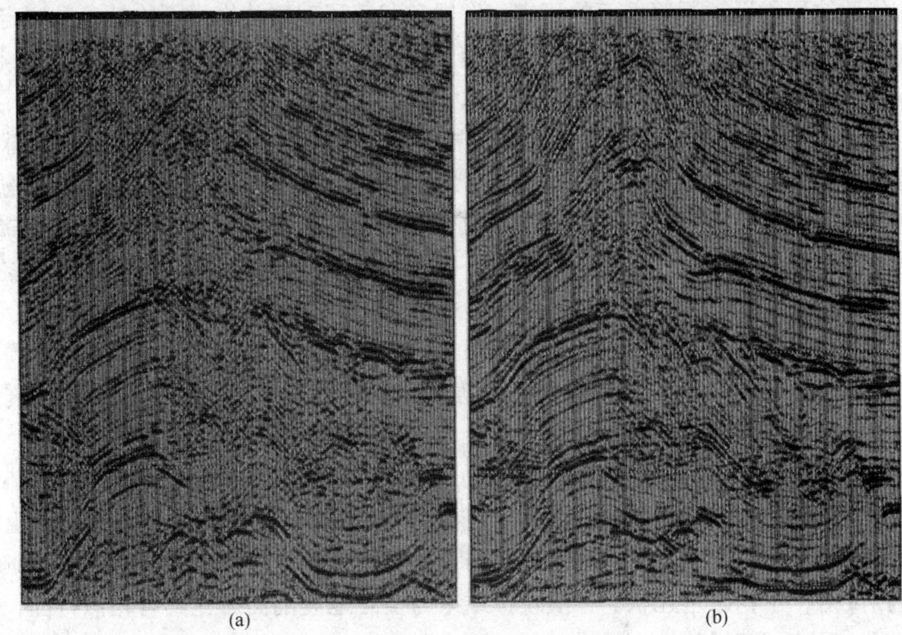

图4　三维叠前时间偏移(a)和三维叠前深度偏移(b)剖面

3　碳酸盐岩储层预测的技术难点与对策技术

3.1　技术难点

碳酸盐岩地层速度高，非均质性强，储层预测的难度大，而川东北地区碳酸盐岩储层不仅非均质性强且埋藏深，预测难度更大。究其原因，主要有：

(1)碳酸盐岩地层速度高，分辨率低，而复杂山地、目的层深、碳酸盐岩层系的叠加效应会使地震资料的信噪比和分辨能力严重降低；

(2)碳酸盐岩储层具有强非均质性，与围岩的波阻抗差异小，地震反射信号弱，高频信号更弱；

(3)碳酸盐岩储层物性差。

3.2　技术对策与效果

针对上述问题，采取如下对策：综合开展层序地层研究、地震层序分析、储层属性反演、储层参数预测等，进行深层碳酸盐岩优质储层预测。以碳酸盐岩储层岩石物理参数测定为基础，在储层的地质构造、沉积相、发育模式研究成果指导下，建立储层的地质—地球物理模型，通过地球物理正演模拟，明确储层的地震响应特征与识别标志，结合地震属性反演，圈定储层发育的有利相带；利用井筒资料(测井资料和钻井资料)的统计规律，借助地震属性反演和储层参数预测技术，预测有利储集岩的空间分布和有效储层物性的变化趋势，提高深层碳酸盐岩地震储层预测精度。

在川东北普光地区的储层识别和预测中，基于常规精细储层标定、储层参数统计、正反演研究，针对礁滩储集岩的地质特点，加强有效优质储层的识别和预测技术研究。开展了构造演化与沉积环境、高精度层序地层分析与精细地震层序划分、有效储层物性参数与地震属性反演、优质储层物性预测等方面的研究，发展和完善了碳酸盐岩岩石物性参数测定、储层地球物理响应特征分析、储层地球物理识别模式建立、古地貌恢复、礁滩发育区地震识别、储层预测频谱成像和有效储层预测等关键技术。

(1)碳酸盐岩岩石物性参数测定。碳酸盐岩储层岩石物性参数是储层地质—地球物理预测的基础，用于储层含气检测的AVO分析、吸收系数、弹塑分析等技术均以储层物性参数随含气饱和度的变化规律为理论基础。在室内模拟地层温度和压力条件下，测定了储层岩样和钻井岩心的纵波速度、横波速度、泊松比、密度等弹性参数，明确了碳酸盐岩储层物性参数的统计规律。

(2)储层地球物理响应特征研究。以测定的岩石物性参数为基础，在储层发育模式指导下，建立了储层的地质—地球物理模型，借助地震波场正演模拟，明确了储层地震响应特征，为利用地震信息预测储层提供依据。

图5显示了P2井—P6井礁滩储层地球物理响应特征，在P6井处飞仙关组鲕滩储层形成了多套较强反射，在P2井处飞仙关组鲕滩储层以Ⅰ类和Ⅱ类优质储层为主，波阻抗相差不大，形成了弱反射；长兴组礁白云岩储层与下伏致密礁核灰岩形成了较强反射，礁核灰岩内部为空白反射，生物礁呈丘状。正演模拟结果与实际地震剖面对比具有相似特征，表明地震数据客观地反映了储层特征。

(3)储层地球物理识别模式的建立。综合储层发育模式、地震响应特征、已知井储层段的地震反射特征，归纳建立了普光地区长兴组—飞仙关组礁滩储层的几种地震识别模式。如普光型飞仙关组鲕滩的“多轴、低频、中强变振幅、断续、杂乱或透镜状反射结构”；大湾型飞仙关组鲕滩的“双轴、低频、强振幅、亚平行反射结构”；长兴组礁滩的“顶、底为强反射，不连续，礁体内部为低频、弱反射，呈杂乱、凸透镜状”。

(4)古地貌恢复。以区域构造演化规律为指导，以高精度地震成像资料的精细构造解释为基础，利用层拉平、平衡剖面、相干体分析和三维可视化等技术恢复古地貌，研究原始沉积格局，确定储集体有利相带的分布规律。

(5)礁滩发育区地震识别。在上述研究的基础上，利用地震相分析和地震属性分析等技术识别礁滩发育区，其中地震属性主要包括振幅、频率等信息。

(6)储层预测频谱成像技术。借助于小波频率分析实现地震数据谱分解的时—频分析技术，其优点是利用反演技术实现谱分解，无需选定时窗，大幅度提高了地震数据的时—频分析精度。

(7)有效储层预测技术。利用基于波阻抗反演技术的孔隙度曲线重构波阻抗方法，计算孔隙度。关键是建立波阻抗与孔隙度之间的统计规律：

$$\varphi = 95.68360 - 8.64728 \times 10^{-3} I + 1.87763 \times 10^{-7} I^2$$

式中，φ为孔隙度，I为波阻抗。

由于储层发育和泥质含量增多均会导致波阻抗降低，因此波阻抗的变化并不能直接反映孔隙度的变化。礁、滩储层中的粘土矿物成分会影响白云岩储层预测精度，为此研究和开发了用于消除白云岩储层中泥质含量影响的伽马和密度随机反演技术。将该技术与波阻抗反演技术相结合，实现了有效储层的空间分布和孔隙度预测。

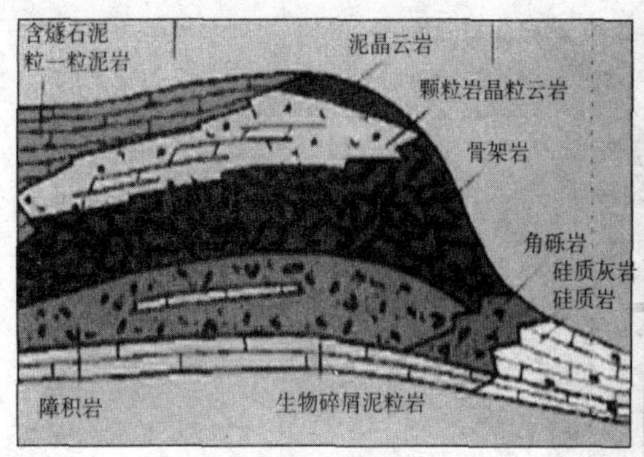

(a)典型碳酸盐岩礁滩相模式

(b) P2井-P6井地震-地质解释剖面

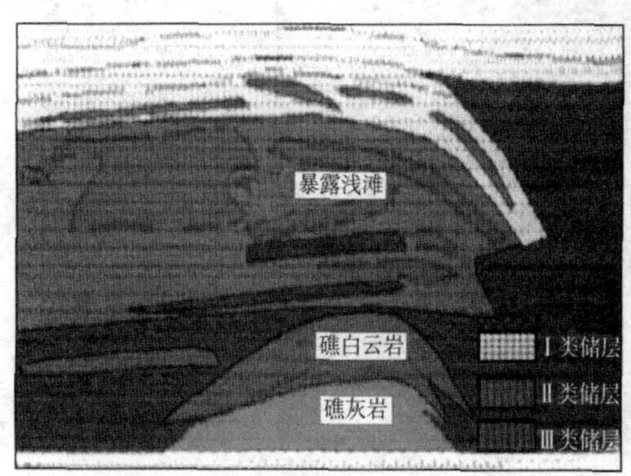

(c) P2井-P6井碳酸盐岩礁滩相解释模型

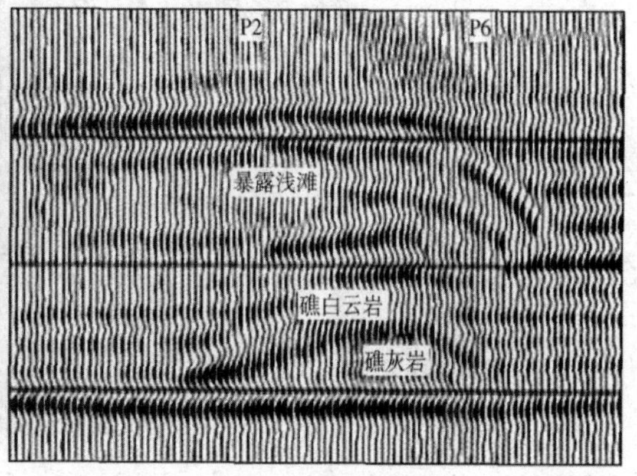

(d) c的地震正演结果

图5 P2井-P6井礁滩储层地球物理响应特征

图6为宣汉三维工区长兴组储层厚度预测平面分布图。长兴组主要发育台地边缘礁，礁体顶部的礁盖为白云岩，是优质储层。平面上，长兴组生物礁滩储层主要沿老君—普光南部—大湾南部—毛坝中部—分水岭北部相变线以北的台地边缘狭长地区，呈北东—南西向弧形展布。毛坝构造中部及毛坝西至分水岭构造中北部一带的碳酸盐岩缓坡相区，储层厚度普遍为50~100m。

4 结束语

针对川东北海相碳酸盐岩油气区地震勘探面临的问题进行了讨论，得到以下认识：

(1)造成碳酸盐岩裸露区地震资料信噪比低的主要因素是地震波场传播规律认识不清，地震激发、接收条件差，地震波向下传播的能量弱；

(2)三维叠前深度偏移是解决复杂构造成像的有效手段；

(3)多学科综合和地震—地质一体化可以提高碳酸盐岩储层地震识别与预测的精度。

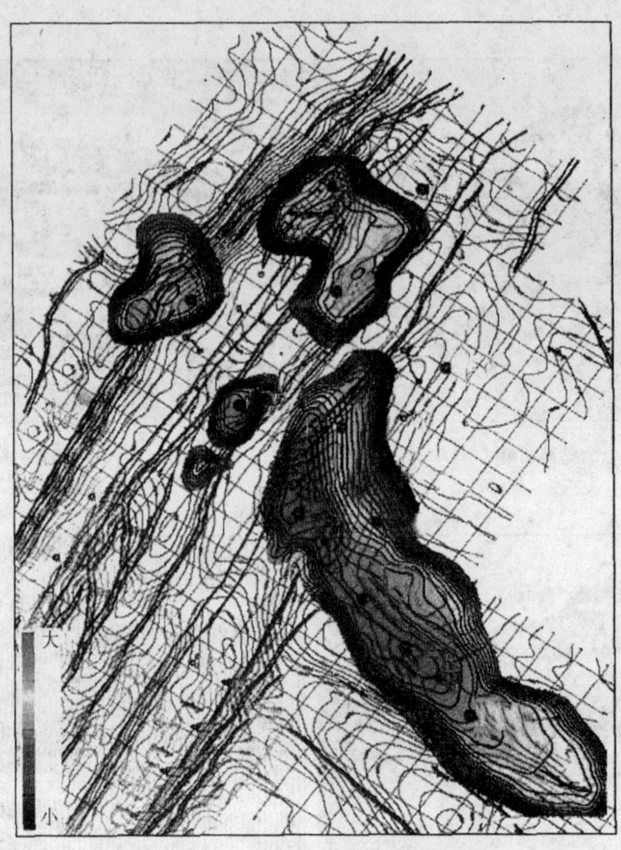

图6　长兴组储层厚度平面显示

参　考　文　献

1　马永生．中国海相碳酸盐岩油气资源、勘探重大科技问题及对策(1)[J]．世界石油工业，2000，7(2)：11～14

2　马永生．中国海相碳酸盐岩油气资源、勘探重大科技问题及对策(2)[J]．世界石油工业，2000，7(3)：13～14

3　马永生．中国海相油气勘探[M]．北京：地质出版社，2007. 1～530

4　Ma Y S. Hydrocarbon resources and problems in China's marine carbonates[J]. China Oil & Gas，1998，5(2)：19～22

5　杨贵祥，郑天发，敬朋贵，等．川东北地区山地高精度地震勘探技术[J]．石油与天然气地质，2006，27(6)：871～878

6　杨贵祥．碳酸盐岩裸露区地震采集方法[J]．地球物理学进展，2005，20(4)：1108～1128

7　杨贵祥，贺振华，朱铱．中国南方海相地层下组合地震采集方法研究与实践[J]．石油物探，2006，45(2)：157～168

8　Ma Y S. Reservoir characterization using seismic data after frequency band width enhance[J]. Journal of Geophysics and Engineering，2005，2(3)：23～26

9　Ma Y S，Zhang S C，Guo T L，et al. Petroleum geology of the Puguang sour gas field in the Sichuan basin，SW China[J]. Marine and Petroleum Geology，2008，25(4－5)：357～370

10　敬朋贵．川东北地区礁滩相储层预测技术与应用[J]．石油物探，2007，46(4)：363～369

11　马永生，郭旭升，凡睿．川东北普光气田飞仙关组鲕滩储集层预测[J]．石油勘探与开发，2005，32(4)：60～64

12　凡睿，高林．川东北飞仙关组鲕滩储层地震预测[J]．勘探地球物理进展，2003，26(3)：199～203

计算机

神通地震成像处理系统研究现状与展望

王延光　单联瑜　王兴谋　隋志强　孟祥宾　匡斌　杨淑卿　杜继修　王鑫

（中国石化胜利油田分公司物探研究院，山东 东营 257022）

摘要：神通地震成像处理系统(STseis)是以叠前成像为特色的油气勘探软件平台。该系统由中国石化胜利油田物探研究院自主研制，拥有全部知识产权和全部源码。其核心技术包括海量数据管理、速度分析、模型建立、积分法叠前时间偏移、积分法叠前深度偏移和波动方程叠前深度偏移等。目前，该系统包括12个子系统、138个功能模块和53万行源程序，提供在线文档、开发文档、用户文档和设计文档共150万字。该软件已经在胜利油田和中原油田推广应用，为我国陆相断陷盆地油气勘探开发作出了重要贡献。

关键词：速度分析　模型建立　叠前时间偏移　叠前深度偏移

1　发展历程

有关复杂构造成像的最新技术应该是波动方程三维叠前深度偏移成像。该项技术是一个综合性的技术体系。它是地球物理、地质和计算机技术有机结合的整体。它代表了今后一段时间地震勘探技术发展的方向，也是当前世界地球物理界研究的竞争性最强的前沿课题之一。

关于复杂地质体深度成像技术，国家自然科学基金委和胜利石油管理局从1996年开始联合资助中科院地质与地球物理研究所、同济大学海洋与地球科学学院和中国石化胜利油田有限公司进行研究。1999年9月胜利油田物探研究院、同济大学海洋与地球科学学院成立了“复杂地质体描述联合研究实验室”，开始了波动方程叠前深度偏移成像课题的研究。2001年8月开始，集团公司与胜利油田物探研究院签订了“复杂地质体深度成像软件系统移植”项目合同，在同济大学海洋与地球科学学院和江南计算技术研究所的协作下，取得了较好的应用效果，使我国波动方程叠前深度偏移成像技术进入实际应用阶段。2004年1月到2005年8月，集团公司与胜利油田物探研究院又签订了“STseis2.0地震成像软件系统工程”项目合同，并与联想利泰软件有限公司合作，将神通地震成像软件系统STseis1.0由实用化版本变为软件产品。经过研究攻关，完成了：深度成像软件系统的数据管理子系统；波动方程深度偏移模块的模块化改造；波动方程深度偏移模块的并行化；深度成像软件系统的软件标准化；深度成像软件新技术功能模块的开发等。2007年8月，推出了STseis2.0地震成像软件系统。“复杂地质体深度成像软件系统移植”和“STseis2.0地震成像软件系统工程”项目的成果，使得大家产生了共识：开发自主知识产权的商业化的地震成像软件系统是必要的、可行的。

2007 年 8 月 ~2009 年 12 月，在神通地震成像软件系统研究成果的基础上，通过对油气勘探软件平台功能的完善，STseis 地震叠前成像处理系统的提升，常规处理工具包与新技术的研发，形成一套拥有全部知识产权的、具有高精度叠前成像和常规处理功能的地震成像处理系统，并实现 STseis 地震成像软件系统的推广应用。

2　功能介绍

神通地震成像处理系统 STseisV2.1 已基本实现地震勘探数据的常规处理和叠前成像等处理功能；具备图形显示、系统集成、系统资源管理等软件功能；建立地震数据软件平台的主体框架；具有稳定、灵活、易扩展的软件平台特性。该系统实现自主知识产权软件的地震资料叠前成像处理，便于地震勘探新技术的集成，也为中石化上游发展勘探开发一体化软件系统打下坚实基础。神通软件拥有比较全面的精细速度分析功能(图 1)，包括叠前时间偏移剩余速度分析、叠前深度偏移剩余速度分析、百分比扫描速度分析等技术，而且使用方便灵活，独具特色，得到处理人员的认可。百分比扫描速度分析技术的优势在于速度分析点(即成像点)能任意选取，而且成像的时间范围也可以灵活控制。该方法为信噪比低以及地质构造复杂区地震资料成像提供了方便可靠的速度分析工具。

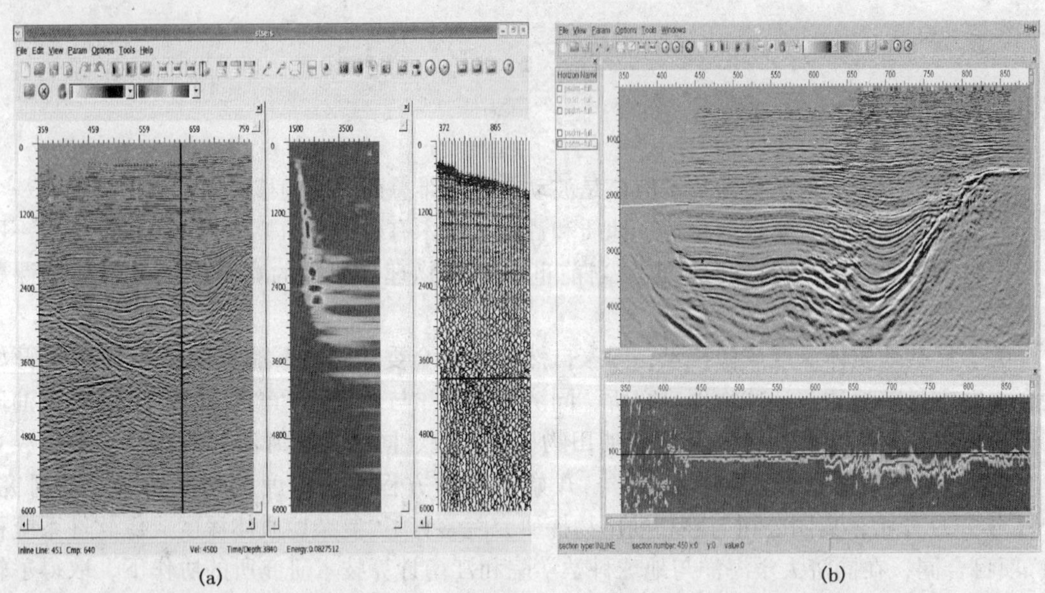

图 1　常规速度分析(a)和沿层速度分析(b)

2.1　地震资料处理功能

神通 STseis2.1 在地震资料处理方面具备工区管理、常规处理、速度分析、速度建模、叠前偏移成像等功能。STseis2.1 以工区为核心实现项目的过程管理，通过工区管理，完成对工区的建立、修改、管理功能，使处理人员使用更加方便灵活。神通软件拥有常规处理的各项功能，包括观测系统定义、振幅恢复与补偿、静校正、反褶积、去噪滤波、速度分析、动校正叠加处理、消除复杂地表影响等。根据实际需求，神通软件也发展了自己的特色技术，具备叠前时间偏移、积分法叠前深度偏移、炮域波动方程成像、共角度域成像、非水平地表成像、控制照明成像等功能。该软件提供的积分法叠前时间偏移技术，充分考虑数据的输入输出方式与及并行计算策略，内核采用了抗假频、斜坡处理、振幅加权和自适应偏移孔径等成像技术，从而推出一整套适用于陆地地震资料高精度叠前时间偏移的处理流程。

2.2 软件系统功能

神通系统拥有引擎驱动的开放性组件式架构设计。按照架构稳定性和可扩展性的性能要求，在国内首次提出并实现了以插件为核心的软件架构设计技术，使神通软件已经发展成为开放性的地震成像处理与开发平台，实现了模块开发的灵活性。同时基于数据库索引的海量地震数据多维管理技术，解决了海量数据的管理难题。神通系统在国内首次提出地震勘探功能模块标准化开发规范，实现多语言多编译器的地震勘探模块自动添加工具。开发丰富的功能模块标准接口，并借助源码模板技术开发功能模块自动添加工具，使开发人员易于形成自己的模块系列。神通系统具有流程编辑工具，使处理人员可以实现地球物理业务的编辑、组织和监控等功能。在数据方面实现数据库与文件双重管理，使资料处理、解释数据使用同一的数据格式和统一管理模式，为将来开发神通处理解释一体化平台打下了基础。软件能够在32位、64位不同微机群环境下运行，提高软件适应性与实用性，进一步增强系统稳定性，断点保护和恢复的功能的实现，辅助处理模块的增加，提高了系统的完备性。

3 技术创新

(1)神通软件提出并实现多引擎驱动的开放性组件式架构(图2)。跨平台支持层指的是由Qt4.0、OpenGL、数据库等跨平台开发工具所组成的。该层提供了最基本的系统开发环

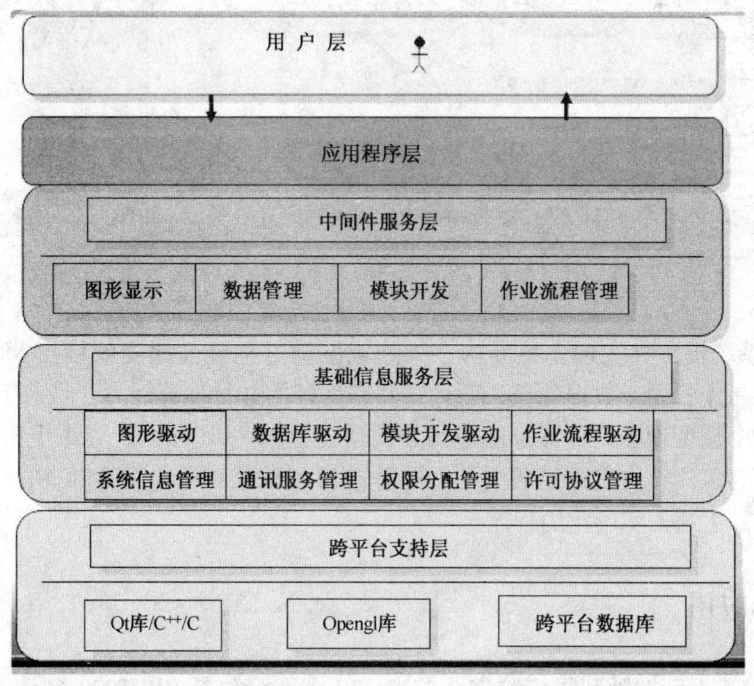

图2 多引擎驱动的组件式架构

境。基础信息服务层是建立在跨平台支持层之上的，主要提供地震勘探软件集成开发环境的基础服务，该基础服务完全依靠多引擎驱动，不依赖于地震勘探软件本身。中间件层在基础服务层提供的接口基础上，创建功能插件。主要包括图形显示、数据管理、模块开发和作业流程管理等功能。应用层主要调用中间件服务，通过对不同插件的组合、优化实现各种地震处理功能。多引擎驱动的组件式架构设计技术保证了神通软件各个组成部分之间分工明确，体现了内部高内聚、相互间低耦合的软件设计原则，使该软件整体架构稳定可靠、扩展性较好。

(2)神通系统拥有高精度速度分析方法与独具特色的模型建立工具。神通系统拥有共中心点道集、共反射点道集与共反射角道集的垂向及沿层的高精度速度分析方法，同时成像速度的直接拾取功能，为地震资料的成像处理做出创新性贡献，尤其对低信噪比数据，用成像速度分析方法求取成像速度更加行之有效。神通系统五合一交互速度建模工具(图3)，赶超了国际同类软件产品的建模技术水平，为处理员提供了灵活方便的软件工具，奠定了高精度速度建模的技术基础。它将地震剖面、地质解释、速度剖面、速度控制点速度谱与地震记录道集形成交互动态编辑建模，使得速度模型建立更加方便快捷，更加符合地质规律。

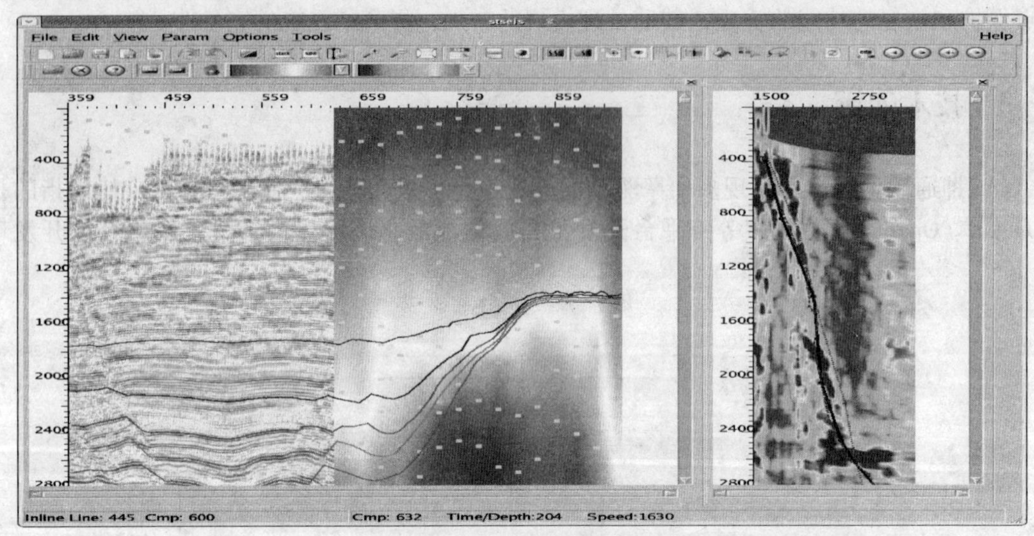

图3　五合一交互速度建模工具

(3)神通系统提出并实现多核异构三维炮域波动方程叠前深度偏移技术(图4)。GPU/CPU将更多的晶体管用于数据处理，而且还具有良好的并行计算能力。目前Tesla 10系列的GPU拥有240个流处理器，其计算能力与当前最先进的CPU相比，有数十倍的提高。目前神通软件实现的多核异构三维炮域波动方程叠前深度偏移算法与单CPU相比，计算速度提高了100多倍，达到了实用化的程度。

4　实际应用

目前STseis2.1已在胜利物探院安装节点320多个，包括CPU1000多个，服务器8台。累计处理实际资料1000多平方千米。

4.1 尚店北三维实际资料应用测试

工区南部位于东营凹陷林樊家披覆构造上，中部为滨县凸起西端，北部跨越流钟洼陷。全区三维资料记录长度7s，2ms采样，按segy格式输入，共计180G。地震资料经过神通系统叠前偏移处理后，在共反射点道集上反射同相轴被拉平，偏移剖面构造形态清楚，表明神通速度模型建立(图5)和偏移方法的正确性(图6)。整体偏移剖面构造清楚，波组活跃真实可靠。浅层的小断层成像清晰，断点干脆，火成岩形态清楚。(图7)

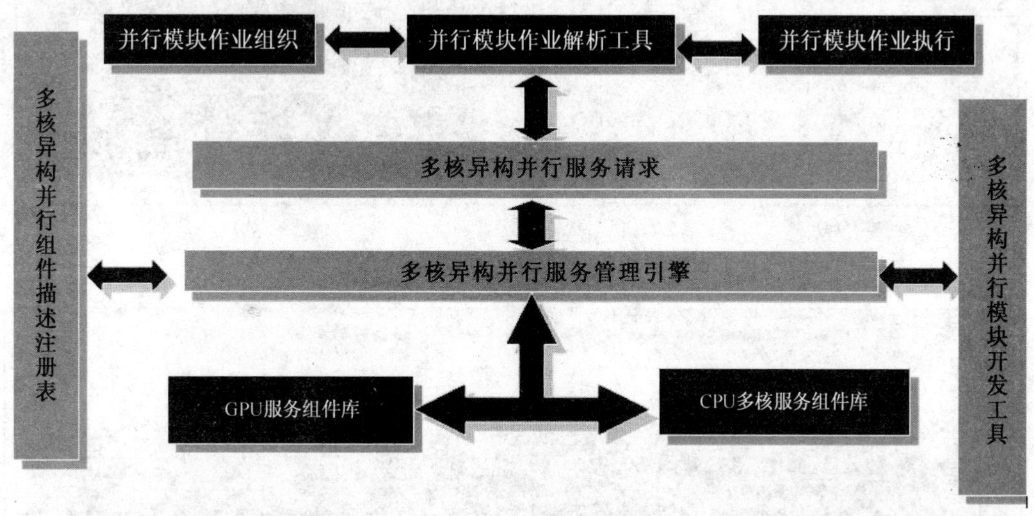

图4 多核异构并行算法研究

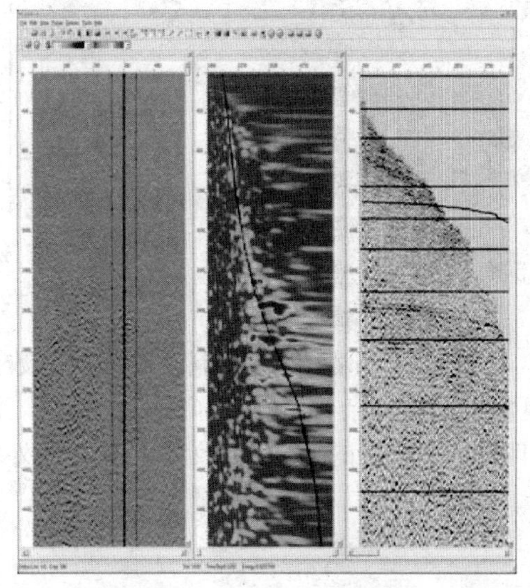

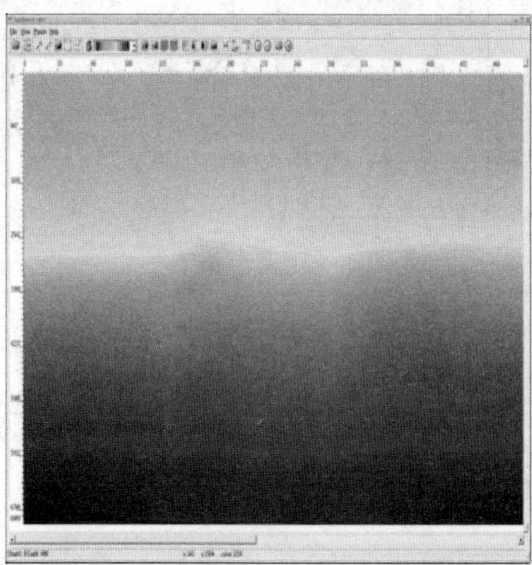

图5 神通系统速度与模型建立

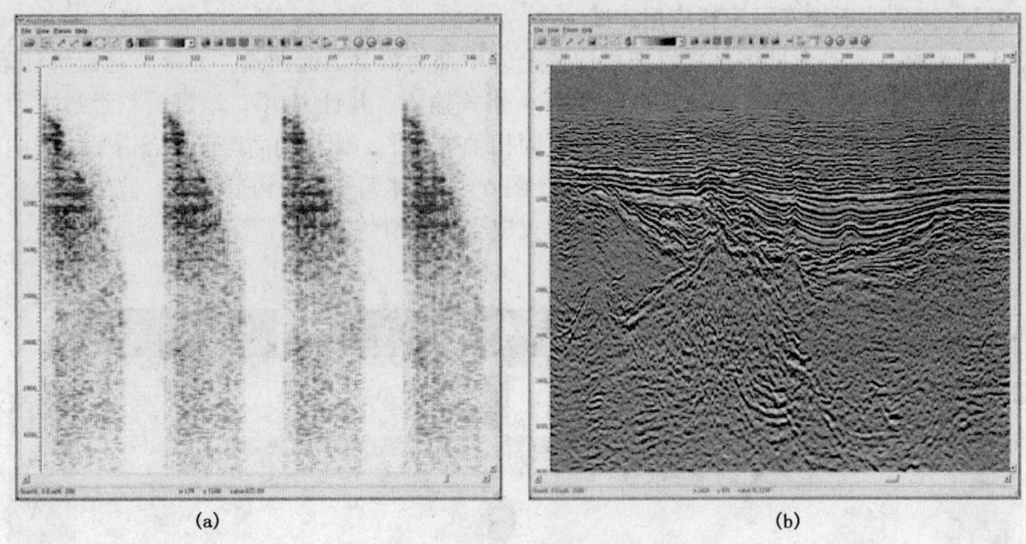

(a)　(b)

图 6　偏移道集(a)和偏移剖面(b)

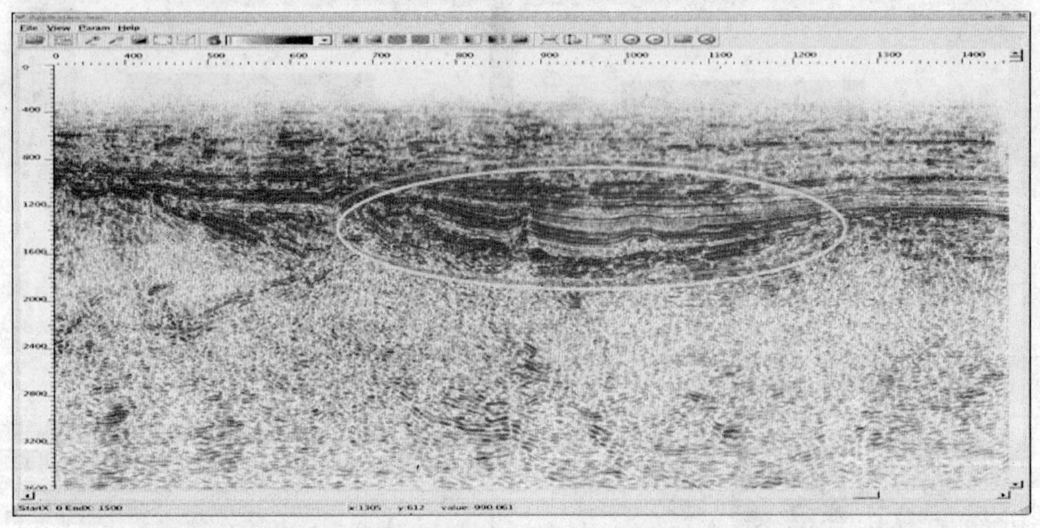

图 7　偏移剖面

4.2　史南-郝家三维叠前时间偏移

该资料全区面积 600km^2，资料记录长度 7s，采样间隔 2ms，处理资料 700 条线，数据大小 1.2T。神通系统偏移结果显示，地质现象更加丰富，复杂构造得到了更好的反映。深层构造成像方面，构造清楚，接触关系明显，而且保持了较好的信噪比。处理效果与国外软件基本相当，部分范围成像效果更加清楚。

5　结论

经过十几年的积累与技术攻关，神通地震成像处理系统 StseisV2.1 已基本实现地震勘探数据的工区建立、数据管理、常规处理、速度分析及建模、叠前偏移成像等处理功能；具备图形显示、系统集成、系统资源管理等软件功能；建立地震数据软件平台的主体框架；具有稳定、灵活、易扩展的软件平台特性。该软件系统具有自主知识产权，便于地震勘探新技术的集成，也为中石化上游发展勘探开发一体化软件系统打下了坚实基础。

神通系统将在STseisV2.1版本的基础上，继续加强软件平台建设、充实软件常规处理功能、丰富创新地球物理新技术、加强软件系统的推广应用，最终发展成为"国内领先、国际一流"的软件技术品牌。

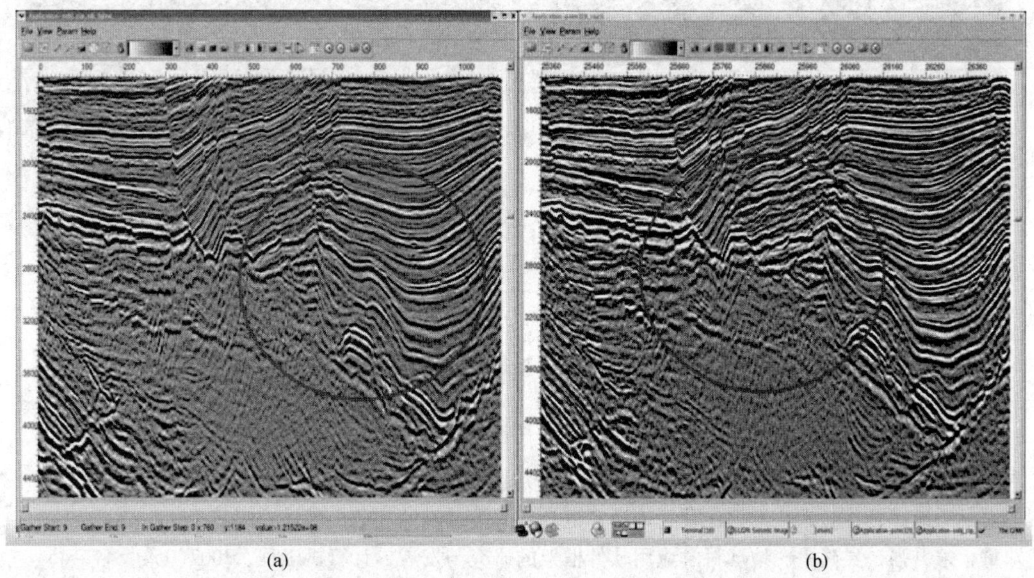

(a) (b)

图8 Geodepth(2991线)(a)和STseis(2991线)(b)

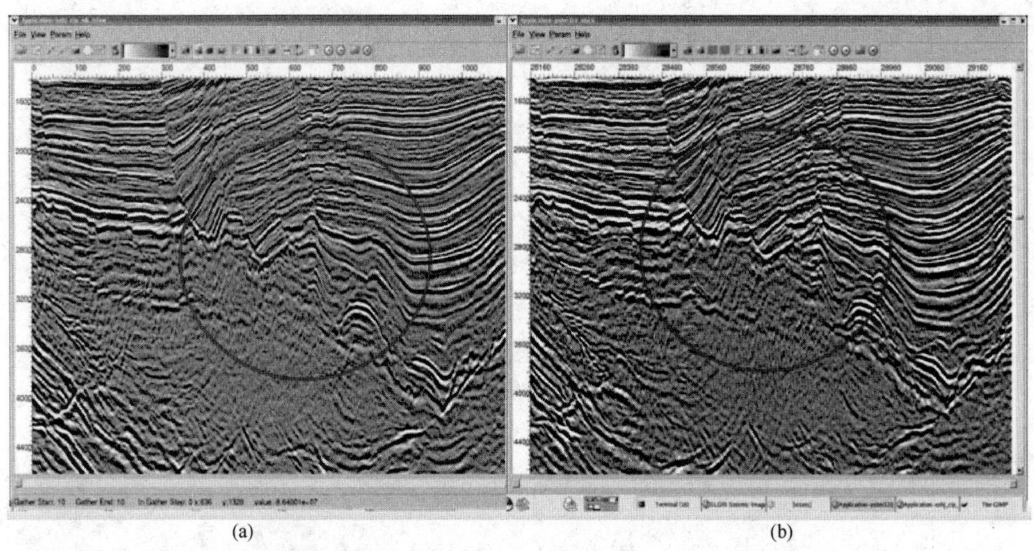

(a) (b)

图9 Geodepth(3011线)(a)和STseis(3011线)(b)

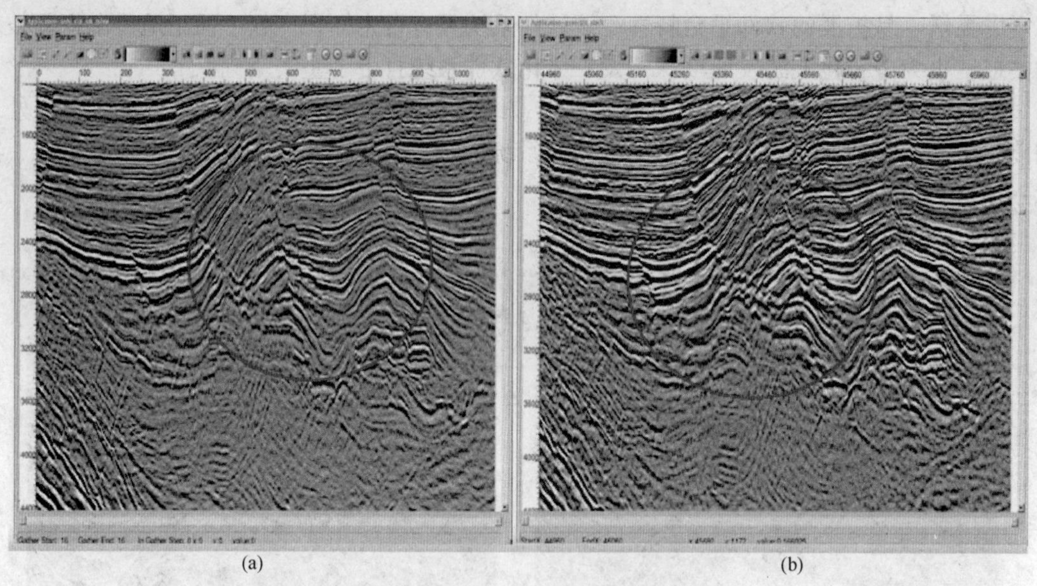

(a)　(b)

图 10　Geodepth(3131 线)(a)和 STseis(3131 线)(b)

参 考 文 献

1　王宏琳. 油气勘探开发计算机软件集成平台的研究, 石油学报, 1999, (05), 20～23

2　王宏琳. 地震软件技术－勘探地球物理计算机软件开发. 石油工业出版社, 2005

3　郑重, 宋君强, 吴建平. 地球科学应用软件框架的研究与发展, 计算机工程, 2007(05), 44～45

4　赵连功, 刘洪. 地震处理数据资料处理软件集成化研究现状和发展趋势, 地球物理学进展, 2003, (04), 598～601

地震勘探采集工程软件 SeisWay 2.0 的研发

魏福吉　徐维秀

（中国石化胜利石油管理局地球物理勘探开发公司，山东东营 257068）

摘要： 系统阐述了地震勘探采集工程软件 SeisWay 2.0 的有关技术、软件框架、模块功能和技术应用。首先扼要介绍了该软件所研究的一些地震采集方法与技术，重点描述了软件的整体架构设计，逐一介绍了软件的功能模块，并通过实际应用示例阐明了该软件的应用效果，最后概括了该软件的技术优势，概要说明了目前的在研情况及下一步的发展方向。该软件在方法与技术上取得了五大创新点，在实用软件功能方面也获得了突破。目前，该软件已在中国石化集团公司推广，在许多地震勘探采集工程中得到广泛应用，效果显著。

关键词： SeisWay 软件　观测系统设计　参数论证　正演模拟　软件架构　地震勘探采集工程

1　引言

目前，油气地震勘探已转向复杂地表和复杂地质构造地区，在这些地区，地表高差大、起伏剧烈、岩性变化大，地下有高陡构造、逆掩断裂、复杂岩性等。面对这种勘探形势，能否获得最佳的地震资料，观测系统设计显得尤为重要。受地下构造形态的影响，复杂地质目标产生的地震波场异常复杂，CRP 分布极不均匀，观测系统面元属性变化较大，覆盖次数、方位角、炮检距等属性分布不平衡，所采集的地震资料仍满足不了处理和解释的需要。地震采集是个系统工程，采集现场的影响因素颇多，现场的各种监控技术也是影响地震采集资料品质的重要因素。因此，地震勘探面临的复杂性使得勘探部署风险和勘探难度加大，对地震勘探技术要求很高，迫切需要研究相应的技术来解决这些复杂地区所遇到的各种技术困难，促进油气工业的发展；同时，国内外日益激烈的地震勘探市场竞争，也迫切需要发展中国石化集团公司的核心技术，以增强集团公司地震勘探采集技术实力。

2　基于“双复杂”地区的地震采集方法研究

“双复杂地区”是指具有复杂地表和复杂地质条件的地区，这些地区的地震资料采集是目前也是今后很长一段时间地震勘探的热点和难点，解决这些地区的地震资料采集技术难题是本软件设计的主要目标。

2.1　激发和接收参数的精细化分析

研究了激发子波的模拟计算技术、检波器的动态响应特性分析、检波器耦合特性模拟分析等。从均匀弹性介质质点的运动学特征出发，得出了震源子波的计算表达式，并考虑激发空腔对地震信号的影响，讨论激发子波与孔穴半径有关的内容，达到定性或定量的认识，图1为激发子波速度与加速度模拟分析图。检波器的内部工作机制和地面耦合都具有衰减简谐振动的响应特性，以两个阻尼弹簧系统为基础制作一种检波器模型，利用检波器自然频率和检波器地面耦合的谐振频率，以及检波器和地面耦合的阻尼系数，可得出检波器幅度和相位的表达式。

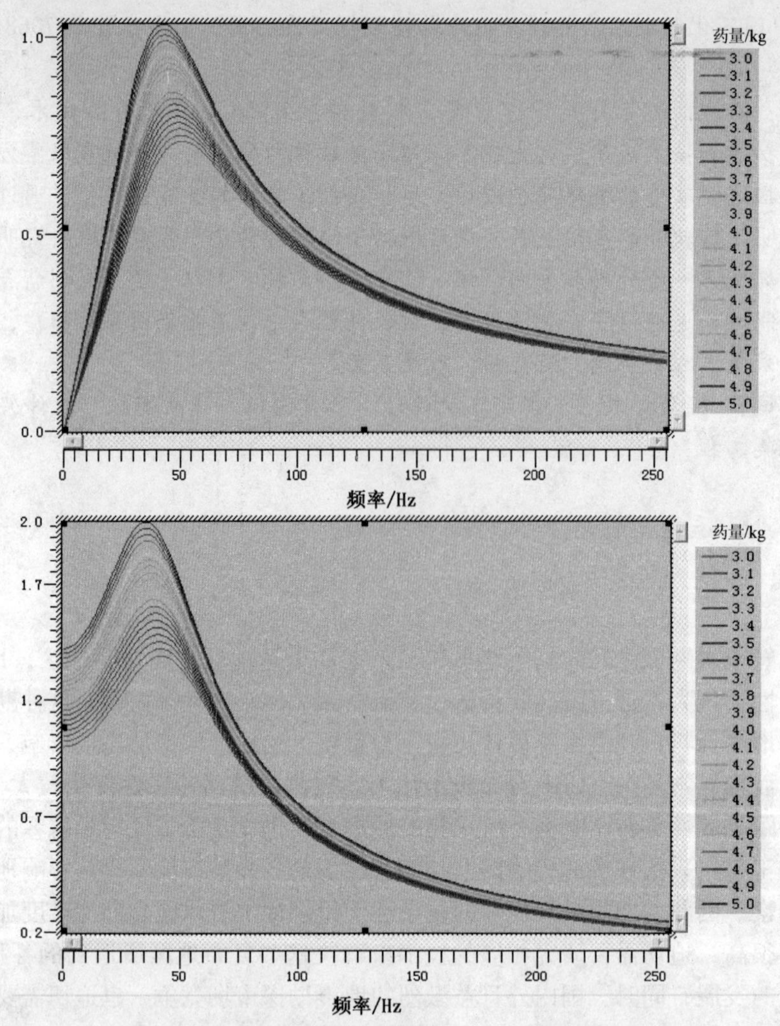

图1 新疆某地激发子波速度谱(上)和加速度谱(下)

2.2 基于遥感影像的3D观测设计与飞行踏勘

遥感影像的数据量庞大，研究了海量数据的处理等以提取有效信息，并提高存取效率。从遥感影像中提取高程信息，生成含炮检点数据的高程3D模型，其中研究了空间曲面数据插值算法，利用这些技术，自动生成起伏地表地面。

研究了地形渲染技术，采用四叉树算法定位当前需要绘制的地形及纹理数据，采用线程技术装载海量地形数据及纹理数据，降低CPU负载和高GPU吞吐量。运用OpenGL提供的API (Appication Program Interface，应用程序接口)做渲染处理。利用OpenGL模拟照相机原理，在物体与视点间进行模型变换和视点变换，不断移动视点位置，变换观察方向，模拟飞机飞行，使视点在设定的路线上行走，观察地形地貌，达到在定制的飞行线路上实现对地形不同角度的观察。

依据工区内的地形、地貌情况，交互编辑炮检点位置，并借助以上所述的地形渲染、漫游等技术，实现观测系统模拟布设，图 2 为模拟效果图。

图2　川东某地模拟观测系统布设图

2.3　双复杂条件下基于 CRP 属性的观测系统设计

基于起伏地表与地下复杂构造的 CRP 面元属性分析，弥补目前设计软件单纯基于水平层状、均匀介质假设的观测系统设计技术，建立了两类 CRP 面元分析模型：水平地表起伏地下地质模型与起伏地表和起伏地下地质模型，从而形成更符合实际地质构造的合理观测系统。

图 3 为同一观测系统的四种面元（CMP、CDP、CRP1 和 CRP2）分析覆盖次数对比图，其中，CRP1 是水平地表起伏地下构造的 CRP 面元属性分析，CRP2 是起伏地表和起伏地层的 CRP 面元属性分析，从这四张图上可以看出，不同面元分析方式之间的差异。

2.4　基于勘探目标采集质量分析与经济效益评价的观测系统优化技术

分析总结了基于统计实验设计技术的三维地震采集优化设计的具体目标、约束条件以及模型空间与数据空间的物理关系，提出了三维观测系统优化设计中基于统计实验设计技术四方面的最优化设计问题。

提出了在观测系统面元属性分析中，对炮检距均匀性（也可称为非均匀性）定量刻画的炮检距变化率参数，建立了基于面元内炮检距均匀分布的三维观测系统优化设计的最优化目标函数。

野外地震资料采集质量的控制可以转化为对工区地球物理目标参数的约束与限制，而对观测系统的结构形态最有影响的地球物理目标参数主要是覆盖次数、最大炮检距和仪器的接收道数。针对观测系统设计中的这三个起决定性作用的论证参数，建立了基于地球物理目标参数偏差最小化的观测系统设计最优化目标函数。

针对地震采集质量最优与野外采集成本最小化，建立了基于野外地震施工的前期准备成本、野外施工成本和现场处理成本最优化的观测系统优化设计的目标函数。

建立了质量最优化和成本最小化的观测系统设计目标函数，形成了基于质量最佳与效益

图 3　同一观测系统不同面元分析覆盖次数对比

最优的观测系统综合设计方法。最优性价比观测系统优化设计将质量最优数学模型和采集成本因素进行了有机的结合，这为高质量的观测系统优化设计提供了新的思路和方法。

2.5　波动方程正演模拟与地震照明技术研究

在“双复杂”地区，传统的基于平缓构造的地震采集方法和技术面临挑战，地震波模拟和地震波照明不能反映实际情况。目前的观测系统设计基本以水平层状模型为前提，覆盖次数计算没有基于地震模型，仅仅由炮点和检波点确定，这在“双复杂”情况下存在问题：覆盖次数与实际地质模型密切相关，传统计算覆盖次数方法存在缺陷；观测方向不是基于地质模型确定的；利用模拟记录确定排列时缺乏定量化，也没有考虑地表起伏的影响；目前的模拟方法一般没有考虑地表起伏对地震波传播的影响，或者考虑得不正确；激发位置和排列方式确定没有更好地面向勘探目标；对一些成像不好的区域没有定量确定最优的加密炮范围的方法等。

通过地震波照明分析，可以确定在特定观测系统下地下地震波照明阴影区，并进行观测系统定量评价。通过照明强度统计方法以及单程/双程波动方程地震波上传方法，可以确定提高地下某区域照明强度的地表最优激发范围。利用射线追踪和波动方程联合照明，可以具体分析不同目的层界面上 CRP 点的覆盖次数和能量分布，进而确定检波器排列方式和排列长度。

研究了高阶波动方程数值模拟方法及有关数值解法问题，包括起伏地表自由边界条件及其隐式实现方法等；研究了 2D/3D 起伏地表弹性波数值模拟方法、2D/3D 单程波方程单向照明方法、2D/3D 单程波方程双向照明方法和 2D/3D 平面波源单程波单向照明方法。将地震波照明分解为震源对地下界面的照明度及地下反射界面对地表检波器的照明度，通过地震波照明，进行适合“双复杂”地区的基于模型、面向勘探目标的三维地震观测系统优化的设计。图 4 为利用照明度分析技术与正演模拟所得剖面与实际处理剖面对比图，圆圈内真实地反映了由于照明不足造成了实际剖面上成像效果差。

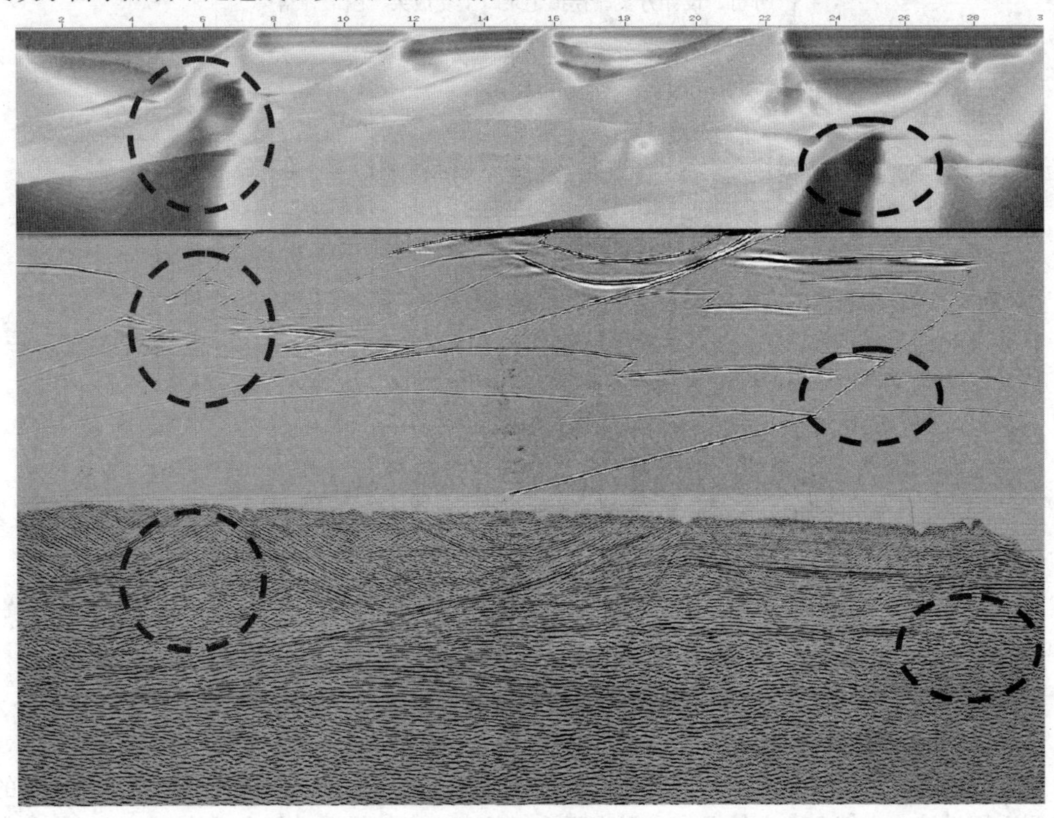

图 4　照明、正演模拟后的偏移剖面与实际剖面对比

上：双向照明图；中：未采用照明补偿的叠前深度偏移剖面(模拟数据)；下：实际处理剖面

3　软件功能简介

SeisWay 软件总体构架参考图 5。

在软件总体构架下，设计了每个模块流程图，确定各模块接口方式，明确各模块内一些主要对象的接口定义，设计软件系统所采用的输入输出数据库，制定系统内外部的数据交换标准等。

SeisWay 软件系统包括八大功能模块：参数论证、观测系统设计、地震模型与正演模拟、近地表资料分析、质量控制与分析、测量数据处理、SPS 数据处理和采集项目管理。

3.1　参数论证模块

利用探区表层模型和勘探目标地震模型等已知信息，针对地质任务要求，论证地震采集参数，为野外地震勘探提供最佳的采集参数。主要提供激发参数、排列参数、组合参数的论证分析。激发参数论证包括激发井深度、激发频率、激发能量方向、虚反射分析、激发子波模拟等激发响应分析。排列参数论证包括面元、道距、最大炮检距、分辨率、偏移孔径和多次波分析等。其中最大炮检距分析包括动校拉伸分析、速度分析、精度分析、与目的层埋深关系、多次波压制、反射透射系数与入射角的关系，这些因素都限制了最大炮检距范围。组合参数论证包括组合距计算和组合特性分析、检波器和炮点理想组合方案分析。

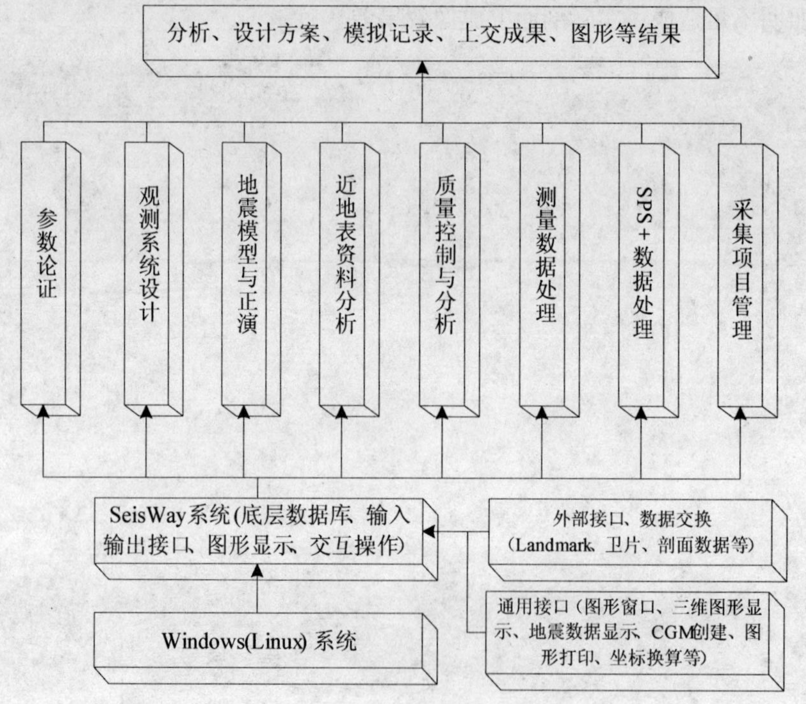

图5　SeisWay 软件的基本架构

3.2　观测系统设计模块

观测系统设计模块是地震勘探采集应用软件系统的核心模块，能够完成复杂地质任务的观测系统设计，支持SPS文件操作，对实际施工的SPS文件错误进行自动检查；通过加载高清晰度卫星照片辅助观测系统设计，进行面元分析，并考虑炮点和检波点所在地表高程变化的影响；实现起伏地表和起伏地层的CRP面元分析；可进行线束模式、钮扣模式、斜交模式等观测系统模板分析，按工区自动满覆盖布设和按模板滚动布设；优化覆盖次数、方位角、偏移距的计算方法；输出CGM矢量图形。

3.3　地震模型与正演模拟模块

灵活建立二维、三维地震模型，根据定义的观测系统和施工参数，利用射线追踪或波动方程方法模拟野外采集地震资料，分析不同层位的面元属性，指导观测系统设计和采集施工，实现面向地质目标的观测系统设计。特别是采用节点建模方法，适用任何复杂模型。高阶差分和交错网格等方法与技术解决了基于波动方程模拟精度、数值频散、人为边界反射、稳定性和计算效率等问题，同时实现弹性波波动方程数值模拟，以适应岩性勘探和多波勘探的需要。图6是理论地震模型与射线追踪和正演模拟效果图。

3.4　近地表资料分析模块

实现小折射、单井微测井和双井微测井资料分析，建立比较准确的近地表地震模型，可计算每一个激发点、接收点的静校正量。对野外施工的小折射和微地震测井资料进行解释，从而测定低(降)速带界面埋深、速度，建立近地表地层模型，为反射地震资料处理中基准面校正(静校正)提供数据，也为参数论证提供更切合实际的近地表参数。

3.5　质量控制与分析模块

质量控制与分析模块的功能是对野外地震资料各类属性进行定量计算。其主要特点是不仅可实现单炮资料评价，还可对局部或特定时窗范围的资料品质进行分析；另一个特点是它改变了评价方式，过去对野外地震采集资料的认识是定性分析，现在则通过定量评价野外单炮质量，减少人为因素，使得评价结果更规范、更科学；能直观、定量地给出单炮的能量、频率、信噪比等信息，依靠结果，分析激发、接收和环境等因素对采集质量的影响，确定理想的野外采集参数和施工方案。分析功能包括线性动校、干扰波分析、能量分析、信噪比分析、频率分析、时频域分析、频时域分析、分频扫描分析和自相关分析等。

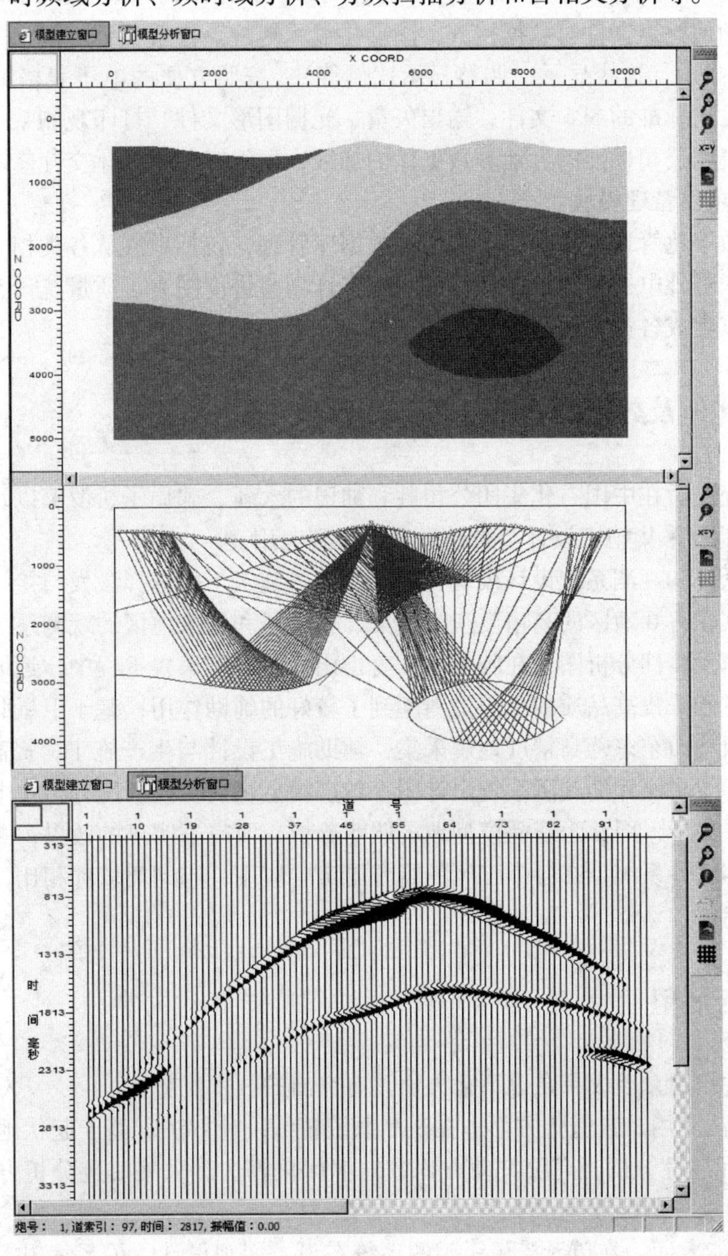

图6　地震模型(上)、射线追踪(中)与正演模拟(下)

3.6 测量数据处理模块

测量数据处理模块是对野外测量施工所得的原始数据处理分析，判定原始数据的合理性，并最终生成处理分析结果。该模块目的是将数据繁多复杂的测量处理流程自动化，能够灵活方便地对数据进行检查以及生成所需的统计报表，帮助野外施工人员快速地进行测量数据的处理，方便施工。测量数据处理主要有导线测量数据处理、动态 GPS 测量数据处理和太阳方位角测量数据处理三种方式。

3.7 SPS 数据处理模块

处理标准的 SPS 文件和非标准的(包括通过测量仪器输出的结果文件)SPS 文件；根据相应的关系文件和炮检点文件对数据检查；图形化显示炮检点位置，显示炮检关系；提供多种显示选项(桩号显示、连线显示、调整显示比例等)，按照方便的电子表格编辑方式修改相应的数据项；输出标准的 SPS 文件，输出矢量、光栅图形文件，打印观测系统图件；实现了符合中国石化集团公司标准的近地表数据体的加载，可编辑、图形化交互修改层位等功能。

3.8 采集项目管理模块

采集项目数字化管理，实现层次清楚的数据库管理，包括地震队各类相关基础数据、项目数据。实现了野外电子班报的管理：显示施工计划与进度图表、质量统计、施工参数平面分布等，还可以生成各类常用报表。

4 应用实例及效果分析

该软件系统先后在中国石化集团公司胜利油田的永新、郭局子、罗家以及四川和新疆等 30 余个工区的地震采集施工设计与野外生产中得到应用。

利用参数论证和观测系统设计模块，较好地为各施工工区选择激发与接收参数，并设计观测系统，尤其在官 6 地区的高精度三维采集、郭局子和罗家地区的观测系统设计中，效果显著，图 7 为面元属性分析图；在胶莱地区姜山山地的二维采集工程中，近地表分析模块和质量控制模块对于采集高品质的地震资料起到了较好的辅助作用；基于卫星照片的观测系统设计应用于四川和山东东营高精度地震采集，辅助施工设计与生产施工，提高了效率，图 8 为四川工区基于卫星照片的观测系统设计图；地震模型正演及照明度分析集中应用于新疆塔中地区的地震采集中，图 9 为新疆模型地震照明分析，取得了明显的效果；测量数据处理集成多元数据于本软件系统，在各个工区的野外施工中应用，与同类软件相比，具有完善的功能和较高的性能。

5 结论与展望

与同类软件相比，该成果在以下几方面具有突出的技术优势：

(1)地震方法应用及数值化方面。在观测系统精细设计方法、基于起伏地表与地下复杂构造的 CRP 面元属性分析、高阶波动方程数值解优化算法、采集痕迹分析方法以及照明度分析应用等方面处于国际领先水平。

(2)软件功能方面。在单元模板、观测系统布设、变观设计、关系编辑、面元分析、图形输出、采集痕迹分析和测量数据计算等方面达到了较为完善的效果，与同类软件比较，前几项指标基本一致，但后两项指标是同类软件所不具备的。

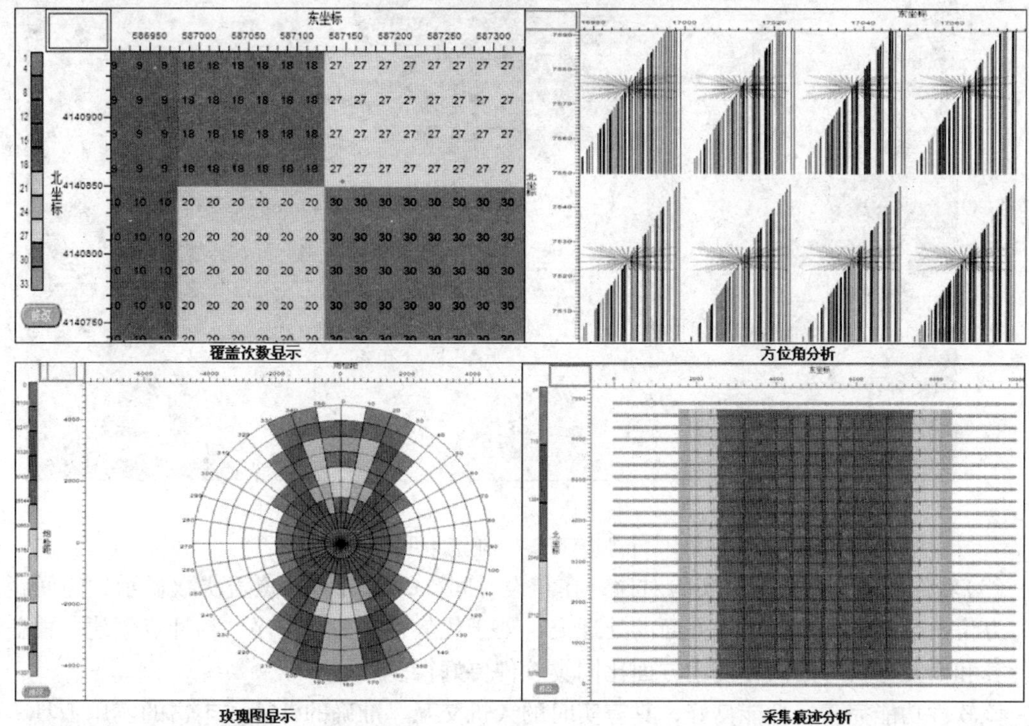

图 7　面元属性分布图

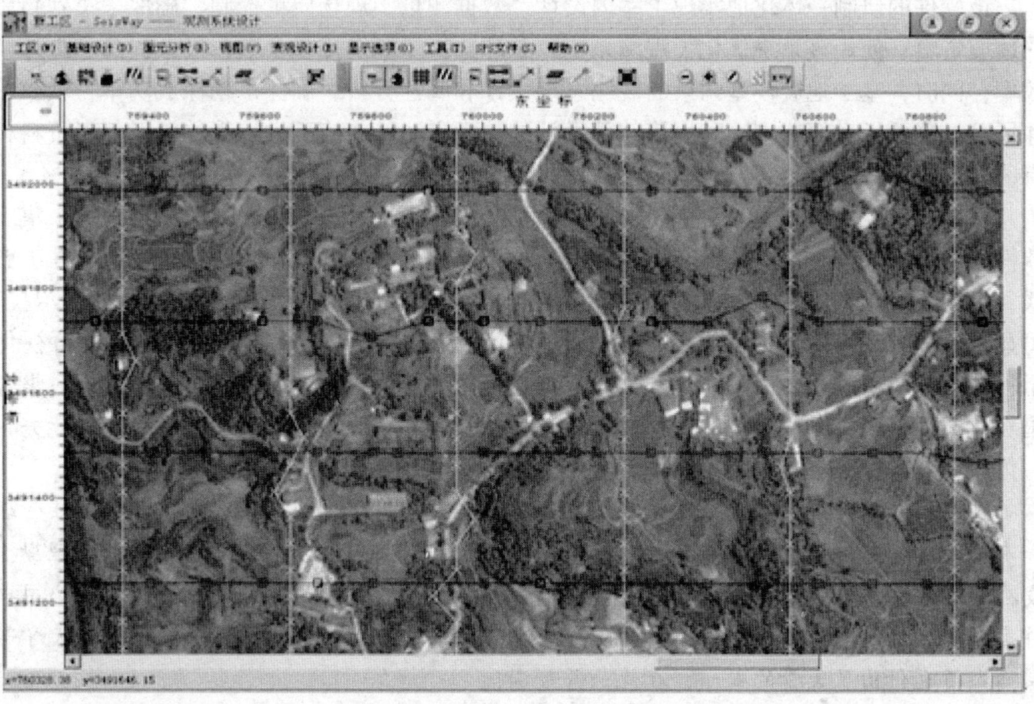

图 8　四川工区基于卫星照片的观测系统设计

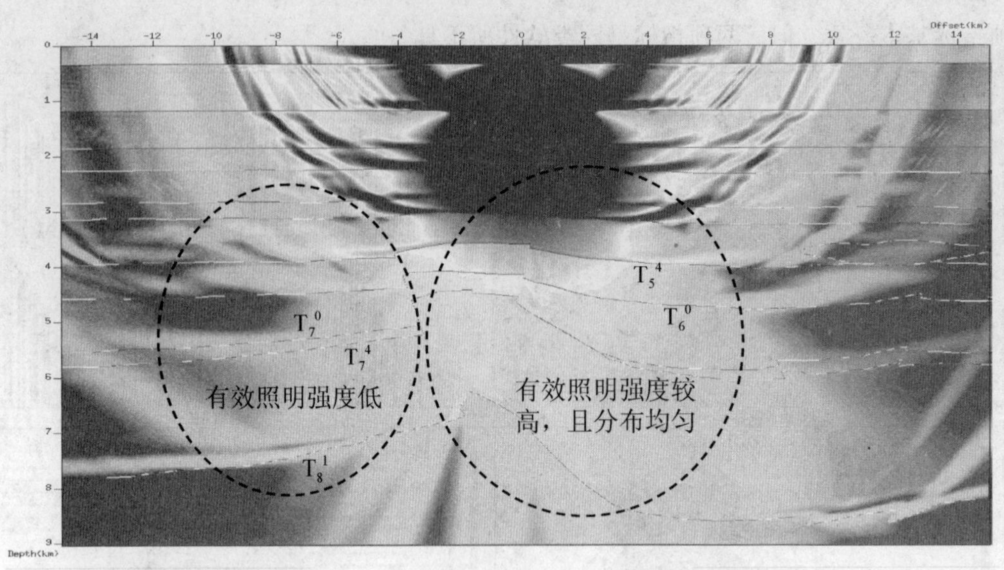

图9　新疆模型2号构造照明分析图

(3)软件性能方面。通过实验对比，在布设时间、CMP计算、覆盖次数显示、炮间距显示、方位角显示和SPS输出等方面的处理上，处于优势；在加载程序、物理点创建、覆盖次数计算和面元分析等的内存使用方面比同类软件要好得多。

该软件功能完善，性能良好，具有实时的人机交互、准确的计算、丰富的实用工具、标准的成果文件输出、强大的图形操作、多元化的数据处理等特点，具有较高实用性。

该软件的研制一体化地实现了室内设计、数据测量、现场质量控制，确保采集到高质量的地震资料；使用该系统优化了观测系统，合理选择了激发接收参数，极大提高了野外生产效率；同时，基于地震模型约束的观测系统设计和属性分析，确保了勘探成功率，减少了勘探风险，降低了勘探成本。利用该软件设计的技术方法，在施工后取得的资料与老资料相比有明显的改善，并取得了较大的经济效益。

目前，该软件开发进入一个新的时期，正研制可扩充、高复用、易实用的地震采集工程软件通用平台，该平台的开发与运行环境基于Linux操作系统，能够达到：支持插件扩展模式，可实现应用程序、物探方法等多方位的插件式扩展；提供快速、高效的图形显示技术，可显示和编辑二维图形、三维图形和三维GIS图形；系统支持大数据量的加载和可视化显示；系统支持地震采集工程涉及的常用数据格式；系统运行稳定。在平台的基础上，整合中国石化集团公司各物探单位的相关技术与软件，并最终在该平台上集成，以形成功能完善的一体化地震勘探采集技术系统软件包。

致谢：本软件研发是个系统工程，中国石化集团公司科技部、中国石化胜利石油管理局和有关处室领导提出了许多指导性意见，中国石化集团公司胜利石油管理局地球物理勘探开发公司领导和许多技术人员投入了大量的精力参与到本软件的研制，北京科胜博达公司也有许多技术人员参与，另外，中国科学院地球物理所、同济大学海洋学院、西南石油大学等的科研人员也付出了大量的心血，在此一并致谢！

参 考 文 献

1 吕公河．地震勘探中振动问题分析．石油物探，2002，41(2)：154～157
2 徐维秀，段卫星，萧蕴诗等．基于勘探矢量图约束的遥感影像精校正方法研究．石油地球物理勘探，2006，41(s)：133～137
3 陆基孟．地震勘探原理．山东东营：石油大学出版社．1993
4 渥．伊尔马滋(美)．地震资料分析．北京：石油工业出版社．2006
5 吕公河，尹成，周星合等．基于采集目标的地震照明度的精确模拟．石油地球物理勘探，2006，41(3)
6 董良国．复杂地表条件下的地震波传播数值模拟．勘探地球物理进展，2005，28(3)
7 Laurain R et al. A review of 3D illumination studies. Joural of Seismic Exploration，2004(13)：17～37
8 董良国，郭晓玲，吴晓丰等．起伏地表弹性波传播有限差分方法数值模拟．天然气工业，2007(10)
9 董良国，吴晓丰，唐海忠等．逆掩推覆构造的地震波传播照明与观测系统优化．石油物探，2006，45(1)

油气勘探决策支持系统研发与应用

梁党卫　申龙斌　孙旭东　陈历胜

（中国石化胜利油田分公司物探研究院，山东东营 257022）

摘要： 油气勘探决策是以研究成果、生产动态、生产成果等海量勘探信息为基础，在勘探井位部署、钻井、录井、测井、试井等勘探生产业务中做出决策的过程。本文分析了勘探井位部署和生产管理的业务流程，建立了油田勘探决策的业务模型，以SOA理念建立了系统的体系架构，开发了勘探各个专业的图形功能，实现了对油田勘探决策的支持。

关键词： 井位部署　生产管理　系统结构　电子挂图　地震剖面　井筒图形

引言

油气勘探决策是以研究成果、生产动态、生产成果等海量勘探信息为基础，在勘探井位部署、钻井、录井、测井、试井等勘探生产业务中做出决策的过程。勘探研究人员往往耗费大量时间收集研究所需要的数据，完成研究并提供决策用的数字成果信息。而传统的勘探决策支持和生产业务管理，需将各种数字成果绘制成图纸，人工张贴展示，供群体决策使用。为改变这种资料收集难，决策支持方式落后，勘探生产业务决策管理难的局面，在国内外尚无软件和模式可借鉴的情况下，开展了油气勘探决策支持系统研发与应用研究，总目标是建立完善的勘探数据库及网络共享应用体系，为综合研究提供绝大部分所需数据的支持；为井位部署、勘探生产业务管理提供与专业图纸同标准但更全面和丰富的全方位信息展示支持体系，实现全面、精确、快速、方便灵活的勘探信息支持系统，勘探决策支持系统以勘探海量数据为基础，结合勘探研究成果以及GIS数据，软件开发采用最近的软件架构技术，融合地质、地球物理、勘探工程等知识，针对勘探决策系统的要求，开发了一套辅助决策系统。系统从2004年开始开发，2007年开始正式运行，目前仍在继续开发。

1　系统分析

在油气勘探的每一个阶段都需要决策，从盆地评价、区带评价、圈闭评价到油气田评价每个环节，针对于东部探区，勘探决策业务主要集中在地震部署、探井部署和探井生产管理过程中，因勘探决策业务广泛又复杂，井位部署和生产管理是能够达到发现更多优质储量，提高勘探效益的最重要的决策支持点，本项目将业务流程和信息流程的分析集中在井位部署决策和探井生产管理决策两个方面。

井位论证是以论证会形式进行，较大型会议为春、秋季论证会，中期一般为某个勘探项目的论证会，论证会目前作为井位讨论与决策的主要形式(2004 年 1/3 ~ 1/2 的井位是在春秋论证会上，其它井位都是由小规模论证会产生)，决策过程如图 1 所示。

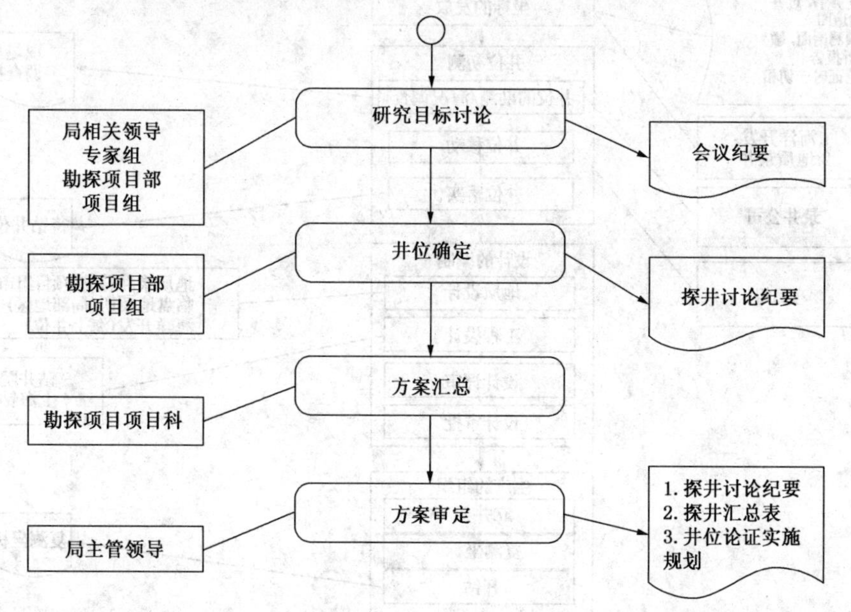

图 1　井位论证的流程图

未来随着信息技术的支持增强，大型集中式论证会将穿插更多的小型网络论证会，因此，系统除支持常规会议形式的决策方式外，应同时提供虚拟论证会方式，即不同的决策专家可以通过网络环境(在不同时刻)对已经提交的问题分别进行讨论、研究，从而可以更快速更高效地作出决策。

论证会的参加人员有：专家组、局领导、勘探处、勘探项目管理部、勘探监理部管理人员、地质院、物探院、勘探项目组。

论证会的主要流程：方案陈述、专家讨论、确定井位。

论证会的最终决策者：油田主管勘探的领导。

井位部署支持功能必须满足能够管理研究人员的研究成果，及时调用各类研究成果、地震剖面、综合录井图、测井曲线、测井成果，了解周围井的钻探情况，系统的实时性需要得到保证。

生产管理业务主要包括：钻前管理、钻井生产管理、录井生产管理、测井生产管理和试油生产管理。整个探井生产管理流程如图 2 所示。

生产决策讨论是日常生产管理工作的重点，系统要针对这些主题的决策讨论提供全面的信息支持，使与会专家和管理人员能够充分了解与主题相关的所有数据和前人研究成果，从而达到对现实情况的准确了解，保证决策的正确性。

根据生产管理的要求，生产决策讨论支持功能，以井筒图形为导航，快速了解本井的生产进展、本井定井位的研究成果，周围井或相似地质情况的井的各种资料。

经过分析，确定油气勘探决策支持系统的目标是：为勘探研究人员收集数据提供便利，促进成果的共享与增值；为决策专家团队提供准确、可靠的决策依据，实现任何时间、任何地点、任何环境的高效、互动、科学决策；实现协同工作、生产监控、实时决策，提高工作效率，提升管理水平。

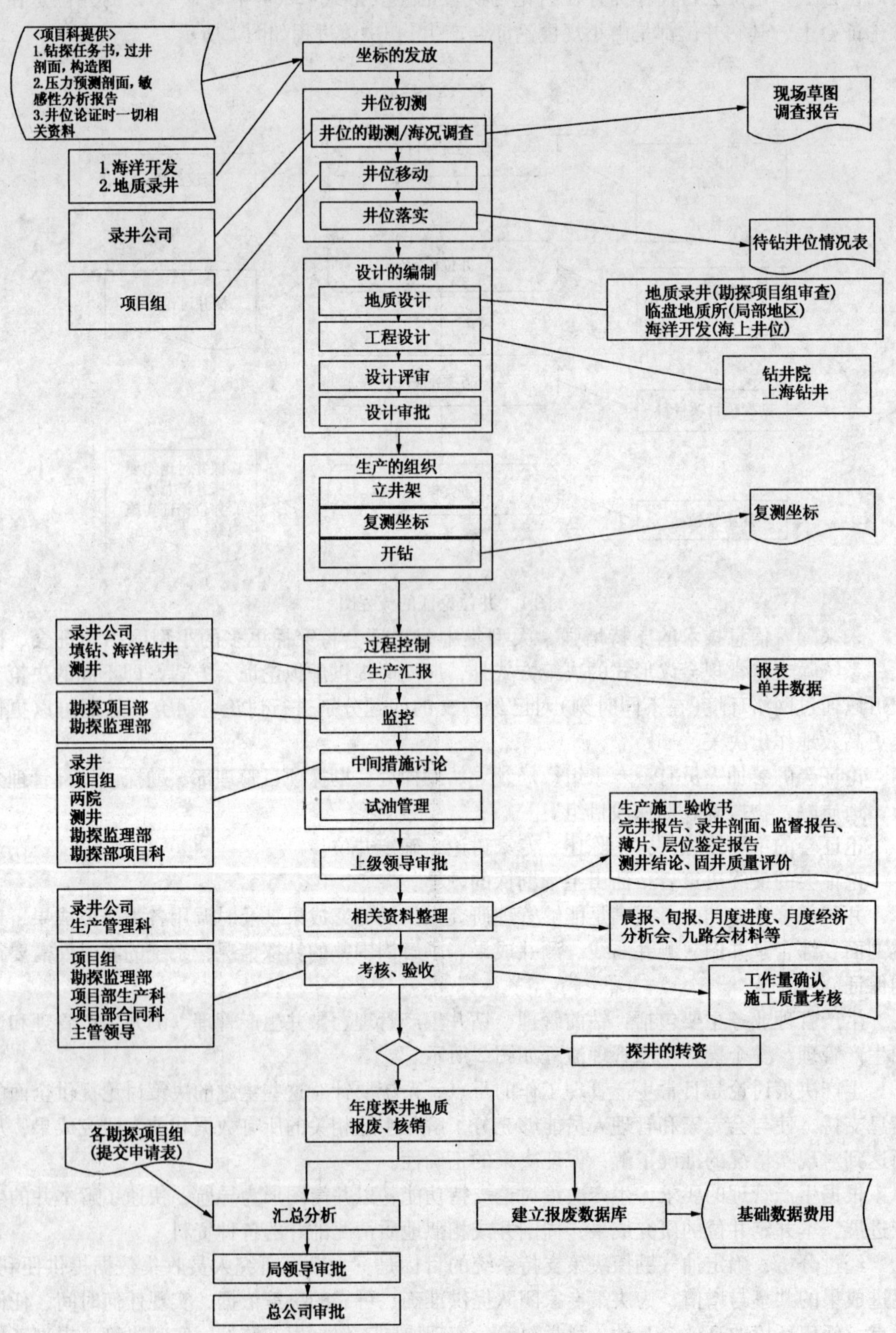

图2　勘探生产决策业务流程

2 系统设计

勘探决策支持系统的设计原则是起点高，技术先进，采用 SOA 的设计理念，具有健壮性、先进性、实用性、可扩充性。从系统架构上设计为三层，如图 3 所示。

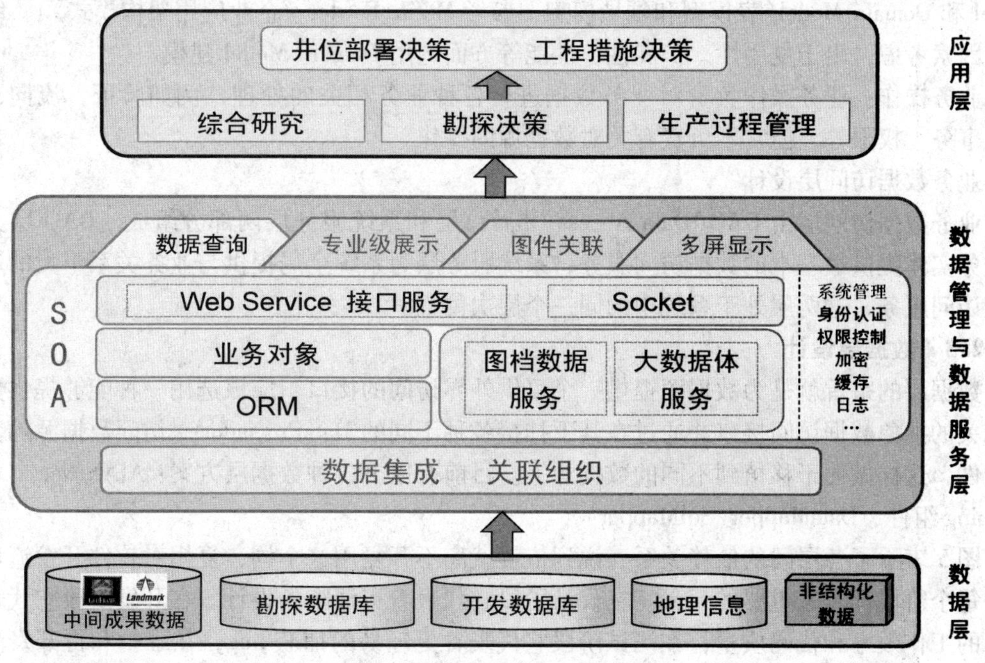

图 3 勘探决策支持系统架构设计

最底层为数据层，实现勘探决策所要的各类数据的管理；数据管理服务层设计实现各类数据的集成，并为功能模块的数据访问提供支持，同时开发各类应用组件；应用层按照勘探决策的业务需求，组织各类功能，达到业务目标。

系统的技术实现设计如图 4 所示。

2.1 表示层设计

表示层由 UI(User Interface)和 UI 控制逻辑组成。

UI(User Interface)是客户端的用户界面，负责从用户方接收命令，请求，数据，传递给业务层处理，然后将结果呈现出来。

UI 控制逻辑。负责处理 UI 和业务层之间的数据交互，UI 之间状态流程的控制，同时负责简单的数据验证和格式化等功能。

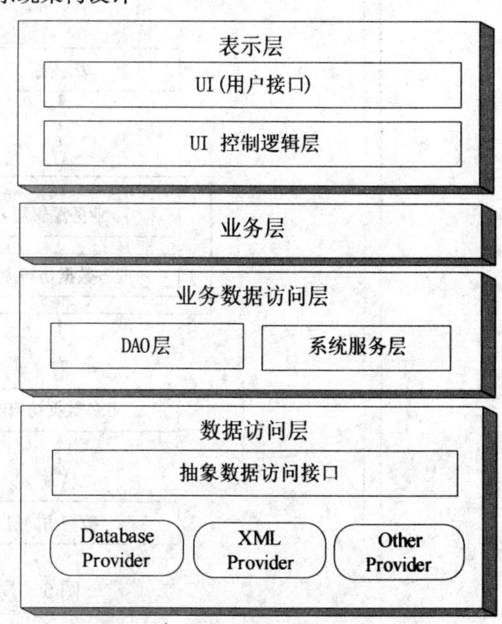

图 4 系统技术架构图

2.2 业务层设计

业务层封装了实际业务逻辑，包含数据验证、事物处理、权限处理等业务相关操作，是整个应用系统的核心。在设计时将实际业务具体分为业务数据与业务操作两部分。

业务数据：业务数据又是业务逻辑的核心，最终业务数据将以一种固定的格式表现于内存中，在系统的各个层次间传输，充当 DTO 角色。表达业务数据的方式一般分为两种 Table Model 和 Domain Model（表模型和领域模型，参考 Matin. Fowler《企业应用架构模式》）。综合各种因素考虑，出于复用性，扩展性，性能等方面选用 Domain Model 建模。

业务操作：业务操作负责对业务数据进行各种业务相关的处理，例如验证，流向，整合，事务，权限等，但它不负责有关对数据源的操作。

业务数据访问层设计

业务数据访问层由 DAO（Data Access Object）层和系统服务层两部分组成。DAO 层为每个业务实体提供最基本的数据访问服务，系统服务层为系统全局提供与业务关系不大的通用数据访问服务，这两层处于系统中的同一个层次位置。

2.3 数据层设计

数据层的宗旨就是为数据源提供一个可供外界访问的接口，应该选用一种能够提供数据源无关的抽象数据访问接口并通过在其下挂接各种不同的 DataProviador 来访问数据源的数据层组件，这样做便于移植到不同的数据源上。目前有以下 3 种数据层方案：ADO. Net、OR - Mapping 组件、DataMapper（SqlMapper）

图 5 表示了各层间的依赖关系。说到依赖就离不开复用这个词，复用对软件开发流程的几乎每个阶段都有着重要的意义。在设计阶段它代表着更清晰的设计，在开发阶段它代表着更高的工作效率和代码质量，在测试阶段它代表着更轻易的捕获 bug，在维护和再开发阶段它代表着更小的工作量。更好的复用需要设计更好的依赖关系。

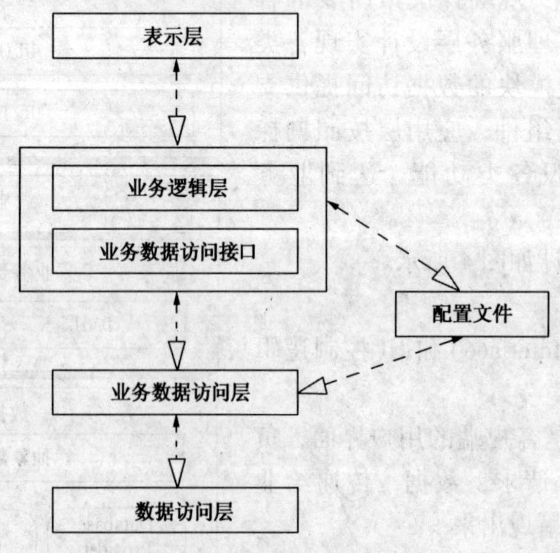

图 5 层次的依赖关系图

3 主要功能

我们按照系统架构的设计方案，组织了系统功能的开发，实现的勘探决策支持系统具有以下特点：

3.1 插件式管理

每个功能模块以独立的插件形式发布，按用户需求定制不同的功能集，当前具有的插件包括：项目树、数据管理、底图、剖面、井筒、单井信息集成、遥感、数据查询和案例库等。

3.2 自动版本更新

系统管理人员只需将版本更新包放在应用服务器上，系统会自动通知用户，下载并安装最新版本，最大程度减轻系统管理人员的维护工作量。

3.3 可定制的决策数据树

根据不同的决策模式，定制不同的数据树，显示用户最关心的数据项。

3.4 灵活的数据加载与管理

将数据分论证主题、研究工区进行管理，可以管理成果图档、地震工区、地震数据体、时深关系、VSP、任意测线、设计井、井集、层位、断层、断层边界等数据。

3.5 支持多屏播放的电子挂图

在多屏环境中展示大量分析图件，与 PPT 相配合，使研究人员清晰地将研究成果展现给决策专家；快速导航到成果图档库；快速滚轮式缩放设计，能够在单屏环境中制作电子挂图文件；带坐标图件可以实现工区底图的所有功能，如图6 所示。

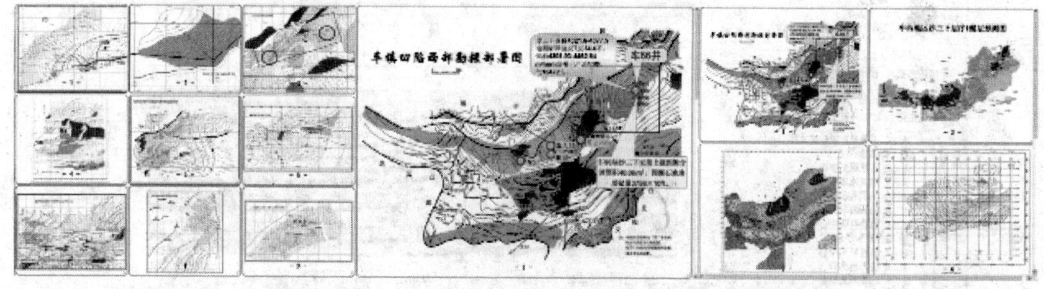

图6 支持多屏幕的电子挂图

3.6 工区底图浏览器

多地震工区显示、抽取任意测线；基于井位的快速图件(CGM 或位图)坐标校正；工作现场的保存与恢复；强大图层管理，支持工区、构造图、层位、测线、探井、开发井、设计井等对象的拖放操作；通过右键菜单查询图层对象的详细资料；计算距离和面积；实时显示剖面在底图中的反馈线；根据图层数据自动匹配显示范围，如图7 所示。

3.7 地震剖面浏览器

一键式显示方式切换，支持波形、变面积和变密度等显示方式；按研究人员设置的标准颜色显示层位等信息；根据 VSP、邻井、经验公式显示时深关系数据；快速从任意工区中打开任意地震剖面；实时设计和修改井位的靶点数据，如图8 所示。

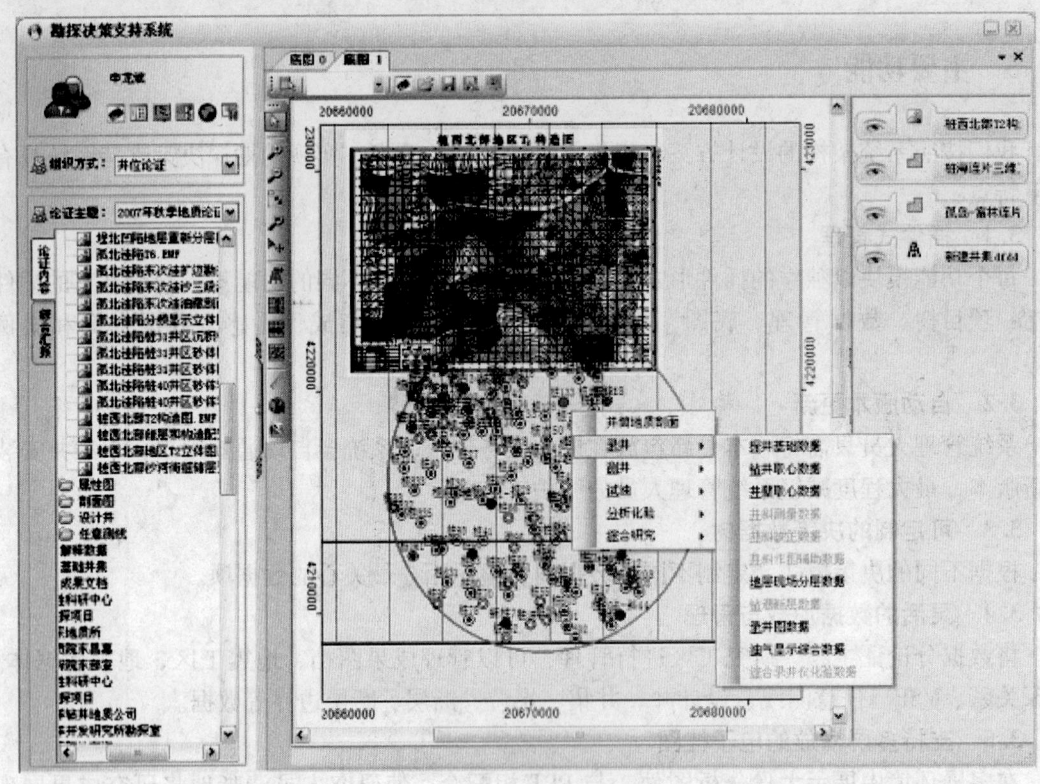

图7 工区底图浏览器

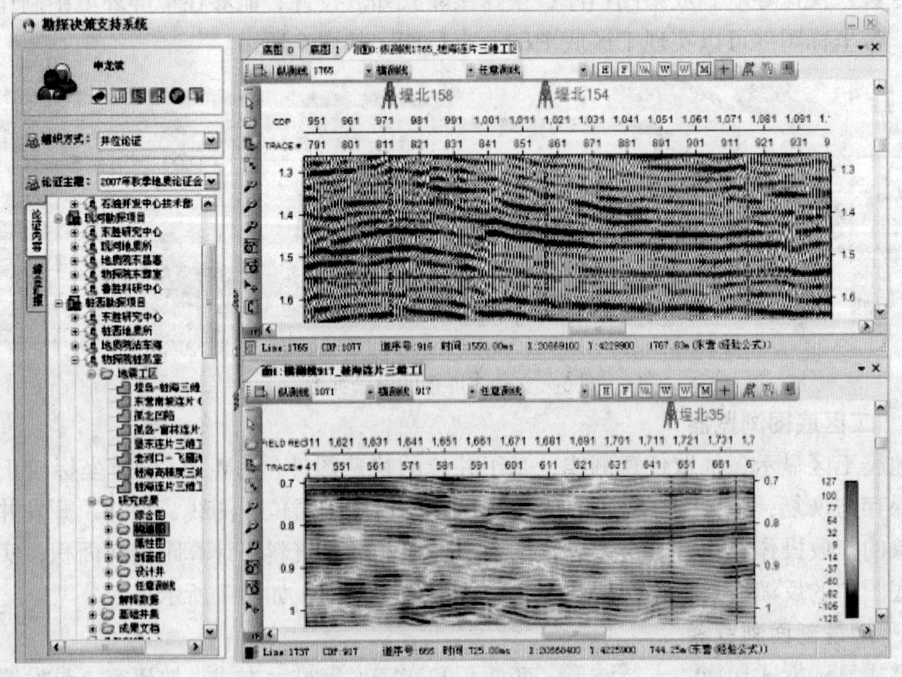

图8 剖面浏览器

3.8 与EIS(勘探数据库综合查询系统)中的综合录井图模块无缝集成

可以从工区底图、决策数据树、剖面等位置调用综合录井图模块，如图9所示。

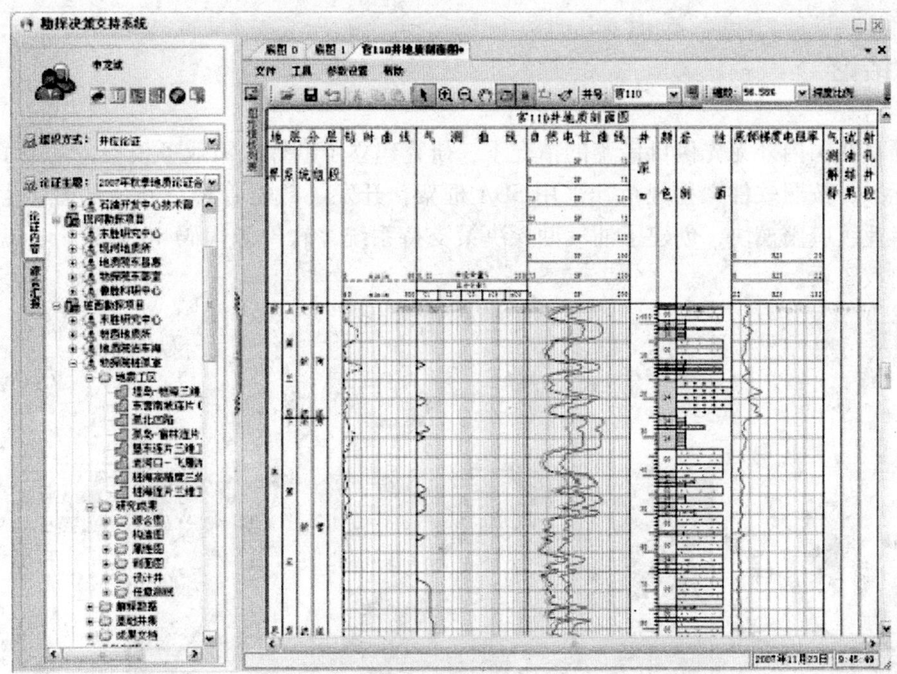

图9 综合录井图

3.9 满足研究需要的数据查询与数据服务功能

单井右键菜单定制单井重要信息状态栏显示；多行单行数据显示，显示信息定制，查询信息导出为Excel；单井卡片显示；井集查询统计。

3.10 遥感与GIS信息显示

开发了三维GIS功能，实现了地表地理信息系统和地下地质构造图的联动，实现了野外模拟踏勘，方便了井位设计和地震采集野外设计，如图10所示。

4 系统创新点

(1)多式样、快速专业级图件关联及多屏展示。解决多学科、多类型、多格式专业图件的关联展示，满足勘探决策业务的需要，是决策支持的关键。项目利用电子挂图、底图浏览器、剖面浏览器、井筒地质剖面等模块，对来自不同专业的数据快速绘制成图并方便地进行关联展示和对比。

(2)创建了勘探决策支持系统，彻底改变了传统决策支持模式。项目基于SOA框架体系完成了整个系统地构建和研发；并引入移动信息、三维GIS和专家知识管理等技术，完成了系统的集成应用，使油田井位部署和勘探生产管理进入了信息化时代，改变了传统的工作模式。

5 应用情况

从2007年秋季，胜利油田历次勘探地质论证会全面应用勘探决策支持系统，该软件系统目前在胜利油田安装629套，成为研究人员的勘探工作平台；已支持大型论证和生产讨论千余次，论证井位900余口，成为勘探生产管理的日常工作平台。

6　结论

该项目在国内外无先例可借鉴的情况下，研究建立了勘探决策业务模型，制定了决策支持信息标准，按照软件工程规范，采用SOA框架，开发了数据管理、井位部署、生产决策支持等专业级应用模块，创建了油气勘探决策支持系统，软件源代码40余万行，获得国家软件注册权3项。

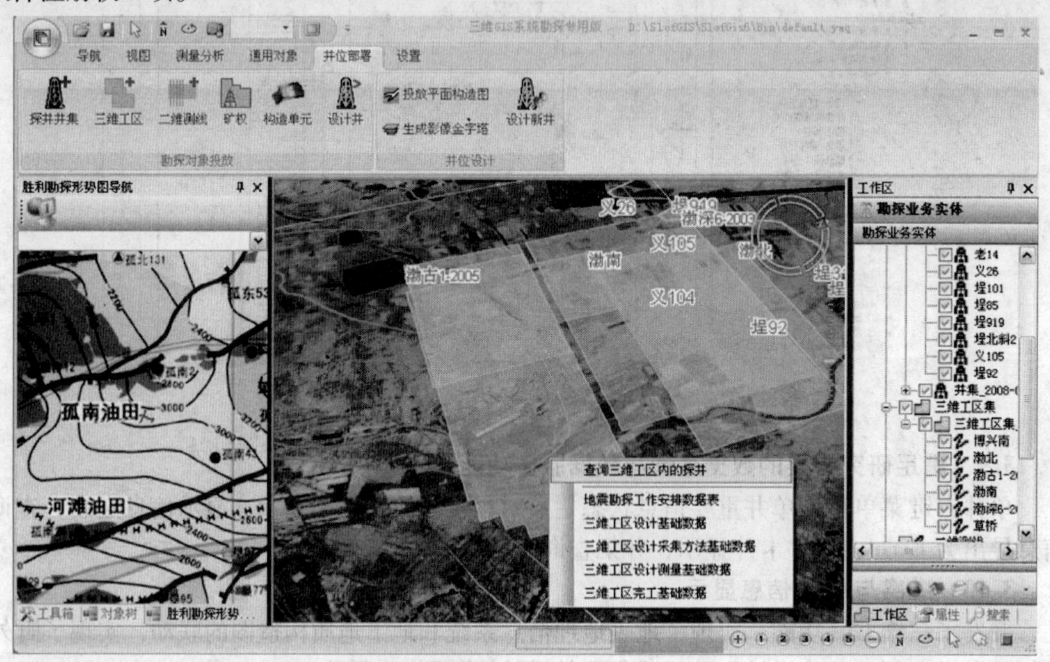

图10　查看遥感与地理信息

勘探决策支持系统的研制成功与推广应用彻底改变了勘探井位部署和勘探生产管理决策的传统支持模式，不仅显著提高了勘探工作效率，支持多学科协同，多专业联合，极大增强了井位部署和勘探生产管理决策和科学性，降低了勘探过程中的风险，也开创了勘探信息应用的新时代。该系统具有很好的推广应用前景，已经列入中国石化股份公司推广计划。

参考文献

1　常子恒．石油勘探开发技术，北京：石油工业出版社，2001

2　高洪深．决策支持系统(DSS)：理论．方法．案例，北京：清华大学出版社，2003

3　陈文伟．决策支持系统及其开发(第二版)，北京：清华大学出版社，2000

4　林宇．数据仓库原理与实践．北京：人民邮电出版社，2003

5　Ray Brown，Wade Baron，Willian D. ChadWick com + 技术解决方案设计．北京：机械工业出版社，2001

6　Sten Sundblad，Per Sunblad 著，前导工作室译 windows DNA 可扩展设计．北京：机械工业出版社，2001

7　韩家炜．数据挖掘：概念与技术．北京：机械工业出版社，2001

8　张枝令．结构化数据及非结构化数据的分类方法．宁德师专学报(自然科学版)，2007

9　Clinton Begin，Brandon Goodin，Larry Meadors. iBATIS 实战．人民邮电出版社，2008

10　Peter Kukol，Jim Gray，Sequential File Programming Patterns and Performance with . NET，MSR - TR - 2004 - 136，December 2004，http：//research. microsoft. com/pubs/64538/tr - 2004 - 136. doc

三维地震数据体多分辨率数据组织与管理技术研究

魏　嘉[1]　唐　杰[2]　武港山[2]　刘永宁[1]　张　扬[1]　孟黎歌[1]

(1. 中国石化石油物探技术研究院，江苏南京 210014；
2. 南京大学计算机科学系，江苏南京 210093)

摘要：针对海量三维地震数据体可视化实时性存在的问题，提出了采用基于扩展八叉树数据结构的分块多层多分辨率模型。通过对海量地震数据的分块处理，建立了与数据对应的八叉树层次结构，实现了在 PC 机上大规模地震数据体的三维可视化显示。在海量地震数据组织方面，使用较为简便的编码方式，避免了在绘制过程中复杂的解码操作对实时性的影响以及编解码带来的误差。在海量地震数据管理方面，通过多分辨率建模，按分层的 Z-Order 顺序进行存储，在快速查询方面具有较高的效率，可以满足三维海量地震数据体可视化实时性的需要。

关键词：海量数据　多分辨率模型　数据分块　Morton 码表

三维可视化技术改变了三维地震资料解释的思路和方法，促进了地震资料综合解释、油气藏表征和三维储层建模技术的发展。在三维地震数据解释过程中，通常需要对大规模数据体进行三维可视化显示和操作。由于地震数据的海量特征和计算机硬件(尤其是内存)条件的限制，整个场景中的地震数据(数百 GB，甚至数十 TB)不可能全部载入主存，势必要将部分数据存放在容量更大的辅存上。而辅存的读写速度非常慢，会导致程序将大量的时间耗费在频繁的 I/O 操作上，成为实时绘制的瓶颈。基于外存的算法就是尽可能减少不必要的 I/O 操作，避免由于频繁的 I/O 操作引起的大规模数据场体绘制性能的急剧降低。

对于体绘制技术中如何减少 I/O 操作的问题，许多学者做了研究。这些研究主要是减少体绘制过程中一次读入的数据量，或使用压缩方法减少需要读入的总数据量。其中，童欣等提出了一种利用空间跳跃技术与三维纹理硬件结合的体绘制方法，降低了纹理硬件的数据交换量；ImmaBoada 等提出了一种基于数据重要性的八叉树可视化方法。上述两种方法适合于处理分类较好的数据，如 CT 数据等。Guthe 等和 Schneider 等利用各种复杂的编码方法对体数据进行压缩以减少数据量，但利用该类方法绘制时需要对编码数据实时解码，尽管减少了数据量，但每个纹理需要在 CPU 上完成解码后才能载入图形硬件进行绘制，因此耗时长且压缩/解码过程复杂。由于地质人员首先关注地震数据绘制的实时性，其次才关注外存的消耗，所以对数据的压缩不是必要的，但这可能影响地震数据的绘制速度。

1　多分辨率数据组织的基本方法

1.1　数据分块

在任何一个处理海量地震数据的算法中，优化数据组织、减少 I/O 操作尤为重要。一个有效的解决办法是将整块地震数据划分为较小的块。数据块的大小对系统的效率影响很大，分块过小，会导致I/O操作中断的次数增加，降低系统效率；分块过大，会使单次读取的时间增加，导致一些无用数据的读入。所以必须根据操作系统类型、磁盘缓存大小、磁盘组织方式(单块磁盘还是RAID)等因素，选择合适的分块大小。一般来说，数据块的大小应该保持在0.5~4.0MB，同时为了使数据块能够载入显存，应该确保数据块的边长为2的整数次幂(32×32×32个或64×64×64个体素等)。一旦选定了合适的分块大小，对磁盘的单次读取操作将以数据块为单位进行读取，即一次读取整个数据块。

1.2 扩展的八叉树结构

八叉树结构是由Hunter于1978年在其博士论文中首次提出的一种数据结构，它是由四叉树结构推广到三维空间而形成的一种三维数据结构，其树形的结构在空间分解上具有很强的优势，因而得到了广泛的应用。在八叉树形结构中，根结点表示整个三维空间区域，将该区域分成8个大小相同的小区域，用其8个子女表示。继续将每个小区域分成8个更小的区域，以此类推，直到不再需要分割或达到规定的层次为止。常用的八叉树结构主要有：指针八叉树、线性八叉树等。指针八叉树是最普通的八叉树结构，与常见的二叉树结构类似，都是通过内存指针指向其子女。由于指针八叉树只在内存中实现，所以查询效率较高，但大量的内存指针消耗了宝贵的内存空间，同时也不适用于海量数据。线性八叉树由于只保存叶结点属性数据和空间位置，不保存中间结点信息，因此不能实现多分辨率建模。以线性八叉树模型为基本数据结构的扩展的八叉树模型，不仅保存了叶结点属性，也保存了中间节点属性，可以实现三维海量地震数据的多分辨率建模。

2 三维地震数据体的层次细节模型

2.1 层次结构的构建

目前地震数据以长方体的研究区域较多，立方体和近似立方体的研究区域较少。而传统的八叉树结构在x，y，z方向上的分解度通常相同，这会造成研究区内不同方向上尺度相差较大的地震数据的分辨率相差很大，出现某一方向上分辨率不够、而另一方向上分辨率过高的现象。为此，我们采用自底向上的方法构建八叉树结构，这种方法可以有效地控制研究区内不同方向的分辨率，使其达到统一，在一定程度上减少了对存储空间的占用。

在构建层次模型时，首先对原始数据进行分块，将其作为最高级分辨率数据；在此基础上，将相邻8个数据块合并为一个数据块，形成次高级分辨率数据。以此类推，直至达到某一条件，完成多分辨率层次数据的构建为止。所有分块的大小相同，分块所在的层次越低，每个分块代表的空间大小越大。

绘制时，为了防止块与块之间产生裂缝，需要对每个块的边界做特殊处理。我们采用对每个块的“高”边界重复一个像素的处理方法(图1)。

图1中每个分块有8个体素。最高等级的分块0和分块1的有效体素是0~6，它们最右边的体素是为了避免裂缝而重复其下一个分块“低”边界的体素；最高等级的分块2是边界分块，分块2的“高”边界无需再重复一个体素，为了保证每个分块的大小相同，对分块2的“高”边界补一空白体素。同样，次高等级的分块0的“高”边界也重复了一个体素，分块1的4，5，6，0体素是为了使每个分块大小相等而补齐的空白体素。

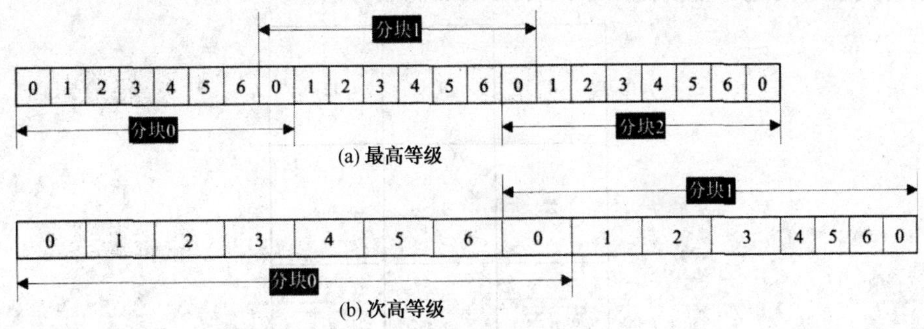

图1 重复边界像素

2.2 数据块索引与查询

空间填充曲线是一条过且仅过一次 N 维空间中每个点的曲线，它可以将 N 维空间中的点映射到一维空间。空间填充曲线有很多种，如 Sweep，Scan，Z-Order 和 Hilbert 等。与其它的空间填充曲线相比，Z-Order 空间填充曲线具有更好的局部性，按照 Z-Order 顺序(Morton 码由大到小)保存的节点，其空间相邻关系能得到较好的保持，有助于提高磁盘缓存命中率，并且三维坐标与 Morton 码之间的转换效率高，使用简单的移位操作即可快速计算。采用 Z-Order 顺序保存节点后，每个节点不必保存父子兄弟关系，就可以通过节点 Morton 码的快速计算得到这些信息，节省了存储空间。

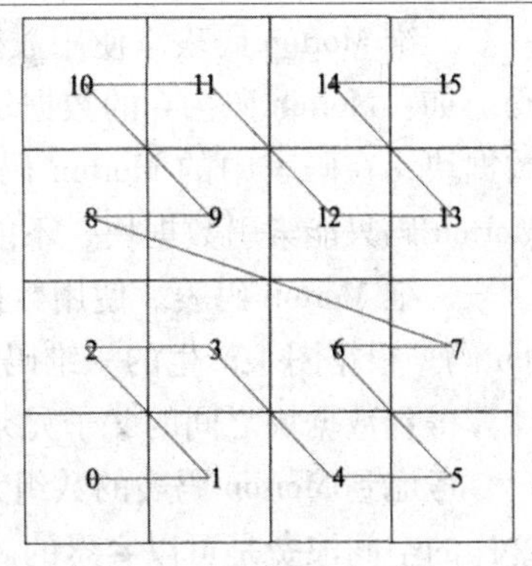

图2 二维地震数据的 Z-Order 曲线

对于每一层的数据块，按照 Z-Order 顺序将二维或三维地震数据块映射到一维的磁盘空间，每层数据对应一个一维线性存储空间(图2)。

综上所述，目前地震数据的研究区域通常可以表示为长方体，使用 Morton 码作为地址码会产生大量的空白 Morton 码，即某个 Morton 码没有节点与之对应(图3)。

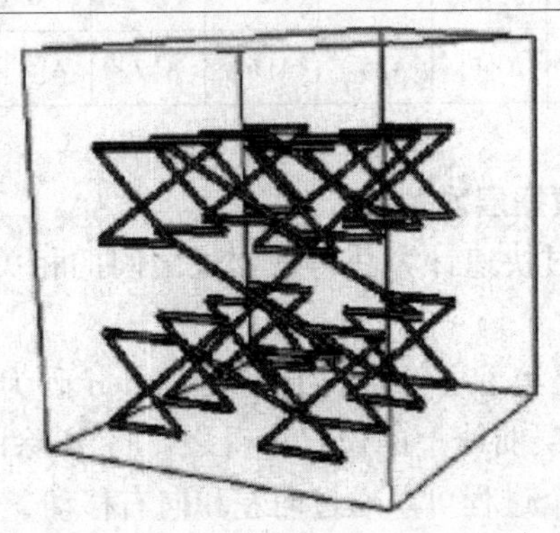

图3 三维地震数据的 Z-Order 曲线

从图4 可见，Morton 码的5，7，10，11 没有对应的数据。因为数据块是按照 Morton 码的顺序存储在磁盘上的，所以5，7，10，11 的 Morton 码的位置没有数据，但它仍然在磁盘上占用一个数据块，造成磁盘空间的浪费。

为了解决这个问题，我们提出了两种 Morton 码表方法。

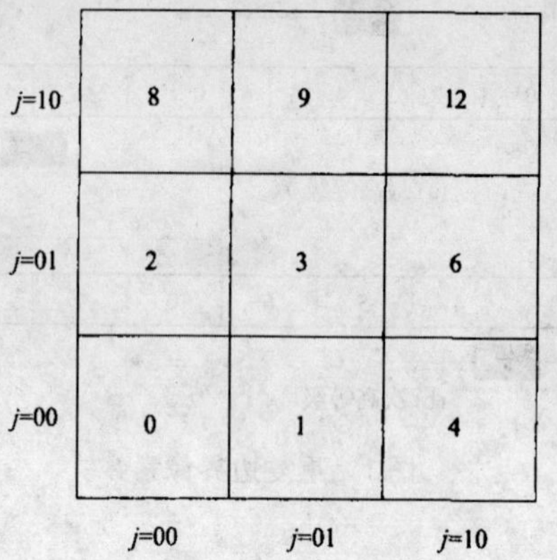

j=10	8	9	12
j=01	2	3	6
j=00	0	1	4
	j=00	j=01	j=10

图4　空白 Morton 码的产生

三维 Morton 码表。使用数据块的三维索引作为码表的下标，数组的内容为有效 Morton 码。如：Morton 码为6 的数据块(图4)，在码表中的 Morton 码为5(图5)；Morton 码为12 的数据块，在码表中的 Morton 码为 8。该方法的优点是不浪费 Morton 码表的存储空间，但 Morton 码只能索引数据块，不能通过 Morton 码快速计算得到数据块的父子兄弟关系。

一维 Morton 码表。使用数据块的原始 Morton 码作为码表下标，码表的内容为有效 Morton 码。根据图 4 产生的一维码表形式如图 6 所示。该方法的优点是可以通过 Morton 码快速计算得到数据块之间的父子兄弟关系，但会造成 Morton 码表的空间浪费。

考虑到 Morton 码表的数组元素都是整型变量，在保证父子兄弟关系快速计算的前提下，这样的空间浪费是可以容忍的。所以我们采用了一维 Morton 码表的方式。

0	1	2	3	4	5	6	7	8
A[0][0]	A[1][0]	A[0][1]	A[1][1]	A[2][0]	A[2][1]	A[0][2]	A[1][2]	A[2][2]

图5　三维 Morton 码表

0	1	2	3	4	—	5	—	6	7	–	–	8
A[0]	A[1]	A[2]	A[3]	A[4]	A[5]	A[6]	A[7]	A[8]	A[9]	A[10]	A[11]	A[12]

图6　一维 Morton 码表

2.3　Morton 码表中的数据层次关系

利用 Morton 码表可以通过快速计算获得数据块之间的相关关系，这些关系表现在以下两个方面：

(1) 数据的父子关系。在第 i 层父曲线上获取 Morton 码为 M 的节点，将 M 乘以 8，得到它的第 1 个子女在第 $i+1$ 层曲线上的位置；反之，将 M 除以 8，就可得到它的父节点在第 $i-1$ 曲线上的位置。这两个过程可以通过向左和向右移动 3 位实现，其实现效率高。

(2) 数据的兄弟关系(这里的兄弟是指同一个父结点下的兄弟)。从已知父的 Morton 码，计算出父的任意子女的 Morton 码。首先，通过移位得到父的第 1 个子女的位置 M_0；然后，根据子女的坐标，利用公式(1)计算其对应的 Morton 码。

$$M = M_0 + 4Z + 2Y + X \tag{1}$$

已知任意节点 Morton 码，计算其任意兄弟的 Morton 码。已知节点的位置 M_0，根据其领域坐标（领域坐标均以坐标正方向为 1，负方向为 -1），利用(1)式可以计算出兄弟的位置。

2.4 三维地震多分辨率数据体的创建

多分辨率规则数据体的创建算法流程大致可分为以下几步：

(1) 扫描输入地震数据体文件（可以是多文件），获取三维地震数据体的测线范围、每条线的道范围以及地震数据时间范围和采样间隔；

(2) 基于得到的三维数据体范围，根据计算机硬件资源的实际情况确定最佳的数据分块大小、多层次细节模型的层数和每层数据块的个数；

(3) 在确定了上述参数的基础上，生成针对输入数据的 Morton 码表，并同时创建相关的索引文件；

(4) 对每层数据，根据数据分块大小读取相应的道，生成数据块，按照数据块在 Morton 码表中的位置，创建多分辨率地震数据文件。

3 分块多层多分辨率地震数据的显示

3.1 三维可视化显示的调度策略

我们采用自顶向下的多分辨率显示策略（图 7），首先搜索粗分辨率数据，若符合显示要求，则不再继续搜索，否则不断搜索更细的分辨率数据，直至达到最细分辨率的数据（原始数据）为止。当需要进行细化操作时，从当前数据块开始，测试每个数据块是否在视锥内，若不在视锥内，则不再对该分支进行测试；若在视锥内，则继续测试其 8 个子女数据，直到内存中数据块数目达到要求为止。反之，当视点平移或需要进行粗化操作时，则从八叉树的顶层开始搜索。运用我们提出的扩展八叉树模型，无需进行拓扑关系运算，仅使用移位操作和数据块索引即可快速定位子女数据块。

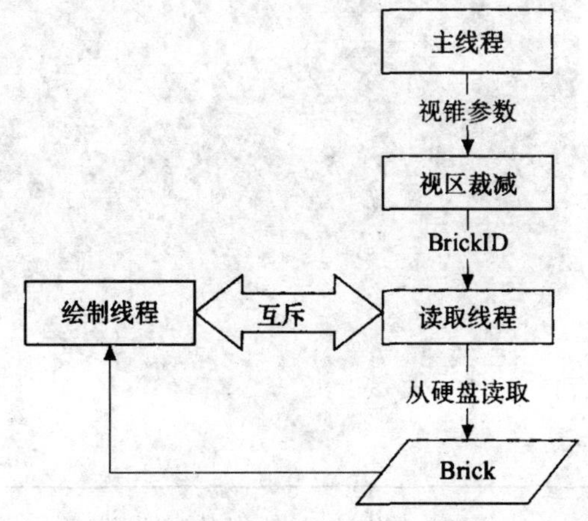

图 7 多分辨率规则数据体显示流程

在得到所有的数据块后，按照数据块的 Morton 码从小到大排序，依次从磁盘上读取数据。为了进一步提高实时性，可以使用数据缓存机制，当程序需要的数据块已经在缓存中时，可以直接从缓存中得到数据，不需要访问辅存，从而节省了 I/O 操作的时间。

3.2　实际数据的测试

3.2.1　数据测试

测试数据集1：该三维数据体共有601条测线，每条线601道，每道6001个样点，共有4个原始的SEGY格式的数据文件，文件总大小为8.15GB。

测试数据集2：该三维数据体共有2100条测线，每条线1820道，每道5001个样点，共有48个原始的SEGY格式的数据文件，文件总大小为96.452GB。

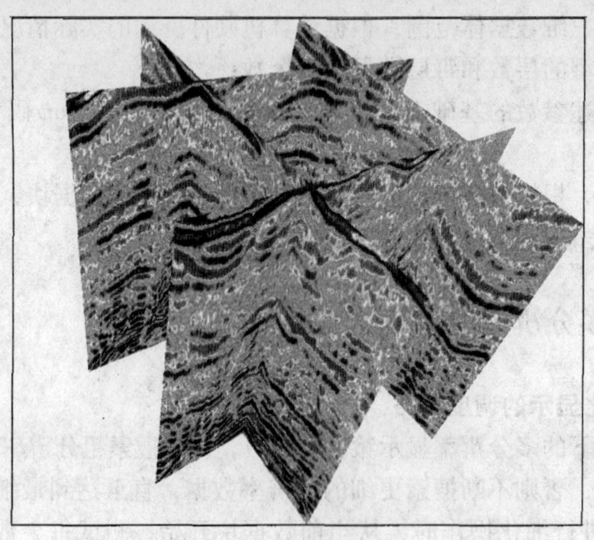

图8　三维数据体中主测线和联络测线的可视化特征

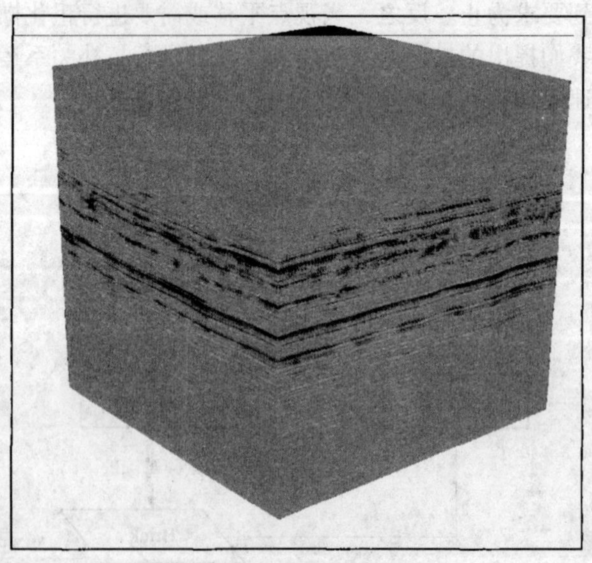

图9　三维数据体的体绘制结果

3.2.2　环境测试

测试工作站配置：CPU为2.0GHz的Intel Xeon E5335，1GB内存，显卡为NVIDIA Quadro FX3500(显存256MB)。

3.2.3 多分辨率数据组织测试

根据数据和硬件条件，针对该数据体的数据分块大小(64×64×64)，预处理后，测试数据集1的多分辨率数据文件为10.811GB(增加了32%)，测试数据集2的多分辨率数据文件为123.460GB(增加了28%)。

3.2.4 可视化实时性测试

图8是在测试数据集1的三维数据体中实时提取的主测线和联络测线的可视化显示结果(采用了一维纹理)，数据查询的响应速度为2.42~2.81s (4次测试)。

图9是测试数据集2的三维数据体的体绘制显示结果(在显示过程中采用了多线程技术)，数据查询的响应速度在67.63~69.98s (3次测试)。

4 结束语

采用数据分块技术和扩展的八叉树结构，提出了三维地震数据体多分辨率数据组织的层次细节模型，在数据层次关系方面引入了Morton码表，实现了海量地震数据快速高效的组织与管理，使海量数据的三维可视化不再受内存的限制，并且大规模数据量占用的磁盘资源较小。通过对不同规模地震数据的测试，达到了海量数据三维可视化实时性的基本要求。

在数据分块时采用多方向数据分块机制，对数据块内部数据依次按x，y，z方向存储，可以提高y方向切片时的读取速度。

建立了数据的缓存机制。当程序需要的数据块已经在缓存中时，可以直接从缓存中得到数据，无需访问磁盘，从而节省了I/O操作的时间。

参 考 文 献

1 魏嘉，唐杰，岳承祺等．三维地质构造建模技术研究[J]．石油物探，2008，47(4)：319~327

2 Chambers H，Brown A L. 3-D Visualization continues to advance integrated interpretation environment[J]. First Break，2003，21(5)：31~34

3 Canning A，Litvin A，Eastwood L. 3D visualisation of AVO anomalies[J]. First Break，2000，18(4)：138~140

4 杨强，魏嘉，段文超．基于三维可视化技术的地震多属性分析的实现[J]．勘探地球物理进展，2007，30(1)：64~68

5 Castanie L，Bosquet F，Levy B. Advances in seismic interpretation using new volume visualization techniques[J]. First Break，2005，23(10)：69~72

6 Mahe I. Solving a problem involving geobody extraction[J]. The Leading Edge，2007，26(1)：22~23

7 Hodgson P，Cunnell C，Krueger A，et al. Cluster visualization rises to the seismic processing challenge[J]. First Break，2005，23(3)：33~35

8 Gray G. Observations of azimuthal anisotropy in prestack seismic data[J]. Expanded Abstracts of CSPG & CSEG Convention，2007，373~377

9 Molnar S，Cox M，Ellsworth D，et al. A sorting classification of parallel rendering.[J]. IEEE Computer Graphics and Applications，1994，14(4)：23~32

10 Varadhan G，Manocha D. Out-of-core rendering of massive geometric environments[J]. Proceedings of 13rd IEEE Visualization，2002，69~76

11 Guthe S，Wand M，Gonser J，et al. Interactive rendering of large volume data sets[J]. Proceedings of 13rd

IEEE Visualization，2002，53 ~ 60

12 Lindstrom P，Koller D，Ribarsky W，et al. Real-time，continuous level of detail rendering of height fields [M]. Proceedings of the SIGGRAPH. New Orleans，USA：Addison Wesley Professional，1996：109 ~ 118

13 Seo H，Thalmann A F. LOD management on animating face models[J]. Proceedings Virtual Reality Annual International Symposium，2000，161 ~ 168

14 童欣，唐圣泽. 基于空间跳跃的三维纹理硬件体绘制算法[J]. 计算机学报，1998，21(9)：807 ~ 812

15 Boada I，Navazo I，Scopigno R. Multiresolution volume visualization with a texture-based octree[J]. The Visual Computer，2001，17(3)：185 ~ 197

16 Guthe S，Wand M，Gonser J，et al. Interactive rendering of large volume data sets[J]. Proceedings of 13rd IEEE Visualization，2002，104 ~ 115

17 Schneider J，Westermann R. Compression domain volume rendering[J]. Proceedings of the 14th IEEE Visualization，2003，293 ~ 300

网格计算技术及其在石油勘探开发中的应用前景

赵改善[1]　李剑峰[1]　王于静[1]　韦海亮[2]

（1. 中国石化石油勘探开发研究院南京石油物探研究所，江苏南京 210014；
2. 江南计算技术研究所，江苏无锡 214083）

摘要：网格计算已经成为信息技术发展的一个重要方向。通过网格计算技术，可以全面实现信息共享、数据共享、存储共享、计算资源共享、软件资源共享、知识共享和协同工作。首先阐述了网格计算的概念，介绍了网格计算技术在国内外的研究和应用现状；然后对中国国家网格从建设目标、建设现状、软件体系结构等几方面进行了概述；最后介绍了网格计算技术在石油勘探开发中的应用现状，并对未来发展进行了展望。

关键词：网格计算　石油勘探开发　中国国家网格　应用前景

信息技术的发展和应用大大提高了我国科学研究、教育、国防、经济建设和人民生活的水平，尤其是我国政府以信息化促进工业化的战略决策大大提高了我国工业技术的发展水平。然而在我国信息化过程中存在严重的浪费现象，一方面化巨资采购的计算机和应用软件得不到充分的利用，造成计算资源闲置；另一方面一些地区、机构或企业由于资金有限，无法获得必需的资源，阻碍了信息化进程。同时，由于应用系统之间不能互联互通，缺乏信息的交流和共享，存在严重的信息冗余现象，化巨资获得的海量数据和信息被孤立于所属部门和机构，不能被广泛地应用。解决上述问题，一方面依赖于管理体制和机制的变革，另一方面依赖于技术的发展和新技术的应用。网格技术凭借其固有的资源共享和协同工作能力，不仅可以使计算资源和应用的共享最大化，避免资源浪费，而且可以降低应用人才的门槛、应用开发难度和应用运行成本，促进信息化质的飞跃。因此，网格技术的发展和应用得到我国政府的高度重视。

石油勘探开发行业对于高性能计算有着强劲的应用需求，我们不仅需要一台台高性能计算机如高性能集群计算机系统来完成各自的数据处理和分析解释任务，同时也希望将地理上分布、异构的多种计算资源通过高速网络连接起来共同完成计算任务，以满足巨大计算需求的挑战，同时也希望实现其它计算资源的共享和协同工作。石油工业需要网格计算技术来构建业务流程的信息技术基础设施，全面实现信息共享、数据共享、存储共享、计算资源共享、软件资源共享、知识共享和协同工作等。

在石油工业中应用网格计算技术，可以通过资源的共享与整合，提高现有资源的利用率；提高可用的计算性能，为计算密集型新技术的广泛应用提供保障；缩短处理周期，提高处理质量；增加灵活性，实现按需计算，形成灵活的数据处理服务成本和价格体系；产生新的商业营运模式和服务模式。

1 网格计算的概念

“网格计算(gird computing)”也称为“元计算(metacomputing)”、“虚拟计算环境”。起初元计算被定义为“通过网络连接高性能计算资源，形成对用户透明的超级计算环境”，但现在的网格计算已经对元计算概念有了进一步的拓展。

通俗地讲，网格技术可以将分布在各地的计算机连接起来，让不同用户分享网上资源，感觉就象个人使用一台超级计算机(虚拟超级计算机)一样。这种虚拟资源可以使人们迅速获得所需的数据访问和数据处理能力，帮助其进行计算密集型的研究和数据分析，解决复杂的业务问题。这样，网格可以帮助企业和政府突破今天单个机构技术基础设施的限制，获得规模巨大并可以不断扩充的计算资源。

对于什么是网格，有狭义网格观和广义网格观之分。简单来讲，网格可以被定义为广域范围的无缝集成和协同计算环境，网格计算模式已经发展成为一种连接和统一各类不同远程资源的基础结构。

全球网格技术研究的领军人物、美国阿贡国家实验室资深科学家、Globus 项目领导人 Ian Foster 这样描述网格：“网格是构筑在互联网上的一组新兴技术，它将高速互联网、高性能计算机、大型数据库、传感器、远程设备等融为一体，为科技人员和普通老百姓提供更多的资源、功能和交互性。互联网主要为人们提供电子邮件、网页浏览等通信功能，而网格功能则更多更强，让人们透明地使用计算、存储等其它资源。”之后，他又进一步把网格描述为“在动态变化的多个虚拟机构间共享资源和协同解决问题”。

狭义网格观以 Ian Foster 提出的网格评判 3 个标准为主要代表，即网格必须同时满足 3 个标准：①在非集中控制的环境下协同使用资源；②使用标准的、开放的和通用的协议和接口；③提供非平凡的服务。

广义网格观将网格称为巨大全球网格(Great Global Grid)，认为：网格不仅包括计算网格、数据网格、信息网格、知识网格、商业网格，还包括一些新的网络计算模式，如对等计算(Peer to Peer)、寄生计算等。

无论是狭义网格观还是广义网格观，网格都是利用互联网将地理上分散的计算机组织成一台“虚拟超级计算机”，实现计算资源、存储资源、数据资源、信息资源、知识资源、通信资源、软件资源、专家资源、仪器资源等资源的全面共享，实现资源融合、应用集成和协同工作能力。根据主要共享资源的类型可以将网格分为多种类型(表 1)，而根据网格的组织范围可以将网格分为企业网格、合作网格、服务网格或内部网格(Intra - Grid)、外部网格(Extra - Grid)、全球互联网格(Inter - Grid)等多种类型(表 2)。

表 1 网格的分类(依据共享资源类型)

网格类型	功能描述
计算网格	提供高性能计算系统共享
数据网格	提供数据和文件系统访问共享
仪器网格	提供科学仪器共享
应用网格	在计算和软件资源共享基础上提供应用的共享

表2 网格的分类(依据组织范围)

网格类型	组织范围描述
企业网格	在企业内部网范围内共享私有资源
合作网格	在合作企业之间共享可用资源
服务网格	在全球范围内共享公众资源

如果说传统互联网实现了计算机硬件的连通，Web 实现了网页的连通，则网格试图实现互联网上所有资源的全面连通。我国李三立院士将网格与信息高速公路进行了高度概括性的比较："信息高速公路是信息传输和获取的信息基础设施，而先进计算基础设施(网格)是信息处理的信息基础设施"。

在网格计算中，重点要解决：①网格资源支持异构性；②大规模可扩展性；③动态自适应性；④本地资源保持自主管理；⑤网格资源使用支持统一、简单、易用的用户界面。

网格计算环境的构建从下到上分为网格结点、网格中间件、网格开发环境与工具、网格应用等几个层次。

2 网格计算技术发展的现状

网格技术的研究起始于20世纪90年代中期，网格已经成为当今信息技术研究的一大热点，国际上已经涌现了一大批网格研究项目，如美国的 Globus、Legion、Condor，欧洲的 CERN DataGrid、UNICORE，澳大利亚的 Nimrod/G，日本的 Ninf 等。

在网格技术的基础研究上，美国政府每年投入的经费高达 5×10^8 美元；英国政府也投入 10^8 英镑，用以研发"英国国家网格"(UK National Grid)；欧洲、日本等其它许多国家也投入了巨资开展网格技术的研究。

网格是互联网发展的第三个浪潮，据称网格将于2005～2020年形成一个年产值 20×10^{12} 美元的产业。面对网格计算这一极具潜力的市场，IT 企业纷纷行动起来积极参与相关的技术研究，或推出支持网格应用的硬件与软件产品，其中以 IBM 公司尤为突出。IBM 公司于2001年8月宣布，将投入 40×10^8 美元实施"网格计算创新计划(Grid Computing Initiative)"，全面支持网格计算，并成为了 Globus 的首席合作伙伴。

网格技术的发展呈现出标准化、大型化和技术融合的趋势，尤其是依赖开放的标准协议是网格实现共享和互联互通的基础。目前，包括全球网格论坛(Global Grid Forum)、对象管理组织(Object Management Group)、寰球网联盟(World Wide Web Consortium)以及 Globus 项目组在内的许多团体都在争夺网格标准的制定权。

但是，目前由 Globus 项目组开发的 Globus 工具包(Globus Toolkit，简称 GT)已经成为事实上的网格标准，它是由美国阿贡国家实验室数学与计算机分部、南加州大学信息科学学院和芝加哥大学分布式系统实验室联合开发的。现在 GT 得到了一系列重要的 IT 公司的支持，目前大多数网格项目都是基于 GT 所提供的协议和服务建设的，包括美国的物理网格 GriPhyN、欧洲的数据网格 DataGrid、荷兰的集群计算机网格 DAS－2、美国能源部的科学网格和 DISCOM 网格、美国 NASA 的 TeraGrid 等。

Globus 工具包是 Globus 网格软件的核心服务功能模块，主要包括7个部分：GRAM(资源分配和进程管理)，Nexus(单点和多点通信服务)，GSI(认证和安全服务)，MDS(分布访问结构和状态信息)，HBM(监控系统构件的健壮情况和状态)，GASS(通过串行和并行接口远程访问数据)，GEM(构建、缓存和定位执行)。

在2002年6月GGF会议上，Globus项目组和IBM公司共同倡议了一个全新的网格标准——开放网格服务体系结构(Open Grid Services Architecture)，它把Globus标准与以商用服务为主的Web Services标准结合了起来，网格的一切对外功能都以通用、标准的网格服务(Grid Service)方式体现和提供，并借助一些现成的、与平台无关的技术如XML、SOAP、WSDL、UDDI、WSFL、WSEL等，来实现这些服务的描述、查找、访问和信息传输等功能，这样一切平台与所使用技术的异构性都被屏蔽。基于OGSA的服务网格平台和各种应用，可以充分实现资源和应用的整合和共享。OGSA的诞生标志着网格已经从学术界的象牙塔里走出来进入了商业世界中，从一个封闭的世界走向了开放的环境中。到目前为止，OGSA已经被广为接受，被认为是网格的未来。符合OGSA规范的Globus Toolkit软件于2003年发布了3.0版，2005年发布了4.0版。

UNICORE是一个可以用于生产性运营的网格软件系统，而且是一个开源软件系统。该系统集成了安全管理、工作流管理，并支持各种不同的计算资源，是一种适合于建立计算网格的软件系统。UNICORE软件已经应用于许多网格系统的建设中，如UniGrids，DEISA，OpenMolGRID，VIOLA，NaReGI。

UNICORE软件系统基于客户—服务器(C/S)架构，包括以下主要组成部分：客户端(用户界面)、网关、网络作业监管器(NJS)、网格用户数据库(UUDB)、目标系统接口(TSI)等。其中，用户通过客户端可以创建、提交和控制作业，客户端为网格用户提供统一入口，并通过网关访问不同的网格资源和服务；客户端与网格网关相连接，网关对客户端和用户进行认证，并连接网格计算结点上的网格作业监管器(NJS)；UUDB用于证书到一个有效计算资源上帐号的映射；NJS将UNICORE抽象作业(AJO)实体化为与本地机器相关的批处理作业，通过TSI提交给本地作业调度系统，并实现必须的数据传输和同步，将客户端所需的状态信息和作业输出传输到客户端；TSI实现与本地文件系统和作业调度系统的通讯。

我国于20世纪末就开始进行网格技术的研究工作，目前全国有数十所大学和研究机构在从事网格技术研究和应用研究工作，典型的网格研究项目有：

(1)清华大学于2001年6月完成了“先进计算基础设施”(Advanced Computational Infrastructure)项目研究，连接了清华大学研制的“THNPSC-2”和上海大学研制的“自强2000”高性能计算机以及其它4个应用结点，开发了相应的中间件，可以构建跨地区、跨学科的“虚拟实验室”研究环境，具有健全的资源管理、任务管理、用户管理、安全服务与监控等功能；

(2)中科院计算技术研究所联合十余家研究单位，于1999年底至2001年初承担了863重点项目“国家高性能计算环境”(National High Performance Computing Environment)，建立了一个分布式环境下支持异构平台的计算网格示范系统，连接了我国多个高性能计算中心，进行统一的资源管理、信息管理和用户管理，并在此基础上开发了多个计算型的网格应用系统，取得了一系列研究成果；

(3)2002年启动了“863计划”的中国国家网格重点专项；

(4)我国教育部支持开展的“中国教育科研网(ChinaGrid)”建设；

(5)中国航天工业总公司研究二院和清华大学合作开展“仿真网格(SAG)”的研究;

(6)中科院计算技术研究所领衔进行“织女星网格(VegaGrid)”的研究工作，开发了 VEGA 网格软件系统。

3 网格计算技术应用的现状

在网格计算领域，已经有了比较成熟的产品，在全球也有了许多应用的案例，尤其是企业网格的应用近年来取得了一定的进展。但是，目前大多数网格研究和应用仍集中在科研机构和学校中，这一方面是由于网格技术还不完全成熟和完善，限制了网格技术应用发展水平；另一方面是企业对新技术的吸收能力不足，影响了网格技术的应用。

目前全球网格实施大多集中在大型机构中，这是由网格技术的特点所决定的。企业或机构的规模达到一定的程度，其内部对计算能力、存储能力和数据等资源的共享需求才会增大到需要网格计算技术的支持。

目前，世界许多国家都十分重视网格计算技术的研究与应用，表 3 列出了全球正在建设的若干典型网格项目。

表 3 全球主要网格项目一览表

项目名称	支持或建设单位	网格建设目的
TeraGrid	美国自然科学基金会	2001 年 8 月启动，投资 8800 万美元。在美国建立遍及全国的计算网格，支持重大科学与工程计算，为用户提供到桌面的虚拟高性能计算环境。连接了 5 个超级计算机，达到 5×10^{12} 次/s 的计算能力，1PB 的存储能力
全球信息网格(GIG)	美国国防部	用于美军新世纪作战支撑
信息动力网格(IPG)	美国航空航天局	让人们使用计算资源和信息资源就象使用电力网提供的电力资源一样方便快捷
ASCI 网格	美国能源部	支撑核武器模拟计算
科学网格	美国能源部	用 622Mbps 的 ESNet 网络连接能源部的两台超级计算机，达到 5×10^{12} 次/s 的计算能力，1.3PB 的存储能力
GriPhyN	美国	美国物理网格，计划建立每秒千万亿次级别的计算平台，用于数据密集型计算
e - Science	英国政府	为大规模科学研究提供基于互联网的分布式全球合作计算环境
DataGrid 欧洲数据网格	欧盟	提供一种突破地理局限，允许世界各地的工作者交互、共享数据和设备，共同开展科学研究的合作环境
CNGrid 中国国家网格	中国科技部	突破网格关键技术，建立网格计算技术标准，将网格计算技术应用到行业和企业应用中，建立行业和企业应用网格，进一步加强全社会共享的国家高性能网格计算环境的建设，推动我国网格产业的形成和发展
ChinaGrid 中国教育科研网格	中国教育部	实现中国高等学校间计算资源、存储资源、数据资源、信息资源、专家资源的全面共享，全面提高我国教育信息化基础设施服务水平和高等学校教学与科研水平

中国在网格计算技术和应用研究领域都是亚太地区的领先者，这是中国政府对网格计算技术研究的重视、支持和引导带来的。我国对网格技术高度重视，实施了多个网格项目，包括中国国家网格(CNGrid)、中国教育科研网格(ChinaGrid)、上海网格、空间信息网格等。

中国教育科研网格是教育部“十五”计划211工程公共服务体系建设的重大专项，它充分利用中国教育科研网和高校的大量计算资源和信息资源，开发相应的网格软件，将分布在CERNET上自治的、异构的海量信息资源和计算资源集成起来，实现资源的有效共享，消除信息孤岛，提供有效、高水平、低成本的计算服务平台。中国教育科研网格主要由生物信息学网格、图像处理网格、远程教育网格、流体力学网格和海量信息处理网格这五大专业应用网格组成。

上海网格项目于2003年11月启动，将于2005年10月完成阶段研究，提交的成果包括：1个基于P2P技术的虚拟研究平台，2份战略研究报告，4套标准规范建议，4项关键技术，支撑1个典型应用研究(上海交通信息网格服务)，8套信息网格系统软件与应用软件。

除了大型国家级和行业、领域类网格建设，许多企业也建立了内部网格系统，以支撑各个企业自己的业务流程，如商业分析、工程设计、企业最优化、政府机构、研究与开发、生命科学研究、石油勘探开发等企业应用网格。

4　中国国家网格概述

2002年4月，我国科技部召开了“网格战略研讨会”，随后将网格的研究和应用列为“863计划”的一个专项，投资高达3×10^{8}元。中国国家网格(China National Grid，简称CNGrid)是在国家863计划“高性能计算机及其核心软件”重大专项资助下建设的一个网格环境，它是聚合了高性能计算和事务处理能力的新一代信息基础设施的试验床。该网格的建设目标是：通过资源共享、协同工作和服务机制，有效支持科学研究、资源环境、先进制造和信息服务等应用，以技术创新推动国家信息化建设及相关产业的发展。

目前，中国国家网格建设了8个网格结点，包括中科院计算机网络信息中心主结点、上海超级计算中心主结点、清华大学结点、北京应用物理与计算数学所结点、西安交通大学结点、中国科技大学结点(合肥)、国防科技大学结点(长沙)、香港大学结点。其中，中科院计算机网络信息中心主结点装备了5.3×10^{12}次/s的联想深腾6800计算机系统，上海超级计算中心主结点装备了11.2×10^{12}次/s的曙光4000A计算机系统，其余结点的计算机系统由所在单位提供，中国国家网格的聚合运算速度超过16×10^{12}次/s，存储容量大于130TB。这些结点联合构成了开放的网格环境，通过自主开发的网格软件、支撑网格环境的运行和应用网格的开发建设，支持资源共享和协同工作，成为支持科学研究、技术开发和应用示范的试验床。为了保证CNGrid的正常运行，中国国家网格成立了网格运行管理与技术支持中心，解决网格环境安全、监控、任务调度等关键技术，支持CNGrid的建设、管理、运行与维护，同时还建立了高性能计算机评测中心。

遵循“需求牵引、技术跨越、多方协作、聚焦网格”的指导方针，中国国家网格建设中的研究内容涉及：面向网格的高性能计算机体系结构、网格体系结构和系统软件、网格应用技术、网格服务方式、网格使用模式及开发环境、网格安全机制及网格运行管理机制等。

中国国家网格目前支持了11个应用网格，包括中国地质调查网格(资源环境网格)、航空制造网格、中国气象网格、科学数据网格、新药研发网格、森林资源与林业生态网格、生物信息网格、中国教育科研网格、上海城市交通信息服务网格、仿真网格、油气地震勘探网格。这些应用网格涉及我国科学研究、经济建设、社会发展的重要领域和行业，应用网格的建设培养了一批高素质的网格技术研究和应用人才，为加速网格计算技术在中国的应用和可持续发展奠定了基础。

中国国家网格环境框架软件由网格门户(CNGrid Portal)、网格系统软件(CNGrid GOS)和网格资源组成。网格资源是指封装为安全网格服务的本地应用；网格门户软件面向最终用户的功能有网格用户注册、网格应用Web界面、网格结点负载情况显示、网格资源使用情况统计，面向系统管理员的功能有网格用户和组的审批/更新/注销、网格资源的注册/更新/删除等；网格系统软件用以支持网格结点和网格应用，具备计算网格的服务包装、任务调度、资源管理、数据管理等功能。网格系统软件(CNGrid GOS)于2003年12月发布了1.0版本，2004年4月发布了1.1版本，2005年6月了发布2.0版本，其体系结构如图1所示。由网格门户和分散在各个网格结点上的网格系统软件及网格资源，通过网格系统软件中的网格路由器互联互通成为全局一体的网格运行环境。

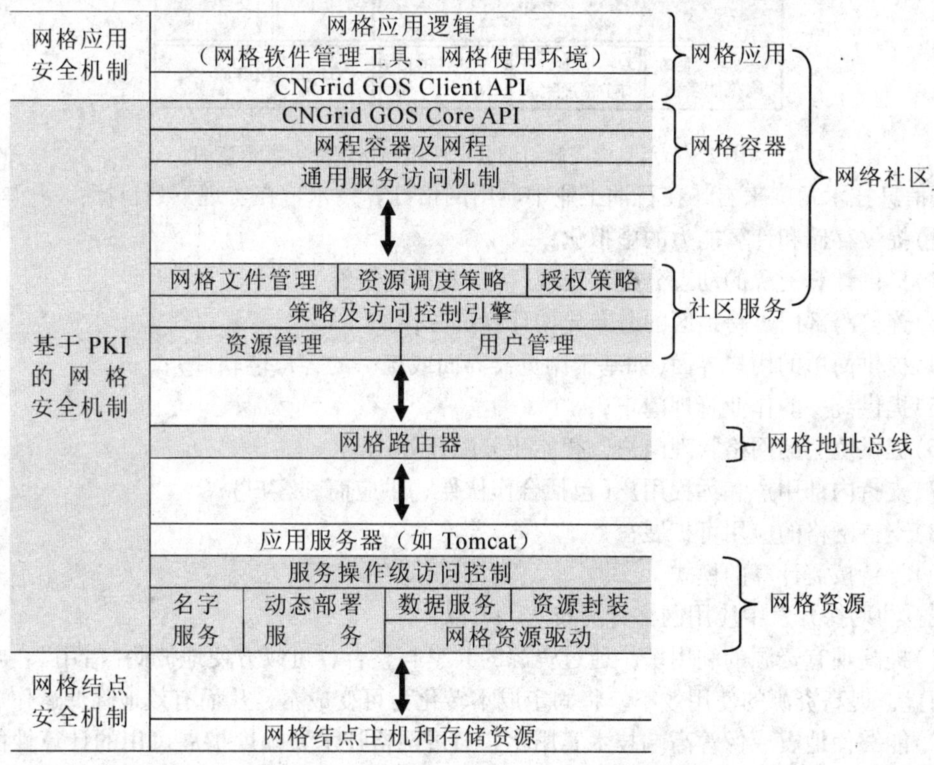

图1 网格系统软件CNGrid GOS v2.0体系结构

5 网格计算技术在石油勘探开发中的应用现状

网格计算技术在全球石油工业中也已经得到了一定程度的应用，如荷兰皇家壳牌(Royal

Dutch/Shell）石油公司、委内瑞拉 PDVSA 公司、拉丁美洲国家石油公司等石油勘探开发企业都开展了网格技术应用研究，取得了一定的实际应用效果。

荷兰皇家壳牌石油公司针对石油行业面临的问题与挑战，为满足对高性能计算能力和计算资源管理以及提高地震处理和油藏建模精度的需求，开展了网格计算技术应用的研究与开发，旨在提高数据处理能力、提高生产效率、降低成本、缩短地震数据处理时间、实现跨组织协作等，并选择了地震叠前深度偏移处理作为网格上运行的主要应用。采用的网格解决方案见图 2。

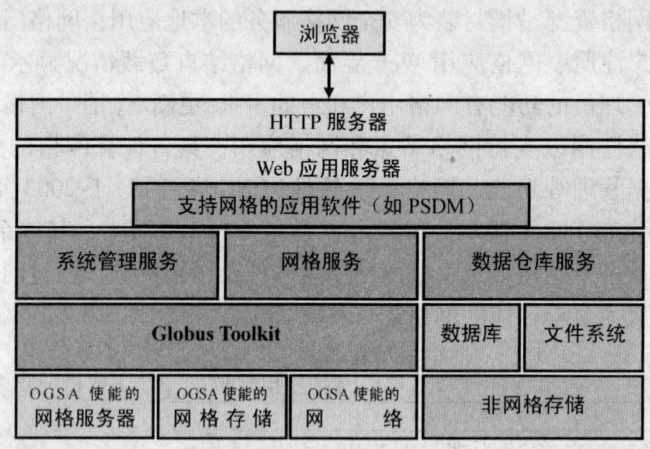

图 2　荷兰皇家壳牌石油公司所用网格解决方案示意图

从信息技术角度来看，在石油工业中应用网格计算技术旨在实现下列目标：

（1）提供存储和计算能力的虚拟化；

（2）提供计算资源的动态分配和发现（添加和减少资源）；

（3）连接跨部门、跨地区的分布异构计算资源；

（4）提供简单的用户界面（如基于浏览器界面或统一的客户端软件）；

（5）提供统一的作业管理门户；

（6）提供统一的网格管理门户，智能化分配任务；

（7）支持内部用户和远程用户（包括合作伙伴、供应商和客户）；

（8）支持网格的应用可扩展；

（9）支持按需计算的模式。

在石油勘探开发中应用网格计算技术，可以：

（1）提高现有资源的利用率。通过资源的共享与整合，可以方便地彼此“借用”，减少资源的闲置，提高资源的使用效率，将固定成本转化为可变成本，从而有效地降低运作成本。

（2）能够使地震成像等高端技术实用化。通过网格技术大幅度扩展可用的计算性能，为勘探开发领域计算密集型高新技术的广泛应用提供保障，满足关键业务的计算需求，从而提高解决复杂油气地质问题的能力，降低油气勘探开发的风险和成本。

（3）缩短处理周期，提高处理质量。通过网格技术共享计算资源，可获得更高的可用计算性能，从而在更短的时间内完成一定的处理工作量，或在一定时间内得到更高质量的处理结果，缩短投资回报周期，提高钻井的成功率。

（4）增加灵活性。网格计算资源的共享，减少了对计算资源可用性的限制，实现按需计算(On - demand computing)，满足不断变化的需求，形成灵活的计算服务成本和价格体系。

(5)产生新的服务模式。网格计算技术的应用，使得一些新的商业营运模式和服务模式成为可能。如通过应用网格为数据处理和分析解释用户提供计算资源和应用软件资源服务，用户可以按需租赁相应资源而无需购置大规模软硬件设备；小型技术研究和服务机构可以租用网格计算资源进行技术研究，并为石油勘探开发用户提供数据处理和分析解释服务。这样可以优化资产利用率，降低投资风险，实现优化的企业发展战略。

(6)通过网格技术统一计算资源利用的界面，实现日常业务工作自动化、简单化，从而使技术人员可以拥有更多的时间专注于核心业务，提高专业技能和工作效率。

(7)将全球的地质学家、地球物理学家及其它油藏工程技术人员联合起来，实现跨组织、跨地域的协同工作，加强企业内部、合作企业之间、企业与客户之间的紧密合作关系。

6 网格计算技术在石油勘探开发中的应用展望

石油勘探开发行业是一个高度依赖于信息技术的行业，网格计算技术也必将得到广泛的应用。网格将成为勘探开发行业应用的基础设施，形成服务于石油勘探开发业务的信息网格、数据网格、计算网格、知识网格和协同工作网格。

根据行业的特点，我们预计对高性能计算需求最大的油气地震勘探领域将首先大规模应用网格计算技术，首先建立起企业内部的应用网格系统。因此，我们率先启动了油气地震勘探应用网格技术的研究和系统建设工作。

油气地震勘探应用网格技术研究和系统建设的目标是：利用中国石化企业内部的专用信息网络和高性能计算资源，建立油气地震勘探应用网格系统平台，研制基于网格技术的石油地震勘探软件及其支持软件，实现网格应用对海量地震数据的远程访问和智能请求管理，为行业内部提供可业务运行的油气地震勘探网格工作环境，实现地震数据处理应用层的互联互通、资源共享和协同工作。逐步形成油气地震勘探应用网格的技术标准，促进油气勘探数据处理解释系统软硬件资源的高效合理使用。

针对石油勘探行业的实际需求，“十一五”期间我们应开展以下研究工作：

(1)开发、优化和完善基于集群并行计算的地震数据处理软件系统，以充分发挥集群计算机系统的性能优势，提高油气地震勘探数据处理的能力；

(2)采用网格计算技术实现网络计算资源的集成与共享，尤其是要充分利用我国石油勘探开发企业内部的高性能计算资源建立油气地震勘探高性能计算网格，促进油气勘探数据处理解释系统软硬件资源的高效合理使用和协同工作，促进油气地震勘探技术的发展和广泛应用；

(3)开发基于网格计算环境的油气地震勘探应用软件系统，支持数据处理、资料解释、可视化分析与设计、多学科协同决策等一系列油气勘探工作流程；

(4)根据石油勘探开发行业的实际需求和特点，建设相应的数据网格、信息网格、知识网格、计算网格、可视化网格，使得网格成为数字油田、数字油藏的信息基础设施。

我们预计，2010 年我国地震勘探领域网格计算技术的应用将达到以下目标：

(1)单个大型油气地震勘探数据处理解释中心的规模，计算性能达到$(100\sim200)\times10^{12}$次/s，存储规模达到 500 ~ 1000TB。

(2)油气地震勘探应用网格的聚合计算性能达到(500～1000)×10^{12}次/s。

(3)通过油气地震勘探应用网格可以实现数据共享、信息共享、计算资源共享、存储资源共享、应用软件共享和协同工作，支持地震数据处理、油气勘探综合解释、多学科勘探开发决策等油气勘探开发主要业务流程。一方面实现企业内部资源的有效整合，另一方面为企业外部用户甚至国际用户提供应用服务，支撑我国石油勘探开发企业走向国际。

(4)在油气地震勘探应用网格上拥有一系列具有自主知识产权的地震数据处理、油气藏综合解释等应用软件系统。

7 结束语

网格计算技术正在逐步走向成熟、开放、标准化，世界和我国的网格环境和应用网格建设正蓬勃展开，规模越来越大，将逐步进入实际生产应用阶段。

石油勘探开发对于高性能计算和网格计算技术有着现实和持续的需求，国内外也开始了石油勘探开发网格计算技术应用研究工作。可以预见：网格将成为石油勘探开发业务工作流程的信息基础设施，全面实现信息共享、数据共享、知识共享、存储共享、计算资源共享、软件资源共享和协同工作等，为石油勘探开发中高新技术的应用提供保障，降低油气勘探开发风险和成本，促进我国石油工业的健康和持续发展，满足我国国民经济建设、国防建设和人民生活水平提高对能源不断增长的需求。

为加速网格计算技术在石油工业中的应用，我们一方面应积极消化、吸收、应用网格计算技术的最新成果，积极开展应用网格环境的开发和建设；另一方面我们应加大自主知识产权技术研究和软件开发的力度，加强技术集成和面向领域的网格中间件的开发，只有这样才能拥有一系列关键技术和特色技术，形成具有自主知识产权的核心竞争力。

参 考 文 献

1 赵改善，包红林．集群计算技术及其在石油工业中的应用[J]．石油物探，2001，40(3)：118～126

2 赵改善．我们需要多大和多快的计算机[J]．勘探地球物理进展，2004，27(1)：22～28

3 赵改善，李剑峰，王于静．地震勘探将迎来网格计算时代[A]．中国地球物理学会：中国地球物理(中国地球物理学会第21次学术年会论文集)．吉林长春：出版社，2005

4 赵改善，韦海亮，李剑峰等．基于UNICORE的地震勘探计算网格[A]．中国地球物理学会：中国地球物理(中国地球物理学会第21次学术年会论文集)[C]．吉林长春：出版社，2005.

5 刘伟．网格应用的步骤[DB/OL]．http：//media. ccidnet. com/media/1267/d0501. htm，2003－11－07

6 金江军．网格技术在地球信息科学中的应用[DB/OL]．http：//tech. ccidnet. com/pub/article/ c1084_a92292_ p1. html，2004－02－25

7 李国敏．网格计算：中国酝酿新革命[N]．科技日报：电脑－网络－通信周刊，2004－05－12

8 邹德清，金海．网格服务体系结构的演变[N]．中国计算机用户，2005－01－10(19)

9 刘鹏．网格计算池模型[DB/OL]．http：//www. chinagrid. net/grid/paperppt/Computing PoolEssay. doc，2004

10 刘鹏．网格发展趋势[DB/OL]．http：//www. chinagrid. net/grid/paperppt/GridTrend. pdf，2004

11 刘鹏．网格概念的界定[DB/OL]．http：//www. chinagrid. net/grid/paperppt/GridConcept. pdf，2004

12 国家863计划“高性能计算机及其核心软件”重大专项：中国国家网格[Z宣传册]，2005

13 中国国家网格门户[DB/OL]．http：//www. cngrid. org/

14 Foster I, Kesselman C. The Grid: Blueprint for a new computing infrastructure [M]. Morgan Kaufmann, 1999

15 Foster I, Kesselman C, Tuecke S. The anatomy of the grid: enabling scalable virtual organizations[J]. International J Supercomputer Applications, 2001, 15(3): 200 ~ 222

16 Castro - Leon Enrique, Munter Joel. White Paper: Grid computing looking forward[Z]. Intel Solution Services, 2005(公司发布的技术白皮书)

17 Sharp John. Grid computing harnesses the power of multitudes[DB/OL]. http: //www. intel. com/cd/ids /developer/asmo - ng/eng/61106. htm, 2005

18 IBM Corporation[DB/OL]. Grid for upstream petroleum [PPT 多媒体]. SEG Conference, 2003

19 Global Grid Forum [DB/OL]. http: //www. gridforum. org/

20 Globus [DB/OL]. http: //www. globus. org/

21 Legion [DB/OL]. http: //legion. virginia. edu/

22 Condor [DB/OL]. http: //www. cs. wisc. edu/condor/

23 The European Data Project [DB/OL], http: //eu - datagrid. web. cern. ch/eu - datagrid/

24 UNICORE [DB/OL]. http: //www. unicorepro. com/

25 Nimrod/G [DB/OL]. http: //www. csse. monash. edu. au/ ~ davida/nimrod/nimrodg. htm

26 Ninf [DB/OL]. http: //ninf. apgrid. org/

油藏综合解释软件系统的研究与应用

魏 嘉　岳承祺　刘永宁　徐雷鸣　庞世明

（中国石化勘探开发研究院南京石油物探研究所，江苏南京 210014）

摘要：NEWS 油藏综合解释系统是基于 Linux 操作系统的、支持油气勘探开发领域多学科综合解释的油气藏综合解释软件系统。该软件采用网络化分布式并行计算的体系结构，构建了综合解释数据平台和集成化的图形平台，可以综合利用地震、地质、测井和测试等多学科的资料，进行构造、地层、岩性及含油气特征等的研究，预测储层的特性及分布，建立油气藏地质模型。从综合解释数据平台、集成化图形平台、服务性子系统等几方面对 NEWS 系统进行了介绍；从地震解释、测井解释、层序地层学分析、地震反演和属性分析、储层综合评价及实用工具几方面对 NEW 系统的功能进行了描述。应用 NEW 系统对东海西湖凹陷保俶斜坡中部的平北区带进行了构造、地层和储集体综合解释。

关键词：油藏综合解释系统　综合解释　数据平台　图形平台　储层预测　油气藏地质模型

油气勘探综合解释软件发展至今，已由单一的构造解释软件发展成为集构造解释、地层解释、地震属性分析、储层综合表征（油气藏描述）等多学科方法技术于一体的综合解释软件，各项辅助解释技术也日趋完善。而今，综合解释软件正在走向集约化，在大型数据库系统支持下，油气勘探综合数据平台之上既可以运行一专多能的解释软件，也可以建立面面俱到的解释软件组合。

自 20 世纪 80 年代中后期以来，UNIX 工作站、X－Window 和 Motif 窗口系统构成了主流油气勘探解释软件（以 Landmark 和 GeoQuest 的解释软件为代表）的基本平台，虽然不断有硬件的更新和软件的升级，但油气勘探解释软件的基本平台没有发生根本性的变化。随着微机的不断普及，在 90 年代中、后期，基于 Microsoft 的 Windows 操作系统的综合解释软件应运而生（其中主要有 GeoGraphix，SMT 和 GigaViz 等解释系统）；90 年代后期，Linux 兴起并得到了不断发展，由此，推出了基于 PC－Linux 平台的处理和解释软件，提出了“处理—解释—油藏管理”全面的 Linux 解决方案。

针对用户的需求和软件研制开发工程化和规范化的要求，我们确定了基于 Linux 操作系统的、面向解释人员桌面的、网络化的软件开发方案。目前已开发出拥有完全知识产权的、适合于各类盆地地质特点的 NEWS 油藏综合解释系统（v3.0），该软件具有数据平台、图形平台和多种实用工具，使构造解释、测井解释、层序地层学分析、地震反演与属性分析，储层综合评价等多个功能子系统集成一体；该软件系统面向桌面，在数据共享的前提下，各个功能子系统既可以独立运行，也可以实现综合研究的跨学科综合。

1 NEWS 系统的开发

从油气勘探开发专业技术应用层面上看，油藏综合解释软件在油气藏勘探和开发的不同阶段，进行油气藏综合研究的目标是不同的。在勘探阶段，钻井相对较少，可以从地震资料出发，引用井资料作为参考，进行综合地质研究，建立油气藏的静态模型，从而确定油气的勘探目标；在开发阶段，钻井相对较多，必须从井资料解释出发，引用地震资料作为参考，弄清油气藏内部流体的变化情况，建立油气藏的动态模型，从而制定优选的开发方案。根据目前勘探和开发不断融合的现状，我们认为油藏综合解释软件系统应具备测井解释、构造解释、地层解释、地震属性分析和油气藏圈闭分析等综合解释功能。

针对油气藏综合解释系统的应用特点，我们确定了 NEWS 系统的 3 层架构体系结构，将软件系统分成应用层、平台层和基础层 3 个部分。其解决方案是：对这 3 层进行明确分割，并在逻辑上使其独立。基础层的数据管理软件（数据库的 DBMS）和基本图形软件（如 X－Window或 CGM）已经独立出来，并不与应用层之间发生直接的关联，因此软件开发的关键在于建立基础层与应用层之间的平台层（数据平台 NEWSBASE 和图形平台 NEWSGRAPI-CS），将应用层分离成各自独立的模块，应用模块通过数据平台和图形平台完成数据访问和图形显示。在开发 NEWS 系统的过程中，我们在需求分析阶段采用了面向对象的软件（OOA）技术；在设计阶段应用了面向对象的设计（OOD）技术；在编程开发阶段应用了面向对象的编程（OOP）技术。

1.1 综合解释数据平台

根据软件技术的现状和发展趋势，优选先进的计算机系统环境，采用先进的数据库软件，应用面向对象技术，精心设计数据格式，应用先进的编程技术构筑一个开放的、安全的、可扩充的、易维护的涵盖了地震、地质、测井和测试等油气勘探开发相关信息的数据平台。

该数据平台包括的内容有：研究区块的索引信息，钻井信息，地震测网、测线信息，用户信息，地震数据体，测井曲线数据，井中地质数据，层位解释数据，断层解释数据，储层解释数据，油气藏综合描述结果，油气藏地质模型数据等。

1.2 集成化的图形平台

归纳总结现有软件系统中有关数据显示和用户图形界面的基本功能，在基本图形软件的基础上，研制开发了一套具有油气勘探专业特点的集成化图形开发平台。该平台包括了应用软件所需的数据显示基本功能和成果图件外设输出的基本内容，通过图形显示引擎实现了屏幕显示和 CGM 成图的有机融合，内容包括：地震资料的显示，测井资料的显示，地质资料的显示，剖面解释结果的显示，平面解释结果的显示以及数据的三维可视化显示。

1.3 服务性子系统

根据综合解释软件的需要，开发了综合数据管理与用户信息管理子系统。该子系统在数据加载方面有很强的适应能力，数据输入/输出的内容包括：地震数据（SEG－Y 格式，CODE4 格式，CGG 格式和 GriSys 格式等），测井数据（LAS 格式，LA716 格式和 LIS 格式等），地质数据（地质岩性柱数据，地质层位数据等），测试数据（射孔数据，试油数据等）等，并提供与目前较为流行的解释系统的数据交换接口。在用户管理方面，充分考虑了用户对网络安全的需求，建立了基本数据的授权机制。

对于地质成图子系统，在归纳各类地质图件特点的基础上，设计并开发了一系列符合标准图形格式(CGM格式或RTL格式)的外设成果图输出模块。输出成果图件的类型包括：地震剖面(含三维地震的时间切片)，地质解释剖面，单井综合柱状图，联井地质剖面，等值线平面图，综合解释平面图，油气藏地质剖面和油气藏地质平面图等各类地质图件。

1.4 基本功能子系统的完善

对于油藏综合解释系统而言，地震资料构造解释和测井资料解释是其2个基本功能子系统，着重解决：①全面解决逆断层解释和成图的技术问题，增加断层封堵分析和构造演化分析等功能；②解决定向井处理和解释的技术难点，同时，充实井间地层对比与地质层位标定功能。

1.5 辅助性功能子系统的优化

从实用性的角度出发，优化地震/层序地层学解释子系统中的各个功能模块，去除不实用的，或与油气藏描述相去甚远的功能，将原有的功能实用化，适当添加一些实用的简便的国外同类软件中遗漏的功能。为了增强本系统的开发性和可扩充性，研制开发了一系列实用工具，包括：工区底图的管理，速度分析及时深转换，三维可视化工具，矢量化的地质符号管理工具，各类等值图的网格化和等值线追踪工具，三维可视化工具和方法管理器等。

1.6 核心功能子系统的扩充

储层地震属性分析子系统以及圈闭分析和储量计算子系统是油藏综合解释系统的核心内容，同时也应是整个解释系统中先进技术含量较高的2个子系统。在这2个系统中，由于涉及的数据较为庞杂，因此，解决好数据流和任务流之间的关系至关重要。为此，我们进行了完善储层地震属性分析功能，增强圈闭分析和油藏描述的相关功能，追踪有关油藏建模技术的发展，开展油气藏建模新技术新方法研究等工作。

在储层地震属性分析子系统中，围绕储层目标反演这一重点，同时注意吸收新技术、新方法的研究成果，研制开发了一系列针对储层地震属性分析的模块，引入地震构造和井孔资料解释结果为约束条件。地震属性分析的具体内容有：地震资料的波阻抗反演，利用地震资料进行储层岩性和物性预测，沿层地震属性分析等。

在圈闭分析和储量计算子系统中，首先根据单井/多井综合解释提供的储层特征，利用地震属性分析的结果进行储层的横向追踪和横向预测，了解储层参数的空间分布规律，再结合地震构造解释得到的油气藏的几何构型，对储集层段进行评价与描述。在此基础上，可以根据储量计算规范要求进行油气藏储量计算。

2 NEWS系统的主要功能

通过NEWS油藏综合解释系统的5个解释性功能子系统，多学科研究人员的协同工作，可以进行油气藏综合地质研究。具体步骤为：

(1)从井出发，根据钻井、测井、测试和地质资料完成单井和多井的地质解释研究，利用多种井孔资料分析工具，得到单井/多井地质解释结果(图1)，弄清储集层的四性关系。

(2)利用地震资料，结合测井资料进行地震层位标定，进行2D/3D地震资料的构造解释；综合利用地震资料和井中沉积相解释结果，根据地震/层序地层学原理，进行地震层序分析，在此基础上，进行地震相和沉积相解释；利用地震资料进行体系域划分，研究海(湖)平面的变化规律。

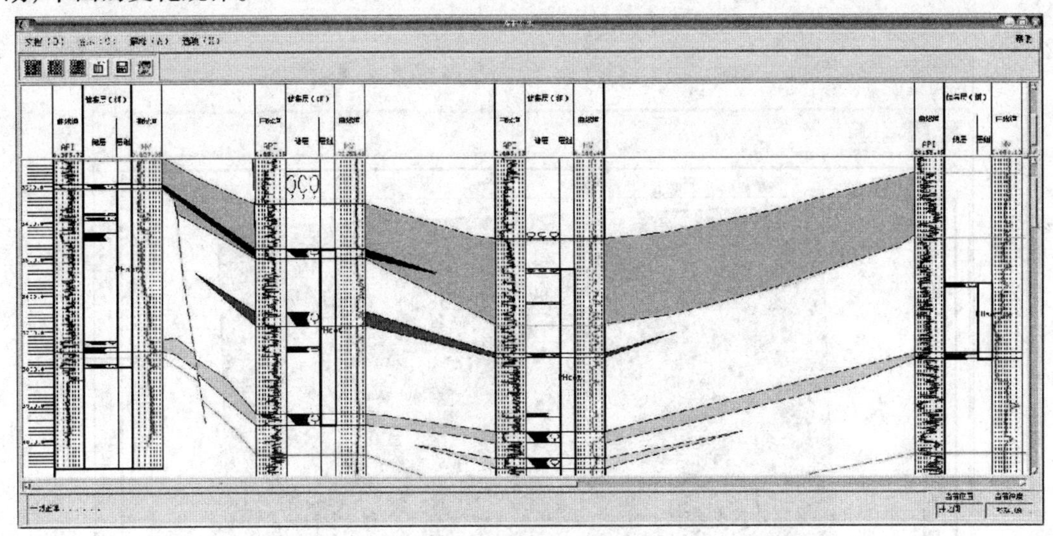

图1 多井储集层的对比

(3)结合地震构造解释结果和测井资料，对地震资料进行地震属性分析和沿层属性提取，地震属性分析得到的数据体不仅可以用于油气藏综合解释，而且可以与原始资料一样，用于构造和地层解释。

(4)综合以上几个功能子系统产生的数据，在数据流和任务流顺畅的情况下，利用构造解释和地层解释进行油气藏几何描述；通过对油气藏各类地质参数的综合描述，进行油气藏的综合解释与整体描述。

为了完成上述油气藏综合解释的研究，NEWS 系统目前提供了以下的主要综合解释功能：

(1)地震(2D/3D)解释(SeisEasy)。针对我国东部地层断块复杂、西部逆断层普遍存在的特点，为用户提供了一整套解释工具；

(2)测井(单井/多井)解释(LogEasy)。在利用测井资料进行常规解释的基础上，强调应用钻井取心、岩样测试和试油资料对解(释结果进行校正和标定；

(3)层序地层学分析(StratEasy)。利用地震、测井和地质资料，将构造解释与层序解释有机结合，进行沉积层序和沉积相分析，可以对储层的古沉积环境进行描述；

(4)地震反演与属性分析(LithoEasy)。以全三维地震反演技术为基础面向岩性体进行储层属性分析的软件提供了波阻抗反演、储层参数反演、地震属性分析、相干检测等一系列有效获取储层信息的方法，允许用户在地震反演储层参数剖面上，用交互方式对目标地质体进行直接岩性精细解释和成图(图2)；

(5)储层综合评价(ReserveEasy)。从钻井和测井资料所提供的储层特征出发，利用储层岩性反演进行横向追踪，了解储层的空间分布，勾画油藏的几何形态，并预测储层物性参数在空间的变化，达到对储层进行横向预测的目的；

(6)独特的网格化等值线工具。利用该工具可以实现不同地质目标、不同属性参数的跨测网等值线成图与编辑，适用于含正断层和逆断层的解释数据及属性数据；

(7)功能丰富的三维可视化工具(图3)。利用该工具可以实现规则三维数据体、不规则三维数据体—不同属性的地质体、层位曲面和断层曲面和测井曲线等数据的可视化显示。

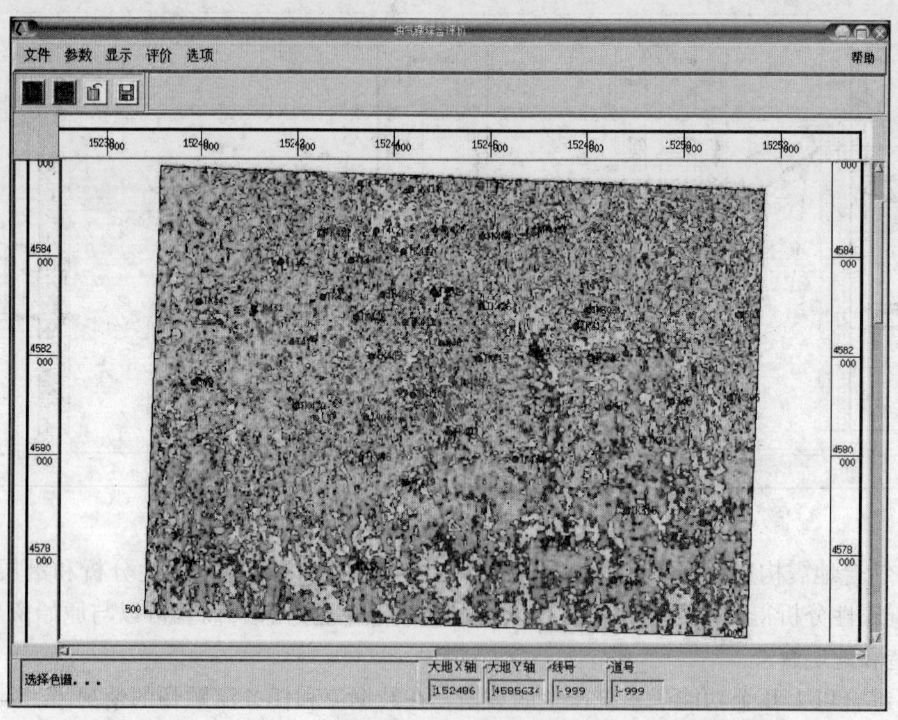

图2　沿层地震属性分析

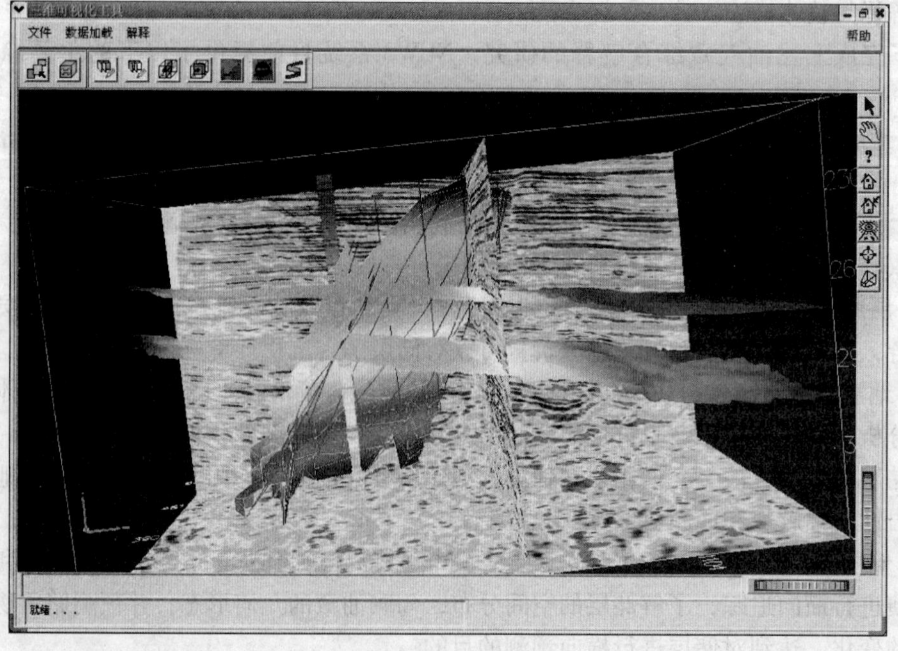

图3　三维可视化工具

3 NEWS 系统的技术特色

我们自主开发的 NEWS 油藏综合解释系统(v3.0)与国内外的主要同类软件相比有以下技术特色:

(1)整个软件系统完全建立在自由软件基础上，采用开放式软件开发环境(Linux + Xwindow + Motif + C++)和面向对象的编程技术，拥有全部系统源代码，不依赖于其它商业软件，便于移植，易于扩充；

(2)NEWS 油藏综合解释系统采用了先进的软件体系结构，既支持企业级的网络环境，同时也支持微机的单机运行环境；

(3)具有支持中文和英文等语言的图形用户界面，可以实时进行语言环境的切换，用户图形界面风格统一，界面友好，在交互解释方面使用方便，操作简单；

(4)共享多学科综合解释数据平台，适用于石油勘探开发数据的存储、访问及提交，提供了安全可靠的数据集成环境；

(5)集成化的图形平台支持石油勘探开发数据的屏幕显示和图形输出，图形显示引擎实现了跨计算机平台的图形操作；

(6)为综合地质研究人员提供了开放的、标准化的地质符号库(图4)，及其相应的管理工具，方便了综合地质研究工作；

(7)从井孔—构造—地层—储层评价，实现了油气藏综合解释一体化工作流程，使构造解释、测井解释、层序地层学分析、地震反演与属性分析、储层综合评价等多个功能子系统集成为一体；

(8)利用井孔资料(测井，测试，岩样)，可以进行井中地层划分、沉积相分析、岩性分析和储集层划分等单井综合解释；

(9)多井地质对比的内容更加丰富，不仅可以进行岩性层的对比，而且可以对比分析沉积相的横向变化和确定流体界面的位置，深度域地震资料的应用提高了多井对比的可靠性；

(10)在构造解释与分析方面，解决了逆断层剖面解释和构造成图的技术难题，同时实现了多测网、多层位、面向断层面的断层组合方法；

(11)实现了构造解释与层序解释的有机结合，从层序分析、地震相分析到区域沉积相解释一气呵成；

(12)丰富的面向层位的地震属性分析和先进的地震相干分析算法，可以同时计算地层视倾角和方位角，实现了基于构造、地层解释结果和测井资料双重约束条件下的地质模型建模算法，采用层位和井双重约束条件下的地震波阻抗反演技术，提高了地震资料反演的可信度；

(13)以井孔资料解释(单井/多井)、地震资料常规解释(构造/地层)、地震属性分析和储层表征等的结果为基础，可以进行面向油气藏的综合解释(砂体位置和范围的确定，多参数叠合确定含油气面积等)，为储量计算提供较为准确可靠的基本数据；

(14)支持多测网的地震任意线数据管理，在地震任意线(联井地震剖面)上可以进行地震构造解释、地层解释和岩性解释等综合解释功能，为综合解释提供了全面的地震任意线解释工具。

4　应用实例

解释工区位于东海西湖凹陷保俶斜坡中部的平北区带，平湖油气田以北。保俶斜坡在裂陷期位于张扭性断裂带上，受西侧边界条件的限制及长期断裂活动的影响，在不同地质历史时期形成了广阔的沉积—构造缓坡带。斜坡带东邻面积大、沉积厚的三潭深凹，是油气运移的指向区。平北区可划分为西部断阶带、中部次凹带和东部潜伏隆起带，钻井揭示该区的地层自下而上为前第三系安山质凝灰岩、中—上始新统平湖组、渐新统花港组、中新统龙井组、玉泉组、柳浪组、上新统三潭组和第四系东海群等。

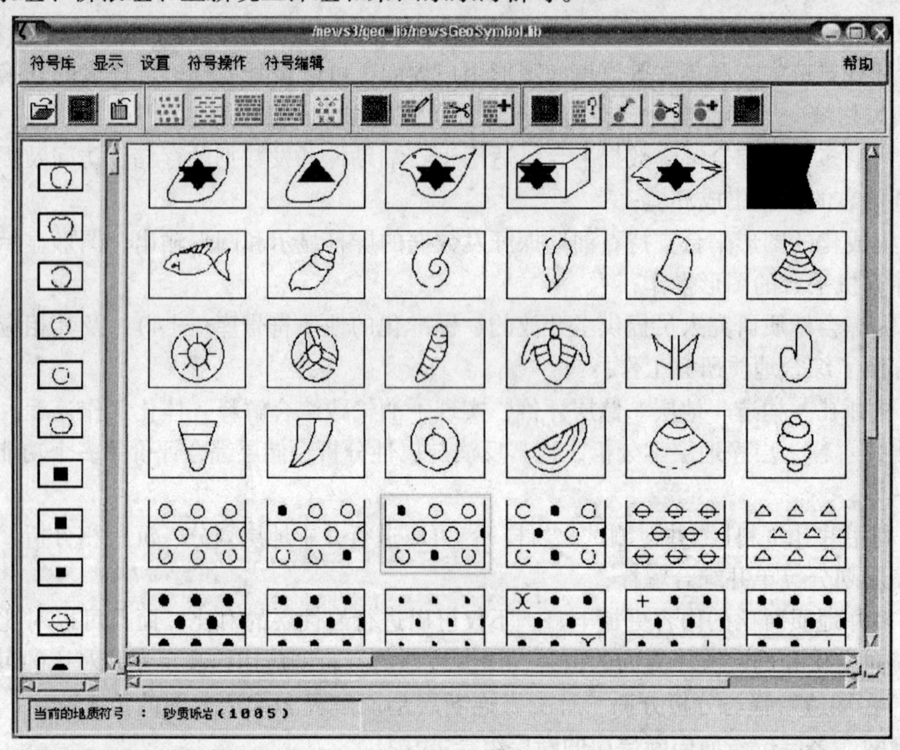

图 4　地质符号库

4.1　目的层的确定

为了使构造解释层位较好地反映钻井已揭示的主要油气层，并能控制整套含油气层组的顶、底界面，对工区内的已有钻井进行了单井综合地质分析和多井对比分析。分析结果表明，平北区带的油气层位于始新统平湖组，平湖组的油气层主要集中分布在平中段。通过合成地震记录，将区内 7 口井的地质层位和储层解释结果标定于地震剖面上，由此确定平中段的顶（相当于 T_3^1）和平中段中部油气层集中分布区（相当于 T_3^2）作为本次综合解释的目标层。

4.2　构造特征分析

本区断裂十分发育（图 5），以张性正断层为主，NE－NEE 向的东倾或西倾正断层为主体断裂，与主体断裂相交或切割的 NW 向派生断层为次要断层，其组合错综复杂，但主体断层的展布与区带构造方向基本一致。平北区的张扭性断裂发育于裂陷期，断层分布面广，断距可达几百米到几千米，一般由下而上断距逐渐变小，控制了平湖组及其以下地层的沉积，下降盘厚度明显大于上升盘厚度，具有生长断层的特点，在断层下降盘形成了一批与其发育有关的局部构造。大部分张扭性断裂到坳陷期停止活动，仅西部边界的断层仍有继承性活动，一般规模较小，断距在几十米到上百米，对沉积的控制作用也明显变小。

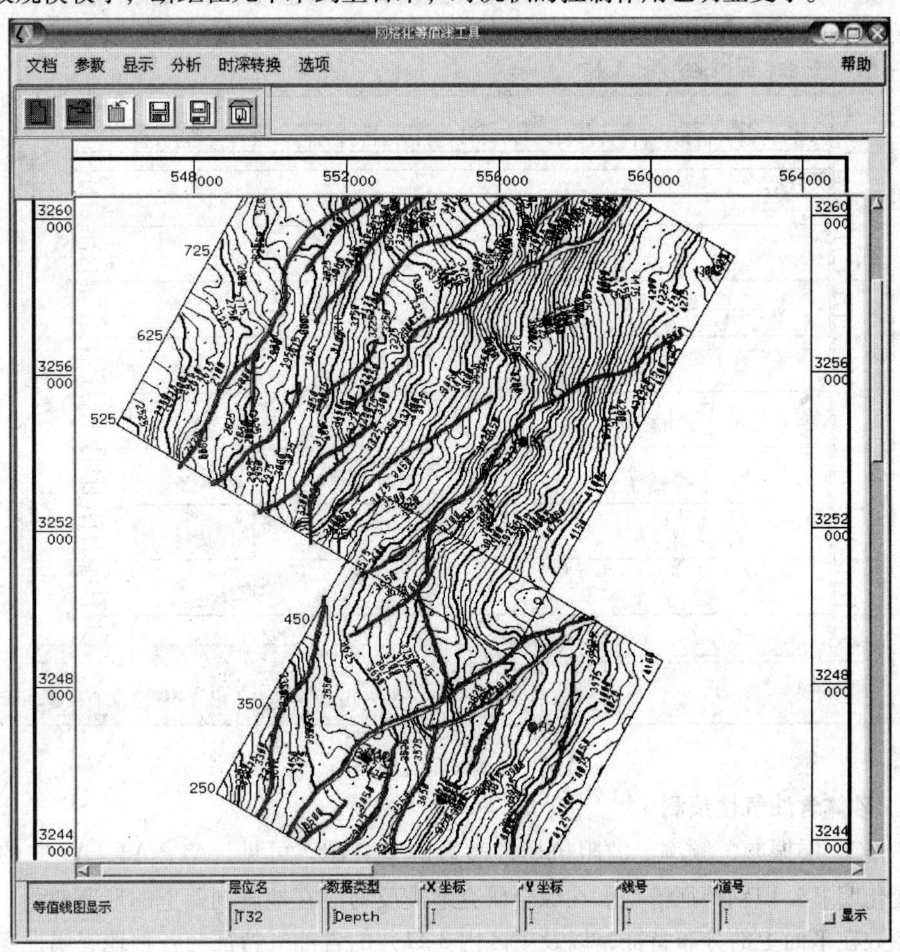

图5 T_3^2 层深度构造图

4.3 工区储层砂体的空间展布

平北区带油气的分布除了受构造因素控制外，还明显受到沉积环境和岩性的制约。在海陆交互沉积体系中尽管单个层序单元的沉积厚度可能较大，但是单个砂体的沉积厚度一般仅有几米到几十米，而且砂层的横向变化较大。所以，必须进行砂体空间展布规律的研究。

根据平北区带的实际资料，我们选取宝云亭三维地震数据体(三维测网内有 3 口钻井)进行波阻抗反演。根据区内 3 口钻井的测井解释结果以及地震构造和地层解释结果，建立了本区地质模型框架。3 口钻井综合标定结果表明，本区砂岩主要为高波阻抗反映，泥岩主要为低波阻抗反映。依照高波阻抗—砂岩和低波阻抗—泥岩的基本对应关系，以波阻抗值 9500(g/cm^3)·(m/s)为截止值，求取了反映砂体分布的波阻抗空间展布范围(图6)，再沿目的层提取时窗内该类波阻抗的平面展布特征。

在研究砂体空间分布时，除了利用波阻抗反演方法以外，还进行了地震属性提取，内容包括：①与地震振幅属性有关的均方根振幅、地震能量；②与复数道属性有关的平均反射强度、平均瞬时频率、平均瞬时相位、瞬时频率梯度变化；③与相邻地震道波形有关的相关系数、同相轴倾角、同相轴倾向等。

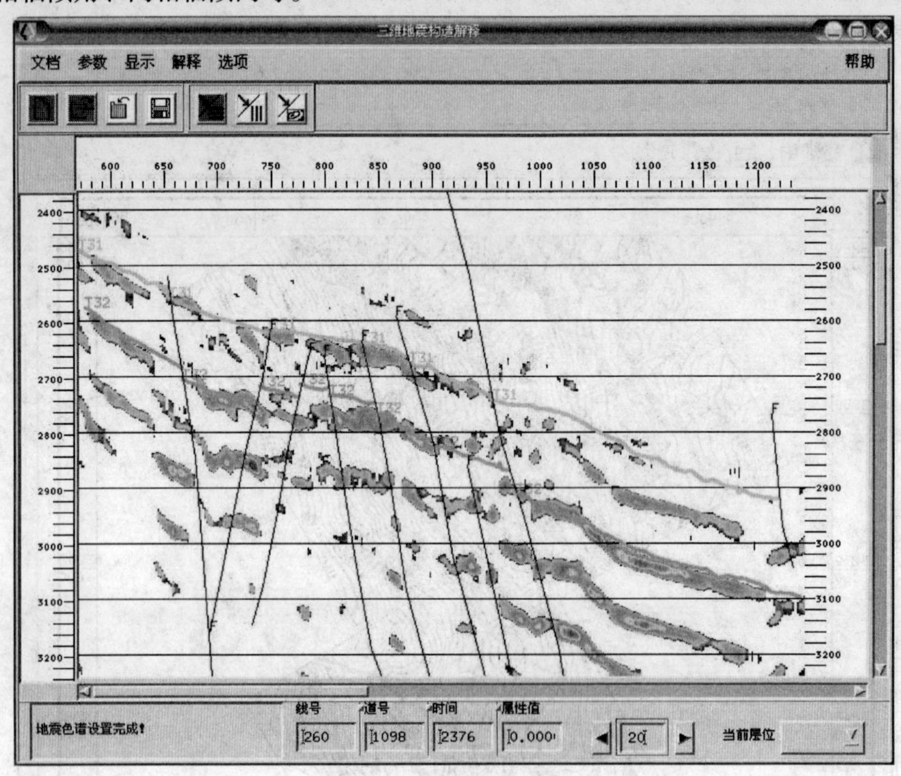

图 6　砂体波阻抗剖面图

4.4　砂体含油气性预测

图 7 是 T_3^2 层振幅、频率、波阻抗属性参数的交会图，可见，A1，A2，A3 井的井旁属性参数变化明显，识别特征清楚。在综合研究地震反射波在地震剖面上的形态变化、各种地震属性参数在平面上的分布特征，以及工区内 3 口井的含油气特征与各种地震属性参数的相关分析的基础上，建立了本区含油气性砂体的识别标志：①表征砂体发育程度的波阻抗、振幅值明显增大；②平均瞬时频率呈明显低值，瞬时频率梯度变化为正值；③模糊评判油气预测概率高。

综合分析可知：在 A1 和 A3 井附近发育有连续性好、厚度较大、分布广的砂体。结合 T_3^2 层的均方根振幅、平均瞬时频率、瞬时频率梯度变化、模糊评判油气预测等属性参数平面图及已知钻井的油气分布特征，根据含油气性砂体的识别标志，对本区砂体的含油气性进行了预测。图 8 为 T_3^2 层砂体含油气性预测平面图，图中划分了 3 类油气有利区带。Ⅰ类区域为黄线所圈区域，波阻抗和振幅值明显增大，平均瞬时频率呈明显低值，瞬时频率梯度变化为正值，上倾方向有断层遮挡；Ⅱ类区域为红线所圈区域，波阻抗和振幅值明显增大，平均瞬时频率呈明显低值，瞬时频率梯度变化为正值，构造位置稍低；Ⅲ类区域为紫红线所圈区域，波阻抗和振幅值明显增大，平均瞬时频率呈明显低值，瞬时频率梯度变化为正值，构造位置较低。

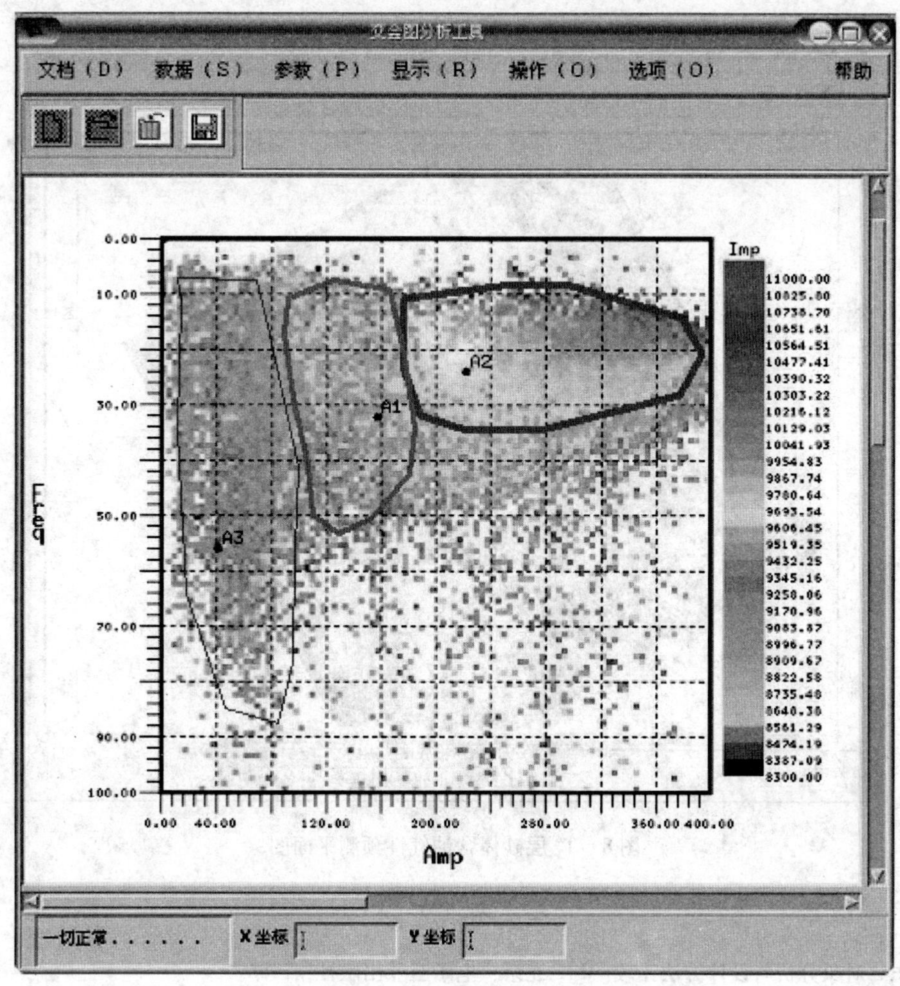

图 7　T_3^2 层振幅、频率、波阻抗属性参数的交会图

5　结束语

NEWS 油藏综合解释系统(v3.0)是一种大型油气勘探开发专业软件，目前已初具规模，不仅可以自成体系，满足油气藏综合解释的基本需要，而且具备开放性和可扩展性等特点。该系统可以综合利用地震、地质、测井和测试等多学科的资料，进行油气藏的构造、地层、岩性和含油气性特征及分布研究，建立较为精确的油气藏地质模型，为计算油气藏的储量提供资料。

(1)NEWS 系统是自主研制开发的，因此，随着专业技术、计算机技术和网络技术的发展，NEWS 系统的完善与充实具有完全自主性；

(2)通过 NEWS 系统的推广应用，不仅可以为科研生产用户提供全方位的技术服务，而且可以从科研生产实际中不断得到信息反馈，完善 NEWS 系统的解释功能，从而更好地为油气勘探开发的服务。

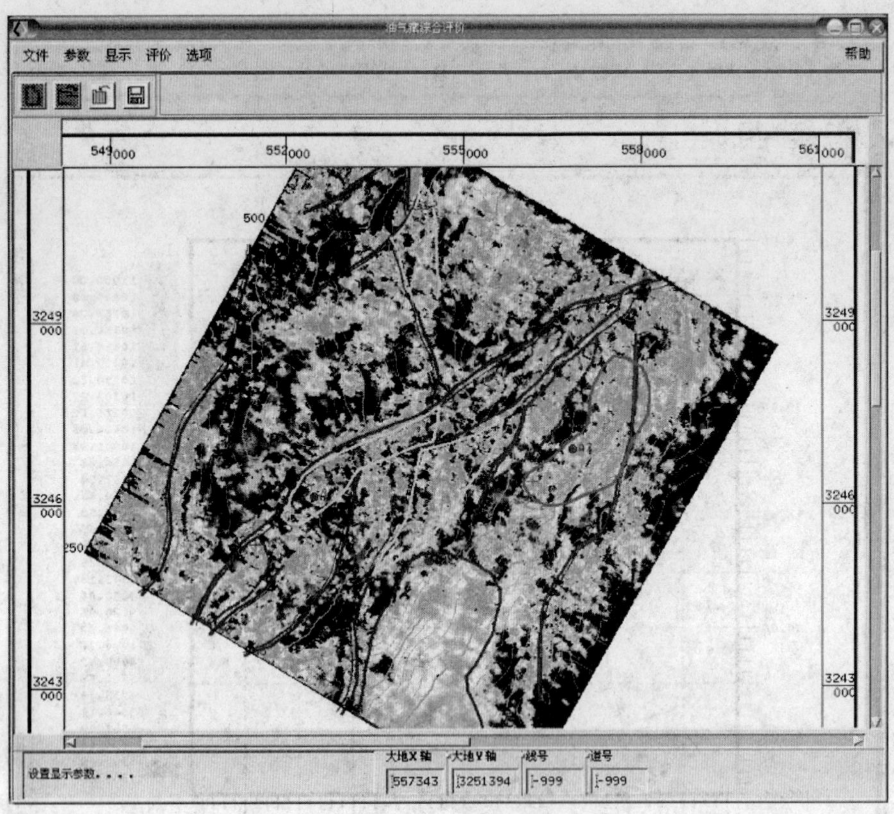

图8　T_3^2 层砂体含油气性预测平面图

参 考 文 献

1 李光志．对象分析与设计方法比较[M]．北京：电子工业出版社，1996

2 林宇，郭凌云．Linux 网络编程[M]．北京：人民邮电出版社，2000

3 Yourdon E. Object - Oriented System Design，An Integrated Approach [M]． Englewood Cliffs：Prentice Hall，1994

4 Young D A. Object - Oriented Programming with C + + and OSF/Motif [M]． Englewood Cliffs：Prentice Hall，1992

5 董渊，朱亚平，倪逸．Linux 系统 Motif/OpenGL 程序开发[M]．北京：机械工业出版社，2000

6 裘亦楠，薛叔浩．油气储层评价技术[M]．北京：石油工业出版社，1997

7 张永刚．地震波阻抗反演技术的现状和发展[J]．石油物探，2002，41(4)：385 ~ 389